天文・宇宙開発事典

トピックス 古代-2009

日外アソシエーツ編集部編

A Cyclopedic Chronological Table of Astronomy and Space Development

BC2700-2009

Compiled by

Nichigai Associates, Inc.

©2009 by Nichigai Associates, Inc.

Printed in Japan

> 本書はディジタルデータでご利用いただくことができます。詳細はお問い合わせください。

●編集担当● 岩崎 奈菜／星野 裕
装 丁：赤田 麻衣子

刊行にあたって

　2009年(平成21年)、ガリレオ・ガリレイが初めて望遠鏡で天体観測をしてから400年を迎えた。国際連合、ユネスコ、国際天文学連合はこの年を「世界天文年」と定め、参加各国では「THE UNIVERSE : YOURS TO DISCOVER (宇宙…解き明かすのはあなた)」をスローガンに様々な企画が行われている。本書は、古代からその2009年に至る間に起こった国内外の天文・宇宙開発関連のトピックを収録した記録事典である。

　今日までに多くの人々が空を見上げ、科学的にその謎を解明しようと試み、宇宙へ飛行する道を探究した。また、その深遠さや美しさを文学や美術などで表現してきた。本書では、暦の作成、天文台の創設、彗星や新星の発見、宇宙論など天文学・物理学の分野から、人工衛星やロケットの打ち上げ、月面探査、宇宙ステーション構築など宇宙開発の分野、さらにプラネタリウム開発、ＳＦ映画やＳＦ小説の発展、観測ブーム、関連書籍の出版、科学的知識をわかりやすく伝える啓蒙者の活躍といった社会・文化の話題まで、古今東西、多岐にわたるその成果を収録した。また、功績を残した物故者の訃報や経歴もできるだけ収録し、簡易人名事典としても使えるよう心がけ、天文・宇宙開発史を概観できる基礎資料集たることを目指した。

　本文は年代順に掲載し、巻末に事項名索引と人名索引を付した。これら索引では、見出しの下に本文記載トピックを年代順に並べ、経過が一目で追えるようにした。なお、事項名索引では出来事や分野、天体名、観測所名など細かい事項を、人名索引では天文・宇宙に直接関係のない人物も含めて登場する人名を概ね収録し、利用の便を図った。両索引の理系文系を問わない多様な事項や人名から、思わぬ事件や様々な人物の業績といったトピックに触れて、楽しんで読んでいただければ幸いである。

　編集にあたっては、上記に述べたように分野が広範にわたるため、収録

を断念したものも多かった。また、遺漏や誤りのないよう努めたが、不十分な点もあるかと思われる。お気づきの点はご教示いただければ幸いである。　本書が天文・宇宙開発に関するデータブックとして、また、興味を喚起する読み物として多くの方々に活用されることを期待したい。

　2009年9月

　　　　　　　　　　　　　　　　　　　　　　　　日外アソシエーツ

目　次

凡　例 …………………………………………………………… (6)

天文・宇宙開発事典—トピックス古代-2009

本　文 …………………………………………………………… 1

事項名索引 ……………………………………………………… 349

人名索引 ………………………………………………………… 433

凡　　例

1．本書の内容
　　　本書は、天文・宇宙開発に関する出来事を年月日順に掲載した記録事典である。

2．収録対象
　(1)　発見、発明、観測成果、観測所設置、理論発表、機器製作、宇宙飛行、団体結成、受賞、訃報、ブーム、文化的成果など、天文・宇宙開発史において重要なトピックとなる出来事を幅広く収録した。
　(2)　収録期間は古代（BC2700年頃）から2009年（平成21年）8月まで、収録項目は2,907件である。

3．排　列
　(1)　各項目を年月日順に排列した。
　(2)　原則として明治5年以前については、日本では旧暦の年月日を使用した。
　(3)　原則として海外における出来事については、日本時間を使用した。
　(4)　日が不明な場合は各月の始めに、また、月日とも不明または確定できない場合は「この年」として、おおよその年しか分からない場合は「この頃」として、各年の末尾に置いた。

4．記載事項
　　　各項目は、内容を表示した見出し、国名、本文記述で構成した。

5．事項名索引
　(1) 本文に記載した項目に含まれる事項名を見出しとし、読みの五十音順に排列した。
　(2) 各事項の中は年月日順に排列し、本文における項目の所在は、年月日と見出し(長いものは冒頭部)で示した。

6．人名索引
　(1) 本文に記載した項目にあらわれる人名を見出しとし、読みの五十音順に排列した。
　(2) 各人物の中は年月日順に排列し、本文における項目の所在は、年月日と見出し(長いものは冒頭部)で示した。

7．参考文献
　　本書の編集に際し、主に以下の資料を参考にした（順不問）。
　　　毎日新聞、読売新聞
　　　データベース「WHO」　日外アソシエーツ
　　　「読売年鑑」　読売新聞社
　　　「世界大百科事典」平凡社
　　　「科学史技術史事典」　弘文堂
　　　「科学者人名事典」　丸善
　　　「コンサイス科学年表」　三省堂
　　　「天文学人名辞典」　恒星社
　　　「天文学大事典」　地人書館
　　　「日本の天文学の百年」　恒星社厚生閣
　　　「洋学史事典」　雄松堂出版
　　　天文・宇宙関係団体公式サイト

BC2700年

この頃　エジプト人、太陽暦を完成（エジプト）　1年を365日12か月、1か月を30日とし、残りの5日を隔月に追加して、4年に1度1日のずれを調整する。このエジプト標準民間暦がこの頃完成された。月の朔望（満ち欠け）と無関係に季節の循環する1太陽年をもとにした太陽暦に相当する。

BC700年

この頃　19年間7回の閏月の太陰太陽暦採用（バビロニア）　太陰太陽暦は、陰陽暦ともいう。月の朔望に合わせて1か月間の日付を決め、数年に1回閏月をおいて1年を13か月とし、太陽の動きにともなう季節に合わせた暦。バビロニアの閏月のおき方は、19年7回で、ギリシャでメトン法、中国で章法とも呼ばれる。

BC660年
（神武元年）

2.18　神武天皇が即位する（皇紀年号の始まり）（日本）　「古事記」「日本書紀」に伝えられる、我が国建国の祖で初代の天皇である神武天皇が即位したとされる。神武天皇は日向国高千穂から東征して大和国に入り、橿原を都として辛酉年（BC660年）に即位し、BC585年（神武76年）に127歳で没したといわれる。あくまで神話であって史実ではないが、この建国年を元年とする紀年法は一般に皇紀年号といわれる。即位日は「グレゴリオ暦」の2月11日にあたり、1872年（明治5年）政府はこの日を紀元節として制定、戦後は一時廃止されたが、1967年（昭和42年）に建国記念日として復活し、再び国民の休日となった。

BC6世紀

この頃　サロス周期の発見（バビロニア）　サロス周期は、日月食がよく似た状況でおこる周期で、バビロニアの「サロス正典」に記載されている。サロスはシュメール語で3600を示す語のギリシャ語訛りである。周期の日数は6585日で、現行暦では18年と10日～11日になる。

BC433年
（孝昭43年）

この年　ギリシャが「メトン法」を採用（ギリシャ）　ギリシャの暦法は月の朔望を周期とする太陰暦が使われており、季節の循環と一致せず、必要に応じて閏月を13番目の月として調整した。メトンは太陽暦と太陰暦の関係を統合して、19年の間に7閏月を挿入する19年7置閏法を発見、BC433年に発表した。この方法は、すでに中国の春秋時代に章法の名で行われていた。

BC370年
（孝安23年）

この頃　エウドクソスの同心球説による天動説（ギリシャ）　エウドクソスが惑星の逆行を合理化するために、地球を中心にして、26個の同心天球で惑星の動きを説明、1太陽年を365日6時間と見積った。これを同心球説という。

BC340年
（孝安53年）

この頃　アリストテレスの宇宙大系（ギリシャ）　アリストテレスの宇宙大系は、エウドクソスの同心球説を引継いだ天動説で、地球を中心とした天体は永遠に一様な円運動を続け、これがその本性にかなった自然的運動であるとした。また地球が土、水、気、火という4つの元素で作られていることに対し、天体は第五元素のエーテルでできているとして、「月上界」と「月下界」との2つの部分に分けた。

BC334年
（孝安59年）

この年　カリポス周期の確立（ギリシャ）　カリポスはエウドクソスの弟子の1人で、正確な天体観測により、四季の長さを計算し、季節と朔望の関係が暦のうえで完全に元に戻るカリポス周期を確立した。76年法ともいう。中国では、この暦法を「四分暦」と呼び、BC104年（前漢太初元年）に一度廃したが、後漢章帝の85年（元和2年）から使用し、以後136年間用いた。

BC322年
（孝安71年）

この年　哲学者のアリストテレスが没する（ギリシャ）　ギリシャの哲学者アリストテレスが死去した。BC367年アテナイに上りプラトンの弟子となり、師の死まで20年間研究生活を送る。BC342年、マケドニアの王子アレクサンドロスの家庭教師として7年間をすごす。BC323年アレクサンドロスが急死すると、マケドニア側の人物と見られて訴えられ、カルキスに逃れて翌年病没した。エウドクソスの同心天球説を継承しつつ、世界を月より上と下に区分した。月より上の世界では円運動がなされるものと考え、このようなアリストテレスの思考は以後長らく宇宙論の中心となった。天文関係の著書に「天体論」などがある。

BC280年
（孝霊11年）

この頃　アリスタルコス「太陽と月の大きさと距離について」刊行（ギリシャ）　アリスタルコスの唯一の著書「太陽と月の大きさと距離について」が刊行された。幾何学により、地球からの月と太陽との距離の比を求め、地球と太陽の距離は、地球と月の距離の18倍から20倍の間（実際は約400倍）とした。また、月と太陽の直径の比を求めて地球の300倍とし（実際よりはるかに小さいが）、太陽中心説の根拠となった。しかし当時、この太陽中心説は支持されなかった。

BC212年
（孝元3年）

この頃　アルキメデスがローマ軍に殺害される（ギリシャ）　数学者・物理学者であるアルキメデスが、第二次ポエニ戦争中にローマ軍に殺された。天文学者フェイディアスの子で、アレクサンドリアへ留学し、ユークリッド（エウクレイデス）の後継者たちから数学を学んだ。その研究の特色は、理論と実際との結合を目ざしていることにある。天文学では、「砂粒をかぞえる者」の中で、アリスタルコスの太陽中心説を紹介した他、宇宙の直径を求めている。その著書は、1269年にギョームによりほとんどの作品がラテン訳され、以後西欧の学者に大きな影響を与えた。1543年にこのギョームの訳がタルターリアによって印刷されて、ガリレイの力学研究の出発点になった。また近代の数学者にもその研究は高く評価され、17世紀の求積法研究は、アルキメデスの作品の消化と共に始まるといわれる。今日では、ハイベルクの編纂したギリシャ語テキスト「アルキメデス全集」（3巻,1910〜15）でその著書を読むことが出来る。

BC200年
（孝元15年）

この頃　アポロニオスの周転円理論（ギリシャ）　幾何学者アポロニオスが周転円理論を考案した。ある回転する円の円周上の1点を中心とし、さらに回転する小さな円を与えるときに、その小円を周転円と呼ぶ。この理論は惑星の運動を幾何学的に説明し、地球から見た惑星の運行を検討するのに大変便利だった。

BC194年
（孝元21年）

この頃　エラトステネスが没する（ギリシャ）　天文学者・数学者・地理学者として活躍したエラトステネスが死去した。BC235年頃プトレマイオス3世に招かれ、アレクサンドリアのムセイオンの館長に就任したことで有名。天文観測に基づいて、地球全体の大きさを推定したり、都市間の距離の確定を試みている。

BC150年
（開化8年）

この頃　ヒッパルコス、「弦の表」を発案（ギリシャ）　天文学者ヒッパルコスが自ら発案した「弦の表」を用い、月、太陽までの距離の計算を行い、太陽の軌道の中心から離れたところに地球を置く「離心円」の仮説を提案した。

BC104年
（開化54年）

この年　「三統暦」を制定（漢（中国））　「三統暦」は、BC104年（中国の太初元年）からBC84年（中国の元和元年）まで行われた「太初暦」を、前漢の劉歆が増補・整理した暦。ギリシャのメトン法と同じく19年7閏法であり、19年は$6939+(61/81)$日で1章とし、81章1539年を1統という。月の大小と閏月はこの1統の期間で循環し、干支も3統で循環する。なお、劉歆は、父の劉向と共に宮中の蔵書の校訂事業を行い、書物の目録改題「七略」を完成させた。

BC45年
(崇神53年)

この年　ユリウス・カエサル「ユリウス暦」を制定（ローマ）　ユリウス・カエサル（ジュリアス・シーザー）が「ユリウス暦（カエサル暦）」を制定した。これは、BC45年より実施された太陽暦で、1年を365日と1/4とし、4年毎に2月に閏日を設けるものである。1582年にグレゴリウス13世が改正し今日に至る。

83年
(景行13年)

この年　班固ら編「漢書」100巻が完成（中国）　班固が編纂を始め、妹の班昭らが完成させた「漢書」100巻が完成した。第21巻上・下には、暦と度量衡の記録を記述した「律暦志」が立てられている。

85年
(景行15年)

この年　「四分暦」施行（後漢（中国））　「四分暦」は1年を365日と4分の1とするもので、その分母から名が付けられた。「三統暦＝太初暦」以前の、秦代、漢代、春秋戦国時代に使用された太陽太陰暦は、暦の計算起点が違うだけで、すべて「四分暦」であった。BC104年（中国の太初元年）から、前漢で使用された「三統暦」に代わって、「四分暦」を支持する勢力により、後漢で復活した。

100年
(景行30年)

この頃　メネラオス「球面学」を著す（ギリシャ）　数学者で天文学者のメネラオスが「球面学」を著した。同書の中で球面三角形の諸命題、テオドシウスの天文学的思想を一般化、「メネラオスの定理」などを述べ、特に「メネラオスの定理」は、プトレマイオスに影響を与え、その著書「アルマゲスト」で広く紹介された。

120年
(景行50年)

この頃　プトレマイオス「アルマゲスト」完成（ギリシャ）　アレクサンドリアで活躍した数学者、天文・占星学者、地理学者のプトレマイオスが著書「アルマゲスト」を完成させた。同書ではアリストテレスの同心球モデルに拠らずヒッパルコスの周天円説を導入し、天動説（地球中心体系）に基づく詳細な天文理論として、以後コペルニクスが登場するまで約1400年間にわたって中世ヨーロッパの天文学の中心となった。

157年
(成務27年)

この年　「乾象暦」施行（中国）　「乾象暦」は、劉洪が作り、「三統暦」「四分暦」に代わる暦として31年間使用された。初めて、月の運行速度に遅速の違いがあることを示した暦である。

445年
(允恭34年)

この年　「元嘉暦」施行（中国）　「元嘉暦」は、何承天が作り、445年（中国の元嘉22年）から65年間使用された。この暦は日本には百済を経て伝わり、604年（推古12年）から約88年間使われた。

479年
(雄略23年)

この年　「建元暦」施行（中国）　何承天編の「元嘉暦」を、斉の高帝が「建元暦」に改めた。

500年
(武烈2年)

この年　祖沖之が没する（中国）　祖沖之は南北朝時代の数学者で、正確な暦として「大明暦」を作成したが、反対派により存命中には施行されなかった。

502年
(武烈4年)

この年　「大明暦」施行(南朝宋(中国))　祖冲之は、南朝宋の孝武帝に仕え、自身が編纂した「大明暦」を462年(中国の大明6年)に上申したが同帝の死去により採用されず、子の祖暅之の努力で梁の官暦として使用された。

523年
(継体17年)

この年　「正光暦」施行(北魏(中国))　「正光暦」は、北魏(後魏)の李業興によって作られ、523年(中国の正光4年)より17年間使われた。李業興は、暦学者で、博識であり、武帝のときに、太原太子になった。

540年
(欽明元年)

この年　「興和暦」施行(東魏(中国))　「興和暦」は、東魏(魏)の李業興によって作られ、540年(中国の興和2年)より11年間使われた。

550年
(欽明11年)

この年　数学者・天文学者アールヤバタが没する(インド)　数学者・天文学者アールヤバタが死去した。インド東部、ビハール州の州都パータリプトラ(現・パトナ)で活躍。著書「アールヤバティーヤ」(499年)は、著者が確認出来るインド最古の独立した精密科学書であり、数学、ギリシャの影響を受けた暦法、天文学などについて書かれたインド古典天文学・数学の嚆矢。

551年
(欽明12年)

この年　「天保暦」施行(北斉(中国))　「天保暦」は、北斉の宋景業によって作られ、551年

（中国の天保2年）より15年間使われた。

566年
（欽明27年）

この年　「天和暦」施行（北周（中国））　「天和暦」は、北周の甄鸞によって作られ、566年（中国の天和元年）より13年間使われた。

579年
（敏達8年）

この年　「大象暦」施行（北周（中国））　「大象暦」は、北周の馮顕によって作られ、579年（中国の大象元年）より5年間使われた。

584年
（敏達13年）

この年　「開皇暦」施行（隋（中国））　「開皇暦」は、隋の張賓によって作られ、584年（中国の開皇4年）より24年間使われた。

7世紀

この頃　セーボーフト、「アルマゲスト」をシリア語に翻訳（シリア）　シリア人・セーボーフトが当時盛んだったシリア・ヘレニズムによって、プトレマイオスの「アルマゲスト」をシリア語に翻訳した。

604年
（推古12年）

2.6　初めて暦が用いられる（日本）　平安時代に編まれた「政事要略」に拠れば、この年より初めて暦日を用いたとされる。「日本書紀」には欽明天皇が朝鮮の百済に対して暦博士や暦本を送るよう要請し、翌年暦博士らが来朝したとあり、これが我が国の文献に暦が現れた最初である。百済では661年の滅亡まで中国の「元嘉暦」が用いら

れていたことから、我が国で用いられたのも「元嘉暦」と推定される。

608年
(推古16年)

この年　「大業暦」施行(隋(中国))　「大業暦」は、張冑玄によって作られ、608年(中国の大業4年)より11年間使われた。

619年
(推古27年)

この年　「戊寅暦」施行(唐(中国))　「戊寅暦」は、傅仁均によって作られ、619年(中国の武徳2年)より46年間使われた。

622年
(推古30年)

7.16　イスラム暦で、この年をヒジュラ紀元元年とする(中東)　イスラム教開祖ムハンマドが、メッカから追われてメディナに逃亡(ヒジュラ)した622年を、イスラム太陰暦ではその元年とした。

628年
(推古36年)

この年　ブラフマグプタ「ブラーフマスプタッシュダーンタ」を著作(インド)　ブラフマグプタは、ブラーフマ学派に属し、天文学書「ブラーフマスプタッシュダーンタ」を著わした。同書は全24章から成り、のちアラビアに紹介された。

636年
(舒明8年)

この年　アラビアで現イスラム暦制定(中東)　イスラム教主の第2世オマルが、イスラム暦を

採用し、622年7月15日を紀元年数の起算開始と定めた。

644年
(皇極3年)

この年　李淳風編「天文志」を含む「晋書」130巻完成(唐(中国))　644年(中国の貞観18年)「晋書」が完成。うち、「天文志」「律暦志」「五行志」は、唐の李淳風編とされる。

665年
(天智4年)

この年　「麟徳暦」施行(唐(中国))　「麟徳暦」は、李淳風によって作られ、665年(中国の麟徳2年)より64年間使われた。この暦は、新羅から日本へ「儀鳳暦」と名を変えて伝わり、690年(持統4年)から一時「元嘉暦」と併用して使われた。

675年
(天武4年)

1月　天武天皇「陰陽寮」を設置(日本)　「日本書紀」675年(天武天皇)4年正月に、「陰陽寮」が大学寮、外薬寮と共に記述される。その規定内容は、718年(養老2年)に藤原不比等が制定した養老令にあるとされるが現存しない。養老令の官撰解説書「令義解」職員令によると陰陽寮は毎年、翌年の暦を作って中務に送っていたという。

689年
(持統3年)

1月　「周正暦」採用(中国)　唐の永昌元年11月を載初元年正月とする「周正暦」が採用された。

690年
（持統4年）

11月　「元嘉暦」と「儀鳳暦（麟徳暦）」の併用（日本）　「日本書紀」690年（持統4年）11月、勅命により「元嘉暦」と「儀鳳暦（麟徳暦）」の併用が定められ、実際には692年（持統6年）から実施。「元嘉暦」は中国の劉宋の何承天が445年に編纂、これが百済を通じて日本に伝来し、604年（推古12年）から使用された。

697年
（文武元年）

この年　「儀鳳暦（麟徳暦）」施行（日本）　文武天皇により、これまで併用されてきた「元嘉暦」と「儀鳳暦（麟徳暦）」のうち、「元嘉暦」が廃止され、「儀鳳暦（麟徳暦）」のみとなった。「儀鳳暦（麟徳暦）」は唐で用いられていた暦法で、763年（天平宝字7年）まで使用された。

729年
（神亀6/天平元年）

この年　「大衍暦」施行（唐（中国））　「大衍暦」は、僧・一行によって「開元大衍暦」として献上され、729年（中国の開元17年）より33年間使われた。一行は密教僧で、玄宗皇帝に招かれ、「大日経疏」などを著述。なお、735年（天平宝字7年）に吉備真備が、唐から「大衍暦経」「大衍暦立成」として伝え、のち、それまでの「儀鳳暦」にかえて90年間以上使われた。

762年
（天平宝字6年）

この年　「五紀暦」施行（唐（中国））　「五紀暦」は、それまでの「至徳暦」の不備により、郭献之に命じて作られ、22年間使用された。なお、日本でも858年（天安2年）頃から861年（貞観3年）頃まで使われたことがある。

764年
（天平宝字8年）

この年　「大衍暦」施行（日本）　764年（天平宝字8年）、淳仁天皇により、「儀鳳暦（麟徳暦）」が廃止され「大衍暦」が用いられた。「大衍暦」は唐で用いられていた暦法で、861年（貞観3年）まで使用された。

784年
（延暦3年）

この年　「正元暦」施行（唐（中国））　「正元暦」は、徐承嗣によって作られ、784年（中国の興元元年）より23年間使用された。

807年
（大同2年）

この年　「観象暦」施行（唐（中国））　807年（中国の元和2年）より821（中国の長慶元年）まで徐昂編「観象暦」が施行された。

820年
（弘仁11年）

この頃　アル＝フワーリズミーが天文表を作成する（中東）　カリフに仕えた、アラビア科学の全盛期初期の科学者、数学者アル＝フワーリズミーが最古の天文表「アル＝フワーリズミー天文表」を作成した。

822年
（弘仁13年）

この年　「宣明暦」施行（唐（中国））　「宣明暦」は、徐昂によって作られ、822年（中国の長慶2年）から71年間使用された。なお同暦は859年（貞観元年）に、渤海使が日本へもたらし、862年（貞観4年）施行以降、1684年（貞享元年）まで823年間使われた。

858年
（天安2年）

この年　「五紀暦」施行（日本）　文徳天皇により、「大衍暦」と併せて「五紀暦」が採用された。「五紀暦」は唐で用いられていた暦法で、861年（貞観3年）まで使用された。

862年
（貞観4年）

この年　「宣明暦」施行（日本）　清和天皇により、「大衍暦」「五紀暦」が廃止され「宣明暦」が用いられた。「宣明暦」は唐で用いられていた暦法で、渋川春海による「貞享暦」が採用された江戸時代の1684年（貞享元年）頃まで、およそ820余年の長きに渡り使用された。なお「儀鳳暦（麟徳暦）」「大衍暦」「大衍暦」「五紀暦」「宣明暦」のことを「漢暦五伝」という。

870年
（貞観12年）

この頃　サービト＝ブン＝クッラ、ギリシャ科学書をアラビア語に訳す（イラク）　サービト＝ブン＝クッラがバグダードでアッバース朝のカリフの庇護のもと、ギリシャ語の科学書類をアラビア語に翻訳し、プトレマイオスの理論を展開して、地球の春秋分点の振動を説明した。その著書はさらにラテン語に翻訳された。

920年
（延喜20年）

この頃　アル＝バッターニ、暦法・天文学書を完成（中東）　アル＝バッターニは、イスラム世界で最初に天文学のプトレマイオス体系を極めた学者で「天文学宝典」を著したとされる。また、ラッカに天文台を建設し、黄道傾斜角23度33分及び1年の長さを測定。惑星表も作成した。

956年
（天暦10年）

この年　「欽天暦」施行（後周（中国））　「欽天暦」は、王朴が作り、956年（中国の顕徳3年）より5年間使用された。

964年
（応和4/康保元年）

この年　「応天暦」施行（宋（中国））　「応天暦」は「欽天暦」に誤りが多いため、王処訥が改めた暦で、964年（中国の乾徳2年）より19年間使用された。

977年
（貞元2年）

この年　陰陽師・賀茂保憲が没する（日本）　陰陽師・賀茂保憲が死去した。917年（延喜17年）生まれ。賀茂忠行の長男。幼い頃から奇才ぶりを発揮し、暦生を経て暦博士となり、父を超えて従五位下に叙せられたが、父子の道に背くとして、父の加階を申請したといわれる。960年（天徳4年）天文博士に任じられ、陰陽頭、主計頭、穀倉院別当を歴任し、従四位上に昇進。陰陽道と暦道の名人として知られ、暦道を子の光栄に、天文を安倍晴明に伝えた。著書に「暦林」がある。

990年
（永祚2/正暦元年）

この頃　イブン＝ユーヌス、ハーキム表作成（エジプト）　イブン＝ユーヌスは、イスラム世界最大の天文学者で、当時のファーティマ朝のカリフ、ハーキムに天文表を献じ、「ハーキミー・ジージュ（ハーキム天文学宝典、ハーキム表）」と呼ばれた。全81章のうちの約半分が現存する。イブン＝ユーヌスはまた、天文観測、三角法の研究を行った。

994年
（正暦5年）

この年　アル＝フジャンディー、レイに天文台建設（中東）　アル＝フジャンディーが、レイに天文台を建設し、半径20mの象限儀を設置した。

995年
（正暦6/長徳元年）

この年　アブール＝ワファー、バグダードの天文台で活躍（イラク）　アラビアの天文学者、数学者アブール＝ワファーが「アルマゲスト」、半径6mの象限儀をもつバグダード天文台での観測に基づく「ワーディフ・ジージュ」を著した。

999年
（長徳5/長保元年）

4.2　天文学者ジェルベール、シルヴェステル2世としてローマ教皇に即位（ローマ, フランス）　ジェルベール（ゲルベルトゥス）がフランス人として最初の教皇となった。論理学者・天文学者としても有名。

1001年
（長保3年）

この年　「儀天暦」施行（宋（中国））　「儀天暦」は、史序が作り、1001年（中国の咸平4年）より22年間使用された。

1005年
（寛弘2年）

10.31　陰陽師・安倍晴明が没する（日本）　平安中期の陰陽師・安倍晴明が死去した。天文道・陰陽道に通じて天文博士などを務め、代々陰陽頭を務めた土御門家の祖とされる。古今随一の陰陽師として知られ、「大鏡」「続古事談」「今昔物語集」を始めとする数々の著述に伝説が残る。近年に至っても小説や漫画、映画などに取り上げられ、

高い知名度を持つ。

1024年
（治安4/万寿元年）

この年　「崇天暦」施行（宋（中国））　「崇天暦」は、楚衍・宋行古が作り、1024年（中国の天聖2年）から使用された。

1064年
（康平7年）

この年　「明天暦」施行（宋（中国））　「明天暦」は、周琮が作り、1064年（中国の治平元年）から10年間使用された。

1075年
（承保2年）

この年　「奉元暦」施行（宋（中国））　「奉元暦」は、衛朴が作り、1075年（中国の熙寧7年）から17年間使用された。

1092年
（寛治6年）

この年　「観天暦」施行（宋（中国））　「観天暦」は、皇居卿が作り、1092年（中国の元祐7年）から11年間使用された。

1103年
（康和5年）

この年　「占天暦」施行（宋（中国））　「占天暦」は、姚瞬輔が作り、1103年（中国の元祐7年）から3年間使用された。

1135年
(長承4/保延元年)

この年 「統元暦」施行(南宋(中国)) 「統元暦」は、陳得一が作り、1135年(中国の紹興5年)から32年間使用された。

1167年
(仁安2年)

この年 「乾道暦」施行(南宋(中国)) 「乾道暦」は、劉孝栄が作り、1167年(中国の乾道3年)から9年間使用された。

1191年
(建久2年)

この年 「会元暦」施行(南宋(中国)) 「会元暦」は、劉孝栄が作り、1191年(中国の紹熙2年)から8年間使用された。

1199年
(建久10/正治元年)

この年 「統天暦」施行(南宋(中国)) 「統天暦」は、楊忠輔が作り、1199年(中国の慶元5年)から8年間使用された。

1207年
(建永2/承元元年)

この年 「開禧暦」施行(南宋(中国)) 「開禧暦」は、鮑澣之が作り、1207年(中国の開禧3年)から45年間使用された。

1241年
（仁治2年）

9.26　歌人・藤原定家が没する（日本）　鎌倉初期の歌人・藤原定家が死去した。藤原俊成の子で、新古今調を代表する歌人。50年余りにわたって書き続けられた日記「明月記」は高い史料的価値を持ち、天文学的にはかに星雲の超新星爆発に関する記述があることで知られる。2006年（平成18年）12月には、定家が「明月記」に記した超新星爆発から5月1日で1000年になることを記念し、京都市で国内外の超新星やX線天文学などの研究者が集う国際会議が開かれた。

1253年
（建長5年）

この年　「会天暦」施行（南宋（中国））　「会天暦」は、譚玉が作り、1253年（中国の宝祐元年）から18年間使用された。

1270年
（文永7年）

この頃　「アルフォンソ表」完成（スペイン）　「アルフォンソ表」は、アルフォンソ5世の命で作られた天文表で、16、7世紀までヨーロッパで使われた。

1271年
（文永8年）

8.7　フビライ・ハーンが、回回司天台を設立（モンゴル，中国，イラン）　1271年（蒙古の至元8年）7月1日、元のフビライ・ハーンが、イラン人ジャマール・アッディーンに、回回司天台の設立とイスラム天文学による気象観測及びイスラム暦の編纂開始を命じた。回回は中国でイスラムを意味する。また、司天台は天文台の古代中国での呼称。

この年　「成天暦」施行（南宋（中国））　「成天暦」は、陳鼎が作り、1271年（中国の咸淳7年）から4年間使用された。

1272年
（文永9年）

この頃　アッ＝トゥーシー「イルハーン天文表」完成（中東）　アッ＝トゥーシーは、ペルシャの天文学者。マラーガ天文台の観測に従事し、「イルハーン天文表」を作成した。弟子の育成にも努め、イスラム世界の科学を再興した。

1281年
（弘安4年）

この年　「授時暦」施行（中国）　郭守敬は元の科学者で、天文に精通しており、1279年（中国の祥興2年）観星台の建設にも携わった。フビライ・ハーンの命により新しい天文暦表「授時暦」を編纂、同暦は1281年（中国の至元18年）より施行された。この編纂に際して、郭は"暦の本は測験にあり、而して測験の器は儀表に先だつものはなし"という考えに基づき、観測器械を製作して実測を行い、基本定数の改定や新法の導入を断行した。

1414年
（応永21年）

この年　賀茂在方「暦林問答集」を著す（日本）　暦博士の賀茂在方が暦注（暦に注記される日時、方角についての禁忌、年中行事や農事）の解説書「暦林問答集」を撰した。漢文体の問答形式で書かれ、上下2巻64項目から成る。江戸期の類書によく引用され、「群書類従」雑部に収録されている。

1422年
（応永29年）

この頃　サマルカンドに大天文台建設（ティムール）　ティムールのウルグ・ベグは、トルキスタンの知事として、サマルカンドに大天文台を建設した。また、のちには「ウルグ・ベグ天文表」を完成させている。

1460年
（長禄4/寛正元年）

この頃　ポイルバッハが「アルマゲスト」翻訳開始（オーストリア）　オーストリアの数学者・天文学者ポイルバッハがプトレマイオスの著書「アルマゲスト」の翻訳を始める。他に「惑星新理論」などの著書がある。

1471年
（文明3年）

この頃　レギオモンタヌス、ドイツ最初の天文台を設置（ドイツ）　ドイツの天文学者で数学者のレギオモンタヌスが、ニュルンベルクにドイツ初の天文台を創設した。また、師・ポイルバッハの後を受け、「アルマゲスト」などギリシャの天文学書を翻訳した。彗星の観測、三角法の整備などでも知られる。

1482年
（文明14年）

5.15　トスカネリが没する（イタリア）　イタリアの天文学者で医者のトスカネリが死去した。彗星観測で著名。また、「西方航路」を支持し、コロンブスに影響を与えた。

1534年
（天文3年）

この頃　伊勢国司、他国の暦の使用を禁止（日本）　伊勢国司の北畠氏が自領で頒布していた「丹生暦」以外の使用を禁じた。この暦は16世紀には作られていたとされる。折本形が基本で、「伊勢暦」の原型とされ、1657（明暦3）年版が現存する。

1543年
（天文12年）

この年　コペルニクス、「地動説」を展開（ポーランド）　ポーランドの天文学者コペルニクスは、その著「天球の回転について」で太陽を宇宙の中心とする「地動説」を展開し

た。プトレマイオスの天動説天文学体系とは対極にある壮大な地動説天文学体系を提示したこと、当時発展しはじめていた印刷を利用することにより、やがて多大な影響力をもつに至った。また、後のケプラーの第3法則、ニュートンの力学が導かれることになり、近代天文学だけでなく近代科学の発端を画した。なお、コペルニクスは同年の5月24日に亡くなった。

1572年
（元亀3年）

11月 **ブラーエ、新星を発見**（デンマーク） 肉眼による精密な天体観測を長期間続けていた天文学者ティコ・ブラーエが、カシオペア座に現れた新星を観測した。今日ではこの新星の残骸は「ティコの新星」と呼ばれる。

1576年
（天正4年）

この年 **ブラーエ、天体観測所建設**（デンマーク） ブラーエがデンマーク国王フレデリック2世からフヴェン島を与えられ、ウラニボルク（天の城）とステルネボルク（星の城）という2つの天体観測所を建設した。以後多くの観測器械を設置し、組織的に、より精緻な天体観測を行った。

1577年
（天正5年）

11.12 **彗星が現れ、松永弾正が滅ぼされる前兆として噂される**（日本） 三好家に仕え、将軍・足利義輝の暗殺に関与した武将・松永久秀は、織田信長が畿内に勢力を伸ばすとこれに仕えた。戦国でも有数の梟雄として知られた久秀は一度信長に背いて許されたが、2度目に背いた1577年（天正5年）、本拠の信貴山城を攻められ、滅ぼされた。この前、彗星が現れた際に京都の人々は久秀が滅ぼされる凶兆として噂し、久秀の称した弾正にちなみ彗星を「弾正星」と呼んだという。

1582年
（天正10年）

9.14 **「グレゴリオ暦」に改暦**（ドイツ, ローマ） ローマ教皇グレゴリオ13世は、復活祭の季節を一定にするために、それまで使用していた「ユリウス暦」を「グレゴリオ

暦」に改暦。立案はペルージア大学のアロイシウス・リリウスとその弟アントニウス。同年10月15日（「ユリウス暦」10月5日）からカトリック教国では施行されたが、政治的、宗教的な対立もあり、全世界的に施行されるまでには300年以上かかった。

1592年
（天正20/文禄元年）

この年　ブルーノ、異端嫌疑で逮捕される（イタリア）　ジョルダーノ・ブルーノは、後期ルネサンスの自由思想家で、コペルニクスの太陽中心説を論じた。1585年からヨーロッパ各地を遍歴していたが、イタリアに戻るとキリストの神性を否定したことなどから異端嫌疑で逮捕された。異端審問にかけられた後、8年間投獄され、1600年2月17日ローマで焚刑に処せられた。ブルーノは"宣告を受けているわたくしよりも、わたくしに宣告を下しているあなた方のほうが、真理の前に恐れおののいているのではないか"という言葉を残した。

1593年
（文禄2年）

この年　宣教師ペドロ・ゴメス、「天球論」（ラテン語）を著す（日本）　イエズス会の宣教師、ペドロ・ゴメスによりキリスト教布教のための教科書としてラテン語の「天球論」が書かれ、ヨーロッパの天文学が我が国に伝えられた。

1596年
（文禄5/慶長元年）

この年　ファブリキウス、ミラ変光星を発見（ドイツ）　天文学者ファブリキウスが、くじら座のミラ変光星を発見。時間と共に周期性をもって明るさが変化する星である変光星の初めての発見で、それまで位置も明るさも不変と考えられていた星の研究のエポックとなった。

1597年
（慶長2年）

この年　ガリレイ、ケプラーへの書簡でコペルニクス説を支持（イタリア）　ガリレイは、ケプラーの「宇宙の神秘」を読み、彼への書簡中でコペルニクス説支持の立場を表明した。

1601年
(慶長6年)

10.24 天文学者ティコ・ブラーエが没する(デンマーク)　天文学者ティコ・ブラーエが死去した。コペンハーゲンの大学で古典的教養を身につけ、1560年の日食に刺激を受け天文観測に関心を持った。ライプチヒなど北ヨーロッパ各地を遍歴しながら、天文観測を続け、1572年新星を発見。フレデリック2世に島を与えられ、観測所を作ったが、彼の死後はプラハに行き、神聖ローマ皇帝ルドルフ2世つきの数学者に迎えられた。ベナテク城で天文観測を行い、ファブリキウスやケプラーらが助手として集まった。彼の残した観測データから「ケプラーの法則」が導かれた。

1604年
(慶長9年)

この年　「ケプラーの新星」を発見(ドイツ)　ケプラーが新星の出現を観測した。「ケプラーの新星」と呼ばれる。

1608年
(慶長13年)

この年　リッペルスハイ、望遠鏡の理論を発表(オランダ)　リッペルスハイが望遠鏡の理論として、「ガラスの組み合わせで遠くのものを手近に見られる器具」の特許権を申請した。

1609年
(慶長14年)

この年　ガリレイ、「ガリレオ式望遠鏡」を製作(イタリア)　ガリレイがケプラー式望遠鏡の倒立像を改良し、対物が凸、接眼が凹からなる凹凸レンズ系の正立拡大望遠鏡を製作した。これは別名「オランダ式望遠鏡」と呼ばれる。

この年　ケプラー、「新天文学」を出版(ドイツ)　ケプラーが「火星運動論」(通称「新天文学」)を出版、「ケプラーの法則」と呼ばれる惑星運動に関する第1・第2法則を公表した。第1法則は「惑星は、太陽を焦点として楕円を描く」、第2法則は「惑星と太陽を結ぶ線が一定の時間内に描く面積は一定である」というもの。

1610年
（慶長15年）

この年　**ガリレイ、「星界からの報告」を出版**（イタリア）　ガリレイがガリレオ式望遠鏡を使った観測で、月面のクレーター、木星の衛星などを発見、「星界からの報告」に記述した。

この年　**ファブリキウス父子、太陽の自転を発見**（ドイツ）　ファブリキウス父子は、プロテスタントの牧師として勤務する傍ら天体観測を行い、望遠鏡による太陽観測を通じて黒点を発見、それが回転することも含めて翌年報告した。シャイナーも1611年に太陽黒点を発見したが、イエズス会士であるため太陽自転説はとらなかった。なお、シャイナーは、太陽黒点発見の後先をめぐり、ガリレイとも論争があった。

1612年
（慶長17年）

2.6　**数学者・天文学者のクラヴィウスが没する**（ドイツ, イタリア）　イエズス会の司祭でガリレイの友人でもあった数学者で天文学者のクラヴィウスが死去した。「ユリウス暦」を改暦し、「グレゴリオ暦」策定にあたり中心的な働きをした。彼に学んだマテオ・リッチは「幾何原本」の大筋を中国に伝え、P.ゴメスは日本にわたって「天球論注釈」を底本に教科書を編み、その思想を東洋に広めた。

1616年
（元和2年）

この年　**法王庁が、地動説禁止の教令発布**（イタリア）　ガリレイは「星界からの報告」の出版後、地動説を支持することを公表し始め、聖書に違反しないことを弁明した。しかし、1616年にローマ法王庁の地動説禁止命令に従い、公表しないことを誓った。

1619年
（元和5年）

この年　**ケプラー「世界の調和」出版**（ドイツ）　ケプラーが「世界の調和（宇宙の調和）」を出版し、惑星に作用する太陽の引力が、太陽と惑星の距離の2乗に反比例して変化するという惑星運動の第3法則を発表した。同書でケプラーは惑星運動の速度には和声が関連し、天体は音楽を奏でているといった、ピタゴラス的な「音階的和声」による調和論を繰り広げた。同書は2009年ラテン語からの完訳版が工作舎より刊行された。

1630年
（寛永7年）

11.15　天文学者ケプラーが没する（ドイツ）　天文学者のケプラーが死去した。始めプロテスタント神学を学んだが、後に天文学や占星術に移った。ティコ・ブラーエの死後、ブラーエの観測をまとめると共に自分も天体観測を行い、「ルドルフ表」を1627年に完成させた。惑星運動の物理的原因の探究に関心をもち、太陽から発散する力により惑星の運動、ケプラーの第1、第2法則をも説明しようとした試みは、「新天文学」（1609年）に見えている。宇宙の数学的音階的な調和を求め続け、第3法則を説いた「世界の調和」（1619年）につながった。晩年は、宗教革命の中で、皇帝となったフェルディナント公により、新教徒追放が再び行われたため旅に出て、30年戦争の渦中で亡くなった。他の著書に「宇宙の神秘」（1596年）、「天文学の光学的部分」（1604年、望遠鏡についての研究）、「日食について」（1605年）、「新星について」（1606年）、「星界からの使者との対談」（1610年）、「屈折光学」（1611年）、「ケプラーの夢」（1634年、月への旅行というSF的なもの）などがある。

1632年
（寛永9年）

この年　ガリレイ、「天文対話」を出版（イタリア）　ガリレイが「天文対話」を出版した（正式名称は「プトレマイオスとコペルニクスの2つの最も主要な宇宙体系に関する対話」）。天体の諸現象について、地動説のプトレマイオス派と天動説のコペルニクス派の対話という形で比較を行い、コペルニクスの諸論拠を論理的に紹介する一方、自身が望遠鏡を用いて発見した金星の満ち欠け、木星の4個の衛星、太陽黒点の運動の年周変化も地動説の証拠として挙げた。

1633年
（寛永10年）

6.22　ガリレイ、地動説を捨てる（イタリア）　ガリレイは「天文対話」の出版により、異端審問裁判で3回にわたる尋問を受け、火刑か地動説を捨てるかの選択を迫られ、地動説を捨てた。同書では地動説と天動説を対話という形で書くことで異端の問題を解決出来ると考え、また、当時のローマ法王も、地動説禁止令を出したパウロ5世から、ガリレイの旧友でもあるウルバヌス8世に代わっており、教会側も執筆の許可を出していたが、異端審問を受けることになった。地動説を否定した際、ガリレイは"それでも地球は動いている"とつぶやいたと伝えられる。

11.8　中国近代科学の開祖・徐光啓が没する（中国）　明代末に、北京を中心に西洋科学を中国へ紹介した徐光啓が死去した。中国に伝道者として入国したイエズス会のリッチに数学、天文学、地理学などを学んで中国近代科学の開祖といわれた。ユークリッド幾何学の前半を翻訳した「幾何原本」、アダム・シャールと共に編纂し西洋天文学を紹介した「崇禎暦書」などが有名。また、リッチから洗礼を受け、キリスト教会を

徐家匯に建て、現在も中国キリスト教の中心となっている。

1636年
(寛永13年)

この年　ガリレイ、「新科学対話(力学対話)」出版(イタリア)　ガリレイがアリストテレスの自然科学を正した「新科学対話(力学対話)」を出版した。同書に記載されている慣性の法則、運動の相対性の発見は、近代物理学の基礎となった。

1642年
(寛永19年)

1.8　ガリレオ・ガリレイが没する(イタリア)　"近代科学の父"とも呼ばれるガリレオ・ガリレイが死去した。1564年生まれ。1589年ピサ大学数学教授、1592年～1610年パドバ大学教授。この間、運動論を研究。1609年に倍率30倍の望遠鏡を自作し、木星の衛星4個、太陽の黒点、金星の満ち欠けなどを観測。これらにより、地動説への確信を高め、「星界からの報告」を刊行した。1632年「天文対話」を発表したが異端審問に遭い、翌年地動説を捨てる。この時"それでも地球は動いている"とつぶやいたといわれている。その後も力学研究に没頭、晩年は両目を失明したが精力的に活動を続けた。1983年に、ローマ法王ヨハネ=パウロ2世が教会の誤りを認め、約350年ぶりに名誉が回復された。

この年　今村知商「日月会合算法」(稿)著す(日本)　今村知商が「書経」巻之一・閏月の算術、集注に基づいて注釈した、「日月会合算法」を著した。

1645年
(正保2年)

この年　「時憲暦」施行(清(中国))　「時憲暦」は、湯若望が作り、1645年(清の順治2年)から267年間使用された。湯若望は、もとアダム・シャールといい、ドイツ人宣教師で、中国に入って明・清両朝に仕え、西洋の天文学や暦学などを伝えた。

1646年
(正保3年)

4.6　南蛮天文学を修めた林吉右衛門が刑死する(日本)　長崎に住んでいた南蛮天文学の第一人者・林吉右衛門は、キリシタン信者であり、キリスト教の信仰を禁じていた

この頃	幕府に捕えられ、1646年（正保3年）4月6日に刑死した。門人で「二儀略説」を著した小林謙貞もキリシタンではなかったが捕えられ、20年余にわたって牢に入れられた。
この頃	シャールが欽天監正となる（中国）　ドイツ生れのイエズス会宣教師で、中国にわたったアダム・シャール（湯若望）が、清国の国立天文台長にあたる欽天監正に就任した。徐光啓が宣教師の助力を得て行っていた西洋天文学書の漢訳事業に加わって135巻にのぼる「崇禎暦書」を著し、1645年（中国の順治2年）から「崇禎暦書」を編み直した「西洋新法暦書」に基づいて改暦を行った。晩年はキリスト教排斥運動に巻き込まれ、不遇のうちに死去した。

1647年
（正保4年）

この年	ヘヴェリウス「月面誌」を出版（ドイツ）　天文観測のために天文台を建設し、屈折望遠鏡を製作したJ.ヘヴェリウスが月面を描いた「月面誌」を刊行した。ヘヴェリウスは他に「彗星誌」「恒星誌」「天文機械」「ソビエスキーの天空」などの著作がある。

1648年
（正保5/慶安元年）

5月	吉田光由「古暦便覧大全」刊（日本）　和算家の吉田光由が、所蔵していた古暦を校訂して「古暦便覧大全」として刊行した。好評を博し、後年にいたって何種かの同型本が続刊された。

1650年
（慶安3年）

2.11	哲学者デカルトが没する（オランダ）　主にオランダで活躍した哲学者・数学者のデカルトが死去した。1596年生まれ。近代哲学・科学思想の形成に大きな役割を果たし、近代哲学の祖とされる。解析幾何学の発見は数学史の上では画期的なことであり、著書「宇宙論」では慣性の法則を明確にするなど、数学、天文学の分野での功績も大きい。

1655年
（承応4/明暦元年）

7.28 「月世界旅行記」のシラノ・ド・ベルジュラックが没する（フランス） シラノ・ド・ベルジュラックが死去した。哲学に関心をもち、スカロン、シャペル、モリエールなど自由思想的傾向をもつ文人とも交わって、文筆生活に入る。死後、空想小説「月世界旅行記」が1657年に、「太陽諸国諸帝国」が1662年に出版された。SF風の枠組みや17世紀の滑稽物語の体裁をとりつつ、当時の社会を否定的に描いている。なお、E.ロスタンは彼を鼻の大きな剣士に仕立てた「シラノ・ド・ベルジュラック」を書いている。

この年 土星の環と衛星の発見（オランダ） 物理学者C.ホイヘンスが自作の望遠鏡で土星の環と衛星「タイタン」を発見した。

1659年
（万治2年）

この年 「乾坤弁説」成る（日本） イエズス会神父クリストファ・フェレイラが、17世紀中頃の西洋天文学書を日本語訳したとされている「乾坤弁説」が成立。アリストテレス・プトレマイオス的世界像に準じており、四元素説に基づく気象の説明や、天動説などを解説。しかしその成立過程などについては、不明な点が多い。なお、フェレイラは後に拷問により棄教、沢野忠庵を名乗り、キリシタン弾圧にあたった。

1663年
（寛文3年）

この年 安藤有益「長慶宣明暦算法」刊（日本） 今村知商の門人で、その著作「堅亥録」を詳説した「堅亥録仮名抄」で知られる和算家の安藤有益が、「宣明暦」の研究書「長慶宣明暦算法」を刊行した。有益には他に「本朝統暦」「東鑑暦算改補」などの暦書がある。

1667年
（寛文7年）

この年 パリ天文台創立（フランス） ルイ14世の命令でパリ天文台が建設された。初代台長はカッシーニ。同天文台は1671年南アメリカのフランス領ギアナとパリで火星を同時観測し、その視差から火星までの距離を求め、さらに太陽までの距離も計算した。

1668年
（寛文8年）

この年　ヨハネス・フェルメールが「天文学者」を描く（オランダ）　オランダの画家、ヨハネス・フェルメールが「天文学者」を描いた。翌年に描かれた「地理学者」と対になる作品といわれ、天球儀に向かう天文学者が描かれている。フランスのルーブル美術館に所蔵されている。

この頃　ニュートン、最初の反射望遠鏡の製作（英国）　1666年同じ屈折率の光には同じ色が属することを発見後、屈折望遠鏡の改良から反射望遠鏡の研究に転じたI.ニュートンが最初の反射望遠鏡を製作した。この業績により、1672年ロイヤル・ソサエティの会員に選ばれた。

1669年
（寛文9年）

4月　フェルビーストが、欽天監の管理となる（中国）　ベルギー生れのイエズス会宣教師で、中国にわたったフェルディナント・フェルビースト（南懐仁）が、清国の国立天文台長にあたる欽天監正に就任した。アダム・シャール（湯若望）を助け、キリスト教排斥運動をくぐり抜けると、一時中断されていたヨーロッパ天文学による修暦事業を復活させ、1669年（康熙8年）欽天監補、1673年欽天監正となった。シャールの没後は「時憲暦」の修正を継承し、200年先までの太陽・月・5惑星の位置を計算した「康熙永年暦法」を作成した。また、天文儀器の解説書「霊台儀象志」も著した。

1674年
（延宝2年）

この年　フック「地球の年周運動を観測から証明する1つの試み」を出版（英国）　物理学者・天文学者で観測器具の改良でも知られるロバート・フックが「地球の年周運動を観測から証明する1つの試み」を出版。全ての事象において、周知の力学の法則に従う宇宙体系が展開し得るとした。

1675年
（延宝3年）

5.1　渋川春海、「授時暦」による日食予報に失敗する（日本）　渋川春海が、820余年の長きに渡って使われてきた「宣明暦」に代わって、新たに中国の「授時暦」の採用を願い出たが、1675年（延宝3年）5月1日の日食予報に失敗して、改暦は中止となった。

1676年
(延宝4年)

- この年 グリニッジ天文台創設(英国) ロンドンの南東グリニッジに王立グリニッジ天文台(Royyal Greennwichi Observatory、略称ROG)が創設され、ジョン・フラムスティードが初代台長に就任した。航海天文学や天体力学の研究、天体位置の精密観測、天体暦の発行を主業務にしており、1890年代には71cm、66cmの屈折望遠鏡を、1929年には91cmの反射望遠鏡を設置した。第二次大戦後、ハウスト・モンソウ城に移転し、元のグリニッジ天文台は博物館となった。1967年から1979まで、ニュートン望遠鏡を使用。さらにケンブリッジに移動後、それまで行っていたグリニッジ平均時の報知を停止し、1998年には完全に閉鎖された。
- この年 発明家のグレゴリーが没する(英国) スコットランドの数学者、発明家のJ.グレゴリーが2枚の反射鏡をもつグレゴリー式反射望遠鏡を発明した。

1676年
(延宝4年)

- この頃 レーマー、光の速度を初めて計算する(デンマーク) 国際標準時間を決めるために衛星の観測をしていたレーマーが、木星の衛星の食観測により、1676年に光が有限な速度を持っていることを発見した。

1678年
(延宝6年)

- この年 ピカール、「*La Connaissance des Temps*」を創刊(フランス) パリ天文台創設に加わった天文学者ピカールが年鑑「*La Connaissance des Temps*」を刊行した。

1684年
(天和4/貞享元年)

- この年 渋川春海が制作した、日本人による初めての暦「貞享暦」の採用が決まる(日本) 「授時暦」による日食予報の失敗の理由を研究した渋川春海は、中国と我が国との経度差や近日点の異動を考慮して、「授時暦」を日本向けに手直しした「大和暦」を完成させた。水戸光圀や保科正之ら幕府要人の後援を得て、1684年(貞享元年)採用が決まり、1685年(貞享2年)より「貞享暦」の名で施行された。

1687年
（貞享4年）

この年　ニュートン、「プリンキピア（自然哲学の数学的原理）」を著す（英国）　ニュートンが、エドモンド・ハレーの勧めにより、運動の3法則、万有引力の法則などの力学の解説書を、ラテン語で「プリンキピア（自然哲学の数学的原理）」として出版した。序文、定義、公理または運動の法則、第1編：物体の運動について、第2編：物体について、第3編：世界大系について、から構成され、第3編では地上及び天体の運動を総括して論じている。17世紀後半までの物理学・天体力学のエポックとなった。

1689年
（元禄2年）

この年　井口常範「天文図解」刊（日本）　京都で医師を営み、後年に江戸に下って水戸藩に仕えた井口常範が通俗的な天文学解説書の嚆矢である「天文図解」（全5巻5冊）を刊行した。1697年（元禄10年）には通俗的な暦学解説書「授時暦図解」を著し、弟子・小泉光保の名で刊行された。

1693年
（元禄6年）

この年　中根元圭「天文図解発揮」を著す（日本）　中根元圭が、井口常範の手による通俗的な天文学解説書「天文図解」に見られる誤謬を一つ一つ指摘・訂正した「天文図解発揮」を著した。刊行は1739年（元文4年）。

1695年
（元禄8年）

7.8　物理学者ホイヘンスが没する（オランダ）　物理学者のC.ホイヘンスが死去した。望遠鏡を自作し土星の環と衛星「タイタン」を発見したことや、光の伝播を説明した「ホイヘンスの原理」で知られる。

1705年
（宝永2年）

この年　ハレー、周期彗星の楕円軌道を計算（英国）　英国の天文学者エドモンド・ハレー（ハリー）が、ある周期彗星の楕円軌道を計算し、次の出現を1758年と予言した。没後、予言通りに彗星が現れたため、その彗星はハレー（ハリー）彗星と名づけられた。

1707年
（宝永4年）

この年　林正延「授時暦図解発揮」刊（日本）　中根元圭の弟子である林正延が、1697年（元禄10年）に井口常範が著述し、小泉光保の名で刊行された通俗的な暦学解説書「授時暦図解」に見られる誤謬を一つ一つ指摘・訂正した「授時暦図解発揮」を著した。元圭の子・彦循の書簡によると、「授時暦図解発揮」は元圭が弟子の名前で出したという。

1708年
（宝永5年）

12.5　和算家・関孝和が没する（日本）　関流算学の祖で、江戸期を代表する和算家である関孝和が死去した。暦学にも造詣が深く、「天文大成三条図解（授時発明）」「四余算法」などの暦学書がある。「授時暦」を研究し、改暦を志していたが、水戸光圀や保科正之といった有力後援者を持つ渋川春海に先んじられた。

1711年
（宝永8/正徳元年）

この年　ドナート・クレーティが天体観測を主題とした絵画を描く（イタリア）　イタリアの画家、ドナート・クレーティが天体観測を主題とした8点の絵画を描いた。素人天文学者のルイジ・フェルディナンド・マルシリが、ローマ教皇クレメンス11世に対してボローニャに天文台を建設する許可と援助を得るため、その視覚的効果を狙いクレーティに風景画を依頼したという。

1712年
（正徳2年）

9.14　土星の環の間隙を発見したカッシーニが没する（イタリア）　イタリア生まれで、フランスに帰化した天文学者カッシーニが死去した。25歳の若さでボローニャで天文学教授となる。その後、フランスのルイ14世が創設したパリ天文台の台長となり、太陽系の大きさの研究を行い、地球と太陽との平均距離を計算。実際より7％小さいだけのほぼ正確な値であった。1671年〜1684年の間、土星の4つの衛星を発見し、1675年には土星の「カッシーニの間隙（カッシーニのさけ目）」を発見。また、フランスの全国的測量に着手したが、これは息子から孫に受け継がれて完成した。

この年　西川如見「天文義論」刊（日本）　長崎の天文家、西川如見が「天文義論」（2巻2冊）を刊行した。中国由来の天文説と西洋の天文学を対比させて設問形式で書かれており、天を「命理の天」と「形気の天」に分けて、前者を眼に見えない宇宙の理、後者を実証的な技術の学問としている。地円説、九天説などを紹介し、長崎を中心に広く読まれた。

1715年
（正徳5年）

11.1　天文暦学者・渋川春海（安井算哲）が没する（日本）　日本人による初めての改暦を成功させた渋川春海が死去した。父は幕府碁所の安井算哲で、父の没後にその名を継いだ。改暦の功績により碁所を免じられ、初の天文方に就任。本所、のち駿河台に宅地を拝領して天文観測に従事した。「天文瓊統」などの著述がある。

1716年
（正徳6/享保元年）

9.28　江戸幕府8代将軍に徳川吉宗が就任する（日本）　7代将軍・家継が幼くして亡くなり、徳川御三家の一つ、紀州徳川家の当主・吉宗が8代将軍に就任した。新井白石・間部詮房らを退け、自ら様々な改革を主導して幕政の立て直しを図り、いわゆる「享保の改革」を行った。幕府中興の英主といわれる。また、キリスト教の流入を防ぐために発せられた禁書令を緩和したことは、洋学の発展に寄与した。

1717年
（享保2年）

6.17　陰陽師・土御門泰福が没する（日本）　陰陽師・土御門泰福が死去した。1655年（明

暦元年）生まれ。1682年（天和2年）陰陽頭に就任。1680年（延宝8年）山崎闇斎の門に入って垂加神道を学び、これに家学の陰陽道を加えて土御門神道を大成した。また、京都梅小路の邸内にある天文台で渋川春海と共に実測を行い、1684年（貞享元年）改暦の宣旨を受けて渋川の「貞享暦」作製に協力した。

1718年
（享保3年）

1月　徳川吉宗が江戸城で天体観測を行う（日本）　徳川吉宗は天文学・暦学にも強い関心を抱いており、1718年（享保3年）から6年間、江戸城内で測午儀を用いて自ら天文観測を行った。また、1732年から1738年（元文3年）にかけても天文観測を行ったといわれる。

7.27　儒学者・神道家の谷秦山が没する（日本）　土佐の儒学者で神道家の谷秦山が死去した。名は重遠。山崎闇斎や浅見絅斎について儒学、神道を学ぶ一方、渋川春海に入門して天文・暦学にも通じた。春海との対話・学業について記した「新廬面命」「壬癸録」を著した。

この年　ハレー、恒星の固有運動を発見（英国）　E.ハレーがプトレマイオスの恒星表とフラムスティードの恒星表の比較を行い、恒星は位置が変化し、固有の運動をすることを発見した。

1719年
（享保4年）

この年　初代グリニッジ天文台長のJ.フラムスティードが没する。（英国）　英国の天文学者ジョン・フラムスティードが死去した。1646年生まれ。独学で天文学を勉強し、1675年グリニッジ天文台の初代台長に就任。緻密かつ正確な観測を追究したが、その完璧主義から、自らが納得出来ない観測記録を公表しようとするニュートンやハレーと対立した。没後の1725年に「イギリス天体誌」（全3巻）、1729年に「天球図譜」が刊行された。

1724年
（享保9年）

この年　天文家・地理学者の西川如見が没する（日本）　江戸中期の長崎で活躍した天文家・地理学者の西川如見が死去した。「天文義論」をはじめ「両儀集説」「天文精要」「天文初学問答」「教童暦談」などの天文学書があり、地理学者としても「日本水土考」「増補華夷通商考」などを著した。1719年（享保4年）将軍・徳川吉宗に江戸に招かれ下問に答え、子息・正休を天文方に推挙した。

1725年
（享保10年）

この年　「イギリス天体誌」（フラムスティード星表）が出版される（英国）　グリニッジ天文台の初代台長を務めたフラムスティードは、1676年から14年間に約2万回の観測を重ね、2935個の星を掲載し、6等以上の明るい星を各星座ごとに赤経順に命名した恒星表を制作した。これは没後に全3巻の「イギリス天体誌」（フラムスティード星表）として出版された。

1727年
（享保12年）

3.31　物理学者・数学者アイザック・ニュートンが没する（英国）　物理学者・数学者のアイザック・ニュートンが死去した。1643年生まれ。1665年から重力、光学、数学に関するその主要理論の基礎を築き、1668年に初の実用反射望遠鏡を作成したが、ホイヘンスやフックらの科学者の批判があったため、その業績の多くは長期間発表されなかった。1684年にハレーの勧めで天体力学の研究書「プリンキピア」を、1704年に「光学」を出版した。

1728年
（享保13年）

この頃　ブラッドリー、光行差を発見（英国）　ブラッドリーが星の視差を調査するための観測で、星の変位を発見した。その原因を地球が公転していることによる光行差（観測する星の方向と真の方向との間にあるわずかな差）であると説明した。

1729年
（享保14年）

7.15　暦博士・幸徳井友親が没する（日本）　暦道の家柄である賀茂家の庶流・幸徳井家の当主である幸徳井友親が死去した。暦博士を務めたが、「貞享暦」の採用により暦の天文学的部分は江戸の天文方が担うようになったため、1701年（元禄14年）江戸に出て、渋川春海について「貞享暦」の伝授を受けた。

この年　天文家・廬草拙が没する（日本）　天文家・廬草拙が死去した。1675年（延宝3年）生まれ。曽祖父は中国・福建省から長崎に来住。小林義信の高弟である関庄三郎について西洋天文について学んだとされ、1713年（正徳3年）聖堂学頭として輸入漢籍の検閲に従事。翌年には西川如見と共に幕府に召され、天文のことについて下問を受けた。

1730年
（享保15年）

この年　西川正休「天経或問」に訓点を施して刊行（日本）　西川如見の子・西川正休が、中国・清の天文書「天経或問」に訓点を施して3冊本とし、またその解説書「大略天学名目鈔」を附して4冊本として刊行した。「天経或問」は1675年（中国の康熙14年）に成立、西洋天文学をもとに書かれており、中国を間に挟む形ながら、我が国の天文学に大きな影響を与えた。

1733年
（享保18年）

1月　中根元圭が「暦算全書」の訳述を完成させる（日本）　「暦算全書」は中国・清の暦算学者である梅文鼎の全著述をほぼ網羅した29種76巻からなる大部の書籍で、1723年（中国の雍正元年）に出版された。3年後の1726年（享保11年）には我が国に伝来し、将軍・徳川吉宗は訳述を命じ、中根元圭がそれに従事した。元圭は訳述に際して、キリスト教の流入を防ぐために発せられた禁書令を緩和を建言し、緩和のきっかけとなったといわれる。1733年に訳述が完成し、江戸城の紅葉山文庫に収められた。

10.19　天文家・暦学者の中根元圭が没する（日本）　「暦算全書」の訳述に取り組んだ暦学者の中根元圭が、訳述完成の年に死去した。もとは京都の銀座の役人で、建部賢弘の推挙により将軍・徳川吉宗にまみえ、その信任を得た。その命により、「貞享暦」の正否を確かめるための天文観測にも従事した。著述も多い。

1737年
（元文2年）

12月　北島見信「紅毛天地二図贅説」成る（日本）　長崎の儒学者・天文家である北島見信が、1700年のオランダ製天地両球儀の記載事項、特に星辰図・地名を翻訳し注釈をつけた「紅毛天地二図贅説」を制作した。上・中・下巻のうち、下巻は未成立と推定されている。

1739年
（元文4年）

8.24　和算家・暦学者の建部賢弘が没する（日本）　関孝和の高弟である、和算家・暦学者の建部賢弘が死去した。幕臣の三男で、将軍・徳川吉宗の天文暦学における顧問格となり、京都の銀座の役人であった中根元圭を推挙した。和算家としてもすぐれた

業績を残している。

1742年
（寛保2年）

1.30　天文方の猪飼豊次郎が没する（日本）　天文方の猪飼豊次郎が死去した。1716年（享保元年）渋川敬尹の暦作御用手伝を命じられ、1736年（元文元年）天文方に任じられた。没後、子は天文方を継ぐことはなく、天文方としての猪飼家は一代で断絶した。

1746年
（延享3年）

この年　江戸神田佐久間町に天文台を建造（日本）　幕府は「宝暦暦」の改暦に伴い、神田佐久間町に天文台を置いたが改暦が10年程で終ると共に撤去した。

1750年
（寛延3年）

この年　入江脩敬「天経或問註解」刊（日本）　久留米藩に仕えた儒学者・入江修敬より、「天経或問」の序図の巻に註釈を加えた「天経或問註解」（全3巻）が刊行された。
この年　将軍・吉宗、改暦のため天文方を京都に派遣する（日本）　西洋の天文学に基づいた改暦を志す将軍・徳川吉宗は、改暦の手続きを進めるため、1750年（寛延3年）に天文方の渋川則休と西川正休を京都に派遣したが、桜町天皇の崩御により交渉は中断、間もなく江戸に戻った渋川則休が亡くなり、1751年には吉宗も改暦をみずに没した。

1751年
（寛延4/宝暦元年）

7.12　江戸幕府8代将軍・徳川吉宗が没する（日本）　江戸幕府8代将軍・徳川吉宗が死去した。吉宗は西洋の天文学を用いた改暦を企図していたが、建部賢弘や中根元圭の没後は人を得られず、存命中の改暦はならなかった。
この年　ゲッティンゲン大学に天文台を設立（ドイツ）　ゲッティンゲン大学に天文台が設立され、初代台長にガウスが就任した。

1752年
(宝暦2年)

9.14 「グレゴリオ暦」の採用(米国, 英国)　米国と英国で「グレゴリオ暦」が採用された。

この頃 マイヤー、高精度の太陽・月表を作成(ドイツ)　地図学者・天文学者のJ.T.マイヤーは、1750年ゲッティンゲンのゲオルク・アウグスト校数学教授となり、応用数学研究を行いながら、月の研究にも関心を持ち、精度の高い太陽及び月の運動表を作成した。これは彼の没後1765年に英国議会により海上の実用的な経度決定法と認められた。

1753年
(宝暦3年)

この頃 ドロンド、ヘリオメーターを製作(英国)　光学機器製造業者ドロンドが、星の視差、惑星の角直径を測定するのに便利な屈折望遠鏡・ヘリオメーターを製作した。

1754年
(宝暦4年)

10月 陰陽頭・土御門泰邦(安倍泰邦)が「暦法新書」を著す(日本)　宝暦年間に入って、再び改暦の為に幕府の天文方・西川正休が京都に赴き、陰陽頭の土御門泰邦(安倍泰邦)と交渉を持ったが、土御門は西川を改暦からはずすことに成功。1754年(宝暦4年)新暦「宝暦暦」の暦理を説いた暦書「暦法新書」(全16巻)を著した。

1755年
(宝暦5年)

この年 「宝暦暦」施行(日本)　京都の陰陽頭・土御門泰邦(安倍泰邦)が著した「暦法新書」をもとに、「貞享暦」が廃されて「宝暦甲戌元暦(宝暦暦)」が施行された。

この年 カント、「天体の一般自然史と理論」を発表(ドイツ)　カントが「天体の一般自然史と理論」を発表した。この中で太陽系は星雲から形成されており、天文学者の見ている多くの星雲は他の銀河と考えた。

1757年
（宝暦7年）

この年　ドロンド、色消しレンズを発明（英国）　ドロンドがクラウンガラスとフリントガラスの2種類のガラスを使い、色の狂いを修正する色消しレンズを製作した。原理は既に発見されていたが、製作されたのは初めて。

1758年
（宝暦8年）

12.25　ハレーの予言した彗星が出現（世界）　1705年にハレーが1758年と予言した彗星の出現が的中し、この彗星は「ハレー彗星」と名づけられた。

1759年
（宝暦9年）

この年　クレロー、「ハレー彗星」の近日点通過を予測（フランス）　数学者、物理学者クレローが摂動論などから「ハレー彗星」の近日点通過を正確に予測した。

1760年
（宝暦10年）

この年　「ランバートの法則」発表（ドイツ）　数学者・物理学者・天文学者のランバート（ランベルト）が、光度測定により光の吸収における「ランバートの法則」を確立した。

1761年
（宝暦11年）

この年　ランバート「宇宙論書簡」発表（ドイツ）　数学者・物理学者・天文学者のランバートが銀河系の形状や階層構造に関する仮説を「宇宙論書簡」で発表した。

1763年
（宝暦13年）

7.16 美濃郡上藩主の金森頼錦が没する（日本）　1754年（宝暦4年）から約4年間続いた郡上一揆のため領地を没収され、盛岡藩南部家に永預けとなった美濃郡上藩主・金森頼錦が死去した。天文に興味を持ち、城の天主台で天体観測も行ったといわれ、1744年（延享元年）には「天度測量」を著した。

10.7 暦にない日食が起り、「宝暦暦」の不備が発覚する（日本）　「宝暦暦」改暦から9年後の1763年（宝暦13年）、暦にない日食が起こり、日食予報に失敗した。「宝暦暦」の不備が問題となり、早くも次の改暦に着手されることになった。

この年 須弥山説擁護者・文雄が没する（日本）　僧・文雄（もんのう）が死去した。1700年（元禄13年）生まれ。西洋天文学「天経或問」が知られて地動説が広まる中で、「非天経或問」「九山八海解嘲論」を著して、仏教天文学としての須弥山説擁護の論客として活動した。

1766年
（明和3年）

この頃 グリニッジ天文台、航海暦を創刊（英国）　グリニッジ天文台から、N.マスケリンを中心として1767年用航海暦が出版された。

1767年
（明和4年）

9.14 尊皇思想家・山県大弐が死罪となる（日本）　倒幕思想書「柳子新論」の著者で、江戸・八丁堀で家塾を開いていた儒学者・兵学者の山県大弐が、幕府への謀反を企てた嫌疑で捕縛され、死罪となった（明和事件）。山県には天文書「天経発蒙」（8巻附録1巻）がある。

1769年
（明和6年）

12月 佐々木長秀、「修正宝暦甲戌元暦」を著す（日本）　「宝暦暦」の不備が発覚すると、幕府は「宝暦暦」成立時に暦作手伝を免ぜられていた佐々木長秀（吉田秀長）を天文方として復帰させ、暦法修正に従事させた。1769年（明和6年）佐々木は「修正宝暦甲戌元暦」（全10巻）を完成させ、1771年より施行された。この一件は改暦とはされず、暦の修正とされた。

この年　暦学者・川谷薊山が没する（日本）　暦学者・川谷薊山が死去した。1706年（宝永3年）生まれ。江戸に出て和算を豊島氏の門に学び、帰国して塾を開く。1760年（宝暦10年）土佐藩留守居組に起用される。暦学に通じ、1763年官暦に記載のない日食を予測して名をあげ、測量技術なども評価されて藩士にとりたてられた。著書に「薊山集」「南海暦談」「授時改旋暦書」「起元演段」など。

1770年
（明和7年）

この年　原長常「天文経緯鈔」刊（日本）　原長常が「天文経緯鈔」を刊行した。天文初学者のための解説と歴代の天文学者の著書を紹介し、その原典をたどることも出来る入門書を意図して書かれたといわれる。

1772年
（明和9/安永元年）

この年　「ボーデの法則」発表（ドイツ）　天文学者ボーデが、惑星の太陽からの距離に一定の数学的相関関係があるという「ボーデの法則」を発表した。

1773年
（安永2年）

1.3　和算家・山路主住が没する（日本）　和算家の山路主住が死去した。中根元圭、久留島義太、松永良弼に師事し、1748年（寛延元年）計算力を買われて天文方である渋川則休、西川正休の補暦御用手伝を命じられ、宝暦の改暦に関与した。1764年（明和元年）天文方に任命された。

1774年
（安永3年）

8月　本木良永により地動説が紹介される（日本）　長崎通詞・本木良永が「天地二球用法」を翻訳し、我が国に初めて地動説を紹介した。原本は1633年にオランダの地図家ブラウが、自身の製作した天球儀・地球儀に付した手引書で、天動説と地動説について記されている。

この年　ボーデ、「ベルリン天体暦」刊行（ドイツ）　天文学者のボーデがベルリン天文台で「Berliner Astronomisches Jahrbuch（ベルリン天体暦）」の修正を始めた。1786年ベ

ルリン・アカデミー天文台長に就任以後も1826年まで担当した。

1778年
（安永7年）

5.30　フランスの文人・ヴォルテールが没する（フランス）　フランスの文人ヴォルテールが死去した。ニュートンの死後、その業績をヨーロッパに紹介することに尽力したことで知られる。

1779年
（安永8年）

この年　薩摩藩主・島津重豪が明時館を設置する（日本）　"蘭癖大名"として知られた薩摩藩主で、11代将軍・徳川家斉の岳父でもあった島津重豪が、領内に天文暦学の研究施設・明時館を設置した。「貞享暦」への改暦を機に各地で用いられていた暦も「貞享暦」に統一されたが、薩摩藩だけは遠隔地であり独自の暦を作ることを特別に許され、自藩内だけで「薩摩暦」を使用していた。1779年（安永8年）重豪はいっそうの正確を期すため天文観測拠点として明時館を作り、別名を天文館といわれた。のちに鹿児島一の繁華街・天文館の由来となった。

1781年
（安永10/天明元年）

3.13　W.ハーシェル、天王星を発見（英国）　天文学者W.ハーシェルが、太陽系の第7惑星天王星を発見。ロイヤル・ソサエティ会員及びジョージ3世付の天文学者になった。

1782年
（天明2年）

10月　浅草に天文台が設置される（日本）　江戸・牛込から浅草に幕府公設天文台（司天台、暦局、頒暦御用役所、頒暦屋敷ともいわれる）が移転・新築された。以後、天文方の施設として、幕府崩壊後の1869年（明治2年）に廃止されるまで存続。暦の作製・頒布、天体観測などを行った。浮世絵師・葛飾北斎の代表作「富嶽百景」の「鳥越の不二」にも描かれている。

1783年
(天明3年)

9.18 **数学者オイラーが没する**(スイス) 天才的数学者オイラーが死去した。1707年バーゼルで牧師の子として生まれ、13歳でバーゼル大学に入学。1726年にロシア・サンクトペテルブルクアカデミーの物理学教授に招かれ、無限級数の和を求める「バーゼル問題」という難問を解決したことで名を馳せた。目を酷使し、1766年には全盲になったが、著作を多産し続け、論文や遺稿をふくむ「全集」は1911年以降刊行を続け、2009年現在も完結していない。1736年の「力学」は、ニュートン力学をライプニッツの微分積分学で解析する試みであり、1753年の「月の運動論」は、ニュートンの研究を受け継ぎ月の運動や三体問題などを解析的方法で論じたものである。また、光学に関する彼の研究は、望遠鏡の技術発達に大きな役割を果たした。

10.29 **ジャン・ダランベールが没する**(フランス) 数学者・哲学者であり、「百科全書」の編集にも携わったジャン・ダランベールが死去した。天文学では、月の運動における三体問題などの研究などを行った。また、1749年の「歳差に関する研究」では数学的手法を用いてニュートンが解決出来なかった問題を解決した。

1784年
(天明4年)

この年 **志筑忠雄「天文管窺」が成る**(日本) 長崎通詞・志筑忠雄が「天文管窺」を著した。「暦象新書」上編巻之上下の旧訳と考えられ、広島市の浅野図書館に所蔵されていたが、1945年(昭和20年)原爆により焼失した。

この年 **暦学者・土御門泰邦が没する**(日本) 暦学者で公家の土御門泰邦(安倍泰邦)が死去した。1711年(正徳元年)生まれ。安倍晴明の後裔にあたる土御門泰福の三男。1732年(享保17年)陰陽頭を経て、1746年(延享3年)治部卿となり、従三位となる。天文方・西川正休を失脚させて改暦の実権を握り、西村遠里を配下に宝暦改暦を推進した。1754年(宝暦4年)「暦法新書」を献じ、翌年「宝暦甲戌元暦」が施行された。

1785年
(天明5年)

この年 **W.ハーシェル「天界の構造について」を発表**(英国) W.ハーシェルがジョージ3世の援助で大型反射望遠鏡を製作して観測を行い、星雲・星団のカタログなどを作成した。これにより、星数を測定し、天の川を中心として恒星が円盤状に分布しているという銀河系の形状を推定、「天界の構造について」という論文で発表した。しかし1800年、検討過程の誤りに気づき、破棄。

1787年
（天明7年）

10.26　天文暦学者の吉田秀長が没する（日本）　天文暦学者の吉田秀長（佐々木秀長）が死去した。1750年（寛延3年）より改暦手伝をしていたが、「宝暦暦」成立時の混乱に役目を免ぜられた。「宝暦暦」に誤りが発覚すると、1764年（明和元年）天文方として復帰し、「宝暦暦」の修正に携わった。1780年（安永9年）姓を佐々木から吉田に改めた。

この年　天文暦学者の西村遠里が没する（日本）　京都で薬屋・得一堂を営む傍ら、天文暦学に通じた西村遠里が死去した。陰陽頭・土御門家と交友があり、「宝暦暦」の改暦に際して学問的援助を行った。嗣子がなかったため、門弟に推されて蓑谷太沖が跡を継ぎ、西村太沖を名のった。「得一暦」「授時暦解」「貞享暦解」「天学指要」「本朝天文志」などの著述がある。

1788年
（天明8年）

この年　吉雄幸作・本木良永が「阿蘭陀永続暦和解」を翻訳（日本）　長崎通詞の吉雄幸作・本木良永が太陽暦の啓蒙書「阿蘭陀永続暦和解」を翻訳。黄道十二星座に、白羊・金牛・双兄・巨蟹・獅子・室女・天秤・天蝎・人馬・磨羯・宝瓶・双魚の字を当てた。

1789年
（天明9/寛政元年）

4.1　天文暦学者の千葉歳胤が没する（日本）　武蔵入間出身の天文暦学者・千葉歳胤が死去した。中根元圭、幸田親盈に師事して天文学や暦学、算学を修めた。天文方として実力が劣っていたとされる渋川図書をよく補佐したという。著書に185巻に及ぶ大著「蝕算活法率」や「天文大成真遍三條図解」「皇倭通暦蝕考」などがある。

1791年
（寛政3年）

この年　志筑忠雄「混沌分判図説」が成る（日本）　志筑忠雄が「混沌分判図説」を著した。「暦象新書」の附録であり、宇宙の生成について記されている。我が国最初の科学的な宇宙論とされる。

1793年
（寛政5年）

8.26　橘南谿が京都で天文観測の会を催す（日本）　京都の医師で、紀行「東遊記」「西遊記」などで知られる橘南谿が文人たちを招いて自宅で天文観測の会を催した。岩橋善兵衛が作った望遠鏡を用い、記録「望遠鏡観諸曜記」を残した。

11.12　天文学者・政治家のバイイが没する（フランス）　天文学者で政治家であり、パリ市長も務めたJ.S.バイイが死去した。木星の運動や天文学史を研究し、著書に「古代天文学史」「近代天文学史」などがある。

11.24　フランス共和暦を制定（フランス）　国民公会が「グレゴリオ暦」を廃止してジルベール・ロムが作成した「共和暦（革命暦）」を施行した。1805年12月31日に廃止。

この年　本木良永が「星術本原太陽窮理了解新制天地二球用法記」を翻訳（日本）　1791年（寛政3年）本木良永が老中・松平定信の命を受け、英国のアダムズが販売した天球儀・地球儀の手引書の翻訳に従事。1793年「星術本原太陽窮理了解新制天地二球用法記」(7冊)が完成した。

1794年
（寛政6年）

7.17　長崎通詞・本木良永が没する（日本）　長崎通詞・本木良永が死去した。「天地二球用法」で我が国に初めて地動説を紹介した他、「太陽窮理了解説」では「惑星」「視差」「遠点」「近点」など今日でも用いられている訳語を使用した。他に「阿蘭陀地球図説」「平天儀用法」「日月時圭和解」「象限儀用法」などの著述がある。

1795年
（寛政7年）

1.1　蘭学者・大槻玄沢が江戸で「グレゴリオ暦」の正月を祝う（日本）　「グレゴリオ暦」の1775年1月1日にあたる寛政6年閏11月11日、江戸蘭学界の重鎮・大槻玄沢がその家塾・芝蘭堂に多くの蘭学者を招き、初めて西洋の新年を祝った（「オランダ正月」）。以来、新元会と称して1837年（天保8年）まで続けられ、ロシアへの漂流者・大黒屋光太夫らも招かれた第1回の様子は「芝蘭堂新元会図」に残されている。

この年　伊能忠敬、高橋至時に入門（日本）　下総・佐原の商人・伊能忠敬が天文方の高橋至時に入門した。早くから天文暦学に興味を持っており、家督を嗣子に譲った50歳からの入門で、師匠の高橋は約20歳年下であった。

この年　高橋至時、間重富が幕府に召され上京する（日本）　3月、大坂の天文暦学者・麻田剛立門下の俊英、高橋至時と間重富の2人が改暦御用のため幕府より江戸出府を命じられ、11月には天文方に任じられた。麻田・高橋・間の3人は中国・清の天文学書「暦象考成後編」を研究し、当時我が国随一の天文暦学者であった。

1796年
（寛政8年）

1月 **司馬江漢「和蘭天説」刊（日本）** 我が国における洋画の先駆者の一人で、蘭学者でもあった司馬江漢が「和蘭天説」を刊行した。自身の「天球図」の手引書であり、天動説・地動説を図入りで詳しく紹介している。

この年 **ラプラス、「世界体系の解説」出版（フランス）** 数学者・科学者のラプラスが「世界体系の解説」を刊行、惑星は星雲の中の種々のものが凝縮されたものという、太陽系起源星雲説（ラプラスの星雲説）を示した。

1798年
（寛政10年）

1.4 **「寛政暦」施行（日本）** 1797年（寛政9年）天文方の高橋至時は上京して土御門家と交渉し、1798年「寛政暦」が施行された。西洋の天文学に基づく最初の改暦であるが、緯度や惑星運動などの点が課題として残された。

5.20 **和算家・暦学者の安島直円が没する（日本）** 出羽新庄出身の和算家で暦学者・安島直円が死去した。天文方の山路主住に天文や暦学を学んだ。関流宗統第四伝と称せられる江戸中期を代表する算学者で、特に円理に関して独創的な業績を挙げた。暦学に関しては「授時暦便蒙」「安島先生便蒙之術」「交食蒙求俗解」「安子西洋暦考草」などの著述がある。

7月 **志筑忠雄「暦象新書」の上編を著す（日本）** 志筑忠雄が、英国人ケイルによるラテン語の著述をオランダ人ルロフスがオランダ訳した著書「In leidinge tot dewaare Natuuren Sterrekunde」を訳述し、「暦象新書」の上編を著した。西洋の力学・天文学を紹介しているが、訳述にあたって原書の不十分な点を自説により補い、また独創的な説を加えるなど、原書とは独立した価値を与え、我が国の科学史上でも画期的な著述とされる。上編はケプラーの第2、第3法則について触れられ、地動説も論じられている。

1799年
（寛政11年）

6.25 **天文暦学者の麻田剛立が没する（日本）** 大坂の天文暦学者・麻田剛立が死去した。もとは豊後杵築藩の藩医であったが、天文暦学に強い関心を持ち、そちらに注力するために藩医辞職を願い出たが許されず、1772年（安永元年）脱藩して大坂で暮らした。高橋至時、間重富をはじめすぐれた門人を育てて一家をなし、学者としては平均太陽年の長さが変化する消長法を創出した。

1800年
(寛政12年)

6.11 伊能忠敬、蝦夷地(北海道)の測量に出発(日本)　伊能忠敬は、緯度1度の値を算出するため、自宅のある江戸・深川から浅草の天文台までの緯度差と距離を実測したが、師の高橋至時はそのような近距離よりはと蝦夷地(北海道)での測量を提案し、幕府に測量許可を働きかけた。これにより、55歳の伊能は全国測量への第一歩を踏み出すこととなった。

11月　志筑忠雄「暦象新書」の中編を著す(日本)　志筑忠雄が、オランダの著書「In leidinge tot dewaare Natuuren Sterrekunde」の訳述を進め、「暦象新書」の中編を著した。中編では日常の力学問題や引力論について触れられている。

12.21 天文方の奥村郡太夫が没する(日本)　天文方の奥村郡太夫が死去した。1765年(明和2年)「宝暦暦」の補暦御用を命じられ、1787年(天明7年)天文方に任じられた。没後、子は天文方を継ぐことはなく、天文方としての奥村家は一代で断絶した。

この年　W.ハーシェル、赤外線を発見(英国)　W.ハーシェルが太陽スペクトルの中に赤外線を発見し、熱と光の本性研究の端緒となった。

1801年
(寛政13/享和元年)

1.1　小惑星「セレス」の発見(イタリア、ドイツ)　イタリアの天文学者G.ピアッツィが英国で星の観測中に初めて小惑星を発見、小惑星第1番「セレス」と名づけたが、軌道を求められずに見失った。ドイツの数学者K.F.ガウスは最小2乗法から「セレス」の軌道を求めて位置を予測、再発見へと導いた。

2.4　伊能忠敬、蝦夷地測量による略測図を幕府へ提出(日本)　1800年(寛政12年)4月に蝦夷地の測量に出発した伊能忠敬は、奥州街道と蝦夷地東南海岸を測量して10月江戸に戻り、12月には幕府に略測図を提出した。以後、幕府は忠敬に全国測量を命じ、第2回測量は相模伊豆海岸から奥州海岸までの測量に従事。やがて(地球を球体として)緯度1度を28里2分と算出すると、「ラランデ暦書」によって算定した数値と一致し、師の高橋至時と手を取り合って喜んだという。

11.5　国学者・本居宣長が没する(日本)　国学者で医師の本居宣長が死去した。「古事記」の註釈書「古事記伝」に代表される国学研究や、随筆「玉勝間」でなど知られる。一方で、「天文図説」「真暦考」など天文暦学に関する著述もある。

1802年
(享和2年)

11月　志筑忠雄「暦象新書」の下編を著す(日本)　志筑忠雄が、オランダの著書「In leidinge tot dewaare Natuuren Sterrekunde」の訳述を進め、「暦象新書」の下編を著した。

下編では楕円幾何学や楕円運動、求心力について触れられている。同書によって訳された「重力」「求心力」「遠心力」などの訳語は今日でも使われている。

この年　**オルバース、小惑星「パラス」を発見**(ドイツ)　独学で天文学を学んだH.オルバースがガウスの予測で小惑星「セレス」を再発見し、さらに小惑星「パラス」も発見した。

この年　**太陽スペクトル中に暗線**(英国)　ウォラストンが太陽スペクトル中に暗線を発見した。

この年　**W.ハーシェル、連星発見**(英国)　W.ハーシェルが、当時として世界最大の望遠鏡を完成させ、それを用いて世界で初めて連星を発見した。

1803年
(享和3年)

この年　**高橋至時「ラランデ暦書管見」を作成**(日本)　高橋至時は上司・堀田正敦の命により、フランスの天文学者ラランデ(ラランド)の著述「ラランデ暦書」を調査し、その重要性を認識。わずか十数日の貸与期間の中で最も関心の深い問題についてノート「ラランデ暦書管見」第1冊を作った。その後、幕府に願い出て「ラランデ暦書」を入手するとその判読を続け、11冊の稿本が作られた(現存は8冊)。

この年　**ビオ、レーグルの隕石を調査**(フランス)　物理学者ビオがレーグルの落下隕石を調査研究し、隕石が地球外から落下した物質であることを証明した。

1804年
(享和4/文化元年)

2.15　**天文暦学者の高橋至時が没する**(日本)　天文暦学者の高橋至時が死去した。江戸時代を通じて屈指の天文暦学者であり、寛政の改暦をほぼ独力で行い、また、伊能忠敬の測量を支援するなど多くの功績を残した。1803年(享和3年)7月「ラランデ暦書」を入手するとその判読に尽力したが、半年後に39歳で早世した。他の著書に「新修五星法及図説」など。

10月　**大坂の間重富、再び江戸に召される**(日本)　天文方・高橋至時の急逝により、寛政の改暦後は大坂で活動していた高橋の盟友・間重富が再び江戸に召し出され、高橋の長子・景保を補佐した。1809年(文化6年)大坂に戻った。

この年　**ハディング、小惑星「ジュノー」発見**(ドイツ)　ハディングが、第3小惑星を発見、古代ローマの女神にちなんで「ジュノー」と名づけられた。

この頃　**A.レプソルト、子午環製作**(ドイツ)　装置製作者アドルフ・レプソルトは、ハンブルクに精密機器と光学機器の会社を設立し、子午環を製作した。同社の技術は、ツァイスなどに継承されている。

1806年
（文化3年）

8.21 長崎通詞・蘭学者の志筑忠雄が没する（日本） 長崎通詞で蘭学者の志筑忠雄が死去した。長崎通詞の志筑家の養子となったが、職を辞した後は本姓に戻った。中野柳圃の名でも知られる。代表的な著述「暦象新書」の他、「求力論」「日蝕絵算」「和蘭詞品考」などの著書がある。また、訳書「鎖国論」により、「鎖国」という言葉を初めて用いた。

1807年
（文化4年）

この年 第4小惑星「ベスタ」を発見（ドイツ） オルバースが小惑星番号4番の「ベスタ」を発見した。名前は古代ローマの炉の女神にちなむ。

1808年
（文化5年）

この年 ハリコフ天文台設立（ロシア） ハリコフ大学に天文台が設置された。

1809年
（文化6年）

この年 司馬江漢「刻白爾天文図解」刊（日本） 司馬江漢が「刻白爾天文図解」（2巻1冊）を刊行した。本木良永の訳書「新制天地二球用法記」に基づいてコペルニクスの地動説を紹介しているが、「刻白爾」はコペルニクスの漢訳名ではなく、ケプラーの漢訳名。

1810年
（文化7年）

この年 ベッセル、ケーニヒスベルク大学天文学教授に（ドイツ） ドイツの天文学者・数学者ベッセルが、ケーニヒスベルク大学天文学教授となった。1813年には、1811年に創設された同大学天文台の初代台長に就任した。

1811年
（文化8年）

- **2.9** 天文学者マスケリンが没する（英国）　天文学者のN.マスケリンが死去した。1761年セントヘレナで金星太陽面通過観測を行う。1765年グリニッジ天文台長に就任。同天文台で「英国航海暦」の発行に携わるなど、"近代航海術の父"といわれる。

- **8月** 大彗星が出現し、「彗星略考」や「泰西彗星論訳草」などが出る（日本）　大彗星が現れ、世間で話題となった。天文暦学に通じていた高橋景保は「彗星略考」を、馬場佐十郎は「泰西彗星論訳草」を著した。

- **この年** 浅草天文台に蕃書和解御用が設置される（日本）　幕府は、フランス人・ショメールが著した家庭用百科事典を増補改訂したオランダ版「Huishoudelijk Woordenboek」の翻訳作業を行うため、浅草天文台に翻訳機関として蕃書和解御用を設置し、馬場佐十郎と大槻玄沢に作業にあたらせた。2人の没後も宇田川玄真ら一流の蘭学者が出仕して作業に従事し、江戸時代を通じて最大の翻訳事業として「厚生新編」の訳述が行われた。

- **この年** 円通「仏国暦象編」刊（日本）　京都の僧・円通は、西洋天文学の普及により地動説が広まってくると、世界の中心に須弥山があり、太陽も月もそのまわりを巡っていると仏教的宇宙観・須弥山説を擁護するため、「仏国暦象編」（5冊）を著し、西洋天文学を批判した。1816年（文化13年）伊能忠敬は「仏国暦象編斥妄」を著し、その主張を斥けた。

- **この年** 望遠鏡製作者の岩橋善兵衛が没する（日本）　魚屋に生まれ、後年になって望遠鏡製作者として名をなした岩橋善兵衛が死去した。1793年（寛政5年）初めて「窺天鏡」と名づけた望遠鏡を製作。1801年（享和元年）には「平天儀」という日月星の運行や四季・潮汐の変化などの早見盤を作り、翌年には「平天儀図解」も出版した。

1813年
（文化10年）

- **2.23** 浅草天文台が火災で焼失（日本）　春に浅草天文台が火災に遭い、高橋至時・景保父子の諸稿本など多くのものが焼失した。

- **4.10** 数学者・天文学者のラグランジュが没する（フランス）　数学者・天文学者のラグランジュが死去した。1736年生まれ。19歳でトリノの王立砲工学校教授となり、教育の傍ら、学術雑誌を発行、名を馳せる。オイラーの等周問題に関心をもち、変分学の分野で解析的な方法を発表。また、三体問題の解明にあたった。1766年から1787年までベルリン科学アカデミー数学部門長。1790年メートル法制定にあたってはその制定委員長として尽力した。

- **この年** 石井寛道「周髀算経正解図」刊（日本）　紀州の国学者・石井寛道が「周髀算経正解図」（1冊）を著した。西洋天文学に基づく地動説、仏教的宇宙論である須弥山説を排して、古代中国の書「周髀算経」が述べられた周髀説の正しさを説いている。

1814年
（文化11年）

3.24 　高橋景保が御書物奉行を兼ねる（日本）　父・高橋至時の没後、その跡を継いで天文方となった高橋景保が、江戸城の紅葉山文庫を差配する御書物奉行を兼ね、天文方筆頭に昇った。

この年　「ピアッツィ恒星表」完成（イタリア）　ピアッツィが1803年から作り始めた「ピアッツィ恒星表」を完成させた。6784個の恒星が記録されている。

この年　フラウンホーファー線（暗線）発見（ドイツ）　フラウンホーファーは、分光器を作り、太陽スペクトルを分析して、フラウンホーファー線（暗線，太陽スペクトルの吸収線と吸収帯）を発見した。

1816年
（文化13年）

4.21 　天文暦学者の間重富が没する（日本）　高橋至時と並び、麻田剛立の高弟として知られた天文暦学者・間重富が死去した。もとは大坂の質商で、観測機器の製作など資金面からも一門を支えた他、天文方を務めていた高橋が没すると江戸に出てその子息・景保を援けた。著述に「ラランデ暦書訳稿」「垂球精義」「日月食実測録」などがある。

1817年
（文化14年）

4.1 　儒学者の中井履軒が没する（日本）　大坂の儒学者・中井履軒が死去した。懐徳堂を運営した兄・中井竹山と並んで儒学者として知られ、私塾・水哉館を運営した。暦は土御門家が司っておりみだりに作ることは出来なかったため、仮想の国・華胥の国の暦として1780年（安永9年）に「華胥国暦書」、1801年（享和元年）に「華胥国新暦」を著した。

この年　天文観測家メシエ没する（フランス）　フランスの天文観測家C.メシエが死去した。1730年生まれ。1751年パリ天文台の助手となる。ハレー彗星観測を契機に、ルイ15世に"彗星発見の名手""彗星の番人"と呼ばれるほど彗星発見に尽力、およそ15個の新彗星を独立発見。彗星と区別するために、星雲、星団の位置を記録して「メシエ星表」を作成した。1871年版は45個、1881年改訂版では103個を掲載している。そのカタログ番号Mは今日も星団の名称に使用されている（アンドロメダ銀河はM31）。

1818年
(文化15/文政元年)

5.17 　地理学者・測量家の伊能忠敬が没する(日本)　50歳を過ぎてから、我が国で初めて天文観測に基づく近代科学的な地図作りに従事した伊能忠敬が死去した。その正確さが認められて幕府に登用され、測量は幕府の公認事業となり、1816年(文化13年)の第十次測量まで全国を回った。その測量日数は3737日、測量距離は約4万kmに及ぶ。墓は遺言により師の高橋至時と並んで建てられている。また、孫の伊能忠誨も天文方に勤め、星図作りに携わったが、21歳で夭折した。

11.19 　洋画家・蘭学者の司馬江漢が没する(日本)　我が国で初めて腐蝕銅版画の創製に成功した、洋画の先駆者・司馬江漢が死去した。「地球全図略説」「和蘭天説」「刻白爾天文図解」などを通じて西洋知識の啓蒙家としても活動し、地動説を一般に広める上で大きな役割を果たした。他の著述に「西洋画談」「天地理譚」などがある。

この年 　エンケ、彗星の軌道を決定(ドイツ)　J.F.エンケが、ポンスが発見した彗星の軌道をガウスの手法を用いて計算、周期3.3年の楕円軌道を導いた。また、この彗星の軌道は、1786年、1795年、1805年に出現した彗星と同じもので、1822年に出現すると予測して的中。「エンケ彗星」と呼ばれた。

1820年
(文政3年)

この年 　英国王立天文学会創設(英国)　W.ハーシェルらにより英国王立天文学会(RAS: The Royal Astronomical Society)が創設された(当初の名前は「ロンドン天文学会」。1831年現名称に変更)。天文学、地球物理学などの研究を奨励・促進し、「王立天文学会月報」を発行。ゴールドメダルの授与などを行う。

1821年
(文政4年)

3.31 　町人学者・山片蟠桃が没する(日本)　大坂の商人で、百科全書的な啓蒙書「夢の代」で知られる町人学者・山片蟠桃が死去した。経営手腕を発揮して主家・升屋(山片家)と仙台藩の立て直しに成功し、主家の姓を名のることを許され、番頭であったことから山片蟠桃と称した。合理主義に徹し、地動説を支持した。

この年 　和算家・経世家の本多利明が没する(日本)　和算家で経世家の本多利明が死去した。今井兼庭に算学を、千葉歳胤に天文暦学を学ぶ。ロシアの脅威などの対外問題、天明の飢饉に代表される国内問題の対応策として海外との交易を主張し、そのための学問として天文学や地理学、航海学の重要性を認識した。著述に「経世秘策」「西域物語」の他、暦算や航海術関係のものも多い。

この年 　伊能忠敬「大日本沿海輿地全図」が完成する(日本)　伊能忠敬のライフワークであり、作成途中で伊能が没した後も天文方によって継続された日本地図作りが完成し

た。1里を3寸6分で表した大図214枚、1里6分の中図8枚、1里3分の小図3枚からなり、「大日本沿海輿地全図」(伊能図)と称される。これらは幕府の機密であり、一般には公開されなかった。同時に2部制作され、正本を幕府、副本を伊能家が蔵した。

1822年
(文政5年)

8.25 **天文学者ウィリアム・ハーシェルが没する**(英国)　天文学者W.ハーシェルが死去した。1738年生まれ。ドイツのハノーファー生まれで、同地で音楽を学んで軍楽隊員となった。1757年英国に渡り各地で音楽を教えていたが、1770年頃から天文学に興味をもち、天文書を読むだけではあきたらず、1774年には高精度の反射望遠鏡を作り掃天観測を行った。結果、宇宙の恒星は不規則で円盤状に分布していることを示した。1781年天王星を発見し、その功績で国王付きの天文官となる。1787年に天王星の衛星「チタニア」「オベロン」を、1789年土星の衛星「ミマス」「エンケラドゥス」を発見。1800年の赤外線発見もハーシェルに帰す。また、連星や星雲の目録も作った。

9.12 **蘭学者・馬場佐十郎が没する**(日本)　長崎通詞の出身で、浅草天文台において「万国全図」補訂事業や「厚生新編」の訳述にあたった蘭学者の馬場佐十郎が死去した。1811年(文化8年)のゴローニン事件で抑留されていたロシア軍人ゴローニンの取り調べも行い、ロシア語から我が国最初のジェンナーの種痘法を紹介した「遁花秘訣」を翻訳している。オランダ語学習書「蘭訳梯航」で知られる他、天文書「泰西彗星論訳草」などもある。

この年 **吉雄俊蔵「西説観象経」成る**(日本)　長崎通詞・吉雄幸作の孫である吉雄俊蔵により、著述「西説観象経」が成った。お経仕立ての折り本1冊で、西洋天文学を「仏説観音経」になぞらえて記述しており、併せて地動説も説いた。

この年 **エディンバラ天文台、王立となる**(英国)　スコットランドにある1811年創立の私設天文台が1822年王立を冠することを許され、エディンバラ王立天文台と改称した。1834年エディンバラ大学所属となる。1929年91cmの反射望遠鏡を設置。

1823年
(文政6年)

この年 **吉雄俊蔵「遠西観象図説」刊**(日本)　吉雄俊蔵が私塾・観象堂で行っていた西洋天文学の講義を、草野養準が筆記した「遠西観象図説」(3巻3冊)が刊行された。マルチンやマルチネットの著書を原書から翻訳した、西洋天文学を取り扱った最初の概説書とされる。

この年 **ドイツ天文学会機関紙創刊**(ドイツ)　H.C.シューマッハが初代編集長となり、ドイツ天文学会機関紙「*Astronomische Nachrichten*」(アストロノミシェ・ナハリヒテン)を創刊した。

1824年
(文政7年)

この年　長久保赤水「天文星象図」「天文星象図解」刊（日本）　水戸出身の地理学者で、江戸時代を代表する日本地図「改正日本輿地路程全図」の作者である長久保赤水により、「天文星象図」と、その手引書「天文星象図解」が刊行された。

この年　英国王立天文学会ゴールドメダル授与開始（英国）　英国王立天文学会が授与する最も名誉ある賞。毎年授与。地球物理学、天文学と、2つの部門に分けて選定される。

1825年
(文政8年)

この年　ラプラス、「天体力学」(全5巻)完成（フランス）　ラプラスが、ニュートン、オイラーらに基づく太陽系の理論をまとめ、解析学の新しい方法を述べながら、太陽系に不規則性があっても周期的なものであり、基本的に太陽系は安定しているとした「天体力学」(全5巻)を約30年かけて出版した。

6.7　物理学者フラウンホーファーが没する（ドイツ）　物理学者フラウンホーファーが死去した。1787年生まれ。1806年にミュンヘンの科学装置製作会社の職人となり、光学や数学の専門的知識を得て、大口径レンズ製作のための技術改良を行った。1814年に太陽光のスペクトル中にフラウンホーファー線を発見した。その後も、望遠鏡の色消しレンズの製作のために、惑星や恒星のスペクトルの型を観測するなど、天体分光学の基礎を築いた。

この年　石坂常堅「方円星図」刊（日本）　石坂常堅「方円星図」が刊行された。西洋天文学に基づいて我が国で最初に刊行された星図であり、中国の「儀象考成」から落ちていた星を自らの観測に基づいて追加している。

1827年
(文政10年)

この年　シュトルーフェ、二重星及び多重星を観測（ロシア）　G.W.シュトルーフェがドルパート天文台長の任に就き、自作の反射望遠鏡で二重星及び多重星を2640個観測した。

1829年
(文政12年)

3.20　シーボルト事件により捕らえられていた高橋景保が獄死（日本）　天文方・高橋景保

は、ドイツ人医師で博物学者のシーボルトと交流を持ち、国外に持ち出すことを禁じられていた「全日本沿海輿地全図」(伊能図)などと、クルーゼンシュテルン「世界周航記」などの外国書との交換を約したが、シーボルトが帰国に際して乗船する予定だった帆船が台風により座礁。幕府による臨検で禁止の品々が発見され、捕縛され、連日取り調べを受けて伝馬町の牢獄で獄死した(シーボルト事件)。

1830年
(文政13/天保元年)

この年　我が国最大級の星図「天象研究改正之真図」が作られる(日本)　甲州郡内桑久保(現・上野原市)の名主総代が天文啓蒙家の朝野北水に縦約3.2m、横約8.2mの巨大星図を作らせた。1300個以上の星と約300組の星座が描かれている。

この年　石井光致「和漢暦原考」刊(日本,中国)　儒学者・石井光致が、我が国と中国の暦法や干支の由来について記した「和漢暦原考」を著した。

1832年
(天保3年)

この年　国友藤兵衛、反射望遠鏡の製作を始める(日本)　近江出身の鉄砲鍛冶、国友藤兵衛(国友一貫斎)がグレゴリー式反射望遠鏡の製作を始める。今日まで4台が現存し、製作記録「テレスコップ遠眼鏡業試留」も残されている。

この年　ワシントン海軍天文台創設(米国)　太陽、月、恒星の位置測定と航海暦作成を目的に、合衆国海軍天文台がワシントンに創設された。1855年には「*American Ephemeris and Nautical Almanac*(アメリカ天体暦)」を創刊。第二次大戦後の1952年には15mパラボラ型アンテナを完成させた。

1833年
(天保4年)

1.10　数学者ルジャンドルが没する(フランス)　数学者ルジャンドルが死去した。1752年生まれ。1782年ベルリン・アカデミーに弾道論に関する論文を提出して賞を得て、1783年アカデミー・デ・シアンス会員、1787年ロイヤル・ソサエティ会員となる。天文学、力学などへの解析学の応用について多くの業績を残す。1784年惑星に関する論文を発表、この中でルジャンドル多項式を用いた。

1834年
（天保5年）

この年　須弥山説の擁護者・円通が没する（日本，インド）　僧・円通が死去した。1754年（宝暦4年）生まれ。比叡山で慧澄、豪潮らに学び、初め山城積善院に住したが、晩年は江戸僧上寺の恵照院に移った。儒者や国学者から仏教への批判が高まったことをきっかけに、仏教の祖国であるインドの暦学を長年に渡って研究し、「仏国暦象編」を著してインド宇宙論やインド暦法の優秀さを主張した。著書に「須弥山儀図」「和解」「実験須弥界説」など。

1835年
（天保6年）

2.3　国友藤兵衛が自作の望遠鏡で太陽黒点の観測を行う（日本）　1835年〜1836年（天保6年1月6日〜7年2月8日）の158日間の間、国友藤兵衛（国友一貫斎）が自作の反射望遠鏡を使って太陽を連続観測し、その黒点をスケッチした。その記録は「日月星試留」に残されている。

6.16　天文暦学者の西村太沖が没する（日本）　越中出身の天文暦学者・西村太沖が死去した。旧姓を蓑谷といい、師の西村遠里の没後、門弟一同に推されてその跡を継いだ。麻田剛立にも師事した。のち金沢に住み、毎年金沢用の略暦「金府日時用略」を編んだ。門下に石黒信由らがいる。

この年　プルコヴォ天文台創設（ロシア）　サンクトペテルブルク南にプルコヴォ天文台が創設され、G.W.シュトルーフェが初代天文台長に就任。1839年当時世界最大の39cm屈折望遠鏡が完成した。1917年のロシア革命の際には、戦火を逃れて一時移設された。1941年ドイツ軍の侵攻の折に破壊されたが戦後に復興した。

1836年
（天保7年）

この年　渋川景佑と足立信頭が「新巧暦書」を幕府に上程する（日本）　天文方の渋川景佑と足立信頭が、渋川の亡父・高橋至時が進めていた「ラランデ暦書」の完訳事業を終え、「新巧暦書」（40冊）として幕府に上程した。

1838年
（天保9年）

この年　奥村増贮「経緯儀用法図説」刊（日本）　本多利明、伊能忠敬、高野長英らに師事した

　　　　和算家・奥村増馳が、航海に必要な経緯儀の図解・用法を示した「経緯儀用法図説」(2巻1冊)を刊行した。翌年の1839年(天保10年)にはその附録として「太陽赤緯表」を著している。
1838-1839　恒星の視差値の発見(ドイツ, 英国, ロシア)　F.W.ベッセルがはくちょう座61星で、T.ヘンダーソンがケンタウルス座アルファ星で、G.W.シュトルーフェがベガ星で、とそれぞれ、初めて恒星の視差値を発見した。

1839年
(天保10年)

この年　ハーバード大学天文台創設(米国)　天文、天体物理の研究を広範囲に行うため、ハーバード大学天文台が創設された。1910年オークリッジ観測所に41cmの広角天体写真儀を、1934年には155cmの反射望遠鏡を設置。1953年には8.5mパラボラ・アンテナが完成した。

1840年
(天保11年)

3.2　アマチュア天文学者オルバース没する(ドイツ)　アマチュア天文学者のオルバースが死去した。1758年生まれ。開業医をしながら天文学を研究。彗星の軌道計算に取り組み、1797年に「彗星軌道計算法」を出版。周期69年の周期彗星を含む5個の新彗星を発見した。小惑星の発見にも取り組み、第1号「セレス」の再発見、第2号「パラス」、第4号「ベスタ」を発見した。また、"夜空は星が輝いているのになぜ暗いのか"という、惑星間物質の存在を想定した「オルバースのパラドックス」を残し、後世の人々を悩ませた。

12.26　鉄砲鍛冶の国友藤兵衛(国友一貫斎)が没する(日本)　近江出身で、代々幕府の御用を務めた鉄砲鍛冶の国友藤兵衛(国友一貫斎)が死去した。鉄砲鍛冶としてすぐれた技量を持ったのみならず、発明家としても才能を発揮し、懐中筆(万年筆)や町間見積遠眼鏡(距離測定器)などを製作した。また、我が国で初めて反射望遠鏡を作り上げて天体観測を行い、太陽黒点の連続観測記録を残した他、日本人として初めて土星の衛星「タイタン」を観測している。

1842年
(天保13年)

12.17　渋川景佑が江戸・九段坂に天文台を設置(日本)　渋川景佑が江戸・九段坂に渋川家の私設天文台・九段坂測量所を設置。同所での観測の記録は「霊憲候簿」と題され、1838年(天保9年11月)から1846年(弘化3年12月)までの記録全99冊が現存し、国立天文台に保管されている。

1843年
（天保14年）

9.25 　蘭学者・吉雄俊蔵が没する（日本）　長崎出身の蘭学者・吉雄俊蔵が死去した。長崎通詞・吉雄幸作の孫で、長崎を出た後は羽栗洋斎と称した。1816年（文化3年）より名古屋に定住、私塾・観象堂を開き、尾張藩の奥医師となった。研究中の爆発事故により動脈を切って亡くなったとも伝わる。天文学関係の著述に「西説観象経」「遠西観象図説」などがある。

11.2 　国学者の平田篤胤が没する（日本）　秋田藩士の子で、平田神道とも呼ばれる独自の神道体系を構築し、幕末の尊皇攘夷運動にも影響を与えた国学者の平田篤胤が死去した。古代の我が国に独自の暦法があったと主張し「天朝無窮暦」「春秋命歴序考」「三暦由来記」「弘仁暦運記考」などの著述を残した。

この年 　太陽黒点の周期性発見（ドイツ）　H.ジュヴァーベは、太陽黒点の現われる頻度がほぼ10年の周期で変動することを43年間にわたる観測から得た。

1844年
（天保15/弘化元年）

この年 　「天保暦」施行（日本）　1842年（天保13年）に渋川景佑と足立信頭が「新巧暦書」に基づいて著した「新法暦書」をもとに、「寛政暦」が廃されて「天保壬寅元暦」（天保暦）が施行された。最後の太陰暦の改暦であり、また、我が国の暦法で初めて定気法を採用した。

この年 　渋川景佑らが「寛政暦書」を完成させる（日本）　「寛政暦」への改暦は天文方・高橋至時がほぼ独力で成し遂げたが、高橋が早世したため、高度かつ難解なその暦理のまとめは長く遅れていた。「寛政暦」改暦から約45年を経た1844年（天保15年）、高橋の二男・渋川景佑を中心に「寛政暦書」（35巻）、「寛政暦書続録」（5巻）の計40巻40冊が編まれた。

1845年
（弘化2年）

8.3 　天文暦学者の足立信頭が没する（日本）　大坂出身の天文暦学者・足立信頭（左内）が死去した。麻田剛立に師事し、1796年（寛政8年）高橋至時の下で寛政の改暦に従事した。改暦後は大坂に戻ったが、1809年（文化6年）再び江戸に召し出され、1835年（天保6年）天文方に昇格。高橋の次子・渋川景佑と協力して天保の改暦を行い、またともに「寛政暦書」「寛政暦書続録」「新巧暦書」「新修五星法」などを編んだ。

12.8 　儒学者の猪飼敬所が没する（日本, 中国）　京都出身の儒学者・猪飼敬所が死去した。京都の糸商の家に生まれ、巌垣竜渓に師事。のち津藩に仕えた。儒学に関する著書の他、中国の天文古典・天官書について解説した「大史公律歴天官三書管窺」がある。

この年　フィゾウ、フーコー、太陽写真撮影に成功（フランス）　A.H.L.フィゾウがダゲレオタイプの銀板写真を改良し、J.B.L.フーコーと共に太陽面の写真撮影に成功した。

1846年
（弘化3年）

3.17　天文学者ベッセルが没する（ドイツ）　実地観測による天文学の基礎を築いた天文学者で数学者のベッセルが死去した。1784年生まれ。始め商業を志し、独学で海洋航法を習得、そこから天文学や数学を学ぶようになる。1804年ハレー彗星の軌道計算をオルバースに認められ、天文学の道に入る。1809年プロシアのウィルヘルム3世が建設したケーニヒスベルク天文台の初代台長に就任した。恒星の位置観測に長け、5万個の恒星位置を観測。1838年にはくちょう座61番星の年周視差測定の成功し、地球から恒星までの距離を測定可能とした。数学分野ではベッセル関数で著名。

この年　カール・ツァイス光学器械会社設立（ドイツ）　カール・ツァイスがイエナにカール・ツァイス光学器械会社の前身となる顕微鏡製作所を設立した。1866年物理学者アッベを招聘、1872年世界初の光学計算に基づく顕微鏡を完成。のち、光学ガラスを使用した顕微鏡でその名を高める。1888年ツァイスが没し、その翌年アッベは「カール・ツァイス財団」を設立して、運営を財団に任せた。以後、同社は光学機器の総合メーカーとして発展。第二次大戦などの危機を乗り越え、世界最高水準の光学技術メーカーとしてその地位を保っている。

この年　アダムズ、ルヴェリエ、海王星の存在を予言（英国, フランス）　英国のアダムズは、1845年に未知惑星の質量と軌道要素を計算したが、依頼した観測がなされず、翌年、同じ計算をしたフランスのルヴェリエにより観測を依頼されたガレが9月23日計算位置近くで新惑星の海王星を発見した。

1848年
（弘化5/嘉永元年）

この年　ドップラー効果発見（オーストリア）　オーストリアの物理学者ドップラーが、電磁波及び音波の波動に関する「ドップラー効果」を発見した。この「ドップラー効果」及び「ドップラー偏移」の発見は、後に分光視差、恒星の軌道運動、宇宙膨張論など、天文学上に大きく貢献した。

この年　「ロッシュの限界」発表（フランス）　ロッシュが、流体の衛星が自転の遠心力と主惑星の潮汐力に影響を受けつつも平衡でいられる衛星軌道半径の最小値（限界）、「ロッシュの限界」を示した。ロッシュはこれを土星の環研究に利用し、環が固定でないことを明らかにした。

1849年
（嘉永2年）

この年　ウォルフ、相対黒点数を示す（スイス）　R.ウォルフは、シュワーベの太陽黒点周期の発見に続いて黒点数のデータを集め、黒点周期が約11年であると計算した。その際、解析に用いた黒点相対数（黒点の群数の10倍に全黒点数を加えた数）は、今日でも黒点活動を示すものとして利用されている。

1850年
（嘉永3年）

12.3　蘭学者の高野長英が没する（日本）　シーボルトの門弟であり、幕末随一の蘭学者として知られた高野長英が、幕府の捕吏に襲われて死去した。1839年（天保10年）蛮社の獄により捕らわれたが、1844年（弘化元年）牢屋敷の火災に乗じて脱獄。以来、約6年にわたって逃亡生活を続けたが、ついに幕府の手にかかり死亡した。天文学関係の著述に「遜謨児四星編」「星学略記」がある。

この年　ボンド父子、天体観測に写真術を使用（米国）　ハーバード大学天文台長W.C.ボンドとその息子G.P.ボンドが、恒星と月の写真撮影に初めて成功した。この父子は観測と写真の分野で功績を残し、1848年に土星の第8衛星「ハイペリオン」を発見している。

この年　フーコー、光の波動説を確認（フランス）　フーコーは、水中と空気中の光の速度の測定実験から、光が水中より空気中で速く伝わることを確認、光の波動論を支持する結果を導き出した。

1851年
（嘉永4年）

3月　フーコーの振り子により地球の自転を証明（フランス）　フーコーが振り子の実験を行い、地球の自転を証明した。

1853年
（嘉永6年）

10.2　天文学者・物理学者アラゴーが没する（フランス）　天文学者・物理学者でパリ天文台長も務めたアラゴーが死去した。光波動論を支持し、電磁気学にも貢献した。著書に「天文学通俗講義」「科学者評伝」などがある。

1854年
（嘉永7/安政元年）

この年　シュタインハイル、光学機器会社を設立（ドイツ）　物理学者・天文学者で望遠鏡製作者でもあるK.A.シュタインハイルが光学機器製造会社を創立。精巧な光度計や望遠鏡を作った。シュタインハイルはまた、星の等級と光度の対数の関連を示したことや星図の編集でも著名。

1855年
（安政2年）

2.23　数学者ガウスが没する（ドイツ）　ドイツの天才数学者ガウスが死去した。1777年生まれ。幼少から才を発揮し、1795年には二次の相互法則を発見。1801年整数論研究書「数論研究」を刊行し、一躍名声を得た。また、小惑星「セレス」の軌道計算に最小2乗法を駆使して成功する（その予報位置に「セレス」は発見された）等、天文学分野でも活躍し、1807年にはゲッティンゲン大学初代天文台長に就任。新天文台建設にも尽力した。著書に「天体運動論」（1809年）など。

8.30　幕府が洋学所の設置を決める（日本）　幕府は、開国後の外交事務の複雑化や、洋式軍備技術の導入などに対応するため、それまで天文方で行われてきた洋学研究を専門的に行う機関の設置を決め、古賀謹一郎を洋学所頭取に任じ、その設置業務にあたらせた。洋学所は蕃書調所、洋書調所、開成所として発展を遂げ、今日の東京大学の源流の一つとなった。

1856年
（安政3年）

7.21　天文暦学者の渋川景佑が没する（日本）　天文暦学者の渋川景佑が死去した。高橋至時の二男で、父と同じ天文方の渋川正陽の養子となり、1809年（文化6年）家督を相続して天文方となった。兄・高橋景保と父の遺業を継ぎ、兄の没後は足立信頭と「ラランデ暦書」の完訳事業を終え、「新巧暦書」（40冊）、「新修五星法」を幕府に上呈した。また、最後の太陰暦による改暦となった天保の改暦を実施した。1854年（安政元年）英国航海暦をもとに、我が国初の本格的な太陽暦の暦書「万国普通暦」を編集した。幕府に上呈したところ好評を博し、1856年より刊行された。

1857年
(安政4年)

1.18　洋学所改め蕃書調所が開講される(日本)　1856年(安政3年)洋学所の正式名称は蕃書調所と決まり、1857年正月に開講された。箕作阮甫と杉田成卿が教授職に、川本幸民らが教授手伝に任じられ、幕臣とその子弟に洋学を講じた。翌年には陪臣も入学を許され、幕府の洋学研究・教育機関として重要な役割を果たした。

この年　ハンセン、「月の運行表」を作成(デンマーク)　ゴータ天文台台長を務めた天文学者ハンセンが10数年をかけて「月の運行表」を完成した。

1858年
(安政5年)

この年　フンボルト、「コスモス(宇宙論)」(全4巻)完成(ドイツ)　博物学者・自然地理学者のフンボルトが1845年から執筆していた「コスモス(宇宙論)」が完成した。全4巻の大著。

この年　キャリントン、「太陽の黒点の観測」を発表(英国)　キャリントンが「太陽の黒点の観測」を発表した。太陽の自転軸を高精度で確定し、自転速度と緯度による太陽黒点の分布の違いを確立したものである。

1859年
(安政6年)

9.20　国学者の鶴峯戊申が没する(日本)　豊後臼杵出身の国学者・鶴峯戊申が死去した。土御門家の家塾で天文暦学を学び、広く和漢の学を修めた。水戸藩主・徳川斉昭の知遇を得て、1850年(嘉永3年)水戸藩士となった。志筑忠雄の「暦象新書」に啓発され、我が国の神話と、天文学をはじめとする西洋知識が合致するという考えを持ち、「徴古究理説」「徴古究理堂正本地転新図」「究理或問」などを著した。

この年　キルヒホフ、元素分布を示す(ドイツ)　G.R.キルヒホフはスペクトル分析から、フラウンホーファー線を、各種元素が太陽から放たれた光を吸収しているために存在すると説明した。この分光学的研究は、天体物理学への道を開いた。

1860年
(安政7/万延元年)

この年　W.デ=ラ=ルー、プロミネンスを撮影(英国)　1854年写真による天文観測に心血を

注いでいた英国の天文学者W.デ=ラ=ルーが、望遠鏡で太陽を撮影する装置フォトヘリオグラフを考案。1860年皆既日食の際にはこれによりプロミネンスの撮影に成功し、プロミネンスは月ではなく太陽によるということを示した。

1861年
(万延2/文久元年)

- 7.7 　天文暦学者の山路諧孝が没する（日本）　天文暦学者の山路諧孝が死去した。天文方を務めた山路徳風の子で、1810年（文化7年）天文方となる。1829年（文政12年）シーボルト事件で失脚・獄死した高橋景保の後継として蛮書和解御用を命じられた。1838年（天保9年）オランダのステインストラ「天文学の諸原理」をもとに「西暦新編」を訳述した。

- この年　福田理軒が「談天」に訓点を施して刊行する（日本）　大坂の和算家、福田理軒が1859年（安政6年）に中国・清で刊行された天文書「談天」に訓点を施し、6冊本として刊行した。原書は英国人ハーシェルの「天文学概説」を基に、清で宣教を行っていた英国人ワイリーが著したもの。

- この年　ライデン大学天文台創設（オランダ）　ライデン大学天文台が、同大で天体物理学研究を開始するために創設された。

1862年
(文久2年)

- 5.18 　蕃書調所が移転し、洋書調所と改称する（日本）　蕃書調所が九段下から一橋門外に移転、洋書調所と改称した。移転に伴って敷地・人員ともに拡充された。

- 9.22 　国学者・洋学者の秋元安民が没する（日本）　播磨姫路出身の国学者・洋学者の秋元安民が死去した。国学者の傍ら、洋学も修め、1856年（安政3年）には姫路藩主・酒井忠顕に西洋帆船の必要性を説き、「速鳥丸」「神護丸」を建造させた。著書の一つに「宇宙起源」がある。

- この年　アルゲランダー、「ボン掃天星表」を完成（ドイツ）　観測天文学者でボン天文台初代台長のF.W.A.アルゲランダーが、1852年から北半球の9等星までの全ての星の調査を開始。その結果恒星32万4000個を収録する「ボン掃天星表」を完成させた。

1863年
(文久3年)

- 8.29 　洋書調所が開成所と改称する（日本）　洋書調所が開成所と改称した。1864年（元治元年）には開成所規則が制定され、オランダ語・英語・フランス語・ドイツ語・ロシア語の5か国語の教授科目と、天文・地理・窮理・数学・物産・化学・器械・画学・

活字の9つの学科が定められた。

この年　セッキ、初めて恒星の分類を試みる（イタリア）　セッキは、恒星スペクトルを研究し、恒星を5つに分類、恒星発展を高温白色星から低温の赤色星へと考えた。この結果をスペクトルのカタログとして刊行した。

1864年
（文久4/元治元年）

この頃　ハギンス、星雲スペクトルを研究（英国）　アマチュア天文家W.ハギンスが星雲スペクトルの研究から、スペクトルは3つの輝線から構成されること、恒星が地球上の元素と同じものからできていること、星雲はガス雲と恒星の大集団という2種に分けられることを示した。

1865年
（元治2/慶応元年）

8.26　天文学者エンケ没する（ドイツ）　天文学者・数学者のエンケが死去した。1791年生まれ。ゲッティンゲン大学でガウスに師事し、1816年その推薦でゼーベルク天文台に勤め、1822年に同天文台長。1825年からは40年間にわたり、ベルリン天文台長の任を務め、同天文台の発展に尽力。この間、1830年から1866年にかけて37巻に及ぶ「ベルリン天文年鑑」を編集、刊行した。また、「ベルリン科学アカデミー星図」の刊行や「エンケ彗星」を発見したことでも知られる。

10.6　和算家・暦学者の小出兼政が没する（日本）　阿波徳島出身の算学者・暦学者、小出兼政が死去した。宮城流、関流の算学を学び、和田寧に師事した。また、土御門家に入門して暦学を修め、師範代準学頭となった。渋川景佑に「ラランデ暦書」による暦法の伝授を願い出て許さなかったものの、自ら「ラランデ暦書」を研究・翻訳するのは差し支えないと言われ、「ラランデ暦書」を訳した「蠟蘭垤訳暦」を著した。

この年　初の本格的SF、ジュール・ヴェルヌが「月世界旅行（地球から月へ）」発表。（フランス）　ジュール・ヴェルヌは、1863年に「気球に乗って5週間」で成功し、続いて「月世界旅行（地球から月へ）」を発表した。月にロケットを打ち上げる物語で、ジョルジュ・メリエスによって映画化された。以降19世紀には、月など星をテーマにした数多くのSF（空想科学小説）が誕生。

1866年
（慶応2年）

この年　スキャパレリ、彗星と流星との関係を記す（イタリア）　G.V.スキャパレリがセッキ宛の5本の手紙で、彗星と流星が同一軌道をとることを記した。この発見は後の近代流星天文学に大きく貢献した。

1868年
(慶応4/明治元年)

- この年 **未知元素ヘリウムを発見**(英国, フランス) 英国陸軍省文官、天文学者のロッキアーが天体研究に初めて分光器を使用し、太陽コロナと黒点を観測した。また、フランスの天体物理学者P.J.C.ヤンセンと太陽スペクトル中に未知のスペクトルを見つけ、「ヘリウム」と名づけた。同年には分光器を使用すれば日食時以外でも太陽のプロミネンスを観測出来ることを発見した。
- この頃 **ハギンス、視線速度を決定**(英国) ハギンスが天体の運動に基づくドップラー効果の偏移が、恒星の視線速度を示していることを発見。これは天体物理学の嚆矢となった。

1869年
(明治2年)

- 8月 **旧幕浅草天文台廃止**(日本) 江戸・浅草片町に設置され、葛飾北斎による「富嶽百景」の一つ「浅草鳥越の図」にも描かれた旧江戸幕府の浅草天文台は、幕府の崩壊と共に東京府に移管されたが、1869年(明治2年)に取り壊された。その際、残っていた器械類は開成学校に引継がれた。
- 11.4 **自然科学雑誌「*Nature*」創刊**(英国) ロッキアーを最初の編集者として、週刊の自然科学雑誌「*Nature*」が創刊された。半世紀以上もその編集に関わり、研究結果の早期掲載、論争の重視などで同誌を特徴づけた。
- この年 **ヤング、太陽紅炎スペクトルを観測**(米国) この年の日食で、C.A.ヤングが、太陽紅炎のスペクトルを観測、固有の輝線を発見。結果、コロナが地球大気中での現象ではないことを実証した。

1870年
(明治3年)

- 2.10 **天文暦道の所管、天文暦道局に**(日本) 江戸幕府崩壊後、暦の編纂など天文暦道に関する事業は京都の土御門家に任されていたが、大学の設置により、1870年(明治3年2月10日)天文暦道の所管も大学へ移された。これに伴い、同年2月12日天文暦道局が大学仰高門内日講所に設置され、同年5月には同家当主・土御門和丸(のち晴栄)らが天文暦道御用掛大学出仕に任ぜられた。
- 8.25 **天文暦道局、星学局に**(日本) 大学の天文暦道局は、暦学のみならず追々は星学を大いに開きたいという大学伺が認められたことから、1870年(明治3年8月25日)星学局に改称された。その際、内田五観が星学局督務に任ぜられたのをはじめ、星学局取締に渋川孫太郎、福田理軒ら6人が選ばれるなど、その主要な人員は旧幕府天文方の関係者で固められ、同年閏10月27日には星学局京都出張所の廃止、12月9日土御門和丸らの免職と続き、編暦事業は旧来の陰陽寮流から脱却して星学局への一本化が図られることとなった。

8.29	広川晴軒が改暦の建白書を提出（日本）　究理学者・啓蒙家の広川晴軒が太陽暦の採用を政府に建白した。
11.4	西周、「百学連環」を講述（日本）　「哲学」「科学」などの訳語を作ったことで知られる啓蒙思想家・西周は、1870年（明治3年）兵部省に出仕すると共に東京に家塾育英舎を開設した。同所で講義された「百学連環」とは、西による「Encyclopedia」の訳語であり、西洋の学問全体を体系的に詳述したものである。学問を歴史・地理・文章・数学などの「一理の万事に係はる」普通学と、心理上学（哲学・政事学・制産学）及び物理上学（物理・化学・造化史など）から成る「唯一事に関する」特別学とに分けており、天文・暦学に関する星学は特別学の中の物理上学に位置付けている。

1871年
（明治4年）

5.11	天文学者ジョン・ハーシェルが没する（英国）　ジョン・ハーシェルは、天王星を発見したウィリアム・ハーシェルの息子で、星数と星の高度の研究や写真技術の科学的研究で功績をあげた。特に1864年南天の天体観測を行い、亡父の残したデータとまとめて5079個の星雲、星団、銀河を収録する「星雲・星団総目録」を公刊したことで知られる。また、1847年には天の川には多数の星雲は存在しないと提唱した。
7月	星学局、天文局として大学南校へ（日本）　1871年（明治4年7月17日）文部省の新設にともなって大学が廃止され、南校と東校とに分かれた。これにより星学局は天文局に改称し、南校に移管されることとなった。
7月	博物館、湯島聖堂大成殿に設置（日本）　文部省内に博物局が設置され、その観覧施設として湯島聖堂大成殿内に博物館が開設された。日本における博物館の先駆けとされる。

1872年
（明治5年）

8月	天文局を文部省に移す（日本）　南校に移管された天文局は、1872年（明治5年）南校が第一大学区第一番中学に改編したのに伴い、同年8月23日文部省に移管された。
10.27	アルチェトリ天体物理観測所創設（イタリア）　フィレンツェ天文台長だったG.B.ドナーティの尽力で、フィレンツェ郊外にアルチェトリ天体物理観測所が開設された。
11.9	太陽暦（グレゴリオ暦）へ改暦（日本）　太陽暦への改暦が布告される（太政官布告337号）。これにより同年12月3日をもって明治6年1月1日とし、以降は太陽暦に移行すると共に時制も1日12辰刻制から1日24時間制に改められることとなった。しかし、改暦は政府が秘密裏かつ電撃的に断行したものであり、庶民の生活に太陰暦が密接に関係していたこと、改暦の布告から施行まで1か月も無かったこと、旧暦による明治6年暦が10月初旬には発売されていたことなどから、庶民生活のみならず官界・出版業界でも混乱が生じた。政府は請願すれば誰でも太陽暦による明治6年暦を発行出来るようにした他、福沢諭吉や黒田行元ら民間の啓蒙家が改暦の解説書を執筆し、庶民への太陽暦普及を助けた。

1873年
（明治6年）

- 1月 　福沢諭吉「改暦弁」刊行（日本）　太陽暦（グレゴリオ暦）への改暦は、庶民の生活にとって大きな変革であったにも関わらず、布告から実施まで1か月もなく、また政府による啓蒙活動も行われなかったため、大きな混乱が予想された。慶應義塾の創設者として知られる啓蒙家の福沢諭吉は、この事態をいち早く察知し、太陰暦と太陽暦との相違を解説し、改暦の実施を称えた「改暦弁」を書き上げ、改暦施行と同時に発行、たちまち数十万部を売り上げ、偽書も出るほどのベストセラーとなった。
- 5.5 　皇居の火災により伊能図正本が焼失する（日本）　皇居の旧西丸宮殿が火災に遭い、多くの貴重書が焼失した。この中に江戸時代に伊能忠敬が制作した「大日本沿海輿地全図」（伊能図）も混じっていた。政府は伊能家所蔵の副本を提出させ、東京帝国大学図書館に収められたが、こちらも1923年（大正12年）の関東大震災で焼失、伊能図の完全揃いは2部とも焼失した。
- この年 　「アッベの正弦条件」提唱（ドイツ）　E.アッベはイエナ大学及びカール・ツァイス社で光学レンズの理論的研究を行う中で、レンズに生じる球面収差を消す正弦条件を示した。
- この年 　トッドハンター、「引力理論と地球形状の歴史」を出版（英国）　数学者トッドハンターが「引力理論と地球形状の歴史」を刊行した。数学者として多数の著書を残したが、今日では引力や弾性論に関する研究が重要視されている。

1874年
（明治7年）

- 2.4 　天文局廃止（日本）　文部省の上申によって天文局が廃止され、編暦の業務は同省編書課に移行された。
- 5.7 　開成学校、東京開成学校に改称（日本）　大学南校から改組した第一大学区第一番中学校は、1873年（明治6年）開成学校に改称したのを経て、1874年（明治7年）東京開成学校に改編された。法・化・工・諸芸・鉱山学校の5つの専門学校に分科したものであり、外国人教師による専門的な教育が行われた。
- 6.21 　物理学者オングストローム没する（スウェーデン）　物理学者A.J.オングストロームが死去した。分光学を切り拓いた一人。太陽スペクトルの研究を行い水素の存在を示した。また、フラウンホーファー線を測定した際、10のマイナス8乗cmを単位とし、小数点以下2桁、以上4桁の計6個の数字で波長を記録。主著「太陽スペクトルの研究」（1868年）で用いた。この単位は没後の1905年以降、分光学者らが使用する単位として1オングストローム＝10のマイナス8乗cmが正式に採用された。
- 12.9 　長崎で金星が太陽面通過（日本）　金星の太陽面通過があり、米、仏、メキシコ隊が観測のため来日した。目的は金星と地球との距離を求めることで、米国隊、フランス隊、日本隊は長崎、メキシコ隊は横浜、フランス分隊が神戸でそれぞれ観測にあたった。長崎、横浜、神戸の各市にはこの観測を記念した金星観測碑が建立されている。なお、フランスからはスペクトル研究者で写真術にも造詣が深いP.J.C.ヤンセンが来日、回転写真機で連続写真を撮影。また、長崎では上野彦馬が観測写真を撮影している。

この年　ポツダム天体物理観測所創設（ドイツ）　ドイツのポツダムにポツダム天体物理観測所が創設された。1905年には80cm、50cmの連装の屈折望遠鏡を、1924年にはアインシュタイン塔といわれる太陽塔望遠鏡を設置したが、第二次大戦で破壊された。戦後、東ドイツに編入。

1875年
（明治8年）

11.27　天文学者キャリントンが没する（英国）　太陽研究で著名な天文学者キャリントンが死去した。1826年生まれ。ダラム天文台で観測員となった後、私設天文台を作り、1858年に11等星以上の星3735個を収録したカタログを作成。1863年の「太陽の黒点の観測」は太陽物理学にとって大きな成果となった。1860年王立学会員。

1876年
（明治9年）

2.24　編暦事務が内務省図書寮に移管される（日本）　編暦事務が文部省から内務省図書寮に移管され、3月15日同寮内に編暦掛が設置された。その後も1888年（明治21年）の東京天文台開設まで内務省が編暦事務を取り扱った。

この年　ムードン天文台創設（フランス）　1667年に設立されたフランス王立のパリ天文台の郊外観測所として、ムードン天文台が設置された。1mの反射望遠鏡や塔望遠鏡をもち、太陽観測に長けている。

1877年
（明治10年）

1月　教育博物館創立（日本）　湯島聖堂内に設置された文部省博物館は、1875年（明治8年）東京博物館となったのを経て、1877年（明治10年）1月東京・上野山内の西四軒寺跡地に新館の一部が竣工したのを機に教育博物館に改称された。今日の国立科学博物館の前身であり、同館は本年をもって創立年としている。

4.12　東京大学創立（日本）　東京開成学校からの大学（ユニバーシティー）昇格の要請を受け、同校と東京医学校とを合併し、東京大学が創立される。このうち、旧東京開成学校が法・理・文の3学部に、旧東京医学校が医学部にそれぞれ改編され、4学部制の大学としてスタートした。

8.21-11.30　第1回内国勧業博覧会が東京・上野で開催される（日本）　第1回内国勧業博覧会が東京・上野で開催された。政府の勧業政策の一環であり、全国から農作物、園芸品、美術工芸品、鉱物、機械、薬品類、書籍など多岐にわたる物品が出品され、102日の会期の間に45万人が見物した。天文関係では、佐田介石の等象儀などが出品されている。

9.3	「西郷星」出現(日本)　西南戦争が終盤に差し掛かった1877年(明治10年)9月、火星の大接近があった。最接近は同月3日で距離は5630万km、光度は2.5等ほどの明るさであった。この頃、庶民の間では、接近した火星の中に西南戦争の薩摩軍の首魁であった西郷隆盛の陸軍大将の正装姿が見えたという噂が流れ、「西郷星」と呼ばれて新聞種にもなった。天文に関する知識が普及していない時期のことでもあった。庶民の間で西郷の人気が高かったことを示すエピソードである。
9.23	天文学者ルヴェリエが没する(フランス)　天文学者ルヴェリエが死去した。エコール・ポリテクニク天文学教授、パリ天文台長。太陽系の安定性について考察し、摂動を利用して彗星や惑星などを研究。火星・金星の摂動から太陽距離の測定も行った。摂動の計算により海王星の存在を予言したことで知られる。
この年	開拓使麦酒醸造所が北極星のロゴマークをつけたビールを発売(日本)　1876年(明治9年)開拓使麦酒醸造所(現・サッポロビール)が「冷製札幌ビール」を発売、商品には開拓使のシンボルである北極星がロゴマークとして付けられた。このロゴマークは「サッポロシャイニングスター」と命名されている。2008年(平成20年)同社は国際宇宙ステーション(ISS)で5か月間保管した大麦の種子の子孫を使ったビール「サッポロ スペース バーレイ」を試作した。
この年	ホール、火星の2つの衛星を発見(米国)　ホールは、地球に大接近した火星を屈折望遠鏡を使って観測し、2つの衛星を発見し「フォボス」「ディモス」と名づけた。
この年	スキャパレリ、火星の「運河」を報告(イタリア)　G.V.スキャパレリが、火星の観測により火星の詳細地図を発表した。その中でイタリア語で溝を意味する「カナリ」を使用したが、「カナル(運河)」と誤訳されたために、火星に運河が存在し、そこから火星人存在説が出現するに至った。

1878年
(明治11年)

2.26	天文学者のセッキが没する(イタリア)　イタリアの天文学者セッキが死去した。1818年生まれ。ローマ大学天文台長を務めた。日食の撮影など天体写真の開発や、分光器を用いた天体の観測など天体分光学の研究で名を残した。
5月	東京大学理学部に星学科が開設され、メンデンホールを招聘(日本)　東京大学理学部に星学科が開設された。米国人教師メンデンホールが招聘され、理論と実地観測を教授した。
7.30	海軍観象台、赤道儀で初めて日食を観測(日本)　部分日食があり、日本では海軍観象台が16cm赤道儀で初めて太陽が欠けるのを観測し、実像を写真で撮影した。
この年	東京大学理学部観象台が設立される(日本)　2月の文部省伺により、東京・本郷に東京大学理学部附属の観象台が設立された。今日の国立天文台の前身。当初は天文観測と気象観測とを目的としていたが、両者は1882年(明治15年)に分離し、気象観測部門は中央気象台(今日の気象庁)として独立した。
この年	ボス、「ボス第1基本星表」出版(米国)　ボスは、米国・カナダ国境の平行測量の助手として参加し、当時の星座表の不正確さに気付き、自分の観測による500の星の位置と固有運動のカタログである「ボス第1基本星表」を出版した。以後、基本星の位置と固有運動の研究を続けた恒星位置天文学の権威となる。1876年にデュドレー天文台長となった後は生涯その職を務めた。他の著書に6188個の星のカタログ「PGC=予備一般恒星目録」などがある。また、「*Astronomical Journal*」の編集長も務めた。

1879年
（明治12年）

この年　アウヴェルス、「FKI星表」刊行（ドイツ）　A.アウヴェルスが「FKI星表」を作成した。基本星の精密位置に関する星表のシリーズの最初のものである。

1880年
（明治13年）

2.18　兵庫県朝来市に隕石が落下（竹内隕石）（日本）　午前5時半頃、兵庫県養父郡竹内村（現・朝来市）に隕石が落下（竹内隕石）。重量は0.72kg。地質調査所より帝室博物館に出品された。

2.20　佐田介石「視実等象儀詳説」刊行（日本）　浄土真宗本願寺派の僧・佐田介石は、独自に仏説天文学を研究し、西洋天文学への排撃及び仏説天文学擁護の立場から須弥山説の科学的な解釈を試みて「視実等象儀詳説」を著した。これに先立ち、佐田は自ら考案した視実等象儀を1877年（明治10年）の第1回内国勧業博覧会に出品している。

この年　ドレーパー、オリオン星雲などの撮影に成功（米国）　H.ドレーパーは、1863年から天体のスペクトル写真撮影に取り組み、1872年に初めて星のスペクトル写真撮影に成功。1879年湿板から乾板にかえ、1880年2度のオリオン星雲の撮影で成功し、火星、木星、彗星などのスペクトル写真を撮影した。なお、ドレーパーは1882年急死し、その遺産はハーバード大学にドレーパー基金として寄附された。1924年に完成した、23万個の星のスペクトルを収録した有益なカタログは、スペクトル研究の泰斗である彼の名前を冠して「ヘンリー・ドレーパーカタログ」と呼ばれている。

1881年
（明治14年）

6.14　内務省地理局編「三正綜覧」が出版される（日本）　内務省地理局の編纂で「三正綜覧」の初版が出版された。これは太陽暦（ユリウス暦, グレゴリオ暦）、太陰太陽暦（和暦及び中国の暦）、太陰暦（イスラム暦）の暦日を対照させた表で、「三正」とはこれら三種の暦法を意味する。中根元圭の「皇和通暦」を参考に、BC214年（孝元9年、中国の漢・高帝元年）から1903年（明治36年）までの2117年間について三正を対照させてあるが、誤植が多く、再版以降では誤植の訂正が試みられている。

1882年
(明治15年)

- 3.19 佐賀県杵島郡福富町に隕石落下(福富隕石)(日本)　午後1時頃、佐賀県杵島郡福富村(現・福富町)に隕石が落下(福富隕石)。重量は16.75kg。2009年現在、隕石の実物は国立科学博物館に収蔵されている。
- 3.29 和算家・内田五観が没する(日本)　和算家・内田五観が死去した。1805年(文化2年)、江戸生まれ。関流の日下誠に師事し、18歳で関流和算の宗統の伝を得るなど門下随一の俊英として知られた。一方で、高野長英に蘭学を学ぶなど西洋の知識も持ち合わせ、天保年間には富士山の高さや江戸湾の測量などを行った。維新後、新政府に招かれて大学出仕天文暦道御用掛となり、1870年(明治3年)星学局の設置と共にその督務に就任し、太陽暦の改暦やその後の製暦業務に従事。星学局が天文局に改組してからは内務省で度量衡の統一にあたった。著書に「掌中暦書」「観斎先生暦集」など。
- 4.26 神宮司庁が本暦・略本暦を頒布(日本)　1872年(明治5年11月)における太陽暦改暦の布告が急だったため、政府は損失の補償もかねて頒暦商社に暦の専売権を認めていたが、1882年(明治15年)4月26日の太政官布達により、翌1883年、明治16年暦からの本暦及び略本暦の頒布は神宮司庁のみで行われることになった。これに伴い、同年5月頒暦局が神宮司庁に設置され、明治17年暦まではその委託を受けた林組が暦を頒布することとなった。これにより、神宮が頒布したもの以外は偽暦として摘発の対象となったが、密かに類似の暦を作って販売するものが後を絶たず、それらは"おばけごよみ"といわれた。
- 12.9 仏説天文学を奉じた佐田介石が没する(日本)　浄土真宗本願寺派の僧・佐田介石が死去した。森尚謙の「護法資治論」に啓発されて仏説による天文学を独自に研究、須弥山説を奉じて西洋天文学や地動説を排撃し、「星学疑問」「視実等象儀詳説」などを著した。一方で文明開化や欧化に反抗し、ランプ亡国論、鉄道亡国論、牛乳大害説などを唱えたことでも知られる。
- この年 第1回の極年国際共同観測を実施(世界)　極年国際共同観測が、地球物理学の各分野を国際的に協同で観測する目的で始められた。

1884年
(明治17年)

- 6月 寺尾寿、東京大学星学科の初代日本人教授に(日本)　寺尾寿が東京大学理学部星学科の初代日本人教授に就任した。フランス・パリ大学で天体力学者ティスランに師事した寺尾は、この前年1883年(明治16年)3月に帰朝していた。翌年には水原準三郎を助手に星学教場を開設して天体力学と球面天文学を講じた。
- この年 本初子午線国際会議ワシントンで開催(世界)　本初子午線の統一のための国際会議がワシントンで開催された。日本からは菊池大麓が出席。基準地グリニッジ天文台の平均太陽時を標準時とし、同天文台子午儀の中心を通る線を本初子午線として、これに統一することを公式に採択した。

1885年
（明治18年）

2.5 　改暦事業を行った塚本明毅が没する（日本）　地理・地誌学者の塚本明毅が死去した。1833年（天保4年）幕臣の子として生まれる。1872年（明治5年）陸軍兵学大教授、陸軍少丞。同年太政官地誌課長に移り、新政府の太陽暦への変更事業を指揮した。1877年修史局一等編修官、1878年太政官地誌課長となり、地誌編纂に従事。のち内務省に移り、太陽暦・太陰太陽暦・太陰暦の3種の暦法による暦日対照表「三正綜覧」制作（1880年）を主宰した。著書に「日本地誌提要」（全4巻）「郡名異同一覧」などがある。

この年　「バルマー系列」、水素スペクトルに発見（スイス）　スイスの数学者J.J.バルマーが水素のスペクトル線に、波長を与える簡単な方程式があることを発見し、これはのち「バルマー系列」と呼ばれるようになった。

1886年
（明治19年）

7.13 　本初子午線と本邦標準時を制定（日本）　1886年（明治19年）7月13日に出された勅令51号により、1888年（明治21年）1月1日からロンドンのグリニッジ天文台が通る子午線を本初子午線として採用することと、日本においては東経135度（日本海側の京都府京丹後市から兵庫県明石市、同県淡路市、和歌山県和歌山市の友ケ島を経て太平洋に抜ける経線）の子午線を通る平均太陽時を日本の標準時とすることとなった。これは1884年にワシントンで開催された国際子午線会議の決定を受けて、内務省、陸軍省、海軍省、逓信省、文部省、農商務省の代表委員から成る本初子午線並計時法審査委員会が審議・答申したものである。

10.26 　鹿児島県伊佐郡に隕石雨（薩摩隕石）（日本）　鹿児島県の伊佐郡羽月村大島、前目村、菱刈村重留（いずれも現・大口市）で複数の隕石が落下（隕石雨）。「薩摩隕石」と総称される。重量は計46.5kg以上。

この年　「ボン掃天星表」に恒星追加（ドイツ）　E.シェーンフェルトが、南方の天体観測により13万3659個の恒星を「ボン掃天星表」に付加した。

1887年
（明治20年）

8.19 　新潟・福島地方で皆既日食が観測される（日本）　皆既日食があり、日本でも新潟県、福島県、千葉県の北部などで観測出来た。福島県の白河城址にはトッド率いる米国の観測隊が訪れ、国も観測機材を運ぶために当時栃木県の黒磯駅までしか通じていなかった鉄道を白河まで延伸させたが、曇天のため成功しなかった。また寺尾寿も黒磯で観測を行ったが、雨天のため失敗した。一方、新潟県永明寺山では中央気象台の荒井郁之助らが観測に成功している。国内初の近代的天文観測といわれ、コロナの記録や接触時刻の測定なども行われた。2009年（平成21年）、明治政府の呼掛け

により新潟、茨城の一般市民が行っていた観測スケッチ約100枚が国立天文台内で発見された。また、同年7月18日「白河皆既日食の碑」の除幕式が行われた。

この年　マイケルソンとモーリー、エーテルが存在しないことを証明（米国）　マイケルソンとモーリーは、エーテルが存在しないことを実験で証明した。これは、「マイケルソン・モーリーの実験」と呼ばれている。マイケルソンは、光速度の研究の過程で、干渉計を開発し、これを使って宇宙に存在するとされたエーテルの存在を調べたが、エーテルによる光の干渉がなく、エーテルの存在を否定する結果となった。マイケルソンはこれによって、1907年ノーベル物理学賞を受賞した。

この年　オッポルツァー、「食宝典」を出版（オーストリア）　T.R.V.オッポルツァーがBC2163年〜1207年の間の日月食を計算し表にした労作「食宝典」を出版した。オッポルツァーはまた彗星、小惑星の研究も行い、「彗星と惑星の軌道決定法」（全2巻）を1882年に刊行している。

この年　「国際共同観測写真天図計画」開始（フランス）　第1回の写真天図国際会議がパリで開催され、「写真天図計画事業」が採択された。各国の天文台が分担して星表を作成するというプロジェクト。

この年　赤外領域での太陽スペクトル撮影（英国）　W.W.アブニーが赤外領域での太陽スペクトルの撮影に成功した。アブニーは写真術の研究から分光学に進んだ人物で、乾板や現像液を実用化、教科書ともなった「写真学講義」の刊行でも知られる。王立天文学会会長も務めた。

1888年
（明治21年）

6.1　東京天文台が設立され、寺尾寿が台長に就任（日本）　帝国大学理科大学の天象台、内務省地理局観象台、海軍水路部観象台の天文部門を合併し、理科大学附属の東京天文台が創立された。同天文台は海軍水路部観象台があった麻布飯倉に設置され、設備や備品には内務省及び海軍の観象台から移管されたものも多かった。なお、初代の台長には帝国大学教授との兼任で寺尾寿が就任した。

9.26　東京天文台、正午報時の号砲用の時計比較を開始（日本）　東京天文台は陸軍省からの依頼により、1888年（明治21年）9月26日から毎日正午を報じる号砲用の時計比較を開始した。

この年　リック天文台創設（米国）　ハミルトン山上にリック天文台が創設された。その名前は寄付者に由来する。1895年92cmの反射望遠鏡を、1959年には3mの反射望遠鏡を設置した。1970年代からはカリフォルニア大学に本部を移した。

この年　「NGCカタログ」（新星雲星団総目録）完成（英国）　アルマー天文台長J.L.E.ドライアーが、ハーシェル編纂のカタログ「星雲・星団総目録」を増補して「NGCカタログ（新星雲星団総目録）」を完成させた。7840の銀河・星雲・星団などの天体を収録する。

1889年
(明治22年)

2月 　寺尾寿、東京天文台の施設拡充を上申(日本)　東京天文台長・寺尾寿は天文台の施設拡充をはかるため、1889年(明治22年)2月に理科大学総長・菊池大麓に対して上申書を出していたが、これが容れられて翌1890年(明治23年)から1897年にかけて子午儀室、太陽写真儀室、赤道儀室などが次々と増設された。また人員についても1890年に平山信、1892年(明治25年)に木村栄が天文台に配属された。

10.11 　寺尾寿、パリ万国測地学会議で日本を代表して初めて講演(日本)　寺尾寿がパリで開かれた万国測地学会議に出席、10月11日には日本を代表して初めて講演を行った。なお、この前年1888年(明治21年)日本は万国測地学協会に加盟しており、寺尾は同協会の日本代表委員に選ばれていた。

この年 　寺尾寿ら、「東京天文台年報」の発行を開始(日本)　東京天文台の寺尾寿らは「*Annales de l'Observatoire Astronomique de Tokyo*(東京天文台年報)」の発行を開始した。第1巻第1号には渡辺恒による論文「東京天文台の緯度決定」、第2号には寺尾・水尾準三郎の共著になる英文論文「彗星e1888の観測」が掲載された。この雑誌は1922年(大正11年)第5巻第5号まで続いた。

この年 　E.C.ピッカリング分光連星を発見(米国)　ハーバード大学天文台のE.C.ピッカリングがフォーゲルとは別に、スペクトル線の偏移からそうとわかる連星、分光連星を発見した。

この年 　ゴッホが「星月夜」を描く(オランダ,フランス)　フィンセント・ファン・ゴッホが「星月夜」を描いた。最晩年、精神病院に入院していた時の作品で、代表作の一つにあげられる。米国のニューヨーク近代美術館に所蔵されている。

この年 　「天文学総合文献目録」完成(フランス)　J.C.ウーゾーらにより1882年から編纂されていた「天文学総合文献目録(Bibliographie générale de l'astronomie)」全2巻が完成した。1880年までの天文学に関する文献を収載した書誌。

1890年
(明治23年)

7.1 　東京天文台、電信による正午報時を開始(日本)　東京天文台は、1890年(明治23年)7月1日から電信による正午報時を開始した。これは毎日11時30分に天文台から正午の号砲を行う近衛師団へ電信で正確な時刻を知らせるもので、信号を受け取った号砲係がこれに合わせて自分の時計を調整し、12時に大砲を発射するということになっていた。しかし、陸軍はこの業務に熱心ではなく知識の乏しい下士官らに任せていたため、実際の正午からずれた時刻に号砲を撃つことは日常茶飯事であった。

この年 　長瀬商店が「花王石鹸」を発売、月のロゴマークをつける(日本)　長瀬商店(現・花王)が高級化粧石鹸「花王石鹸」を発売した。美と清浄のシンボルとして月がロゴマークに選ばれ、口のある三日月が「花王石鹸」と吹き出している最初のロゴマークが制定された。その後、1897年(明治30年)から1985年(昭和60年)まで計8回の変更が行われ、2009年(平成21年)10月に、月とアルファベットの「kao」からなる9代目ロゴマークに変更された。

| この年 | スミソニアン協会天体物理観測所創設（米国）　スミソニアン協会の施設の一つとして天体物理観測所（Smithsonian Astrophysical Observatory）が創設された。
| この年 | キーラー、視線速度を決定（米国）　天体物理学者J.E.キーラーはリック天文台で分光器を設計して90cmの望遠鏡で観測を行い、「アルクトゥルス」「アルデバラン」「ベテルギウス」の視線速度を決定した。3年後の1893年には土星の環が微小な天体から構成されていることを示した。彼はまたロッキー山中へ入り、太陽の放射熱の測定もしている。

1892年
（明治25年）

| 1.21 | 海王星を予言したアダムスが没する（英国）　理論天文学者J.C.アダムスが死去した。1819年生まれ。ケンブリッジ大学の学生時代から天王星の不規則性に関心を持ち、その原因を未知の惑星に求めた。その結果、1844年に海王星の存在を予言するが、観測を放置され、フランスのルヴェリエの同じ予言をガレに発見されるという不運に見舞われる。1851年ケンブリッジ大学にその業績を記念するアダムス賞が作られ、1859年からケンブリッジ大学天文学教授、1861年ケンブリッジ大学太陽天文台長に就任した。
| この年 | 木星の第5衛星を発見（米国）　バーナードが木星の第5衛星とぎょしゃ座の新星雲状環を発見した。
| この頃 | ヘール、スペクトロヘリオグラフを開発（米国）　G.E.ヘールが、太陽スペクトルのうち単色光のみを通過させて太陽の単色像を撮影する装置「スペクトロヘリオグラフ」を開発した。
| この頃 | マイケルソン、スペクトル線の波長を"長さの基準"に出来ることを発見（米国）　マイケルソンは、実験によりカドミウムのスペクトルの赤色線で、メートル原器の長さを定義出来ることを発見した。

1893年
（明治26年）

| 5.28 | 天文学者プリチャードが没する（英国）　天文学者C.プリチャードが死去した。1808年生まれ。アマチュア天文研究家から1870年オックスフォード大学天文学教授となり、写真によって天体の正確な位置測定が出来ることを証明した。1866年～1868年王立天文学会会長を務めた。著書に「新恒星座図」（1885年）など。
| 10.5 | 南方熊楠の論文が英国の「*Nature*」に掲載される（日本）　1892年（明治25年）9月から英国ロンドンに滞在していた南方熊楠は、英国の一流科学雑誌「*Nature*」1893年10月5日に「極東の星座」を発表した。これはインド・中国の星座を例に、各民族のもつ星座の歴史的背景と成り立ち、そしてそこから各星座を比較することによって各民族間の近親関係を解き明かそうとしたもので、民俗学の巨人と呼ばれる南方の処女論文であり、学者としてのスタート地点でもあった。その後、南方は1895年4月18日から1898年12月14日まで大英博物館の嘱託となった。

1894年
（明治27年）

- この年　ローウェル天文台創設（米国）　アリゾナ州にP.ローウェルが火星観測のために天文台を私設した。1896年61cmの屈折望遠鏡を設置。以後、スライファーが銀河の後退速度を観測し、トンボーが冥王星を発見するなど、惑星観測を中心に数々の功をあげている。今日では110cmの反射望遠鏡2台が主に使われている。
- この年　ガレ、414個の彗星カタログを発表（ドイツ）　1851年から1897年までブレスラウ天文台長を務めたJ.G.ガレは、1894年に子のアンドレアスと協力し、観測結果として414個の彗星カタログを発表した。

1895年
（明治28年）

- 12.22　星学第二講座（天体物理）開講（日本）　帝国大学星学科に第二講座が新設され、担当には星学科第一期卒業生で、欧州から帰朝したばかりの平山信が着任し、天体物理を講じた。なお、第一講座は従来どおり寺尾寿が担当。
- この年　「*Astrophysical Journal*」創刊（米国）　J.E.キーラーとG.E.ヘールが中心となって、「*Astrophysical Journal*（アストロフィジカル・ジャーナル）」を創刊した。
- この年　ハイデルベルク天文台創設（ドイツ）　ハイデルベルク天文台が設立された。1906年には71cmの反射望遠鏡を備え付けた。

1896年
（明治29年）

- 1.1　太陽暦採用（朝鮮）　李氏朝鮮で太陽暦が採用された。
- この年　カプタイン記念天文学研究所設立（オランダ）　オランダのグローニンゲン大学に天文学者J.C.カプタイン（1851-1922）を記念して天文学研究所が創設された。カプタインは写真術を天体観測に利用した全天観測を計画、D.ギルと共に「ケープ写真星表」を制作。他方、恒星の「二星流説」を発表。後の銀河系の構造概念の基盤となった。がか座の高速度星発見でも名を残している。
- この年　「ゼーマン効果」発見（オランダ）　P.ゼーマンは、磁場内に置いた光源のスペクトル線が、数本に分かれることを発見した（ゼーマン効果）。

1897年
（明治30年）

6.22　京都帝国大学創立、従来の帝国大学を東京帝国大学と改称（日本）　関西に初の帝国大学、京都帝国大学が創設された。初代総長は木下広次。なお、これに伴い帝国大学は東京帝国大学と改称された。京都帝国大学は理工・法・医・文の4分科大学が順次開設され、1914年（大正3年）理工科大学が理科大学と工科大学に分割された。1919年学部制に移る。のち、経済学部、農学部などが新設された。天文宇宙及び物理分野では、1918年理学部物理学科に宇宙物理学講座が、1929年（昭和4年）花山天文台が創設される。戦後、1953年湯川秀樹記念館を前身として基礎物理学研究所開設。自由な学風で知られ、山本一清、荒木俊馬、藪内清、宮本正太郎ら数々の物理学者、天文学者を生みだした。

8.8　山口県山口市仁保に隕石が落下（仁保隕石）（日本）　午後10時半頃、山口県吉敷郡仁保村（現・山口市）に隕石が落下した（仁保隕石）。重量は計0.467kg。

8.11　福岡県福岡市の東公園に隕石が落下（東公園隕石）（日本）　福岡県福岡市の東公園に隕石が落下した（東公園隕石）。重量は0.75kg。

この年　ヤーキス天文台が発足（米国）　G.E.ヘールの依頼により実業家C.ヤーキスが資金を出したヤーキス天文台がシカゴ大学の天文学、天体物理学の1部門として発足した。102cmの屈折望遠鏡を備え付ける。1901年には新たに60cmの反射望遠鏡が完成した。なお、同天文台台長を務めたG.E.ヘールは、後にウィルソン山天文台建設に尽力した。

この頃　「ローランド・テーブル」発表（米国）　H.A.ローランドが、太陽スペクトルと種々の元素のスペクトルを比べ、波長297.5～733m、730～1020mの吸収線を調査した「ローランド・テーブル」を発表。太陽スペクトルの研究を促進した。

1898年
（明治31年）

1.22　インドのボンベイに日食観測隊を初めて派遣（日本）　インド西海岸で皆既日食があり、日本から初めて寺尾寿・平山信・木村栄らによる日食観測隊が同国ボンベイ付近に派遣された。この観測ではコロナ・プロミネンスの写真観測にも成功している。

この年　土星の第9衛星「フェーベ」発見（米国）　E.C.ピッカリングの弟で、天体写真と惑星・衛星の観測を主に行っていたW.H.ピッカリングが土星の第9衛星「フェーベ」を発見した。彼は1905年には木星の第10衛星「テミス」を発見したと発表したが、実測されず、1967年確認されるに至った。ピッカリングはまた、アレキパ観測所やローウェル天文台の建設にも尽力したことで知られる。

この年　小惑星「エロス」の発見（ドイツ）　アマチュア天文学者ウィットが、ウラニア天文台で小惑星「エロス」を発見した。

この年　G.H.ダーウィン「潮汐論」刊行（英国）　C.ダーウィンの息子で、数理天文学者のG.H.ダーウィンが「潮汐論」を出版。この中で彼は自身の潮汐論や天体形状論を発展させ、月の起源について、太陽による潮汐の影響で地球から分離したという説を展開、その名を広めた。1899年王立天文学会会長。他の著書に「科学論文集」（全4巻）がある。

1899年
（明治32年）

1.14 　東京天文台、写真撮影による銀河域の観測を開始（日本）　東京天文台では、平山信がブラッシャー写真儀を用いて長時間露出の写真撮影による銀河域の掃天観測を開始した。この観測が翌年の平山による2新小惑星の発見へとつながっていくこととなる。

12.11 　岩手県水沢に臨時緯度観測所開設、眼視天頂儀による観測が始まる（日本）　1895年（明治28年）ベルリンで開かれた万国測地学協会（IAG）の総会で国際緯度観測事業（ILS）が創設され、翌年には北緯39度8分の緯度圏に観測網を築くことが決まった。日本からは田中館愛橘の発案によって岩手県水沢が観測所設置の候補地に挙げられ、1898年日本政府とIAGとの間で水沢国際共同緯度観測所設置の条約が結ばれ、1899年同地に文部省所管の臨時緯度観測所が開設した。その初代所長には帝国大学星学科出身の木村栄が就任、観測機器には口径11cmの眼視天頂儀が採用され、同年12月11日最初の観測が行われた。同観測所では、その日をもって創立記念日としている。

この年　米国天文学協会設立（米国）　米国天文学協会が設立された。北米の天文学者、物理学者、数学者らから成る団体で、後に米国天文学会（AAS: American Astronomical Society）と改称。

この年　ポアンカレ、「天体力学の新方法」を刊行（フランス）　数学者で天体力学者のJ.H.ポアンカレが、1892年から刊行していた「天体力学の新方法」（3巻）が完結した。同書と「天体力学講義」は学者らが関数論的に天体力学を研究する契機となった。

この年　イネスの「南天二重星照合目録」完成（英国，オーストラリア）　英国生まれでオーストラリアに移住しケープ天文台に務めていたR.T.A.イネスが第1の二重星カタログ「南天二重星照合目録」を完成させた。

1900年
（明治33年）

この年　平山信、小惑星「Tokio」「Nipponia」を発見（日本）　平山信が日本人として初めてブラッシャー天体写真儀で2個の新しい小惑星を発見・撮影し、それぞれ「トウキョウ（Tokio）」（小惑星番号498）、「ニッポニア（Nipponia）」（同727）と名づけた。日本に関する小惑星名が付けられたのは初めてのことである。

この年　東京天文台、天文台談話会を開始（日本）　研究者向けの談話会である天文台談話会の第1回が開催された。これは東京天文台が国立天文台に改組された今日も続けられている。

この年　「ケープ写真掃天星表」完成（オランダ，英国）　J.C.カプタインとケープ天文台長D.ギルが、1896年から制作を始めた「ケープ写真掃天星表」を完成させた。ケープ天文台でギルが撮影した写真から測定した45万4875の星を収録し、恒星の統計学的研究に大きく貢献した。なお、両名は写真術を天体観測に持ち込んだパイオニアとして知られる。

この年　「黒体放射の公式」発表（ドイツ）　M.プランクが「黒体放射の公式」を発表した。またの名をプランクの公式ともいい、ある絶対温度の物体と熱平衡にある熱放射が出す様々な波長の光を、どのような割合で含んでいるかを表す公式である。この公

式は物理学において、量子力学への道を開くものとなった。

1901年
(明治34年)

5.18 スマトラで皆既日食、平山信・平山清次・早乙女清房らが派遣される(日本)　スマトラ島で皆既日食が観測された。日本からは東京天文台の平山信・平山清次・早乙女清房らが同島西海岸パダンへ派遣され、コロナの直接写真撮影、スペクトル観測などに成功した。

この年 滝廉太郎作曲の唱歌「荒城の月」が発表される(日本)　滝廉太郎作曲の唱歌「荒城の月」が、中学生向け唱歌集「中学唱歌」に掲載された。「中学唱歌」は東京音楽学校が当時の有名な詩歌人に歌詞を依頼し、それに同校の教員、学生に懸賞募集という形で作曲を求めたもので、「荒城の月」は詩人・土井晩翠が作詞したものであった。滅びしものへの哀愁を歌ったこの曲は、晩翠が郷里仙台の青葉城と修学旅行で訪れた会津若松城の荒涼たる光景に着想を得て作詞し、それに滝が幼少時に親しんだ郷里豊後竹田の岡城址にイメージを得て曲付けしたもので、日本的な七五調の歌詞と西洋音楽のメロディーが掛け合わさってできた名曲として今でも歌い継がれている。なお、現在よく歌われている旋律は、1917年(大正6年)に山田耕筰が編曲したものである。

この年 小惑星「エロス」の変光を発見(オーストリア)　「食宝典」を出版したT.R.V.オッポルツァーの子、E.オッポルツァーが、小惑星「エロス」の変光を発見。

1902年
(明治35年)

2.4 木村栄、緯度変化に関するz項を発見(日本)　北緯39度8分の緯度圏における国際緯度観測事業では、当初、日本の水沢臨時緯度観測所の観測結果は、他の5か所の観測所に比べて精度が低いとされていた。同所長の木村栄はこれを研究して、緯度変化ϕを求める公式$x\cos\lambda+y\sin\lambda$に観測所によらない年周項zを加えることで、より良い精度で緯度変化を求められることを発見し、論文を発表した(「*Astronomical Journal*」22巻517号)。このz項(キムラ項、非極変化項とも)は世界的な発見として認められ、水沢の観測結果の優位性を知らしめると共に、日本の天文学の評価を高めた。

この年 ドミニオン天体物理観測所、創設(カナダ)　オタワにドミニオン天体物理観測所(天文台)が創設された。

この年 世界初の本格SF映画「月世界旅行」製作(フランス)　ジョルジュ・メリエスが世界初の本格SF映画「月世界旅行」を製作した。ジュール・ヴェルヌ「月世界旅行」とH.G.ウェルズ「月世界最初の人間」をベースにした、上映時間14分という超大作だった。トリック撮影を使った第1号作品としても知られる。メリエスはその後「海底2万里」「ミュンヒハウゼン男爵の幻影」「極地征服」「新シンデレラ」などを製作したが、負債を抱えて映画界から引退し、駅の売店の売り子になった。同作は、日本では1908年(明治41年)4月15日東京の錦輝館で上映された。

1903年
(明治36年)

1.9　暦本作成の弘鴻が没する(日本)　和算家で教育者の弘鴻(ひろ・ひろし)が死去した。1829年(文政12年)生まれ。周防徳山藩に仕え、同藩の羽山文哉や田中民之丞らから暦学・星学・数学を学ぶ。1867年(慶応2年)幕府の長州征伐のために藩で暦本が入手しにくくなった際、自ら「種蒔の栞」という暦本を作成して領民に頒布した。　翌年萩藩校明倫館に招かれ、師範学校や山口中学などの教諭も務めた。退職後、私塾日文舎を開き、多くの門弟を教授した。農事の利便性を重んじ、太陽暦に基づきながら立春を年の初めとする独自の暦法を考案。これをたびたび元老院に提案したことでも知られる。著書に「各国昼夜考」などがある。

7.1　科学雑誌「理学界」が創刊される(日本)　月刊科学雑誌「理学界」が創刊された。初等・中等の理科教師を対象としており、アインシュタインの相対性理論をはじめとして各科学界の最新研究動向や学会記事などが載せられ、複雑な数式や化学式がふんだんに使われるなど、内容も高度であった。1909年(明治42年)12月まで刊行された。

12.5　長岡半太郎、土星型原子模型を発表(日本)　東京帝国大学の長岡半太郎は東京数学物理学会の常会において「帯および線スペクトル線と放射性現象を説明する典型原子内における粒子の運動について」の講演を行い、中央に正電荷を帯びた原子核があり、その周りを電子が回っているという、いわゆる土星型原子模型を発表した。

この年　ツィオルコフスキー「ロケットによる宇宙空間の探求」発表(ロシア)　ツィオルコフスキーが「反動装置による宇宙空間の探求」を発表。同書で人類が宇宙飛行出来ることを理論的に証明し、また液体燃料ロケットの理論を述べ、ロケット工学研究の基礎となった。

この年　光学機器製作のP.M.アンリが没する(フランス)　光学機器製作に貢献したP.M.アンリが死去した。1849年生まれ。兄P.P.アンリ(1848-1905)と共にパリ天文台に入り、協力して反射望遠鏡を作り、黄道帯星図を作成した(完成は1884年)。続いて1885年兄弟は口径33cmの天体写真儀を製作。これを用いてプレアデス星団の散光星雲を発見した。なお、同機はヨーロッパ各地に建設され、写真を用いた天体観測及び写真星図の作成に利用された。のち、兄弟共にパリ天文台主任天文官となった。一般にアンリ兄弟として知られている。

1904年
(明治37年)

この年　ウィルソン山天文台創設(米国)　シカゴ大学のG.E.ヘールが、太陽研究の最高施設を目指し、カーネギー財団の出資を取付け、ウィルソン山頂に太陽天文台を創設した。パロマー山天文台、ラスカンパナス天文台などとあわせてヘール天文台と総称される。1907年20m太陽塔望遠鏡、1912年50m太陽塔望遠鏡が、1908年152cm反射望遠鏡、1917年257cmの反射望遠鏡が設置された。257cmの反射望遠鏡は当時世界最大で、この望遠鏡によるアンドロメダ星雲の観測により、ハッブルは「ハッブルの法則」を打ちだした。1985年以降カリフォルニア大学などの連合機関に移管された。

この年　カプタイン「二星流説」発表(オランダ)　J.C.カプタインが恒星の固有運動が、銀

河面に平行で対面した二星流で成立していると発表した。

この年 ハルトマン、「星間物質」の存在証明（ドイツ） J.F.ハルトマンは、オリオン座デルタ星のスペクトル研究中に、カルシウム停留線を発見。これにより星間物質が存在することを証明した。

1905年
（明治38年）

1.14 物理学者で観測機器製作者のアッベが没する（ドイツ） 物理学者で光学レンズの普及にも寄与したE.アッベが死去した。イエナ大学、ゲッティンゲン大学で物理学を学び、1870年イエナ大学教授、1878年天文台長と気象台長を兼任。1866年に顕微鏡製作所のC.ツァイスの招きに応じ、ツァイス光学会社の技術顧問となり光学レンズの理論的研究を行う。また、化学者のO.ショットと共同で精密光学ガラスを開発すると共に光学機器の改良を重ねるなど、ツァイス光学社の発展に努めた。

3.24 科学小説の始祖ジュール・ヴェルヌが没する（フランス） SF小説の始祖といわれた小説家ジュール・ヴェルヌが死去した。1828年生まれ。1850年代に相次いだ科学的発見や発明に関心を持ち、「気球に乗って5週間」（1863年）を皮切りに空想科学小説を60編あまり刊行した。代表作に「海底2万里」（1870年）、「月世界旅行」（1865年）、「地底旅行」（1864年）、「地球から月へ」（1865年）、「80日間世界一周」（1873年）などがあり、日本でも明治10年代（1870年代後半）から代表的な作品が翻訳された。科学の新知識を駆使したその作品は多くの文学者に影響を与えた。なお、「月世界旅行」は月にロケットを打ち上げる物語。

この年 桑木或雄、一般相対性理論に関する最初の論文を日本に紹介（日本） 東京帝国大学の桑木或雄は、アインシュタインの一般相対性理論に関する最初の論文を、「関係性原理」の名で初めて日本に紹介した。

この年 木星の第6、第7衛星を発見（米国） C.D.パーラインが、木星の第6衛星、第7衛星と数個の彗星を発見した。後にアルゼンチン国立天文台長を務めた。

この年 太陽系の進化に関する微惑星説発表（米国） T.チェンバリン、モールトンが、太陽系の進化について、原始太陽のまわりに円盤状の塵と大気ができ、その塵が沈殿して集まり微惑星となり、微惑星同士のぶつかりあいや集合によって惑星ができたとする微惑星説を発表した。

この年 ヘルツシュプルング、恒星に巨星と矮星があることを発見（デンマーク） E.ヘルツシュプルングが恒星には非常に明るい巨星とより暗い矮星の2種類があることを発見した。

この年 アインシュタイン、3大業績を発表（ドイツ） A.アインシュタインが(1)特殊相対性理論、(2)光量子仮説、(3)ブラウン運動の理論の3大業績を発表した。特殊相対性理論は、ニュートン力学でいうどの座標系にも共通する時間の存在を否定し、相互に等速運動する慣性系では物理法則は同一であるとする。光量子仮説は、ある波動数をもつ光は光量子（エネルギーの粒子）の流れだとする仮説。ブラウン運動の理論は、液体の中に浮いている微粒子の不規則な運動（ブラウン運動）について分子運動論によって論理的に説明したもの。

1906年
（明治39年）

この年　**「北極から121度以内にある二重星一般目録」(全2巻)完成(米国)**　二重星の観測とその研究をしていたアマチュア天文家S.W.バーナムが、「北極から121度以内にある二重星一般目録」(全2巻)を完成させた。

この年　**M.ウォルフ、トロヤ群小惑星「アキレス」を発見(ドイツ)**　ハイデルベルク大学教授で天文台長のM.ウォルフが、木星軌道付近に存在する小惑星群の中に「アキレス」を発見した。ウォルフは彗星、星雲、小惑星の写真観測と研究を続け、数百の小惑星や数千の星雲を発見した。また、ガス状星雲と渦状星雲を区別したことで知られる。

この年　**シュワルツシルト「恒星大気の放射平衡理論」発表(ドイツ)**　K.シュワルツシルトは、恒星内部にあるガスは重力で相互に引きあっていないとする、恒星大気の放射平衡理論を発表した。

この年　**「ICカタログ」完成(英国)**　J.L.ドライアーが1895年の「Index Catalogue」と1906年に「Second Index Catalogue」の刊行により、「NGCカタログ」の追加版、「ICカタログ(Index Catalogue of Nebulae and Clusters of Stars」)を完成させた。5386の星雲・星団などの天体を収録する。なお、ドライアーは他にW.ハーシェルの論文集や伝記、ティコ・ブラーエの伝記及び全集も編纂している。

この頃　**ステビンス、光電測光法を考案(米国)**　J.ステビンスがセレニウム光電池を使用した光電測光法を考案した。以降彼はこの技術の向上、実用化に務め、観測天文学のパイオニアとなった。1911年から光電管を、1927年から静電電位計を、戦後には光電子増倍管、真空管式増幅器を使用して観測を進め、その成果は、変光星アルゴルの第2極小の発見、星間物質の分布や光学的厚さの決定、食連星や銀河の精密な観測など数多い。

1907年
（明治40年）

6月　**東北帝国大学設置(日本)**　仙台の理科大学と札幌の農科大学からなる東北帝国大学が設置された。前者は1911年(明治44年)、後者は1907年開設。初代総長は澤柳政太郎。1947年(昭和22年)東北大学と改称。

8.13　**天文学者フォーゲルが没する(ドイツ)**　天文学者H.C.フォーゲルが死去した。1863年ライプチヒ大学入学と同時に同天文台助手となり、1882年ポツダム天文台長になって、没するまで務めた。主にスペクトル観測を行い、1876年に減光過程中はくちょう座新星のスペクトル変化を初めてとらえた。1889年変光星アルゴルの暗黒伴星を発見。また、スペクトル写真で視線速度の測定をし、眼視による測定よりも正確であること立証し、学会を驚かせた。ドイツの天体物理学開拓者の一人。

この年　**マイケルソン、ノーベル物理学賞を受賞(米国)**　A.A.マイケルソンが干渉計による研究によりノーベル物理学賞を受賞した。1881年測定した速度に及ぼす地球の運動の効果を発見する目的で干渉計を発明。E.W.モーリーと共同で、どの内部座標系においても光が一定速度で進むことを示した。この実験は、まず1881年にベルリンのH.ヘルムホルツの研究室で行われた。1887年まで行われるが、彼らが測定しようとしたのは、エーテルに対する地球の相対速度であって、干渉計ではそれを測定する

ことが出来なかった。その意味では失敗実験であるが、この事実は光を伝える存在としてのエーテルを否定するもので、結果として、光が一定速度で進むことを示した。その後、1892年～1893年モーリーと共にカドミウム線による標準メートルの再定義。今日ではこの方法にはクリプトン線が用いられている。また干渉計を改良し天体の直径を測定する精密な装置を作り、1920年ベテルギウスの大きさを測定。星の大きさで正確であるとされたのはこれが初めてである。

この年　**「ポツダム掃天星表」完成**（ドイツ）　ポツダム天体物理観測所のG.ミュラーが1886年から作り始めた「ポツダム掃天星表」を完成させた。また彼は、1922年にはE.ハルトヴィヒと1918年から編纂していた「ミュラー・ハルトウィヒの変光星表」（全3巻）を完成させている。

この年　**エムデン方程式、完成**（ドイツ）　スイス生まれでミュンヘンで研究活動を行っていたR.エムデンが「エムデンの方程式」を導いた「ポリトロープガス球論」を完成させた。エムデン方程式はポリトロープ関係における自己重力構造に関する常微分方程式で、星の重力平衡を検討する際に有効。

1908年
（明治41年）

1.2　**C.A.ヤングが没する**（米国）　天文学者C.A.ヤングが死去した。1869年の日食でハークネスと共にコロナのスペクトル中に固有の輝線を発見し、コロナが太陽の大気であることを実証したことで知られる。また、分光観測を行い、太陽の反彩層を発見した。

1.19　**日本天文学会創立、初代会長に寺尾寿**（日本）　日本初の天文学に関する学術団体である日本天文学会が創立された。初代会長には寺尾寿が就任。当初はその数年前から発会が企図されていたが、日露戦争により中断していた。2月には会則が制定され、4月には会誌「天文月報」が創刊された。創立目的は天文学の進歩と普及で、会員には専門家はもとよりアマチュアも数多く参加しており、初期には天文通俗講座を開催するなど啓蒙的な側面も強かった。

4月　**「天文月報」創刊**（日本）　日本天文学会の会誌「天文月報」が創刊され、創刊号には初代会長の寺尾寿による発刊の辞が掲載された。創刊当初の編集主任は一戸直蔵。同会の性格と同じく、アマチュアへの啓蒙的な側面も持ち合わせていたが、アカデミックな記事の中には海外の天文学雑誌に取り上げられるものも多かった。戦中戦後の中断期を挟みながらも現存しており、息の長い雑誌になっている。

6.26　**暦学者・水原準三郎が没する**（日本）　暦学者・水原準三郎が死去した。1858年（安政5年）生まれ。1881年（明治14年）「日時計」を著す。家で病気療養の間に仮数16位の対数表を考案し、1882年「筆算得法新書」を著作した。同年上京して杉浦重剛の同志会に入り学頭に進んだ。1883年東京大学星学選科に入り、卒業して、1885年から東京天文台で暦の編集にあたり、在職24年の長きに及んだ。

10.2　**文部省、暦への陰暦記載の廃止を決定**（日本）　文部省は暦への陰暦の記載を、2年後の1910年（明治43年）より廃止することを公布した。

この年　**三宅雪嶺の「宇宙」刊行**（日本）　評論家である三宅雪嶺が、自身が主宰する政教社から「宇宙」を刊行した。雪嶺は西洋哲学と儒仏をはじめとする東洋哲学とを並立・総合させた思想家であり、和漢洋にまたがる幅広い学識を持った知の巨人でもあった。この書は天文学や宇宙論、自然科学の知識（当時の新しい研究を踏まえながら）を引き合いに出して自身の思想・哲学を開陳し、さらには知能、意能、感能と宇宙と

を結びつける試みも行った科学的哲学随想であり、「同時代史」「真善美日本人」などと並ぶ雪嶺の代表作の一つに数えられている。

この年　ヘルマン・ミンコフスキー、4次元世界の概念を導入（ドイツ）　ヘルマン・ミンコフスキーが、空間と時間について講演の中で4次元世界の概念を導入した。これは「ミンコフスキー空間」ともいわれる。彼は前年に出版した「空間と時間」の中で、3次元空間の点に類似するものが、時間と空間の同時に存在する事象が4次元世界の空間で表されるとしていた。

この年　メロッテ、木星第8衛星発見（英国）　英国の天文学者P.J.メロッテがグリニッジ天文台で天体写真を撮影し、木星の第8衛星「パシファエ」を発見した。

1909年
（明治42年）

7.11　理論天文学者ニューカムが没する（米国）　理論天文学者S.ニューカムが死去した。1835年カナダ生まれ。1861年数学教授として米国海軍天文台に入り、1877年から20年間航海暦編纂局長を務めた。この間、基本星表の作成、太陽視差の研究、天文常数の決定（1896年の天文常数国際会議では「ニューカムの常数」が採択される）、光速度測定法の研究、月と惑星軌道の研究など、天文分野に幅広く足跡を残す。また、1899年米国天文学会の創設にも寄与、一般向けの天文書も書くなど天文学の発展・啓蒙にも尽力した。

7.24　岐阜、美濃、関などに隕石雨（美濃隕石）（日本）　岐阜県の岐阜、美濃、関などに合計29個の隕石が落下した（美濃隕石）。重量は合計で14.29kg。

この年　東京天文台、新設地を三鷹に（日本）　東京天文台は麻布の敷地の平坦部が1500坪と手狭になりつつあり、また周辺の市街化にともなって観測条件の悪化が懸念されたことから、東京府下三鷹村の民有地に新しい敷地を設定した。広さは9万2890坪と従来の敷地に比べて50倍以上の規模で、予算は当時の金額で22万6000円であった。1914年（大正3年）から新しい天文台の建設がはじまり、1923年の関東大震災で麻布の天文台が壊滅的な被害を受けたのを機に、三鷹へ完全移転した。

この年　「エヴァーシェット効果」発見（インド）　インドの太陽物理学者のJ.エヴァーシェットが太陽分光により、黒点の半暗部に明暗条線に沿ったガスの流れに起因する現象「エヴァーシェット効果」を発見した。光球では黒点暗部から外向きの流れが観測され、彩層では外から暗部へ向かう流れが観測される。

この年　ハンブルク天文台、ベルゲドルフに移転（ドイツ）　私設天文台として出発し、戦禍を経て1825年に再建されたハンブルク天文台がハンブルク市内からベルゲドルフに移転した。1910年1m反射望遠鏡を建設。1912年には分光掃天カタログ作成を目指して、リッパート三重天体写真儀を設置した。

1910年
（明治43年）

5月　ハレー彗星が出現（世界）　75年ぶりにハレー彗星が接近した。日本では天文学者が安全宣言を出したにもかかわらず、彗星の尾の中に毒が含まれている、彗星の接近

で地球がその尾の中に入ることによって地上の大気がなくなるなどの地球破滅論的な憶測が飛び交い、彗星接近時に毒素を吸い込んだり空気がなくなって窒息したりしないように息を止める訓練が大流行し、ゴムチューブが爆発的に売れた。学問的にはマックス・ウォルフ彗星の写真撮影に成功した他、日本からは東京帝国大学の早乙女清房らが大連に出張して彗星観測を行った。

7.4　火星の「運河」のスキャパレリが没する（イタリア）　火星の運河を発見したイタリアの天文学者G.V.スキャパレリが死去した。1835年生まれ。ミラノ・ブレラ天文台観測技師を経て、1862年〜1900年同天文台長の任に就く。1861年小惑星「ヘスペリア」を発見。また、流星群と彗星の関係を研究し、両者が同一軌道をとることを発表、近代流星天文学に大きく貢献。他方、惑星観測でも著名で、火星の観測から火星図を作成、記されている火星の「運河」が注目された。水星の観測で自転周期を公転周期と同じとし、88日と導いた（実際は59日）。天文学史の研究にも携わった。

この年　「ドイツ天文学会星表第1部」完成（ドイツ）　ドイツ天文学会が全15巻に渡る「ドイツ天文学会星表（AG星表）」第1部を完成させた。

1911年
（明治44年）

12.1　東京天文台、無線電信による報時業務を開始（日本）　東京天文台では、創設時から逓信省の依頼により全国の電信局へ正午の報時を行っていたが、1911年（明治44年）からは同天文台で測定した標準時を銚子無線電信局へ送り、さらにそこから無線電信によって全国の電信局に送ることとなった（分秒報時形式による全国への報時のはじまり）。1912年正式業務となる。

この年　木村栄、日本学士院賞恩賜賞受賞（日本）　木村栄が「地軸変動の研究特にz項の発見」により第1回日本学士院賞恩賜賞を受賞した。

この年　写真天頂筒発明（米国）　米国の天文学者F.E.ロスは、緯度観測に用いられていた天頂儀を改良して写真天頂筒（PZT）を発明した。この装置でロスは、1914年10月までに6944個の星を観測した。

この年　北極星はセフェイド変光星（デンマーク）　E.ヘルツシュプルングが、北極星がセフェイド型変光星であることを確認した。

この年　国際的に天文定数を協定（フランス）　天文予報位置国際会議がパリで開催され、天体力学、位置天文学、編暦などにおいて共通の計算原理で計算するための天文定数系が国際的に協定された。

この年　ウジェーヌ・アジェ「1911年の日蝕」を撮影（フランス）　パリの風物、歴史的建造物、市民の商売、生活などを撮影・記録していたフランスの写真家、ウジェーヌ・アジェが、日食を見る人々を撮影した。

この年　「オックスフォード天文台分担星表」完成（英国）　英国のオックスフォード天文台が1909年から製作していた国際共同観測写真天図の「オックスフォード天文台星表」（全9巻）を完成させた。

1912年
（明治45/大正元年）

- 1.1 「時憲暦」を廃止して「グレゴリオ暦」採用（中華民国）　孫文が、中華民国の成立を宣言、「時憲暦」を廃止して「グレゴリオ暦」を採用した。
- 6.1 小川菊松、誠文堂（現・誠文堂新光社）を創業（日本）　茨城県出身で出版物取次の至誠堂にいた小川菊松は、1912年（明治45年）に独立し、東京・神田錦町に取次仲買業の誠文堂を創業した。翌年には出版業に進出。以来、主に理工系・自然科学・園芸・児童・趣味・ペット関係の書籍・雑誌を出版し、1935年（昭和10年）新光社を合併して社名を誠文堂新光社に改称し、今日に至っている。また、原田三夫を編集主任に1922年（大正11年）「科学画報」、1924年「子供の科学」を刊行したことでも知られる。天文関係の出版物も多く、1949年（昭和24年）「天文年鑑」を、1965年からは雑誌「天文ガイド」を発行している。
- 7.17 ポアンカレ予想のアンリ・ポアンカレが没する（フランス）　数学者・物理学者で科学思想家のアンリ・ポアンカレが死去した。1854年生まれ。1879年から鉱山技師として働いた後、1881年パリ大学教授。1887年アカデミー・デ・シアンス会員、1908年アカデミー・フランセーズ会員。フランスの偉大な科学者として知られる。1889年三体問題の論文でスウェーデン・オスカー賞を受賞。数学者としては、微分方程式論に新境地を開き、「保形関数」を発見、また数理物理学・天体力学へも多くの業績がある。彼が残した「単連結、すなわち基本群が自明な連結3次元閉多様体は3次元球面に同相となるか」という命題は以後多くの数学者を悩ませた。晩年は科学哲学や科学方法に関する著書を刊行した。主著に「天体力学」（全3巻、1892年〜1899年）、「科学と仮説」（1902年）、「科学の価値」（1905年）、「科学と方法」（1909年）など。
- この年 ケファイド変光星の周期光度関係発見（米国）　米国の天文学者H.S.リービットが小マゼラン銀河中の100個以上のケファイド変光星について、星が明るいほどその変光周期が長く、暗いほど短くなるという周期・光度関係を発見した。ヘルツシュプルングとH.シャプリーによって、この周期・光度関係を使い遠くの星団や星雲にあるケファイド変光星の周期から絶対光度が推定出来るようになり、銀河系の大きさや遠くの星雲までの距離を算出する基礎が作られた。
- この年 スライファー、アンドロメダ星雲の速度測定に成功（米国）　スライファーが、アンドロメダ星雲の速度の測定に成功した。毎秒300kmであり、当時分かっていた速度の中で最大だった。
- この年 ヘス「宇宙線」を発見（オーストリア）　V.F.ヘスは、大気の電離現象を研究するために、気球を使って昼夜を問わず観測して、太陽の影響を受けない放射線を発見し、「宇宙線」と名づけた。
- この年 シャイナーの「国際写真星図」刊行（ドイツ）　ポツダム天体物理天文台のJ.シャイナーが1898年から制作していた国際写真星図（全6巻）が完結した。

1913年
（大正2年）

- 1.1 一戸直蔵、月刊の科学啓蒙誌「現代之科学」創刊（日本）　一戸直蔵は、東京天文台の三鷹移転に反対すると共に米国流の高山天文台の開設を提唱し、天文台長の寺尾寿と

衝突して天文台を辞した。辞職後の一戸は現代之科学社を設立してジャーナリズムの立場から科学の啓蒙を進め、1913年(大正2年)には欧米の「Nature」誌、「Science」誌に倣って月刊の科学啓蒙誌「現代之科学」誌を創刊した。一戸は同誌で持論である高山天文台の計画を主張しつづけた。

8月 **岩波茂雄、岩波書店を創業**(日本) 東京帝国大学哲学科出身の岩波茂雄は、1913年(大正2年)8月、東京・神田神保町に古書籍販売の岩波書店を創業した。翌1914年には夏目漱石の「こころ」を刊行して出版業に参入し、1927年(昭和2年)に古今東西の古典を収録した「岩波文庫」、1931年雑誌「科学」(編集主任・石原純)、1938年現実的な諸事項を取り扱った「岩波新書」を創刊して国民の教養を高め文化の大衆化に貢献した。太平洋戦争後も総合雑誌「世界」の創刊、国民的辞書として愛用される「広辞苑」の出版など総合的出版社としての高い信頼を受け、今日に至っている。また学術書の出版も数多く手がけており、天文学関係では岩波文庫にガリレイの「天文対話」「星界の報告」などが収録されている他、萩原雄祐の「天文学」、松隈健彦の「天文学概論」なども出版している。

この年 **ラッセル、恒星のスペクトル型と絶対等級の相関を発見**(米国) ラッセルは、写真乾板を観測に使い、ほとんどの恒星のスペクトル型と絶対等級の間には、表面温度が高ければ明るさの等級も上がる、という関係が成り立つことを発見した。別に、スペクトル型が同じでも等級が全く異なる星も存在し、これを巨星と矮星に分けている。ラッセルはスペクトル型に対して星の絶対等級を示す図を作成したが、ドイツのヘルツシュプルングも1911年に同内容の図を独自に作成していたため、同図は両者の名前をとってHR図(エイチ・アール図,ヘルツシュプルング=ラッセルダイアグラム)と名づけられた。

1914年
(大正3年)

この年 **数理天文学者ヒルが没する**(米国) G.W.ヒルが死去した。1838年生まれ。1861年海軍天文台に入り、ニューカムを助け、米暦編集に携わった。天体力学を研究し、太陽運動論、土星・木星の摂動、月の運行研究で知られる。

この年 **ニコルソン、木星第9衛星を発見**(米国) セス・バーンズ・ニコルソンが、木星の第9衛星「シノーペ」を発見した。また1938年には第10衛星「リシテア」、第11衛星「カルメ」を、1951年には第12衛星「アナンケ」を発見した。

この年 **分光視差法を発見**(米国) 米国の天体物理学者W.S.アダムスは、恒星のスペクトル線を判別することで恒星までの距離を計る分光視差法を確立した。

この年 **ローウェル、海王星外の未知惑星の存在を予見**(米国) P.ローウェルが海王星外の未知惑星の存在を予見し、観測を開始した。しかし、その惑星を発見出来なかったことを1914年に発表した。彼の死後、1930年にその惑星・冥王星が発見された。

1915年
(大正4年)

この年 **東京天文台「東京天文台年報附録」を発刊**(日本) 東京天文台は「*Annales of the*

Tokyo Astronomical Observatory Appendics（東京天文台年報附録）」を発刊した。これは様々な学術雑誌に掲載された天文台関係者の論文を採録したもので、1936年（昭和11年）まで続いた。

この年　アダムス、シリウスBにより「白色矮星」発見（米国）　W.S.アダムスは、A.S.エディントンの要請によりシリウス伴星の解析を行い、恒星の進化の最終段階である「白色矮星」の存在を発見した。

この年　星のカタログ作成者アウヴェルスが没する（ドイツ）　ドイツの天文学者アウヴェルスが死去した。1838年生まれ。連星の軌道、恒星の視差他恒星の位置を研究。1881年～1889年ドイツ天文学会会長を務めた。正確な星の位置を示す星表作りのために尽力し、「天文学会星表」と「天文学会新基本星表」「恒星界誌」などを刊行した。

この年　アインシュタイン、一般相対性理論を発表（ドイツ）　アインシュタインは、重力場により時空が歪められることを予言した一般相対性理論を発表し、翌年出版した。

この年　作家パウル・シェーアバルトが没する（ドイツ）　ドイツの作家パウル・シェーアバルトが死去した。表現主義の先駆者として知られ、音声詩、宇宙小説、未来小説などを発表。作品に「小遊星物語」「星界小品集」などがある。

この年　イネス、ケンタウルス座「プロキシマ」発見（英国）　R.T.A.イネスは、星の固有運動を研究し、ブリンクコンパレーター（1対の像の違いを見るためにそれらの像を連続して高速できりかえて見るもの）を使ってケンタウルス座「プロキシマ」を発見した。

1916年
（大正5年）

4.13　岡山県倉敷市に隕石が落下（冨田隕石）（日本）　岡山県浅口郡冨田村大字八島字亀山（現・倉敷市）に隕石が落下（冨田隕石）。重量は0.6kg。

5.11　天文学者カール・シュワルツシルトが戦没する（ドイツ）　天文学者カール・シュワルツシルトが第一次大戦中、戦病死した。1873年生まれ。1901年ゲッティンゲン大学教授兼天文台長、1909年ポツダム天体物理観測所長を歴任。写真測光など観測装置の設計や改良にも貢献、幾何光学や光学器械でも重要な理論的業績がある。放射平衡の概念を導入した恒星大気の研究「シスター＝シュワルツシルトの恒星大気モデル」や、ブラックホールのシュワルツシルト半径を導いたアインシュタインの場の方程式の最初の厳密解などが知られている。

11.12　火星の探求者パーシバル・ローウェルが没する（英国）　天文学者パーシバル・ローウェルが死去した。1855年生まれ。大学卒業後ヨーロッパを旅行したのち実業家として活躍。1883年～1893年日本に滞在。この経験を基に「極東の魂」「能登・人に知られぬ日本の辺境」「神秘な日本」などを著した。帰国後C.フラマリオンの火星の人工運河説に触発され、火星の観測を行うため私財を投じて1894年アリゾナにローウェル天文台を設立、以後火星人の存在を仮想し、その検証に熱意を注いだ。1916年「惑星の発生」を著し、天王星の摂動に関わる天体は海王星だけではなく、他にもう1つの未知の惑星があることを予知した。死後1930年トンボーによってこの惑星は発見され冥王星と名づけられた。著書に「火星と運河」（1906年）、「生命の住む火星」（1909年）などがある。

この年　ホルストが「惑星」作曲（英国）　1914年から1916年にかけて、当時占星術に関心を持っていた英国の作曲家ホルストが7曲のオーケストラ用組曲「惑星」を作曲し、1920年にロンドン交響楽団によって初演された。太陽系の地球以外の惑星の名前が各曲の標題につけられ、特に「木星」がよく知られている。

| この年 | エディントン、恒星の平衡維持に放射圧を適用（英国）　A.S.エディントンが恒星の平衡状態の維持に放射圧と重力、気体圧のつり合いが必要であることを説明した。

1917年
(大正6年)

| 3.27 | 財団法人理化学研究所設立（日本）　大正時代に入ってから高峰譲吉、渋沢栄一ら官・学・財界人によって国民科学研究所の創設が議論されていたが、1915年（大正4年）帝国議会で理化学研究所設立の法案が成立し、1917年（大正6年）3月27日皇室からの御下賜金、政府からの援助金、民間の寄付金などを得て財団法人理化学研究所が正式に発足した。総裁には伏見宮貞愛王が選ばれ、初代所長に菊池大麓、化学部長には池田菊苗、物理部長には長岡半太郎がそれぞれ就任した。
| 5.2 | 東京天文台、太陽面羊斑の常時観測を開始（日本）　5月2日より、東京天文台はテッファー社製の分光太陽写真儀によって太陽面羊斑の常時観測が開始された。この写真儀による太陽観察は、1974年（昭和49年）まで定常的に行われた。
| 7月 | 日本光学工業株式会社（現・ニコン）設立（日本）　光学機器の国産化を目的に、東京計器製作所の光学部門と岩城硝子製造所の反射鏡部門が統合し、三菱の岩崎小弥太の出資によって日本光学工業株式会社が設立された。東京・小石川に本社を置き、初代社長には和田嘉衡が就任。同年より「旭」「天佑」といった6倍、8倍のプリズム双眼鏡やオペラグラスなどの製造を開始。以後、カメラ、顕微鏡、測量機、双眼鏡、望遠鏡などの開発・製造を進め、太平洋戦争後にはブランド名及び社名をニコン（Nikon）に改称し、今日も日本のみならず世界有数の光学機器メーカーとして高い信頼を得ている。望遠鏡に関しては、1922年（大正11年）の平和記念東京博覧会に51cm天体望遠鏡を出品して以来、受注生産による天文台・観測施設用の大型望遠鏡及びその周辺機器から、個人用の小型望遠鏡まで幅広く手がけている。
| この年 | 相対論的宇宙論の展開（ドイツ、オランダ）　アインシュタインは、宇宙には物質はあるが運動がないという宇宙論を、ド・ジッター（デ・シッテル）は、運動はあるが物質がないという宇宙論を発表した。
| この年 | 太陽系の起源に関する潮汐説発表（英国）　英国の天文学者J.ジーンズとH.ジェフリーズが、原始太陽の近くを他の恒星が通過した際、その起潮力により、太陽から大量の物質が連続的に噴出し、それが凝集して惑星や衛星が生まれたとする「潮汐説」を唱えた。

1918年
(大正7年)

| 1.25 | 滋賀県長浜市に隕石が落下（田根隕石）（日本）　午後2時頃、滋賀県東浅井郡田根村と小谷山（長浜市）に隕石が落下（田根隕石）。重量は計0.906kg。
| 6.24 | 新城新蔵、京都帝国大学理科大学に宇宙物理学講座を設置（日本）　新城新蔵は1905年（明治38年）ドイツに留学してゲッティンゲン天文台長シュワルツシルトに師事し、帰国後の1907年（明治40年）から京都帝国大学物理学第四講座の担当教授を務めていたが、1918年（大正7年）同大物理学科に宇宙物理学講座が新設されると、その講座担

9.19 日本の基準経度を東京・麻布の東京天文台の大子午儀の中心経度とする(日本)　日本の基準経度を東京・麻布の東京天文台の大子午儀の中心経度とすることが決まった。

この年　平山清次、小惑星の族「ヒラヤマ・ファミリー」を発見(日本)　1915年(大正4年)～1917年の米国のエール大学留学から帰国した東京帝国大学助教授・平山清次は、小惑星軌道の統計的研究から小惑星の族「ヒラヤマ・ファミリー」を発見した。当時は軌道が確定された小惑星が790個あったが、平山はそのうちの22個をエオス族、19個をテミス族、13個をコロニス族とグルーピングし、1918年に論文「Group of asteroids probably of common origin」を発表した。その後、1922年にはマリア族とフローラ族、1927年(昭和2年)にはフォカエア族とパラス族を分類している。

1919年
(大正8年)

5.29 アインシュタイン、重力で光線が湾曲することを予想(ドイツ)　アインシュタインは、重力の働く場で運動する光線は、曲った経路を通過すると予言。1919年5月29日、ロンドン王立天文学会の日食観測隊が日食でこれを実測し、いわゆる一般相対性理論の予言の正しさが確認された。

10.25 佐々木哲夫、フィンレー周期彗星を再発見(日本)　京都帝国大学助手の佐々木哲夫は、1919年(大正8年)10月25日午後7時、勤務していた同大天文台の10cm屈折望遠鏡で山羊座ベータ星の南約10度に位置に彗星を発見した。これは1886年に発見されたフィンレー周期彗星(周期6.7年)であるということが神田茂によって確認された。

この年　平山信、第2代東京天文台長に就任(日本)　寺尾寿が自主退官した後を受けて、東京帝国大学星学科の第一期生の一人でもある平山信が同科天文学教室の第一講座を担当すると共に、東京天文台第2代台長に就任した。この年、帝国大学令の改正によって帝大理科大学は理学部となり、星学科も天文学科に改称された。

この年　石原純、日本学士院賞恩賜賞受賞(日本)　石原純が「相対性原理万有引力論及量子論の研究」により第9回日本学士院賞恩賜賞を受賞した。

この年　ゴダード「超高層に到達する方法」出版(米国)　液体ロケット研究を行っていた工学者R.H.ゴダードがそれまでの研究成果をまとめた「超高層に到達する方法」を発表。高空に到達する最良の方法はロケットであり、月ロケット構想についても言及したが、あまり受け入れられなかった。

この年　「月運動表」完成(米国)　米国の天文学者E.W.ブラウンが自身の月運動論に基づく「月運動表(太陰運動表)」(全3巻)を刊行した。

この年　暗黒星雲を発見(米国)　米国の天文学者バーナードが天の川を撮影して星間空間にあって背後の星の光を妨げる暗黒星雲を200個以上発見した。

この年　恒星天文学のE.C.ピッカリングが没する(米国)　恒星天文学の先駆E.C.ピッカリングが死去した。1846年生まれ。主にハーバード大学天文台で活躍し、4.5万個の恒星の光度測定、写真観測、24万個の恒星のスペクトル分類、分類法の確立、「ヘンリー・ドレーパー・カタログ」編纂、アマチュア天文家の支援などを行った。分光連星の発見で知られる。

この年　国際天文学連合(IAU)創設(世界)　国際学士院連合が改組されて国際学術研究会議(IRC)が発足し、傘下に国際天文学連合(IAU)が設立された。日本も設立当初からメンバー国として参加し、1922年には国際天文学連合・国際測地学地球物理学連合

合同での第1回総会がローマで開催された。

1920年
（大正9年）

4月　シャプレーとカーティスの公開討論（米国，英国）　H.シャプレーは、セファイド変光星の周期と実測した明るさから、星団までの距離と星団間距離の決定方法を確立。1915年から1918年にかけて球状星団までの距離を多数決定、銀河系の姿を検討した結果、全ての星雲は銀河系の中にあり、太陽はその中心にはなく5万光年離れた距離にあるという論を述べた。この論をめぐって、島宇宙説を唱えるH.D.カーティスと全米科学協会の場で数日にわたり公開討論が行われた。

5.26　百済教猷、テンペル彗星を再発見（日本）　1873年（明治6年）に発見されたテンペル第2周期彗星は、決定的軌道要素の計算から1920年（大正9年）に接近することが予測されていたが、同年5月26日京都の百済教猷は自身の計算による位置換算表を用い、海外の諸研究者に先駆けてその出現を再発見した。

6.10　「時の記念日」制定（日本）　「日本書紀」の671年（天智天皇10年）の条に、夏四月の丁卯の朔辛卯の日に初めて漏刻（水時計）を設置したことが見えており、これを太陽暦に直すと6月10日になることから、同日を「時の記念日」とすることが決まった。これは1920年（大正9年）5月16日から7月4日まで東京・御茶ノ水の教育博物館で時の観念の普及を目的とした展覧会が開かれた際、東京天文台と生活改善同盟の幹部が協議して制定したものである。

8.22　神田清、はくちょう座第3新星発見（日本）　かねてからペルセウス座流星群を観測していた神田茂、清兄弟が夜10時35分、はくちょう座十字架付近で新星を発見した（はくちょう座第3新星,2.6等星）。

9月　童謡「十五夜お月さん」が発表される（日本）　「金の船」9月号に、童謡「十五夜お月さん」が掲載された。作詞は詩人・野口雨情、作曲は本居長世。歌詞は雨情が1915年（大正4年）長年連れ添った妻と離婚した際、実家に帰る妻を見送った晩に長男と見た十五夜の月に題材をとったもので、雨情の童謡の代表作として知られる。また掲載直後には作曲者の本居自身がピアノ伴奏、本居の長女・みどり（当時10歳であった）の歌唱により東京・丸の内で開かれた新作発表会で披露され、評判となった。民謡的で風雅な曲調と物語的な歌詞で、今なお多くの人に親しまれ続けている。

9.16　新潟県上越市に隕石が落下（櫛池隕石）（日本）　午後6時頃、新潟県中頸城郡櫛池村（現・上越市）に隕石が落下（櫛池隕石）。重量は4.5kg。この隕石の落下は多くの人に目撃されており、神田茂も東京の自宅でこれを観測した。落下から4日後の9月20日には東京帝国大学の早乙女清房と河合章二郎が現地調査しており（2人は落下当日たまたま長野に出張していた）、日本の天文学者が隕石落下直後の現地を調査した嚆矢と言われる。

9.25　天文同好会（後の東亜天文学会）創立（日本）　東京天文台の研究者たちが中心となって作られた日本天文学会の発足から12年後の1920年（大正9年）9月25日、京都帝国大学天文台の山本一清を中心に天文同好会（後の東亜天文学会）が創立された。研究者間の親睦をはかると共に、アマチュアにも執筆の場所を提供するというのが主な目的で、初代会長には山本が就任。同年11月には機関紙である月刊「天界」が創刊された。

11.26　天文学者の一戸直蔵が没する（日本）　天文学者の一戸直蔵が死去した。40歳。1878年（明治21年）、青森県生まれ。1903年（明治38年）東京帝国大学星学科を卒業ののち

東京天文台に勤務し、1905年から約2年間米国のヤーキス天文台に私費留学。帰国後は東京天文台で変光星の研究を続け、たて座RR星、たて座RT星などを発見した。一方で米国流の高山天文台の建設を志すが、そのために同台長・寺尾寿と衝突し、1911年退官。以後は反アカデミズムの立場から、英国の「Nature」に倣った科学雑誌「現代之科学」を創刊・運営した。著書に「高等天文学」「月」、訳書にアレニウスの「最近の宇宙観」などがある。

この年　サハ、「太陽彩層における電離」を発表（インド）　天体物理学者M.N.サハは、化学反応平衡の理論を用いて、恒星スペクトルの吸収線は電離の結果生じること、いわゆる「サハの電離公式」を「太陽彩層における電離」で発表した。

1921年
（大正10年）

11.24　東京天文台官制が公布（日本）　勅令第450号により東京天文台官制が公布され、同天文台は理学部より独立して東京帝国大学に付置されることとなった。

この年　京都帝国大学に宇宙物理学科設置（日本）　新城新蔵の指導により京都帝国大学に宇宙物理学科が開設された。学科名に天文ではなく宇宙物理を冠したのは、今後の天文学は宇宙物理学を中心としたものになっていくという新城の信念に基づくものであり、また日本の大学に天文学科は1つだけでよいとする文部省を説得するためでもあった。設置初年度には第一講座が開かれて宇宙物理・天体物理・東洋天文学史を新城が、星学通論や天体観測などを助教授の山本一清が受け持ち、翌1922年（大正11年）には第二講座が増設されて水沢の緯度観測所から上田穣が赴任した。

この年　ソビエト天文学者の餓死救済運動を決議（米国）　第27回米国天文学会がスワースモア大学で開催され、ソビエト天文学者の餓死救済運動が決議された。

この年　超巨星の視直径実測に成功（米国）　米国のA.A.マイケルソンとF.G.ピースがウィルソン山天文台において干渉計を装備した2.5m鏡で「ベテルギウス」「アルデバラン」「アルクトゥルス」などの超巨星の視直径の実測に成功した。

この年　アインシュタイン、ノーベル物理学賞受賞（ドイツ）　アインシュタインは1905年、ブラウン運動、光電効果、特殊相対性理論の古典的論文を発表。光電効果に関する論文では、M.K.E.L.プランクの量子論を適用し、光は波長に特有な一定のエネルギーをもつ量子でできていて、これが金属に吸収されて一定のエネルギーを有する電子を放出させると主張。こうして、プランクの理論は、初めて古典物理学では説明することの出来ない現象を解明し、これがもとになって新量子力学が確立された。この「理論物理学への功績、とくに光電効果の法則の発見」により、1921年ノーベル物理学賞を受賞した。

1922年
（大正11年）

3月　日本光学工業、博覧会に20インチ天体望遠鏡を出品（日本）　日本光学工業（現・ニコン）は、1922年（大正11年）3月より開かれた平和記念東京博覧会特設館に国産初となる自社製造の望遠鏡を数点出品したが、中でも目玉となったのは20インチ（51cm）

天体望遠鏡(カセグレン反射式)であった。これらの望遠鏡は夜間開場時には天体観測に用いられ、一般にも公開された。当時の一般天文ファンは天文台に参観しても様々な制限の下で4～5インチの望遠鏡が扱える程度であり、この出来事を報じた「天文月報」には、これらのファンに比べて20インチ望遠鏡で天体観測が出来た人々を"余程幸福である"と書かれている。

5.30　長井隕石、落下(日本)　山形県長井市に隕石が落下した。重量は1.81kg。

7月　土井伊惣太(土居客郎)・岡本正一・志賀正路らと恒星社(現・恒星社厚生閣)を創業(日本)　同志社大学神学科出身で、警醒社編集部にいた土井伊惣太(土居客郎)が岡本正一・志賀正路らと恒星社(現・恒星社厚生閣)を創業した。アマチュア天文家でもあった土井は、同社において天文学書の刊行を進め、戦前期は1931年(昭和6年)山本一清の「初等天文学講話」、1938年(昭和13年)荒木俊馬の「天文と宇宙」などを次々と世に送り出した。1944年(昭和19年)には戦時企業整理で厚生閣を合併して社名を恒星社厚生閣に変更し、社長に就任した。同社は今日も天文学書を中心とした学術書を発行しつづけている。

9.6　水沢緯度観測所、国際緯度観測事業の緯度変化部中央局に(日本)　水沢の臨時緯度観測所は第一次大戦後の1920年(大正9年)に「臨時」を取って正式に緯度観測所となっていたが、ドイツ・ポツダムにあった国際緯度観測事業の中央局が水沢に移管されることとなった。これに伴い同所長の木村栄も中央局長に就任し、木村プログラムによる観測を開始、木村が退任する1935年(昭和10年)まで中央局として機能しつづけた。

11.18　アインシュタインが来日(日本)　一般相対性理論を唱えたアインシュタインが、改造社社長の山本実彦(自社の雑誌「改造」で特集を組んだこともある)の招待で来日した。彼の来日は、旧知の石原純と共に統一場理論の論文を執筆することと、日本の分光実験者たちと討論するためであったが、同時に各地で講演を行って多くの人に感銘を与え、日本国内には相対性理論ブームが巻き起こった。学生代表として彼に挨拶した東京帝国大学の萩原雄祐、京都帝国大学の荒木俊馬らをはじめとして、アインシュタインの影響で天体物理を志した研究者も多い。11月24日からは改造社から「アインシュタイン全集」が発刊された(全4巻、～1923年3月)。なお、アインシュタインがノーベル物理学賞受賞の第一報を受け取ったのは、日本に来る途中の船の中であった。

この年　フリードマン、ルメートルの宇宙論(ソ連、ベルギー)　フリードマンは、相対性理論を使って、平均密度と空間曲率が一定の宇宙の理論モデルを作り、曲率がゼロ、マイナス、プラスかによって異なる宇宙が考えられるとした。また、ルメートルは、1927年に相対性理論の方程式には、静的で内膨張する宇宙を示す解があることを発見した。

この年　マウンダー、太陽活動の「マウンダー極小期」を発見(英国)　E.W.マウンダーは、過去の黒点周期の記録を調べ、1645年から1715年までの間、黒点活動がなかったことを発見。この期間は「マウンダー極小期」と呼ばれるようになった。

この頃　ニコルソンら、温度測定に熱電体を導入(米国)　ウィルソン山天文台の観測天文学者S.B.ニコルソンらは、同天文台の2.5m反射望遠鏡に熱電体を装備して天体の温度を測定。近距離の巨星の直径の測定に成功した。

1923年
（大正12年）

2.6　広域天体写真術の開拓者エドワード・バーナードが没する（米国）　天文学者エドワード・バーナードが死去した。1857年生まれ。10歳の時から写真師のもとで働き、アマチュア天文家として観測に熱中。1887年リック天文台研究員を経て、1895年よりシカゴ大学教授兼ヤーキス天文台員。修業時代から水星、星雲などを発見。1892年9月9日木星第5衛星の発見を期に天の川の広域写真を組織的に撮影し、天文学に日常的に写真を用いるようになる。1916年最大の固有運動をもつバーナード星を発見するなど、当時比類のない最も優れた観測者として知られる。

2.24　物理学者モーリーが没する（米国）　米国の物理学者E.W.モーリーが死去した。ユージオメーターを用いて大気中の酸素量を測定し、寒波の原因に関する仮説を支持したり、酸素の原子量を精密に測定したことで知られる。また、マイケルソンと共に光の媒質と仮定されたエーテルに対する地球の運動を検出する実験に携わり、仮説に否定的な結果を導いたことが、後の特殊相対性理論の基礎となった。

4.1　誠文堂から「科学画報」が創刊される（日本）　誠文堂から「科学画報」が創刊された。編集主任は原田三夫で、科学や工学、工業、医学系の記事が充実しており、比較的早い時代に刊行された科学雑誌として啓蒙的な役割を果たした。また天文関係の記事も毎号のように掲載されており、天文ファンの拡大に貢献した。

8.6　日本の天文学の育ての親・寺尾寿が没する（日本）　天文学者・寺尾寿が死去した。1855年（安政2年）、筑前国（現・福岡県）生まれ。1878年（明治11年）東京大学物理学科卒業ののちフランスに留学し、パリ大学・パリ天文台で数学や天文学を学んだ。帰国後の1884年には東京大学星学科の日本人教授第1号となり、1888年には東京天文台発足と共に初代台長に就任、1919年（大正8年）まで在職し、天文台の拡充や後進の教育に尽力した。この間、1898年平山信らと共に日本初の海外観測となったインドでの日食観測を成功させ、また1908年には日本天文学会創立と共に初代会長に選ばれるなど、日本における近代的天文学の発展に大きく貢献した。弟子に木村栄、平山信、平山清次らがいる。

9.1　関東大地震で観測機器被災（日本）　午前11時58分、神奈川県相模湾北西沖80kmを震源としてマグニチュード7.9の大地震が発生した（関東大震災）。これにより東京・神奈川・千葉では特に甚大な被害を受けたが、麻布の東京天文台も被災して施設・観測機器に壊滅的な損害を被り、かねてから進めていた天文台三鷹移転への動きが一気に加速することとなった。

10月　東京天文台、無線報時による国際報時の受信開始（日本）　1923年（大正12年）文部省測地学委員会に国際報時所を設置することが決まり、同年10月から東京天文台構内で国際報時の受信が始まった。翌1924年にはアンテナ、受信器、庁舎などが完成し、日本の時刻と国際時計との比較も行われるようになった。

この年　「*Japanese Journal of Astronomy and Geophysics*」創刊（日本）　学術研究会議により「*Japanese Journal of Astronomy and Geophysics*」が創刊された。

この年　アンドロメダ星雲にセフェイド型変光星発見（米国）　ハッブルがアンドロメダ星雲にセフェイド型変光星を発見し、その星までの距離を90万光年と計算した。

この年　カール・ツァイス社がプラネタリウム完成（ドイツ）　ミュンヘン科学博物館が計画し、カール・ツァイス社のバウエルスフェルトが考案した、天井に惑星の運行を示す装置（プラネタリウム）を、カール・ツァイス社が完成させた。製作依頼はドイツ博物館のO.ミラーとハイデルベルク天文台のM.ウォルフ。

1924年
（大正13年）

9.1 　東京天文台、三鷹へ移転完了（日本）　東京天文台の三鷹への移転が完了し、1924年（大正13年）9月1日から観測、編暦、報時などの事業が新天文台で開始された。三鷹への移転に関しては1909年（明治42年）から計画され建設が進められていたが、前年1923年（大正12年）9月の関東大震災で移転への動きが一気に加速していた。

10月 　誠文堂から「子供の科学」が創刊される（日本）　誠文堂から「子供の科学」が創刊された。主幹は「科学画報」と同じく原田三夫。誌名の通り子供にも分かりやすい内容で自然科学、科学技術などを紹介し、科学啓蒙誌として今日も続刊している。なお、1999年（平成11年）10月号は創刊75周年記念特別号として、「陛下・殿下のご研究」を特集した。

この年 　「ヘンリー・ドレーパーカタログ」完成（米国）　ハーバード大学天文台は、1918年からA.J.キャノンを中心に作成していた「ヘンリー・ドレーパーカタログ」（全9巻、増補1巻）の刊行を終えた。8等星までの22万5300個の星のスペクトル型表。キャノンはその後、35万星のスペクトル分類に基づく「同拡張版」を刊行した。

この年 　白色矮星による赤方偏移を発見（米国、英国）　英国の天体物理学者エディントンの要請により、米国のW.S.アダムスが白色矮星「シリウスB」のスペクトル線の重力効果による赤方偏移を検出した。これにより、白色矮星が高密度であることと、星の重力場により星の光が赤化するというアインシュタインの予言が裏付けられた。

この年 　「ティコ・ブラーエの夢」発表（デンマーク）　デンマークの作曲家ホーカン・ベアセンがティコ・ブラーエをモチーフにしたバレエ音楽「ティコ・ブラーエの夢」を発表した。なお、ティコ・ブラーエをモチーフにした作品では、オーストラリアのM.デューイがオペラ「ティコ・ブラーエ」（全3幕）を2010年に完成させる予定。

この年 　ミュンヘン大学天文台長H.ゼーリガーが没する（ドイツ）　理論天文学者H.ゼーリガーが死去した。1924年生まれ。1881年から没するまで、ミュンヘン大学教授・同天文台長。1896年ドイツ天文学会長、1918年ミュンヘンアカデミー会長。理論天文学の世界的権威で、観測データ及び理論的な検討から、銀河系を太陽を中心とした、偏平な星の集団と捉えた。また、ニュートンの法則に修正の必要があることを提唱、学会に大きな刺激を与えた。

この年 　「ドイツ天文学会星表第2部」完成（ドイツ）　ドイツ天文学会が全5巻に渡る「ドイツ天文学会星表」第2部を完成させた。

この年 　「アルジェ天文台分担星表」完成（フランス）　フランスのアルジェ天文台が1908年から制作してきた国際共同観測写真天図の「アルジェ天文台分担星表」（全7巻）を完成させた。

この年 　エディントン、恒星の質量・光度関係を発見（英国）　エディントンは、星の質量が大きくなれば光度も増すという、恒星の質量・光度関係を発見した。

1925年
（大正14年）

2.20 　「理科年表」発刊（日本）　東京天文台編「理科年表」が発刊された。年1回刊行。第

1冊である1925年(大正14年)分は暦、天文、気象、物理/化学、地学、附録の6部に分かれており、翌1926年分になると暦の部には毎日の時差の値、天文部には太陽恒数、緯度変化、恒星の数、星のスペクトル型などが追加されるなど、年々充実した内容になっていき、今日に至っている。「理科年表」の編纂については早くから東京天文台の事業として企画されており、1923年(大正12年)には編暦事業の人員増加を機に理科年表係を新設し、神田茂を中心に編纂の準備を進めていた。なお、2007年11月には、丸善により、創刊号からの全データをインターネットで検索可能な有料サイトの開設が発表された。

6月	京都帝国大学天文台竣工(日本)	京都帝国大学理学部の構内に30cmの屈折望遠鏡を備えた9mドームをもつ天文台が竣工された。
9.4	北海道美唄市に隕石が落下(沼貝隕石)(日本)	午後4時半頃、北海道沼貝町字光珠内(現・美唄市)に隕石が落下(沼貝隕石)。重量は0.363kg。
この年	ミリカン「宇宙線」を造語命名(米国)	ミリカンは「宇宙線(cosmic rays)」を造語命名した。宇宙線は1912年にヘスが最初に発見した。
この年	「サンフェルナンド天文台分担星表」完成(スペイン)	スペインのサンフェルナンド天文台が1921年から制作してきた国際共同観測写真天図の「サンフェルナンド天文台分担星表」(全6巻)を完成させた。
この年	「フォークト=ラッセルの定理」発表(ドイツ)	ドイツのH.フォークトが、恒星の質量と元素の化学組成が決まるとその構造が一意的に決まる「フォークト=ラッセルの定理」を発表した。

1926年
(大正15/昭和元年)

3.16	ゴダード、世界最初の液体燃料ロケット飛行成功(米国)	1923年から液体燃料ロケットの設計を開始していたロケット工学者R.H.ゴダードが、世界最初の液体燃料ロケット飛行に成功した。用いたのは石油と液体酸素。この成功ののち、ゴダードはグッゲンハイム財団の援助を受けて打ち上げ実験を繰り返し、1935年音速を突破することに成功した。
4月	世界最初のSF専門誌「アメージング・ストーリーズ」が創刊(米国)	米国のSF作家、ヒューゴー・ガーンズバックによって世界最初のSF専門誌「アメージング・ストーリーズ」が創刊された。これにより、SFというジャンルが確立され、ガーンズバックは"現代SFの父"と呼ばれるようになった。
4.18	東京・駒込に隕鉄が落下(駒込隕鉄)(日本)	正午頃、東京・駒込上富士前町の旅宿の側壁と垣根との間に隕鉄が落下した(駒込隕鉄)。重量は0.238kg。
9.15	第1回万国経度共同測定に参加(日本)	東京天文台は1926年(大正15年)9月15日から11月30日にかけて、無線報時を利用した第1回万国経度共同測定に参加した。これは、米国のアナポリス、フランス・パリのエッフェル塔など世界8か所にある無電局から発信される報時信号を、参加した天文台が受信し、それを各自の時計と比較することによって各天文台間の経度差を求めるもので、東京天文台の他50余りの天文台・無電局が参加した。
11.21	日本最初の私設天文台、倉敷天文台創立(日本)	京都帝国大学の山本一清の指導により、岡山県倉敷の素封家であった原澄治が日本初の私設天文台である倉敷天文台を創立した。山本は在外研究員として洋行した際、欧米の77か所の天文台を視察し

	て民間の天文台の設置を志すようになり、自身が所属している天文同好会の支部所在地の中から倉敷をその第一候補地として設定した。1925年（大正14年）山本の指導の下、原やアマチュア天文家の水野千里らが天文台設立委員に挙げられ、さらに翌1926年（大正15年）には原が32cm反射望遠鏡を寄贈することとなり、同年11月21日に創立記念式が行われた。
この年	五藤齊三、五藤光学研究所を創業（日本）　日本光学工業（現・ニコン）にいた高知県生まれの五藤齊三は、同社を退社した後、1926年（大正15年）東京・三軒茶屋の自宅で光学機器メーカーの五藤光学研究所を創業。これまでにない低価格の天体望遠鏡を製造・販売し、業績を伸ばした。当初は個人経営であったが、太平洋戦争後、理科教育振興法により小・中・高校の理科設備の拡充が図られるようになると株式会社化し、以来、同法の設備基準による望遠鏡や天体投影機などを製造。1959年（昭和34年）には初の国産レンズ投影式中型プラネタリウムの開発に成功し、1970年の大阪万博では全天周型映画アストロラマを発表するなど、今日ではプラネタリウム及びその周辺機器を主力製品としており、これらに関しては国内シェアの約70％、日本を含む世界のシェアの約半分を占めるという、世界屈指の製造業者となっている。
この年	リンドブラッド、銀河回転論を展開（スウェーデン）　B.リンドブラッドが銀河系が回転しているというアイデアを述べ、翌年J.H.オールトにより証明された。リンドブラッドは銀河系を、多様ながら同方向に回転している複数の回転楕円体の重ね合せであるという論を主張し、また、回転する天体は共鳴して渦巻腕を形成すると考えた。これは密度波理論の基盤になった。後にストックホルム天文台長、スウェーデン王立科学アカデミー会長、国際天文学連合（IAU）会長を歴任。
この年	エディントン、「恒星内部構造論」出版（英国）　A.S.エディントンは、恒星の運動に関する研究成果として「恒星内部構造論」を出版した。エムデンの理論に基づき恒星はガス球で、内部は放射平衡が成立しているという論を述べている。
この年	「ケープ天文台分担星表」完成（英国）　英国のケープ天文台が1913年から制作してきた国際共同観測写真天図の「ケープ天文台分担星表」（全11巻）を完成させた。

1927年
（昭和2年）

1.23	及川奥郎の小惑星発見（日本）　東京天文台の三鷹移転以降、20cm口径のブラッシャー天体写真儀で小惑星・彗星の天体捜索に従事していた及川奥郎は、1927年（昭和2年）1月23日から1929年（昭和4年）12月1日までの間に7個の新小惑星を発見した。それぞれ「ミタカ（三鷹）」「タマ（多摩）」「スミダ（隅田）」「ハコネ（箱根）」「アタミ（熱海）」「ニッコウ（日光）」「トネ（利根）」と命名された。
5月	東京天文台「Tokyo Astronomical Bulletin」創刊（日本）　東京天文台が観測の結果や天象の予報などを速やかに欧文で紹介するため、「Tokyo Astronomical Bulletin」が創刊した。1927年（昭和2年）5月刊行の第1号には、同天文台の及川奥郎、小倉伸吉による小惑星の写真観測に関する記事などが載せられた。
10.2	ノーベル化学賞受賞者アレニウスが没する（スウェーデン）　アレニウスは、1887年に電解質の水溶液中では、溶解した物質は電荷を持つイオンに解離していることを明確に主張した。これらの研究に対し、1903年にノーベル化学賞が贈られた。晩年は天文学や宇宙物理学の分野でも活動。放射線の圧力が宇宙物質を移動させる能力を用いた彗星、コロナ、北極光、黄道光の説明。星の衝突によって太陽系が誕生したという新しい理論を提唱。惑星のあいだで宇宙空間を通って行われる生命の種子

の輸送及び、氷河期や他の重要な地質学時代にわたる地球の気候変化に関する理論を考案。さらには万国共通語や世界のエネルギー供給源についても思索をめぐらした。著書に「宇宙物理学教科書」「化学理論」「地球と宇宙」、寺田寅彦訳「史的に見たる宇宙観の変遷」などがある。

この年　**惑星系と衛星系の安定を証明（日本）**　東京天文台の萩原雄祐が惑星系及び衛星系の安定を証明した。

この年　**「カタニア天文台分担星表」完成（イタリア）**　イタリアのカタニア天文台が、1907年から制作してきた国際共同観測写真天図の「カタニア天文台分担星表」（全8巻）を完成させた。

この年　**「オールト定数」導入（オランダ）**　オランダの天文学者J.H.オールトは、スウェーデンの天文学者リンドブラッドが提唱した銀河系回転の仮説を観測によって確認し、銀河系は全体が同一に回転せず、外側の星が中心の星よりゆっくり回転する差動回転を発見。「オールト定数」と呼ばれる銀河系の回転を導くための定数を求めた。

この年　**ドイツ宇宙旅行協会結成（ドイツ）**　オーベルトの「宇宙旅行への道」などの著作に感銘を受けた若者を中心に、ブレスラウでドイツ宇宙旅行協会が結成され、当時の世界のロケットブームの中心となった。機関誌は「*Die Rakete*」。

この年　**C.T.R.ウィルソン、ノーベル物理学賞を受賞（英国）**　C.T.R.ウィルソンが「ウィルソンの霧箱」の発明、気体電離の研究によりノーベル物理学賞を受賞した。ウィルソンは大気中の雲の形成に関する徹底した研究から、1911年、霧箱の試作に成功。世界で初めての粒子とベータ粒子の個々の飛跡の写真を撮ることが出来た。霧箱のしくみは、シリンダー形密封容器とピストンとからなり、ピストンを上下させることにより容器内の水蒸気飽和度を調節し過飽和状態にすることが出来る。霧箱の物理に対する貢献は大きいものである。これは放射能の研究にも役立っている。これはE.L.N.ラザフォードの粒子散乱と原子変換の実験の追試に用いられた。その後もP.M.S.ブラケット、C.D.アンダーソンらは霧箱を改良し1932年陽電子、1936年中間子を発見。また、D.A.グレーザーが1952年霧箱をもとに泡箱を発明。一群の素粒子の発見に活躍。ウィルソンの霧箱は、原子核構造の研究にも不可欠なものとなった。

この年　**イネスの「南天二重星カタログ」刊行（英国, オーストラリア）**　ケープ天文台からトランスバール天文台に移り台長となったR.T.A.イネスが1600個以上の二重星を記載した第2の二重星カタログ「南天二重星カタログ」を刊行した。

1928年
（昭和3年）

3.31　**平山信が東京天文台長を辞職、後任は早乙女清房（日本）**　第2代東京天文台長であった平山信は、1928年（昭和3年）3月31日付で退職した。平山は在任中、同天文台の三鷹移転を指揮した他、翌1929年（昭和4年）における65cm赤道儀の導入をはじめとした観測機器・施設の拡充、編暦・報時業務の確立などに尽力し、同天文台の発展に大きく貢献した。後任には早乙女清房が選ばれた。

8.15　**新城新蔵が「東洋天文学史研究」を出版（日本）**　新城新蔵「東洋天文学史研究」が出版された。新城は幼少より漢籍に親しんでいたが、1908年（明治41年）頃、同僚の中国文学者・狩野直喜から中国古代の王・堯の年代について質問を受けたことがきっかけで東洋天文学史の研究を開始。当時は飯島忠夫により中国の暦学はギリシャの影響下にあったとする説が唱えられていたが、新城は史記暦書、尚書大傳などといった古暦書を調査して中国の暦学は独自の発展を遂げていたことを主張した。

10.28	山崎正光「フォルブス・山崎彗星」を発見（日本）　水沢緯度観測所の技師・山崎正光は、1928年（昭和3年）10月28日にしし座の西X星から北1度の位置に彗星を発見した。これは同年11月21日に南アフリカのケープ天文台でフォルブスが発見したものと同じであり「フォルブス・山崎彗星」と命名されたが、1929年英国のクロンメリンにより、1818年のポンス彗星、1873年のコッジア・ウィンネッケ彗星と同じと断定された。
この年	惑星状星雲の輝線スペクトルの生成解明（米国）　L.S.ボーエンは、惑星状星雲やオリオン星雲のスペクトル輝線は、電離した酸素と窒素の原子が低いエネルギー状態に移るときに発する放射が原因と説明した。
この年	パロマー山天文台創設（米国）　最高性能の望遠鏡を追究した天文学者ヘールの尽力とロックフェラー財団の寄付によって、カリフォルニア州パロマー山の頂上付近にパロマー山天文台が建設された。カリフォルニア工科大学に属し、1948年には世界最大の200インチ（508cm）反射望遠鏡である「ヘール望遠鏡」を備えた。建造費600万ドルは財団が負担。1980年以降カリフォルニア工科大学に移る。
この年	「改訂ローランド太陽波長表」完成（米国）　ウィルソン山天文台のC.E.セント・ジョンらが、ローランドのローランドの太陽スペクトル吸収線表を改訂、「改訂ローランド太陽波長表」を世に出した。

1929年
（昭和4年）

3月	東京天文台、当時の日本最大の65cmツァイス赤道儀を設置（日本）　東京天文台で65cm（26インチ）のツァイス赤道儀の設置が完了した。これは前同天文台長の平山信が在任中に購入を進めていたもので、1957年（昭和32年）岡山天体物理観測所に192cm赤道儀が完成するまでの約30年間、日本最大規模の望遠鏡であった。しかし、レンズの収差が大きいことや世界的に反射望遠鏡が主流となりつつあったこと、戦時中の疎開などもあってその力量を充分に発揮出来なかったといえなかった。この赤道儀の設置と、1930年の太陽分光写真儀室（アインシュタイン塔）完成をもって、戦前の三鷹における施設拡充は一段落つくこととなった。
10月	京都帝国大学附属の花山天文台が設立される（日本）　京都帝国大学附属の花山天文台の一部施設が完成し、落成式が行われた。京都帝大理学部の構内にあった天文台は、1925年（大正14年）の完成から間もなくして周囲の観測環境悪化により1927年（昭和2年）京都郊外の花山へ移転することが決まり、道路建設に陸軍伏見工兵隊の協力を仰ぐなど至急の工事が進められた。同天文台は花山山の山頂部のみを選んだ8000坪の敷地をもち、初代台長には山本一清が就任した。
10.15	SF映画「月世界の女」が上映される（ドイツ）　フリッツ・ラング監督のSF映画「月世界の女」がドイツでプレミア上映された。ヘルマン・オーベルトらの監修を得て、ロケットによる月世界行きを科学的に正確に描いている。映画製作会社のウーファーはトーキーでの製作を要求したが、ラングがこれを拒否したため、同作以降、両者は袂を分かった。ラングは、犯罪映画「ドクトル・マブゼ」や、SF映画の古典的名作「メトロポリス」などの作品でも知られる。
この年	ハッブル、「ハッブルの法則」を発表（米国）　ハッブルは、スペクトルの赤方偏移から分かる銀河の速度と距離を比較し、銀河の後退速度は地球からの距離に比例すると結論づけた「ハッブルの法則」を発表した。
この年	「ラッセル組成」の発表（米国）　ラッセルは太陽大気の元素組成を求めた「ラッセ

ル組成」を発表し、太陽大気の体積の60%が水素であるとした。

この年　天体力学者アンリ・アンドワイエが没する（フランス）　天体力学者アンリ・アンドワイエが死去した。1862年生まれ。1887年軌道論で博士号を取得。その後経度局のメンバーとなりフランス航海暦の編集にあたる。天体力学の研究に専念し1890年「天体力学の一般定式」、1902年「振動方程式の計算」、1903年「木星の倍の速度をもつ小惑星の理論」、1906年「平衡点近傍でのn体問題の周期解」などの貢献をした。暦の計算法、特に月の運動の近似法を開発し、1915年から3年間で15桁の三角関数表を作った。

この年　紫金山天文台創設（中国）　中国科学院が南京に紫金山天文台を創設し、1934年に運行が開始された。

1930年
（昭和5年）

この年　松隈健彦、非線形方程式を提案（日本）　英国・ケンブリッジ大学のA.S.エディントンに師事した松隈健彦は、球状星団の力学についての論文の中で、重力ポテンシャルを記述するための非線形微分方程式「Matukuma equation（松隈方程式）」を提案した。この方程式は、近年も非線形微分方程式の研究者の間で注目され、研究対象となっている。

この年　飯島忠夫が「支那暦法起源考」を出版（日本）　飯島忠夫が「支那暦法起源考」を出版した。飯島は漢文学者で、中国古代の天文学はアレキサンダー大王の東征の前段に西洋から移入した知識に基づくという説を唱えた。

この年　及川奥郎、日本学士院賞大阪毎日新聞東京日日新聞寄附東宮御成婚記念賞を受賞（日本）　及川奥郎が「小惑星の発見」により第20回日本学士院賞大阪毎日新聞東京日日新聞寄附東宮御成婚記念賞を受賞した。

この年　日本天文学会、「日本天文学会要報」を創刊（日本）　日本天文学会は、日本語によって天文学関係の研究発表を行う媒体として「日本天文学会要報」を創刊した。これは特定の大学や研究機関に所属していないために発表の媒体を持たなかった研究者たちの要求を受けてのもので、研究発表の他にも会員による各種天体の観測のまとめなども掲載された。刊行は1941年（昭和16年）まで続けられ、戦後は英語論文による「Publications of the Astronomical Society of Japan」に受け継がれた。

この年　上條勇、地人書館を創業（日本）　長野県出身の上條勇は、冨山房、中興館などで働いたのち独立し、1930年（昭和5年）東京・神田錦町に地人書館を創業した。出版分野は地理・歴史、農業、自然科学、医学・薬学などであるが、中でも天文・宇宙関係の書籍出版に関しては戦前期から刊行を続けるパイオニアの1社であり、1934年創刊の月刊誌「天気と気候」を1949年「天文と気候」に改題し、さらに後には同誌を「月刊天文」（2007年休刊）に改編して天文ファンの裾野を開拓したことで知られる。また年刊の「天文手帳」「天文観測年表」の刊行や、1977年「天文観測辞典」（古畑正秋監修）、1986年「天文学辞典」（鈴木敬信著）、2007年（平成19年）「天文学大事典」と天文学に関する本格的な事典の編纂も多い。

この年　トンボー、冥王星を発見（米国）　クライド・トンボーは、ローウェルの予測した海王星外の惑星を写真撮影によって探索し、冥王星を発見した。彼はその後も観測を続け、星団・銀河・小惑星などを発見した。

この年　トランプラー、吸収物質による星間減光の発見（米国）　R.J.トランプラーは、観測者と星団の間にある吸収物質が、星団の光度を変えることを発見した。

この年	「ハイデラバード天文台分担星表」完成（インド）　インドのハイデラバード天文台が1918年から制作してきた国際共同観測写真天図の「ハイデラバード天文台分担星表」（全8巻）を完成させた。
この年	皆既食時以外のコロナ観測装置を発明（フランス）　B.リオは、皆既食時以外でもコロナを観測出来る装置、コロナグラフを発明した。今日では宇宙船にも搭載されている。
この年	全天を88星座に統一（世界）　国際天文学連合（IAU）が星座の境界線を明確にする必要から、全天を88の星座に統一し、その境界線を決定した。

1931年
（昭和6年）

5.9	物理学者マイケルソンが没する（米国）　ドイツ生まれの物理学者マイケルソンは、干渉計を開発し、これを使ってエーテルの存在実験をし、否定的な結果を出した。この研究によりノーベル物理学賞を受賞した。
7月	長田政二、長田彗星を発見（日本）　米国北カリフォルニアで農園を営む茨城県結城郡出身の長田政二は、しし座の南に新彗星を発見。「長田彗星」と名づけられた。長田はアマチュア天文家で、この数年前から天体望遠鏡を購入して天体観測に勤しんでいた。なお、日本人名が彗星につけられたのは初めてのことである。
11.2	東京科学博物館が開館（日本）　2月3日、東京博物館が東京科学博物館に改称され、11月2日天皇・皇后の行幸啓を仰いで開館式が行われた（同館の創立記念日）。
この年	萩原雄祐、天体軌道の理論を提唱（日本）　東京帝国大学在学中から一般相対性理論を用いて天体軌道を論じる研究を進めていた東京天文台の萩原雄祐は、世界に先駆けて一般相対論のシュワルツシルト重力場中での天体軌道の理論を提唱し、日本におけるブラックホール物理学研究の端緒を開いた。
この年	ジャンスキー、宇宙電波を発見（米国）　米国の物理学者ジャンスキーは、遠距離通信の妨害をする様々な信号を追究していた際、いて座方向の太陽系外から来る信号が宇宙電波であることに気づき、1933年に論文として発表した。電波天文学の創始となったこの発見を記念して、電波・赤外線天文学で使用する流束密度の単位は「ジャンスキー」と名づけられた。
この年	ハーバード大学天文台台長代行ソロン・アービング・ベイリーが没する（米国）　天文学者ソロン・アービング・ベイリーが死去した。1854年生まれ。1884年ボストン大学、1888年ハーバード大学から修士号を取得。1919～1921年ハーバード大学天文台台長代行を務めるなど44年間にわたってハーバード大学天文台と関わる。一方、同天文台ボイデン観測所をペルーに設置し、展望鏡を用いて南半球における観測をすすめた。1902年～1916年球状星団中の変光星を研究し、シャプレーの距離測定の基礎を築いた。また、十数時間という長時間露光の写真撮影を開発し、3000に及ぶ銀河外天体の発見をした。著書に「ハーバード天文台の歴史と成果」（1931年）など。
この年	「シュミット・カメラ」完成（ドイツ）　ポツダム天文台の反射望遠鏡を作成した光学機器製作者、B.シュミットが「シュミット・カメラ」を完成させた。このカメラは像の収差がなく撮影視野を広くとれ、レンズの明るさの数値を小さく出来るもので、この装置を搭載した望遠鏡は「シュミット望遠鏡」と呼ばれる。
この年	原始宇宙の爆発膨張説「ルメートル宇宙」発表（ベルギー）　G.ルメートルは、原始宇宙または宇宙の卵の爆発が、膨張宇宙の起源であることを示しているとした。こ

れを「ルメートル宇宙」と呼び、後にガモフの「ビッグバン論」につながった。

1932年
(昭和7年)

8.2　アンダーソン、ミューオンを発見（米国）　アンダーソンは、宇宙線を観測中に、電子より重く陽子より軽い粒子「ミューオン（μ粒子）」を発見した。この粒子の役割はまだ解明されていない。

11月　しし座流星雨が33年ぶりに観測される（日本）　しし座流星雨が33年ぶりに観測された。しかし日本各地では天候の不良が続き、満足な観測が出来ない地域が多かったという。東京では11月11日から16日夕方まで雨天であり、16日夜半頃から快晴となったが、今度は月の明るさに邪魔されて小さい流星を認めることは出来なかった。それでも1人の観測者が肉眼でも1時間に十数個の流星を発見することが出来たという。

この年　「中村鏡」の中村要が没する（日本）　天文学者・中村要が死去した。1904年（明治37年）生まれ。京都帝国大学宇宙物理学教室の無給助手となって以来、独学で天文学を学び、研究と観測に没頭。視力に優れていたため肉眼でも小惑星を突き止められるほどの観測力の持ち主だったと言われ、1921年（大正10年）～1926年にかけて日本人で初めて系統的に火星を観測し、多数のスケッチを残した。この成果は海外専門誌に英文で発表、業績は後に宮本正太郎らの研究に引継がれた。また手先の器用さから285個の反射望遠鏡と10個の観測用レンズを自ら製作、京都大学の研究用だけでなく、当時の天文愛好家への普及に力を注いだ。今日でも望遠鏡の一部は「中村鏡」として大切に保管されている。2001年（平成13年）冨田良雄と久保田諄によって伝記「中村要と反射望遠鏡」が出版された。

この年　木星のスペクトルの吸収帯の成分（米国）　ルパート・ウィルトは、木星のスペクトルに見られる吸収帯を、メタンとアンモニアであると説明した。

この年　「シャプレー＝エイムズカタログ」刊行（米国）　シャプレーとエイムズは、銀河の不規則な分布と銀河団の存在を明示した「シャプレー＝エイムズカタログ」を刊行した。

この年　ウォルフ、写真技術の利用で小惑星を発見（ドイツ）　ハイデルベルク大学のM.ウォルフは、天体観測に写真技術を利用し、小惑星、彗星、星雲などを写真観測。1891年から1932年までに小惑星を225個発見した。また、暗黒星雲の発見で知られる。

この年　「エイトケン二重星カタログ」（全2巻）を刊行（英国）　エイトケンは、1万7000個以上の二重星の測定値を記録した「エイトケン二重星カタログ」を刊行した。

この年　「グリニッジ天文台分担星表」完成（英国）　英国のグリニッジ天文台が1904年から制作してきた国際共同観測写真天図「グリニッジ天文台分担星表」（全6巻）を完成させた。

この頃　非アインシュタイン的方法の宇宙モデル発表（英国）　英国の理論天体物理学者でオックスフォード大学教授を務めたE.A.ミルンは恒星の大気理論・内部構造分野での先駆的な研究で知られたが、1932年以降、宇宙論に関心を示し、特殊相対論内で解明を試みて運動学的宇宙論を提唱。初めて宇宙の一様性を唱えた。

1933年
(昭和8年)

9.21 「銀河鉄道の夜」の作者・宮沢賢治が没する(日本) 「風の又三郎」「セロ弾きのゴーシュ」などの童話や「雨ニモマケズ」などの詩で知られる小説家・詩人の宮沢賢治が死去した。1896年(明治29年)、岩手県生まれ。37歳で夭折し、生前に刊行したのは詩集「春と修羅」と童話集「注文の多い料理店」だけであったものの、没後にその遺作が続々と公刊され、溢れるヒューマニズムと幻想的な作風は今なお多くの人々を魅了している。一方で幼少時から鉱物や植物採集を好み、盛岡高農を卒業後は農学校教師、農業技師として肥料の設計や農業指導にあたるなど、科学者としての側面もあった。星座や天文にも詳しく、「銀河鉄道の夜」「よだかの星」「星めぐりの歌」など星や宇宙を題材にした作品も多い。これらの知識は吉田源治郎「肉眼に見える星の研究」によるところが多いといわれる。

この年 アインシュタイン、プリンストン高等研究所へ(米国) アインシュタインがヒトラーの勢力が増したドイツから逃れ、米国プリンストン高等学術研究所の教授に就任した。

この年 「バチカン天文台分担星表」完成(バチカン) イタリアのバチカン天文台が1914年から制作してきた国際共同観測写真天図の「バチカン天文台分担星表」(全10巻)を完成させた。

1934年
(昭和9年)

1.2 ペルセウス座新星の発見者・井上四郎が没する(日本) アマチュア天文家の井上四郎が死去した。1871年(明治4年)、静岡県生まれ。東京・神田の共立中学時代には、のちに東京天文台長となる早乙女清房と同級であった。1889年同校を卒業し、素修学校、順天求合社などで英語・数学を学んだのち、横浜の汽船会社に入社。一方、アマチュアとして天体観測を続け、1900年ペルセウス座新星を発見した他、世界最初ではなかったものの1902年ベーライン彗星(1902b=1902III)、1903年ボレリー彗星(1903c=1903IV)を独立発見した。1918年(大正7年)東京帝国大学助手兼天文台技手に転じ、旧友・早乙女の下で1932年(昭和7年)まで太陽分光写真の撮影や流星・彗星など観測にあたった。

2.14 南洋諸島で皆既日食、東京大学・京都大学などの観測者をローソップ島へ派遣(日本) 南洋諸島で皆既日食が観測された。日本もいくつかの研究機関によって観測隊が組織され、東京天文台からは早乙女清房、窪川一雄、藤田良雄ら、東京帝国大学理学部からは田中務ら、京都帝国大学からは上田穣、荒木俊馬、渡辺敏夫ら、海軍技術研究所からは伊藤庸二ら、逓信省電気試験所平磯出張所からは前田憲一らが参加し、軍艦「春日」に乗艦してカロリン諸島ローソップ島に派遣され、コロナの写真撮影、皆既の瞬間の閃光スペクトル観測、皆既日食中の電離層の研究などが行われた。

9月 東北帝国大学理科大学に天文学講座開設(日本) 東北帝国大学理科大学に天文学講座が開設され、松隈健彦が担当教授に就任した。これに伴い、松隈は論文報告集「Sendai Astronomiaj Raportoj」(エスペラント語で仙台天文学報告の意)の刊行をはじめた。

この年 宮沢賢治の「銀河鉄道の夜」(日本) 詩人・童話作家の宮沢賢治の遺著である童話「銀河鉄道の夜」が収録されている全集(文圃堂版)が刊行された。午後の授業で先生

がジョバンニに「銀河とは何か」という問を発する場面から始まるこの童話は、賢治が1924年(大正13年)から幾たびかにわたって改稿を繰り返し、遂に生前公にしなかったもので、没後に公刊されることになったが、幻想的なシーンと生と死を感じさせるような哲学的な思想とを併せ持ったスケールの大きい作品であり、今なお多くの人々を魅了しつづけている。また、冒頭の授業や、ジョバンニと親友カンパネルラとが銀河鉄道に乗って星めぐりを楽しむ場面などに使用される賢治の豊富な天文知識も見逃せない。

この年　バーデとツヴィッキー、新星と超新星を区別（米国）　バーデとツヴィッキーは、新星とは違う大規模な爆発による星を「超新星」とし、超新星の爆発後の残骸から作られる天体を中性子星とすることを提案した。なお、ツヴィッキーは1961年～1968年にかけて3万1350個の銀河と9700の銀河団を収録したカタログを編纂したことでも知られる。

この年　分光写真研究のA.ベロポルスキが没する（ソ連）　天体物理学者A.ベロポルスキが死去した。1854年生まれ。モスクワ天文台では太陽写真撮影について研究し、1879年から同定員外助手となる。1908年より8年間モスクワ天文台副台長として活躍後、1917年同天文台長となり、1919年までその任務につく。視線速度研究に代表される分光写真が主な研究内容で、1895年より写真乾板も使用した。

この年　銀河回転研究の先駆・シャーリエが没する（スウェーデン）　スウェーデンの天文学者C.シャーリエが死去した。1862年生まれ。ルント大学天文学教授。天体力学の分野で活躍し、講義に基づく著書「天体力学」は教科書として重用された。一方、1908年「オルバースのパラドックス」の解決案として階層宇宙論を提唱。1916年～1922年には局部恒星系について検討し、長さ2000光年、厚さ700光年であると示した。このような一連の考えは銀河回転研究の嚆矢となった。また、その統計的手法による恒星分布研究は、数理統計学の分野に大きく貢献した。

この年　「コルドバ天文台分担星表」完成（スペイン）　スペインのコルドバ天文台が1925年から制作してきた国際共同観測全図の「コルドバ天文台分担星表」(全5巻)を完成させた。

この年　「ボルドー天文台分担星表」完成（フランス）　フランスのボルドー天文台が1905年から制作してきた国際共同観測写真天図の「ボルドー天文台分担星表」(全7巻)を完成させた。

1935年
（昭和10年）

1月　日本天文学会が社団法人化（日本）　日本天文学会は文部省の認可を受け、社団法人となった。2月には登記が完了し、「天文月報」誌上に定款が掲載された。

3.11　天文学者・土橋八千太が没する（日本）　天文学者でカトリック司祭の土橋八千太が死去した。1866年（慶応2年）生まれ。1882年（明治15年）カトリックに入信。1886年上海に渡りヨハネ学院に入学、1888年イエズス会に入会。1896年渡欧し、パリ大学で5年間にわたって数学、力学、天文学を学んで学位を取得し、上海に帰る。1904年余山天文台副台長、震旦大学教授を務め、1911年帰国。この間「儀象考成」による中国恒星図を作成し、星図中の恒星の西洋名を決定した。上智大学の創立と共に教授に就任し、のち総長になった。著書に「邦暦西暦対照表」などがある。

9.19　"宇宙ロケットの父"ツィオルコフスキーが没する（ソ連）　宇宙科学者・物理学者でロケット工学者のコンスタンチン・エドゥアルドヴィッチ・ツィオルコフスキーが死

去した。1857年生まれ。少年時代、猩紅熱を患って聴力を失う。1873年モスクワに出て図書館などを利用しながら3年間独学。1876年故郷に帰り、1879年教師資格を取得。1880年からカルガの中学校で幾何学、物理学を教える傍ら、ロケット飛行の原理を探究。1883年無重量空間に関する覚え書き「自由空間」、1892年空想科学小説「月の上で」を発表。1897年ロシアで初の風洞を製作。1903年「反動装置による宇宙空間の探求」を発表し、人類が宇宙飛行出来ることを理論的に証明、惑星間飛行の理論、ロケット工学の創始者となる。1919年共産主義アカデミー（のちのソ連科学アカデミー）の会員に選出され、国内外で評価されるようになった。1929年論文「宇宙ロケット列車」では後のロケット理論に通じる基本理論や多段式ロケットの工学技術を著す。哲学、言語学についても研究した。なお「スプートニク1号」は彼の生誕100年記念として打ち上げられた。

12.31 物理学者で俳人の寺田寅彦が没する（日本）　物理学者で俳人の寺田寅彦が死去した。1878年（明治11年）生まれ。夏目漱石に英語と俳句を、田丸卓郎に数学と物理を学び、決定的な影響を受ける。東京帝国大学に入学した1889年「ホトトギス」に小品文「星」を発表。1904年東京帝大理科大学講師となり、1909年（明治42年）助教授、同年ドイツに留学。1916年（大正5年）教授。1922年から航空研究所、1924年から理化学研究所、1926年地震研究所の研究員を兼任。音響学、地球物理学などの実験的研究に従事した。一方、吉村冬彦の筆名で随筆も書き、「藪柑子集」「柿の種」などの刊行。文芸形式としての随筆を開拓した。「好きなもの イチゴ 珈琲 花 美人 懐手して宇宙見物」の短歌を残している。

この年 木村栄、朝日賞を受賞（日本）　木村栄（水沢緯度観測所長）が「緯度観測」により朝日賞文化賞を受賞した。

この年 神田茂の「日本天文史料」が完成（日本）　神田茂は天文暦学史の研究も進めており、1934年（昭和9年）の「日本天文史料綜覧」に次いで、広瀬秀雄、大崎正次らの協力を得て日本古代からの正史、随筆、日記、公文書類より天文暦学に関する記述を抽出し、1935年（昭和10年）「日本天文史料」上下を完成させた。なお、同書は西暦1600年までの記述で止まっており、神田はそれ以降についてもまとめるつもりで史料を収集していたが生前には果たされず、神田の没後、古本屋でそれらの史料が眠っていたのを偶然発見した大崎により、1994年（平成6年）、1600年から明治維新までを取り扱った「近世日本天文史料」としてまとめられた。

この年 デリンジャー現象の発見（米国）　デリンジャーは、太陽面の爆発によって短波放送の受信状態が北半球で急に低下する現象を発見した。これを「デリンジャー現象」というが、1930年にメーゲルが発見していたので、「メーゲル＝デリンジャー現象」ともいう。

1936年
（昭和11年）

6.18 五味一明、とかげ座新星を発見（日本）　6月19日の北海道における皆既日食観測のため、天文仲間2人と共に北海道天塩郡幌延に滞在していた長野県諏訪のアマチュア天文家・五味一明は、日食前夜の18日、ケフェウス座のδ星の付近に新星（後日、精測の結果、実際はとかげ座に属する新星であることがわかり「とかげ座CP」と名づけられる）を発見し、即座に東京天文台に電報で報告した。同日にはソ連の研究家ら合計12人の独立発見者がいたが、五味の発見はそれらよりも4時間早かった。これが日本人による、日本本土での初の新星発見となった。

6.19 北海道東北部で皆既日食（日本）　北海道東北部で皆既日食が観測された。東京天文

台からは早乙女清房、関口鯉吉、藤田良雄、及川奥郎、服部忠彦らが参加し、女満別、中頓別、訓子府、紋別、斜里で活動写真機によるコロナの撮影、閃光スペクトル観測、アインシュタイン効果の研究などを行った。また東北帝国大学からも松隈健彦、吉田正太郎、小貫章らが参加してアインシュタイン効果の測定などにあたった。

7.17　下保茂、「下保・コジク・リス彗星」を発見（日本）　下保茂は東京天文台で変光星のこじし座R星を観測中に新彗星を発見した。この発見はすぐさまデンマーク天文台中央局に打電された。同日中にポーランド、ソ連からも発見の報告があったものの下保の発見がそれらよりも早かったため、「下保・コジク・リス彗星」と命名された。日本人の彗星発見は1931年（昭和6年）の米国カリフォルニア在住の長田政二による長田彗星があるが、これが日本人による、日本本土での初の新彗星発見となった。

7.17　岡林滋樹、いて座新星を発見（日本）　1936年（昭和11年）10月4日夜、神戸在住のアマチュア天文家・岡林滋樹が、いて座に5等級の新星を発見した（いて座V630）。これはすぐさま東京天文台を通じてデンマーク天文台中央局に打電され、新星と確認された。岡林には翌年、天体新発見奨励のために服部時計店の寄付によって設立された天体発見服部賞が贈られた。

この年　国際緯度観測事業中央局業務が水沢からカポディモンテへ（日本、イタリア）　1935年（昭和10年）木村栄は国際緯度観測事業中央局長を辞し、翌1936年には同事業の中央局業務も水沢緯度観測所からナポリのカポディモンテ天文台へ継承・移管された。

この年　高木公三郎、プラネタリウムを日本に持ち込む（日本）　当時ベルリンオリンピックのボート競技役員として出張していた高木公三郎が1936年（昭和11年）、プラネタリウム、カヌーなどを持ち帰り、日本に初めて紹介した。高木は戦前は南京紫金山天文台長などを務めたが、戦後は京都大学教養部教授となった。人間の動作・運動を力学的に解析した身体運動学で知られる。また、ボート、カヌーの科学的研究のパイオニアとしても有名。

この年　太田聴雨が「星をみる女性」を描く（日本）　日本画家・太田聴雨が「星をみる女性」を改組第1回帝展に出品した。和服姿の女性たちが、東京・上野にある国立科学博物館の屈折望遠鏡を覗き込む様子を描いており、1990年（平成2年）には「切手趣味週間」の切手図柄に採用された。東京国立近代美術館に所蔵されている。

この年　科学映画「黒い太陽」撮影（日本）　劇映画などを撮影していた三木茂と、その弟子でP.C.L.（写真化学研究所、現・東宝）でニュース映像や記録映画を手がけていた林田重男が皆既日食の記録映画「黒い太陽」を撮影。科学映画として高い評価を受けた。三木はこの撮影の際、天体の織りなすドラマに感激し、かねてから劇映画に疑問を抱いていたこともあって記録映画に転じた。

この年　「図説天文講座」刊行開始（日本）　恒星社厚生閣が「図説天文講座」の刊行を開始。山本一清により編集され、1940年（昭和15年）までに全8巻が刊行された。

この年　ハッブル「星雲の領域」刊行（米国）　米国の天文学者ハッブルが銀河の分類・性質・分布やハッブルの法則についてまとめた「星雲の領域」を発表した。タイトルは銀河系外星雲を包括する大宇宙を指す。

この年　ヘス、アンダーソン、ノーベル物理学賞受賞（オーストリア、米国）　V.F.ヘス（オーストリア）とC.D.アンダーソン（米国）が宇宙線の発見と研究により、ノーベル物理学賞を授与された。ヘスはT.ウルフの研究を引継ぎ、観測の結果、1910年代に強い透過力をもつ放射線が地球外の宇宙空間から大気中に侵入してくるとした。1925年R.A.ミリカン（1923年ノーベル物理学賞受賞）によりこの放射線は「宇宙線（cosmic ray）」と命名された。宇宙線の発見は素粒子論の展開につながり、C.D.アンダーソンは1932年陽電子を発見、この功績によりヘスと同年に物理学賞を受賞した。また、C.F.パウエル（1950年ノーベル物理学賞受賞）の新中間子の発見もこれに導かれたものである。なお、ヘスは、ノーベル賞以外には、1932年カール・ツァイス研究所アッペ記念賞とアッペ・メダルを受賞している。

1937年
(昭和12年)

この年　「星の固有運動に関するベルゲドルフ辞典」完成(ドイツ)　ドイツで2巻に渡る「ボン掃天星表・コルドバ掃天星表・ケープ写真掃天星表に含まれている南北両天の星の固有運動に関するベルゲドルフ辞典」が完成した。

1937年
(昭和12年)

1.31　広瀬秀雄・清水真一、ダニエル周期彗星を再発見(日本)　ダニエル周期彗星は長らく行方不明であったが、1937年(昭和12年)1月31日、2月2日～3日、静岡県島田のアマチュア天文家である清水真一は、この前年に東京天文台の広瀬秀雄が算出した計算をもとに自身が開設したチシン天文台で10cm屈折望遠鏡を用いて同彗星を再発見し、その写真を撮影した。我が国におけるアマチュア天文家による彗星再発見の第1号である。

3.13　大阪市立電気科学館(我が国初のプラネタリウム)開館(日本)　大阪・四ツ橋交差点角に大阪市立電気科学館が開館した。日本で初めての本格的な科学館となる同館には、これまた日本初となるプラネタリウム(ドイツのカール・ツァイス社製第25号機を設置)を併設しており、手塚治虫や織田作之助も著名人も足繁く通った。館は戦争を挟んで1989年(平成元年)まで存続し、その間に訪れた人はのべ約1906万人を数えた。のち、中ノ島に移転し、大阪市立科学館として新たに開館。2004年には映写機6台とコンピュータ8台で約9000個の星を投影する26.5mのドーム型スクリーンを持つプラネタリウムが設置された。

8.18　日本における太陽黒点観測の開拓者・三沢勝衛が没する(日本)　太陽黒点観測で著名な三沢勝衛が死去した。1885年(明治18年)生まれ。郷里の代用教員から出発して勉学を重ね、尋常准訓導員・正教員、本科准教員・正教員などの検定試験に合格。さらに、師範学校・中学校・高等女学校地理科の免許を取得し、1920年(大正9年)より諏訪中学校(現・諏訪清陵高校)の教師を務める。授業中に多くの書を背負ってくるので"大八車"と呼ばれた名物教師。クラブ活動・科学会で400人余の生徒と共に行った太陽の黒点や黄道光の観察は、天文学史上の貴重な業績となった。また、"郷土地理"の理念など独自の教育思想を持ち、教え子からは科学者が輩出した。著書に「渋崎図集」「地理教育管見梗概」「三沢勝衛著作集」などがある。

この年　萩原雄祐と畑中武夫、惑星状星雲の形状の研究(日本)　東京天文台の萩原雄祐と畑中武夫は、惑星状星雲の形状について、ガス殻中の輻射輸達を解くことで水素・ヘリウムの電離、輻射圧による膨張の加速、電子温度密度分布、電子速度分布のマックスウェル分布からのズレなどを研究した。この研究は惑星状星雲の理論的研究の嚆矢であると共に、日本における天体物理学の勃興に大きく寄与した。

この年　竹田新一郎、ベータLyr型連星の理論的研究(日本)　京都帝国大学の竹田新一郎は、ベータLyr型連星の光度曲線の理論的研究を行い、H.N.ラッセルに高く評価された。

この年　木村栄、長岡半太郎、文化勲章受章(日本)　天文学者・木村栄、物理学者・長岡半太郎が第1回文化勲章を受章した。

この年　ボス、「総合カタログ(GC,一般星表)」完成(米国)　ベンジャミン・ボス(米)は、父のルイス・ボスの「予備総合カタログ」を継承し、3万3342個の星を収録した「総合カタログ(GC＝一般星表)」を完成させた。

この年　リーバー、最初の電波望遠鏡建設(米国)　グロート・リーバーが、自宅に最初の電波望遠鏡を設置し、銀河からの電波観測を行い、いくつかの電波源を発見した。1940年には掃天観測から全天の電波強度分布図を完成、その結果を世間に公表し、電波

天文学に関心が持たれるようになった。リーバーはその後も電波天文台を自作、電波天文学の発展に貢献した。

この年　宇宙線中に中間子を発見（米国）　米国の物理学者C.D.アンダーソンとS.H.ネッダーマイヤーは宇宙船のウィルソン霧箱飛跡の中に湯川秀樹が予言したπ中間子と考えられた粒子を発見した。後にこれは中間子とは異なることが分かり、今日ではミューオン（μ粒子）と呼ばれている。

この年　スターリン治下の天文学者粛清（ソ連）　スターリン統治下のソ連で、プルコヴォ天文台長で銀河系の構造の研究などで著名なB.ゲラシモヴィッチらが粛清された。

この年　A.コプフ、「第3基本星表」完成（ドイツ）　ドイツの天文学者でケーニヒシュツール天文台天文計算局長A.コプフが「第3基本星表（FK3）」を完成させた。なお、コプフは「FK4」の編集も指導している。

この年　ゴルトシュミット、隕石の元素組成比を分析（ノルウェー）　鉱物学者、地球化学者V.M.ゴルトシュミット（ノルウェー）は隕石から岩石圏の元素の分配律を究明。1938年には「元素分配の地球化学的法則」にまとめた。

この年　「ヘルシンキ天文台分担星表」完成（ノルウェー）　ノルウェーのヘルシンキ天文台が、1903年から制作してきた国際共同観測写真天図の「ヘルシンキ天文台分担星表」（全8巻）を完成させた。

1938年
（昭和13年）

2月　藤田良雄、低温度星の分光学的研究（日本）　東京天文台の藤田良雄は、低温度の恒星の大気の組成が炭素と酸素の存在量の違いによって2つのタイプに分かれることを解明し、恒星分光学を中心に革新的な業績を収めた。

2.21　天文台建設の貢献者G.E.ヘールが没する（米国）　天文学者G.E.ヘールが死去した。1868年生まれ。スペクトロヘリオグラフを考案し、これを用いて太陽彩層の様々な現象を観測し、太陽黒点の磁性検出など太陽面現象の研究のさきがけとなった。また、大型望遠鏡の開発とヤーキス天文台、ウィルソン山天文台、パロマー山天文台の創設と運営に貢献。ウィルソン・パロマー両天文台に設置した望遠鏡は、当時としては世界一だった。ポアンカレらと国際太陽研究連合結成、国際天文学連合（IAU）の結成に尽力したこと、「*Astrophysical Journal*」の創刊、「銀河の彼方」刊行でも知られ、ひろく天文学の進歩と普及に貢献した。

3.31　岐阜県羽島郡笠松町に隕石が落下（笠松隕石）（日本）　午後3時頃、岐阜県羽島郡笠松町の隕石が落下し、家屋を直撃してその屋根を突き破った（笠松隕石）。重量は0.71kg。隕石の実物は笠松町指定文化財（天然記念物）となっている。

6月　コミック「スーパーマン」が連載開始（米国）　「アクション・コミックス」1938年6月号から「スーパーマン」の連載が開始された。クリプトン星から未開の惑星・地球へと送られ、デイリー・プラネット紙に勤める青年新聞記者クラーク・ケントとして生きる一方、青地に「S」のマークが入った衣装にマントを翻し悪と戦う正義のヒーロー、スーパーマンの活躍を描く。映画、テレビにもなって絶大な人気を博し、米国を象徴するスーパーヒーローとして知られる。

8.1　京都大学宇宙物理学科の創始者・新城新蔵が没する（日本）　天文学者・新城新蔵が上海で客死した。1873年（明治6年）、福島県生まれ。1895年東京帝国大学物理学科卒業後、陸軍砲工学校勤務の傍ら測地学を研究し、1900年京都帝国大学物理学科に

赴任、1905年ドイツに留学してゲッティンゲン大学のシュワルツシルトに師事。帰国後、京都帝大物理学科第4講座担当教授を経て、1918年（大正7年）宇宙物理学教室を開き、さらに1921年には宇宙物理学科に発展させ、荒木俊馬、上田穣らを育成した。同大理学部長を経て1929年（昭和4年）同大総長を歴任。1935年からは上海自然科学研究所長も務めた。天体物理学の他、東洋天文学史にも造詣が深く、古代中国の天文学に関し飯島忠夫と論争を行ったことで知られる。著書に「東洋天文学史研究」など。

9.22　**月の運行研究者アーネスト・ウィリアム・ブラウンが没する**（米国）　天文学者アーネスト・ウィリアム・ブラウンが死去した。1866年英国生まれ。ケンブリッジ大学でダーウィンに天体力学を学び、1891年に米国に渡り、ペンシルバニア州立大学で数学教授に、1907年にはエール大学教授に転じ、月の運行の研究に専念した。1919年にその計算方法に基づいて「月運行表」を完成、1923年〜1959年各国の天体暦に採用された。また1923年には科学アカデミー会員に選ばれた。著書に「月運動論」（1896年）、「太陰運動表」（1919年）、「惑星理論」（1933年、共著）がある。

10.30　**ラジオドラマ「宇宙戦争」がパニックを引き起こす**（米国）　俳優・演出家のオーソン・ウェルズが米国CBSのラジオドラマでH.G.ウェルズ「宇宙戦争」を放送した。音楽番組に臨時ニュースを挟み込むというドキュメンタリータッチの演出と迫真の演技により、"火星人が攻めてきた"というドラマの内容を現実に起こっている出来事と誤解する聴衆が続出した。これによりウェルズの才能に注目が集まり、映画「市民ケーン」製作に繋がった。

この年　**東京・有楽町にプラネタリウムを備えた東日天文館が開館**（日本）　東京では初となるプラネタリウムを備えた施設、東日天文館が東京・有楽町にオープンした。これは東京日日新聞が開設したもので、国立科学博物館の鈴木敬信や"星の文人"として知られる英文学者の野尻抱影らが協力した。しかし、同館は1945年（昭和20年）5月26日の空襲によって焼失し、その活動はごく短いものであった。

この年　**ガモフ「恒星進化説」を唱える**（米国）　1934年にソ連から米国に亡命した物理学者ガモフが恒星進化説を唱えた。星の核反応により得られるエネルギーが恒星の熱源になり、高温になるというもの。これにより、近代的な恒星の進化説の扉を開いた。

この年　**星雲分光写真儀開発**（米国）　米国のテキサス大学が運用するマクドナルド天文台が星雲分光写真儀を開発した。

この年　**ブレヒト、戯曲「ガリレイの生涯」発表**（ドイツ）　「三文オペラ」で著名な劇作家ベルナルド・ブレヒトが戯曲「ガリレイの生涯」を発表した。1947年改稿の上、初演。日本では東京演劇アンサンブルやオペラシアターこんにゃく座によって上演された。

この年　**ピク・ド・ミディに太陽コロナ観測所創設**（フランス）　フランスのトゥールーズ大学がピク・ド・ミディに太陽コロナ観測所を設立した。

1939年
（昭和14年）

7.2　**第1回世界SF大会が開催される**（米国）　ニューヨークで第1回世界SF大会（World Science Fiction Convention、ワールドコン）が開催された。最初のゲスト・オブ・オナーはSFイラストレーターのフランク・R.パウルで、ジョン・W.キャンベル、アイザック・アシモフ、レイ・ブラッドベリといったSF作家たちも参加している。1953年の大会からはSFの年間最優秀賞・ヒューゴー賞の授与も行われている。

この年　**日本天文学会天体発見功労賞受賞開始**（日本）　日本天文学会が新天体を発見した観

この年　日本天文学会天体発見功労賞受賞（日本）　広瀬秀雄と清水真一が「彗星：33P/1937 B1（Daniel）の再発見」により受賞した。

この年　重力収縮する星の解の発見（米国）　米国の理論物理学者オッペンハイマーが、一般相対論の見地から中性子星の重力平衡とその上限質量について論じた。

この年　天文学者オットー・ルドルフ・マーティン・ブレンデルが没する（ドイツ）　天文学者オットー・ルドルフ・マーティン・ブレンデルが死去した。1862年生まれ。スウェーデンの天体力学者ジルデンの弟子で、天文学及び数学をベルリンとミュンヘンで学び、1890年博士号を取得。1898年ゲッティンゲン大学理論天文学員外教授、1907年フランクフルト・アカデミー数学講師、1914年フランクフルト大学教授兼同大学天文台長を歴任。振動の数学的方法の発展が主な研究で、著書「小惑星の理論」（1897年～1911年）でパリ・アカデミー賞を受賞。

この年　星のエネルギー起源は核融合（ドイツ、米国）　C.F.ワイツゼッカーは、星は炭素・窒素サイクル変化を経て、エネルギーを生み、核融合により水素がヘリウムに変換されると説明した。同年H.A.ベーテも星のエネルギーの起源を原子核反応であるとした論文「星のエネルギー」を発表した。

この年　フランス国立科学研究センター発足（フランス）　フランス国立科学研究センター（CNRS）が発足し、パリ、ムードン、ニース、トゥールーズ天文台などを傘下におさめた。

1940年
（昭和15年）

10.4　岡林滋樹と本田実、「岡林・本田彗星」を発見（日本）　倉敷天文台にいた岡林滋樹は1940年（昭和15年）10月1日、核のない星雲状の天体を発見し、4日になってそれが彗星であることを確認した。一方、同日には瀬戸黄道光観測所の本田実もこれを独立して発見したため、岡林・本田は連名で東京天文台に報告し、新彗星であることがわかった（岡林・本田彗星）。

この年　湯川秀樹、日本学士院賞恩賜賞受賞（日本）　湯川秀樹が「素粒子間の相互作用に関する理論的研究並に宇宙線中の新粒子メソトロンの存在に対する予言」により第30回日本学士院賞恩賜賞を受賞した。

この年　「ユトレヒト天文台太陽スペクトル写真図」完成（オランダ）　オランダのM.ミナートらが「ユトレヒト天文台太陽スペクトル写真図」を完成させた。

この年　エドレン、太陽コロナ輝線を同定（スウェーデン）　B.エドレンが、太陽のコロナ輝線は、陽イオンの鉄、ニッケル、カルシウム、アルゴン原子から放出されたものであることを示した。

1941年
（昭和16年）

4.22　日本科学史学会が創立される（日本）　科学史及び技術史研究の進歩と発展をはかる

		ことを目的に日本科学史学会が創立され、4月22日東京・神田の学士会館で発会式が行われた。初代会長は桑木彧雄。同年には会誌「科学史研究」が創刊された。
7.9	京都大学附属生駒山太陽観測所が完成（日本）	奈良県生駒郡生駒山に太陽観測を目的とした京都帝国大学附属の生駒山太陽観測所が完成した。当時我が国唯一の太陽観測専門の天文台。上田穣が中心となって開設した同所は、関西急行電鉄（現・近鉄）の協力を得て標高640mの生駒山の適地に建設され、アスカニア製スペクトロヘリオグラフなどの最新鋭の観測機器が設置された。
12.8	太平洋戦争勃発、東京天文台各施設の疎開（日本）	日本海軍は米国ハワイの真珠湾を攻撃し、太平洋戦争が勃発した。東京天文台では開戦を受け、万が一に備えて東京大学田無農場に報時室の分室を設置した。以後、1944年（昭和19年）神戸海洋気象台に、1945年水沢緯度観測所にも分室が置かれ、戦時下の報時電波発信体制を整えた。
この年	波動幾何学による宇宙論（日本）	竹野兵一郎、佐久間澄らが波動幾何学を用いた宇宙論を提唱した。
この年	日本天文学会天体発見功労賞受賞（日本）	本田実が「彗星：C/1940 S1（Okabayashi-Honda）」「彗星：C/1941 B1（Friend-Reese-Honda）」により受賞。
この年	クライマックス太陽コロナ観測所創設（米国）	米国のコロラド山中にクライマックス太陽コロナ観測所が設立された。

1942年
（昭和17年）

4月	生駒山天文協会が設立される（日本）	京都大学生駒山天文台を中心とした天文学普及団体・生駒山天文協会が設立された。初代会長には同天文台長の上田穣が就任した。
6.9	本田実が従軍中に手製の望遠鏡で新彗星を発見（日本）	1941年（昭和16年）4月に岡林滋樹の後任として倉敷天文台に入った本田実は、その直後の同年7月から兵役につくこととなった。従軍中においても天体観測を怠らなかった本田は口径7.5cm、倍率30倍の望遠鏡を自作し、1942年6月9日にグリグ・シュレルプ周期彗星を発見した。しかし、これは戦争中で、かつ従軍中の観測であるため、公式な記録とならなかった。
10.3	「A-4型ロケット4号」の打ち上げ初成功（ドイツ）	ドイツのロケット工学者ウェルナー・フォン・ブラウンが、「A-4型ロケット4号」の打ち上げに初めて成功した。このロケットに爆弾を搭載したものが、「V2」ミサイル（Vergeltungs Waffe、報復兵器を意味する）である。「V2」は1段式ロケットで、全長約14m、直径約1.6m、重さ約13t。ヒトラーが大量生産を指示。1943年には英国空軍800機がロケット開発の拠点ペーネミュンデ・ロケット実験場を夜間に爆撃し、壊滅させて開発を遅延させたものの、1944年9月からロンドンなどへ空襲が始まり、防御手段がないため連合国側を悩ませた。戦後、米国とソ連が「V2」に関わる資料や研究者を獲得し、両国でのミサイル開発競争へとつながった。
11.11	とも座新星発見（日本）	午前3時、東京都大森区（現・大田区）に住む祖父江久仁子は、南の空のとも座辺に見慣れぬ星を発見し、野尻抱影に報告、野尻はそれを東京天文台に問い合わせ、新星であることを確認した（とも座新星）。この新星は極大光度が0等にまで達していたこともあって、国内の各地から独立発見の報告が相次ぎ、黒岩五郎は兵庫県で、中原千秋は長崎で、金森丁寿は松本でそれぞれこれを発見している。なお、祖父江の発見は日本女性初の新天体発見である。
この年	宮本正太郎、鉄のコロナ輝線は100～200万度という高温であることを示す（日本）	

京都大学の宮本正太郎は、1941年(昭和16年)の「コロナ輝線はNi、Ca、Feの高階電離イオンである」とするB.エドレンの論文を読んで、感銘を受けたが、やがてそれが衝突電離として証明出来るのではないかと思い立ち、1942年コロナ電離平衡の式を導くことによって鉄のコロナ輝線は100～200万度の高温であると結論づけた。この論文は、戦時中であったため日本でのみ発表されたが、戦後、1949年に英文論文が公表され、注目を集めた。

この年　「チャンドラセカールの限界」発見（米国）　米国の理論天体物理学者チャンドラセカールは、恒星系力学に推計学的方法を導入し、白色矮星の内部構造の研究から、電子の縮退圧により平衡を保つことの出来る質量には限界があるとする「チャンドラセカールの限界」を発見した。太陽の質量の1.4倍以上の質量の星は超新星として爆発して余分な質量を放出し、それ以下の質量の星は進化の最後に白色矮星となることが明らかになった。

この年　SF作家のアレクサンドル・ベリャーエフが没する（ソ連）　ソ連のSF作家アレクサンドル・ベリャーエフが死去した。1925年初の長編SF「ドウエル教授の首」を発表し、執筆活動に入る。ツィオルコフスキーの理論に基づいて人工衛星での生活を描いた「人工衛星ケーツ」などを書いた。生前は不遇だったが、没後に再評価され、ソ連SFの創始者とされる。

この年　太陽電波の発見（英国）　英国軍がレーダー実験中に、太陽の放射する電波を発見した。この存在は1893年にH.エーベルトが既に予言していたが、観測されたのは、これが初めて。ただし軍事機密とされたため、本格的な研究は第二次大戦後に始められた。

1943年
(昭和18年)

1.19　第2代水沢緯度観測所長・川崎俊一が没する（日本）　緯度観測者・川崎俊一が死去した。1896年(明治29年)、滋賀県出身。1922年(大正11年)京都帝国大学宇宙物理学科を卒業して水沢緯度観測所に勤め、木村栄の下で緯度観測に従事。1932年(昭和7年)英国に留学し、グリニッジ天文台で緯度の変動に関する研究を進めた。1934年に帰国したのちも水沢に在り、在職中20年間にわたって天頂儀による緯度観測を行った他、気象が緯度観測に及ぼす影響について独創的な研究を行い、大気の密度分布と気圧配置や風向という点で捉え、緯度観測の結果との相関を論じた。1941年木村の後を受けて第2代水沢緯度観測所長に就任したが、在任中に没した。

4.6　サン・テグジュペリ「星の王子さま」を出版（米国）　サン・テグジュペリが、一時フランスから亡命したニューヨークで「星の王子さま」を出版した。サハラ砂漠に不時着した操縦士がある星からやってきた王子と出会う物語。

4.8　小惑星の族（ヒラヤマ・ファミリー）の発見者・平山清次が没する（日本）　天文学者・平山清次が死去した。1874年(明治7年)、宮城県生まれ。1897年(明治30年)東京帝国大学星学科を卒業ののち、1906年同助教授を経て、1919年(大正8年)教授。専攻は天体力学で、小惑星の運動やその起源に関する研究を進め、特に小惑星の族（ヒラヤマ・ファミリー）を発見したことで有名。また1920年より東京天文台編暦主任も兼任するなど暦学にも明るく、日本・中国の古暦法研究でも知られた。著書に「一般天文学」「一般摂動論」「暦法及時法」などがある。なお、月の裏側にあるクレーター「ヒラヤマ」は、彼と平山信にちなむ。

9.26　z項の発見で知られる天文学者・木村栄が没する（日本）　天文学者・木村栄（ひさし）

が死去した。1870年(明治3年)、石川県生まれ。1892年に東京帝国大学星学科を卒業し、1899年から1941年(昭和16年)まで水沢の緯度観測所所長を務めた。この間、緯度変化の経験公式のz項(キムラ項)を発見・提唱し、世界的に高い評価を受けた。また1922年(大正11年)に水沢が国際共同緯度観測事業の中央局に指定されたのに伴い1940年(昭和15年)まで同局長を務めた他、国際天文学連合(IAU)緯度変化委員会長、英国王立天文学会会友、日本学士院会員などを歴任し、世界の緯度観測をリードし続けた。1937年第1回文化勲章を受章。弟子に川崎俊一、橋元昌矣、山崎正光らがいる。1970年月面クレーターの1つが「キムラ」と命名された。

- この年 **太陽彩層の電子温度6000Kと推定**(日本) 京都大学の宮本正太郎は、FeIからFeVIIIまでの各イオンの存在比を温度の関数として求めることにより、世界で初めて太陽彩層の電子温度が6000Kであると推定した。この画期的な論文は、日本では1943年(昭和18年)に発表されたが、戦争中であったため、世界に公表されたのは戦後の1948年になってからであった。

- この年 **日本天文学会天体発見功労賞受賞**(日本) 祖父江久仁子、黒岩五郎、中原千秋、金森丁寿が「新星：CP Pup」により受賞した。

- この年 **能田忠亮「東洋天文学史論叢」**(日本) 京都大学の新城新蔵の弟子である能田忠亮は、当初は宇宙進化論の研究を行っていたが、新城の推薦で1929年(昭和4年)設立の東方文化学院京都研究所員となり、以降は東洋天文学史を専攻するようになった。中国古代の「周髀算経」の研究からはじまり、「礼記」月令の天文学的研究、漢代の宇宙観の研究などへと進んでいった能田の東洋天文学史研究は、1943年刊の「東洋天文学史論叢」にまとめられた。

- この年 **橋本増吉、「支那古代暦法史研究」を発表**(日本) 中国古代天文暦学の研究で知られる橋本増吉は、1943年(昭和18年)太古から前漢大初暦までの中国暦法史研究の成果をまとめた「支那古代暦法史研究」を発表した。

- この年 **昭和18年度から「天体位置表」を発行**(日本) 海軍水路部は、第二次大戦の勃発によって欧米の一流の天体暦が入手困難になったことから、国内でそれらと同等の天体暦である「天体位置表」の作製を決め、1943年度(昭和18年度)から使用を開始した(発行は1942年11月)。準備期間が短かったものの、東京天文台をはじめとする国内の天文学者が相当数この仕事に携わり、当時の日本における天文学の粋を結集して高水準の天体暦が作り上げられた。

- この年 **"現代位置天文学の父"シュレジンジャーが没する**(米国) "現代位置天文学の父"と呼ばれるF.シュレジンジャーが死去した。1871年生まれ。1903年ヤーキス天文台に入り、長焦点の天体望遠鏡での撮影による写真乾板の測定から恒星の三角視差を求めるという画期的な方法を編み出した。これにより、それまで数百レベルだった星の三角視差の測定が数千レベルに達した。アレゲニー天文台長、エール大学天文台長を歴任し、前者では76cmの屈折望遠鏡を建設、後者では66cm屈折望遠鏡をヨハネスバーグに建造、観測研究に没頭。1924年と1935年に4000個の星の年周視差と固有運動を収録する労作「エール星表(Yale Zone Catalogue)」を刊行した。1932年国際天文学連合(IAU)会長。

- この年 **セイファート銀河の発見**(米国) セイファートは、通常の銀河とは異なる渦巻銀河を発見。非常に狭い領域から膨大なエネルギーが放出される天体として、セイファート銀河と名づけられた。

- この年 **バーデ、天体を2種に分類**(米国) バーデが、アンドロメダ大星雲中心部の分解撮影に成功した結果、星を2種類に分類し、ひとつはアンドロメダ大星雲の渦巻の腕部分にある若くて高温の星、他は同中心部にある古くて赤い低温の星であるとした。

- この年 **モーガン「MK法」を確立**(米国) ヤーキス天文台のW.W.モーガンが、P.C.キーナンらと恒星のスペクトルを温度系列と光度階級から分類するという恒星分類法「MK法」を打ち立てた。

この年　「ドイツ天文学会再測基準星表」完成（ドイツ）　ドイツ天文学会が「ドイツ天文学会再測基準星表（AGK2A星表）」を完成させた。

1944年
（昭和19年）

2.10　天文学者ユージン・アントニアディが没する（フランス）　天文学者ユージン・アントニアディが死去した。1893年フラマリオンと土星の表面のかすかな点を観測。1924年火星表面の観測からスキャパレリの火星の自転周期の数値を確認する。晩年には金星の自転軸の角度や水星の特性についての研究や天文学の歴史の研究をした、古代文明の科学的業績の専門家だった。

11.22　天体物理学者アーサー・スタンレー・エディントンが没する（英国）　天体物理学者アーサー・スタンレー・エディントンが死去した。1882年生まれ。1913年からケンブリッジ大学天文学・実験哲学のプルーミアン教授。1914年から同大学附属天文台長。1916年放射平衡に基づき恒星内部構造論を論じる。1919年皆既日食をアフリカで観測し、その観測結果から一般相対論の正当性を初めて実証。1924年恒星の質量・光度関係を理論的に導いた。また、相対性理論における場の理論、相対性理論的二体問題を研究、さらに量子力学を考慮し独自の統一場理論を展開した。著書に「星の運動と宇宙の構造」（1914年）、「相対性理論の数学理論」（1923年）、「恒星内部構造論」（1926年）、「物理世界の本質」（1928年）、「物理科学の哲学」（1939年）など。

この年　仁科芳雄、朝日賞を受賞（日本）　仁科芳雄が「元素の人工変換及宇宙線の研究」により朝日賞文化賞を受賞した。

この年　藪内清、「隋唐暦法史の研究」を刊行（日本）　京都大学の藪内清は、古代から隋代までの中国の暦法を研究し、南北朝時代に南北で各々別の暦の計算法を使っていたのが隋で統一されたこと、それが唐代でさらに精密化することを見出し、1944年（昭和19年）それらの研究の成果をまとめた「隋唐暦法史の研究」を三省堂から刊行した。この本では中国だけでなくインド天文学による暦法との比較検討も行われている。

この年　土星第6衛星大気中にメタン（米国）　米国の天文学者G.P.カイパーが、土星の第6衛星「タイタン」の大気中にメタンを発見、衛星大気の存在を証明することに成功した。

この年　太陽系生成に関する隕石理論提唱（ソ連）　ソ連のO.Y.シュミットが、太陽系生成の起源として、原始太陽が宇宙塵雲に遭遇して粒子を捕獲して回転する間に各部で凝集が起こり、惑星・衛星・隕石に成長したとする隕石捕獲説を唱えた。

この年　フルスト、中性水素の電波放射を予見（オランダ）　ファン・デ・フルストは、星間物質の研究過程で、中性水素が波長21cmの電波を放射することを予見した。

この年　三体問題研究のカール・ジェンセン・ブラウが没する（デンマーク）　天文学者カール・ジェンセン・ブラウが死去した。1867年生まれ。コペンハーゲン大学で数学を学び、1893年〜1898年同大学天文台員として勤務。1906年〜1912年コペンハーゲン大学で実用数学を教え、三体問題における周期軌道の体系的研究で先駆的業績をあげた。

この年　太陽系起源に関する星雲仮説（ドイツ）　カール・フリードリヒ・フォン・ワイツゼッカーは、太陽系起源について、太陽のようなガス状星雲が乱れを生み、多数の渦に分裂、その渦の集まる所に集合体ができ、惑星が生まれたと説明。惑星起源論に一石を投じた。

1945年
（昭和20年）

2.8　**東京天文台、原因不明の火災で本館焼失**（日本）　早朝、東京天文台で原因不明の火災が発生して本館が焼失し、多くの観測機器や貴重な資料、掃天乾板などが失われた。また戦争の激化により天文台構内も米軍の爆撃を受けるようになったため、報時分室と太陽分光観測設備が水沢の緯度観測所に疎開することとなった。なお、火災後の報時発信は、敗戦まで天文台構内にあった測地学委員会の三鷹国際報時所で応急的に行われることとなった。

4.1　**アマチュア天文家・岡林滋樹、阿波丸事件で死去**（日本）　太平洋戦争が激化していた1945年（昭和20年）4月1日、緑十字を掲げた病院船扱いの安導船・阿波丸がシンガポールから日本に向けて航行中、台湾海峡で米艦の攻撃を受けて撃沈、内地への引揚者を中心に2000人以上が亡くなった（阿波丸事件）。犠牲者の中には、新星・彗星発見者の岡林滋樹も含まれていた。岡林は1913年（大正2年）、広島県生まれ。関西学院大中退後、三菱重工に勤務する傍ら、独学で天体観測に励み、1936年（昭和11年）いて座に新星を発見し、天体発見賞を受賞。1938年京都大学の山本一清の懇請で倉敷天文台に入り、1940年の岡林彗星（1940e）などを独立発見するが、1941年同天文台を辞職。太平洋戦争中には京都大学物理学教室の地質調査担当軍属としてスマトラに派遣され、阿波丸で帰国する途上の悲劇であった。

5.25　**東京大学天文学教室、第二次東京大空襲で焼失**（日本）　東京大学天文学教室は第二次東京大空襲により焼失した。この年の初めには戦争の激化に備えて藤田良雄、畑中武夫ら大多数の研究者・学生が長野県諏訪に疎開していたが、古畑正秋ら少数の人員は東京に残留して研究を続けていた。教室の再開は、10月に東京・本郷にある東京大学構内の理1号館と文学部館に仮教室が設置されてからとなった。

6.2　**天文学者の平山信が没する**（日本）　天文学者・平山信が死去した。1867年（慶応3年）、江戸生まれ。1888年（明治21年）東京帝国大学星学科の第1回の卒業生で、1890年より欧州に留学し、ポツダム天文台のフォーゲルに天体物理学を学ぶ。帰国後の1895年には東京帝大星学科教授となり、同科に新設された第2講座を担当した。一方、東京天文台では台長・寺尾寿を助けて設備の拡充や後進の指導に尽力。1919年（大正8年）寺尾の後を継いで同台長に就任してからは天文台の三鷹移転や最新観測機器の導入などを指揮し、天文台の発展に寄与した。学者としては小惑星「トウキョウ（Tokio）」「ニッポニア（Nipponia）」の発見や太陽関係の理論的研究などで知られ、天文観測から天体物理、軌道論、恒星天文学、測地学など幅広い分野で業績を残した。

6.18　**神田茂、日本天文研究会を創立**（日本）　1943年（昭和18年）に東京天文台を退職した神田茂が在野の天文研究家を対象として神田天文学会（1946年日本天文研究会に改称）を創立した。同年6月からは会報として「天文総報」（のち「天文観測月報」に改題）の発行を開始した。

8月　**早川書房創立**（日本）　専修大在学中から同人誌などに演劇を中心とした評論を寄せていた早川清は、敗戦直後の1945年（昭和20年）8月、早川書房を設立した。当初は文芸書や雑誌「悲劇喜劇」をはじめとする演劇関係の書籍を出版していたが、1950年代から海外のミステリやSFの翻訳に力を入れるようになり、1953年の「ハヤカワ・ポケット・ミステリ・シリーズ」、1970年「ハヤカワ文庫」などを刊行して独自の地位を築いた。SFに関しては、1959年に米国のSF雑誌と提携して「SFマガジン」を創刊し、1968年「世界SF全集」（全35巻）を刊行。海外の優れた作品を紹介するだけでなく、多くの日本人作家の作品を世に送り出し、国内SFの牙城となった。

8.10　**ロケット工学者ロバート・ハッチングス・ゴダードが没する**（米国）　ロケット工学者

のロバート・ハッチングス・ゴダードが死去した。1882年生まれ。1914年からクラーク大学に移り、1919年〜1943年教授。1942年〜1945年海軍航空局ジェット推進研究所長。1907年からロケットの研究を始め、1926年3月16日スミソニアン研究所の援助で、世界初の液体燃料ロケットの打ち上げに成功。さらにグッゲンハイム財団の援助で1932年初のかじつきロケット発射に成功、1935年初めて音速を突破。第二次大戦中は海軍のためロケット・エンジンの研究を続け、死後1か月余にその実験を基にしたミサイル・コーポラルの発射が成功した。1960年代、米国航空宇宙局(NASA)は彼の偉業を讃え、200以上の特許を買い上げた。また研究所の1つをゴダード宇宙飛行センターと名づけた。

8.15　濱谷浩が「終戦の日の太陽」を撮影（日本）　新潟県高田に疎開していた写真家・濱谷浩は、玉音放送によって戦争終結を知ると、カメラを持って外に飛び出して空にシャッターを向け、終戦の日の太陽を撮影した。

この年　アシュハバード天体物理実験所創設（ソ連）　ソ連にアシュハバード天体物理実験所が創設された。

この頃　マンチェスター大学、ジョドレル・バンク電波天文台設置（英国）　マンチェスター大学の電波天文学者ラヴェルが、ジョドレル・バンクに電波天文台を創設した。ラヴェルは後に「ジョドレル・バンク物語」(1968年)を刊行している。

1946年
（昭和21年）

8.13　作家オーソン・ウェルズが没する（英国）　「タイム・マシン」(1895年)、「透明人間」(1897年)、「宇宙戦争」(1898年)など数多くの空想科学小説を書き、SFの歴史に一時期を画したオーソン・ウェルズが死去した。大著「世界文化史大系」「生命の科学」「人類の労働と富と幸福」は百科全書家としての代表作。日本でもSFの祖の一人として広く読まれた他、1938年に翻訳された「世界文化史大系」は知識人の間で熱心に読まれた。

9.16　数学者・天文学者のジーンズが没する（英国）　英国の数学者で天文学者のジーンズが死去した。天文学の研究に数学を応用して渦状星雲や太陽系の生成について論じた。黒体放射のエネルギーの波長分布を表したもので、量子論のはじまる契機となった「レーリー＝ジーンズの分布」で著名。

9.23　ガレ、海王星を発見（ドイツ）　ベルリン天文台のJ.G.ガレが、ルヴェリエの新惑星予想位置報告を受け観測を行ったところ、ほぼその位置に海王星を発見した。ガレはこの功績により、レジオン・ドヌール勲章を受章した。彼はまた、土星のC環や3個の彗星発見でも知られる。

10月　萩原雄祐、東京天文台台長に就任（日本）　第4代東京天文台長であった関口鯉吉が退任し、後任の台長に萩原雄祐が就任した。萩原台長の下で戦後の天文台の復興が進められることとなり、同月には戦時中の火災で焼失した天文台本館の代わりとして3棟のバラック庁舎が竣工した。

この年　仁科芳雄、文化勲章受章（日本）　原子物理学者・仁科芳雄が第5回文化勲章を受章した。

この年　サクラメント・ピーク観測所創設（米国）　米国のニューメキシコ州に、サクラメント・ピーク太陽コロナ観測所が設立された。

この年　ビュラカン天文台創設（ソ連）　ソ連（現・アルメニア）に2.6mの反射望遠鏡と1mの

	シュミット望遠鏡を持つビュラカン天文台が設立され、初代台長をヴィクトル・アンバルツミヤンが務めた。
この年	かんむり座新星反復爆発を確認（ドイツ）　ドイツのA.J.ドイッチェが、かんむり座新星が繰り返し爆発している様子を観測した。
この年	カイザー・ウィルヘルム協会がマックス・プランク協会へ改組（ドイツ）　ドイツのカイザー・ウィルヘルム協会（KWG）がマックス・プランク協会に改組された。カイザー・ウィルヘルム協会は1911年に創設され、自然科学関係の研究所を国内外各地に設立し、ドイツ学問の中枢としての役割を果たしてきたが、ナチスの弾圧によって協会のユダヤ人科学者の多くが亡命を余儀なくされた。第二次大戦後、再建が論議された際、皇帝を意味するカイザーが帝国主義的な語として占領軍当局に忌避され、KWGと縁の深い物理学者プランクの名前が新協会名に用いられた。初代総裁にO.ハーンが就任。
この年	「パリ天文台分担星表」完成（フランス）　フランスのパリ天文台が1902年から制作してきた国際共同観測写真天図の「パリ天文台分担星表」（全7巻）を完成させた。
この年	昼間の流星観測成功（英国）　英国のマンチェスター大学が、レーダーを用いて昼間の流星観測に成功した。
この年	「ハイデラバード天文台分担星表」完成（英国）　英国のハイデラバード天文台が1934年から制作してきた国際共同観測写真天図の「ハイデラバード天文台分担星表」（全4巻）を完成させた。
この頃	最初の磁気星おとめ座78番星を発見（米国）　バブコック父子は、彼らが発明したマグネトグラフを使って、最初の磁気星おとめ座78番星を発見した。
この頃	電波干渉計の開発・建設（英国）　第二次大戦後、電波干渉計—複数のアンテナで天体の電波を受信、各アンテナ出力の干渉から電波源の位置や形状を測定する電波望遠鏡の開発、建設が盛んになった。M.ライル率いるケンブリッジ大学の電波天文学グループは、今日につながる開口合成法（小型パラボラによる長時間観測）と超合成法（地球回転を利用した観測）を開発、干渉計の能力を大幅に向上させた。その後、ライルらは電波源の掃天観測を行い「3Cカタログ」を刊行した。

1947年
（昭和22年）

1月	萩原雄祐、「天体力学の基礎」(I)の上巻を刊行（日本）　萩原雄祐は、自身がこれまでに行ってきた天体力学研究の集大成として、1947年（昭和22年）「天体力学の基礎」(I)の上巻を刊行した（下巻は1950年刊）。第1編であるこの書は、天体力学の理論編成の根本思想についてまとめたもので、当時学生であった古在由秀はこれを読んで天文学を志すようになるなど、後進に大きな影響を与えた。
1.19	理論物理学者・石原純が没する（日本）　理論物理学者で歌人の石原純が死去した。1881年（明治14年）生まれ。東京帝国大学時代は理論物理学を専攻。1903年「馬酔木」創刊を機に伊藤左千夫を訪ね、後に「アララギ」に参加。1911年東北帝国大学助教授に就任。1912年～1914年（大正3年）ヨーロッパに留学し、アインシュタインに大きな刺激を受ける。帰国後東北帝国大学教授。現代物理学の理論的基礎や方法の啓蒙的解説も精力的に行った。1921年歌人・原阿佐緒との恋愛事件により教授を辞任。以後、著作、啓蒙活動に専念。1932年（昭和7年）岩波「科学」創刊と共に編集主任となる。著書に「自然科学概論」「現代物理学」「アインシュタインと相対性原理」「相対性原理」などの著書があり、「アインシュタイン全集」（全4巻）もまとめた。

6.24 ケネス・アーノルドが空飛ぶ円盤を目撃(米国)　米国人ケネス・アーノルドが空飛ぶ円盤を目撃した。ワシントン州チェハリスから同州ヤキマに向けて自家用機で飛行していたケネス・アーノルドは、空軍基地からの依頼で、前日に消息を絶った海兵隊の輸送機の遭難現場を探すために訪れたレーニア山上空で、音もなく飛行する9つの飛行物体を目撃した。音速を超える速さで急降下や急上昇する飛行物体の目撃情報は瞬く間に世界中に伝わり、コーヒーカップの受け皿(ソーサー)を重ねたような形状であるとの証言から記者が「フライング・ソーサー」と表現し、日本では空飛ぶ円盤と訳された。未確認飛行物体(UFO)の存在が初めて大きな話題となった出来事であり、ケネス・アーノルド事件といわれる。

11.14 本田実、ホンダ彗星を発見(日本)　朝、本田実は倉敷で観測中、からす座に8等級の新彗星(ホンダ彗星。1947m=1947X)を発見した。この新彗星は急速に南進したため北半球では本田が唯一の観測となり、占領下の困難な状態の中、京都の樋上敏一や通信社の協力によって米国に報告された。本田はその後も1948年(昭和23年)6月4日にホンダ・ベルナスコニ彗星(1948g=1948IV)、同年12月4日にホンダ・ムルコス・パイジュサコパ彗星(1948n=1948XII)など、1969年までに9個の新彗星を発見し、戦後日本の代表的なコメットハンターとなった。

この年　日本天文学会天体発見功労賞受賞(日本)　斎藤馨児・吉原正広が「新星：T CrBの初回再発」により受賞。

この年　「天文宇宙物理学総論」刊行開始(日本)　宇宙物理学研究会が「天文宇宙物理学総論」の刊行を開始。全3巻(3部)。荒木俊馬が編者を務めた。

この年　アンバルツミヤン、「星のアソセーション」を発見(アルメニア)　アンバルツミヤンは、銀河系の円盤面近くに存在する、若い星の緩やかな集団である「星のアソセーション」を発見した。

この年　月の反射波推測成功(オーストラリア)　オーストラリアのコモンウェルス電波科学研究所が、レーダーを用いての月の反射波の推測に成功した。

この年　小惑星国際中央局業務が移管(ドイツ)　ドイツ天文計算局の管轄であった小惑星国際中央局業務が、米国のシンシナティ天文台へ移管された。

1948年
(昭和23年)

3.1 財団法人理化学研究所が解散、株式会社科学研究所として再発足(日本)　理化学研究所は、昭和初期の財政危機を打破するために研究所の考案・開発品を自力で工業化する方針をとり、これが成功して戦前期には"理研コンツェルン"とまでいわれる一大財閥を形成していた。しかし、そのために戦後の1947年(昭和22年)にGHQから過度経済力集中排除の対象に指定されて解散を余儀なくされ、翌年株式会社科学研究所(社長・仁科芳雄)として再発足することとなった。

5.9 北海道礼文島で金環日食が観測される(日本)　北海道礼文島で金環日食が観測された。日本からも各研究機関が戦後の困難な状況の中で観測隊を派遣した。この日食は金環帯が非常に狭いことが予測されたため、正確に月の位置予報をすることが急務となっていたが、東京天文台の広瀬秀雄は、各大陸ごとに鉛直線偏差に違いがあり、これを掩蔽観測から求めることによって日食当日の月の位置を予想し、礼文島の観測隊を当初の観測位置から東南へ600m移動させた。これにより各観測隊は日食の中心線上での観測に成功し、同時に日本の位置天文学の優秀さを世界に知らしめた。

6.3 パロマー山天文台完成(米国)　カリフォルニア州のパロマー山に、大気の揺らぎが

少ないという自然条件から建設されていたカリフォルニア工科大学所有のパロマー山天文台が完成した。5m反射望遠鏡の「ヘール望遠鏡」を備え付ける。翌1949年には、122cmのシュミット・カメラも設置。

8.1　**東京天文台、標準周波数電波による分秒報時の開始**（日本）　東京天文台では、報時室の新築が完成し、1948年（昭和23年）より標準周波数電波による24時間連続の分秒報時が開始された。

12.5　**漫画家の横井福次郎が没する**（日本）　漫画家の横井福次郎が死去した。中学卒業後、北沢楽天に師事して漫画を描き始める。太平洋戦争ではフィリピンに出征したが、マラリアに罹り帰国。敗戦直後に創刊された漫画雑誌「VAN」に「家なき人々」を描く。1946年（昭和21年）から1948年にかけて「少年クラブ」に「ふしぎな国のプッチャー」「冒険児プッチャー」を連載、21世紀の宇宙を舞台にしたこのSF漫画の先駆的作品は子どもたちに熱狂的に迎えられたが、過労のため肺結核で早世した。

この年　**ピンホール式金子式プラネタリウム開発の金子功、天文台建設**（日本）　ピンホール式金子式プラネタリウム開発で知られる金子功が豊橋市に天文台を設置し、一般に開放した。金子は1933年（昭和8年）土星と金星と地球が重なる現象を見て以来、星のとりこになり、卒業後、独学で教員資格を取得。戦後玉川学園教員、航空機乗員養成所教官などを歴任。小学校の先生をしていた時に月給を少しずつためて天体望遠鏡を買い、天文台開設に至った。1972年には東栄町に移転し、1975年御園高原自然学習村を創立、同村長として山村文化研究所、金子天文台を主宰した。

この年　**ガモフ、「ビッグバン宇宙論」の提唱**（米国）　物理学者ガモフが、宇宙はビックバン以前に収縮し、約170億年前に再び膨張が始まったという「ビッグバン宇宙論」を提唱した。

この年　**カイパーの衛星発見**（米国）　ヤーキス天文台長カイパーが、天王星の第5衛星「ミランダ」を、翌1949年には海王星の第2衛星「ネレイド」を発見した。

この年　**「トゥールーズ天文台分担星表」完成**（フランス）　フランスのトゥールーズ天文台が1903年から制作してきた国際共同観測写真天図の「トゥールーズ天文台分担星表」（全7巻）を完成させた。

この年　**ブラケット、ノーベル物理学賞受賞**（英国）　P.M.S.ブラケットは、1932年オッキアリーニ（イタリアの科学者）と計数管制御の霧箱（宇宙線の自動撮影装置）を設計。この装置を用いて、C.D.アンダーソンが理論的に予言した陽電子の確認に成功。1935年ガンマ線からほぼ同数の電子と陽電子のシャワーが発生することを確認。これら「ウィルソン霧箱の方法の発展、ならびに原子核物理学と宇宙線の領域における諸発見」により、ノーベル物理学賞を授与された。

この年　**ホイル、「定常宇宙論」を発表**（英国）　天文学者ですぐれた啓蒙者でもあるフレッド・ホイルが、宇宙は不変であるとする、相対論的物質創造宇宙論（定常宇宙論）を発表した。

この年　**ボンディ、ゴールド、定常宇宙モデルを発表**（英国）　H.ボンディとT.ゴールドは、物質は連続的に創り出されているという定常宇宙モデルを発表した。のちに、ビックバン理論の高まりによって支持されなくなった。

この年　**グリニッジ天文台移転**（英国）　英国のグリニッジ天文台がロンドン南のサセックス州ハーストモンソー城に移転した。グリニッジ天文台は1675年に天文航海術の研究のためロンドン近郊グリニッジに設立され、天体観測と天体暦の編集が行われてきたが、ロンドンの発展で観測に支障をきたすようになったため、移転した。

1949年
（昭和24年）

1月　　地人書館「天文と気象」（のちに「月刊天文」と改称）発刊（日本）　地人書館から刊行されていた気象学雑誌「天気と気候」は、1949年（昭和24年）に「天文と気象」と改称し、東京天文台普及会と中央気象台測候研究会の編集による天文・気象の普及雑誌に生まれ変わった。天文雑誌としてはすでに日本天文学会の「天文月報」などがあったが、気象と共に取り扱われているとはいえ、一般向けのものとしては日本で初めてのものといわれる。初期の執筆陣には畑中武夫、前山仁郎、古畑正秋、和達清夫、湯浅光朝らがいた。1983年7月より「月刊天文」に改題されるが、2006年（平成18年）12月に休刊となった。

5.17　　日本SF小説の先駆・海野十三が没する（日本）　探偵小説作家・海野十三が死去した。1897年（明治30年）生まれ。大学で電気工学を専攻し、卒業後通信省電気試験所研究員となる。1927年（昭和2年）頃から科学随筆や小説を書き始め、1928年「電気風呂の怪死事件」で小説家デビュー。以後「爬虫館事件」「赤外線男」「地球盗難」「十八時の音楽浴」「深夜の市長」、火星人が侵略してくる「火星兵団」など、当時としては珍しい宇宙や未来科学をテーマにした空想科学小説を数多く発表し、日本のSF小説の先駆者とされる。

5.31　　東京大学生産技術研究所が設立される（日本）　生産に関する技術的諸問題の科学的総合研究と研究成果の実用化試験を目的に、東京大学第二工学部内に生産技術研究所（東大生研）が設立された。のち、ここでは糸川英夫の指導の下、ペンシルロケットの研究・開発が行われることとなる。

6.26　　バーデ、小惑星「イカルス」を発見（米国）　パロマー山天文台のシュミット望遠鏡で、バーデが水星軌道内側から地球に接近する小惑星「イカルス」を発見した。

9月　　東京天文台に200MHzの太陽電波観測施設完成（日本）　東京天文台の畑中武夫は、戦後に萩原雄祐の勧めによって電波天文学の研究をはじめ、1949年（昭和24年）同天文台構内に200MHzの太陽電波観測施設（4×4ビームアンテナを装備）を開設し、同年9月から連続観測を開始した。これが日本における電波天文学の嚆矢となり、のちの野辺山宇宙電波観測所設立の基礎となった。

10.1　　中国「グレゴリオ暦」を採用（中国）　中華人民共和国の毛沢東が、「グレゴリオ暦」を採用することを命じた。

この年　　宮地政司、朝日賞を受賞（日本）　宮地政司が「経度変化の研究」により朝日賞文化賞を受賞した。

この年　　「*Publications of the Astronomical Society of Japan*」を創刊（日本）　日本天文学会が戦前に発行していた「日本天文学会要報」は1941年（昭和16年）に休刊していたが、戦後になって研究発表の場を求める声が高まり、1949年（昭和24年）「*Publications of the Astronomical Society of Japan*」（略称：PASJ）が創刊された。これはかつての「日本天文学会要報」が日本語の研究報告で構成されていたのに対し、欧文の研究報告を掲載したもので、今日も続いている。

この年　　「天文年鑑」刊行開始（日本）　誠文堂新光社から同社の発行している「子供の科学」の別冊的な書籍として、「天文年鑑」の刊行がスタートした。さまざまな天文現象についての詳細なデータを、前年の観測データなどを踏まえて解説したもので、すでに同類の内容のものとして「理科年表」が出ていたが、内容が専門的すぎるので、神田茂、鈴木敬信らを編集委員に迎えて一般の天文ファンにも分かりやすいものを目指した。なお、第1号の1949年版の編集は、のちに天文関係のエッセイなどを多数執筆したフリーの科学解説家・草下英明が担当した。

この年　映画「空気のなくなる日」が公開される（日本）　伊東寿恵男監督の映画「空気のなくなる日」が公開された。日本映画社が児童向けに製作したもので、明治時代にハレー彗星が地球に接近すると空気が無くなってしまうというデマに右往左往する人々を、ユーモラスに描いた。

この年　銀河磁場の存在検証（米国）　米国のW.A.ヒルトナーとJ.S.ホールが星のスペクトルの偏光測定により、銀河系全体を渦状につらぬく大きなスケールの銀河磁場の存在を検証した。

この年　天体力学者K.F.スンドマンが没する（ソ連）　天文学者K.F.スンドマンが死去した。1873年生まれ。1907年ヘルシンキ大学教授。1918年から1941年までプルコヴォ天文台長を務めた。摂動論、三体問題など、天体力学分野の研究で功績を残した。

この年　「おうし座A」を「かに星雲」と同定（オーストラリア）　オーストラリアのJ.G.ボルトン、G.J.スタンリー、O.B.スリーが電波天体のおうし座Aを超新星の残骸であるかに星雲と同定した。

1950年
（昭和25年）

1.10　暦学研究・小川清彦が没する（日本）　天文学者（暦学研究）の小川清彦が死去した。1882年（明治15年）生まれ。東京天文台に入り、暦や潮汐の研究に従事。1907年（明治40年）東京帝国大学理科大助手となった。その傍らで暦学史に関する多くの論文を発表。特に1946年（昭和21年）の「日本書紀の暦日について」では、従来の説を否定し、「日本書紀」編纂当時の暦法を用いて日本神武紀元の暦日を解釈するという新説を唱えた。

1.14　東北大学天文学教室の創始者・松隈健彦が没する（日本）　天文学者・松隈健彦が死去した。1890年（明治23年）、佐賀県生まれ。1913年（大正2年）東京帝国大学星学科を卒業後、海軍兵学校教官、第一高等学校教授、東京帝大助教授、東京天文台編暦主任などを歴任して1924年東北帝国大学助教授となり、同大に天文学教室を開くと共にその拡充に尽力。のち英国留学を経て1934年（昭和9年）教授に昇進。研究者としては天体力学、特に三体問題を専攻し、ヒルの周期軌道論を数値計算によって証明したことで知られる他、日食観測、シュミット・カメラの光学系の研究などでも業績を残した。著書に「宇宙」「天体力学」「三体問題」などがある。

2.14　電波天文学者カール・ジャンスキーが没する（米国）　電波天文学者でラジオ工学者のカール・ジャンスキーが死去した。1905年生まれ。1928年ベル電話研究所に入り、無線通信を妨げる雑音を追求する研究を行った。1930年方位角を変えられる波長14.6m用のアンテナで空電の観測を始め、1933年学会で銀河系の中心から来る銀河電波の発見を報告。その後ラジオ工学の研究に従事し、第二次大戦中はレーダーを研究した。天体の電波の強さは単位Wm-2(C/S)-1であらわされるが、電波天文学のきっかけとなった発見を記念して「ジャンスキー」と呼ばれている。

3.19　SF作家のエドガー・ライス・バローズが没する（米国）　米国のSF作家のエドガー・ライス・バローズが死去した。「類猿人ターザン」から始まる〈ターザン〉シリーズの生みの親として著名で、「アアアー」と雄叫びをあげアフリカの密林を闊歩するターザンの姿は数々のターザン映画により世界中に広まった。しかし、デビュー作は米国人が火星で大活躍する空想冒険小説「火星の月の下で」であり、同作は「火星のプリンセス」と改題されて11作に及ぶ〈火星〉シリーズの第1作となった。他にも〈金星〉〈ペルシダー〉シリーズといったSF活劇があり、米国の大衆作家として多くの読者を

獲得した。

4.21 在野の天文学者・前原寅吉が没する（日本）　アマチュア天文学者・前原寅吉が死去した。1872年（明治5年）生まれ。旧八戸藩士の家に生まれ、長じて八戸の番町に時計屋を開業。商売の傍ら天文学者の平山信に私淑し、天体観測や天文学の研究を進めた。1905年に太陽の黒点観測を行い、1910年には世界で唯一ハレー彗星の太陽面上通過の観測に成功（学会からは認められず）。同年、星座の位置から現在の時間を計る星座時計を開発し、白瀬蠢率いる南極観測隊に贈った。また、東北地方太平洋沿岸に特有のヤマセによる冷害を防ぐため、天候と天体の因果関係についても研究。その他、自ら撮影した天体図などを用いて天文学の教材を作成し、日本全国にとどまらず米国・満州・朝鮮・台湾など海外の学校に贈り、天文学の普及にも貢献している。

7.26 東京天文台附属乗鞍コロナ観測所の開所式が行われる（日本）　東京天文台では、敗戦直後日食以外のコロナを観測するために試験用コロナグラフを製作し、1947年（昭和22年）蓼科山八子ケ峯、八ケ岳、乗鞍岳などに設置したところ、乗鞍岳が最も観測に適していることがわかり、1949年（昭和24年）秋に乗鞍摩利支天岳頂上に乗鞍コロナ観測所を開設した。同年冬には初の越冬観測も行われた。1950年には食堂の増築や日本光学工業（現・ニコン）製の10cmコロナグラフの設置など施設・観測機器の拡充が実施され、同年7月26日正式に東京天文台附属乗鞍コロナ観測所として開所式が挙行された。

12.11 物理学者・長岡半太郎が没する（日本）　物理学者・長岡半太郎が死去した。1865年（慶応元年）、長崎県生まれ。1887年（明治20年）東京帝国大学理科大学物理学科を卒業し、1890年同助教授。1893年からドイツに留学してヘルムホルツ、プランクらに師事。帰国後の1896年から同教授を務め、1926年（大正15年）に定年退官するまでの間、本多光太郎、仁科芳雄、寺田寅彦、石原純らを育てた。この間、1904年（明治37年）土星型原子模型を発表するなど、世界的に知られた物理学者であるが、日本天文学会にも参加し、磁気歪の研究、流星による電波の散乱の報告など測地学や天文学に関する研究も多い。1937年第1回文化勲章を受章。また理化学研究所物理部長、貴族院議員、日本学士院長など務めた。

この年 林忠四郎、ビッグバン宇宙初期における核物理学的な元素合成の研究（日本）　京都大学の林忠四郎は、ビッグバン宇宙初期における核物理学的な元素合成の研究を進め、初期状態によらず陽子数・中性子などの量子間に局所平衡状態が成り立っているのを発見し、その状態での陽子数・中性子数比を導き出した。これにより熱いビッグバン宇宙での元素構成の過程の解明がはかられるようになった。

この年 最初の自治体天文台である旭川市立天文台設立（日本）　夏、北海道旭川市の常磐公園で北海道開発大博覧会が開かれた際、地元の旭川天文研究会の提言によって天文台が開設された。博覧会終了後は旭川市に移管され、1951年（昭和26年）1月に日本初の自治体天文台である旭川市立天文台として発足し、同年7月1日には天文台条例も施行された。

この年 佐伯啓三郎「図説天文学」により芸術選奨文部大臣賞（日本）　理研映画で文化映画の演出、撮影を担当していた佐伯啓三郎が製作した科学映画、「図説天文学」で、芸術選奨文部大臣賞を受賞した。

この年 エール大学天文台、恒星表完成（米国）　米国のエール大学天文台が、1933年から制作していた恒星の天球上の位置約13万個を掲載した恒星表「エール写真星表」（全13巻）を完成させた。

この年 レイ・ブラッドベリ「火星年代記」が刊行される（米国）　SF作家レイ・ブラッドベリの代表作の1つである「火星年代記」が刊行された。1947年SF短編集「闇のカーニバル」を処女出版。特に短編に洗練された芸術性を具えた優れた作品が多く、その流麗な文体によってSFの抒情詩人とも評されるが、火星を舞台とした26の短編を連ねた同作はまさに代表作といえる。他の著書に「華氏451度」「たんぽぽのお酒」「刺

青の男」「10月はたそがれの国」などがある。

この年　ダンジョン式プリズムアストロラーベ1号を完成（フランス）　A.ダンジョンが天体を精密に位置観測出来る「ダンジョン式プリズムアストロラーベ1号」を完成させ、パリ天文台で試験観測が行われた。なお、ダンジョンは、フランスの天文学者でパリ天文台長、国際天文学連合（IAU）会長を歴任。第二次大戦後のフランス天文学会を牽引した。

この年　パウエル、ノーベル物理学賞を受賞（英国）　霧箱での散乱測定に写真乾板を併用することを試みたパウエルは、イルフォード社の協力の下に写真乳剤の改良試作をし、高速の荷電粒子の飛跡を捕えられる原子核乾板を完成。1947年C.M.G.ラッテスとG.P.S.オッキアリーニと協力し、原子核乾板に、湯川秀樹の予想していた中間子の飛跡を捕らえ、π、μの2種類の中間子を発見した。この発見は、中間子の存在を実証し、中間子の問題を解明する鍵となり、世界の注目を集めた。この業績により、ノーベル物理学賞を贈られた。写真乾板の方法は、改良され世界中の宇宙線研究室で利用され、素粒子、宇宙線の研究に大きく寄与した。

この頃　カイパーの太陽系起源論（米国）　天文学者カイパーが、巨大惑星が最初に出来たとする太陽系起源論を発表した。また彼は月面のクレーターは隕石落下によるものであることを示した。

1951年
（昭和26年）

1.10　原子物理学者の仁科芳雄が没する（日本）　原子物理学者の仁科芳雄が死去した。1921年（大正10年）ヨーロッパに留学し、当初はケンブリッジ大学キャベンディッシュ研究所で、1923年からはコペンハーゲン大学理論物理学研究所のニールス・ボーアの下で研究を行い、1928年（昭和3年）X線の自由電子による散乱断面積を計算する「クライン＝仁科の公式」を発表。帰国後、1931年理化学研究所内に仁科研究室を創設。研究室は我が国の量子力学、原子核物理学、宇宙線研究のメッカとなり、朝永振一郎、湯川秀樹、坂田昌一ら多くの研究者を輩出。小サイクロトロン、大サイクロトロンを備え、太平洋戦争中は原爆研究にも従事した（ニ号研究）。また、原爆投下直後の広島に入り、投下されたのが原子爆弾であることを確認している。戦後は、1946年理研所長、1948年理研を改組した株式会社科学研究所の社長に就任。1946年文化勲章を受章した。我が国の現代物理学の父ともいえる存在で、月のクレーターにもその名を残している。

6月　恒星間空間に水素ガス（米国, オランダ）　オランダのライデン天文台のH.C.ファン・デ・フルストとハーバード大学のH.I.コーエンは、電波望遠鏡での観測を基に、恒星と恒星の間の空間に、極希薄な電気的に中性の水素ガスが存在していることを、ワシントンで開催された米国天文学会で発表した。

6月　宇宙塵の存在（アフリカ）　南アフリカのボイデンにあるハーバード大学南アフリカ観測所のB.J.ボックとU.ヴァンウィークは、1951年6月にワシントンで開催された米国天文学会で、太陽系から約3000光年の比較的近い距離に存在する巨大な宇宙塵の雲が、それより遠くからの光の大部分を遮っており、場合によっては0.2%しか通していないと発表した。

7月　太陽スペクトル中にテクネチウム（米国）　スタンフォード大学のC.E.ムールシッタレーとW.F.メガースは、地球上では原子核の人工破壊の際以外には存在を認めることが出来ない第43番元素テクネチウムが、太陽のスペクトル中に存在すると発表。

1951年(昭和26年)

7.7	生駒山天文博物館開館(日本)　日本初の宇宙博物館である生駒山天文博物館が開館した。これは、1942年(昭和17年)に結成された生駒山天文協会が中心となって開いたもので、初代館長は上田穣。生駒山天文台の主要観測機器であった60cmカセグレン・ミュートン式反射鏡もこの機会に一般公開された。またレンズを使わないピンホール式スピッツ社製のプラネタリウムも納品された。
7月-8月	新星発見(米国, 南アフリカ)　7月、カリフォルニア工科大学のF.ツヴィッキーが、わし座に光度11等の新星を発見した。8月には南アフリカのブームフォンティンにあるミシガン大学天文台のK.G.ヘニズが小マゼラン星雲中に新星を発見した。
8.10	第4代東京天文台長・関口鯉吉が没する(日本)　天文学者・関口鯉吉が死去した。1886年(明治19年)、静岡県生まれ。1910年に東京帝国大学星学科を卒業後は朝鮮総督府観測所、神戸海洋気象台、中央気象台を歴任し、天文学をベースとした気象学・海洋学関連の研究を進めた。1936年(昭和11年)東京帝大理学部教授に転じると共に、早乙女清房の後任として東京天文台長を兼任。1939年から一時文部省専門学務局長に転出したが、間もなく東京天文台長に戻り、1946年まで在職した。主な研究業績に太陽の気象学、潮汐と地盤傾斜の研究などがあり、著書に「太陽」「天体物理学」など。父は山形県知事、静岡県知事などを歴任した関口隆吉で、「広辞苑」の編纂者として知られる新村出は兄、物理学者の朝永振一郎は女婿にあたる。
9月	木星第12番目の衛星(米国)　ウィルソン山及びパロマー山天文台のS.B.ニコルソンが、木星の第12番目の衛星を発見した。口径250cmのフッカー望遠鏡で撮影した写真で確認されたもの。
9月	変光星18個発見(米国)　メキシコ・シティーで開かれたメキシコ科学会議の席上で、ハーバード大学天文台長H.シャプレーは、大マゼラン星雲の近傍に巨大な変光星18個を発見したと発表した。非常に高温で太陽の1～5万倍の光を発する中心部と、中心から10億マイル離れた外殻部から成る。
10月	宇宙線粒子中に重元素の原子核(米国)　メリーランド州ベセスダの米国衛星研究所のH.ヨゴタが、11万フィート上空に上げた気球で宇宙線粒子を捕え、その中に、ブロム、錫などの重い元素の原子核が含まれていることを発見した。
10.29	リック天文台長ロバート・エイトケンが没する(米国)　天文学者ロバート・エイトケンが死去した。1864年生まれ。1891年パシフィック大学数学教授。1895年からリック天文台員となる。1930年から1935年リック天文台長。4400個以上の二重星を発見し、1918年その統計的研究の成果「二重星」を発表。1932年には二重星の標準カタログ「北極から120度の範囲にある二重星表」を出版した。
11月	流星のレーダー観測(米国)　米国標準局の中央電波伝播研究所のV.C.ビネオ、T.N.ゴティエらは、流星をレーダーで観測する場合、使用する電波の周波数が低いほど長い間流星を追跡出来ると「Science」誌に発表した。
この年	太陽に関する分光学的研究(日本)　東京天文台の末元善三郎は彩層の異常現象の温度が1万度程度であることを示した。
この年	緯度変化に関する研究(日本)　水沢緯度観測所の池田徹郎は、1922年(大正11年)～1925年までの上層気流の観測から、緯度変化が全体として夏に大きく冬に小さいことや、常数項は100mの高さの風向き、周期項は500mの風向きから生ずることなどを結論づけた。服部忠彦は浮遊天頂儀と視天頂儀による緯度変化の観測結果を比較検討した結果を「天文月報」に発表した。
この年	一般相対論的宇宙モデルの厳密解「成相解(Nariai解)」の提唱(日本)　東北大学で宇宙論の研究に取り組んでいた成相秀一は、一般相対論的宇宙モデルの厳密解(いわゆる「成相解」)を提唱した。これは従来考えられていた宇宙モデルの考え方を破るもので、一般相対論においてはド・ジッター解と並ぶ基本的なものとして高い評価を受けており、時空構造研究の基礎となった。

この年	中性星間水素の輝線から銀河系渦状構造を発見（米国, オランダ, オーストラリア）　ハーバード・ライデン・シドニーの電波天文学グループが中性星間水素の21cm電波輝線の観測によって銀河系の渦巻構造を発見した。	
この年	ヒンデミット、オペラ「世界の調和」の交響曲版を発表（ドイツ）　ドイツの作曲家ヒンデミットは、天文学者ヨハネス・ケプラーに傾倒し、彼を主人公としたオペラ「世界の調和」を1936年発表していたが、これをもとに、1951年交響曲版を発表した。第3楽章では壮麗な音が鳴り響く。	

1952年
（昭和27年）

1月	偏光・光度記録装置開発（米国）　米国海軍天文台のJ.S.ホールは、恒星の光度、色、偏光の有無を同時に記録する装置を開発し、米国天文学会に報告した。	
1月	わし座の恒星の偏光（米国）　米国海軍天文台のJ.L.ゴスナーは、わし座の多くの恒星の光が一方向に多く偏光していることを発見、米国天文学会に報告した。光線が鉄の微粒子を含んだ宇宙塵の雲を通過してきたためと見られる。	
2月	暗黒星の観測（英国）　英国のキャベンディッシュ研究所のF.G.スミスが、いわゆる暗黒星の精密な観測を行った結果、いくつかがこれまで知られていた最も地球に近い恒星であるケンタウルス座のプロキシマ星よりも近距離にあることを発見した。	
2.25	皆既日食（世界）　アフリカで見られた皆既日食で、世界11か国の天文学者が、これまでの皆既日食の観測で得たどの結果よりも優れた結果を得た。	
3月	新型電波望遠鏡（米国）　オハイオ州立大学J.D.クラウスの設計による新型電波望遠鏡が完成した。これまでのものとは全く異なった構造で、48個の螺旋状指向性アンテナから成り、250メガサイクルの超高周波に対して働く。	
3月	年輪から見る黒点周期（米国）　アリゾナ大学のA.E.ダグラスは、イエローストーン国立公園の古い地層に埋もれていた樹木の年輪を調査した結果、太陽の黒点が11年を周期として増減する現象は、500万年前から繰り返されていると発表した。	
3月	最短周期の変光星（米国）　カリフォルニア大学リック天文台のO.J.エゲン、G.E.クロンは、南天のホウオウ座中に80分周期で明滅する変光星を発見した。これまでに知られている変光星の中で最も周期が短い。	
5.21	物理学者・田中舘愛橘が没する（日本）　物理学者・田中舘愛橘が死去した。1856年（安政3年）、陸奥国（岩手県）生まれた。東京帝国大学物理学科でメンデンホール、ユーイングらに師事し、1882年（明治15年）卒業の後、1889年欧州に留学。1891年に帰国後、東京帝大教授となり、自ら定年制を唱えて1917年（大正6年）退官するまで勤めた。その学問的な業績は、日本各地の重力測定、濃尾地震の根尾谷断層発見、震災予防、気球の研究など、物理学から自然科学、地学、工学、測地学に跨り、天文学に関しても、弟子の木村栄と共に国際緯度観測所の設置地として岩手県水沢を選んだことなどで知られる。また、学術使節として22回の海外出張、68回の国際会議出席を誇り、新興国・日本の学術を世界に知らしめた。1944年（昭和19年）文化勲章受章。	
9月	天体位置推算用暦時（世界）　ローマで行われた国際天文学連合（IAU）総会で、地球自転の不規則性のために時刻が力学上に使う時と異なってくることから、天体位置推算には別に暦時を使うこととなり、月や惑星の位置に補正をすることとなった。	
この年	バーデ、アンドロメダ星雲の距離を新しく決定（米国）　パロマー山天文台のW.バーデとハーバード大学での研究結果により、外銀河星雲の距離はこれまで知られてい	

たより約2倍遠いと判明した。またセファイド型変光星の光度が今の推測値より1.5倍明るいものであるという説が一般に認容された。また、亜状星雲がある距離で膨張している時の速度はこれまで言われていたよりも小さく、したがって宇宙の膨張の年齢も増え、20億年とされていた宇宙の年齢を50億年と推測。放射能現象から求めた地球の年齢と一致することが示された。

- この年　ガモフの「アルファ・ベータ・ガンマ理論」（米国）　米国の物理学者ガモフが、1948年に発表した、宇宙の起源に関する「アルファ・ベータ・ガンマ理論」を完成させ、1952年刊行の「宇宙の創造」の中に掲載した。
- この年　「パース天文台分担星表」完成（オーストラリア）　パース天文台が1949年から作成していた「国際共同観測写真天図パース天文台分担星表」（全3巻）が完結した。
- この頃　人工放射元素作製成功（米国）　ウィルソン山及びパロマー山天文台で、S級の星に発見した放射元素・テクネチウムを、米国国立標準局のシャロット・M.ジイッテリーが原子炉から人工的に作製するのに成功した。
- この頃　新型望遠鏡（米国）　ヴァンデルビット大学が新型のベーカー式望遠鏡を作製した。ニュートン式としても屈折視式のカセグレンとしても使用可能。
- この頃　最短周期で変光する星を発見（米国）　リック天文台のO.J.エツゲンが、オーストラリアで研究中、ほうおう座の「HD223065」という低光度星がこれまで知られている中で最も短い周期で変光をすることを発見した。
- この頃　色指数と光度（米国）　パロマー山天文台のヘール望遠鏡で、A.B.サンデージ、H.C.アープ、C.C.バウムらが明るい球状星団について色指数と光度の間の系列を作った。
- この頃　銀河の渦状枝（米国，オランダ）　W.W.モルガン、B.J.ボックとハーバード大学、ヤーキス天文台の人々により、銀河の渦状枝の検出が試みられた。また、オランダの電波天文学者H.C.ファン・デ・フルストとC.A.ミューラー、J.H.オールトが中性水素の放射で銀河の渦状枝を発見した。
- この頃　電波星の起源（米国，ドイツ）　ウィルソン山天文台のW.バーデらは、はくちょう座の電波星が衝突中の銀河の1つと考えられること、カシオペア座の電波星は超新星が拡張してできた物質であると、その起源を説明した。

1953年
（昭和28年）

- 5月　東京天文台の大望遠鏡設置計画（日本）　東京天文台ではかねてから大望遠鏡設置の計画があり、これが1953年（昭和28年）5月に日本学術会議から政府へ具申され、翌1954年の国会で英国から188cm（74インチ）反射望遠鏡を購入することが決定した。発注した望遠鏡は、英国グラブパーソンズ社で製造され、1959年に完成、1960年10月に実際の観測地となる岡山天体物理観測所での据付が完了した。また日本光学工業（現・ニコン）では91cm光電赤道儀の製造が依頼され、1960年春には完成して岡山での試験観測が開始された。
- 8.1　東京大学、乗鞍宇宙線観測所の設立（日本）　東京大学は、高山における宇宙線の解析や関連研究の施設として岐阜県の乗鞍岳に宇宙線観測所を設立した。その前身は1950年（昭和25年）に朝日学術奨励金を基に建設された乗鞍岳朝日小屋であり、日本初の全国共同利用研究機関でもあった。
- 9月　東京天文台の電波望遠鏡が完成、観測開始（日本）　1951年（昭和26年）から計画が進められていた東京天文台の電波望遠鏡（口径10mのパラボラ反射鏡）が1953年（昭和

28年)3月に完成し、9月からそれを用いた200MHzの観測を開始した。

9.28 「ハッブルの法則」のエドウィン・ハッブルが没する(米国)　天文学者エドウィン・ハッブルが死去した。1889年生まれ。ケンタッキー州で弁護士の資格を取り事務所を開くが、法律への興味が持てず天文学に戻ることを決心。1914年〜1917年ヤーキス天文台助手。米国が第一次大戦に参戦すると軍の士官訓練コースに入隊。1919年除隊し、ウィルソン山天文台員になり、のち、パロマー山天文台研究委員長。1923年渦状星雲が銀河系の外にあることを証明、1929年島宇宙(銀河系外星雲)が地球から遠ざかる速さが地球からの距離に比例するという「ハッブルの法則」を発表し、宇宙の膨張理論に大きな刺激を与えた。著書に「星雲の領域」「宇宙論への観測的アプローチ」など。なお、ハッブル宇宙望遠鏡は彼にちなんで命名された。

10.29 東京天文台、創立75周年を迎える(日本)　この年で創立75周年を迎えた東京天文台が記念式典を開き、75周年記念誌(歴史と現況)を刊行した。のち、1965年(昭和40年)には、この10月29日を天文台記念日とすることが決まった。

12.19 「ミリカン線」を発見したロバート・ミリカンが没する(米国)　物理学者ロバート・ミリカンが死去した。1868年生まれ。ドイツに留学し、ベルリン大学、ゲッティンゲン大学で学ぶ。帰国後、1896年シカゴ大学物理学助手となり、1910年〜1921年同教授、1921年〜1946年カリフォルニア工科大学教授・ノーマン・ブリッジ研究所長を歴任。1909年〜1917年電子の荷電eの精密測定を行い、従来の水滴法に対し油滴法を発明、非常な精密値を得ることに成功した。また宇宙線について重要な研究をし、1920年に極短紫外スペクトルの研究で「ミリカン線」を発見。これらの業績により1923年ノーベル物理学賞を受賞。著書に「電子」(1917年)、「宇宙線」(1939年)など。

この年　バルマー線解析法によるフレアの構造解明(日本)　東京天文台の末元善三郎と日江井栄二郎は、電場によるバルマー輪郭線の拡がり(シュタルク効果)は、バルマー系列が高いレベルであるほど顕著であるということを指摘。バルマー線幅から電子密度を解析するという「末元の方法」を考案し、フレアは10kmという微細なフィラメント状の構造であることを示した。

この年　東京プラネタリウム設立促進懇話会が結成される(日本)　1945年(昭和20年)に東日天文館が戦災で焼失して以来、東京にはプラネタリウムがない状態であったが、渋谷に東急文化会館の建設が決まると、そこにプラネタリウムを付設するべきとの要望があり、1953年(昭和28年)日本学術会議議長・茅誠司、東京天文台長・萩原雄祐、国立科学博物館長・岡田要を世話人代表に東京プラネタリウム設立促進懇話会が結成された。その他にも学界関係者から鏑木政岐、藤田良雄、宮地政司、朝比奈貞一らが参加し、国立科学博物館の村山定男がその推進役を務めた。

この年　ヒューゴー賞創設(米国)　米国のSF・ファンタジー文学に与えられるヒューゴー賞が創設された。「SF(サイエンス・フィクション)」の名づけ親であり、世界で初めてSF雑誌を刊行したヒューゴー・ガーンズバックの名にちなむ。毎年8〜9月に、世界SF協会により米国で開催される世界SF大会(ワールドコン)において会員の投票により決定される。1992年までは「SF功労賞(Science Fiction Achievement Awards)」を正式名称としていたが、1993年以降は「ヒューゴー賞」に代わった。会員の投票によって選ばれる長編、長中編、中編、短編、関連図書、劇化上演、編集者、プロアーティスト(イラスト)、セミプロジン(非職業出版)、ファンジン、ファンライター、ファンアーティストの各部門と、ジョン・W.キャンベル賞(新人賞)、ワールドコン委員会により選ばれる特別賞がある。また、ヒューゴー賞に選出されなかった年度(開催年の50年、75年、100年前に限る)の作品をノミネート・選出するレトロ・ヒューゴー賞もある。1993年、日本最古のSF同人誌「宇宙塵」の主宰者・柴野拓美(筆名・小隅黎)が特別賞受賞。

この年　シクロフスキー、シンクロトロン放射から、かに星雲電波を解明(ソ連)　天体物理学者I.S.シクロフスキーが、かに星雲の電波をシンクロトロン放射によって説明。その際、偏光の確認が重要であることを主張した。

この年	マゼラン雲の運動（オーストラリア）　シドニー電波物理学研究所のF.ケルとJ.V.ヒンドマンが、2つのマゼラン雲が放射する21cm波の検出に成功、写真観測に基づいた従来の結果よりも容積が大きく、運動が攪乱したものであることを発見した。
この年	エディントン・メダル授与開始（英国）　英国王立天文学会が功績のあった理論天文学者に贈る賞。1953年授与開始。1970年林忠四郎が日本人として初めて受賞した。
この頃	モーガン、銀河系の渦状構造を確認（米国）　H.R.モーガンは、高温の早期型星によって分離した水素のガスを観測し、銀河系の3種類の腕を確認、これが渦状構造の証拠であるとした。

1954年
（昭和29年）

2.5	東京大学生産技術研究所に糸川英夫率いるAVSA研究班が発足（日本）　1953年（昭和28年）に半年間の米国滞在から帰国した東大生研の糸川英夫は、米国での知見を基に、航空機に代わる新しい輸送機として超音速で超高層を飛ぶロケットの開発を志し、糸川がかつて所属していた中島飛行機の流れを汲む富士精密（のちプリンス自動車、日産自動車を経て、現・IHIエアロスペース）の協力と、糸川のロケット構想に共感した専門分野の異なる様々な若手研究者の参加を得て、1954年2月5日東大生研内にAVSA（Avionics and Supersonic Aerodynamics）研究班を発足させ、本格的にロケット開発に着手した。
9.27	暦研究の飯島忠夫が没する（日本）　東洋史学者の飯島忠夫が死去した。1874年（明治7年）生まれ。1904年東京帝国大学附属第一臨時教員養成所国漢科に学び、学習院教授となり、1914年（大正3年）学習院中等科長、東宮御学問所御用掛を兼務。1929年（昭和4年）「支那古代史論」により文学博士。1936年学習院名誉教授。その後国学院大学、東洋大学、大東文化大学各教授を務めた。中国古代史の研究と天文暦法の研究に貢献。著書に「支那古代史と天文学」「支那歴史起源論」「バビロン希臘等の天文暦法」などがある。
12月	「星雲」が創刊される（日本）　森の道社より日本最初のSF専門誌「星雲」が創刊された。矢野徹らがスタッフに加わり、"科学小説雑誌"を謳ってロバート・A.ハインラインやジュディス・メリルらの短編を掲載した。取次のトラブルにより創刊号のみで廃刊となったものの、日本SF大会の参加者投票により決定される日本SFの年間最優秀賞・星雲賞にその名を残している。
この年	皆川理ら、気球による宇宙線の観測を開始（日本）　乗鞍岳朝日小屋で宇宙線の解析に取り組んでいた皆川理ら神戸大学のグループは、海外からの情報を元に、宇宙線を捕捉するためにエマルジョン・スタックを高空にあげる大気球の飛翔技術の開発に着手。まず容積600立方mのプラスチック気球を製作して1954年（昭和29年）鳥取県米子で打ち上げ、約1時間の水平浮遊に成功した。
この年	萩原雄祐、文化勲章受章（日本）　天文学者萩原雄祐が第13回文化勲章を受章した。
この年	電波銀河の発見（米国,ドイツ）　ドイツ生まれの米国の天文学者バーデとドイツの天文学者ルドルフ・ミンコフスキーが、はくちょう座Aを電波源から発見した。
この年	プルコヴォ中央天文台復興（ソ連）　第二次大戦の際、ドイツ軍の侵攻により破壊されたプルコヴォ天文台の復興落成式が行われた。
この年	「オックスフォード・ポツダム天文台分担星表」完成（英国,ドイツ）　オックスフォード天文台とポツダム天文台により1953年から編纂されていた国際共同観測写真天図

| この頃 | 23等星の撮影に成功（米国）　ウィルソン山及びパロマー山天文台のW.A.バウムが、パロマの5m大反射望遠鏡に新しい光子計算機をつけたものを用いて、写真等級23等までの星の撮影に成功した。
| この頃 | 小惑星の明るさの変化（米国）　ヤーキス天文台のG.P.カイパー、D.L.ハリス、I.I.アーマドが小惑星の明るさの変化を光電観測し、太陽の射光が変化しているのであって色は変わらないことを確認した。
| この頃 | ロケット観測（米国）　海軍研究所のジョンソン、パーシェル、トーセイ、ウィルソンらがニューメキシコでロケット観測を行い、太陽スペクトルの紫外線の水素ライマンαを発見。のちにコロラド大学のW.A.レンズらによって確かめられた。

1955年
（昭和30年）

2.1　仙台市天文台が開台（日本）　宮城県仙台市西公園に市民天文台が開台した。これは東北大学理学部教授・加藤愛雄が"子供たちのために仙台に本式の望遠鏡を"という理念を掲げて各方面に働きかけ、同市の篤志家・板垣金造らからの寄付金を得て実現させたもので、当時国産では最大級であった口径41cmの反射望遠鏡が設置された。1956年（昭和31年）には仙台市に移管されて仙台市天文台に改称した。

3.11　糸川英夫ら、ペンシルロケットの水平発射に成功（日本）　糸川英夫率いる東京大学生産技術研究所（東大生研）AVSA研究班は、1954年（昭和29年）に研究費60万円を受けて高速衝撃風洞の建設とロケットテレメーター装置の開発研究にとりかかった。一方、文部省からは60万、通産省と富士精密からはそれぞれ230万の補助金を得ることが出来、これを基に1957年に予定されている国際地球観測年（IGY）に日本からの観測結果が提出出来るよう小型ロケットの試作を進めることとなった。ロケットに関しては、かねてからロケット弾用の固体燃料を製造していた日本油脂より長さ123mmの円筒状燃料を提供されたことから、まずはこれに合わせた直径18mm、長さ230mm、重さ200gの大きさのペンシルロケットを試作し、それによって将来の大型ロケット開発のためのデータを収集することとなった。そして富士精密荻窪工場での燃焼試験を経て完成したペンシルロケットは、まず1955年3月11日に都下国分寺の新中央工場跡地で初の水平試射が行われ、4月12日には同所で多数の官庁・報道関係者が立ち会って初の公開水平発射が実施された。この12日から23日にかけて行われた水平試射は29機すべてが成功し、貴重なデータをもたらした。今日では、荻窪の試射場跡には「ロケット発祥の地」碑が、国分寺の試射場跡には「日本の宇宙開発発祥の地」碑が設置されている。6月からは千葉市内にあった東大生研の船舶用実験水槽を改造したピットで長さを300mmに伸ばしたペンシルロケットの水平試射が繰り返され、秒速200mを達成した。

4.18　相対性理論のアルベルト・アインシュタインが没する（米国、ドイツ）　現代物理学の祖アルベルト・アインシュタインが死去した。両親はユダヤ人。1895年ミュンヘンからイタリアのミラノへ移住。スイスのチューリヒ工科大学で数学、物理学を学ぶ。1902年ベルンのスイス特許局技師となり、1905年「光量子論」「ブラウン運動論」「特殊相対性理論」の3論文を発表。1911年プラハ大学教授、1912年チューリヒ工科大学教授、1913年プロイセン科学アカデミー正会員、1914年ベルリン大学教授、カイザー・ウィルヘルム研究所長。1916年一般相対性理論を完成した。1921年「数理物理学への貢献―光電効果の発見」によりノーベル物理学賞を受賞。1924年「ボース・アインシュタイン統計の理論」を発表。1933年ヒトラーのユダヤ人排斥でドイ

ツを追われ米国に亡命、プリンストン高等学術研究所終身所員となる。1939年ドイツの原爆研究の進展をルーズベルト大統領に警告する手紙に署名。1955年核兵器廃絶と戦争廃止のための平和声明を発表。1922年来日した。

6.20 　南アジアで皆既日食が観測される（日本）　南アジアで皆既日食が観測された。日本からは東京天文台（古畑正秋、末元善三郎、海野和三郎らが参加）をはじめとして京都大学宇宙物理学教室、東北大学天文学教室などが日食の中心線に近いセイロン島中東部のボロンナルワに観測隊を派遣した。ここではコロナの単色像、偏光、測光、スペクトルなどの観測が行われる予定であったが、曇天のため失敗した。しかし、鹿児島では東京天文台の赤羽賢司、守山史生が電波による部分食の観測に成功した。

7.1 　日本空飛ぶ円盤研究会（JFSA）が結成される（日本）　UFO研究家の荒井欣一が日本空飛ぶ円盤研究会（JFSA）を結成した。結成に際して劇作家・小説家の北村小松に助言を仰いだ。徳川夢声、石黒敬七、糸川英夫らが顧問を務め、三島由紀夫、森田たま、星新一、柴野拓美らが会員として参加していた。また、同会の会合で柴野はSF同人誌創刊の計画を打ち明け、賛同した星らと日本初のSF同人誌「宇宙塵」を創刊した。

7.11 　総理府内に航空技術研究所が設置される（日本）　1953年（昭和28年）2月、戦後の航空技術の再建策を審議するため、総理府の科学技術行政協議会の中に航空研究部会（部会長・兼重寛九郎東京大学教授）が設置され、翌1954年には航空技術に関する重要事項の審議を目的とした航空技術審議会が総理府内にできた。この審議会の答申に基づき、1955年7月に航空機やその周辺技術の研究・開発を行う航空技術研究所（航空宇宙技術研究所の前身）が設置された。初代所長は兼重。同所は翌1956年科学技術庁の発足に伴い、同庁の所管となった。

7.29 　人工衛星発射計画（米国）　米国は、1957年7月から始まる国際地球観測年（IGY）の間に、300から500kmの高さで、地球を数時間で回る人工衛星を海軍主導で少なくとも1個発射するという「バンガード計画」を発表した。1957年12月に米国初の人工衛星となるはずの「バンガード」（試験衛星3号）を打ち上げたが、ロケットが発射台を離れた直後に爆発して失敗した。

8.6 　東大生研、秋田県道川海岸に秋田ロケット実験場を開設（日本）　2段式ペンシルロケットの水平試射を成功させた東京大学生産技術研究所（東大生研）の糸川英夫らのグループは、本格的なロケット飛翔実験を行うための発射場の選定を進め、日本には砂漠などの広い土地がないことから海岸線より海に向けて発射することとし、1955年（昭和30年）8月、米軍の占有を免れていた秋田県道川海岸に秋田ロケット実験場を開設した。8月6日には300mmペンシルロケット1号・2号の斜め発射試験が行われ、飛行16.8秒、高度600mを記録した。

9.6 　東京プラネタリウム設立促進懇話会、東京急行社長に要望書を提出（日本）　1955年（昭和30年）夏に東京・渋谷の東急文化会館の建設が開始すると、同年9月6日東京プラネタリウム設立促進懇話会は同会の世話人代表である茅誠司、萩原雄祐、岡田要の連名で同会館の施主である東京急行（東急）社長・五島昇にプラネタリウム設置の要望趣意書を提出した。東急側はこれに理解を示し、すでに着工していた同会館へのプラネタリウム付設を決断した。東急はカール・ツァイス社にプラネタリウム一式を7000万円（当時の金額）で発注し、同年11月には博物館法の適用を受ける天文博物館としての発足も決定した。

この年 　東大生研、秋田県道川海岸でベビーロケットの発射に成功（日本）　ペンシルロケットの斜め発射試験を成功させた東京大学生産技術研究所（東大生研）の糸川英夫のグループは、1955年（昭和30年）8月から12月にかけて、ロケットを外径8cm、全長120cm、重さ約10kgまで大型化させた2段式ベビーロケットを試作し、発射試験を行った。同年8月下旬、まず噴出煙の光学追跡によって飛翔性能を確認するベビーS-1型の試射に成功。続いて我が国初のテレメータ内蔵のT型、写真機を搭載し、胴体切り離しとパラシュートの作動に成功したR型と、異なるタイプのものを試験し、同年11月まで

	に計13機の打ち上げに成功、高度は6kmにまで達した。
この年	東京天文台、電子計算機による暦の計算を開始（日本）　東京天文台では、1955年（昭和30年）から電子計算機による暦の計算を開始した。
この年	恒星進化に関する「THO理論」の提唱（日本）　京都大学の武谷三男、東京天文台の畑中武夫・小尾信弥は、恒星進化と元素の起源に関するTHO理論を提唱した。日本においては、1954年（昭和29年）以来、京都大学の湯川秀樹らの強い関心の下、素粒子・宇宙線物理学者と天文学者との共同研究が模索されてきており、1955年には湯川、武谷、早川幸男らが京都で天文核研究会を結成、これに東京から畑中・小尾が参加していた。THO理論はこの研究会の最初の成果ともいえ、その後の日本の恒星進化研究に大きな影響を与えた。なお、THOとは武谷・畑中・小尾の頭文字をとったものであるが、"トテモホントウニハオモワレナイ"理論とも呼ばれ、親しまれた。
この年	海野和三郎、「Unnoの式」を導く（日本）　東京大学の海野和三郎は、磁場中のゼーマン線の輻射輸達を解く方法について、大気内の磁場分布を求める「Unnoの式」を提唱した。これは1956年PASJで出版され、以降の磁場観測の基本的な理論となった。
この年	藤田良雄、日本学士院賞恩賜賞受賞（日本）　藤田良雄が「低温度星の分光学的研究」により第45回日本学士院賞恩賜賞を受賞した。
この年	「少年少女科学小説選集」が刊行開始（日本）　石泉社（銀河書房）より「世界SF全集」の刊行が開始された。1957年までにアーサー・C.クラーク「宇宙島へ行く」など計21巻が刊行され（のち3巻追加）、日本で最初の少年少女向けSF選集となった。その後、講談社「少年少女世界科学冒険全集」（1956年～1958年、全35巻）、岩崎書店「少年少女宇宙科学冒険全集」（1960年～1963年、全24巻）、偕成社「SF名作シリーズ」（1967年～1972年、全28巻）、あかね書房「少年少女世界SF文学全集」（1971年～1973年、全20巻）といった叢書が続々と出版され、これらのジュブナイルは小・中学校の図書室などにおかれて多くの少年少女をSFの世界に導いた。
この年	木星からの電波捕捉（米国）　ワシントンのカネギー研究所のパークとフランクリンが、マリーランド州セネカにある電波望遠鏡により、木星の雷電と呼ばれる木星大気中の電気的影響を捉えた。地球以外の惑星からの電波の発見としては初。
この年	ストロムロ天文台に188cmの反射望遠鏡（オーストラリア）　キャンベラ付近に1925年に創設されたストロムロ山国立天文台に、188cmの反射望遠鏡が設置された。なお、同天文台は1957年オーストラリア国立大学に移管された。
この年	ライルら、最初の開口合成干渉計を作成（英国）　大きな有効口径を得るために、2つ以上の干渉計アンテナを移動し任意の口径を合成出来る装置をライルらが開発した。
この年	国際天文学連合総会で暦表時が採択される（世界）　ダブリンで開催された国際天文学連合（IAU）で、暦表時（天体力学時）が採択された。それまで使用されていた、平均太陽日を基盤におく秒定義が世界時に一定性を欠き、軌道計算などに支障をきたすために廃止され、新規使用が採択されたものである。なお、暦表時は今日では天体暦の時刻スケールに使われるのみ。
1955-1956	物理学者と天体物理学者との協力（日本）　1955年（昭和30年）2月、天体物理学者の畑中武夫、一柳寿一、小尾信弥を含めた討論会が行われ、10月と1956年4月に物理論から小野周らも参加して超高温シンポジウムが開かれた。

1956年
（昭和31年）

1.2 　冨田弘一郎、オルバース周期彗星を再発見（日本）　1815年にドイツの医師オルバースによって発見されたオルバース周期彗星は、1956年（昭和31年）頃に出現することが予測されていたが、東京天文台の冨田弘一郎は同年1月2日及び1月14日の掃天写真から、世界に先駆けてこれを再発見した。

4月 　ロケット観測特別委員会（日本）　日本学術会議は4月、東京大学教授で学術会議副会長の兼重寛九郎を委員長に、16名からなる「ロケット観測特別委員会」を設置、国際地球観測年におけるロケット観測に関する最高指導機関とした。観測項目として6項目をあげた。(1) 上層大気の気圧　(2) 上層太陽放射　(3) 上層宇宙線　(4) 電離層内のイオン密度　(5) 超高空における風と温度　(6) 地磁気。

5月 　金星からの電波観測（米国）　ワシントンの米国海軍研究所が波長約3cmの電波の観測から金星の電波を観測。熱放射のためと考えられた。またオハイオ州立大学では波長11mの干渉計で金星から来る異常電波を観測、雷放電と推測された。

5.11 　ウィルソン山天文台長ウォルター・アダムズが没する（米国）　1923年～1946年ウィルソン山天文台長を務めたウォルター・アダムズが死去した。アダムズは1931年から米国天文学会長、1935年から国際天文連合副会長となる。恒星分光学の実地研究の先駆的指導者で分光視差法を確立し、天文学の発展に貢献した。また、シリウス伴星の研究や白色矮星の発見でも有名。

9.4 　日本ロケット協会設立（日本）　日本においてロケット研究・開発に携わっていた研究者・技術者を中心に、宇宙科学・技術の進歩・普及・発展に寄与することを目的として日本ロケット協会が設立された。初代代表幹事には糸川英夫が就任。その後、糸川率いる東京大学生産技術研究所（東大生研）が1956年カッパロケットシリーズの打ち上げを成功させ、翌1957年の国際地球観測年（IGY）に日本から超高層大気の観測結果を提出することが出来た。さらに1958年には第9回国際宇宙航行連盟（IAF）アムステルダム大会で日本の観測ロケットの成果を発表したことから、日本ロケット協会もIAF加盟を承認された。なお、同会は日本最古の宇宙関係の学術団体である。

9.24 　東大生研、カッパ1型ロケットの打ち上げに成功（日本）　ベビーロケットの打ち上げを成功させた東京大学生産技術研究所（東大生研）の糸川英夫のグループは、1955年（昭和30年）10月から到達高度100km達成と国際地球観測年（IGY）に参加するための観測機器搭載を目指して更に大きなロケットの開発に着手し、秋田県道川海岸にある従来の発射実験場から500m北にある勝手川沿いの土地に新たな実験場を設立した。大きなロケットを製造するためには燃料やチャンバーなどの改良を重ね、直径12.8cm、長さ225cm、重さ33kgのカッパロケットの「K-1-1号」が完成、1956年9月24日には道川実験場で初の試射が行われ、無事に成功した。その後もこのカッパシリーズは試射が繰り返され、1957年4月24日には直径22cm、長さ240cmの第1段ロケットを備えた2段式の「K-2型1号」の打ち上げに成功した。なお、カッパの名の由来はギリシャ文字の「κ」であるが、「河童」などに通じる語感のよさから人々に親しまれた。

この年 　「現代天文学事典」刊行（日本）　恒星社厚生閣より、創業25周年を記念して、荒木俊馬、荒木雄豪共著による「現代天文学事典」が刊行された。以降、1971年までに4版を重ね（1959年改訂増補以降は荒木の単著）、1978年の荒木の死後に1979年復刻版も出された。

この年 　映画「宇宙人東京に現わる」（日本）　島耕二監督の映画「宇宙人東京に現わる」が公開された。大映製作の日本初の本格的なカラーSF映画で、ヒトデ型の宇宙人・パイラ星人が地球の危機を警告しにやってくるという内容。パイラ星人のデザインは

岡本太郎が手がけた。

この年　瀬川昌男「火星に咲く花」が刊行される（日本）　講談社の少年少女世界科学冒険全集の1冊として、SF作家・瀬川昌男のデビュー作「火星に咲く花」が刊行された。瀬川は「白鳥座61番星」「ゲバネコ大行進」「ドラコニアワールド」（全5巻）などジュブナイルの分野で活躍する他、「星座博物館」（全5巻）、「星座ものがたり」（全4巻）など多くの星座入門書で科学解説を手がける。

この年　ジュースとユーリー、太陽系の元素を分析（米国）　米国の物理化学者H.C.ユーリーと、H.E.ジュースが太陽系の元素の存在量を分析した。ユーリーは1952年、地球宇宙塵生成説も唱えた。

この年　変光星研究のセルゲイ・ブラツコが没する（ソ連）　天文学者セルゲイ・ブラツコが死去した。1870年生まれ。大学卒業後、モスクワ天文台助手、観測員を経て1918年からモスクワ大学教授、1922年同大学天文・観測地研究所長、1931年モスクワ天文台長、1937年～1953年アストロメトリ教授を歴任。1929年からアカデミー会員となる。変光星の研究を専門とし、長年肉眼観測を行い200以上の変光星を発見、さらに短周期星を調べて「ブラツコ効果」を発見。1907年星のスペクトルを研究、1917年アルゴル型の食連星の研究で、食連星の軌道を求める一般法則を見い出し、1919年小惑星発見法を提案した。

この年　オールト、かに星雲にシンクロトロン放射の光を確認（オランダ）　J.H.オールトは、かに星雲から出ている電波を観測し、その偏りからシンクロトロン放射の光であることを確認した。

この頃　最小星の発見（米国）　ペンシルヴァニア州ソースモアのスプロール天文台のリビンコットが、これまでに知られていた中で質量が最も小さい星を発見。パロマー山天文台のワルター・バーデらがこの星を撮影し、赤白矮二十星であることなどを示した。

この頃　星雲観測計画（米国）　ハーバード天文台の天文学者らが、マゼラン星雲中の3万個の変光星を50年にわたって研究する計画を決定。うち1220個については変光周期と光度曲線が決定された。

この頃　火星の研究（米国）　アリゾナ州フラグスタフのローウェル天文台のスリファが、南アフリカのネーヴァル高地にあるミシガン大学の望遠鏡で、火星の写真1万枚を発表。また、フランスのオードウィンとドルファスは、気球に装置した光電装置によって火星大気の微小空気成分の観測を行った。

1957年
（昭和32年）

2.8　ノーベル賞受賞のヴァルター・ボーテが没する（ドイツ）　物理学者ヴァルター・ボーテが死去した。1891年生まれ。1927年国立物理工学研究所員、1929年～1930年ベルリン大学員外教授、1930年～1932年ギーセン大学正教授兼物理学研究所長。1932年ハイデルベルク大学正教授兼物理学及び放射研究所長、1934年カイザー・ヴィルヘルム研究所（現・マックス・プランク研究所）物理学部長、1946年ハイデルベルク大学名誉教授、正教授兼第1マックス・プランク研究所長を歴任。計数技術に同時放電法を導入し、ガイガーと共同でこれをコンプトン効果に適用してエネルギー保存則の妥当性を示し、一方でコルヘルスターとこの方法を宇宙線研究に適用し透過度の高い荷電粒子の存在を確立した。1954年ボルンと共にノーベル物理学賞を受賞。著書に「Atlas typischer Nebelkammerbilder」（共著,1940年）がある。

2.18　「HR図」の考案者、ヘンリー・ノリス・ラッセルが没する（米国）　天文物理学者ヘ

ンリー・ノリス・ラッセルが死去した。1877年生まれ。1900年〜1905年ケンブリッジ大学に勤務した後、1910年プリンストン大学正教授になり、天体物理学に本格的に取り組む。また、1912年〜1947年同大附属天文台長を務めた。この間、1911年〜1912年に「食連星に関するラッセルの方法」を確立。1914年〜1919年には連星や月の軌道、恒星のエネルギー変化、視差、変光量などの研究を公表。1929年には「恒星大気はほとんどが水素である」と結論。"米国天文学者の学部長"の異名をとる。恒星の明るさと色とを関係づけた「HR図(ヘルツシュプルング=ラッセル図)」の考案者の一人であり、原子スペクトルの2電子相互作用についての「ラッセル=サウンダース結合」の発見者。一方、インドの物理学者サハが1919年に量子力学に基づいた電離理論の展開に成功した後、ラッセルは恒星スペクトルを物理的に解明するため研究に精力を注いだ。

4.1　天文博物館五島プラネタリウムが開館(日本)　天文博物館五島プラネタリウムが開館した。館にはカール・ツァイス社製プラネタリウム投影機を備え、ドーム投影面の内径は20m、座席定員は約450名であった。また人事面では、東京天文台に勤める傍ら天文普及・教育活動にも携わっていた水野良平が学芸課長として招かれ、野尻抱影、鏑木政岐、藤田良雄、宮地政司、朝比奈貞一、村山定男らも学芸委員として協力するなど、民間主体ながら学界から多大なバックアップを受けた。なお、館名は同館への寄付を決断した東急会長・五島慶太を記念するものである。

4月-5月　アランド・ロランド彗星(日本)　アランド・ロランド彗星が肉眼でも観測され、長い尾と、太陽の方向にも光条が出る大きな彗星だった。この彗星から初めて電波が観測された。

7月　学研の科学雑誌創刊(日本)　学習研究社が小学生向けの科学雑誌「科学の教室」を創刊。1963年4月「1〜6年の科学」と、学年別になった。毎号付録が付くのが特色で、2000年6月には大人を対象にして、ガリレイの望遠鏡、茶運び人形、紙フィルム映写機、ニュートンの反射望遠鏡、ピンホール式プラネタリウムなどを付録とした「大人の科学」も発売された。

7.30　ムルコス彗星発見(日本)　午前3時、横浜市在住のアマチュア天文家・倉賀野祐弘は富士山登山中、双子座の辺りに新天体を発見した。倉賀野の他にもこれと同じ天体を見つけた者が国内に何人かいたが、いずれも天文台への報告が遅れたため、8月2日にこれを発見・報告したチェコの天文学者ムルコスの名をとってムルコス彗星と命名された。

9.20　東大生研、「カッパロケットK-4型1号」の打ち上げ(日本)　「カッパロケット」シリーズの打ち上げ試験を進めていた東京大学生産技術研究所(東大生研)の糸川英夫のグループは、1956年(昭和31年)9月24日の「K-1-1号」の打ち上げ成功以来、試行錯誤を繰り返し、1957年5月からの「K-3型」はブースターの切り離しとメインロケット点火の作動には成功したものの、燃料などの問題で国際地球観測年(IGY)に参加する基準には達しなかった。同年9月20日に打ち上げられた「K-4型1号」は、第1段の直径33cm、長さ586cm、重さ364kgの2段式で、初めて宇宙線観測機器が搭載されたが、到達高度は予定していた50kmの半分にも満たず、機器の故障により宇宙線観測も失敗に終わった。

10.4　「スプートニク1号」打ち上げ(ソ連)　世界最初の人工衛星「スプートニク1号」が1957年10月4日、バイコヌール宇宙基地から打ち上げられた。直径58cmの球形で83.6kg。近地点高度228km、遠地点高度947km。超高空の大気密度が予想よりも濃いこと、高度225km付近の大気温度が推定値より高いことなど、新しいデータを得ることが出来た。1958年1月4日焼滅。

11.3　「スプートニク2号」打ち上げ(ソ連)　円錐形で重量508kgの「スプートニク2号」が1957年11月3日に打ち上げられた。近地点高度225km、遠地点高度1671km。メスのライカ犬を乗せており、発射Gや無重力が生体に与える影響が観測された。その他宇宙線強度が近地点と遠地点とで約40%増加することなどを観測。1958年4月14日焼滅。

この年	グループ研究の流行（日本）	個人よりも各研究機関及びそれらの相互間の共同研究が盛んになった。東京天文台の広瀬秀雄が主宰する「月の運動の精密研究」東北大学の一柳寿一らの「天体大気の構造」など。また、天文と物理の境界領域として取り上げられた天体核現象のグループ研究は立教大学の武谷三男、東京大学の畑中武夫、京都大学の早川幸男、林忠四郎らを中心に活発な活動が続けられた。
この年	宇宙線研究（日本）	名古屋大学関戸研究室では宇宙線点源がオリオン座付近に存在することを宇宙線望遠鏡で再確認し、点源からの宇宙線強度が、永年変化、年周変化及び18日周期で変化をすることを示した。
この年	日本天文学会天体発見功労賞受賞（日本）	冨田弘一郎が「彗星：13P（Olbers）の検出」「彗星：26P（Grigg-Skjellerup）の検出」により受賞。
この年	「新天文学講座」刊行開始（日本）	恒星社厚生閣が「新天文学講座」の刊行を開始。荒木俊馬と萩原雄祐により編集され、1958年（昭和33年）までに全15巻が刊行された。また1963年（昭和38年）から1967年（昭和42年）にかけて「新天文学講座（新版）」（全15巻）が刊行された。
この年	おめがクラブ、同人誌「科学小説」を発行（日本）	今日泊亜蘭は旧知の作家・日影丈吉や大坪砂男との交友の中で、科学小説の創作同人グループを作ることとなり、大坪や渡辺啓助、矢野徹らと日本初のSF同人グループ・おめがクラブを結成した（会の名づけ親でもある）。1957年（昭和32年）商業媒体への売り込みを主目的とした原稿の展示誌として「科学小説」を発行した。
この年	日本最古のSF同人誌「宇宙塵」が創刊される（日本）	主宰者・柴野拓美が参加していた日本空飛ぶ円盤研究会の中で有志を募り、星新一、矢野徹、今日泊亜蘭らを創刊同人とし、科学創作クラブを発行元として日本最古のSF同人誌「宇宙塵」を創刊した。星をはじめ、光瀬龍、眉村卓、筒井康隆、広瀬正、豊田有恒、平井和正、夢枕獏、山田正紀、田中光二、梶尾真治ら多くのSF作家を輩出し、日本SFの形成に大きな影響を与えた。柴野は小隅黎（こずみ・れい）の筆名で翻訳などを手がけ、また、日本を代表するSFファンとして、ファンの間で指導的な役割を担った。
この年	映画「地球防衛軍」（日本）	本多猪四郎監督の映画「地球防衛軍」が公開された。宇宙人による地球侵略を描いた東宝初の本格SF大作であり、本多監督と共に名作「ゴジラ」を手がけた製作・田中友幸、特技監督・円谷英二、音楽・伊福部昭というスタッフによる作品。宇宙人と地球人の結婚というテーマを扱った最初の作品とされる。
この年	米国国立電波天文台（NRAO）発足（米国）	ウェスト・バージニア州のグリーンバンクに国立電波天文台が開設された。1962年91mのパラボラアンテナが完成。
この年	バービッジ夫妻ら、恒星内部での元素合成を発表（米国，カナダ，英国）	低エネルギー核反応の詳細なデータを用いて元素起源の問題を解明する試みが米国のバービッジ夫妻、ファウラー、英国のホイル、カナダのカメロンらから発表された。
1957-1958	ロケット観測（日本）	ソ連の「スプートニク1～3号」、米国の「エクスプローラー1号」「バンガード1号」の観測には、読売新聞社が組織した全国79班のムーン・ウォッチ観測所が協力、1958年（昭和33年）4月5日には東京天文台のシュミット・カメラが「エクスプローラー」の写真撮影に成功、いずれの資料もワシントンに送られた。
1957-1958	国際地球観測年（IGY）・国際共同観測（世界）	第2回国際極年が1932年（昭和7年）から1933年に行われたが、自然科学の目覚ましい発展により、当初第3回開催が予定されていた1982年まで待てなくなった。第2回極年から25年後にあたる第3回国際極年を太陽活動極大期の1957年7月～1958年12月に実施し、必要なあらゆる現象を徹底的に観測研究の対象にしようという提言がなされた。結果、第3回国際極年が国際地球観測年（IGY: International Geophysical Year）とされ、グリニッジ標準時間の1957年7月1日0時に、世界中で開始された。日本では、1957年2月25日から1週間、日本主催の地球観測年西太平洋地域連絡会議が東京で開催された。東京天文台長宮

地政司はスミソニアン天体物理観測所で衛星軌道観測の研究や連絡にあたり、東京大学の畑中武夫は1957年10月からワシントンのロケット・人工衛星会議に出席。東京天文台の斎藤国治と西恵三らはロケットに搭載する太陽紫外分光器の製作にあたった。光学的な太陽観測には東京天文台と京都大学生駒山観測所があたり、太陽面図作成も順調に行われた。夜光の観測には国内8か所の夜光観測点で光電測光による掃天観測の他、3か所で分光器による写真観測を行った。極光は各夜光観測所の他、70の測候所と7つのアマチュア観測班が協力した。

この頃　**恒星宇宙の進化と融合反応**(米国)　カリフォルニア工科大学のファウラーとパロマー山天文台のグリーンステインは、原子核の融合現象による恒星と恒星宇宙の進化に関する研究を発表。重い元素の融合について、核融合反応の研究から知られるようになった同位元素の変化に関する知識を応用した考察を提案。

この頃　**電波源の赤色偏移**(米国)　ワシントンの米国海軍研究所のリリーマクレーンが、はくちょう座の星雲団の赤色偏移をラジオ・スペクトルで発見。毎秒1万6700kmの後退速度に相当し、光学的な計算値毎秒1万7000kmとほぼ一致する。

この頃　**宇宙膨張率の速度**(米国)　パロマー山天文台のヒューマソン、サンデージニーとリック天文台のメイヨールが、星雲図のスペクトルの研究から、宇宙膨張の速度は非常に遠方では緩やかになるということを確かめた。

この頃　**巨大電波望遠鏡の設置**(世界)　1957年マンチェスター大学ジョドレル・バンク観測所が、当時世界最大の76mパラボラ鏡を備えた電波望遠鏡を設置した。1950年代後半以降、オーストラリア・パークスの電波物理学研究所の64m電波望遠鏡、ハーバード大学天文台の18m電波望遠鏡、ライデン大学ドゥインゲロ電波天文台の25m電波望遠鏡、ミシガン大学天文台の25m電波望遠鏡など大きな口径の反射鏡をもつ電波望遠鏡の時代が到来した。

1958年
(昭和33年)

1.31　**「エクスプローラー1号」打ち上げ**(米国)　米国陸軍がケープカナベラル基地から「エクスプローラー1号」を打ち上げた。探測機は長さ2m直径15cmの円筒形で重さ13.9kg。

2月　**東大生研、プラスチック製「πT型ロケット」の打ち上げに成功**(日本)　東京大学生産技術研究所(東大生研)は、道川でロクーン用ロケットの質量比向上による高性能化をはかるためロケットの大部分をプラスチックで製造した「πT型ロケット1号・2号」の発射実験を行い、成功した。

2.11　**宇宙線観測**(日本)　大きなオーロラが観測され、北海道女満別の地磁気観測所では、磁気嵐の最盛期に世界中で宇宙線が強まることを発見した他、ロケットによる高度48kmまでの完全な宇宙記録を得た。

3.17　**「バンガード1号」打ち上げ**(米国)　米国海軍は「バンガード1号」を打ち上げたが、太陽電池と送信機を積み込んだだけの試験衛星であった。

3.23　**米国から人工衛星観測用のシュミット・カメラが東京天文台に到着**(日本)　米国スミソニアン天文台から人工衛星観測用に借用したシュミット・カメラ(ベーカー・ナン・カメラ)が東京天文台に到着した。これは米国の天文学者ジェイムズ・ベーカーが光学部分を、ジョセフ・ナンが機械部分を設計したもので、主鏡は直径75cm、その曲率半径は1m、使用するフィルムは幅約57mmで、到着後直ちに設置され、1957年(昭和32年)の人工衛星第1号打ち上げ以来、改造した経緯儀や流星写真儀などに

頼っていた人工衛星の追跡・観測・撮影を格段に容易なものにした。竹内端夫、冨田弘一郎らによる観測も高い成果を上げた。なお、このカメラは1968年には堂平観測所に移された。

3.26 「エクスプローラー3号」打ち上げ（米国）　米国陸軍は1958年3月26日「エクスプローラー3号」を打ち上げた。観測資料の1部をテープレコーダーに記録し、地上からの求めに応じて記録した資料を送信した。

4.19 太陽活動（日本）　1957年7月15日からスタートした国際地球観測年は、黒点数による太陽の活動が激しい年だった。4月19日の金環食は南西諸島や八丈島、青ケ島などで観測出来た。当日は晴天に恵まれ、月と太陽の相対位置、月縁の形状、太陽周縁部の輝度分布、地磁気変化、空電及び太陽面上の電波源、黒点の電波特性などの研究について、東京天文台、京都大学宇宙物理学教室、水沢緯度観測所、海上保安庁水路部などの各研究機関が送った観測班は大きな成果を収めた。

5.15 「スプートニク3号」（ソ連）　「スプートニク3号」が打ち上げられた。地球上層の大気圧力と成分、陽性イオンの集中度などについて精密な研究を行った。また、流星との衝突に関しては衛星を破壊したり、壁を貫くほどの危険がほとんどないことがわかった。

8.17 月探査ロケット「ソア・エーブル」失敗（米国）　米国空軍が「ソア・エーブル」を打ち上げたが、発射後77秒で爆発した。先端に月探測器を搭載し、月の人工衛星となって月を1公転して月探索の情報を送ってくる予定だった。

9.12 東大生研、「カッパロケットK-6型」の打ち上げ成功（日本）　「カッパロケット」シリーズの打ち上げ試験を続けていた東京大学生産技術研究所（東大生研）の糸川英夫のグループは、ロケットの大型化と高高度化とを解決するための推薬開発を進め、過塩素酸アンモニウムを酸化剤とし、ポリエステルをバインダーとしたコンポジット推薬を装填した「カッパロケットK-5型」を打ち上げ、高度30kmまでの到達を可能にした。次いでポリサルファイドを使用した推薬を開発し、1958年（昭和33年）6月16日にはこれをつめた第1段直径25cm、第2段直径15cm、全長5.4m、重量255kgの「K-6型」が高度40kmまで達した。同年9月12日には道川でこの「K-6型」に高層大気観測機器を搭載して打ち上げ、国際地球観測年（IGY）に参加するための上層大気の風・気温などのデータ取得に成功した。IGY終了まであと3か月という土壇場での出来事であり、日本の宇宙開発にとって大きな前進であった。「K-6型」は9月17日までに18機が打ち上げられた。

10.1 米国航空宇宙局（NASA）を設置（米国）　米国航空宇宙局（NASA: National Aeronautics and Space Administration）が、航空諮問委員会（NACA: National Advisory Committee on Aeronautics）などを前身として創設された。大規模な宇宙探査、高度な技術開発を国家プロジェクトとして非軍事的に行い、人類の平和に貢献したいというアイゼンハワー大統領の意に基づく設置で、大統領直下の官庁として運営が始まった。ラングレー研究センター、エイムズ研究センター、ルイス研究センター、衛星計画を主導するゴダード宇宙飛行センター、有人飛行技術開発のマーシャル宇宙飛行センター、ロケット発射を担当するケネディ宇宙センター（ケープカナベラル基地）、国立宇宙技術研究所（マーシャルより独立）、有人飛行推進の要ジョンソン宇宙センター（1984年宇宙ステーションプログラムのリードセンターに指定）などの施設をもつ。

10.13 日食観測（日本）　皆既日食があり、東北大学の加藤愛雄、東京天文台の末元善三郎ら17名が南太平洋スワロフ島で観測。末元と日江井栄二郎らが太陽彩層の輝線の輪郭と強度を同時に測り得るスペクトルを得ることに成功した。

11月 大気圏外平和利用を決議（世界）　国連の総会で、大気圏外平和利用が決議された。

11.8 火星接近（世界）　火星が地球に大接近し、日本各地でも眼視観測や写真観測が行われた。

1958年（昭和33年）

11.17	東大生研、「FT-122型ロケット」の打ち上げに成功（日本）	東京大学生産技術研究所（東大生研）が茨城県大洗海岸で低発射角での飛翔実験を目的とした「FT-122型ロケット1号・2号」の打ち上げ試験に成功した。なお、同研による大洗海岸での打ち上げはこの2機のみである。
11.26	埼玉県深谷市に隕石が落下（岡部隕石）（日本）	午後3時頃、埼玉県大里郡岡部村（現・深谷市）の畑に隕石が落下したのを、仕事中の農家の人が発見した（岡部隕石）。重量は0.194kg。
12.19	アトラス人工衛星「スコア」（米国）	米国空軍がアトラス人工衛星「スコア」を打ち上げた。スコアとは「信号通信軌道連絡実験」の略語で、ラジオ受信機・ラジオ送信機などを搭載し、アイゼンハワー大統領のクリスマスメッセージが地球に向かって放送された。また、地球と人工衛星相互間のラジオ連絡が10日間にわたり成功したが、33日後に焼滅した。
この年	自動車「スバル」発売開始（日本）	富士重工業が星団「スバル」を名前に冠した「スバル360」を発売した。日本の自動車名に和名がつけられたのは「スバル」が初めて。また、同社は星団「スバル」をデザインしたマークも商標に採用。2003年7月には創立50周年を記念し、スバルマークをコーポレートシンボルとして定義した。
この年	オリオンビール、懸賞により命名（日本）	1957年（昭和32年）沖縄で、具志堅宗精を中心として沖縄ビール株式会社が設立された。主力商品のビール名は、懸賞公募によるもので、2500通もの候補の中から1958年「オリオン」と決定された。その理由は南の星であること、星は人々のあこがれなどを表すこと、沖縄を統治していた最高司令官の象徴が「スリースター」であったことなどによる。1959年には、社名も「オリオンビール株式会社」に変更された。
この年	「パイオニア1～3号」（米国）	米国空軍は10月11日「パイオニア1号」を打ち上げたが、予定の速度に達せず、月まで3分の1の距離で地球に引き戻され、12日午前、信号も消えた。「パイオニア2号」は11月8日に打ち上げられた。推力を増加し速度を増大させた改良型だが、第3段ロケットが点火せず、失敗。12月6日「パイオニア3号」を打ち上げたが予定の速度に達せず、発射後38時間6分で地球に落下、途中で燃え尽きた。しかし約22時間にわたる計測資料を送信しており、特に地球の赤道をドーナツ上に取り巻く放射能帯についての資料は貴重だった。
この年	太陽風を理論的に予知（米国）	ユージン・ニューマン・パーカーは、磁気嵐や彗星などの研究から、太陽コロナで爆発が起こった際、常時、超音速でプラズマが流れ出るという理論を打ち立てた。これは真空と考えられていた宇宙空間論を根底から覆した。後に人工衛星による観測でこの理論は実証された。なお、パーカーは天体磁場のダイナモ理論にも重要な寄与をした。
この年	M.シュワルツシルト「恒星の構造と進化」上梓（米国）	K.シュワルツシルトの息子で、主に恒星の進化論について理論・観測両面から研究を行ったプリンストン大学天文台台長のマーティン・シュワルツシルトが「恒星の構造と進化」を刊行。以降、古典的名著として読み継がれている。
この年	チェレンコフ、タム、フランク、ノーベル物理学賞を受賞（ソ連）	チェレンコフは、1934年物質中を運動する荷電粒子の速さがその物質中での光速より速くなると光を放射する現象を実験的に発見。この「チェレンコフ効果（放射）」は原子核物理学での実験研究と宇宙線の研究上重要な発見となった。フランクとタムはチェレンコフ効果の理論的解釈と宇宙線中のシャワー理論を発展させた。この功績により、1958年3人はノーベル物理学賞を受賞した。なお、チェレンコフ効果は、高エネルギー粒子だけを識別し他の粒子をそのまま通過させる計数器（チェレンコフ・カウンター）に使われ、「スプートニク」にも積みこまれた。
この年	ブロムダール、「アニアラ」を作曲（スウェーデン）	スウェーデンの作曲家ブロムダールが宇宙船を舞台にした、電子音を使ったグランドオペラ「アニアラ」を発表

した。

この年　「ドイツ天文学会再測写真星表」完成（ドイツ）　1951年から編纂されていた「ドイツ天文学会再測写真星表」（全15巻）が完結した。

この年　宇宙空間研究委員会（COSPAR）設立（世界）　国際学術連合会議の傘下に宇宙空間研究委員会（COSPAR）が設置された。総会の開催、出版物の刊行を基盤に、研究成果などの情報を交換、宇宙空間の科学研究推進を目指す。2年ごとに開催する総会では、宇宙・天体物理学、宇宙生命科学、気象学、基礎物理学などの多様な研究者が世界から参加、成果を発表し合う。

1959年
（昭和34年）

1.2　「ルナ1号」打ち上げ（ソ連）　ソ連が最初の人工惑星「ルナ1号（ルニク1号、メチタ）」を打ち上げた。月付近を通過後、地球引力支配を脱し、太陽の引力に支配される人工惑星となった。本体はアルミニウムとマグネシウム合金の半球を接合した球形で、惑星間物質のガス成分などの測定装置や磁場検出装置と送信機、ソ連のモニュメントなどを搭載している。

1.16　天文学者・山本一清が没する（日本）　天文学者・山本一清が死去した。1889年（明治22年）、滋賀県生まれ。1913年（大正2年）京都帝国大学物理学科を卒業後、水沢緯度観測所で重力偏差の測定に従事。のち京都帝大に戻り、変光星の光度変化や新星、彗星、小惑星、太陽の観測などを行った。1927年（昭和2年）花山天文台が完成するとその初代台長となり、以後、1938年に退職するまで天文台の運営や施設・機器の拡充に心血を注いだ。一方、1920年（大正9年）天文同好会（現・東亜天文学会）を組織して熱心にアマチュアを指導した他、「星座の親しみ」をはじめとする天文啓蒙書を出版するなど、アマチュアとアカデミズムの橋渡し役としても活躍した。なお、月の裏側のクレーター「ヤマモト」は彼にちなむものである。

2.17　気象衛星「バンガード2号」（米国）　米国初の気象衛星「バンガード2号」が打ち上げられた。赤外線探知装置を搭載し、赤外線を強く反射する雲の量を観測することが可能。

2.17　「バンガード3号」（米国）　気象観測用人工衛星で、連続的に雲の写真を撮影、ビデオテープに記録し、地球からの信号を受けて記録を送信するものだったが、遠地点が高すぎたこと、衛星の自転が計画通り行かなかったことなどから、送信された情報は混乱しており、気象情報としては分析困難なものに終わった。

2.28　「ディスカバラー1号」（米国）　米国空軍が「ディスカバラー1号」を打ち上げた。初めてバンデンバーグ空軍基地から発射されたロケットで、地球の南北両極、ソ連の全領土を通ったロケットである。送信機が故障し、不規則な信号しか受信出来なかった。

3.3　「パイオニア4号」（米国）　米国の人工惑星第1号「パイオニア4号」が打ち上げられた。当初の計画のように月には接近出来なかったが、82時間にわたり放射線の情報を送信、バンアレン帯の幅に関する知識を修正した。月付近の人工惑星となった。

3.10　人間ロケット機「X-15号」（米国）　米国空軍が、人間が大気圏外を飛行するロケット「X-15号」をB52に搭載、高度1万1000mで切り離した。「X-15号」は自機のエンジンと慣性で最高高度160kmまで上昇したのち降下、滑空して着陸した。エンジン停止後から再突入までの間は無重力状態にあり、その間の安定性と操縦性、大気圏再突入の際の熱の問題、パイロットの生理学上の調査などが目的。

1959年（昭和34年）

- 4月　**名古屋大学空電研究所豊川観測所に太陽電波干渉計が完成**（日本）　名古屋大学空電研究所豊川観測所に9.4GHz太陽電波干渉計が完成した。当初は1.2mアンテナ8基で観測を開始したが、1962年（昭和37年）に1.2mアンテナ16基、3mアンテナ2基の複合干渉計となり、さらに1966年東西に2mアンテナ32基、3mアンテナ2基を配したものに増強され、1969年には南北に1.2mアンテナ16基を増やした2次元干渉計に発展した。

- 5月　**太陽活動の観測**（日本）　東京天文台の野附誠夫と長沢進平が、1959年5月の日本天文学会で、国際地球観測年太陽観測結果の予備報告として、緑色輝線強度や太陽電波強度などについて発表した。

- 5.20　**生きた猿の回収に成功**（米国）　米国陸軍は「ジュピター」の弾頭に入れられた2匹の猿の回収に成功した。2匹は15分間の宇宙飛行と大気圏再突入のショックに耐えて生還したもので、脈拍や呼吸など生体に及ぼす影響が計測された。

- 6月　**世界観測所代表者会議**（米国）　15日から26日まで、世界12か所のシュミット・カメラによる衛星観測所の代表者会が米国のラス・クルーセス他2か所で開かれ、日本からは東京天文台の広瀬秀雄が出席。観測技術上の打ち合わせや改良問題、行方不明の衛星の捜索観測法、観測機械の改装などについて話し合った。

- 7.2　**実験用動物の回収に成功**（ソ連）　実験用動物としてロケットに乗せた犬2匹と兎1羽の地上回収に成功した。2匹の犬のうちの1匹はすでにロケット飛行4回目で、動物のロケット飛行適応性と、無重力状態における行動についての新資料が得られたとした。

- 8.12　**日本の宇宙開発計画**（日本）　7月、科学技術庁長官中曽根康弘が、宇宙科学技術振興準備委員会を作り、糸川英夫東京大学教授、青野雄一郎電波研究所次長、宮地政司東京天文台長が開発計画を起草、承認を得て8月12日に発表された。第1次目標として気象ロケットと、高度300～400kmの観測ロケットの打ち上げ、数年内に500～1000kmの観測ロケットを打ち上げ、基礎研究を行う。第2次目標は人工衛星打ち上げ、超音速輸送機と通信中継衛星の開発。

- 9.12　**「ルナ2号」月に到着**（ソ連）　日本時間午前3時39分42秒に打ち上げられた「ルナ2号」は、計測資料を送信しながら月に接近し、9月14日午前6時2分24秒（モスクワ時間午前0時2分24秒）、月面「晴の海」付近に衝突した。

- 10月　**乗鞍観測所10周年**（日本）　東京天文台の乗鞍コロナ観測所で創設10周年式典と、太陽についてのシンポジウムが開催された。この月には、岩手県水沢市の緯度観測所が創設60周年記念式典を挙行。

- 10.4　**「ルナ3号」**（ソ連）　自動惑星間ステーション「ルナ3号」が約40分間にわたり月の裏側の写真撮影に初成功した。

- 11.15　**ノーベル賞受賞のチャールズ・トムソン・リース・ウィルソンが没する**（英国）　物理学者チャールズ・トムソン・リース・ウィルソンが死去した。1869年生まれ。ケンブリッジ大学シドニーサセックス・カレッジ助手、中学校教師、ケンブリッジ大学キャベンディッシュ研究所助手を経て、1925年～1934年同大ジャクソン教授。この間、雲を研究しているうちに、気体中に生ずる霧によって荷電粒子の飛跡を検出する装置「ウィルソンの霧箱」を1911年前後に開発した。この霧箱は、のちに宇宙線、原子核の研究に広く用いられるようになり、その業績により、1927年ノーベル物理学賞を受賞。他に雷電の電気的構造について「ウィルソン説」をたてた。主著に「One Method of Making Visible the Paths of Ionising Particles Through a Gas」（1911年）など。

- 12月　**「SFマガジン」が創刊される**（日本）　早川書房よりSF専門誌「SFマガジン」が創刊された。初代編集長は福島正実。創刊号となる1960年（昭和35年）2月号から通巻3号までは海外作品の翻訳のみの掲載だったが、4号で初めて日本人作家として安部公房や都筑道夫が登場した。以降、今日まで日本SFを屋台骨として支える役割を果たし、主催するハヤカワSFコンテストから小松左京、眉村卓、豊田有恒、半村良、筒井康隆、かんべむさし、山尾悠子、野阿梓、神林長平、大原まり子、火浦功、草上

| この年 | 仁、中井紀夫、森岡浩之、松尾由美ら多くのSF作家を送り出した。
| この年 | 国際地球観測年への協力（日本）　国際地球観測年は1958年末で終了し、1959年度を国際地球観測協力年として、継続的な観測や研究を行うこととし、日本でも人工衛星、太陽活動その他の観測が継続された。
| この年 | 古在由秀、地球の形状は西洋梨型であると提案（日本）　米国航空宇宙局（NASA）は、1958年（昭和33年）3月に打ち上げられた米国の人工衛星「バンガード1号」をミニトラックで追跡していたところ、周期的に近地点の高さが変動していることが分かった。当時、米国スミソニアン天文台にいた古在由秀は、地球が赤道面に対して対称、つまり完全な球形ではこのような変動は起こらないことから、その人工衛星の運動理論を解析して地球の重力ポテンシャルを求め、地球は完全な球体に比べて北極が16m飛び出、南極は27mへこんだ西洋梨のような形状をしていると提案した。
| この年 | 高城武夫、和歌山天文館創設（日本）　山本一清京都帝国大学教授に師事し、同大附属花山天文台無給嘱託研究員を経て、大阪市立電気科学館天文部主任を務めた高城武夫が私財を投じて和歌山市の自宅敷地内に県内初のプラネタリウム施設・和歌山天文館を開設した。木造平屋に亜鉛鉄板の球体の屋根という造りで、約3000個の穴を開けたピンホール式。1981年（昭和56年）に閉館するまで約15万人の人が訪れ、天体の世界の魅力を伝えた。高城は閉館の翌年に死去。2004年（平成16年）高城の功績を讃え、23年ぶりに「和歌山星空再発見プロジェクト」により投影会が開かれた。
| この年 | 映画「宇宙大戦争」（日本）　本多猪四郎監督の映画「宇宙大戦争」が公開された。製作・田中友幸、特技監督・円谷英二、音楽・伊福部昭というスタッフによる「地球防衛軍」の姉妹作で、侵略宇宙人と地球人との決戦を黄金期の東宝特撮で作り上げた。挿絵画家の小松崎茂がメカなどのコンセプトデザインを担当した。
| この年 | バンアレン帯の発見（米国）　人工衛星「エクスプローラー1号～3号」「パイオニア3号」「4号」や月ロケットによる宇宙線測定から、地球の上空をドーナツ状に取り巻く強烈な放射線の帯の存在が、アイオワ州大学物理学部長バン＝アレンにより帰納され、バンアレン帯と命名された。
| この年 | ゴダード宇宙飛行センター創設（米国）　米国航空宇宙局（NASA）はロケット工学者R.H.ゴダードの功績を讃え、新たにメリーランド州グリーンベルトに創設した研究所をゴダード宇宙飛行センターと名づけた。
| この年 | 「掃天電波源のケンブリッジ第3カタログ」完成（英国）　ケンブリッジ大学のムラード電波天文台が観測結果をまとめ「掃天電波源のケンブリッジ第3カタログ（3Cカタログ）」を完成させた。同カタログは1950年の「1Cカタログ」から1994年「6Cカタログ」まで、6回刊行されており、電波源のカタログとして広く用いられている。
| この年 | 宇宙空間平和利用委員会（COPUOS）設置（世界）　国際連合の第14回総会で「宇宙空間の平和利用に関する国際協力」を採択、宇宙空間平和利用委員会（COPUOS: Committee on the Peaceful Uses of Outer Space）を常設することが決定された。宇宙空間の研究に対する援助、情報の交換、宇宙空間の平和利用のための実際的方法及び法律問題の検討を目的とし、2009年（平成21年）現在60か国以上が参加している。

1960年
(昭和35年)

| 1月 | 「スーパーロケット」実験（ソ連）　ソ連がスーパーロケットの打ち上げ実験を行った。衛星船を打ち上げた多段式ロケットの最終段だけを、同形同重量で燃料なしの模型に変更したもので、中部太平洋に打ち込まれ、いずれも回収された。米国を攻

1960年（昭和35年）

撃するには遠すぎる遠距離まで到達させるなど兵器としての実験を超えていたため、衛星船回収の予備実験と推測された。

3月 「明治前日本天文学史」刊行（日本）　1941年（昭和16年）から、日本学士院により明治以前の日本の科学史を分野別に解説する叢書「明治前日本科学史」の出版事業が行われ、未完の3冊を残して25冊が刊行され終了していた。1960年その中の天文学部が「明治前日本天文学史」として刊行された。東洋関係、西洋天文学の影響、暦法及び時法、天文観測史、年表から成る。また、1968年には全シリーズ既刊分の要約と年表、総索引からなる「明治前日本科学史」が出版された。

3.11 「パイオニア5号」金星へ接近（米国）　パイオニア5号が打ち上げられた。金星軌道に向けて打ち上げられた最初の人工衛星であり、金星ロケットと呼ばれた。打ち上げ後5月10日、英国のジョドレル・バンクからの指令電波に答え、太陽からの微粒子などの測定資料を送信した。104日間通信連絡を保ち、地球から金星軌道への3600万kmの観測に成功。

4月 萩原雄祐にワトソンメダル（米国）　萩原雄祐が米国科学アカデミーの招待で渡米、ジェイムズ・クレイグ・ワトソン・メダルを贈呈された。衛星間の力学的安定の問題、高次の永年摂動の理論、n体問題の解についての考察秤動の理論など天体力学への貢献が認められた。

4.1 世界初の気象衛星「タイロス1号」打ち上げ（米国）　世界で初めての気象衛星「タイロス1号」が打ち上げられた。同年11月23日には「2号」打ち上げ。ほぼ円軌道をとり、地球上空の雲を撮影し地上に送信した他、赤外線探知機で地上、雲、海上の温度を記録し、地球と太陽の間の熱バランスを測定した。広角カメラは予定ほどの成果を上げられなかったとされるが、有効と思われる写真は米国各地の気象観測所に提供された。1961年7月には「3号」が打ち上げられた。こちらも鮮明な気象画像の送信には成功していないとされたが、台風状況の提供にはすぐれ、日本にも米国航空宇宙局（NASA）から情報が提供されることになった。

4.13 世界初の航行衛星「トランシット1B号」（米国）　ジョンズ・ホプキンス大学と米国海軍により開発された、世界初となる航行衛星（航海衛星）「トランシット1B号」が打ち上げられた。航行衛星は、船や航空機などの測位援助のための人工衛星。

5月 総理府に宇宙開発審議会が設置される（日本）　16日、宇宙開発の必要性の高まりを受けて、内閣総理大臣の諮問機関として総理府に宇宙開発審議会が設置され、20日にその第1回会合が開かれた。

5.15 人工衛星船第1号打ち上げ（ソ連）　有人衛星開発の準備実験として、1960年5月15日、人工衛星船第1号を打ち上げた。しかし方向決定装置の一部の故障もしくは装置そのものが不完全だったため、回収のための減速に失敗、逆に加速して軌道を広げてしまい、回収不能となった。

6.10 明石市立天文科学館、ツァイス製プラネタリウムを導入・公開（日本）　兵庫県明石市立天文科学館にカール・ツァイス・イエナ社製のプラネタリウムが導入された。直径20mのドームで約9000個の星や月、太陽などを投映する。一時老朽化のため、国産機への切替えが検討されたが、費用がかかることと、世界に同型機は数台しか現存していないという稀少さから、継続して使われることが決定され、今日に至る。

6.25 天文学者ワルター・バーデが没する（ドイツ）　天文学者ワルター・バーデが死去した。1893年生まれ。ミュンスター、ゲッティンゲンの各大学で学び、1919年ゲッティンゲン大学より学位を取得。ハンブルク天文台を経て、1931年渡米。同年ウィルソン山天文台に勤務、1943年ロサンゼルスの停電を利用してアンドロメダ銀河を詳細に観測。1948年よりパロマー山天文台にも兼務し、1952年には銀河系外星雲の距離を従来の2倍に改正。1958年ドイツに帰国、翌1959年ゲッティンゲン大学のガウス名誉教授となった。

7.11 東大生研、カッパロケットK-8型の打ち上げ成功（日本）　東京大学生産技術研究所

（東大生研）の糸川英夫のグループは、1959年（昭和34年）の「カッパロケットK-7型」の打ち上げを経て、全長10.9m、重量1500kgの2段式「K-8型」を完成させた。「K-8-1号」は7月11日の打ち上げで高度180kmに達し、9月22日に打ち上げられた「K-8-3号」は遂に高度200kmにまで到達、初の電離層観測に成功した。この「K-8型」は観測結果の信頼性の高さと低コストから1969年まで使用され、夜間観測を可能にしたことによって世界で初めて電離層中の昼夜のイオン分布を調査するなど、大きな成果を挙げた。

8.11 「ディスカバラー計画」最初の海上回収（米国）　「ディスカバラー13号」が放出したカプセルはホノルルの北西530kmの太平洋上に着水し、ヘリコプターで回収された。地上からの指令による逆噴射ロケットの制御、大気圏再突入時の問題解決に成功したと言える。

8.12 通信衛星「エコー1号」（米国）　地上からの電波をそのまま反射中継する即時中継型通信衛星、「エコー1号」が打ち上げられた。アルミニウム皮膜のプラスチック球も予定通りふくらんだ。高度1629kmから1945kmの間で、2時間1分6秒で地球を回る。打ち上げから4時間後、カリフォルニア州から発信したアイゼンハワー大統領の録音メッセージを、ニュージャージー州で受信する実験に成功した。

8.19 人工衛星船第2号打ち上げ（ソ連）　ソ連は2匹のライカ犬を乗せた人工衛星船第2号を打ち上げた高度320kmの軌道に乗せられ、18周目に衛星船を軌道からおろす指令が与えられ、衛星船の地球への帰還及びカプセルの回収に成功した。

8.20 カプセル空中回収（米国）　「ディスカバラー14号」から放出されたカプセルを空中で回収することに成功した。「14号」は、17周目にカプセルを放出するように計画され、日本時間20日午前8時14分（現地時間19日午後7時14分）ハワイの北西約480kmの海上で、10機の輸送機のうち1機により高度2.4kmで回収された。

9月 第2回国際航空科学会議（スイス）　スイスのチューリヒで世界24か国の代表が集まって第2回国際航空科学会議が行われた。宇宙開発に関しては、(1)マッハ5以上の極超音速流の解析法や実験装置について、(2)超高速で流体が帯電する性能を利用し、磁場によって制御しようとする電磁流体力学の諸問題、宇宙飛行の動力や誘導法の研究、(4)宇宙空間から大気圏に再突入する際の空力発熱に対する処置、(5)宇宙飛行の際の人間工学や医学上の諸問題などについて議論が行われた。

10月 宇宙開発方針発表（日本）　科学技術会議答申「10年後を目標とした科学技術振興の総合的基本方策について」は、日本の宇宙開発の方針として以下の様に述べた。気象観測について(1)上層大気の状況観測、雲状撮影、台風の進路観測を可能とする、(2)人工衛星利用による雲状、台風、太陽の放射熱量と地球の反射熱量の観測を可能にする。宇宙通信について(1)通信衛星利用通信の技術開発、(2)ロケットの宇宙空間飛行のための航行援助技術の開発、(3)電波反射材料散布により形成した人工電離層を利用した通信の開発、(4)月による反射、流星による電離など、天体や現象を利用した通信技術の開発。その他、航海衛星の利用によって航海、航空の安全を向上させること、衛星などを用いた測地と正確な地図の作成。

10.4 通信衛星「クーリエ1B」（米国）　通信文を受信後しばらく蓄積して、適当な時期に放出する遅滞中継型通信衛星「クーリエ1B」が打ち上げられた。1分間に6万8000語を受信し、中継出来る。米国国防省はクーリエ衛星による軍用通信網を計画した。

10.19 東京天文台附属岡山天体物理観測所が開設される（日本）　東京天文台では口径188cm（74インチ）反射望遠鏡の購入決定を受けて、台内に188cm反射望遠鏡建設委員会を組織して設置場所の選定などを進め、1956年（昭和31年）6月岡山県竹林寺山を最適地として決定、1958年から建設工事を開始した。日本光学工業（現・ニコン）製の91cm光電赤道儀が1960年春には試験観測に入り、10月英国グラブパーソンズ社で製造されていた望遠鏡が岡山に据付けられた。このような経緯を経て10月19日には正式に東京天文台附属岡山天体物理観測所として開所式が挙行され、大望遠鏡の試験観測

1960年（昭和35年）　　　　　　　　　　　　　　　　　　　　　　　　　　　天文・宇宙開発事典

　　　　も開始された。
12.1　　人工衛星船第3号打ち上げ（ソ連）　2匹の犬と多種の動植物の実験材料を乗せた人工衛星船3号が打ち上げられた。第2号より遙かに低い長円軌道をとり、2日、地上回収に失敗。
12.29　米国航空宇宙局（NASA）10年計画（米国）　米国の今後10年間の宇宙計画について発表された。1961年に人間の軌道飛行など、1962年に「ニンバス」気象衛星打ち上げなど、1963年に通信衛星の民間利用など、1964年火星・金星の無人宇宙船による調査など、1965年に「アポロ計画」用カプセル原型の試験など、1966年～1967年に燃核ロケットの飛行実験など、1968年～1970年に「アポロ」有人宇宙観測衛星の打ち上げなど、1970年以後に人類の月面着陸をあげた。
この年　高柳和夫と西村史朗、星間雲の平衡温度を解明（日本）　埼玉大学の高柳和夫と東京大学天文学教室の西村史朗は、星の形成過程に重要な役割をもつと考えられる星間雲の温度を支配する諸要素を研究し、水素分子の回転準位の衝突励起とそれに続いて起こる光子放出によるガスの冷却率を計算すると共に、イオンや星間塵などによる冷却と様々な加熱機構を考慮して星間雲の平衡温度を求めた。
この年　宇宙線起源の探求（日本）　名古屋大学関戸弥太郎研究室では非等方法に関する研究を進め、宇宙線望遠鏡第1号により、オリオン座の方向に特に強度の大きい点源を発見、改良した望遠鏡第2号でこれを確認した。さらに改良した第3号で、点源の時間的変化の測定を進めた。
この年　月ロケット失敗（米国）　米国は2度月ロケットの打ち上げを行ったが2度とも失敗した。1回目は1960年9月25日、3段ロケットの上段が故障した。2回目は12月15日、発射直後に制御が効かなくなり、約1分後に自然爆発した。
この年　「掃天電波源のカリフォルニア工科大学カタログ」完成（米国）　カリフォルニア工科大学が「掃天電波源のカリフォルニア工科大学カタログ」を完成させた。
この年　「モートン波」の発見（米国）　米国の天文学者モートンが、太陽フレアが爆発する際に太陽表面を波面が広がっていくことを発見。「モートン波」と名づけられた。
この年　キットピーク国立天文台創設（米国）　アリゾナ州ツーソンに本部を置き、キットピーク山に観測所を置くキットピーク国立天文台が発足した。1968年にはミリ波観測用電波望遠鏡を、1973年には400cmのメイヨール反射望遠鏡を設置している。米国の国立光学天文台の鼎の1つで、北米における天文観測の中心でもある。
この年　クリミア天文台に2.6mの反射望遠鏡設置（ソ連）　プルコヴォ天文台の観測所として設立されたが、1945年独立したクリミア天体物理観測所に2.6mの反射望遠鏡が設置された。1991年以降はウクライナ科学技術省の管轄にある。
この年　カール・シュワルツシルト天文台設立（ドイツ）　東ドイツに科学アカデミー管轄の天文台が設立された（のち、カール・シュワルツシルトの功績を讃えて現名称に改称）。1960年に完成した137cmシュミット・カメラを備える。
この年　ロバート・アトキンソンがエディントン・メダルを受賞（英国）　ラトガース大学天文学教授ロバート・アトキンソンが王立天文学会のエディントン・メダルを受賞した。アトキンソンの研究分野は、原子合成、星のエネルギー、位置天文学で、計器の設計にも深く関わった。
この年　国際宇宙航行アカデミー（IAA）、国際宇宙空間法学会（IISL）設立（世界）　電波天文学・宇宙科学への周波数配分連合間委員会（IUCAF: Interunion Commission on Frequency Allocation for Radio Astronomy and Space Sc）、国際宇宙航行アカデミー（IAA: International Academy of Astronautics）、国際宇宙空間法学会（IISL: International Institute of Space Law）がそれぞれ設立された。
1960-1961　「リトル・ジョー計画」（米国）　米国の有人衛星計画である「マーキュリー計画」の基礎実験として、カプセル脱出装置の試験を目的とした「リトル・ジョー計

— 144 —

画」が1960年6月までに4回実施され、うち3回目と4回目でカプセルに積んだ猿を無事に回収した。第5回は11月に行われたが、カプセルをロケットから分離するのに失敗。第6回は1961年3月18日に、第7回は4月28日に発射され、いずれも成功した。

1960-1961 軍用衛星「ミダス」（米国）　ICBMなどの大型ミサイルの発射を探知・警報することを目的とする衛星で、1号は1960年2月26日に打ち上げられたが軌道に乗らず失敗、2号は5月24日に打ち上げられ、軌道に乗った。赤外線探知装置と警報電波送信機を搭載しており、ミサイルが発信した瞬間に噴射炎から発する赤外線を探知、早期警報レーダー網にリレーする予定だったが、衛星の探知装置が不完全で、実験を行うことは出来なかった。3号は1961年7月12日に打ち上げられ、軌道に乗った。

1961年
（昭和36年）

1.31 軍用衛星「サモス」（米国）　写真偵察を目的とした軍用衛星「サモス1号」が1960年10月11日に打ち上げられたが、軌道に乗らなかった。「2号」は1961年1月31日に打ち上げられ、軌道に乗った。「タイロス」衛星より解像度の高いカメラが搭載されていると推測されたが、衛星の性能については米国空軍が発表を禁じた。

2.12 金星ロケット（ソ連）　ソ連が初めての金星ロケットを打ち上げた。まず人工衛星を打ち上げ、ここから誘導式の宇宙ロケットを打ち上げ、このロケットによって金星に向かう自動惑星間ステーションが軌道に乗せられる方式だった。しかし15日目となる2月27日から連絡が取れなくなり、3月13日、追跡に協力していた英国のジョドレル・バンク天文台も追跡中止を発表、失敗に終わった。その後1962年8月25日、9月1日、12日に金星ロケットの発射は試みられたが失敗に終わったと推測される。

3.9 人工衛星船第4号打ち上げ（ソ連）　人工衛星船第4号が打ち上げられた。犬1匹とその他の生物が積み込まれており、第3号よりさらに低い軌道をとった。当日中に回収され、回収成功により、宇宙船の構造、飛行が生物体に及ぼす影響について貴重な資料が得られたと発表された。

3.25 人工衛星船第5号打ち上げ（ソ連）　有人衛星への最後の準備実験として打ち上げられ、即日回収された。船内には犬その他の実験動物が積まれていた。

4.1 3段式ロケット「K-9型」が完成（日本）　東京大学生産技術研究所（東大生研）は、「カッパロケットK-8型」に「K-6型」の2段目を付けることで日本初の3段式ロケットとなる「K-9L-1号」を完成させ、1961年（昭和36年）4月1日に発射、高度は約300kmにまで到達した。同年12月に打ち上げられた「2号」では遂に高度350kmにまで飛翔させることに成功した。やがてこの「K-9L型」を元にして推進剤の改良や機体材料の強化がはかられ、1962年「K-9M-1号」が出来、鹿児島宇宙空間観測所から打ち上げられた。「K-9M型」はその後も機体改良が重ねられ、ブースター推薬をポリサルファイド系からウレタン系へと変更し、ブースター・メイン切断方式を改良したことで1965年には機体として完成、以後は日本の観測用ロケットの主力として活躍し、1988年まで計88機が打ち上げられた。

4.12 「ボストーク1号」（ソ連）　モスクワ時間9時7分、ユーリ・アレクセービチ・ガガーリン空軍少佐が搭乗した世界初の有人衛星「ボストーク1号」が発射された。1時間48分で地球を1周した後、10時55分にパラシュートで帰還。ソ連政府は同日、「宇宙開発での勝利は単に我が国だけのものでなく、全人類の成果である」とアピールを発表した。帰還後のガガーリン飛行士の第一声は「地球は青かった」。

5.5 有人弾道飛行「マーキュリー計画」（米国）　アラン・B.シェパード海軍中佐が搭乗

した米国最初の有人ロケット「フリーダム7号」が現地時間午前9時34分発射された。午前9時49分着水、シェパード中佐もカプセルも収容された。7月21日にはグリソム空軍大尉が登場した「MR4」が発射された。無事に帰還したがカプセルは回収出来なかった。

6.18	東大生研、「シグマロケット4型」を打ち上げ（日本）	東京大学生産技術研究所（東大生研）では国際地球観測年（IGY）に参加するため、「カッパロケット」と並行して、高度25kmまで気球で上昇し、そこからロケットを飛ばすロクーン式の「シグマ（Σ）ロケット」の開発を行い、1960年（昭和35年）から発射試験が行われた。1961年6月18日には「Σ-4-2号」が青森県六ケ所村の尾鮫海岸から打ち上げられ、高度100kmまで到達したが、IGYに参加する基準に達することは出来ず、天候不順や気球製作の技術不足、コストの問題などから、カッパロケットシリーズにとって代わられた。
6.28	「トランシット計画」（米国）	6月28日打ち上げられた三つ子衛星「トランシット4A」には、本体中に初めてプルトニウム238を利用した原子力電池が積み込まれた（他の2つは、それぞれ太陽からのX線測定用の「グレブ」衛星と、バンアレン帯測定のための「イシジャン」衛星）。11月15日、「トランシット4B」と新衛星「TRAAC」の2つの衛星が打ち上げられた。「4B」は計画最後の打ち上げ。1964年7月米軍は海軍航行衛星システム（NNSS）として運用開始、1967年以降は、一部が公開された。
8.6	「ボストーク2号」（ソ連）	ソ連の有人衛星「ボストーク2号」は、ゲルマン・ステパノビッチ・チトフ少佐が搭乗し、8月6日モスクワ時間午前9時に発射された。地球を17周、25時間18分の飛行を経て、午前10時18分に回収された。25時間の長時間飛行は宇宙医学的に画期的な成果を上げた。
8.23	月探測計画の「レインジャー1号」の打ち上げ（米国）	月探査機を月に衝突させ、その過程を撮影することを目的とした「レインジャー計画」第1号の「レインジャー1号」がケープカナベラル基地から打ち上げられた。しかしアジェナの再点火に失敗し、月面には至らなかった。
9月	国際宇宙線地球嵐会議（日本）	4日から15日の間国際宇宙線地球嵐会議が開かれた。海外から197人、日本から267人が参加し、国際地球観測年や南極観測の成果、宇宙空間物理学の基礎研究を取り上げた。発表論文数78。討議では太陽と地球の間は真空ではなく磁場を持つプラズマで満たされていることを確認。東京大学の永田武が、南緯25度以内の南極冠における嵐は昼間しか起こらないと発表して注目された。
10.10	関勉が新彗星を発見（日本）	本田実に触発されて彗星観測をはじめた高知県のアマチュア天文家の関勉は、1961年（昭和36年）10月10日夜7時頃、赤経11時30分、赤緯14度7分の位置に8等級の新彗星を発見した（「セキ彗星」,1961f＝1961VIII）。関はこれ以前にも1956年10月6日に出現したクロンメリン周期彗星を本田実とほぼ同時に発見していたが、自身が世界初となる新彗星発見はこれが初めてであった。関はさらに翌1962年2月にも「セキ・ラインズ彗星」（1962c＝1962III）を発見した。
12.12	通信衛星「オスカー」（米国）	1960年の「エコー1号」「クーリエ1B」の成功に続き、通信衛星「オスカー」が1961年12月12日に軌道に乗った。アマチュア無線用の符号を3週間発信した。
この年	林忠四郎、前期主系列星の進化について「ハヤシ・トラック」を提案（日本）	恒星進化の研究を進めていた京都大学の林忠四郎は1961年（昭和36年）、前期主系列星の進化について、HR図（ヘルツシュプルング＝ラッセル図）上で静水圧平衡にある星の表面温度に下限があることを発見し、それに基づいて恒星の誕生期に有効温度が大きな光度をもつ活動的時期「ハヤシ・フェイズ」と、その進化の過程である「ハヤシ・トラック」を発見・提唱した。
この年	「エクスプローラー計画」（米国）	観測衛星「エクスプローラー8号」が1960年11月3日に打ち上げられた。電離層の調査を行い、これにより、高度600〜1500マイルに地球を取り巻くヘリウム層があることを発見された。「9号」は1961年2月16日に打ち

上げられたが、通信装置が円滑に作動しなかった。「10号」は3月25日に打ち上げ成功。惑星間の空間磁場が当時の予想を遙かに上回るもので、地磁場は地球から約4万マイルで惑星間磁場によって打ち消されることが発見された。3月28日頃消滅。ガンマ線観測のための「宇宙望遠鏡」を備えた「11号」は4月27日に打ち上げられた。「12号」は8月に打ち上げ。同機から得られた資料は、バンアレン帯の外帯が多数の低エネルギー陽子を含むことを示した。またバンアレン帯の内側の層が高エネルギー陽子によって支配されていることが確認された。

この年　**B.Y.ミルズら「掃天電波源のMSHカタログ」完成（オーストラリア）**　オーストラリアのB.Y.ミルズらにより、1958年から編纂されていた電波源カタログ「掃天電波源のMSHカタログ」が完成した。「MSH」はMills、Slee、Hillの頭文字をとったもの。

この年　**〈宇宙英雄ペリー・ローダン〉シリーズの刊行が開始（ドイツ）**　ドイツの長編スペースオペラ〈宇宙英雄ペリー・ローダン〉シリーズの刊行が開始された。ヘフトというドイツ独特の薄い週刊誌形式で刊行され、複数の作家が執筆に携わる形式で、2007年（平成19年）までに2400話を数える大河小説となった。

この年　**フランス国立宇宙研究センター創設（フランス）**　フランス国立宇宙研究センター（CNES）が設置された。フランスの宇宙政策の立案、管理を行い、欧州宇宙機関（ESA）のフランス代表を務める。本部所在地はパリ。

1962年
（昭和37年）

1.6　**水沢緯度観測所が国際極運動観測事業中央局となる（日本）**　1961年（昭和36年）国際天文学連合（IAU）の第11回総会がバークレーで開催され、国際緯度観測事業（ILS）を国際極運動観測事業（IPMS）に拡大改組することとなり、その中央局を水沢緯度観測所に設置することが決まった。翌1962年1月6日から水沢の中央局としての業務が始まり、服部忠彦が局長に就任したが、服部はその2か月後に急死したため、弓滋がその後任となった。

1.7　**水星からの電波を捕捉（米国）**　ミシガン大学電波天体観測所が水星からの電波を捉えたことを発表した。

1.26　**「レインジャー3号」撮影失敗（米国）**　月面の近接写真の撮影と送信、観測器具の降下と月への粗着陸を目的にした「レインジャー3号」が打ち上げられた。発射と飛行は正常であったが、発射後5時間で月から大きく離れることが判明し、失敗に終わった。

2.2　**鹿児島宇宙空間観測所（KSC）起工（日本）**　東京大学生産技術研究所（東大生研）の糸川英夫は、「カッパロケットK-8型」が高度200kmを越えた時点で新しい発射場の建設を考えはじめ、いくつかの土地を視察した結果、地磁気上の低緯度観測に適していること、地元の理解が得られたこと、晴天率が高いことなどから1961年（昭和36年）鹿児島県内之浦をその候補地に選定した。同地は山がちで、ロケット発射場には向かないと考えられていたが、ほとんどが国有地であったことから土地の確保は容易で、同年度から始まった第1期工事では丘陵地帯を削って台地にし、道路や団地が造成された。1962年2月2日には、東京大学総長・茅誠司らが参列する中、メインの施設となる鹿児島宇宙空間観測所の起工式が行われた。式では打ち上げ手順確認用の「OT75型ロケット1号」が、鹿児島初の打ち上げロケットとして発射された。

2.20　**「フレンドシップ7号」成功（米国）**　ジョン・H.グレン海軍中佐が搭乗した米国初の有人衛星船「フレンドシップ7号」が、現地時間2月20日午前9時47分打ち上げに成功した。地球3周の際のカプセル性能の試験、宇宙飛行の人体への影響、各種装置の適

否についての実地調査を目的とするもので、地球を3周したのち帰還した。飛行時間4時間56分。続く5月13日、カーペンター海軍少佐が搭乗した「オーロラ7号」が打ち上げに成功、無重力状態での液体の運動調査などを行った。なお、同機ではカメラ「ミノルタハイマチック」が使われた。

3.7 「OSO計画」（米国）　OSO計画とはOrbiting Solar Observatoryの略で、太陽の活動に関する観測を行う。「OSO1号」は1962年3月7日に打ち上げられた。

3.15 物理学者アーサー・ホリー・コンプトンが没する（米国）　物理学者アーサー・ホリー・コンプトンが死去した。1892年生まれ。プリンストン大学、ケンブリッジ大学に学び、1920年ワシントン大学、1923年シカゴ大学各物理学教授、1945年～1953年セントルイスのワシントン大学総長。1942年金属製錬研究所長も務め、プルトニウムの研究を指導、原爆の日本投下決定にも参加した。1923年X線の電子による散乱においてその波長が変化する事実「コンプトン効果」を発見、量子理論建設に大きな影響を与えた。これにより1927年C.T.R.ウィルソンと共同でノーベル賞受賞。のち宇宙線の研究で緯度効果を確認。著書に「X-rays and electrons」「X-rays in Theory and Experiment」「原子の探究」などがある。

3.16 「コスモス計画」開始（ソ連）　総合的かつ基礎的な観測・実験・研究を目的とした「コスモス計画」が、1962年3月から開始された。「1号」は3月16日、「2号」は4月6日、「3号」は4月24日、「4号」は4月26日、「5号」は5月28日、「6号」は6月30日、「7号」は7月28日、「8号」は9月27日、「10号」は10月17日、「11号」は10月20日、「12号」は12月22日、「13号」は1963年3月21日、「14号」は4月13日、「15号」は4月22日、「16号」は4月28日、「17号」は5月22日、「18号」は5月24日、「19号」は8月6日に人工衛星がそれぞれ打ち上げられた。うち「4号」は写真偵察用のスパイ衛星ではないかと推測された。

3.27 国際宇宙協力（世界）　2月に米国のグレン中佐の有人衛星の成功に対しソ連が祝電を送ったことから、宇宙開発協力に関する米ソの対話が進み、3月27日から30日にはニューヨークで宇宙開発協力に関する米ソ非公式会談が開かれた。米国代表は米国航空宇宙局（NASA）ドライデン次長、ソ連側はアカデミー会員ブラグヌラーボフ教授。ここで発表された共同声明に基づき、国連大気圏外平和利用委員会は協力問題を討議したが、気象衛星についての協力に関しては世界気象機関（WMO）で意見がまとまっただけに終わった。また、4月26日には初めての米英共同の衛星を積んだロケットが発射された。

4.25 科学技術庁に研究調整局航空宇宙課が設置される（日本）　1960年（昭和35年）5月16日に総理府内に設置された宇宙科学技術準備室は、1962年4月25日に科学技術庁に新設された研究調整局の航空宇宙課に発展改組した。

4.26 日米合同ロケット（日本, 米国）　日米協力による初めての観測ロケットが米国から発射された。ロケットは米国製で、頭部に日本製の共振型電子温度測定装置が装備された。この装置は郵政省電波研究所と、横河電機の共同開発。

4.26 「レインジャー4号」月裏面に到着（米国）　「レインジャー3号」の改良型で、月面のテレビ撮影と、観測機材を着陸させることを目的とした「4号」が4月23日に打ち上げられた。4月26日には月の裏面に衝突したと考えられているが、衝突速度が大きすぎたため機材は全て破壊されたと見られる。

4.26 英国初の人工衛星打ち上げ（英国）　英国が米国と共同で初の人工科学衛星「アリエル1号」をデルタロケットで打ち上げた。電離層の観測を目的としたが、1976年5月に大気圏に再突入した。アリエルシリーズは、1971年までに電離層観測衛星「1号」から「4号」、1979年までにX線観測衛星「5号」「6号」が打ち上げられている。いずれも大気圏に再突入した。

5.11 総理府宇宙開発審議会第1回諮問が答申される（日本）　総理府の宇宙開発審議会は、日本の宇宙開発が平和目的に限られること、自主・公開・国際協力の3原則に基づく

ことなどを盛り込んだ「宇宙開発推進の基本方策について」を答申した(1号答申)。

5.24 **東大生研、打ち上げ失敗により道川実験場から撤退**(日本)　東京大学生産技術研究所(東大生研)は電離層観測と地磁気によるロケットの姿勢測定を目的とした「カッパロケットK-8-10号」の発射を道川実験場で行ったが、打ち上げ直後、50mほど飛翔したところでロケットが傾き、炎を上げながら海岸線から15mほど先の海中に落下した。破片の一部は300m離れた付近の民家にまで飛び散ったほどであったが、幸いに1人の死傷者を出すことなく済んだ。しかし、事故調査の結果、危険防止の面で多額の経費が発生することや地元民の理解が得られなくなったことなどから、東大生研はこれによって道川からの撤退を余儀なくされ、以後、同研究所のロケット発射実験は建設中の鹿児島県内之浦に一本化されることとなった。

5.27 **第1回日本SF大会が開催される**(日本)　SF同人誌「宇宙塵」が主催、同誌主宰者の柴野拓美が委員長を務め、東京・目黒で第1回日本SF大会が開催された。以後、日本SFファンダム最大のイベントとして毎年1回、全国各地で開催されており、世界SF大会(ワールドコン)にならって、「コンベンション」に開催地の名前を織り込んだ「××コン」という愛称が付く。プロ作家も多数参加し、日本SFの年間最優秀賞・星雲賞の投票・授与の他、様々なSFにちなんだ催しが行われる。

7.10 **「テルスター」打ち上げ成功**(米国)　電信電話会社ATTと米国航空宇宙局(NASA)が協力し、初の民間所有・開発の人工衛星となる通信衛星「テルスター1号」が打ち上げられた。最初の通信実験は同機が6周目にあるときに行われ、メイン州アンドーバーにいるATT会長フレデリック・カッペルからワシントンのジョンソン副大統領への電信メッセージで成功した。ついでテレビ中継として、かねて米国旗の映像を、アンドーバーから米国内及び英国とフランスの受信機を経由して両国の視聴者に送った。その後大西洋横断の通信実験が続けられ、テレビの初の衛星生放送は7月23日のケネディ大統領の記者会見の模様となった。

8月 **初のグループ飛行に成功**(ソ連)　8月11日、コラエフ少佐の乗った「ボストーク3号」、12日にポポビッチ中佐の乗った「4号」が打ち上げられた。両船はランデブーに成功した後、15日に帰還。グループ飛行よりも、無重力条件下で人間が生命活動と作業能力を維持出来ることが立証された宇宙医学的成果の方が大きかった。

8.27 **「マリナー2号」打ち上げ成功**(米国)　7月の「マリナー1号」の失敗のあと、「マリナー2号」が8月27日に打ち上げ成功した。1963年1月3日に8600万km地点で通信が途絶えるまでに、9000万項目に及ぶ観測結果が送信され、金星表面が摂氏426.5度に達する高温であること、金星表面には嵐が吹き荒れていることがわかるなど、大きな成果を上げた。

9.29 **カナダ初の人工衛星**(カナダ)　カナダが米国の協力を得て、初の人工衛星「アールエット1号」を打ち上げた。

10月 **東大生研、能代ロケット実験場を開設**(日本)　1962年(昭和37年)5月24日に起きた「カッパK-8-10号」の爆発事故のために道川試験場からの撤退を余儀なくされた東京大学生産技術研究所(東大生研)は、秋田県の要望により、附属研究施設として同年10月同県能代に能代ロケット実験場(現・能代多目的試験場)を開設した。開設当初から科学衛星や宇宙探査機の打ち上げに使用されるM型ロケットなどのロケットモーター開発のための地上燃焼試験が行われ、宇宙開発研究所に移行後には液体酸素と液体水素を推進剤としたロケットや高性能なエアターボラムジェットエンジンなどの打ち上げに先立つ地上での性能確認試験が続けられている。また固体推進剤ロケットや将来型の高性能エンジンの研究開発に必要な試験施設も整えられている。

10.3 **「シグマ7号」成功**(米国)　米国東部標準時間3日午前7時15分、「マーキュリー計画」の8番目として、シラー海軍中佐が乗った「シグマ7号」が打ち上げられた。地球を6周して午後4時28分に帰還した。飛行時間は9時間13分だった。

10.21 **「ミダス4号」打ち上げ**(米国)　米国は「ミダス4号」の打ち上げに成功。空軍の通

1962年(昭和37年)

信衛星「ウェストフォード計画」で、実験用に電波反射体として用いる銅の細片を散布した。

10.27 「ラムダ」実験開始(日本) 東京大学生産技術研究所(東大生研)が秋田県能代市浜浅内海岸で宇宙観測用大型ロケット「ラムダ」の第1回エンジン地上燃焼実験に成功した。1963年(昭和38年)8月24日、「ラムダ2型」観測用ロケットを打ち上げたが、失敗に終わった。

10.31 初の測地衛星「アンナ1号」打ち上げ(米国) 米国は測地利用を目的とする測地衛星を初めて打ち上げた。名称は「アンナ1号」。閃光を発する装置を備え付け、距離のある地点からも同時に光学観測出来るものだった。

11.1 東京天文台堂平観測所が開設される(日本) 東京天文台では、三鷹周辺の住宅化が進行してきたことから、同地に近くて市街光の少ない場所に観測施設を求めた結果、埼玉県堂平山が最適地であることを認め、1962年(昭和37年)光電観測を主目的とした堂平観測所を開設した。同所には日本光学工業(現・ニコン)製の91cm反射望遠鏡が主力観測機器として据え付けられた他、のちには夜天光観測装置、極望遠鏡、自動流星カメラ、人工レーザー測距儀などが次々と増設され、岡山天体物理観測所と並ぶ東京天文台の主要観測施設として活躍した。その後、首都圏の急速な都市化により堂平観測所での観測も困難となり、東京天文台から事業を引継いだ国立天文台は2000年(平成12年)閉鎖を決定し、施設用地は所在地の埼玉県都幾川村(現・ときがわ村)に譲渡された。

11.1 「火星1号」成功(ソ連) ソ連が初めての火星ロケットを軌道に乗せた。自動式宇宙ステーション「火星1号」は火星の写真撮影や惑星間宇宙無線連絡の設定などを目的とした。1963年通信が絶え、火星の写真撮影などは出来ずに終わった。

12.5 米ソ協力協定(米国、ソ連) 米国とソ連は、人工衛星による通信・気象予報及び磁場調査に関する協力協定を成立させた。1962年～1963年の米国のエコー衛星の通信実験への協力、1963年～1964年に別個に打ち上げる気象衛星の収集情報の交換などを内容とする。

この年 三菱電機が宇宙事業に参入(日本) 国内大手電機メーカーである三菱電機は、1962年(昭和37年)より宇宙事業に参入した。同社は、東京本社及び鎌倉(衛星システム担当)、尼崎(地上局関連担当)の両生産工場を中心に宇宙事業を進め、特に1969年に日本初の国産実用衛星「電離層観測衛星」を主契約者として受注したのをはじめとして日本国内におけるほとんどの人工衛星の製作に参画していることや、「なゆた」「すばる」などの電波望遠鏡の製造を行っていることで知られる。

この年 日本天文学会天体発見功労賞受賞(日本) 林弘が「彗星:C/1961O1(Wilson-Hubbard)」、本田実が「彗星：C/1964 L1 (Tomita-Gerber-Honda)」により受賞。

この年 古在由秀、小惑星運動理論で「古在機構」を提唱(日本) 米国スミソニアン天文台にいた古在由秀は、小惑星運動理論について、小惑星の軌道角運動量のz成分が小さい場合、離心率と軌道傾斜角に大きな変化が現れることを発見した。この現象は「古在機構」(または「古在レゾナンス」「古在エフェクト」)と呼ばれ、のちには小惑星だけでなく衛星、彗星、太陽系外惑星系の離心率の大きな惑星、三連星の運動の解析にも応用されており、20世紀中に天文学術雑誌「*The Astronomical Journal*」「*Astrophysycal Journal*」に発表された論文の中で、最も基本的かつ重要な論文53編の中にも選ばれるなど、天体力学におけるきわめて重要な論文として今日でも高い評価を受けている。

この年 山頂からの宇宙線観測(日本) 超高エネルギー領域での研究で、藤本陽一らが乗鞍山頂に置いた1次宇宙線によるガンマ線ジェットが注目された。発生するπ中間子のエネルギー分布が10^{14}あたりで折れ曲がっていることが確かめられたもので、激しい論争となった。

この年 林忠四郎ら、京都グループの恒星進化研究の集大成論文(HHS)を出版(日本) 京都大学の林忠四郎、蓬茨霊運、杉本大一郎のグループは、恒星進化の集大成と

— 150 —

この年　今日泊亜蘭「光の塔」が刊行される（日本）　今日泊亜蘭が、同人誌「宇宙塵」に連載した侵略がテーマのSF「刈得ざる種」を加筆・改題し、「光の塔」として東都書房から刊行した。同作は日本SFの長編出版第一作といわれる。

この年　映画「妖星ゴラス」（日本）　本多猪四郎監督の映画「妖星ゴラス」が公開された。地球の6000倍の質量を持つ妖星ゴラスが地球に接近、その軌道上に地球が存在することがわかると、南極に巨大な噴射口を作って、地球の公転軌道をずらすことで回避するという破天荒な特撮映画。特技監督は本多監督との名コンビである円谷英二が担当した。なお、映画製作の際、天体力学研究の堀源一郎は東宝に呼ばれ、ゴラスが地球に接近する時の軌道を表す数式を黒板に書いた。

この年　気象衛星「タイロス4〜7号」（米国）　2月に2台のテレビカメラを搭載し、「フレンドシップ7号」に情報提供することを主目的とした「タイロス4号」が打ち上げられた。6月には暴風発見を主目的に、やはりテレビカメラを2台搭載し、南極と北極以外の広い地域を写すことが出来る「5号」が打ち上げられ、送信した写真が世界気象機関（WMO）に加盟する115か国に国際伝送された。9月には雲の撮影の他、地球と太陽の熱バランスを測定する「6号」が打ち上げられた。

この年　秘密衛星（米国）　目的や内容が公表されない秘密衛星の打ち上げが1962年は頻繁になった。1961年11月22日、12月22日、1962年4月9日、4月17日、5月15日、29日、6月1日、17日、18日、22日、27日。また、1961年9月9日には「サモス3号」が失敗している。

この年　ジャッコーニら太陽系外のX線天体を発見（イタリア）　R.ジャッコーニ、B.ロッシ、H.ガースキー、F.パオリーニが大気圏外への打ち上げロケットで太陽以外からのX線を初めてとらえ、X線天文学という新分野開拓の契機となった。

この年　「ウクル天文台分担星表」完成（ベルギー）　ベルギーのウクル天文台が1960年から編纂していた国際共同観測写真天図の「ウクル天文台分担星表」（全2巻）を完成させた。

この年　「タクバヤ天文台分担星表」完成（メキシコ）　メキシコのタクバヤ天文台が1916年から編纂していた国際共同観測写真天図の「タクバヤ天文台分担星表」（全7巻）を完結させ、世に出した。

この年　欧州共同ロケット開発機構結成（欧州）　欧州共同ロケット開発機構（ELDO：European Launcher Development Organization）が7か国参加のもと結成された。欧州宇宙機関（ESA）の前身の1つ。

この年　欧州共同宇宙開発機構結成（欧州）　欧州共同宇宙開発機構（ESRO：European Space Research Organization）が12か国参加のもと結成された。欧州宇宙機関（ESA）の前身の1つ。

この年　ヨーロッパ南半球天文台設置に関する協定締結（欧州,チリ）　西ドイツ、フランス、オランダ、ベルギー、デンマーク、スウェーデン、チリ政府間で、ヨーロッパ南半球天文台をチリに設置する協定が締結された。南半球における天文観測の促進を図るもの。

1962-1963　「エクスプローラー」の打ち上げ（米国）　1962年8月からの1年間に、観測衛星「エクスプローラー」は4個打ち上げられた。「14号」は10月2日打ち上げ、地球と惑星との間の磁力界と荷電粒子を測定。「15号」は10月27日打ち上げ、中部太平洋の人口放射能帯の研究。「16号」は12月16日打ち上げ、大気圏に近い宇宙での薄い金属表面に対する小流星の衝撃の研究、「17号」は1963年4月2日打ち上げ、衛星高度の地球大気を測定。

この頃　300m固定球面鏡完成（米国）　プエルト・リコのアレシボ電離層観測所に300mの固定式パラボラアンテナが完成した。

1963年
（昭和38年）

1.3 　静岡県で池谷薫が新彗星を発見（日本）　静岡県浜松在住のアマチュア天文家・池谷薫は、1963年（昭和38年）1月3日午前5時5分、赤経13時53分、赤緯マイナス27度15分の位置に新彗星を発見した（イケヤ彗星。1963a＝1963I）。1965年にイケヤ・セキ彗星を発見してコメットハンターブームを巻き起こした池谷の最初の新彗星発見であり、このとき19歳であった。池谷は翌1964年7月4日にも新彗星（イケヤ彗星。1964f＝1964III）を発見している。

3.5 　日本SF作家クラブが発足する（日本）　「SFマガジン」編集長・福島正実の主導により、星新一、小松左京、斎藤伯好、光瀬龍、森優、矢野徹ら11人によって日本SF作家クラブが発足した。初代事務局長は半村良が務め、後年設置された初代の会長には星が就任した。初期に漫画家の手塚治虫を会員に迎えるなど、早くから小説以外の分野にも門戸を開いた。

4月 　東大生研、「M（ミュー）ロケット」の開発研究に着手（日本）　東京大学生産技術研究所（東大生研）では1960年代の初め頃から高度1万kmの外側バンアレン帯に達するロケットの開発を模索していたが、1962年（昭和37年）10月、糸川英夫からの「5年後にペイロード30kgの人工衛星を打ち上げるためのロケットは如何に」という問に対する試案として、東大生研の秋葉鐐二郎、長友信人、松尾弘毅は、ロケットの直径1.2m、第3段と第4段とに球形ロケットモーターをもつものを開発すべしという「人工衛星計画試案」を提出した。これを叩き台として、東大生研は1953年4月から固体推進剤による4段型M（ミュー）ロケットの開発・研究に着手することとなった。

4月 　航空宇宙技術研究所（NAL）設置（日本）　科学技術庁が航空宇宙課に宇宙開発室を設置した。これと同時に、総理府宇宙開発審議会の1号答申「宇宙開発推進の基本方策について」に基づいて積極的に宇宙技術研究を行うため、航空技術研究所は宇宙部門を加えて航空宇宙技術研究所（NAL）に改称し、ロケット部を新設した。

4.2 　「ルナ4号」打ち上げ（ソ連）　ソ連の月ロケット「ルナ4号」が4月2日に打ち上げられた。衛星軌道上からの打ち上げで、6日に実験及び測定の成功と終了を宣言。

5.7 　通信衛星「テルスター2号」（米国）　米国が電信電話会社ATTと米国航空宇宙局（NASA）の協力で進めた通信衛星「テルスター」は、1962年に打ち上げた「1号」の放射能の影響による作動停止を受け、1963年5月7日に「2号」を打ち上げた。米国と、英国・フランス両国との間で中継する実験が行われ、7ページの新聞の伝送に成功した。放射能の影響を軽減すべく1号の約2倍の超高度をとったため、大陸間の中継可能時間が延びた。

5.15 　「マーキュリー計画」終了（米国）　クーパー少佐が乗った「フェイス7号」が「マーキュリー計画」第9として打ち上げられた。有人衛星としては4度目。後のランデブー計画の基礎となる実験を行った。16日に帰還、飛行時間34時間20分。6月12日「マーキュリー計画」はこれで完了とし、「アポロ計画」へ向けた「ジェミニ計画」へ移行することになった。

6.11 　宇宙開発の目標（日本）　内閣宇宙開発審議会が「宇宙開発の重点目標とその体制」答申案をまとめた。宇宙開発の6つの重点目標は、(1)米国のロケットを使った国産人工衛星の打ち上げ、(2)気象ロケットの早期開発、(3)ロケット能力の総合的長期計画の樹立、(4)他国衛星による宇宙利用技術の開発促進、(5)観測ロケットを用いた宇宙観測・基礎研究、(6)これらの目標を実現するための各種機器の開発促進。

6.14 　「ボストーク5号」「6号」共同飛行（ソ連）　ブイコフスキー中佐の乗った「ボストーク5号」が打ち上げられた。16日午後、初の女性宇宙飛行士となるテレシコワ少尉の

乗った「6号」が打ち上げられた。テレシコワは「ヤー・チャイカ（私はカモメ）」と繰り返し地上に送信した。また、宇宙飛行中の様々な要素の人体組織に対する影響の性差が調査研究された。両船共19日に帰還。

6.29 イラストレーターのフランク・R.パウルが没する（米国）　イラストレーターのフランク・R.パウルが死去した。黎明期のSFイラストレーターとして活躍し、世界最初のSF専門誌「アメージング・ストーリーズ」をはじめ、その創刊者ヒューゴー・ガーンズバックが出版したSF雑誌の表紙のほとんどを手がけた。赤や黄色を基調とした華美な色彩でSFの世界観を強く印象づけた。

8月 東京天文台、21cm電波低雑音受信装置が完成（日本）　東京天文台では太陽以外の電波源の観測を行うため、1961年（昭和36年）から21cm電波を受けることが出来る低雑音受信装置と直径24m球面鏡の建造を開始し、1963年に完成した。

8.10 国産気象ロケット（日本）　科学技術庁が開発していた国産気象ロケットの最初の実験が伊豆諸島新島の実験場で行われた。4個が打ち上げられたが大型1個は失敗、小型3個が成功した。

11.1 「ポリョート1号」打ち上げ（ソ連）　ソ連は1日衛星船「ポリョート1号」を打ち上げた。モスクワ放送は11月10日「ポリョート1号は、人間が自分の好む空間に移動し、また異なる軌道を飛ぶ宇宙船とのランデブーを可能にした」とするケルドシュ・ソ連科学アカデミー総裁の談話を報じた。

11.10 天文学者・畑中武夫が没する（日本）　天文学者・畑中武夫が死去した。1914年（大正3年）、和歌山県出身。1937年（昭和12年）東京帝国大学天文学科を卒業後、東京大学助手兼東京天文台技手などを経て、1953年東京大学教授。萩原雄祐の門下生で天体物理学を専攻し、1955年武谷三男、小尾信弥と共に原子物理学の成果を取り入れた恒星の進化に関するTHO理論を発表した。また日本における電波天文学の草創期から活躍し、1957年東京大学附属天文台初代天体電波部長となり、東京天文台で太陽の観測を始めると共に、東京天文台、名古屋大学、京都大学の電波望遠鏡設置にも関わった。他方、テレビの解説や映画出演、著述などでも精力的に活動し、岩波新書から出された「宇宙と星」はロングセラーとなった。没後、彼の名にちなんで月のクレーターや小惑星（4051）が命名されている。

11.20 国際電信電話公社の茨城宇宙通信実験所が開設される（日本）　国際電信電話公社（KDD、現・KDDI）は日米間の衛星通信実験を行う施設として茨城県十王町（現・日立市）に茨城宇宙通信実験所を開設した。同所には日本が独自に開発した直径20mのパラボラアンテナ（カセグレンアンテナ）が設置された。11月23日には、人工衛星「リレー1号」を使って、米国カリフォルニアの米国航空宇宙局（NASA）地球局との間で初めて日米間テレビ衛星通信実験が行われたが、このとき米国から伝えられたのは当初予定されていたケネディ米大統領からの日本国民へのメッセージではなく、大統領がテキサス州ダラスで暗殺されたというショッキングなニュースであった。

12.9 鹿児島県内之浦の東京大学鹿児島宇宙空間観測所（KSC）で開所式（日本）　鹿児島県内之浦に建設中であった東京大学の鹿児島宇宙空間観測所（KSC）は、1963年（昭和38年）度に第3期の工事が進められ、同年12月9日退任を間近に控えた東京大学総長・茅誠司らを迎えて開所式が執り行われた。ロケット発射実験に関しては、1962年5月24日のカッパロケット「K-8-10号」爆発事故に伴う秋田県道川からの撤退以降、すでに同所に一本化されており、開所式直後の12月11日にはラムダロケット「L-2-2号」が打ち上げられた。

この年 古在由秀、朝日賞を受賞（日本）　古在由秀（東京天文台）が「人工衛星の運動の研究」により朝日賞文化賞を受賞した。

この年 仁科記念賞受賞（日本）　林忠四郎（京都大学）が「天体核現象の研究」により、第9回仁科記念賞を受賞した。

この年 早川幸男と松岡勝、X線星の成因として降着エネルギーを提唱（日本）　名古屋大学

1963年（昭和38年）

の早川幸男と松岡勝は、X線星の実体は連星系であるという仮説を発表し、X線星の成因として降着エネルギーを提唱した。

この年 「シンコム1号」「2号」（米国） 静止通信衛星「シンコム1号」と「2号」がそれぞれ1963年2月14日、7月26日に打ち上げられた。「1号」は通信が途絶えたが、「2号」は試験通信の中継にも成功した。「シンコム計画」は3個の静止衛星を打ち上げて全地球表面へ通信中継を可能にしようとするもの。

この年 通信衛星会社「COMSAT」設立（米国） 民間の通信衛星会社コムサット（COMSAT: Communications Satellite Corporation）が1962年通信衛星法により設立された。国際通信事業者への衛星通信回線の賃貸を主業務とし、インテルサットの運営に参画する事業指定を受けている。

この年 恒星天文学の泰斗O.シュトルーフェが没する（ソ連） 恒星天文学で功績を残したオットー・シュトルーフェが死去した。1897年4代にわたり6人の天文学者を輩出したシュトルーフェ家に生まれる。1921年ソ連から米国に渡り、ヤーキス天文台長、マクドナルド天文台長、国立電波天文台長、カリフォルニア大学教授などを歴任。恒星天文学の分野で活躍し、近接連星系、連星のスペクトルや星間物質、特異星の研究など、広く才能を発揮。また、国際天文学連合（IAU）会長、「*Astrophysical Journal*」誌編集長として、天文学の普及、啓蒙に尽力した。

この年 ヘルワン天文台188cm反射望遠鏡を設置（エジプト） エジプトのカイロ付近に1868年創設されたヘルワン天文台の管轄内、コッタシアに188cmの反射望遠鏡が設置された。

この年 「国際共同観測写真天図天文台分担星表」、シドニーとメルボルンで完成（オーストラリア） オーストラリアのシドニー天文台が1923年から編纂していた国際共同観測写真天図「シドニー天文台分担星表」（全52巻）が完結した。なお、同年にはメルボルン天文台が1926年から編纂していた「メルボルン天文台分担星表」（全8巻）も完成した。

この年 W.フリッケとA.コプフ「第4基本星表」完成（ドイツ） 恒星視位置の権威A.コプフとW.フリッケが「第4基本星表（FK4）」を完成させた。

この年 「宇宙空間の探査および利用における国家の活動を規制する法的原則宣言」など採択（世界） 国連の第18回総会で「宇宙空間の探査および利用における国家の活動を規制する法的原則宣言」、「宇宙空間の平和利用における国際協力」決議が採択された。

1963-1965 「LS-A型ロケット」打ち上げ実験（日本） 科学技術庁は「LS-A型ロケット」を1963年8月から1965年11月までに4機打ち上げ、そのデータによって「LS-C型」が設計された。

1963-1964 「エクスプローラー18号」「19号」（米国） 科学観測衛星「エクスプローラー18号」が1963年11月26日に打ち上げられた。磁場、宇宙線、太陽風を測定するもので、これまでで最も遠い距離に達するものとなった。「19号」は1963年12月19日に打ち上げられ、電離層の重粒子や電子を測定した。

この頃 「チャカルタヤ計画」（日本, ブラジル） 1963年（昭和38年）9月からブラジルに招かれていた武谷三男、藤本陽一、横井敬とブラジルのC.M.G.ラッテスが共同で、ボリビアのチャカルタヤ山頂（標高5000m）に巨大なエマルション・クラウド・チェンバーを設置した。超高エネルギー領域ではどのような法則が成り立っているかを、ガンマ線の実験的研究を手がかりに調べようとするもの。

この頃 M.シュミット、A.サンデージらがクエーサーを発見（米国） 1963年M.シュミットが赤方偏移の大きい天体クエーサーを発見した。1964年にはパロマー山天文台の反射望遠鏡でクエーサー「3C48」のスペクトルを撮影。1965年サンデージは電波静穏クエーサー（QSG）を発見、活動銀河核であることを実証した。

この頃 天体強度干渉計の完成（英国） R.ハンバリー＝ブラウンらが天体強度干渉計を完成

させた。2台の望遠鏡で観測される恒星の、光強度のゆらぎの相関を利用したもので、これにより15の星の視直径測定に成功した。

1964年
（昭和39年）

1.21　「リレー2号」打ち上げ（米国）　米国が通信衛星「リレー2号」を打ち上げた。3月には、NHK、KDD、「リレー2号」衛星により、太平洋を横断したテレビ中継送信実験に成功するなど、各種の通信実験が行われた。

1.29　「サターンロケット」打ち上げ初成功（米国）　「アポロ計画」で用いる3人乗りカプセルの打ち上げに使う「サターンロケット」の打ち上げ実験に成功した。5月28日には「アポロ」宇宙船の模型の打ち上げに成功した。

1.30　ふたご衛星（ソ連）　ソ連の観測衛星「エレクトロン1号・2号」が打ち上げられた。1つの運搬ロケットで運ばれ、本質的に異なる軌道に乗せられた。地球の放射能帯と関連する物理現象の研究を行うもの。7月11日には、地球放射能帯と磁場磁気、宇宙船の調査などを目的に、3号、4号が同様に打ち上げられた。

2月　米ソ協力宇宙通信実験実施（米国、ソ連）　1月25日に米国は通信衛星「エコー2号」を打ち上げた。2月下旬同機を用いた米ソ協力宇宙通信実験が行われ、英国のジョドレル・バンク天文台からソ連ゴーリキー市のジメンキ天文台へ通信が送られた。

3月　日本科学史学会編「日本科学技術史大系」刊行開始（日本）　日本科学史学会編「日本科学技術史大系」の刊行が開始された。全25巻、別巻1で、第1～5巻は通史、第6巻が思想、第7巻が国際、第8～10巻が教育で、第11巻以降は分野ごとにまとめてある。天文学・暦学・宇宙科学は気象学と共に1965年刊行の第14巻「地球宇宙科学」にまとめられており、近現代における地球・宇宙科学の発展を、重要なオリジナルの文献を資料として収録することで概観したものである。天文学関係の編集には東京学芸大学の島村福太郎、東京大学の中山茂、東京天文台の関口直甫、浅草小学校の神山幸雄が携わり、上田穣、神田茂らも協力している。なお、シリーズの刊行は1972年まで続けられた。

3.25　テレビ中継成功（日本、米国）　米国から日本へ初のラジオ中継を行った「リレー1号」の後継として、1964年1月21日に打ち上げられた「2号」を通じ、茨城県十王町の国際電電会社十王地上局から米国へのテレビ中継が初めて成功した。5月15日には郵政省電波研究所鹿島地上局と、カリフォルニア州モハービ地上局との間の衛星中継電話交信が、5月17日にはカラーテレビの中継が成功した。

3.27　東京大学宇宙航空研究所発足（日本）　東京大学生産技術研究所（東大生研）のロケット部門と東京大学航空研究所の宇宙科学関連の研究者を合併し、設立された。同研究所は東京・目黒の航空研究所キャンパス内に本部が設置され、全国の大学の研究者たちによる共同研究施設として位置付けられた。同年12月には同研究所長と科学技術庁の宇宙開発推進本部長とが兼任されることになるなど、次第に日本の宇宙開発における一元化の動きが加速していくこととなる。

4.12　「ポリョート2号」打ち上げ（ソ連）　ソ連が「ポリョート2号」の打ち上げを発表。遠隔操縦により複数回方向変換された。

7.10　「ラムダ3型1号」が成功（日本）　東京大学生産技術研究所（東大生研）は、鹿児島宇宙空間観測所で、ラムダロケット「L-3-1号」の発射に成功した。高度1000kmに達し、17分20秒飛行した。1964年1月に始まった国際太陽活動静穏期観測年（IQSY）の行事の1つとして打ち上げられたもので、米ソ以外では最大のロケットである。

7.20	イオンロケット成功（米国）　当時用いられていた「化学燃料ロケット」に対し、次世代型ロケットとしてイオン（静電式）、アーク・ジェット（電熱式）、プラズマ（電磁式）エンジンの研究が進められていた。1964年7月20日、米国航空宇宙局（NASA）はワロップス島から、2つの小型イオン・エンジンを打ち上げた。セシウムを燃料とした1つはショートしたが、水銀を燃料とした1つは断続しつつも30分間作動が確認された。
7.23	「シンコム3号」打ち上げ（日本, 米国）　東京オリンピックのテレビ世界中継に関して、7月23日、NHKと米国通信衛星会社の間に「シンコム3号」を利用するテレビ中継の正式契約が交わされた。鹿島地上局から送信され、「シンコム3号」を経て米国のポイント・マグー地上局が受信、ニューヨークに送られ、NBCやCBCで全国に放送される。8月19日打ち上げられた。
7.30	第3代東京天文台長・早乙女清房が没する（日本）　天文学者・早乙女清房が死去した。1875年（明治8年）、東京出身。1899年、東京帝国大学星学科を卒業し、同講師、助教授を経て、1922年（大正11年）東京帝大天文学教授兼天文台技手となり、同年から1925年まで英国、フランスに留学。1928年（昭和3年）第3代東京天文台長に就任し、1936年退官。天文時計の大家として知られた他、スマトラ日食、小笠原諸島母島日食、ローソップ島皆既日食、中国・大連でのハレー大彗星の回帰観測など、たびたび国内外に遠征した。1947年日本学士院会員。
7.31	「レインジャー7号」月面を近接撮影（米国）　米国が28日に打ち上げた「レインジャー7号」が、米国東部標準時31日午前8時25分、人類史上初めてとなる月の表面の近接写真の撮影に成功。16分40秒間に4316枚を送信した。
8.28	「ニンバスA」打ち上げ成功（米国）　軌道の関係から部分的にしか撮影出来ない「タイロス」衛星に対し、全地球表面の観測を行うために「ニンバス計画」が進められた。「ニンバスA」は1964年8月28日に打ち上げられ、1日で全地球表面の撮影が可能。米国の地上局を通じて各国に配信された他、飛行中の真下の地域の雲の写真は、10か国の自動写真受信局で直接受信出来た。9月23日までに2万7000枚の写真を送信した。
10.10	「シンコム3号」東京オリンピックを世界中継（日本）　7月に東京オリンピック中継のために人工衛星「シンコム3号」が打ち上げられたが、同機はもともとテレビ中継用でなく、電波研究所、放送協会技術研究所、日本電気株式会社により技術開発・送受信設備製造が急ピッチで進められた。9月13日テストに成功、10月10日より無事にオリンピック中継が行われた。この貢献に対して、電気通信学会は翌年、上田弘之、野村達治、田中信高に業績賞を贈った。
10.12	「ボスホート1号」打ち上げ（ソ連）　ソ連が「ボスホート1号」を打ち上げた。搭乗したのはウラジミール・コマロフ航空技術大佐、科学者コンスタンチン・フェオクチストフ、医者ボリス・エゴロフの3人で、宇宙服ではなく普通服にヘルメットだけで衛星船に乗り込んだと伝えられた。1昼夜17周飛行後帰還したが、打ち上げの目的などは明らかにならなかった。
12.15	イタリア初の人工衛星打ち上げ（イタリア）　イタリアが、米国の協力を得て、初の人工科学衛星「サンマルコ1号」を打ち上げた。「サンマルコ」は高層大気観測衛星シリーズで1988年までに5機が打ち上げられた。
12.17	ノーベル賞受賞のビクター・ヘスが没する（米国, オーストリア）　物理学者ビクター・ヘスが死去した。1883年オーストリア生まれ。1925年〜1931年グラーツ大学教授、1931年〜1937年インスブルック大学教授・放射線研究所長、1937年〜1938年グラーツ大学教授を歴任。1938年米国に渡り、1944年市民権を取得。1938年〜1956年ニューヨークのフォーダム大学物理学教授。1911年〜1913年にかけて軽気球で高空観測を行い、宇宙にその起源をもつ極端に大きな透過度をもつ放射線、すなわち「宇宙線」の存在を発見した。この業績により、1936年C.D.アンダーソンと共にノーベル物理学賞を受賞。他にラジウムにおける熱の発生、一定量のラジウムから放出されるα粒子

の個数の決定などの業績がある。

この年　**宇宙開発推進本部発足**（日本）　1964年（昭和39年）2月3日宇宙開発審議会が政府に対し「宇宙開発の重点開発目的とこれに対する具体方策」を答申。これをうけて科学技術庁内に宇宙開発推進本部（宇宙開発事業団の前身）が発足した。

この年　**小田稔、「すだれコリメータ」を発明**（日本）　1962年米国の天文学者ロッシとジャッコーニによる太陽系外のX線天体であるさそり座X線源「ScoX-1」の発見に立ち会っていた小田稔は、発見されたX線源の位置や大きさを測定するためのロケット観測に参加した際、X線の入射方向によって検出器に入るX線強度が変化することを利用して「すだれコリメータ」を発明し、「ScoX-1」の解明だけでなく以後のX線天体の研究に大きく貢献した。

この年　**米国の軍用衛星**（米国）　米国の人工衛星の打ち上げは1957年以来1964年1月27日までに179個が成功している。1963年には60個が打ち上げられているが、そのうち軍用衛星は41個に及ぶ。

この年　**「ジェミニ計画」発動**（米国）　米国航空宇宙局（NASA）の有人宇宙飛行計画「ジェミニ計画」が開始された。「マーキュリー計画」と「アポロ計画」をつなぐもので、「アポロ計画」の準備としての役割を負う。主な目的としては、(1)2人の乗組員の2週間以上にわたる飛行、(2)他の衛星とのランデブー、ドッキング及びその方法の確立、(3)ドッキング後の移動、(4)船外活動、(5)帰還制御技術の確立など。4月8日には2人乗りのジェミニ・カプセルをタイタン・ロケットで打ち上げる実験が行われた。ロケットとカプセルの打ち上げ性能の調査が目的。1965年3月「ジェミニ3号」が飛行。

この年　**マコーミック天文台長ハロルド・リー・アルデンが没する**（米国）　天文学者ハロルド・リー・アルデンが死去した。1890年生まれ。米国の恒星の距離測定の分野で貢献した観測天文学者。長焦点屈折望遠鏡を使用した恒星視差の観測でその実力を示した。1914年からヴァージニア大学のマコーミック天文台で、それらの仕事に着手。1925年～1945年エール大学の天文台で、委託天文学者を務める。1945年から晩年まで、マコーミック天文台長として活躍する。

この年　**「コスモス計画」**（ソ連）　ソ連は1962年から実施している「コスモス計画」を1964年も継続、2月27日に「コスモス25号」を打ち上げたのを始め、7月30日の「36号」までを打ち上げた。「コスモス衛星」に関してはその目的が明らかにされてこなかったが、米国の専門家は「35号」の打ち上げに関して、軍事偵察を目的とするものと推測した。

この年　**ウプサラ大学天文台に100cmシュミット・カメラ**（スウェーデン）　1739年に創設されたスウェーデンのウプサラ天文台クビストベルク支所に100cmのシュミット・カメラが設置された。天体物理学や銀河天文学の観測に貢献。

1964-1965　**太陽極小期国際観測年**（世界）　国際太陽活動静穏期観測年（IQSY：International Year of Quiet Sun）ともいわれる。1957年7月から1年半にわたり、太陽活動の最盛期を選んでIGYC、国際地球観測年が実施されたのに続き、太陽活動が最も静かな時期に太陽と地球の状況を国際的に共同観測しようとするもの。日本の「ラムダ3型」を始め各種ロケットが飛ばされ、大気上層の状態を詳細に観測する。気象庁は1964年7月東京大学宇宙航空研究所と共同で、初の気象観測ロケット「MT-135-1号」の打ち上げ実験を行った。

1965年
（昭和40年）

1月 「ラムダロケットL-3型2号」打ち上げ（日本）　東京大学生産技術研究所（東大生研）では、1960年（昭和35年）頃から、高度1000km以上の内側バンアレン帯に到達する能力をもった「ラムダロケット」の開発を行う、いわゆる「ラムダ計画」が策定され、1963年にはその1号である「L-2-1号」が打ち上げられ、高度400kmに達した。翌1964年には「L-3-1号」が開発され、3月に打ち上げの予定が悪天候のため7月に順延されたが、高度857kmまで到達した。続いて1965年1月に打ち上げられた「L-3-2号」では、遂に高度1040kmまで達し、18分30秒の飛行時間を記録した。また電離層をはじめとした10種目25項目の観測にも成功した。

1.12 軍艦の位置測定に実用化（米国）　米国海軍は全天候衛星組織が軍艦の位置測定に実用化されていることを発表した。秘密裏に打ち上げた「セコアー」衛星3個が正確な軌道に乗り地球を回っており、三角測量法によって遠隔地転換の距離を計測する。

1.22 気象衛星「タイロス9号」打ち上げ（米国）　米国航空宇宙局（NASA）が「タイロス9号」気象衛星の打ち上げを発表した。通年太陽を背にして地球を見下ろし、昼間の地球を撮影出来る位置を保つようになっていて、毎日400枚以上の写真を撮影可能。

2.26 「サターン計画」（米国）　米国は「サターン計画」で、2月26日サターン1型ロケットによる「ペガサス」衛星を打ち上げた。5月27日「2号」を打ち上げ、軌道に乗せることに成功。7月30日「3号」打ち上げ。サターン1型ロケットによる実験計画はこれで終了した。

3.18 「ボスホート2号」打ち上げ（ソ連）　ソ連が有人衛星船「ボスホート2号」を打ち上げた。パベル・ベリヤエフ大佐とアレクセイ・レオノフ中佐の2人乗り。第2周目となるモスクワ時間18日午前11時30分、レオノフ中佐が人類初の船外活動を20分行った。

3.21 「レインジャー計画」終了（米国）　月面の近接撮影を試みる「レインジャー計画」は、「8号」が1965年2月17日に打ち上げられ、20日、23分間に7500枚に及ぶ写真を撮影し、「7号」の撮影と並び、月面が宇宙船の着陸に適することをおおむね明らかにした。同年3月21日、月面での火山活動の有無について確かめるため、「9号」が打ち上げられ、15分間にアルフォンズス火口付近の写真6150枚を送信した。火山活動のあとが確認され、クレーターの平らな部分は宇宙船の着陸に適していることを確認して、1961年から始まったレインジャー計画は終了した。

4.6 世界初の商業通信衛星打ち上げ（米国）　米国が世界最初の商業通信衛星「インテルサット1（アーリー・バード）」を打ち上げた。大西洋の赤道上に静止し、欧州と米国との間の電話・テレビの中継が実用化。5月2日には一般家庭用テレビ番組が公開された。

4.23 通信衛星「モルニヤ1号」打ち上げ（ソ連）　ソ連初の通信衛星、テレビ中継用「モルニヤ1号」が打ち上げられた。静止衛星ではなく、常時中継に利用することは出来ないが、モスクワとウラジオストク間のテレビ中継に成功した。

5.9 「ルナ5号」「6号」は失敗（ソ連）　ソ連の月面撮影ロケット「ルナ5号」は9日に打ち上げられ、モスクワ時間12日午後10時10分、雲の海において月の表面に到達したが、軟着陸に失敗した。同年6月8日に打ち上げられた「6号」は、10日、予定のコースを外れ、月から大きくそれて失敗に終わった。

5.9 パレードに大型ロケット（ソ連）　モスクワの赤の広場で行われた戦勝記念パレードに、多段式宇宙ロケットと見られる大型ロケットが登場した。ロケットは長さ約36m、3段の液体ロケットだった。

6.3	「ジェミニ4号」宇宙遊泳20分（米国）　ジェームス・マクデヴィット空軍少佐、エドワード・H.ホワイト空軍少佐の両飛行士を乗せた「ジェミニ4号」が打ち上げられた。ソ連に触発された宇宙遊泳の実験と、ランデブーの実験が目的で、ホワイト少佐は20分の宇宙遊泳を行い、宇宙空間で体を自由に動かした。ランデブー計画は燃料不足と距離が開きすぎたために中止。
7月	誠文堂新光社「月刊天文ガイド」発刊（日本）　誠文堂新光社から天文雑誌「月刊天文ガイド」が発刊された。一般向けの天文雑誌としては、既に地人書館の「天文と気象」（のち「月刊天文」に改称）があったが、天文のみを扱ったものは初めてであった。創刊号には当時東京天文台長であった広瀬秀雄が「発刊によせて」を寄稿し、執筆陣には斎田博、下保茂、高瀬文志郎らが名を連ねた他、研究者や読者が撮影した天文写真や投稿コーナーの「読者のページ」なども掲載されており、以降の天文ブームの牽引役として活躍し、今日に至っている。
7.1	航空宇宙技術研究所、宮城県に角田支所を開設（日本）　航空宇宙技術研究所（NAL）が日本のロケットエンジンの水準向上を目的に、エンジンの基盤技術研究及び地上テストのための施設として宮城県角田市に角田支所を開設した。1978年（昭和53年）宇宙開発事業団（NASDA）が付近にフルパワー実機エンジンの開発試験を行う角田ロケット開発室を開いたが、2003年（平成15年）にはNALとNASDAが合併して宇宙航空研究開発機構（JAXA）となったことから、これらも統合して角田宇宙推進技術センター（現・角田宇宙センター）となった。
7.15	「マリナー4号」火星表面の撮影に成功（米国）　1964年11月28日、米国航空宇宙局（NASA）が打ち上げた「マリナー4号」は7月14日に火星に接近、15日25分間にわたり、火星表面（クレーター多数）21枚の写真を撮影、送信に成功した。また、火星付近の磁場が地球の10％以下であることなどを測定。
7.18	「ゾンド3号」打ち上げ成功（ソ連）　ソ連は、1964年4月、11月の「ゾンド1号」「2号」の失敗のあと、1965年7月18日、「ゾンド3号」を打ち上げた。「3号」は20日、66分間にわたり月の裏側の撮影に成功、1959年に「ルナ3号」が写せなかった約30％の一部を補完した。
8.21	「ジェミニ5号」長時間飛行の新記録（米国）　午後11時（現地時間午前9時）「ジェミニ5号」がゴードン・クーパー空軍中佐とチャールズ・コンラッド海軍少佐を乗せて打ち上げられた。ランデブー実験は燃料電池の故障から中止されたが、8日間、地球120周の長時間飛行の記録を達成。
9.19	池谷薫と関勉が「イケヤ・セキ彗星」を発見（日本）　静岡県のアマチュア天文家・池谷薫は、1965年（昭和40年）9月19日午前4時うみへび座西部に約7等の新彗星を発見し、東京天文台と倉敷天文台に報告した。また高知の関勉もほぼ同時にこれを発見して東京天文台に打電しており、2人の名をとってイケヤ・セキ彗星（1965f＝1965VIII）と名づけられた。その後、この彗星は太陽をかすめる彗星群の一員であることが判明した。この発見は、専門家だけでなく一般の人々にも注目され、彗星への関心を高めるきっかけとなった。
11月	東京大学宇宙航空研究所、観測用「カッパロケットK-10-1号」を打ち上げ（日本）　東京大学宇宙航空研究所は、科学衛星計画用の技術試験ロケットとして1965年（昭和40年）「カッパロケットK-10S-1号」を製作し、直径300mmの球型モータの飛翔試験に使用した。同年11月には「K-10」シリーズの2号にあたる「K-10-1号」が打ち上げられ、姿勢制御の試験に成功した。その後、「K-10型」は大直径と大重量のペイロード能力を買われて正式に観測機として採用され、姿勢制御装置を搭載することで精密な天文観測が可能になり、「K-10-13号」による銀河軟X線観測では"衛星1機に相当する"といわれるほどの優秀な成果をあげた。一方で技術試験は「K-10C型式」で継続され、フレアの性能試験や固体モータロール制御装置の試験などに供され、「M型ロケット」の開発に大きく貢献した。「K-10型」は1980年までに計14機が打ち上げられた。

1965年（昭和40年）

11月	「ベネラ（金星）2号」「3号」打ち上げ（ソ連）　11月12日に「ベネラ2号」16日に「ベネラ3号」が打ち上げられた。106日の飛行の果てに、「3号」は1966年3月1日午前9時56分（モスクワ時間）、金星の表面に到達、金星にソ連邦のペナントを置いた。
11.17	テンペル・タットル彗星によるしし座流星群が観測される（世界）　1965年（昭和40年）11月、テンペル・タットル彗星が残した塵による大規模な流星群（しし座流星群）が観測された。日本でも毎時100〜200個観測することが出来、特に11月17日2時12分に北関東で観測された流星は満月の数倍の明るさを持ったもので、長く流星痕が残った。翌1966年にも流星群が観測され、特に北アメリカ西部では1時間に5万個の流星が観測されたほどであった。
11.26	初の国産衛星打ち上げ成功（フランス）　フランスは自国製の人工衛星「ディアマンA1号」の自国製ロケットによる打ち上げに初めて成功した。
12.15	「ジェミニ6号」「7号」初ランデブー（米国）　ボーマン、ラベルの両宇宙飛行士が乗り組み、1965年12月4日に打ち上げられた「ジェミニ7号」と、シラー、スタンフォード両宇宙飛行士が乗り組み15日に打ち上げられた「6号」が、ランデブーに成功、互いに約1フィートの距離にまで接近し、5時間の編隊飛行を行った。初のランデブー成功となった他、「7号」は14日間、地球206周の長期間の軌道飛行記録を達成した。
12.16	「パイオニア6号」打ち上げ（米国）　米国は科学観測衛星「パイオニア6号」を打ち上げ、太陽を回る惑星間軌道に乗せた。地球の軌道より内側をまわり、太陽風、太陽の磁場、太陽大気と恒星空間の境界などについて測定する。
この年	林忠四郎、朝日賞を受賞（日本）　林忠四郎（京都大学教授）が「元素の起源と星の進化に関する研究」で朝日賞文化賞を受賞した。
この年	仁科記念賞受賞（日本）　三宅三郎（大阪市立大学）が「宇宙線ミュウ中間子およびニュートリノの研究」により、第11回仁科記念賞を受賞した。
この年	早川幸男ら、日本で初めてロケットによる宇宙X線観測を行う（日本）　名古屋大学の早川幸男らが、日本で初めてロケット（東京大学生産技術研究所が開発したもの）を用いた太陽系外の宇宙X線観測を開始した。以後、計4回の観測によってX線の背景放射や1962年（昭和37年）に発見されたさそり座X線源「ScoX-1」などのX線スペクトルを観測した。
この年	宇宙航行用プラスチック（米国）　熱及び電離放射線に対する耐性が最高と考えられる宇宙航行用芳香族系重合体2種が、米国航空宇宙局（NASA）から発表された。1つはPEN-2.6で、強いガンマ線の照射を受けても粘度が高く、たわみ性も保持される。もう1つはポリイミダゾピロンで、強い電子線を照射されても強度がほとんど変化しない。
この年	SF作家のE.E.スミスが没する（米国）　米国のSF作家E.E.スミスが死去した。スペースオペラ「宇宙のスカイラーク」はSFで初めて太陽系外を舞台とした作品として名高い。スペースオペラは〈スカイラーク〉シリーズの他、〈レンズマン〉シリーズでも知られ、日本でも1984年にアニメ映画化、テレビアニメ化されている。
この年	ネビュラ賞創設（米国）　米国SFファンタジー作家協会（SFWA）が米国の優れたSF作品に授与するネビュラ賞を創設した。ヒューゴー賞がファンにより選出されるのとは異なり、SFWAに所属の作家、編集者、批評家など、プロフェッショナルが選出する。毎年開催。ロイド・ビグル・ジュニア（Lloyd Biggle Jr.）が1965年、毎年優秀作のアンソロジーを出版することを提案し、その年度の優秀作を選考することが始まった。短編受賞作と、候補作数点を掲載したアンソロジーは毎年刊行されている。毎年春に開催される授賞式には、多くの作家と編集者が参加し、パネル・ディスカッションが行われる。部門は長編、長中編、中編、短編、脚本の5部門がある。この他、ネビュラ賞ではないが、顕著な業績のあるSF作家に贈られるグランド・マスター賞（2002年からは同年に亡くなったデーモン・ナイト（Damon Knight）の名を冠される）があり、同時に授与が行われている。なお、同一作品がヒューゴー賞、ネビュラ

この年	賞の両賞を受賞した作品は"ダブル・クラウン"と呼ばれる。
この年	宇宙背景放射を発見(米国)　A.A.ペンジアスとR.W.ウィルソンがマイクロ波電波として宇宙背景放射を発見。これは、後に3Kの黒体放射(電磁波を吸収する黒体が電磁波を放射する現象)であることが確認された。この発見は宇宙誕生のビッグバン仮説に影響を与え、彼らは1978年ノーベル賞を受賞した。
この年	「C.T.Dカタログ」完成(米国)　カリフォルニア工科大学のオーエンスバレイ電波天文台が、「掃天電波源のC.T.Dカタログ」を完成させた。
この年	星間メーザーの発見(米国)　宇宙空間で、大規模なメーザー現象(物質と電磁波との相互作用に起因するマイクロ波の増幅や発振)が起こり、強力な電波スペクトルが放射されていることがウィーバーらにより発見された。
この年	テレビドラマ「宇宙家族ロビンソン」の放映が開始(米国)　米国CBSテレビでアーウィン・アレン製作のSFドラマ「宇宙家族ロビンソン」の放映が開始された。1965年～1968年まで放送され、とある惑星に不時着した宇宙物理学者のジョン・ロビンソン一家と、トラブルメーカーのドクター・スミスによって巻き起こされる騒動をユーモラスに描き、人気を博した。1998年には原題の「ロスト・イン・スペース」で映画化もされた。
この年	「掃天電波源のボロニア第1カタログ」完成(イタリア)　イタリアのボロニア天体電波観測所が電波源を掃天観測した結果をまとめた「掃天電波源のボロニア第1カタログ」を完成させた。
この年	天文単位AUを測定(ドイツ)　S.ベーメと、W.フリッケがレーダーを用いて天文単位を測定した結果を発表した。天文単位「AU」(astronomical unit)は地球と太陽間の平均距離で、太陽系の天体の位置を記述する際に使われる単位。のち、1976年に国際天文学連合(IAU)で1天文単位=149597870kmという数値が採択された。
1965-1966	「エクスプローラー計画」(米国)　米国は、科学観測衛星「エクスプローラー」を、計画的に打ち上げてきた。1965年8月から1966年7月1日までに、「エクスプローラー29号」～「33号」の5個の衛星が打ち上げられた。中でも「32号」は6か月から9か月にわたり、地球周辺の科学データを観測し、昼夜・季節などによる変化の状況を捉えようとした。
1965-1966	「コスモス計画」(ソ連)　1965年8月から1966年7月にかけて、ソ連は「コスモス衛星」45個を打ち上げた。特に注目されたのはベチェローク、ゴリョークの2匹の犬を乗せた「110号」で、宇宙空間での放射能の影響を調査した。この衛星は3月16日に回収され、2匹の犬も生還した。
この頃	赤外線天体の発見(米国)　カリフォルニア工科大学のR.B.レイトンとG.ノイゲバウアーらが2ミクロン全天観測により、非常に強い赤外線の天体を多数発見した。H.L.ジョンソン、F.J.ロウらも同じ種類の天体「はくちょう座NML星」「いっかくじゅう座R星」を発見。これらは赤外線を放出する天体(赤外線星)で、後に1000K以下という低温の天体であることが判明した。

1966年
(昭和41年)

1.2	テレビドラマ「ウルトラQ」の放映が開始(日本)　TBSで特撮SFドラマ「ウルトラQ」の放映が開始された。円谷英二率いる円谷特技プロダクション(現・円谷プロダクション)が製作を手がけた、我が国で初めての本格的な特撮SFドラマ。その好評を

受けて製作された「ウルトラマン」は爆発的な視聴率を記録、ウルトラマンのみならず、敵役の怪獣たちも子どもたちに圧倒的な人気を呼んだ。以後も「ウルトラセブン」「帰ってきたウルトラマン」「ウルトラマンティガ」「ウルトラマンダイナ」「ウルトラマンガイア」の"平成ウルトラ3部作"、「ウルトラマンコスモス」「ウルトラマンメビウス」など多くの〈ウルトラ〉シリーズが製作された。

1.14 **ロケット設計者セルゲイ・コロリョフが没する**(ソ連) ロケット設計者セルゲイ・コロリョフが死去した。1907年生まれ。1931年ジェット研究所(GIRD)を設立、1933年ソ連で初めて液体推進燃料を使ったロケットの打ち上げに成功した。その後、粛清に遭い収容所に収監されたが復帰し、1949年までにロケットを使った高層気象探査に関与。ソ連における宇宙船の主任設計者としてその宇宙計画を担い、1957年世界初の人工衛星「スプートニク1号」の打ち上げ、1961年ガガーリン少佐による人類初の有人宇宙飛行を主導し、有人宇宙船「ボストーク」「ソユーズ」や惑星間探査用ロケット、月面軟着陸装置などを設計した。ソ連科学アカデミー会員。ソ連はその存在を機密とし、亡くなるまで隠し続けた。

1.31 **天体力学のディルク・ブラウワーが没する**(米国) 天文学者ディルク・ブラウワーが死去した。1902年オランダ生まれ。1927年に米国に渡り、1928年にエール大学の講師となり、1941年に教授兼エール天文台長となって、シュレジンジャーの後を継いだ。1959年から毎年エール大学天文台主催の天体力学夏の学校を開催し、1962年秋にはエール大学に天体力学研究センターを設立した。主に天体力学の分野で業績を残し、人工衛星の軌道計算の理論についても功績を残した。著書に「天体力学の方法」(1961年)がある。

1.31 **「ルナ9号」月面軟着陸成功**(ソ連) 1966年1月31日(モスクワ時間)、ソ連が無人自動ステーション「ルナ9号」を打ち上げ、2月3日午後9時45分(同)、「嵐の海」への月面軟着陸に初成功した。「ルナ9号」は月の地形写真を地球へ送信。初めて直接月面を写した写真となった。

2月 **気象衛星「エッサ1号」「2号」打ち上げ**(米国) 米国航空宇宙局(NASA)は実用気象観測衛星「ESSA(エッサ)1号」を2月3日に、「2号」を2月28日に打ち上げた。「1号」は地球表面のほぼ90%をカバーして米国の気象衛星センターに送るもので、世界的な気象資料の解析に役立てるもの。「2号」はローカル気象専用で、受信装置があれば世界中で雲の写真を受け取ることが可能で、世界22か国の88か所に受信装置が設置された。

3.16 **「ジェミニ8号」初のドッキング成功**(米国) 午前11時41分、アームストロング、スコット両宇宙飛行士が搭乗した「ジェミニ8号」が、同日午前10時に打ち上げられた標的「アジェナ」衛星とのドッキングに成功した。しかし噴射装置のトラブルが発生したため結合後35分で切り離し、「8号」は他の実験を全て中止して地球に帰還した。

3.31 **「ルナ10号」初の孫衛星になる**(ソ連) ソ連が打ち上げた「ルナ10号」が、月の軌道に乗り、初の孫衛星となったことを31日英国の天文台が確認した。「10号」は4月3日から5月30日まで、219回にわたる電波連絡を行い、月の磁場、月面からのガンマ線スペクトル、宇宙塵の量などについて伝えた。

4.8 **「OAO1号」打ち上げ**(米国) 米国最初の天体観測衛星「OAO1号」が打ち上げられた。天体からの紫外線、X線、ガンマ線などのスペクトル分析によって天体の化学的組成を明らかにし、密度・気圧などを算出することを目的としたが、電池の故障によって失敗に終わった。

5月 **精密機器メーカー・三鷹光器が創業**(日本) 東京天文台、府中光学、三鷹光機製作所を経て、中村義一が三鷹光器を創業した。宇宙開発・天文機器の開発に従事し、1983年(昭和58年)同社製造の人工オーロラ観測カメラが米国のスペースシャトルに搭載された。1998年(平成10年)惑星探査衛星「のぞみ」を開発・製造。1986年(昭和61年)ドイツのライカと業務提携を結び、1988年より医療機器の分野にも本格的に進

出。天文学の技術を応用した超精密機器や医療機器では世界屈指の企業として知られる。

6.2 「サーベイヤー1号」月面軟着陸成功（米国）　1966年5月30日、米国航空宇宙局（NASA）の月面探査船「サーベイヤー1号」が打ち上げられ、米東部夏時間6月2日午前2時17分、月面西部の「嵐の海」への軟着陸に成功。1万1041枚に及ぶ写真を送信した。なお、9月に打ち上げられた「2号」は制御不能のため月面に激突した。

6.3 宇宙遊泳長時間記録（米国）　6月3日に打ち上げられたサーナン、スタフォード両宇宙飛行士の搭乗した「ジェミニ9号」は、1日に先行して打ち上げられた「アジェナ」衛星とのランデブーには成功したものの、ドッキング計画は放棄。5日、サーナン飛行士が宇宙塵実験箱の収納やカメラの船外取り付けなど、2時間5分に及ぶ長時間の宇宙遊泳を行った。

6.7 「OGO3号」打ち上げ（米国）　米国が地球観測衛星「OGO3号」を打ち上げた。大きな長円軌道をとり、太陽風、太陽フレアー、地磁気や電離層などについてを研究対象とする。

7.18 「ジェミニ10号」ドッキング成功（米国）　打ち上げられた「ジェミニ10号」は、発射後5時間58分後、先行して打ち上げられた「アジェナ」標的衛星とのドッキングに成功、結合したまま人工衛星の軌道としては最高となる高度766kmの軌道へ上昇した。次いで初の2重ランデブーとなる「アジェナ8号」とのランデブーを20日に行ったあと、コリンズ飛行士が船外活動を行った。

7.23 「ラムダロケットL-3H型2号」打ち上げ成功（日本）　高度1040kmを記録し25項目の観測に成功するなどの成果を収めたラムダロケット「L-3型」の成功を受け、1965年（昭和40年）「L-3H型」の実験が開始された。東京大学宇宙航空研究所は「L-3H-2号」を7月23日打ち上げ、成功。「L-4S型」への弾みがついた。

8.11 「ルナ・オービター1号」打ち上げ（米国）　日本時間8月11日午前4時26分（10日午後3時26分）、米国航空宇宙局（NASA）は月面精査機「ルナ・オービター1号」をケープケネディ基地から打ち上げた。後に月の孫衛星となり、軌道40～45kmで月面を精密撮影した。「2号」は11月6日に、「3号」は1967年2月4日に、同4号が5月4日に、同5号が8月1日に、それぞれ打ち上げられた。

9.1 小田稔ら、X線星「ScoX-1」の位置を確認（日本）　さそり座X線天体「ScoX-1」は1962年（昭和37年）の発見以来、その正体を探る試みが各所で為されていたが、小田稔は1966年東京天文台岡山天体物理観測所の大沢清輝、寿岳潤らの協力を得て同所の188cm望遠鏡を使い、その光学的同定に成功した。この発見は直ちに米国のパロマー山天文台に報じられ、同台のサンデージらの観測によっても確認された。この天体は「エクスター」と命名された。以後、X線天体の研究は工学・天文学と連携しながら発展していくこととなる。

9.12 「ジェミニ11号」打ち上げ（米国）　2飛行士の乗った「ジェミニ11号」が打ち上げられ、その約1時間半前に打ち上げられていた「アジェナ」標的衛星とドッキングに成功。15日に西大西洋上に着水した。

11.11 「ジェミニ12号」打ち上げ（米国）　2飛行士の乗った「ジェミニ12号」が打ち上げられ、「アジェナ」標的衛星とドッキングに成功。「アジェナ」と分かれた「12号」は、ペルーの皆既日食撮影後に、11月15日大西洋上に着水。これにより、10回の飛行を行った「ジェミニ計画」は終了した。

12.6 応用技術衛星「ATS1号」打ち上げ（米国）　応用技術衛星「ATS（Application Technology Systemの略）1号」が打ち上げられた。3万6000kmの上空から、気象、航行などの実験を行った。翌年には同「3号」も打ち上げられ、これらの成果は、実用静止気象衛星計画「SMS/GOES（ゴーズ）計画」へと発展した。

12.21 「ルナ13号」打ち上げ（ソ連）　月探査「ルナ13号」は12月21日に打ち上げられ、24

日「あらしの大洋」に軟着陸した。同機は月面写真の送信、月面の土壌調査を行った。

この年　日本天文学会天体発見功労賞受賞（日本）　関勉が「彗星：C/1965 S1（Ikeya-Seki）」により受賞。

この年　仁科記念賞受賞（日本）　小田稔（東京大学宇宙航空研究所）が「ScoX-1の位置決定」により、第12回仁科記念賞を受賞した。

この年　藤本光昭、銀河衝撃波理論を提唱（日本）　名古屋大学の藤本光昭は、銀河衝撃波理論を提唱した。これはガスと星とから成り立っている銀河円盤においては、星間ガスの音速が小さいために密度波の重力場によるガスの変動密度が超音速になり、それによって銀河の渦に沿って大きな衝撃波が発生するという説である。以後、銀河の渦状構造の研究は、この銀河衝撃波理論と密度波理論を中心として発展することとなる。

この年　辻隆による低温度星の大気構造の理論的研究（日本）　東京大学の辻隆は、低温度星の大気構造の理論的研究を進め、分子の解離平衡の計算から、低温度星大気では多原子分子が重要になることを示した。

この年　堀源一郎、天体力学の正準変換の理論を提案（日本）　萩原雄祐の弟子である東京大学の堀源一郎は、天体力学における新しい正準変換摂動理論を構築した。これ以前の正準変換摂動理論は、新旧正準変数が解の表現に混在して何かと不便が多かったが、堀はこれにリー変換を用いることで、途中結果も最終結果も新正準変数のみで計算することを可能にした。これは「堀＝リーの理論」と呼ばれ、天体力学のみならず他の隣接領域にも応用されている。

この年　テレビドラマ「スタートレック（宇宙大作戦）」の放映が開始（米国）　米国NBCテレビでジーン・ロッデンベリーが企画・製作を手がけたSFドラマ「スタートレック（宇宙大作戦）」の放映が開始された。惑星連邦に所属する航宙艦U.S.S.エンタープライズと、同艦を率いるカーク船長や副長のスポックら乗組員の活躍を描いたスペースオペラで、1966年〜1969年まで放送され、人気を博した。その後、6作の劇場版や、ドラマ「新スタートレック」「スタートレック：ディープ・スペース・ナイン」「スタートレック：ヴォイジャー」「スタートレック：エンタープライズ」などが作られ、"トレッキー"と呼ばれる熱心なファンを持つ、世界有数のSFシリーズに発展した。

この年　「ルナ11号」「12号」打ち上げ（ソ連）　月探査衛星「ルナ11号」は、8月24日に打ち上げられ、月衛星軌道に乗った。また、「ルナ12号」も10月22日打ち上げられ、衛星軌道に乗り、両号とも月の写真を送信した。

この年　「宇宙条約」採択（世界）　国連第21回総会で、宇宙法の最初の成文法で基本法である「宇宙条約」（宇宙天体条約、正式には月その他の天体を含む宇宙空間の探査および利用における国家活動を規制する原則に関する条約）が採択された。日本は1967年に批准。宇宙活動の自由、宇宙の取得の禁止、天体・宇宙空間の平和的利用を基本原則とする。月及び天体については、軍事利用を禁止したが、宇宙空間については禁じてはいない。他、人工衛星などは宇宙空間に存在する間は打ち上げ国に管轄権があること、全ての宇宙活動について国家のみが損害賠償責任を負うこと、宇宙活動において国際協力をすることなどが挙げられている。以後、具体的な実現のため、宇宙空間平和利用委員会が「宇宙救助返還協定」「宇宙損害賠償条約」「月協定」などを作成した。

1966-1967　ラムダロケット「L-4S型機」の失敗（日本）　東京大学宇宙航空研究所では、人工衛星を軌道に乗せるラムダロケット「L-4S型機」の打ち上げ実験の失敗が続いた。「1号」は1966年9月26日に、「2号」は12月20日に、「3号」は1967年4月13日に失敗した。

1966-1967　太陽観測衛星打ち上げ（米国）　太陽光線、ガス、磁場の観測機器を積んだ「パイオニア7号」を、1966年8月17日に打ち上げ、1967年3月8日には、太陽放射線観測用科学衛星「OSO3号」を打ち上げた。

1966-1967　気象衛星「エッサ3号」打ち上げ（米国）　世界の天気を写真撮影して送信する気象衛星「エッサ3号」が、1966年10月2日に打ち上げられた。また、改良型「エッサ4号」も1967年1月26日に打ち上げた。

1966-1967　軍用衛星打ち上げ（米国）　秘密衛星を1966年9月28日に、有人軍用衛星実験として無人衛星船を11月3日に打ち上げた。また、ワシントン―南ベトナム間の軍用通信に使う8個の衛星を1967年1月18日に、3つ子の衛星を7月27日に打ち上げた。

1966-1967　静止通信「インテルサット」の打ち上げ（米国）　赤道静止通信「インテルサット2A」は、1966年10月26日打ち上げられたが、静止軌道に乗れず失敗、テレビ中継映像のみを送信した。静止通信「インテルサット2B」は、1967年1月11日に打ち上げられ、静止軌道に乗り、アジアと米国を結ぶ初の通信衛星となった。米通信会社の開発した新型通信衛星「インテルサット2C」も、1967年3月24日に打ち上げられた。

1966-1967　「コスモス衛星」複数打ち上げ（ソ連）　1966年8月から1967年8月の間に、少なくとも「コスモス衛星」を43個打ち上げた。

1966-1967　各種ロケットの打ち上げ（世界）　米国は、天体観測ロケット「STRAP」を1966年8月9日に打ち上げた。ソ連は、誘導飛行研究用ロケット「ヤンタール1号」を11月4日に打ち上げ、気球に太陽写真撮用天体観測器をつけて11月5日に飛ばし、撮影に成功。フランスは、猿を乗せた「ベスタロケット」を1967年3月7日に打ち上げた後、回収に成功。日本は、気象ロケット「MT-135」を1967年3月31日に、初の日米共同で打ち上げた。欧州宇宙開発機構は、人工衛星打ち上げ用ロケット「ヨーロッパ1号」を、1967年8月4日に打ち上げたが、失敗した。

1967年
（昭和42年）

1月　「アポロ」宇宙船第1号火災事故（米国）　1月下旬ケープケネディ宇宙センターで、グリソム、ホワイト、チャーフィーの3飛行士を乗せた「アポロ」宇宙船第1号の最終点検中、船内で火災が発生、3人は焼死した。なお、火災原因は、4月9日に出された報告書で、電気のスパークによるとされた。

2.6　ラムダロケット「L-3H型」打ち上げ（日本）　東京大学宇宙航空研究所は、バンアレン帯下部宮崎帯など8種の観測をするラムダロケット「L-3H-3号」を打ち上げ、高度2150kmに至った。

2.8　人工衛星「ジアデム1号」「2号」（フランス）　フランスが自国3番目の人工衛星「ジアデム1号」を打ち上げ、「2号」を2月16日に打ち上げた。

4.17　「サーベイヤー3号」打ち上げ（米国）　月探査宇宙船「サーベイヤー3号」は4月17日に打ち上げられ、19日「あらしの大洋」に軟着陸した。月面から見た日食を撮影した他、カラー写真約6300枚を撮影、パワーシャベルで月面を掘って土壌観測データを調査、それぞれ送信した。なお、7月に打ち上げられた「4号」は月面着陸直前に爆発した。

4.24　「ソユーズ1号」墜落（ソ連）　コマロフ大佐を乗せた「ソユーズ1号」は4月23日に打ち上げられたが、24日、地球帰還途中墜落し、同大佐は死亡した。

6.26　「われらの世界」放送（世界）　国際衛星を使用して世界同時中継する番組「われらの世界」が放送された。14か国が参加（日本からはNHKが参加）、中継地点は31か所。24か国で受信された。

8月　宇宙開発の長期計画（日本）　科学技術庁の二階堂進長官は、宇宙開発体制の一元化

1967年（昭和42年）

として、宇宙開発委員会と宇宙開発局の設置、ロケット・人工衛星開発担当法人機関を置くなどの骨子を示し、8月11日の閣議で了承された。科学技術庁は、29日には宇宙開発委員会と宇宙開発局の具体的な構想を、31日には、ロケット・人工衛星開発担当の具体案として宇宙開発事業団（NASDA）の構想を発表した。また、同庁は、1973年度を最終目標とする「長期宇宙開発6か年計画」を、9月12日発表した。これによれば、6か年間に通信実験衛星の打ち上げ後、通信・航海・気象衛星を軌道に乗せ、テレビ宇宙中継、台風予報などに利用する。

8.1 「ルナ・オービター5号」打ち上げ（米国）　米国航空宇宙局（NASA）はケープカナベラル基地から月探査機「ルナ・オービター5号」を打ち上げた。5日周回軌道に入り、月の裏面写真の送信開始した。また、表面の大部分を撮影し、翌年1月月面に衝突した。

9.7 生物衛星打ち上げ（米国）　人間の宇宙飛行での生物学的危険性の調査のため、動植物を乗せた生物衛星「バイオサタライト2号」が9月7日に打ち上げられ、9日に回収された。

10.10 日本、国連が採択した「宇宙条約」に署名（日本）　日本は、1966年（昭和41年）に国連が全会一致で採択した、宇宙空間の探査・利用の自由、月その他の天体を含む宇宙空間の領有の禁止、平和利用の原則、核兵器などの大量破壊兵器を運ぶ物体を軌道上へ乗せることの禁止などを盛り込んだ「月その他の天体を含む宇宙空間の探査及び利用における国家活動を規制する原則に関する条約」に署名した。

10.18 「ベネラ4号」初の軟着陸（ソ連）　1967年6月12日打ち上げられた「ベネラ4号」が10月18日、初めて金星軟着陸に成功。気温40〜280度、表面温度280度、気圧15〜22気圧、地場や放射能帯はなく大気のほとんどが炭酸ガスであることなどの観測データを送信した。しかし、送信は12時間で途絶えた。

10.19 金星探査機「マリナー5号」の観測データ（米国）　金星探査機「マリナー5号」は、1967年6月14日に打ち上げられ、10月19日、金星に3860kmまで接近した。気温260度以上、大気の72〜87%が炭酸ガスで、地場や放射能帯はない、などの観測データを送信し、「ベネラ4号」の観測データを証拠づけた。

10.21 赤色星研究のヘルツシュプルングが没する（デンマーク）　天文学者E.ヘルツシュプルングが死去した。1873年生まれ。1902年ウラニア天文台の員外助手になる。1905年恒星の絶対光度とスペクトル型との関係を図示した結果、赤色星に巨星と矮星の2種があることを発見した。1911年プレアデス、ヒアデスの2星団の星を、縦軸に絶対等級を、横軸に色指数を示したグラフで表した。1913年ラッセルが独立に同内容のグラフを作成、この表はHR図（ヘルツシュプルング＝ラッセル図）と呼ばれることになる。1909年ゲッティンゲン大学天文学準教授、ポツダム天文台員を経て、1919年オランダのライデン大学天文台副台長、1935年同台長。1945年退任。セフェイドによる小マゼラン星雲の距離の決定、星の光の有効波長測定から色を表現する方法の開発など、星団の研究、連星、変光星の研究にも業績を残した。

11.9 無人「アポロ」宇宙船打ち上げ（米国）　ロケット、宇宙船に宇宙飛行が与える影響、ロケット分離状況、緊急事態探知装置の性能、宇宙船の地球再突入時の耐熱装置の状態などのデータ収集のため、無人「アポロ」宇宙船を、「サターン5型ロケット」で11月7日打ち上げた。10日帰還、回収された。

11.29 オーストラリア初の人工衛星打ち上げ（オーストラリア）　オーストラリア初の人工衛星「スパルタ」が打ち上げに成功した。

この年 衛星研究部門発足（日本）　1月電電公社の電気通信研究所に衛星通信研究室が、6月には郵政省電波研究所に衛星研究開発部が設置された。

この年 石原藤夫「ハイウェイ惑星」が刊行される（日本）　SF作家・石原藤夫の代表作の1つである「ハイウェイ惑星」が刊行された。1965年（昭和40年）「SFマガジン」に掲載されたデビュー作が表題となった作品集。同作から始まる、惑星開発コンサルタン

ト社の調査員のヒノとシオダが様々に発展した惑星を巡る〈惑星〉シリーズは、日本を代表するハードSFとして著名。また、石原はSF図書の収集・整理にも力を入れ、「SF図書解説総目録」など、数々のSF書誌を刊行・公開している。

この年　末元善三郎、日本学士院賞を受賞（日本）　末元善三郎が「太陽及び恒星の彩層の研究」で第57回日本学士院賞を受賞した。

この年　ブラジルとの宇宙線共同研究（日本，ブラジル）　日本とブラジルは宇宙線共同研究のため、ボリビアの宇宙線観測所で、1年間多量の原子核乾板を露出してこれを解析検討した結果、SH量子模型を完成した。

この年　「サーベイヤー5号」「6号」の打ち上げ（米国）　「アポロ」宇宙船の着陸予定地確認、月の土壌分析などのために、「サーベイヤー5号」が、9月8日に打ち上げられた。11日「静かの海」付近に軟着陸し、月面写真の送信と、初の土壌調査を行った。米国航空宇宙局（NASA）は、月の岩石の20％が玄武岩だと発表。また、テレビカメラを搭載した「6号」は、11月7日に打ち上げられ、9日「中央の入り江」に軟着陸し、「アポロ」宇宙船の着陸予定地を調査し、土壌観測データを送信した。

この年　H.A.ベーテ、ノーベル物理学賞受賞（米国）　ベーテはヘルムホルツやケルビンが着目していたが、未解決であった星のエネルギー源としての原子力について、水素の原子核と炭素12の原子核の結合で窒素13の原子核ができ、これが反応を誘発して炭素が再生され、4個の陽子がヘリウム原子核に転換。この際、水素は燃料、ヘリウムは余剰産物、炭素は触媒となることを明らかにし、1938年のエネルギー発生過程を理論づけた。この「核反応理論、とくに恒星内部のエネルギー発生機構の解明」によりノーベル物理学賞を受賞した。

この年　SF作家のヒューゴー・ガーンズバックが没する（米国）　米国のSF作家ヒューゴー・ガーンズバックが死去した。1926年世界初のSF専門誌「アメージング・ストーリーズ」を発刊して"現代SFの父"と呼ばれ、SF界最高の賞の1つ・ヒューゴー賞にその名を残す。作品に「27世紀の発明王」の抄訳で知られる「ラルフ124C41＋」などがある。

この年　核実験査察衛星「ベラ」ガンマ線バーストを発見（米国）　核実験査察衛星「ベラ」が、数秒の間に強力なガンマ線が放射される現象、ガンマ線バーストを初めて発見した。

この年　世界初のVLBI観測の成功（米国，カナダ）　カナダと米国が、超長距離電波干渉計VLBI（Very Long Baseline Interferometer）による観測に初めて成功した。VLBIは長距離にある複数の電波望遠鏡を用いて天体を観測、共通の原子時計のクロック信号とデジタル記録データを観測後に比較して結果を測定する。

この年　カルグーラ太陽観測所発足（オーストラリア）　シドニーの国立理工学研究所所属のカルグーラ太陽観測所が発足した。直径3kmの円周の上に13mアンテナ96基を設置した電波干渉計により、太陽電波観測を行う。

この年　ヒューイッシュ、パルサー発見（英国）　ケンブリッジ大学のA.ヒューイッシュは、規則的なパルス状の電波を発する天体を宇宙空間に発見したと発表し、「パルサー」と命名された。パルサーは理論的に予測されていたが、観測によって存在が初めて確認された。

この年　グリニッジ天文台、アイザック・ニュートン望遠鏡を完成させる（英国）　英国のグリニッジ天文台が249cmの反射望遠鏡を設置、アイザック・ニュートン望遠鏡の愛称で親しまれた。1983年カナリー諸島ラスパルマスに移転。

1967-1968　「コスモス衛星」打ち上げ（ソ連）　1967年8月8日から1968年7月30日の間に、「コスモス衛星」が63個打ち上げられた。なお、1967年10月30日に打ち上げられた「188号」は、27日に打ち上げられた「186号」とのドッキングに成功し、ソ連の科学技術の進歩を証明した。また、1968年4月15日にも「213号」と「212号」のドッキングに

成功した。

1968年
（昭和43年）

1月	東京天文台岡山天体物理観測所のクーデ型太陽望遠鏡が完成（日本）	東京天文台岡山天体物理観測所の65cmクーデ型太陽望遠鏡（日本光学工業製）が完成し、太陽観測のプログラムに加わった。
1.7	「サーベイヤー7号」打ち上げ（米国）	高性能テレビカメラ、化学分析機器などの装置を搭載した「サーベイヤー7号」が打ち上げられた。チコ火口近くの山岳地帯に軟着陸。なお、この「7号」によりサーベイヤー計画は完了した。
2月	宇宙開発推進本部、勝浦電波追跡所と沖縄電波追跡所を開設（日本）	宇宙開発推進本部は、直径13mパラボラアンテナを備えた勝浦電波追跡所（千葉県勝浦市。現・勝浦宇宙通信所）と直径18mのパラボラアンテナを設置した沖縄電波追跡所（沖縄県恩納村。現・沖縄宇宙通信所）を開設した。両施設はともに人工衛星の追跡と管制を目的としたものである。
3.2	自動ステーション「ゾンド4号」打ち上げ（ソ連）	改良型新装置の調査などのため、自動ステーション「ゾンド4号」が打ち上げられた。
3.4	軌道地球物理実験室打ち上げ（米国）	太陽放射能と宇宙空間の観測をする軌道地球物理実験室「OGO」が打ち上げられた。
3.27	初の宇宙飛行士ガガーリンが没する（ソ連）	世界初の宇宙飛行士ガガーリンが死去した。1934年生まれ。13歳で就職し、鋳造工となる。働きながら夜間中学に通う。サラトフ工業高校在学中、町の航空クラブで空を飛び、航空士官学校卒後、北方守備隊空軍基地に勤務。1959年宇宙飛行士に選ばれ、1961年4月12日、「ボストーク1号」に乗り、人類初の宇宙飛行を行った。バイコヌール宇宙基地から発射、近地点181km、遠地点327km、1時間48分で地球を1周、ソ連領内エンゲルス市付近にパラシュートで帰還した。「地球は青かった」が第1声。米国に先駆すること10か月。1962年来日。以後宇宙飛行士の訓練にあたった。訓練中事故死。著書に「地球の色は青かった」（1961年）がある。なお、その偉業を讃え、ベルゲのオペラ「ガガーリン」や、イワーノフ「ガガーリン記念宇宙交響曲」などが書かれている。
4.6	SF映画「2001年宇宙の旅」が公開される（米国）	スタンリー・キューブリック監督のSF映画「2001年宇宙の旅」が公開された。アーサー・C.クラークの短編「前哨」を原案に、クラークとキューブリックが共同で脚本を書き、小説と映画が同時に製作された。モノリス（石板）の啓示による人類の進化を描き、画期的なSFX技術や、リヒャルト・シュトラウス「ツァラトゥストラはかく語りき」やヨハン・シュトラウス2世「美しく青きドナウ」などのクラシック音楽が効果的に使われ、SF映画のみならず、映画史に残る傑作として名高い。
4.7	「ルナ14号」打ち上げ（ソ連）	月周辺空間の研究のため「ルナ14号」が打ち上げられ、ソ連の4番目の月の衛星となった。翌年7月に打ち上げられた「15号」は月面に衝突。
5.2	宇宙開発委員会が発足（日本）	1967年（昭和42年）に宇宙開発審議会の出した「宇宙開発に関する長期計画及び体制の大綱について」（4号答申）を受けて、「宇宙開発委員会設置法」が公布・施行され、総理府の所管で科学技術庁長官を委員長とする宇宙開発委員会が発足した。これにより、従来の宇宙開発審議会は廃止された。同年8月16日にはその第1回委員会が開催された。

5.18	気象衛星を爆破(米国)　米国航空宇宙局(NASA)は、原子力発電機搭載の大型気象衛星「ニンバス3号」を5月18日に打ち上げたが、ロケットエンジンの故障で爆破した。
8.14	第1回国連宇宙平和利用会議、開催(世界)　第1回の国際連合宇宙平和利用会議(ユニスペース)が開催された。宇宙の平和利用に向けて協力計画を議論する。以後1982年、1999年に開かれた。
8.20	原子物理学者ジョージ・ガモフが没する(米国)　原子物理学者ジョージ・ガモフが死去した。1904年ロシア生まれ。ゲッティンゲン、コペンハーゲン、ケンブリッジ各大学に留学、ニールス・ボーア、アーネスト・ラザフォードの指導を受けた。1931年～1933年レニングラード大学教授。1934年米国に亡命、同年～1956年ジョージ・ワシントン大学教授。1940年米国市民権取得。1956年～1968年コロラド大学教授。この間、原子核のアルファ崩壊に関するトンネル理論、宇宙の起源に関する「アルファ・ベータ・ガンマ理論」「火の玉宇宙論(ビッグバン宇宙論)」、また生物の遺伝情報の符号化理論などを発表した。1959年に来日。難解な科学の問題を魅力的かつポピュラーな筆によって説明した独特な著作によって有名であり、主なものに「不思議の国のトムキンス(Mr. Tompkins in Wonderland)」「太陽の誕生と死」「原子力の話」「1、2、3…無限大」などがある。
9.14	「ゾンド5号」月周回飛行に成功(ソ連)　無人の「ゾンド5号」が打ち上げられ、月周回飛行を行った後、インド洋に着水、帰還した。同機には亀や昆虫などが乗せられており、生物も回収された。
10月	「世界SF全集」が刊行開始(日本)　早川書房より「世界SF全集」の刊行が開始された。「世界初の画期的企画」と銘打たれ、古今はジュール・ヴェルヌからブライアン・W.オールディス、J.G.バラードまで、東西は欧米から東欧・ソ連までを目配りして全35巻が刊行され、日本人作家では安部公房・星新一・小松左京が単独の巻で収録されている。
10.1	宇宙開発事業団(NASDA)、種子島宇宙センターを開設(日本)　科学技術庁は1961年(昭和36年)から液体ロケットの開発を独自に進め、伊豆諸島の新島にある防衛庁新島実験場で発射試験を行っていたが、1964年の宇宙開発推進本部の設置前後から新島では場所が狭すぎたことなどから、代替地を探さなければならなくなった。1966年5月、同庁は種子島南部の鹿児島県南種子町に種子島宇宙センターの建設を決定し工事を開始したが、1967年に地元の漁協との間で補償問題が起こり、以後約1年半にわたって種子島だけでなく内之浦の東京大学鹿児島宇宙空間観測所でもロケットの発射実験が出来なくなってしまった。1968年8月この補償問題が解決され、9月17日には種子島では初となる「SB-2A型ロケット9号」の発射実験が行われ、続いて「LS-C-D型ロケット1号」、「NAL-16H型ロケット1号」が打ち上げられた。そして10月には宇宙開発事業団(NASDA)が発足と同時に同団の施設となった。
11月	京都大学飛騨天文台が設立される(日本)　京都大学花山天文台は、1960年代になって京都市内の都市化が進み、その影響で観測環境が劣化してきたことから、新しい観測施設の設置を模索し始めた。その結果、岐阜県吉城郡上宝村(現・高山市)にある海抜1280mの大雨見山を最適地とし、1968年(昭和43年)11月に京都大学附属飛騨天文台が開設された。観測機器としては、花山天文台から60cm反射望遠鏡を移設した他、1972年にはカール・ツァイス社製の65cm屈折望遠鏡が新たに設置され、月や惑星などの太陽系天体の観測、火星の長期気候変動に関するデータ収集が行われている。
11.30	「ヨーロッパ1号」軌道に乗らず(フランス)　実験用通信衛星「ヨーロッパ1号」を11月30日打ち上げたフランス政府は、軌道に乗せられず、失敗したと発表した。
12.24	「アポロ8号」史上初の有人月周回飛行(米国)　12月21日に打ち上げられた米国の有人宇宙船「アポロ8号」が、24日、月の周囲を約20時間かけて10周するという史上初の有人周回飛行を行った。この模様はテレビ中継された。27日帰還。

この年	日本天文学会天体発見功労賞受賞（日本）	関勉が「彗星：C/1967 Y1（Ikeya-Seki）」、多胡昭彦・佐藤昭男・本田実・藤川繁久・山本博文が「彗星：C/1968 H1（Tago-Honda-Yamamoto）」により、それぞれ受賞。

この年　**日本天文学会天体発見功労賞受賞**（日本）　関勉が「彗星：C/1967 Y1（Ikeya-Seki）」、多胡昭彦・佐藤昭男・本田実・藤川繁久・山本博文が「彗星：C/1968 H1（Tago-Honda-Yamamoto）」により、それぞれ受賞。

この年　**モートン波のfast mode電磁流体衝撃波モデルの提案**（日本）　電磁流体力学的な手法によって天体現象の解明を進めていた東京天文台の内田豊が、太陽のフレアから発生するモートン波のfast mode電磁流体衝撃波モデルを提案した。

この年　**「インテルサット3」爆発**（米国）　米国航空宇宙局（NASA）が1968年9月18日に打ち上げた、メキシコオリンピックのテレビ中継用通信衛星「インテルサット3系1号」は爆発して墜落した。

この年　**質量密集地帯「マスコン」発見**（米国）　米国航空宇宙局（NASA）は「ルナ・オービター」や月軌道の観測解析から、月の重力異常を検出、高密度物質の分布域を「MASSCON（マスコン）」と命名。

この年　**マクドナルド天文台に270cm反射望遠鏡**（米国）　1932年銀行家マクドナルドの遺産を受けて設立され、2009年現在テキサス大学が管轄しているマクドナルド天文台に270cmの反射望遠鏡が設置された。

この年　**タウンズ、星間分子を発見**（米国）　レーザーの発明によって名高いC.H.タウンズが、星間ガスの中にアンモニア分子の存在を予測、観測に成功した。

この年　**グリフィス天文台長ディスモア・オルターが没する**（米国）　天文学者ディスモア・オルターが死去した。1888年生まれ。グリフィス天文台長の時、ウィルソン山天文台の客員観測者として、152cm屈折望遠鏡を駆使し、月の精密な写真を撮ることに成功し、月についての啓蒙書を書きアマチュアの興味を喚起した。宇宙産業の従事者にはセミナーを通して月や惑星について情報を提供し、宇宙開発の発展に貢献。ロサンゼルスのプラネタリウムの館長を兼任し、アマチュア天文学の交流に尽力した。

この年　**SF映画「猿の惑星」が公開される**（米国）　ピエール・ブールの小説を原作にした、フランクリン・シャフナー監督のSF映画「猿の惑星」が公開された。宇宙飛行士が不時着した惑星は猿が人間を支配する世界であり、その結末は多くの観客を驚かせた。その後、「続・猿の惑星」「新・猿の惑星」「猿の惑星・征服」「最後の猿の惑星」と5部作に発展、テレビシリーズも製作された。

この年　**パークス観測所の活動**（オーストラリア）　オーストラリア理工学研究所属のパークス観測所が、1964年からの電波源の掃天観測に基づき編纂していた「掃天電波源のパークス・カタログ」を完成させた。また、同年、かに星雲中に「パルサーNP0532」を発見。かに星雲の中心星であると確認した。

この年　**各種科学衛星の打ち上げ**（世界）　米国航空宇宙局（NASA）が、「パイオニア9号」を1968年11月18日に、ソ連は、宇宙線研究用の自動宇宙ステーション「プロトン4号」を11月16日に打ち上げた。また、米国は、天体望遠鏡を11機積み込んだ"空の天文台"「OAO2号」衛星を1968年12月7日に、太陽観測衛星「OSO5号」を1969年1月22日に、イオン層研究用の「ISIS1号」衛星を1969年1月30日、太陽面爆発調査用の「エクスプローラー41号」衛星を1969年6月21日にそれぞれ打ち上げた。

1968-1969　**「エッサ7〜9号」打ち上げ**（米国）　気象衛星「エッサ7号」が1968年8月6日に、「8号」が12月15日に、「9号」が1969年2月26日に打ち上げられた。

1968-1969　**通信衛星「モルニヤ1号」打ち上げ**（ソ連）　長距離無線電信電話中継とソ連中央テレビの中継に使用する、通信衛星「モルニヤ1号」が1968年10月5日と1969年7月23日に打ち上げられた。

1968-1969　**「コスモス衛星」複数打ち上げ**（ソ連）　1968年8月から1969年7月までに55個の「コスモス衛星」が打ち上げられた。その多くは偵察衛星で回収された。

1969年
(昭和44年)

1.16 史上初の有人ドッキング・移乗成功（ソ連）　1月14日に打ち上げられた「ソユーズ4号」が、15日に打ち上げられた「5号」と宇宙空間でドッキングした。「5号」のY.フルノフとA.エリセーエフ飛行士が「4号」に乗り移り、人類史上初の宇宙空間での有人移乗が成功した。

2月 東京大学宇宙航空研究所「PT-420型ロケット1号」を打ち上げ（日本）　東京大学宇宙航空研究所は、鹿児島県内之浦で「PT-420型ロケット1号」を打ち上げ、初の2次噴射による推力方向制御（TVC）の実験に成功した。

2月-3月 火星探査機「マリナー6号」「7号」の打ち上げ（米国）　米国の火星探査機「マリナー6号」「7号」が1969年2月24日と3月27日に打ち上げられた。あわせて約200枚の写真を送信。

5月 「ベネラ5号」「6号」金星に到達（ソ連）　ソ連の無人金星探査機「ベネラ5号」「6号」が1月に打ち上げられ、「5号」は5月16日、「6号」は5月17日に金星に到達、大気の温度や気圧などを測定して送信したが、両機とも測定中に破壊。

5.18 「アポロ10号」打ち上げ（米国）　「アポロ10号」が打ち上げられ、初めて月まで月着陸船を運んだ状態で月を31周回った。性能テストを行って26日帰還。なお、着陸船には「スヌーピー」、司令船には「チャーリー・ブラウン」という名称がつけられた。

6月 重力波を実験的に確認（米国）　メリーランド大学のウィーバーは、これまでの実験では存在を確認出来なかった重力波を、実験的に確認したと、6月に発表した。

6.29 生物衛星3号で猿の実験（米国）　猿を乗せた米国の生物衛星3号が打ち上げられた。猿用エサ分配機の故障で猿の健康が憂慮され、7月7日に衛星を回収したが、猿は翌日死亡した。

7.21 人類月面に第一歩（米国）　7月16日に3人の飛行士を乗せて打ち上げられた「アポロ11号」が日本時間21日午前5時17分39秒「静かの海」に着陸。11時39分36秒船長N.A.アームストロングが人類で初めて月面に第一歩を刻み、"これは小さな一歩だが、人類にとっては大きな飛躍だ"と発した。その模様はインテルサット通信衛星により、世界各地に配信。24日月面の岩石22kgを採取して帰還の途についた。

8.9 ノーベル賞受賞のセシル・フランク・パウエルが没する（英国）　物理学者セシル・フランク・パウエルが死去した。1903年生まれ。キャベンディッシュ研究所研究員、1928年ブリストル大学物理学助教授を経て、1948年～1969年教授。キャベンディッシュ研究所でウィルソンとラザフォードから霧箱撮影による核反応の検出実験を手ほどきを受け、その後原子核乾板の改良をはじめ、中性子の陽子による散乱の研究、宇宙線粒子の観測に貴重な業績をあげた。1947年πとμの2種類の中間子を発見、またκ中間子の種々の崩壊型を発見し「写真による原子核崩壊過程の研究方法の考察と諸中間子に関する発見」により1950年ノーベル物理学賞を受賞。また核兵器反対運動の先頭に立ち、英国平和委員会副議長も務めた。著書に「Nuclear Physics in Photographs」（共著,1947年）、「Selected Papers of Cecil Frank Powell」(1972年) がある。

8.20 地球物理学者リーズン・アダムズが没する（米国）　地球物理学者リーズン・アダムズが死去した。1887年生まれ。1906年イリノイ大学の化学工学修士となる。1910年カーネギー研究所地球物理研究室に勤め、1937年所長となる。1943年科学アカデミー会員となる。第一次大戦中、光学ガラスの製造にたずさわり、パロマー山望遠鏡用の鏡の製作に尽力する。また、高圧技術で岩石の弾性を測定し、それにもとづき全地球はニッケル・鉄・マグネシウム・ケイ素・酸素から成ると結論づけた。

9.3　緯度観測功労者・平三郎が没する（日本）　緯度観測を行い続けた平三郎が死去した。1908年（明治41年）生まれ。1923年（大正12年）岩手県水沢市にある国立緯度観測所に入る。1ミクロン以下の蜘蛛の糸を採集し、緯度観測のための望遠鏡「視天頂儀」の接眼レンズに貼りつける仕事を40年間以上に渡って続け、観測に貢献した。1967年（昭和42年）吉川英治文化賞を受賞。

10.1　宇宙開発事業団（NASDA）が発足（日本）　科学技術庁は1967年（昭和42年）に宇宙開発審議会で出された方針（4号答申）に基づき、宇宙開発推進本部を発展的に改組して科学技術庁・郵政省・運輸省が主管する特殊法人として宇宙開発事業団（NASDA）を設立することとなった。まずその根拠法として「宇宙開発事業団法」が1969年6月23日に公布・施行され、事業団の目的として「平和の目的に限り、人工衛星及び人工衛星打ち上げ用ロケットの開発、打ち上げ及び追跡を総合的、計画的かつ効率的に行い、宇宙の開発及び利用の促進に寄与すること」が明記された。そして10月1日をもって正式に発足し、本社、種子島宇宙センター、小平分室、三鷹分室、勝浦・沖縄の両電波追跡所で業務が開始された。なお初代理事長には東海道新幹線の実現で名高い島秀雄が就任した。

10.9　東京天文台、野辺山太陽電波観測所を開設（日本）　東京天文台では、1961年（昭和36年）から大型電波望遠鏡施設の建設地の選定をはじめ、その最適地として平坦で人工電波の少ない長野県野辺山高原を選び出し、1969年10月9日野辺山太陽電波観測所を開設した。開設時の同所の主要観測機器は160KHzの干渉計（直径6mパラボラアンテナ18基、直径8mパラボラアンテナ3基をそれぞれ東西、南北に配置）で、以後、1971年に17GHz干渉計、1976年に太陽バースト観測用動スペクトル計などが増設されており、これらを用いて太陽大気の高分解能電波観測や太陽電波スペクトルの測定などが行われている。

10.13　「ソユーズ」3機ランデブー（ソ連）　10月11日「ソユーズ6号」、12日「7号」、13日「8号」の有人3宇宙飛行船が各々打ち上げられ、13日史上初の3船ランデブーを行った。ランデブーは繰り返し行われた。

11.8　天文学者ベスト・スライファーが没する（米国）　天文学者ベスト・スライファーが死去した。1875年生まれ。1915年ローウェル天文台に入り、1926年台長になり、1952年まで在職した。夜光の分光観測に成功、惑星の自転周期決定、惑星大気や彗星の分光観測研究、渦巻星雲の大きな視線速度とその回転運動の発見、冥王星の探索指導など多岐にわたる業績があり、1933年海王星の大気にメタンがあることを発見した。

この年　日本天文学会天体発見功労賞受賞（日本）　藤川繁久が「彗星：C/1968 N1（Honda）」、伊藤勝司が「彗星：C/1968 Q2（Honda）」により受賞。

この年　「アポロ11号」搭乗者、文化勲章受章（日本）　アームストロング（「アポロ11号」宇宙船船長）、オルドリン（操縦士）、コリンズ（同）が第29回文化勲章を受章した。外国人では初めての受章。

この年　藪内清、朝日賞を受賞（日本）　藪内清（京都大学名誉教授）が「中国の天文暦法」など中国の科学技術史研究の功績により朝日賞文化賞を受賞した。

この年　東京天文台にミリ波帯の宇宙電波を観測用6mパラボラアンテナが完成（日本）　三鷹の東京天文台にミリ波帯の宇宙電波観測用の直径6mのパラボラアンテナが完成した。

この年　科学技術映像祭受賞（1969年度、第10回）（日本）　岩波映画製作所、文部省「X線天文学への道」が受賞した。

この年　中山茂、「A history of Japanese astronomy」完成（日本）　東京大学天文学科の出身で、米国で本式の科学史の教育を受けた中山茂は、1960年（昭和35年）から日本の天文学史を英文で記述した「A history of Japanese astronomy（日本天文学史）」を執筆し、1969年ハーバード大学への学位論文として完成・出版した。

この年　東辻浩夫と木原太郎、銀河の2点相関関数$\xi gg(r)$の巾法則を発見（日本）　東京大学

の東辻浩夫と木原太郎は、銀河の構造に関して、銀河の2点相関関数ξgg(r)の巾法則を発見した。このξgg(r)は、学界ではこれ以前から知られていたが、固体物理学を研究していた彼らは相転移における臨界点付近では物理量が巾法則に従うことから、膨張宇宙についてもこれが当てはまると仮定した。1967年(昭和42年)には米国リック天文台が2次元銀河カタログを解析し、その仮定が正しいと証明された。

この年　「パルサーNP0532」からのX線パルスを確認(米国)　マサチューセッツ工科大学と、コロンビア大学の研究グループが、かに星雲の「パルサーNP0532」から放射されるX線及び可視光のパルスを観測した。

1970年
（昭和45年）

1.25　特撮監督の円谷英二が没する(日本)　"特撮の神様"と呼ばれる特撮監督の円谷英二が死去した。もとは映画のキャメラマンで、1942年(昭和17年)に製作された山本嘉次郎監督「ハワイ・マレー沖海戦」では実物と見まがうばかりの迫力ある映像を作り出して高い評価を受けた。1954年特撮を手がけた我が国初の本格的怪獣映画「ゴジラ」が国内外で大ヒット。以来、同作の本多猪四郎監督とのコンビで「空の大怪獣ラドン」「地球防衛軍」「ガス人間第一号」「モスラ」「妖星ゴラス」「マタンゴ」「怪獣大戦争」などをコンスタントに送り出し、東宝における主要路線に成長させた。1963年円谷特技プロ(現・円谷プロダクション)を設立、1966年にはテレビ特撮映画「ウルトラQ」「ウルトラマン」(監修)が人気を呼び、怪獣ブームを巻き起こした。

2.11　東京大学宇宙航空研、国産初の人工衛星「おおすみ」の打ち上げに成功(日本)　午後1時25分、東京大学宇宙航空研究所のラムダロケット「L-4S-5号」による人工衛星の打ち上げが鹿児島県内之浦の東京大学鹿児島宇宙空間観測所で行われた。方位角93度、仰角63度にセットされたランチャから発射されたロケットは、8秒後に2本の補助ロケットが切り離され、やがて4段目が軌道にのり、発射から1時間半後の2時55分には米国航空宇宙局(NASA)より、衛星からのテレメトリ電波を補足したことを伝える電報が「Congratulation」のメッセージと共に内之浦にもたらされた。午後3時56分には軌道を1周した衛星からの信号を内之浦でも捉えることが出来た。これにより、日本は国産初の人工衛星の打ち上げに成功(ソ・米・仏に次ぎ4番目)、人工衛星は打ち上げの地にちなんで「おおすみ」と命名された。なお、「おおすみ」からの信号は次第に弱まり(電源容量の急激な低下により、14～15時間程度で途絶したといわれる)、2月13日以後は完全に通信が途絶えたが、その後33年間にわたって軌道を周回しつづけ、2003年(平成15年)8月2日に北アフリカに落下し、その役目を終えた。

2.14　本田実、へび座に新星を発見(日本)　戦後を代表するコメットハンターであった倉敷天文台の本田実は、1970年(昭和45年)頃から新星の探索を主に行うようになり、同年2月14日朝にへび座東部に約6.8等の新星を発見した。これは戦前の岡林滋樹による、いて座新星発見(1936年)以来、34年ぶりの日本人による新星発見であった。

3.14　日本万国博覧会(大阪万博)、開幕(日本)　大阪・千里丘陵で「人類の進歩と調和」をテーマに、日本万国博覧会(大阪万博、EXPO'70)が開催された。我が国初の国際博覧会であり、77か国と4つの国際機関が参加した。1970年(昭和45年)3月14日から9月13日までの日程で、万博史上最高の約6400万人の入場者を集め閉幕した。芸術家・岡本太郎がデザインした「太陽の塔」はこの万博のイメージを決定づけるインパクトを残し、閉幕後も保存されることになった。数あるパビリオンの中でも米国館に展示された、月面から持ち帰った「月の石」は大評判となり、パビリオン入場に長蛇の列が出来た。

1970年（昭和45年）

3.29	小惑星「ヒルダ」研究の秋山薫が没する（日本）　天文学者の秋山薫が死去した。1901年（明治34年）生まれ。1929年（昭和4年）東京帝国大学の副手となり、平山清次の指導で小惑星の運動解明を続ける。東京医科大学教授などを経て、1949年法政大学教授。特異小惑星「ヒルダ」の研究で知られ、1977年ハーバード大天文台が発見した小惑星が「アキヤマ」と命名された。
4.13	「アポロ13号」事故（米国）　J.ラベル船長、J.スワイガート、F.ヘイズ飛行士を乗せた米国の月探索船「アポロ13号」が4月11日打ち上げられた。13日「アポロ」宇宙船の酸素タンクが爆発し、呼吸用の酸素や電気、水の供給源が断たれる大事故に遭ったが、14日87時間ぶりに地球に生還した。1995年にこの事故を題材にした映画「アポロ13」が公開された。
4.24	人工衛星打ち上げ初成功（中国）　中国が人工衛星「中国1号 東方紅」の打ち上げに初めて成功、世界で5番目の衛星打ち上げ国となった。
6.1	有人夜間打ち上げ成功（ソ連）　2人乗り宇宙船「ソユーズ9号」が打ち上げられた。有人宇宙船の夜間打ち上げとしては世界初。19日帰還。A.ニコラエフ飛行士とV.セバスチャノフ飛行技師が長期無重力状態実験を行い、帰還後、著しく筋力が低下していることが判明、これは「ニコラエフ効果」として知られ、宇宙ステーションでの適度な運動の必要性が認識された。
8月	気象ロケット打ち上げ（日本）　気象庁は、1961年（昭和36年）に世界気象機関（WMO）からの勧告を受けて気象ロケットによる観測の計画を進め、まず同庁と東京大学宇宙航空研究所との共同開発で「MT-135型ロケット」が開発された。その後、同庁では岩手県三陸町綾里に気象ロケット観測所を設置し、「MT-135型」に付近を航行する漁船に対する危険防止策として緩降下用のパラシュートを追加した「MT-135P型」による気象観測を1970年8月から開始した。この「MT-135P型」による定期観測は毎週1回行われ、2001年（平成13年）までに合計1100機以上が打ち上げられた。
8月	「ハヤカワSF文庫」が創刊される（日本）　早川書房からSFを専門とした文庫「ハヤカワSF文庫」が創刊された。福島正実の後任として「SFマガジン」2代目編集長を務めていた森優は、文学寄りであった福島と違い、エンタテインメントを主体とした路線に舵を切り、第1弾にエドモンド・ハミルトンのスペースオペラ「さすらいのスターウルフ」を選んだ。1974年（昭和49年）森は早川書房を退社、南山宏の筆名でSFやUFO、怪奇現象の研究者、翻訳家として活躍する。
8.17	「ベネラ7号」打ち上げ（ソ連）　ソ連の金星探査機「ベネラ7号」がバイコヌール宇宙基地から打ち上げられた。120日の飛行の後、12月15日世界で初めて金星に軟着陸した。
9月	「M-4S-1」ロケット打ち上げ（日本）　東京大学宇宙航空研究所が「ミューロケット」の第1世代として、4段式の「M-4S型ロケット1号」を打ち上げた。しかし、ロケット姿勢制御部の電磁弁の不具合が原因でスピン数が過度に増大し、第4段目がうまく作動せず、衛星を軌道に乗せられなかった。
9月	「アポロ計画」を縮小（米国）　米国航空宇宙局（NASA）は、予算縮減のため「19号」までの「アポロ計画」を縮小し、「17号」で終了することを1970年9月発表した。
9.12	「ルナ16号」打ち上げ（ソ連）　ソ連は9月12日バイコヌール宇宙基地から、無人月ロケット「ルナ16号」を打ち上げた。同機は17日月の周回軌道に入り、20日「豊かの海」に軟着陸。月の石を採集して24日帰還した。
10月	「N-1ロケット」開発開始（日本）　宇宙開発事業団（NASDA）は、1970年（昭和45年）10月より日本初の実用衛星打ち上げ用の液体ロケットとして、1000km円軌道へ約800kg、静止軌道へ約130kgの打ち上げ機能を持つN-Iロケットの開発に着手した。
10.20	自動宇宙ステーション「ゾンド8号」打ち上げ（ソ連）　月面の物理研究などの目的で、自動宇宙ステーション「ゾンド8号」がバイコヌール宇宙基地から10月20日に打

ち上げられ、27日に地球に戻り回収された。月のカラー写真撮影に成功。

11.10　「ルナ17号」打ち上げ（ソ連）　新機械システム検査などのため、無人月ロケット「ルナ17号」が打ち上げられた。搭載した月面8輪車「ルノホート1号」に地上からの指令で17日月面走行と観測をさせ、月の土質が玄武岩に似ていることなどが判明した。

12.12　初のX線天文衛星「ウフル」打ち上げ（米国）　スカウトロケットにより、サンマルコ基地から初のX線天文衛星「SAS-A（ウフル）」が打ち上げられた。X線源の全点図の作成を目的とする。1971年同衛星はX線パルサー「CenX-3」を発見した。

この年　若生康二郎、木村のz項の原因解明（日本）　若生康二郎は水沢緯度観測所での観測データを基に、木村栄が発見したz項の原因を解明した。木村は地球の章動運動を、地球を変形しない剛体として計算していたが、実際には地球内部は弾性マントルや流体核などの複雑な層構造のために変動があり、剛体とは異なった章動運動をとる。このことから、若生はこの半年周章動項の誤差がz項の本質的原因であることをつきとめた。木村のz項発見から68年目のことであった。

この年　小惑星の発見者・及川奥郎が没する（日本）　天文学者・及川奥郎が死去した。1896年（明治29年）、岩手県生まれ。1920年（大正9年）東京帝国大学理学部天文学科を卒業後、1922年から東京天文台に勤務。天体の位置観測に従事し、天文台の三鷹移転後の1927年（昭和2年）から1930年にかけて口径20mmブラッシャー製天体写真儀を用いて7個の小惑星を発見した。1932年には平山清次らと共に米国メイン州の日食観測に参加した。1950年定年退官。なお、1967年に発見された小惑星「オイカワ（及川）」（番号2667）は彼の名にちなむ。

この年　日本天文学会天体発見功労賞受賞（日本）　佐藤安男・小坂浩三が「彗星：C/1969 T1（Tago-Sato-Kosaka）」、大道卓・藤川繁久が「彗星：C/1970 B1（Daido-Fujikawa）」により、それぞれ受賞。

この年　科学技術映像祭受賞（1970年度、第11回）（日本）　岩波映画製作所、国際電電公社「衛星通信」が受賞。

この年　星雲賞授賞開始（日本）　日本SF大会参加者の投票により、優秀SF作品、及びSF活動に対し与えられる賞、星雲賞の授賞が開始された。第1回の受賞作品は日本長編部門「霊長類 南へ」、日本短編部門「フル・ネルソン」（共に筒井康隆）、海外長編部門「結晶世界」（J.G.バラード, 中村保男訳）、海外短編部門「リスの檻」（トマス・M.ディッシュ, 伊藤典夫訳）、映画演劇部門「プリズナーNo.6」（ゲーリー・アンダーソン製作）、「まごころを君に」（ラルフ・ネルソン監督）。現在は日本長編部門、日本短編部門、海外長編部門、海外短編部門、メディア部門、コミック部門、アート部門、ノンフィクション部門、自由部門からなる。

この年　ウィルソン山・パロマー山天文台改称（米国）　1948年以来運営されていたウィルソン山・パロマー山天文台（他ラスカンパナス天文台、ビッグベア太陽観測所も含めた天文台群の総称）がC.P.ハスキンズによって、ヘール天文台と改称された。同天文台は1980年以降、カーネギー研究所とカリフォルニア工科大学などに分割された。

この年　マウナケア天文台発足（米国）　ハワイ大学天文学教室により、天体観測好適地・マウナケア山頂付近に天文台が設置された。同天文台は223cmの反射望遠鏡を設置。それによる成果が認められ、以後各国の望遠鏡が設置されることとなった。

この年　アルベーン、ノーベル物理学賞を受賞（スウェーデン）　アルベーンは1930年代後半から1940年代前半にかけて重要な研究を行った。太陽黒点の運動を電磁場とプラズマの相互作用で説明することを試み、凍結された磁束の定理を定式化。後にこの定理を用いて宇宙線の起源を説明。1939年オーロラと磁気嵐に関する理論を提唱。これ以後の地球磁気圏に対する考え方に強く影響した。また、磁場中で複雑な螺旋を描く荷電粒子の運動を記述する方法として案内中心近似を考案。今日でも広く使われている。1942年プラズマのなかを伝播するある様式の電磁波の存在を予言。この現象は後にプラズマ中や液体金属中で観測されている。同年、太陽系の諸

惑星の起源に関する理論を展開。この理論は内惑星の形成を適切に説明することは出来ないが、太陽系の形成にMHDが関与していることを示した点で重要。1970年電磁流体力学での基礎的実績と発見によりノーベル物理学賞を受賞した。

この年　「*Journal for the History of Astronomy*」創刊（英国）　天文学史の雑誌「*Journal for the History of Astronomy*」が創刊された。

この年　マックス・プランク協会、100mアンテナ完成（西ドイツ）　マックス・プランク協会天体物理学研究所（マックス・プランク電波天文学研究所）がボン近辺に100m口径のパラボラ・アンテナを設置した。自由に観測の方向を設定出来る、世界最大級の電波望遠鏡。

この年　月の裏にも命名承認（世界）　英国のブライトンで第14回国際天文学連合（IAU）総会が開催され、月の裏側にあるクレーターへの命名も正式に採択された。

この頃　米の衛星による放射能汚染（米国）　原子力委員会は、1964年にマダガスカル上空で消滅した人工衛星が、南半球の12か国を放射性プルトニウムで汚染したと、3月3日に発表した。

1971年
（昭和46年）

1月　小田稔、ブラックホール天体はくちょう座「X-1」を発見（日本）　1962年（昭和37年）マサチューセッツ工科大学のロッシらのグループに参加してX線源「ScoX-1」の発見に立ち会った小田稔は、1966年から東大宇宙航空研究所でX線源天体の調査と研究を続け、気球やロケット、アメリカの観測衛星「ウフル」などによる観測と研究を続けた結果、はくちょう座にX線源天体「CygX-1」を発見し、1971年までにその位置を1秒角の範囲まで特定することに成功した。このはくちょう座「CygX-1」は、今日ではブラックホールの候補と目されており、その発見はブラックホールの構造を解明する上での大きな発見として世界的に高い評価を受けた。また、のちに日本のX線天文衛星「はくちょう」の名の元にもなった。

2.1　「アポロ14号」打ち上げ（米国）　A.シェパード船長ら3飛行士を乗せた「アポロ14号」が日本時間2月1日（現地時間1月31日）打ち上げられた。2月5日（現地時間4日）2人の飛行士が、「フラマウロ＝クレーター」近辺の月面に着陸、「ALSEP（月面科学実験装置群）」の操作、月物質の採取など月面活動ののち、地球へ2月9日に帰還した。滞在時間は33時間30分間に及んだ。

3月　種子島宇宙センター竹崎射場、開設（日本）　宇宙開発事業団（NASDA）が種子島宇宙センター内に、小型ロケットを中心に発射する竹崎射場を開設した。

4.19　「サリュート1号」を打ち上げ（ソ連）　宇宙ステーション建設計画の一環として、科学宇宙船「サリュート1号」が打ち上げられた。「サリュート」との共同実験のために3人の飛行士を乗せた宇宙船「ソユーズ10号」が4月23日打ち上げられ、24日「サリュート」とドッキングしたが電気系統の故障で「サリュート」への飛行士乗り移りは失敗、25日に帰還した。

5.19　「火星2号」打ち上げ（ソ連）　火星探査機「火星2号」が打ち上げられ、11月27日、火星を回る人工衛星となった。また、火星探査機「火星3号」が、5月28日に打ち上げられ、12月2日、初めて降下船により火星に軟着陸、火星表面の画像を送信した。

5.30　「マリナー9号」打ち上げ（米国）　火星探査機「マリナー9号」が5月30日に打ち上げられた。日本時間11月14日（現地時間13日）火星周回軌道に入り、初の火星人工衛

星となった。以後火星の写真7329枚を電送し、火星が地球に似ていることや、渓谷、火山の存在などが明らかになった。1972年10月27日、無線が途絶えた。

6.6 「ソユーズ11号」飛行士、死の帰還（ソ連） 6月6日に打ち上げられた3人乗り「ソユーズ11号」は、「サリュート1号」とドッキングし、1か月間の船内滞在を目指したが、24日間の滞在記録をたてた時に帰還命令が出された。30日に地球に着陸したが、宇宙船内の気密が失われ、ドブロボルスキー船長、ウォルコフ、パツェエフの3飛行士が座席上で死亡しているのが確認された。

6.29 宇宙事故の損害賠償（世界） 国連宇宙平和利用委員会は、打ち上げられた人工衛星などによる損害の賠償に関する国際協定案を、1971年6月29日に採択した。

7月 コロナグラフが完成（日本） 日本光学工業（現・ニコン）が望遠鏡の中に人工日食を起こすコロナを観測出来るコロナグラフを完成した。

7.11 SF編集者・作家のジョン・W.キャンベルが没する（米国） 米国のSF編集者・作家であるジョン・W.キャンベルが死去した。1937年よりSF雑誌「アスタウンディング・サイエンスフィクション」編集長に就任、それまでの荒唐無稽なものから、小説的に完成したSFを追究してアシモフ、ハインライン、スタージョン、ヴァン＝ヴォクトら多くのSF作家を育て、米国SFの黄金時代到来に貢献。作家としても「月は地獄だ！」「暗黒星通過！」などを書いており、「影が行く」は「遊星よりの物体X」「遊星からの物体X」として2度映画化された。

7.26 「アポロ15号」打ち上げ（米国） 3飛行士が乗った「アポロ15号」は、7月26日に打ち上げられ、アペニン山脈北側に着陸。D.R.スコットとJ.B.アーウィンが2台の月面車を用いて岩石採集、写真撮影などを行った後、ミニ衛星の発射に成功して8月、地球に帰還した。月面滞在時間は約67時間。

8.25 宇宙開発計画の方針変更（日本） 科学技術庁は、1971年度の宇宙開発では、固体燃料ロケットから液体燃料ロケットの開発に切り替える方針を発表した。

9.28 科学衛星「しんせい」打ち上げ（日本） 東京大学宇宙航空研究所は、電離層プラズマ、短波帯太陽電波、宇宙線などを観測する科学衛星第1号「しんせい」を9月28日M-4S型ロケット3号によって打ち上げた。

この年 日本天文学会天体発見功労賞受賞（日本） 佐藤安男・関勉・小林徹・多胡昭彦が「彗星：C/1970 U1（Suzuki-Sato-Seki）」により受賞。

この年 林忠四郎、日本学士院賞恩賜賞受賞（日本） 林忠四郎が「核反応と恒星の進化に関する研究」により第61回日本学士院賞恩賜賞を受賞した。

この年 萩原雄祐、英文教科書「Celestial Mechanics」上梓（日本） 萩原雄祐は自身の天体力学研究の集大成として、英文教科書「Celestial Mechanics」（全5巻）を上梓した。これは総ページ5600を超える大著で、その基礎になったのは1947年（昭和22年）刊の「天体力学の基礎」であった。

この年 衛星「OSO7号」、コロナ質量放出を発見（米国） 米国航空宇宙局（NASA）の人工衛星「OSO7号」が、太陽コロナで大量のガスが放出されるコロナ質量放出（CME: Coronal mass ejection）と呼ばれる現象を捉えた。

この年 ケンブリッジ大学マラード電波天文台が開口合成電波干渉計を完成（英国） 1957年に設立され、1967年ヒューイッシュがパルサーを発見したケンブリッジ大学マラード電波天文台に、口径13mのパラボラアンテナ8基を5kmの基線上に配置した開口合成電波干渉計が完成した。1974年には、はくちょう座Aの干渉観測を行い、電波源の2つ目玉構造を確認した。

1971-1972 宇宙開発事業団（NASDA）のロケット打ち上げ実験（日本） 宇宙開発事業団（NASDA）は、液体燃料開発が目的の「LSC-5号」を1971年9月10日に、誘導制御技術などの開発が目的の「JCR-6号」を同17日に、ガスジェット制御開発が目的の「JCR-7号」を1972年2月6日に打ち上げた。

1971-1972　東京大学の観測ロケット次々に打ち上げ（日本）　東京大学宇宙航空研究所は「K-9M-31号」を1971年8月18日午後9時に、「L-4SC-1号」を20日午後2時10分に、「K-10-7号」を同日午後9時10分に、「K-9M-36号」を25日午後2時40分に、「K-9M-33号」を26日午後7時35分に、「S-160-4号」を1972年2月21日午前11時にそれぞれ打ち上げた。

1971-1972　無人月探査機ルナの活躍（ソ連）　無人月探査機「ルナ18号」は、1971年9月2日に打ち上げられたが、軟着陸に失敗し11日に連絡が途絶えた。「ルナ19号」は、9月28日に打ち上げられ軌道に乗ったが、その後は発表されていない。「ルナ20号」は、1972年2月14日打ち上げられたのち、史上初の月への軟着陸を果たし、写真撮影、岩石採取などを終え、25日に無事帰還した。

1971-1972　「コスモス衛星」の打ち上げ（ソ連）　ソ連は「コスモス衛星」を1971年8月から1972年7月までに79個打ち上げた。

1972年
（昭和47年）

1.5　ニクソンのスペース・シャトル開発計画（米国）　ニクソン大統領が、有人宇宙飛行船を回収して再利用するスペース・シャトルの開発を始めると、1972年1月5日に発表した。

3.1　スパイ衛星打ち上げ（米国）　ソ連は中国のミサイル実験監視用にスパイ衛星を打ち上げた。

3.3　木星探査機第1号「パイオニア10号」打ち上げ（米国）　ケープカナベラル基地から「パイオニア10号」が打ち上げられた。7月15日史上初めてアステロイド・ベルトに突入。

3.26　高松塚古墳に星宿図（日本）　奈良県の飛鳥時代後半の古墳・高松塚古墳が発掘され、天井と側壁面に金箔を朱線で結んだ星宿図が描かれていることが明らかになった。世界最大規模の星座の摸写として話題になった。

3.27　「ベネラ8号」打ち上げ（ソ連）　自動宇宙ステーション「ベネラ8号」が打ち上げられ、7月22日に金星に軟着陸、ソ連のペナントを置いた。金星の温度が470度、気圧が90気圧、大気のほとんどが二酸化炭素でわずかにアンモニアがあり、土は花崗岩に似ているなどの観測結果を得た。

4月　「アポロ16号」（米国）　3人の飛行士を乗せて打ち上げられた「アポロ16号」が、21日に月に着陸し月面車でのドライブや観測を行い、月面滞在71時間、船外活動20時間、採取岩石93kgの新記録を立てて28日に帰還した。

6月　宇宙開発事業団（NASDA）の筑波宇宙センターが開設（日本）宇宙開発事業団（NASDA）は筑波研究学園都市内に筑波宇宙センターを開設した。約53万平方mという広大な敷地を誇り、人工衛星やロケットなどといった宇宙機の研究開発及び試験、並びに打ち上げた人工衛星の追跡・管制を行っている。他に、国際宇宙ステーション（ISS）計画への参画を見据えた日本初の有人宇宙施設「きぼう」の開発・試験・運用も行っており、それに伴う宇宙試験や宇宙飛行士の育成も手がけるなど、日本の宇宙開発における総合的な中枢として機能している。また「きぼう」日本棟の実物大模型や人工衛星のモデルなどの展示によって実際の宇宙開発に触れることが出来る展示室も併設している。

6.29　自動ステーション「プログノーズ2号」打ち上げ（ソ連）　太陽活動観測用に自動ステーション「プログノーズ2号」が打ち上げられた。

6.30	うるう秒が実施される(世界)　グリニッジ標準時6月30日の11時59分60秒の次に1秒を追加する「協定世界時(うるう秒)」が行われた。
7.17	米ソの宇宙船協力計画(米国,ソ連)　米国宇宙船「アポロ」とソ連宇宙船「ソユーズ」をドッキングさせる計画で、両国が同意したと、1972年7月17日発表された。
8.13	「エクスプローラー46号」打ち上げ(米国)　流星の断片の危険性研究のために「エクスプローラー46号」が打ち上げられた。
8.19	科学衛星「でんぱ」打ち上げ(日本)　東京大学宇宙航空研究所が科学衛星第2号「REXS(でんぱ)」をM-4S型ロケット4号により8月19日午前11時40分打ち上げた。軌道に乗ったが、送信機の故障により22日以後通信が途絶えた。
8.21	紫外線天文観測衛星「コペルニクス」打ち上げ(米国)　紫外線天文観測衛星「OAO3号(コペルニクス)」がケープカナベラル基地から打ち上げられた。同機は82cm望遠鏡を積込み、宇宙雲の観測などを行う。
8.31	宇宙開発計画の改定(日本)　気象庁は世界気象機関(WMO)の気象衛星打ち上げ計画にそって、1976年までに気象静止衛星の打ち上げを正式決定した。また、NHKと電電公社は、放送・通信衛星の打ち上げ計画を郵政省に提出した。
8月-9月	ミュンヘンオリンピックで新技「月面宙返り」(日本)　第20回オリンピック・ミュンヘン大会が、122か国・地域、7863人の選手、2255人の役員が参加して西ドイツのミュンヘンで開催された。鉄棒競技で塚原光男(河合楽器)が2回宙返り1回ひねり降りの超ウルトラCの新技で着地をきめて観衆を驚かし、9.90の高得点を得た。この型は、「月面宙返り(ムーンサルト)」と呼ばれた。名づけ親はローマオリンピック体操男子団体金メダリストの竹本正男で、宇宙飛行士のふわふわした動きから着想したものである。国際体操連盟は「ツカハラ(Tsukahara)」と公式名を付けた。体操男子団体は日本がオリンピック史上初の4連覇を成し遂げ、塚原は種目別の鉄棒でも金メダルを獲得した。2004年(平成16年)アテネオリンピック体操男子総合では日本チームの冨田洋之が伸身の新月面宙返りを決め、団体では28年ぶりの金メダル獲得に貢献、体操王国・日本の復活を印象づけた。
9.2	実用衛星打ち上げ(米国)　米国は9月2日に航法衛星「トリアード1号」を、11月22日に科学衛星「エスロ4号」を、12月11日に気象衛星「コンパス5号」を打ち上げた。
9.20	天文学者ハーロー・シャプレーが没する(米国)　銀河系の研究で知られるハーロー・シャプレー(シャプリー)が死去した。1885年生まれ。1914年ウィンソン山天文台に勤務。1921年～1952年ハーバード大学教授及び同大学天文台長。1939年～1944年米国芸術科学院長。1943年～1947年米国天文学会長。銀河系の大きさと形態とそこにおける太陽系の位置を決定、銀河系天文学の創始者であり、銀河系の限界を定義したので銀河系以外の天体を決めることが可能になった。晩年、平和運動の組織者として活躍、ユネスコ設立にも尽力。英国王立天文協会他、諸学会から多くの栄誉を受けた。著書に「A Survey of Material Systems from Atoms to Galaxies」(1930年)、「Galaxies」(1943年)、「The Inner Metagalaxy」(1957年)、「Of Stars and Men」(1958年)、「The View from a Distant Star」(1963年)などがある。
9.25	「LS-C型6号」打ち上げ(日本)　宇宙開発事業団(NASDA)は、種子島宇宙センターから大型ロケット「LS-C型6号」を打ち上げることに成功した。
11.10	通信衛星「アニク1号」打ち上げ(米国,カナダ)　米国航空宇宙局(NASA)はカナダ国内用に、世界初の通信衛星(テレビ・電話用)「アニク1号」を11月10日打ち上げた。
12.7	「アポロ計画」終了(米国)　「アポロ17号」が3人の宇宙飛行士を乗せて7日に打ち上げられた。3回の月面活動を終え、日本時間20日午前4時25分無事帰還した。これにより、1960年の計画発表により始まった、米国航空宇宙局(NASA)による有人月探査計画「アポロ計画」が終了した。同計画は月面探査・月面着陸により月の構造や歴史を解明するなど、多くの成果をあげた。

12.29　造形作家ジョゼフ・コーネルが没する(米国)　造形作家・彫刻家のジョゼフ・コーネルが死去した。1903年生まれ。13歳で父を亡くした。その後は生活が暗転、布地仲買人として働いた。1930年代ニューヨークでシュルレアリスト、特にエルンストの作品にうたれ、コラージュを試み、やがて「鳩小屋」「ホテル」など、木箱に図版、おもちゃなどを配置するという箱のシリーズを発表。幼少時から天文学に親しんだこともあり、天体、宇宙に関係した作品も多い。作品に星への旅をイメージして作った「ウィーンのパン屋」、「陽の出と陽の入りの時刻、昼と夜の長さを測る目盛り尺〈アナレンマ〉」、月面図や地球と思われる天体を配置した「シャボン玉セット(月の虹)宇宙のオブジェ」などがある。

この年　海部宣男ら、銀河系中心近くに膨張ガスリングのモデルを提案(日本)　東京大学の海部宣男、名古屋大学の加藤龍司、井口哲夫らは、銀河系中心近傍のガスにおける水酸基OHやホルムアルデヒドなどの観測から、秒速約50kmで回転しながら、秒速約130kmで外向きに膨張する半径800光年のリング状ガス雲のモデルを提案した。

この年　岡山天体物理観測所で銀河の分光観測の研究が開始(日本)　岡山天体物理観測所は、クーデ焦点でのI.I.を使用した観測の成功を受け、微光天体のスペクトル観測用の撮像増感管II-分光器を製作し、これを用いた本格的な銀河の分光観測の研究を開始した。

この年　新しいブラックホールの解(T-S解)発表(日本)　京都大学の冨松彰と佐藤文隆は、アインシュタイン理論によって記述したブラックホールの解を発表した。これは回転するカー解に「ゆがみ」を取り入れたもので、「裸の特異点」を持つことが特徴とされる。この理論は、2人の名前をとって「冨松=佐藤解(T-S解)」と呼ばれる。

この年　「掃天X線源のウフルカタログ」完成(米国)　天体物理学者でハーバード大学教授のR.ジャッコーニらが1972年「掃天X線源の第2ウフルカタログ」を、1974年には「第3ウフルカタログ」を完成させた。ジャッコーニは1962年B.ロッシ、H.ガースキーらと大気圏外への打ち上げロケットで太陽以外からのX線を初めて捉え、X線天文学という新分野を開拓し1970年世界初のX線天文衛星「ウフル」を打ち上げた人物。

この年　火星地図の作成(米国)　米国の地理調査所は、無人探査機「マリナー9号」の写真から火星表面の地図を作成した。

この年　SF作家・ミステリー作家のフレドリック・ブラウンが没する(米国)　米国のSF作家・ミステリー作家のフレドリック・ブラウンが死去した。私立探偵〈エド・ハンター〉シリーズなど、主にミステリー小説で知られ、生涯に残した作品のうちSFは全体の1/3ながら、長編「発狂した宇宙」「火星人ゴーホーム」などの名作で有名。他の作品に「天の光はすべて星」「73光年の妖怪」「宇宙をぼくの手の上に」「スポンサーから一言」などがある。

この年　SF作家のイワン・A.エフレーモフが没する(ソ連)　ソ連のSF作家のイワン・A.エフレーモフが死去した。もともとは古生物学者で、病気のために研究の第一線を退いている時にSF小説を書き始めた。紀元3000年代の人類社会とその宇宙飛行を描いた「アンドロメダ星雲」が代表作で、ソ連SFの第一人者とされる。他の作品に「星の船」「蛇座の心臓」「丑の刻」などがある。

1972-1973　東京大学観測衛星が次々打ち上げ(日本)　東京大学宇宙航空研究所では、観測衛星の「K-9M-40号」を1972年9月20日に、「S-210-8号」を1973年1月16日に、「K-9M-41号」を同19日に、「L-4SC-2号」を同28日に、「K-10-9号」を2月19日に、「K-9M-42号」を同23日にそれぞれ打ち上げた。

1972-1973　昭和基地でオーロラ観測ロケット打ち上げ(日本)　昭和基地のオーロラ観測用ロケット「S106号」を、1972年4月から8月までに5機打ち上げた。また、初めて「S210号」の打ち上げを1973年2月15日に成功した。

1972-1973　実用衛星打ち上げ(ソ連)　ソ連は1972年10月26日に気象衛星「ミーチア13号」を、1972年9月30日、10月14日、12月2日、12日に打ち上げた。また、1973年4月5日に通信衛星「モルニヤ」を、1972年12月1日に科学衛星「インテルコスモス8号」を、

1972年8月1日から12月31日までに「コスモス衛星」を打ち上げた。

1973年
（昭和48年）

1.8 **無人探査機「ルナ21号」月面探査**（ソ連）　無人探査機ルナ21号が1973年1月8日に打ち上げられた。16日に月面着陸したルナ21号は、自走月面車「ルノホート2号」で月面のテレビ撮影を行った。

1.27 **SF研究家・編集者の大伴昌司が没する**（日本）　SF研究家で編集者の大伴昌司が死去した。日本SF作家クラブの2代目事務局長で、SFに関する広い分野で活動。テレビ特撮〈ウルトラマン〉シリーズなどに登場する怪獣・宇宙人の設定を担い"怪獣博士"として知られた他、少年雑誌巻頭の図解グラビアを企画・構成し、SFのヴィジュアル面での普及に大きく貢献した。

2月 **衛星による救難活動**（米国）　16日から22日の間、米国航空宇宙局（NASA）が気象衛星「ニンバス4号」など4衛星を動員して、南極海で遭難しかかっていたフランスの海洋調査船「カリプソ号」の救難活動を行った。

2.6 **実験物理学者アイラ・スプレーグ・ボーエンが没する**（米国）　アイラ・スプレーグ・ボーエンが死去した。1898年生まれ。天体物理学者で、実験物理学者としても知られる。1931年カリフォルニア工科大学教授に就任し、1945年にはウィルソン山天文台台長となる。その後パロマー山天文台台長も兼任し、惑星状星雲の未同定線が酸素や窒素、ネオンの禁制線であることなどを証明した。

4.3 **「サリュート2号」打ち上げ**（ソ連）　軌道科学宇宙ステーション「サリュート2号」がステーション構造、装置、機器試験などのため打ち上げられた。

4.6 **「パイオニア11号」打ち上げ**（米国）　木星探査機「パイオニア11号」が、ケープカナベラル基地から打ち上げられ、1975年11月から土星に関する調査を開始した。

5.15 **初の宇宙実験室「スカイラブ」打ち上げ**（米国）　米国の宇宙ステーション「スカイラブ1号 (skylab skylaboratory)」が日本時間15日午前2時30分（現地時間14日午後1時30分）に打ち上げられた、宇宙実験室「スカイラブ1号」は太陽電池翼に故障が発生。3人の飛行士を乗せた「2号」が5月25日に打ち上げられ、1号とドッキングし、その故障個所の修理、太陽観測を終え、6月22日帰還した。

7.21 **無人探査機「火星4号」「5号」を打ち上げ**（ソ連）　火星を中心とする宇宙空間調査のため、「火星4号」が日本時間22日午前4時31分（現地時間21日午後10時31分）に打ち上げられ、火星5号も日本時間26日午前3時56分（現地時間25日午後9時56分）に打ち上げられた。

7.21- 8.9 **火星へ4探査機**（ソ連）　ソ連は7月21日「マルス4号」、25日「5号」、8月5日「6号」、9日「7号」と、立て続けに火星探査機を打ち上げた。「4号」「7号」は火星周回に失敗。「5号」「6号」は周回軌道に入ることに成功した。

7.28 **「スカイラブ」3号・4号打ち上げ**（米国）　「スカイラブ3号」は3人の飛行士を乗せ、7月28日に打ち上げられ、「1号」とドッキングした。その滞在中に、無重力状態で、蜘蛛が巣を張る実験、ハヤの産卵実験、船外活動などを行った。日本時間26日午前7時20分（米東部時間9月25日午後6時20分）帰還。11月16日3飛行士の乗った「スカイラブ4号」が打ち上げられ、日本時間17日未明、3度目で「スカイラブ1号」とドッキング。「スカイラブ4号」が、スカイラブ計画の最終であり、コホーテク彗星の写真撮影とそのための船外活動を行い、84日間という宇宙滞在新記録をたて、日本時間

1974年2月9日午前0時17分(現地時間8日午前11時17分)に帰還した。

9.7 「おおすみ」の中心人物・玉木章夫が没する(日本)　物理学者・玉木章夫が死去した。1915年(大正4年)生まれ。1943年(昭和18年)東京帝国大学航空研究所所員となり、戦後は同大生産技術研究所所員、宇宙航空研究所所員を経て、1952年教授に就任。1972年〜1975年同研究所長を務めた。航空流体力学、ロケット工学を専門とし、宇宙衛星「おおすみ」の計画実施の中心となって活躍した。著書に「飛しょう体の空気力学」がある。

9.18 昭和基地ロケット観測が終了(日本)　2月から8月末までに7機を打ち上げた昭和基地の観測ロケットS-210型がすべて成功した。同基地でのロケット観測はこの年度で終了した。

9.22 日本周辺上空での気象ロケット打ち上げ(ソ連)　ソ連が日本周辺上空で気象ロケットを打ち上げるため予定地付近への船舶・航空機の航行に警報が出された。しかし、日本政府の中止要請で、打ち上げの多くは中止された。

9.27 「ソユーズ12号」打ち上げ(ソ連)　2人の宇宙飛行士の乗った「ソユーズ12号」が打ち上げられた。改良飛行システムなどのテストを終えて9月29日帰還した。

11.2 放送・通信衛星の打ち上げ正式決定(日本)　放送・通信衛星の打ち上げを1976年(昭和51年)に行うことが正式に閣議で決定した。

11.3 無人水星探査機打ち上げ(米国)　初めて水星の探査を行う無人水星探査機「マリナー10号」が打ち上げられ、水星の写真を撮影した。表面は月面に近似していた。1974年2月には金星から約8500kmの距離を通過、写真を電送。同年その水星観測結果から、米国航空宇宙局(NASA)は水星表面に多数のクレーターを検出したことを発表した。

11.23 航海衛星「トランシット」打ち上げ(米国)　米海軍が航海衛星「トランシット」を打ち上げた。

12.4 「パイオニア10号」木星を撮影(米国)　初の木星探査機「パイオニア10号」が、日本時間4日午前11時25分(米東部標準時3日午後9時25分)、木星に最接近し、木星と衛星の撮影に成功した他、磁気圏、大赤点、大気などのデータを送信した。

12.18 「ソユーズ13号」打ち上げ(ソ連)　オリオン2型望遠鏡を搭載し、2人の宇宙飛行士を乗せた「ソユーズ13号」が打ち上げられた。天体物理観測、地球のスペクトル撮影などを終え、26日帰還した。

12.26 科学衛星「オリオール2号」打ち上げ(ソ連)　仏ソ協定による科学衛星「オリオール2号」が打ち上げられた。

この年 田中捷雄、フレア発生の描像を観測的に示す(日本)　米国パサディナで太陽のフレアについての研究を行っていた東京天文台の田中捷雄が、カリフォルニア工科大学のH.ジリンと共同で太陽の黒点などの動き、分光観測、磁場測定、X線などのデータを用いて、フレアの発生は磁場のねじれによることを観測的に示した。この成果は、日本最初の太陽観測衛星となる「ひのとり」の計画にも生かされた。

この年 早川幸男、朝日賞を受賞(日本)　早川幸男(名古屋大学教授)が「高エネルギー天体現象の理論的および観測的研究」により朝日賞文化賞を受賞した。

この年 仁科記念賞受賞(日本)　佐藤文隆(京都大学基礎物理学研究所)、冨松彰(広島大学理論物理学研究所)が「重力場方程式の新しい厳密解の発見とそれの宇宙物理学への応用」により、第19回仁科記念賞を受賞した。

この年 「RNGCカタログ」完成(米国)　J.W.サレンティックとW.G.ティフトが、ドライアーの編纂した「NGC：New General Catalogue of Nebulae and Star Clusters(星雲および星団の新総合カタログ)」、「インデックスカタログ」を改訂した、改訂版NGC「RNGCカタログ(写真観測による星雲星団目録)」を作成した。1975年分点の

位置を記載している。

- この年　ブラックホールと推定（米国）　米国の物理学者K.S.ソーンらが、見えない天体の質量を計算した結果、はくちょう座にあるX線源をブラックホールと推定した。
- この年　「スカイラブ」、コロナループ、コロナホールを発見（米国）　米国航空宇宙局（NASA）が打ち上げた人工衛星「スカイラブ」が撮影した太陽画像により、磁束管中で見られるコロナループや、低温・低密度区域コロナホール、X線輝点が発見された。
- この年　太陽研究者アボットが没する（米国）　赤外線太陽スペクトル研究で著名なC.G.アボットが死去した。1872年生まれ。1895年からスミソニアン研究所スタッフを経て、1907年から天文台長。1928年〜1944年までスミソニアン観測所の所長の任に就く。太陽の放射エネルギー及び周辺減光の測定や、太陽定数の変動、地上への影響研究、太陽熱コンロやソーラーハウスなど太陽熱実用化の考案などで知られる。啓蒙書も数多く書き、「太陽」などがある。
- この年　サイディング・スプリング天文台に124cmシュミット・カメラ（オーストラリア，英国）　オーストラリア国立大学に所属する、シドニー北西部のサイディング・スプリング天文台に、1973年124cmのシュミット・カメラが、1974年には英国との共同建造による390cm反射望遠鏡が設置された。
- この年　赤外線天文学のカイパーが没する（オランダ）　オランダ生まれの天文学者G.P.カイパーが死去した。1905年生まれ。米国のヤーキス天文台長、マクドナルド天文台長及び、自らが開設したアリゾナ大学月・惑星研究所長を歴任。天王星の衛星「ミランダ」と海王星の衛星「ネレイド」の発見、土星の衛星「タイタン」の大気発見、冥王星の自転周期の決定など、惑星科学、赤外線天文学で多くの功績をあげた。1960年代には米国航空宇宙局（NASA）でも活躍し、月面調査機「レインジャー計画」にも携わった。また、空中天文台の重要性を唱え、実現させた。なお、望遠鏡を飛行機に備えつけた「カイパー空中天文台」は彼の名を冠したもの。
- この年　国際電気通信衛星機構INTELSAT（世界）　国際電気通信衛星機構INTELSAT（インテルサット）が、「国際電気通信衛星機構に関する協定」発効により設立された。衛星を利用し、電気通信業務を国際的に提供することを目的とする。協定の締約国は140か国以上。
- 1973-1974　「コスモス衛星」の打ち上げ続く（ソ連）　1973年8月から1974年7月までに、84個以上の「コスモス衛星」が打ち上げられた。注目されたのは「652号」で、操縦可能衛星だった。

1974年
（昭和49年）

- 2.16　試験衛星「たんせい2号」打ち上げ（日本）　東京大学宇宙航空研究所は、第1号科学衛星の打ち上げ失敗後、1971年2月16日にM-4S型ロケット2号による試験衛星第2号「MS-T1（たんせい）」の打ち上げに成功した。
- 3.12　火星探査機「火星6号」の探査（ソ連）　ソ連の火星探査機「火星6号」が火星に軟着陸し、初めての火星大気の組成データを地球に送信。大気中の水蒸気が以前の推定より数倍あることが判明した。
- 4.11　東京天文台木曽観測所が開設される（日本）　東京天文台では銀河内外にある暗めの天体を観測出来る大型シュミット望遠鏡の設置を模索していたが、1969年（昭和44年）より始まった設置地点の選定で観測に適した夜空の暗さをもつ長野県木曽郡の御

嶽山に白羽の矢が立ち、1974年4月11日東京天文台木曽観測所が開設された。同所には口径105mmの大型シュミット望遠鏡が設置されており、主にこれを用いた銀河の表面測光、直接写真とスペクトル写真による銀河内外の諸天体の掃天観測が行われている。また同所は開設当時から共同利用施設として開放されており、1988年に東京大学の施設に改組された後もその方針は変わっていない。

5.17　**初の静止気象衛星打ち上げ（米国）**　米国航空宇宙局（NASA）は、初の静止気象衛星「SMS1号（Synchronous Meteorological Satellite）」を打ち上げた。

5.30　**「ATS6号」打ち上げ（米国）**　応用技術衛星「ATS6号」が打ち上げられた。テレビ放送の見られなかった地域に放送実験を行った。

6.25　**「サリュート3号」打ち上げ（ソ連）**　ソ連は軌道実験室「サリュート3号」を、6月25日打ち上げた。さらに、日本時間4日午前3時51分（現地時間3日午後9時51分）に打ち上げられた、有人宇宙船「ソユーズ14号」はこれとドッキングし、2週間の宇宙滞在を終えて、7月19日に帰還した。なお、8月に打ち上げられた「15号」はドッキングに失敗し、28日カザフ共和国に軟着陸。「サリュート3号」は飛行計画を完了し、9月26日調査実験資料を積んだ帰還体を本体から切り離し、ソ連領に軟着陸した。

7.13　**宇宙線シャワー発見のパトリック・ブラケットが没する（英国）**　物理学者パトリック・ブラケットが死去した。1897年生まれ。ケンブリッジ大学卒業後1923年〜1933年キャベンディッシュ研究所のラザフォードのもとで研究に従事。1933年ロンドン大学バークベック・カレッジ教授、1937年マンチェスター大学教授、1953年ロンドン大学インペリアル・カレッジ教授を歴任。第二次大戦中は海軍省作戦研究部長を務めた。この間、ウィルソンの霧箱を原子核や宇宙線の研究に積極的に使って、1920年代初めに窒素のアルファ粒子照射による核反応の霧箱写真を得て、1930年代霧箱とガイガー計数管を組み合わせる方法を開発し、宇宙線の「シャワー」を発見。1948年原子核、宇宙線の研究でノーベル物理学賞を受賞。英国原子力諮問委員会委員の他、1965年よりロイヤル・ソサエティ会長を務めた。1969年一代限りの男爵位を授与される。著書に「宇宙線」（1934年）、「原子力の軍事的・政治的帰結」（1948年）、「戦争研究」（1962年）など。

7.29　**アカデミズムとアマチュアとの橋渡しに貢献した神田茂が没する（日本）**　天文学者・神田茂が死去した。1894年（明治27年）、大阪生まれ。1920年（大正9年）、東京帝国大学天文学科を卒業。同年、弟の清と共にはくちょう座第3新星を独立発見。1921年東京天文台技手となり、小惑星の軌道計算に携わる傍ら「理科年表」の編集・発行にあたった。また、歴史上の天文に関する古記録を集めて「日本の天文史料」「日本天文史料綜覧」を編纂した。1943年（昭和18年）に退官し、1945年在野の研究者に呼びかけて神田天文学会（のち日本天文研究会に改称）を結成し、雑誌「天文総報」（のち「観測月報」と改題）、「報文」などを創刊してアマチュア天文家の啓蒙・育成に尽力した。日本における隕石調査の第一人者でもあった。死後、遺族の寄付をもとに日本天文学会に神田賞が制定された。

8.9　**国産静止衛星の管制実験（日本）**　国産の静止衛星打ち上げを目的に、日本人技術者による初の静止衛星管制実験が、米の応用技術衛星「ATS1号」を利用し、郵政省電波研究所鹿島支所で開始された。

8.12　**社団法人日本航空宇宙工業会（SJAC）が発足（日本）**　日本における航空工業の業界団体である日本航空工業会（1947年発足）は、日本ロケット開発協議会の宇宙開発部門の事業を引継ぎ、社団法人日本航空宇宙工業会（SJAC）として改組・発足した。同工業会は日本で航空宇宙工業に携わる企業・商社約150社で構成されており、航空宇宙機器の生産振興及び貿易拡大を通じて日本の航空宇宙工業の発展を図り、産業の高度化及び国民生活の向上に寄与すると共に、世界の航空宇宙産業の発展に貢献することを目的に、市場調査、製造・修理事業の調査研究、工業規格・基準の策定などを行っている。

8.20	東京大学観測ロケットの打ち上げ（日本）　東京大学宇宙航空研究所は1974年8月20日午後2時30分、「L-4SC-3号」、同6時55分に「S-210-10号」を打ち上げた。さらに、9月20日午後8時32分「K-9M-48号」を打ち上げ、下部電離層の調査、地球コロナ、夜間の電離層を作る放射線などを観測した。また、1975年1月、「K-9M-49号」「50号」も打ち上げられた。
8.30	「ANS-1」打ち上げ（オランダ）　オランダの天文衛星「ANS-1」が打ち上げられた。
9.3	宇宙開発事業団（NASDA）のロケット打ち上げ（日本）　宇宙開発事業団（NASDA）は1974年9月3日午前10時30分、気象衛星「MT-135P-11号」を打ち上げた。9月2日午後3時には、試験用ロケット1号が打ち上げられ、Nロケットの姿勢制御試験が行われた。なお、1975年1月には「MT-135P-13号」「14号」が打ち上げられ、種子島上空の大気を観測した。
11.15	「インタサット1号」打ち上げ（スペイン）　スペイン最初の衛星「インタサット1号」が打ち上げられた。
11.21	「モルニヤ3型」打ち上げ（ソ連）　ソ連が新型通信衛星でテレビ放送用の「モルニヤ3-1号」を打ち上げた。
11.23	軍用通信衛星「スカイネット」打ち上げ（英国）　英国の軍用通信衛星「スカイネット2B」が打ち上げられ、軌道に乗った。
12.2	「ソユーズ16号」がドッキングテスト（ソ連）　「ソユーズ16号」が打ち上げられた。1975年の米ソ宇宙共同飛行計画のドッキング装置のテストが目的で、予定飛行後、12月8日にカザフ共和国に軟着陸した。
12.19	実験用通信衛星「シンフォニー」打ち上げ（フランス, 西ドイツ）　フランスと西ドイツが共同開発した、実験用通信衛星「シンフォニー」が打ち上げられ軌道に乗った。
12.26	無人軌道科学ステーション「サリュート4号」打ち上げ（ソ連）　ステーションの構造、設備テスト、宇宙飛行の諸条件の実験を目的に、12月26日、無人軌道科学ステーション「サリュート4号」が打ち上げられた。
この年	尾崎洋二、矮新星爆発の円盤不安定モデルを提案（日本）　1974年（昭和49年）東京大学の尾崎洋二は、矮新星の増光現象の原因について、降着円盤の不安定性にあるという説を提案した。これは発表当初、不安定性の基となる物理機構を特定していない仮説であったため、広い支持を得るには至らなかったが、1976年に立教大学の蓬茨霊運がその基本構造について、水素やヘリウムの部分電離に伴う熱不安定性にあるとする論文を発表し、その後の観測でも実証されたことから、改めて見直され、大きな支持を得るようになった。
この年	平山淳、フレアの蒸発モデル（平山モデル）を提案（日本）　東京大学の平山淳は、フレア標準モデルとして、磁気リコネクションによって発生した高エネルギー粒子がコロナの下方に流れることにより、彩層のガスを蒸発させるという、フレアの蒸発モデル（平山モデル）を提案した。これは後の太陽観測衛星「ようこう」で得られた観測結果を予言したモデルとして注目を集めた。
この年	宇宙開発事業団、種子島宇宙センター大崎射場を開設（日本）宇宙開発事業団（NASDA）は、種子島宇宙センター内に中・大型ロケットを中心に発射する大崎射場を開設した。21世紀の日本の主力ロケットである「H-2A」の打ち上げ場として活躍している。
この年	「航空宇宙工学便覧」刊行（日本）　丸善から「航空宇宙工学便覧」が刊行された。航空宇宙工学における知識を網羅した、日本航空宇宙学会編纂によるハンドブック。最新の第3版（2005年刊）では小林繁夫が編集委員長を務め、日本の航空宇宙工学を支える最前線の研究者・技術者により編集・執筆されている。
この年	テレビアニメ「宇宙戦艦ヤマト」の放映が開始（日本）　日本テレビで西崎義展が企画・原案・製作・総指揮を手がけたテレビアニメ「宇宙戦艦ヤマト」の放映が開始された。ガミラス帝国の侵略を受け放射能に汚染された地球を救うため、イスカンダ

1974年（昭和49年）　　　　　　　　　　　　　　　　　　　　　　　　　　　　天文・宇宙開発事典

ル星へ放射能除去装置・コスモクリーナーを受け取りに行く宇宙戦艦ヤマトの活躍を描く。本放送時は裏番組のアニメ「アルプスの少女ハイジ」などに及ばず早期の打ち切りとなったが、再放送で人気が再燃し、1977年（昭和52年）の劇場版公開時には社会現象となるほどの一大ブームを巻き起こした。

この年　**連星系パルサーの発見**（米国）　R.A.ハルスとJ.H.テイラーはアレシボ天文台の直径300mの電波望遠鏡を使い、新型パルサー（電波天体）「PSR1913+16」を発見した。これは、1993年のノーベル物理学賞受賞へとつながった。

この年　**木星の13番目の衛星「レダ」発見**（米国）　ヘール天文台のコワーズが木星の第13衛星「レダ」を発見した。

この年　**「天球の音楽－ピュタゴラス宇宙論とルネサンス詩学」刊行**（米国）　科学史、思想史の知識を備えたスケールの大きな英文学者として知られるS.K.ヘニンガーが「天球の音楽—ピュタゴラス宇宙論とルネサンス詩学（Touches of Sweet Harmony: Pythagorean Cosmology and Renaissance Poetics）」を上梓した。ピタゴラス主義の歴史—主にルネサンス期のピタゴラス学説、教義、詩学への影響などを論じた大著。日本では平凡社から1990年（平成2年）に刊行された。

この年　**気象衛星「メテオール」打ち上げ**（ソ連）　ソ連は気象衛星「メテオール」を7月、10月、12月に打ち上げた。

この年　**宇宙計画を発表**（インド）　インドは、気象衛星の打ち上げ計画を1974年6月に、初の宇宙船打ち上げ計画を7月に発表。また、ミサイル誘導装置を人工衛星用に開発したことが7月9日に報道された。

この年　**「掃天の遠赤外線源リスト」**（オランダ）　グロニンゲン大学の研究グループが、気球を使った実験によって、「掃天の遠赤外線源リスト」を完成させた。

この年　**セロトロロ・インター・アメリカン天文台に400cm反射望遠鏡**（チリ）　南天の天文観測を促進するためにチリのトロロ山に1963年開設されたセロトロロ・インター・アメリカン天文台に、400cm反射望遠鏡が完成した。

この年　**「A型特異星および金属線星のスペクトル表」完成**（フランス）　C.ベルトとM.フロケが「A型特異星および金属線星のスペクトル表」を完成させた。

この年　**ライル、ヒューイッシュ、ノーベル物理学賞受賞**（英国）　ライルは「電波天文学における先駆的研究」で、ヒューイッシュは「パルサーの発見」でノーベル物理学賞を受賞した。ライルは第二次大戦後、電波天文学の研究を開始。1940年代に位相切換法を発明し、電波干渉計の高感度化、高精度化に貢献、数百個の電波源発見。その位置を正確に測定して光でみた天体との同定に成功した。また開口合成法を創始し、電波源の輝度分布を詳しく測定して、銀河中心の爆発によって高エネルギー粒子の雲が宇宙空間に放出される様子を解明した。さらに、多くの電波源の数を数えて宇宙の初期に、多くの銀河が盛んに爆発していたことを示した。ヒューイッシュは惑星空間の電波源の角度構造を研究するために、1967年ケンブリッジ大学に建造された大電波望遠鏡を用いて精密観測を行い、非常に正確な周期を持ったパルス電波源を発見した。周期の正確さと視差がないことから、パルス電波源が太陽系の遙か外側に位置すると確定された。後に、これらのパルス電波源は「パルサー」と称せられ、観測結果の解析により、その実体は自転している中性子星であることが確認された。パルサーの発見は宇宙物理学の他、原子核物理学、プラズマ物理学、一般相対性理論などに大きな影響を与えた。

1974-1975　**米国が各種衛星を打ち上げ**（米国）　1974年8月から1975年2月にかけて、米空軍の気象衛星、同軍の写真偵察衛星、国際通信衛星インテルサット、太陽衛星ヘリオス、地球資源探査衛星ランドサット、静止衛星などを次々に打ち上げた。

1974-1975　**「コスモス衛星」の打ち上げ**（ソ連）　ソ連の「コスモス衛星」が、1974年8月から1975年2月にかけて、毎月複数個打ち上げられた。

この頃　宇宙線の起源の研究（世界）　銀河系に宇宙線の起源があるという説、ヴェラ衛星によるガンマ線測定でガンマ線天文学がおこり、ガンマ線の分析により、超新星起源説、磁気星起源説なども現れている。

1975年
（昭和50年）

1.7　科学史家・広重徹が没する（日本）　科学史家・広重徹が死去した。1928年（昭和3年）生まれ。京都大学理学部物理学科卒。京都大学では湯川研究室で素粒子論を専攻したが、卒業後は科学史研究に転じた。日本大学理工学部教授。1960年「戦後日本の科学運動」を出版した後、三段階論の武谷三男批判、小倉金之助批判などを通して、戦後の啓蒙の科学主義を鋭く批判、日本の科学史学を学問として確立することに情熱を注いだ。代表的著作に学説史では「近代物理学史」「物理学史」、社会史では「科学と歴史」「科学の社会史」などがある。

1.11　「ソユーズ17号」打ち上げ（ソ連）　2人の飛行士を乗せた「ソユーズ17号」が打ち上げられた。1月12日無人科学軌道ステーション「サリュート4号」とのドッキングに成功し、両飛行士が「サリュート4号」に乗り移った。2月9日、両飛行士は「ソユーズ」に戻り、カザフ共和国の予定地点に軟着陸した。

2.4　宇宙工学者アナトリー・ブラゴヌラヴォフが没する（ソ連）　宇宙工学者で軍人のアナトリー・ブラゴヌラヴォフが死去した。1894年生まれ。1938年モスクワの砲術大学教授、1943年ソ連科学アカデミー会員、1946年〜1950年ソ連砲術科学アカデミー総裁、1953年ソ連科学アカデミー機械工業研究所長。1957年国際地球観測年ロケット・人工衛星会議及び1962年米ソ宇宙協力会議のソ連代表。1957年の「スプートニク1号」打ち上げ以来、ソ連の人工衛星・宇宙計画に指導的役割を果たした。著書に「自動兵器の計画の基礎」がある。

2.6　測地衛星「スターレット」打ち上げ（フランス）　フランスがレーザー光の反射を利用する測地衛星「スターレット」を打ち上げた。

2.24　科学衛星「たいよう」を打ち上げ（日本）　東京大学宇宙航空研究所は1975年2月24日、M-3C型ロケット2号（M-3C-2）で3番目の科学衛星「SPARTS（たいよう）」を打ち上げた。同機は太陽X線、太陽紫外線、地球コロナ、中間紫外放射の測定装置を積載していた。

4月　初の国産衛星打ち上げ（インド）　インドが初の国産衛星「アーリヤバタ」をソ連ロケットでソ連領内から打ち上げた。X線天体や太陽風などを観測するのが目的。

5.24　「ソユーズ18号」を打ち上げ（ソ連）　2人の飛行士を乗せた「ソユーズ18号」が打ち上げられた。26日に「サリュート4号」とドッキングし、両飛行士はこれに乗り移って船内で植物を栽培する実験に着手した。7月26日「18号」帰還。

5.31　東京天文台堂平観測所、直径3.8mのレーザー望遠鏡を設置（日本）　東京天文台堂平観測所は、1975年（昭和50年）米国航空宇宙局（NASA）による「アポロ」宇宙船が月面に設置した逆反射板に向けてレーザー光線を発射し、地球と月との距離を測る直径3.8mのレーザー望遠鏡を設置した。

7月　米ソ宇宙共同飛行実験（米国、ソ連）　1972年5月に調印された、米ソ宇宙探査利用協力協定による「アポロ」「ソユーズ」共同飛行実験のため、ソ連の「ソユーズ19号」がモスクワ時間7月15日午後3時20分に、米国の「アポロ宇宙船」も米東部標準時15日午後3時50分に打ち上げられた。両宇宙船は日本時間18日午前1時9分（現地時間17日）、大西洋上空で史上初・国際ドッキングし相互訪問を4回行った。20日、ドッキ

ングを終えて単独飛行に移り、「ソユーズ」はモスクワ時間21日午後1時51分、カザフ共和国に軟着陸し、「アポロ」は日本時間25日午前6時18分（現地時間24日午後5時18分）、ハワイの海上に無事着水した。

7月　**突破口を宇宙技術に**（ソ連）　停滞している技術革新の突破口を、米国は宇宙技術に求め、米ソが宇宙船「アポロ」「ソユーズ」をドッキングさせ宇宙共同実験をした際に、地上では作れない材料の製造実験を行った。ソ連が初の成果として1000度もの高温に耐える新繊維の試作に成功し、「ローラ」と名づけた。米国にその試作が送られ、テストの結果すぐれたものと確認された。

8.27　**「シンフォニー2号」打ち上げ**（フランス, 西ドイツ）　フランス・西ドイツの共同開発による実験用国際通信衛星「シンフォニー2号」がケープカナベラル基地から打ち上げられ、通信作業を始めた。

9.9　**技術試験1型衛星「きく1号」打ち上げ**（日本）　宇宙開発事業団（NASDA）が技術試験衛星1号「ETS-1（きく）」をNロケットで打ち上げ、軌道に乗せることに成功した。Nロケットの使用はこれが初めて。実用衛星計画の第1歩が踏み出された。

9.27　**「オラ」天文衛星の打ち上げ**（フランス）　フランスは「オラ」天文衛星をギニア宇宙センターから打ち上げた。太陽と恒星からの紫外線データの収集、地球大気上層部の構成の調査などを目的としたもの。

10月　**「ベネラ9号」「10号」の金星探査**（ソ連）　ソ連の惑星間自動ステーション「ベネラ9号」は10月22日に金星の周回軌道に乗って、初の金星の人工衛星となった。同日「9号」から切り離した着陸機が金星に軟着陸し、その15分後には史上初の金星表面の写真を送信した。また、「10号」も10月25日、着陸機が金星に軟着陸し、金星表面の写真撮影や科学測定を行った。

11.17　**無人宇宙船「ソユーズ20号」打ち上げ**（ソ連）　ソ連は無人宇宙船「ソユーズ20号」を打ち上げ、1974年12月以来飛行中の軌道科学宇宙ステーション「サリュート4号」との初の自動ドッキングに成功した。

この年　**太陽5分振動の音波モードの計算による日震学の確立**（日本）　1960年代初頭、米国のレイトンによって太陽の表面が約5分周期で上下に震動している現象が観測された（太陽の5分振動）。その後、1970年代半ばになって、ドイツのドイブナーらのようにこの現象に着目して研究を行っている学者たちが現れ、太陽振動を研究することによって太陽の内部構造を明らかにしようとする「日震学」が提唱されるようになった。日本では1975年（昭和50年）安藤裕康と尾崎洋二が太陽音波モードの固有振動スペクトルを計算して太陽の5分振動が太陽の音波モードであることを提示し、日震学の確立に大きな役割を果たしている。

この年　**日下邂・中野武宣・林忠四郎、原始太陽系円盤モデルを提唱**（日本）　日下邂・中野武宣・林忠四郎のグループは、惑星の質量と軌道分布に基づき、原始太陽系円盤モデルを提唱した。

この年　**円盤銀河に関する「宮本＝永井モデル」**（日本）　1973年（昭和48年）にオストライカーとピープルスの研究によって銀河の周囲には暗黒物質のハローが大量に存在し、これが銀河の構造を重力的に支配していることが示された。これらを基に東京天文台の宮本昌典と永井隆三郎は、1975年に銀河の円盤、バルジ、暗黒物質のハローなどを考慮した銀河の新しいモデルを提唱した。これは「宮本＝永井モデル」と呼ばれ、その後の銀河及び銀河系の研究において広く使われることとなった。

この年　**日本天文学会天体発見功労賞受賞**（日本）　池村俊彦が「彗星：76P/1975 D1（West-Kohoutek-Ikemura）」により受賞。

この年　**小田稔、日本学士院賞恩賜賞受賞**（日本）　小田稔が「すだれコリメータの発明とX線天文学への寄与」により第65回日本学士院賞恩賜賞を受賞した。

この年　**萩原雄祐、朝日賞を受賞**（日本）　萩原雄祐が「天体力学の集大成」により朝日賞文

		化賞を受賞した。
この年	内田正男「日本暦日原典」刊行（日本）	東京天文台に勤務する内田正男編著による「日本暦日原典」（雄山閣出版）が刊行された。
この年	火星探査機「バイキング1号」「2号」打ち上げ（米国）	1975年8月、米国初の火星探査機「バイキング1号」が、同年9月「バイキング2号」が打ち上げられた。両機は共に着陸船と火星を周回する軌道船から構成され、火星に観測機器を軟着陸させ、火星生命の存在を探索することが目的。「1号」は1976年7月に火星に到着、20日クリュセ平原に軟着陸。地表写真の電送、大気成分の観測を行った。「2号」も同年9月3日にユートピア平原に軟着陸し、「1号」同様に撮影・観測を開始した。1977年には、「2号」が火星上で地震のような震動を記録。1980年には「1号」が火星の上空に雷雲型の雲の写真を撮影。1982年3月まで延べ600万枚以上の写真が電送された。しかし火星の生命存在については未確認のままだった。
この年	カイパー空中天文台完成（米国）	米国航空宇宙局（NASA）は、91cm反射望遠鏡を搭載した高空飛行観測機、カイパー空中天文台を完成させた。1995年まで主に赤外線領域で観測を行った。なお、名称はNASAの惑星探索計画にも貢献したG.P.カイパーにちなむ。
この年	「恒星および恒星系」完結（米国）	G.P.カイパーとB.M.ミドルハーストが1960年から編纂してきた「恒星および恒星系」（全9巻）が完成した。
この年	ノイゲバウアー「古代数理天文学史」（全3巻）完結（米国）	ドイツ生まれの米国の数学史家O.ノイゲバウアーが執筆していた自身の研究の集大成「古代数理天文学史」（全3巻）が完結した。他の著書に「古代精密科学」「楔形文字天文学文献」などがある。
この年	SF作家のマレイ・ラインスターが没する（米国）	米国のSF作家のマレイ・ラインスターが死去した。まだSFというジャンルが確立する前の1910年代からSF的な作品を書き始め、パラレルワールド（多元宇宙）のアイデアを初めて用いたとされる。また宇宙人とのファーストコンタクトを扱った「最初の接触」を書いた。1956年「ロボット植民地」でヒューゴー賞を受賞。
この年	科学衛星の打ち上げ（ソ連）	12月11日、ソ連と東欧諸国の共同計画による科学衛星「インテルコスモス14号」が、22日には、科学衛星「プログノーズ4号」がそれぞれ打ち上げられた。「インテルコスモス14号」の目的は、地球の磁場や電離層の構成などの調査、「プログノーズ4号」の目的は、太陽活動の惑星間と地球磁気圏に与える影響の調査である。
この年	X線バースターの発見（オランダ）	オランダのX線観測衛星「ANS」が、数秒で急激に明るくなり、次に数十秒で暗くなるX線爆発現象（バースト）を繰り返すX線星、X線バースターを発見した。
この年	欧州宇宙機関（ESA）発足（欧州）	欧州宇宙研究機構（ESRO: European Space Research Organization）と、欧州ロケット開発機構（ELDO: European Launcher Development Organization）が合併、欧州宇宙機関（ESA: European Space Agency）が発足した。
この年	人工衛星打ち上げ（中国）	7月26日、中国では3番目の衛星となる科学衛星が打ち上げられた。11月26日、人工衛星第4号を打ち上げ、12月2日に、中国としては初めて地上で回収した。
1975-1976	観測ロケットの打ち上げ（日本）	東京大学宇宙航空研究所の観測ロケットの打ち上げが続いた。「K-9M-53号」が1975年8月26日、「S-310-2号」が同年8月30日、「K-9M-54号」が1976年1月17日、「K-10-12号」が同年1月18日に打ち上げ。また、宇宙開発事業団（NASDA）も気象ロケット「MT-135-15号」を1975年9月10日打ち上げた。
1975-1976	「コスモス衛星」の打ち上げ（ソ連）	「コスモス衛星」は、1975年8月11日から1976年7月29日までに計93個打ち上げられ、とくに1975年8月から12月末までの5か月

間には33個が打ち上げられた。なお、1975年11月25日に打ち上げられた「782号」は、ソ連、米国、チェコスロヴァキア、フランスの4か国の生物実験装置を積載した生物衛星である。また、1975年9月17日と1976年1月28日の2度、1機のロケットで8個の衛星が打ち上げられた。

1975-1976　通信衛星の打ち上げ（ソ連）　通信衛星「モルニヤ」が1975年から1976年にかけて、7機打ち上げられた。また、ソ連初の静止通信衛星「スタチオナ1号」が1975年12月打ち上げられ、インド洋上空の静止軌道に乗り、公共電信電話リレー衛星となった。1976年12月には、「モルニヤ2号」を打ち上げた。同衛星は国内の遠距離電話・通信、ソ連の極北、極東、シベリア、中央アジア諸地域を含むオルビータ網地点へのソ連中央テレビ番組の送信、国際協力に利用される。

1976年
（昭和51年）

1.16　「CTS」試験通信衛星の打ち上げ（カナダ）　「CTS」試験通信衛星をケープカナベラル基地から打ち上げ、南米沿岸上空の静止軌道に乗せた。「CTS」はカナダ通信省が設計した通信技術衛星の略。カラーテレビや各種放送をカナダと米国僻地に中継することを目的とする。

2.4　天文観測衛星「CORSA」、打ち上げ失敗（日本）　東京大学宇宙航空研究所が、宇宙におけるX線・ガンマ線などの高エネルギー放射線の観測を目的とした天文観測衛星の第4号「CORSA（COsmic Radiation Satellite）」を「M-3Cロケット3号」によって打ち上げた。しかし、ロケットは第2段の燃焼中に予定経路を外れ、上段ロケットが「CORSA」もろとも太平洋に落下してしまい、打ち上げは失敗に終わった。原因は、姿勢基準装置の誤作動であった。

2.29　日本初の実用観測衛星「うめ」打ち上げ（日本）　宇宙開発事業団（NASDA）はN-1ロケット2号により実用電離層観測衛星「ISS（うめ）」を打ち上げ、軌道に乗せることに成功した。

3.3　1975年度の宇宙開発計画見直し（日本）　宇宙開発委員会が、1980年（昭和55年）を目標とする東京大学の第8号科学衛星打ち上げ計画承認と、宇宙開発事業団（NASDA）の「N改良1型ロケット」の開発着手の2点を追加する、1975年度宇宙開発計画の見直しを決定した。

3.8　中国に大規模な隕石雨（中国）　中国の吉林省に、100個以上という大規模な隕石雨が降った。最大の隕石は1.77tと、世界最大を記録した。

4.9　「SFマガジン」初代編集長の福島正実が没する（日本）　「SFマガジン」初代編集長の福島正実が死去した。1956年（昭和31年）早川書房に入社、1959年SF専門誌「SFマガジン」の創刊編集長。同誌での新人コンテストの実施や日本SF作家クラブ創設を通じて作家の育成に力を注ぎ、また、SFに対する無理解な論難には強く反駁し、黎明期の日本SFの育成に尽力した。1969年の退社後はSF作家としてジュブナイルの分野で活躍、翻訳でもロバート・A.ハインラインの「夏への扉」などを手がけ、海外SFのアンソロジストとしても手腕を発揮した。

5.4　測地衛星「ラジオス」打ち上げ（米国）　レーザーを用いて地殻変動調査を行う測地衛星「ラジオス」が米国航空宇宙局（NASA）により打ち上げられ、地球周回軌道に入った。

5.20　神田茂記念賞受賞（日本）　五味一明が「変光星の観測」、佐伯恒夫が「普及活動、火星の観測」、清水真一が「天体写真」、関勉が「彗星の発見」、中野繁が「星図作成、

普及活動」、野尻抱影が「多数の著作による普及活動」、長谷川一郎が「天文情報の交換・軌道計算」、本田実が「彗星の発見、日本の彗星発見の今日の隆盛への発端」、藪保男が「流星の写真観測および流星の研究」により、それぞれ受賞した。

6.22 軌道科学宇宙ステーション「サリュート5号」打ち上げ（ソ連）　軌道科学宇宙ステーション「サリュート5号」が「プロトンロケット」によって打ち上げられ、地球の周回軌道に乗った。1977年8月まで運用。

8.18 「ルナ24号」月に軟着陸（ソ連）　無人月探査船「ルナ24号」は8月9日に打ち上げられ、8月14日に月を回る軌道に乗り、8月18日月面の「危難の海」に軟着陸。岩石サンプルを採取後、8月22日、シベリアに帰還した。

8.25 「ソユーズ21号」が帰還（ソ連）　7月6日に打ち上げられた「ソユーズ21号」に乗っていたボリス・ボルノフ船長とビタリー・ゾロボフ飛行士は翌7日、軌道科学ステーション「サリュート5号」に乗り移って生物、医学、科学実験を行った。49日間の滞在後、日本時間25日午前3時33分（モスクワ時間24日午後9時33分）カザフ共和国に軟着陸し無事帰還した。

9.15 「ソユーズ22号」を打ち上げ（ソ連）　ウラジミール・アクショーノフ船長、バレリー・ビコフスキー飛行士を乗せた「ソユーズ22号」を打ち上げ、地球を回る軌道に乗せた。同号は「サリュート5号」とはドッキングせず、9月23日カザフ共和国軟着陸、帰還。

10月 宇宙開発事業団（NASDA）、「N-2ロケット」の開発に着手（日本）　1970年代後半、宇宙開発の先進国では300kg以上の静止衛星を主力としていたが、日本のN-1型ロケットの衛星打ち上げ能力では130kgが限界であった。そこで宇宙開発事業団（NASDA）は、1976年（昭和51年）より改良して打ち上げ性能を大幅に向上させたN-2型ロケットの開発に着手した。

10.14 「マリサット3号」打ち上げ（米国）　米国の静止航海衛星「マリサット3号」が打ち上げられ、静止軌道に乗った。すでに姉妹衛星の「1号」は2月19日、「2号」は6月10日に打ち上げられており、ともに米海軍と商船に利用されている。

10.16 「スタチオナールT」を打ち上げ（ソ連）　ソ連のテレビ中継用新型静止放送衛星「スタチオナールT」が打ち上げられた。同衛星は静止位置の上空から全ソ連、とくに高緯度地域への白黒及びカラー映像の送信をする。

10.17 「ソユーズ23号」がドッキングに失敗（ソ連）　日本時間15日午前2時40分（モスクワ時間10月14日午後8時40分）、ビチェロスラフ・ズードフ船長、バレリー・ロジェストウェンスキー飛行士を乗せた「ソユーズ23号」が地球を回る軌道に乗った。同機は自動接近装置の故障で「ソユーズ5号」とのドッキングに失敗し、急遽地球に帰還することになり、日本時間17日午前2時46分（モスクワ時間16日午後8時46分）、カザフ共和国テンギズ湖に着水し、無事救出された。

11.13 天文学者・上田穣が没する（日本）　天文学者の上田穣が死去した。1892年（明治25年）生まれ。東京帝国大学で位置天文学、中国天文学史を専攻。1929年（昭和4年）米国に留学。1931年京都帝国大学天文学教授となり、1938年から花山天文台長を兼任、1941年生駒山に太陽観測所を創設した。日本ペルー共同運営のワンカイヨ太陽コロナ観測所設立に尽力、ペルー国オルデン・デル・ソール勲章を受章。小惑星永久番号1619番「ウエタ」は発見者の三谷哲康が命名。著書に「天体観測法」「石氏星経の研究」などがある。

11.25 仏ソ共同科学衛星「プログノーズ5号」を打ち上げ（フランス、ソ連）　仏ソ共同の科学衛星「プログノーズ5号」が打ち上げられた。フランスの計画した、宇宙空間のヘリウム、水素の存在実験、宇宙風と磁気圏の相互作用の研究の2つを打ち上げの目的とする。

この年 コンピュータによる棒状銀河の流体シミュレーション（日本）　松田卓也（京都大学）、藤本光昭（名古屋大学）、S.ソレンセンがコンピュータによる渦状銀河の流体シミュ

レーションを行い、銀河の中心に棒状の重力源を設定することで非軸対称な重力ポテンシャルによって渦状の衝撃波が発生することを示した。これは、その後のコンピュータシミュレーションを用いた銀河の構造解析に先鞭をつける画期的なものであった。

この年　日本天文学会天体発見功労賞受賞（日本）　本田実・伊藤茂・日本大学天文研究会・橋本就安が「新星：V1500 Cyg」、佐藤安男・藤川繁久が「彗星：C/1975 T1（Mori-Sato-Fujikawa）」、三枝義一・森敬明・岡崎清美・古山茂が「彗星：C/1975 T2（Suzuki-Saigusa-Mori）」によりそれぞれ受賞。

この年　萩原雄祐「天体力学」（全5巻）完結（日本）　萩原雄祐が1970年から執筆していた英文の大著「Celestial Mechanics（天体力学）」（全5巻）が完成した。同書は世界の天体力学研究の集大成として古典的評価を得ている。なお、国際天文学連合（IAU）主催の第81回シンポジウムは萩原の誕生日と、同書の完成を記念して行われた。

この年　「天文手帳」刊行（日本）　地人書館から「天文手帳」が刊行された。天文ファンがスケジュール管理を行うために生まれた手帳で、1週間単位のカレンダーとなっている。毎日の月齢、日の出入り時刻、月の出入り時刻などの他、その日に起こる主な天文現象も記載。また星座早見盤や簡易星図、主な星雲星団一覧など、天体観測に便利なデータも多数収録。2009年（平成21年）現在も引き続き刊行されている。

この年　世界最大の反射望遠鏡（ソ連）　カフカス山地にツェレンツクスカヤ天文台が設置された。当時世界最大の6m反射望遠鏡、直径600mの電波望遠鏡「RATAN」を備え付ける。

この年　ビュラカン天文台に2.6m反射望遠鏡（ソ連）　ソビエト科学アカデミーによりビュラカン天文台に2.6mの反射望遠鏡が設置された。ビュラカン天文台は1946年創設され、1960年に1mのシュミット・カメラを設置していた。後にアルメニア科学アカデミーの管轄に入った。

この年　チリ・ラシーヤのヨーロッパ南天天文台に360cm反射望遠鏡（チリ、欧州）　チリ・ラシーヤ山にあるヨーロッパ南天天文台（ESO）に360cmの反射望遠鏡が設置され、観測が始められた。同天文台には1973年100cmのシュミット・カメラが設置されてた他、各国の望遠鏡が建設されている。

この年　国際天文学連合第16回総会開催（世界）　第16回国際天文学連合（IAU）総会がグルノーブルで開催され、天文定数系の改訂勧告、水星表面のクレーターへの命名が行われた。

1976-1977　スペースシャトルの実験用軌道船が完成（米国, 欧州）　1976年9月18日（現地時間17日）、欧州諸国と米国とが共同開発していた宇宙交通機関スペースシャトルの実験用軌道船が、カリフォルニア州ロックウェル社で完成し、公開された。この1号は「エンタープライズ」と命名され、1977年2月、初の無人飛行実験を米国カリフォルニア州エドワーズ空軍基地で行い、6月同基地で初の有人滑空飛行に成功した。

1976-1977　「コスモス衛星」の打ち上げ（ソ連）　ソ連は月あたり5～7個の割合で、科学衛星、偵察衛星、衛星破壊衛星などとして「コスモス衛星」を打ち上げている。1977年8月には、仏・米ら8か国の協力のもと、国際生物衛星「936号」を打ち上げた。

1977年
（昭和52年）

1月　　NATO用通信衛星（米国）　米国航空宇宙局（NASA）は1月、NATO用通信衛星を打

ち上げた。この衛星は3月から活動を始めた。

1.10- 2.13 **世界無線主管庁会議**（世界）　放送衛星に関する世界無線主管庁会議がジュネーブで開かれた。同会議では、衛星の技術基準及びチャンネル周波数が各国に割り当てられた。

1.16 **「K-9M-58号」を打ち上げ**（日本）　東京大学宇宙航空研究所は午後9時45分、銀河赤外線観測装置を積み込んだ「K-9M-58号」を打ち上げた。オリオン座付近の銀河からの赤外放射の観測などに成功。

1.25 **「TT-500-1号」ロケットを打ち上げ**（日本）　宇宙開発事業団（NASDA）は、25日午前10時30分、「TT-500-1号」を打ち上げた。同ロケットは種子島・小笠原間にある追跡局の機能確認用の2段式固体ロケットで、発射後から8分12秒後に落下するまで、各追跡局の機能整合確認が行われた。

2.3 **「サリュート4号」の任務が完了**（ソ連）　1974年12月26日に打ち上げれた軌道科学ステーション「サリュート4号」は、任務完了により、1977年2月3日地上からの指令で大気圏に突入、南太平洋上空で消滅した。「サリュート4号」は、地球を1万2188周し、「ソユーズ17号」「18号」「20号」とドッキングして、合計4人の宇宙飛行士を93日間収容した。

2.5 **原子物理学者オスカー・クラインが没する**（スウェーデン）　ストックホルム大学教授の原子物理学者オスカー・クラインが死去した。1894年生まれ。ニールス・ボーア研究所を経て、1931年～1962年ストックホルム大学教授。1930年前後の相対論的な量子論の形成で活躍。「クライン＝ゴルドン方程式」「ヨルダン＝クラインの第2量子化」「クライン＝仁科の公式」などにその名を残した。他にクラインの宇宙模型もある。

2.6 **衛星迎撃衛星を打ち上げ**（米国）　米国空軍が偵察装置、衛星迎撃装置を搭載した軍事衛星を打ち上げた。なお、ソ連は1976年に6回、衛星迎撃衛星を打ち上げている。

2.8 **「ソユーズ24号」を打ち上げ**（ソ連）　日本時間2月8日午前1時12分（現地時間7日午後7時12分）、ビクトル・ゴルバトコ船長、ユーリ・グラズコフ飛行士を乗せた「ソユーズ24号」を打ち上げた。同機は「サリュート5号」とドッキングして、両飛行士が同号に乗り移り、地表や大気の観測、生物学的実験を行って、25日地球に帰還した。

2.19 **試験衛星たんせい3号を打ち上げ**（日本）　東京大学宇宙航空研究所が午後2時15分、試験衛星「たんせい3号」を新型「M-3H型ロケット1号」で打ち上げ、北極上空を回る軌道に乗せた。姿勢制御の実験は失敗したが、沿磁力線制御はほぼ成功し目的が果たせた。

2.23 **日本初の静止衛星きく打ち上げ**（日本）　宇宙開発事業団（NASDA）は種子島宇宙センターから「N-Iロケット3号」で2月23日午後5時55分、技術試験衛星「ETS-2（きく2号）」を打ち上げた。26日には軌道に乗り、3月5日に静止軌道に乗せることに成功した。

3.10 **天王星の環、発見**（米国）　ジェイムズ・エリオットらが、米国航空宇宙局（NASA）高空飛行観測機で天王星がてんびん座の前を横切った時を測光観測した結果、天王星に9つの環が確認された。

3.10 **静止通信衛星打ち上げ**（インドネシア）　インドネシアは2番目の静止通信衛星「パラパ2」を打ち上げ、静止軌道に乗せた。なお、「パラパ1」は、1976年7月8日に打ち上げられている。

3.20 **映画「惑星ソラリス」が公開される**（ソ連）　映画「惑星ソラリス」が公開された。ポーランドのSF作家スタニスワフ・レムが発表した「ソラリスの陽のもとに」をソ連のアンドレイ・タルコフスキーが映画化した作品。同年のカンヌ国際映画祭で審査員特別賞を受賞している。今日ではSF映画の名作として認知されているが、日本での公開当時は、長尺かつ難解な内容のため評価は高くなかった。なお、2003年には

米国のスティーヴン・ソダーバーグ監督により「ソラリス」としてリメイクされた。

4.22　**ヨーロッパの科学衛星が失敗**（欧州）　欧州宇宙機関（ESA）は米国航空宇宙局（NASA）の援助を受けて、磁気圏探査の目的の科学衛星を打ち上げたが、打ち上げロケットの電気系統の故障で誤った軌道に乗り、失敗に終わった。

5.25　**SF映画「スター・ウォーズ」が公開される**（米国）　ジョージ・ルーカス監督のSF映画「スター・ウォーズ」が公開された。宇宙を舞台にした冒険アクションは、それまでSFになじみがなかった人々をも巻き込んで世界的な大ブームとなり、低級とみられていたSF映画への認識を一変させた。同作の大ヒットにより「帝国の逆襲」（1980年）、「ジェダイの復讐」（1983年）と続編が作られ、映画6部作（当初は9部作を予定）という大作に発展した（同作はエピソードⅣになる）。SF映画の金字塔であり、多くの作品に影響を与えた。

5.26　**通信衛星「インテルサット4A」を打ち上げ**（米国）　米国航空宇宙局（NASA）は5月26日、「インテルサット4A」通信衛星を打ち上げ、8月に大西洋上の静止軌道に乗った。同衛星は、米、カナダ、英国、西ドイツ、イタリア、フランスの6か国間の電話、テレビ中継に使用される。

6.13　**科学啓蒙家の原田三夫が没する**（日本）　科学啓蒙に広く貢献した原田三夫が死去した。1890年（明治23年）生まれ。札幌農学校で有島武郎に師事した。東京府立一中教諭、北海道帝国大学講師などを経て、科学啓蒙を志して科学解説者、雑誌編集者として活躍した。1923年（大正12年）「科学画報」、1924年には「子供の科学」を創刊。また、〈最新知識子供の聞きたがる話〉シリーズや、「オルフェの琴はもたねど」「原子力と宇宙旅行の話」「宇宙ロケット」「子供の天文学」など児童向き、一般向きの通俗科学書を数多く著して、科学の基本事項や新知識をわかりやすく伝えた。1953年（昭和28年）には日本宇宙旅行協会を設立、1955年に理事長となった。

6.16　**ロケット開発者ウェルナー・フォン・ブラウンが没する**（米国）　ロケット工学者でシステム工学者のウェルナー・フォン・ブラウンが死去した。1912年ドイツ・ヴィルジッツ（現・ポーランド）生まれ。オーベルトの「惑星間空間」に刺激を受け宇宙ロケットの研究を志した。ベルリン工科大学在学中からオーベルトの助手となり実験を行った。1932年ドイツ陸軍ロケットセンターの技師を経て、1937年ペーネミュンデのロケット研究センターの主任技師に就任。軍事用液体ロケットの開発に専念し、1942年に対英攻撃の「V2（報復兵器第2号）」ミサイルの発射実験に成功した。第二次大戦後はその設計チームと共に米国へ送られ、米陸軍管轄下でミサイルの開発をつづけ、1950年～1956年米陸軍弾道ミサイル局開発部長としてレッドストーンなどの開発に従事。1955年米国に帰化。1956年米国航空宇宙局（NASA）マーシャル宇宙飛行センターの所長となり、1958年には米国初の人工衛星「エクスプローラー1号」の発射を成功させる。以後、「アポロ計画」推進の中心となり、1969年7月人類初の月着陸を達成し、翌年NASA計画担当局次長に就任した。1972年にNASAを辞職後もフェアチャイルド・インダストリーズ社技術開発担当副社長として宇宙開発の仕事を続けた。

6.17　**ソ連でフランスの科学衛星を打ち上げ**（フランス，ソ連）　ソ仏宇宙平和利用協力計画によってソ連のロケットを使い、フランスの科学衛星「スネグ3号」を打ち上げた。X線、ガンマ線天文学及び太陽の紫外線放射の調査がその目的。

6.30　**天文観測衛星「HERO-A」の打ち上げ**（米国）　米国航空宇宙局（NASA）が初の高エネルギー天文観測衛星「HERO-A」を打ち上げた。

7.14　**静止気象衛星第1号「ひまわり」打ち上げ**（日本）　宇宙開発事業団（NASDA）が第1号静止気象衛星「GMS（ひまわり）」を、ケネディ宇宙センターケープカナベラル基地からデルタロケットで打ち上げた。「ひまわり」は、可視カメラと赤外線カメラによって、24時間気象情報を送信し、北半球を広範囲に観測する。なお、米国に打ち上げを依頼したのは、重量670kgの衛星を静止軌道に乗せられるロケットがなかった

ため。

8月-9月　「ボイジャー2号」「ボイジャー1号」打ち上げ（米国）　1977年8月に「ボイジャー2号」、9月に「ボイジャー1号」が打ち上げられた。木星と土星の観測を目的とする。

10.25　天体とヒコーキと少年愛の作家・稲垣足穂が没する（日本）　作家・稲垣足穂が死去した。1900年（明治33年）生まれ。少年時代、航海家を夢み、光学器械に興味を抱く。関西学院卒業後、複葉機の製作にたずさわり、"ヒコーキ"も1つのテーマとなる。ついで絵画に興味を持つ一方、佐藤春夫の知遇を得て、1923年（大正12年）、佐藤が「童話の天文学者—セルロイドの美学者」という序文を寄せた処女作品集「一千一秒物語」を刊行。星や月をちりばめた短編から成るこの作品は生涯の代表作となった。1946年（昭和21年）少年愛をあつかった「彼等」及び自己を認識論的にみた「弥勒」を発表。1970年代以降再評価が進んだ。著書に「第三半球物語」「天体嗜好症」「明石」「キタ・マキニカリス」「A感覚とV感覚」「タルホ・コスモロジー」「ライト兄弟に始まる」などがある。

10.30　星の文学者・野尻抱影が没する（日本）　英文学者で随筆家の野尻抱影が死去した。1885年（明治18年）、神奈川県出身。早稲田大学で英文学を学んだのち甲府中学校の英語教師となり、1912年（明治45年）東京・麻布中学に転じる。1919年（大正8年）〜1944年（昭和19年）研究社で雑誌の主幹、編集部長を歴任。一方で、日本の星の和名や国内外の星にまつわる伝承、民俗、文学、神話、詩歌などを紹介した天文随筆を多数執筆し、"星の文学者""星の民俗学研究の第一人者"として親しまれた。1930年に発見された第9番惑星「プルート」に「冥王星」という訳名を提案したことでも知られる。1940年から早稲田大学文学部講師。また1938年から7年間、東日天文館の解説者を務め、戦後は1956年より五島天文博物館理事。著書に「星座巡礼」「日本の星」「星座神話」など。弟は作家の大佛次郎。

11月　高千穂遙「連帯惑星ピザンの危機」が刊行される（日本）　SF作家・高千穂遙のデビュー作「連帯惑星ピザンの危機」が刊行された。我が国初の本格スペースオペラといわれる〈クラッシャージョウ〉シリーズの第1作であり、同一世界を舞台にするスペースオペラ〈ダーティペア〉シリーズともども人気を集め、両作ともアニメ化された。

11.6　SF映画「未知との遭遇」が公開される（米国）　スティーヴン・スピルバーグ監督のSF映画「未知との遭遇」が公開された。前作の動物パニック映画「ジョーズ」から一転、UFOとの遭遇事件と宇宙人とのコンタクトを描いたSF映画を手がけ、同年に公開された盟友ジョージ・ルーカス監督「スター・ウォーズ」と共にSFブームを牽引する役割を果たした。

12.15　静止通信衛星「さくら」打ち上げ（日本）　宇宙開発事業団（NASDA）が、「デルタ2914型ロケット」で静止通信衛星「CS（さくら）」をケープカナベラル基地から打ち上げた。

この年　アンドワイアー変数と堀の正準変換理論とを用いた地球の章動理論（日本）　東京天文台の木下宙は、アンドワイアー変数と堀の正準変換理論とを用いた地球の章動理論を構築した。この理論は、1984年（昭和59年）に国際的に採用された章動理論の基礎にもなった。

この年　静止衛星開発グループ、朝日賞受賞（日本）　静止衛星開発グループ（代表・宇宙開発事業団理事長の松浦陽恵）が「技術試験衛星II型の静止軌道への打ち上げ」により朝日賞文化賞を受賞した。

この年　科学技術映像祭受賞（1977年度, 第18回）（日本）　鹿島映画、文部省「素粒子を探る—文部省高エネルギー物理研究所」が受賞。

この年　映画「惑星大戦争」（日本）　福田純監督の映画「惑星大戦争」が公開された。米国で大ヒットしたSF映画「スター・ウォーズ」の日本公開を来年に控えた年末に、SF映画人気を当て込んで公開された。金星のある侵略宇宙人の前線基地に乗り込む宇

宙防衛艦「轟天」の活躍を描く。

この年　スペースシャトル軌道船の飛行実験（米国）　軌道船「エンタープライズ」は1977年8月12日、2人の宇宙飛行士が乗組み、「ボーイング747」の背中に乗せられて離陸、ボーイングから切り離されて滑空飛行後、同基地に着陸した。9月13日にも、別の2人の宇宙飛行士を乗せた「エンタープライズ」が、ボーイングから切り離されて滑空飛行後、自動操縦で無事帰還出来た。

この年　ラス・カンパナス天文台に254cm反射望遠鏡設置（米国, チリ）　南アメリカのチリ・アンデス山中に1971年に設置されたカーネギー研究所所属ラス・カンパナス天文台に、254cmの反射望遠鏡が設置された。

この年　ジョン・ロンバーグが「ボイジャー」搭載のゴールデン・ディスクを監督（米国）　米国航空宇宙局（NASA）が太陽系外へ向けて打ち上げた無人惑星探査機「ボイジャー」には、地球外知的生命体によって発見された際に地球人からのメッセージを収めたゴールデン・ディスクが搭載されており、ジョン・ロンバーグがその監督を務めた。ロンバーグは"宇宙の科学と哲学"を映像として表現する第一人者で、米国惑星協会の初代ロゴマークや、カール・セーガンのテレビシリーズ「COSMOS」の映像演出などを手がけた。1998年にはその業績を讃えて、火星に近い小惑星「6446 1990QL」が「ロンバーグ」と命名された。

この年　SF作家のエドモンド・ハミルトンが没する（米国）　米国のSF作家エドモンド・ハミルトンが死去した。スペースオペラの雄として知られ、"宇宙の破壊者"の異名をとった。宇宙船コメット号を駆る太陽系一の科学者・冒険家のカーティス・ニュートンが、3人の仲間・フューチャーメンと大活躍する〈キャプテン・フューチャー〉シリーズが代表作で、他に〈星間パトロール〉〈スターウルフ〉〈スターキング〉などのスペースオペラや、天文学者を主人公とした短編「フェッセンデンの宇宙」などで知られる。

この年　気象衛星「メテオール」打ち上げ（ソ連）　ソ連は1976年10月と1977年4月気象衛星「メテオール」を打ち上げた。雲と積雪の写真撮影、地球及び大気の放射エネルギー熱の調査データを地上に送ることを目的とする。

1977-1978　「ソユーズ計画」が進展（ソ連）　1976年6月以来、軌道上にある「サリュート5号」に代えて、1977年9月29日「サリュート6号」が打ち上げられた後、「ソユーズ26～30号」が打ち上げられ、「サリュート6号」とドッキング。ただし、「25号」はドッキングに失敗し、帰還した。「ソユーズ28号」「30号」には、初のチェコ人とポーランド人がそれぞれ乗り組んだ。長期滞在のロマンネンコ、グレチコ両宇宙飛行士らの物資補給に、無人補給船「プログレス1号」「2号」が打ち上げられ、1978年7月9日「サリュート6号」に物資を補給した。なお、長期滞在の両宇宙飛行士は、96日間宇宙滞在の新記録を作って帰還。

1978年
（昭和53年）

1月　国際紫外線衛星「IUE」打ち上げ（世界）　欧州宇宙機関（ESA）、米国、オランダによる国際紫外線衛星「IUE」がケープカナベラル基地から打ち上げられた。クエーサー、銀河、星間物質など、10万以上の天体を紫外線スペクトルにより観測。

1.11　宇宙船3船によるドッキング、初成功（ソ連）　「サリュート6号」（1977年9月打ち上げ）と、「ソユーズ26号」（同年12月打ち上げ）、「27号」（1978年1月10日打ち上げ）が、史上初の3船ドッキングを行った。

1.24　原子炉搭載の「コスモス衛星」が墜落（ソ連, カナダ）　ソ連が原子炉を搭載した「954

	号」がカナダに墜落したと公表。カナダ当局は2月までに、ノースウェスト准州グレートスレーブ湖付近で複数の破片を回収し、その中には1時間あたり200レントゲンの放射能を出す金属片もあったと発表した。なお、3月31日ソ連の打ち上げた「コスモス衛星」が1000号に達した。
2.4	「きょっこう」打ち上げ(日本)　東京大学宇宙航空研究所の科学衛星「EXOS-A(きょっこう)」がM-3H型ロケット2号により打ち上げられた。国際磁気圏観測計画に参加して、北極上空でのオーロラ観測や磁気圏、プラズマ圏、電離層の相互作用の観測などが目的である。
2.9	艦隊通信衛星1号打ち上げ(米国)　米国航空宇宙局(NASA)は、米軍が計画中の全世界をカバーする軍事通信衛星網として、艦隊通信衛星「FLTSTCOM1号」を打ち上げた。
2.16	宇宙開発事業団(NASDA)、電離層観測衛星「うめ2号」を打ち上げ(日本)　宇宙開発事業団(NASDA)が種子島宇宙センターで「N-1型ロケット4号」による観測衛星「うめ2号」の打ち上げ、高度1000kmの周回軌道投入に成功した。短波通信の効率的な運用のための電離層観測を目的とした「うめ2号」は、2か月の初期運用ののち郵政省通信総合研究所に引継がれ、約1年半にわたるミッション終了後も1983年(昭和58年)2月まで観測データの収集を続行し、海外通信に必要な電波予報の改善に大きく貢献した。
3月	宇宙開発委員会、「宇宙開発政策大綱(初版)」を発表(日本)　宇宙開発委員会が、今後15年の日本における宇宙活動の方針を示した「宇宙開発政策大綱(初版)」を発表した。これには重さ500kg以上の静止衛星を打ち上げる能力をもつロケットを開発すること、今後必要とされる宇宙輸送系の技術基盤を蓄積することなどが盛り込まれており、H-1ロケットを今後の日本の主力ロケットとして位置付けることがより明確化された。
3.20	天体物理学者・荒木俊馬が没する(日本)　天文学者・荒木俊馬が死去した。1897年(明治30年)、熊本県生まれ。1923年(大正12年)、京都帝国大学宇宙物理学科を卒業。新城新蔵に師事。1929年(昭和4年)〜1931年渡欧し、ポツダム天文台のルーデンドルフらに学ぶ。帰国後、京都帝大宇宙物理学第1講座を担当し、天体物理学、変光星・白色矮星の内部構造、特異星大気のスペクトル理論など幅広く研究して東京の萩原雄祐、仙台の松隈健彦と共に日本の天文学をリードした。1941年京都帝国大学教授。戦時中は大日本言論報国会でも活躍し、中国の南京政府顧問を務めた。戦後は公職追放に遭うが、解除後は大阪商科大学、大谷大学教授などを経て、1965年京都産業大学を創立し、初代理事長・学長に就任した(のち終身総長)。著書に「天文宇宙物理学総論」(全7巻)、「天文と宇宙」、「現代天文学事典」、児童向けの「大宇宙の旅」など。
4月	銀河系の中心に反物質存在か(米国)　ベル研究所のレビンソールとサンディア研究所のマカラムが、ゲルマニウム感知器によってガンマ線を捉え、銀河系中心部に多量の反物質が存在する可能性を発表した。
4.8	実用中型放送衛星「ゆり」打ち上げ(日本)　宇宙開発事業団(NASDA)が、我が国初となる実用放送衛星「BS(ゆり)」をデルタ2914型ロケットでケープカナベラル基地から打ち上げた。
5.8	気象衛星「ひまわり」の生みの親・矢田明が没する(日本)　気象技術者・矢田明が死去した。1927年(昭和2年)生まれ。気象庁に入り、1959年10月〜1961年3月第四次南極観測越冬隊に参加。1971年より気象研究所気象衛星研究部に勤め、静止気象衛星「ひまわり」生みの親として衛星の気象観測部門開発に専心、気象庁気象衛星室長を務めた。
5.17	宇宙線研究の渡瀬譲が没する(日本)　物理学者・渡瀬譲が死去した。1907年(明治40年)生まれ。大阪帝国大学理学部副手、助手を経て、1941年(昭和16年)助教授と

1978年（昭和53年）

なり、菊池正士のもとで宇宙線を研究、サイクロトロン建設に参加、また海軍のマグネトロン研究に従事。戦後1947年教授に進み、1949年大阪市立大学教授兼任。1956年同大教授専任となり、理工学部長、理学部長を経て、1963年～1971年学長。1973年大阪府立女子大学長。この間、宇宙線グループを組織、乗鞍山に市大観測所を、また東海道線焼津トンネル内に地下宇宙線観測所を設置した。

6.22　冥王星の衛星「カロン」発見（米国）　米国のJ.W.クリスティにより、冥王星に衛星が発見され、「カロン（Charon）」と命名された。直径1270km。

7月　冥王星にも月を発見（米国）　海軍天文観測所により冥王星を回る月が発見され、水星と金星以外の太陽系の惑星に月が存在することが判明、その総数は35個になった。さらに、冥王星が最も小さい惑星であることも分かった。

7.16　宇宙科学博覧会、開幕（日本）　東京・有明で「宇宙―人類の夢と希望」をテーマに、米国航空宇宙局（NASA）やスミソニアン研究所航空宇宙博物館（NASM）などの協力のもと、宇宙科学博覧会が開催された。1978年（昭和53年）7月16日から1979年1月15日までの日程で、約550万人の入場者を集め閉幕したが、好評を博したこともあり、また、1979年が国際児童年であったことからその特別後援事業として3月24日に再開され、9月2日の閉幕までに約570万人が訪れた。

8.26　「ソユーズ31号」打ち上げ成功（ソ連、東ドイツ）　ソ連のワレリー・ブイコフスキー船長と東ドイツのジグムント・イエーン飛行士の搭乗した「ソユーズ31号」が打ち上げられた。両飛行士は27日夜、宇宙実験室「サリュート6号」に移乗して約1週間の実験を行い、「ソユーズ29号」に乗り9月3日にソ連カザフ共和国内に帰還した。

9月-12月　スペースシャトル、エンジン爆発（米国）　ミシシッピ州セントルイス湾の国立宇宙工学研究所で9月27日と12月27日に地上試験中のスペースシャトル軌道船の主エンジンが爆発した。原因は酸化剤弁の故障とみられる。スペースシャトルの処女軌道飛行は当初3月の予定だったが、米国航空宇宙局（NASA）によりに延期された。

9.16　国内初「じきけん」打ち上げ（日本）　鹿児島県内之浦の実験場から3段式ロケットM-3H-3号に搭載された東京大学宇宙航空研究所の第6号科学衛星「EXOS-B（じきけん）」が打ち上げられた。軌道は遠地点3万51km、近地点228km、傾斜角31.1度、周期523.17分である。国際磁気圏観測計画に参加する「じきけん」は直径75cm、高さ60cm、重量90.5kgの38面体で、高度1000km～10万kmの磁気圏深部に入り、オーロラを作り出している電子、粒子などを直接探査する。

10月　宇宙開発事業団、埼玉県比企郡に地球観測センターを開設（日本）　宇宙開発事業団（NASDA）が地球の環境状態を人工衛星から観測するリモートセンシング技術の研究・開発を目的とした地球観測センターを埼玉県比企郡鳩山町に開設した。同センターには観測衛星からデータを受信するための4基のパラボラアンテナが設置されており、収集したデータをアーカイブシステムに保存する、コンピュータシステムによって画像処理をしたあと、国内外の研究機関や一般に提供することによって災害監視や環境問題研究、資源調査などに役立てている。同月宮城県角田ロケットセンターも開設された。

10.4　「プログレス4号」宇宙地球間を往復（ソ連）　打ち上げられた無人補給機「プログレス4号」は「サリュート6号」「ソユーズ31号」と3重結合し、食料、燃料、科学器材、郵便物を届けた。10月26日、「プログレス4号」は「サリュート6号」から切り離され、大気圏（太平洋上空）に再突入した。

10.6　東京大学宇宙線研究所の明野観測所が開設される（日本）　東京大学宇宙線研究所が山梨県明野村に同研第二の観測所である明野観測所を開設した。同所は東京大学宇宙線観測所時代の1975年（昭和50年）から建設を進めていたもので、開所後の1979年には主力観測設備である1平方kmの空気シャワー装置が完成し、これによる宇宙線の総合的研究が行われた。

11.2　宇宙滞在記録を140日（ソ連）　ソ連のウラジミール・コワリョーノク、アレクサンド

ル・イワンチェンコフ両宇宙飛行士は「サリュート6号」内で実験を続け、宇宙滞在140日間の記録を樹立し、ソ連ウズベク共和国内に「ソユーズ31号」で帰還した。

11.13　「アインシュタイン」衛星打ち上げ（米国）　米国航空宇宙局（NASA）がケープカナベラル基地から高エネルギー天体観測衛星「HEAO-2（アインシュタイン衛星）」を打ち上げた。X線背景放射の観測などを目的とする。

12月　金星探査機降下体が金星着陸（ソ連）　9月11日に打ち上げられたソ連の金星探査機「ベネラ12号」の観測機器を積んだ降下体が切り離され、12月21日に金星表面に軟着陸し、1時間50分にわたり観測データを地球に送信した。また、9月9日に打ち上げられた「ベネラ11号」も観測機器を積んだ降下体を12月25日に火星表面、「12号」降下体から800km離れた地点に軟着陸させた。「11号」「12号」は宇宙線、太陽風、紫外線、X線、ガンマ線などを観測し、金星大気中のアルゴン濃度が地球大気の200～300倍となることを明らかにした。

12月　金星探査機「パイオニア」の成果（米国）　日本時間5日午前0時56分（グリニッジ標準時4日午後3時56分）に金星探査機「パイオニア金星1号」（1978年5月打ち上げ）は金星周回軌道に乗り、5日に太陽風に関する初観測データを送信。9日に金星周辺に到着した「2号」と共に金星大気や地表の立体観測を行った。9日、「2号」の本体から切り離された4個の探査カプセルは時速4万234kmの速度で金星大気圏に突入し、その間各種の観測データを地球に送信し続け約1時間後に金星地表に衝突した。これらの観測データにより、従来考えられていたよりはるかに濃度の高いアルゴン36とアルゴン38ガスが探知された。1980年米国航空宇宙局（NASA）はこのレーダー観測をもとに金星表面の地形図を作成した。

この年　土佐誠と藤本光昭、銀河の渦状磁場構造の研究（日本）　名古屋大学の土佐誠と藤本光昭は、渦巻銀河M51のシンクロトロン放射による偏波分布の観測結果を基に、銀河の渦状磁場構造を示した。

この年　東亜天文学会賞受賞（日本）　流星観測者で観測部長である小牧孝治郎に東亜天文学会賞が授与された。

この年　「星の手帖」発刊（日本）　河出書房新社から一般向け季刊天文雑誌「星の手帖」が発刊された。刊行は1993年（平成5年）春号まで続いた。

この年　恒星社厚生閣「天文・宇宙の辞典」刊行（日本）　恒星社厚生閣創業50周年（1972年）を記念して、恒星社厚生閣から「天文・宇宙の辞典」が刊行された。編集委員長は広瀬秀雄、編集委員は古畑正秋、宮本正太郎ら。天文学を中心とした関連分野の用語を解説するもので、1983年改訂版が刊行された。

この年　映画「宇宙からのメッセージ」（日本）　深作欣二監督の映画「宇宙からのメッセージ」が公開された。米国で大ヒットしたSF映画「スター・ウォーズ」の日本公開を夏に控えたゴールデンウィークに、SF映画人気を当て込んで公開された。〈仁義なき戦い〉シリーズなどのやくざ映画を得意とした深作欣二による宇宙版「南総里見八犬伝」。

この年　テレビアニメ「銀河鉄道999」の放映が開始（日本）　フジテレビで松本零士の漫画を原作としたテレビアニメ「銀河鉄道999」の放映が開始された。永遠の命に憧れる少年・星野鉄郎が、謎の美女メーテルと終着駅の星を目指して999号で旅をする物語。1979年（昭和54年）に製作された劇場版はアニメ映画として初めて、同年の邦画配給収入1位を獲得。ささきいさおが歌ったテレビ主題歌、ゴダイゴが歌った劇場版主題歌も大ヒットした。

この年　ペンジアス、ウィルソンにノーベル物理学賞（米国）　ウィルソンはペンジアスと共に衛星通信の妨害の原因となる雑音源を突き止めるため、電波望遠鏡と受信機のテストを行っていた。1964年、波長7.3cmで、3.1Kの温度を持つ、高いレベルの等方性の背景放射を発見、この放射はどんな電波源を基礎として説明出来るものより100倍も強力であった。残余信号が説明出来なかった2人は、この観測結果の説明をプリン

ストン大学の宇宙物理学者R.ディッケに依頼。ディッケは宇宙背景放射と解釈、ビッグバン宇宙の仮説に強い支持を与えた。こうして宇宙黒体放射は、宇宙の起源を説明するのに「熱いビッグバン」モデルが適していることを納得させる最大の証拠だと考えられた。2人は1965年に発表した宇宙全体に広がる微弱な電磁放射の発見が評価され、1978年ノーベル物理学賞を贈られた。

- この年 **M87にブラックホールを発見**（米国, 英国）　英国と米国の天文学者が、太陽の50億倍ほどのブラックホールを電波星雲おとめ座M87小宇宙に発見した。
- この年 **テレビドラマ「宇宙空母ギャラクティカ」の放映が開始**（米国）　米国ABCテレビでグレン・A.ラーソンが企画・製作を手がけたSFドラマ「宇宙空母ギャラクティカ」の放映が開始された。異星人の攻撃を受けた植民惑星から、生き残りを集めて伝説の故郷・地球に向かう宇宙空母ギャラクティカの艦隊を描いたスペースオペラで、「スター・ウォーズ」の起こしたブームに乗って人気を集めた。続編「ギャラクティカ1980」や劇場版、2003年にはリメイク版も製作された。
- 1978-1979 **75個の「コスモス衛星」**（ソ連）　1978年9月6日から1979年6月8日までの間に、ソ連は75個の「コスモス衛星」を打ち上げている。その間1978年10月4日には「1034号～1041号」の8個、1979年5月23日には「1100号」と「1101号」の2個を、それぞれ1つのロケットで同時に打ち上げている。
- この頃 **科学映画「宇宙から地球を見る」製作**（日本）　内田和宏、豊岡定夫（撮影）による科学映画「宇宙から地球を見る」（東映教育）が製作された。

1979年
（昭和54年）

- 1.29　**NASDAとNASA、「ランドサット」のデータ受信に関する了解覚書を締結**（日本）　宇宙開発事業団（NASDA）は、米国航空宇宙局（NASA）との間でランドサット気象衛星のデータ受信に関する了解覚書が締結された。
- 1.29　**天体力学の世界的権威・萩原雄祐が没する**（日本）　天文学者・萩原雄祐が死去した。1897年（明治30年）、大阪出身。東京帝国大学天文学科で平山信、平山清次らに師事。1923年（大正12年）より欧米に留学してエディントンらに学ぶ。帰国後、1935年（昭和10年）東京帝大教授に就任。天体力学及び天体物理学の世界的権威であり、その研究の成果は晩年に出版された英文の大著「Celestial Mechanics（天体力学）」（全5巻）に集大成されている。また1946年より東京天文台長を兼任し、1950年乗鞍岳にコロナ観測所を設立、1955年岡山天体物理観測所に大反射望遠鏡を設置した他、畑中武夫、藤田良雄、古在由秀ら後身の育成にも力を注ぎ、日本の天文学を世界的なレベルに押し上げる原動力となった。1954年文化勲章。1957年に東京大学退官後は東北大学教授、宇都宮大学学長、1961年国際天文学連合（IAU）副会長を歴任。他の著書に「天体力学の基礎」「星雲の彼方」など。
- 2.6　**「あやめ」失敗**（日本）　宇宙開発事業団（NASDA）は午後5時46分に種子島宇宙センターから、実験静止衛星「ECS（あやめ）」を搭載した「N-Iロケット5号」を打ち上げたが、衛星分離後に第3段ロケットが「あやめ」に接触して損傷を与えたため、静止軌道の投入に失敗した。この衛星は直径1.4m、上下のアンテナを含めた高さ1.9m、重量約130kgの円筒形で、24日朝、東経145度の赤道上空3万6000kmに静止し、ミリ波帯での通信実験を世界に先駆けて行う計画だった。
- 2.21　**初の天文観測衛星「はくちょう」**（日本）　東京大学宇宙航空研究所は鹿児島県内之浦の実験場から3段式ロケットM-3C型ロケット4号（M-3C-4）に搭載した第4号科学衛

星「CORSA-b(はくちょう)」を午後2時に打ち上げた。軌道は遠地点649km、近地点541km、傾斜角29.9度、周期1時間36分36秒である。初の天文観測衛星「はくちょう」は対向面距離75.5cm、アンテナを除く高さ65.5cm、重量96kgの正八面柱で宇宙X線を観測する。

2.25 「ソユーズ32号」打ち上げ(ソ連)　「ソユーズ32号」にソ連のウラジミール・リヤホフ船長、ワレリー・リューミン飛行技師が搭乗し打ち上げられ、「サリュート6号」と結合した。3月12日には無人補給船「プログレス5号」が打ち上げられ、「サリュート」「ソユーズ号」と3重結合し物資を届けた。5月13日、無人補給船「プログレス6号」が打ち上げられ、「サリュート」と15日に結合し、物資を届けた。6月6日接近修正用エンジンの改良の点検と「サリュート」への物資輸送のため無人宇宙船「ソユーズ34号」が打ち上げられ、「サリュート」と結合し物資を補給。28日無人補給船「プログレス7号」が打ち上げられ30日に「サリュート」「ソユーズ」と3重結合し物資を届け、7月18日に「サリュート」から「プログレス」は切り離された。

4.5 最も遠い天体発見(米国)　百億光年以上離れた最も遠い天体を米国の衛星が発見した。

4.10 「ソユーズ33号」が失敗(ソ連)　「ソユーズ33号」にソ連のニコライ・ルコビシニコフ船長、ブルガリアのゲオルギー・イワノフ技術少佐が搭乗し打ち上げられたが、接近修正用エンジンが不調のため「サリュート6号」との結合を断念。4月12日カザフ共和国内に帰還した。

5.29 金星最高峰は1万800m(米国)　米国地球物理学会が、金星の最高峰は1万800mと発表。

7.12 スカイラブが墜落(米国)　米宇宙ステーション「スカイラブ」(skylaboratoryの略)が午前1時10分にアフリカ西方大西洋上で大気圏に突入し、一部破片がオーストラリア南西部パース市付近に落下したが、人畜、財産に被害は無かった。1973年5月15日に打ち上げられた「スカイラブ」は、「アポロ」宇宙船を打ち上げるのに使った最大のロケット「スターン5型」の2段目ロケットの内部を人間が居住出来るように改装し、直径7m、長さ35m、重さ77.5tもあった。実験修了後は軌道上に放置されていたため、米国航空宇宙局(NASA)は墜落の危険性を心配していたが、何も対策出来ないまま落下した。

8.19 宇宙滞在新記録となる175日(ソ連)　ウラジミール・リヤホフ、ワレリー・リューミン両宇宙飛行士は「サリュート6号」内で実験を続け、175日の宇宙滞在新記録を樹立し、ソ連の中央アジア内に帰還した。

8月-9月 土星第5の環を発見?(米国)　米国航空宇宙局(NASA)が土星の観測を目指し1973年4月に打ち上げた無人宇宙探査機パイオニア11号は、打ち上げられて6年5か月30億kmの飛行の後、土星に接近した。9月1日に無事に土星表面約2万800kmまで接近し、土星とその環のクローズアップ写真や成分分析データを送ってきた。NASAはこれらのデータを分析し、土星の4つ環の外側に別の環が存在することを確認した。その後、パイオニアは土星最大の衛星「タイタン」に再接近し写真撮影や温度、大気などを観測した。1990年海王星の軌道を通過、1996年通信が途絶えた。

9.11 科学啓蒙家・日下実男が没する(日本)　科学啓蒙家で科学読物作家の日下実男が死去した。1926年(大正15年)生まれ。朝日新聞社に入り、科学記者、欧米特派員を経て、1969年退社。日本宇宙飛行協会、日本海洋学会などに所属し、科学評論家、啓蒙書の執筆者として活躍した。著書に「地球の誕生と死」「宇宙の進化」「宇宙学入門」「宇宙に挑む人間」、訳書にオーベルト「宇宙への設計」、スニース「惑星と生命」など多数。学習研究社や旺文社で子ども向けの本も執筆した。

9.30 UFOライブラリーが開館する(日本)　荒井欣一が、日本におけるUFO研究活動の拠点として東京・品川にUFOライブラリーが開館した。CIAの極秘文書を始め、数多くのUFO関連資料を所蔵している。

1979年（昭和54年）

10月	工作舎「全宇宙誌」刊行（日本）　工作舎から松岡正剛編、杉浦康平造本による「全宇宙誌」が9年がかりの編集を経て刊行された。古今東西の天文・宇宙全般に関する事項を、全頁黒い背景に白い活字、絵図、写真などで表現。小口にはアンドロメダ星雲と星図が描かれるなど、凝りに凝って作られた稀なる書籍。
12.16	新型「ソユーズT」（ソ連）　新型の無人宇宙輸送船「ソユーズT」を打ち上げた。
この年	中野武宣、磁気雲の両極性拡散理論を提唱（日本）　京都大学の中野武宣は、星間雲について、磁気力が力学平衡の維持を助けている雲は、両極性拡散によって収縮するものと考えた。この考え方に基づいて数値実験を重ねた結果、星間雲の周辺部はほとんど変わらないまま中心部だけが収縮していくことが示された（磁気雲の両極性拡散理論）。
この年	京都大学飛騨天文台に口径60cmのドームレス太陽望遠鏡（DST）が完成（日本）　京都大学飛騨天文台に台長・服部昭の尽力により、口径60cmドームレス太陽望遠鏡が完成した。ドームを備えず、シーイングの劣化を防ぐために高さ18mの塔上に望遠鏡を配置したこの望遠鏡は、地上観測で望み得る最高の空間・分光分解能が得られるように設計されており、より詳細な太陽Hαフレアの撮像・分光観測が可能となった。この望遠鏡の導入により、同天文台では黒河宏企、一本潔によってフレア輝線の赤方非対称の解明が行われるなど、多くの研究成果を得ることが出来た。
この年	古在由秀、日本学士院賞恩賜賞受賞（日本）　古在由秀が「土星衛星、人工衛星及び小惑星の運動の研究」により第69回日本学士院賞恩賜賞を受賞した。
この年	日本天文学会天体発見功労賞受賞（日本）　平賀三鷹が「新星：V1668 Cyg」、藤川繁久が「彗星：72P/1978 T2（Denning-Fujikawa）の再発見」により受賞。
この年	東亜天文学会賞受賞（日本）　東亜天文学会創立名誉創設者の山本一清夫人・山本英子に東亜天文学会賞が授与された。
この年	海野和三郎ら、「Nonradial Oscillations of Stars」を出版（日本）　東京大学の海野和三郎、尾崎洋二、安藤裕康、斉尾英行、柴橋博資は、恒星の非動径振動に関する理論についてまとめた英文教科書「Nonradial Oscillations of Stars」を出版した。この書は世界中で高い評価を得ており、1989年（平成元年）には改訂版が出版された。
この年	「現代天文学講座」刊行開始（日本）　恒星社厚生閣が「現代天文学講座」の刊行を開始。1983年（昭和58年）までに全15巻（別巻を含む）が刊行された。主に日本の研究成果を中心に編纂されている。別巻は中山茂編の「天文学人名辞典」。
この年	テレビアニメ「機動戦士ガンダム」の放映が開始（日本）　名古屋テレビで富野喜幸（現・富野由悠季）が監督を務めたテレビアニメ「機動戦士ガンダム」の放映が開始された。宇宙に進出した移民が地球連邦に対して起こした独立戦争を、戦争に巻き込まれた少年を主人公として描いた物語で、内向的な主人公や、戦争を舞台とした確かな人間ドラマ、ロボットを「モビルスーツ」と名づけ量産兵器として扱った設定などは、それまでのロボットアニメにはみられなかったもので、いわゆる"リアルロボットもの"の元祖となり、ロボットアニメに革命をもたらした。1981年（昭和56年）から翌年にかけて公開された劇場版3部作の頃にはブームは社会現象となり、今日まで絶大な人気を持つ〈ガンダム〉シリーズに発展した。
この年	木星の性質探る探査機（米国）　米国の木星・土星探査機「ボイジャー1号」「2号」が1979年3月と7月に木星に接近し、大赤斑や木星をとりまく薄い環の撮影に成功した。大赤斑は木星の南半球にあり400年近く観測されているがその正体は謎であった。この「ボイジャー」の写真は長期にわたって映画のように撮影されており、詳細解明に役立った。また、3月4日には「1号」が木星の衛星「イオ」に接近し、撮影された写真から活火山の噴煙があがっているのを発見し、「2号」の観測を加えて8個の活発な火山を確認するなど、衛星の近接撮影にも成功し数多くの新知識をもたらした。
この年	ハワイ島マウナケア山頂に設置に大型望遠鏡続々設置（米国）　天体観測の好適地・

ハワイ島マウナケア山頂に、米国航空宇宙局（NASA）による3.2m反射望遠鏡、英国による3.8m反射望遠鏡、フランス・カナダ・米国による3.6m反射望遠鏡などが続々設置された。

この年 **SF映画「エイリアン」が公開される**（米国）　リドリー・スコット監督のSF映画「エイリアン」が公開された。宇宙船の中で未知の凶悪な異星生物（エイリアン）に襲われる恐怖を巧みに描いたSFホラー映画の金字塔であり、以後の作品にも大きな影響を与えた。

この年 **ピク・ド・ミディ天文台に2m反射望遠鏡**（フランス）　トゥールーズ大学所属で、ピレネー山脈中部にあるピク・ド・ミディ天文台に2m反射望遠鏡が設置された。同天文台は19世紀後半から気象観測所として活動し、徐々に天文台に移行した施設。

この年 **カラール・アルト天文台に2.2m反射望遠鏡**（西ドイツ，スペイン）　マックス・プランク研究所が2.2mの反射望遠鏡を完成させ、スペインにあるカラール・アルト天文台（ドイツ・スペイン天文センター）に設置した。後に3.5m反射望遠鏡も設置され、共に運用されている。

1980年
（昭和55年）

2.12 **コスモス8個打ち上げ**（ソ連）　宇宙空間の調査のための機器を積載した「コスモス衛星」8個（「1158号～1163号」）が1基のロケットで打ち上げられた。

2.17 **工学試験衛星「たんせい4号」打ち上げ**（日本）　東京大学宇宙航空研究所が工学試験衛星「MS-T4（たんせい4号）」を搭載した3段式固体ロケット「M-3S型ロケット1号」を、午前9時40分に鹿児島県内之浦の実験場から打ち上げた。軌道は遠地点608.6km、近地点519.6km、傾斜角38.7度、周期96分であった。この衛星には、重さ185kg、幅60cm、長さ65cmの太陽電池パネル4枚が備えられている。

2.18 **南極で3000個の隕石採集**（日本）　文部省南極地域観測統合本部に、第二十次南極観測隊（山崎道夫隊長）から、隕石3000個を発見し採集に成功したと連絡が入った。1979年10月13日から約4か月かけて「やまと山脈・ベルジカ山脈地学調査隊」（矢内桂三リーダー以下8人）が内陸調査旅行を行い「隕鉄」「炭素質隕石」を含め3000個を採集した。

2.25 **「あやめ2号」も失敗**（日本）　宇宙開発事業団（NASDA）が午後5時35分に、N-Iロケットで種子島宇宙センターから打ち上げた実験用静止通信衛星「ECS-b（あやめ2号）」を静止軌道に乗せることに失敗した。打ち上げから計画通りに近地点約190km、遠地点約3万5500kmの移行軌道に乗せたが、午後1時46分18秒、種子島宇宙センターからの指令電波でアポジー・モーターに点火させた約8秒後に電波が途絶えた。1年前の「あやめ1号」も同じ現象で通信不能になっている。

4.9 **「ソユーズ35号」打ち上げ**（ソ連）　ポポフ船長、リューミン技師が搭乗した「ソユーズ35号」が打ち上げられた。10日には軌道科学ステーション「サリュート6号」と既に結合していた「プログレス8号」（宇宙輸送船）にドッキングした。4月27日宇宙輸送船「プログレス9号」が打ち上げられ、「サリュート」と「ソユーズ」と29日モスクワ時間午前11時9分にドッキングし、エンジン用燃料や研究実験用の資材を運んだ。

4.30 **スパイ衛星打ち上げ**（ソ連）　インド洋の米海軍艦船の動きを追跡するため、ソ連がスパイ用原子炉衛星「コスモス1176号」を打ち上げた。

5.23 **「アリアン」打ち上げ実験失敗**（欧州）　欧州8か国の共同開発による「アリアンロ

ケット」の打ち上げ実験が、南米フランス領ギアナのフランス国立宇宙研究センターのクールー基地で行われ、打ち上げ直後のロケットが空中分解し失敗となった。1979年12月24日の第1回実験は実験カプセルを軌道に乗せて成功していた。

5.28 「ソユーズ36号」ドッキング（ソ連）　ソ連のクバソフ船長とハンガリーのファルカシュ宇宙飛行士が搭乗した「ソユーズ36号」が日本時間28日午前4時56分（現地時間27日午後10時56分）に「サリュート6号」と「ソユーズ35号」にドッキングした。6月両飛行士は「35号」で地上に帰還した。

6.5 改良型「ソユーズT2号」打ち上げ（ソ連）　改良型「ソユーズT2号」がマルイシェフ船長、アクショーノフ技師を乗せて打ち上げられた。日本時間7日午前0時58分（現地時間6日午後6時58分）に「サリュート6号」と「ソユーズ36号」にドッキングし、9日に両飛行士は「T2号」で地上に帰還した。

7.2 H-1ロケット計画（日本）　宇宙開発委員会で1980年代後半以降の人工衛星打ち上げ用ロケットの主力機種となる「H-1ロケット」の開発計画が決定した。

7.17 SFアートの第一人者・武部本一郎が没する（日本）　挿絵画家の武部本一郎が死去した。父は日本画家の武部白鳳。1965年（昭和40年）エドガー・ライス・バローズ「火星のプリンセス」のイラストを手がけてからバローズの〈火星〉〈金星〉〈ペルシダー〉〈ターザン〉シリーズなどを次々に担当。SFアートの第一人者と目され、没後に早川書房と東京創元社から別々に「限定版武部本一郎画集」が刊行された。高木敏子「ガラスのうさぎ」や絵本「かわいそうなぞう」の挿絵も手がけている。

7.18 初の人工衛星を軌道に乗せる（インド）　インド南東部のベンガル湾に臨むスリハリコタのインド宇宙研究所から、インド国産の4段式個体ロケットSLV3（重さ17t）に、初の人工衛星ROHINARS1を搭載し打ち上げ軌道に乗せた。

7.24 「ソユーズ37号」に初のベトナム人（ソ連）　「ソユーズ37号」がソ連のゴルバトコ船長、初のベトナム人のファン・トアン飛行士を乗せ、日本時間24日午前3時33分（現地時間23日午後9時33分）に打ち上げられた。25日午前5時2分（現地時間24日午後11時2分）に「サリュート6号」と「ソユーズ36号」にドッキングし、両飛行士は「36号」で日本時間8月1日午前0時15分（現地時間31日午後6時15分）に帰還した。

8.22 米国航空産業界のパイオニア、ジェームズ・マクダネルが没する（米国）　実業家で航空機製造業者のジェームズ・マクダネルが死去した。1899年生まれ。1939年マクダネル航空機会社をメリーランド州に設立。第二次大戦中、ダグラス社の下請けから、1943年海軍と戦闘機「ファントムI」の開発契約を結んで急成長。戦後は1967年ダグラス社を買収して米国最大の航空機メーカー、マクダネル・ダグラス社を創立する。ベトナム戦争中はF4ファントムを受注。民間航空機の分野にも進出し、1970年代にはエアバス「DC-10」を開発して成功。また「マーキュリー」「ジェミニ」の宇宙カプセルの開発した。初期のジェット機の設計者としても知られる米国航空産業界のパイオニアの一人。

8.23 宇宙開発の権威ボリス・ペトロフが没する（ソ連）　ボリス・ペトロフが死去した。1913年生まれ。オートメーションの専門家でソ連の宇宙開発の最高権威。社会主義諸国による宇宙空間共同調査研究組織「インターコスモス」評議会議長などを歴任した。

9.14 宇宙材料実験用ロケット「TT-500A」打ち上げ（日本）　宇宙開発事業団（NASDA）は日本で初となる宇宙材料実験用ロケット「TT-500A」を打ち上げた。後に頭胴部のパラシュート回収に海上で成功。

9.19 「ソユーズ38号」に初のキューバ人（ソ連）　「ソユーズ38号」がロマネンコ船長と初のキューバ人アルナルド・タマヨ・メンデス飛行士を乗せ、日本時間19日午前4時11分（現地時間20日午後10時11分）に打ち上げられた。「サリュート6号」と「ソユーズ37号」にドッキングし、両飛行士は26日帰還した。

10.11	**184日、宇宙滞在新記録達成**（ソ連）　軌道科学ステーション「サリュート6号」に滞在していたポポフ、リューミン両飛行士が184日20時間12分の宇宙滞在記録を樹立し、11日「ソユーズ37号」で地上に帰還した。リューミン飛行士は1979年夏にも175日36分の記録があり、この新記録達成で前回と合わせてほぼ1年間宇宙に滞在したことになる。また、9月29日で本体の「サリュート」も打ち上げから3年経ち、これも快挙となる。
11.15	**初の商業用通信衛星「SBS1」**（米国）　米国はケネディ宇宙基地から世界初となる、IBMと米通信衛星会社（COMSAT）、エイトナ生命保険会社の3社が共同で設立したサテライト・ビジネス・システム社（SBS）の商業用通信衛星「SBS1」を打ち上げた。ゼネラル・モータース社、ウェスチングハウム社など11社が衛星「SBS1」による通信サービスを受けるため1社あたり1か月10万ドル強で契約。1981年初めから本格的なサービスが開始を目指した。
この年	**活動銀河における降着円盤の相対論的振動モードの解析**（日本）　京都大学の加藤正二と福江純は、活動銀河における降着円盤の相対論的振動モードを初めて理論的に解析した。これは、回転する降着円盤には遠心力を復元力とするエピサイクリック振動と呼ばれるモードがあり、ブラックホール周辺の降着円盤では相対論的効果によってエピサイクリック振動の性質が変化することから、相対論的なエピサイクリック振動の振動数は非相対論的な場合に比べて小さくなることを示したもので、円盤振動学（ガス降着円盤の振動を調査する学問）における先駆的な研究として注目された。
この年	**「はくちょう」、「VelaX-1」パルサーの周期変動を発見**（日本）　軌道上で観測にあたっていた天文観測衛星「はくちょう」が、ほ座にあるX線源天体「VelaX-1」パルサーの周期変動を発見した。
この年	**岡村定矩ら、銀河の表面測光解析ソフト「SPIRAL」を開発**（日本）　東京大学木曽観測所の岡村定矩、濱部勝、市川伸一らが銀河の表面測光解析用のFortranライブラリである「SPIRAL」を開発した。
この年	**中村卓史ら、ブラックホール形成のシミュレーションとして数値相対論を実行**（日本）　京都大学の中村卓史らは、ブラックホール形成のシミュレーションとして一般相対性理論の基礎方程式を数値積分する方法を実行し、日本における数値相対論の分野を開拓した。
この年	**日本天文学会天体発見功労賞受賞**（日本）　桑野義之が「特異天体：PU Vul（Kuwano-Honda Object）」により受賞。
この年	**東亜天文学会賞受賞**（日本）　長年の観測の功績により坂元鉄男に東亜天文学会賞が授与された。
この年	**「はくちょう」衛星観測チーム、朝日賞受賞**（日本）　はくちょう衛星観測チーム（代表・小田稔東京大学宇宙航空研究所教授）が「『はくちょう』衛星によるX線天体の観測」により朝日賞文化賞を受賞した。
この年	**川田喜久治〈ラスト・コスモロジー〉シリーズの撮影を開始**（日本）　写真家・川田喜久治が、天空と地上の風景から時代の変遷を描き出した〈ラスト・コスモロジー〉シリーズの撮影を開始した。1995年（平成7年）横浜、1996年福岡で展覧会を開催、これにあわせて写真集「ラスト・コスモロジー」を出版し、1996年度の日本写真協会年度賞と東川賞国内作家賞を受けた。
この年	**日本SF大賞創設**（日本）　日本における職業的SF作家、翻訳家などの同志的集団である日本SF作家クラブにより、各年度の最もすぐれたSF作品に贈ることを目的として、日本SF大賞が1980年に創設された。小説、評論、漫画、イラスト、映像、音楽など、ジャンルやメディアを越えて授賞される。第1回受賞作品は堀晃の「太陽風交点」（早川書房）。
この年	**土星観測で明らかに**（米国）　「ボイジャー1号」は土星から12万4000kmに接近、土星

に6個の新しい衛星と環を発見した。また、撮影した衛星「ディオネ」「レア」「テティス」の写真から、「ディオネ」(直径1100km)は木星の衛星「ガニメデ」に似ていること、「レア」(直径1500km)の表面にはクレーター、「テティス」(直径1020km)には幅60km、長さ750kmの大きな渓谷が発見された。ジェット推進研究所の写真解読班主任のB.スミスは、土星の環はこれまで考えられていたよりはるかに複雑にできていることを発表。また、地球外生物の存在可能性のあった土星の最大の衛星「タイタン」は、大気圧約2.75気圧、成分は窒素が98%、メタンが1%以下、しかも温度が零下149度であることから生物の住める環境で無いことが分かった。

この年　米国国立電波天文台「VLA」完成(米国)　米国国立電波天文台により1974年から進められていた超大型開口合成電波干渉計VLA(Very Large Array)が完成した。ニューメキシコ州ソコロに口径25mのアンテナ27台を1辺21kmのY字型基線上に配列した最大級の電波干渉計で、宇宙ジェットの発見や、VLBA観測への参加などで活躍。

この年　ホプキンス山天文台に4.4m反射望遠鏡設置(米国)　スミソニアン天体物理観測所とアリゾナ大学が4.4mの反射望遠鏡を完成させ、アリゾナ州にあるホプキンス山天文台に設置した。

この年　カール・セーガン監修のテレビシリーズ「COSMOS」が放送される(米国)　米国で、天文学者カール・セーガンが監修したテレビの科学ドキュメンタリーシリーズ「COSMOS」が放送された。全13話で、日本でも同年11月に朝日テレビで放送され、セーガンの吹き替えは俳優の横内正が行った。宇宙と地球の進化の歴史を美しい映像や特撮、音楽で表現し、ホスト兼ナレーターとして出演したセーガンの熱意と強いメッセージが伝わってくる科学ドキュメンタリーの傑作として一大ブームを起こし、世界各国で数十億人に視聴された。

1981年
(昭和56年)

2.11　きく3号、姿勢制御能力テスト(日本)　技術試験衛星4型「ETS-4(きく3号)」を搭載したN-2ロケット1号(全長35.36m、直径2.44m、重さ134.72t)を宇宙開発事業団(NASDA)が午後5時半に種子島宇宙センターから打ち上げ、12日午前5時頃、遠地点3万5824km、近地点223km、傾斜角28.6度、周期10時間36分のトランスファー軌道に乗せた。同衛星の目的は、アポジモーターの積載をせず350kgの衛星を静止軌道に乗せるまでの姿勢制御能力のテストであった。

2.21　ひのとりで太陽面観測(日本)　東京大学宇宙航空研究所は午前9時半、鹿児島県内之浦町の宇宙空間観測所から、第7号科学衛星「ASTRO-A(ひのとり)」(高さ81.5cm、対面距離92.8cmの八角形、重さ190kg)を搭載したM-3S型3段ロケットを打ち上げた。遠地点695km、近地点568km、周期1時間37分3秒のほぼ円軌道に乗せ、26日太陽面での爆発現象(フレア)の精密観測に成功し、高電離鉄輝線の急増、軟X線、硬X線の増加などを測定した。

3.12　「ソユーズT4号」打ち上げ(ソ連)　ウラジミール・コワリョーノク船長、ビクトル・サビヌイフ技師を乗せた宇宙船「ソユーズT4号」を午後10時に打ち上げた。軌道科学ステーション「サリュート6号」にドッキングし、両飛行士は76日間の宇宙滞在を終え5月26日に地上に帰還した。

3.14　金星探査の観測結果(米国)　金星探査機「マリナー」「パイオニア」による過去数年間の観測結果を、米国航空宇宙局(NASA)が発表した。金星の大気層は地球大気の100倍の濃さで、高度60～65kmにある雲の層は、赤道上では秒速100mの高速で流れ

4日に1回の割合で金星を回っている。雲の層の上層には太陽熱を逃がさない硫酸粒子（直径0.5ミクロン）からなる「かすみ」層があり、このため表面温度が摂氏482度に達している。

3.22　「ソユーズ39号」打ち上げ（ソ連）　ウラジミール・ジャニベコフ船長と初のモンゴル人のジグジェルジャミジン・グラーグチャ飛行士を乗せた宇宙船「ソユーズ39号」を打ち上げ「サリュート6号」にドッキングした。これはガガーリン打ち上げ20周年記念であり、8回目の国際クルーの宇宙飛行でもあった。

3.23　飛び石は世界最古の隕石（日本）　東京国立科学博物館の村山定男・理化学研究部長の鑑定で、福岡県直方市の須賀神社に飛び石として伝わる隕石が世界最古であることが明らかにされた。重さ470g、鉄分の最も少ない球粒石質隕石で、納められていた木箱の裏ぶたには「貞観3年」（861年）と書かれていたが、C14法で年代測定したところ、西暦410年頃の木と判明した。これまで、フランスのアルザス地方に落ちた隕石（1492年）が最古とされていたが、誤差を考慮しても約1000年もさかのぼることになる。

4.12　新時代開いたスペースシャトル（米国）　J.ヤング機長とR.クリッペン飛行士を乗せた宇宙連絡船スペースシャトルの1号「コロンビア」が米国航空宇宙局（NASA）によって打ち上げられ、4月14日朝に無事に帰還した。11月12日には第2回目の打ち上げが行われ、いくつかの実験を終え無事に帰還したことで、シャトルの軌道船を何度も打ち上げて人工衛星や建設資材を宇宙へ運ぶことが実際に出来るようになったことを証明した。ここに至るまでには電算機、燃料電池の故障や耐熱タイルの損傷などいくつもの問題があったが、この「コロンビア」の成功で宇宙空間を人類文明の発展に利用する新しい時代を切り開いた。

4.14　宇宙科学研究所が発足（日本）　東京大学宇宙航空研究所が、文部省直轄の宇宙科学研究所（ISAS）と東京大学工学部境界領域研究施設とに分離した。初代所長には森大吉郎東京大学教授が就任。ロケット・衛星・宇宙科学などの宇宙部門が国立大学全体の共同利用機関となった。略称はISAS。

4.24　「コスモス1267号」打ち上げ（ソ連）　無人衛星「コスモス1267号」が「プロトンロケット」に搭載され打ち上げられた。6月19日午前10時52分に近地点332km、遠地点360kmの軌道上を飛行中の「サリュート6号」にドッキングし、同30日「コスモス衛星」のエンジンを点火して軌道を近地点339km、遠地点386kmに上げた。「コスモス衛星」は宇宙ステーションのほぼ2倍の大きさを持ち、「サリュート」にドッキングしたのはこれが初めてとなる。

5.7　初の国産ロケット（インドネシア）　インドネシアの国立航空宇宙研究所は、国産第1号固体燃料ロケットの打ち上げに成功し、高度40kmに到達した。同ロケットは長さ3m、重さ70kg。

5.14　「ソユーズ40号」の打ち上げ（ソ連）　レオニド・ポポフ船長と初のルーマニア人のドミトル・プルナリュ飛行士を乗せた「ソユーズ40号」を午後9時17分に打ち上げ、「サリュート6号」にドッキングした。これは9回目の国際クルーの宇宙飛行となる。

5.31　2回目の人工衛星打ち上げ（インド）　インドは2回目となる人工衛星を搭載した国産4段式ロケットSLVの打ち上げに成功した。ベンガル湾上スリハリコタ発射基地から打ち上げられ、軌道は近地点181km、遠地点364kmであった。

6.19　「アリアン」実験、成功（欧州、インド）　欧州宇宙機関（ESA）は、3回目の実用衛星ロケット「アリアン」の打ち上げ実験を午後12時33分、フランス領ギアナのクールー宇宙基地で行った。3個の人工衛星を予定軌道の近地点201km、遠地点3万6207kmに乗せ、その1つメテオサット2号気象衛星を7月21日に静止衛星軌道に乗せた。また、インド初の静止通信衛星アップルはスマトラ島上空でほぼ静止軌道に乗り、その後の軌道修正で静止軌道に乗った。

8.5　民間ロケット、テストで失敗（米国）　テキサス沖マダゴーダ島で、テキサス州の宇

宙開発会社「スペース・サービス・インコーポレーション」の1号ロケット「パーシュロン」のエンジン噴射テストが行われたが、爆発、分解し失敗に終わった。同ロケットは液体燃料で全長17m、7基を束ねて発射すれば高度3万5000kmに人工衛星を打ち上げられる能力を持ち、1982年末の打ち上げを目指していた。

8.11　気象衛星ひまわり2号打ち上げ（日本）　宇宙開発事業団（NASDA）は午前5時3分に種子島宇宙センターから、静止気象衛星「GMS-2（ひまわり2号）」（直径2.15m、電波アンテナ先端までの高さ4.44mの円筒形、重さ272kg）を搭載したN-2ロケット2号を打ち上げた。12日午後7時45分アポジモーターに点火し13日朝、遠地点3万5510km、近地点3717km、傾斜角1.26度、周期24時間23分の軌道に乗せ、9月初めに赤道上の東経160度の上空で高度約3万6000kmの静止軌道に乗せた。同月、初めて地球の雲の画像が送信された。

8.24　観測ロケットS-310-10号（日本）　文部省宇宙科学研究所（ISAS）は同研究所初の観測用1段ロケットS-310-10号（全長7.7m）を、鹿児島県内之浦の同研究所の宇宙空間観測所から打ち上げた。50.1kgの計器類を積んだこのロケットの目的は、高度80〜110kmの領域から放射される夜間大気光の発光機構を解明するための総合観測を行うことである。

8.24　巨大分子雲を銀河系外縁に発見（米国）　ニューヨーク州レンサー工科大学のマーク・カトナーらがアリゾナ州キットピークの米国立電波天文台の電波望遠鏡（直径10.9m）を使い、地球から3万〜5万光年離れた銀河系外縁部で、3万光年の広がりを持つ螺旋状に延びた分子雲を発見したと米科学財団は発表した。この発見は分子雲が銀河系外にも広がっていることを示すもので、半径5万光年とされる銀河系が実際は今より1.5倍の大きさがあることを証明したことになる。

8.24　「コスモス434号」が落下（ソ連、オーストラリア）　オーストラリアのパーモ天文台は23日の夜に同国北西部にソ連の衛星「コスモス434号」が落下するのを観測したと発表した。これを受け、ソ連外務省スポークスマンは8月26日に「434号」が23日早朝オーストラリア西部の上空の大気圏内で燃え尽き、その金属小片は黄海と東シナ海に接する海域に落下、同衛星は原子炉を積んでいないことを公表した。

9.11　宇宙ゴミ問題（米国）　イタリアのローマで開かれた第23回宇宙国際会議で米の宇宙専門家グループが、地球から打ち上げられたロケットの分解や爆発、迎撃衛星兵器実験の結果できた宇宙ゴミの問題を警告する発表を行った。報告によると、宇宙のゴミは過去10年間で毎年約10%ずつの割合で増え、高度850km辺りに集中し、高度500km辺りでは長さ50m以上の物体がゴミに衝突する確率が1000回に1回に近づきつつあるという。

9.20　衛星3個同時打ち上げに成功（中国）　中国は1基のロケットで3個の衛星を打ち上げ、それぞれの異なる所定の軌道に乗せた。これで中国が打ち上げた人工衛星の計は11個となる。

10.2　水沢緯度観測所長・池田徹郎が没する（日本）　水沢緯度観測所長・池田徹郎が死去した。1922年（大正11年）水沢市にある緯度観測所技師となり、1947年（昭和22年）から1963年まで同所長。この間に国際極運動観測中央局を同緯度観測所に誘致、地震予知連委員などを歴任した。

10.2　直径3億光年の穴（米国）　「ニューヨーク・タイムズ」は米アリゾナ州キットピーク国立電波天文台のポール・シェクターらが、地球から4億光年先に銀河などの物質をほとんど含まない巨大な「宇宙の穴」（直径3億光年）を発見したと報じた。シェクターらが発見した空間は、宇宙の直径100〜200億光年の1%以上にあたる大きさで、物質密度が宇宙平均の10分の1程度であり、普通なら約2000個の銀河を含む空間にわずかしか見つからなかった。

10.9　「石井式電離函」の石井千尋が没する（日本）　物理学者・石井千尋が死去した。1904年（明治37年）生まれ。1929年（昭和4年）理化学研究所に入り、仁科芳雄門下の秀才

として名を馳せた。1953年中国から帰国。宇宙線の権威で、世界最高の精度を誇っている宇宙線観測機「石井式電離函」を開発した。青山学院大学理工学部教授も務めた。

10.9 **隕石から新鉱物発見**(米国) カンザスに落ちた隕石から地球に存在しない鉱物が発見され、「キャズウェルシルバライト」と命名したことを、米ニューメキシコ大学流星学研究所のクラウス・カエル所長が発表した。火星と木星間のアステロイド帯で水と酸素が全く存在しない環境で作られたとみられるこの新鉱物は、太陽系の誕生後に諸物質に大きな変化が起きていないことを示している。

10.27 **天文学者・広瀬秀雄が没する**(日本) 天文学者・広瀬秀雄が死去した。1909年(明治42年)、兵庫県出身。1932年(昭和7年)東京帝国大学天文学科を卒業。1937年より東京大学東京天文台に勤務し、1951年東京大学教授に就任。天体力学や軌道論、天文学史を専門としたが、中でも計算に強く、小惑星の軌道計算や彗星の回帰検出などで数々の業績を挙げており、1948年の礼文島の金環食では月と星の掩蔽観測から日本の測地原点での鉛直線偏差を求め、観測隊を600m東南に移動させて観測を成功に導いた。1963年から東京天文台長を務め、天文台にコンピュータを導入。1970年に退官後は埼玉大学教授、専修大学教授を歴任。小惑星「ヒロセ」(番号1612)は彼の名にちなむ。著書に「ダニエル彗星の再発見」「天文学史の試み」など。

この年 **池内了「泡宇宙論」を提案**(日本) 北海道大学の池内了が、銀河系を泡の集まりと見立てた「泡宇宙論」を提案した。

この年 **東亜天文学会賞受賞**(日本) 大阪プラネタリウムの解説員・東亜天文学会の昔の役員である高城武男に東亜天文学会賞が授与された。

この年 **仁科記念賞受賞**(日本) 杉本大一郎(東京大学)が「近接連星系の星の進化」により、吉村太彦(高エネルギー物理学研究所)が「宇宙のバリオン数の起源」により、第27回仁科記念賞を受賞した。

この年 **科学雑誌「ニュートン」創刊**(日本) 教育社が総合科学雑誌「ニュートン」を創刊した。この年に東京大学を退官した地球物理学者・竹内均を編集長に招聘し、米国の「ナショナルジオグラフィック」に倣ってカラー図版や写真などをふんだんに使用してヴィジュアルを強化し、説明文も分かりやすくしたことから、広範な読者層を獲得し、その後の一般向け科学雑誌の手本となった。取り扱う範囲も自然科学、工学、科学史、天文・宇宙、考古学などまでと幅広く、1つのテーマを深く掘り下げた別冊・ムックや、台湾版・韓国版・中国版も刊行されている。名物編集長であった竹内は2004年(平成16年)に死去し、後任にはJAXAの水谷仁が就任。2009年現在は教育社の子会社であるニュートンプレス社から刊行されている。

この年 **「インフレーション宇宙モデル」発表**(日本, 米国) 佐藤勝彦とアラン・グースが独立に、誕生まもない小宇宙が急激に膨張し一瞬に巨大な宇宙になるとする「インフレーション宇宙モデル」を提唱した。

この年 **惑星探査機「ボイジャー」の成果**(米国) 1977年9月に1号、同年8月に2号と打ち上げられた惑星探査機「ボイジャー1号」と「2号」は木星、土星本体の写真を撮影。地球からはよく分からなかった大気(雲)の複雑な運動を明らかにし、木星にも土星のような環があることや、土星の環は数千本の細い環ででき「スポーク」と呼ばれる成因不明の放射状の模様があることなどが発見された。また、木、土星の衛星についても詳しく調べ、木星の衛星「イオ」に地球外で初めてとなる活火山を発見し、生命存在を期待していた土星の衛星「タイタン」の表面温度が零下178度という低温で、とうてい生命誕生が出来る条件でないことが明らかとなった。

1981-1982 **第3次科学雑誌創刊ブーム**(日本) 1981年(昭和56年)「COSMO」(ユニバース出版社)、「ニュートン」(教育社、のち、ニュートンプレス)、「POPULAR SCIENCE」(ダイヤモンド社)、1982年に「OMNI」(旺文社)、「UTAN」(学習研究社)、「QUARK」(講談社)が創刊されるなど、科学雑誌創刊ブームがおこった。1920年代を第一次、

1940年代後半を第二次として、第三次科学雑誌創刊ブームと呼ばれる。しかし1983年「COSMO」、1984年「POPULAR SCIENCE」が休刊するなど、ブームは永続きしなかった(2009年(平成21年)現在存続しているのは「ニュートン」のみ)。

この頃 「はくちょう」衛星がX線バーストと光のバーストを同時観測(日本,米国,欧州) 軌道上で観測にあたっていた天文観測衛星「はくちょう」衛星は、欧州南天文台、マサチューセッツ工科大学と共同で、X線バースト(中性子星表面から爆発的に放射されるX線のこと。通常、10秒ほどしか持続しない)と、その後にやや遅れてバーストの光が近隣の降着円盤を一瞬照らし出す光のフラッシュとの同時観測を行った。この観測は、中性子星と降着円盤の構造解明に役立つものとして注目された。

1982年
(昭和57年)

3.1 世界一の電波望遠鏡(日本) 長野県南佐久郡南牧村野辺山の八ケ岳山麓に、世界最高の精度を持ち日本最大となる直径45mの電波望遠鏡を備えた東京大学東京天文台の「野辺山宇宙電波観測所」が完成し、開所式が行われた。この電波望遠鏡はパラボラで高さ50m、重さ700t、脇には移動型のパラボラアンテナ(直径10m)が5基附属している。主な観測対象は波長30cmから2mmまでの短い波帯の電波を使い、暗黒星雲中の星の誕生過程の分析や、ガス星雲の中からのアミノ酸の発見である。

3.1 「ベネラ13号」の成果(ソ連) 金星に到達した「ベネラ13号」の降下機器はモスクワ時間午前5時55分に金星の大気圏に突入し、6時57分金星表面のフェブス地区東部に軟着陸した。降下機器は大気圏に突入後パラシュート、高度47kmから空力制御装置を用いて下降しながら金星大気及び雲の科学的組成や構造などの調査が行われた。送られてきたカラー写真によると、岩石は明るい黄褐色、土は暗褐色であった。着陸後は気温457度、圧力89気圧の条件下で土壌を採取し気圧室でX線蛍光分析が行われた。

3.5 「ベネラ14号」の成果(ソ連) モスクワ時間午前5時53分に金星の大気圏に突入した「ベネラ14号」は、午前6時56分に「13号」の着陸地点から1000km離れた場所に軟着陸した。同地点の土壌分析が行われ、金星表面の岩石成分の大部分は強いアルカリ性のカリウムを含んだ玄武岩で、金星を覆う空の色はオレンジ色であることが分かった。

3.8 銀河系中心部で秒速2000km(米国) 銀河系中心部では秒速2000kmにも達する超高速ガスが渦巻き、周期的な爆発が繰り返されていることを米アリゾナ州キットピーク国立天文台のD.ホールらが明らかにし、「ニューヨーク・タイムズ」に報じられた。同天文台の4m反射望遠鏡を使い、射手座の方向にある銀河中心を観測し発見した。すでに発見されている秒速300kmのネオンガスより1ケタ早く、銀河の中心にブラックホールがあるという最新の理論の証拠として注目を浴びた。

3.10 惑星直列騒ぎ(世界) 太陽から見て約95度の範囲内に9つの惑星が集まり、地球から見れば8つの惑星が約135度の視野に収まる現象「惑星直列」の騒ぎは無事に終了した。この現象は太陽を回る惑星の周期に大きな差があるためなかなか起こらず、前回は約1000年前の949年(天暦3年)で次回は2492年となる。この日、日本列島は晴天に恵まれ、前夜10時頃から明け方午前5時頃の間に火星、土星、木星、冥王星、天王星、海王星、金星、水星と順に姿を現した。

3.17 手直しされた宇宙開発計画(日本) 宇宙開発委員会は宇宙開発長期計画の一部を手直しすることを決定した。文部省宇宙科学研究所(ISAS)のハレー彗星観測用第10号

科学衛星の打ち上げを1985年(昭和60年)度に、X線天体観測用の第11号科学衛星を1986年度にそれぞれ打ち上げを延期し、静止気象衛星ひまわり3号の打ち上げ目標を1984年度として衛星とN-2ロケットの開発に着手することや、通信衛星3号の予備設計に入ることなどが追加された。

4.10　インド初の実用衛星（インド）　米国のケープカナベラル基地から、インド初の実用通信気象衛星「インサット1a」が打ち上げられた。重量は1.15tの同衛星は米国のフォード宇宙通信会社が製造し、インド全土にラジオ、テレビなどの中継と気象観測を行うのが目的。

4.20　エタカリーニー、間もなく大爆発（米国）　ミネソタ大学のダビッドソンらが国際超紫外線探査衛星で観測し、銀河系の中でも最大級の巨大な星エタカリーニー（太陽の100倍）が間もなく太陽光線の数千億倍の光を出して大爆発を起こし、寿命を終えようとしていると発表した。これまでこの星の観測は困難で、生まれたばかりの星か終末を迎えた星か議論が分かれていた。

5.13　「ソユーズT5号」打ち上げ（ソ連）　モスクワ時間午後1時58分にアナトーリー・ベレゾボイ船長とワレンチン・レベデフ飛行技師を乗せた宇宙船「ソユーズT5号」が打ち上げられた。14日モスクワ時間午後3時36分に遠地点356km、近地点343km、傾斜角51.95度、周期91.35分の軌道で軌道ステーション「サリュート7号」とドッキングした。5月23日「サリュート」に燃料、装置、研究用資材、飲料水など2t以上の貨物を送り届けるため、無人輸送船「プログレス13号」が打ち上げられた。同船は25日「サリュート」にドッキングし、6月4日に切り離された。

6.11　SF映画「E.T.」が公開される（米国）　スティーヴン・スピルバーグ監督のSF映画「E.T.」が公開された。考古学者インディ・ジョーンズが主人公の冒険活劇「レイダース/失われたアーク」を大ヒットさせたスピルバーグが続けて手がけたのは、子どもたちと地球外生物（Extra Terrestorial=E.T.）の交流を温かく描いたSF映画で、E.T.と少年の指が触れあう場面や、E.T.を自転車のカゴに乗せて空を飛ぶシーンは有名。同作は公開1か月で興行収入が1億円ドルを突破、16年間にわたって歴代興行収入トップの座を維持した、映画史上最大のヒット作となった。

6.24　「ソユーズT6号」打ち上げ（ソ連）　ウラジミール・ジャニベコフ船長、アレクサンドル・イワンチェンコフ飛行士とフランス人で初の宇宙飛行士ジャン・ルー・クレチアン飛行士を乗せた「ソユーズT6号」が午後8時半に打ち上げられた。25日に「サリュート7号」にドッキングし、無重力状態での人体の血流測定、植物の生長実験などを行い、7月2日午後6時21分カザフ共和国に帰還した。

7.10　高速機体力学の神元五郎が没する（日本）　高温・高速機体力学研究の先駆、神元五郎が死去した。1913年（大正12年）生まれ。超高音速ガン・タンネルとバリスティック・レーンジを開発、極超音速空気力学及び、極超音速飛翔体と固体との衝突に関する研究を行った。これらは宇宙機の地球再突入や宇宙機の宇宙デブリの衝突研究、小惑星衝突の地上模擬実験などに展開された。

8月　電波望遠鏡で未知のスペクトル線（日本）　1日～12日、長野県の東京大学東京天文台の野辺山宇宙電波観測所が初の本格観測を実施し、未知の分子のスペクトル線を11本含む計36本のスペクトル線を捉えることに成功した。また、オリオン座で誕生する原始星の周囲でガスが渦巻く乱流傾域の波長3mmの電波をきれいにキャッチした。

8.2　宇宙開発計画の中心人物ニコライ・ピリューギンが没する（ソ連）　ロケット技師ニコライ・ピリューギンが死去した。1908年生まれ。1934年～1941年ジュコフスキー記念中央空気水力動学研究所に勤務。1969年モスクワ・ラジオ工学・エレクトロニクス・オートメーション大学講座主任、1970年同教授。打ち上げロケット、宇宙船、惑星間自動ステーションの制御システムの開発者で、20年間ソ連の宇宙開発計画の中心人物だった。ソ連科学アカデミー幹部会員などを務めた。

8.16　宇宙開発事業団、新合金の製造実験に成功（日本）　宇宙開発事業団（NASDA）が種

子島宇宙センターで「TT-550A型ロケット11号」を打ち上げた。その主な目的は無重力状態を利用した新合金の製造実験であり、実験終了ののち宇宙実験装置搭載の頭胴部を海上で回収し、12月にはその結果として新しいニッケル系合金の製造に成功したと発表した。

8.19　「ソユーズT7号」打ち上げ（ソ連）　ポポフ船長、セレブロフ飛行士、19年ぶりの史上2人目の女性宇宙飛行士となるスベトラーナ・サビツカヤ飛行士を乗せた宇宙船「ソユーズT7号」が午後9時12分に打ち上げられた。20日午後10時32分に「サリュート7号」にドッキングし、滞在中のベレゾボイ、レベデフ両飛行士と科学、技術、医学の研究計画を進めた。27日午後7時7分にカザフ共和国に帰還した。

9月　深宇宙探査センターの建設（日本）　宇宙科学研究所（ISAS）は東京天文台の野辺山観測所から約20km離れた長野県南佐久郡臼田町の八ヶ岳山麓に、同研究所が打ち上げを予定している日本初の人工衛星「プラネットA」と交信するための直径65mのパラボラアンテナを備える「深宇宙探査センター」の建設を開始した。プラネットAは76年ぶりに太陽に回帰するハレー彗星に、数万kmまで近づき水素原子が出す紫外線を観測するための人工衛星で、地球から約1億8000万kmも離れたところから交信するため、大型のアンテナが必要となった。

9.3　きく4号で技術試験（日本）　宇宙開発事業団（NASDA）は縦、横各85cm、高さ2.1mの箱型で重量385kgの技術試験衛星「ETS-3（きく4号）」を搭載した3段式N-1型ロケット9号を、午後2時に種子島宇宙センターから打ち上げた。軌道は遠地点1234km、近地点965km、傾斜角45度、周期1時間47分である。この衛星は3軸姿勢制御機能の確認、太陽電池パネル2枚の展開機能の確認、ビジコンカメラ、イオンエンジン、一種のブラインドを使った能動式熱制御装置、磁気姿勢制御装置などの機能試験を目的としている。

9.9　科学衛星打ち上げ成功（中国）　1970年4月の第1号以来、10度目となる科学衛星の打ち上げに成功した。衛星は予定の軌道に乗り、14日回収された。

9.25　東京天文台、初の全自動光電子午環を設置（日本）　東京天文台は、星の光をコンピュータによって増幅させ、それをデータ処理する初の全自動光電子午環を設置した。

10月　ハレー彗星回帰を初観測（米国）　1986年2月9日に太陽に接近するハレー彗星を、米国カリフォルニア工科大学のダニエルソン教授らが10月16日、19日に地球からの距離16億kmの地点で確認し、英ケンブリッジ大学の国際天文連合に連絡。同彗星は76年ごとに太陽に近づき、前回は1910年であった。

10.8　宇宙の果ての準星（米国）　米国航空宇宙局（NASA）のジェット推進研究所は地球から推定120億光年と最も遠くに位置するクエーサーを発見し、「PKS2000-330」と名づけ発表した。宇宙の変動で突然誕生したと思われている準星は、これまで110億光年以上先のものは発見されていない。

10.15　天文啓蒙者・斉田博が没する（日本）　天文学史の研究家・斉田博が死去した。1926年（大正15年）生まれ。アマチュアの流星観測者として活躍後、天文学史に傾倒。欧米の膨大な文献の中から興味深いエピソードを拾い出し、「天文と気象」誌に「おはなし天文学」を連載した。他の著書に「おはなし星座教室」「近代天文学の夜明け」「星を近づけた人びと」などがある。

11月　田中芳樹「銀河英雄伝説」が刊行される（日本）　小説家・田中芳樹の代表作の一つである「銀河英雄伝説」が刊行された。1987年（昭和62年）までに正編10巻が刊行され、翌年に星雲賞を受賞した。外伝は4冊刊行されている。銀河帝国と自由惑星同盟に属する2人の主人公を軸に、両勢力の興亡を歴史書風に描いた日本を代表するスペースオペラであり、1500万部を超えるロングセラーとなった。また、漫画やアニメ、ゲームなども発売され、人気を博した。

11.11　「コロンビア」、初の実用飛行（米国）　過去4回の試験飛行を終えた「コロンビア」

(STS-5)がバンス・ブランド船長、ロバート・オーバーマイヤー操縦士と初の計画担当者ジョセフ・アレン、ウイリアム・レノアーを乗せ、フロリダ州ケネディ宇宙センターから打ち上げられた。初の実用飛行に試み、民間通信会社の商業用通信衛星「SBS3」、カナダの商業用通信衛星「アニクC」の宇宙発射にも成功した。船外活動が計画されていたが宇宙服の欠陥のため中止され、米太平洋時間11月16日午前6時34分にカリフォルニア州エドワーズ空軍基地に帰還した。

12.11 新記録、宇宙滞在211日（ソ連）「サリュート7号」に搭乗していたベレゾボイ、レベデフ両飛行士が宇宙滞在211日の新記録を樹立し、日本時間11日午前4時3分（現地時間12日午後10時3分）「ソユーズT7号」でカザフ共和国に帰還した。

この年 文化功労者に林忠四郎（日本） 天文学者・林忠四郎が宇宙の創成、太陽系の起源、星の進化に関する研究で画期的業績を挙げ、第35回文化功労者に選ばれた。

この年 東亜天文学会賞受賞（日本） 天体観測者で幾多の著書がある中村要、東亜天文学会のために尽力した中村覚、天体写真家・清水真一に東亜天文学会賞が授与された。

この年 星の手帖チロ賞受賞（第1回）（日本） 星野次郎（福岡）、廖慶斉（香港）が星の手帖チロ賞を受賞した。同賞は白河天体観測所の所長犬であったチロを記念して、全国各地から寄せられた香典を募金として創設された。1992年（平成4年）まで天文学啓蒙普及に功績のあった者に贈られた。

この年 相次ぐ実用衛星の打ち上げ（米国） 2月26日にフロリダ州ケープカナベラル基地からデルタロケットでウエスターン・ユニオン・テレグラフ社用の「ウエスター4」商業通信衛星、同基地からアトラス・セントールロケットで4番目の「インテルサット5」通信衛星、5月11日にカリフォルニア州バンデンバーグ空軍基地からタイタン3Dロケットで米空軍のビッグバード探察衛星が打ち上げられた。

この年 88個の「コスモス衛星」（ソ連） 1月7日（「コスモス1331号」）から10月21日（「1418号」）の約10か月の間に88個の「コスモス衛星」が打ち上げられている。内訳は写真偵察衛星35％、電子工学偵察衛星8％、原子炉を備えたレーダー偵察衛星4％など約半分が偵察衛星となり、その他ミサイル早期警戒衛星6％、軍用通信衛星6％、海洋監視衛星4％、航行衛星10％となる。

1983年
（昭和58年）

1月 立花隆「宇宙からの帰還」刊行（日本） ジャーナリストの立花隆が、宇宙から帰還した飛行士へのインタビューをまとめた「宇宙からの帰還」が、中央公論社より刊行された。

2.4 実用通信衛星「さくら2号a」（日本） 午後5時37分種子島宇宙センターから、宇宙開発事業団（NASDA）の実用通信衛星「CS-2a（さくら2号a）」（重さ340kg）を搭載したN-2ロケット3号が打ち上げられた。2月24日午後8時過ぎにニューギニア西北の東経132度の赤道上約3万5800kmの静止軌道に乗った。同衛星は世界初の使用となる準ミリ波用6個と、マイクロ波用2個の中継器で電話、データ通信、テレビ電送などを行う。5月、電電公社は運用を開始し、宇宙を中継したテレビ電話を開設。8月政府は同機を硫黄島と本土間の自衛隊の通信連絡に使用させる方針を決定、これは"宇宙の開発利用は平和目的に限る"という法律内であるという統一見解を発表した。

2.19 南極の隕石は火星から来た？（米国） 東京・板橋の国立極地研で開かれた南極隕石シンポジウムで、米国航空宇宙局（NASA）ジョンソン宇宙センターのD.ボガードが南極で発見された隕石は火星からからきたという説を発表した。ボガードは、13億年

1983年(昭和58年)　　　　　　　　　　　　　　　　　　　天文・宇宙開発事典

前に巨大な隕石が火星にぶつかり、火星表面にあり硬い溶岩だったこの隕石が、衝撃で宇宙に飛び出し約200万年前に他の隕石と衝突して地球に落下したと考えている。

2.20　第8号科学衛星「てんま」打ち上げ(日本)　午後2時10分に鹿児島県内之浦町の宇宙観測空間測所から、文部省宇宙科学研究の第8号科学衛星「ASTRO-B(てんま)」を搭載した3段式個体ロケットM-3S型3号(M-3S-3)を打ち上げた。てんまは重さ216kg、高さ89.05cmの正八角柱で天体のX線などを解明が期待された。1986年には銀河面から拡大した高温プラズマを捕捉。

2.23　電離層観測衛星うめ2号の引退(日本)　宇宙開発事業団(NASDA)は電離層観測衛星「うめ2号」の寿命がきたので、衛星としての機能を停止した。

2.24　銀河系外に巨大ガス雲を初発見(米国)　コーネル大学宇宙研究チームが銀河間に巨大な水素ガス雲を発見したと、全米科学財団が発表した。この水素ガス雲はしし座の方向3000万光年彼方にあり、直径30万光年、質量は太陽の10億倍で毎秒80kmの速さで回転している。この発見で百数十億年前の大爆発(ビッグバン)以来拡張を続けている宇宙がこのまま拡張し続けるのか、いずれは収縮に転じるのかを決定する重要な手がかりとなる。

3.2　「コスモス1443号」打ち上げ(ソ連)　重さ20tの「コスモス1443号」が打ち上げられ、3月10日に軌道ステーション「サリュート7号」とドッキングし、無人の状態で作業を開始した。ドッキング後は改良された宇宙船の積載装置と構造のテスト、大型衛星の管制方法の実験などを行う。

3.23　レーガンの戦略防衛構想(SDI)(米国)　「強い米国」を唱え、ソ連を「悪の帝国」と呼んで軍拡、対ソ強硬政策を推進するレーガン大統領が、戦略防衛構想(SDI: Strategic Defense Initiative)を発表した。各種衛星と地上の迎撃システムにより、宇宙兵器を含む大陸間弾道ミサイルを自国及び同盟国領に到達する前に迎撃破壊することを目的とする。宇宙空間での計画という理由から、映画「スター・ウォーズ」に喩えられ、別名「スター・ウォーズ計画」とも呼ばれる。

4月　銀河系中心の上空に巨大電波ローブを発見(日本)　東京天文台の祖父江義明と半田利弘は、野辺山宇宙電波観測所の45m電波望遠鏡を用いた10GHzの電波連続波サーベイにより、銀河系の中心核円盤上空に噴き出す巨大なものを発見、これを「銀河中心の電波ローブ」と呼ぶこととした。なお、ローブは耳の意味である。この巨大電波ローブは、中心核の爆発もしくは高エネルギーガス放出によって生じた衝撃波の影響でできたもの、または太陽系近傍で起こった超新星爆発の名残と考えられている。

4.5　第6次「チャレンジャー」打ち上げ(米国)　ワイツ船長ら4人を乗せたシャトル2番機となる「チャレンジャー」が打ち上げられた。初飛行となる「チャレンジャー」は「コロンビア」よりエンジン推力を4%アップ、耐熱タイルの強化、船体重量を1t軽くした。目的はデータ通信衛星「TDRS」を軌道に乗せることだったが、衛星発射に課題を残した。7日にはS.マスグレーブ、D.ピータソン両飛行士が約4時間にわたる船外活動に成功し、米国航空宇宙局(NASA)は宇宙空間での衛星回収や燃料補給など道が開けたとしている。9日に帰還した。

4.17　国産ロケットで衛星打ち上げ(インド)　インドは3度目の国産ロケットによる人工衛星打ち上げに成功した。1980年7月に初めて自力打ち上げに成功し、2回目を1981年5月に成功させている。

4.20　「ソユーズT8号」ドッキング失敗(ソ連)　ウラジミール・チトフ船長、ゲンナジー・ストレカロフ、アレクサンドル・セレブロフ飛行士を乗せて打ち上げられた「ソユーズT8号」が、「サリュート7号」「コスモス1443号」とのドッキングに失敗した。22日地上に帰還した。

5月　X線天文衛星「EXOSAT」打ち上げ(欧州)　欧州宇宙機関(ESA)がデルタロケットでバンデンバーグから、X線天文衛星「EXOSAT(エクソサット)」を打ち上げた。X線源の解明を目的とする。

— 214 —

6月	**日本政府、宇宙3条約に加入**（日本）　日本政府は、「宇宙飛行士の救助及び送還並びに宇宙空間に打ち上げられた物体の返還に関する協定」（1967年国連決議。略称「宇宙救助返還協定」）、「宇宙物体により引き起こされる損害についての国際的責任に関する条約」（1971年国連決議。略称、「宇宙損害責任条約」）、「宇宙空間に打ち上げられた物体の登録に関する条約」（1974年国連決議。略称「宇宙物体登録条約」）の、いわゆる宇宙3条約に加入した。
6.2	**「ベネラ15号」「16号」の打ち上げ**（ソ連）　東ドイツ専門家との協力で開発した探査機器を搭載した、自動惑星間ステーション「ベネラ15号」が軌道上の人工衛星から打ち上げられた。また7日に「16号」が打ち上げられ、「15号」「16号」は金星を周回する衛星軌道にそれぞれ10月10日と同14日に乗り、金星表面のレーダー写真を地球に送ってきた。これらのデータは11月15日に発表された。
6.11	**インドネシアで最大級の皆既日食**（世界）　インドネシアのジャワ、スラウェシ、ニューギニア島などで、20世紀最大級の皆既日食が観測された。皆既時間は最大5分11秒で、20世紀では72回あった皆既食の中で長い方に属し、ボロブドール遺跡も皆既帯内に入ったことで、東京天文台や京都大学などの科学観測陣の他、約1000人のアマチュア天文家が現地入りした。我が国では初めてテレビ中継された。
6.16	**「アリアン6号」の成功**（欧州）　フランス領ギアナ宇宙センターから、欧州宇宙機関（ESA）が開発した「アリアンロケット6号」が通信衛星を2個搭載し打ち上げられた。これまで「アリアン」は2回失敗しているため、欧州の宇宙開発計画にとってエポックとなった。
6.18	**第7次「チャレンジャー」打ち上げ**（米国）　日本時間6月18日、ロバート・クリッペン船長、米初の女性飛行士サリー・K.ライド、初の医師ノーマン・サガード飛行士ら5人が搭乗した「チャレンジャー」が打ち上げられた。22日、将来宇宙プラットホームの基になる「パレット衛星（SPAS）」の宇宙空間への放出と編隊飛行、同衛星の回収作業に史上初めて成功した。また、カナダの「アニクC」とインドネシアの「パラパB1」の2個の商業用静止通信衛星を打ち上げ、3万6000kmの静止軌道投入に成功し、24日に帰還した。
6.27	**「ソユーズT9号」**（ソ連）　バイコヌール宇宙基地からリャホフ、アレクサンドロフ両宇宙飛行士を乗せた「ソユーズT9号」が打ち上げられ、「サリュート7号」「コスモス1443号」と結合した。8月14日午後6時過ぎ、両宇宙飛行士が滞在している「サリュート7号」「ソユーズT9号」は「1443号」をステーションから切り離した。無重力状態で得られた半導体合金、医学・生物学実験データ、撮影済みフィルムなど計350kgの研究資料を積んだ「1443号」は、8月23日午後3時2分にカザフ共和国アルカルイタ市南東100kmの地点に軟着陸した。
8月	**一般向け天文雑誌「SKY WATCHER」が創刊される**（日本）　一般向け天文雑誌「SKY WATCHER」（編集・アストロノーツ、発行及び発売・立風書房）が創刊された。同誌は、星の見方や望遠鏡をはじめとする観測機材情報、天文イベント情報など、天文ファンの楽しみのために役立つことに主眼を置いた編集方針で発行を続けていたが、2000年（平成12年）の9月号をもって休刊し、以降その使命と内容はアストロノーツが編集し、アスキーが発行する「月刊星ナビ」に引継がれた。
8.6	**予備機「さくら2号b」の打ち上げ**（日本）　午前5時29分に種子島宇宙センターから、宇宙開発事業団（NASDA）の通信衛星「CS-2b（さくら2号b）」を搭載したN-2ロケット4号を打ち上げた。2月に打ち上げた「さくら2号a」と同じ性能を持つ同衛星は、8月27日に東経136度、赤道上空約3万6000kmの静止軌道に乗り、「さくら2号a」に故障が起きた際にその任務を引継ぐ。
8.7	**天文学者バート・ボークが没する**（米国）　天文学者バート・ボークが死去した。1906年生まれ。ハーバード大学教授時代に南アフリカのハーバード天文台・ボイデン・ステーションを舞台とした南天観測に夫人と共に活躍し、天の川の中心と渦巻の渦の

決定に没頭した。1950年代頭のH.シャプレーと共にマッカーシーの赤狩りにかかって嫌気がさし、オーストラリア国立大学に"亡命"。ストロムロ山天文台長を経てアリゾナ大学へ戻る。国際天文学連合（IAU）副会長などを歴任した。

8.19 **宇宙材料実験用のロケットを回収**（日本）　午前8時に種子島宇宙センターから、宇宙材料実験用の小型2段式ロケット「TT-500A-13号」を宇宙開発事業団（NASDA）が打ち上げ、同9時29分に実験機器を積んだ頭部を紀伊半島南方海上でパラシュートによって回収した。

8.29 **太陽発電衛星の実験ロケット**（日本）　文部省宇宙科学研究所（ISAS）は将来の太陽発電衛星に備えての予備実験として1段式ロケット「S-520-6号」を、午前10時に鹿児島県内之浦町の宇宙空間観測所から打ち上げた。4分6秒後に高度238kmに達し、8分43秒後に内之浦町の南東269kmの海上に落下したロケットから貴重な観測データが得られた。

8.29 **隕石から基本化学物質発見**（米国）　メリーランド大学のシリル・ポナムペルマはマーチソン隕石から地球上全ての生物の遺伝子（DNAとRNA）を構成する5つの基本科学物質全てを発見したことを、全米科学会年次総会で発表した。この発表のあと米国カリフォルニア大学サンジエゴ校のスタンリー・ミラーが、同隕石に水が存在していたと発表した。これらの発表で、地球外でも地球型生物の構成要素が存在することが確認され、地球外生物存在の可能性が高まった。

8.30 **第8次「チャレンジャー」打ち上げ**（米国）　日本時間8月30日、シャトル飛行2度目のリチャード・トルーリー船長、初の黒人ギオン・ブルフォードら5人を乗せたチャレンジャーが打ち上げられた。シャトルの定期運航化と非常時対応のための夜間打ち上げ・着陸の機能確認が行われ、いずれも成功した。飛行中は9月1日に糖尿病の新薬作りのための製薬実験、2日にはインドの気象・通信・放送衛星「インサット1b」が打ち上げられ、静止軌道に投入された。9月5日に帰還し、搭載した日本の人工雪実験装置内を撮影したビデオテープを解析した結果、無重力下で成長した雪の結晶が確認された。

9月 **神林長平「敵は海賊・海賊版」が刊行される**（日本）　SF作家・神林長平の代表作の一つであるスペースオペラ〈敵は海賊〉シリーズの第1作『敵は海賊・海賊版』が刊行された。本格SFの旗手として活躍する神林の作品中では異色の、ユーモアにあふれたスラップスティックの人気シリーズとなっている。

10月 **宇宙開発事業団、ペイロード・スペシャリストの公募開始**（日本）　1970年代後半から米国でスペースシャトル開発が進む中、日本でも有人宇宙実験の必要性が論じられるようになり、1979年（昭和54年）からスペースシャトル利用による第1次宇宙材料実験（FMPT）の計画が進められるようになった。これを受けて宇宙開発事業団（NASDA）では、1983年にFMPTに参加するペイロード・スペシャリスト（略称PS,搭乗科学技術者）の公募を開始した。

10.4 **「ミハイロフ星図」のアレクサンドル・ミハイロフが没する**（ソ連）　天文学者アレクサンドル・ミハイロフが死去した。1888年生まれ。1914年～1948年モスクワ大学講師、教授。1947年～1964年ソ連科学アカデミー中央天文観測所所長。1956年共産党入党。レニングラード近郊のプルコヴォ天文台長、国際天文学連合（IAU）副会長などを務めた。比重計による日蝕の予測と観測、ミハイロフ星図の考案などの天文学の他、測地学、地図作成法の業績で知られる。月の裏面地図作成にも参加。全天を20個に分割し、ゆがみの少ない投影法を用いたミハイロフ星図は小望遠鏡での観測に便利で、邦訳も出版されている。

10.11 **アインシュタインの重力波を実証**（フランス, 英国, イタリア）　ニース天文台のフィリップ・ドラシュやサクレー原子核研究所のジャック・ポールら仏、英、伊の4科学者が、アインシュタインの一般相対性理論の中で予言されている重力波の存在を実証したと、仏紙ルモンドが報じた。ドラシュらは、太陽の振動と「ゲミンガ」と呼ばれ

るふたご座中の中性子星かブラックホールとみられる天体を観測することによって、重力波の存在を導き出した。

10.22 「プログレス18号」(ソ連)　燃料や資材を供給するため打ち上げられた無人貨物宇宙船「プログレス18号」が、日本時間午後8時34分(モスクワ時間午後2時34分)に「サリュート7号」「ソユーズT9号」とドッキングし物資を届け、11月13日に「サリュート」から切り離された。23日、リャホフ、アレクサンドロフ両飛行士は6か月の宇宙滞在を終え「ソユーズ」で帰還した。

11.25 ロケット工学者・森大吉郎が没する(日本)　ロケット工学者・森大吉郎が死去した。1922年(大正11年)生まれ。ペンシルロケットに始まる我が国のロケット研究に初期から参画。ミューロケットの開発を成功させ、今日の科学衛星、観測ロケット計画の発展をもたらした。1964年(昭和39年)東京大学教授、1978年宇宙航空研究所長、1981年文部省宇宙科学研究所(ISAS)の初代所長を歴任。

11.28 第9次・「コロンビア」打ち上げ(米国)　日本時間11月29日、J.ヤング船長と、初めてとなる2人のペイロード・スペシャリスト(宇宙実験専門の科学者)ら6人を乗せた「コロンビア」が打ち上げられた。欧州宇宙機関(ESA)が2400億円を投じ10年かけて開発した再使用可能な「スペースラブ」(初の宇宙実験室)が搭載され、約70の実験が行われた。4人が普段着で作業出来るよう1気圧に保たれた「与圧モジュール」(直径4m、長さ7m)と実験機器搭載用の架台「パレット」(幅4m、長さ3m)からなるスペースクラブで、文部省宇宙科学研の大林辰蔵教授が考案した人工オーロラ実験(SEPAC)が日米共同実験として行われた。

この年 日米で「惑星系」の発見(日本,米国)　東京天文台附属野辺山宇宙電波観測所は1月から2月にかけてオリオン星雲(距離1500光年)の中心にある生まれかけの星IRC2の周りに毎秒1.3kmで回転する直径6兆kmの円盤状分子ガス雲と、おうし座の暗黒星雲L1551(距離500光年)の中の生まれかけの星の周りにも毎秒0.35kmで回転する直径2兆2500万kmの分子ガス雲を発見した。また、米国カリフォルニア州のジェット推進研究所は、8月に年齢が太陽の約5分の1のベガ(距離約26光年)の周りに巨大な円盤状の組織あるいは物体(半径約120億km)がとりまいていることを発見した。これら3つの「惑星系」は惑星の発達の各段階を示しているとみられる。

この年 野本憲一ら、Ia型超新星について炭素爆燃型モデルを提唱(日本)　東京大学の野本憲一らは、太陽の約1.4倍の質量(いわゆるチャンドラセカールの限界質量)をもつ白色矮星の中心の炭素核燃焼がきっかけで起こる超新星爆発(Ia型超新星)について、炭素核燃焼の点火が契機となって爆発的核燃焼が対流による熱の輸送と共に外側に広がっていくという炭素爆燃型モデルを提唱した。これは今日でも、Ia型超新星の標準モデルとなっている。

この年 日本天文学会天体発見功労賞受賞(日本)　荒貴源一が「彗星:C/1983 H1(IRAS-Araki-Alcock)」、三枝義一・藤川繁久が「彗星:C/1983 J1(Sugano-Saigusa-Fujikawa)」によりそれぞれ受賞。

この年 東亜天文学会賞受賞(日本)　太陽観測に専念した稲葉通義、火星の観測者・伊達英太郎に東亜天文学会賞が授与された。

この年 仁科記念賞受賞(日本)　増田彰正(東京大学)が「希土類元素の微量精密測定と宇宙・地球科学への応用」により、第29回仁科記念賞を受賞した。

この年 星の手帖チロ賞受賞(第2回)(日本)　小坂由須人(仙台市天文台)が星の手帖チロ賞を受賞した。

この年 科学技術映像祭受賞(1983年度,第24回)(日本)　電通映画社、日本学術振興会「大気球で宇宙を探る」が受賞。

この年 あがた森魚のプラネタリウムライブ「プラネッツアーベント」開始(日本)　シンガー・ソングライターのあがた森魚が、池袋サンシャインプラネタリウムで初のプラネタ

リウムとのコラボレーションライブ「プラネッツ・アーベント」(遊星観光會)を開催した。稲垣足穂を父とあがめ、「いとしの第六惑星」「スターカッスル星の夜の爆発」「星空サイクリング」「太陽コロゲテ46億年」など天体を織り込んだ歌が多いあがたは、その後もこの試みを続け、1989年(平成元年)にはそのライブ盤をリリースしている。

この年 **チャンドラセカール、ファウラー、ノーベル物理学賞受賞**(米国) チャンドラセカールとファウラーが、物理学の立場から星の進化の現象を研究する天体物理学を開拓、「星の構造と進化の研究」によりノーベル物理学賞を受賞した。これは共同研究ではなく、個々の業績に対して贈られたものである。チャンドラセカールは、星がそのほとんどの水素を燃やしてしまうと収縮し、収縮のあいだに密度が増大すると、星は縮退の状態にまで原子構造を破壊して十分な内部エネルギーをつくり出すと示唆した。しかし太陽質量の1.4倍より星が重いと超新星爆発を起こし、軽いと地球程度の白色矮星となりエネルギーを失って消えてしまうという、質量による星に進化の理論を確立した。この白色矮星になる限界を「チャンドラセカールの限界」といい、ミクロの世界の量子力学的現象が天体というマクロの世界にも現れていることが明らかにされた。ファウラーは、1940年代以降星の内部で起こっている核反応や進化の段階によって異なる星の化学組成などをテーマに研究を行った。若い星では水素からヘリウムへの転換が行われ、徐々にヘリウムが放出される。また星の質量に従って重い元素が核融合によって生成される。超新星爆発が起こると、星間物質が豊富になりそれらが凝集して星が生まれ、核反応の過程を経て炭素、窒素、酸素を生じ、さらに重い鉄などがつくられる。この元素の生成過程を示す論文を1957年フレッド・ホイルらと発表(BBFH)した。また、ヘリウムの量の研究も行った。

この年 **銀河系外にブラックホールを確認**(米国) ミシガン大学のコーリーが、わが銀河系に最も近い銀河系大マゼラン星雲の中にブラックホールを発見した。地球からの距離は約18万光年、質量は太陽の8～12倍で生まれてから約5000万年と推定され、「LMC-X3」と名づけられた。また、文部科学省宇宙科学研究所(ISAS)は2月に打ち上げたX線観測衛星「てんま」がわが銀河系内にあるブラックホール・はくちょう座X1が放射するX線と非常によく似たX線を放射する天体をきりん座中に発見したと11月24日に発表した。欧州宇宙機関(ESA)のX線衛星「エクソサット」も追認した。

この年 **自転が1秒間に642回**(米国) 米国カリフォルニア大学バークレー校のD.ベッカー教授が、プエルト・リコのアレシボにある直径300mの電波望遠鏡で1秒間に642回も自転しているパルサーを発見した。こぎつね座の方向1万5000光年先にあるこの星は4C21.53という名で、赤道上の回転速度は光速の5分の1にも達し、表面温度は150万度以下、年齢は数十億年で、回転周期は毎秒10のマイナス14乗秒の割合で遅くなっている。

この年 **相次ぐ衛星打ち上げ**(米国) 2月9日にバンデンバーグ基地から海洋監視衛星「OPS0252号」を搭載したアトラス・ロケットを打ち上げ、3月28日には同基地から重さ2tの気象衛星「NOAA8号」を搭載したアトラスロケットを打ち上げた。また、通信衛星「RACサトコム6号」(重さ1t)を搭載したデルタロケットをケネディ基地から打ち上げ、西経128度の静止軌道に乗せた。4月15日には重さ3tの軍用写真偵察衛星「OPS2925号」をタイタン3B・アジェナD型ロケットによってバンデンバーグ基地から打ち上げられた。

この年 **IRAS、画期的な発見**(米国, 英国, オランダ) 米国、英国、オランダが開発した赤外線天文衛星(IRAS)が打ち上げられた。1983年1月～11月の間、地球周回軌道をめぐり赤外線を強く放射している天体の捜索活動を行っていた。その後のデータ解析で、これまで確認されていなかった星20万個、銀河系2万個、彗星5個、太陽系内の塵の帯、太陽系以外の約40の恒星で誕生しつつある惑星系や、ベガ型星の赤外超過の発見などを発見していたことが明らかとなった。

この年 **映画「ライトスタッフ」が公開される**(米国) フィリップ・カウフマン監督の映画

「ライトスタッフ」が公開された。米国の威信をかけた、人類初の有人宇宙飛行計画・マーキュリー計画を舞台に、テストパイロットから宇宙飛行士として選ばれた男たちと、宇宙飛行士としての栄光に背を向け、音速の壁に挑戦するチャック・イェーガーたちとの友情を描いた。

この年　「コスモス衛星」（ソ連）　1月12日から11月11日の約10か月間に81個の「コスモス衛星」が打ち上げに成功している。その内訳は写真偵察衛星が約30％、電子偵察衛星が約6％、その他、部隊間通信衛星、海洋監視衛星などである。しかし、1982年8月30日に打ち上げられた原子炉搭載の海洋監視衛星「コスモス1402号」は、原子炉故障のため日本時間1月24日午前7時21分（米東部時間23日午後5時21分）にインド洋に落下し、原子炉心部分は2月7日日本時間午後8時10分（米東部時間午前6時10分）に大気圏に突入し燃え尽きた。

この年　実用衛星の打ち上げ（ソ連）　3月11日、16日、4月2日に電信、電話、テレビ中継を行う「モルニヤ3-20号」通信衛星（重さ2t）、「モルニヤ1-56号」通信衛星（重さ1.8t）、「モルニヤ1-57号」（1.8t）がプレセック基地からそれぞれ打ち上げられた。また、3月23日にはX線、紫外線望遠鏡で天文学研究を行うアストロン無人天文衛星がチュラタム基地から打ち上げられた。

この年　「ソユーズT10号」が爆発（ソ連）　「ソユーズT10号」をバイコヌール宇宙基地から打ち上げるときに補助ロケットが爆発し、軌道ステーション「サリュート7号」に滞在中の宇宙飛行士の交代要員3人が予備ロケットで脱出した。

1984年
（昭和59年）

1.8　天文愛好家・吉田源治郎が没する（日本）　キリスト教社会運動家の吉田源治郎が死去した。賀川豊彦らとともに、1925年（大正14年）から大阪市内で社会事業をはじめたことで知られる。一方、天文学を愛好し、1922年に警醒社から出版した「肉眼に見える星の研究」は、童話作家・詩人の宮沢賢治の天文知識の元になったと指摘されている。その他の著書に「趣味の天文学」「肉眼天文学—星座とその伝説」などがある。

1.23　日本初実用放送衛星ゆり2号a（日本）　午後4時58分、宇宙開発事業団（NASDA）が日本初の実用放送衛星「BS-2a（ゆり2号a）」を搭載したNロケット12号（N-25号）を種子島宇宙センターから打ち上げた。数回の軌道制御を行い、2月15日午後9時50分に遠地点3万5791km、近地点3万5785km、傾斜角0.3度、周期23時間56分のほぼ静止軌道に乗った。しかし、3月23日に3系統ある放送中継器の1系統の故障、4月11日に2種類の姿勢制御システムのうち、電波センサーが故障していることが判明した。

1.25　米率いる有人宇宙基地（米国）　一般教書演説の中で、レーガン大統領は次のフロンティアは膨大な商業的潜在力を持つ宇宙であり、米国航空宇宙局（NASA）に10年以内に恒久的有人宇宙基地を建設するよう指示したと発表した。総額80億ドル（約1兆9000億円）の計画で欧州、カナダ、日本にも同計画参加をNASAのベッグズ長官が呼びかけた。3月12日に同長官が来日し、中曽根首相に参加を正式要請、これを受けて同計画への参加を日本の宇宙開発委員会が打ち出している。

2月　新説、赤色矮星で恐竜絶滅？（米国）　米国カリフォルニア大学、プリンストン大学の4人の研究者が、約6500万年前に恐竜が絶滅したのは太陽を周回する赤色矮星が、地球に彗星を雨のように降らせたためだという新説をネイチャー誌に発表した。発表によると、肉眼では見えないほど小さいこの赤色矮星が、2800万年ごとに太陽系を

1984年（昭和59年）

囲んでいる彗星のもとの雲に突入し、その引力で一群の彗星が雨のように地球を襲い、地球は一定期間、暗黒かつ寒冷な状態になり生物の大規模な死滅を引き起こすという。

2.7　命綱なしの宇宙遊泳成功（米国）　2月3日にブランド船長ら5人が搭乗し、通算10回目となる「チャレンジャー」が打ち上げられ、7日マカンドレス、スチュワート両飛行士が命綱なしの完全宇宙遊泳に成功した。船体から91m離れた宇宙空間まで遊泳用ジェット推進装置（MMU）を背負う遊泳し、11日に帰還した。この成功で船外活動が実用段階に入り宇宙基地設計も実現のものとなった。

2.14　科学衛星「おおぞら」打ち上げ（日本）　国際中層大気観測計画の一環として、科学衛星「EXOS-C（おおぞら）」が、M-3S型ロケット4号（M-3S-4）で内之浦から打ち上げられた。地球周辺や中層大気の観測を行う。

2.23　日本の宇宙開発が新時代へ対応（日本）　1978年（昭和53年）に策定された大綱を改定し、以降15年間、20世紀末までを見通した新しい宇宙開発政策大綱を宇宙開発委員会が決定した。新大綱では大容量の実用衛星が打ち上げられる国際競争力を持った大型ロケットの開発（完成予定1990年、開発費約2000億円）、米有人宇宙基地計画への積極的参加（1985年度の予算で14億円を計上）、衛星50個打ち上げが柱となっている。

3.5　「インテルサット5型」打ち上げ（フランス）　クルー基地から重さ1072kgの通信衛星「インテルサット5型」を搭載した「アリアンロケット」を打ち上げ、静止軌道に乗せた。

4月　南極で月の石発見（日本）　国立極地研究所の研究で1979年（昭和54年）に南極越冬隊が南極で採取した隕石の中に、月から飛んできた岩石が含まれていたことが分かった。同研の分析でこの隕石は太陽系の惑星が生まれて間もない約45億年前に月の高地にあり、月に巨大な隕石が衝突し爆発したときの衝撃で月表面から吹き飛ばされ、地球の引力にとらえられ降ってきたと考えられる。

4.3　初のインド人飛行士（ソ連、インド）　初のインド人宇宙飛行士ラゲシュ・シャルマ空軍少佐ら3人を乗せた「ソユーズT11号」が打ち上げられた。4日に「サリュート7号」にドッキングし乗り移ったことで、初めて軌道ステーションに6人が同時に滞在することとなった。23日と26日の2回にわたり、「サリュート」「ソユーズ」「プログレス20号」の複合ステーションに滞在中のキジム、ソロビヨフ両飛行士が、宇宙遊泳を行った。作業は23日は4時間15分、26日には5時間にも及んだ。11日にシャルマ飛行士ら3人は「ソユーズ」でカザフ共和国アルカイク市南西60kmの地点に軟着陸した。

4.4　磁気嵐の研究者スコット・フォーブッシュが没する（米国）　地球物理学者スコット・フォーブッシュが死去した。ジョンズ・ホプキンス大学、カーネギー研究所などを経て、宇宙線の研究で業績を上げた。太陽から放出される太陽風の磁場の影響（磁気あらし）によって宇宙線の強さが減少する「フォーブッシュ減少」を発見した。

4.6　初の故障衛星の回収・修理が成功（米国）　クリッペン船長ら5人が搭乗し、通算11回目となる「チャレンジャー」が打ち上げられた。8日史上初の故障衛星の改修・修理に挑んだが、対象の太陽活動観測衛星（SMM）の回転を止められず失敗した。10日に再挑戦し、巨大アームでSMMを捕らえ荷物室に回収し、12日修理後のSMMを宇宙空間に放出し、地上からの機能テストで完全に作動していることが確認され、13日帰還した。

4.8　「スプートニク」に尽力したピョートル・カピッツァが没する（ソ連）　物理学者ピョートル・カピッツァが死去した。1894年生まれ。1921年に渡英、ラザフォードに師事。1929年には外国人として初めてロイヤル・ソサエティ会員に選ばれ、1933年に設立された王立モンド研究所教授に就任して断熱膨張を利用したヘリウム液化装置を作る。帰国後はソ連科学アカデミー附属パビロフ物理問題研究所長、科学アカデミー会員。ソ連物理学の指導者として電子工学から人工衛星開発まで幅広く活躍したが、水爆開発に反対したため1946年～1951年公職追放。1955年復帰し、モスクワ大学教

授。この間、極低温の研究などを行い、液体のヘリウムⅡの超流動現象や第2音波の発見者として世界的な功績を残す。1957年人工衛星「スプートニク」の打ち上げに尽力し、1960年科学アカデミー幹部会員、1963年実験理論物理学誌編集長。1978年低温物理学における基礎的研究によりノーベル物理学賞受賞。

4.8 **中国初の実験通信衛星**（中国）　中国初の実験通信衛星となる中国衛星15号を打ち上げた。16日に赤道上空東経125度の静止軌道に乗せ、19日に衛星から送られてきた音と画像を北京放送がテレビを通じて放映し、いずれも正常だった。

5.12 **我が国初の衛星放送を開始**（日本）　全国に点在する42万世帯の難視聴地域の解消を主目的に、我が国初の実用放送衛星「ゆり2号a」を使用したNHKの衛星放送が午前6時から始まった。放送開始にあたりNHKでは、第1テレビと第2テレビの番組編成を予定し、その中に衛星独自番組や時差放送を盛り込んだ。

7.17 **「アポロ計画」の立役者ジョージ・M.ロウが没する**（米国, オーストリア）　宇宙計画専門家ジョージ・M.ロウが死去した。オーストリア生まれ。1946年に米市民権を取り、米国航空宇宙局（NASA）に27年間勤務。1967年に「アポロ」宇宙船計画の責任者に任命された。「アポロ」の月面着陸成功の陰の功労者だった。

7.25 **世界初、女性飛行士の宇宙遊泳**（ソ連）　ソ連は7月17日女性飛行士のスベトラーナ・サビツカヤら3人を乗せた「ソユーズT12号」を打ち上げ、複合ステーション「サリュート7号」「ソユーズT11号」とドッキングした。25日サビツカヤ飛行士は船外に出て小型電気機器や制御盤の修理・取り換え作業を3時間35分にわたり行った。7月29日帰還。

8月 **世界最大の望遠鏡**（日本）　ハワイのマウナケア山頂に、世界最大の望遠鏡を建設する計画がまとまった。この望遠鏡は一枚鏡方式の反射望遠鏡で、口径は今日世界最大のソ連の6mを大きく上回る7.5mで、150億光年先の宇宙の果て近くまで見通せるもの。

8.3 **ひまわり3号の打ち上げ**（日本）　宇宙開発事業団（NASDA）は故障したひまわり2号の代替として静止気象衛星ひまわり3号を搭載したNロケット13号（N-2-6号）を午前5時半、種子島宇宙センターから打ち上げた。同衛星はひまわり2号と同じ性能を持ち、直径1.15m、高さ3.45m、重さ303kgの円筒形で、16日に高度3万5871km、傾斜角1.8度、周期23時間56分の静止軌道に乗った。

8.30- 9.5 **3番機「難産」の初飛行**（米国）　シャトル3番機としての「ディスカバリー」が3度の不具合による延期の後、4度目8月30日に打ち上げが成功した。搭乗員は米国2人目の女性飛行士を含む6人。9月1日に巨大太陽電池パネル（高さ31.5m、幅4m）の伸縮実験、3つの衛星放出に成功し9月5日に帰還した。

10月 **宇宙科学研究所、臼田宇宙空間観測所を開設**（日本）　宇宙科学研究所（ISAS）が長野県南佐久郡臼田町（現・佐久市）に、惑星や彗星に接近して観測を行う深宇宙探査機への動作指令送信や探査機からの観測データの受信を目的とした臼田宇宙空間観測所を開設した。臼田がその候補地に選ばれたのは、ここで取り扱う探査機は宇宙の遠い距離で観測を行っているため送信してくる信号が非常に微弱であり、その送受信の妨げとなる都市の雑音などの電波が少なかったからであった。施設の中心は主鏡面が直径64mもある大型パラボラアンテナで、このような深宇宙探査機の追跡・管制を行う施設を有するのは日本の他米国の米国航空宇宙局（NASA）、欧州宇宙機関（ESA）、ロシアのIKIだけである。

10月 **偵察衛星の共同開発**（フランス, 西ドイツ）　29日から30日の間、フランス・西ドイツ定期協議が西ドイツのパートクロイツナハで行われ、フランスと西ドイツが偵察衛星の共同開発をすることでミッテラン大統領とコール西ドイツ首相は基本的に合意した。

10.1 **電波天文学の権威マーティン・ライルが没する**（英国）　電波天文学者マーティン・ライルが死去した。1918年生まれ。第二次大戦中はレーダー開発に従事。1945年以

降ケンブリッジ大学のキャベンディッシュ研究所で研究生活を送ったあと、1958年ムラード電波天文台長となり、1959年よりケンブリッジ大学電波天文学教授。1966年にナイトの称号を与えられ、1972年〜1982年グリニッジ天文台長を務めた。天体物理学、電波天文学の権威で、1974年に電波望遠鏡の開口合成技術の開発でA.ヒューイッシュと共にノーベル物理学賞を受賞。また、英国の反核運動の指導者としても有名で、新聞への投稿や講演などを通じ活発な社会的発言を続けた。

10.2 **237日、宇宙滞在新記録**（ソ連）　レオニード・キジム船長、ウラジミール・ソロビヨフ、オレク・アチコフの3飛行士が宇宙滞在237日間の新記録を樹立し、滞在していた軌道ステーション「サリュート7号」から「ソユーズT11号」でカザフ共和国ジェズガズガン市東方160kmに帰還した。

10.11 **米女性初の船外活動**（米国）　10月5日に打ち上げられた通算13回目の飛行となる「チャレンジャー」に乗り組んだ女性飛行士キャサリン・サリバンが、米女性として初の宇宙遊泳で、故障アンテナの収納や人工衛星への燃料補給実験などの船外活動を3時間半行った。この他、地球熱収支観測衛星（ERBS）の放出、日本の郵政省電波研究所提案のリモートセンシング実験などを行った。

11.12 **史上初、漂流衛星持ち帰る**（米国）　ハウク船長ら5人を乗せ11月8日に打ち上げられた「ディスカバリー」が、インドネシアの通信衛星「パラパB2」を同衛星の制御装置を使い「ディスカバリー」の軌道（350km）まで下げ、宇宙遊泳で近づき回転を止めた後、ロボットアームで回収し、史上初めてとなる故障衛星の持ち帰りに成功した。14日には保険会社の依頼により米通信衛星「ウエスター6」の回収が行われた。

この年 **天文観測衛星「てんま」が鉄K殻X線の吸収線を発見**（日本）　軌道上で観測にあたっていた天文観測衛星「てんま」は、X線パルサー（ほ座のVela X-1）のスペクトルに、中性子星表面で赤方偏移した鉄K殻X線の吸収線を発見した。

この年 **林忠四郎ら、太陽系形成の研究を集大成した「京都モデル」をまとめる**（日本）　京都大学の林忠四郎らは、米国で開催された星形成と太陽系形成に関する国際会議の集録「Protostars and Planets II」に、自身らが1970年代から1980年代にかけて行ってきた太陽系形成の理論的研究を集大成した、いわゆる「京都モデル」を寄稿した。今日では、この「京都モデル」が太陽系形成の標準モデルとして多くの学者に支持されている。

この年 **海部宣男ら、原子星周りの回転ガス円盤（原始星コア）を発見**（日本）　東京天文台の海部宣男、長谷川哲夫、林左絵子らは、原子星オリオン座IRc2やL1551において、原子星周りの回転ガス円盤（原始星コア）を発見した。

この年 **成田真二ら、自己重力雲の逃走的収縮理論を提唱**（日本）　成田真二、観山正見らは、回転する等温軸対象雲の動的収縮の数値実験から、自己重力雲の逃走的収縮（runaway collapse）理論を提唱した。

この年 **銀河系中心にガスの流れ**（日本, 米国）　東京大学の祖父江義明らは東京天文台野辺山宇宙電波観測所の電波望遠鏡（45m）で銀河系中心部を観測し、高さ約700光年、直系約600光年のオメガ（Ω）型をしたガスの流れを発見し、6月23日東京で開かれた日本天文学会で報告した。また、米国カリフォルニア大学ロサンゼルス校とニューヨークのコロンビア大学の天文学者たちは大電波干渉計（VLA）で銀河系中心部から長さが約150光年、幅がわずか数光年の細長いガスの流れが立ち上がっていることを発見し、7月6日に発表した。

この年 **26年ぶりに隕石2件落下**（日本）　6月30日午後1時50分頃、青森市松森の印刷所の屋根に隕石が落ちた（青森隕石）。最大の破片は155g、次は135g、その他合計が320gで、国立科学博物館の村山定男理科学部長が調べたところ、シソ輝石球粒隕石だった。また8月22日午後1時35分頃、宮城県黒川郡富谷町の富谷ニュータウンの住居にも落ち（富谷隕石）、重さは19.2g、8.3gで古同輝石球粒隕石だった。

この年 **静止気象衛星ひまわり**（日本）　気象庁と宇宙開発事業団（NASDA）は静止気象衛星

ひまわり2号の故障の応急対策として、1月21日午後6時の観測から、引退したひまわり1号に切り替えることを決定し、東経140度に移動させた。その後、定期観測中のひまわり1号は5月11日、12日、5月24日にトラブルを起こし、引退していたひまわり2号を復帰させることとなった。ひまわり2号は6月30日午前3時の定期観測には成功したが、同日午後3時の観測中にトラブルが生じた。

この年　辻隆、日本学士院賞受賞（日本）　辻隆が「低温度星外層の理論的研究」により第74回日本学士院賞を受賞した。

この年　東亜天文学会賞受賞（日本）　花山天文台を経て、中央気象庁長官を務めた柴田淑次、望遠鏡製造を経て天文普及に貢献した西村繁次郎に東亜天文学会賞が授与された。

この年　星の手帖チロ賞受賞（第3回）（日本）　箕輪敏行（川崎天文同好会）が星の手帖チロ賞を受賞した。

この年　村上治・宮内一洋、毎日工業技術賞特別賞受賞（日本）　「国内衛星通信方式における準ミリ波帯通信方式の開発」により、村上治、宮内一洋が毎日工業技術賞特別賞を受賞した。

この年　筒井康隆「虚航船団」が刊行される（日本）　SF作家・筒井康隆の代表作の一つである「虚航船団」が刊行された。星新一、小松左京と並び、日本を代表するSF作家である筒井は、家族同人誌「NULL」を出発点に、ナンセンスやスラップスティック、ブラックユーモアを得意とした書き手として人気を集めた。1980年代には純文学書き下ろし作品として刊行された本作や、「虚人たち」「夢の木坂分岐点」「残像に口紅を」などの実験小説を執筆した。数多くの作品の中でも、宇宙を舞台としたものは本作以外に「馬の首風雲録」「農協月に行く」などがあるが、全体としては少ない。

この年　映画「さよならジュピター」が公開される（日本）　星新一、筒井康隆と並んで日本を代表するSF作家である小松左京が原作・製作・脚本・総監督を手がけた、構想5年、総製作費10億円のSF大作「さよならジュピター」が公開された。小松は、「地には平和を」で「SFマガジン」のコンテストに入賞してSF作家の仲間入りを果たす。以後、1960年代から1970年代にかけて、日本SFを代表する長編の一つ「果てしなき流れの果に」やSFミステリ「継ぐのは誰か?」など数々の名作を執筆してSF界を牽引。パニック小説「日本沈没」は大ベストセラーとなり、SFの大衆化に大きく貢献した。2002年（平成14年）には群馬県のアマチュア天文家が発見した小惑星に、その名にちなんだ「コマツサキョウ（Komatsusakyo）」という名称がつけられた。

この年　実用衛星打ち上げ（米国）　2月5日にレーダー探査衛星と見られる「OPS8737号」がバンデンバーグ基地から打ち上げられた。また3月1日に直径約2m、重さ2tの地球資源探査衛星「ランドサット5号」が同基地から打ち上げられ、軌道は遠地点698km、近地点683km、傾斜角98.25度、周期98.64分であった。

この年　複合宇宙ステーション計画（ソ連）　2月8日にレオニード・キジム船長ら3人を乗せた「ソユーズT10号」が打ち上げられ、「サリュート7号」にドッキングした。21日には、無人貨物宇宙船「プログレス19号」が打ち上げられ23日に軌道ステーション「ソユーズT10号」「サリュート」にドッキングし燃料などを届けた。4月15日、5月8日、30日にも無人貨物宇宙船「プログレス20～22号」が打ち上げられ、軌道ステーション「ソユーズT11号」「サリュート」にドッキングし物資を届け、その後切り離され大気圏に突入し消滅した。

この年　実用衛星の打ち上げ（ソ連）　2月15日にソ連の国内へのラジオ、電信、テレビを中継する放送衛星「ラズーガ14号」（重さ2t）を打ち上げた。3月16日に中央のテレビ放送から遠隔地への放送中継を行う放送衛星「エクラン12号」（重さ2t）、電話、電信、テレビをオービタ・システムを通して中継する通信衛星「モルニヤ1型」（重さ1.8t）を打ち上げた。4月22日には、ソ連国内外への電話、電信、テレビの中継を行う通信衛星「ゴリゾント9号」（重さ2t）を打ち上げた。また、1月5日に8個の部隊間戦術通信衛星（「1522～1529号」）を1基のロケットで打ち上げたのを皮切りに、1月11日、航海衛

星「コスモス1531号」、26日に写真偵察衛星「コスモス1533号」、2月8日、電子偵察衛星「コスモス1536号」、3月11日にミサイル早期警報衛星「コスモス1541号」など、11月15日の航海衛星「コスモス1610号」まで約11か月間に89個打ち上げた。

1985年
（昭和60年）

1.14 「月の石」分析の是川正顕が没する（日本）　地質鉱物学者・是川正顕が死去した。1972年（昭和47年）フランクフルト大学教授。長石の結晶構造研究で知られ、1969年7月、月に初めて着陸した宇宙船「アポロ11号」が持ち帰った「月の石」をフランクフルト大結晶学研究所で分析するなど岩石の結晶構造分析の権威。原子力英独仏共同管理委員、独日協会副会長を歴任。

2.12 政府が宇宙葬を認可（米国）　米国政府が遺灰を宇宙に打ち上げて地球周回軌道に埋葬する事業を許可した。テキサス州のスペース・サービス社が開発した固体燃料ロケットで高度3000kmの周回軌道に打ち上げる宇宙葬を、フロリダ州の葬儀会社セレスティス社が直径1.5cmのカプセル1個あたり3900ドルから実施する予定だった。

3.17- 9.16 国際科学技術博覧会（科学万博）開催（日本）　「人間・居住・環境と科学技術」をテーマに、21世紀の科学技術を展望する国際科学技術博覧会（科学万博、EXPO'85）が茨城県谷田部町（現・つくば市）で開かれた。読売新聞社、朝日新聞社は通信衛星を中継して外国まで瞬時にその日の新聞が送れる画期的な新聞伝達方式を利用した、つくば衛星新聞を発行した。通信会社NTTは移動無線局を各地に巡回させコミュニケーションをPR、KDDは南極との交信や、外国との国際囲碁大会などを催し通信の役割をアピールした。宇宙分野では気象衛星や通信衛星の他、開発中の「H-1ロケット」を展示。ソ連は「サリュート」、フランス館は「アリアン」など各国が宇宙産業での成果を紹介した。この間、日本人初の宇宙飛行士3人のうちの毛利衛、内藤（現・向井）千秋が会場を訪れ講演を行った。マスコットのコスモ星丸も人気を集めた。ポスターを描いたのは、長岡秀星。閉幕後、会場跡地につくばエキスポセンターが設置されて子どもたちへの科学普及活動が続けられ、プラネタリウムも併設されている。

4.10 米宇宙基地に我が国の実験室（日本）　宇宙開発委員会の宇宙基地計画特別部会は、米国が建設予定の宇宙基地計画に参加する方式として、基地本体に我が国独自の宇宙実験施設（モジュール）を取り付けることを正式に決定した。同部会がまとめた基本構想によると、基地本体と接続する与圧部、マニピュレーターによる遠隔操作で通信実験や材料実験などを行う暴露部、補給部の3部分から構成される。1985年度（昭和60年）から予備設計に入り、1987年度から製作へ向け本格的に動き出す。

5月 太陽表面にグローバル対流を発見（日本，米国）　日本天文学会で、東京大学の吉村宏和は米スタンフォード大学との共同観測で、太陽面に平均直径30万kmもの巨大な対流（グローバル対流）を発見したことを発表した。吉村は理論的にグローバル対流の存在を提唱し、スタンフォード大学ウィルコックス天文台の太陽望遠鏡で観測した過去7年間のデータから、太陽に含まれる鉄イオンの吸収スペクトル線の変化を手がかりに、鉄イオンの速度分布を求め対流の向きと早さを割り出した。その結果、わずか5～7個で太陽全面を覆う巨大な対流を発見した。

7.2 電子カメラで彗星の核を直接撮影（欧州）　欧州宇宙機関（ESA）のハレー彗星探査機「ジオット」（直径1.86m、高さ2.96m、重さ950kg）が南米仏領ギアナの宇宙センターから「アリアンロケット」で打ち上げられた。搭載された口径16cm、焦点距離1000mmの反射型望遠レンズ付き電子カメラで彗星の核を直接カラー撮影することが出来、画像の分解能が30mと詳細な核の様子が得られる。その他太陽風のプラズマ観測、彗星

頭部近くで核を取り巻くガスや塵を直接観測する。

8.7 初の日本人宇宙飛行士が決定(日本)　宇宙開発事業団(NASDA)は米国のスペースシャトルに乗り込み宇宙実験を実施する搭乗科学者(PS=ペイロード・スペシャリスト)の選考を進め、我が国初の宇宙飛行士として毛利衛(北海道大学工学部助教授)、内藤(現・向井)千秋(慶應大学医学部助手)、土井隆雄(米国航空宇宙局(NASA)ルイス研究センター研究員)を決定した。最終的に1人が1988年(昭和63年)1月に打ち上げられるシャトルに乗り組み、半導体や金属などの特殊な材料の製造やライフサイエンスの実験など、我が国初の宇宙材料実験「FMPT」に取り組む。3人はこうした実験の内容の専門的な勉強と宇宙飛行士としての2年余にわたる訓練を行う。

9.2 「衛星ご三家」体制崩れる(日本)　宇宙開発事業団(NASDA)は、1990年夏に打ち上げ予定の放送衛星「3号a(BS-3a)」の主開発者を放送衛星関係の主契約者だった東芝から日本電気とすることを決定した。放送衛星「ゆり2号a」の故障続きとその後の対応問題から変更となり、これまで言われてきた「気象衛星は日電、通信衛星は三菱、放送衛星は東芝」という体制が崩れたことになる。

9.13 成功した衛星攻撃実験(米国)　国防省は衛星攻撃ロケットを発射し不要になった人工衛星に命中させた。太平洋上空高度55kmにあった軍用衛星(重さ880kg)に、カリフォルニア州エドワーズ空軍基地から飛び立ったF15戦闘機が2段式衛星攻撃ロケットを発射し命中させた。

10.3 レーザービーム照射実験に初成功(米国)　宇宙飛行するロケットを地上発射レーザービームで照射、追跡する実験に国防省が初めて成功した。10月27日には、観測ロケットをハワイの海軍太平洋ミサイル試射場から高度約650kmに打ち上げ、これをマウイ島の空軍光学実験基地から照射したアルゴン・イオン・レーザービームが追跡しロケットをとらえる2回目の実験に成功した。

10.18 仏が小型シャトルを開発(フランス)　小型スペースシャトルの開発計画を仏国立宇宙研究センター(CNEC)が決定した。シャトル本体はアエロスパシアル社が開発し、大気圏内での飛行装置の開発はダッソー社が行い、全体の指揮はCNECが担当する。1996年までに開発し、1997年に初飛行を行う予定。

10.27 電波天文学の田中春夫が没する(日本)　電波天文学者の田中春夫が死去した。1922年(大正11年)生まれ。1949年(昭和24年)から名古屋大学で太陽電波の観測装置の研究に力を入れ、太陽電波強度の測定やマイクロ波干渉計の開発で活躍。後に東京大学教授・東京天文台野辺山宇宙電波観測所所長、国際電波科学連合会会長を歴任した。

10.29 民間宇宙旅行は1000万円(米国)　民間会社が開発中の宇宙船を使用した宇宙旅行計画を、米シアトルの旅行会社「ソサエティー・エクスペディションズ」が発表し、運賃5万ドル・予約金5000ドルで乗客の募集を開始した。1992年10月12日が打ち上げ予定の宇宙船は、パシフィック・アメリカン・ローチン・システムズ社が開発した「フェニックスE」(直径8m、高さ17m)で、8～12時間の間に低軌道で地球を5～8周し、地球の景観を楽しんだり無重力状態が体験出来る。

11月 英国国立宇宙センター創設(英国)　ロンドンを本部として、英国国立宇宙センター(BNSC)が設置された。非軍事的な宇宙開発機関を標榜する。

11.19 ミノルタカメラ創業者・田嶋一雄が没する(日本)　ミノルタカメラの創業者・田嶋一雄が死去した。1899年(明治32年)生まれ。1923年(大正12年)日本電報通信社(現・電通)に入った。半年後の関東大震災により実家に戻り実家の田嶋商店に入社。1928年(昭和3年)フランスを訪れた際に光学兵器メーカーを見学、日本陸軍が光学機器を海外から輸入している現実を目のあたりにして光学機械分野に進出することを決め、同年ドイツ人技師を招いて日独写真機商店(現・コニカミノルタ)を創業、社長に就任。1962年ミノルタカメラに社名変更。同年米国の人工衛星船「フレンドシップ」に宇宙飛行用カメラとして同社製の「ミノルタハイマチック」が採用され、乗組員のグレン中佐により地球撮影に用いられて世界的な話題となった。

1985年（昭和60年）

11.26 宇宙建設作業を目的とする「アトランティス」打ち上げ（米国）　米国航空宇宙局（NASA）がスペースシャトル「アトランティス」を打ち上げた。同機は宇宙ステーション建設実験を目的とするもので、12月1日13mのタワー組立てに成功した。

この年　桜井隆、太陽風の2次元定常解を初めて求める（日本）　従来の太陽風についての解（Parker解、Weber and Davis解）はいずれも1次元モデルであり、2次元軸対称のMHDモデルであるPneuman and Koppの解も太陽の自転を考えて作られていなかったが、東京大学の桜井隆は、1985年（昭和60年）にこの太陽風（磁気的恒星風）の2次元定常解を初めて求めた。

この年　磁気流体力学的（MHD）ジェットシミュレーションの開拓（日本）　東京大学の内田豊と愛知教育大学の柴田一成は、降着円盤を貫く磁場の力によってジェットを加速させるモデルとして、磁気流体力学的（MHD）ジェットシミュレーションを実施した。

この年　超新星を2つも発見（日本）　1月17日、埼玉県所沢市の同市立北野中学校の堀口進午教諭が、おとめ座にあるわが太陽系のある銀河系外の銀河系星雲「NGC4045」を撮影し、14等級の明るさの超新星を発見した。4月3日夕にも国籍不明のクリスチャンが、おおくま座にある系外銀河星雲「NGC3359」で9等級の明るさの超新星を発見した。超新星は1つの銀河系で数百年に1回しか起こらない珍しい現象で、太陽系のあるわが銀河系ではケプラーが発見した1604年以来となる。

この年　坪井昌人ら、銀河系中心近傍に電波ローブを発見（日本）　東京天文台野辺山宇宙電波観測所の坪井昌人らは、同所の45m電波望遠鏡を用いた10GHzの電波偏波観測を行い、銀河系中心近傍の電波アークと呼ばれる構造の終端の位置で、銀河面に対して垂直な2つの極端に偏波した電波ローブを発見した。

この年　ハレー彗星を紫外線カメラで観測（日本）　宇宙科学研究所（ISAS）がハレー彗星探査機として1985年1月8日に「MS-T5（さきがけ）」、同年8月19日に「PLANET-A（すいせい）」を3段式固体燃料ロケット「M-3S2型1号」「2号」で打ち上げた。「さきがけ」は1986年3月11日にハレー彗星の核に約700万kmまで接近し、彗星の尾をたなびかせる太陽風と彗星との相互作用を、太陽風イオン観測器などで調べる。「すいせい」は3月8日にハレー彗星の核に約21万kmまで接近し、核のまわり1000万kmもの大きさに広がる水素雲がどのように作られ消滅していくのかを、高感度の紫外線カメラで観測する。また、同探査機は搭載した太陽風イオン測定器で、イオンや電子エネルギー分布、太陽風と彗星大気の境界に発生する衝撃波の有無などを調べる。

この年　東亜天文学会賞受賞（日本）　広島大学名誉教授・村上忠敬と、大衆に対する専門教育及び市立天文台の運営に心を尽した蔡章献に東亜天文学会賞が授与された。

この年　仁科記念賞受賞（日本）　田中靖郎（宇宙科学研究所）が「てんま衛星による中性子星の研究」により、第31回仁科記念賞を受賞した。

この年　星の手帖チロ賞受賞（第4回）（日本）　五味一明（諏訪天文同好会）、小山ヒサ子（東京）が星の手帖チロ賞を受賞した。

この年　衛星通信業者が相次いで設立（日本）　2月18日に日本通信衛星株式会社、3月22日に宇宙通信株式会社、4月5日に株式会社サテライト・ジャパン社と、衛星通信業者が相次いで設立された。このうち、日本通信衛星とサテライト・ジャパンは1993年（平成5年）合併して株式会社日本サテライトシステムズとなり（2000年NTTコミュニケーションズとの資本提携に伴いJSAT株式会社に改称）、2008年には同社と宇宙通信が合併してスカパーJSAT株式会社に改組された。

この年　アニメ映画「銀河鉄道の夜」が公開される（日本）　宮沢賢治の代表作を、ますむらひろしがキャラクターを猫に置き換えて漫画化した作品をもとに、杉井ギサブローが監督した劇場版アニメが公開された。脚本は劇作家の別役実、音楽は細野晴臣が担当した。ますむらは他にも宮沢賢治作品を漫画化している他、特異なキャラクターのネコマンガを書き続け、「ヨネザアド物語」「アタゴオル物語」「アタゴオルは猫の森」などのファンタジックな世界を展開している。星や月、銀河などをモチーフに

— 226 —

した物語も多い。

この年 スペースシャトル「ディスカバリー」の打ち上げ（米国） 4回スペースシャトル「ディスカバリー」が打ち上げられた。まず1月24日国防総省専用として打ち上げられた。次の4月12日の打ち上げ（19日帰還）では国会議員が初搭乗。6月17日の打ち上げ（24日帰還）では通信衛星3機を放出。機体に取付けた鏡に向けてハワイから発射したレーザービームの反射を捉え、SDI（戦略防衛構想）実験に成功。また、サウジアラビアの王子が搭乗した。8月27日の打ち上げ（9月3日帰還）では3個の通信衛星の放出に成功。また、軌道上で通信衛星「リーサット」を修理することに成功した。

この年 実用衛星の打ち上げ（米国） 2月8日に衛星を搭載した「タイタン3B」をバンデンバーグ空軍基地から打ち上げ、3月13日には南半球、北太平洋のデータをとるための測地衛星ジェオサット（重さ635kg）を搭載したアトラスFを同空軍基地から打ち上げた。3月22日にも通信衛星「インテルサット5A」を搭載したアトラス・セントールをケープカナベラル基地から打ち上げ、大西洋上空の静止軌道に乗せた。8月28日にはバンデンバーグ空軍基地で、写真偵察衛星「ビッグバード」と「KH-11型」戦略偵察衛星を搭載した「タイタン34D」を発射したが直後に爆発し失敗に終わった。なお、このような静止衛星の打ち上げにより、欧州宇宙機関（ESA）と米国の、受注競争も激化した。

この年 彗星と太陽風との相互作用を観測（米国） 米国は宇宙予算削減のため彗星探査機の打ち上げをやめ、1978年8月12日に打ち上げた国際太陽・地球探査機「アイシー3」の軌道を月の引力を利用してハレー彗星に向かわせ、新名称を「アイス」とした。目的は3月28日に同彗星に3100万kmまで接近し、ハレー彗星と太陽風との相互作用などを電磁波、太陽プラズマなどの測定器で観測すること。9月11日、彗星ジャコビニ＝ジンナーと遭遇、その尾の中に突入した。

この年 金星・ハレー彗星探査機ベガ（ソ連） 1984年12月15日に打ち上げられた金星・ハレー彗星探査機「ベガ1号」の金星着陸船が6月9日にベガ本体から切り離され金星大気圏に突入後、降下しながら雲や大気などを観測し、11日に「人魚平原」に軟着陸し、ベガ本体はハレー彗星に向かって飛行を続行した。また、1984年12月21日打ち上げられた「ベガ2号」が放出した探査機・気球「ゾンデ」は金星大気圏内を高度54kmで浮遊し、着陸機器は6月15日に金星の夜の側に到着した。1986年3月6日に「1号」が同彗星の核に1万kmまで、同2号は同月9日に3000kmまで接近し、ガス帯と核の写真を撮影し、特殊な赤外線分光計で核の熱分布を測定する。この他同彗星のダストの分布や化学組成を分析する機器が積まれている。

この年 実用衛星打ち上げ（ソ連） 1月16日、18日に国内、国外向けの電話、電信、テレビの放送に使用される通信衛星「モルニヤ3-23号」（長さ4m、直径1.6m、重さ約2t）、通信衛星「ゴリゾント11号」（長さ5m、直径2m、重さ2t）がそれぞれ打ち上げられた。2月6日には気象衛星「メテオール2-12号」（長さ5m、直径1.5m、重さ2.2t）、3月22日にテレビ放送衛星「エクラン14号」（長さ5m、直径2m、重さ2t）が打ち上げられた。

この年 相次ぐ「コスモス衛星」打ち上げ（ソ連） 1月9日～10月2日までに「コスモス衛星」が72個打ち上げられた。代表的なものは1月15日に1基のロケットで6個の戦術通信衛星「コスモス1617～1622号」を打ち上げ、16日に写真偵察衛星「1623号」（ボストーク型で重さ6t）を打ち上げ14日後に回収した。また、24日には電子偵察衛星「1626号」（長さ5m、直径1.5m、重さ2.2t）を打ち上げた。2月21日に軍用通信衛星「1629号」、3月14日に航海衛星「1634号」（長さと直径2m、重さ700kg）、3月20日は1基のロケットで8個の戦術通信衛星「1635～1642号」を打ち上げた。

この年 複合軌道科学ステーション計画（ソ連） 6月6日にジャニベコフ船長、サビヌイフ飛行士を乗せた「ソユーズT13号」が打ち上げられ、同日「サリュート7号」にドッキングした。23日には無人貨物宇宙船「プログレス24号」が複合軌道科学ステーション「サリュート」「ソユーズT13号」に物資を送り届けた後大気圏に突入し消滅。9月17日にワシューチン船長ら3人を乗せた「ソユーズT14号」を打ち上げ、18日に「サ

リュート」「ソユーズT13号」に結合し移乗した。9月26日、ジャニベコフ船長、グレチコ飛行士は「ソユーズT13号」でカザフ共和国ジェズカガン市の北東220kmの地点に帰還し、10月2日には9月27日に打ち上げられた「コスモス1686号」が「サリュート」「ソユーズT14号」にドッキングした。

この年 **アラブ地域初の通信衛星**（欧州） 2月8日に仏領ギアナのクールー仏宇宙センターから、北アフリカと中央アジア22か国に向けてアラブ語で通信する、アラブ地域初の通信衛星アラブサットを「アリアン3」で打ち上げた。また、ブラジル向け通信を行う通信衛星ブラジルサット1を同宇宙センターから「アリアン3」で打ち上げた。5月9日には西ドイツで「アリアン4」の2回目の試験が行われ成功した。

1986年
（昭和61年）

1.28 **スペースシャトルが空中爆発**（米国） 日本時間29日午前1時38分（米東部時間午前11時38分）にフロリダ州ケネディ宇宙センターから打ち上げられたスペースシャトル「チャレンジャー」が、打ち上げ直後空中爆発し、7人の乗組員全員が死亡するという宇宙開発史上最悪の惨事となった。米国航空宇宙局（NASA）の専門家をはじめ、大統領事故調査委員会を組織し、4か月にわたる事故原因の調査結果をまとめた報告書を6月9日に発表した。報告書は、事故原因は右側固体補助ロケット（SRB）接合部のシールに設計上の欠陥があり、NASAはその欠陥を知りながらシャトル飛行を続けるという安全管理体制の不備を指摘し、SRBの設計変更と共に安全管理の改善を求める9項目の勧告をしている。

1.28 **宇宙飛行士エリソン・オニヅカ事故死**（米国） 宇宙飛行士エリソン・オニヅカが事故死した。1946年生まれ。日系3世の米空軍中佐で、1978年に日系人初の宇宙飛行士に。1985年1月完全な報道管制下で行われた「ディスカバリー」の軍事ミッションに搭乗技術者として参加した。第1回の宇宙飛行には西本願寺門主の家紋をお守りのペンダントとして身につけたという誠実な仏教徒。1983年6月東京で開かれた「大スペースシャトル展」のため来日、祖父母の出身地、福岡県浮羽町を訪れ、墓参もしている。1986年1月28日搭乗したスペースシャトル「チャレンジャー」の爆発事故で殉職した。1990年ロサンゼルスのリトルトーキョーにあるオニヅカ通りに顕彰碑が建設され、1991年にはハワイ島コナ空港内にオニヅカ記念館が開設された。

2.1 **初の実用通信放送衛星打ち上げ**（中国） 中国初の実用通信放送衛星を搭載した「長征3号」を、四川省南部の西昌衛星発射センターから打ち上げた。

2.11 **SF作家のフランク・ハーバートが没する**（米国） 米国のSF作家フランク・ハーバートが死去した。長編第2作として発表した1965年の「デューン 砂の惑星」は生態学的な考えを取り入れて、SF界内外で話題となり、ヒューゴー賞、ネビュラ賞の両賞を獲得、一躍声価を高めた。〈デューン〉6部作の他、「ボイド―星の方舟」「鞭打たれる星」「ドサディ実験星」などがある。

2.12 **「ゆり2号b」を打ち上げ**（日本） 種子島宇宙センター大崎射場から、我が国2番目の実用放送衛星「BS-2b（ゆり2号b）」を搭載したN-2型ロケットを打ち上げ、4月23日に東経110度の静止軌道に乗った。「ゆり2号b」は故障した先発衛星「ゆり2号a」のリリーフ。

2.20 **大型ステーション「ミール」**（ソ連） これまで宇宙ステーション「サリュート7号」が地球軌道を周回していたが、新しく、6つのドッキング部を持ち、6隻の宇宙船との連結が可能な新型宇宙ステーション「ミール（平和）」が打ち上げられた。3月13日

にカザフ共和国のバイコヌール宇宙基地から「ソユーズT15号」が打ち上げられ、15日「ミール」とのドッキングに成功し、19日、4月23日には自動貨物宇宙船「プログレス25〜26号」がミールに物資を数トン届けた。「ミール」に滞在していたレオニード・キジム、ウラジミロフ・ソロビヨフ両飛行士は5月6日に宇宙船「ソユーズ」を使い、宇宙ステーション「サリュート」への移動に史上初めて成功し、6月26日に「ソユーズ」で「サリュート」からミールに戻った後、7月16日にカザフ共和国内に着陸した。

3月	**38億年前の月面に水の存在**（日本）　「アポロ14号」が月の高地から持ち帰った38億年前の岩石を分析した、地質調査所の田中剛主任研究員と東京大学の増田彰正は、当時月には水が存在したと発表した。月の石に含まれるセリウムの他に希土類に対する存在比が以上に高い「セリウム異常」を発見し、これと南極隕石の「セリウム異常」から推定し導き出した。
3.12	**乗鞍コロナ観測所初代所長の野附誠夫が没する**（日本）　乗鞍コロナ観測所初代所長の野附誠夫が死去した。1889年（明治32年）生まれ。1925年（大正14年）東京天文台技手となり、1948年（昭和23年）東京大学教授となり、1949年同大附属東京天文台乗鞍コロナ観測所初代所長に就任。1960年定年退官し、1980年まで東京理科大学教授。1957年日本天文学会理事長。日食時外の太陽コロナの観測研究に大きな足跡を残した。
5.22	**壮大な宇宙開発計画を発表**（米国）　今後50年にわたる月や火星での居住や活動を具体化するための宇宙計画を詳述した報告書を、宇宙計画の未来に関する大統領委員会（トーマス・ペイン委員長）が公表した。報告書によると、1992年までに低コストの乗客や貨物を運ぶ宇宙航空機の試作機を開発、その2年後から宇宙ステーションの建設、これらに並行してスペース・ポート（宇宙港）を地球周回軌道に打ち上げ、月や火星に向けて宇宙連絡船を発着させ、月面基地建設は2010年の完成を目標としている。
6.5	**アマチュア天文家の清水真一が没する**（日本）　アマチュア天文家で、静岡県島田の文化向上に尽力した清水真一が死去した。家業のチシン薬局を経営する傍ら、1919年（大正8年）有志と文化活動団体・欄契会を組織し、文化講座や音楽会、展覧会などを開催。1936年（昭和11年）には自宅店舗に「温知洞」画廊を開設、1962年まで絵画展他、様々な展示会を企画した。一方、1932年天体望遠鏡を入手して私設天文台・チシン天文台を開設し、1937年ダニエル彗星再発見の功績で広瀬秀雄と日本天文学会天体発見功労賞を受賞した。また、業績を讃えてその名を冠した小惑星「シミズ（Shimizu）」もある。
6.16	**宇宙線物理学の関戸弥太郎が没する**（日本）　宇宙線物理学者・関戸弥太郎が死去した。1912年（明治45年）生まれ。1952年（昭和27年）名古屋大学教授、1975年定年退官。1957年「宇宙線望遠鏡の創作と宇宙線点源の発見」で第10回中日文化賞を受賞した。著書に「宇宙線」などがある。
6.27	**欧州版シャトルの開発**（欧州）　フランスが提唱していた欧州版スペースシャトル「ヘルメス」計画を欧州宇宙機関（ESA）が正式計画として推進することを決定した。ヘルメスは、米シャトルより小型の全長16m、翼幅10mで2〜6人乗り。仏航空機メーカー2社が中心となって開発し、1995年「アリアン5号」による打ち上げを目指す。
7月	**小惑星発見数、新記録**（日本）　スミソニアン小惑星中央局から、アマチュア天文家・関勉が1983年（昭和58年）〜1984年に発見・通報していた4つの小惑星（15-17等級）について、「新発見と認め、命名権を与える」との連絡があった。これで関の発見した小惑星は11個となり、東京天文台の及川奥郎技官の記録8個を更新した。それぞれ「トサ（土佐）」「シマント（四万十）」「ミウネ（三嶺）」「ナカノ（中野）」と名づけられた。関は独学で天文学を学び、1961年初めて彗星を発見、「関」と命名。同年「関・ラインズ彗星」、1965年「池谷・関彗星」を発見。1980年（昭和55年）五藤斉三から時価7000万の反射望遠鏡を贈られた。他に発見した小惑星に「トラヒコ（寅彦）」「リョウマ（龍馬）」「レンタロウ（廉太郎）」「コウジョウノツキ（荒城の月）」などがある。

1986年（昭和61年）

7.14　シャトル飛行再開は88年以降（米国）　スペースシャトル事故について大統領事故調査委員会の勧告を受けた米国航空宇宙局（NASA）は、今後の対策実施計画を決定した。事故原因となった固体補助ロケット（SRB）の地上燃焼試験方法を改善し、9月末に新しいSRBの基本審査に入り、12月までに乗員の脱出システムについても検討する。これらの実施のため、スペースシャトルの飛行再開は1988年第1四半期（1月～3月）以降となった。

7.20　19年ぶりの火星食（世界）　7月16日に火星が地球まで2037万kmと大接近し、20日夜、火星が月の裏側にかくされる「火星食」が19年ぶりに起こった。日本列島中部に梅雨前線が居残ったため、関西や九州、北海道の一部でしか見られなかった。

7.21　南京紫金山天文台台長・張鈺哲が没する（中国）　天文学者・張鈺哲が死去した。1902年生まれ。米国留学中の1928年、ヤーキス天文台で小惑星を発見して「中華」と命名、新しい小惑星を発見した最初の中国人となる。帰国後は1942年から1984年まで42年間紫金山天文台台長を務めたが、この間に発見した小惑星は1000個に近く、3個の彗星（いずれも「紫金山」と命名）を発見した。「ハレー彗星今昔」などの著作、「惑星物理」などの翻訳、数十編の論文がある。

7.25　米宇宙基地計画に積極的参加（日本）　宇宙開発委員会の宇宙基地特別部会は、米宇宙基地計画の開発段階から積極的に参加する方針を示した中間報告を始めて公開した。米宇宙基地は1993年（平成5年）から部品の打ち上げが始まり、1994年から有人活動を開始する計画となっており、我が国は運用初期段階で多目的実験モジュールに参加し、宇宙基地と連帯飛行する宇宙実験台（プラットホーム）を建設することになっている。

7.29　美濃隕石以来、77年ぶり（日本）　午後7時頃、高松市の西隣の国分寺町を中心とする7×2kmの地域に、隕石が大気突入のショックで多数の破片に割れて落ちてくる「隕石雨」が降り、「国分寺隕石」と命名された。最大の物が10.1kg、合計11.3kgで、総重量は美濃隕石の14.3kgには及ばなかったが、最大の破片は1886年（明治19年）の薩摩隕石雨（最大破片28kg）以来100年ぶりの落下となる。

8月　地球と金星の差（日本）　東京大学の松井孝典らは、温和な気候でさまざまな生物が生息する地球と、鉛の溶ける灼熱の金星に違いが生じたことを、「大きさ、質量ともほぼ同じ、隣同士の双子のような両惑星の差を生んだのは、誕生間もない頃の100度の温度差だった」と、英科学誌『Nature』に発表した。

8.8　独自の宇宙実験室（日本）　我が国独自の無人宇宙実験システム「フリーフライヤー」を、通産省、宇宙開発事業団（NASDA）、宇宙科学研究所（ISAS）で共同開発することを決定した。内部に各種の実験、観測装置を搭載し、無重力空間で科学・材料実験が出来るフリーフライヤーは、事業団が開発中のH-2で打ち上げ米国のスペースシャトルで回収し再使用する。打ち上げ予定は1993年2月で、総開発費は約300億円を見込んでいる。

8.13　H-1で衛星打ち上げ成功（日本）　宇宙開発事業団（NASDA）は、我が国独自に開発した「H-1ロケット」1号を種子島宇宙センターから打ち上げ、測地実験衛星EGS「あじさい」とアマチュア無線衛星JAS-1「ふじ」を高度1500kmの円軌道に乗せることに成功した。H-1ロケット1号は液体酸素・液体水素推進エンジンと、慣性誘導装置を組み込んだ全液体燃料、2段式で全長40.3m、最大直径2.49m、重量約140t。これまで実用衛星を打ち上げてきたH-2ロケットより約200kg重い500kg級の衛星を高度3万6000kmの静止軌道に乗せる能力がある。

8.22　日本宇宙少年団が誕生（日本）　子どもたちの宇宙への夢を実現させようと、つくば万博記念財団などの肝いりで結成された日本宇宙少年団（YAC）の結団式が茨城県筑波研究学園都市のつくばエキスポセンターで行われた。翌年7月30日には、筑波研究学園都市のつくばエキスポセンターで、宇宙少年団サミットが開催された。国際宇宙少年団機構の設立を目標に開かれ、日本宇宙少年団（YAC）250人、米国23人、カ

- 230 -

	ナダ23人、ソ連14人の子どもたちが参加した。
9.17	**アトラスロケット打ち上げ成功**（米国）　電気系統が事故を起こしたデルタ型と類似していたため16回も打ち上げを延期していたアトラスロケットの打ち上げが成功した。同ロケットは気象衛星を搭載し、バンデンバーグ空軍基地から打ち上げられた。
9.30	**SF作家のアルフレッド・ベスターが没する**（米国）　米国のSF作家のアルフレッド・ベスターが死去した。1939年雑誌のSFコンテストに応募し短編でSF界にデビューするが、間もなくラジオ作家、さらにテレビの普及にともなってテレビ作家兼プロデューサーに転身。1951年処女長編「分解された男」で復帰、シオドア・スタージョン「人間以上」、アーサー・C.クラーク「幼年期の終り」といった名作を抑えて第1回ヒューゴー賞を受賞。A.デュマの「巌窟王」をモチーフにした宇宙が舞台の復讐譚「虎よ、虎よ！」もオールタイムSFベストの常連作品として人気を博する。
10.11	**東京天文台長を務めた宮地政司が没する**（日本）　天文学者・宮地政司が死去した。1902年（明治35年）生まれ。ジャワ・ボスハ天文台長、東京天文台国際時報所研究主任を経て、1949年（昭和24年）東京大学理学部教授。1957年4月から6年間、東京天文台長を兼任し、1963年定年退官。日本学術会議会員、宇宙開発審議会委員、測地学審議会会長なども歴任した。地球の経度が周期的に変化していることを世界に先駆けて発見し、天文学界の長老として宇宙開発や南極観測の推進に努めた。著書に「位置天文学」などがある。
11.3	**セラミックタイルを提案したアドルフ・ブーゼマンが没する**（米国）　航空機設計者で流体力学者のアドルフ・ブーゼマンが死去した。1901年生まれ。1935年にドイツで、後の超音速機の開発を可能にした後退翼の概念を発表。第二次大戦後は米国に移住し、1970年まで米政府の航空機開発計画に参加した。その間、1963年からコロラド大学で宇宙航空工学を教える一方、スペースシャトルの外壁に耐熱性に優れたセラミックタイルを使用するよう、米国航空宇宙局（NASA）に提案した。
11.13	**13年ぶりの水星の日面経過**（世界）　午前10時43分から午後3時31分にかけて13年ぶりに「水星の日面経過」が起こった。この現象は、水星が太陽の前を通過するため起こるが、水星の公転軌道が地球のそれと7度傾いている事でなかなか起こらない現象。
11.18	**重力研究の平川浩正が没する**（日本）　物理学者・平川浩正が死去した。1929年（昭和4年）生まれ。1970年から宇宙に重力波が存在するかを確かめる実験を始めた。かに星雲のパルサーに照準を合わせ、特殊合金で作った高感度のアンテナを使用したが、感度不足で重力波の確証は得られなかった。重力、重力波物理学の権威。著書に「電磁気学」がある。
12.10	**空白域に7つの銀河**（米国）　全米科学財団がこれまで宇宙の空白域と見られていた空間に、生まれたばかりの銀河7つを発見したと発表した。うしかい座北天の方向にある空白域の直径は約3億光年で、宇宙での銀河の形成研究や新物質の生成研究などに役立つとみている。
12.28	**映画監督のアンドレイ・タルコフスキーが没する**（ソ連）　ソ連の映画監督アンドレイ・タルコフスキーが死去した。1962年長編第一作の「僕の村は戦場だった」でベネチア映画祭グランプリを受賞して一躍その名を知られ、ポーランドのSF作家スタニスワフ・レムの作品を映画化した「惑星ソラリス」はSF映画史上に残る一作。20世紀のソ連を代表する映画監督の一人で、1984年ソ連を出国したまま亡命の形で西欧諸国に滞在、1986年54歳で客死した。他の作品に「ローラとバイオリン」「鏡」「ストーカー」「ノスタルジア」「サクリファイス」などがある。
この年	**ハレー彗星ブーム**（日本）　ハレー彗星が76年ぶりに地球に接近。ハレー彗星のつどいには多くの人が押しかけ、一般人を対象とした日本ハレー協会には小学生から90歳の老人まで約6000人が会員となるなどハレー彗星熱が一段と高まった。各旅行会社が組んだハレー彗星を見るためのオーストラリア、サイパンツアーもほぼ満員となり、日本アマチュア天文協会はオーストラリアのニューサウスウエールズ州クーナ

1986年（昭和61年）

バラブラン村に観測村を設置し、旅行会社と組んで一般の彗星観望ツアーも受入れた。また、アマチュア向けの望遠鏡は各メーカー増産体制が間に合わないほど売れ、全国各地のプラネタリウム、デパートでは各種の催し物を行った。NTTは天文台やアマチュア組織と協力してハレー彗星情報を流した。また、我が国で初めてハレー彗星を撮影した高知の関勉を彗星課長、淡路島の中野主一を計算課長とする東亜天文学会会員をはじめ数多くの有力アマチュアが、ハレー彗星観測のため活動。長野県の清貞雄らアマチュア30人は最盛時に日本では同彗星がよく見えないため、南の島サイパンに恒久的観測所を設置した。この他数多くのアマチュアがオーストラリアやニューギニアなど南方に向かった。

この年　**相対論的ジェット天体「SS433」のX線輝線の発見**（日本）　松岡勝らは、人工衛星「てんま」による観測で、太陽系から約1万5000光年の距離にある特異な相対論的ジェット天体「SS433」にX線輝線を発見した。

この年　**人工衛星で車のナビゲーション**（日本）　人工衛星からの信号を受信して、自分の車の位置と方向を常にブラウン管上で確認出来る「車載用ナビゲーターシステム（航法装置）」を三菱電機と日本無線が開発した。CD内に収録された地図がブラウン管に表示され、この地図上に自分の車の位置と進行方向が赤く写し出される。

この年　**林忠四郎、文化勲章受章**（日本）　星の誕生から死に至る過程、太陽系の起源とその進化などの研究業績で、林忠四郎（宇宙物理学）が第48回文化勲章を受章した。

この年　**文化功労者に小田稔**（日本）　X線天体観測装置「すだれコリメータ」を開発し、天体の位置などの測定精度を向上させた小田稔（X線天文学）が第39回文化功労者に選ばれた。

この年　**星の手帖チロ賞受賞（第5回）**（日本）　小森幸正（アストロドーム社社長）が「アマチュアの啓蒙普及」により星の手帖チロ賞を受賞した。

この年　**相次ぐロケット事故**（米国）　4月18日、偵察用軍事衛星を搭載していたとみられるタイタン34Dロケットがカリフォルニア州バンデンバーグ基地から打ち上げられ、100m上空で爆発し兵士ら58人が負傷した。また、5月3日には気象衛星を搭載したデルタ型ロケットをフロリダ州ケープカナベラル基地から打ち上げたが、発射1分11秒後に主エンジン停止を起こし、誘導不能となったため遠隔操作で爆破した。

この年　**天王星探査「ボイジャー2号」の活躍**（米国）　日本時間1月25日午前2時58分59秒、1977年に米国が打ち上げ、先に木星、土星の接近観測を行った惑星探査機ボイジャー2号が太陽系第7惑星天王星に10万7000kmまで接近し、その前後6時間にわたって同惑星及びそれを取り巻くリングや衛星の観測を行った。観測の結果、天王星の構造は岩石の中心核、氷、気体の3層からなり、自転周期が17時間15分で地磁気は赤道付近で0.25ガウスと判明。また、衛星10個を発見し計15個となり、リングは土星の環同様たくさんの細いリングからなることがわかるなど、活躍。

この年　**宇宙は巨大な泡構造説**（米国）　宇宙の構造は、無数の恒星や銀河が巨大な泡の表面を形成するような構造をしている可能性があるという説を、米ハーバード・スミソニアン天文物理学研究所のジョン・ハクラ教授らのグループが発表した。泡の形はほぼ球形で、直径1億6000万光年にも達するものがある。

この年　**宇宙画のチェスリー・ボネステルが没する**（米国）　芸術家チェスリー・ボネステルが死去した。1888年生まれ。小さい時から絵と天文学に鋭い興味を示し、5歳の時絵を描き始める。17歳の時リック天文台を訪れ、巨大な反射望遠鏡に強い印象を受けた。やがて建築学を学び、1911年まで建築家W.ポークの下で働く。1927年クライスラー・ビルディングの設計を助け、後にはゴールデンゲートブリッジの詳細設計に関わり、かたわら宇宙の風景画を描いた。1938年ハリウッドに移り、特殊効果用の背景画を描き、「市民ケーン」「月世界征服」「宇宙戦争」などを製作。後に天文の仕事に戻り、天体や宇宙探査の絵を描き、作品は米国社会に強い影響を及ぼし、政府による宇宙探査への大規模な投資へとつながった。著書に「宇宙の征服」（1949年）など。

この年	「アリアン」打ち上げ（欧州）　2月21日、スウェーデンの科学観測衛星と欧州共同の地球観測衛星「スポット」を搭載した「アリアン16号」を南米仏領ギアナのクールー宇宙センターから打ち上げ、3月28日には米とブラジルの通信衛星2個を搭載した「17号」の打ち上げも成功した。
この年	中国、代行打ち上げ（中国）　中国は3月に同国開発のロケット「長征3号」でスウェーデンの通信衛星を打ち上げる取り決めを結んだ。5月には米衛星事業会社テレサットの通信衛星2個を打ち上げる覚書に調印し、8月にブラジルの資源探査衛星1個、気象衛星3個を打ち上げる協定に調印。さらに10月イランの人工衛星打ち上げにも米通信会社ウェスタン・ユニオン社が合意した。中国宇宙工業省の孫家棟次官は6月6日の記者会見で、1年間で10～12個の人工衛星打ち上げ能力があり、1、2個を国内用、それ以外を国際市場に提供出来ると表明した。
この年	ハレー彗星観測に成果（世界）　1910年4月20日以来75年ぶりのハレー彗星回帰の近日点通過（太陽最接近）は、日本時間2月9日午後8時頃だった。5機の探査機（すいせい、さきがけ、ベガ1号、ベガ2号、ジオット）が3月上旬、中旬にハレー彗星に接近し、核から噴出するガスや塵の成分を直接分析し80％が水蒸気、あとは一酸化炭素、二酸化炭素、メタンということが分かった。また、初めて核の姿を撮影するなど多大な観測成果をあげた。

1987年
（昭和62年）

1月	新しい星間分子の発見（日本）　東京天文台の野辺山宇宙電波観測所の星間分子探査グループ（代表・同観測所の鈴木博子助手）は、同観測所の45m電波望遠鏡で500光年彼方の星間分子が出す微量の電波を捉えることに成功し、おうし座の暗黒星雲中に地球上には存在しない新しい星間分子を見つけたと発表した。この分子は6個の炭素原子と1個の水素原子が一直線に並んで結合したもの。
1月	重力レンズ効果（米国）　生まれかけの新しい星が長さ30万光年にわたり円弧上に並ぶ宇宙最大の構造物を、米アリゾナ州のキットピーク国立天文台のロジャー・リンズらが発見したと発表した。この巨大構造物について様々な推測がなされたが、11月にスペクトルの観測などで、遠方にある星団の光が手前にある巨大な銀河群の重力のレンズのような作用で曲げられて虚空に描き出されたものと判明された。
1.18	太陽物理学の神野光男が没する（日本）　京都大学理学部附属天文台飛騨天文台教授・神野光男が死去した。1926年（大正15年）生まれ。1968年（昭和43年）京都大学理学部助手として飛騨天文台勤務。1981年教授。米国の研究者が「スカイラブ」のデータから作成した太陽大気のモデルの誤りを指摘したことは、専門家の間で高く評価された。
2.5	天文衛星「ぎんが」（日本）　文部省宇宙科学研究所 はX線天文観測衛星「ASTRO-C（ぎんが）」を搭載したM-3-2型ロケットを鹿児島宇宙空間観測所から打ち上げ、軌道投入に成功した。我が国の科学衛星で最大となる「ぎんが」は重さ420kg、サイズ1m四方、高さ1.5mで、目標の天体を0.1度以内の精度で捕らえられ、三軸制御など新しい姿勢制御方式を採用しブラックホールの謎に挑む。1990年（平成2年）大マゼラン銀河の超新星「1987A」からのX線とフレア現象を検出した。
2.6	改良型「ソユーズTM2号」（ソ連）　宇宙船「ソユーズT」の改良型「ソユーズTM2号」をカザフ共和国のバイコヌール宇宙基地から打ち上げた。有人飛行として初めてとなり、ユーリー・ロマネンコ船長とアレクサンドル・ラベイキン技師の2人が乗り込

んだ。8日には大型宇宙ステーション「ミール」とドッキングし両飛行士が乗り移った。ロマネンコ船長は12月29日に326日11時間の新記録を樹立し、「ソユーズTM4号」で帰還した。

2.19 **初の地球観測衛星**（日本）　宇宙開発事業団（NASDA）は種子島宇宙センターから、我が国初の地球観測衛星「MOS-1（もも1号）」を搭載した2段式のN-2型ロケットを打ち上げた。国産大型衛星「もも1号」は、幅1.3m、奥行き1.5m、高さ2.4m、重さ740kgで、海や陸から放射される赤外線や可視光、マイクロ波をキャッチするセンサーを搭載し、秋から海洋現象を中心に本格的な観測に入る。

2.24 **超新星の観測**（世界）　わが太陽系のある銀河系から約15万光年離れたところにある最も近い銀河系「大マゼラン星雲」で、恒星がその寿命を終えようとする末期に大爆発を起こし、短期間にそれまでの1000億倍の明るさに増光する超新星（SN1987A）が出現した。超新星からとみられるX線を8月15日と9月1日から1週間の観測で「ぎんが」がキャッチした。文部省宇宙科学研究所（ISAS）は超新星爆発のメカニズムを探るため、X線の周波数分布とエネルギー変化を観測することにしている。また、この超新星からやってきたニュートリノを岐阜県の神岡鉱山中にある東京大学のニュートリノ観測所が検出し、これと光の増減から元の星は半径が太陽の30倍くらい、青色巨星と推測された。

5.15 **大型ロケット「エネルギヤ」**（ソ連）　バイコヌール宇宙基地から、新しい大型ロケット「エネルギヤ」の打ち上げテストを行い、第1段階は成功したが、搭載していた人工衛星の実物大模型を所定の軌道に投入するテストに失敗した。モスクワ中央テレビによると「エネルギヤ」は全長60m、8基のエンジンを搭載し、発射時の重さは2000t以上で100t以上の荷物を運べるという。また、米国防総省などによると、大きさも形も米シャトルに酷似しているが、最大の特徴は有人のスペースシャトルの飛行だけでなく、無人の大型貨物の飛行を可能にした点だという。

7月 **宇宙の年齢は100〜110億年**（オランダ）　英科学誌「*Nature*」にオランダ・カップタイン天文大学のハーベイ・ブッチャー教授が「宇宙の年齢はこれまでの推定よりずっと短く、100〜110億年」と発表した。いろいろな星の分光分析で、星に含まれる放射性トリウム232と安定元素ネオジウムの量の比率を同教授は求め、星が古くても新しくてもその比率は変わらず、これらから「どんな星も120億年より古くない」と結論した。

7.25 **"慣性誘導の父"チャールズ・スターク・ドレーパーが没する**（米国）　航空工学者チャールズ・スターク・ドレーパーが死去した。月面着陸に成功した「アポロ」宇宙船などの慣性誘導システムの考案者として知られ、米国の航空技術を飛躍的に高め"慣性誘導の父"といわれた。ジャイロスコープ（回転儀）が回転軸に対して生み出す反作用の力に注目し、第二次大戦中、戦艦の対空砲の安定化に利用したのをはじめ、ほとんどの米国製ミサイルなどに誘導装置が使われている。

8.5 **技術制御システムの権威ミハイル・リャザンスキーが没する**（ソ連）　宇宙科学者ミハイル・リャザンスキーが死去した。技術制御システムの権威で、世界最初の人工衛星「スプートニク」の打ち上げ計画に参加。その後も有人衛星や無人宇宙探査衛星の製作に加わった。ソ連科学アカデミー準会員。

8.27 **純国産の技術試験衛星**（日本）　宇宙開発事業団（NASDA）は純国産の技術試験衛星5型「きく5号」を搭載したH-1型ロケットの3段式試験機を種子島宇宙センターから打ち上げた。静止衛星では我が国最大の「きく5号」は、高さ1.7m、幅1.4m、奥行き1.7mで、秋から郵政省電波研究所と運輸省電子航法研究所が、衛星経由で太平洋上の飛行機や船舶同士が連絡を取り合える移動体通信実験を開始した。

9.23 **各地で金環日食**（日本）　九州の一部を除き、各地ともほぼ晴天に恵まれ、昼前に中国大陸から沖縄本島にかけて金環日食、その他の日本全国では部分食が見えた。

10月 **1割多い宇宙からのエネルギー**（日本）　名古屋大学の松本敏雄らはロケットによる

紫外線観測で、宇宙の彼方から来るエネルギーがこれまで考えられていたより1割多いことを突き止めた。宇宙の彼方から来る絶対温度約3度の放射線のうち赤外線領域を調べ、赤外線エネルギー量が波長1mmより短い波長領域で理論値より大きいことを確認した。この超過分を分析し宇宙のバックグラウンド放射のエネルギー量が従来考えられていたより1割多い事が分かった。

10.22　**今後の打ち上げ計画**（米国）　米国航空宇宙局（NASA）は今後3年間の打ち上げ計画を、1988年6月2日に再開、1988年中に計3回、1989年に8回、1990年10月までに9回、計19回と発表した。なお、NASAはシャトル以外の打ち上げも重視し、「タイタン」や「デルタ」による49回の衛星打ち上げを行うことを同時発表した。しかし、12月29日にNASAは、同13日に行われた補助ロケットの噴射実験で異常が発見され、打ち上げ再開が遅れることを発表した。

10.28　**H-2の主エンジン燃焼テスト**（日本）　我が国の次世代大型ロケット「H-2型ロケット」の主エンジンとして開発された「LE-7」の、本格的な地上燃焼テストを開始することを宇宙開発事業団（NASDA）が発表した。「2段燃焼サイクル」方式を採用しているLE-7のテストは、秋田県田代町の三菱重工・田代試験場で行われる。これが完成するとH-1型ロケットの約4倍の2t級の静止衛星や小型スペースシャトルの打ち上げが可能となる。

11月　**巨大な超銀河団複合体を確認**（米国）　ハワイ大学天文学部のブレント・チュリーは、超銀河団を約60個も含む、平らで長方形をした「超銀河団複合体」を確認したと発表した。長さは観測しうる宇宙の直径の10分の1にあたる10億光年、幅1億5000万光年という途方もない大きさ。

12月　**「日本アマチュア天文史」刊行**（日本）　日本アマチュア天文史編纂会（代表・森久保茂）編纂の「日本アマチュア天文史」が恒星社厚生閣より刊行された。25人の編集委員、17人の執筆者による6年半がかりの労作。惑星、流星、隕石、変光星、天体写真、望遠鏡、同好会、民俗学など18分野のアマチュア天文史を、明治維新から1960年代までを記述した。1994年11月には33人の編集委員により、1960年代後半から1990年代をカバーした「続 日本アマチュア天文史」が上梓された。

12.4　**物理学者ヤコフ・ゼリドヴィッチが没する**（ソ連）　物理学者ヤコフ・ゼリドヴィッチが死去した。1914年生まれ。レニングラード物理工学研究所、化学物理研究所、応用数学研究所の所員。1966年からモスクワ大学教授を兼任。1958年からソ連科学アカデミー会員。燃焼と爆発に関する現代的理論、衝撃波物理学、核物理学、素粒子物理学、宇宙重力理論、高エネルギー天文物理学、X線天文学の成立に貢献。特にソ連の国防力へ大きく貢献した。

12.27　**天文学者・鏑木政岐が没する**（日本）　天文学者・鏑木政岐が死去した。1902年（明治35年）、石川県生まれ。1926年（大正15年）東京帝国大学天文学科を卒業後、同助手兼東京天文台技手として天頂儀による緯度観測や子午環の観測などに従事した。一方で恒星天文学の研究を進め、1934年（昭和9年）「散開星団の空間分布より見たる局部恒星系の構造」で理学博士号を取得。戦後、1946年に東京帝大理学部教授に就任し、運動星団、局部恒星系の研究で大きな業績をあげた。また東京・渋谷の五島プラネタリウム設立への尽力や1955年から2年間日本天文学会会長を務めるなど、天文学の教育・普及にも貢献した。1963年に東京大学を定年退官後は、国学院大学教授、国土建設学院長を歴任。著書に「宇宙構造学」「応用天文学」などがある。

この年　**斎藤修二ら、直線炭素鎖分子など多数の分子線を発見**（日本）　斎藤修二らは、野辺山宇宙電波観測所の45m電波望遠鏡を使った観測により、直線炭素鎖分子など多数の分子線を発見した。斉藤は後に星間分子の分光学的研究により仁科記念賞、東レ科学技術賞を受賞している。

この年　**野辺山宇宙電波観測所のミリ波干渉計NMAの共同利用を開始**（日本）　野辺山宇宙電波観測所では、口径10mのアンテナを6台結合し、高解像度の観測を可能にした開

1987年（昭和62年）

口合成型電波望遠鏡であるミリ波干渉計NMA（Nobeyama Millimeter Array）の共同利用を開始した。

この年　野本憲一らの超新星（SN1987A）研究（日本）　大質量星の進化の最終段階において形成された鉄の中心核の崩壊で中性子星が形成され、その反動で星の外層が吹き飛ばされることによって生まれたとされる超新星が大マゼラン雲で発見された（SN1987A）。東京大学の野本憲一らはこのSN1987Aを研究し、その進化モデル、爆発モデル、元素合成、光度曲線など多くの現象に関する論文を発表し、高い評価を受けた。

この年　日本人宇宙飛行士が米国留学（日本）　5月から6月にかけ1988年度末までの予定で、スペースシャトル搭乗予定の毛利衛、向井（旧姓内藤）千秋、土井隆雄の3人が米国留学に出発した。向井はジョンソン宇宙センターで宇宙医学、土井がコロラド大学で流体力学、毛利がアラバマ大学で専門を生かした研修を行った。また、9月には向井は他の2人に先がけてジョンソン宇宙センターで計800秒の初めての無重力状態を体験した。

この年　日本天文学会天体発見功労賞受賞（日本）　高見澤今朝雄・多胡昭彦・三ツ間重男が「彗星：C/1987 B1（Nishikawa-Takamizawa-Tago）」、本田実が「新星：V827 Her」によりそれぞれ受賞。

この年　オールト、京都賞受賞（日本）　ヤン・ヘンドリック・オールト（オランダ・ライデン大学名誉教授）が「天体物理学における貢献」で第3回京都賞（基礎科学部門）を受賞した。

この年　神岡観測グループ、朝日賞を受賞（日本）　神岡観測グループ（代表・小柴昌俊東海大理学部教授）が「超新星からのニュートリノ検出」により朝日賞文化賞を受賞した。

この年　仁科記念賞受賞（日本）　森本雅樹、海部宣男（東京大学東京天文台）が「ミリ波天文学の開拓」により、小柴昌俊（東海大学理学部）、戸塚洋二（東京大学理学部素粒子物理国際センター）、須田英博（東京大学宇宙線研究所）が「超新星爆発に伴うニュートリノの検出」により、第33回仁科記念賞を受賞した。

この年　星の手帖チロ賞受賞（第6回）（日本）　佐伯達夫（大阪電気科学館）が「大阪電気科学館での解説、火星観測」により星の手帖チロ賞を受賞した。

この年　科学技術映像祭受賞（1987年度、第28回）（日本）　電通映画社、宇宙科学研究所（ISAS）「『さきがけ』『すいせん』日本のハレー探査機」、日本放送協会「星空紀行・銀河の世界（TV）」が受賞。

この年　アニメ映画「オネアミスの翼 王立宇宙軍」が公開される（日本）　山賀博之監督の劇場アニメ「オネアミスの翼 王立宇宙軍」が公開された。アニメ・特撮の自主製作集団DAICON FILMを母体に、同作製作のためにアニメ製作会社ガイナックスが設立され、異世界における人類初の有人宇宙ロケット打ち上げを描いた。監督の山賀をはじめ、岡田斗司夫、庵野秀明、赤井孝美、貞本義行、樋口真嗣といった主要スタッフはまだ20代で、詳細な世界観設定と映像美は評判を呼んだ。音楽は坂本龍一が担当した。

この年　「チャレンジャー」事故のその後（米国）　スペースシャトル「チャレンジャー」の爆発事故から1年を迎えた1月28日に、事故の犠牲となった乗組員7人の追悼式が、首都ワシントンやフロリダ州ケネディ宇宙センターなど全米各地で行われた。ワシントンではレーガン大統領がテレビ放送を通じて追悼の辞を述べ、宇宙センターでは爆発の惨事が起こった73秒間にわたっても黙禱がささげられた。一方、事故原因となった固体燃料補助ロケットの改良を進めてきたモートン・サイオコール社は5月27日に改良型機の噴射テストを成功させ、米国航空宇宙局（NASA）は飛行機に脱出口を取り付けて実験を繰り返すなど、再開第1号に向けて尽力した。

この年　500万年かけてアンドロメダへ（米国）　ワシントンの機械工学者ロバート・ビュラスが発案した、わが銀河系の兄弟格で200万光年の彼方にある銀河系「アンドロメダ

大星雲」に500万年かけてたどり着こうという構想が、世界未来学会機関紙「フューチャーリスト」9、10月号に発表された。この構想によると、太陽系の外側の軌道に全体の直径が月の半径に匹敵する1600kmの宇宙船を数千年かけて作り、10億個のエンジンをいっせい噴射し光速の40％の速度まで加速し、目的地に達するのは500万年先という。

- この年 **米ソ連の研究者が新惑星仮説**（米国、ソ連） ソ連・国立ゴーリキー教育大学のアナトーリー・アルテムイエフは、彗星の軌道の分析から海王星、冥王星の外側に、地球質量の60倍と50倍の2つの惑星があるとの仮説を提出した。また、米国航空宇宙局（NASA）ジェット推進研究所のジョン・アンダーソンは、飛行中の探査機パイオニア10、11号の観測データと150年前までさかのぼった観測データから、天王星と海王星の軌道がわずかに引き離されていることを発見し、「第10番目の惑星が存在し、かつて天王星と海王星に接近したとき軌道に影響を与えた」と結論を出した。

- この年 **打ち上げた衛星を爆破**（ソ連） ソ連が1月30日に打ち上げた通信衛星を宇宙空間で爆破したと、米国の航空宇宙専門誌「アビエーション・ウィーク・アンド・スペース・テクノロジー」が報じた。通信衛星を所定の軌道に投入する「プロトンロケット」の4段目の不調が原因で、衛星は同ロケットと共に爆破された。ソ連はこの前日に軍事偵察衛星「コスモス1813号」も爆破させている。

- この年 **「アリアン」再開**（欧州） 9月13日に南米の仏領ギアナにあるクールー基地から、欧州宇宙機関（ESA）が「アリアン3型ロケット」を打ち上げ、欧州通信衛星機構（ユーテルサット）の「ECS4」とオーストラリアの「オースサットK3」を高度3万6000kmの静止軌道に無事投入した。また、ESA13か国閣僚会議で欧州版小型スペースシャトル「ヘルメス」などを打ち上げる大型の「アリアン5型ロケット」の開発を正式決定した。

- この年 **「長征3号」で宇宙ビジネス**（中国） 中国・上海の新聞「開放日報」は「長征3号ロケット」の生産が本格化し1年以内に中国国内で打ち上げが可能な段階になったと報じた。2年前から外国の人工衛星の打ち上げ請負宇宙ビジネスに参入している中国は、米国テレサット社と調印するなど、宇宙ビジネスが順調に進行。

1988年
（昭和63年）

- **1.21** **ハレー彗星に山やクレーター**（西ドイツ） 西ドイツのマックス・プランク研究所のH.U.ケラーらは、1986年3月にハレー彗星に接近した欧州宇宙機関（ESA）の探査機「ジオット」が撮影した画像を分析し、ハレー彗星の核にクレーターや筑波山や高尾山くらいの山が少なくとも4つあることを発見し発表した。核は縦15km、横8kmのピーナツ型で、表面北西部に高さ500mほどの山が4つ連なり、その南隣には直径約2km、深さ150mのクレーター状の地形があった。

- **2.11** **世界リードを目指した新宇宙政策**（米国） レーガン大統領は「地球周回軌道から太陽系に向けて有人飛行宇宙活動を広げる」とした、21世紀の月面基地建設や有人火星飛行の実現などに目標を挙げた、新宇宙政策を発表した。また、大統領は宇宙分野に民間企業の参入を呼びかけ、「先導プロジェクト」には1989会計年度に1億ドルの予算を要求する考えを表明した。

- **2.19** **我が国最大さくら3号シリーズ**（日本） 宇宙開発事業団（NASDA）が種子島宇宙センターから、「さくら2号a」「b」の後続機の通信衛星「CS-3a（さくら3号a）」を搭載したH-1ロケットを打ち上げた。また、9月16日に予備衛星「さくら3号-b」の打ち上

1988年（昭和63年）　　　　　　　　　　　　　　　　　　　　　　　　　　　　天文・宇宙開発事典

げにも成功した。「さくら3号シリーズ」はアンテナを含めた高さ3.6m、直径2.2m、重量550kgの円筒形で、増大・多様化する通信衛星の需要に対処するために開発された我が国最大の静止衛星。NTT、郵政省、JRなどの公共機関に民間企業を加えた14のユーザーが、電話回線、デジタル通信、画像通信の本格的な衛星通信を実施することになっている。

3月	関勉、100個目の小惑星を発見（日本）	高知市上町のアマチュア天文家・関勉が100個目の小惑星を発見し、国際天文連合で認定された。1人で100個もの小惑星を見つけたのは世界でも初めてのこと。
3.18	日本初、皆既日食に観測船4隻（日本）	20世紀最後の皆既日食が小笠原諸島沖で起こり、我が国では初めて天文ファンを乗せた4隻の観測船が同海域に赴いた。その1つ読売新聞社が企画した「にっぽん丸」は、日江井栄二郎東京大学教授ら東京天文台の観測班や、国立科学博物館の村山定男理化学部長、約500人の天文アマチュアが同乗し、硫黄島東方約230kmで観測した。皆既日食は午前9時49分32秒から欠け始め同11時9分23秒から3分46秒間、月が太陽を完全に隠した。
4.25	SF作家のクリフォード・D.シマックが没する（米国）	米国のSF作家クリフォード・D.シマックが死去した。国際幻想文学賞を受けた〈都市〉シリーズが代表作で、米国の田舎にある銀河ネットワークの中継基地を舞台にした「中継ステーション」でヒューゴー賞を受賞。同作のように米国の田舎とSFを結びつけた作風で人気を博し、SF界の最古参作家の一人として晩年まで旺盛な活躍を続けた。
5.8	SF作家のロバート・A.ハインラインが没する（米国）	米国のSF作家ロバート・A.ハインラインが死去した。アイザック・アシモフ、アーサー・C.クラークと並んで世界のSF界を代表する作家と目され、"ビッグスリー"と称された。タイムトラベルをテーマとした「夏への扉」はオールタイムSFベストの常連作品として名高い。「宇宙の戦士」「ダブル・スター」「異星の客」「月は無慈悲な夜の女王」でヒューゴー賞を4回受賞しており、「宇宙の戦士」はポール・バーホーベン監督により「スターシップ・トゥルーパーズ」として映画化された。他に短編「地球の緑の丘」などがある。
6.7	「ソユーズTM5、6号」打ち上げ（ソ連）	ソロビヨフ、サビニフ両飛行士とブルガリアのアレクサンドロフ飛行士の3人を乗せた「ソユーズTM5号」がバイコヌール宇宙基地から打ち上げられ、宇宙ステーション「ミール」でアルミニウムの合金実験などを行った。また、8月29日にはアフガニスタンのモマンド飛行士ら3人を乗せた「TM6号」が打ち上げられたが、自動システムの不調から軌道に乗るのが予定より遅れ、帰還を1日延期し9月7日に帰還した。
6.10	冥王星に大気を確認（米国）	太陽系の最も外側にある第9惑星冥王星に大気が存在することを、米国航空宇宙局（NASA）の直接観測で確認されたことを発表した。南太平洋上空1万2500kmの高空で、恒星が冥王星にさえぎられる際の光度が徐々に変化することをNASAの飛行機に搭載された口径90cmの望遠鏡で確認したもの。
6.13	パイオニア10号へ期待（米国）	米国航空宇宙局（NASA）は1972年に打ち上げた木星探査機「パイオニア10号」がいまだに健在で、木星通過の際に加速された結果、海王星の軌道を通過し、宇宙線の観測などに役立っていると発表した。なお、同衛星は打ち上げから31年後の2003年1月22日の交信を最後に、受信が途絶えた。おうし座の方向に飛行していると思われる。
6.15	「アリアン4号」で衛星3個打ち上げ（欧州）	欧州の気象衛星、西ドイツのアマチュア無線衛星、米国の通信衛星3つの人工衛星を搭載した欧州最大の「アリアン4号」を、欧州宇宙機関（ESA）が南米仏領ギアナのクール宇宙センターから打ち上げ、3つとも軌道投入に成功した。「4号」は3段式の液体燃料ロケットで、3段目は最新の液体水素・液体酸素燃料を使い、約2tの衛星を高度3万6000kmに打ち上げる能力を持つ。また、ESAは5月17日に「アリアン」より小さい2号ロケットでインテルサットの通信衛星、7月22日にインドと欧州の通信衛星2個を搭載した3型ロケットの打ち上げに

- 238 -

	も成功した。
7.8	**火星探査機「フォボス」打ち上げ**（ソ連）　日本時間8日午前2時38分（現地時間午後11時38分）にカザフ共和国バイコヌール宇宙基地から、火星と火星の衛星を探査する宇宙探査機「フォボス1号」を打ち上げた。その後日本時間13日午前2時1分（現地時間12日午後9時1分）に「2号」を打ち上げたが、9月に入り1号の通信連絡が途絶え、2号単独となった。2号は1989年1月頃火星に接近し火星の物理的・化学的性質を探査した後、衛星「フォボス」に接近し岩石の元素組成を観測し、探査機から着陸船と観測機を下ろして表土の化学分析やテレビカメラでの観測を実施する。
7.14	**超巨大ブラックホールを発見**（日本，米国，西ドイツ，スウェーデン）　2億6000万光年彼方の銀河系中心部に、重さが太陽の10億倍もの超巨大ブラックホールが作ったと考えられるガスの渦巻を、国立天文台野辺山宇宙電波観測所など4か国の国際チームが発見したと発表した。6台の電波望遠鏡を使い、VLBI（超長基線電波干渉法）という方法で観測し発見した。
8月	**古在由秀、国際天文学連合会長に**（日本）　東京天文台長の古在由秀が日本人で初めて国際天文学連合（IAU）会長に就任した。古在は1958年（昭和33年）渡米。スミソニアン、ハーバード大学各天文台客員研究員となり、人工衛星の軌道を割り出す「コザイの式」で天体力学の世界的権威として一躍脚光を浴びる。一方、木星とその小惑星の運動の力学的研究にも著しい業績をあげ、天体力学が太陽系の起源の問題に関わりを持つとの新しい考え方を示した。1966年東京大学教授、1967年附属人工衛星国内計算施設長、1973年附属堂平観測所長、1981年東京天文台長を歴任し、1988年退官。同年国立天文台長、のち群馬県立ぐんま天文台長を務める。著書に「天文学のすすめ」「天文学者のノート」などがある。
9.6	**TR-I試験打ち上げ成功**（日本）　宇宙開発事業団（NASDA）は、次期大型ロケット「H-2」の試験用ロケット「TR-I」1号の種子島宇宙センターからの打ち上げに成功した。「TR-I」は「H-2」の約4分の1の大きさ（全長14.3m、直径1.1m、重量11.8t）の1段式固体燃料ロケットで、機体左右に2本の固体補助ロケット（SRB）のダミーを装着し、SRBの分離技術などを調査するのが目的。1989年には「TR-I-2号」が打ち上げられた。
9.11	**科学観測ロケットが失敗**（日本）　文部省宇宙科学研究所（ISAS）は成層圏オゾン層の長期的変動を観測する科学観測ロケット「MT-135-49号」を鹿児島宇宙空間観測所から打ち上げ、正常に飛行させたが観測機器が放出できず実験は失敗した。同研究所の観測打ち上げで全く観測出来なかったのはこれが初めてとなる。
9.21	**日本版シャトル実験失敗**（日本）　文部省宇宙科学研究所（ISAS）は日本版スペースシャトルの小型実験機「有翼飛翔体」を鹿児島宇宙空間観測所から打ち上げ、初の大気圏再突入実験を行ったが、ロケット点火以前に機体が着水してしまい実験は失敗した。予定では高度20kmまで気球でつり上げられた飛翔体が、ロケットに点火、下降を始めてマッハ3.6で大気圏に突入後太平洋に着水するはずだったが、気球が破裂しシャトルは内之浦東80kmの海中に水没した。
9.22	**20世紀最後、火星の大接近**（世界）　火星が地球から5881万kmまで大接近した。火星の軌道が長円形であるため、接近時の距離は1億200万kmから5600万kmまで変化し、そのうち大接近は15年または17年おきに起こる。観測好機の夏から秋にかけて日本列島は天候不順だったが、読売新聞社はビデオとコンピュータで画像処理技術を組み合わせカラーの火星の拡大像を9月12日の紙面に載せた。また、沖縄では我が国観測史上最良の火星写真が撮影された。
9.29	**宇宙基地政府間協力協定（IGA）署名**（世界）　米国、日本、欧州宇宙機関（ESA）、カナダの国際協力で建設し1990年代後半の完成を目指している有人飛行宇宙基地の政府間協定がワシントンで署名された。レーガン大統領によって名づけられた宇宙基地「フリーダム（自由）」は地上460kmの地球周回軌道に建設され、米、欧、日の実験棟

とカナダの大型アームロボットなどを取り付け、4～8名の科学者が駐在する。我が国は独自の実験棟（JEM）を接続し、物資輸送をH-2ロケットで行うことにしている。

9.30 再生1号機シャトルの成功（米国）　米国航空宇宙局（NASA）は日本時間30日午前0時37分（東部時間午前1時37分）に米フロリダ州ケネディ宇宙センターから、フレデリック・H.ホーク船長ら5人を乗せた再生スペースシャトル「ディスカバリー」を打ち上げた。発射から40分後に高度300kmの円軌道に乗り地球を周回し、大型通信衛星「TDRS-C（追跡・データ中継衛星）」の放出にも成功した。飛行中は無重力を利用したエイズの新薬の実験を行い、日本時間10月4日午前1時37分（太平洋時間月3日午前9時37分）にエドワーズ空軍基地に着陸した。再生1号となった同機は「チャレンジャー」の爆発事故後400か所以上の改良が施された。

11.7 電磁波工学の中田美明が没する（日本）　電磁波工学の中田美明が死去した。1914年（大正3年）生まれ。電波研究所で電離層の研究をし、1957年（昭和32年）に世界最初の人工衛星であるソ連の「スプートニク1号」打ち上げ以来、人工衛星が発する電波の追跡に取り組んだ。ソ連の衛星の打ち上げや回収を公式発表前に、世界に先駆けて突き止め、1961年の「ボストーク2号」ではチトフ飛行士の肉声を傍受するのに成功した。1974年同研究所を退官、1987年まで東京商船大非常勤講師。

11.15 ソ連初のシャトル成功（ソ連）　カザフ共和国バイコヌール宇宙基地から、大型ロケット「エネルギヤ」でソ連初の無人スペースシャトル「ブラン（吹雪）」が打ち上げられ、高度250kmの円軌道に乗り3時間25分の初飛行で地球を2周し、米シャトルでは経験のないコンピュータによる自動操縦で同基地に帰還した。「ブラン」は全長約35m、発射時の重量約100tの最高10人乗りで、今後無人シャトルの経験を積んだ後、有人飛行に移る計画。

11.23 天文学者・古畑正秋が没する（日本）　天文学者・古畑正秋が死去した。1912年（大正元年）、長野県生まれ。1938年（昭和13年）東京帝国大学天文学科を卒業後、ハーバード大学天文台研究助手、東京大学助手、助教授を経て、1957年教授。1968年からは第8代東京天文台長を兼任し、木曽観測所の設立などに力を尽くした。夜天光研究の権威として知られ、はくちょう座V403星をはじめとする変光星を発見した他、1957年の国際地球観測年では大気光・オーロラ部門の責任者として国内の大気光研究者の育成に貢献した。1973年退官後は静岡県御殿場に隠棲し、天体観測を続けた。著書に「星空の12カ月」など。没後、蔵書4000冊が岐阜天文台に寄贈され、「古畑文庫」が開設された。

12.2 再生2号も成功（米国）　ケネディ宇宙センターから再生2号の「アトランティス」がロバート・ギブソン船長ら5人を乗せて打ち上げられた。この飛行は通算27回目となり、6日にエドワーズ空軍基地に帰還した。

12.21 宇宙滞在記録1年（ソ連）　1987年12月21日以来ミールで宇宙活動を続けてきたウラジミール・チトフ船長とムサ・マナロフ飛行士が、1987年のソ連ユーリー・ロマネンコ飛行士の宇宙滞在最長記録326日を破り、12月21日にまる1年の滞在記録を樹立して「ソユーズTM7号」で帰還した。

この年 国立天文台が発足（日本）　東京大学附属東京天文台、水沢緯度観測所、名古屋大学空電研究所の一部を改組・統合し、文部省管轄の大学共同利用機関・国立天文台（NAOJ）が発足した。国立天文台は「世界最先端の観測施設をもつ日本の天文学のナショナルセンター」として天文科学及び天体力学全般にわたる研究・教育を取り扱っており、全国の研究者の共同利用や天文学の観測、研究、開発及び教育の推進、「開かれた天文台」としての一般への広報・普及、国家事業としての暦の編纂、国際共同研究の窓口としても機能している。なお、本部は旧・東京大学附属東京天文台の本部があった東京都三鷹であり、初代台長に古在由秀が就任した。

この年 二間瀬敏史、新しい宇宙モデルを発表（日本）　弘前大学の二間瀬敏史は、バックリアクションとして摂動を繰り込む新しい宇宙モデルを発表した。

この年　ブラックホール周辺の相対論的降着円盤のカラー写真を撮影（日本）　大阪教育大学の福江純と横山卓史は、ブラックホール周辺における相対論的降着円盤のシルエットのカラー写真を、計算によって世界で初めて撮影した。

この年　文化功労者に小柴昌俊（日本）　素粒子物理学の小柴昌俊が第41回文化功労者に選ばれた。

この年　日本天文学会天体発見功労賞受賞（日本）　櫻井幸夫が「新星：QV Vul」、堀口進午が「超新星：SN 1988A in NGC 4579 ＝ M58」により各々受賞。

この年　仁科記念賞受賞（日本）　松本敏雄（名古屋大学理学部）が「宇宙背景放射のサブミリ波スペクトルの観測」により、第34回仁科記念賞を受賞した。

この年　科学技術映像祭受賞（1988年度、第29回）（日本）　岩波映画製作所、国際電信電話「衛星通信」が受賞。

この年　SF作家のニール・R.ジョーンズが没する（米国）　米国のSF作家ニール・R.ジョーンズが死去した。1931年より20年にわたってスペースオペラ〈ジェイムスン教授〉シリーズを書き継いだ。死後4000万年経って、惑星ゾル人によりサイボーグとして蘇生させられたジェイムスン教授の活躍を描いた同シリーズは、日本では4冊が野田昌宏の翻訳で刊行され、藤子不二雄がイラストを担当した。

1989年
（昭和64/平成元年）

1.10　ロケット開発者グルシコ・ワレンチンが没する（ウクライナ）　ロケット工学者グルシコ・ワレンチンが死去した。ウクライナ人。1908年生まれ。動力の物理技術の分野で働いた国産ロケットエンジン製造の創始者で、ロケット技術開発者の一人。世界最初の電熱ロケットエンジンを設計した。宇宙船、軌道船、多目的ロケット「エネルギヤ」、スペースシャトル「ブラン（吹雪）」開発に貢献した。ソ連科学アカデミー会員。

2.9　漫画家・手塚治虫が没する（日本）　"漫画の神様"とも呼ばれ、今日の漫画・アニメの興隆に多大な影響を与えた漫画家・手塚治虫が死去した。アクション、動物もの、医療漫画、歴史もの、社会派まで様々なジャンルをダイナミックに、かつヒューマンに描いて今日のストーリー漫画の骨格を生み出した。中でもSFを愛好し、「鉄腕アトム」「火の鳥」「メトロポリス」など数多くの作品を通じてSFや科学知識の普及に貢献した。

2.22　オーロラ観測衛星あけぼの（日本）　午前8時30分に鹿児島宇宙空間観測所から、オーロラ発生機構を探る科学衛星「EXOS-D（あけぼの）」を文部省宇宙科学研究所（ISAS）を打ち上げた。世界でただ1つの現役オーロラ観測衛星として、世界最高水準の8個の観測装置で極地の磁場、電場、プラズマ粒子エネルギーなどを観測する。

3.13　再生3号打ち上げ（米国）　日本時間午後11時57分（米東部時間午前9時57分）に米国航空宇宙局（NASA）は、再開3号となるスペースシャトル「ディスカバリー」をケネディ宇宙センターから打ち上げた。シャトルや人工衛星の映像やデータを地上に送る大型通信衛星TDRS-4（追跡・データ中継衛星）の放出が最大の目的で、TDRSはすでに2個が地球を回り、3個そろうことによりシャトルと地上との交信が絶え間なく出来るようになった。

3.23　地球と小惑星がニアミス（米国）　アリゾナ大学のヘンリー・ホルトの発見と米国航空宇宙局（NASA）のビバン・フレンチの計算で、小惑星が地球にニアミスしていた

ことが分かった。直径800km以上の小惑星「1989FC」は、約1年の周期で地球軌道を横切る楕円軌道をたどっており、地球には約80万km間で接近した。もし、地球に衝突していたら水素爆弾2万発の爆発と同じ破壊力があるという。

3.27　**TBS記者がミールに滞在**（日本）　東京放送（TBS）の放送記者をソ連の宇宙基地「ミール」に滞在させることで、同社とソ連宇宙総局が合意した。9月18日には報道局外信部デスクの秋山豊寛と同局ニュースカメラマンの菊地涼子2人の候補者が決定した。

4月　**宇宙科学研究所、神奈川県相模原市に移転**（日本）　宇宙科学研究所（ISAS）が中心施設を東京都駒場から神奈川県相模原市に移転した。相模原キャンパスには移転当初、本館のほか管制センター棟、飛翔体環境試験棟、構造機能試験棟、特殊実験棟、風洞試験棟などが置かれ（その後、宇宙科学企画情報解析センターなどを増設）、大学院教育と後進の育成、共同研究機関として国内外の研究者の受入れなど、日本の宇宙開発の拠点的存在として機能していた。

4.6　**火星探査機「フォボス2号」も失敗**（ソ連）　モスクワ宇宙研究所のスポークスマンは、1988年7月に打ち上げられた火星探査機「フォボス2号」との通信が完全に途絶えたことを明らかにした。1989年2月から磁力計やプラズマ測定機を作動させ火星の科学観測活動を始めていたが、火星の衛星「フォボス」の直接観測などは出来なくなった。また、1988年9月から兄弟機の「フォボス1号」も行方不明になっている。

4.27　**多機能「スーパーひまわり」**（日本）　運輸多目的衛星の早期実現のため、運輸技術審議会は「運輸省における宇宙技術開発のあり方」をまとめた。「スーパーひまわり」と呼ばれる運輸多目的衛星は、気象衛星「ひまわり」の新世代衛星として、気象観測機能を強化しただけでなく、航空機の位置測定や船舶の捜索救難通信などさまざまな機能を持たせた。

4.27　**軌道船「ミール」が4か月間無人に**（ソ連）　有人宇宙ステーション「ミール」に滞在していた宇宙飛行士3人を乗せた宇宙船「ソユーズTM7号」が帰還したとタス通信が伝えた。「ミール」が打ち上げ以来無人になるのは2回目となる。一方、9月6日にA.ビクトレンコ、A.セレブレフ両宇宙飛行士が搭乗した「TM8号」を打ち上げ、4か月間無人になっていた「ミール」にドッキングした。

5月　**新シャトル名は「エンデバー」**（米国）　爆発事故で失ったスペースシャトル「チャレンジャー」の後続機として建造中の新シャトルの名称を、ブッシュ米大統領が「エンデバー（努力）」と命名した。カリフォルニア州のロックウェル社で組み立て、初飛行は1992年5月になされた。

5.5　**再開4号で金星探査機を打ち上げ**（米国）　日本時間5日午前3時47分（米東部時間午後2時47分）に、米国航空宇宙局（NASA）は金星探査機「マゼラン」を搭載した再開4号「アトランティス」を打ち上げた。「マゼラン」は1990年8月に金星に到達し、金星の北極、南極上を回る極軌道に入り、金星表面の観測データを地球に送ってくる。

6.28　**5年ぶりに改正、宇宙政策大綱**（日本）　我が国が今後実施すべき宇宙開発の進路を定めた宇宙開発政策大綱を、宇宙開発委員会が5年ぶりに改定した。新大綱では、1990年代に行う重点目標として有人宇宙活動を前面に押し出し、国際協力の宇宙基地への参加だけでなく、無重力が人に与える影響を研究する宇宙医学まで求めている。また、文部省宇宙科学研究所（ISAS）のMロケットの大型化を認めた。

7月　**海王星探査「ボイジャー2号」の活躍**（米国）　「ボイジャー2号」が海王星に接近し、「環」と第3の海王星衛星を発見した。8月末には海王星まで5000kmと、最接近した。

7.20　**ブッシュ大統領、新宇宙政策**（米国）　ブッシュ大統領は「アポロ11号」月面着陸20周年記念式典での演説で、月に恒久基地を建設し、それを足場に火星への有人飛行を目指す内容の新宇宙政策を発表した。この新政策は先端科学技術分野で日本や欧米に押され気味の米国に自身を持たせようという狙いもあった。

8.27　**商業衛星再開1号の打ち上げ**（米国）　フロリダ州ケープカナベラル基地から、「チャ

	レンジャー」事故以来停止されていた商業衛星打ち上げの再開第1号となる、英国の放送用静止衛星「マルコポーロ1号」を搭載した汎用ロケット「デルタ」が打ち上げられた。また、デルタロケットは米国では初めて全て民間の手で行われ、民間移行初のケースともなる。
9月	宇宙のひも?を発見(オーストラリア) 直径が10マイナス26乗cm以下、長さが宇宙の半径以上の「宇宙のひも」らしき存在を、オーストラリア国立大学のドン・マシューソン教授らが発表した。質量は1cmあたり1000兆から1京tもあり、周囲の天体を秒速1000km近いスピードで引きずり込んでいるという。
9.6	ひまわり4号打ち上げ(日本) 種子島宇宙センターから午前4時11分に静止気象衛星「GMS-4(ひまわり4号)」を搭載したH-1ロケット5号を宇宙開発事業団(NASDA)が打ち上げた。また、台風の影響で打ち上げが8日に延期された大型ロケットは、8日も第1段ロケットに点火せず、大型ロケット打ち上げでは初めての失敗となった。
9.25	日米宇宙研究協力で日米合意(日本) 日米宇宙研究協力の一環として地球を取り巻く磁気圏の尾(ジオテイル)を衛星で観測することで、政府は米国と合意し交換公文を交わした。協力内容は米国のケネディ宇宙センターから、文部省宇宙科学研究所(ISAS)が開発中の科学衛星「ジオテイル」に米国航空宇宙局(NASA)が開発した観測装置を搭載して打ち上げる。
9.29	生物学研究衛星が帰還(ソ連) 1週間にわたり動植物を使い無重力が生体組織に及ぼす影響について実験を実施した生物学研究衛星「コスモス2044号」が帰還した。搭載した動物は2匹のサル、ネズミ、魚、虫など。
10.2	米探査機「ボイジャー」成功裏に幕(米国) 最後の目標である海王星の探査を終えた米惑星探査機「ボイジャー2号」は、太陽系外のはるかな宇宙空間に向かった。「ボイジャー1号」「2号」は地球を出発してから12年、飛行距離71億kmと人類史上最初で最長、最大の宇宙探査計画が成功したこととなる。
10.11	暦学史研究の能田忠亮が没する(日本) 天体物理学・天文史・暦学史研究の能田忠亮が死去した。1901年(明治34年)生まれ。京都帝国大学理学部副手、東方文化学院京都研究所研究員、東方文化研究所天文暦算研究室主任などを経て、1950年(昭和25年)大阪学芸大学教授、1966年龍谷大学教授、1967年京都産業大学教授を歴任。1979年京都産業大学名誉教授、1981年大阪教育大学名誉教授。著書には「東洋天文学史論叢」「暦学史論」など。
10.18	木星探査機の打ち上げ(米国) 日本時間19日午前1時53分(米東部時間午後0時53分)に、米国航空宇宙局(NASA)は木星探査機「ガリレオ」を搭載した「アトランティス」を打ち上げた。1995年12月に木星に最接近する「ガリレオ」は12億ドルの巨費かけてNASAの探査史上最も複雑、精巧に製作された。しかし、プルトニウムを使用した原子力電池が使用されているため、環境保護団体から打ち上げ差し止めの訴訟が出るなどの騒ぎもあった。
11.7	μ粒子を見つけたジャベス・C.ストリートが没する(米国) 物理学者ジャベス・C.ストリートが死去した。1937年米ハーバード大学でE.スティーヴンソンと共同で、宇宙線中に基本粒子の一種、μ粒子を見つけた。この研究は、ノーベル物理学賞を受賞したC.アンダーソンらの発見よりわずかに遅れたが、物理学界にセンセーションを巻き起こした。またマサチューセッツ工科大学(MIT)で、電波を使って船・航空機の位置や航路を求めるロラン航法システム装置の試作品製造を指導したことでも知られる。
11.9	星の成長過程が明らかに(日本) オリオン星雲の近くで生まれつつある原始星の一群の観測に成功した名古屋大学の福井康雄助教授のグループは、星の成長の様子が明らかになったことを、英科学誌「Nature」で発表した。一酸化炭素ガスを2方向に吹き出している星が6個発見され、どれも太陽の100倍の光度があることが分かった。この観測結果は、2年前に米学者が発表した新理論と合致し、異常な輝きは吸い込まれ

た星間ガスが猛スピードで星と衝突し、そのエネルギーが光に変わったものという。

11.18　宇宙背景放射探査衛星「COBE（コービー）」打ち上げ（米国）　デルタロケットで赤外線とマイクロ波による宇宙背景放射探査衛星「COBE（コービー）」が打ち上げられた。「COBE」は後に「温度ゆらぎ」をとらえた。

11.20　最遠、最古の天体を発見（米国）　地球から140億光年彼方にある宇宙の中で、最も古く最も遠い天体と見られるクエーサーを米国カリフォルニア工科大学のグループが発見し、米国天文学会誌に発表した。同グループはこのクエーサーをカリフォルニア州パロマー山天文台の光学望遠鏡で、おおぐま座（北斗七星）の柄杓のすぐ下に確認した。

12.28　ロケット開発のヘルマン・オーベルトが没する（ドイツ）　宇宙工学者のヘルマン・オーベルトが死去した。1894年オーストリア・ハンガリー帝国ヘルマンシュタット（現・ルーマニア・トランシルバニア地方）生まれ。1913年ミュンヘン大学に医学生として入学。1918年医学から数学、物理学に転向し、以後ミュンヘン、ゲッティンゲン、ハイデルベルク、クラウゼンブルクの各大学で学ぶ。1923年博士論文用に書いた「惑星空間へのロケット」を自費出版したところ大反響を呼び、一躍有名になった。1924年メディアッシュ大学教授。1927年ドイツ宇宙旅行協会設立、ウェルナー・フォン・ブラウンと出会う。1929年液体燃料ロケットの実験を行う。1940年ドレスデン工科大学教授。ドイツ市民権を得て、ブラウンらとナチス・ドイツのV2ロケット兵器開発に参加。1950年～1953年イタリアでイタリア海軍のロケット開発を指導。1955年～1958年米国で軍用の宇宙工学研究に従事。ソ連のツィオルコフスキー、米国のゴダードと共に近代ロケット三先駆者の一人。

この年　衛星通信ビジネスが本格化（日本）　日本時間3月7日午前8時29分（現地時間6日午後8時29分）に南米仏領ギニアのクールー宇宙センターから、アリアンロケットで日本初の民間通信衛星「JCSAT1号」が打ち上げられた。「JCSAT1号」を打ち上げた「日本通信衛星」は伊藤忠、三井物産、米国の宇宙通信会社ヒューズ社が共同で設立したもの。これに対して三菱電機、三菱グループは「宇宙通信」を設立し、日本時間6月6日午前7時37分（現地時間5日午後7時37分）に「スーパーバードA」をアリアンロケットで打ち上げた。これらにより衛星ビジネスが本格化。通信衛星の利用法はさまざまあるが、CATV（有線テレビ）への番組放送が目玉の1つとなる。各テレビ局はこの中継器を年間5～6億円で借り、全国どこからでも中継が可能になるSNG（サテライト・ニュース・ギャザリング）と呼ばれる中継システムの運用を開始した。1990年（平成2年）1月には「JCSAT2号」がタイタン3型ロケットによって打ち上げられた。

この年　「宇宙物理学講座」刊行開始（日本）　ごとう書房が「宇宙物理学講座」の刊行を開始。2002年（平成14年）までに全4巻が刊行された。第1巻「天体物理学基礎理論」を加藤正二、第2巻「連星・測光連星論」を北村正利、第3巻「星間物理学」と第4巻「輝線星概論」を小暮智一が、それぞれ執筆している。

この年　日本天文学会天体発見功労賞受賞（日本）　高見澤今朝雄・谷中哲雄・寺追正典・入江良一・藤川繁久が「彗星：C/1988 P1（Machholz）」により受賞。

この年　小柴昌俊、日本学士院賞受賞（日本）　小柴昌俊が「大マゼラン雲超新星（SN1987A）からのニュートリノの検出」により第79回日本学士院賞を受賞した。

この年　仁科記念賞受賞（日本）　野本憲一（東京大学理学部）が「超新星の理論的研究」により、第35回仁科記念賞を受賞した。

この年　星の手帖チロ賞受賞（第7回）（日本）　本田実（倉敷天文台）が「彗星・新星の発見に尽力したこと」により星の手帖チロ賞を受賞した。

この年　褐色矮星を多数発見（米国）　恒星でこれまでもっとも小さいとされていた赤色矮星と、惑星で最も大きい木星の中間にあたる恒星「褐色矮星」を、米ロチェスター大学のW.フォレスター教授らが多数発見した。フォレスター教授らの赤外線観測では、褐色矮星はおうし座だけでも少なくとも100万個あると見られ、これとニュートリノ

	(中性微子)とあわせることで、宇宙質量の50〜90%が行方不明のミッシングマスが説明出来るという。
この年	**超新星跡にパルサー誕生(米国)** 1987年にマゼラン星雲に現れた超新星「1987A」のあとに、生まれたてのパルサーを米国航空宇宙局(NASA)が発見した。生まれたての1987Aの中性子星は、これまで発見されたパルサーのうち最短の2000分の1秒間隔で光の強度が変化することから、中心部の物質密度は1立方cmが約10億tにも達し、赤道直径は約20km、極直径約12kmと推測される。パルサーが誕生の初めから観測出来るのはこれが始めて。1990年、この芯に、高速で回転する中性子星・パルサーが存在することが、欧州南半球天文台の観測で決定的となった。欧州チームは光度の変化を観測し、爆発直後の3等星から次第に暗くなっていた光度が、15等レベルで横ばいとなっていることを確認した。
この年	**「テレX」打ち上げ(欧州)** 日本時間4月2日午前11時28分(1日午後11時28分)にスウェーデン、ノルウェー、フィンランド北欧3国の通信・放送衛星「テレX」を搭載した「アリアン2型ロケット」をアリアンスペース社が打ち上げた。また、8月8日に欧州各国が共同開発した「アリアン4型」に、西ドイツの放送衛星と欧州宇宙機関(ESA)の観測衛星を搭載し打ち上げた。
この年	**早くも太陽活動が活発化(世界)** 太陽の活動はほぼ11年周期で繰り返しており、前回の太陽活動のピークは1979年10月。1990年初めは極大期にあたっているが、1989年春から太陽黒点やフレア(爆発)の増加が観測史上最大となり、1989年末から1990年初めにかけて最大の活動を記録する可能性が出てきた。1989年3月と9月には早くも白色フレアと呼ばれる太陽爆発が起こり、ふだん高緯度でしか見られないオーロラが米中部(3月)、北海道(10月)で観測された。

1990年
(平成2年)

1.2	**太陽研究の田中捷雄が没する(日本)**	太陽フレアの研究で知られる田中捷雄が死去した。1943年(昭和18年)生まれ。東京大学理学部助手を経て、1970年東京大学東京天文台、1978年東京大学東京天文台助教授、のち教授。1971年〜1973年、1975年、1977年、1986年カリフォルニア工科大学客員研究員。人工衛星による太陽特性X線スペクトルの検出(太陽コロナにおける超高温プラズマの発見)で知られる。1985年度「太陽フレアの理論的及び観測的研究」で井上学術賞を受賞。
1.9	**35mの宇宙遊泳(ソ連)**	アレクサンドル・ビクトレンコ、アレクサンドル・セレブロフ両宇宙飛行士は、ミールから35m離れ、宇宙遊泳として最も長い距離を記録した。
1.12	**恒星誕生のナゾを解明(米国)**	銀河系のオリオン座で恒星が誕生するナゾを、米バッサー大学とIBMがスーパーコンピュータと電波望遠鏡を使い解明したと発表した。発表によるとオリオン座の三つ星近くで、水素原子でできたガス状の殻が、毎秒7kmのスピードで膨張しながら別の星雲と衝突し、その過程で無数の星が生まれていることが分かったという。恒星誕生に水素原子の殻が役割を果たしていたことを具体的に突き止められたのは、これが初めてとなる。
1.24	**日本初の月衛星「ひてん」(日本)**	文部省宇宙科学研究所(ISAS)は、我が国で初めて月に接近する工学実験衛星「MUSES-A(ひてん(飛天))」を午後8時46分に鹿児島県内之浦からM-3S2型ロケット3号(M-3S2-5)で打ち上げた。3月19日未明に月の裏側1万8000kmまで接近し、月の重力だけで加速する省エネ飛行法の第1回スイングバイと、月周回衛星「はごろも」の分離に成功し、世界で3番目の同技術保有国と

1.28	「ダイアナ計画」1号の成功（日本）	鹿児島県内之浦から「ダイアナ計画」の観測1号を文部省宇宙科学研究所（ISAS）が打ち上げ、初観測に成功した。同計画は、冬場に大気の上層で気温が40度近く上昇する「突然昇温」という気象現象を調べるため、世界21か国が参加した初の国際共同気象観測計画。
1.30	「アポロ計画」の責任者サミュエル・フィリップス（米国）	「アポロ計画」の責任者サミュエル・フィリップスが死去した。空軍技術将校として大陸間弾道ミサイル（ICBM）ミニットマンの開発に手腕を発揮。1964年月着陸有人飛行計画である「アポロ計画」の推進責任者に任命され、1969年7月20日「アポロ11号」の2人の飛行士による人類初の月面着陸を成功させた。
2月	「アリアン4型」が空中爆発（欧州）	南米仏領ギアナのクールー宇宙センターから打ち上げられた、欧州の「アリアン4型ロケット」が発射1分40秒後に爆発した。ロケットには日本放送協会（NHK）の放送衛星「BS-2X」と宇宙通信社の民間衛星「スーパーバードB」が搭載されていた。
2.1	スペースバイクで遊泳成功（ソ連）	スペースバイクを使った宇宙遊泳にセレブロフ宇宙飛行士が成功し、命綱1本で5時間にわたりミールから33m離れた宇宙空間を自由に動き回った。スペースバイクの重さは220kgで米国の宇宙遊泳装置と同じように背中に背負うタイプ。
2.6	宇宙からの特別授業（ソ連）	ビクトレンコ、セレブロフ両飛行士はモスクワ近くのツープ管制センターに集まった教師や子どもたちに、宇宙船内での結晶製造実験や動物実験などについて話す宇宙特別授業を行った。ミールの中には1986年1月の「チャレンジャー」爆発事故で亡くなった米女性民間飛行士のクリスタ・マコーリフの遺影が飾られていた。
2.7	3衛星同時打ち上げに成功（日本）	宇宙開発事業団（NASDA）は午前10時33分に種子島宇宙センターから、海洋観測衛星「MOS-1b（もも1号b）」と、宇宙工学試験衛星「DFBUT（おりづる）」、アマチュア無線衛星「JAS-1b（ふじ2号）」を搭載したH-1ロケット6号を打ち上げ、軌道に乗せた。「もも1号—b」は1996年運用停止。
3.2	隣に小さな銀河系を発見（英国）	われわれの銀河系から30万光年しか離れていない宇宙空間に、英ケンブリッジ大学天文研究所が小規模な銀河を発見したと英紙が報じた。新発見された銀河は、われわれの銀河系の周りを衛星のように軌道を描いて回り、星の数は1億個ほどしかない。
4.24	米シャトル搭乗は毛利飛行士に決定（日本）	米国のスペースシャトルに我が国として初めて乗る宇宙飛行士（搭乗科学者）を毛利衛にすることを、宇宙開発事業団（NASDA）が決定した。元北大助教授の毛利は材料科学者で、シャトル内では超電導材料の開発、宇宙酔いのメカニズム研究などを実験する。12月6日に米国航空宇宙局（NASA）は、毛利の搭乗を新型シャトル「エンデバー」で1993年8月打ち上げと発表した。
4.24	ハッブル宇宙望遠鏡を放出（米国）	ケネディ宇宙センターからハッブル宇宙望遠鏡（HST）を搭載したスペースシャトル「ディスカバリー」が打ち上げられた。26日に同望遠鏡は高度600kmの地球周回軌道に乗り、15年間の観測活動に入った。口径2.4mの反射望遠鏡を積んだ同望遠鏡は全長13.1m、重さ11tで、宇宙の膨張の精密な観測が出来、28等星まで観測が可能。開発、打ち上げにかかった費用は15億ドル（約2250億円）。
4.25	宇宙ゴミの脅威（米国）	1995年に建設予定の宇宙ステーションが宇宙ゴミの脅威に直面する恐れがあると、米議会会計検査院は米国航空宇宙局（NASA）に対策を呼びかける報告書を公表した。宇宙ゴミは地球の周りに推定350万個以上あり、シャトルや将来の宇宙ステーションに直径1cm以上の2万4000個が直撃した場合、致命的な打撃を与える。また、米国家安全保障会議は2010年に1cm以上のゴミが宇宙ステーショ

ンに直撃する確率を2年に1回と推定した。

5.2 "レンズ和尚"木辺宣慈が没する（日本） 反射鏡磨きの木辺宣慈が死去した。1912年（明治45年）生まれ。真宗木辺派（本山・錦織寺）門主を継ぐ。一方、子供の頃から天文学に興味を持ち、住職修業の傍ら、戦中中陸軍航空技術研究所の嘱託を経て、日本でも数少ない天体望遠鏡の反射鏡磨きの専門家になった。世界でも五指に入る名人で"レンズ和尚"の異名で知られ、特殊光学研究所所長も務めた。1970年第4回吉川英治文化賞受賞。

5.14 宇宙関連会社、続々と発足（日本） 三菱重工、石川島播磨重工、日揮などの宇宙航空関連会社62社が共同出資し、宇宙飛行士の募集業務や訓練などをする新会社「有人宇宙システム」（田畑浄治社長）を発足した。また、7月5日には日産自動車、日本電気、三菱重工業など77社が出資し、宇宙開発事業団（NASDA）に「H-2ロケット」を納める調達会社ロケットシステムを設立した。

5.18 宇宙船「ソユーズ」が故障（ソ連） 米国の航空宇宙専門誌「エビエイション・ウィーク・アンド・スペース・テクノロジー」が、2月11日に打ち上げられた「ソユーズTM9号」が故障したと報じ、事故が明らかになった。打ち上げの際にロケットの側板に「ソユーズ」が接触し、断熱カバー3枚がめくれ上がった。7月17日に修理したが、ミールの出入り口のハッチが十分に閉まらなくなるハプニングも起きた。

5.21 ハッブル、散開星団を初撮影（米国） ハッブル宇宙望遠鏡は南天のりゅうこつ（龍骨）座にある1260光年の散開星団「NGC3532」を地上の最高性能望遠鏡に匹敵するほどの鮮明な写真を初撮影し、米国航空宇宙局（NASA）ゴダード宇宙飛行センターが受信、一部が公表された。

6.27 ハッブルに重大欠陥（米国） 米国航空宇宙局（NASA）は4月24日に打ち上げたハッブル宇宙望遠鏡に鏡面の製作ミスによる重大な欠陥があることが分かったと発表した。打ち上げ直後の試験で焦点がぼやける球面収差が判明し、その後の調査で、望遠鏡の主鏡の曲率の正確さを測定する光学機器に1mmもの誤差を確認した。本格的な修理は1993年打ち上げのスペースシャトルで行う。

7.24 土星の衛星を10年ぶりに発見（米国） 土星の第18衛星を発見したことを米国航空宇宙局（NASA）が発表した。この新衛星は土星の表面から7400kmの軌道を回る直径20kmの小惑星で、土星の最外側にある「A環」のすき間の乱れた模様を、「ボイジャー」が撮った3万枚の画像を確認して発見された。

8.10 金星にクレーター（米国） 1989年5月4日に打ち上げられた金星探査機「マゼラン」が金星周回軌道に到達し、高度270kmからレーダー観測を行い、高精度の画像を送ってきた。その画像データで、北半球に1億〜1億5000年前の隕石衝突跡と推測されるクレーターが確認出来た。

8.13 ハッブルの成果（米国） 大マゼラン星雲にある星団「R136」の写真がハッブル宇宙望遠鏡から送られてきて、地上からは20個程度の星の集団に見えたが、60個以上の星の集まりということが新たに判明した。コンピュータで反射鏡の欠陥によるピンボケを一部克服した。その後、8月29日には、2月に大マゼラン星雲に出現した超新星「SN1987A」のリングやブラックホールの候補をとらえた。9月13日には、80億光年彼方の1つのクエーサーが4つに見える重力レンズ効果の鮮明な画像を送信。11月20日には、土星のリングの上に現れた幅が1万kmもある巨大な白斑を撮影した。アンモニアの結晶から出来ていて、白斑が激しく波打つように見えるほど高精度の写真だった。

8.26 日本屈指のコメットハンター・本田実が没する（日本） アマチュア天文家の本田実が死去した。1913年（大正2年）、鳥取県出身。農業の傍ら神田茂の彗星の本を読んで独学で天体観測をはじめ、1937年（昭和12年）広島県瀬戸村の黄道光天文台に入所。1940年岡林滋樹と共に岡林・本田彗星を発見。1941年倉敷天文台に移り、太平洋戦争で出征した際も手作りの望遠鏡で新彗星を発見した。復員後の1947年には日本人

	としては戦後初の彗星を単独で発見、以来、彗星12個を見つけており、まさに戦後日本を代表するコメットハンターであった。1970年代以降は新星の捜索に重点を移し、11個の新星を発見している。一方で保育園「若竹の園」園長も務めた。
8.28	放送衛星「ゆり3号a」を打ち上げ(日本)　宇宙開発事業団(NASDA)は午後6時5分に種子島宇宙センターから放送衛星「BS-3a(ゆり3号a)」の打ち上げに成功した。3チャンネルのうち2つをNHKが、残り1つを民間初の衛星放送会社・日本衛星放送(JSB)と、PCM(パルス符号変調)放送をする衛星デジタル研究放送(SDAB)が使用する。
9月	宇宙ステーションの予算削減(米国)　米国航空宇宙局(NASA)の1991年度・宇宙ステーション予算要求に対して、米上院歳出委員会は8億6360万ドル(約1122億円)の削減を決定した。
9.5	衛星打ち上げの低コスト化(英国、ソ連)　飛行中の大型機から人工衛星を打ち上げ、低コスト化を目指す共同研究に、英国ブリティッシュ・エアロスペース社とソ連航空工業省が調印した。繰り返し使用可能な低コスト型の「HOTOL(ホトル)」を、ソ連製の超大型航空機「アントノフAN225」で打ち上げ、高度9000mから地上300kmの軌道に乗せる。
10.26	最大の銀河を発見(米国)　米国の科学誌「*Science*」に米国立電波天文台などのグループが、宇宙で最大の銀河を発見したと発表した。同研究グループは、銀河団「アーベル2029」の中心部を取り巻く散乱光をCCD(電荷結合素子)で撮影し分析したところ、中心部に100兆個もの恒星が含まれ、直径が約600万光年の巨大な単一の銀河があることが分かった。地球からの距離は10億光年。
11月	岩本隆雄「星虫」が刊行される(日本)　小説家・岩本隆雄のデビュー作「星虫」が刊行された。第1回ファンタジーノベル大賞の最終候補作の1つで、宇宙飛行士を目指す少女を主人公としたジュブナイル。以後、約10年ごとに復刊され、隠れた名作として読み継がれている。岩本は〈星虫〉シリーズの他、「ミドリノツキ」「夏休みは、銀河!」など、一貫してSFジュブナイルを執筆している。
11.17	ノーベル賞受賞のロバート・ホフスタッターが没する(米国)　物理学者ロバート・ホフスタッターが死去した。1915年生まれ。ペンシルベニア大学、国立度量衡局、ノルド・コーポレーション各勤務を経て、1946年プリンストン大学助教授。1950年スタンフォード大学に準教授として移り、1954年正教授に就任。同大にある線型加速器を用いて高エネルギー電子の散乱実験を行い、原子核内部の電荷分布、核子の電荷と磁気モーメントの分布などを明らかにした。この業績により1961年R.メスバウアと共にノーベル物理学賞を受賞。全長2マイルの電子線型加速器も建設。1967年～1974年同大高エネルギー物理学研究所所長。1985年に同大を退職後は宇宙への関心を強め、ガンマ線望遠鏡の製作に協力した。編書に「Electron Scattering and Nuclear Structure」(1963年)など。
12.2	日本人初の宇宙飛行士(日本)　東京放送(TBS)の元外信部副部長の秋山豊寛が、日本時間午後5時13分(現地時間同1時13分)にソ連カザフ共和国のバイコヌール宇宙基地から打ち上げられたソ連の宇宙船「ソユーズTM11号」に搭乗。宇宙ステーション「ミール」まで行き、無重量、宇宙酔いの体験などを分かりやすくレポートした。この宇宙飛行はTBSの開局40周年記念事業として企画され、秋山と女性報道カメラマンの菊地涼子は150人近い応募者から選抜された。1週間の宇宙飛行代やヘリコプター使用、カメラ撮影費として約25億円近くをソ連に支払ったといわれている。12月10日帰路。
12.5	「成相解」の成相秀一が没する。(日本)　成相秀一が死去した。1924年(大正13年)生まれ。1947年(昭和22年)東北帝国大学理学部物理学科卒。東北大学理学部副手、1953年広島大理論物理学研究所助手、1960年講師、1961年助教授を経て、1973年から教授。この間1975年～1977年日本天文学会副理事長、1977年～1979年と1983年～

1985年の2回、4年間にわたって同研究所長を務めた。著書、論文は多いが、東北大学時代の1951年に発表した「成相解」は従来考えられていた宇宙モデルの考え方を破るもので、時空構造研究の基礎を築いた。

この年　木曽観測所シュミット望遠鏡による「北天銀河の測光アトラス」刊行（日本）　木曽観測所シュミット望遠鏡による銀河の表面測光の集大成が、小平桂一、岡村定矩、市川伸一の編によって「北天銀河の測光アトラス（Photometric Atlas of Northern Bright Galaxies）」として刊行された。

この年　日本天文学会天体発見功労賞受賞（日本）　木内鶴彦・中村祐二が「彗星：C/1990 E1（Cernis-Kiuchi-Nakamura）」により受賞。

この年　仁科記念賞受賞（日本）　佐藤勝彦（東京大学理学部）が「素粒子論的宇宙論」により、第36回仁科記念賞を受賞した。

この年　星の手帖チロ賞受賞（第8回）（日本）　正村一忠（岐阜天文台台長）が「民間天文台の先駆けとして1971年に設立以来、無料開放、夜間開放など天文学の普及に努力」したとして、星の手帖チロ賞を受賞した。

この年　シャトル、相次ぐトラブル（米国）　4月1日にスペースシャトル「ディスカバリー」が燃料弁に故障を起こした。「コロンビア」も5月29日、9月5日、17日、5月30日に、配管や天文観測装置の故障などが見つかった。また、6月29日、7月25日には「アトランティス」で燃料漏れが発見されるなど、トラブルが続いた。

1991年
（平成3年）

1月　銀河系には窒素が充満（米国）　米国航空宇宙局（NASA）は1989年に打ち上げた宇宙背景放射探査機「COBE」の観測で、我々の銀河系の中心には、生命の基本構成物質である炭素と窒素が充満していることを確認し、米国の天文学会で発表した。窒素イオン、炭素イオンとも銀河系の円盤部に密集している。

1.11　筑波宇宙センター所長・宇田宏が没する（日本）　筑波宇宙センター所長を務めた宇田宏が死去した。1928年（昭和3年）生まれ。1955年（昭和30年）郵政省に入省し、宇宙開発事業団（NASDA）発足と同時に移る。ほとんどの人工衛星の打ち上げに携わった。のち筑波宇宙センター長。退官後、宇宙通信基礎技術研究所副社長を務めた。

1.11　物理学者カール・デービッド・アンダーソンが没する（米国）　物理学者カール・デービッド・アンダーソンが死去した。1905年生まれ。1939年～1976年カリフォルニア工科大学教授、1976年名誉教授。1932年からR.A.ミリカンのもとで研究に従事し、同年ウィルソン霧箱による宇宙線粒子の観測で陽電子を発見。この功績により1936年ノーベル物理学賞を受賞。また、1937年にネッダーマイヤーと共に宇宙線中に中間子の存在を発見した他、1947年にはμ中間子の自然崩壊によって電子と2個のニュートリノが生ずることを明らかにした。第二次大戦時に原爆開発のマンハッタン計画責任者を依頼されたがこれを断り、かわりに固体燃料推進ロケットの開発に成功、連合軍戦闘機搭載のロケット・プロジェクトを指揮した。

2月　ソ連版月ロケットは幻（ソ連）　米国の航空宇宙専門雑誌が、ソ連で1960年代末から1970年代初めにかけて月に行くための全長100mもある巨大ロケットの開発が行われていたことを報じた。同誌によると、少なくとも4機製造され、1970年代初頭に無人打ち上げ実験が行われたが、全て失敗に終わった。月ロケットは2人乗りで、月面に降りて探査することになっていた。

2月	落下場所めぐり騒動(ソ連)	耐用年数を過ぎたソ連の宇宙ステーション「サリュート7号」と人工衛星「コスモス1686」が大気圏に突入することが判明し、落下場所をめぐって騒ぎとなったが、日本時間7日午後0時44分(米東部時間6日午後10時44分)に南米の上空で大気圏に突入し、燃え残った破片がアルゼンチン領内のアンデス山脈山麓に落下した。
2月	13個直列のクエーサー発見(英国,チリ)	地球から65億光年離れた宇宙にほぼ直線状に並んだ13個のクエーサーを、英国とチリの天文学者がオーストラリアのシュミット式望遠鏡で発見したと発表した。クエーサーの端から端までの長さは6億5000万光年。今までクエーサーは宇宙空間の中で孤立した形で発見されており、初めて集団として見つかった。
2.16	「S-520-13号」打ち上げ(日本)	文部省宇宙科学研究所(ISAS)が「S-520-13号」ロケットを鹿児島宇宙空間観測所から打ち上げた。搭載した銀河極端紫外線観測装置や多層膜反射鏡で、約6分間にわたる双子座U星の紫外線の観測に成功した。
3月	難航が予想される宇宙ステーション(日本,米国,欧州,カナダ)	日、米、欧州、カナダの国際協力で建設を進めていた国際宇宙ステーション(ISS)について米議会から、米国航空宇宙局(NASA)に計画見直しが求められた。NASAは大幅な設計変更を提案したが、米議会下院歳出委員会小委員から予算を全額カットされた。このため、日本をはじめとする参加国は異例の政府書簡で計画の続行を求め、結局、予算が復活した。日本の実験棟「JEM」は直接影響を受けなかったが、実験内容に影響が出ることは避けられない。
3月	金星の素顔が明らかに(米国)	金星の南半球「アフロディテ大地」の南に、地下深部の熱で溶岩が長期にわたって噴出するホットスポットと見られる地形を、1989年に打ち上げられた米国航空宇宙局(NASA)の金星探査機「マゼラン」がとらえた。5月には表面の写真撮影を終了、8割をカバーした金星の精密地図を完成した。また、8月には金星表面にマグニチュード5クラスの地震によって生じたと見られる大規模な地滑りが発見された。10月には、数年前に噴火した形跡のある活火山候補「マート・モンス」の立体画像が発表された。
3.26	愛知県に田原隕石落下(日本)	愛知県渥美郡田原町(現・田原市)に隕石が落下した(田原隕石)。重量は5kg以上。
4月	巨大な暗黒天体を発見(米国)	米国の天文学研究チームがハワイにある望遠鏡を使い、地球から3億光年離れた銀河「NG6240」の中に、太陽の1000億倍の質量を持つ不思議な暗黒天体を発見したことを発表した。「NG6240」には2つの回転するガス状円盤があり、片方の円盤の中心には太陽の2000億倍もある超高密度の暗黒天体も発見された。
4.5	「コンプトン・ガンマ線天文台」打ち上げ(米国)	科学衛星「コンプトン・ガンマ線天文台(CGRO)」が打ち上げられた。5月にはスペースシャトルから軌道に投入。コンプトン望遠鏡と高エネルギーガンマ線望遠鏡を含む4つの観測装置を搭載し、ガンマ線の観測を行い、ガンマ線バースト、パルサーなど多くのガンマ線天体の発見に寄与した。2000年大気圏に突入し、消滅。
5.18	「ジュノ計画」で英国初の女性飛行士(ソ連)	英国人として初めての宇宙飛行となる女性化学者ヘレン・シャーマンが搭乗したソ連の宇宙船「ソユーズTM12号」が打ち上げられ、シャーマンは宇宙ステーション「ミール」で医学分野の宇宙実験を行った。これは英国、ソ連の共同宇宙飛行計画「ジュノ」によるもの。10月2日にはオーストリアの宇宙飛行士がミールに滞在した。
6月	地上で太陽フレアの中性子を観測(日本)	大規模な太陽フレア(爆発)によって発生した高エネルギーの中性子を、科学技術庁・理化学研究所と名古屋大学のチームが地上の観測装置でとらえることに成功したと発表した。エネルギーの低い中性子は地球に到達する前に崩壊することが多く観測が困難であり、1982年にスイスで観測

されて以来2度目の観測例となる。

6月 **日本初マーセル・グロスマン会議**（世界） 23日から29日の間、国立京都国際会館で、相対論や宇宙論の研究者が世界中から集まり、最新の研究を話し合う「一般相対論に関する第6回マーセル・グロスマン会議」が開かれた。会議では宇宙の大規模構造の問題など新しい観測データをめぐる議論となった。この会議が日本で開催されるのは初めてで、ホーキングや中国の反体制物理学者・方励之も参加した。

6.5 **宇宙医学実験**（米国） 米国航空宇宙局（NASA）が、スペースシャトル「コロンビア」を打ち上げた。飛行士や動物の健康調査など、本格的な宇宙医学実験を行った。6月14日帰還。

6.11 **宇宙開発の将来設計**（米国） 宇宙開発を検討しているブッシュ大統領の諮問グループ、通称「スタフォード委員会」が14項目の計画を発表した。報告によれば、2014年に最初の有人飛行を行うため新しいロケットを開発することを公式に提案し、火星探査の基地建設には、スペースシャトルの5～8倍の貨物が載せられる原子力ロケットの開発が必要なため、大統領行政命令で総合計画局の設置を勧告した。

6.22 **天文解説家の草下英明が没する**（日本） 科学解説家の草下英明が死去した。1924年（大正13年）生まれ。1933年（昭和8年）12月の惑星食に感動、文学的な星の見方に憧れて、星の伝承研究家・野尻抱影に師事。誠文堂新光社「子供の科学」編集部、平凡社編集部、天文博物館五島プラネタリウム解説係長を経て、フリーの天文啓蒙家として活躍した。「宮沢賢治と星」「星座手帳」「星の文学・美術」など著書は多数。

7.12 **20世紀最大の皆既日食を観測**（世界） ハワイからブラジルにかけて12日未明に、20世紀最大の皆既日食が観測された。メキシコのラパスは晴天に恵まれたが、ハワイ島ワイコロアでは厚い雲に遮られ、日本や米国本土から集まった数万人の天文ファンが涙をのんだ。

7.17 **地下無重力実験センター開設**（日本） 北海道上砂川町に地下無重力実験センターが開設された。無重力下の超伝導実験、触媒実験、宇宙利用のための実験などを目的としたもので、同種の実験施設としては当時世界一だった。

7.30 **科学技術史研究の吉田光邦が没する**（日本） 科学史研究家・吉田光邦が死去した。1921年（大正10年）生まれ。龍谷大学予科教授を経て、1949年（昭和24年）京都大学人文科学研究所助手となり、1987年教授。1984年4月所長に就任。1985年名誉教授。学生相手の授業は持たず、一貫して人文研勤務。この間、京の手仕事を土台にユニークな技術文化論を発表。1984年には日本産業技術史学会を設立、会長に就任。1990年（平成2年）京都文化博物館初代館長に就任。1991年京都造形芸術大学教授を兼務。著書に「日本科学史」「日本技術史研究」「日本の職人」「日本の美の探究」「星の宗教」「中国科学技術史論集」「工芸と文明」「吉田光邦評論集」（全3巻）などがある。

8.9 **H-2ロケット、エンジン開発難航**（日本） 宇宙開発事業団（NASDA）が開発中の純国産大型ロケットH-2の第1メインエンジン「LE-7」が、愛知県にある三菱重工のエンジン試験施設で実験中に爆発し、同社員が1人死亡した。日本のロケットエンジン開発史上、死者が出たのは初めて。原因はエンジン配管の不完全な溶接で、そこに亀裂と金属疲労が重なった。LE-7の開発をめぐってはトラブルが相次ぎ、5月にも宮城県角田市にある事業団のロケット開発センターで爆発事故が起きている。

8.15 **H-2商業打ち上げビジネスへ**（日本） 開発中の純国産ロケット「H-2」で国際海事衛星機構（インマルサット）の1995年（平成3年）の通信衛星打ち上げに、国産ロケットの資材調達と商用人工衛星打ち上げを目指す「ロケットシステム」が入札した。しかし、商業衛星打ち上げビジネスは、ロケット未完成のままという異例スタートを切った。ロケットシステムは1990年に米国、欧州、ソ連、中国と並んで商用衛星の打ち上げに参入する目的で、宇宙関連企業が集まって発足した。

8.30 **太陽観測衛星「ようこう」**（日本） 太陽面の爆発現象（フレア）発生のメカニズムを探る太陽観測衛星「SOLAR-A（ようこう）」が太陽活動の極大期に合わせて打ち上げ

られた。衛星は硬X線望遠鏡、軟X線望遠鏡など4種類の機器が搭載。9月30日に「ようこう」がとらえた太陽像が公表された。

9月 **バルジ・アンパン説に異論**（日本） 東京大学理学部・木曽観測所の中田好一助教授、国立天文台野辺山宇宙電波観測所の出口修至助手らのグループは、従来アンパンのような形だと考えられてきた銀河の中心部にある星の集団、バルジ（膨らみ）を、棒状とした説を発表した。米国の赤外線衛星「IRAS」のデータから、バルジに含まれる星の見かけの明るさを解析した結果。

9.16 **「たけさき1号」打ち上げ成功**（日本） 宇宙開発事業団（NASDA）は宇宙実験用ロケット「たけさき1号」（TR-IA型ロケット1号）を種子島宇宙センターから打ち上げた。「宇宙ステーション」に必要なデータの収集、技術開発を目的とする全長約12.9m、直径1.1m、重さ10.3tの1段式固体ロケットで、微小重力空間で6分にわたりイットリウム系酸化物の高温超電導材料実験などを行った後、パラシュートで海面に落下、実験装置を回収した。「たけさき」は1992年（平成4年）8月に「2号」、1993年9月に「3号」、1995年8月に「4号」が打ち上げられた。「4号」は無重力材料実験に成功。

9.30 **計算機「GRAPE-3」開発**（日本） 東京大学の杉本大一郎教授と富士ゼロックス社のグループが、天体の動きをスーパーコンピュータより高速で計算可能な専門計算機「GRAPE-3」を開発したと9月30日発表した。同機は、重力計算を流れ作業的に行うことで、天体の動きのシミュレーションを高速化。銀河同士が衝突して円形の銀河になる経過を再現した。

10.17 **電波天文学者ハーラン・スミスが没する**（米国） 電波天文学のパイオニアの一人で、1963年から1989年までテキサス州マクドナルド天文台長を務め、オースティン彗星の観測などに活躍したハーラン・スミスが死去した。

10.24 **映画プロデューサー・脚本家のジーン・ロッデンベリーが没する**（米国） 映画プロデューサー、脚本家のジーン・ロッデンベリーが死去した。パイロットやロサンゼルス市警の警察官を経て、脚本家として独立。1966年NBCテレビで放映されたSFドラマ「スタートレック（宇宙大作戦）」を企画・製作、大ヒットとなり、1979年には映画「スタートレック」が製作された。以後も「新スタートレック」「スタートレック：ディープ・スペース・ナイン」「スタートレック：ヴォイジャー」「スタートレック：エンタープライズ」といった派生作品が製作され、"トレッキー"と呼ばれる熱心なファンを持つ世界有数のSFシリーズとして知られる。

10.30 **宇宙線物理学の長谷川博一が没する**（日本） 宇宙線物理学者の長谷川博一が死去した。1926年（大正15年）生まれ。大阪市立大学助手、学習院大学講師、助教授、教授を経て、1966年（昭和41年）京都大学教授に就任。1987年から学部長。のち大阪産業大学教授を務めた。宇宙線の変化は太陽活動と地球磁場の変動と関係のあることを実証。また、宇宙空間のガスの固体化に関する理論で世界的に著名。

12月 **「スーパーカミオカンデ」の建設着工**（日本） 岐阜・神岡鉱山にある東京大学宇宙線研究所神岡地下観測所で、地下1000mの巨大水槽を使う素粒子観測装置「スーパーカミオカンデ」の建設が始まった。「陽子崩壊」の実験や「ニュートリノ」を手がかりとした天体観測でノーベル賞級の成果が期待されている。1997年に完成予定で総工費は87億円。

12.5 **東京天文台長を務めた末元善三郎が没する**（日本） 東京天文台長を務めた末元善三郎が没した。1920年（大正9年）生まれ。東京大学助手、助教授を経て、1961年（昭和36年）教授に就任。1977年より東京天文台長を務めた。その学問的業績は、彩層の温度を分光学的に解明するなどの太陽物理学研究をはじめとして、日食観測、バルーンロケットによる天文観測、衛星による観測、東京天文台の塔望遠鏡改良など多岐にわたり、人の長所を発見し、それを伸ばすのに長けたことから後進の育成にも大いに貢献した。退官後も国立天文台でカルシウムK線スペクトルや粒状斑点の観測に携わり、自宅でも庭に据え付けたシュミット・カセグレン望遠鏡で天体観測にいそし

むなど、終生天文学に携わりつづけた。

12.22　**NASA長官ジェームズ・フレッチャーが没する**(米国)　米国航空宇宙局(NASA)長官を務めたジェームズ・フレッチャーが死去した。1919年生まれ。カリフォルニア工科大学のインストラクターなどの後、ヒューズ・エアクラフト社他の民間会社で宇宙工学部門の研究を担当。1971年〜1977年NASA長官を務め、「スカイラブ」計画、火星探査の「バイキング」計画、「アポロ」と「ソユーズ」の米ソ有人宇宙船ドッキング計画など主な宇宙開発プログラムに携わった。その後、ピッツバーグ大学客員教授、戦略防衛構想(SDI)研究計画相談役を経て、1986年5月スペースシャトル「チャレンジャー」の惨事の後、再び長官に就任、NASAへの風あたりが強まる中で、シャトル計画の復活や宇宙基地計画にリーダーシップを発揮した。1989年1月退任。

この年　**放送衛星トラブルで綱渡り状態**(日本)　放送衛星「ゆり3号a」は1990年(平成2年)打ち上げ直後に太陽電池のパドルがショートするトラブルが起きた。3月には太陽活動が活発化したことで放射線粒子で太陽電池が劣化し、4月には3チャンネルから2チャンネルしか運用出来なくなった。しかも、NHKが独自に調達した補完衛星の打ち上げに失敗したため、すでに運用を終了した「ゆり2号b」を再登板させることで3チャンネルを維持した。8月25日に「BS-3b(ゆり3号b)」の打ち上げに成功し、危機を乗り切った。

この年　**国立天文台三鷹キャンパスに太陽フレア望遠鏡が完成**(日本)　国立天文台三鷹キャンパスの北西端に太陽フレア望遠鏡が完成した。これは文部省科学研究費補助金の特別推進研究により、1988年(昭和63年)度から5か年計画で設置を進めていたもの。口径15cmと20cmの望遠鏡を各2本装備し、観測はテレビカメラによって行われ、それによって得られる画像はコンピュータやLDに送信されるという最新鋭の観測機器であり、太陽表面の磁場分布やガスの流れの計測、黒点の変化や水素のHα線によるフレアなど太陽フレアを総合的に観測することが出来、三鷹での太陽観測の主力機器となっている。

この年　**日本航空宇宙学会賞創設**(日本)　航空・宇宙工学と航空宇宙産業の発展を奨励し、独創性と発展性とに富む業績をあげた新進の若い優秀な会員を幅広く育成することを目的として、日本航空宇宙学会により日本航空宇宙学会賞が創設された。

この年　**日本天文学会天体発見功労賞受賞**(日本)　木内鶴彦が「彗星：C/1990 N1 (Tsuchiya-Kiuchi)」「彗星：97P/1991 A1 (Metcalf-Brewington)の独立再発見」により受賞。

この年　**早川幸男、日本学士院賞受賞**(日本)　早川幸男(名古屋大学学長)が「宇宙放射線の研究」により第81回日本学士院賞を受賞した。

この年　**仁科記念賞受賞**(日本)　斎藤修二(岡崎国立共同研究機構分子科学研究所教授)が「星間分子の分光学的研究」により、第37回仁科記念賞を受賞した。

この年　**星の手帖チロ賞受賞(第9回)**(日本)　中野繁(星図制作者)、宮本幸男(熊本県民天文台長)が星の手帖チロ賞を受賞した。

この年　**科学技術映像祭受賞(1991年度、第32回)**(日本)　科学技術庁長官賞(一般科学部門)を岡山県浅口郡里庄町〔企画〕、山陽映画〔製作〕「映像評伝・仁科芳雄—現代物理学の父」(16mm、90分)が受賞。

この年　**出版・放送界で宇宙がブーム**(日本)　"車いすの天才"と呼ばれる物理学者スティーヴン・ホーキングの「ホーキング、宇宙を語る」(早川書房)が理工学の書籍としては異例のミリオンセラーになった。この成功に刺激されて関連の単行本や特集雑誌も出版された。また、現代宇宙論の源流にある20世紀最大の科学者アインシュタインの相対性理論への関心も高まり、テレビ放送の特番が組まれたり関連書籍が続々と出版された。

この年　**米国、気象衛星でSOS**(米国)　米国の次期観測衛星「GOES-NEXT」の開発が難航している上、使用中の気象衛星「GOES7号」の設計寿命が1992年に切れることから、

米国海洋大気局（NOAA）が、欧州、日本などに助けを求めてきた。日本の1994年打ち上げ予定の気象衛星は米国と同じメーカーで製作しているため、7月にNOAAの担当者が来日し非公式に日本の関係者に打診を行った。最終的には米国は欧州の衛星を借りることに決定した。

この年　**原子力ロケットに反対**（米国）　「スター・ウォーズ計画（SDI）」の一環として、米国防省が極秘に原子力ロケットを開発しているという文書を、米国科学者連盟が独自に入手したことを発表し、環境汚染などの問題から計画を中止するように訴えた。1980年代からスタートしているこの計画は、すでに原子炉の燃料の試験も行われているという。

この年　**ソ連版シャトルに危機**（ソ連）　旧ソ連国内では予算不足が続いていることから開発費の高いスペースシャトルに批判が集中、1991年に初飛行を予定していたスペースシャトル「ブラン」の日程は、1992年にずれ込む見込みとなったが、ソ連崩壊と共にこの計画は消滅した。

この年　**宇宙開発技術の大売出し**（ソ連）　財政難のソ連は日本、米国、欧州などに、宇宙開発技術の切り売りで外貨を稼ぐ方針を打ち出した。11月にはTBS記者が日本初の宇宙飛行を体験した「ソユーズTM10号」が日本国内で売りに出された。米国国防省や米国航空宇宙局（NASA）の技術専門家が買い付けのためにモスクワを極秘に訪れたという。また、ソ連は欧州、米国、中国のロケットと商業ベースでの競争に乗り出すため、カザフ共和国内バイコヌール宇宙基地を「インターナショナル・スペースポート」という株式会社に改組したことを、ソ連のタス通信が伝えた。

1992年
（平成4年）

1.8　**「さきがけ」第2の仕事**（日本）　1985年（昭和60年）1月に打ち上げられハレー彗星観測に使われた探査機「さきがけ」が7年ぶりに地球に接近し、文部省宇宙科学研究所（ISAS）は「さきがけ」の軌道をスイングバイにより、地球の公転軌道とほぼ同じ軌道に変更し、地球の周りの太陽風や磁場の観測の仕事につかせた。

1.14　**最古の星にホウ素を検出**（米国）　米国航空宇宙局（NASA）は、銀河系にある最も古い星が出しているホウ素に特有の波長があることをハッブル宇宙望遠鏡が検出したと発表した。ビッグバン理論によると大爆発直後には水素やヘリウムなどの原子が生まれたとされるが、観測結果によるとホウ素がヘリウムと同じ時期に誕生した可能性が示された。我が国の理化学研究所などのチームもリチウムが従来考えられている量より1億倍もあったとする結果を2月に発表した。

1.22　**ディスカバリーで「IML-1」実験**（日本）　宇宙開発事業団（NASDA）は有機結晶成長装置と宇宙放射線モニタリングの2種類の装置を搭載して米スペースシャトル「ディスカバリー」を打ち上げ、第1次国際微小重力実験室計画「IML-1」を実施した。無重量が結晶成長に与える影響などを調べた。

2月　**地球観測衛星の打ち上げ1年延期**（日本）　大型地球観測衛星「ADEOS」と熱帯降雨観測衛星「TRMM」の打ち上げを、科学技術庁と宇宙開発事業団（NASDA）は予算不足などの理由で当初の予定よりそれぞれ1年遅らせることを決定した。ADEOSは日米欧の国際協力によるセンサーを搭載し、地球環境のグローバルな変化を監視することが目的で、TRMMは海洋や熱帯雨林を観測する日米共同衛星。

2.5　**天体物理学者・早川幸男が没する**（日本）　天体物理学者・早川幸男が死去した。1923年（大正12年）、愛媛県出身。東京帝国大学物理学科在学中、朝永振一郎に師事。1945

年(昭和20年)卒業後、気象研究所で宇宙線における素粒子相互作用の研究に従事。1950年よりコーネル大学研究員、マサチューセッツ工科大学(MIT)招待教授、シカゴ大学特別招待教授などを歴任。1954年京都大学基礎物理学研究所教授となり、湯川秀樹、武谷三男らと共に天体物理学の分野に進出して同研究所に物理・天文両分野の研究者を集め、天体における核現象のシンポジウムを開くなど天体物理学の発展に寄与した。研究者としても宇宙線、プラズマと核融合、X線天文学などの研究で大きな業績を残した。1959年名古屋大学教授、1962年同大学長に就任。没後、遺族により遺産の一部が日本天文学会に寄付され、同学会に早川幸男基金が創設された。

2.11 **初の地球資源衛星でトラブル**(日本) 宇宙開発事業団(NASDA)は種子島宇宙センターから、我が国初の地球資源衛星「JERS-1(ふよう1号)」を搭載したH-1ロケット9号を打ち上げた。衛星は無事に軌道に乗ったが、独自開発の「合成開口レーダー」のアンテナが開かなかったり、地表に対して予定の角度を向けなかったり、画像にぼやけが出るなどのトラブルが続出した。4月にはアンテナが回復、本格的な運用が開始された。2001年12月3日、寿命が尽き、南大西洋上で大気圏に突入、燃え尽きた。

2.15 **衛星「ひてん」月の周回軌道に入る**(日本) 1990年(平成2年)1月に打ち上げられた文部省宇宙科学研究所(ISAS)の工学実験衛星「ひてん」が、2月15日月の重力を利用して軌道を変えるスイングバイにより月周回軌道に入り、「はごろも」に続き2番目の月を回る孫衛星となった。「ひてん」は1993年4月11日午前3時頃、月面に落下、寿命を終えた。

2.15 **ミニシャトル、大気圏再突入成功**(日本) 我が国初の日本版スペースシャトル「HIMES」の小型モデルを使った大気圏再突入実験に、文部省宇宙科学研究所(ISAS)が成功した。実験は小型モデルを気球につるし高度19kmから分離し、小型モデルは67kmまで上がり、マッハ3.6の超音速で成層圏に再突入した。

2.19 **宇宙科学研究所名誉教授の大林辰蔵が没する**(日本) 宇宙科学研究所名誉教授・東京大学名誉教授の大林辰蔵が死去した。1926年(大正15年)生まれ。郵政省電波研究所を経て、1961年(昭和36年)京都大学教授、1966年東京大学教授、1981年文部省宇宙科学研究所(ISAS)教授。宇宙空間物理学の開拓者の一人で、宇宙空間における粒子流の実験装置を開発。1983年スペースシャトル「コロンビア」に「スペースラブ1号」を積み、人工オーロラをつくる実験を試みた。著書に「NASA方式による危機管理学」「宇宙をめざして」「宇宙に夢中」「宇宙科学の発想」などがある。

2.27 **通信衛星「スーパーバードB」打ち上げ**(日本) 日本時間27日(現地時間26日)、欧州の「アリアン4型ロケット」が日本の民間通信衛星「スーパーバードB」(重量約2.5t、2枚の太陽電池パネル展開後の全長は20.3m、25本の中継器を搭載)を搭載してギアナ宇宙センターから打ち上げられた。衛星は無事に周回軌道に入った。同機は「宇宙通信」社の衛星で、1990年に打ち上げられたが失敗した旧「スーパーバードB」及び同年故障した「スーパーバードA」の代替機である。これにより、CSTV、PCM音声放送がスタートした。

3.28 **ジェームズ・エドウィン・ウェッブが没する**(米国) 米国航空宇宙局(NASA)長官のジェームズ・エドウィン・ウェッブが死去した。1906年生まれ。1949年国務次官を経て、1961年NASA長官に就任。ジョン・グレン上院議員による米国最初の宇宙飛行や「アポロ」月探査計画など、初期の米国の宇宙開発計画を8年間にわたり指揮した。1969年7月20日のアームストロング船長らによる人類最初の月着陸時には長官を外れていたが、月着陸成功の功績者として評価されている。

4月 **MS新人飛行士に若田光一決定**(日本) 宇宙開発事業団(NASDA)は第2期飛行士に、日本航空の若田光一を採用した。米国航空宇宙局(NASA)の飛行士分類で毛利らら3人の飛行士は宇宙実験担当の搭乗科学技術者(PS=ペイロード・スペシャリスト)、これに対して若田は船外活動などシャトルシステムの運用などに責任をもつ搭乗運用技術者(MS=ミッション・スペシャリスト)として米国で訓練を受ける。これまでMSは米国人しか採用されなかったが、米国は国際宇宙ステーション「フリーダム」

を一層推進するため協力国の飛行士の訓練の受け入れを引き受けた。

4.6 **SF作家のアイザック・アシモフが没する**（米国）　米国のSF作家アイザック・アシモフが死去した。アーサー・C.クラーク、ロバート・A.ハインラインと並んで世界のSF界を代表する作家と目され、"ビッグスリー"と称された。「ロボット工学3原則」を打ち出した「われはロボット」や、銀河系に広がっていく人類の興亡を描いた〈ファウンデーション〉シリーズ、SFミステリー「鋼鉄都市」などの作品で知られ、ミステリー〈黒後家蜘蛛の会〉シリーズも人気が高い。また、化学、物理学、天文学、生化学、生物学など科学一般についてのユニークな解説書、評論に健筆を揮い、科学啓蒙家としても活躍した。

4.8 **ブラックホールを撮影？**（米国）　ハッブル宇宙望遠鏡が撮影した、地球から230万光年離れたアンドロメダ銀河（M31）のわきにある銀河「M23」中心部の巨大なブラックホールに吸い寄せられて密集しているとみられる恒星群の写真を、米国航空宇宙局（NASA）が発表した。

4.23 **宇宙誕生の「名残」を発見**（米国）　米国航空宇宙局（NASA）は、カリフォルニア大学のジョージ・スムートのグループが、誕生直後の宇宙に温度差で生じるでこぼこ（ゆらぎ）の「名残」を、人工衛星「宇宙背景放射探査機（COBE）」の観測により発見したと発表した。COBE衛星は宇宙の全方向に向かって名残の温度を精密に測定し、温度の高い部分と低い部分で10万分の3度という絶対温度差を確認した。

5.4 **3代目NASA局長トーマス・O.ペインが没する。**（米国）　米国航空宇宙局（NASA）局長を務めたトーマス・O.ペインが死去した。ゼネラル・エレクトリック社に研究者として勤務後、1968年NASA入り。翌年3月から1970年9月まで3代目のNASA局長を務め、「アポロ11号」の月着陸を指揮した。1985年レーガン大統領により国家宇宙委員会の議長に任命され、火星有人飛行など21世紀の米国の宇宙開発目標を掲げた「ペイン報告」をまとめた。

5.7 **最新鋭シャトル、初飛行成功**（米国）　1986年の爆発事故で失われた「チャレンジャー」の後続機として建造された、スペースシャトル「エンデバー」が初飛行に成功した。米国航空宇宙局（NASA）はこれで4機体制を復活させた。高性能コンピュータなどの最新装置を搭載した「エンデバー」は、最長28日まで飛行期間を延長出来る。9月の2回目の飛行には、日本人飛行士の毛利衛が搭乗し8日間飛行した。

5.11 **天文学者・宮本正太郎が没する**（日本）　天文学者・宮本正太郎が死去した。1912年（大正元年）、広島県出身。少年時代から熱心なアマチュア天文家で、山本一清の勧めで京都帝国大学宇宙物理学科に入り、1936年（昭和11年）を同大卒業後、同講師を経て、1943年助教授、1948年教授となり、1958年附属天文台長。1976年退官。惑星気象学の開拓者でもあり、世界で初めて太陽のコロナの温度が100万度であることを立証。1979年には国際天文学連合（IAU）の月・水星クレーター命名委員となり「ナツメソウセキ（夏目漱石）」「ノジリホウエイ（野尻抱影）」と名づけた。1993年（平成5年）1周忌を機に「宮本正太郎論文集」が刊行された。没後、国際天文学連合により火星のクレーターに「ミヤモト」の名が付けられた。

5.14 **「インテルサット6」捕獲計画**（米国）　米国のスペースシャトル「エンデバー」が初めて打ち上げられ、通信衛星「インテルサット6」の捕獲に取り組んだ。「インテルサット6」は1990年3月に打ち上げられたが、予定の軌道に入ることに失敗していた。2回の捕獲失敗の後、日本時間5月14日朝、史上初めて宇宙飛行士3人が宇宙遊泳して捕獲作戦は成功した。「インテルサット6」は小型ロケットを取付けられ、宇宙空間から静止軌道に打ち上げられた。

6月 **日ロ宇宙協定の今後**（日本, ロシア）　ロシアがロケットの共同開発など20項目以上にわたる分野での協力を要望した「日ロ宇宙協力協定」の締結を打診してきたことが明らかとなった。日本は7月に政府調査団をロシアに派遣すると共に、締結に向けての交渉が水面下で行われた。9月にエリツィン大統領訪日で締結の予定だったが、大

7.8 「H-2」再度延期（日本）　宇宙開発事業団（NASDA）が開発中の純国産ロケット「H-2」の初打ち上げを1年延期して1994年2月にすることを、科学技術庁と同事業所が発表した。H-2の第1主エンジン「LE-7」の開発が、試験燃焼中の火災事故などのトラブルで難航し、事業団は原因究明と対策を検討し、打ち上げを1990年に続いて再度延期することを決定した。

7.16 米口宇宙開発で協力（米国,ロシア）　5月に締結した米ロ宇宙協力協定の内容を具体化し、ロシアの宇宙ステーション「ミール」と、米国のスペースシャトルのドッキング飛行を中心とした宇宙開発協力を進めることを、米口両国は合意したと発表した。シャトルに初めて乗り込む飛行士にセルゲイ・クリカリョフ、ウラジミール・チトフ両飛行士が選ばれ10月には米国で訓練に入った。

7.24 最大級の磁気圏観測衛星（日本）　文部省宇宙科学研究所（ISAS）は米フロリダ州のケープカナベラル基地から、米国の「デルタ2ロケット」で磁気圏観測衛星「ジオテイル（GEOTAIL）」（直径2.2m、重さ970kg）を打ち上げた。ジオテイルは地球に向かって吹き付ける太陽風によって太陽の反対方向に長く伸びている磁気圏の尾部の観測を目的としている。

7.27 「天文台日記」の著者・石田五郎が没する（日本）　天文学者・石田五郎が死去した。1924年（大正13年）、東京都出身。1948年（昭和23年）東京大学天文学科を卒業後、東京天文台助手、東京大学天文学教室助手を経て、東京天文台に戻り、岡山天体物理観測所の開所前後から同所の現地責任者的な役割を果たし（のち同副所長）、大型望遠鏡による観測の指導や共同利用に関するルール策定、観測環境の維持に奔走した。1964年に助教授、1984年教授を歴任し、同年4月定年退官。1986年東洋大学教授に就任。学問的には萩原雄祐の弟子であるが、一方で野尻抱影に親炙して"天文屋"を自称し、天文台の生態を描いた「天文台日記」がベストセラーになるなど、天文関係の著述でも知られた。著書は他に「星の歳時記」など。なお、1991年（平成3年）発見の小惑星「イシダゴロウ（石田五郎）」（5829）は彼の名にちなむ。

7.28 翻訳家の深見弾が没する（日本）　翻訳家の深見弾が死去した。1959年（昭和34年）よりナウカに勤め、1979年よりフリー。ロシアのストルガツキー兄弟「収容所惑星」「ストーカー」「そろそろ登れカタツムリ」、ポーランドのスタニスワフ・レム「泰平ヨンの航星日記」「浴槽で発見された日記」「宇宙飛行士ピルクス物語」など、ロシア・東欧のSF作品の翻訳・普及に力を注いだ。

7.31 無人宇宙実験機「ユーレカ」打ち上げ（米国,欧州）　米国航空宇宙局（NASA）が7月31日スペースシャトル「アトランティス」を打ち上げた。8月同機に搭載した欧州の無人宇宙実験機「ユーレカ」の放出に成功した。

8.11 「トペックス・ポセイドン」など打ち上げ（米国,フランス）　日本時間8月11日午前（現地時間10日午後）、米仏共同開発による海洋観測衛星「トペックス・ポセイドン」、韓国初の通信試験衛星「KITSAT-A」、フランス国立宇宙研究センターの移動体通信試験衛星「S80T」がギアナ宇宙センターから「アリアン4」ロケットで打ち上げられた。「トペックス・ポセイドン」は、レーダーによって海洋面の凹凸を詳細に測定し、海面上昇や海流の変化などを報告する。

8.14 中国、通信衛星打ち上げ成功（中国）　3月に点火故障で打ち上げに失敗していた「長征2E」ロケットを、1990年に打ち上げた「アジアサット」に次いで2度目となるオーストラリアの通信衛星を搭載し打ち上げ、成功した。打ち上げ費用は国際相場よりかなり安い3000万ドルとされている。

9月 毛利衛、精力的に宇宙実験を実施（日本）　日本人初の米国スペースシャトル搭乗員として宇宙開発事業団（NASDA）宇宙実験搭乗員の毛利衛が7日間と22時間30分の宇宙飛行を果たした。シャトル「エンデバー」は日本時間12日午後11時23分打ち上げられ、飛行中、毛利飛行士は日本が提案した34テーマ（材料系22テーマ、ライフサ

イエンス系12テーマ）の第1次材料実験（ふわっと'92）を、スペースシャトルの宇宙実験室3分の1を借りて精力的に実施した。また、身近な素材を使って無重量状態を分かりやすく説明する「宇宙授業」などが行われた。日本時間20日午後9時53分、ケネディ宇宙センターに帰還後、毛利飛行士は総理大臣顕彰、科学技術庁長官表彰を受けた。

9.3 **拡張する太陽**（日本） 海上保安庁は皆既日食の際に太陽の大きさと月の大きさを比較する手法で観測し、太陽の半径がこの20年間で0.02％（約15km）大きくなったことを発表した。この結果は太陽が76年周期で拡張と、収縮を繰り返す説を裏づけするものとして注目を浴びた。

9.25 **火星探査機を打ち上げ**（米国） 米国航空宇宙局（NASA）はタイタン3型ロケットで、重さ2.6tの火星探査機「マーズ・オブザーバー」をケープカナベラル基地から打ち上げた。探査機は11か月間かけて火星周回軌道に到着し観測する。有人火星飛行の予備調査の役割を担っている。17年ぶりの米国の火星探査となった。

9.27 **アマチュア天文家が幻の彗星を確認**（日本） 1862年（文久2年）に発見されて以来足取りが途絶えていた彗星「スイフト・タットル」を、長野県のアマチュア天文家・木内鶴彦が発見した。木内は、1993年国際天文学連合（IAU）により栄誉を讃えられ、別の小惑星を木内と命名するなど脚光を浴びた。ペルセウス流星群の母天体のスイフト・タットルは、これまで周期120年と推定されていた。

10月 **技術実証衛星打ち上げで機能確認**（日本） 日本航空宇宙工業会は欧米との激しい人工衛星の売り込み競争に生き残るため、民間初の技術実証衛星を打ち上げることを発表した。1996年にも「アリアン」ロケットなどを利用して、国内の衛星メーカーと共同で打ち上げる予定となっている。

10.12 **世界初、星の誕生を観測**（日本） 名古屋大学理学部の福井康雄助教授らのグループは、同大学の電波望遠鏡で地球から約400光年離れた、おうし座の暗黒星雲に含まれる一酸化炭素が放射する2.7mmの電波を観測し、星が誕生している様子を世界で初めて観測したことを発表した。観測の結果、密度の高いガスから星が生まれる様子や、星が生まれる前段階のガスのかたまりを多数発見し、おうし座の暗黒星雲のタイムスケールを世界で初めて示した。

10.12 **本格化するET探し**（米国） 米国航空宇宙局（NASA）はコロンブスの米大陸到着500周年を記念して、「地球外知的生物」（ET）探しに本格的に乗り出した。プエルト・リコのアレシボ天文台の電波望遠鏡（直径300m）や米モハベ砂漠にあるNASAのゴールドストーン望遠鏡で全天くまなく探査する。

10.19 **「コロンビア」搭乗に向井千秋が決定**（日本） 1994年7月に打ち上げ予定のシャトル「コロンビア」に、宇宙開発事業団（NASDA）の向井千秋を搭乗科学技術者として乗り組ませることを、米国航空宇宙局（NASA）が決定した。「コロンビア」での向井のミッション（役割）は第2次国際微小重力実験室計画「IML-2」で、日、米、カナダ、フランス、ドイツ、欧州宇宙機関（ESA）の約80のテーマの実験をこなす。日本はイモリやメダカの産卵、発生実験などを計画している。

10.29 **小田稔、ローマ法王庁科学アカデミー会員に**（日本、バチカン） 理化学研究所の理事長・小田稔が、ローマ法王庁科学アカデミーの会員になることが29日決定された。任命は31日。日本人では湯川秀樹、福井謙一らに次いで5人目となる。同アカデミーは、ノーベル賞学者を含む、世界の科学者による団体。

10.31 **ガリレイの破門解かれる**（バチカン） ローマ教皇ヨハネ＝パウロ2世が、17世紀に教会から破門されたガリレオ・ガリレイの破門を解き、謝罪を表明した。359年4か月9日ぶりの名誉回復となった。

11月 **ご用済み衛星を有効利用**（日本） 1987年に打ち上げた技術試験衛星「きく5号」を使い、アジア・太平洋の離島に教育番組、医療・気象情報などを提供する「パートナーズ」計画を、郵政省と宇宙開発事業団（NASDA）がスタートさせた。船舶、航空

機、陸上の移動体通信実験などに利用された「きく5号」は1989年に目的を達し終えたが、寿命が1993年まで見込まれることから有効利用されることになった。

11月	**宇宙技術で途上国を支援**（日本）　11月16日～20日に開かれた「アジア太平洋国際宇宙年会議」で科学技術庁は今後、日本の宇宙技術を使い東南アジアなど発展途上国へ貢献することを明らかにした。国際宇宙ステーション「フリーダム」に取り付ける日本実験棟「JEM」での実験チャンスを提供したり、日本の衛星で火山噴火や洪水などで悩む発展途上国を支援するなど宇宙技術面における協力で国際貢献の場に登場することになった。
11月	**小惑星に日本人宇宙飛行士名**（日本）　北海道のアマチュア天文家・渡辺和郎らが、1988年～1990年の間に発見した5つの小惑星に日本人宇宙飛行士の名前「マモル（毛利衛）」「トヨヒロ（秋山豊寛）」「キクチ（菊地涼子）」「ムカイ（向井千秋）」「ドイ（土井隆雄）」と付けることを国際天文学連合（IAU）に申請、認められた。
11月	**ESA、今後10年間の宇宙政策**（欧州）　スペインで欧州宇宙機関（ESA）閣僚会議が開かれ、ESAは今後10年間の宇宙開発政策を決定した。欧州版スペースシャトル「ヘルメス」は資金不足のため3年間休止し、この間ロシアと協力して技術課題や費用などを検討する。ロシアだけでなく日本などの他の国にもESAは協力を要請する方針。
11.5	**ライデン天文台台長ヤン・ヘンドリック・オールトが没する**（オランダ）　天文学者ヤン・ヘンドリック・オールトが死去した。1900年生まれ。1924年からライデン天文台で研究し、1935年からライデン大学教授、1945年～1970年ライデン天文台台長、のちライデン大名誉教授。この間1959年～1961年国際天文学連合（IAU）会長。J.C.カプタインのあとを継いで20世紀の銀河天文学を大きく発展させた中心人物の一人。多くの恒星の空間運動を詳しく分析、1927年銀河の回転を観測的に実証し、「オールト定数」と呼ばれる回転定数を求めた。さらに銀河系の模型としての円盤形の回転する恒星系の力学を研究、また銀河内面の星間吸収分布を求め、中性水素線による電波天文学を開拓。1951年には弟子のファン・デ・フルストなどライデン大学チームが電波放射観測に成功、銀河系の渦構造を一層明らかにした。この他、1950年に、太陽系の外環はるか彼方を彗星の大群が取りまいていて、そこが彗星の貯蔵庫になっている（「オールトの雲」）と提唱した。
11.20	**「宇宙の日」決定**（日本）　日本国際宇宙年協議会・文部省宇宙科学研究所（ISAS）・宇宙開発事業団（NASDA）が企画し公募した、日本の「宇宙の日」が、毛利衛飛行士が宇宙に飛んだ9月12日に決定したことが20日に発表された。全国6998件の応募の中から選ばれたものである。
11.27	**日本版シャトル開発に向けて**（日本）　日本版のスペースシャトル「ホープ（HOPE）」の開発に着手するため、宇宙開発委員会は経済、法律、人文科学などさまざまな分野の専門家で構成する懇談会を発足した。他の分野の有識者を取り入れることで、日本版シャトルの開発に幅広い支援を得る狙いがある。
12.2	**「スーパーバード新A」打ち上げ**（日本）　日本時間2日（現地では1日）ギアナ宇宙センターから三菱グループの「宇宙通信」社の通信衛星「スーパーバード新A」を搭載した「アリアン42P型」ロケットが打ち上げられ、衛星は20分後、地球周回軌道に入った。これにより、民間通信衛星の中継器（トランスポンダー）は114本となった。
12.29	**動植物を乗せたロケット打ち上げ**（ロシア）　2匹の猿、両生類、昆虫など動植物を乗せた宇宙ロケットをプレセツク基地から打ち上げたことをロシア宇宙管制センターが発表した。国際宇宙年記念の研究計画の一環として、約1週間の宇宙滞在の間に、宇宙飛行が与える影響を研究するのが目的。
この年	**野辺山電波ヘリオグラフ完成**（日本）　1990年（平成2年）に建設を開始した電波ヘリオグラフが完成、6月ルーティン観測が開始された。この電波ヘリオグラフは、84台のアンテナを並べたもので、これらからの信号を大型計算機で高速処理し、直径500m相当の解像度での画像を最大で毎秒20枚獲得を可能とする。フレアの研究に有用。

1992年（平成4年）

この年 国際宇宙年（日本）　コロンブスが米国大陸を発見してから500年、世界で初めて人工衛星「スプートニク1号」が打ち上げられてから35年にあたるこの年を「国際宇宙年（ISY）」として、「アジア太平洋国際宇宙年会議」などさまざまなイベントが行われた。目的は宇宙の平和利用発展。関連して、郵政省は、1995年度に打ち上げ予定の地球観測衛星「ADEOS」、放送衛星「ゆり3号b」を描いた切手を2種発行した。

この年 常田佐久ら、フレアにおけるリコネクションの証拠の発見（日本）　約10年にわたって太陽観測衛星「ようこう」のX線望遠鏡の開発、打ち上げ、軌道運用などに携わっていた東京大学の常田佐久らのグループは、1991年（平成3年）の同衛星の打ち上げ後、観測データの解析を行い、1992年フレアにおけるリコネクションの証拠（カスプ型フレア、ループトップ硬X線源、X線ジェットなど）を発見した。

この年 「日本惑星科学会」発足（日本）　日本での惑星科学を推進し、その成果を広く社会に還元、知見を普及することを目的に、日本惑星科学会が設立された。翌1993年には日本学術会議登録学術研究団体に認定された。同会では他の地球惑星科学関連の学術団体との合同学会を開催する他、季刊の会誌「遊・星・人」を発行している。

この年 日本天文学会天体発見功労賞受賞（日本）　石川正夫が「彗星：104P/1991 X1（Kowal 2）の初回検出」により受賞。

この年 仁科記念賞受賞（日本）　柳田勉（東北大学理学部教授）が「ニュートリノ質量の研究」により、第38回仁科記念賞を受賞した。

この年 星の手帖チロ賞受賞（第10回）（日本）　大崎正次（天文史研究家）、中野主一（軌道計算者）が星の手帖チロ賞を受賞した。なお、同賞はこの回をもって終了した。

この年 カイパーベルトが発見される（米国）　ハワイ大学のD.ジューイットらがマウナケアの2.2m望遠鏡で、海王星の外側の区域に新天体を発見した。カイパーとエッジワースにより構造が提唱されていた短周期彗星の巣「カイパーベルト」を構成する天体が初めて観測されたことになる。

この年 「VLBA（超長基線アレー）」完成（米国）　米国国立電波天文台が1977年から計画を進めていた、米国国内の口径25m電波望遠鏡10台を組み合わせた超長基線アレー（VLBA: Very Long Baseline Array）が完成した。VLBI観測を専門に行う。

この年 極紫外線衛星「EUVE（ユーヴ）」打ち上げ（米国）　極紫外線衛星「EUVE（ユーヴ）」がデルタ2ロケットで打ち上げられた。極紫外線による掃天観測などを目的とし、極紫外線源を1000個以上発見した。

この年 宇宙に置き去りにされた飛行士（ロシア）　1991年5月から宇宙ステーション「ミール」に滞在していたセルゲイ・クリカリョフ飛行士は、同年10月に予定されていた帰還用ロケットが予算節約のため打ち上げ延期となり、さらにソ連邦崩壊で混乱状態の中、宇宙に「置き去り」にされた。1992年3月25日ようやく10か月ぶりに帰還がかなった。

この年 小惑星が地球と衝突？（フランス）　フランスの研究者が2000年9月26日頃に小惑星「トータチス」が地球に衝突する可能性がある、と仏科学誌に発表した。「トータチス」は長円軌道で、太陽の回りを3.98年周期で公転し、計算によると同日頃地球と月の間を通過するため衝突する恐れがある。しかし、日本の研究者たちは否定的で、小惑星が地球と衝突する確率は30万年に1回とのべた。

1993年
(平成5年)

1月 **日米共同で素粒子研究**(日本, 米国) 素粒子「ニュートリノ」などの観測に関して、米国の研究グループは測定装置が不調になったため、我が国と共同研究を始めることが明らかになった。米国製の「チェレンコフ光」の検出器を岐阜県神岡鉱山の地下に建設中の巨大水槽に設置する。

1.4 **暗黒物質のナゾ**(米国) X線観測衛星「ROSAT」が、ケフェウス座方向の1億5000万光年先の小銀河団に暗黒物質の存在を示すガス雲の姿を捉えたことを米国航空宇宙局(NASA)が発表した。9月末にも銀河系周辺部にある暗黒物質の重力により、遠くの星から光がレンズを通ったかのように集光して強まるマイクロレンズ効果を、欧米の2つの研究グループが観測したと発表した。

1.7 **野辺山天文台、超高速分子ガス発見**(日本) 国立天文台野辺山宇宙電波観測所の井上允助教授らのグループが45m電波望遠鏡でりょうけん座の渦巻銀河「NGC4258」を観測。超高速で運動する分子ガスを発見した。この分子ガスは、「活動銀河の中心にブラックホールや宇宙ジェットがある」という説の証拠になりうるとして注目された。7日発売の英科学誌「Nature」に掲載。

1.27 **「天体位置表」を創刊した鈴木敬信が没する**(日本) 天文学者・鈴木敬信が死去した。1903年(明治38年)生まれ。東京科学博物館、海軍省水路部などを経て、1952年(昭和27年)東京学芸大学教授。のち、名誉教授。日食計算法の近代化、恒星視位置の精密化、その精度探求に努め、1942年天体暦の計算から「天体位置表」を作成した。主な著書に「天文学通論」「日食計算論」「天文学辞典」などがあり、翻訳も多数。

2.4 **鏡で太陽光線を届ける実験に成功**(ロシア) 宇宙から巨大な鏡で太陽光線を反射させ、夜の地上を照らす宇宙反射鏡実験に、ロシア飛行管制センターが成功した。高度400kmの軌道上で無人宇宙貨物船「プログレス」が直径20mの鏡を傘状に展開し、地球の夜の部分に反射させた。将来は冬季に太陽の照らないロシアの広大な北極地帯に、光とエネルギーをもたらす計画である。

2.9 **「美保関隕石」は放浪隕石**(日本) 1992年(平成4年)12月10日に島根県美保関町の民家に落ちた「美保関隕石」(長さ24cm、幅14cm、重量6.385kg)が、約6100万年間、他の隕石と衝突せずに宇宙空間に漂っていたことが分かったと国立科学博物館が発表した。ありふれたコンドライト(球粒隕石)と呼ばれる隕石だが、これだけ宇宙空間を放浪していたのは珍しいという。なおこの隕石は、損害保険が初めて適用されたことでも話題になった。

2.9 **ブラジル初の人工衛星打ち上げ**(ブラジル) フロリダ州ケネディ宇宙センターから、ブラジルが初めて設計・製作した環境目的の人工衛星が打ち上げられた。重さ115kgの衛星は高度800kmの軌道に投入され、大気中の二酸化炭素濃度などを観測する。

2.18 **太陽発電衛星の基礎実験**(日本) 将来の太陽発電衛星開発の基礎実験となる、宇宙空間でのマイクロ波伝送実験に文部省宇宙科学研究所(ISAS)などが成功した。小型ロケットS-520型16号を用い、軌道上で2つに分かれたロケット間で約4分間マイクロ波を送り、送電機能を確認した。

2.20 **「あすか」の活躍**(日本) X線天文衛星「ASTRO-D(あすか)」がM-3S-2ロケット7号で打ち上げられた。4月、地球から約1000万光年先の渦巻銀河M81に現れた超新星からのX線を撮影。また、10月には長い間ナゾだったガンマ線バースト現象の発信天体を突き止めた。

2.22 **ニュートリノを観測した須田英博が没する**(日本) 神戸大学理学部教授の須田英博

が死去した。1937年（昭和12年）生まれ。東京大学宇宙線研究所助教授を経て、神戸大学理学部教授を務めた。1987年銀河系大マゼラン雲の超新星の爆発によって放出されたニュートリノを世界で初めて観測し、仁科記念賞、朝日賞、米国天文学会ロッシ賞などを受賞。1993年（平成5年）講演旅行先のインド・ボンベイで急逝した。

2.28　**映画監督・本多猪四郎が没する（日本）**　映画監督の本多猪四郎が死去した。1911年（明治44年）生まれ。東宝に入り、1954年（昭和29年）特技監督の円谷英二と組んで日本初の本格的怪獣映画「ゴジラ」を製作。以後、円谷と共にSF怪獣映画のパイオニア、東宝特撮シリーズのエース的存在として「地球防衛軍」「宇宙大戦争」「ガス人間第一号」「モスラ」「妖星ゴラス」といったSF特撮映画を次々と送りだした。

3月　**南極に月の隕石（日本）**　日本の観測隊が1979年、1988年にそれぞれ発見した2個の隕石を東京大学の武田弘、国立極地研究所の矢内桂三、米国、スイスなどの研究者からなる国際共同研究グループが分析。約5万年前に南極に落下したと思われる、39億年前の月の溶岩、しかも噴出当時のままの純粋な溶岩だったことが判明した。3月米国ヒューストンで開催された月惑星科学会議で発表した。

3.24　**真珠のネックレスのような彗星（米国）**　数個の破片に分かれて木星の軌道を周回する彗星「シューメーカー・レビ1993e」を、世界的に知られるコメットハンターのシューメーカー夫妻らが発見した。その後、破片が真珠のネックレスのように連なって輝く神秘的な姿も撮影され、破片数も少なくとも20個あることが判明した。

4月　**日本イリジウムの発足（日本）**　66基の低軌道周回衛星を使い地球全域をカバーし、地球上のどこからでも電話がかけられるように地球全域をカバーする携帯電話網の日本法人「日本イリジウム」が設立された。米国のモトローラ社やインマルサット（国際海事衛星機構）も同様の構想を旗揚げした。

4.18　**翻訳家の山高昭が没する（日本）**　翻訳家の山高昭が死去した。岩波書店の編集者として雑誌「科学」を担当し、英和辞典や「広辞苑」の編集にも携わった。この間、アイザック・アシモフのエッセイ集を訳したのをきっかけにSFの翻訳をはじめ、編集と翻訳家の二足のわらじを履いた。1987年（昭和62年）退職後は翻訳に専念。訳書にアシモフ「見果てぬ時空」「木星買います」「アシモフ自伝」、アーサー・C.クラーク「宇宙島へ行く少年」「楽園の泉」、チャールズ・シェフィールド「星ほしに架ける橋」、グレゴリイ・ベンフォード「夜の大海の中で」「星々の海をこえて」、ロバート・L.フォワード「竜の卵」「スタークエイク」などがある。

4.22　**名寄天文同好会会長・木原秀雄が没する（日本）**　名寄天文同好会会長・木原秀雄が死去した。名寄高教諭を務める傍ら、1936年（昭和11年）皆既日食の観測に参加してコロナに感動。1941年より数多くの天体望遠鏡を製作する。1973年高校退職と同時に25cmの望遠鏡を備えた木原天文台を建て、1992年（平成4年）秋、名寄市に寄贈。また独特の日食計算法も編み出した。

5月　**過去の惨事が明らかに（ロシア）**　1960年10月24日に旧ソ連バイコヌール宇宙基地（現・カザフスタン共和国）で、新型軍事ロケット「L16」が打ち上げ直前に発射台で爆発炎上し、少なくとも91人が死亡する史上最悪のロケット事故があったことが明らかとなった。

6月　**天文方・渋川家の文書発見（日本）**　11代にわたり天文方を務めた渋川家の文書が国立天文台のグループにより子孫の家から発見された。書簡、系図、辞令など274点の全史料はマイクロ化され、研究者らに公開される。公的な渋川家史料は国立天文台、東北大学、内閣文庫などに既に所蔵されていたが、新たに発見されたものは私的な書簡類が中心で、研究に有用と思われる。

6.3　**宇宙ロボットで初協力（日本, 欧州）**　1997年（平成9年）に「H-2ロケット」で打ち上げ予定の技術試験衛星「ETS-7」で行う日本初の宇宙ロボット実験に、欧州宇宙機関（ESA）が協力することが、3日決定した。初めての宇宙分野での日欧協力。衛星本体のロボットアームで、衛星機器の取り付け、交換を行う計画だった。

6.21	小惑星と観測史上最も近いニアミス(世界)　小惑星が5月に地球から約14万4000kmの距離まで近づき、太陽に向かって飛び去ったと国際天文学連合(IAU)が発表した。「1993KA2」と名づけられたこの小惑星は推定の重さ6000t、直径が約9kmで、時速7万6800kmのスピードで移動し、観測史上最も地球の近くを通り過ぎた小惑星となった。
6.23	天文学者ズデネック・コパールが没する(英国)　天文学者ズデネック・コパールが死去した。1914年生まれ。1951年～1981年英国マンチェスター大学教授、のち名誉教授。パルサー、クエーサー、重力レンズなどと並ぶ20世紀の最も重要な研究の1つと称されている近接連星の研究で大きな成果を上げた。月の内部構造などの研究も行い、1958年に月の地図を作製、月探査機の成功のかぎとなった。1966年からは米国航空宇宙局(NASA)の月探査のコンサルタントも務めた。著書に「惑星ファミリー」他多数。
7.20	日本版シャトル計画が決定(日本)　宇宙開発委員会の宇宙往還輸送システム懇談会は、20世紀中に日本版スペースシャトル無人有翼往還機「HOPE」の技術試験機による飛行実験を行い、実用機の開発を21世紀初頭にすることを決定した。技術試験機は全長16m、最大幅10m、重量8tで、大気圏再突入、自動着陸までの技術を確立するため約1500億円かけて開発し、総費用は約5000億円となる。11月「HOPE研究共同技術開発室」が開設された。
8月	惑星間の塵を海底で発見(日本)　山形大や東京大学などの研究グループがハワイ沖深海底から惑星間を漂った塵を発見した。大気圏突入時の影響も受けず、原形のままで、直径は0.1mm。初めての海底からの発見となった。化学組成の分析から太陽系の組成について解明が進むことが期待された。
8月	冥王星の外側に新しい天体(米国、英国)　冥王星の外側を回る天体をハワイ大学のD.ジューイットとカリフォルニア大学バークレー校のJ.ルーがマウナケア山の2.2m望遠鏡で発見した。この発見は、科学誌「Nature」に発表され、「1992QB1」と名づけられ、短い周期の彗星を供給する「カイパーベルト」の存在を実証するものとして注目を集めた。
8月	ペルセウス座流星群で空振り(世界)　130年ぶりに地球のそばに回帰してきたスイフト・タットル彗星の出すダストで流れ星のシャワーとなる事を期待し、流星ブームが盛り上がったが実際には流星はほとんど見ることが出来なかった。この流星群との衝突を避けるため、米国航空宇宙局(NASA)は8月4日打ち上げの「ディスカバリー」を延期するという一幕もあった。なお、8月12日には、ペルセウス座流星群の影響を受け、オリンポス衛星が突然制御を失った。
8.4	日本人初のMSに若田光一(日本)　米国航空宇宙局(NASA)で訓練を受けていた宇宙開発事業団(NASDA)の宇宙飛行士候補者・若田光一が、日本人初のミッション・スペシャリスト(MS,搭乗運用技術者)に認定されたことを、同事業団が発表した。若田は1992年(平成4年)夏からMS訓練コースに参加している。1995年からは宇宙飛行士第1期生に選ばれた土井隆雄もMS養成コースに派遣された。
8.17	「日本サテライトシステムズ」発足(日本)　伊藤忠商事・三井物産系の日本通信衛星(JCSAT)と住友商事・日商岩井系のサテライトジャパン(SAJAC)が合併、新会社の「日本サテライトシステムズ」が発足した(社長・中山嘉英JCSAT社長)。この合併により、民間の通信衛星会社は、三菱グループの宇宙通信(SCC)の2社のみとなった。
8.18	垂直離着陸可能ロケット「DC-X」(米国)　米国防省の委託で開発した再使用出来る単段式ロケット「DC-X(デルタ・クリッパー)」の垂直離着陸実験に、米マクドネル・ダグラス社が成功した。燃料に液体酸素と液体水素を使用した全長13mの機体は、軽い新素材を使用することでスペースシャトルより低コストを可能にした。
8.22	火星無人探査機が行方不明(米国)　1992年9月に打ち上げられ火星の周回軌道に入る直前だった無人探査機「マーズ・オブザーバー」との交信が途絶したと、米国航空

宇宙局(NASA)が発表した。1976年の「バイキング」以来の火星探査機で、約10億ドルの巨費を投じた。

8.30　「M-Vロケット」打ち上げ遅れる（日本）　文部省宇宙科学研究所(ISAS)が開発中の全段固体燃料ロケット「M-V」の打ち上げ日程を、宇宙開発委員会は当初の目標より2年遅い1996年(平成8年)度とすることを決定した。日本の固体ロケットの集大成となる同ロケットは、全長約31m、重量128tで、「M-3S-2」に比べ、科学衛星を打ち上げる能力が約2.5倍となる。

9.2　宇宙開発で米ロ協調の時代に入る（米国）　ワシントンで米ロ両国は「宇宙協力に関する米ロ共同声明」に調印した。協定では西側の通信衛星をロシアが打ち上げることも認め、最終目標は日本、欧州、カナダを加えた国際宇宙ステーション(ISS)の建設とした。協定と同時にロシア側が順守するミサイル関連技術輸出規制のガイドラインの覚書も交わした。

9.8　宇宙ステーション開発縮小（米国）　米国航空宇宙局(NASA)は国際宇宙ステーション「フリーダム」の従来計画を大幅に縮小した「アルファ・ステーション」案を発表した。また、並行して3000人規模の人員削減に着手。「フリーダム計画」は米国が提唱し、日本、欧州、カナダが参加して1988年9月に協定を締結、開発が本格化した。この「アルファ案」は電力供給の安定化や実験棟の配置変更などであり、宇宙大国ロシアが参加出来るように設計具体化を進めたもの。1993年12月には、ロシアの国際宇宙ステーション参加が正式決定された。

10月　原始惑星系円盤の発見（日本）　国立天文台、東京大学、鹿児島大などから成る電波天文学グループが野辺山宇宙電波観測所での観測において、おうし座アルデバランの周囲に原始惑星系円盤を発見した。ガス状で、太陽系形成のモデルとみられ、太陽系形成の研究に有用と思われる。

10月　ET探し予算カットで挫折（米国）　1992年10月に米国航空宇宙局(NASA)が始めた、電波望遠鏡による「地球外知的生物探査計画(SETI)」が予算削減のあおりで挫折した。1992年のコロンブス新大陸到達500年記念としてスタートし、10年にわたり1億ドルを投じる予定だったが、批判が相次ぎ議会が予算をカットした。なお「SETI」は1960年の「オズマ計画」から様々に行われているが、いまだ成果はあげていない。

10月　ESA、ヘルメス開発を断念（欧州）　欧州版スペースシャトル「ヘルメス」は21世紀初めに乗組員3人程度を乗せて飛行する予定だったが、欧州宇宙機関(ESA)が開発を事実上断念する見直し計画を決定した。代わりに人工衛星、探査機の打ち上げや地球観測を強化する。見直しの理由はESAの財政悪化や国際環境の変化による。

10.20　宇宙開発大綱の改定へ向け（日本）　宇宙開発委員会は5年ぶりに宇宙開発政策大綱を改定するため、同委員会内に宇宙開発の長期展望を調査審議する「長期ビジョン懇談会」を設置することを決定した。学識経験者ら32人で構成された懇談会は、1994年(平成6年)6月頃をめどに報告をまとめることを目指した。

10.27　純国産H-2ロケット（日本）　宇宙開発事業団(NASDA)は1994年2月1日に種子島宇宙センターから、我が国初の純国産大型ロケット「H-2」1号を打ち上げることを発表した。全長約50m、重量260t、2段式のロケットのH-2は、2t級の衛星を高度3万6000kmの静止軌道に打ち上げることが出来る。1号には宇宙往還機を開発するための軌道再突入実験機、性能確認用機器を搭載する。

10.28　中国の人工衛星が落下？（中国）　10月8日に中国が打ち上げた大型人工衛星(重さ4t)が制御不能になり28日にカプセル部分(2t)がペルー西方の太平洋上に落下したことを、北米航空宇宙防衛司令部(本部・コロラド州)が発表したが、中国は全面否定した。

11.8　電波望遠鏡ネットワーク完成（日本）　国立天文台により長野県の野辺山宇宙電波観測所から鹿児島市平川町に移設された6mのミリ波電波望遠鏡の運用が開始された。この鹿児島局の参加により、東日本に集中していた電波望遠鏡が、南まで進出、列島を縦断する電波望遠鏡ネットワークが完成した。これらの電波望遠鏡が相互でネッ

トワーク化する超長基線干渉法(VLBI)観測を行うと、列島サイズのパラボラアンテナと同等の精度で観測出来る見込み。

11.21 物理学者ブルーノ・ロッシが没する(米国)　物理学者ブルーノ・ロッシが死去した。1905年生まれ。イタリア出身。1932年～1938年までパドヴァ大学教授を務めた。1939年米国に亡命、1946年マサチューセッツ工科大学教授、1970年同大名誉教授。宇宙線の研究で知られ、計数管の同時放電を簡単に数えられる回路を考案した。宇宙線シャワーなどの研究に業績があり、またX線天文学の創始者の一人でもある。主著に「Rayons cosmiques」(1935年)、「Lezioni di fisica sperimentale ottica」(1937年)、「High-energy particles」(1949年)、「Optics」(1957年)、「Cosmic rays」(1964年)、自伝「Momenti nella Vita di un Scienziato」(1987年)などがある。

12月　ハッブル宇宙望遠鏡の修理(米国)　米国航空宇宙局(NASA)の宇宙飛行士たちが、ピンぼけや制御装置の故障など、トラブルが相次ぐハッブル宇宙望遠鏡を修理するため、米スペースシャトル「エンデバー」で望遠鏡のある高度約610kmの軌道に向かい、宇宙遊泳で部品交換を行った。

この年　宇宙データベース「宇宙地図」(日本,米国)　宇宙の広い範囲で銀河の分布を調べ、約25億光年の範囲に及ぶ立体的な「宇宙地図」を作る日米共同の一大観測プロジェクト「デジタル・スカイ・サーベイ(DSS)計画」が本格化した。夜間晴天率の高い米ニューメキシコ州に専用の望遠鏡を設置して、明るさ19等以上の銀河約100万個について地球からの距離を測定する。

この年　日本天文学会天体発見功労賞受賞(日本)　木内鶴彦が「彗星：106P/1992 O1(Swift-Tuttle)の初回検出」、関勉が「多数の周期彗星の検出」により受賞。

この年　田中靖郎、日本学士院賞恩賜賞受賞(日本)　田中靖郎(文部省宇宙科学研究所教授)が「X線天体の相対論的特性」により第83回日本学士院賞恩賜賞を受賞した。

この年　小田稔、文化勲章受章(日本)　X線天文学研究で知られる宇宙物理学の小田稔が、天体観測装置「すだれコリメータ」の開発で天体の観測精度を著しく高めたことにより第56回文化勲章を受章した。

この年　ハルス、テイラー、ノーベル物理学賞を受賞(米国)　R.A.ハルスとJ.H.テイラーは1974年、アレシボ天文台の直径300mの電波望遠鏡を使い、新型パルサー(電波天体)「PSR1913+16」を発見。2人はパルサーの公転周期が短くなることから、高密度の天体であるパルサーが自分のエネルギーを重力波の形で放出しているためと推定。この推定値と実際の観測が一致した。この重力波は、アインシュタインが一般相対論の中で、重力は時空のひずみであるため、物体が運動すれば時空のひずみができ、波のように伝わると予言していたものであり、2人の発見によって、重力波の存在を初めて確認出来たといえる。これまで一般相対論の検証は太陽系の天体観測に頼っていたが、重力が弱いため観測される一般相対論的効果はごくわずかであった。1993年「重力研究に新しい可能性を開く新型パルサーの発見」によりノーベル物理学賞を受賞した。

この年　大質量ハロー天体(MACHO)発見(米国,オーストラリア)　カリフォルニア大学のチャールズ・アルコックら、米豪国際研究チームが、銀河系ハロー内に存在する暗黒物質(ダークマター)の半数が、惑星、古い白色矮星、ブラックホール、中性子星など「MACHO(マッチョ)」と総称される小さく暗い天体であることを観測によって示した。

この年　2度目の輝きを見せた超新星(世界)　3月末に北天のおおぐま座で発見された渦巻銀河M18の中にある超新星「SN1993J」がユニークな光度変化をしていることが分かった。3月31日頃いったんピークを迎え、4月5日頃減光、同17日頃再び回復した。

1994年
（平成6年）

1.25 　探査機「クレメンタイン1号」打ち上げ（米国）　米国防総省と米国航空宇宙局（NASA）により、タイタンロケットで、月・小惑星探査機「クレメンタイン1号」が打ち上げられた。2月19日に月の軌道に入り、月面地図を作製したが、5月には軌道を外れ、小惑星探査は不可能となった。

2.3 　ロシア人飛行士、初めてスペースシャトルに（米国, ロシア）　ロシア人宇宙飛行士セルゲイ・クリカリョフが1994年ロシア人として初めてスペースシャトルに搭乗。シャトル「ディスカバリー」はケネディ宇宙センターから打ち上げられた。

2.7 　サーベイヤー計画（米国）　1993年に交信を途絶した火星探査機「マーズ・オブザーバー」の代わりとして1996年11月に「マーズ・サーベイヤー」を打ち上げ、以後10年にわたってほぼ2年おきに探査機を打ち上げる「サーベイヤー計画」を米国航空宇宙局（NASA）が発表した。

3.18 　難航の宇宙ステーション（世界）　ロシアが米国、日本、欧州、カナダが共同で建設する国際宇宙ステーション（ISS）計画に参加することが正式に決まった。しかし計画が大幅に縮小され名前も「フリーダム（自由）」から「アルファ」となり、2月24日にはカナダが財政難を理由に出資大幅削減の方針を打ち出すなど厳しい状態が続いた。それでも、当初計画の縮小版にロシアの宇宙ステーション「ミール」をドッキングさせる中間案を練り上げた新基本設計がまとまった。

3.23 　小惑星の衛星を発見（米国）　小惑星「イーダ」（直径56km、短径21km）の周囲を回る「月」を米国航空宇宙局（NASA）の惑星探査機「ガリレオ」が発見し、米ジェット推進研究所が写真を公表した。1993年8月に「ガリレオ」が「イーダ」の近くを通過した際に撮影した映像から確認されたもの。衛星は直径1.5kmで「イーダ」の中心から約100km離れた位置にある。

4.21 　「星のタネ」を初めて捉える（日本）　名古屋大学理学部の福井康雄教授らのチームが、まさに誕生しようとしている星の様子を観測するのに成功し、英科学誌「Nature」に発表した。同教授らは名古屋大学と国立天文台野辺山宇宙電波観測所の電波望遠鏡で、おうし座の中のガス濃度が高いところを集中的に観測し、付近のガスの100倍以上の雲を15個とらえた。

4.22 　太陽系外で惑星の存在？（米国）　ペンシルベニア州立大学のアレクサンダー・ウォルツザンが、地球から約1300光年離れた恒星の周囲を惑星が公転している確実な証拠を発見したことを、米科学誌「Science」に発表した。研究によると1990年におとめ座の星雲中に発見されたパルサーの電波を詳しく分析したところ、電波パルスの周期的な変動を確認。これはパルサーの周りを少なくとも2個の惑星が周回しているためという。

5.17 　超新星残骸、初めてのドーナツ状（日本）　大阪大理学部の常深博助教授らが日本天文学会で、カシオペア座にある超新星爆発の残骸「カシオペアA」の残骸物質がドーナツ状の特異な広がり方をしていることを発表した。超新星爆発で広がった残骸は通常、球状に広がるとされていたが、同教授らは文部省宇宙科学研究所（ISAS）のX線天文衛星「あすか」で残骸物質の分布状況を詳しく調べたところ、直系10光年の巨大なドーナツ状だったことが判明した。

6.13 　宇宙科学者ジェームズ・ポラックが没する（米国）　天体観測の第一人者ジェームズ・ポラックが死去した。ポラックは1983年にカール・セーガンらと共に、全面核戦争によって生じた塵や煙で太陽光線が遮られて温度が下がり、地球が冷え込むとする「核の冬」理論を発表し、世界的な注目を集めた。長期にわたりカリフォルニア州に

ある米国航空宇宙局（NASA）研究所の主任研究員を務めた。

7月　**SL9彗星が木星に衝突**（世界）　分裂した約20個の核が数珠のようにつながったシューメーカー・レビ第9彗星（SL9）が木星に衝突する、1000年に1回と言われる珍しい天文現象に世界中が興奮した。日本時間17日午前5時18分、破片の第1弾が衝突。SL9の核はA、B、Cなどと順番に名づけられ、A核から衝突跡がくっきりと観測された。核の直径は1～2km程度。A核以降も最大級のK、G核の衝突が続き、その観測データから大量のアンモニアガスの他硫化水素が検出された。

7.9　**向井飛行士、女性最長飛行記録を樹立**（日本）　日本時間9日午前1時43分（米東部時間午後0時43分）、米国のスペースシャトル「コロンビア」に、我が国初の女性宇宙飛行士・向井千秋が搭乗し打ち上げられた。シャトルの1回の飛行時間としては過去最長の15日間飛行・地球を236周し、向井飛行士は女性最長飛行記録を打ち立てた。飛行中は日、米、欧などの13か国から提案された82テーマの実験が行われた。第2次国際微小重力実験室「IML2」では生命科学と材料実験が行われ、日本は「水棲生物飼育装置」「細胞培養キット」「電気泳動装置」など6種類の実験装置を搭載した。また、12テーマのうち8テーマがライフサイエンス実験で、特に注目を集めたのが井尻憲一・東京大学助教授が提案した「メダカの交尾・産卵行動」実験だった。その他に飛行士たちの体を使った宇宙医学の実験も行われ、向井飛行士は実験ではないが初飛行初日に起きた宇宙酔いのメカニズムの解明にも努めた。23日ケネディ宇宙センターに帰還。また、この飛行では史上初めて本格的な和食の宇宙料理を搭載したことも話題を呼んだ。一般公募した1730点の和食の中から書類審査を通過したものを総合食品会社「マルハ」がレトルト（加圧加熱殺菌）、フリーズドライ（凍結乾燥）などで加工し、米国航空宇宙局（NASA）の審査を受けた。菜の花の和え物、肉じゃが、いなり寿司、五目炊き込みご飯、たこ焼きなど13点が搭載され、飛行5日目の夕食に、向井飛行士、カバナ船長らが和食の宇宙料理を楽しんだ。

7.26　**宇宙開発ビジョンを発表**（日本）　日本の今後30年間の宇宙開発ビジョンを検討した報告書を、宇宙開発委員会の「長期ビジョン懇談会」（座長・野村民也宇宙開発委員長代理）がまとめた。この報告を踏まえて同委員会は日本の宇宙開発の指針となる「宇宙開発政策大綱」を見直す。同報告書では1995年（平成7年）から宇宙関連予算として15年間で約7兆円を見積もっており、計画を達成するには2000億円規模の予算を平均して倍増させる必要がある。

8.18　**「H-2-2号」、打ち上げ失敗**（日本）　宇宙開発事業団（NASDA）が種子島宇宙センターから、技術試験衛星6型を積んで打ち上げた「H-2-2号」が打ち上げに失敗した。原因は固体補助ロケットが点火しなかったこと。

9.2　**乗鞍宇宙線観測所創設に尽力した皆川理が没する**（日本）　宇宙線物理学者・皆川理が死去した。1908年（明治41年）生まれ。理化学研究所長岡半太郎研究室助手、副研究員、気象台附属高層研究所技官を経て、1950年（昭和25年）神戸大学理学部教授、1972年定年退官。のち広島修道大学教授となる。1950年乗鞍山頂に宇宙線観測所を創設。1952年から宇宙線捕捉のためエマルジョン・スタックを高空にあげる大気球の飛翔技術を開発し、日本の研究発展の基礎をつくった。

9.8　**通信衛星打ち上げ後トラブル**（米国）　南米仏領ギアナ宇宙センターから米国電話通信会社（AT&T）の通信衛星を搭載して「アリアン4-42L型」ロケットが打ち上げられたが、20分後にロケットから衛星を分離したところ、衛星との通信が途絶えた。

9.15　**超新星「1994I」**（日本）　4月2日に発見された、りょうけん座の渦巻銀河「M51」の超新星「1994I」が野本憲一東京大学教授らによる分析で、周りを回っている中性子星によって恒星大気がはぎ取られ、芯がむき出しになって爆発した珍しいタイプの可能性が大きいことが判明し、英科学誌『Nature』に発表された。

9.29　**宇宙の年齢が40～50億年若かった**（米国）　インディアナ大学のマイケル・ピアースの研究グループは、宇宙の年齢は従来の定説より40～50億年若い100億年前後に過ぎ

ないとする新説を英科学誌「*Nature*」に発表した。同グループはハワイ・マウナケア山の天体望遠鏡で、おとめ座の星団「NGC4571」にある変光星から地球までの距離を測定し算出した。さらに、米カーネギー天文台のウェンディ・フリードマンらは、ハッブル宇宙望遠鏡を使い、同説を補強する研究結果を同誌10月27日号に発表した。

10.11 **金星探査機マゼラン、最後の任務**(米国) 米国航空宇宙局(NASA)は、1989年5月に打ち上げられ金星表面を高性能レーダーで観測し詳細な立体地図を作るなどの成果を上げた金星探査機「マゼラン」に、最後の任務命令を送った。探査の最後として探査機自体が実験になり、金星大気に突入し金星大気の組成を調べる。

10.14 **天文学特別功労賞受賞**(日本) 日本天文学会により天文学特別功労賞が、中野主一に授与された。理由は「シューメーカー・レビ第9周期彗星の木星面衝突の世界に先駆けた予測及び長年にわたる小惑星・彗星の軌道計算」。

11月 **宇宙考古学国際セミナー開催**(日本) 29日から30日、ユネスコとなら・シルクロード博記念国際交流財団らが主催する「宇宙考古学国際セミナー(宇宙考古学専門家会議)」が奈良市で開催された。人工衛星を古代遺跡を探索に活用しようというもので、8か国から約20人の研究者が参加。アンコール遺跡研究の石沢良昭やエジプト考古学の吉村作治らが衛星データの活用例を報告した。また、世界の宇宙機関に考古学研究のために衛星データの提供を求める勧告をユネスコに提出した。

11.15 **暗黒物質、赤色矮星での説明困難**(米国) ハッブル宇宙望遠鏡の観測で、「暗黒物質」の有力候補と見られていた暗い赤色矮星の数が、予想よりかなり少ないことが分かったと米国航空宇宙局(NASA)が発表した。米プリンストン高等研究所のジョン・バコール教授と宇宙望遠鏡科学研究所のフランチェスコ・パレシェ研究員が率いる2グループの観測によると、これまで太陽質量の8%程度と想定されていた小型赤色矮星が、銀河系全体の赤色矮星を全部足しても、銀河系の質量の15%を超えないことが分かった。

12.12 **若田光一、MSとして宇宙へ**(日本) 1995年(平成7年)11月末に打ち上げ予定(実際は1996年に延期)の米スペースシャトル「エンデバー」に、宇宙開発事業団(NASDA)の宇宙飛行士・若田光一が搭乗運用技術者(MS=ミッション・スペシャリスト)として乗り込むことが決定した。船外活動も行える初の本格的宇宙飛行士で、同事業団が打ち上げる再利用型の大型衛星「宇宙実験・観測フリーフライヤー(SFU)」をシャトルで回収することが主な任務となる。

この年 **H-2ロケット1号成功**(日本) 種子島宇宙センターから2月4日に、10年がかりで開発した純国産技術による初の大型ロケット「H-2」1号の打ち上げが成功した。「OREX(りゅうせい)」「VEP(みょうじょう)」の2衛星が軌道に乗った。つづいて、8月28日に同センターから初の2t級大型技術試験衛星「ETS-6(きく6号)」を搭載した同2号を打ち上げたが、その3日後、静止軌道への投入に失敗した。後に失敗の原因は新型の弁の欠陥であることが判明した。H-2は全長約50m、重量260tの2段式ロケットで、2号の失敗は日本の総合的な宇宙技術力不足を浮き彫りにした。

この年 **文化功労者に高木昇**(日本) 科学衛星の開発などで宇宙電子工学の育成に貢献する一方、国内の電子部品の信頼性を世界最高水準とするため日本電子部品信頼性センターを設立するなど指導的役割を果たしたことで、高木昇が第47回文化功労者に選ばれた。

この年 **日本天文学会天体発見功労賞受賞**(日本) 串田麗樹が「超新星：SN 1994I in NGC 5194 = M51」により受賞。

この年 **田中靖郎に"天文学のノーベル賞"**(日本) 田中靖郎が"天文学のノーベル賞"、米国立科学アカデミーのジェイムズ・クレイグ・ワトソン・メダルを受賞した。日本人としては1960年(昭和35年)の萩原雄祐に次ぐ快挙。国際協力のもと、X線天文衛星「てんま」や「ぎんが」、「あすか」の研究開発チームを率いて成果を挙げたことが評価された。

この年　ハッブル宇宙望遠鏡が復活（米国）　1993年12月に米スペースシャトル「エンデバー」で修理したハッブル宇宙望遠鏡の画像が鮮明になった。米国航空宇宙局（NASA）は1月13日におとめ座の渦巻銀河M100の画像を公表し、5月25日にはM87銀河にアインシュタインの一般相対性理論で予言された巨大なブラックホールが存在する証拠を撮影したことを発表した。

この年　宇宙ステーション・ミール（ロシア）　8月下旬に地球周回軌道を回る宇宙ステーション「ミール」と無人貨物宇宙船「プログレスM24号」のドッキングが立て続けに2回失敗し、9月2日に手動のドッキング作業で成功させた。トラブル続きの「ミール」だが、10月4日には「ソユーズTM20号」がカザフスタンのバイコヌール宇宙基地から打ち上げられた。

1995年
（平成7年）

1.15　太平洋に墜落した回収型衛星（日本，ドイツ）　鹿児島県内之浦町の鹿児島宇宙空間観測所から、文部省宇宙科学研究所（ISAS）がM-3S2型ロケット8号で打ち上げた回収型実験衛星「EXPRESS（エクスプレス）」が、予定外の軌道を2、3周して太平洋に落ちた。同衛星は日独が共同開発し、地球周回軌道で材料実験などを行いオーストラリアの砂漠で回収される予定だった。その後の調査で、衛星が重すぎて予想以上にロケットが振動したためと判明した。

1.26　「長征」ロケット事故で死者（中国）　「APスター2号」衛星を搭載して打ち上げられた「長征2E」ロケットが空中で爆発。打ち上げセンターから7kmの距離にある山中にロケットの残骸が落下、住民6人が死亡した。

1.30　極端紫外線をロケットで初観測（日本）　宇宙科学研究所（ISAS）が鹿児島宇宙空間観測所から「S-520-19号」を打ち上げた。高度330kmまで上昇し、約5分間にわたって、太陽系外の極端紫外線を撮影し、ヘリウムや水素ガスなどを観測した。このようなロケットでの観測は初めて。

2.3　初の女性操縦士（米国）　スペースシャトル「ディスカバリー」が6人の飛行士を乗せて打ち上げられ、「ミール」とランデブー飛行した後、2月11日帰還した。同機ではアイリーン・コリンズがスペースシャトル初の女性操縦士を務めた。

2.18　「根上隕石」落下（日本）　石川県能美郡根上町に重量0.42kgの隕石が落下した（根上隕石）。

2.24　米社が政府衛星入札1号（日本）　航空管制と気象観測の両機能を備えた「運輸多目的衛星」の入札を運輸省が行い、米スペースシステムズ・ロラル社が約99億6000万円で落札した。1990年（平成2年）4月に日米合意で自由化が決定して以来、政府による実用衛星調達は初めてとなる。

3月　野尻抱介「ロケットガール」が刊行される（日本）　SF作家・野尻抱介の代表作の1つ「ロケットガール」が刊行された。野尻は、ライトノベルのレーベル・富士見ファンタジア文庫では異色の、ハードSFスペースオペラ〈クレギオン〉シリーズの第1作「ヴェイスの盲点」でデビュー。「ロケットガール」は2006年（平成18年）にアニメ化されたが、その際に秋田大学工学資源学部附属ものづくり創造工学センターとタイアップし、文部科学省女子中高生理系進路選択支援事業の1つである「ロケットガール養成講座」が開講された。

3.12　パラボラアンテナ製作者・法月惣次郎が没する（日本）　パラボラアンテナ製作で名高い法月惣次郎が死去した。1912年（明治45年）生まれ。1955年（昭和30年）に名古屋大

学空電研究所のパラボラアンテナを製作して以来、電波望遠鏡の生命ともいうべきパラボラアンテナをひたすら作り続け、その数は300台にも達した。1977年に経営する従業員60人の鉄工所が倒産したが、多くの研究者に励まされ、1982年にはたった1人で名古屋大学理学部の最新鋭の電波望遠鏡を完成。直径4mの鏡面の狂いが0.005mm以下という驚くべき精度だった。1987年度吉川英治文化賞を受賞。

3.14 **ノーベル賞受賞のウィリアム・アルフレッド・ファウラーが没する**(米国) 天体物理学者ウィリアム・アルフレッド・ファウラーが死去した。1911年生まれ。1946年〜1970年カリフォルニア工科大学教授、1970年〜1982年同講座教授、1982年より同名誉教授。核力、核分光学、恒星エネルギーなどを専門に米国航空宇宙局(NASA)の「アポロ計画」にも参加した。星の進化の過程で起こる現象を原子核反応の立場から実験、理論両面で追究し、1983年S.チャンドラセカールと共にノーベル物理学賞受賞。

3.14 **初の米ロ合同長期宇宙飛行**(ロシア、米国) ロシアの宇宙船「ソユーズTM21号」がバイコヌール宇宙基地から打ち上げられた。3月16日、同機は宇宙ステーション「ミール」とドッキングに成功。同機に搭乗していた飛行士ノーマン・サガードが、米国人として初めてロシアの「ミール」に入り、3人のロシア人宇宙飛行士とキスと抱擁を交わした。米ロが合同で長期宇宙飛行をするのは、初めて。

3.18 **H-2打ち上げ**(日本) 宇宙開発事業団(NASDA)は種子島宇宙センターから国産大型ロケット「H-2」3号を打ち上げ、搭載していた回収型実験衛星「宇宙実験・観測フリーフライヤー(SFU)」と静止気象衛星5号「GMS-5(ひまわり5号)」を予定軌道へ投入した。「ひまわり5号」は「4号」から気象業務を引継ぎ、6月13日稼働開始。

3.18 **最長飛行記録**(米国) 3月2日に打ち上げられたスペースシャトル「エンデバー」が、16日15時間9分の最長飛行時間を記録して、18日帰還した。

3.22 **宇宙滞在新記録**(ロシア) 旧ソ連の宇宙飛行士366日の記録を破り、ワレリー・ポリャコフ飛行士が連続宇宙滞在439日間を達成して「ソユーズ」宇宙船で地上に帰還した。医師である同氏は過去にも241日間の宇宙滞在歴があり、長期間の無重力生活が人体に与える影響を調査した。ポリャコフ飛行士と一緒に帰還したエレーナ・コンダコワ飛行士も170日間という、女性最長記録を作った。

4.25 **イモリ、宇宙で産卵**(日本) 「H-2ロケット」で打ち上げた回収型実験衛星「フリーフライヤー(SFU)」で、日本の衛星で初めてとなる生物実験イモリの産卵実験に成功したことを文部省宇宙科学研究所(ISAS)が発表した。同研究所は、体内に精子を保持したメスのイモリ2匹に産卵を誘発するホルモン剤を注射し打ち上げ、3月25日に水温を上げ、30日には少なくとも1個以上の卵を産んだことをカメラで確認した。

5月 **愛媛県総合科学博物館のプラネタリウム、ギネスブック掲載**(日本) 愛媛県総合科学博物館の直径30mドームのプラネタリウムが、世界最大のプラネタリウムとしてギネスブック入りした。

6.12 **宇宙誕生後にヘリウム確認**(米国) 米国航空宇宙局(NASA)は3月2日に打ち上げたスペースシャトル「エンデバー」に搭載した紫外線望遠鏡で、地球から約100億光年離れたクエーサーを観測し、宇宙誕生後にできたとみられるヘリウムを確認したことを発表した。ビッグバン理論を裏づける成果といえる。

6.14 **彗星の巣を発見**(米国) 太陽系の外縁部に大規模な彗星の「巣」を、米テキサス大学のアニタ・コクランらの研究チームが発見し、米国天文学会で報告した。1950年代に米国の天文学者G.カイパーが予言した周期が200年より短い彗星が集まっているとされる「カイパーベルト」の一部と考えられる。

6.17 **生理学者ネロ・ペースが没する**(米国) 生理学者ネロ・ペースが死去した。米国海軍の軍医として1960年代から米国航空宇宙局(NASA)の宇宙開発に参加、無重力状態が生物に与える生理学的な影響を研究した草分けの一人。

6.29	米ロ、ドッキングに成功（米国, ロシア）　旧ソ連時代の1975年に米国の「アポロ」とロシアの「ソユーズ」宇宙船以来となる、米スペースシャトル「アトランティス」（6月27日打ち上げ）とロシアの宇宙ステーション「ミール」が初めてのドッキングに成功した。安全確認後、接合部のトンネルを通り「アトランティス」の飛行士7人がミールに移動、両船は約5日間ドッキング飛行を続け、「アトランティス」は7月7日午前にケネディ宇宙センターに帰還した。1997年に建設が始まる国際宇宙ステーション（ISS）の準備としての情報収集が目的。
7.7	和歌山にみさと天文台開設（日本）　105cmという、公開天文台としては日本一の反射望遠鏡を持つ和歌山県美里町立みさと天文台が完成、7日オープンした。台長は尾久土正己。1998年（平成10年）には野辺山観測所から8mの電波望遠鏡が払い下げられ、設置された。
7.8	米女性飛行士が心肺停止（米国）　1994年秋、ミールとドッキングしたスペースシャトルに搭乗していた米女性飛行士のボニー・ダンバーが、医療実験で用いた薬物のアレルギー反応で、瀕死状態に陥っていたことを米CBSテレビが伝えた。CBSに対し、米国航空宇宙局（NASA）ジョンソン宇宙センターのキャロライン・ハントゥーン所長は「間違いがあった。事故の究明にあたっているところだ」と語った。
7.14	「ガリレオ」木星大気圏に突入（米国）　米国航空宇宙局（NASA）の惑星探査機「ガリレオ」が打ち上げから6年の旅を終え、木星まで8000万kmの地点に到達し、円錐型の小型観測機を放出した。12月7日、観測機は木星大気圏に突入し、圧力でつぶれるまでの約1時間、データを地球に送信してきた。
7.23	最大級の彗星を発見（米国）　米国のアマチュア天文家が、20世紀最大級とみらる彗星を発見し、「ヘール・ボップ彗星」と名づけられた。同彗星は木星より遠くにありながら、市販の望遠鏡で観測出来るほど光度があり、直径がかなり大きいか、爆発している可能性がある。10月11日には、ハッブル宇宙望遠鏡が捉え、米国航空宇宙局（NASA）がインターネットで公開した。
8.21	ノーベル賞受賞のスブラマニアン・チャンドラセカールが没する（米国, インド）　天体物理学者スブラマニアン・チャンドラセカールが死去した。英国植民地下のインド・ラホールに生まれる。1930年英国ケンブリッジ大学に留学。1936年渡米（1953年帰化）。ノースウェスタン、ミシガン、オックスフォード、ハーバードの各大学勤務を経て、1944年シカゴ大学教授に就任。1986年より名誉教授。白色矮星の質量の限界「チャンドラセカールの限界」を発見した。流体力学を天文学に導入して天体物理学に新しい分野を切り開くなど星の進化、構造を知る上で重要な研究を行い、1983年W.A.ファウラーと共にノーベル物理学賞受賞。星の存在形態を量子力学で解明。死んでいく星が白色矮星になるには、太陽質量の1.4倍以下という条件が必要なことを突き止め、中性子星やブラックホールなどの研究にきっかけを与えた。「*Astrophysical Journal*」誌の編集長を20年間務めた。1980年代後半からニュートン著「プリンキピア」の研究にあたった。著書には「恒星内部構造論入門」（1939年）、「恒星力学概論」（1943年）、「放射流論」（1950年）などがある。
8.28	「JCSAT3号」打ち上げ（日本）　日本サテライトシステムズの通信衛星「JCSAT3号」がケープカナベラル基地から「アトラス2AS型」ロケットで打ち上げられた。同衛星は日本初のCSデジタル放送に使用される。
8.29	通信衛星「N-STAR a」を打ち上げ（日本）　NTTとNTTドコモが、ドコモの衛星電話サービスへの使用を目的とした通信衛星「N-STAR-A」を仏領ギアナのクールー基地から、アリアンスペース社の「アリアン44P型ロケット」で打ち上げた。設計寿命は約10年であり、1996年（平成8年）に「B号」、2002年に「C号」、2006年に「D号」がそれぞれ打ち上げられた。
9.6	国の開発でも実用衛星に保険を（日本）　気象衛星など実用衛星の打ち上げには、国の開発した衛星でも保険をかけるべきだとする報告書を、宇宙開発委員会がまとめ

た。これを受けて宇宙開発事業団（NASDA）は1996年（平成8年）度に打ち上げる地球観測プラットホーム技術衛星「ADEOS」の一部に保険をかけることにしたが、保険をかけるよりも新たな予算で開発したほうが費用がかからないことから、中止された。

9.16　**最も遠い銀河を発見**（欧州）　地球から130～170億光年の距離にある最も遠い銀河を、欧州宇宙機構が南米チリのラシーヤ天文台の望遠鏡で確認したと発表した。

10.19　**米議会で向井千秋が講演**（日本）　下院科学委員会に、1994年に米スペースシャトル「コロンビア」に搭乗した日本人宇宙飛行士の向井千秋が招かれ、現地で記念講演会を行った。日本人が米議会で講演するのはきわめて珍しく、日米間の宇宙開発協力についての印象や展望などを語った。

10.19　**宇宙基地計画に欧州正式参加決定**（欧州）　欧州15か国で構成する欧州宇宙機関（ESA）は、1997年から建設が始まる国際宇宙ステーション（ISS）計画に参加することを、フランスのトゥールーズで開催された閣僚会議で決定した。欧州全体で総額約28億欧州通貨単位（ECU、約3700億円）の建設費を投じることになった。

11.11　**「スーパーカミオカンデ」完成**（日本）　東京大学宇宙研究所が岐阜神岡鉱山の地下1000mに建設していた世界最大の宇宙素粒子観測装置「スーパーカミオカンデ」が完成。11日披露式典は地下約1000mの同装置水槽底部で行われた。「スーパーカミオカンデ」は5万tの純水をたたえ、その側壁に1万1146本の「光電子増倍管」を設置。これにより、水と反応したニュートリノにより生じる光を捉える。文部省高エネルギー物理学研究所、東京大学宇宙線研究所、同原子核研究所の共同グループは、約250km離れた茨城県つくば市と神岡鉱山を結ぶ大がかりな確認実験に乗り出す。

11.16　**宇宙線は超新星爆発の残骸であることを実証**（日本，米国）　京都大学理学部の小山勝二教授と米国航空宇宙局（NASA）の共同研究がX線天文衛星「あすか」を使った観測で、宇宙線の起源を超新星爆発の残骸とする論の実証に成功した。この理論はイタリアのノーベル物理学賞受賞者フェルミが1949年に唱えていたもの。16日付けの「Newton」に発表された。

11.17　**赤外線衛星「ISO」打ち上げ**（欧州）　欧州宇宙機関（ESA）の星間物質、原子銀河などの赤外線を観測する衛星「ISO」が、「アリアン2ロケット」によりクールー基地から打ち上げられた。

11.28　**中国、「アジアサット2号」を打ち上げ**（中国）　中国は1990年4月の「長征3号」による「アジアサット（Asiasat）1号」打ち上げに続き、「長征2E号」ロケットにより「2号」を打ち上げた。「アジアサット」は香港、中国、英国共同で運営する会社の通信衛星。

この年　**宇宙飛行士の公募**（日本）　スペースシャトルに搭乗させる宇宙飛行士候補者の3回目の公募を宇宙開発事業団（NASDA）が行った。採用予定は1人で、募集期間は9月1日～10月20日、主な活動舞台は国際宇宙ステーション（ISS）となる。年齢制限を外すなど前回より条件を緩めたため、過去最高の572人が応募し、結果を1996年に発表した。

この年　**宇宙背景放射の温度揺らぎのモード解析から宇宙モデルを選定**（日本）　杉山直が宇宙背景放射の温度揺らぎのモード解析から、宇宙モデルを選定する方法を示した。

この年　**中島紀ら、褐色矮星「グリーゼ229B」を発見**（日本）　カリフォルニア工科大学の中島紀を含むパロマー山天文台のチームは、太陽から5.7パーセクの距離にある「グリーゼ229」というM型矮星に暗い伴星である褐色矮星「グリーゼ229B」を発見し、2度の観測によって「グリーゼ229B」は主星と同じ固有運動を有する連星系であることを明らかにした。

この年　**銀河中心核に巨大ブラックホール発見**（日本）　1月12日に国立天文台の三好真助手らの国際共同研究で、りょうけん座の渦巻銀河「NGC4258」に太陽の約3600万倍の質

量を持つブラックホールの存在を確認したと発表した。確証が得られたのは初めて。一方、文部省宇宙科学研究所（ISAS）の井上一教授らグループは、ケンタウルス座にある活動的な銀河「MCG-6-30-15」を日本のX線天文衛星「あすか」で観測し、6月22日に太陽系程度の大きさの円内にブラックホールが存在するという分析結果を明らかにした。

この年　チロ天文台南天ステーション建設（日本，オーストラリア）　1969年（昭和44年）那須高原に星仲間と共同で建設した白河天体観測所を拠点に、天体写真家として活躍する一方、天文学雑誌「星の手帖」編集や、多数の著書「天文学への招待」「星座図鑑」「星の旅」執筆などで知られる藤井旭が、オーストラリアにチロ天文台南天ステーションを建設した。チロは白河天体観測所の天文台長を務めていた犬で、藤井はその思い出を「星になったチロ」に綴っている。

この年　日本天文学会天体発見功労賞受賞（日本）　西村栄男が「彗星：C/1994 N1（Nakamura-Nishimura-Machholz）」により受賞。

この年　杉本大一郎と野本憲一、日本学士院賞受賞（日本）　杉本大一郎（東京大学教授）、野本憲一（東京大学大学院教授）が「星の進化と超新星の理論」により第85回日本学士院賞を受賞した。

この年　林忠四郎、京都賞受賞（日本）　林忠四郎（京都大学名誉教授）が「基礎物理学を導入し、現代宇宙物理学への多大な貢献」によって第11回京都賞（基礎科学部門）を受賞した。

この年　日本宇宙生物科学会賞受賞（日本）　毛利衛（宇宙開発事業団宇宙環境利用システム本部宇宙環境利用推進部有人宇宙活動推進部室長）が「スペースシャトル『エンデバー号』による『ふわっと'92』第1次材料実験において、搭乗科学技術者として、材料科学実験ならびに生命科学実験を担当し、研究者提案テーマを成功に導いた」として、向井千秋が「スペースシャトル『コロンビア号』による『第2次国際微少重力実験室（IML-2）』において、搭乗科学技術者として、生命科学実験を担当し、研究者提案テーマを成功に導いた」として、第1回の功績賞を受賞した。同賞は日本宇宙生物科学会により、宇宙生物科学に関する優れた独創的な業績をあげたものを表彰することを目的として1994年（平成6年）9月に創設された賞。

この年　科学技術映像祭受賞（1995年度、第36回）（日本）　科学技術庁長官賞を学術研究部門で、名古屋市科学館、名古屋大学、通信総合研究所〔企画・製作〕「シューメーカー・レビ第9彗星木星衝突 コンピュータグラフィックス」（ビデオ8分）が、ポピュラーサイエンス部門で、朝永振一郎伝記映画製作委員会〔企画〕、山陽映画〔製作〕「映像評伝 朝永振一郎」（16mm60分）が受賞した。

この年　シャトル相次ぐトラブル（米国）　6月8日に打ち上げが予定されていたスペースシャトル「ディスカバリー」の外部燃料タンクに、キツツキが約200個もの穴を開けたため、打ち上げが7月14日に延期された（22日帰還）。また、7月下旬にはスペースシャトル「アトランティス」固体補助ロケットの一部が焦げていた、調査の結果ロケット下部に小さな穴が開いていたためだった。トラブルの続発で若田光一が搭乗する予定だった「エンデバー」も11月30日から1996年1月11日に延期となった。

この年　映画「アポロ13」が公開される（米国）　ロン・ハワード監督の映画「アポロ13」が公開された。「アポロ13号」の乗組員と地上管制クルーたちが、月へ向かう途中で発生した酸素タンクの爆発事故を原因とする数々の困難を乗り越え、地球へと奇跡の生還を果たした物語を、艦長を務めていたJ.ラベルの著書を原作に描いたフィクション。

この年　土星の環、消失（世界）　5月、8月、11月の計3回、15年ぶりに土星の環が消えたように見える現象が観測された。土星の環は直径が約27万kmもあるのに厚みが数百m以下と極端に薄く、地球に対して真横を向くと消失したように見え、各国で観測ブームが起きた。また、環による光反射がなく土星の周囲が見やすくなり、新たな衛星2個を米国研究者が発見した。

1996年
（平成8年）

1月 **MS若田光一、日本人初のシャトル搭乗**（日本）　11日から10日間、宇宙開発事業団（NASDA）の宇宙飛行士・若田光一が日本人初のミッション・スペシャリスト（MS）として米スペースシャトル「エンデバー」に搭乗した。ロボットアームを5回にわたって操作し、日本の再利用型実験衛星「フリーフライヤー」や米国の衛星を回収するなど数々の作業を無事にこなした。この他米ヒューストンの小学生へ向けて宇宙授業も行った。20日ケネディ宇宙センターに帰還。

1月 **不明衛星、ガーナで発見される**（日本，ガーナ，ドイツ）　1995年（平成7年）1月に鹿児島宇宙空間観測所から打ち上げられ、行方不明になっていた日独共同の科学実験衛星「EXPRESS（エクスプレス）」がアフリカ・ガーナの森林地帯に落ちていたことが判明した。ガーナ政府からドイツ宇宙機関に連絡が入り、現地調査した専門家によって「エクスプレス」であることが確認された。

1.1 **ロケット科学者アーサー・ルドルフが没する**（米国，ドイツ）　ロケット科学者アーサー・ルドルフが死去した。第二次大戦末期にドイツを出国し、ウェルナー・フォン・ブラウン率いる米国の宇宙計画に参加。1954年米国の市民権を獲得。人類初の月旅行を実現した「アポロ計画」で、1969年の「アポロ11号」の月面着陸に使われたサターン5型ロケットの開発に携わった。1982年、大戦中ユダヤ人や捕虜に強制労働をさせたナチスドイツのロケット工場で責任ある立場にあったと追及され、1984年に自主的な出国の形で事実上国外追放された。

1.7 **「つくば隕石」落下**（日本）　関東一円で大きな音がしたという報告が相次ぐ。茨城県つくば市で隕石と思われる石が拾われ、国立科学博物館により隕石と確認された（「つくば隕石」）。1月9日にも15個の隕石の破片が見つかった。

2月 **人工衛星打ち上げ3000機を記録**（ロシア）　「コスモス」軍事衛星3機と民間の「ゴネッツ」通信衛星3機を乗せた宇宙ロケット「サイクロン3」が打ち上げられた。これにより、1957年から数えてロシア（旧ソ連）が打ち上げた人工衛星は3000機に到達した。

2.6 **「ヒャクタケ」彗星発見**（日本）　1月31日鹿児島県在住のアマチュア天文家・百武裕司が、高精度の双眼鏡を使用し周期2万2500年新彗星を発見、パリに本部がある国際天文学連合（IAU）が2月6日正式に認定した。「ヒャクタケ」と命名された同彗星は3月26日に約1600万kmまで地球に最接近した。

2.12 **J1ロケット打ち上げ**（日本）　宇宙開発事業団（NASDA）は12日午前8時、日本版無人スペースシャトル「HOPE」開発のための極超音速飛行実験機「ハイフレックス」を搭載した新型ロケット「J1」ロケット1号を種子島宇宙センターから打ち上げた。「ハイフレックス」は大気圏再突入後、機体表面の摩擦熱や空気抵抗など「ホープ」のためのデータを収集、小笠原諸島沖に着水するも、機体の回収には失敗。データは14項目中、2項目が失われた。

2.22 **"火星観測の鬼"佐伯恒夫が没する**（日本）　日本暦学会会長・東亜天文学会会長を歴任した佐伯恒夫が死去した。1916年（大正5年）生まれ。小学校卒業後、独学で天文学を学び、京都大学理学部嘱託を経て、1941年（昭和16年）〜1969年大阪市立電気科学館に勤務、プラネタリウムの名解説者として天文ファンから親しまれた。火星の運河などの観測でも国際的に知られ、"火星観測の鬼"と呼ばれた。「火星とその観測」などの著書がある。その功績から英国の王室天文学会が月のクレーターの1つに「サエキ」の名をつけた他、2006年（平成18年）には火星のクレーターにも初めての日本人名として「サエキ」が命名された。

― 274 ―

3.9	故障の「コロンビア」無事帰還（米国）	7人の宇宙飛行士を乗せ、2月22日に打ち上げられたスペースシャトル「コロンビア」が、「テザー・サテライト・システム」放出に失敗。着陸系統のコンピュータも故障したが、3月9日ケネディ宇宙センターに無事帰還することが出来た。
3.23	かかみがはら航空宇宙科学博物館が開館（日本）	岐阜県各務原市にかかみがはら航空宇宙博物館が開館した。同市は各務原飛行場、川崎重工業航空宇宙カンパニー、三菱重工などを擁し、日本の航空機産業における誕生地かつ中心地の1つとして「航空機産業と飛行実験の街」を標榜している。同館では各務原飛行場で誕生した第1号の「サルムソン2A-2型機（復元）」をはじめとする戦前・戦後の日本の航空技術開発に大きく寄与した実験機の収集・展示を通じ、「日本の航空宇宙技術者が、何にチャレンジし、何を残してきたか」を後世に伝えることを目的としている。宇宙関係では、2005年（平成17年）の「愛・地球博」米国館で展示された火星探査車の実物大複製やこの探査車が撮影した火星表面の写真パネルなどが展示されている。
4月	森岡浩之「星界の紋章」が刊行される（日本）	SF作家・森岡浩之の代表作の1つである「星界の紋章」が刊行された。1996年（平成8年）全3巻で刊行され、同年末には続編である〈星界の戦旗〉シリーズがスタートした。独自の宇宙航法や社会・言語体系を構築した緻密な設定と、テンポの良い会話で新しいスペースオペラとして人気を博し、1997年星雲賞を受賞。1999年にはアニメ化もされた。
4.9	「プロトン」衛星打ち上げ国際市場参入（ロシア）	ロシアの「プロトンロケット」がバイコヌール宇宙基地から打ち上げられた。同機は米国の民間通信衛星を初めて搭載しており、これにより、ロシアは衛星打ち上げの国際市場に参入した。
5.29	5人目の飛行士に野口聡一（日本）	宇宙開発事業団（NASDA）は日本人5人目の宇宙飛行士に、572人の応募者の中から石川島播磨重工業勤務の航空エンジニア、野口聡一を選出した。野口は8月中旬から米国航空宇宙局（NASA）のMS養成コースに参加する。また、先輩飛行士の毛利衛も改めてMS養成コースに参加することになった。
6.4	「アリアン5」爆発（欧州）	欧州宇宙機関（ESA）が開発していた新型ロケット「アリアン5」が初めて打ち上げられたが、爆発、失敗に終わった。「アリアン5」は「アリアン4」に比べて、組み立ての際、発射台にロケットを直接据え付けることができ、点検などの手間を少なくすることを可能にする機だった。以後、改良が重ねられ、打ち上げが次々と行われた。
7月	次世代シャトル開発（米国）	低コストで打ち上げ可能な次世代スペースシャトルの開発に着手することを米国ゴア副大統領が発表した。試験機の開発はロッキード・マーチン社に委託。
7月-8月	着陸実験に成功した「アルフレックス」（日本）	7月から8月にかけて、オーストラリアで、日本が開発中の無人有翼往還機「HOPE」の小型自動着陸実験機「アルフレックス（ALFREX）」の飛行実験が13回に渡って実施され、無事終了した。しかし、「アルフレックス」は小笠原近海に着水したものの浮きをつないだ網が切れ海中に沈み、回収に失敗した。
8.6	火星に生命体か？（米国）	1984年に南極で発見されたメロン大の火星由来の隕石から、太古の火星に原始的な生命体が存在した可能性を示す証拠を発見したと、米国航空宇宙局（NASA）が発表した。約1万3000年前に落下したとされ、隕石自体の年齢は約40億年とみられる。その後も、英国の天文学者がNASAの報告書を裏づける有機物を確認した。
8.13	ビュラカン天文台台長ヴィクトル・アンバルツミヤンが没する（アルメニア）	ビュラカン天文台台長のヴィクトル・アンバルツミヤンが死去した。1908年生まれ。1934年～1946年レニングラード大学教授、1947年よりアルメニアのエレバン大学教授。この間、1944年～1988年エレバン近郊のビュラカン天文台長を務めた。進化の間に星や銀河の中で起こる大変動について研究。はくちょう座の電波源は一般には銀河の

衝突が起きているために生じると考えられていたが、1955年にこの理論の間違いを証明する証拠を提出した。代わりに超新星に似ているが銀河的規模の爆発、銀河の中心での大爆発を示唆した。

8.17　地球観測衛星「みどり」打ち上げ（日本）　午前10時53分、「H-2ロケット4号」で世界最大級の地球観測プラットホーム技術衛星「ADEOS（みどり）」を宇宙開発事業団（NASDA）が種子島宇宙センターから打ち上げた。2つのセンサーと国内4機関から提供された6種のセンサーを搭載し、温暖化、オゾン層の破壊、熱帯雨林減少などの環境変化を高度約80kmの宇宙空間から見張る。南米の南端近くまでオゾンホールが拡がっているデータを送信してきた。

9月　シャトル運用、民間委託へ（米国）　民営化への動きのある米国航空宇宙局（NASA）は9月、スペースシャトル運用に関して民間会社に委託する契約を結んだ。契約額は6年間に70億ドルでユナイテッド・スペース・アライアンス社に決定し、スペースシャトルの打ち上げ準備、管制、宇宙飛行士の訓練など請け負う。宇宙関係者からは危惧する声も出た。

9.7　女性の宇宙滞在記録を更新（ロシア）　ロシアの宇宙ステーション「ミール」に搭乗していた米飛行士シャノン・ルシッドが9月7日、女性の宇宙滞在記録169日間5時間を更新した。ルシッドは9月27日にシャトル「アトランティス」で帰還し記録は188日間となった。

9.23　漫画家・藤子・F・不二雄（藤本弘）が没する（日本）　国民的漫画「ドラえもん」の生みの親である漫画家、藤子・F・不二雄（藤本弘）が死去した。「SF」を「すこし・不思議」と解して、「ドラえもん」や大人向けのSF短編などを通じ、その浸透に大きく貢献した。宇宙を舞台にした作品には「21エモン」「モジャ公」の他、「一千年後の再会」「老雄大いに語る」「老年期の終わり」「イヤなイヤなイヤな奴」などの短編がある。

10.1　「パーフェクTV」放送開始（日本）　通信衛星を利用したデジタル多チャンネル放送「パーフェクTV」の放送が開始された。日本サテライトシステムズの「JCSAT3号」を利用したもので、当初のチャンネル数はテレビ57番組とラジオ4番組。

10.20　日本スペースガード協会発足（日本）　地球と小天体の衝突を回避し被害を抑えるために、小惑星や彗星を監視する団体・日本スペースガード協会（JSGA）が発足した。初代会長は磯部琇三。1999年（平成11年）11月26日特定非営利活動法人（NPO法人）。小惑星の軌道決定、衝突確率の決定、被害レベルの推定などの研究・調査を目的とする。

10.23　木星の衛星、酸素の存在（米国）　米国の研究者が太陽系最大の衛星である木星の衛星「ガニメデ」の大気中に酸素が存在することを発見し、全米天文学会で発表した。米国航空宇宙局（NASA）のハッブル宇宙望遠鏡の観測データを分析したもの。

11.5　天文観測衛星、失敗に帰す（日本, 米国）　理化学研究所が、米マサチューセッツ工科大学、フランス宇宙局と共同開発した天文観測衛星「HETE」は米ワシントン沖の大西洋から分離・発射されたが、信号が途絶した状態から回復せず、計画は失敗に終わった。宇宙でのガンマ線バースト減少などを調べるため、ガンマ線、X線、紫外線などの観測機器を搭載していた。

11.14　土井飛行士、「コロンビア」搭乗決定（日本）　宇宙開発事業団（NASDA）の土井隆雄宇宙飛行士が1997年（平成9年）10月9日に打ち上げられる米スペースシャトル「コロンビア」に搭乗することが正式に決まり、米国航空宇宙局（NASA）が発表した。土井は日本人初の船外活動に挑む。

11.19　還暦越えの飛行士、搭乗（米国）　米国航空宇宙局（NASA）により19日、スペースシャトル「コロンビア」がケネディ宇宙センターから打ち上げられた。同機には、宇宙飛行士としては過去最高齢となる当時61歳のストーリー・マスグレイブを含め5人が搭乗。マスグレイブは6回目の飛行で、バンス・ブランドの59歳の記録を塗り替えた。

12月7日無事帰還。また、同機は17日16時間滞空飛行し、これまでのシャトルの最長飛行時間16日22時間も上回った。なお、マスグレイブは1997年62歳で引退。その生涯における宇宙滞在時間は1281時間に及んだ。

12.20 「核の冬」のカール・セーガンが没する（米国）　天体物理学者で科学著述家のカール・セーガンが死去した。1934年生まれ。少年時代から星空やSFに強い関心を示し、大学院在籍中すでに金星の表面温度の研究で業績をあげた。ハーバード大学講師、助教授を経て、米国国立博物館天体物理観測所所員。1968年よりコーネル大電波物理宇宙研究センター惑星研究所長、1970年より同大教授。1969年から米国航空宇宙局（NASA）で宇宙飛行士訓練プログラム講師を務め、「マリナー」「バイキング」「ボイジャー」「ガリレオ」などの惑星探査計画にも参与した。特に1972年、1973年に打ち上げられた「パイオニア10」「11号」に金属板「宇宙人への手紙」を積み込んだことは有名。また、1968年太陽系研究誌「イカロス」編集長に就任以来執筆活動も行い、1980年発表の「COSMOS」は英語で書かれた科学読物として空前のベストセラーとなり、テレビシリーズ化された。他に「宇宙との連帯」（1973年）、「核の冬」（1983年）、「ハレー彗星」（共著）、小説「コンタクト」（1985年）など一般読者向けの啓蒙書を数多く出版した。1989年来日。1997年NASAは21年ぶりに火星着陸に成功した探査機マーズの着陸機を「カール・セーガン記念基地」と命名することを発表。同年「コンタクト」が映画化された。

この年　太田耕司らクエーサーからのCOガスの輝線を発見（日本）　京都大学の太田耕司らは、野辺山宇宙電波観測所での観測で、赤方偏移zが4.69のクエーサーからのCOガスの輝線を発見した。

この年　H-2ロケットで打ち上げビジネス（日本）　純国産大型ロケットの一連の成功で日本は技術の信頼性の高さを改めて示した。これは国際的な打ち上げビジネス市場への本格参入を目指すことへの大きな弾みとなり、73社で作る「ロケットシステム社」は米衛星メーカー「ヒューズ社」と契約を交わした。

この年　日本天文学会天体発見功労賞受賞（日本）　中村祐二・宇都宮章吾・田中政明が「彗星：122P/1995 S1（de Vico）の再発見」により受賞。

この年　日本宇宙生物科学会賞受賞（日本）　佐藤温重（東京医科歯科大学教授）が「スペースシャトル『コロンビア号』による『第2次国際微少重力実験室（IML-2）』において、搭乗科学技術者として、生命科学実験を担当し、研究者研究テーマを成功に導いた」として、松宮弘幸（宇宙開発事業団）が「宇宙環境利用による生命科学実験のための技術開発および研究支援に貢献した」として功績賞を、阿部清美（東北大学大学院農学研究科）が「Localization of cells containing sedimented amyloplasts in the shoots of normal and lazy rice seedlings」で、井尻憲一（東京大学アイソトープ総合センター助教授）が「Fish mating experiment in space-What it aimed at and how it was prepared」で奨励賞を受賞した。

この年　文化功労者に藤田良雄（日本）　低温度の恒星の大気の組成が炭素と酸素の存在量の違いによって、2つのタイプに分かれることを解明するなど、恒星分光を中心に革新的な業績を収め、国際的に高い評価を受けた藤田良雄東京大学名誉教授が第49回文化功労者に選ばれた。

この年　仁科記念賞受賞（日本）　中井直正（国立天文台電波天文系助教授）、井上允（国立天文台電波天文系教授）、三好真（国立天文台地球回転研究系助手）が「銀河中心巨大ブラックホールの発見」により、第42回仁科記念賞を受賞した。

この年　太陽系外9番目の惑星（米国）　米国の研究者が地球より約100光年離れたところにあるはくちょう座の中に、恒星の周りを回る惑星を発見したと米国天文学会で発表した。水蒸気を含む雲があるガス惑星の可能性が高く、太陽系外で発見された惑星としては9番目になる。

この年　月の土地販売開始（米国）　ルナエンバシー社が月の土地を1エーカー（約4047平方m）

単位で販売し始めた。土地権利書、月の地図、月の憲法付き。購入者は2009年で370万人を超えた。しかしその販売については議論も多く、中国当局は2005年に不当な利益とし、同社中国代理店の営業を不許可とした。

この年 米口の火星探査機相次ぐ(米国, ロシア) 米国航空宇宙局(NASA)は11月7日、火星周回探査機「マーズ・グローバル・サーベイヤー」を打ち上げ、12月4日には火星着陸を目指す「マーズ・パスファインダー」を打ち上げた。ロシアも、11月18日、「マーズ96」を打ち上げたが故障により太平洋に落下した。

この年 長征ロケット爆発で死者(中国) 安価な費用で衛星ビジネスを展開していた中国は、2月と8月に実施された新型ロケット「長征3号」が相次いで失敗。2月の「インテルサット」(国際電気通信衛星機構)通信衛星の打ち上げでは農民死者6人、負傷57人の人的被害が報じられた。これらに先立ち1995年1月に打ち上げられた「長征2号」も空中爆発を起こしている。

1997年
(平成9年)

1月 ニュートリノの質量(日本) 東京大学宇宙線研究所を中心とする研究チームが世界で初めて、正体不明の素粒子「ニュートリノ」が微量な質量を持つことを示すデータをとらえることに成功し、1997年(平成9年)7月末のドイツで開催された国際学会で発表した。実験は岐阜県山中の巨大観測装置「スーパーカミオカンデ」を使用し、1996年4月から進められていた。

1.17 米無人ロケットが爆発(米国) 空軍の新型航行衛星を搭載し、フロリダ州にあるケープカナベラル基地から打ち上げた無人のデルタ2型ロケットが、打ち上げ直後に爆発した。全地球測位システム(GPS)のための新型航行衛星が搭載されていた。

1.17 冥王星の発見者クライド・トンボーが没する(米国) 天文学者クライド・トンボーが死去した。1906年生まれ。貧農の家業を助けつつ、自作で望遠鏡をつくり火星のスケッチなど行った。その熱心さから1929年ローウェル天文台助手に採用される。1930年24歳の時に第9惑星(のち冥王星と命名される)を発見。これを契機にカンザス大学で天文学を研究。1943年〜1945年アリゾナ州立大学科学講師をつとめ、1946年〜1955年ホワイトサンド実験場弾道研究所付天文学者としてロケット進路の研究に従事、1955年〜1961年にはニューメキシコ州立大学付天文学者となり、1965年〜1973年同教授、1973年から名誉教授。月、火星、金星、海王星、土星を含む惑星の探査と観察を試み、5つの新しい大星群や球状星団もみつけた。2006年国際天文学連合(IAU)の決議により、冥王星は惑星ではなく、より小さな矮惑星(準惑星)と定義された。著書に「The Search for Small Natural Earth Satellites」(1959年, 共著)、「Geology of Mars,Out of the Darkness:The Planet Pluto」(1980年, パトリック・ムーアとの共著)など。

2月 ハッブル宇宙望遠鏡を大幅に改良(米国) ハッブル宇宙望遠鏡を改良するためスペースシャトル「ディスカバリー」は、ロボットアームで同望遠鏡を回収し、観測装置を取り換え、再放出した。その際、新たにスペクトル分析装置と近赤外線カメラを取り付けた。

2.12 電波天文衛星「はるか」打ち上げ(日本) 文部省宇宙科学研究所(ISAS)と国立天文台が鹿児島宇宙空間観測所から「M(ミュー)5型初号機」で、電波望遠鏡衛星「MUSES-B(はるか)」(高さ6.5m, 重さ830kg)を打ち上げた。「はるか」は世界最大級のアンテナ(直径8m)を宇宙で開き、世界中の地上電波望遠鏡と同時観測することで世界初

の「宇宙電波天文台」「スペースVLBI（超長基線干渉計）」となる。5月、地上の電波望遠鏡との同時観測及び干渉縞検出に成功。

2.13 **ビッグバン理論のロバート・ハーマンが没する**（米国）　物理学者ロバート・ハーマンが死去した。1948年、宇宙はすべてを含む超過密な1つの物体が大爆発して誕生したとするビッグバン理論をジョージ・ガモフらと共に提唱。ビッグバンの名残として、原子核や電子と共に波長1mm前後の電波を放出する宇宙背景放射が残っていると予言。1960年代にベル電話研究所が放射を確認し、ビッグバン理論は天文学者らに幅広く受け入れられるようになった。

3月 **4000年前の天文台発見される**（中国）　中国河南省で4000年前に建設された天文台「火星台」が発見された。中国最古の天文台。

3.7 **ノーベル賞受賞のエドワード・パーセルが没する**（米国）　物理学者のエドワード・パーセルが死去した。1912年生まれ。1938年ハーバード大学で学位取得、同大講師、助教授を経て1949年教授。その後ゲルハード・ゲイト大学教授となる。この間、1940年マサチューセッツ工科大学放射線研究所で軍事研究、特にマイクロ波レーダの開発に従事した。1946年トーレーやパウンドと共に高周波の核磁気共鳴吸収法により液体や固体試料の中の原子核の磁気モーメントを測定する方法を確立。1951年には宇宙空間の水素原子から放射される21センチマイクロ波を検知、電波天文学に貢献した。また、原子諸定数の決定、低音における核磁気モーメントの研究なども行った。1952年フェリックス・ブロックと共にノーベル物理学賞を受賞。

3.22 **ヘール・ボップ彗星が接近**（世界）　1995年7月に米国のアマチュア天文家、アラン・ヘールとトーマス・ボップの両名が木星軌道の外側で発見した、20世紀最大の彗星「ヘール・ボップ彗星」が地球に約2億kmと最接近した。彗星は太陽系誕生の頃の熱変化を受けていないため、その成分から原始の太陽系の姿が類測出来ることで注目された。4月1日には東京の高層ビルなどが、接近にあわせてライトダウンを行った。

3.31 **ハッブル宇宙望遠鏡に貢献したライマン・スピッツァーJr.が没する**（米国）　天体物理学者ライマン・スピッツァーJr.が死去した。1914年生まれ。1947年プリンストン大学教授に就任以後、天体物理学部長、同大プラズマ物理学研究所長などを歴任。1940年代に大気の影響を避けるため、衛星に望遠鏡を乗せ宇宙に打ち上げるアイデアを発表。1990年に米国航空宇宙局（NASA）が打ち上げたハッブル宇宙望遠鏡の開発段階で指導的な役割を果たした。また、恒星大気、星間物質、太陽系起源論など広範囲にわたって研究。磁場の星の形成への影響に関する研究がプラズマ物理、核融合制御へと発展し、米国の核融合研究に先駆的な役割を果たした。

4.9 **エウロパ、生命の可能性**（米国）　木星探査機「ガリレオ」が撮影した木星の衛星「エウロパ」の鮮明な画像を、米国航空宇宙局（NASA）のジェット推進研究所が発表。エウロパは1610年にイタリアの科学者ガリレオ・ガリレイが発見したものだが、北極のように広く氷で覆われており、その下に海があるとみられ、生命体の可能性が指摘されている。なお、「エウロパ」には、1995年に酸素分子からなる極希薄な大気の存在が確認されている。

4.26 **向井、若田両名、宇宙へ**（日本）　宇宙開発事業団（NASDA）の宇宙飛行士、向井千秋がペイロード・スペシャリストとして1998年（平成10年）10月に打ち上げられるスペースシャトル「ディスカバリー」に搭乗することが決まった。向井は日本人では初めての2度目の宇宙飛行となる。また、6月2日に同事業団の宇宙飛行士・若田光一も1999年1月に打ち上げられるスペースシャトル「アトランティス」に搭乗することが正式決定した。若田は日本人で初めて国際宇宙ステーション（ISS）の組立作業にあたる。

7.2 **乗鞍コロナ観測所開設者の森下博三が没する**（日本）　乗鞍コロナ観測所開設者の森下博三が死去した。1944年（昭和19年）中央気象台高山測候所に入所。1949年乗鞍コロナ観測所の開設にあたって試験観測から参加し、開設に尽力。1963年東京大学助

手、1967年講師となり、1986年退官した。人々から畏敬を込めて"かもしか仙人"と呼ばれたことから、1977年に25cmクーデ型コロナグラフ背面に取り付けられた20cm単色写真儀は"仙人カメラ"と称され、このカメラを用いて数々の貴重な太陽面現象が撮影された。

7.4 **火星生命探査始まる**（米国）　1996年に米国航空宇宙局（NASA）が打ち上げた火星探査機「マーズ・パスファインダー」の着陸機が、米国の独立記念日である7月4日火星の北半球低緯度地帯の「アレス渓谷」に到着した。着陸機は約6時間半荒涼とした火星の地表などを写した白黒、カラー画像を送信した。また、着陸機から小型ロボット探査車「ソジャーナ」が発進、火星表面を80cm走行。米国の「バイキング2号」以来21年ぶりの火星着陸となった。11月「マーズ・パスファインダー」は交信が途絶えた。

7.10 **日独、「暗黒銀河団」を発見**（日本，ドイツ）　90億光年の宇宙の彼方に普通の光では見えない「暗黒銀河団」を、理化学研究所と独マックス・プランク研究所の共同研究グループが発見し、英科学誌「*Nature*」に発表。日本の「あすか」とドイツの「ローサット」のX線天文衛星で、いるか座の方向にある暗黒銀河を観測したもの。

7.18 **彗星発見者ユージーン・シューメーカーが没する**（米国）　天文学者ユージーン・シューメーカーが死去した。1928年生まれ。1948年〜1993年米国地質調査所に勤務し、惑星地質学部門を組織。その後、ローウェル天文台スタッフとなる。1993年アマチュア天文家デービッド・レビと妻と共に「シューメーカー・レビ第9彗星（SL9）」を発見、当初は5個ほどの核しか確認出来なかったが、その後21個が1列に並んでいることが判明した。1994年SL9の約20個に分かれた核が次々と木星に激突し、世界中の注目を集めた。これまで夫婦で発見した彗星はSL9を含めて31個。また、「アポロ計画」など米国の数々の宇宙計画にも参加した。1995年シンポジウム参加で夫婦で来日。1999年7月、月に激突した探査機「ルナプロスペクター」に遺骨の一部が積み込まれ、地球以外の天体に葬られた最初の人類として話題になる。

7.28 **通信衛星「スーパーバードC」打ち上げ**（日本，米国）　宇宙通信社の通信衛星「スーパーバードC」が日本時間28日（現地時間27日）、ケープカナベラル基地から打ち上げられた。デジタル衛星放送「ディレクTV」用。

8月 **国際天文学連合総会、京都で開催**（日本）　3年に1度各国持回りで行われる国際天文学連合（IAU）の総会が初めて日本の京都で行われた。開会式には天皇、皇后両陛下が出席した。

8.25 **ロケット科学者バイロン・マクナブが没する**（米国）　ロケット科学者バイロン・マクナブが死去した。1910年生まれ。ゼネラル・エレクトリック（GE）社の軍事、宇宙部門に参加。米国初の大陸間弾道ミサイル（ICBM）の開発に参加。有人宇宙飛行の先駆けとなったジョン・グレン飛行士らによる「マーキュリー計画」、月面軟着陸、金星や火星への接近飛行などを手掛けた。

8.27 **「セレーネ」計画開始**（日本）　科学技術庁は、1998年（平成10年）度から月探査周回衛星「セレーネ」計画に本格的に着手することを決定した。宇宙開発事業団（NASDA）と文部科学省宇宙科学研究所（ISAS）が初めて共同で実施する大規模なプロジェクトで、月の起源や将来の月面天文台の可能性を調べる。

9.6 **天体写真の草分け・星野次郎が没する**（日本）　アマチュア天文家・星野次郎が死去した。1953年（昭和28年）福岡県庁入り、1973年筑紫女学園理事。中学2年の時から反射望遠鏡の鏡を独学で磨き、約800枚を国内外の天文ファンに安価で譲り続け、「星野鏡」と呼ばれた。天体写真の草分けとしても知られる。

9.11 **火星無人探査機、周回軌道に**（米国）　米国航空宇宙局（NASA）の無人探査機「マーズ・グローバル・サーベイヤー」が、火星上空に達し楕円周回軌道に入った。高性能カメラやレーザー光度計など6つの観測機器を搭載した同機は、1998年3月から本格的な観測を始める予定で打ち上げられた。1999年に火星南半球のクレーターで、起

天文・宇宙開発事典　　　　　　　　　　　　　　　　　　　　　　　　　　　　1997年（平成9年）

伏が笑顔の目口のような「ハッピーフェース」を撮影、送信した。2001年火星表面の地形の変化を観測。

9.30　**地球観測衛星みどりが機能停止**（日本）　1996年8月に打ち上げられた宇宙開発事業団（NASDA）の大型地球観測衛星「みどり」は、3年間の観測を予定していたが、太陽電池パネルに異常が発生して、観測機器や通信などの機能が停止した。同衛星は重さ3.6tと日本では最大級の衛星で、フロンガスなどのオゾン層破壊物質の高度分布や、海水温、海色などを測定する観測機器が搭載され、開発費用が総額1000億円費やされていた。

10月　**三菱重工業、ボーイング社からロケットエンジン部品を受注**（日本）　三菱重工業は、米国のボーイング社から次世代デルタロケットのエンジン部品を受注することとなった。日本の企業がロケットの主要部品を宇宙開発の本場の1つ米国に輸出するのは初めてのことである。

10.15　**土星探査機打ち上げ**（米国）　米国航空宇宙局（NASA）は、「ボイジャー1号」「2号」以来20年ぶりとなる土星探査機「カッシーニ」をタイタン4Bロケットで打ち上げた。2004年に土星に到着し周回軌道で観測する他、最大の衛星「タイタン」に着陸機「ホイヘンス」を降ろし周回軌道や地表の探査を行う。電力源はプルトニウムを利用。1999年8月、打ち上げから2年ぶりに地球に最接近した。

10.18　**UFO研究家の高梨純一が没する**（日本）　UFO研究家の高梨純一が死去した。大阪市の中学校理科教師を退職後、貿易会社を経営。また、学生時代から天文学などに興味を持ち、未確認飛行物体（UFO）を研究。1956年（昭和31年）近代宇宙旅行協会（MSFA）を結成した。その後、日本UFO科学協会に改称。会報「空飛ぶ円盤研究」を発行し、著書に「空飛ぶ円盤の跳梁」「UFO日本侵略」などがある。

10.31　**天王星に新衛星発見**（米国）　コーネル大学などの研究チームが、天王星に新しく衛星を2個発見したことが、スミソニアン天文台内の国際天文学連合（IAU）により発表された。これで、天王星に確認された衛星は17個となった。

11.20-12.5　**日本人初の船外活動**（日本）　宇宙開発事業団（NASDA）の宇宙飛行士・土井隆雄が、ミッション・スペシャリスト（MS）として米スペースシャトル「コロンビア」に搭乗。日本時間20日午前4時46分（現地時間19日午後2時46分）打ち上げられた。土井飛行士は日本人初の船外活動（宇宙遊泳）をウィンストン・スコット飛行士と2回実施した。計12時間43分の船外活動を完璧に成し遂げ、米マスコミや米国航空宇宙局（NASA）でも高く評価された。12月5日ケネディ宇宙センターに帰還。帰還後、「コロンビア」の耐熱タイル300枚に損傷があったことが分かった。

11.28　**技術試験、熱帯降雨観測衛星打ち上げ**（日本）　種子島宇宙センターから宇宙開発事業団（NASDA）は、「H-2ロケット6号」で技術試験衛星「きく7号」と米国航空宇宙局（NASA）の熱帯降雨観測衛星「TRMM」を一緒に打ち上げた。「きく7号」は国際宇宙ステーション（ISS）建設などで使われる無人遠隔操作のランデブー・ドッキング技術やロボットアーム技術などを試験する。「TRMM」は海陸両方の降雨を3次元で観測、エルニーニョ現象や砂漠化などのメカニズムを解明する。なお、「TRMM」は2004年7月寿命を過ぎ、日米で運用打ち切りの合意がなされた。

12.19　**ビッグバン理論のデービッド・シュラムが没する**（米国）　物理学者デービッド・シュラムがシカゴから別宅のあるコロラド州アスペンに向け双発機を1人で操縦して飛行中、デンバー郊外で墜落死した。宇宙の始まりに関するビッグバン理論で、世界有数の権威だった。米国政府の科学政策に影響力を持ち、シカゴ大学教授の他、米国国立研究協議会（NRC）物理天文学委員会議長、科学基礎論委員会委員、エンリコ・フェルミ研究所教授などを兼任。科学の大衆化にも力を入れており、共著に「クォークから宇宙へ」がある。

12.30　**SF作家の星新一が没する**（日本）　SF作家の星新一が死去した。星製薬創業者・星一の長男で、祖父は人類学者の小金井良精、祖母は森鷗外の妹・小金井喜美子。1957年

- 281 -

(昭和32年)SF同人誌「宇宙塵」創刊に参加、同誌に発表した「セキストラ」が「宝石」に転載されて小説家デビュー。ショート・ショートの第一人者として1001編以上の作品を発表、小・中学生を含む広く一般読者層に支持され、SFの普及に大きく貢献した。著書に「人造美人」「ようこそ地球さん」「気まぐれロボット」「だれかさんの悪夢」「午後の恐竜」「未来いそっぷ」「どんぐり民話館」などがある。

この年　**日本天文学会林忠四郎賞が受賞開始**（日本）　日本天文学会会員林忠四郎への京都賞授与を記念し、林からの寄付金を基金として設立された。天文学関連の独創的な学術研究に対して授与される。

この年　**日本天文学会林忠四郎賞(1996年度, 第1回)**（日本）　小玉英雄（京都大学教授）、佐々木節（大阪大学教授）が「宇宙背景放射ゆらぎの理論」により受賞した。

この年　**日本天文学会天体発見功労賞受賞**（日本）　高見澤今朝雄が「超新星：SN 1996X in NGC 5061」、岡崎清美が「超新星：SN 1996bo in NGC 673」により受賞。

この年　**日本宇宙生物科学会賞受賞**（日本）　増田芳雄が功績賞を、石川洋二、大西健が奨励賞を受賞した。

この年　**小柴昌俊、文化勲章受章**（日本）　超高エネルギー粒子の発見を始め、長年にわたって世界の宇宙線研究の最先端を歩み、大マゼラン雲の超新星爆発によって飛散したニュートリノの史上初の観測に成功した功績が認められ、小柴昌俊が第59回文化勲章を受章した。

この年　**仁科記念賞受賞**（日本）　木舟正（東京大学宇宙線研究所教授）、谷森達（東京工業大学理学部助教授）が「超高エネルギーガンマ線天体の研究」により、第43回仁科記念賞を受賞した。

この年　**科学技術映像祭受賞(1997年度, 第38回)**（日本）　科学技術庁長官賞を科学教育部門で日本宇宙少年団・イメージサイエンスの「飛べ!!水ロケット」、科学技術部門で東京大学宇宙線研究所・ビデオ映像文化振興財団・岩波映画製作所の「地下1000メートルからの挑戦―素粒子天文学の謎に挑む巨大地下実験施設」、理化学研究所・山陽映画の「サイエンスの証言―理研80年」が受賞した。

この年　**挿絵画家の南村喬之が没する**（日本）　挿絵画家の南村喬之が死去した。確かな描写力で、大伴昌司が企画した図解特集の挿絵を多く描き、ウルトラマンなどの怪獣にも定評があった。晩年には画業をまとめた「咆哮の世紀 南村喬之怪獣画集」も刊行された。また、矢野ひろしの筆名で漫画も描いた。

この年　**ハッブル宇宙望遠鏡**（米国）　米国航空宇宙局（NASA）のハッブル宇宙望遠鏡は2月の改良で性能が上がり、興味深い宇宙の姿の数々を映し出した。星間物質が渦巻く「竜巻」、おとめ座にあるブラックホールと思われる天体から放出される「光の輪」、放出エネルギーが太陽の1000万倍という明るさのけんじゅう座、2つの渦巻銀河が衝突して出来た「アンテナ銀河」、衝突する超新星の姿などの画像が公表された。

この年　**「ミール」トラブル続く**（ロシア）　ロシアの宇宙ステーション「ミール」は打ち上げから11年たった1997年、船内火事、姿勢制御の一時不能、軍事衛星とのニアミス、酸素製造装置の故障、中央コンピュータ自動停止など深刻なトラブルが相次ぎ、6月25日には無人物資輸送船「プログレスM31号」が衝突し、太陽電池パネルが損傷。9月25日打ち上げられた米スペースシャトル「アトランティス」がミールとドッキングし、米ロの宇宙飛行士が協力して修理作業にあたった。

この年　**「BeppoSAX」ガンマ線バーストの起源解明**（イタリア, オランダ）　1996年4月に打ち上げられたイタリアのX線天文衛星「BeppoSAX（ベッポサックス）」がガンマ線の残光を発見。この結果、「ベッポサックス」チームは、ガンマ線バーストが銀河系外で発生していること示した。

この年　**宇宙葬ビジネス開始**（世界）　テキサス州「セレスティス」社が宇宙葬ビジネスを開始した。遺灰を口紅大のカプセルに入れて打ち上げ、地球を周回させた後に大気圏

に突入させ、流れ星のように輝きながら燃え尽きさせる。第1回の宇宙葬は4月大西洋のスペイン領カナリア諸島上空で行われた。米国のカウンターカルチャーの教祖、ティモシー・レアリーや「スター・トレック」の生みの親ジーン・ロッデンベリーの他、24人の遺灰が打ち上げられ、地球周回軌道に入った。費用は4800ドル（約60万円）だった。以後、同社は数回にわたって遺灰をロケットで打ち上げている。2001年には打ち上げが失敗したこともある。しかし希望者は続き、2005年には「スター・トレック」で有名な俳優ジェームズ・ドゥーアンも宇宙葬で弔われた。

1998年
（平成10年）

- 1.1 **宝塚に「宙」組、誕生**（日本）　宝塚歌劇団に5番目の組、「宙（そら）組」が誕生した。1933年の星組誕生以来65年ぶりの新設である。新名称は公募によるもので、2万8000通の応募の中から、"21世紀は宇宙の時代。無限に広がる宇宙ではばたいてほしい"という願いを込めて、植田紳爾理事長が決定した。

- 1.6 **NASA、「アポロ」以来の月探査**（米国）　米国航空宇宙局（NASA）は、米国の月探査プロジェクトとして「アポロ17号」以来25年ぶりに、探査機「ルナ・プロスペクター」を打ち上げた。直径約1.4m、高さ約1.3mで、1年以上にわたって月の内部構造や資源の探査、磁気や大気の観測を行う計画。9月NASAは、観測データから月の両極に60億t程の氷の存在を確認したことを、1999年3月には、月は地球からはじき飛ばされた破片から形成されたことを発表した。同年7月31日月面に落下。この際、1998年に探査機に搭載されていたユージーン・シューメーカーの遺灰も月に沈んだ。

- 1.7 **ブラックホールの証拠発見**（ドイツ）　ドイツのマックス・プランク研究所の観測チームは、われわれの銀河系の中心部に巨大なブラックホール（太陽の質量の260万倍）が存在する確実な証拠を見つけたと、米国天文学会で発表した。

- 1.31 **大気圏外での太陽表面撮影初成功**（日本）　太陽表面の高温ガス観測を目的として、宇宙科学研究所（ISAS）が鹿児島宇宙空間観測所からS-520型ロケットを打ち上げた。搭載した新開発のX線ドップラー望遠鏡は高度270〜170kmの大気圏外で、太陽の表面活動の撮影に成功した。大気圏外で望遠鏡を使った撮影に成功したのは初めて。

- 2月 **笹本祐一「彗星狩り」が刊行される**（日本）　SF作家・笹本祐一の代表作の1つである「彗星狩り」が刊行された。米国の零細航空宇宙企業を舞台とした〈星のパイロット〉シリーズの2巻であり、近未来には実現可能なアイデアをもとに、太陽系に接近した彗星の開発権を巡る宇宙機レースを描き、ヤングアダルトレーベルの作品として初めて星雲賞を受賞した。笹本は、航空・宇宙小説に定評があり、宇宙作家クラブの中心的メンバーとして活動。ロケットの打ち上げを追いかけ、その記録である〈宇宙へのパスポート〉シリーズでも星雲賞を受けている。

- 2月 **新説、宇宙の膨張は加速**（世界）　欧米などの国際研究チームが、百数十億年前のビッグバンで誕生し膨張を続けてきた宇宙は、膨張速度を加速させているという観測結果を発表した。

- 2.17 **最も遠くへ進む「ボイジャー1号」**（米国）　米国航空宇宙局（NASA）が1977年に打ち上げた惑星探査機「ボイジャー1号」が、先行していた「パイオニア10号」を追い抜き地球から最も遠い宇宙空間を飛ぶ人工物体となった。その距離は約104億km、10年後には太陽風の影響を受ける太陽圏をも脱出する。2003年NASAは「ボイジャー1号」が太陽系の端に到達したと発表した。

- 2.21 **通信放送技術衛星打ち上げ失敗**（日本）　午後4時55分、鹿児島県の種子島宇宙センター

から、宇宙開発事業団（NASDA）は「H-2ロケット5号」で通信放送技術衛星「COMETS（かけはし）」を打ち上げたが、ロケットエンジン「LE-5A」の再点火の途中で停止し、軌道投入に失敗した。予定していた実験の大半は不可能となり、開発費を含む685億円が無駄になった。5月、予定外の軌道を回っていた「かけはし」は、小型エンジン噴射により軌道変更、遠地点の高度を1万7711kmに上げることには成功したものの、1999年1月末運用終了がNASDAから発表された。

2.26 **南米で皆既日食**（南米） 南米のコロンビア、ベネズエラなどで、3分50秒にわたり、西半球では20世紀最後となる皆既日食がみられた。

3.6 **キトラ古墳で最古の天体図を発見**（日本） 奈良県明日香村阿部山にあるキトラ古墳の高感度カメラによる石槨内調査が行われ、天井に「星宿」と呼ばれる星座群、西壁には「白虎」、東壁には「青龍」の彩色壁画が描かれているのが発見された。「星宿」には宇宙全体を現す天球を示す同心円が描かれており、金、銀で彩色され描かれた星の数は1000を超える。

3.18 **宇宙開発事業団（NASDA）初代理事長・島秀雄が没する**（日本） 宇宙開発事業団（NASDA）初代理事長を務めた、鉄道技術者の島秀雄が死去した。父は鉄道技術者の島安次郎。1925年（大正14年）鉄道省に入省、技師として「D51」など多くの蒸気機関車を設計を手がけた。1948年（昭和23年）国鉄理事工作局長。1951年桜木町事件の責任をとって辞職したが、1955年国鉄技師長として復職。東海道新幹線建設を構想・推進し、1963年、1年後の開業が見通せたとき、予算超過の責任をとる形で退陣した。1969年NASDAが発足すると初代理事長を務めた。1994年（平成6年）文化勲章を受章。

3.19 **「九曜像」22体発見**（日本） 江戸時代に作られたと思われる、太陽や月、火星や日食などの星や天体を擬人化した木像「九曜像」22体が京都・東寺で発見され、マスコミに19日公開された。実物の発見は初めて。

4.17 **「コロンビア」で宇宙酔い実験**（米国、日本、カナダ） スペースシャトル「コロンビア」が打ち上げられた。主目的はネズミ、魚、昆虫など2000匹以上の動物を搭載して、微少重力がそれらの神経に与える影響、宇宙酔いの調査を行うこと。日本、カナダなど9か国が参加した。

5月 **ビッグバンに次ぐ規模の爆発**（米国） 120億年彼方で観測史上最大の爆発が起きたと米国航空宇宙局（NASA）が発表した。ビッグバンに次ぐ規模のエネルギーを放出する「ガンマ線バースト」と呼ばれる現象。

5月 **太陽系外の原始惑星を撮影**（米国） ハッブル宇宙望遠鏡が地球から450億光年離れた、おうし座の方向にある原始惑星の画像を撮影したと米国航空宇宙局（NASA）が発表した。「生命誕生」の場となり得る惑星は、太陽系以外に多数存在すると考えられるが、直接観測されたのは初めて。

5.26 **SF漫画の先駆・大城のぼるが没する**（日本） 漫画家大城のぼるが死去した。1905年（明治38年）生まれ。1923年（大正11年）日本画家村井湖山に師事。1931年（昭和6年）本名の栗本六郎「学年別童話漫画」でデビュー。田河水泡の影響を受け、大城のぼる名で「白チビ水兵」「愉快な探検隊」「冒険ターちゃん」「チン太上等兵」などの単行本を書き下ろした。1940年旭太郎原作による「火星探検」を出版、SF漫画の先駆的作品として評価され、1980年松本零士により復刻された。

6.2 **「ミール」と「ディスカバリー」最後のドッキング**（米国、ロシア） 「ミール」と最後のドッキングをするためのシャトル「ディスカバリー」がケネディ宇宙センターから打ち上げられた。ドッキング後、6月12日帰還。

6.5 **国際会議でニュートリノに結論**（日本） 有無が分からなかった最後の素粒子「ニュートリノ」について、東京大学宇宙線研究所など日米の共同実験グループは"質量はある"との結論をまとめ、岐阜県高山市で行われたニュートリノ国際会議で発表した。この研究発表は米紙「ワシントン・ポスト」や「ニューヨーク・タイムズ」も1面で

報じるなど大きな反響を呼んだ。2001年欧米の研究グループがカナダ・サドベリー・ニュートリノ天文台の観測施設を使って、この観測成果を裏付けた。

7.2 **日本版シャトル3年延期が決定**(日本) 科学技術庁と宇宙開発事業団(NASDA)が日本版無人型シャトル「HOPE-X」の打ち上げを延期することを宇宙開発委員会計画調整部会に報告した。

7.4 **火星探査機「のぞみ」**(日本) 宇宙科学研究所(ISAS)が午前3時12分、鹿児島宇宙空間観測所からM-V型ロケット3号を打ち上げた。同ロケットは、日本初の火星探査機「プラネットB(のぞみ)」を搭載。「のぞみ」は、磁気観測装置など14種類の観測機器を搭載し、スイングバイと軌道修正の末、9月24日には日本の探査機として初めて火星の裏側を撮影した。12月に地球の重力を利用して加速するスイングバイに失敗し、1999年10月の火星到着の予定は困難となった。

7.7 **人工衛星のドッキング成功**(日本) 1997年11月に「H-2ロケット」を使い打ち上げた、2つの小型衛星で構成される人工衛星「おりひめ・ひこぼし(きく7号)」を、宇宙開発事業団(NASDA)は一度切り離し、再度ドッキングさせる高度な遠隔操作に成功した。無人衛星同士の自動ドッキングは世界初。8月7日以降ドッキング実験に失敗し続けたが、27日再度ドッキングに成功。

7.11 **仙台市天文台の小坂由須人が没する**(日本) 仙台市天文台の小坂由須人が死去した。1299年(大正11年)生まれ。1955年(昭和30年)仙台市天文台設立に関わる。技師を経て、1970年~1991年(平成3年)台長、1994年より名誉台長。天文学者やアマチュア天文家を育成した仙台天文同好会の活動にも尽力。日本プラネタリウム研究会会長なども務めた。

7.14 **天文学者・一柳寿一が没する**(日本) 天文学者の一柳寿一が死去した。1910年(明治43年)生まれ。1931年(昭和6年)東京帝国大学理学部天文学科を卒業後、東北大学理学部に赴任し、1950年急逝した松隈健夫のあとを受けて同教授に就任。1973年定年退職後、同名誉教授。学問的な業績に、太陽大気中の輻射輸達理論の精密化、恒星構造の振動安定性についての具体的模型の提唱などがあげられ、1950年代には京大基礎物理学研究所で行われた原子核反応と恒星構造の時間発展に関する研究会に参加して天文学的な見地から講演を行うなど、東北大における天体物理学の発展に大きく寄与した。

7.21 **初の米国人宇宙飛行士アラン・シェパードが没する**(米国) 宇宙飛行士アラン・シェパードが死去した。1923年生まれ。1961年5月5日米国人として初めて宇宙飛行を成し遂げる。健康上の理由で地上勤務についたのち、復帰。1971年「アポロ14号」の船長として月に行き、延べ9時間に及ぶ月面調査を行う。1974年米国航空宇宙局(NASA)と少将の地位にあった海軍から引退。共著に「ムーン・ショット―月をめざした男たち」がある。

7.22 **アエロスパシアル社、民営化**(フランス) 国営の航空機・宇宙機器メーカーのアエロスパシアル社を防衛・宇宙機器メーカー・マトラ社と合併の上、民営化させることをフランス政府が発表した。同社はフランス最大の国有航空機メーカーで、「コンコルド」「アリアンロケット」のメーカーとして有名。

7.30 **エンジン開発の中川良一が没する**(日本) 日産自動車専務中川良一が死去した。1913年(大正2年)生まれ。1936年(昭和11年)旧・中島飛行機で設計主任として零戦などに搭載のエンジン開発を手がける。1950年富士精密工業(後・プリンス自動車)と改称。糸川英夫の勧めでロケット事業を手掛け、宇宙開発の先駆者的役割を果たした。日産自動車に合併後も技術畑一筋に歩み、1966年常務、1969年専務を務め、1976年技術顧問、1989年(平成元年)中央研究所嘱託。著書に8年がかりの労作「中島飛行機エンジン史」の他、「技術余話 技術者魂―栄光の歴史を明日へ」がある。

8月 **米国の打ち上げ失敗**(米国) 8月タイタン4Aロケットが米国国防総省のスパイ衛星を乗せて打ち上げられたが、40秒後爆発、大西洋に落下。同月、デルタ3型ロケット

	も打ち上げ1分20秒後に爆発、散った。
8.26	ニュートリノの発見者フレデリック・ライネスが没する(米国)　物理学者フレデリック・ライネスが死去した。1918年生まれ。1950年代存在を予言されながら、物質と反応しないために検出困難だった軽い素粒子レプトンの1種・ニュートリノを原子炉実験で初めて発見した。1995年レプトン物理学への先駆的な実験上の貢献が評価され、マーティン・パール教授と共にノーベル物理学賞を受賞。
8.31	北朝鮮の人工衛星(北朝鮮)　北朝鮮(朝鮮民主主義人民共和国)が3段式ロケットで人工衛星打ち上げに成功したと、8月31日発表した。9月5日ロシア軍の宇宙飛行追跡センターは打ち上げを認めたが、米国は衛星の存在は確認出来ないとし、9月11日米国務省は北米航空宇宙防衛司令部(NORAD)の追跡の結果、「北朝鮮は8月31日に人工衛星を軌道に乗せようとしたが失敗したという結論を得た」と発表した。
9.27	電離層異変(日本)　午後7時20分頃、わし座の中性子星からガンマ線が大量に放出され、電離層に異変が起き、電波が乱れた。
10.30	向井千秋、日本人初2度目の宇宙へ(日本)　日本人初の2度目の宇宙飛行となる向井千秋、77歳という史上最高齢のジョン・グレンら7人を乗せた米国航空宇宙局(NASA)のスペースシャトル「ディスカバリー」が、日本時間30日未明に米フロリダ州のケネディ宇宙センターから打ち上げられた。向井飛行士らは実質9日間の飛行中30以上の宇宙実験をこなし、太陽観測衛星「スパルタン」も無事回収。日本時間11月8日未明(現地時間7日昼過ぎ)に同センターに無事帰還した。乗船中、向井が宇宙で詠んだ「宙がえり何度もできる無重力」の下の句を公募、翌年入選作品が発表された。
10.30	グリニッジ天文台閉鎖(英国)　300年以上の歴史を誇る英国王立グリニッジ天文台が、実質的に閉鎖された。
10月-11月	ジャコビニ、しし座流星群観測(日本)　10月9日未明、日本各地でジャコビニ流星群が観測され、33年ぶりにしし座流星群も11月7日深夜から18日未明にかけて各地で観測された。
11.6	「すばる」の心臓部到着(日本)　国立天文台が、米国ハワイ州ハワイ島のマウナケア山に建設を進める大型光学赤外線望遠鏡「すばる」の心臓部である主鏡(直径8.2m、厚さ20cmの1枚鏡)がピッツバーグから現地の観測ドームに到着。1999年本格的な観測活動に入り、1月には初観測画像10枚が公開された。
11.8	岐阜天文台台長・正村一忠が没する(日本)　岐阜天文台台長・正村一忠が死去した。1920年(大正9年)生まれ。小学生の頃から天文に関心を持つ。小学6年の時、太陽黒点の連続観測成果を認められ、東亜天文学会に入会。1938年(昭和13年)笠松隕石の調査をして「天界」に発表、注目を集める。戦後、県下の同好の士に呼びかけ濃飛天文同志会を結成。1971年岐阜天文台を開設し、台長。日本アマチュア天文研究発表大会委員長、東亜天文学会理事で、天体発見賞を創設し、アマチュア天文家の育成に努めた。1992年(平成4年)新たに発見された小惑星が「マサムラ」と命名された。著書に「笠松隕石」「宇宙の辞典」などがある。
11.9	日米欧サブミリ波望遠鏡構想(日本,米国,欧州)　国立天文台は、南米チリの高地に約100台の電波望遠鏡を並べる巨大な「大型ミリ波サブミリ波干渉計」を日米欧が共同で建設する構想を発表した。観測性能はすばる望遠鏡の約10倍で、完成は21世紀初頭となる見通し。
11.20	国際宇宙基地ようやく建設へ(ロシア)　日米欧露加の16か国が参加して進められている国際宇宙ステーション(ISS)に、ロシアが提供する基本機能棟「ザリャー(日の出)」が、カザフスタンのバイコヌール宇宙基地から打ち上げられた。2004年1月の完成を目指す同ステーションの建設がようやくスタートした。
12.6	「ザリャー」と「エンデバー」ドッキング(米国,ロシア)　12月3日国際宇宙ステーション(ISS)のパーツを乗せて打ち上げられたスペースシャトル「エンデバー」が、

6日基本機能棟制御機関「ザリャー」とのドッキングに成功した。10日「エンデバー」搭乗員が宇宙ステーションの内部に移る。15日「エンデバー」帰還。

- この年 **降着円盤の理論の英文教科書を出版**（日本） 京都大学の加藤正二、嶺重慎、大阪教育大学の福江純が1998年（平成10年）降着円盤の理論をまとめた英文教科書「Black Hole Accretion Disks」を出版した。この本は、降着円盤に関する世界でも数少ない教科書であり、標準的な降着円盤のモデルだけでなく、その他のモデルについても詳細な解説を加えており、斯界の標準的なテキストとして評価されている。なお、2007年には第2版も刊行された。
- この年 **文化功労者に斎藤成文**（日本） マイクロ波工学、レーザー光工学の分野で独創的な研究業績をあげ、日本の宇宙開発に主導的な役割を果たし、レーザー光による追跡レーダーなど宇宙通信関連技術の研究などでも国内外で高い評価を得た斎藤成文が、第51回文化功労者に選ばれた。
- この年 **「スーパーカミオカンデ」観測グループ、朝日賞を受賞**（日本） 「スーパーカミオカンデ」観測グループ（代表・戸塚洋二）が「ニュートリノに質量があることを発見」し、朝日賞文化賞を受賞した。
- この年 **日本天文学会林忠四郎賞（1997年度, 第2回）**（日本） 牧野淳一郎（東京大学助教授）が「重力多体問題シュミレーションによる恒星系力学の研究」により受賞した。
- この年 **海部宣男、日本学士院賞受賞**（日本） 海部宣男（国立天文台ハワイ観測所教授・同所長）が「星間物質の研究」により第88回日本学士院賞を受賞した。
- この年 **日本宇宙生物科学会賞受賞**（日本） 功績賞を高橋景一、山田晃弘が、奨励賞を高橋昭久が受賞した。
- この年 **科学技術映像祭受賞（1998年度, 第39回）**（日本） 科学技術庁長官賞を科学教育部門で、国立天文台「ようこそ国立天文台へ―宇宙の神秘に挑む天文学者たち」が、ポピュラーサイエンス部門で宇宙科学研究所（ISAS）「宇宙へ飛び出せシリーズ第6巻 人工衛星―人工の星に魂を吹き込む」が受賞した。
- この年 **大平貴之が移動式プラネタリウム「メガスター」を開発**（日本） 大平貴之が年ロンドンで開かれたIPS（国際プラネタリウム協会）で、直径45cm、重さ27kgで投影能力100万個超の移動式プラネタリウム「メガスター」を発表した。2003年恒星数500万個の「メガスターII」を開発、2004年同型3号の「メガスターIIコスモス」は"世界で最も先進的なプラネタリウム投影機"として「ギネスブック」に登録された。2008年には2200万個の星を投影する「スーパーメガスターII」を製作。
- この年 **最も遠い123億光年の銀河**（米国, 英国） 3月に米ジョンズ・ホプキンス大などの観測チームが122億2000万光年離れた銀河を発見。5月に英ケンブリッジ大と米国ハワイ大学の観測チームが123億光年彼方の銀河を発見した。

1999年
（平成11年）

- 2.8 **彗星探査機「スターダスト」打ち上げ**（米国） 日本時間8日午前6時4分（現地時間7日午後4時4分）、ケープカナベラル基地から米国航空宇宙局（NASA）の無人探査機「スターダスト」が打ち上げられた。彗星のコアの周りの塵を採取し、地球に持ち帰ることを目的とする。2006年1月の帰還を予定したもので、月より遠方にある天体の塵を採取する初のプロジェクト。
- 2.10 **宇宙飛行士、3人の新候補**（日本） 宇宙開発事業団（NASDA）は角野（後・山崎）直

子、星出彰彦、古川聡の3人の宇宙飛行士候補を新しく選出した。日米欧など16か国で始まった国際宇宙ステーション（ISS）の組み立てに関わり、2004年完成のステーションに滞在し様々な実験を行う予定。

2.12　惑星の座守る冥王星（世界）　冥王星の軌道は極端な長円を描いているため1979年以来、海王星軌道の内側を回っていたが、海王星の軌道の外側に出て太陽から最も遠い9番目の惑星の定位置に復帰した。これにより「小惑星」に降格すべきとの議論は収拾した。

2.21　ロケット博士・糸川英夫が没する（日本）　ロケット工学者・糸川英夫が死去した。1912年（明治45年）、東京出身。1935年（昭和10年）、東京帝国大学を卒業後、中島飛行機の技師として「隼」「鍾馗」の設計に関与。戦後、米国に滞在した経験をもとに国産ロケット開発を志し、1948年東京大学教授に就任し、東京大学生産技術研究所（東大生研）でロケットの研究を進め、1955年国産初の固体燃料ロケットであるペンシルロケットの発射実験に成功した。以後も、ベビー、カッパ、ラムダなどの各ロケットの研究開発に携わり、日本のロケットの生みの親として活動し続けた。1967年組織工学研究所長。著作に「逆転の発想」など。没後、2003年（平成15年）彼の名にちなんで小惑星25143が「イトカワ」と命名された。

3月　日本初の再使用型垂直離着陸ロケット実験機（RVT）試験（日本）　宇宙科学研究所（ISAS）では宇宙への往復を容易にするための研究の一環として、繰り返し飛行可能なロケット飛翔体の研究を進めており、1999年（平成11年）3月、日本初の再使用型垂直離着陸ロケット実験機（RVT）のテストを実施した。その結果、RVTは高度70mで約3秒間の浮上に成功した。

3.5　航空宇宙機開発のジョン・リーランド・アトウッドが没する（米国）　航空専門家ジョン・リーランド・アトウッドが死去した。1904年生まれ。1930年〜1934年ダグラス・エアクラフトのエンジニアを経て、1934年ノース・アメリカン・アビエーションに移り、B25爆撃機など第二次大戦に使用された戦闘機から航空宇宙機までの開発を手がけた。1948年〜1970年社長。1969年有人で初めて月の軌道に乗った「アポロ8号」計画での貢献が認められ、米国航空宇宙局からパブリック・サービス賞を受賞。

3.7　映画監督のスタンリー・キューブリックが没する（米国, 英国）　映画監督のスタンリー・キューブリックが死去した。1957年の「突撃」で本格的に知られ、「博士の異常な愛情」（1964年）、「2001年宇宙の旅」（1968年）、「時計じかけのオレンジ」（1971年）などを自らのプロデュースによって演出し、名実ともに米国映画の代表的監督となった。特にアーサー・C.クラーク原作の「2001年宇宙の旅」はSF映画のみならず、映画史に残る傑作として名高い。完全主義者として有名で、他の作品に「バリー・リンドン」（1975年）、「シャイニング」（1980年）、「フルメタル・ジャケット」（1987年）などがある。

3.18　衛星開発のウィルバー・ルイス・プリチャードが没する（米国）　遠距離通信技術者ウィルバー・ルイス・プリチャードが死去した。1923年生まれ。1946年〜1960年レイセオンに勤務、1950年代マイクロ波利用による情報通信システム開発や初の電子レンジを開発。1960年代米国初の軍用衛星通信システムの開発を指揮、北大西洋条約機構（NATO）の衛星利用計画も支援した。1982年〜1986年サテライト取締役などを経て、1989年からW.L.プリチャード代表を務めた。

3.27　模擬衛星の打ち上げ（日本）　4か国共同の衛星打ち上げ企業シーロンチは3月27日、海上を移動出来る発射台を使用し、ハワイ沖から模擬衛星の打ち上げに成功した。地球の自転を活用出来ることでコストが抑えられ、地上施設の新設も必要がなくなる。

4.24　実験棟「きぼう」に決定（日本）　宇宙開発事業団（NASDA）は、国際宇宙ステーション（ISS）の日本の実験棟の愛称を「きぼう（KIBO）」と決めたと発表した。公募で集まった2万227通から選定し、「きぼう」には132通が寄せられた。

4.25　天体物理学者ウィリアム・マクリーが没する（英国）　天体物理学者で数学者のウィリ

アム・マクリーが死去した。1904年生まれ。1926年天体物理学者ミルンからエディントンの著書「星の内部構造」だけは読むようにと助言され、その本の影響で数理物理学から天体物理学に転向。1930年～1932年エディンバラ大学講師、1932年～1936年ロンドン大学上級講師、1936年～1944年クイーンズ大学数学教授、1944年～1966年ロンドン大学数学教授を経て、1966年～1972年サセックス大学理論天文学教授、1972年より同名誉教授。1961年～1963年王立天文学会会長。1985年サーの称号を受ける。著書に「Relativity Physics」(1935年)、「Physics of the Sun and Stars」(1950年)などがある。太陽の構成や銀河系と惑星の進化に関する研究で知られ、宇宙は1回の爆発ではなく、多数の場所、時期で起こり形成されたと主張した。

5月 **ET探索**(世界) 地球外生命(ET)探し用の解析ソフトを開発した米国の天文学者カール・セーガンらが創設した「惑星協会」は、世界中のパソコン利用者の助けを借りたプロジェクトに乗り出し、その反響は世界に及び参加者は100万人を超えた。

5月 **ゆらぐ宇宙の年齢**(世界) 宇宙の膨張する速度を観測し、逆に宇宙を収縮させたら何年で消滅するかを計算した値を宇宙の年齢と考えるが、計算に大きな不確定性が伴い学会の統一見解もない。米国航空宇宙局(NASA)などの研究グループは、ハッブル宇宙望遠鏡の8年がかりの観測結果により、宇宙年齢の推定値は120～135億年と、別の科学者は134億年と発表した。

5.5 **「スプートニク」の立役者レオニード・セドフが没する**(ロシア) 科学者レオニード・セドフが死去した。1907年生まれ。1930年～1947年航空流体力学研究所に勤務。1937年よりモスクワ大学教授、1941年より流体力学部長。1945年よりソ連科学アカデミー数学研究所、1947年～1953年中央航空エンジン設計所に勤務。1953年ソ連科学アカデミー会員。1959年～1961年国際宇宙飛行連盟会長、1962年～1980年同副会長、同年より国際宇宙飛行学会副会長。ソ連の人工衛星計画を推進し、「スプートニク」打ち上げの立役者として知られる。著書に「水力学および気体力学における平面の問題」(1950年)など。

6.19 **ニュートリノ、神岡でキャッチ**(日本) 高エネルギー加速器研究機構で素粒子ニュートリノを作って茨城県つくば市から打ち出し、約250km離れた岐阜県神岡町にある東京大学宇宙線研究所の観測施設「スーパーカミオカンデ」でキャッチする壮大な射撃実験が成功した。ニュートリノの質量に関する議論を補強する意味をもつ。

6.24 **宇宙望遠鏡「FUSE」打ち上げ**(米国) 米国航空宇宙局(NASA)が極紫外線宇宙望遠鏡「FUSE」をデルタ2型ロケットでケープカナベラル基地から打ち上げた。ビッグバンが残した「宇宙化石」探索が目的。

7月 **宇宙作家クラブが発足する**(日本) 個人資格での取材が難しい宇宙開発分野の取材を容易にするため、宇宙開発に興味を持つ作家・漫画家をはじめとするクリエイターより、宇宙作家クラブが発足した。小松左京が顧問を務める。

7.7 **SF作家の光瀬龍が没する**(日本) SF作家の光瀬龍が死去した。1928年生まれ。SF同人誌「宇宙塵」に加わり、同誌に「派遣軍還る」を連載。1962年(昭和37年)〈宇宙年代記〉シリーズの「晴の海一九七九年」で「SFマガジン」にデビュー。「百億の昼と千億の夜」「喪われた都市の記録」など東洋的な無常観を湛えた宇宙小説に特色があり、「夕ばえ作戦」「北北東を警戒せよ」「暁はただ銀色」「その花を見るな!」などのジュブナイルにも力を注いだ。

7.8 **宇宙飛行士チャールズ・コンラッドが没する**(米国) 宇宙飛行士チャールズ・コンラッドが死去した。1930年生まれ。宇宙飛行士として4回の宇宙飛行を経験。1969年には「アポロ12号」に乗り、人類3人目の月面歩行をする。1974年米国航空宇宙局(NASA)退職。1976年マクダネル・ダグラス社副社長。1990年国際的な宇宙開発計画「フリーダム」の製作総括指揮官に就任。同年より垂直離着陸有人宇宙船「デルタ・クリッパー」の開発にも携わる。1996年ユニバーサル・スペースラインズを設立、衛星と地上を結ぶ通信ネットワークづくりと独自のロケット開発を手がける。1998

年1月には2つ目の地上局をアラスカに開設した。

7.21　**ぐんま天文台開所**（日本）　群馬県立の公開天文台・ぐんま天文台が、4月29日の一部オープン、7月20日の竣工式を経て、21日全面オープンした。初代台長は古在由秀。同所は口径1.6mの反射望遠鏡を設置し、研究及びその報告と教育普及活動に力を入れる。

7.27　**女性初の船長、無事帰還**（米国）　米国初の女性宇宙船長アイリーン・コリンズが乗ったスペースシャトル「コロンビア」が5日間の任務を終え帰還した。この打ち上げではエンジンや電気系のトラブルが生じ、間一髪でシャトル史上初の緊急着陸という事態を免れたものの、帰還後の点検で損傷箇所が多数見つかり、これらの損傷の影響で毛利衛の2度目の搭乗となるシャトル打ち上げが延期となった。なお、コリンズは女性初のシャトル操縦士でもあった（1995年）。

8.27　**「ミール」最後の乗組員、帰還**（ロシア）　ロシアの宇宙ステーション「ミール」に最後に乗り組む3人の宇宙飛行士を乗せて、「ソユーズ」が2月20日打ち上げられた。3人は8月27日、無事帰還。「ミール」は以降廃棄へと向かう。

9月　**世界で10個程度の炭素質隕石**（日本）　神戸市北区の民家の屋根を突き破って隕石が落下。有機物や炭素を多く含む「炭素質隕石」であることが判明し、この種の隕石が国内で見つかったのは初めて。

9月　**火星探査機「マーズ・クライメイト・オービター」交信途絶える**（米国）　1998年12月に打ち上げられた火星探査機「マーズ・クライメイト・オービター」が、火星軌道投入に失敗、交信が途絶えた。原因は探査機命令の際の単位の食い違いだった。1月3日に水の存在を確かめるために打ち上げられた無人火星探査機「マーズ・ポーラー・ランダ」も12月3日に火星着陸に失敗した。

9.17　**「すばる」完成式典**（日本）　国立天文台が米国ハワイ島のマウナケア山に建設した、1枚鏡として世界最大の口径8.2mの主鏡を持つ大型工学赤外線望遠鏡「すばる」が完成、現地で完成式典が行われた。その精度は東京から100km離れた富士山頂上に置かれたピンポン玉が見分けられる程。2001年には国立天文台と東京大学、京都大学の研究チームが、同望遠鏡で宇宙の果てまでに存在する銀河の90%以上を個別にとらえたと発表した。

9.24　**「イコノス1号」打ち上げ**（米国）　民間衛星会社「スペース・イメージング」が、バネンバーグ基地から世界初の商業高分解能衛星「IKONOS（イコノス）1号」を打ち上げた。1m高分解能衛星画像の撮影を可能とする。

11月　**小惑星に創立者の名前**（日本）　東京女子医科大学は、創立100周年を記念して、木星と火星の間にある登録番号6199番の小惑星に、大学創立者・吉岡弥生の名を付けることを、国際天文学連合（IAU）に申請。11月「ヨシオカヤヨイ（Yoshiokayayoi）」として承認された。

11.12　**星の進化を研究した蓬茨霊運が没する**（日本）　天文学者・蓬茨霊運が死去した。1935年（昭和10年）生まれ。京都大学大学院時代から、天体物理学の世界的学者林忠四郎研究室に属して星の進化の研究に従事。星の進化にかんするHHSの論文（林・蓬茨・杉本）は有名である。中性子星、ブラックホールを理論的に追究し、共著に「宇宙物理学」「星の進化」「宇宙と物理」「太陽系、宇宙はいま—ハレー彗星、ブラックホールから宇宙論まで」などがある。

11.15　**「H-2」再度の失敗**（日本）　宇宙開発事業団（NASDA）は、鹿児島県の種子島宇宙センターから国産大型ロケット「H-2」8号を打ち上げたが、制御不能に陥り、打ち上げは失敗。運輸多目的衛星「MTSAT」と共に、290億円が無駄になった。H-2は1998年2月にもエンジンの故障で通信放送技術衛星の軌道投入に失敗している。

11.17　**「現代の名工」に宇宙カメラの古川和正**（日本）　労働省が、日本のものづくりの伝統を支える卓越した技能を持ち、その道の第一人者を表彰する「現代の名工」に、米

国航空宇宙局(NASA)のスペースシャトル搭載用の「宇宙カメラ」を作った日本光学工業(現・ニコン)の古川和正が選ばれた。

11.23 **コロナ研究の椿都生夫が没する**(日本) 天文学者・椿都生夫が死去した。1935年(昭和10年)生まれ。大分大学教育学部講師、助教授、滋賀大学教育学部助教授を経て、1976年教授。1991年(平成3年)学部長。米国学術会議客員研究員も務めた。太陽大気外層のコロナ研究の世界的権威。1975年(昭和50年)太陽の黒点などの写真から光の強さ、エネルギー量を導き出す「椿=エングボルドの式」を発表した。

この年 **福井康雄ら、「スーパーシェル」確認**(日本) 名古屋大学の福井康雄らは、独自に開発したミリ波望遠鏡「なんてん」(日本が本格的な天文台を海外に設置した初めての望遠鏡。1996年チリに設置)で、星の最後の姿である超新星爆発が幾度も繰り返されてできたガス雲「スーパーシェル」15個を確認。スーパーシェルによって巨大分子雲ができ、星の形成が引き起こされる現場を初めて観測した。

この年 **「天体望遠鏡・8インチ屈折赤道儀」重要文化財に**(日本) 黒田清輝の「湖畔」や、高村光雲の「老猿」などと並んで、我が国に輸入された最初の本格的かつ最大の英国製望遠鏡「天体望遠鏡(8インチ屈折赤道儀)」(国立科学博物館保管)が重要文化財に新たに指定された。

この年 **「日本惑星協会」発足**(日本) 宇宙探査開発が国際的視野から推進されるように幅広く啓蒙、支援活動を行い、そのための人材育成、宇宙の平和的利用に寄与することを目的に日本惑星協会は設立された。1999年(平成11年)9月には特定非営利活動法人としての認証を得た。米国にはカール・セーガンとブルース・マレーが設立した米国惑星協会があり、日本惑星協会も米国の惑星協会や日本の宇宙開発事業団(NASDA)、宇宙科学研究所(ISAS)などとの提携をしながら活動を進めている。

この年 **日本天文学会林忠四郎賞(1998年度,第3回)**(日本) 小山勝二(京都大学教授)が「銀河系内プラズマおよび原始星からのX線放射の発見」により受賞した。

この年 **日本宇宙生物科学会賞受賞**(日本) 功績賞を菅洋が、奨励賞を橋本博文が受賞した。

この年 **仁科記念賞受賞**(日本) 梶田隆章(東京大学宇宙線研究所教授)が「大気ニュートリノ異常の発見」により、第45回仁科記念賞を受賞した。

この年 **「すばる」に菊池寛賞**(日本) 国立天文台すばる望遠鏡プロジェクトチームが第47回菊池寛賞を受賞した。

この年 **幸村誠の漫画「プラネテス」が連載開始**(日本) 週刊誌「コミックモーニング」で幸村誠の漫画「プラネテス」の連載が開始された(2004年完結)。宇宙開発によって生まれた宇宙ごみ(スペースデブリ)の回収業者を主役とするSF漫画で、2003年NHKでアニメ化された。漫画・アニメとも星雲賞を受賞している。

この年 **小松左京賞創設**(日本) 21世紀の新しいSF作家の発掘を目指して創設された。小松左京を選考委員とし、SF、ファンタジー、ホラー小説を募集する。

この年 **科学技術映像祭受賞(1999年度,第40回)**(日本) 科学技術庁長官賞(科学教育部門)を国立天文台「電波でさぐる宇宙」が受賞した。

この年 **フリードマンによる宇宙年齢**(カナダ) カーネギー研究所天文台のW.L.フリードマンはハッブル宇宙望遠鏡の中心的なグループである銀河系外の距離測定のためのプロジェクトチームのリーダーとして活躍しており、1999年には8年がかりの観測により宇宙年齢決定の決め手となる宇宙の膨張速度を高い精度で確定することに成功。宇宙の年齢を120億年と推定した。

この年 **X線天文衛星打ち上げ**(欧州) 欧州宇宙機関(ESA)がX線天文衛星「チャンドラ」を、米国航空宇宙局(NASA)が12月に同「XMM-NEWTON」をそれぞれ打ち上げた。従来より高精度でのX線観測が目的。

2000年
（平成12年）

1.26　**SF作家のA.E.ヴァン＝ヴォクトが没する**（米国）　米国のSF作家A.E.ヴァン＝ヴォクトが死去した。1939年SF雑誌「アスタウンディング」に掲載された「黒い破壊者」で作家デビュー。同作を含む「宇宙船ビーグル号の冒険」は宇宙冒険SFの古典であり、広く読者を獲得した。他の代表作に「スラン」「非（ナル）Aの世界」「武器製造業者」「イシャーの武器店」などがある。

2.10　**M-Vロケット、打ち上げ失敗**（日本）　10日午前10時半、文部省宇宙科学研究所（ISAS）によりM-Vロケット4号が、国内5機目のX線天文衛星「ASTRO-E（アストロ-E）」を乗せて鹿児島宇宙空間観測所から打ち上げられた。「アストロ-E」は、世界最高精度の分光器などX線観測機器3種類を搭載していた。しかし、第1段ロケットの燃焼異常から、衛星は予測よりずれた軌道に投入され、行方不明となった。M-Vロケットでは初めての打ち上げ失敗である。

2.12　**毛利衛2回目の搭乗**（日本，米国）　毛利衛ら6人が搭乗したスペースシャトル「エンデバー」が、日本時間12日午前2時43分（現地時間11日午後0時43分）ケネディ宇宙センターから打ち上げられた。毛利飛行士は2回目の搭乗で、52歳という、日本人としては最年長の飛行。「エンデバー」は2機のレーダーによる複眼視で、地球表面の起伏を精密に測定し、地球表面の立体地図作りに資するデータを得る地球観測ミッション（SRTM）を主目的とする。4日には展開すると全長約73m、17t、出力約64kwの巨大な太陽電池「P6」を設置した。日本時間12日午前（米東部時間11日）帰還。なお、作成された立体地図は、2001年米国防総省により軍事目的利用のため、外部には非公開とされた。

2.14　**日産、宇宙・防衛部門譲渡**（日本）　日産自動車が実用衛星向け固体燃料ロケット開発などを行っている航空宇宙・防衛部門を、石川島播磨重工業に営業譲渡することに基本合意したと発表した。

2.15　**探査機「ニア」、「エロス」周回軌道に**（米国）　1996年2月に米国航空宇宙局（NASA）が打ち上げた小惑星探査機「ニア（NEAR）」が、小惑星「エロス」に接近、日本時間15日午前1時（米東部時間14日午前11時）、周回軌道に入った。探査機が小惑星周回衛星となったのは初めて。

2.23　**シャトル実験場、キリバスのクリスマス島に設置へ**（日本）　宇宙開発事業団（NASDA）が、開発中の日本版無人スペースシャトル「HOPE-X」の着陸場をキリバス共和国のクリスマス島に整備する約定を同国と締結したことを発表した。同事業団初の、海外での実験場設置となる。「HOPE-X」は再利用可能な輸送システムの技術研究のために1997年から開発が始まった。しかし、同年開発は凍結された。

4月　**スローン・デジタル・スカイサーベイ（SDSS）計画に参加**（日本）　日本人研究者が、米国・ドイツによる、宇宙の最大3次元地図（全天の四分の一）を製作するプロジェクト「スローン・デジタル・スカイ・サーベイ（SDSS）」に参加、計画が本格的に開始された。米国ニューメキシコ州アパッチポイント天文台に設置した、口径2.5mの望遠鏡を使い、計1.4億画素のモザイクCCDカメラで5色の天体画像を撮影、約600本の光ファイバーを使った分光器で分光観測を行う。1億個以上の天体について位置、明度などを、100万個の銀河と10万個のクエーサーについては距離も計測。宇宙論の発展に貢献することを目指す。

6.2　**天文史家・藪内清が没する**（日本）　天文史家・藪内清が死去した。1906年（明治39年）、兵庫県生まれ。1929年（昭和4年）京都帝国大学宇宙物理学科を卒業し、同大副手を経て、1935年東方文化研究所員、1949年京都大学教授、のち同大人文科学研究

所長を歴任。1969年退官して名誉教授となり、1979年まで龍谷大学教授を務めた。中国の天文学、数学、医学など科学技術の解明で知られ、立杭窯、西陣織など日本の伝統工芸の研究でも功績を残した。1988年教え子によって小惑星の1つが「ヤブウチ(Yabuuti)」と命名された。主著に「隋唐暦法史の研究」「一般天文学」「中国の天文暦法」「中国の科学文明」「科学史からみた中国文明」など。

7月	ロシア居住棟「ズベズダ」打ち上げ(ロシア)　ロシアが国際宇宙ステーション(ISS)に居住棟「ズベズダ(星)」を打ち上げた。
8.23	青木昌勝が12個目の超新星を発見(日本)　アマチュア天文家青木昌勝が、ちょうこくしつ座に超新星を発見、自身の持つ超新星発見記録を更新した。青木は銀河の番号を入力するだけでその銀河を自動的に望遠鏡の視野に収めることが出来る天体自動導入装置を開発し、1996年から自宅のドームで超新星の捜索を始めていた。なお、同年12月には一晩に2つの超新星を発見したこともある(日本では初めて)。
9.12	「中質量ブラックホール」発見(日本)　マサチューセッツ工科大学研究員・松本浩典、京都大学大学院理学研究科助手・鶴剛らが、M82銀河の中心付近に、太陽の700倍〜100万倍の質量をもつ新種のブラックホールの存在を裏付ける「中質量ブラックホール」を発見、12日発表した。小型ブラックホールから巨大ブラックホールへの成長過程にあるブラックホールとみられる。
9.20	2人目の宇宙飛行士ゲルマン・チトフが没する(ロシア)　ソ連の空軍パイロットとして従軍後、1961年8月宇宙船「ボストーク2号」でガガーリンに次ぐ人類2番目の有人宇宙飛行に成功したゲルマン・チトフが死去した。その宇宙飛行時間は25時間18分に及び、無重力での宇宙生活が可能であることを立証した。その偉業から、月面のクレーターの1つに「チトフ」の名称がつけられる。1995年以来、共産党からロシア下院議員に3期連続当選した。著書に「700,000km.in Space」(1961年)、「My Sky-blue Planet」(1973年)などがある。
10.12	若田光一、「ディスカバリー」で宇宙へ(日本, 米国)　日本時間12日午前8時17分(米国東部夏時間10月11日午後7時17分)、ケネディ宇宙センターからスペースシャトル「ディスカバリー」が打ち上げられた。シャトルの飛行はこれが100回目となる。日本からはミッション・スペシャリスト(MS)として若田光一宇宙飛行士が搭乗(若田の搭乗は2回目)。国際宇宙ステーション(ISS)とドッキングの後、若田飛行士はロボットアームで、通信システムや姿勢制御システムの土台「Z1トラス」、ISSとスペースシャトル連結のポート「PMA-3」の取り付けを行った。日本時間25日、エドワーズ空軍基地に帰還。このミッション完了により、ISSへの恒久滞在開始準備が整った。
10.24	H-2ロケットの生みの親、五代富文宇宙開発事業団副理事長退職(日本)　宇宙開発事業団(NASDA)は24日付けで五代富文副理事長が退職することを発表した。五代は1961年(昭和36年)科学技術庁航空宇宙技術研究所(NAL)に入り、ロケットシステムや固体ロケットの燃焼に関する研究を行う。1981年2月NASDAに移り、H-1ロケットの打ち上げとH-2ロケットの開発に従事。1994年(平成6年)純国産のH-2ロケットの打ち上げを成功させ、"H-2ロケットの生みの親"といわれた。
10.31	イラストレーターの真鍋博が没する(日本)　イラストレーターの真鍋博が死去した。未来をテーマとしたものなど、SF的な発想に基づいた洒脱なイラストに定評があり、星新一のショート・ショートの挿絵との名コンビは特に有名。子ども向けとは違った、大人向けの知的な作品でSFの魅力を伝えた。エッセイストとしても活躍した。
11月	高性能赤外線カメラ「SIRIUS」(日本)　名古屋大学と国立天文台が、世界最大級の赤外線素子を3つもつ赤外線カメラ「SIRIUS」を共同開発した。同機は8月と10月にハワイ大で行った試験撮影では、いて座の星形成領域を捉えている。名古屋大学が南アフリカ天文台(SAAO)サザーランド観測所に建設した口径1.4m望遠鏡(IRSF)に設置され、11月28日ファーストライトに成功。以降、星形成領域や、南半球からしか観測不可能な大、小のマゼラン星雲などの観測にあたる。

11.22　初の宇宙白書発表（中国）　中国政府が初の「宇宙白書」を発表した。「今後10年間で有人宇宙飛行を実現、20年で宇宙に研究・実験空間を開発する」というもの。また、今後10年で（1）地球観測、衛星測位システム（2）自前の通信、放送衛星（3）他国の衛星を打ち上げる商業ロケットの国際競争力増強、20年後には、衛星を使ったインターネット産業の育成などを目指すとしている。

12.13　NEC、東芝の宇宙事業統合（日本）　NECと東芝が宇宙事業を完全統合すると正式発表した。合弁会社を設立、2001年10月までに人工衛星や有人宇宙ステーション、ロケット搭載機器などの開発・設計・製造から販売・運用・保守まで宇宙事業を全面的に移管する。NECの通信システム、光学センサー、地上システム、東芝の姿勢制御、太陽電池というそれぞれの強い分野を補完し合い、技術力を高めることや、アジアからの中小型商用衛星などの受注拡大を狙う。2001年4月NEC東芝スペースシステム株式会社が発足した。

12.14　「宇宙開発の中長期戦略」決定（日本）　宇宙開発委員会（委員長・町村信孝）基本戦略部会によりまとめられた報告書が「我が国の宇宙開発の中長期戦略」として決定された。H-2ロケットの打ち上げトラブル、民間利用の拡大という情勢のもと、1996年に策定された「宇宙開発政策大綱」が大幅に見直されることになった。新たな戦略では、「宇宙開発システムを再構築する」ことを掲げ、技術基盤の強化や、衛星搭載機器の小型化・高性能化などの発展に重点を置く方針が打ち出された。また、国は技術開発が進んだ後は民間に移転することを規定、官民の役割分担を明確化した。加えて、宇宙開発事業団（NASDA）、宇宙科学研究所（ISAS）、航空宇宙技術研究所（NAL）の連携強化もうたわれた。

この年　彗星のアンモニア分子、温度決定（日本）　国立天文台、高分散分光器HDS開発グループ、ぐんま天文台の職員からなる観測チームが、すばる望遠鏡を使ったリニア彗星の観測から、彗星の核を構成するアンモニアがマイナス245度（28ケルビン）で氷結することを初めて突き止めた。この際、彗星の周囲のガスに含まれるNH2分子を、独自に開発したモデル計算方法から解析するという新規の手法が使われた。また、この発見の結果、リニア彗星は土星から天王星の軌道領域付近で発生したことも判明した。なお、同チームの河北秀世は彗星研究により、2004年には日本人として初めて月・惑星分野でゼルドビッチ賞を受賞した。

この年　巨大衝突の破片から月（日本）　国立天文台の小久保英一郎らが、シミュレーション計算により、巨大な衝突の後、月が急速にできたことを証明した。

この年　日本天文学会林忠四郎賞（1999年度,第4回）（日本）　中島紀（国立天文台助手）が「低温褐色矮星の発見」により受賞した。

この年　日本天文学会天体発見功労賞受賞（日本）　串田麗樹が「超新星：SN 1999aa in NGC 2595」により受賞。

この年　尾崎洋二、日本学士院賞受賞（日本）　尾崎洋二（長崎大学教育学部教授、東京大学名誉教授）が「激変星の研究」により第90回日本学士院賞を受賞した。

この年　日本宇宙生物科学会賞受賞（日本）　学会賞を高橋秀幸が、功績賞を秋山豊寛が、奨励賞を志村隆二が受賞した。

この年　仁科記念賞受賞（日本）　折戸周治（東京大学理学部教授）、山本明（文部省高エネルギー加速器研究機構教授）が「宇宙線反陽子の観測」により、第46回仁科記念賞を受賞した。

2001年
（平成13年）

1.10 　「神舟2号」打ち上げ（中国）　中国が甘粛省の酒泉衛星発射センターから、中国国産無人宇宙船「神舟2号」を搭載したロケットを打ち上げ、軌道に乗せた。中国の無人宇宙船発射は2回目。16日内モンゴル自治区中部で回収された。

1.14 　"イタリア宇宙開発の父"ルイジ・ブロリョが没する（イタリア）　宇宙工学者ルイジ・ブロリョが死去した。ローマ大学初代航空宇宙工学部長とイタリア空軍航空宇宙研究所所長を兼任し、イタリアの宇宙開発計画「サンマルコ計画」を主導。1964年12月米国、ソ連以外では初の独自開発となったサンマルコ衛星を米国ロケットによって衛星軌道に乗せることに成功。"イタリア宇宙開発の父"と呼ばれ独自ロケットの開発にも取り組んだが、政府の宇宙機関が計画を縮小され、一線を退いた。

1.24 　古川聡、星出彰彦、正式に宇宙飛行士に（日本）　宇宙開発事業団（NASDA）は、宇宙飛行士候補の古川聡、星出彰彦両名を宇宙飛行士として正式に認定した。2人は、同事業団が養成し、資格を認定した初の宇宙飛行士。

1.25 　宇宙軍、新設決定（ロシア）　プーチン大統領は25日に開かれた国家安全保障会議で、戦略ミサイル軍から宇宙関連軍事部隊、宇宙関連軍システムを切り離して宇宙軍を新設することを決定した。米国の米本土ミサイル防衛（NMD）導入計画に対抗するためとみられる。

2.3 　アマチュア天文家・坂部三次郎が没する（日本）　アマチュア天文家・坂部三次郎が死去した。1923年（大正12年）生まれ。天文学者を志すが重度の肺結核で断念、1944年（昭和19年）家業の日本クロス工業に入る。大和クロス工業取締役を経て、1962年日本クロス工業社長に就任。1974年ダイニックと改称。のち取締役相談役に退く。一方で、1987年彦根の近くにある同社工場に天文台・アストロパーク天文館、また犬上郡多賀町に天文台を備えたダイニックアストロパーク天究館を開館。専門の観測員により「タガ」「ビワコ」「キョウト」「オチャノミズ」などの小惑星が発見されている。

2.8 　実験棟「デスティニー」設置（米国）　日本時間8日午前8時13分（米東部時間7日午後6時13分）、国際宇宙ステーション（ISS）に設置する米国の実験棟「デスティニー」を積み込んだスペースシャトル「アトランティス」がケネディ宇宙センターから打ち上げられた。乗組員は、コックレル船長ら宇宙飛行士5人。日本時間11日午前（米東部時間10日夕）ISSに「デスティニー」を設置した。日本時間21日午前5時33分（米太平洋時間20日午後0時33分）エドワーズ空軍基地に帰還。「デスティニー」は長さ8.5m、直径4.3mという円筒形実験棟で、宇宙ステーションに実験棟が取り付けられるのは初めて。

3.1 　「すだれコリメータ」の小田稔が没する（日本）　天文学者・小田稔が死去した。1923年（大正12年）生まれ。大阪帝国大学理学部物理学科で菊池正士に師事。戦後阪大渡瀬研に所属し、太陽電波を研究。のち宇宙線研究、X線天文学に転じ、1956年（昭和31年）東京大学原子核研究所教授、1963年マサチューセッツ工科大学（MIT）客員教授、1966年東京大学宇宙航空研究所教授、1981年文部省宇宙科学研究所（ISAS）教授、1984年同所長を歴任。1988年退官し、4月理化学研究所理事長。1994年（平成6年）東京情報大学学長に就任。また同年国際高等研究所理事長となり、1996年まで所長を務めた。この間、X線天体観測機「すだれコリメータ」を発明しX線星を光として見ることに成功。その後もX線天文衛星「はくちょう」「ひのとり」「てんま」「ぎんが」によりハレー彗星などを観測して大きな業績を残した。また、1982年（昭和57年）国連第2回平和会議（UNISPACE82）では議長を務めた。1993年（平成5年）文化勲章受

章。著書に「宇宙線」「X線天文学」、自伝「青い星を追って」など。旺盛な好奇心と夢のような発想の持ち主であることから、研究者仲間から"星の王子さま"の愛称で呼ばれた。

3.2 「あすか」大気圏突入、燃え尽きる（日本）　文部科学省宇宙科学研究所（ISAS）が、X線天文衛星「あすか」が大気圏に突入、消滅したことを発表した。「あすか」は1993年（平成5年）2月に打ち上げられ、ブラックホール周辺の物質の流れや、超新星爆発の残骸から発生する宇宙線の解明、銀河リッジX線の観測など、成果を上げた。使用期間を超えて使われていたが、2000年の活発な太陽活動の余波を受け、機器にトラブルが発生、制御不能・観測不能となっていた。

3.11 五島プラネタリウムが閉館（日本）　東京・渋谷の天文博物館五島プラネタリウムが2001年（平成13年）3月11日をもって閉館した。1957年（昭和32年）の開館以来、のべ1600万人が訪れ、星座・天体の解説や「星と音楽の夕べ」「夏休み天体観測教室」などの企画も好評であった。しかし、1980年代以降は各地に同様の施設が増えたこともあって、多い時には年間50万人だった来館者も閉館前には年間十数万人までに落ち込んでいた。なお、施設の備品や収蔵品、天文普及活動は閉館後、渋谷区総務部文化総合施設準備室が所管する五島プラネタリウム天文資料に移され、旧大和田小学校跡地に建設される同区の新プラネタリウム（2010年開館予定）に利用される予定。

3.23 「ミール」落下、無事終了（ロシア）　宇宙ステーション「ミール（平和の意味）」（1986年2月打ち上げ）が、燃料を使い切った後、落下軌道に入り、23日ニュージーランド東方沖に落下、無事に廃棄された。宇宙ステーションの廃棄事業は史上初。「ミール」は重さ約20t、直径約4m、全長18m。財政難の中、老朽化が進んでいた。落下に際して日本では文部科学省にミール情報収集分析センターが設置されるなど、警戒態勢が敷かれた。

4.1 航空宇宙技術研究所、独立行政法人化（日本）　中央省庁の再編による文部省と科学技術庁の統合により文部科学省が設立されると、航空宇宙技術研究所（NAL）は同省の所管となり、4月1日には独立行政法人化した。4月6日には宇宙科学研究所（ISAS）、航空宇宙技術研究所（NAL）、宇宙開発事業団（NASDA）の3機関が連携して研究プロジェクトを実行するための運営本部が発足し、3機関統合への動きが一気に加速していくこととなった。

4.2 最遠の超新星（米国）　米国航空宇宙局（NASA）はハッブル宇宙望遠鏡で、地球から約100億光年離れた距離に最も遠い超新星「1997ff」を発見したと発表した。

4.7 「なんてん」天の川の電波地図完成（日本）　名古屋大学の福井康雄教授らが電波望遠鏡「なんてん」による観測で、銀河系の電波地図をほぼ完成させた。これにより、銀河面は平らな円盤でなく、大きな振幅で波打っていることなど、銀河系中心部の詳細が初めて明らかになった。なお、同チームは、3月には大マゼラン銀河で、超新星爆発によってできた「穴」の縁にある分子雲から星団が誕生している様子を捉えた。2006年には、大小マゼラン雲の間に、銀河が誕生しつつある濃いガス雲を発見した。

4.8 火星探査機「マーズ・オデッセイ」打ち上げ（米国）　米国航空宇宙局（NASA）は、日本時間8日午前0時（米東部夏時間7日午前11時）、火星探査機「マーズ・オデッセイ」を、ケープカナベラル基地からデルタ2ロケットで打ち上げた。可視光、赤外線、ガンマ線と、3種の検出装置を搭載し、火星表面のデータ取得を目指す。

4.13 米ボーイングとロシア航空宇宙局の提携（米国、ロシア、日本）　ロシア航空宇宙局は、米ボーイング社と航空・宇宙開発分野で提携し、ロシアなどで利用する旅客機の共同開発などを柱とする合意文書に13日調印した。財政難を打開、航空・宇宙ビジネス拡大を狙うロシアと、ロシアでのビジネス拡大を狙うボーイング両者の思惑が一致しての提携だった。なお、6月20日には三菱電機と米ボーイング社の航空・宇宙事業分野での提携が発表された。商業用人工衛星の開発、販売、衛星通信サービスなどの開発で協力し、三菱電機はボーイング社から購入するロケットで人工衛星

	を打ち上げることなどを予定。
4.28	**宇宙旅行、8日間で24億円**（ロシア）　米国人実業家デニス・チトー（当時60歳）がロシアの宇宙船「ソユーズTM32号」で史上初の宇宙観光旅行を行った。4月28日に打ち上げられ、帰還はモスクワ時間5月6日という8日間の旅行だった。旅行費用は約2000万ドル（24億円）。チトーは帰還後、「全生涯の中で最も気分が良かった」と述べた。
5.11	**脚本家でSF作家のダグラス・アダムスが没する**（英国）　英国の脚本家でSF作家のダグラス・アダムスが死去した。1978年BBCラジオのSF喜劇「銀河ヒッチハイク・ガイド」を発表し、一躍売れっ子脚本家となる。同作は1979年に小説化されてベストセラーとなり、「宇宙の果てのレストラン」「宇宙クリケット大戦争」など全6作が刊行された。2005年には映画化もされた。
5.24	**「すばる」でカイパーベルト天体発見**（日本）　国立天文台はすばる望遠鏡による観測で、微小天体が帯状に浮かぶ区域「カイパーベルト」に新たに天体を発見したと24日発表した。日本人による発見は初めて。しし座のレグルス近くの2個が国際天文学連合（IAU）に正式承認された。
6.20	**米軍、2大隊新設**（米国）　米国宇宙軍のアンダーソン副司令官が、米空軍コロラド州内に2つの大隊を新設したことを明らかにした。共に軍事、商業衛星の防御など「宇宙防衛」の強化を目的とし、「527」は仮想敵国を摸倣して敵役を演じ、「76」は宇宙防衛技術の開発、実験を担当する。
6.30	**マイクロ波異方性探査衛星「WMAP」打ち上げ**（米国）　米国航空宇宙局（NASA）により、米東部夏時間30日午後3時46分ケープカナベラル基地から、「宇宙背景放射」観測無人探査機「WMAP（ウィルキンソン・マイクロ波異方性探査機）」がデルタロケットで打ち上げられた。全天のマイクロ波の温度を観測し、分布図の作製に資することを目的とし、地球や太陽の影響下から離れるため、地球より約150万km離れた、ラグランジュ点で観測を行う。
7月	**小惑星「2001KX76」発見**（米国）　米国のグループが小惑星を発見。8月23日、直径1200km以上という、太陽系最大の小惑星であることが欧州宇宙機関（ESA）のハッブル宇宙望遠鏡を使った観測で判明した。後に「バルナ」と名づけられた。
7.10	**日本科学未来館、開館**（日本）　東京都江東区に「日本科学未来館」が開館した。「自然観や生命観といった大きな視点から科学技術を捉えること、科学技術の成果だけでなく研究の過程や研究に携わる人の姿を見せること、社会や日常との関わりを考えてもらうこと」をテーマに最先端の科学技術を体験出来る施設で、すべての展示は、第一線の科学者・技術者の監修に基づいて製作されている。初代館長を務めるのは宇宙飛行士の毛利衛。8階建て。6階のドームシアターでは、日本初の全天周・超高精細3D映像による立体視プラネタリウムなどを上映する。
7.31	**SF作家のポール・アンダーソンが没する**（米国）　米国のSF作家ポール・アンダーソンが死去した。最新の物理学、天文学の知識をSFと結び付けた"ハードSF"の旗手で、ヒューゴー賞を7回、ネビュラ賞を3回受賞。作品に「脳波」「折れた魔剣」「タイム・パトロール」「天翔ける十字軍」「タウ・ゼロ」「空気と闇の女王」「百万年の船」や、ゴードン・R.ディクスンとの〈ホーカ〉シリーズなどがある。米国SFファンタジー作家協会会長も務めた。
8.6	**巨大ブラックホール確認**（日本）　国立天文台教授・中井直正らが、野辺山の電波望遠鏡による観測の結果、渦巻銀河「IC2560」の中心に巨大ブラックホールが存在する確実な証拠を得たことを発表した。1996年から5年間にわたって、水メーザーの速度の観測を続けていた成果。また、銀河の中心が輝くのは、ブラックホールの周囲に大量のガスが存在するためであることも明らかにした。
8.8	**宇宙食開発のハワード・バウマンが没する**（米国）　食品科学者ハワード・バウマンが死去した。36年間米国の食品会社ピルスベリーに勤務する一方、1960年代には米国航空宇宙局（NASA）の委嘱を受け、宇宙食の開発に従事。冷蔵せずに30日間保存

出来る宇宙食を開発した。

8.9 　太陽探査機「ジェネシス」打ち上げ（米国）　米国航空宇宙局（NASA）は、日本時間9日午前1時13分（米東部夏時間8日午後0時13分）ケープカナベラル基地から、太陽探査機「ジェネシス」をデルタロケットで打ち上げた。太陽風収集を目的とする。

8.16 　57年ぶりの木星食（日本）　木星が月に隠れる木星食が未明、西日本を中心に観測された。1944年以来57年ぶりとなる。

8.16 　太陽系似の惑星系発見（米国）　「ワシントン・ポスト」紙が16日付で、カリフォルニア大学の天文学者らにより、地球から45光年離れた距離にある太陽系に似た惑星系を発見したと報じた。中心の恒星は「47 アルセ・マジョリス」と名づけられた。周囲には土星と木星に似たガス状の惑星が存在する。

8.18 　はくちょう座に新星発見（日本）　岡山県在住のアマチュア天文家・多胡昭彦がはくちょう座に新星を発見した。国際天文学連合（IAU）により、「はくちょう座新星2001No2」と命名された。

8.20 　「定常宇宙論」のフレッド・ホイルが没する（英国）　天文学者で数学者、SF作家でもあるフレッド・ホイルが死去した。1915年生まれ。1958年～1972年ケンブリッジ大学天文学、経験哲学の各教授。のちカリフォルニア工科大学客員教授を経て、1975年カーディフ大学名誉教授。この間、1956年～1962年ウィルソン・パロマー山天文台所員として過ごし、1966年から6年間理論天文学研究所長。1971年～1973年英国王立天文学会会長を歴任した。ガモフらの宇宙が大爆発で始まったとする「ビッグバン理論」（命名はホイルによる）に対抗して、1948年宇宙には始まりがないとする「定常宇宙論」を提唱。「定常宇宙論」は1960年代観測事実で否定された。1957年には、ヘリウムよりも重い元素は星内部の核融合反応で作られたとする研究結果を発表。この業績により、1997年スウェーデン王立科学アカデミーからクラフォード賞を贈られた。1972年にはナイトの称号（Sir）を与えられる。著書に「宇宙の本質」「天文学の最前線」「太陽系の起源」「人間と銀河と」、共著に「（DNA）生命は宇宙を流れる」などがある。一方、創作活動も行い、1957年SF長編小説「暗黒星雲」を発表。続く第2作もエンタテインメントとして高い評価を受けた。1966年自伝「フレッド・ホイルの小宇宙」を発表した。

8.29 　「H-2A」ロケット打ち上げ成功（日本）　宇宙開発事業団（NASDA）の開発した5代目の液体燃料ロケット「H-2A」1号が午後4時に種子島宇宙センターから打ち上げられ、40分後には搭載した「レーザー観測装置（LRE）」を分離し、高度250～3万6000kmの長楕円軌道への投入に成功した。H-2Aの開発は、純国産ロケット「H-2」の後継機として1996年からスタートしたが、「H-2」5号（1998年2月）、「H-2」8号（1999年11月）の相次いだ打ち上げ失敗やエンジン試験中のトラブルなどで打ち上げを延期されるなど、日本の宇宙開発の信頼が大きく揺らぎ始めていた。この　H-2A　は全長53m、直径4m、重量285tの2段式で、約4tの大型静止衛星を打ち上げることが出来、徹底的なコストダウンにも成功したことで各国の商業ロケットと十分対抗出来ることを示し、信頼を回復した。

9.26 　VLBI観測、日本・韓国間で初成功（日本, 韓国）　国立天文台は、約1000km離れた日本と韓国2台の電波望遠鏡を使用して、電波受信による高精度の天体観測を行うVLBI（超長基線電波干渉計）の観測に初めて成功したと発表した。日本側は野辺山の45m電波望遠鏡、韓国側は大徳電波天文台の14m電波望遠鏡で観測が行われた。

10月 　巨大ブラックホールの合体（日本）　理化学研究所と京都大学、東京大学などの研究グループが、2000年に発見したM82の中心領域にある中質量ブラックホールの観測成果などをもとに、巨大ブラックホールは中規模のブラックホールの合体で形成される、という新理論を打ちだした。

10月 　柳沼行の漫画「ふたつのスピカ」が連載開始（日本）　月刊誌「コミックフラッパー」10月号より柳沼行の漫画「ふたつのスピカ」の連載が開始された（2009年完結）。宇

宙飛行士を目指す少女とその仲間たちを叙情的な絵柄で描き、2003年NHKでアニメ化、2009年テレビドラマ化された。ドラマ化に際しては撮影や映像提供で宇宙航空研究開発機構（JAXA）や米国航空宇宙局（NASA）も協力している。

10.21 日本初の宇宙CM撮影（日本，フランス，ロシア）　ロシア航空宇宙局は、21日バイコヌール宇宙基地から露仏3人の飛行士を乗せた宇宙船「ソユーズTM33号」を国際宇宙ステーション（ISS）に向けて打ち上げた。ステーションで26、27日日本初の「宇宙コマーシャル（CM）」のためのハイビジョン撮影を行った。宇宙開発事業団（NASDA）、電通、大塚製薬の共同製作で、商品は清涼飲料水「ポカリスエット」。同CM製作に携わった高松聡は後に宇宙での商業撮影会社「SPACE FILMS」を設立した。

11.12 「スーパーカミオカンデ」破損（日本）　東京大学宇宙線研究所（岐阜県神岡町）の観測装置「スーパーカミオカンデ」の光センサー（光電子増倍管）約7000本が、わずか5秒間で損傷、使用不可となった。被害総額は数十億円と予測された。11月22日に開かれた事故原因究明委員会では、8月に行った増倍管取換作業に原因があるのではないかと報告された。2002年1月5日、事故調査委員会は装置の水槽底面にあった2本が保守点検の作業ミスなどで傷がつき、最初に破損、そして連鎖的に損傷したことを明らかにした。

11.19 大規模しし座流星群観測（日本）　未明、全国各地で大規模な、「しし座流星群」が観測された。日本では過去200年間で最大で、ピーク時には1時間あたり3000〜5000個がみられた。しし座流星群は、11月中旬に出現する流星群。33年周期のテンペル・タットル彗星が散らした塵の帯を地球が横切る時に観測される。1799年、1833年、1866年、1966年のものが有名。なお、英国天文台のデビッド・アッシャーは、太陽、水星の動きに木星の引力も計算に入れた新しい計算法で予測の精度を上げ、出現予測時間をほぼ的中させた。

11.27 惑星の大気成分分析（米国）　米国カリフォルニア工科大学などのグループがハッブル宇宙望遠鏡により、地球から約150光年の距離にある惑星の大気成分の観測に成功、ナトリウムを含んでいることを突き止めたと、米国航空宇宙局（NASA）が27日発表した。観測したのは、ペガスス座にある恒星「HD209458」の惑星。太陽系外惑星の大気成分の分析に成功したのは初めて。

11.28 宇宙船設計士グレブ・ロジノロジンスキーが没する（ロシア）　ロシアの宇宙線設計士グレブ・ロジノロジンスキーが死去した。1976年から宇宙船設計企業・モルニヤの所長としてソ連のスペースシャトル「ブラン」の製作に従事。1988年11月同シャトルは無人の宇宙飛行と着陸に成功した。

12.6 「エンデバー」打ち上げ（米国）　米国航空宇宙局（NASA）のスペースシャトル「エンデバー」が日本時間6日午前7時19分（米東部時間5日午後5時19分）、ケネディ宇宙センターから打ち上げられた。同時多発テロ事件以降では初の打ち上げで、厳戒態勢がしかれた。同機は、6000枚の米国国旗を宇宙へ運び、日本時間18日午前2時55分（米東部時間17日午後0時55分）帰還。持ち返った国旗は同時多発テロの犠牲者の遺族らに贈られた。

12.7 挿絵画家の小松崎茂が没する（日本）　挿絵画家の小松崎茂が死去した。1915年（大正4年）生まれ。1938年（昭和13年）挿絵画家としてデビュー。太平洋戦争中から国防科学雑誌「機械化」などで空想的なメカイラストを描き、戦後は「地球SOS」「大平原児」などの絵物語で、山川惣治と人気を二分した。細密かつダイナミックなタッチで、SFや冒険スペクタクルを得意としたSFイラストレーターの先駆者。1950年代後半以降は少年雑誌の表紙や口絵、未来や宇宙開発を主題とした数々のイラストを手がけて少年たちを熱狂させた。また、戦闘機や戦車、軍艦、「サンダーバード」シリーズなどのプラモデルの箱絵（ボックスアート）でも優れた仕事を残し、プラモデルブームを担った。

この年 日本天文学会林忠四郎賞（2000年度, 第5回）（日本）　稲谷順司（宇宙開発事業団研究

員)、野口卓(国立天文台助教授)が「高感度ミリ波サブミリ波検出器の開発」により受賞した。

この年　日本天文学会天体発見功労賞受賞(日本)　杉江淳が「彗星：141P (Machholz 2)のD核の初回検出」、門田健一が「彗星：73P (Schwassmann-Wachmann 3)のE核」により受賞。

この年　日本宇宙生物科学会賞受賞(日本)　学会賞を大西武雄、保尊隆享が、功績賞を渡辺悟、若田光一が受賞した。

この年　仁科記念賞受賞(日本)　鈴木洋一郎(東京大学宇宙線研究所教授)、中畑雅行(東京大学宇宙線研究所助教授)が「太陽ニュートリノの精密観測によるニュートリノ振動の発見」により、第47回仁科記念賞を受賞した。

2002年
(平成14年)

1月　**NASA新長官迎える**(米国)　2001年10月17日に辞意を表明したゴールディンの後を受け、米国航空宇宙局(NASA)の長官にショーン・オキーフが就任した。オキーフの前職は行政管理予算局次長でコスト削減のプロと異名を持つ。国防省との連携を深め軍事研究も視野に置いて宇宙開発に取り組む方針を、就任後の記者会見で明らかにした。

1.6　**NASA副局長バートン・エデルソンが没する**(米国)　米国航空宇宙局(NASA)副局長を務めたバートル・エデルソンが死去した。レーガン政権下の1982年〜1987年NASAの宇宙科学応用部門担当の副局長に就任。ハッブル宇宙望遠鏡や火星探査計画などを主導した。宇宙科学分野での日米協力推進にも尽力。1987年〜1992年ジョンズ・ホプキンス大学研究員を経て、ジョージ・ワシントン大学教授を務めた。

1.8　**物理学者アレクサンドル・プロホロフが没する**(ロシア)　ロシアの物理学者アレクサンドル・プロホロフが死去した。1916年生まれ。1946年〜1983年ソ連科学アカデミーに勤務し、1973年より同アカデミー物理学・天文学部長を務めた。その後、1983年〜1996年一般物理学研究所所長、1996年より科学研究センター所長など要職を歴任。研究業績はメーザー、レーザーの開発から励起法の研究など量子エレクトロニクスの基礎を築くもので、1954年にN.バソフと共にアンモニア・メーザーを開発し、1955年には励起法として3準位法を提案した。これらの業績により、1964年バソフ、米国のC.タウンズと共にノーベル物理学賞を受賞。冷戦時代末期には米国の戦略防衛構想(SDI)に対抗するソ連版スター・ウォーズ計画の開発で中心的役割を果たし、ソ連時代の宇宙防衛計画を推進した。1969年より「ソビエト大百科辞典」の編集長を務めたことでも知られた。

1.16　**電波天文学のR.ハンバリー＝ブラウンが没する**(英国)　天文学者R.ハンバリー＝ブラウンが死去した。1916年インド生まれ。第二次大戦中レーダーの研究に従事。戦後、1949年〜1964年マンチェスター大学電波天文学教授を経て、1964年〜1981年オーストラリアのシドニー大学物理学・天文学教授。この間、1950年に系外銀河であるアンドロメダ座の渦巻銀河の電波地図を初めて作成した。さらに1954年には光強度干渉計という新しい型の干渉計を作った。著書に「The Exploration of Space by Radio」(1957年)、「The Intensity Interferometer」(1974年)、「Man and the Stars」(1978年)、「Wisdom of Science」(1986年)など。

1.17　**すばる望遠鏡、ゆらぎ補正**(日本)　国立天文台はすばる望遠鏡が、大気のゆらぎを補正した分光観測に成功したことを17日発表した。これにより、米国のハッブル宇

宙望遠鏡に匹敵する像が、地上のすばる望遠鏡からも観測可能になった。また、はくちょう座に褐色矮星が2つあることが確認された。

1.18 **ジェミニプロジェクト、本格的始動**（世界）　ハワイと南米チリ（ジェミニサウス天文台）、南北各半球に、1台ずつ直径8mの巨大望遠鏡を設置（すばる望遠鏡と同規模）、全天をカバーして高精度の天文観測を行うという国際プロジェクト「ジェミニ（ふたご座）計画」が本格的に開始。既に稼働中のハワイの望遠鏡に次いで、チリの望遠鏡も稼働を開始、最初の撮影画像が18日に公開された。このプロジェクトには、米国、アルゼンチン、ブラジル、英国など7か国が参加している。

2.4 **「H-2A」2号打ち上げ**（日本）　宇宙開発事業団（NASDA）により午前11時45分、種子島宇宙センターロケット「H-2A」2号が打ち上げられた。2号は主エンジンの液体水素ターボポンプを改良し、4本の固体補助ロケットを追加、衛星保護フェアリングを2段式としたものである。予定の軌道に到達後、高度3600km付近で民生部品実証衛星「MDS-1（つばさ）」は軌道に入った。しかし小型の高速再突入実験機「DASH」は分離に失敗。宇宙科学研究所（ISAS）の調査で、原因は製造会社が図面を写し間違え、配線の接続先を誤っていたことにあると判明した。翌2003年1月、同研究所は衛星を設計したNECに賠償請求。

2.6 **超新星から極超新星へ**（日本）　1月29日に神奈川県のアマチュア天文家・広瀬洋治が発見した渦巻銀河M74にある超新星「SN2002ap」は、爆発エネルギーがより大きく世界的にも観測例の少ない「極超新星（ハイパーノバ）」の可能性が高いと、群馬県立ぐんま天文台が発表した。同天文台が爆発に伴って放出された電磁波の波長別観測データを分析したところ、爆発エネルギーが超新星より10～100倍大きいことが判明した。

3月 **南極で火星の隕石を発見**（日本）　国立極地研究所などが日本の南極観測隊が発見した隕石を分析し、ガスの成分などから火星から飛来したものが2個含まれており、そのうち1個は重さが13.7kgと世界で2番目に大きいものであることが判明した。この隕石は昭和基地の南西300kmにある「やまと山脈」周辺で見つかった。

3月 **ハッブル宇宙望遠鏡を改修**（米国）　高度約580kmに浮かぶハッブル宇宙望遠鏡の改造作業のため、3月1日米スペースシャトル「コロンビア」が2年半ぶりに打ち上げられた。新型カメラや太陽電池を取付け、姿勢制御装置を整備し、3月12日帰還。改修は成功で望遠鏡の観測能力は約10倍（視野の広さと解像度は各2倍、感度は10倍）に向上。太陽系の惑星の直接観測などを目指す。4月30日に改造後の画像が公表された。

3.1 **火星に大量の水**（米国）　米国航空宇宙局（NASA）は、2001年10月23日火星の軌道に投入された無人探査機「マーズ・オデッセイ」の観測データから、火星の南極から南緯60度までの広い範囲（約640km四方の地下約1m）に大量の水が存在する可能性が高いと発表した。水素の分布を示す中性子線などのデータを分析したものである。また、5月には、火星の地下に大規模な氷原があることを解明したと、米アリゾナ大学ボイントンらの研究グループが発表した。

3.7 **宇宙の色は「ベージュ」**（米国）　約20万個の銀河を観測して、2002年1月に米国天文学会で宇宙の色を「緑がかった薄い青」と発表した米ジョンズ・ホプキンス大学のグループが、コンピュータプログラムのミスを発見、再度の解析の結果、「薄いベージュ」と訂正する声明を発表した。

3.25 **中国の無人宇宙船実験が成功**（中国）　中国は「長征2号Fロケット」で独自開発の無人宇宙船「神舟3号」を酒泉衛星発射センターから打ち上げ、15分後には予定の軌道に乗った。4月1日に内モンゴル自治区内に帰還し、実験は成功した。

4.2 **衛星研究のジョン・ロビンソン・ピアースが没する**（米国）　電子工学者で科学作家のジョン・ロビンソン・ピアースが死去した。1910年生まれ。1936年ベル電話研究所に入り、進行波管、通信理論、音響の分野で多くの独創的な業績を上げ、通信基礎研究部長などを歴任。特に1954年人工衛星による電波中継の可能性を解析した研究は、の

ちの通信衛星の開発に大きな役割を果した。その後1971年～1980年カリフォルニア工科大学教授、1980年より同大名誉教授。1979年～1982年ジェット推進研究所技師長。1983年よりスタンフォード大学音楽・音響学コンピュータ研究センター(CCRMA)客員教授、同大名誉客員教授。また、科学作家としても知られ、専門書の他に筆名J.J.カップリングで空想科学小説、科学啓蒙書なども執筆。その多彩な業績に対し、エール大学などから名誉博士号を贈られている。主著に「Travelling Wave Tubes」(1950年)、「Theory and design of electronbeams」(1954年)、「Symbols, signals and noises」(1961年)、「衛星通信のはじまり」(1968年)、「音楽の科学―クラシックからコンピュータ音楽まで」(1983年)など。

4.4 盗聴衛星?を発見(日本) 赤道上高度約3万6000kmの静止軌道に全長50mの巨大物体があることを、日本スペースガード協会が発表した。インドネシア上空の東経120度付近にとどまり、アンテナなどから通信傍受衛星の1つである盗聴衛星と見られ、米国の軍事衛星と推測された。

4.9 最古の銀河群を発見(欧州) 欧州の研究チームが南米チリの欧州南天天文台の望遠鏡で観測し、地球から135億光年離れている、観測史上最も古い銀河群の発見を発表した。

4.10 百武彗星発見者・百武裕司が没する(日本) アマチュア天文家・百武裕司が死去した。1950年(昭和25年)生まれ。中学時代から星に熱中。フクニチ新聞社勤務時代、福岡市の自宅に直径3mの観測用ドームを設置し、勤務の傍ら天体観測を続ける。1992年(平成4年)退職し、1993年鹿児島県隼人町に転居。1995年12月新彗星を発見、1996年1月にも新彗星を発見。2号目の彗星は米国の国際天文学連合(IAU)中央局から「百武彗星」と命名された。百武彗星は、同年3月末地球に最接近。零等級の明るさとなり、肉眼で確認出来るとあって、世界中の注目を集めた。同年9月鹿児島県姶良町立天文台スターランドAIRA館長に就任。

4.18 UFO研究家の荒井欣一が没する(日本) UFO研究家の荒井欣一が死去した。戦後、大蔵省印刷局に勤めていた頃に未確認飛行物体(UFO)の存在を知り、退職後に古書店を開いてから本格的に研究活動に入る。1955年(昭和30年)日本空飛ぶ円盤研究会(JFSA)を結成、機関誌「宇宙機」を発行。1957年他のUFO研究団体を結集して全日本空飛ぶ円盤研究連合を作り、「宇宙平和宣言」を発表した。1979年には数多くのUFO関連資料を所蔵するUFOライブラリーを開館。

4.24 宇宙の年齢が明らかに(米国) 米国航空宇宙局(NASA)は宇宙の年齢は130～140億歳の可能性が高いと発表した。ハッブル宇宙望遠鏡がとらえた、さそり座の方向にある地球から約7000光年離れた球状星団「M4」の中にある白色矮星を観測し、分析した結果。

4.25 2人目となる宇宙観光客(ロシア) ロシアの宇宙船「ソユーズ」が、史上2人目となる南アフリカの実業家マーク・シャトルワースを乗せて、カザフスタンのバイコヌール宇宙基地から打ち上げられた。シャトルワースは初のアフリカ大陸出身の宇宙飛行者にもなった。27日国際宇宙ステーション(ISS)とのドッキングに成功。5月5日無事に地球に帰還した。ロシア側には約26億円を支払った。

5月 小惑星「タコヤキ」(日本) おうし座の方向にある小惑星に、「タコヤキ」という名が付けられ、国際天文学連合(IAU)が正式登録した。同惑星は1991年北海道で箭内政之と渡辺和郎が発見した小惑星だが、両者は名づけ役を、「宇宙の日」の記念イベントに参加した関西の小中学生らに託し、31個の候補からこの名が選ばれた。なお、2000年渡辺が発見した小惑星には、本人の申請により2009年「トラサン(寅さん)」と名が付けられた。

5月 珍しい惑星集合(世界) おひつじ座からおうし座にかけて、水星、金星、火星、木星、土星がほぼ一直線に並ぶ、極めて稀な「惑星直列」という現象が観測された。米国ではこの現象により洪水や地震が発生するという「終末論」ブームが起こり、米

国航空宇宙局(NASA)が鎮静化を図った。

5.14 継続的ネット中継局「ライブ!ユニバース」発足(日本) 1997年以来日食・月食・流星群などのインターネット中継を不定期に行ってきたライブ!エクリプス実行委員会とライブ!レオニズ実行委員会が、継続的に活動するために統合、「ライブ!ユニバース(LIVE! UNIVERSE)」として発足した。会長は尾久土正己(みさと天文台台長)。世界で起こる日食や流星などの天文現象をネットで生中継する他、予告や観測情報も発信する。

5.26 宇宙酔い実験に参加した渡辺悟が没する(日本) 宇宙生理学の渡辺悟が死去した。1933年(昭和8年)生まれ。名古屋大学教授を経て、藤田保健衛生大学教授、大同産業医学研究所長を歴任。1994年(平成6年)宇宙飛行士の向井千秋が搭乗したスペースシャトル「コロンビア」内で行われた金魚を使った宇宙酔いの実験計画に参加。1996年～2000年日本宇宙生物科学会会長を務めた。

6.26 M-Vロケット、民間へ(日本) 宇宙開発事業団(NASDA)の「H-2A」ロケットを日本の「基幹ロケット」して開発を続け、一方、宇宙科学研究所(ISAS)の「M-V」などの固体燃料ロケットは国による技術開発は完了したとして民間に製造・運用を移管するという、宇宙開発委方針が発表された。8月27日には、「H-2A」ロケットの民間移管を同年秋から始めることを文部科学省が発表。NASDAが、ロケットの受注、製造を担当する企業(プライム企業)を11月に選定、技術データや特許の使用権を提供するという段取。

7.26 地球観測衛星「ランドサット」30年の成果(米国) 1972年7月23日の「ランドサット」1号打ち上げから30周年を迎え、これを記念して、米国航空宇宙局(NASA)と米地質調査所(USGS)が、歴代の「ランドサット」が撮影した地球の画像を連邦議会やホームページ上などで公開した。「ランドサット」は7号まで打ち上げられ、5号と7号が運用されており、地球の陸地や海洋を可視光で撮影している。

8.9 銀河誕生期の銀河風観測(日本, 米国) 東北大学・東京大学、米国ハワイ大などの研究グループが、すばる望遠鏡を使い、地球から約140億光年の距離、ろくぶんぎ座の方向に、超新星爆発によって高速のガスを噴出する銀河を発見したと、9日発表した。銀河誕生期の「銀河風」が観測されるのは珍しく、銀河の運動の様子を解明する有益なデータになる。

8.17 「内田=柴田モデル」の内田豊が没する(日本) 天文学者・内田豊が死去した。1934年(昭和9年)生まれ。東京大学教授を経て、東京理科大学教授。また、日本天文学会理事長を務めた。星の形成過程などでガスが激しく噴き出すジェット現象の仕組みを説明する「内田=柴田モデル」で世界的に知られた。

9月 江戸の天文家、小惑星に(日本) 群馬県のアマチュア天文家・小林隆男が、自らが発見した多くの小惑星について、国立天文台などに命名を依頼。そのうち、大阪市立科学館は関西にちなむ22の名前を申請した。「オオサカ(大阪)」、江戸時代の大阪にあった天文学塾「センジカン(先事館)」、その塾長「アサダゴウリュウ(麻田剛立)」、天文家「ハザマシゲトミ(間重富)」「タカハシヨシトキ(高橋至時)」「タカハシカゲヤス(高橋景保)」、さらに西村真琴が開発した日本最初の人造人間「ガクテンソク(学天則)」など20件が国際天文学連合(IAU)により登録された。なお、2009年小林は、りょうけん座の渦巻銀河に超新星を発見。これは日本人が発見した超新星の100個目となった。

9.10 「H-2A」3号打ち上げ、実用化へ(日本) 宇宙開発事業団(NASDA)の大型ロケット「H-2A」3号が午後5時20分、種子島宇宙センターから打ち上げられ、2基の実用衛星—無人実験機「USERS」とデータ中継技術衛星「DRTS(こだま)」を予定の軌道へ投入。初の実用化段階での成功となった。静止衛星の投入成功は「ひまわり5号」以来7年ぶりとなる。「こだま」は高度3万6000kmの静止軌道に移行するためエンジンを噴射したところ、推力が低下し自動停止したため、位置調整用の小型噴射装置を使い

15日に静止軌道に到着することが出来た。原因はエンジンに誤った部品を取り付けた単純ミスだった。2003年5月30日、無人宇宙実験システム研究開発機構は「USERS」から分離した実験カプセルを収容。同機が高度約500kmの軌道上で作った世界最大の超電導材料（直径12.7cm、高さ2cm）を入手した。日本が宇宙で作った材料を回収したのは初となる。

9.10 **次世代宇宙望遠鏡「ウェッブ」**（米国）　米国航空宇宙局（NASA）が、ハッブル宇宙望遠鏡の後継機・次世代宇宙望遠鏡「ジェームズ・ウェッブ宇宙望遠鏡」を打ち上げると10日発表した。望遠鏡の名前は「アポロ計画」の功労者であるNASA2代目長官の名に由来する。直径約6m（ハッブルの2.5倍）の反射鏡を搭載し、地球から約160万kmの距離で、観測する。製作は米航空宇宙機器メーカーTRW社。開発費は約8億2500万ドル。2007年5月、実物大モデルがワシントンで一般公開された。打ち上げは2013年の予定。長さ約24m、幅、高さ約12m。

9.19 **「反物質」大量生成に成功**（日本）　欧州合同原子核研究所（CERN）で活動する東京大学（早野龍五ら）などの国際研究グループが、通常の物質とは逆の電気を帯びた粒子で構成される「反物質」の水素原子を世界で初めて大量に作り出した。約20時間の実験で、反陽子と反電子から5万個以上の反水素を生成。成果は19日、英科学誌「Nature」オンライン版に掲載された。

9.21 **SF作家・物理学者のロバート・L.フォワードが没する**（米国）　米国のSF作家で物理学者のロバート・L.フォワードが死去した。重力理論を専門とする物理学者として宇宙推進システムや重力波アンテナの研究開発に取り組む一方、SF雑誌に科学解説を載せたのが縁となり、作家仲間に対して宇宙や先端科学についての助言を行い"SF界の助言者"として知られた。自らもSF執筆に挑戦し、中性子星上の知的生命と地球人とのファースト・コンタクトを描いた処女作「竜の卵」は好評を博した。他の作品に「スタークエイク」「ロシュワールド」「火星の虹」などがある。

9.26 **「旅をする電子」初観測**（日本）　国立天文台は、野辺山観測所の太陽電波望遠鏡で、フレアのエネルギーで電子が加速、走る様子（「旅をする電子」）を世界で初めて確認したことを26日発表した。存在は予測されていたが、確認されたのは初めて。今後解析により、フレアの解明が進み、フレアによって起こる電波障害や人工衛星への影響発生予測に資することが期待される。

10月 **準天頂衛星に向けて新会社**（日本）　衛星放送やインターネット通信、カーナビゲーションなどの地上の位置観測などに活用するため、3基の人工衛星を日本のほぼ真上に交代で飛ばす「準天頂衛星」の実現に向けて国内電機メーカーなどが新会社を設立した。赤道上にある通信・放送衛星は、日本まで距離があり電波が届きにくいが、準天頂衛星は日本の真上にあるため届きやすくなる。官民共同で2007年にも衛星を打ち上げ、研究を本格化させることになった。

10.7 **冥王星の外を回る小惑星**（米国）　冥王星のさらに外側を回る新たな天体を発見したと、米国カリフォルニア工科大学の研究グループが発表した。新天体は「クワオアー」と命名され、直径は地球の3分の1にあたる約1300km、太陽から64億kmの距離にあり288年かけて公転している。カイパーベルトと呼ばれる彗星の巣にあり、冥王星発見以来、太陽系で見つかった天体としては最大だが、「第10の惑星」と呼ぶほどは大きくなかった。

10.8 **4か月ぶりにシャトル打ち上げ**（米国）　日本時間8日午前4時46分（米東部夏時間7日午後3時46分）、米国航空宇宙局（NASA）はフロリダ州のケネディ宇宙センターから、スペースシャトル「アトランティス」を打ち上げた。夏の点検で燃料供給ラインのひび割れが4機全てに見つかり、修理のため飛行計画がストップしていたため、4か月ぶりの打ち上げとなった。

10.15 **「ソユーズU型」、爆発**（ロシア）　ロシアのプレセツク宇宙基地で、ロケット「ソユーズU型」が打ち上げ直後に爆発、1人が死亡、8人が負傷した。原因はエンジン故

障。同機は、過去11年間事故を起こしていなかった。

10.18　**宇宙往還機、無人飛行実験**（日本）　太平洋の赤道付近にあるキリバス共和国クリスマス島で、宇宙開発事業団（NASDA）などが開発を目指す宇宙往還機の実験機が初飛行実験を行い、成功した。実験機は無人で、全長3.8m、幅3m、重量735kg、ジェットエンジンで水平に着陸出来る。

10.19　**土井飛行士が超新星を発見**（日本）　テキサス州で日本人宇宙飛行士の土井隆雄が超新星を発見、国際天文学連合（IAU）の17日付の週報に掲載された。この超新星は、ろ座の北部にある銀河「NGC922」の中で、およそ17等星の明るさで輝いていた。2007年2月18日にもおとめ座の方向に発見、19日付けで掲載された。明るさは15.7等。

12月　**「東大阪宇宙開発協同組合」設立認可**（日本）　東大阪市などの中小企業による人工衛星開発計画を進めるための「東大阪宇宙開発協同組合」の設立が認可された。同組合の前身は、「宇宙関連産業を地場産業に」を合言葉に、飛行機部品製造アオキ（社長・青木豊彦）を牽引役として7月に結成された「東大阪宇宙関連開発研究会」。大阪府立大大学院も協力してきた。組合は今後、宇宙開発事業団（NASDA）などから人工衛星の注文を受けて、協力企業が開発を進めるのを統括し、人工衛星製作を進める。2006年3月9日には関西学院大学と連携協定を結んだ。

12.14　**H-2Aロケット4号打ち上げ、衛星軌道に**（日本）　宇宙開発事業団（NASDA）により14日午前10時31分、種子島宇宙センターから「H-2A」4号が打ち上げられた。米国航空宇宙局（NASA）やフランス国立宇宙研究センター（CNES）の観測機器を搭載した環境観測技術衛星「ADEOS2（みどり2号）」、千葉工業大学の鯨生態観測衛星「WEOS（観太くん）」、オーストラリア連邦制100周年記念の科学衛星「FedSat」、事業団の実験衛星「μ-LabSat」を順次分離した。4号は全長53m、直径4m、重量約290t。

12.30　**「神舟4号」打ち上げ**（中国）　中国は酒泉衛星発射センターから、国産の無人宇宙船「神舟4号」を搭載したロケットを打ち上げた。有人飛行に向けた最終テストと位置付けられており、生命維持システムやダミー人形が搭載された。同機は地球を100周以上回った後、2003年1月5日、内モンゴルに着陸した。この成功により、有人宇宙飛行への弾みがついた。

この年　**佐藤文衛ら、G型巨星「HD104985」に惑星を発見**（日本）　岡山天体物理観測所の佐藤文衛を中心とする研究グループは、G～K型巨星の中で惑星を持つ星の探査を進め、188cm反射望遠鏡クーデ焦点に設置される高分散分光器「HIDES（HIgh Dispersion Echelle Spectrograph）」を用いた観測により、G型巨星HD104985に惑星を発見した。

この年　**小柴昌俊、デービス、ジャッコーニ、ノーベル物理学賞受賞**（日本,米国）　「天体物理学特に宇宙ニュートリノの検出に関する先駆的貢献」で小柴昌俊（東京大学名誉教授）、レイモンド・デービス（米ペンシルベニア大学名誉教授）、「宇宙X線源の発見を導いた天体物理学への先駆的貢献」でリカルド・ジャッコーニ（米アソシエイテッド・ユニバーシティーズ社社長）がノーベル物理学賞を受賞した。小柴は1983年に完成した岐阜県神岡町に設けた素粒子観測装置「カミオカンデ」の建設計画を主導し、1987年2月世界で初めて星の終末である超新星爆発により発生した素粒子ニュートリノを観測、謎に包まれていた超新星爆発の詳細な分析に成功。太陽系の外からのニュートリノの観測は世界初めてだった。この観測により、「星が最後に爆発して超新星ができる際、ニュートリノが放出される」という理論が裏づけられ、またその後、太陽ニュートリノの検出にも成功。光や電波などではなく、宇宙から飛来するニュートリノを観測することにより天体の性質を解明する「ニュートリノ天文学」を創始した。デービスは、1967年太陽中心部の核融合によって生じるニュートリノを測定出来る可能性により、サウスダコタ州の地下1500mに約600tのテトラクロロエチレンを入れたタンクを建設。1970年代から1994年まで20年にわたる測定を行う。結果、ニュートリノの量は予測される理論値の3分の1程度しかないことが判明し、残りはどこへいったのか、この現象をどう考えるべきかという「太陽ニュートリノ問題」を提唱。また、太陽が放出するニュートリノを詳しく観測し、核融合が太陽のエ

ネルギー源であることの証明も行った。小柴と共にニュートリノ天文学の先駆として知られる。ジャッコーニは、宇宙X線放射は地球の大気で吸収されてしまうので、これを調べるには装置を宇宙に置く必要があると考え、1962年観測装置をロケットで打ち上げて宇宙のある方向から非常に強いX線を観測し、新種の天体を発見することに成功。これはさそり座の一角にあることから「ScoX-1」と名づけられ、これをきっかけにX線天文学の幕開けを迎えた。また、太陽系の外でのX線源を初めて検出し、また宇宙にはX線のバックグラウンド放射があることを証明するなど天体物理学とX線天文学への先駆的業績をあげた。

- この年 日本天文学会林忠四郎賞（2001年度, 第6回）（日本） 柴田一成（京都大学教授）が「宇宙ジェット・フレアにおける基礎電磁流体機構の解明」により受賞した。
- この年 日本天文学会天体発見功労賞受賞（日本） 畑山和也が「新星：V2275 Cyg」により受賞。
- この年 日本天文学会天文功労賞受賞開始（日本） 天文観測活動などが天文学の進歩及び普及に寄与した観測者を対象に表彰する、日本天文学会天文功労賞の受賞が開始された。
- この年 日本天文学会天文功労賞（2001年度, 第1回）（日本） 成見博秋「変光星の目視測光25万点」、薄謙一「1998年ポン・ウイネッケ流星群の活動を検出」、大島誠人「2001年のや座WZの増光を検出」、村岡健治「P/2001 X3を11D（Tempel-Swift）と同定」によりそれぞれ受賞。
- この年 文化功労者に戸塚洋二（日本） 「カミオカンデ」「スーパーカミオカンデ」における実験を指導し、ニュートリノ天文学の誕生や、ニュートリノ物理学の発展に貢献した戸塚洋二（高エネルギー加速器研究機構教授・宇宙線天文学）が第55回文化功労者に選ばれた。
- この年 仁科記念賞受賞（日本） 小山勝二（京都大学大学院理学研究科教授）が「超新星残骸での宇宙線加速」により、第48回仁科記念賞を受賞した。
- この年 科学技術映像祭受賞（2002年度, 第43回）（日本） 文部科学大臣賞を科学教育部門で東亜天文学会「皆既日食―その神秘のメカニズム」が、ポピュラーサイエンス部門で日本放送協会「NHKスペシャル宇宙 未知への大紀行第1集―ふりそぞぐ彗星が生命を育む」が受賞した。
- この年 NHK連続テレビ小説「まんてん」放送（日本） 2002年秋から2003年春までのNHK連続テレビ小説「まんてん」の放送が開始された。脚本はマキノノゾミ、主役は宮地真緒で、鹿児島・屋久島育ちのヒロイン日高満天が、宇宙からの気象予報を目指す物語。監修は毛利衛が手がけた。
- この年 逆向き回転の銀河を発見（米国） 米国の研究チームが米国航空宇宙局（NASA）のハッブル宇宙望遠鏡の観測結果に基づき、通常の渦巻とは逆向きに回転する銀河を見つけた。その銀河「NGC4622」は地球から約1億1100光年離れたケンタウルス座にある。

2003年
（平成15年）

- 1.13 14年ぶり、海王星に新衛星（米国） 海王星に新たに3つの衛星を発見したと、米ハーバード・スミソニアン天体物理学センターなどが発表した。惑星探査機「ボイジャー2号」が6個見つけて以来14年ぶりとなる。
- 1.15 「ALMA（アルマ）計画」へ参加（世界） 文部科学省の科学技術・学術審議会は、

南米チリの標高5000mの高地に建設する直径12mの大型電波望遠鏡64台の国際計画「ALMA」に、日本が参加することを承認した。建設期間は2004年から8年間の予定で、日米欧が協力して宇宙での天体形成のもととなる塵を高感度で観測し、生命の誕生に不可欠なアミノ酸分子があるかを調べる。

1.16 **銀河の外で星形成**（日本）　16日、国立天文台などは銀河の外側で星が誕生している「星形成領域」を発見したと発表した。すばる望遠鏡を用いて、約5000万光年離れたおとめ座銀河団の銀河「NGC4388」からさらに約8万2000光年離れた地点で電離水素領域を発見。チリにある大型望遠鏡で天体の光を分析した結果、この領域で星が生まれていることが判明した。

2.1 **スペースシャトル「コロンビア」空中分解**（米国）　日本時間2月1日午後11時（米東部時間午前9時）、28回目の飛行となるスペースシャトル「コロンビア」の空中分解事故が起こり、リック・ハズバンド船長ら7人が死亡した。米テキサス州上空63km、マッハ18.3（時速約2万2000km）の速度で大気圏に再突入中の出来事だった。「チャレンジャー」爆発事故以来の惨事であり、原因究明のため、事故直後の2月中旬に「コロンビア」事故独立調査委員会（CAIB）がハロルド・ゲーマン米海軍退役中将を長として発足。事故原因を解明した結果、打ち上げ直後に外部燃料タンクからはがれ落ちた断熱材が、機体に衝突したことが原因だった。またこの事故により、米国航空宇宙局（NASA）の安全軽視の体質が明らかとなった。8月6日、NASAの申請により、小惑星7個に飛行士7人（船長の他、ウィリアム・マックール、ミッシェル・アンダーソン、カルパナ・チャウラ、デビッド・ブラウン、ローレル・クラーク、イラン・ラモンの6名）の名が付けられた。

2.11 **137億年前に宇宙誕生**（米国）　米国航空宇宙局（NASA）は2001年6月に打ち上げた衛星「WMAP」で、ビッグバン（大爆発）による宇宙誕生から38万年後の光（宇宙背景放射）を撮影し、宇宙が約137億年前に誕生したことが分かったと発表した。「WMAP」の画像が示す全方向から来る宇宙背景放射の温度の揺らぎをもとに計算し推定され、最初の星が輝いたのは宇宙誕生から2億年後であることも分かった。

2.11 **地球軌道の内側を回る小惑星**（米国）　リンカーン研究所が、地球軌道の内側を回る小惑星（直径約2km）を2月11日発見した。水星と金星以外で地球と太陽の間に軌道を持つ惑星の発見はこれが初めて。

2.12 **「H-2A」民間に移管**（日本）　宇宙開発事業団（NASDA）と三菱重工業が、国産主力ロケット「H-2A」ロケット製造を三菱重工業に移管する基本協定を締結したことを12日発表した。2003年度以降の契約では、機体を三菱重工業主体が製造、同事業団が打ち上げを行う。トラブルが起こった際には、三菱側が主に原因を究明し、事業団は要請により協力する。

2.20 **50年前の天文写真が真実と判明**（米国）　1953年11月15日にオクラホマ州のアマチュア天文家レオン・スチュアートが撮影した「月への隕石衝突の写真」が、真実だったと米国航空宇宙局（NASA）ジェット推進研究所が20日に明らかにした。写真には、月の中心部近くで白く輝く物体が写っており、スチュアートは、月に隕石が衝突して岩石が蒸発し、火の玉が生じたと推測したものの、異論もあり真偽は不明だった。同研究所のボニー・ブラッティらが、写真を元に衝突物体の大きさを推定し、衝突エネルギーの計算からクレーターの直径を見積もった上で、1994年に月表面を撮影した探査機「クレメンタイン」の写真を調べたところ、スチュアートの写真と同じ場所に、クレーターが見つかり、その推定が正しかったことが証明された。

3.11 **民間ロケットを承認**（日本）　宇宙開発委員会で民間主導による中型ロケット「GX」の開発が了承された。石川島播磨重工が全体のとりまとめを担当し、宇宙航空研究開発機構（JAXA）が研究を進めてきた世界初の液化天然ガスエンジンを用いる。

3.14 **125億年前の宇宙も似た構造**（日本）　東京大学の岡村定矩教授らが、国立天文台すばる望遠鏡で5万個の銀河を観測し、光の波長をもとに125億光年先の銀河43個の分

布を調べた結果、銀河が集中する場所とまばらな場所に分かれている現宇宙と似た構造が、宇宙誕生から間もない125億年前にできていたことを発表した。

3.28 北朝鮮監視のため衛星打ち上げ（日本）　午前10時27分種子島宇宙センターから、北朝鮮の軍事施設監視などを目的とする日本初の情報収集衛星を搭載したH-2Aロケット5号が打ち上げられた。夜間や悪天候でも撮影可能な合成開口レーダー搭載衛星と、1mの分解能を持つ科学センサー搭載衛星で構成されている。地軸と軌道との角度や速度などの基本データに関するデータは4月1日米国とカナダによる北米航空宇宙防衛司令部（NORAD）により公表された。

4.26 「ソユーズ」が交代要員派遣（ロシア）　ロシアの宇宙船「ソユーズ」が国際宇宙ステーション（ISS）に交代要員2人を派遣するため、日本時間26日午後0時53分（モスクワ時間同日午前7時53分）にカザフスタンのバイコヌール宇宙基地から打ち上げられた。宇宙ステーションに結合していた別の「ソユーズ」が5か月間滞在していた宇宙飛行士3人を乗せ、日本時間5月4日11時7分（モスクワ時間同日午前6時7分）、カザフスタン中部のアルカイク近郊に帰還した。

5.9 惑星探査機「はやぶさ」打ち上げ（日本）　文部科学省宇宙科学研究所（ISAS）の衛星「MUSES-C（はやぶさ）」を搭載したM-Vロケット5号が、午後1時29分、鹿児島宇宙空間観測所から打ち上げられた。「はやぶさ」は2005年6月に火星と木星の間にある直径500mの小惑星「1998SF36」（後に「イトカワ（ITOKAWA）」と命名）に到着し岩石を採取、2007年6月に地球に帰還することを目的としたもので、岩石の組成分析から太陽系の起源が解明されることが期待されている。また、「はやぶさ」は世界で初めて燃料効率のよいイオンエンジンを主エンジンに搭載していること、着陸時の「ターゲットマーカー」に149か国88万人の名前が刻まれていることも話題となった。プロジェクトマネージャーは宇宙航空研究開発機構（JAXA）宇宙科学研究本部教授・川口淳一郎。

5.22 「ひまわり5号」引退（日本，米国）　1995年（平成7年）3月に打ち上げられた静止気象衛星「ひまわり5号」が現役を引退した。同機は設計寿命の5年を超えていたが、後続機がロケット打ち上げ失敗などで間に合わず、米衛星「GOES9号」を当面借用することになった。

5.26 衛星測位システム「ガリレオ計画」始動（欧州）　欧州宇宙機関（ESA）加盟の15か国が欧州独自の衛星測位システム「ガリレオ計画」の始動で合意した。ESAと欧州連合（EU）による初の合同計画で、米国の独占状態だった衛星測位技術の産業利用を進めるために前年3月のバルセロナ首脳会議で計画推進が決定したものの、参加条件を巡り各国の意見が対立し、合意が遅れていた。2005年12月28日には、計画で用いられる最初の民生用衛星がカザフスタンのバイコヌール宇宙基地からロシアの「ソユーズロケット」で打ち上げられた。

5.29 一度に18個の超新星爆発（日本）　東京大学と国立天文台のチームは、2002年11月3日に南のくじら座の方角を撮影し、すばる望遠鏡で一度に18個の超新星爆発をとらえることに成功したと発表した。18個のうち7個は70億年前の爆発で、これほど古い時代のものが大量に見つかった例はない。

6月 火星探査機打ち上げ相次ぐ（米国，欧州）　日本時間6月3日（現地時間2日）に欧州宇宙機関（ESA）が、欧州初となる火星の軌道を周回する探査機「マーズ・エクスプレス」と着陸機「ビーグル2」を打ち上げ、周回軌道への投入に成功。火星の生命を探索することを目的としたが、「ビーグル2」は消息を絶った。また、6月11日（現地時間10日）には米国航空宇宙局（NASA）が火星探査車の1号で"ロボット地質学者"ともいわれる「マーズ・エクスプロレーション・ローバー」の1号「スピリット」、7月8日（現地時間7日）に2号「オポチュニティ」を打ち上げた。

6.30 学生製作による人工衛星打ち上げ（日本）　日本時間30日午後11時（モスクワ時間同日午後6時）過ぎに、ロシアのプレセツク宇宙基地から東京大学と東京工業大学の学

生らが自作した超小型人工衛星2基を載せたロケットが打ち上げられた。米研究者の発案による、学生やアマチュアにも宇宙工学実践の門戸を広げるプロジェクトの第1弾。衛星は2基とも10cm立方で重さ1kg。太陽電池発電で、温度や速度変化などをアマチュア無線で地上に伝える。

7.10　さそり座に最古の惑星（米国）　米国航空宇宙局（NASA）はさそり座の方向にある球状星団「M4」の中心部に宇宙最古の惑星を発見したと発表した。地球から約5600光年離れたその惑星は、約130億年前に誕生したとみられ、質量は木星の約2.5倍、全体がガスで出来ている。なお、これまで発見された太陽系外の惑星はすべて50億歳以下とされている。

8.2　日本初の人工衛星が消滅（日本）　1970年2月11日に東京大宇宙航空研究所（現・宇宙航空研究開発機構（JAXA）宇宙科学本部）が打ち上げた、日本初の人工衛星「おおすみ」が、日本時間午前5時45分、北緯30.3度、東経25度の上空で大気圏に突入して消滅した。

8.12　小惑星を「イトカワ」と命名（日本）　宇宙科学研究所（ISAS）は日本初の小惑星探査機「はやぶさ」が目指す小惑星が、「イトカワ（ITOKAWA）」と国際天文学連合（IAU）から了承されたことを発表した。日本のロケット開発の功労者・糸川英夫にちなむ命名である。「イトカワ」は1998年9月マサチューセッツ工科大学の研究チームが発見したもので、地球と火星の間の楕円軌道で回っている。

8.25　赤外線衛星「SIRTF」打ち上げ（米国）　米国航空宇宙局（NASA）により、25日にケープカナベラル基地から赤外線観測装置を搭載した宇宙赤外線望遠鏡（SIRTF）が打ち上げられた。12月には、おおぐま座の渦巻銀河や「象の鼻星雲」の暗い球状の部分の撮影に成功した。

8.27　大接近の火星がブーム（世界）　火星が8月27日午後6時51分頃地球に大接近し、地球との距離が5576万kmに最接近した。地球と同じ太陽系の惑星である火星は、地球の外側を回り約2年2か月ごとに地球と接近するが、この大接近は稀なもので、火星ブームが起こり、地上に特需をもたらした。各地の天文台の観測会やプラネタリウムに多くの人が集まり、海外観測ツアーも人気を集め、天体望遠鏡や「火星儀」の売れ行きも好調だった。

9.4　国内初のクレーター（日本）　国際太陽系シンポジウムで長野県飯田市立竜岡小の坂本正夫教頭らが、南アルプス南部の長野県上村に残る半円形の地形が、隕石によるクレーターの可能性が高いと発表した。クレーター内で見つかった石英などの分析から、2万〜3万年前に直径45cmの小惑星が衝突してできたものと推測された。国内での確認は初めてとなる。

9.17　野口聡一飛行士、スペースシャトル計画の再開1号に（日本, 米国）　米国航空宇宙局（NASA）は、「コロンビア」事故以降中断しているスペースシャトル計画の再開1号「アトランティス」に野口聡一飛行士を搭乗させることを17日正式発表した。クルーは野口を含めた7人。野口飛行士は船外活動と、シャトル本体の耐熱タイルなどの損傷調査のための操作などを担当する。

9.21　「ガリレオ」探査任務終了（米国）　木星探査機「ガリレオ」が14年間の探査任務を終了し、木星の大気圏に突入し燃え尽きた。「ガリレオ」は1989年に米国航空宇宙局（NASA）が打ち上げ、1993年に小惑星「アイダ」の観測と写真撮影に成功。1995年12月に木星の軌道に到達。木星の衛星「エウロパ」の表面の氷下に海がある可能性を発見するなど多くの情報を地球に送信してきた。

9.28　欧州初の月探査機打ち上げ（欧州）　欧州宇宙機関が、欧州初の月探査機「SMART-1」を搭載した仏アリアンスペース社のロケット「アリアン5」を打ち上げた。探査機は予定通りの軌道に投入された。将来の宇宙基地計画に備えて、赤外線カメラで氷の有無などを探索することや、X線で月面の土壌成分を分析することを目的とする。「アリアン5」は2002年12月の15回目の打ち上げで発射直後に爆発を起こしてお

り、関係者は胸をなで下ろした。

10.1 宇宙3機関統合、JAXA発足(日本)　宇宙開発事業団(NASDA)、航空宇宙技術研究所(NAL)、宇宙科学研究所(ISAS)の、宇宙3機関が統合し、「宇宙航空研究開発機構(Japan Aerospace Exploration Agency,略称JAXA・ジャクサ)」が発足。初代理事長は山之内秀一郎理事長。新機関は独立行政法人として、ロケット開発業務を一本化し、(1)ロケットなど基幹システムの整備と運用 (2)実用衛星の開発や観測データの利用促進 (3)再使用可能なロケットなど先端技術の開発 (4)宇宙科学に関する研究と教育を推進する。

10.1 小柴昌俊、私財を投じ財団を設立(日本)　小柴昌俊・東京大学名誉教授が私財4000万円(ノーベル賞賞金を含む)を投じ、「平成基礎科学財団」(設立基金計1億円)を設立した。基礎科学研究を支援し、子どもたちのための優れた教材作りや、理科好きの子どもを増やした理科教師への表彰などの活動を行う。

10.11 宇宙物理学者イバン・ゲティングが没する(米国)　宇宙物理学者イバン・ゲティングが死去した。1912年生まれ。ハーバード大学を経て、マサチューセッツ工科大学で研究に従事し、1945年～1950年教授を務める。第二次大戦中は、ナチス・ドイツのV1ロケットを捕捉するレーダーの開発に従事。戦後は、各種ミサイルの開発を監督、複数の衛星を利用し、位置を測定する「全地球測位システム(GPS)」の基礎原理を考案した。

10.13 東京で初の世界宇宙飛行士会議(日本)　東京の日本科学未来館で、第18回世界宇宙飛行士会議(主催・宇宙探検家協会)が13日から17日まで開催された。同会議が日本で開かれるのは初めて。15か国68人の宇宙飛行士が「宇宙と教育」を主題に語り合い、国内11都市で子供達と交流した。

10.15 飛騨天文台に最新型望遠鏡完成(日本)　岐阜県にある京都大学飛騨天文台に、太陽観測用の最新型望遠鏡「太陽磁場活動望遠鏡(SMART)」が完成、15日に記念式典が行われた。「SMART」は、一度に太陽全体の姿をCCDカメラで捉えられる。また、世界最高水準の画像分解能力を持ち、太陽フレアの解明に資することが期待される。

10.15 中国、有人飛行3番目(中国)　中国初の有人宇宙船「神舟5号」が、現地時間午前9時に内モンゴル自治区の酒泉衛星発射センターから長征2号Fロケットで打ち上げられた。神船5号は軌道船、帰還船、推進部の3部で構成され、高度343kmの円軌道を14周して約21時間後の16日にカプセル型の帰還船だけが内モンゴル自治区内に帰還した。3人乗り宇宙船に楊利偉中佐1人が搭乗。旧ソ連、米国に続き世界で3番目の有人飛行に成功した。有人宇宙船の打ち上げ成功は米国・ロシアに次ぎ42年ぶり3か国目。

10.17 ニュートリノ研究、最低の「C」(日本)　政府の総合科学技術会議が科学技術予算の約200件の格付けを公表し、素粒子ニュートリノの実験施設の建設前倒し計画を、最低の「C」と評価した。この実験施設は、日本原子力研究所などが茨城県東海村に建設している「大強度陽子加速器」で、人工的に生成したニュートリノを岐阜県神岡町の観測施設「スーパーカミオカンデ」に向けて発射し観測することを目的とし、予算8億円を申請したもの。ニュートリノ研究は小柴昌俊が2002年(平成14年)にノーベル物理学賞を受賞するなど日本の中心的な研究分野であり、小柴は科技会議に正式に抗議した。12月20日内示の財務省原案では6億円が認められた。

10.18 「ソユーズTMA3号」打ち上げ(ロシア)　カザフスタンのバイコヌール宇宙基地から国際宇宙ステーション(ISS)の交代要員を乗せたロシア宇宙船「ソユーズTMA3号」が打ち上げられた。28日には、6か月の任務を終えた米露の宇宙飛行士ら3人が「ソユーズTMA2号」のカプセルでカザフスタンのアルカリク郊外に着陸した。

10.20 天文学者・竹内端夫が没する(日本)　天文学者・竹内端夫が死去した。1923年(大正11年)生まれ。1946年(昭和21年)東京帝国大学理学部助手、1948年東京大学東京天文台技官、1958年助教授、1971年宇宙開発事業団(NASDA)参事を経て、1982年宇宙科学研究所(ISAS)教授。1986年定年退官。この間、日本初の静止衛星開発グルー

プの一員として1977年度の朝日賞を受賞した。また、1982年には「高精度軌道決定プログラム」により科学技術庁長官賞科学技術功労者表彰を受けた。

10.28　**大規模フレアで磁気嵐**（世界）　太陽の表面で、過去30年間で最大級の爆発（フレア）が起き、大規模な磁気嵐が世界各地で観測された。日本では翌29日から北海道で数日にわたるオーロラが出現。また、データ中継技術衛星「こだま」が放出された高エネルギー粒子（放射線）と衝突し一時運休停止になった。

10.30　**宇宙実証衛星1号打ち上げ**（日本）　ロシアのプレセック宇宙基地より日本の宇宙実証衛星「SERVIS1号」が打ち上げられた。同衛星は、無人宇宙実験システム研究開発機構によって2年間運用され、一般用の電子部品が宇宙環境でも使用可能か調査される。

10.31　**「みどり2号」早くも運用停止**（日本, 米国, フランス）　宇宙航空研究開発機構（JAXA）が2002年12月に打ち上げた、環境観測技術衛星「みどり2号」が10月25日に太陽電池パネルからの電力供給が6分の1に低下し、通信途絶に陥り運用を停止した。「みどり2号」は日米仏の大気中の雲や水蒸気、微粒子などを観測するセンサーを5台搭載していた。総開発費は730億円で設計寿命は3年だった。初代「みどり」も太陽電池パネルの破損で打ち上げから10か月で運用停止になっている。

11月　**最も遠い銀河を発見**（日本）　国立天文台などの研究グループが、ハワイのすばる望遠鏡により、約128億4000万光年離れた銀河を観測した。これまで観測された中で最も遠い銀河である。

11月　**「GRAPE-6」、ゴードン・ベル賞受賞**（日本）　東京大学大学院と国立天文台が共同開発した世界で最速の演算性能コンピュータ「GRAPE-6」が米国電気電子学会コンピュータ協会のゴードン・ベル賞を受賞した。同機は天文シミュレーション専用のコンピュータで、星同士の重力計算を高速化した。

11.10　**日本で初めて太陽系外惑星を発見**（日本）　国立天文台の佐藤文衛研究員らが太陽以外の星の周囲を回る惑星（太陽系外惑星）を日本の研究チームとして初めて発見し、米天文専門誌「*Astrophysical Journal*」に論文が掲載された。惑星は直径が太陽の10倍、質量が1.6倍あり、地球から約330光年離れた恒星「HD104985」の周囲を200日かけて1周している。

11.20　**「オックスフォード天文学辞典」翻訳刊行**（日本）　オックスフォード辞典シリーズの「オックスフォード天文学辞典」（イアン・リドパス編,1997年刊）が岡村定矩監訳により朝倉書店から刊行された。天文関係の用語4000項目を収録した辞典で、巻末に見出し語の欧文索引が付く。翻訳には岡村の他、大塚一夫、高瀬文志郎があたった。

11.29　**H-2A6号、指令破壊**（日本）　午後1時33分、種子島宇宙センターから、政府の情報収集衛星（IGS）2基を搭載したH-2Aロケット6号が打ち上げられた。2001年8月に打ち上げたH-2Aロケット1号から5機連続で打ち上げに成功していたが、6号は個体ロケットブースターの分離に失敗し、約11分後に指令破壊された。打ち上げ費用は約100億円だった。2004年5月28日、文部科学省宇宙開発委員会調査部会は事故原因を、高温高圧の燃焼ガスが噴射口の内側を削り、穴が開いたためガスが漏出、ブースターを分離する導火線を切断した、と推定した報告書をまとめた。宇宙航空研究開発機構（JAXA）は改良型を開発し、2004年9月、11月、2005年1月に種子島宇宙センターで改良型の燃焼実験を成功させた。

12月　**銀河団の「重力レンズ効果」を観測**（日本）　東京大学大学院理学系研究科博士課程の稲田直久と大栗真宗が巨大銀河団の「重力レンズ効果」によって4つに見えるクエーサー（準恒星状天体）を初めて発見した。重力レンズ効果とは、強い重力を持つ天体の近くを通るとき、光が凸レンズで曲げられるのと同様に曲がる現象を指す。稲田らは、ケック望遠鏡の分光観測で小じし座方向にある1つのクエーサーの像が4つに見えることを確認したのち、すばる望遠鏡を用いてクエーサーと天球上で同じ位置に、重力レンズ源である巨大銀河団を発見した。4つの像の間隔は最大41万光年離れ

ており、観測史上最大の重力レンズ効果だという。また、巨大銀河団内にある物質のほとんどが、暗黒物質であることが分かった。

12.9 火星探査機「のぞみ」断念（日本）　1998年7月に宇宙科学研究所（ISAS）により火星上空の大気分析を目的として打ち上げられた日本初の火星探査機「のぞみ」が、大幅な遅延の末、周回軌道投入・探査を断念した。燃料不足や、2002年のフレアの影響による電源系の故障が原因。

この年 小惑星「アンパンマン」（日本）　愛媛県久万町立久万高原天体観測館職員・中村彰正が1997年（平成9年）に発見し、「アンパンマン」と名づけた小惑星が2003年国際天文学連合（IAU）に正式登録された。中村はこれまでに発見した小惑星にも、「ナカハラチュウヤ（中原中也）」「カネコミスズ（金子みすゞ）」「ヤナセタカシ」「アンノヒデアキ（庵野秀明）」「ヒョウイチ（兵市＝河野兵市）」「ドウゴオンセン（道後温泉）」「シキ（子規）」といった、郷土の地名や郷土ゆかりの人々など、ユニークな名前を付けている。

この年 暗黒星雲を近赤外線で撮影（日本）　名古屋大学と国立天文台の研究チームが、南アフリカのサザーランド観測所に設けられた近赤外線を用いた1.4m望遠鏡で「おおかみ座暗黒星雲」を観測した。観測の結果、暗黒星雲の周辺部は弱く光っており、内部には様々な構造があることが明らかになった。

この年 「4D2U」開発（日本）　国立天文台が中心となって、4次元デジタル宇宙シアター「4D2U」を開発した。「4次元」は立体的な「3次元」画像に「時間の1次元」を加えたものを意味し、専用偏光眼鏡を使用して、スーパーコンピュータの計算や観測情報に基づき再現した立体的な宇宙映像を見ることを可能とした。コンピュータの計算結果を立体視出来ることから、研究者への理解にも有用とみられる。2003年6月国立天文台で試験公開開始。2005年7月東京・科学未来館でも放映が開始された。

この年 日本天文学会林忠四郎賞（2002年度, 第7回）（日本）　福井康雄（名古屋大学教授）が「星間分子雲の網羅的観測による星形成初期過程の研究」により受賞した。

この年 日本天文学会天体発見功労賞受賞（日本）　中村祐二が「新星：V2540 Oph」、広瀬洋治が「超新星：SN 2002bo in NGC 3190」、村上茂樹が「彗星：C/2002 E2（Snyder-Murakami）」、串田麗樹が「超新星：SN 2002db in NGC 5683」、藤川繁久が「彗星：C/2002 X5（Kudo-Fujikawa）」により受賞。

この年 日本天文学会天文功労賞（2002年度, 第2回）（日本）　広瀬敏夫「星食・掩蔽の観測と指導」、早水勉「土星の衛星テティスによる掩蔽の観測指導」により、それぞれ受賞。

この年 パーカー、京都賞受賞（日本）　ユージン・ニューマン・パーカー（物理学者、シカゴ大学名誉教授）が「太陽風と宇宙電磁物流の解明」で第19回京都賞（基礎科学部門）を受賞した。

この年 日本宇宙生物科学会賞受賞（日本）　学会賞を山下雅道が受賞した。

この年 「未知への航海—すばる望遠鏡建設の記録」各賞受賞（日本）　ハワイ・マウナケア山のすばる望遠鏡建設を10年間にわたり丹念に追った記録映画「未知への航海—すばる望遠鏡建設の記録」が、文化庁優秀映画大賞（短編部門）、毎日映画コンクール記録文化映画賞（短編）、科学技術映像祭文部科学大臣賞（科学技術部門）、日本産業映画・ビデオコンクール大賞を受賞した。企画・製作の中心となったのは、建設を映像に残すことを切望した国立天文台台長の小平桂一とプロデューサーの今泉文子。当初製作は岩波映画製作所が担当予定だったが、倒産、ユーエヌ（U.N.＝中谷宇吉郎にちなむ）が手がけた。他、大成建設、三菱電機、国立天文台がスポンサーとなった。

この年 科学技術映像祭受賞（2003年度, 第44回）（日本）　文部科学大臣賞（科学技術部門）を文部科学省国立天文台、ユーエヌ「未知への航海—すばる望遠鏡建設の記録」が受賞した。

この年 「天文の事典」刊行（日本）　朝倉書店から「天文の事典」が刊行された。2002年（平

成14年）までの天文学の最新知見をまとめ、地球から宇宙全般までを包括的・体系的に理解出来るよう、図表を多用して解説されている。磯部琇三、佐藤勝彦、岡村定矩、辻隆、吉澤正則、渡邊鉄哉が編集を担当。巻末には用語解説、和文索引、欧文索引を収録。

この年　**SF作家のハル・クレメントが没する**（米国）　米国のSF作家のハル・クレメントが死去した。ハーバード大学で天文学、ボストン大学で教育学の修士号を取り、ケンブリッジで高校の物理教師を務めた。シリアスなハードSFを得意とし、「20億の針」「アイス・ワールド」「重力の使命」「一千億の針」などの作品がある。

2004年
（平成16年）

1.4　**火星探査機「スピリット」着陸**（米国）　日本時間4日午後1時35分（米東部時間3日午後11時35分）、火星の赤道南側のグセフ・クレーターに米国航空宇宙局（NASA）の火星探査車「スピリット」が着陸。画像送信を開始した。米探査機の火星着陸成功は4回目。オキーフ長官は「パリから東京にホールインワンしたようなもの」と語った。1月25日には、2号の「オポチュニティ」も火星の「メリディアニ台地」に着陸した。「スピリット」による分析の結果、火星における炭酸塩や硫黄の存在が確認された。

1.13　**天文学者・弓滋が没する**（日本）　非極緯度変化の研究、極運動の研究、地球回転パラメターの決定とその精度に関する研究などを行った弓滋が死去した。1916年（大正5年）生まれ。1929年（昭和14年）朝鮮総督府気象台勤務。1949年緯度観測所（現・国立天文台水沢観測センター）へ入所、同年計算課長、続いて天文観測課長、天文観測研究部長、極運動研究部長を務め、1980年定年退官。この間、1962年〜1980年国際極運動観測事業中央局長を併任。1980年東洋大学教授、1986年退職。日本天文学会理事長、日本学術会議会員などを歴任した。

1.14　**ブッシュ大統領、新宇宙計画を発表**（米国）　米国のブッシュ大統領は米国航空宇宙局（NASA）本部で新宇宙計画を発表した。有人月面探査の再開、火星への有人飛行実現、国際宇宙ステーション（ISS）計画の2010年までの完成を目標とする。

2月　**太陽系外縁部に小惑星発見**（米国）　米国カリフォルニア工科大学のグループが、太陽系の外縁部に、冥王星発見以来最大の大きさである小惑星を2月20日までに確認した。2004DWと呼ばれ、直径は推定1400〜1600kmで、冥王星の6〜7割の大きさにあたる。

2月　**白色矮星にダイヤモンド発見**（米国）　地球から50光年離れたケンタウルス座にある、進化の終末段階を迎えた白色矮星の中心部にダイヤモンドと同じ炭素の結晶が見つかったことを、米研究チームが報告した。このダイヤモンドは直径4000kmで10の34乗カラットに相当するという。

2.18　**X線でブラックホールを初観測**（米国）　米国航空宇宙局（NASA）がX線望遠鏡「チャンドラ」などを用いて、地球から7億光年離れた銀河の中心部で巨大ブラックホールが周辺の星を引き裂き、のみ込んでいく様子を観測したと発表した。理論上予測されていた現象だが、初めて実際の観測で裏付けられた。

3.2　**火星に水の存在が明らかに**（米国）　「オポチュニティ」が酸性の湖や温泉などで作られた可能性の高い鉄ミョウバン石（硫酸塩の一種）を検出し、X線分光器で高濃度の硫黄や塩素、臭素が存在することを確認した。研究チームは探査データを分析し、「この一帯には塩分が濃く、酸性度の強い海が数十万年にわたり存在した」と結論づけた。「スピリット」も水により構造が変化したと思われる岩石を発見。この探査で

火星における水の存在の直接的な証拠が初めて示された。米国航空宇宙局（NASA）は3月2日に「火星にはかつて大量の水が存在していたと結論づけた」と発表した。なお、2005年7月欧州宇宙機関（ESA）火星クレーター内の巨大な氷の塊を「マーズ・エクスプレス」が撮影したと発表した。

3.7　プラネタリウム解説者・山田卓が没する（日本）　名古屋市科学館天文主幹を務めた山田卓が死去した。1934年（昭和9年）生まれ。小学校教員、科学雑誌編集者を経て、1962年開館の名古屋市科学館に入り、天文主幹となる。プラネタリウム解説者として原稿を用意せずに来館者に話し言葉で語りかける対話方式の解説を始め、全国に広まった。1992年（平成4年）引退。また天文知識の普及に努め、「ほしぞらの探訪」など多くの入門書を著した。

3.9　最初期銀河を観測（米国）　米国の宇宙望遠鏡科学研究所は米国航空宇宙局（NASA）のハッブル宇宙望遠鏡で宇宙誕生から4～8億年後という最初期に形成された銀河を、ろ座の方向に観測したと発表した。

3.15　太陽系で最も遠い天体「セドナ」発見（米国）　カリフォルニア工科大学などの研究チームが、氷と岩石でできた太陽系で最も遠い惑星状の天体を発見したことを、米国航空宇宙局（NASA）が15日発表した。冥王星の4分の3ほどの大きさで、火星のような赤い色をしている。太陽から130億kmも離れ、楕円軌道を1万500年かけて1周し、最も遠い時には太陽から1300億km離れる。北極海の生物創造の神を意味する「セドナ」と名づけられた。

3.15　衛星設計のウィリアム・ピカリングが没する（米国）　物理学者で宇宙開発工学者のウィリアム・ピカリングが死去した。1910年ニュージーランド生まれ。19歳で米国に移住。1936年以来カリフォルニア工科大学に勤務し、1946年より電気工学教授。1954年～1976年同大ジェット推進研究所長、1980年より名誉教授。この間、1955年～1960年米国地球衛星国家技術委員会委員となり、1958年1月打ち上げられた米国最初の人工衛星「エクスプローラー1号」の4段ロケットを設計した。1980年よりピカリング・リサーチ会社社長。

3.17　宇宙議員連盟が発足（日本）　超党派の日本・宇宙議員連盟が、日本の宇宙開発促進を目的に発足された。会長は自民党・中川秀直（元科学技術庁長官）、副会長は民主党・鳩山由紀夫。H-2Aの打ち上げ失敗、財政難による日本の宇宙開発停滞克服を目的とする。

3.20　「サンシャインプラネタリウム」再開（日本）　2003年（平成15年）6月に利用者減と資金不足から閉館された東京・池袋の「サンシャインプラネタリウム」が、コニカミノルタにより名称も新たに再開された。新名称は「サンシャインスターライトドーム（愛称・満天）」。コニカミノルタプラネタリウム社製の「インフィニウムS」により、星空を高精度で再現。また、全天周デジタルサラウンド映像システム「SKYMAX」を備え、ドーム型スクリーンに映し出す。

3.31　接近した小惑星（世界）　国際天文学連合（IAU）小惑星センターが、地球から6600km上空を直径8mの小惑星が通過したことを報告した。地球の半径（6400km）とほぼ同じ距離まで近づいたことになり、これまでの接近記録（4万3000km）を大幅に更新した。

4.1　上斎原スペースガードセンター完成（日本）　宇宙ゴミの軌道を観測する世界初の専用レーダー施設「上斎原スペースガードセンター」（無人）が岡山県上斎原村に完成し、1日稼働を始めた。約9000個とされている宇宙ゴミの衝突による事故を防ぐために、財団法人日本宇宙フォーラム（東京）が整備したもので、操作は、つくば市の宇宙航空研究開発機構（JAXA）が遠隔で行う。

4.19　若い恒星の周りの渦巻観測（日本）　国立天文台はすばる望遠鏡を用いて、地球から470光年先の誕生後約400万年の若い天体「ぎょしゃ座AB星」の周りの塵やガスの円盤が渦巻形になっている様子を初めて観測したと発表した。

4.20　科学ジャーナリスト竹内均が没する（日本）　地球物理学者で科学ジャーナリストの

竹内均が死去した。1920年（大正9年）生まれ。1963年（昭和38年）東京大学理学部教授。月や太陽の引力により地球がゆがむ地球潮汐の研究で業績を上げた他、「プレート・テクトニクス理論」を広めた。1981年東京大学を定年退官後、カラー写真や図版を豊富に使った科学雑誌「ニュートン」を創刊、亡くなるまで20年以上にわたって編集長として科学知識の普及に尽力。テレビ、ラジオなどにも出演、トレードマークの黄色いべっこうメガネ姿とリズミカルな語り口で知られ、1973年にはSF映画「日本沈没」に大学教授役で出演した。またラジオ講座や受験参考書の執筆を通して受験指導にも取り組み、代々木ゼミナール札幌校、仙台校、大阪校各校長も務めた。南極を除いたほとんどの国を踏破した"行動する学者"で、10冊の著書を並行して書く仕事の速さでも有名だった。主著には「現代科学物語〈上・下〉」「物理学史」「地球の科学〈正・続〉」、監訳書にリフキン「エントロピーの法則〈1・2〉」などがある。

4.23 科学衛星「ようこう」引退（日本） 1991年（平成3年）8月に打ち上げられた日本の科学衛星「ようこう」が、2001年12月に姿勢制御が困難になるなどの老朽化のため運用を停止した。「ようこう」はX線望遠鏡で太陽活動周期の11年間を継続観測し、太陽表面で起きる爆発や太陽大気の仕組みの解明に貢献した。2005年9月13日宇宙航空研究開発機構（JAXA）は正式に消滅を発表した。

4月- 5月 3彗星が同時に接近（世界） 地球にリニア彗星、ニート彗星、ブラッドフィールド彗星が同時に接近し、日本でも観測された。4月末、明け方の東の空にリニアとブラッドフィールド、5月下旬には夕方の西の空にリニア、ニートが見えた。

5.23 ロケット技術者アレクサンドル・コノパトフが没する（ロシア） ロケットエンジン設計者アレクサンドル・コノパトフが死去した。ロシア科学アカデミー会員。1965年からソ連のロケットエンジン設計所・ヒムアフトマチカの指導者を務め、1993年まで衛星打ち上げロケット「ソユーズ」や「プロトン」などのエンジン開発の指揮を執った。ロシア科学アカデミーの会員でもあり、多数の論文も執筆した。

5.25 串田麗樹、14個目の超新星を発見（日本） アマチュア天文家・串田麗樹が25日やぎ座近くの「NGC 6907」に超新星を発見、「2004bv」と名づけられた。串田は八ヶ岳連峰のふもとに八ヶ岳南麓天文台を開設し、夫の串田嘉男と観測を続け、1991年（平成3年）12月M84銀河に超新星を発見、国際天文学連合（IAU）中央情報局からも認められ、直接望遠鏡で発見した世界初の女性となった。

6月 「ニュートリノ振動」により質量確認（日本） 高エネルギー加速器研究機構などのグループは、素粒子ニュートリノに質量がある確率が99.99％と発表した。茨城県つくば市の同機構で発射した人工的に作られたニュートリノを250km離れた岐阜県の観測施設で観測し、その間のニュートリノの減り具合から、質量がある場合に起きる「ニュートリノ振動」が起きたことが確認されたことによる。

6.8 130年ぶりに金星が太陽面通過（日本） 国内各地で金星が太陽を横切る太陽面通過が観測された。直径が太陽の30分の1の金星は黒点のように見え、午後2時過ぎから太陽の表面を左から右へ動いた。太陽面通過は、金星が太陽と地球の間に入り3つの星が一直線上に並ぶために起きる現象で、日本で見られたのは130年ぶり。

6.21 民間宇宙船が初の宇宙飛行に成功（米国） 米国の民間企業スケールド・コンポジッツ社が開発にあたった有人宇宙船「スペースシップワン」が、初めて3分間の宇宙飛行に成功した。飛行機の下に取り付けられて米国カリフォルニア州モハベ砂漠から離陸し、約1時間後に高度15kmの地点で切り離され、ロケットエンジンを80秒間噴射して音速の3倍まで加速し、宇宙空間との境目とされる高度100kmに達した。9月29日と10月4日にも飛行に成功し、有人宇宙飛行を最初に行った民間チームに与えられる国際コンテスト「Xプライズ」で賞金1000万ドル（約11億円）を獲得した。開発者はバート・ルータンら。同船は、2005年10月スミソニアン航空宇宙博物館に寄贈された。

6.22 「定常宇宙論」のトーマス・ゴールドが没する（米国, 英国） 天文学者のトーマス・

ゴールドが死去した。1920年オーストリア生まれ。1930年代ナチスを逃れて英国に渡る。第二次大戦中、英国海軍でレーダー開発に従事。戦後はケンブリッジ大学、英国王立天文台に務め、1956年渡米。1957年ハーバード大学教授を経て、1960年～1986年コーネル大学教授、1987年より名誉教授。1959年～1981年同大電波物理学・宇宙研究センター所長も務めた。この間、1948年に宇宙空間に占める小宇宙の密度は常に一定不変であるとの「定常宇宙論」を提唱した。宇宙科学・天文学の他、物理学、動物生理学などで論文を多数執筆。米国科学アカデミー会員。

6.30	次第に明らかとなる土星の謎（米国）　土星の本格探査に挑む米国航空宇宙局（NASA）の「カッシーニ」が打ち上げから7年の旅を終えて、史上初の周回軌道入りに成功した。7本に大別される土星の環は、氷の粒や塵が集まった細いひもで構成されていた。カッシーニは土星の周囲を回って環の成り立ちの解明にあたる。同年8月新しい土星の衛星を2個発見、これで確認された衛星は33個になった。2006年9月、AからGと7つの環で構成されていると思われていた土星に新たな環を発見した。
7月	ホーキング、ブラックホールに関する自説撤回（英国）　宇宙物理学者でケンブリッジ大学教授のホーキングが、"ブラックホールがエネルギー放射により質量を失い、消失に至る。その際内部情報は全て失する"という1976年に発表した自説を撤回したことを、7月14日付の英科学誌「*New Scientist*」が報じた。この理論は、量子力学と矛盾することから「情報のパラドックス（矛盾）」として、物理学界の難問とされてきた。
7.12	キトラ天文図、詳細なデジタル写真公表（日本）　文化庁が、天井にある天文図を真下から初めて撮影したものも含むキトラ古墳石室内のデジタル写真（1600万画素）を公表。天文図の詳細も判明し、北斗七星やシリウス、カノープスなど、「二十八宿」を含む68星座が確認され。天の川は描かれていなかった。星座は金箔を張った星を朱色の線で結んで描かれていた。
8月	小惑星に「ヤタガラス」誕生（日本）　和歌山県新宮市のアマチュア天文家・田阪一郎が1997年に発見した小惑星に「ヤタガラス（八咫烏）」の名が認可された。田阪は家業の傍ら、自作の天体望遠鏡で観測を続けている人物で、独学で製作した反射鏡が「田阪鏡」と呼ばれほどの評判を呼び、国内外の天文台のために約400枚のレンズを製作、我が国を代表する天体望遠鏡の反射鏡製作者として名高い。また、火星観測家としても知られ、火星表面の運河の有無をめぐる「運河論争」において、自作の天体望遠鏡による観測結果に基づき運河の存在を否定している。
8.3	NASA水星探査機打ち上げ（米国）　米国航空宇宙局（NASA）により、日本時間3日午後3時16分（米東部時間午前2時16分）ケープカナベラル基地から水星探査機「メッセンジャー」がデルタ2型ロケットで打ち上げられた。水星探査は、1970年代半ばに「マリナー10号」が付近を通過する際に写真を撮影して以来約30年ぶりで、2005年3月に水星に到達し、約1年かけて探査を行う。
8.25	太陽系外で最小惑星を発見（米国, 欧州）　太陽系外で最小の惑星を発見したと、欧州の天文学者チームが発表した。質量は地球の14倍で海王星よりも軽く、地球から50光年離れた恒星（太陽と同程度のサイズ）の周囲を9.5日間で回っている。8月31日には、地球から41光年離れた恒星の周囲を2.8日間で周回する質量が同程度の惑星を発見したことを米国チームが発表。両チームとも、惑星の重力で中心の恒星が引っ張られるために起こる現象により間接的な観測となったため、惑星の組成は不明。
8.27	視野に入れた有人宇宙活動（日本）　総合科学技術会議の宇宙開発利用専門調査会は、国の宇宙開発の基本方針についての報告書をまとめた。2002年（平成14年）6月に定められた、「今後10年は独自の有人宇宙活動を策定しない」という基本方針を修正し、日本独自の有人宇宙活動への着手の可能性を20～30年後に検討するとした。
8.30	彗星研究者フレッド・ホイップルが没する（米国）　天文学者フレッド・ホイップルが死去した。1906年生まれ。1931年博士号を取得後、ハーバード大学で研究生活を

始める。1950年代始めに彗星の核は塵の混じった氷でできているとする「汚れた雪だるま」説を提唱。同説の正しさは1986年欧州宇宙機関（ESA）の探査機ジオットがハレー彗星のそばを通過した際の観測で証明された。生涯で6個の彗星を発見した。

9月　**高松塚、キトラ壁画が存亡の危機**（日本）　奈良県明日香村にある高松塚古墳の壁画（国宝）とキトラ古墳（国特別史跡）の壁画の存亡が危機に陥った。1972年（昭和47年）に発見された高松塚古墳は石室西壁の「白虎」の退色など予想以上に劣化が進み、カビにも悩まされた。1983年に発見されたキトラ古墳は北壁の「玄武」、東壁の「青龍」、西壁の「白虎」、南壁の「朱雀」、天井の天文図は漆喰の剥落やひび割れがひどい上にカビ問題もあり、全面的にはぎ取って外部の施設で保存する方針が固められた。後、四神と十二支像はすべてはぎ取りに成功した。

9.8　**帰還した探査機でトラブル**（米国）　2001年に太陽活動状況や太陽系形成の歴史解明を目的に打ち上げられた米国航空宇宙局（NASA）の「ジェネシス」が、米ユタ州の砂漠に激突した。宇宙で集めた太陽風粒子を地球に持ち帰るカプセルは、大気圏に突入後パラシュートで減速しヘリコプターで捕獲される予定だった。パラシュートは開かなかったが回収したカプセル中の試料は大方無事であった。

10.1　**「すばる」が初の一般公開**（日本）　国立天文台は米国ハワイ島のマウナケア山頂（標高4200m）にある、すばる望遠鏡の一般公開を開始した。同地には各国の大型望遠鏡が並ぶが、一般見学者の受け入れは「すばる」が初めてとなる。

10.7　**惑星誕生の現場を観測**（日本）　茨城大学や宇宙航空研究開発機構（JAXA）などの研究チームが、惑星が生まれる現場と見られる様子の観測に初めて成功し、7日付けの英科学誌「Nature」に発表した。茨城大学の岡本美子助手らが米国ハワイ州にある国立天文台のすばる望遠鏡で地球から63光年の距離にある、がか座のベータ星を観測し、若い恒星の周囲を塵でできた輪が三重に取り巻いている様子を確認したものである。

10.13　**SF作家の矢野徹が没する**（日本）　SF作家の矢野徹が死去した。日本SF界の草分けであり、1953年（昭和28年）フォレスト・J.アッカーマンの招聘により世界SF大会にゲスト・オブ・オナーとして出席。1954年日本初のSF雑誌「星雲」の創刊に加わり、1957年日本最古のSF同人誌「宇宙塵」創刊にも参加した。ロバート・A.ハインライン「宇宙の戦士」「地球の緑の丘」「月は無慈悲な夜の女王」、フランク・ハーバート「デューン 砂の惑星」、シオドア・スタージョン「人間以上」など数多くの海外SFを翻訳・紹介し、SFの普及に力を注いだ。小説家としても「カムイの剣」「地球0年」「折紙宇宙船の伝説」などの作品がある。

10.21　**「時空のゆがみ」を証明**（米国）　「自転している地球の周囲では地球に引きずられて周囲の時間、空間がゆがむ」と予言した物理学者アインシュタインの一般相対性理論「時空のゆがみ」を、米国航空宇宙局（NASA）が観測で確認したことを発表した。1993年から2003年にかけて、レーザー測定装置を搭載した2基の衛星で、国際チームは精度数mmの観測を実施し、地球の自転の方向に衛星が年に約2mmずつ引っ張られていることを確認した。NASAは2004年4月に打ち上げた衛星「グラビティ・プローブB（GP-B）」（4基のジャイロスコープを搭載）で、さらに詳細な観測を行う。

11月　**JAXA2代目理事長に立川敬二**（日本）　宇宙航空研究開発機構（JAXA）2代目理事長に立川敬二・NTTドコモ社長が就任した。

11.11　**西はりま天文台に国内最大2m反射望遠鏡**（日本）　兵庫県佐用町の県立西はりま天文台（天文台台長・黒田武彦）に世界最大の反射望遠鏡「なゆた」が完成。11日完工式が行われ、13日から一般公開が開始された。約17億円の予算を投入して製作された「なゆた」は一般公開されている反射望遠鏡では世界最大、日本にある光学望遠鏡としては最大で、反射鏡の直径は2m、高さ9m、最大幅8m、重さ39tを誇る。製作は三菱電機通信機製作所（設計：江崎豊）。2005年（平成17年）5月25日には、高性能電荷結合素子（CCD）カメラを装着、星の光を入れて観測するファーストライトを成

功させ、2100万光年離れたりょうけん座の銀河などを鮮明に捉えた。調整が終われば、100億光年先まで観測可能という。2005年6月には、約100億光年離れた、りゅう座のクエーサーの撮影に成功した。

11.14　NASA研究員のマモル・イノウエが没する（米国）　物理学者マモル・イノウエが死去した。日系米国人家庭に生まれ、第二次大戦中は強制収容所で3年間を過ごした。戦後スタンフォード大学などで学んだ後、米国航空宇宙局（NASA）エイムズ研究センターの研究員となり、以降約40年に渡りNASAの宇宙探査計画推進に貢献。空気力学を専門とし、宇宙船が大気圏に再突入する際の過熱度合いの予測や、機体周辺を流れる空気の状態を調べるコンピュータ流体力学の研究に尽力した。

12.19　五藤光学研究所・五藤隆一郎が没する（日本）　五藤光学研究所の五藤隆一郎が死去した。1938年（昭和13年）生まれ。祖父・斉三は天体望遠鏡メーカーの五藤光学研究所を創業し、1959年光学機器で最も製造が難しいとされていたプラネタリウムの開発に成功した人物。1963年大学卒業後同所に入る。営業部などを経て、1979年2代目社長に就任。以後、プラネタリウムのハードだけでなく映像ソフトまで一貫して製作販売し、就任後10年間で売上高を10倍に伸ばした。傍ら1976年から大型映像も手がけ、宇宙空間から眺めた星空を再現させた「宇宙プラネタリウムGSS」などを開発。1996年（平成8年）総合情報サービス会社エヌ・ケー・エクサと共同開発したフルカラーのコンピュータ・グラフィック映像をリアルタイムに生成し、ドーム全面に投影する世界初のシステム「バーチャリウム」で注目を集めた。1993年「宇宙プラネタリウムGSS」により科学技術庁長官賞受賞。

この年　日本天文学会林忠四郎賞（2003年度、第8回）（日本）　蜂巣泉（東京大学助教授）、加藤万里子（慶應義塾大学助教授）、「新星風理論の構築とIa型超新星の起源の解明」により受賞。

この年　日本天文学会天体発見功労賞受賞（日本）　串田麗樹が「超新星：SN 2003J in NGC 4157」、山本稔が「新星：V4745 Sgr」により受賞。

この年　日本天文学会天文功労賞（2003年度、第3回）（日本）　豆田勝彦「長年にわたる流星の眼視観測」、高橋進と杉江淳「GRB030329の残光の早期検出」、木下正雄「流星のクラスター現象の検出」でそれぞれ受賞。

この年　日本宇宙生物科学会賞受賞（日本）　功績賞を池永満生、大島秦郎が、奨励賞を鈴木雅雄が受賞した。

この年　戸塚洋二、文化勲章受章（日本）　高エネルギー加速器研究機構長の戸塚洋二（宇宙線物理学）が第66回文化勲章を受章した。宇宙を形成する基本素粒子ニュートリノに質量があることを発見し、「ニュートリノ振動」というニュートリノが移動中に別の種類に変わり、再び元に戻る現象が起きることを証明した。

この年　仁科記念賞受賞（日本）　丹羽公雄（名古屋大学大学院理学研究科素粒子宇宙物理学専攻教授）が「原子核乾板全自動走査機によるタウニュートリノの発見」により、第50回仁科記念賞を受賞した。

この年　科学技術映像祭受賞（2004年度、第45回）（日本）　文部科学大臣賞（科学教育部門）を文部科学省国立天文台、イメージサイエンスの「国立天文台紹介ビデオシリーズ 不思議の星・地球」が受賞した。

この年　日本産業映画・ビデオコンクールで「国立天文台紹介ビデオシリーズ」が受賞（日本）　2004年度（平成16年度）の日本産業映画・ビデオコンクールで「不思議の星 地球 国立天文台紹介ビデオシリーズ」が文部科学大臣賞を受賞した。企画は国立天文台、製作はイメージサイエンス。

2005年
（平成17年）

- 1.14 探査機で初の土星地表撮影（欧州）　土星最大の衛星で太陽系の衛星では唯一大気を持つ「タイタン」に、欧州宇宙機関（ESA）の探査機で6種類の観測機器を搭載する「ホイヘンス」が着陸。メタンの川や凍りついた海、海岸線を持つ陸地、4～15cm大の氷と見られる塊が散らばる地表、霧のような白いもやなどの撮影に初めて成功した。なお、「ホイヘンス」の名は「タイタン」を発見したオランダの天文学者の名にちなむ。

- 2.6 欧州宇宙機関（ESA）の初代議長ユベール・キュリアンが没する（フランス）　鉱物学者ユベール・キュリアンが死去した。結晶学が専門。科学知識や調整能力を買われ、1976年フランス国立宇宙センター所長、1979年欧州宇宙機関（ESA）の初代議長に就任。宇宙開発における米国やソ連からの欧州の独立を目指し、欧州各国共同で欧州初の実用衛星用ロケット「アリアン」の打ち上げに成功。また、地球規模の環境破壊に備え、衛星から地表を監視する「地球観測衛星（SPOT）システム」を始動した。1984年～1986年ファビウス内閣で科学技術相（研究相）を務めた。のち、パリ第6大学で教鞭を執った他、数々の国際会議の議長を務めた。1998年第19回本田賞を受賞し、来日した。

- 2.26 「ひまわり6号」打ち上げ（日本）　午後6時、宇宙航空研究開発機構（JAXA）は種子島宇宙センターから、気象観測を行う運輸多目的衛星の新1号「MTSAT-1R（ひまわり6号）」を搭載したH-2Aロケット7号を打ち上げ、予定軌道への投入に成功した。2003年11月に打ち上げが失敗し、1年3か月ぶりの打ち上げとなる国産主力ロケットの信頼性回復が焦点だった。また、輸送手段としてのロケット打ち上げ成功という意義に加え、「ひまわり5号」の代替として2003年から米国の衛星「GOES9号」に頼っていた気象衛星問題も解決へと向かった。「ひまわり6号」は6月28日から正式に運用開始された。

- 3月 土橋一仁ら、暗黒星雲全天地図帳作製（日本）　東京学芸大学の土橋一仁助教授らのチームが、世界で初めて暗黒星雲の分布を示す全天地図帳を作製した。1990年代に米宇宙望遠鏡科学研究所が公開した全天の天体写真のデジタルデータを解析して、作製したもの。

- 3.11 グリフィンがNASA新長官に（米国）　米国航空宇宙局（NASA）新長官にマイケル・グリフィン（米ジョンズ・ホプキンス大学宇宙研究部門の責任者）をブッシュ米大統領が指名した。

- 3.22 太陽系外惑星の観測に成功（米国，ドイツ，日本）　米国航空宇宙局（NASA）はハーバード・スミソニアン天体物理センターと、NASAのゴダード宇宙飛行センターの研究者らが赤外線宇宙望遠鏡「スピッツァー」を使い、太陽系外惑星の直接観測に初めて成功したと22日に発表した。この後、4月2日までに、ドイツ・イエナ大学などのチームがチリにある欧州南天天文台の超大型望遠鏡VLTの近赤外線カメラを用いて、太陽系外惑星の撮影に初成功。日本でも、国立天文台などの観測チームがガスに覆われているのに星内部の核が異常に大きい新タイプの太陽系外惑星を、すばる望遠鏡で発見し、7月1日付の米天文学誌「*Astrophysical Journal*」に掲載された。

- 4.6 宇宙機構の長期ビジョンを報告（日本）　文部科学省宇宙開発委員会に、日本の宇宙開発の未来像をまとめた宇宙航空研究開発機構（JAXA）の長期ビジョンが報告された。人が乗れる安全なロケットを2015年までに実現し、2025年までには日本独自の有人宇宙船の運用を始め、東京～ロサンゼルス間の飛行時間を2時間に縮める極超音速機の開発に挑むとした。

4.13　**重元素が少ない宇宙初期の星を発見**（日本）　国立天文台や東京大学などの研究者グループは、これまでで最も重元素の少ない星を発見したと13日に発表した。観測された星は、実視等級13.5等で、表面温度は太陽よりやや高い6180度。質量は太陽の7割程度とされる。最初の星から生まれた第2世代か、最初の星の中の質量の小さい星が生き残ったと考えられるという。

4.18　**ビッグバン直後の宇宙は液体**（日本）　東京大学の浜垣秀樹助教授らの研究グループは18日、約140億年前のビッグバン直後、宇宙が液体状態であったと発表した。米国ブルックヘブン国立研究所の加速器を用いて、金の原子核同士を光速に近いスピードで正面衝突させ、ビッグバンから100万分の1秒後の温度である約2兆度の状態を再現。衝突時の粒子の動きが、宇宙が液体で出来ていると考えると理論的に説明でき、従来の気体であったという予想は覆された。

5.19　**宇宙教育センター開設**（日本）　宇宙航空研究開発機構（JAXA）は19日、JAXA相模原キャンパスに「宇宙教育センター」を開設した。宇宙教育の実践・支援を行い、開設後5年で宇宙教育を行う教員を全国で2000人、指導を受ける子どもを1万人に増やすことを目指す。

5.28　**宇宙電子工学の高木昇が没する**（日本）　宇宙電子工学の高木昇が死去した。1908年（明治41年）生まれ。1941年（昭和16年）日本大学教授。同年東京大学第二工学部教授、1950年同大生産技術研究所教授。1964年同大宇宙航空研究所の初代所長に就任。1969年退官、日本大学理工学部教授。1973年日本電子部品信頼性センター理事長。1986年東京工科大学の初代学長となり、1996年（平成8年）まで務めた。1994年文化功労者。電子通信学会会長、国際電気標準会議（IEC）会長、日本信頼性技術協会初代会長なども歴任した。科学衛星の開発などに携わり、宇宙電子工学の発展に寄与した。

5.31　**ニュートリノを提唱した牧二郎が没する**（日本）　素粒子論、物理学史、科学基礎論研究の牧二郎が死去した。1929年（昭和4年）生まれ。名古屋大学助手、助教授を経て、1966年京都大学基礎物理学研究所教授。1970年～1976年、1980年～1986年同研究所長。1992年（平成4年）退官し、近畿大学教授。この間、1982年（昭和57年）と1989年（平成元年）日本物理学会会長を務めた。1962年（昭和37年）坂田昌一名古屋大学教授らとニュートリノに質量があることを示唆する「ニュートリノ振動理論」を世界で初めて唱えた。第13期日本学術会議会員。

6.1　**火星探査に尽力したノーマン・ホロウィッツが没する**（米国）　生物学者ノーマン・ホロウィッツが死去した。1915年生まれ。カリフォルニア工科大学教授などを経て、米国航空宇宙局（NASA）の火星探査計画に参加。1976年に火星に着陸した「バイキング」が使った生命の痕跡を探す装置の開発に貢献した。

7.4　**彗星に人工物を衝突**（米国）　2005年1月に打ち上げられた米国航空宇宙局（NASA）の探査機「ディープインパクト」が、米国独立記念日の7月4日、テンペル第1彗星の核に銅製の衝突体を史上初めて命中させた。衝撃で核の一部が白く輝き、氷や塵が飛び散った様子が観測された。これにより内部の成分を観測した結果、彗星の核は、凹凸と滑らかな細かい物質で構成されていることが明らかになった。なお、同探査機の名称は1998年の米映画「ディープインパクト」に由来する。

7.6　**人工星を作り出す装置開発**（日本）　理化学研究所と国立天文台が大気中に「人工星」を作り出すレーザー装置を共同で開発し、6日に報道陣に公開した。波長589ナノメートルのレーザー光を照射すると、上空約100kmのナトリウム層が光ることを利用し、2年がかりで12等級程度の人工星を輝かせることに成功。人口星を観測対象の天体の付近に作り出すことで、観測の妨げとなる大気の揺らぎの影響を瞬時に補正し、天体の鮮明な画像を撮影することが可能となるとされる。

7.10　**X線観測衛星の打ち上げ**（日本）　宇宙航空研究開発機構のX線観測衛星「ASTRO-E2（すざく）」を搭載したM-Vロケットが午後0時半打ち上げられた。「すざく」は宇宙空間のX線を高精度でとらえられる3種類の観測機器を装備、ブラックホールなど

を調査する。8月小マゼラン星雲の超新星爆発跡をX線CCDカメラで撮影、送信。

7.21 **最も暗い銀河を捉える**（日本）　国立天文台と東京大学の研究グループがハワイのすばる望遠鏡を用いた赤外線観測で、明るさが従来の約半分でこれまで最も暗い24.7等級の銀河を観測したと発表した。

7.22 **米下院で宇宙ステーション縮小へ**（米国）　国際宇宙ステーション（ISS）計画を縮小し、月や火星への有人飛行計画の財源を優先的に確保することを容認する法案を、米下院が圧倒的多数で可決した。

7.26 **宇宙食にラーメン**（日本）　フロリダ州ケネディ宇宙センターから打ち上げられたスペースシャトル「ディスカバリー」に、野口聡一飛行士が宇宙食として初めてラーメンを機内に持ち込んだ。微小重力環境で液体の飛散防止が難しいことから宇宙食に加わっていなかったが、宇宙航空研究開発機構（JAXA）と、日清食品（「宇宙世紀優劣共生」をうたう安藤百福自らが開発を指示）が汁にとろみをつけるなど工夫を重ねて宇宙食ラーメン「スペース・ラム（Space Ram）」が完成、持ち込まれる運びとなった。

7.26 **シャトル再開打ち上げ成功**（米国，日本）　米国航空宇宙局（NASA）は日本時間午後11時39分（米東部夏時間午前10時39分）、宇宙飛行士7人（船長：アイリーン・コリンズ）を乗せたスペースシャトル飛行再開1号「ディスカバリー」のケネディ宇宙センターからの打ち上げに成功した。国際宇宙ステーション（ISS）にドッキングし物資を補給、ステーションの修理などを行った。宇宙滞在は15日間で219回、地球を周回した。搭乗した野口聡一はミッション・スペシャリスト（MP, 搭乗運用技術者）として、史上初となる宇宙空間で機体を修理する作業にスティーヴン・ロビンソンと取り組んだ。8月9日帰還。

7.29 **太陽系に新惑星発見**（米国）　太陽系の最遠部に冥王星より大型の天体を、米国カリフォルニア工科大学（マイク・ブラウン准教授を中心とする）などが発見し、米国航空宇宙局（NASA）は「太陽系10番目の惑星」と発表した。名称は「2003UB313」。太陽からの距離は太陽～冥王星間の2倍以上で、冥王星の外側の軌道を公転周期約560年で回る。2006年4月ハッブル宇宙望遠鏡の観測により、冥王星と同レベルの大きさと判明。冥王星惑星除外の端緒ともなった。9月14日国際天文学連合（IAU）は矮惑星「エリス」と命名したことを発表した。

8.12 **米、火星探査機打ち上げ**（米国）　米国航空宇宙局（NASA）は惑星探査機として最大の口径約70cmの望遠カメラを搭載した、火星探査機「マーズ・リコナイサンス・オービター（MRO）」を、ケープカナベラル基地からアトラス5ロケットで打ち上げた。目的は有人探査のための着陸場所のデータ収集及び水の痕跡や地質などの観測。2006年3月には火星周回軌道に入った。

8.16 **世界記録を更新**（ロシア）　宇宙滞在時間総計の世界記録747日14時間を、国際宇宙ステーション（ISS）に滞在しているロシアのセルゲイ・クリカリョフ飛行士が更新した。

8.17 **ニュートリノ研究のジョン・ノリス・バコールが没する**（米国）　天体物理学者ジョン・ノリス・バコールが死去した。1934年生まれ。カリフォルニア工科大学を経て、1971年プリンストン高等研究所に移る。1964年太陽から地球に飛来する"幽霊粒子"ニュートリノを測定することで、太陽の輝きや温度の観測が可能との仮説をレイモンド・デービスと提唱。当時、ニュートリノの観測値と理論値とが食い違う「太陽ニュートリノ問題」が持ち上がったが、1990年代後半から2002年にかけ、日本やカナダ、イタリアなどで行われた大規模な実験の結果、仮説が正しいことが証明された。これは2002年のデービスと小柴昌俊による「宇宙からのニュートリノ観測」でのノーベル物理学賞受賞にもつながった。また、ハッブル宇宙望遠鏡開発の推進者としても知られた。

8.18 **宇宙旅行が国内販売**（日本）　JTBと米宇宙旅行会社のスペースアドベンチャーズ（SA）が、両社が業務提携し、SA社が取り扱う宇宙旅行を、JTBが10月から日本国内

で独占販売すると8月18日に発表した。月旅行、地球の軌道上を周回する軌道旅行、高度100km以上の宇宙空間に約5分間滞在する弾道飛行の3種類の宇宙旅行を募集する。2007年11月には、ジェイアイ傷害火災保険と英ロイズ保険の日本総代理店ロイズ・ジャパンが提携し、日本初の「宇宙旅行保険」を2008年4月から売り出すと発表した。

8.24 **衛星間光通信に向け衛星打ち上げ**（日本，ロシア，ウクライナ）　カザフスタンのバイコヌール宇宙基地から、日本、ロシア、ウクライナの合弁企業が運用するロケットで衛星間光通信の実用化に向けた国産衛星「きらり」が打ち上げられた。27年ぶりに外国のロケットで国産衛星を打ち上げたことになる。12月には欧州宇宙機関（ESA）の衛星「アルテミス」と、レーザー光の送受信に成功。双方向の光衛星間通信は史上初。

9.10 **「定常宇宙論」のヘルマン・ボンディが没する**（英国）　天文物理学者で数学者のヘルマン・ボンディが死去した。1919年オーストリア生まれ。1941年ケンブリッジ大学研究生となり、英国海軍のためにレーダーの研究を始める。ここで宇宙物理学者ホイルやゴールドと出会い天体物理学の研究を行い、1943年トリニティ・カレッジの特別研究員となり、1947年英国籍取得。コーネル大学、ハーバード大学、米国の天文台を経て、1954年ロンドン大学キングズ・カレッジの数学教授となり、1985年より名誉教授。他に、欧州宇宙研究機構代表、国防省主任科学顧問などを務めた。「定常宇宙論」を提唱した一人。1959年王立協会フェローに選出、1973年ナイトの称号を受ける。

9.12 **最も遠いガンマ線バーストを観測**（日本）　東京大学のマグナム望遠鏡と国立天文台のすばる望遠鏡が、地球から128億光年離れた宇宙で起きた星の巨大爆発現象（ガンマ線バースト）を相次いで観測することに成功したと発表した。観測された巨大爆発現象の中では最も遠い。

9.15 **キトラ古墳でバクテリア繁殖**（日本）　文化庁は奈良県明日香村のキトラ古墳で石室内にバクテリアが大量に繁殖し、透明なゲル状の斑点が南壁の「朱雀」に大量に発生し、東壁の獣頭人身十二支像「寅」の一部でも膜状に覆っていることを発表した。2006年4月29日には天文図の東にある「尾宿」の部分にカビ状のものが見つかり、翌月除去。

9.19 **恒久月面基地の建設を計画**（米国）　米国航空宇宙局（NASA）が2018年に4人の宇宙飛行士を月に送る計画を発表した。実現後は定期的に月に飛行し、火星有人探査計画などのための恒久的な月面基地を建設する予定。人類の月着陸は1972年の「アポロ17号」以来46年ぶりとなる。

9.21 **東アジア中核天文台連合結成**（東アジア）　日本、中国、韓国、台湾の主要天文機関が「東アジア中核天文台連合（EACOA）」を結成した。従来の研究者レベルでの交流を元に、望遠鏡の共同利用や観測装置の開発、赤外線望遠鏡の共同建設、「東アジア天文台」建設を構想しており、欧米と並ぶ一大研究拠点の構築を目指す。

10.4 **人工衛星軌道図を作成した山田博が没する**（日本）　名古屋市科学館の山田博が死去した。1925年（大正14年）生まれ。独学で物理学を学び、1953年（昭和28年）名古屋市立東山天体館に入る。1957年ソ連が世界初の人工衛星である「スプートニク」を打ち上げると、人工衛星軌道図を日本で初めて作製した。1963年名古屋市科学館に転じ、展示企画、プラネタリウム解説などに従事。1988年退職。著書に「星の神話・星の伝説」「珍問・奇問科学館」がある。

10.12 **中国、2度目の有人宇宙飛行に成功**（中国）　中国は内モンゴル自治区西部の酒泉衛星発射センターから、有人宇宙飛行船2機目となる「神舟6号」の打ち上げに成功した。5日後の17日に飛行士2人が帰還した。

11.3 **宇宙最初の星の光をキャッチ**（米国）　米国航空宇宙局（NASA）ゴダード宇宙飛行センターのチームが、3日付の英科学誌「Nature」に「宇宙最初の星」と呼ばれる約137

億年前の宇宙誕生直後に形成された星から放出されたと見られる赤外線の検出に成功したと発表した。

- 11.20 小惑星「イトカワ」に初着地（日本）　宇宙航空研究開発機構（JAXA）の探査機「はやぶさ」が地球から約3億km離れた小惑星「イトカワ」に午前6時10分頃着地、1回のバウンドの後、もう一度30分程着地した。26日に再度着地。世界初の小惑星への探査機着陸・離陸となった。岩石採取を試みたが、その結果はいまだ不明である。帰還は機体の不具合などにより、2010年に延期された。
- この年　ほうおう座流星群の起源を発見（日本）　国立天文台などのグループが、1956年に観測されて以降目撃されず「幻の流星群」と呼ばれていた「ほうおう座流星群」の起源を発見した。1819年に目撃されたブランペイン彗星の塵が大気圏に突入して燃え上がり、それが流星群になったという。
- この年　星の卵を初めて観測（日本）　国立天文台の山口伸行研究員らのチームがチリの高地に設置されたASTE（アステ）望遠鏡を用いて、星が生まれる直前の高密度のガスである「星の卵」の観測に成功したことを発表した。同望遠鏡は、波長1mm以下のサブミリ波と呼ばれる電波を観測するもので、新星が生まれる場所として知られていた地球からりゅうこつ座方向に約1万光年離れた地点で初めてその様子が確認された。
- この年　相対性理論から100年（日本）　アインシュタインが「特殊相対性理論」など3編の論文を発表した1905年（明治38年）から100周年を迎え、「世界物理年」としてさまざまな催し物が行われた。8月には日本で初めて「物理チャレンジ」が開催され、中学生2人を含む100人の挑戦者のうち、成績上位者5人が2006年の国際物理オリンピックに派遣される。
- この年　嶋作一大と大内正巳、銀河形成の証拠を発見（日本）　東京大学の嶋作一大と大内正巳らは、Z=4付近にある1万7000個のライマンブレーク銀河という若い銀河の二体相関関数を調査し、銀河がダーク・マターのハローの中で形成されたという証拠を発見した。
- この年　日本天文学会林忠四郎賞（2004年度, 第9回）（日本）　須藤靖（東京大学助教授）、「銀河および銀河団を用いた観測的宇宙論の研究」により受賞。
- この年　日本天文学会天体発見功労賞受賞（日本）　中村祐二が「新星：V5114 Sgr」、板垣公一が「超新星：SN 2004aw in NGC 3997」、中村祐二が「新星：V2574 Oph」、櫻井幸夫が「新星：V574 Pup」により受賞。
- この年　日本天文学会天文功労賞（2004年度, 第4回）（日本）　武蔵高等学校中学校太陽観測部「75年にわたる太陽面の継続観測」により受賞。
- この年　中村卓史、日本学士院賞受賞（日本）　中村卓史（京都大学大学院理学研究科教授）が「ブラックホールの形成と重力波放出の理論的研究」により第95回日本学士院賞を受賞した。
- この年　仁科記念賞受賞（日本）　西川公一郎（京都大学大学院理学研究科教授）が「加速器ビームによる長基線ニュートリノ振動の観測」により、森田浩介（理化学研究所専任研究員）が「新超重113番元素の合成」により、第51回仁科記念賞を受賞した。
- この年　科学技術映像祭受賞（2005年度, 第46回）（日本）　文部科学大臣賞（科学教育部門）を名古屋大学大学院理学研究科〔企画〕、日本テレビビデオ〔製作〕「SCIENCE—名古屋大学が解き明かす宇宙・地球・生命・そして物質—」（ビデオ/31分）が受賞した。
- この年　月に酸素を含むチタン鉄鉱（米国）　月面に酸素を多く含むチタン鉄鉱が広く分布している可能性が高く、将来、有人月探査での酸素やロケット燃料の供給源になり得るとする観測結果を米国航空宇宙局（NASA）が発表した。

2006年
（平成18年）

1.3 **彗星の塵を採取**（米国）　米国航空宇宙局（NASA）は日本時間3日午前4時40分（米国東部時間同日午後2時40分）、無人探査機「スターダスト」が、火星と木星の軌道間にある「ビルト2彗星」の核から約240km地点を通過し、核を取り巻く塵の採取に成功したと発表した。塵が持ち帰られるのはこれが初めて。彗星の塵は太陽系誕生時の原始物質をとどめていると言われ、NASAはジョンソン宇宙センターで分析し、太陽系の起源や生命誕生の過程の解明の手がかりを得ることを目指す。

1.9 **北極星の伴星の撮影成功**（米国）　ハーバード・スミソニアン天体物理センターが米国航空宇宙局（NASA）のハッブル宇宙望遠鏡を使って北極星の伴星「ポラリスAb」の撮影に初めて成功したと発表した。「ポラリスAb」と北極星の距離は約32億kmで、約430光年離れた地球からは2つの星の距離が近すぎてこれまで直接視認出来なかった。

1.19 **初の冥王星探査機の打ち上げ**（米国）　日本時間20日午前4時（米東部時間19日午後2時）、米国航空宇宙局（NASA）は7種の観測機器で冥王星やその衛星「カロン」を調べるため、初の冥王星無人探査機「ニュー・ホライズンズ」を搭載したアトラスロケットを打ち上げた。太陽から冥王星までの距離は、太陽～地球間の約40倍にあたり、ニュー・ホライズン到着は2015年7月の予定。

1.24 **ロケット技術の信頼回復**（日本）　宇宙航空研究開発機構（JAXA）は大型ロケットH-2Aを2機、中型ロケットM-Vを1機計3機の打ち上げに成功した。1月24日にH-2A8号が陸域観測技術衛星「ALOS（だいち）」、2月18日に9号が運輸多目的衛星「MTSAT-2（ひまわり7号）」をそれぞれ所定の軌道に投入。2003年（平成15年）11月に北朝鮮の監視などを目的とした情報収集衛星を搭載して打ち上げたH-2A6号の失敗で一時は揺らいだ日本のロケット技術の信頼性は、短期間の連続打ち上げ成功で、貴重な実績となった。なお、陸域観測技術衛星「だいち」は太陽電池パネルを展開、3種類のセンサーを搭載し、2万5000分の1の地図作製のためのデータ収集や、資源探査、災害状況の把握を行う。2007年には「だいち」が撮影した画像を利用し写真地図が商品化された。

2月 **日本人飛行士3人がMS資格取得**（日本）　日本人宇宙飛行士の古川聡、星出彰彦、山崎（旧姓・角野）直子の3人が、米スペースシャトルの搭乗運用技術者（MS＝ミッション・スペシャリスト）に認定された。

2.22 **「あかり」打ち上げ、宇宙の地図を作成へ**（日本）　午前6時28分、内之浦宇宙空間観測所からM-Vロケットに搭載された宇宙航空研究開発機構（JAXA）の赤外線天文衛星「ASTRO-F（あかり）」が打ち上げられた。直径約70cmの望遠鏡と2種の赤外線観測装置を搭載、数百万個の星をとらえて「宇宙の地図」をつくるため、約1年かけて宇宙全方位でくまなく観測する。5月22日、おおぐま座にある渦巻銀河「M81」の画像などが公開され、11月には大マゼラン星雲における星の誕生の様子を捉えたことが発表された。2007年7月11日には、全天の95%以上を観測データに基づき、宇宙の全天地図を作成・公開、米欧のものを、約20年ぶりに更新した。

3.16 **ビッグバン後の膨張説を裏付け**（米国）　米国航空宇宙局（NASA）が16日、137億年前のビッグバンで生まれた宇宙が、1兆分の1秒以下の間に何兆倍にも急激に膨張したとする「インフレーション理論」が観測で裏付けられたと発表した。ビッグバンの直後に放たれた光とされるマイクロ波を、2001年に打ち上げた人工衛星「WMAP」で観測した結果判明した。

3.27 **銀河系の立体的全体像を初作成**（日本）　国立天文台と東京大学のグループが天の川銀河（太陽や地球が存在する銀河系）の立体的な全体像を初めて作成した。半径約6

万5000光年、厚さ約1万光年の銀河の姿をコンピュータで再現し、楕円形の渦巻構造で、一部が突き出たようにゆがんだ形になっている。

3.27 **SF作家のスタニスワフ・レムが没する**（ポーランド）　ポーランドのSF作家スタニスワフ・レムが死去した。第二次大戦中に短編「火星から来た男」を書き、1946年に出版。処女長編「金星応答なし」と「マゼラン星雲」で一躍人気作家となり、以後も代表的な長編3部作「エデン」「ソラリスの陽のもとに」「砂漠の惑星」など旺盛な執筆活動を続け、東欧圏を代表するSF作家として知られた。「ソラリスの陽のもとに」は、1972年ソ連のアンドレイ・タルコフスキーにより「惑星ソラリス」、2002年米国のスティーヴン・ソダーバーグにより「ソラリス」として映画化された。他の作品に「泰平ヨンの航星日記」「宇宙創生期ロボットの旅」「枯草熱」などがある。

4.11 **地球外生命体専用の望遠鏡設置**（米国）　米国東部マサチューセッツ州のオークリッジ天文台に、地球外の知的生命体が通信などに使っている可能性があるレーザー光を観測するための専用光学望遠鏡が設置された。地球外知的生命体の探査を進めてきた米惑星協会の資金援助で完成。口径約1.8mの反射式望遠鏡で、ハーバード大学の研究者らが中心となって運用する。

5月 **戸谷友則ら、宇宙の再電離の時期を確定**（日本）　京都大学の戸谷友則助教授らのグループが、すばる望遠鏡によるガンマ線バーストの観測から宇宙の再電離の時期を、宇宙誕生から9億年後までの間と結論づけた。

5.2 **76年ぶりに彗星が接近**（世界）　「シュワスマン・ワハマン第3彗星」が76年ぶりに地球に最接近した。1200万km（月までの距離の約32倍）まで近づき、4〜5等の輝きを見せた。同彗星は、太陽の周りを5.4年かけて1周している。5月12日には、すばる望遠鏡により、核の分裂が捉えられた。

5.7 **英国防省UFO実在せずと結論**（英国）　英国防省が国内の未確認飛行物体（UFO）の目撃情報を4年間かけて検証した上で、UFOが実在する証拠はないと結論づけた400ページに及ぶ報告書を2000年に作成していたことが判明した。報告では、空中に生じる異常は、大気現象やその影響によるものが大きいとし、「宇宙人」の関与を否定した。

5.12 **SF作家の今日泊亜蘭が没する**（日本）　SF作家の今日泊亜蘭が死去した。日本画家で小説家、随筆家でもあった水島爾保布の長男で、戦後に科学小説の創作同人グループ・おめがクラブを結成。日本最古のSF同人誌「宇宙塵」を発行する科学創作クラブにも参加し、若いメンバーが多い中で、最年長のプロ作家として重きをなした。1962年日本SFの長編出版第一作といわれる「光の塔」を刊行。97歳で亡くなるまで、日本SF界の最長老として遇された。他の著書に「我が月は緑」「最終戦争」「漂渺譚」「海王星市（ポセイドニア）から来た男」「宇宙兵物語」などがある。

5.22 **天体観測の冨田弘一郎が没する**（日本）　天体観測家・冨田弘一郎が死去した。1925年（大正14年）生まれ。中学時代から天文学に親しみ、1947年（昭和22年）東京大学天文学教室に入る。東京天文台講師となり、1985年定年退官。日本宇宙少年団理事。太陽系内微小天体の観測を専門とし、彗星1個を発見。回帰彗星の検出は20にのぼる。自宅に私設天文台も作った。また「彗星の話」「星座12カ月」など一般向けの著書を執筆し、アマチュア天文家の育成に努めた。

5.31 **ニュートリノ研究のレイモンド・デービスが没する**（米国）　天体物理学者レイモンド・デービスが死去した。1914年生まれ。化学企業勤務ののち、1948年〜1984年国立ブルックヘブン研究所を経て、1985年ペンシルベニア大学教授。この間、宇宙から飛んでくる素粒子ニュートリノの研究に取り組み、サウスダコタ州の炭鉱地下に塩素を含む液体で満たした巨大タンクを置きニュートリノを観測、太陽ニュートリノが理論値より少ないことを発見した。2000年ウォルフ賞を小柴昌俊東京大学名誉教授と共同受賞。2002年天体物理学、特に宇宙ニュートリノの検出に関する先駆的貢献に対して、小柴、リカルド・ジャッコーニと共に、ノーベル物理学賞を受賞した。

6.2 　日本の研究成果が米科学雑誌に特集（日本）　小惑星「イトカワ」を解析した日本の研究による科学論文計7本が、米科学雑誌「Science」に特集された。地球から約3億km離れた「イトカワ」を宇宙航空研究開発機構（JAXA）の小惑星探査機「はやぶさ」で観測し、全体体積の40％にすき間がある天体であること、天体のかけらを集めたような構造であることが分かった。

6.22 　「アレス」と「オリオン」（米国）　米国航空宇宙局（NASA）は2010年に引退するスペースシャトルの後継機を「オリオン」と名づけたと22日発表した。「オリオン」は直径約5mのカプセル型で国際宇宙ステーション（ISS）や、月への有人飛行に利用する。2014年までに初飛行を予定（2008年、2016年まで遅れるという見通しが発表された）。また、月面や火星の有人探査を目標とする新型の2段式ロケットを「アレス」（ギリシャ語で火星を意味する）と命名したと30日発表した。「アレス1号」は宇宙飛行士などのISSなどへの運搬、「アレス5号」は貨物や月着陸船の打ち上げを目的とする。2009年3月9日、試験機の本体が初公開された。

7.5 　再開2号も打ち上げ成功（米国）　米国航空宇宙局（NASA）は日本時間5日午前3時38分（米東部夏時間4日午後2時38分）、宇宙飛行士7人（船長：スティーヴン・リンゼー）を乗せたスペースシャトル「ディスカバリー」のケネディ宇宙センターからの打ち上げに成功した。前年7月のスペースシャトル飛行再開に続く打ち上げで、上昇中に断熱材などの小破片複数が落下した他は、大きなトラブルはなかった。12日間の飛行で国際宇宙ステーション（ISS）への物資補給や2回の船外活動（宇宙遊泳）を行う中で、「コロンビア」の空中分解事故以降に実施された安全対策が有効かどうかの検証が行われた。7月17日帰還。

7.31 　**JAXA、日本人を月面に**（日本）　宇宙航空研究開発機構（JAXA）は月探査に関する国際シンポジウムで、2020年頃に日本人を月面に、2030年頃に人間が常駐する月面基地を建設するという構想を発表した。2006年から10年の内に月を周回する調査衛星「セレーネ」、その後継機の無人探査機、資源調査のための無人探査機などを打ち上げて月面着陸し、計画を進めていく予定。

8.8 　翻訳家の斎藤伯好が没する（日本）　翻訳家の斎藤伯好が死去した。運輸省に勤務する傍ら、SF同人誌「宇宙塵」に参加。1963年（昭和38年）米国のSF専門誌『The Magazine of Fantasy and Science Fiction』に星新一「ボッコちゃん」の英訳が掲載され、日本SFを初めて海外に紹介したとして話題となった。仕事の傍らSF翻訳家として活躍し、生涯に300冊を超える著訳書を出版した。

8.9 　バンアレン帯に名を残すジェームズ・バン＝アレンが没する（米国）　宇宙線物理学者ジェームズ・バン＝アレンが死去した。1914年生まれ。1939年～1941年ワシントンのカーネギー研究所で地磁気を研究。戦後、1942年及び1946年～1950年ジョンズ・ホプキンス大学応用物理学研究所を経て、1951年よりアイオワ州立大学物理学教授。1958年名誉教授。大気圏ロケット研究委員長も務めた。同年米国が打ち上げた初の人工衛星「エクスプローラー1号」の放射能測定装置を設計、その観測により地球をドーナツ状にとりまく、放射線が極めて強い地球高層帯（バンアレン帯）を発見した。

8.24 　冥王星、降格（世界）　1930年の発見以来76年間惑星とされてきた、冥王星を惑星から除外するという歴史的な決議が、チェコのプラハで行われていた国際天文学連合（IAU）総会で採択された。当初、惑星を12個に増やすとした案もあったが、この決議で初めて惑星の定義を(1)太陽の周りを公転する(2)十分な重力を持つことで、球形をしている(3)その軌道の近くに他に目立つ天体がない、と決定。冥王星は(1)(2)を満たしているが、(3)の条件は周辺に類似の天体があり満たさず、こうした惑星未満の比較的大きな小惑星の受け皿として新設された「ドワーフ・プラネット　矮惑星（仮）」の代表例として分類され、9月小惑星番号「134340番」を付与された。惑星の定義の見直しの発端となった、2005年発見の第10惑星とも呼ばれた「2003UB313（エリス）」も矮惑星とされた。降格については、科学者らから、異論を唱える声も少なくなかった。また、一般人の冥王星への関心が高まった。教科書会社は翌年度

の教科書の記述の訂正に追われた。なお、惑星の定義については1990年代後半から見直しの気運が高まっており、1999年2月国際天文学連合（IAU）に冥王星降格問題が浮上した際は、「惑星の位置付けを変えることはない」と発表していた。

9.3 **無人月探査機が月面衝突（欧州）** 欧州宇宙機関（ESA）無人月探査機「SMART-1」が日本時間3日午後2時42分に月面への衝突に成功した。探査機の燃料が残り少なくなったため月面に衝突させることになり、月の南半球にあるクレーター「優秀の湖」に秒速2kmの速度で衝突した。衝突により巻き上げられる表土が反射する光などを分析すれば、衝突地点の鉱物の組成が分かるとして、ESAは各地の天文台やアマチュア天文家に観測を呼び掛け、日本の観測チームも、ハワイで小型望遠鏡を用いて観測した。

9.10 **宇宙ステーション建設再開（米国）** 米国航空宇宙局（NASA）は日本時間10日午前0時15分（米東部夏時間9日午前11時15分）、ケネディ宇宙センターからスペースシャトル「アトランティス」（乗員6人）の打ち上げに成功した。12日間の飛行で、2003年2月の「コロンビア」空中分解事故以来中断していた国際宇宙ステーション（ISS）の建設が再開され、日本も太陽電池パネルを設置した。日本時間21日午後7時21分（米東部夏時間21日午前6時21分）帰還。

9.11 **情報収集衛星で北朝鮮を監視（日本）** 午後1時35分種子島宇宙センターから、北朝鮮の軍事施設などを監視する情報収集衛星（光学衛星）が、H-2Aロケット10号に搭載され打ち上げられ、予定の軌道に入った。衛星は高度400～600kmの極軌道を周回し地上の長さ1mの物体を識別出来る高性能デジタルカメラと望遠レンズで情報を収集する。この打ち上げにより、情報収集衛星は光学衛星2基、レーダー衛星1基の3基となった。地球の全地点を毎日1回撮影可能となり、2007年（平成19年）2月のH-2Aロケット12号による打ち上げで4基態勢が整った。

9.14 **天体観測史上、最も遠い銀河を観測（日本）** 米国ハワイ島の大型望遠鏡「すばる」で、家正則教授ら、国立天文台と東京大学の研究チームが地球からの距離が約128億8000万光年の銀河の観測に成功した。宇宙の誕生とされる約137億年前から、約8億年後の銀河を見ていることになる。

9.18 **民間宇宙旅行に初の女性（米国, ロシア）** 18日ロシア「ソユーズ」宇宙船が打ち上げられ、29日まで米国人実業家アヌーシャ・アンサリが民間宇宙旅行を楽しんだ。当初は元ライブドア取締役の榎本大輔の予定だったがロシア宇宙庁に「医学上の理由」で却下され、予備要員だったアンサリが宇宙旅行者の4人目に選ばれた。

9.23 **太陽観測衛星「ひので」打ち上げ（日本）** 宇宙航空研究開発機構（JAXA）は太陽観測衛星「SOLAR-B（ひので）」を搭載した固体燃料ロケット「M-Vロケット7号」を、午前6時36分鹿児島県肝付町の内之浦宇宙空間観測所から打ち上げた。最後の打ち上げとなる「M-V」の技術は、2010年度を目標に開発する低コスト小型固体燃料ロケットに引継がれる。搭載された「ひので」は50cm口径の可視光、磁場望遠鏡、X線、紫外線対応の望遠鏡で多角的に観測を行い、太陽風の吹き出し口を初めて観測したり、太陽表面とコロナの温度差の理由に迫るなどの成果をあげた。2007年12月7日発行の米科学雑誌「$Science$」でも「ひので」の最新成果が特集され、論文9本が掲載された。なお、プロジェクト責任者は、1991年「ようこう」開発責任者を務めた、宇宙航空研究開発機構（JAXA）教授・小杉健郎（同年11月26日急逝）。

10月 **「宇宙連詩」第1期募集開始（日本）** 星や宇宙をモチーフに、世界中の人から3行か5行のフレーズを募集し、計24のフレーズをつなげて詠む「宇宙連詩」第1期の募集が始まった。提唱は詩人の大岡信で、宇宙航空研究開発機構（JAXA）がインターネット上で募集。この試みは3期にわたって行われ、的川泰宣、詩人の野村喜和夫、谷川俊太郎らも参加した。

10.3 **ビッグバン説で物理学賞受賞（米国）** 米国航空宇宙局（NASA）ゴダード宇宙飛行センター上席研究員ジョン・C.マザーと、カリフォルニア大学バークレー校教授のジョー

ジ・F・スムートが「宇宙背景放射の不均一性の発見」で物理学賞を受賞した。両名は米国が1989年に打ち上げた観測衛星「COBE（コービー）」の主任研究者で、宇宙全体から届くマイクロ波（宇宙背景放射）を観測し、ビッグバン理論が予測する特徴を持つことを裏付けたことが評価された。また、全天から均一に放射が来るのではなく、10万分の1レベルの温度のゆらぎがあることを発見。ビッグバンから約30万年後の宇宙初期の地図を作製した。

10.6　**銀河系中心部にガスの巨大ループ**（日本）　名古屋大学がチリに設置した電波望遠鏡「なんてん」の観測で、天の川銀河の中心付近に、円盤から飛び出すように弧を描く高温ガスの巨大なループがあることが、6日付の米科学誌「*Science*」で発表された。

11.10　**SF作家のジャック・ウィリアムスンが没する**（米国）　米国のSF作家ジャック・ウィリアムスンが死去した。〈宇宙軍団〉シリーズ4部作で好評を博し、E.E.スミス、J.W.キャンベルと並ぶスペースオペラの巨匠と呼ばれた。1938年に書いた中編「The Legion of Time（航時軍団）」はパラレルワールドを扱った最初のSF作品と言われ、人の住めない惑星を地球のように改造する「テラフォーミング」という言葉を生み出したことでも知られる。

11.16　**世界初の宇宙生中継成功**（日本）　NHKが11月16日、米国航空宇宙局（NASA）宇宙ステーションから世界初のハイビジョン生中継に成功した。NHKとNASAが共同でカメラと伝送装置を開発し、地球を時速2万8000kmで回る宇宙ステーションから、映像を高度3万6000kmにあるNASAの静止衛星に伝送。衛星からNASAに送ったのち、光ファイバーでNHKニューヨーク支局経由で東京に送る方法で放送を行った。

11.17　**「現代の名工」に三鷹光器の長谷部孫一**（日本）　厚生労働省が、日本のものづくりの伝統を支える卓越した技能を持ち、その道の第一人者を表彰する「現代の名工」に精密機器製造者・長谷部孫一が選ばれた。長谷部は三鷹光器に就職後、社長の中村義一と組んで大型望遠鏡の製造、特殊カメラの軽量化などに携わり、1975年には米国航空宇宙局（NASA）の依頼で、急激な振動や寒暖差にさらされる観測衛星用の望遠鏡製作を手がけた。

11.21　**すばる望遠鏡の解像度10倍に**（日本）　国立天文台は21日、米国ハワイ島のすばる望遠鏡の解像度を最大10倍に高める新システムを開発したと発表した。レーザー光線で夜空に約10等級の人工星を光らせ、観測データを元に大気のゆらぎによるゆがみを補正することで、鮮明な画像を得られるようになった。

12月　**日本プラネタリウム協議会発足**（日本）　全日本プラネタリウム連絡協議会（AJPA）、日本プラネタリウム協会（JPS）、日本プラネタリウム研究会（NPF）3団体が統合、「日本プラネタリウム協議会」（JPA: Japan Planetarium Association）として発足した。プラネタリウムの進歩発展を図り、豊かな文化の創造、科学教育及び天文普及に寄与する事を目的とする。

12.10　**シャトル夜間打ち上げ成功**（米国）　米国航空宇宙局（NASA）は日本時間10日午前10時47分（米東部時間9日午後8時47分）、宇宙飛行士7人（船長：マーク・ポランスキー）を乗せたスペースシャトル「ディスカバリー」のケネディ宇宙センターからの打ち上げに成功した。夜間の打ち上げは2002年11月以来となり、2003年2月の「コロンビア」の事故後に中断された後では初めて。13日間の飛行で国際宇宙ステーション（ISS）への構造体の設置、電力供給拡大のための配線切り替え、長期滞在要員の交代などの任務を行った。日本時間7月23日午前7時32分（米東部時間22日午後5時32分）に帰還。

12.18　**最重量衛星をH-2Aで打ち上げ**（日本）　午後3時32分、宇宙航空研究開発機構（JAXA）は種子島宇宙センターから、H-2Aロケット11号で国産衛星史上、最重量となる技術試験衛星「ETS-8（きく8号）」を打ち上げた。同衛星は5.8t。11号は、点火時の推進力確保のため、1段目の固体ロケットブースターを従来の2本から4本に初めて増加した。静止衛星「きく8号」は世界最大級の太陽電池2つと、大型アンテナ2つを備える。宇宙空間で開いたアンテナにより、小型携帯端末との直接通信など、衛星通信技術

12.26	**数学者マーティン・クルスカルが没する**（米国）　数学者マーティン・クルスカルが死去した。1951年からプリンストン大学に勤め、1989年教授を退任。宇宙においてブラックホールを記述するための「クルスカル＝セケレス座標」を考案した他、1965年にはノーマン・ザブスキーと共に衝突しても波形を変えずに伝える孤立波の現象を説明し、「ソリトン」と命名した。
12.31	**天文学普及に尽力した磯部琇三が没する**（日本）　天文学者・磯部琇三が死去した。1942年（昭和17年）生まれ。1968年東京大学東京天文台（現・国立天文台）助手を経て、助教授。この間、1972年～1974年西ドイツの天文計算局で銀河系の構造を研究。日本の大型光学望遠鏡計画にも参加して活躍。1983年6月11日のジャワ島皆既日食では、国際共同観測で惑星間塵を追った。一方、各地のアマチュア天文家ともコンタクトをとりつつ、天文学の普及に尽力した。地球に近づく小惑星を監視するNPO・日本スペースガード協会理事長を務める他、日本学術会議天文学連絡委員会委員、天文教育普及研究会代表世話人などを歴任。著書に「なにがオリオン大星雲で起こっているか」「世界の天文台」「天文学を変えた新技術」「第二の地球はあるか」「いつ起こる小惑星大衝突」などがある。亡くなるにあたり、知人への感謝や自らの死生観を綴った新聞広告を出すように遺言、その文中に「もし、私に好意を持っていて下さった方々にお願いできるものでしたら、妻と娘に私とのお付き合いがどのようなものであったかなどを書いた手紙を送ってやっていただければ、この上もない幸いです」と書き添えた。その後、3週間で50通を超える手紙や電子メールが遺族に寄せられた。
この年	**アジア最大口径の天体望遠鏡建設**（日本）　京都大学、名古屋大学、国立天文台と民間のナノオプトニクス研究所が共同で鏡の口径3.8mでアジア最大となる天体望遠鏡を国立天文台岡山天体物理観測所（岡山県浅口市）の隣に建設することを決定した。1枚鏡に比べ、製作時間が短い小型の鏡を複数組み合わせる分割鏡方式を国内で初めて採用し、18枚の鏡を使う。小型鏡の製作はナノオプトニクス研究所が行い、建設費10億円も、同社が全額負担。国内で初めて民間企業の資金援助で大型天体望遠鏡が建設される。利用開始は2011年を予定。
この年	**原子の起源が明らかに**（日本）　日本原子力研究開発機構などの研究チームは、地球を含む宇宙に存在する286種の原子のうち起源が不明だった27種の起源を突き止めた。これら27種は、星が燃え尽きる際に起きる超新星爆発で生成されることが明らかになり、残るは8種のみとなった。
この年	**最も軽い太陽系外惑星**（日本）　名古屋大学などのグループが太陽系外惑星として最も質量の軽い惑星を発見した。恒星からの距離が太陽～地球間の2.6倍と離れた地球型のその惑星は、岩石や氷ででき表面温度はマイナス220度で生物生存の可能性は低いとみられる。
この年	**青木和光ら、超金属欠乏星を発見**（日本）　国立天文台の青木和光らはすばる望遠鏡による観測で、鉄の存在量が太陽の10万分の1という超金属欠乏星「HE1327-2326」を発見した。原始銀河の物質進化の歴史を知る上での重要な研究対象として注目を集める。
この年	**日本天文学会林忠四郎賞（2005年度, 第10回）**（日本）　牧島一夫（東京大学大学院教授）、「ブラックホール天体および銀河団のX線観測研究」により受賞。
この年	**日本天文学会天体発見功労賞受賞**（日本）　櫻井幸夫が「新星：V5115」、西村栄男が「新星：V1188」、鈴木雅之が「彗星：C/2005 P3（SWAN）」、長谷田勝美が「新星：V476」「新星：V477」、佐野康男が「超新星：SN 2005gl」により受賞。
この年	**日本天文学会天文功労賞（2005年度, 第5回）**（日本）　佐藤健「長年にわたる木星面の観測」、大塚勝仁「ろくぶんぎ座流星群の母天体の同定ならびにSOHO彗星の再帰性の指摘」でそれぞれ受賞。

| この年 | 鈴木厚人、日本学士院賞受賞（日本）　鈴木厚人（東北大学副学長・大学院理学研究科教授）が「反ニュートリノ科学の研究」により第96回日本学士院賞を受賞した。
| この年 | 日本宇宙生物科学会賞受賞（日本）　功績賞を中村輝子、清水強が、奨励賞を鎌田源司が受賞した。
| この年 | 文化功労者に伊藤英覚（日本）　東北大学名誉教授・伊藤英覚が第59回文化功労者に選ばれた。宇宙ロケットエンジンの冷却流路などに使われる曲がり管などの「管摩擦抵抗法則」を確立した。
| この年 | 科学技術映像祭受賞（2006年度,第47回）（日本）　文部科学大臣賞（科学教育部門）を独立行政法人宇宙航空研究開発機構〔企画〕、(株)イメージサイエンス〔製作〕（ビデオ/30分）「宇宙科学研究本部 宇宙へ飛び出せ ビデオシリーズVOL.11 3万kmの瞳―宇宙電波望遠鏡で銀河ブラックホールに迫る―」が受賞した。
| この年 | ポアンカレ予想解決（ロシア）　1904年アンリ・ポアンカレにより提出され、百年もの間数々の数学者が証明に挑んだ「ポアンカレ予想」をロシアの数学者グリゴリ・ペレリマンが位相幾何学に頼らず微分幾何学や熱力学を用いて解明した。「ポアンカレ予想」とは「単連結、すなわち基本群が自明な連結3次元閉多様体は3次元球面に同相となるか」という命題で、この証明は宇宙の形がどうなっているのか、という問題にも展開可能である。ペレリマンはこの解決により数学のノーベル賞といわれるフィールズ賞の授与が決定されたが、受賞を辞退し、以後表舞台から姿を消した。

2007年
（平成19年）

| 1.7 | 暗黒物質の観測に成功（日本, 米国, 欧州）　日米欧の国際チーム「COSMOS」プロジェクトが暗黒物質という目に見えない物質の姿を、世界で初めて立体的にとらえ、3次元分布図作製に成功、7日付けの英科学誌「Nature」電子版に発表した。「重力レンズ効果」という暗黒物質の重力で光が曲げられる現象に着目し、米ハッブル宇宙望遠鏡と国立天文台のすばる望遠鏡で、10億～80億光年先の銀河約50万個やその周辺領域を観測。暗黒物質に引き寄せられて銀河が形成されるという理論を観測で初めて裏付けた。プロジェクトチームには愛媛大学教授・谷口義明が日本から唯一参加した。
| 1.11 | 中国宇宙兵器実験に成功（中国）　米国政府は18日、中国が対衛星兵器の実験に初めて成功したことを確認し、中国政府に懸念を表明したと発表した。中国は米東部時間11日午後5時28分（中国現地時間12日朝）に四川省の西昌宇宙センターから対衛星兵器を搭載した中距離弾道ミサイルを打ち上げ、自国の古い気象衛星「FY-1C」を高度約860km付近で撃墜した。宇宙空間での軍拡競争を引き起こす懸念と破壊された衛星の破片が国際宇宙ステーション（ISS）などにぶつかり損傷を与える危険が指摘され、米政府は中国との民間宇宙開発分野の協力計画を凍結。2月21日には、国連宇宙空間平和利用委員会科学技術小委員会で宇宙空間での人工衛星破壊を禁止する指針が採択され、中国もこれに同意した。
| 2.25 | イラン宇宙ロケット打ち上げ成功（イラン）　イラン国営テレビは25日、イランが初の国内製宇宙ロケットの打ち上げに成功したと報じた。ロケットの製造には国防軍需省と科学技術省が協力し、観測用機器を搭載した研究目的での打ち上げと発表された。2008年2月4日には、初の人工衛星の打ち上げに向けたロケットの発射実験を行ったと発表。
| 4月 | 冥王星「準惑星」に分類（日本）　2007年夏の国際天文学連合（IAU）総会で、冥王星

を太陽系の9惑星から外し、「Dwarf Planet」という新しく設定した分類に組み入れたことを受け、日本学術会議の「太陽系天体の名称等に関する検討小委員会」は、冥王星を日本語で「準惑星」と表記して分類することに決定した。

4.16 **宇宙で史上初のフルマラソン**（米国）　国際宇宙ステーション（ISS）に滞在中の米宇宙飛行士のスニータ・ウイリアムズは、ステーション内で史上初となるボストンマラソンに参加し、ランニングマシン上で42.195kmを完走した（4時間24分）。

4.17 **宇宙工学研究の長友信人が没する。**（日本）　宇宙工学研究の長友信人が死去した。1937年（昭和12年）生まれ。1972年東京大学助教授を経て、1976年米国航空宇宙局（NASA）マーシャル宇宙飛行センター研究員。1981年宇宙科学研究所（ISAS）宇宙エネルギー工学部門教授。ミューロケットの開発や1977年～1983年スペースシャトル実験に参画し、早くから国産の有人宇宙機計画や国内初の宇宙旅行計画を唱えた。著書に「1992年 宇宙観光旅行」「入門 宇宙開発」など。

4.19 **ガンマ線バースト研究のボーダン・パチンスキーが没する**（米国, ポーランド）　天体物理学のボーダン・パチンスキーが死去した。1940年生まれ。1964年ワルシャワ大学で天文学の博士号を取得。天球の一角で突然強力なガンマ線の放射が観測されるガンマ線バーストなどに関する研究の第一人者で、1982年からプリンストン大学で天体物理学の教授を務めた。1991年米国籍を取得。

4.24 **太陽系外で地球に似た惑星発見**（欧州）　欧州の天文学者チームが24日、太陽系から約20光年離れたところに地球によく似た惑星を発見したと発表した。発見されたのは、「グリーゼ581」という恒星を回っている惑星で、直径は地球の1.5倍、質量は最小で地球の5倍程度と推測され、地球と同じ岩石質で平均表面温度が摂氏0～40度と推定される。太陽系外で見つかった地球型惑星として、初めて生命存在の条件を部分的に満たす。

5.15 **暗黒物質の独自構造発見**（米国）　米国航空宇宙局（NASA）の発表により、ジョンズ・ホプキンス大学の研究者らのチームがハッブル宇宙望遠鏡で2004年11月に観測したデータを解析したところ、地球から約50億光年離れた銀河団「Cl0024+17」内で宇宙に充満する暗黒物質が形成する直径約260万光年のリング状構造を発見したことが明らかになった。暗黒物質が独自構造を形成しているのが発見されたのは初めて。

5.31 **「おおすみ」実験主任の野村民也が没する**（日本）　宇宙電子工学の野村民也が死去した。1923年（大正12年）生まれ。1949年（昭和24年）東京大学助教授、1962年教授。この間、1955年日本のロケット開発の嚆矢となった「ペンシルロケット」開発に参画。我が国初の人工衛星「おおすみ」の打ち上げでは実験主任を務めたが1970年の成功まで4回連続で打ち上げに失敗し、"悲劇の実験主任"と呼ばれた。1979年～1981年同大宇宙航空研究所所長。1981年文部省宇宙科学研究所（ISAS）教授、1987年芝浦工業大学教授。1991年（平成3年）～1997年宇宙開発委員会委員を務めた。

6月 **初めて認定「宇宙日本食」**（日本）　国内12社が応募した29品目の食品を、宇宙航空研究開発機構（JAXA）が「宇宙日本食」第1号として認定した。日米欧15か国の協力で進める国際宇宙ステーション（ISS）で定める基準もクリアしている。インスタントラーメン、おにぎり、レトルトカレー、粉末緑茶など、加熱したりお湯や水で戻し数分から1時間で食べられる。無重力下では味を薄く感じるため、やや濃いめの味付けとなった。

6.9 **「アトランティス」で船外修理**（米国）　米国航空宇宙局（NASA）は日本時間9日午前8時38分（米中部夏時間8日午後6時38分）、スペースシャトル「アトランティス」の打ち上げに成功した。約14日間の飛行では、国際宇宙ステーション（ISS）の構造材や太陽電池パネル取り付けなどを行った。飛行中、耐熱ブランケットのはく離が見つかり、船外修理を行ったため飛行期間が予定より2日間延長され、日本時間23日午前4時49分（米東部夏時間22日午後3時49分）に帰還。また、2006年12月9日の打ち上げ以降宇宙に滞在していたスニータ・ウィリアムズが女性による宇宙滞在期間の最長

— 331 —

記録を更新した。

6.30 地人書館「天文学大事典」刊行（日本）　企画から完成まで10年を要した「天文学大事典」が地人書館から刊行された。執筆者は天文学者、天文教育普及関係者130人。編集主幹は山田卓（刊行を待たずに死去）、編集幹事は池内了、佐藤修二、澤武文、森暁雄、森治郎。研究者から一般読者までを想定して約5000項目の天文用語を解説した事典で、後に梓会出版文化賞特別賞を受賞した。

8.9 「エンデバー」打ち上げ（米国）　米国航空宇宙局（NASA）のスペースシャトル「エンデバー」（船長：スコット・ケリー）が日本時間9日午前7時36分（米東部夏時間8日午後6時36分）、ケネディ宇宙センターから打ち上げられた。「エンデバー」の打ち上げは約4年9ヶ月ぶり。乗員7人のうち、元教師バーバラ・モーガンは、1986年の「チャレンジャー」爆発事故で犠牲になった女性教師クリスタ・マコーリフの控え要員であり、ミッション・スペシャリスト（MS）として搭乗した。同機は日本時間22日午前1時半（米東部夏時間21日午後0時半）頃帰還。

8.13 **NASA首席研究員・杉浦正久が没する**（日本,米国）　地球物理学者・杉浦正久が死去した。1925年（大正14年）生まれ。1950年（昭和25年）アラスカ大学に新設された地球物理研究所の特別研究員に招聘されて以来、長く米国で研究活動を続けた。1961年米国籍を取得。1962年から米国航空宇宙局（NASA）ゴダード宇宙センターの宇宙・地球科学部門に籍を置いて、日本人として初めて人工衛星開発に携わった。1985年京都大学理学部教授となり、のち東海大学教授を務めた。

8.30 日本で初の世界SF大会（ワールドコン）開幕（日本）　アジアで初めての世界SF大会が横浜で開催された。日本SF大会との共催で、8月30日から9月3日までの5日間にわたって約400の企画が行われた。日本人のゲスト・オブ・オナーは小松左京、天野嘉孝、柴野拓美の3人。

9.14 月探査機「かぐや」打ち上げ（日本）　月探査を行う宇宙航空研究開発機構（JAXA）の大型衛星「セレーネ（かぐや）」を搭載した三菱重工のH-2Aロケット13号が、午前10時31分種子島宇宙センターから打ち上げられた。「アポロ計画」以来の本格的な月探査となり、民間移管第1号となる。「かぐや」は「アポロ」宇宙船のように月面に着陸せず、最新の観測機器（14種類）で月全体をくまなく観察し、地球から見えない月の裏側の重力の観測や、内部の地殻の様子までとらえることが出来る。10月に月の周回軌道に入り、2基の子衛星「おきな」「おうな」の分離に成功。11月には観測軌道から月や地球のハイビジョン撮影（月面では初）に成功し、月面の立体画像作りも始まっている。プロジェクトマネージャーは宇宙航空研究開発機構（JAXA）教授・佐々木進。

10.4 宇宙線の起源を解明（日本）　宇宙航空研究開発機構（JAXA）の内山泰伸（宇宙科学研究本部研究員）らのチームが、宇宙から降り注ぐ超高速の粒子（宇宙線）が、重い星の最後に起こる超新星爆発の残骸で作られていることを4日付の英科学誌『Nature』に発表した。地球から約3000光年離れたさそり座内で、約1600年前に爆発した超新星の残骸を、日米のX線天文衛星「すざく」と「チャンドラ」で観測、宇宙線が発生する際放出されるX線をとらえた。

10.24 「きぼう」接合部を運搬（米国）　米国航空宇宙局（NASA）は日本時間24日午前0時38分（米東部夏時間23日午前11時38分）、宇宙飛行士7人（船長：パメラ・アン・メルロイ）を乗せたスペースシャトル「ディスカバリー」のケネディ宇宙センターからの打ち上げに成功した。約15日間の飛行で、日本の有人実験棟「きぼう」と欧州実験棟「コロンバス」の結合部「ハーモニー」の国際宇宙ステーション（ISS）への運搬・設置を行った。日本時間11月8日午前3時（米東部時間7日午後1時）に帰還。

10.24 中国「嫦娥1号」打ち上げ（中国）　中国政府は四川省の西昌衛星発射センターから、同国初の月探査衛星「嫦娥（じょうが）1号」を搭載したロケット長征3号Aの打ち上げを成功した。公表データによると嫦娥は、重さ約2.4tで周回高度は約200km、表層

構造や重力分布を調べる機器はない。11月26日撮影した月面の画像の発表式が開かれた。2009年3月1日月面に衝突しすべての探査を終了。

11.6 **かに座恒星に5個目の惑星**（米国） 米国航空宇宙局（NASA）はかに座の恒星「55カンクリ」に太陽系外で発見された恒星系としては最多の5個目の惑星を発見したと発表した。木星に似たガス型巨星で、質量は地球の約45倍、公転周期は約260日。

この年 **見通し甘く「ルナーA」計画中止**（日本） 宇宙航空研究開発機構（JAXA）は月探査機「ルナーA」の計画中止を決定した。「ルナーA」は月面に槍型の探査装置を打ち込んで内部構造を調べる装置で、探査装置の開発が大幅に遅れ、すでに製作が完了していた母船の劣化が激しくなり中止となった。JAXAは計画の見通しが甘かったことを認めた。

この年 **打ち上げ事業の民営化**（日本） 宇宙航空研究開発機構（JAXA）から三菱重工へH-2Aロケットの打ち上げ事業が移管された。移管後初めてとあって、打ち上げ手順はこれまで通り宇宙機構の方式を引継ぎ、費用も前回とほぼ同様となった。射場を所有する宇宙機構は安全管理を担当し、三菱重工がロケットの製造組み立てを担うなど、製造責任が一元化されたことで、今後の品質向上や活力強化が期待される。

この年 **小惑星「ダテマサムネ」と「メゴ」**（日本） 仙台市天文台の小石川正弘主査が1994年に発見し、仙台藩主・伊達政宗の正室・愛姫（めごひめ）にちなんで「メゴ」と命名した小惑星が国際天文学連合（IAU）に7月末に認定された。小石川は1991年発見の小惑星を「ダテマサムネ」と命名した他、1987年に発見した小惑星に天文台の移転前の所在地である「西公園」の名をつけている。

この年 **東京大学に新機構設立**（日本） 東京大学に数物連携宇宙研究機構が設立され、米国カリフォルニア大学バークレー校教授だった村山斉が機構長に抜擢された。文部科学省の「世界トップレベル研究拠点プログラム」の1つで、約200人の研究者を率いて宇宙の質量の96％を占める未知の物質とエネルギーの正体を研究する。

この年 **星間分子雲の化学反応解明**（日本） 東京大学と国立天文台などの研究チームが、宇宙で星が生まれる元となる星間分子雲の一硫化二炭素（CCS）が生成される化学反応の仕組みを解明した。星間分子雲が自らの重力で収縮することで星が生まれると考えられており、CCSは薄い分子雲が収縮する初期段階でできるため、この発見で星が誕生する過程を定量的に明らかにすることができるとされる。

この年 **100億年前に鉄粒子存在**（日本） 大阪大学大学院の藤田裕大准教授らの研究グループが、日本のX線天文衛星「すざく」で地球から約10億光年離れた銀河団「エイベル401」から約500万光年の距離にある宇宙空間を観測し、放射されるX線を分析したところ、鉄が存在することが分かった。鉄が空間に到達する時間や爆発規模を計算した結果、約100億年前に多くの超新星が同時に爆発する「スターバースト」が起こり、宇宙空間に重元素が広がったと考えられる。

この年 **110億光年先の銀河を観測**（日本） 国立天文台などのグループがすばる望遠鏡を用いて、約110億光年先にある銀河44個の観測に成功した。110億年前の宇宙では円盤形の銀河が多くを占め、現在よく見られる楕円形の銀河がほとんどないことが分かり、円盤形銀河の衝突・合体の繰り返しで楕円形銀河が形成されたとする説を支持する結果となった。

この年 **巨大な太陽系外惑星を発見**（日本） 国立天文台と東京工業大学の研究チームが149光年離れたおうし座の星団にある巨星「イプシロン」を発見した。木星の質量の8倍、太陽の質量の3倍もある巨大な惑星で、これまで200個以上見つかっている太陽以外の恒星を回る惑星（太陽系外惑星）の中で最大級となる。

この年 **日本天文学会林忠四郎賞（2006年度, 第11回）**（日本） 井田茂（東京工業大学教授）「惑星系形成過程の理論的研究」により受賞。

この年 **日本天文学会天体発見功労賞受賞**（日本） 山本稔が「新星：V5117 Sgr」、板垣公一

が「超新星：SN 2006ep in NGC 214」により受賞。

この年　**日本天文学会天文功労賞（2006年度，第6回）（日本）**　藤井貢が「自作低分散分光器による幅広い多数の突発天体の分光フォローアップ観測」で，成見博秋と金井清高が「反復新星へびつかい座RSの増光の検出」で，多胡昭彦と櫻井幸夫が「カシオペア座の重力レンズ現象，いわゆる多胡事象（Tago's event）の検出」でそれぞれ受賞。

この年　**日本宇宙生物科学会賞受賞（日本）**　功績賞を神阪盛一郎，浅島誠が，奨励賞を片山直美が受賞した。

この年　**戸塚洋二にフランクリンメダル（日本）**　米国フランクリン協会が主催し，優れた科学者・技術者に与えられるフランクリンメダル（物理学部門）が，東京大学特別栄誉教授・前高エネルギー加速器研究機構長の戸塚洋二に贈られた。

この年　**科学技術映像祭受賞（2007年度，第48回）（日本）**　科学教育部門で東京大学宇宙線研究所〔企画〕，岩波映像（株）〔製作〕（ビデオ/18分）「スーパーカミオカンデ―素粒子と宇宙の秘密を探る―」が，科学技術部門で独立行政法人宇宙航空研究開発機構〔企画〕，ブロードバンドテレビ（株）〔製作〕（ビデオ/22分）「『はやぶさ』の大いなる挑戦!!―世界初の小惑星サンプルリターン―」が，マルチメディア特別部門で独立行政法人科学技術振興機構〔製作・著作〕，（株）ウイルアライアンス〔企画・製作〕「惑星の旅」が，文部科学大臣賞を各々受賞した。

この年　**シリーズ「現代の天文学」刊行開始（日本）**　日本天文学会が創立100周年の記念事業として，「現代の天文学」（全17巻）の刊行を開始した。高校生以上を対象とした天文の標準教科書を目指し，200人以上の研究者が，自分の体験から天文学の魅力を執筆。最新の内容も，なるべく平易な記述で紹介している。編集委員長は岡村定矩（東京大学教授）。

この年　**「ブラックホール」の新説（米国）**　オハイオ州のケース・ウエスタン・リザーブ大学の物理学者らが，「ブラックホールは存在しない」という新説をまとめた。従来のブラックホール説は非常に重い星が自らの重力で小さくつぶれることによってできる理論であったが，新説では，星がつぶれていく途中に物質の流出が活発に起きるため，ブラックホールになり切れないと主張。またその場合，外から観測した場合はブラックホールがあるように見えるという。

この年　**「クイーン」のブライアン・メイが博士論文を発表（英国）**　「ボヘミアン・ラプソティ」「ウィー・アー・ザ・チャンピオン」などで知られる英国のロックバンド「クイーン」のギタリストであるブライアン・メイが，天文学に関する博士論文「黄道塵（じん）における視線速度」を発表した。この論文は彼の母校インペリアル・カレッジ・ロンドンでの審査を通過し，メイには天体物理学博士号が授与された。もともとメイはバンド活動に入る前，同大学院で宇宙工学を研究していた。その後，「クイーン」が世界的なロックバンドとなり，また自身もギタリストとして多忙な毎日を送っていたが，60歳となった2007年から研究活動を再開し，カナリア諸島の天文台で研究を進め，論文を完成させたのであった。

2008年
（平成20年）

1月　**精度不足の「だいち」画像データ（日本）**　宇宙航空研究開発機構（JAXA）の陸域観測衛星「だいち」の画像データが，予想以上に誤差やノイズの影響が大きいことが明らかとなった。全世界の2万5000分の1の地図（基本図）作成を目的としているが，国土地理院がこの画像データを基本図の修正・更新に使うには現地測量を追加しなくて

はならず、約4300面ある日本の基本図のうち更新出来たのは一部にとどまった。精度不足を補うため宇宙機構と国土地理院は新たな画像調整ソフトなどを開発した。

1.8 　大栗博司、アイゼンバッド賞受賞（日本，米国）　数学と物理学の連関に貢献する学者に与えられるアイゼンバッド賞（米数学会）第1回の受賞者に、カリフォルニア工科大学教授で東京大学数物連携宇宙研究機構の大栗博司主任研究員とハーバード大学のストロミンジャー教授、バッファ教授の3人が選ばれた。小ブラックホールが高い熱を持つ原因を幾何学を用いて解明した業績に。

1.12　三菱重工、海外衛星、初受注（日本）　「H-2A」ロケットを使って、韓国航空宇宙研究院（KARI）の観測衛星「コンプサット3」を打ち上げる契約を正式受注したことを、三菱重工業が12日発表した。日本の団体・企業が、海外の衛星を打ち上げるのはこれが初めてとなる。

1.15　ガリレイ裁判「それでも公正だった」（バチカン）　過去にガリレオ・ガリレイの異端裁判を「道理にかない公正だった」と発言をしたとされるローマ法王ベネディクト16世のイタリア国立ローマ・ラ・サピエンツァ大学での記念講演が、教授や学生の猛反発に合い、中止を余儀無くされた。

1.17　マッハ7気流で紙飛行機実験（日本）　東京大学柏キャンパスで、紙飛行機が宇宙から地球に降りて来られるかを検証する実験が行われた。宇宙からの帰還時に似た条件を風洞装置で作り、紙飛行機の耐熱性や強度を調べたところ、耐熱処理を施してスペースシャトル形に折られた長さ7cmの紙飛行機がマッハ7の気流に10秒間耐えられることが判明した。

2.1 　超新星爆発はラグビーボール状（日本）　東京大学などが天体望遠鏡「すばる」で、地球から数千万〜数億光年の距離にある超新星15個を分光観測したところ、少なくとも5個で爆発がつぶれた場合に予想される観測結果が得られ、超新星爆発はラグビーボールのようなつぶれた形で起こることが実証された。

2.8 　「アトランティス」欧州の実験棟載せ、打ち上げ（欧州，米国，日本）　米国航空宇宙局（NASA）のスペースシャトル「アトランティス」が、欧州宇宙機関（ESA）の有人実験棟「コロンバス」を載せて日本時間8日午前4時45分（米東部時間7日午後2時45分）、ケネディ宇宙センターから打ち上げられた。乗員は、スティーヴ・フリック船長ら7人。「コロンバス」の直径は約4.47m、長さは約6.8m、重量は約12.7t。11日国際宇宙ステーション（ISS）に「コロンバス」を設置、翌日レオポルド・アイハーツ宇宙飛行士が入室した。「アトランティス」は20日ケネディ宇宙センターに帰還。なお、後に日本が「コロンバス」で行った初の植物実験（西谷和彦・東北大学教授らが企画）は、6月装置の故障で失敗に終わった。

2.12　水星探査計画承認（日本）　文部科学省宇宙開発委員会の推進部会は宇宙航空研究開発機構（JAXA）と欧州宇宙機関（ESA）が共同で実施する水星探査計画を承認した。JAXAが開発する磁気圏探査機と、ESAが担当する表面探査機からなる「ベピ・コロンボ」と命名された探査機を開発し、2013年の打ち上げ、2019年の水星到着を目指す。

2.21　京都大学の天文資料デジタル化へ（日本）　京都大学の花山天文台（天文台長・柴田一成）や理学部倉庫から、80〜40年前の天体資料が約1万点発見された。宮本正太郎による火星表面のスケッチや「アポロ計画」のために撮影した写真フィルム、アマチュア天文学者・海老沢嗣郎が日仏米の望遠鏡の観測記録を基に1957年作製した火星地図など貴重なもので、デジタル保存の上、インターネットで公開することが21日発表された。

2.23　超高速インターネット衛星の打ち上げ（日本）　午後5時55分、宇宙航空研究開発機構（JAXA）と情報通信研究機構（NICT）が共同開発した超高速インターネット衛星「WINDS（きずな）」を搭載したH-2Aロケット14号を、三菱重工が種子島宇宙センターから打ち上げた。衛星は無事に分離、太陽電池パドル展開も成功した。高度3万

6000kmの軌道を周回しながら3個のアンテナで日本を中心とした東南アジアなど、地球の約3分の1をカバーし、通常の高速回線が使えない離島や、災害などで壊れた通信システムの代替などの利用に向け実験を行う。「きずな」は縦3m、横2m、高さ8m重さ約2.7tで打ち上げ費用を含めた総開発費は522億円となる。5月12日JAXAとNICTは「きずな」により、世界最高速度となる毎秒12億ビットのデータ通信に成功したと発表した。

3月 **列車名「天体シリーズ」、消える**（日本） かつて東海道を走る夜行列車に付けられ「天体シリーズ」と呼ばれた列車名─「銀河」「月光」「金星」「彗星」「明星」「あかつき」「すばる」が2008年3月のダイヤ改正により、全て廃止された。3月14日の夜行列車「銀河」の最終走行には、多くの鉄道ファンがつめかけた。

3.11 **「エンデバー」打ち上げ、土井隆雄搭乗**（日本，米国） 米国航空宇宙局（NASA）のスペースシャトル「エンデバー」（船長：ドミニク・ゴーリ）がケネディ宇宙センターから打ち上げられた。「エンデバー」は、国際宇宙ステーション（ISS）内に、日本初の有人宇宙施設「きぼう」を設置する先駆。搭乗員は、2回目の宇宙飛行で、日本人宇宙飛行士の中では最年長となる土井隆雄飛行士ら7人。日本時間13日午後（米中部時間12日夜）、ISSとドッキング。土井飛行士は14日保管室をISSに設置する作業をロボットアームを駆使して4時間かけて完了、設置に成功。日本独自の、宇宙滞在可能空間が誕生した。15日入室。日本時間18日午後（米中部時間17日深夜）、ブーメランを投げる実験を行い、無重力空間でも軌道は地上とさほど変わらないで手元に戻ってくることが分かった。日本時間27日午前9時39分（米東部時間26日午後8時39分）帰還。なお、この飛行では、初めて、宇宙航空研究開発機構（JAXA）筑波宇宙センターが管制業務を務めた。

3.19 **SF作家のアーサー・C.クラークが没する**（英国） 英国のSF作家アーサー・C.クラークが死去した。アイザック・アシモフ、ロバート・A.ハインラインと並んで世界のSF界を代表する作家と目され、"ビッグスリー"と称された。惑星探査や人類の進化を扱った「2001年宇宙の旅」は、1968年スタンリー・キューブリック監督によって映画化され、続編となる「2010年宇宙の旅」「2061年宇宙の旅」「3001年終局への旅」も書き継いだ。他の代表作に「幼年期の終り」「都市と星」「渇きの海」などがあり、「宇宙のランデヴー」「楽園の泉」はヒューゴー賞、ネビュラ賞をダブル受賞している。

3.23 **125億年前は小銀河が複数存在**（日本，米国） 愛媛大学、東北大学、米国カリフォルニア工科大学などの共同研究チームがハッブル宇宙望遠鏡で、125億光年先の成長中の銀河80個を撮影したところ、既知の銀河の数十分の1の大きさである直径約4000光年の小銀河が複数存在していたことを発見した。これは、現在の銀河がより小さな銀河同士の衝突・合体によって作られたとする理論の裏付けとなる。

4月 **16衛星、初の一斉点検**（日本） 月探査衛星「かぐや」など日本の衛星が4か月間に7件故障していることを受け、宇宙航空研究開発機構（JAXA）は運用中の16衛星全てについて、不具合情報などを収集し分析する大規模調査を開始した。このような全衛星を対象にした一斉点検は初めてとなる。

4.8 **韓国初の宇宙飛行士誕生**（ロシア，韓国） バイコヌール宇宙基地から宇宙船「ソユーズ」が打ち上げられた。搭乗員には、韓国初の宇宙飛行士で、女性である李炤燕を含み、ソウル市庁前広場では、約5000人の市民が自国初の宇宙飛行士誕生の瞬間をテレビ中継で見届け、李明博（イ・ミョンバク）大統領は「韓国の宇宙時代を開く歴史的な日だ」と語った。国際宇宙ステーション（ISS）に滞在し、18の船内実験を行った後、19日帰還。

4.13 **「ブラックホール」の命名者ジョン・ホイーラーが没する**（米国） 物理学者ジョン・ホイーラーが死去した。1911年生まれ。1947年～1966年プリンストン大学教授、1966年～1976年同大ジョセフ・ヘンリー教授。1976年テキサス州立大学教授に転じ、1981年～1986年同大理論物理学センターのブランバーグ教授。1986年プリンストン大学ジョセフ・ヘンリー名誉教授。第二次大戦中、原爆開発のマンハッタン計画に参加し、

ニールス・ボーアと共同で「核分裂メカニズム」(1939年)を書き上げる。戦後はアインシュタインと共同で統一理論の構築を進めるなど、戦中戦後を通して一貫して世界の物理学界をリードした。1967年光さえ抜け出せない高密度の核と化した星を「ブラックホール」と命名。晩年は量子重力研究に傾倒した。著書に「Geometrodynamics」(1962年)、「Spacetime Physics」(1966年)、「時間・空間・重力—相対論的世界への旅」など。

4.15　銀河系中心のブラックホール初観測(日本)　京都大学の小山勝二教授の研究チームが世界で初めて銀河系中心にあるブラックホールの活動の観測に成功したと発表した。観測の結果、現在はほぼ活動を休止しているブラックホールが過去に強いX線を放出していたことが明らかになった。

5月　コスモードで宇宙技術をアピール(日本)　宇宙航空研究開発機構(JAXA)は日本の宇宙技術をより身近に感じてもらうため、日本の宇宙開発技術から生まれた商品などを「JAXA COSMODE PROJECT(コスモード)」という独自のブランドとして認定する制度を始めた。企業はコスモードに認定された商品を製造、販売することで、苛酷な宇宙環境でも使用される信頼性の高い技術をアピール出来る。

5月　佐和貫利郎の宇宙絵画、NASAコレクションに(日本)　米国航空宇宙局(NASA)の宇宙絵画の永久コレクションに佐和貫利郎のアクリル絵画作品が入った。NASAにはA.ウォーホルなどの約3000点がコレクションされているが日本人作品が入るのは初めて。佐和貫は「宇宙戦艦ヤマト」「銀河鉄道999」など名作アニメーションの背景美術を手掛け、映画「ゴーストバスターズ」「スーパーマン」などにも参加するが、1989年頃から宇宙アートを描き始めていた。

5.21　宇宙基本法、成立(日本)　宇宙開発と利用に関する基本方針を定めるための「宇宙基本法」が自民、公明、民主、国民新　党などの賛成多数で可決され、成立した。国連宇宙条約と日本国憲法に基づき、侵略目的でない宇宙の軍事利用を可能とする法案であり、平和利用に限定していた従来の政府方針を大きく転換することとなった。具体的には、北朝鮮などの監視偵察衛星、弾道ミサイルの発射を探知する早期警戒衛星などの保有を可能にする。また、産業分野での競争力強化を目指す。6月17日宇宙開発担当相に岸田文雄科学技術担当相を任命(兼務)。8月27日宇宙開発戦略本部(内閣総理大臣を本部長、官房長官と宇宙開発担当大臣を副本部長とする)が内閣に発足。開発の総合的指針「宇宙基本計画」を策定に取りかかった。前年11月19日には井上ひさし、土山秀夫らで「世界平和アピール七人委員会」が「宇宙を軍事の場とする道を拓く第一歩」として反対アピールを発表するなど、賛否両論の法案成立であった。

6.1　星出彰彦飛行士、宇宙へ(日本)　米国航空宇宙局(NASA)は日本時間6月1日午前6時2分(現地時間5月31日午後5時2分)、ケネディ宇宙センターからスペースシャトル「ディスカバリー」(船長:マーク・ケリー)を打ち上げた。日本からは星出彰彦宇宙飛行士が搭乗、日本時間4日国際宇宙ステーション(ISS)に実験室をロボットアームで設置した。ケネディ宇宙センターに日本時間6月15日午前0時15分(現地時間14日午前11時15分)、ケネディ宇宙センターに帰還した。

6.5　宇宙に初めて「日本の家」(日本)　3月と5月にスペースシャトルで打ち上げられた日本実験棟「きぼう」の船内保管室と船内実験室が、それぞれ宇宙飛行士の土井隆雄、星出彰彦らにより国際宇宙ステーション(ISS)に取り付けられた。船内実験室は直径4.4m、長さ11.2mの円筒形でISS最大の実験施設となる。日本時間5日5時25分(米国中部時間4日午後3時25分)、宇宙航空研究開発機構(JAXA)筑波宇宙センターからの指令信号で空気の流れや温度調節を行う機器の起動を完了し、日本から軌道上の有人施設を常時監視、運用する体制が整った。

6.6　SF作家・テレビプロデューサーの野田昌宏が没する(日本)　SF作家でテレビプロデューサーの野田昌宏が死去した。大学時代からSFの創作・評論活動を行い、エドモンド・ハミルトン〈スターウルフ〉〈キャプテン・フューチャー〉シリーズ、ニール・

R.ジョーンズ〈ジェイムスン教授〉シリーズ、A.バートラム・チャンドラー〈銀河辺境〉シリーズといったスペースオペラ作品の紹介に力を注ぎ、その日本への定着に貢献。パルプマガジンなどSF刊行物の収集家としても名高く、宇宙開発に関する情報紹介にも努めた。著書に〈銀河乞食軍団〉シリーズや、「SF英雄群像」「レモン月夜の宇宙船」「やさしい宇宙開発入門」「『科学小説』神髄」などがある。また、フジテレビ第1期生として入社し、「スター千一夜」「ちびっこのど自慢」「ひらけ!ポンキッキ」といった人気番組を手がけた。

7月		火星で初めて水の検出(米国)　米国航空宇宙局(NASA)とアリゾナ大学は、日本時間26日午前8時53分(米東部時間25日午後7時53分)頃に火星の北極付近に着陸した米探査機「フェニックス・マーズ・ランダー」が、地中から氷を彫り出し、水を検出したことを発表した。さまざまなデータから、火星の極域には氷が大量に存在することが信じられてきたが、直接採取して検出したのは初めてとなる。
7月		「NASA Images」公開(米国)　米国航空宇宙局(NASA)所蔵の写真・フィルム・動画のコレクションが、NASAとInternet Archiveによりデジタルアーカイブ化され、「NASA Images」として公開された。
7.4		水星に噴火の痕跡確認(米国)　米国航空宇宙局(NASA)の研究チームは、水星探査機「メッセンジャー」の観測で水星の平原が火山から流れた溶岩で形成されたことを初めて確認し、4日付の米科学誌『Science』で発表した。水星の平原は火山から噴出した溶岩が流れたのが原因と予想されていたが、噴火の痕跡は未確認だった。「メッセンジャー」の高分解画像を解析したところ、噴火跡が発見された。
7.10		ニュートリノ研究の戸塚洋二が没する(日本)　物理学者戸塚洋二が死去した。1987年東京大学宇宙線研究所教授。1997年(平成9年)〜2001年所長。また1995年〜2002年同研究所附属の神岡宇宙素粒子研究施設長。2003年〜2006年高エネルギー加速器研究機構長。1996年岐阜県神岡町(現・飛騨市)の神岡鉱山の地下1000mに巨大観測装置「スーパーカミオカンデ」を建設、宇宙線が大気に衝突して発生するニュートリノの観測に従事。1997年素粒子ニュートリノの観測数が理論値よりはっきり少なく、ニュートリノが別の種類に姿を変える振動現象が起きている可能性が大きいことをつきとめた。質量がなければ振動は起こらないことが理論的に示されているため、1998年ニュートリノ物理学・宇宙物理学国際会議において、ニュートリノに質量があることを確認したと発表。物理学の常識を覆す発見となった。大腸癌を患いながらも2001年の「スーパーカミオカンデ」の破損事故では病をおして復旧の指揮を執り、わずか1年での部分再開を成し遂げた。その後、第一線を退いた。2002年文化功労者、2004年文化勲章を受章。2005年には東京大学が創設した特別栄誉教授の第1号に選ばれた。ノーベル物理学賞を受賞した小柴昌俊の門下で、"小柴がアイデアを出し、戸塚が形にする"と評され、ノーベル賞に最も近い日本人の一人と言われた。没後、闘病中に綴ったブログをまとめた「戸塚教授の『科学入門』」が出版された。
7.30		球形のブラックホール発見(日本)　京都大学の上田佳宏准教授らのチームが高エネルギーのX線を発する2つの銀河を宇宙航空研究開発機構(JAXA)のX線天文衛星「すざく」の機器で観測したところ、2個の中心に新しい形状のブラックホールを発見したと発表した。従来知られていたドーナツ状ではなく、球形に近い形をしている。
8月		「まいど1号」完成(日本)　東大阪市の中小企業の技術者、設計者らからなる東大阪宇宙開発協同組合により2002年(平成14年)から開発が進められてきた小型人工衛星「まいど1号」が完成した。重さは約50kg。50cm四方の立方体にアンテナ付き。
8.8		JAXA初代理事長山之内秀一郎が没する(日本)　初代宇宙航空研究開発機構(JAXA)理事長・山之内秀一郎が死去した。1933年(昭和8年)生まれ。1956年国鉄に入社。1985年6月運転担当常務となり、1986年国鉄最後のダイヤ改正を行った。1987年JR東日本副社長、1996年(平成8年)会長に就任。2000年取締役相談役。同年7月宇宙開発事業団(NASDA)理事長。2003年10月NASDA、宇宙科学研究所(ISAS)、航空宇宙技術研究所(NAL)を統合して発足した独立行政法人・宇宙航空研究開発機構(JAXA)の

初代理事長に就任。2004年健康上の理由で退任。フランス語が堪能な国際派だった。

8.11　**日本人女性2人目の宇宙飛行決定**（日本）　宇宙航空研究開発機構（JAXA）は2010年2月に打ち上げ予定の米スペースシャトル「アトランティス」に、山崎（旧姓・角野）直子の搭乗が決まったと発表した。向井千秋に続く2人目の日本人女性の宇宙飛行で、日本人初の「ママさん宇宙飛行」となる。飛行期間は約2週間で、国際宇宙ステーション（ISS）の組み立て任務にあたる予定。

8.15　**放送・通信事業者が運用する初の国産衛星**（日本）　アリアンスペース社のロケット「アリアン5」が、通信衛星「スーパーバードC2」（製造・三菱電機）を搭載して、日本時間15日午前5時44分に南米の仏領ギアナから打ち上げられた。「スーパーバードC2」は、国内の放送・通信事業者が運用する初の国産衛星。CATVや衛星放送向けの番組配信、アジア・太平洋のほぼ全域に向けた通信サービスなどを行う。

8.22　**宇宙で初の芸術実験**（日本）　日本の実験施設「きぼう」で、科学実験が始められた。初実験は、東京理科大学の河村洋が提案した「マランゴニ対流」現象の観察。また、「きぼう」を舞台にした文化活動として、宇宙飛行士による初の芸術実験が行われた。東京芸術大学（彫刻）の米林雄一は「宇宙モデリング」を企画し、ISS滞在中の米国航空宇宙局（NASA）のグレゴリー・シャミトフ飛行士が200gの紙粘土 "無重力で進化した人類" をイメージした手足の長い人形などを作成した。また、京都市立芸術大学の藤原隆男（宇宙物理学）の「水球を用いた造形実験」、筑波大学の逢坂卓郎（ライト・アート）は「墨流し水球絵画」が行われた。これらの活動は、第一線で活躍する芸術家が企画し、日本独自の試みである。2010年頃までに、約100件の実験が予定されている。

8.27　**宇宙「全天地図」公開**（米国）　米国航空宇宙局（NASA）研究チームが天文衛星「フェルミ」が初観測した宇宙の全天地図を公開した。「フェルミ」は6月11日に打ち上げられた日米欧6か国が共同開発した衛星で、名はイタリアの物理学者エンリコ・フェルミに由来する。広島大学開発による高性能センサーを使って4日間で全天を観測。今後、ガンマ線を出すブラックホールや、暗黒物質の解明に資すると思われる。

9.1　**太陽で3連続の衝撃波発生**（日本）　京都大学などのチームが、太陽の黒点付近の爆発であるフレアにより、3連続の衝撃波が起きる場合があることを1日付の米天文学誌「アストロフィジカル・ジャーナル・レター」に発表した。従来は単発の衝撃波しか観測されておらず、この発見が衝撃波の発生メカニズム解明への有力な手がかりになるとみられる。

9.13　**超新星爆発でレアメタル生成**（日本）　日本天文学会で、理化学研究所や名古屋大学などが超新星爆発でレアメタルが生成されることを発表し、重い元素は超新星爆発で宇宙に広がったとする理論を裏付けた。研究チームは、1572年に出現したカシオペア座にある「ティコの超新星」の残骸を、日本のX線天文衛星「すざく」で観測。通常の恒星の観測では見つからないクロムやマンガンなどのレアメタルが発する弱いX線を初めてとらえた。

9.25　**宇宙遊泳に成功した中国**（中国）　中国は自ら開発した有人宇宙船「神舟7号」を酒泉衛星発射センターから宇宙飛行士3人を乗せて発射。中国の有人宇宙船打ち上げは3回目。27日、初めて宇宙遊泳に成功、旧ソ連、米国に次ぎ、3か国目である。地球を周回する高度約340kmの軌道上で翟志剛飛行士による船外活動の状況（15分間）が中国国内でテレビ中継された。9月28日帰還。中国は独自の宇宙ステーション建設や月の有人探査を目標に掲げ、1992年から有人宇宙開発に乗り出し、2007年には月探査機の打ち上げにも成功している。

10月　**重要科学技術史資料発表**（日本）　国立科学博物館の産業技術史資料センターが「科学技術の発達に重要な成果を示し、次世代に継承していく上で重要な意義を持つもの」や「国民生活、経済、社会、文化の在り方に顕著な影響を与えたもの」を基準として選定する「重要科学技術史資料」が発表された。第23号に「H-2ロケット7号」

を登録。

- 10月 **インド初の月探査**（インド） インド南部スリハリコタ島のサティシュ・ダワン宇宙センターから、インド初となる無人月探査機「チャンドラヤーン1号」（サンスクリット語で「月に行く乗り物」の意）が打ち上げられた。インド国産ロケットPSLV-C11に搭載された「チャンドラヤーン」は11月に月面上空約100kmの周回軌道に乗り、2年間にわたり月の地質や鉱物調査を行う。アジアでの月探査機打ち上げは日本、中国に次いで3か国目となる。

- 11月 **すばる望遠鏡、新カメラ搭載**（日本） すばる望遠鏡に、赤外線に対する感度が従来の2倍という世界最高感度の国産CCDカメラが搭載された。カメラは国立天文台、浜松ホトニクス、京都大学、大阪大学の共同開発によるもので、これまで捉えられなかった暗い星や、ガス状の星雲の中にある生まれて間もない若い星も撮影可能。

- 11.15 **「エンデバー」打ち上げ成功**（米国） 米国航空宇宙局（NASA）は日本時間15日午前9時55分（米国東部時間11月14日午後7時55分）、宇宙飛行士7人（船長：クリストファー・ファーガソン）を乗せたスペースシャトル「エンデバー」のケネディ宇宙センターからの打ち上げに成功した。この飛行では、国際宇宙ステーション（ISS）の滞在員を2009年春に現在の3人から6人に増やす準備として、増設トイレや滞在員の個室などを運ぶのが主な任務。

- 11.19 **宇宙地図を作成**（日本） 宇宙航空研究開発機構（JAXA）は赤外線天文衛星「あかり」のデータを基に作成した、約70万個の星や銀河をとらえた宇宙地図を発表した。天体の数は従来より3倍多い。

- 11.27 **キトラ古墳はぎ取り作業終了**（米国） キトラ古墳の石室天井にある天文図のはぎ取りが終了したことを文化庁が発表した。1年以上かけてヘラによる手作業で進められ、113のピースに分割してはぎ取られた。これにより、2004年8月から開始された国内初の古墳壁画はぎ取りはすべて終了した。

- 12月 **古川聡飛行士、2011年宇宙へ**（日本, 米国） 古川聡宇宙飛行士が2011年春から、国際宇宙ステーション（ISS）長期滞在員に決定した。ISS長期滞在員では日本人3人目となる。なお、古川は2009年ISSに滞在する若田光一宇宙飛行士らを地上で支援する「長期滞在搭乗員支援宇宙飛行士」として実験棟「きぼう」の組み立てや点検作業の指示を地上から出して、飛行士をサポートした。

- 12月 **系外惑星を学生が発見**（オランダ） 重力レンズ現象をとらえるための全天観測であるOGLEプロジェクトで、観測された恒星のデータから光度変化を検出する方法を研究していたオランダのライデン大学の3人の大学院生が、系外惑星を発見した。発見した惑星「OGLE2-TR-L9b」は、木星の約5倍の質量で、公転周期は2.5日。恒星は表面温度が約7000度で、太陽より1200度以上も高い。表面温度が高く高速で自転している恒星のまわりの惑星が見つかるのは初。

- 12.4 **SF編集者のフォレスト・J.アッカーマンが没する**（米国） 米国のSF編集者フォレスト・J.アッカーマンが死去した。怪奇映画誌「フェイマス・モンスターズ・オブ・フィルムランド」の編集者としてより、世界一のSFファン、コレクターとして名高く、"ミスターSF"とも呼ばれた。サイエンス・フィクションの略語として「Sci-Fi（サイファイ）」を提唱したことでも有名。1953年には日本現代SFの確立に大きな功績を残した矢野徹を米国に招聘、半年間滞在させるなど、間接的に日本SFの興隆に貢献した。

- この年 **日本天文学会創立100周年**（日本） 1908年（明治41年）1月に創立した日本天文学会が、2008年（平成20年）1月で創立100周年を迎えた。同会は創立当初から専門の研究者のみならずアマチュアも参加し、「天文月報」「欧文研究報告」（PASJ）や毎年春秋の年会の開催、天体発見賞・天文功労賞・林忠四郎賞をはじめとする各種の賞・奨学金の授与などを通じて天文学研究の発展と啓蒙に努めてきた。100周年となったこの年には、会員であった後藤三男の遺族からの寄付金を基に天文学会創立100周年記念出版事業を進め、同年3月には記念誌「日本の天文学の百年」（編纂委員長・尾崎洋

二）が刊行された。また3月21日にはX線天文衛星「すざく」、小惑星探査機「はやぶさ」、米国ハワイ島にある「すばる」望遠鏡などの観測機器と天体とをデザインした同学会創立100周年記念80円切手が発行された。

- この年　光の「こだま」到着（日本, 米国, ドイツ）　日米独の研究チームが前年10月、国立天文台すばる望遠鏡で超新星の残骸「カシオペアA」からの淡い光を観測したところ、超新星爆発で生じた明るい光が、周辺の塵に反射して光の「こだま」として300年遅れで地球に到達したことが明らかになった。
- この年　系外惑星最多発見（日本）　国立天文台と東京工業大学などの研究チームが巨星を回る惑星を7個発見し、巨星周辺の惑星発見数で世界一になった。観測の結果、巨星の周囲の惑星系の軌道がこれまでの太陽系外惑星の発見の多くを占める太陽型星のまわりの惑星の軌道と比べて離れていることが分かった。その理由として、恒星の近くは高温のため惑星が形成されにくいという説と、惑星が形成されても恒星に飲み込まれてしまうという説が出されている。
- この年　惑星誕生の場を撮影（日本）　総合研究大学院大学と国立天文台などの研究チームが、地球に似た固体の惑星の誕生の場となる円盤状の塵を撮影することに成功した。地球から約460光年の距離にあり、年齢約10万年で質量が太陽の10分の1というこれまで撮影された中で最も軽い恒星であるおうし座内のFN星をすばる望遠鏡の近赤外線カメラで観測し、半径が地球と太陽間の約260倍で質量が地球の約2100倍の円盤状の塵の画像を得た。
- この年　日本天文学会林忠四郎賞（2007年度, 第12回）（日本）　嶺重慎（京都大学基礎物理学研究所・教授）が「ブラックホール降着流理論と観測による検証」により受賞した。
- この年　日本天文学会天体発見功労賞受賞（日本）　櫻井幸夫が「新星：V1280 Sco」、西村栄男が「新星：V1281 Sco」、中村祐二が「新星：V2615 Oph」、多胡昭彦が「新星：V2615 Oph」「新星：V459 Vul」により受賞。
- この年　日本天文学会天文功労賞（2007年度, 第7回）（日本）　浦田武「太陽系小天体の発見と軌道計算」、内那政憲「日本初のSOHO彗星の検出」、西山浩一・椛島富士夫「銀河系外の新星を多数検出」、板垣公一「きわめて特異な星の最期の姿を検出」によりそれぞれ受賞。
- この年　中井直正、日本学士院賞受賞（日本）　中井直正（筑波大学大学院数理物質科学研究科教授）が「水メーザー源のVLBI観測による活動銀河中心核と巨大質量ブラックホールの研究」により第98回日本学士院賞を受賞した。
- この年　仁科記念賞受賞（日本）　家正則（国立天文台教授）が「すばる望遠鏡による初期宇宙の探査」により、第54回仁科記念賞を受賞した。
- この年　科学技術映像祭受賞（2008年度, 第49回）（日本）　主催者賞をポピュラーサイエンス部門で日本放送協会〔企画・製作〕(テレビ/43分)「探査機"かぐや"月の謎に迫る―史上初!「地球の出」をとらえた―」が受賞した。

2009年
（平成21年）

1月　白色矮星から硬X線観測（日本）　埼玉大学の寺田幸功准教授らのチームが、宇宙航空研究開発機構（JAXA）のX線天文衛星「すざく」を使い、恒星の末期の姿である白色矮星から粒子が加速されることで発する「硬X線」を世界で初めて観測した。加速された粒子は宇宙線の正体と考えられるため、白色矮星が宇宙線の発生源の1つであ

る可能性が示された。

1月 **世界天文年2009が開幕**(世界)　2009年(平成21年)は、1609年ガリレオ・ガリレイが自作の望遠鏡で初めて星空を観測してからちょうど400年にあたることから、国連、ユネスコ、国際天文学連合(IAU)によって「世界天文年2009」と定められ、IAUが中心となって天文学や科学に関するイベントが世界各地で開かれることとなった。参加国は100を超える大規模なもので、スローガンは「THE UNIVERSE：YOURS TO DISCOVER(宇宙…解き明かすのはあなた)」。15日には開幕式典がパリで開催され、これにあわせて高速インターネットで世界中の大きな電波望遠鏡をつなぎ、おひつじ座方向のブラックホールを同時観測する大規模実験も行われた。日本でも研究・教育・普及などで天文に携わる幅広いメンバーで構成された世界天文年2009日本委員会(委員長・海部宣男)の下で様々な行事が企画・運営・実行され、4日にはその開幕イベントがぐんま天文台を中心に日本全国40か所の科学館などで一斉に開催された。

1.11 **挿絵画家の中西立太が没する**(日本)　挿絵画家の中西立太が死去した。父は童画家の中西義男。少年雑誌や児童出版物、プラモデルの箱絵(ボックスアート)などで活躍し、特に細密な考証に基づいた歴史人物、歴史復元画を得意とした。また、宇宙開発やSFに関する口絵も多い。

1.16 **映画「ザ・ムーン」公開**(米国)　「アポロ11号」が初めて月面着陸を果たしてから40年後の2009年、米国航空宇宙局(NASA)の映像や飛行士たちの証言を用いた映画「ザ・ムーン」が公開された。監督はデビッド・シントン。

1.23 **「H-2A-15号」、「いぶき」「まいど1号」乗せ打ち上げ**(日本)　午後0時54分、三菱重工業と宇宙航空研究開発機構(JAXA)は、温室効果ガス観測技術衛星「いぶき」と、公募6衛星(東北大学の「スプライト」観測衛星、東大阪宇宙開発協同組合「SOHLA-1(まいど1号)」、ソフトウエア会社ソランの「かがやき」、東京都立産業技術高専の航空高専衛星「KKS-1」、香川大学の「STARS(KUKAI)」、東京大学の「PRISM(ひとみ)」)などを載せた「H-2Aロケット15号」を、種子島宇宙センターから打ち上げた。「いぶき」は分離に成功。大気中の二酸化炭素とメタンの濃度を同時に観測する世界初の衛星として活躍が期待される。大阪の中小企業が製作したことで注目された「まいど1号」は5月11日に小型デジタルカメラによる地球と自身の姿の撮影・送信に成功した。

2.10 **米と露の通信衛星衝突**(米国, ロシア)　米国航空宇宙局(NASA)は10日にシベリア上空約790kmで米イリジウム社が1997年に打ち上げた衛星電話用の通信衛星と、ロシアが1993年に打ち上げたが機能停止とみられる通信衛星が衝突し、宇宙ゴミが大量発生したことを発表した。通信衛星同士の衝突事故は初めて。

2.13 **「さきがけ」探査計画リーダー平尾邦雄が没する**(日本)　宇宙科学・上層大気物理学研究の平尾邦雄が死去した。1922年(大正11年)生まれ。1945年(昭和20年)東京大学理学部助手を経て、1950年郵政省電波研究所に入所。1965年東京大学教授、1981年宇宙科学研究所(ISAS)教授。1985年定年退官、同年より東海大学工学部教授。1985年打ち上げられたハレー彗星探査機「さきがけ」設計チームのリーダーも務めた。

2.15 **太陽系に似た惑星系発見**(世界)　15日付けの米科学誌「*Nature*」で、国際共同観測研究チームは、太陽系に似た惑星系を発見したと発表した。発見された惑星系は太陽から5000光年離れた銀河系内にあり、太陽の半分の重さの恒星の周りを、木星や土星と同じガス惑星とみられる2つの星が周回している。

2.21 **巨大磁気嵐の原因究明**(日本)　京都大学や国立天文台野辺山太陽電波観測所などのチームが、地球周辺で発生する巨大磁気嵐の原因の1つに太陽の周りのコロナの中で活動度が低い領域である「コロナホール」で起きる爆発があることを解明し、21日の米地球物理学会の専門誌電子版に発表した。この発見は、航空管制や変電所の故障原因となる巨大磁気嵐の発生を予測する上で役立つと期待される。

2.25 **SF作家のフィリップ・ホセ・ファーマーが没する**(米国)　SF作家のフィリップ・ホ

セ・ファーマーが死去した。1953年、当時SF界でタブーとされた異星の生物と地球人との性的関係をテーマにした「恋人たち」を「スターリング・ストーリーズ」誌に発表、話題を呼び、同年のヒューゴー賞を受賞した。〈階層宇宙〉〈リバーワールド〉シリーズや、「緑の星のオデッセイ」「太陽神降臨」「紫年金の遊蕩者たち」などの作品で知られ、数多くの筆名を使って作品を発表した。

3月	**「イトカワ」に日本の地名**（日本）	会津大学と宇宙航空研究開発機構（JAXA）が選定し、小惑星「イトカワ」に、JAXAの相模原キャンパスに近い「フチノベ（淵野辺）」、打ち上げ場所「オオスミ（大隅）」、旧文部省宇宙科学研究所（ISAS）があった「コマバ（駒場）」、「はやぶさ」の製造拠点「カモイ（鴨居）」など、日本ゆかりの地名が計9か所付けられた。小惑星に9か所もの地名が付けられたのは初めて。
3月	**社団法人宇宙エレベーター協会発足**（日本）	2008年（平成20年）4月任意団体として設立された宇宙エレベーター（SE）の実現を目指す協会・宇宙エレベーター協会が一般社団法人へ移行した。宇宙エレベーター（軌道エレベーター）とは、地上から約3万6000kmまでケーブルを伸ばし、人間などを運ぶエレベーター型の装置。1991年飯島澄男が宇宙エレベータ建設に適した軽さと強さをもつCNT（カーボンナノチューブ）を発明。2002年NIACのB.エドワードが実現案を発表。これにより、2003年にはシアトルに宇宙エレベーター事業会社LiftPort社が創設されている。
3.4	**中野主一、吉川英治文化賞受賞**（日本）	アマチュア天文家・中野主一が、長年にわたる軌道計算による新天体発見への貢献により、第43回吉川英治文化賞を受賞した。なお、中野は1994年にはシューメーカー・レビ第9彗星の木星衝突を世界で最も早く予測し、2001年には、天文宇宙関係機関の専門家以外で天文学の発展に貢献した人に贈られるアマチュアアチーブメント賞を日本人として初めて受賞していた。
3.7	**系外惑星探査衛星「ケプラー」打ち上げ**（米国）	米国航空宇宙局（NASA）は日本時間7日午後0時49分（米国東部時間6日午後10時49分）、ケープカナベラル基地からの系外惑星探査衛星「ケプラー」の打ち上げに成功した。「ケプラー」は3年半をかけて天の川銀河内にある10万個以上の恒星を観測し、周りを通過する惑星を検出。地球のような大きさの惑星がどれくらい存在し、その中に液体の水が存在出来る表面温度の惑星の有無を調査する。
3.16	**「きぼう」完成に向けて、「ディスカバリー」打ち上げ**（日本）	日本時間16日午前8時43分（現地時間15日午後7時43分）、若田光一ら日米7人の宇宙飛行士（船長：リー・アーシャムボウ）を乗せたスペースシャトル「ディスカバリー」がケネディ宇宙センターから打ち上げられた。目的は国際宇宙ステーション（ISS）の維持・管理及び実験棟での実験、そして船外実験施設を取り付けることによる「きぼう」の完成。若田飛行士の宇宙飛行は3回目で3か月の長期滞在は日本人として初めて。日本時間18日ISSにドッキング、ISSに移り、長期滞在が開始された。「ディスカバリー」は3月29日帰還。滞在中、若田飛行士は実験棟「きぼう」で、公募した「おもしろ宇宙実験」、水の再生実験などを行った。また、ロボットアームを使った太陽電池の運搬作業、ISSの中心となる構造物で大型の太陽電池パネルを持つ「S6トラス」の取り付け、太陽電池パネルの展開などに携わった。なお、この設置で4組の太陽電池パネルがそろい、「きぼう」の電力供給体制は整った。6月29日、ロシアの宇宙船「ソユーズ」がISSに到着。若田飛行士は7月3日宇宙航空研究開発機構（JAXA）の飛行士として初めて「ソユーズ」に乗り込んだ。
4.5	**北朝鮮人工衛星打ち上げ?**（北朝鮮）	北朝鮮の朝鮮中央通信、「銀河（ウンハ）2号」で人工衛星「光明星2号」を打ち上げ、軌道に乗せたと5日発表した。しかし打ち上げの映像はなかった。
4.23	**131億年前の天体を観測**（米国, 日本）	米国航空宇宙局（NASA）の天文衛星「スイフト」が、日本時間4月23日午後4時55分しし座方面でガンマ線バーストと呼ばれる星の巨大爆発現象を検出。その残光を国立天文台岡山天体物理観測所の口径188cm望遠鏡に装着された赤外線観測装置ISLE（アイル）がとらえることに成功した。残光

の詳しい分光観測が行われたところ、その距離が約131億光年（赤方偏移8.2）であることが分かり、これまですばる望遠鏡が持っていた最遠方天体発見記録を上回り、宇宙最遠の光をとらえたことが明らかになった。

5.7 「モンスター銀河群」発見（日本, 米国, メキシコ）　日米メキシコの国際研究チームが、地球の115億光年先の宇宙で、太陽系のある天の川銀河の1000倍のスピードで星を生む「モンスター銀河」の集団を発見したと7日付けの英科学誌「Nature」で発表した。研究チームはチリのアタカマ高地に設置した電波望遠鏡を使い、みずがめ座の方向にモンスター銀河群30個を発見。この領域は小さい銀河が集中しており、暗黒物質の密度も高いため、暗黒物質が集中するところにモンスター銀河が形成されるとの理論が裏付けられた。

5.12 「アトランティス」、ハッブル改修（米国）　日本時間午前3時1分、米国航空宇宙局（NASA）は、ハッブル宇宙望遠鏡修理のため、スペースシャトル「アトランティス」（船長：スコット・アルトマン）をケネディ宇宙センター（フロリダ州）から打ち上げた。13日ハッブル宇宙望遠鏡をロボットアームで捕まえ、シャトルの貨物室に固定し、2002年以来7年ぶりの修理に着手。5回の船外活動（時間は述べ35時間以上）で、カメラの新型化やデータ伝送装置の交換などを行い、19日修理が完了。これで2014年まで使用が可能となった。なお、ハッブル宇宙望遠鏡の修理はこれが最後。「アトランティス」は25日エドワーズ空軍基地に帰還した。

5.14 ヨーロッパ天文衛星打ち上げ（欧州）　欧州宇宙機関（ESA）は日本時間14日午後10時12分（中央ヨーロッパ時間同日午後3時12分）、ギアナのクールー宇宙センターから赤外線天文衛星「ハーシェル」と宇宙背景放射観測衛星「プランク」を搭載した「アリアン5ECAロケット」の打ち上げに成功した。両衛星は、ロケットから分離されたのち、地球から約150万km離れたラグランジュ点（L2）に向かう。ハーシェルは口径3.5mと宇宙に打ち上げられた望遠鏡の中で最大の大きさで、遠赤外線とサブミリ波を観測して星形成領域や銀河の中心などを調べる。「プランク」は宇宙マイクロ背景放射（CMB）をとらえ、ビッグバン理論の検証や暗黒物質などを調査する。

5.23 黒人初のNASA長官、指名（米国）　オバマ米大統領が次期米国航空宇宙局（NASA）長官に黒人の元宇宙飛行士チャールズ・ボールデンを指名すると発表した。黒人がNASA長官となるのは初めて。

6.2 宇宙基本計画決定（日本）　政府の宇宙開発戦略本部が前年8月に施行された宇宙基本法に基づき、宇宙開発利用分野での初の国家戦略となる宇宙基本計画を決定した。従来の研究開発主体から、産業振興や安全保障分野での宇宙利用の重視に方針転換する。2013年度までの5年間で人工衛星を現行の2倍の34基打ち上げることを目指すが、予算については国の財政の許す範囲内で必要な措置を講ずるとして、確約しなかった。

6.9 銀河の合体の痕跡を捉える（日本）　愛媛大学宇宙進化研究センター長の谷口義明教授が、爆発的な星生成を起こし強い赤外線を発する「ウルトラ赤外線銀河」が合体した痕跡を鮮明にとらえることに初成功した。共同研究者の米ストーニー・ブルック大学の幸田仁准教授が9日の米国天文学会で発表。すばる望遠鏡で2004年（平成16年）に撮った画像を分析したところ、地球から約2億5000万光年離れたへび座付近の「Arp220」など3個のウルトラ赤外線銀河で、無数の星が周囲に広がっている様子が確認された。合体の際の巨大な潮汐力の影響によるものとみられ、その様子から、銀河の自転と合体時の軌道の向きが同じ順行合体が起きたことが分かった。

6.11 月探査機「かぐや」月面落下（日本）　2007年（平成19年）9月の打ち上げから1年半、月を周回しながら探査を行っていた宇宙航空研究開発機構（JAXA）の衛星「かぐや」が、午前3時25分、月面に落下、その役割を終えた。「かぐや」は月全体の詳細な地形や地下の構造、月の裏側の火山活動を探査。その結果、火山は25億年前まで活動していたこと、月の南極点にある「シャックルトンクレーター」に氷がなかったこと、月に永久日照地域がないことなどが判明した。また、太陽の光を受けて丸く輝く地

球が月面の後ろから昇降する「満地球」の姿をハイビジョンカメラで撮影。これら「かぐや」の撮影した画像・動画はインターネット上でも公開された。

6.17　**太陽系最古の花崗岩を発見**（日本）　広島大学大学院理学研究科の寺田健太郎准教授らが、1949年にモンゴルに落下した普通隕石に含まれていた花崗岩の年代測定を局所年代分析装置「SHRIMP（シュリンプ）」を用いて行ったところ、約45億3000万年前という結果が出て、太陽系最古のものであることが判明したと17日付の米天文学誌『*Astrophysical Journal*』に発表した。この結果は、太陽系形成初期に存在した微惑星上で、花こう岩を形成するメカニズムが存在したことを示し、地球独自の岩石であるという定説が覆された。

6.19　**NASA月探査機打ち上げ**（米国）　米国航空宇宙局（NASA）は日本時間19日午前6時32分（米国東部夏時間18日午後5時32分）、月探査機「ルナ・リコナサンス・オービター（LRO）」及び「エルクロス（LCROSS）」を載せたアトラス5ロケットを打ち上げた。LROは月周回軌道に到達したあと、高度50kmの極軌道に入り、1年以上かけて将来の有人探査に必要な情報を集める。LCROSSは世界時10月8日10時30分に月面に衝突し、生じた噴出物を調べて月の地下物質を探る予定。2009年7月には「LRO」が月面の「雲の海」付近を撮影した写真が公開された。

6.25　**「日本SF全集」が刊行開始**（日本）　出版芸術社より日下三蔵の編集で「日本SF全集」の刊行が開始された。日本を代表するSF作家の名作・傑作を、SF黎明期の1950年代から年代順に収録し、日本SFの全体像を明らかにしようという試みで、2010年までに全6巻が刊行される予定。

6.30　**「ユリシーズ」運用終了**（米国, 欧州）　欧州宇宙機関（ESA）と米国航空宇宙局（NASA）により、1990年10月に打ち上げられた太陽極軌道探査機「ユリシーズ」が18年半続いた運用を終えた。原因は地球から遠ざかっていること、データ量や電力供給の減少など。同機は1992年2月の木星スイングバイを経て、軌道にのり、太陽を6.2年で1周する人工惑星となった。太陽を北極や南極の方向から観測し、磁場、フレア、黒点、太陽風などのデータを送信してきた。

6.30　**マイクロ波画像で月面図完成**（中国）　中国は世界初のマイクロ波画像による月面図を月周回衛星「嫦娥1号」からのデータを元に完成させたと発表した。また、月面に豊富に埋蔵されており、核融合発電の原料に最適として期待されているヘリウム3（He3）の埋蔵量が約100万tであることを突き止めたという。

7月　**水星のクレーターに「国貞」**（日本, 米国）　国際天文学連合（IAU）は、前年に米国航空宇宙局（NASA）の水星探査機「メッセンジャー（MESSENGER）」が発見した水星のクレーターの名前を発表した。ヘミングウェイやダリなど世界的に著名な作家や芸術家にちなんだ名前がつけられた。日本人では歌川国貞と岩佐又兵衛が選ばれ、それぞれ「クニサダ（Kunisada）」「マタベイ（Matabei）」と命名された。

7月　**「TMT」建設地ハワイ・マウナケアに決定**（米国, カナダ, 日本）　30m望遠鏡「TMT（Thirty Meter Telescope）」評議委員会が、同望遠鏡をマウナケアに建設することを決定した。TMTは、492枚の分割鏡を組み合わせた直径30mの望遠鏡で、大気圏外にあるかのような性能を発揮し、従来よりはるかに高性能の観測が可能となる。また、すばる望遠鏡との共同観測も期待されている。カリフォルニア工科大学、カリフォルニア大学、カナダの天文学大学連合の共同計画で、日本の国立天文台も2008年から協力しており、すばる望遠鏡建設に携わった家正則らが参加している。2018年完成予定。

7.1　**天の川銀河の地図を作成**（欧州）　ヨーロッパ南天天文台（ESO）が、チリのアタカマ・パスファインダー実験機（APEX）の電波観測によって作成した太陽系がある天の川銀河の内部を表す長さ1万6000ピクセルの「地図帳」を公開した。

7.2　**世界最高峰の望遠鏡観測開始**（日本）　東京大学天文学教育研究センターが世界で最も標高の高い観測場所であるチリ北部のチャナントール山（5640m）山頂のアタカマ

天文台に「miniTAO望遠鏡」が完成したと発表した。撮影した初画像も公開し、口径1mの赤外線望遠鏡で、従来は地上からは観測出来なかった天の川銀河中心部の水素ガス雲を観測したと発表。同じ山頂に、2015年頃の完成を目指して6.5mの大型赤外線望遠鏡の建設準備も進めている。

7.3　**乗鞍コロナ観測所閉鎖**（日本）　1949年（昭和24年）から日本唯一の太陽コロナの観測所として使われてきた国立天文台太陽観測所「乗鞍コロナ観測所」が10月末に観測終了、翌年3月末に閉鎖されることとなり、3日、報道陣に施設が公開された。乗鞍の摩利支天岳（2876m）山頂付近にある木造一部2階建て施設に、口径10〜25cmの太陽の表面を調べるための天体望遠鏡「コロナグラフ」が設置され、観測が行われていたが、厳しい自然環境で建物が老朽化し、閉鎖が決まった。

7.16　**消去された月面着陸映像を復元**（米国）　米国航空宇宙局（NASA）は月面着陸のオリジナルテープの映像が消去されていたことを明らかにし、当時テレビで放送された映像を最新のデジタル技術で復元したと発表した。復元された映像は、オリジナルテープの映像よりも鮮明だとしている。

7.17　**天の川銀河に「プラズマの川」発見**（日本）　京都大学理学研究科の鶴剛准教授、小山勝二名誉教授らのグループが日本のX線天文衛星「すざく」の観測で天の川銀河の中心部を流れる1000万度の超高温の「プラズマの川」を発見した。川幅は約24光年、長さは約65光年で秒速500kmで流れている計算になり、プラズマが充満している「プラズマの海」に注いでいるとみられる。

7.19　**「きぼう」完成**（日本）　日本時間7月16日午前7時3分（米東部時間15日午後6時3分）、日本の実験棟「きぼう」最後の構造物を搭載したスペースシャトル「エンデバー」（船長：マーク・ポランスキー）が打ち上げられた。同19日、若田飛行士らがロボットアームを使い約9時間かけて、欧米やロシアの実験棟にはない「船外実験プラットホーム」の設置に成功。2008年3月に土井隆雄飛行士が船内保管室を、同年6月に星出彰彦飛行士が船内実験室をそれぞれ設置した上での最後の設置だった。これにより、計画開始から24年を経て、日本初の有人宇宙施設「きぼう」が完成した。21日夜にはX線天体観測、宇宙放射線観測、衛星通信の3装置を搭載した船外パレットが接続された。31日午後11時48分（米東部夏時間同午前10時48分）、ケネディ宇宙センターに着陸。若田飛行士は4か月半ぶり（137日と15時間5分）に地球に帰還した。

7.19　**木星に地球規模の衝突跡**（オーストラリア）　オーストラリアのアマチュア天文家アンソニー・ウェスリーが木星の南極付近に地球よりやや小さい直径の黒い染みが出現したのを発見した。未観測の彗星か小惑星が最近木星に衝突して生じたものと考えられている。

7.21　**グーグルムーン公開**（米国）　インターネット上のデジタル地球儀「Google Earth（グーグルアース）」の月面版「Google Moon（グーグルムーン）」が公開された。Googleは以前から平面的な月面図を公開していたが、日本の月探査機「かぐや」が取得した月面データを宇宙航空研究開発機構（JAXA）が無償提供することで、3次元での画面表示が可能になった。

7.21　**月着陸から40年**（米国）　日本時間7月21日（米国時間20日）、「アポロ11号」月面着陸40周年を記念して「アポロ計画」に参加した宇宙飛行士7人が米国航空宇宙局（NASA）本部で記者会見を行った。「アポロ17号」船長のサーナン、「11号」のオルドリンらは、火星への飛行を強く訴えた。なお、これに関連して、NASAは「11号」打ち上げから地球帰還までの交信記録を当時の時間にぴったり合わせてインターネットで公開した。

7.22　**皆既日食ブーム**（日本）　日本の陸上では46年ぶりとなる皆既日食が22日午前鹿児島県のトカラ列島や種子島、硫黄島などで起こった。国立天文台が観測隊を派遣した硫黄島や、奄美諸島の喜界島などでは観測に成功、その模様は衛星「きずな」などによる中継で、各地の科学館などに配信された。しかし継続時間が6分25秒と最長で

天文ファン数百人がつめかけたトカラ列島悪石島では天候が悪く、観測は出来なかった。なお、部分日食は曇りがちの中、日本全国で見られた。また、観測の際、従来サングラスや黒い下敷きなどの利用では目を痛めることが指摘され、観測用グラスが発売され飛ぶように売れたことも話題になった。

7.30　衛星「タイタン」に液体（米国）　米国航空宇宙局（NASA）が土星の衛星「タイタン」に液体があることが、無人探査機「カッシーニ」による観測の結果判明したと発表した。地球以外の天体で液体が確認されるのは初めて。

8月　探査機「ケプラー」太陽系外惑星を発見（米国）　米国航空宇宙局（NASA）の太陽系外惑星探査機「ケプラー」が太陽系外惑星を発見した。木星と同じくらいの大きさで、ガス状。「ケプラー」は惑星の大気も検出した。

8月　流星群の公式名称が決定される（世界）　ブラジルで開催されていた国際天文学連合（IAU）総会で64の流星群の公式名称が決定された。同時に基本的に彗星名は使用せず、星座名を用いるなど、名称付与の決定方法についても定められた。この議論には日本から台湾國立中央大学天文研究所の阿部新助が参加し、日本のアマチュアのデータも活用された。

8.21　映画「宇宙（そら）へ。」公開（米国）　世界天文年、米国航空宇宙局（NASA）開局50周年、月面初着陸40年を記念したドキュメンタリー映画「宇宙（そら）へ。」が公開された。NASA所蔵の貴重映像がふんだんに使われている。監督はリチャード・デイル。

8.25　51個目の超新星で記録更新（日本）　山形市のアマチュア天文家の板垣公一がエリダヌス座方向の銀河に15.6等級の超新星を発見。51個目の超新星発見となり、自身の国内最多発見記録を更新した。板垣は1985年（昭和60年）山形市蔵王、2002年（平成14年）宮城県山元町に個人観測所を設置。2001年超新星を初めて発見。2005年国内最多発見記録となる15個目の超新星を発見、以来大型望遠鏡とCCDカメラで銀河を撮影し、パソコンで調べながら超新星の発見に努める。2009年エドガー・ウィルソン賞受賞。

8.25　韓国初の宇宙ロケット「羅老」打ち上げ失敗（韓国）　韓国航空宇宙研究院が同国初のロケット「羅老号（ナロ号、KSLV-1）」を打ち上げた。搭載していた人工衛星「科学技術衛星2号」はロケットから切り離されたが、防護する覆いが外れず、失速、落下、燃え尽きたとみられる。

8.29　「ディスカバリー」宇宙ステーションに物資補給（米国）　米国航空宇宙局（NASA）が日本時間29日午後0時59分（米東部時間28日午後11時59分）、7人搭乗のスペースシャトル「ディスカバリー」（船長：フレドリック・スターカウ）をケネディ宇宙センターから打ち上げた。国際宇宙ステーション（ISS）に空気浄化システム、運動装置、実験ラック、交換用アンモニアタンク、食糧などの物資を補給することが目的。日本時間31日午前9時54分（米東部時間30日午後8時54分）、ISSに到着、ドッキングを行った。

この年　宇宙飛行士候補者2名決定（日本）　宇宙航空研究開発機構（JAXA）は、全日空副操縦士の大西卓哉と航空自衛官の油井亀美也の2人を宇宙飛行士候補として決定した。2人は約2年間の候補者訓練を行った後、正式な宇宙飛行士の認定を受ける。

この年　巨大天体を「ヒミコ」と命名（日本、米国、英国）　日米英の国際研究チームが宇宙誕生直後の129億年前に誕生した天体をすばる望遠鏡で撮影した。大きさは5万5000光年で銀河系の半径に匹敵し、重さは太陽400億個分と試算され、現在の理論では説明出来ないほど巨大で形成過程に謎が多いため、邪馬台国女王にちなんで「ヒミコ」と名づけられた。

この年　ペルーに望遠鏡移設（日本、ペルー）　京都大学飛騨天文台の太陽フレア監視望遠鏡（FMT）がペルーの日本人天文学者・石塚睦の元に移設されることが決まった。天文台長の柴田一成教授が30年前の石塚の講演を聴いたことがきっかけで実現。また、石塚は1957年に太陽コロナ観測所を作るためペルーに渡って以来、長年にわたりペルー

の天文学発展へ貢献してきたことが認められ、春の叙勲で、瑞宝小綬章を受章した。なお、ペルー最初のプラネタリウムは「ムツミ・イシヅカ」と名づけられている。

この年　日本天文学会林忠四郎賞（2008年度，第13回）（日本）　杉山直（名古屋大学教授）、「宇宙マイクロ波背景放射に関する理論的研究」により受賞。

この年　日本天文学会天体発見功労賞受賞（日本）　板垣公一が「超新星：SN 2008ax in NGC 4490 独立発見」「超新星：SN 2008bt in NGC 3404」、山本稔が「新星：V2468 Cyg 独立発見」、中村祐二が「新星：V2468 Cyg 独立発見」、長谷田勝美が「新星：V2468 Cyg 独立発見」「新星：V2670 Oph 独立発見」、工藤哲生が「新星：V2468 Cyg 独立発見」、西村栄男が「新星：V2670 Oph 独立発見」、櫻井幸夫が「新星：V1309 Sco 独立発見」、板垣公一・金田宏が「彗星：D/1896 R2の再発見」、広瀬洋治が「超新星：SN 2008ie in NGC 1070独立発見」によりそれぞれ受賞した。

この年　日本天文学会天文功労賞（2008年度，第8回）（日本）　北尾浩一が「天文民俗学における活躍」により受賞。

この年　科学技術映像祭受賞（2009年度，第50回）（日本）　部門優秀賞を独立行政法人・宇宙航空研究開発機構〔企画〕、財団法人・日本宇宙フォーラム〔製作〕（ビデオ/30分）「遙かなる月へ―月周回衛星「かぐや」の軌跡―」が受賞した。

この年　「ALMA」建設本格化（世界）　世界最大の電波望遠鏡「アタカマ大型ミリ波サブミリ波干渉計（ALMA, アルマ）」の建設が秋から本格的に始まった。米国、カナダ、欧州11か国、日本が出資する「ALMA計画」は1985年から始まり、日本の国立天文台や米国、欧州などが協力して開発。「ALMA」は標高約5000mのチリのアタカマ砂漠に設置され、口径12mと7mの中型アンテナ計約70台を円形に並べて観測する。早ければ2012年に稼働開始予定で、暗黒星雲の内部や原始銀河などの高精度な観測を実現させる。2008年3月、月を観測して受信した電波を画像化することに成功したと国立天文台が発表した。同計画で天体からの電波を受信したのは初めて。

事項名索引

【あ】

アイザック・ニュートン望遠鏡
    1967（この年）　グリニッジ天文台、アイザ…
アイシー3
    1985（この年）　彗星と太陽風との相互作用…
アイゼンバッド賞
    2008.1.8　　　大栗博司、アイゼンバッド…
アインシュタイン衛星
    1978.11.13　　「アインシュタイン」衛星…
アインシュタインブーム
    1922.11.18　　アインシュタインが来日
アエロスパシアル社
    1985.10.18　　仏が小型シャトルを開発
    1998.7.22　　 アエロスパシアル社、民営…
青森隕石
    1984（この年）　26年ぶりに隕石2件落下
アーカイブ
    2008.7月　　　「NASA Images」公…
明石市立天文科学館
    1960.6.10　　 明石市立天文科学館、ツァ…
あかり
    2006.2.22　　 「あかり」打ち上げ、宇宙…
    2008.11.19　　宇宙地図を作成
秋田ロケット実験場
    1955.8.6　　　東大生研、秋田県道川海岸…
    1962.5.24　　 東大生研、打ち上げ失敗に…
アキレス
    1906（この年）　M.ウォルフ、トロヤ群小…
明野観測所
    1978.10.6　　 東京大学宇宙線研究所の明…
あけぼの
    1989.2.22　　 オーロラ観測衛星あけぼの
浅草天文台
    1782.10月　　 浅草に天文台が設置される
    1800.6.11　　 伊能忠敬、蝦夷地（北海道…
    1811（この年）　浅草天文台に蕃書和解御用…
    1813.2.23　　 浅草天文台が火災で焼失
    1822.9.12　　 蘭学者・馬場佐十郎が没す…
    1869.8月　　　旧幕浅草天文台廃止
朝倉書店
    2003.11.20　　「オックスフォード天文学…
    2003（この年）　「天文の事典」刊行
アサダゴウリュウ（麻田剛立）
    2002.9月　　　江戸の天文家、小惑星に…
旭川市立天文台
    1950（この年）　最初の自治体天文台である…
朝日賞
    1935（この年）　木村栄、朝日賞を受賞
    1944（この年）　仁科芳雄、朝日賞を受賞
    1949（この年）　宮地政司、朝日賞を受賞
    1963（この年）　古在由秀、朝日賞を受賞
    1965（この年）　林忠四郎、朝日賞を受賞
    1969（この年）　藪内清、朝日賞を受賞
    1973（この年）　早川幸男、朝日賞を受賞
    1975（この年）　萩原雄祐、朝日賞を受賞
    1977（この年）　静止衛星開発グループ、朝…
    1980（この年）　「はくちょう」衛星観測チ…
    1987（この年）　神岡観測グループ、朝日賞…
    1998（この年）　「スーパーカミオカンデ」…
アジアサット
    1995.11.28　　中国、「アジアサット2号…
アジア太平洋国際宇宙年会議
    1992.11月　　 宇宙技術で途上国を支援
アジェナ
    1966.3.16　　 「ジェミニ8号」初のドッ…
    1966.7.18　　 「ジェミニ10号」ドッキン…
あじさい
    1986.8.13　　 H-1で衛星打ち上げ成功
アシュハバード天体物理実験所
    1945（この年）　アシュハバード天体物理実…
あすか
    1993.2.20　　 「あすか」の活躍
    1994.5.17　　 超新星残骸、初めてのドー…
    1995.11.16　　宇宙線は超新星爆発の残骸…
    2001.3.2　　　「あすか」大気圏突入、燃…
「アスタウンディング・サイエンスフィクション」
    1971.7.11　　 SF編集者・作家のジョン…
アステ望遠鏡
    2005（この年）　星の卵を初めて観測
アストロノーツ
    1983.8月　　　一般向け天文雑誌「SKY…
アストロパーク天究館
    2001.2.3　　　アマチュア天文家・坂部三…
アストロラーベ
    1950（この年）　ダンジョン式プリズムアス…
アストロン無人天文衛星
    1983（この年）　実用衛星の打ち上げ
アタカマ大型ミリ波サブミリ波干渉計
    2003.1.15　　 「ALMA（アルマ）計画…
    2009（この年）　「ALMA」建設本格化
アタカマ・パスファインダー実験機
    2009.7.1　　　天の川銀河の地図を作成
アタミ（熱海）
    1927.1.23　　 及川奥郎の小惑星発見
アッベの正弦条件
    1873（この年）　「アッベの正弦条件」提唱
アトラスロケット
    1986.9.17　　 アトラスロケット打ち上げ…
アトランティス
    1985.11.26　　宇宙建設作業を目的とする…
    1988.12.2　　 再生2号も成功
    1990（この年）　シャトル、相次ぐトラブル
    1992.7.31　　 無人宇宙実験機「ユーレカ…

1995.6.29	米ロ、ドッキングに成功		**アマチュア天文家**	
1996.9.7	女性の宇宙滞在記録を更新		1934.1.2	ペルセウス座新星の発見者…
1997(この年)	「ミール」トラブル続く		1937.8.18	日本における太陽黒点観測…
2001.2.8	実験棟「デスティニー」設…		1945.4.1	アマチュア天文家・岡林滋…
2002.10.8	4か月ぶりにシャトル打ち…		1945.6.18	神田茂、日本天文研究会を…
2003.9.17	野口聡一飛行士、スペース…		1950.4.21	在野の天文学者・前原寅吉
2006.9.10	宇宙ステーション建設再開		1982.10.15	天文啓蒙者・斉田博が没す…
2007.6.9	「アトランティス」で船外…		1984.1.8	天文愛好家・吉田源治郎が…
2008.2.8	「アトランティス」欧州の…		1986.6.5	アマチュア天文家の清水真…
2009.5.12	「アトランティス」、ハッ…		1988.3月	関勉、100個目の小惑星を…
アナンケ			1990.8.26	日本屈指のコメットハンタ…
1914(この年)	ニコルソン、木星第9衛星…		1993.4.22	名寄天文同好会会長・木原…
「アニアラ」			1998.11.8	岐阜天文台台長・正村一忠…
1958(この年)	ブロムダール、「アニアラ…		2001.2.3	アマチュア天文家・坂部三…
アニク			2002.4.10	百武彗星発見者・百武裕司…
1972.11.10	通信衛星「アニク1号」打…		2009.3.4	中野主一、吉川英治文化賞…
1982.11.11	「コロンビア」、初の実用…		**アマチュア天文学**	
1983.6.18	第7次「チャレンジャー」…		1959.1.16	天文学者・山本一清が没す…
アニメ			1968(この年)	グリフィス天文台長ディス…
1974(この年)	テレビアニメ「宇宙戦艦ヤ…		1974.7.29	アカデミズムとアマチュア
1978(この年)	テレビアニメ「銀河鉄道99…		**天の川銀河**	
1979(この年)	テレビアニメ「機動戦士ガ…		2001.4.7	「なんてん」天の川の電波…
1985(この年)	アニメ映画「銀河鉄道の夜…		2006.3.27	銀河系の立体的全体像を初…
1987(この年)	アニメ映画「オネアミスの…		2006.10.6	銀河系中心部にガスの巨大…
1999(この年)	幸村誠の漫画「プラネテス…		2009.3.7	系外惑星探査衛星「ケプラ…
2001.10月	柳沼行の漫画「ふたつのス…		**「アメージング・ストーリーズ」**	
アーベル2029			1926.4月	世界最初のSF専門誌「ア…
1990.10.26	最大の銀河を発見		1963.6.29	イラストレーターのフラン…
アポロ計画			1967(この年)	SF作家のヒューゴー・ガ…
1964(この年)	「ジェミニ計画」発動		**あやめ**	
1967.1月	「アポロ」宇宙船第1号火…		1979.2.6	「あやめ」失敗
1967.11.9	無人「アポロ」宇宙船打ち…		1980.2.25	「あやめ2号」も失敗
1968.12.24	「アポロ8号」史上初の有…		**アラブサット**	
1969.5.18	「アポロ10号」打ち上げ		1985(この年)	アラブ地域初の通信衛星
1970.4.13	「アポロ13号」事故		**アランド・ロランド彗星**	
1970.9月	「アポロ計画」を縮小		1957.4月-5月	アランド・ロランド彗星
1971.2.1	「アポロ14号」打ち上げ		**アリアンスペース社**	
1971.7.26	「アポロ15号」打ち上げ		1989(この年)	「テレX」打ち上げ
1972.4月	「アポロ16号」		**アリアンロケット**	
1972.7.17	米ソの宇宙船協力計画		1980.5.23	「アリアン」打ち上げ実験…
1972.12.7	「アポロ計画」終了		1981.6.19	「アリアン」実験、成功
1975.7月	米ソ宇宙共同飛行実験		1983.6.16	「アリアン6号」の成功
1975.7月	突破口を宇宙技術に		1985.3.17-9.16	国際科学技術博覧会(科学…
1984.7.17	「アポロ計画」の立役者ジ…		1985(この年)	アラブ地域初の通信衛星
1990.1.30	「アポロ計画」の責任者サ…		1986(この年)	「アリアン」打ち上げ
1995.3.14	ノーベル賞受賞のウィリア…		1987(この年)	「アリアン」再開
1998.7.21	初の米国人宇宙飛行士アラ…		1988.6.15	「アリアン4号」で衛星3個…
1999.3.5	航空宇宙機開発のジョン・…		1990.2月	「アリアン4型」が空中爆…
1999.7.8	宇宙飛行士チャールズ・コ…		1994.9.8	通信衛星打ち上げ後トラブ…
アポロ11号			1996.6.4	「アリアン5」爆発
1969.7.21	人類月面に第一歩		**アリエル**	
1969(この年)	「アポロ11号」搭乗者、文…		1962.4.26	英国初の人工衛星打ち上げ
1996.1.1	ロケット科学者アーサー・…		**アリゾナ大学月・惑星研究所**	
2009.7.21	月着陸から40年		1973(この年)	赤外線天文学のカイパーが…
「アポロ13」				
1995(この年)	映画「アポロ13」が公開さ…			

アーリー・バード
　1965.4.6　　　世界初の商業通信衛星打ち…
アーリヤバタ
　1975.4月　　　初の国産衛星打ち上げ
アールエット
　1962.9.29　　　カナダ初の人工衛星
「アルジェ天文台分担星表」
　1924(この年)　「アルジェ天文台分担星表…
アルセ・マジョリス
　2001.8.16　　　太陽系似の惑星系発見
アルチェトリ天体物理観測所
　1872.10.27　　アルチェトリ天体物理観測…
アルファ・ステーション
　1993.9.8　　　宇宙ステーション開発縮小
アルファ・ベータ・ガンマ理論
　1952(この年)　ガモフの「アルファ・ベー…
　1968.8.20　　　原子物理学者ジョージ・ガ…
「アルフォンソ表」
　1270(この頃)　「アルフォンソ表」完成
アルフレックス
　1996.7月-8月　着陸実験に成功した「アル…
「アル=フワーリズミー天文表」
　820(この頃)　アル=フワーリズミーが天…
アルマ
　2003.1.15　　　「ALMA(アルマ)計画…
　2009(この年)　「ALMA」建設本格化
「アルマゲスト」(アブール=ワファー)
　995(この年)　アブール=ワファー、バグ…
「アルマゲスト」(プトレマイオス)
　120(この頃)　プトレマイオス「アルマゲ…
　7世紀(この頃)　セーボーフト、「アルマゲ…
　1460(この頃)　ボイルバッハが「アルマゲ…
　1471(この頃)　レギオモンタヌス、ドイツ…
「アールヤバティーヤ」
　550(この年)　数学者・天文学者アールヤ…
アレシボ電離層観測所
　1962(この頃)　300m固定球面鏡完成
アレス
　2006.6.22　　　「アレス」と「オリオン」…
泡宇宙論
　1981(この年)　池内了「泡宇宙論」を提案
暗黒銀河団
　1997.7.10　　　日独、「暗黒銀河団」を発…
暗黒星
　1952.2月　　　暗黒星の観測
暗黒星雲
　1919(この年)　暗黒星雲を発見
　1932(この年)　ウォルフ、写真技術の利用…
　2003(この年)　暗黒星雲を近赤外線で撮影
　2005.3月　　　土橋一仁ら、暗黒星雲全天…
暗黒天体
　1991.4月　　　巨大な暗黒天体を発見
暗黒物質
　1993.1.4　　　暗黒物質のナゾ
　1993(この年)　大質量ハロー天体(MAC…
　1994.11.15　　暗黒物質、赤色矮星での説…
　2005(この年)　嶋作一大と大内正巳、銀河…
　2007.1.7　　　暗黒物質の観測に成功
　2007.5.15　　　暗黒物質の独自構造発見
暗線
　1802(この年)　太陽スペクトル中に暗線
　1814(この年)　フラウンホーファー線(暗…
アンドロメダ星雲
　1912(この年)　スライファー、アンドロメ…
　1923(この年)　アンドロメダ星雲にセフェ…
　1943(この年)　バーデ、天体を2種に分類
　1952(この年)　バーデ、アンドロメダ星雲…
　1960.6.25　　　天文学者ワルター・バーデ…
　1987(この年)　500万年かけてアンドロメ…
「アンドロメダ星雲」
　1972(この年)　SF作家のイワン・A.エ…
アンナ
　1962.10.31　　初の測地衛星「アンナ1号…
アンパンマン
　2003(この年)　小惑星「アンパンマン」
アンモニア
　2000(この年)　彗星のアンモニア分子、温…

【い】

イオ
　1979(この年)　木星の性質探る探査機
イオンロケット
　1964.7.20　　　イオンロケット成功
イカルス
　1949.6.26　　　バーデ、小惑星「イカルス…
「イギリス天体誌」
　1719(この年)　初代グリニッジ天文台長の…
　1725(この年)　「イギリス天体誌」(フラ…
イケヤ彗星
　1963.1.3　　　静岡県で池谷薫が新彗星を…
イケヤ・セキ彗星
　1965.9.19　　　池谷薫と関勉が「イケヤ・…
イコノス
　1999.9.24　　　「イコノス1号」打ち上げ
生駒山太陽観測所
　1941.7.9　　　京都大学附属生駒山太陽観…
　1942.4月　　　生駒山天文協会が設立され…
　1976.11.13　　天文学者・上田穣が没する
生駒山天文協会
　1942.4月　　　生駒山天文協会が設立され…
　1951.7.7　　　生駒山天文博物館開館
生駒山天文博物館
　1951.7.7　　　生駒山天文博物館開館
石井式電離函
　1981.10.9　　　「石井式電離函」の石井千…

- 353 -

石川島播磨重工業
- 2000.2.14 　日産、宇宙・防衛部門譲渡
- 2003.3.11 　民間ロケットを承認

イスラム太陰暦
- 622.7.16 　イスラム暦で、この年をヒ…

イスラム暦
- 636（この年）　アラビアで現イスラム暦制…

イーダ
- 1994.3.23 　小惑星の衛星を発見

"イタリア宇宙開発の父"
- 2001.1.14 　"イタリア宇宙開発の父"…

異端審問
- 1592（この年）　ブルーノ、異端嫌疑で逮捕…
- 1633.6.22 　ガリレイ、地動説を捨てる
- 1992.10.31 　ガリレイの破門解かれる
- 2008.1.15 　ガリレイ裁判「それでも公…

位置天文学
- 1943（この年）　"現代位置天文学の父"シ…

いっかくじゅう座R星
- 1965（この頃）　赤外線天体の発見

「一千一秒物語」
- 1977.10.25 　天体とヒコーキと少年愛の…

「一般星表」
- 1937（この年）　ボス、「綜合カタログ（G…

いて座新星
- 1936.7.17 　岡林滋樹、いて座新星を発…

イトカワ
- 1999.2.21 　ロケット博士・糸川英夫が…
- 2003.5.9 　惑星探査機「はやぶさ」打…
- 2003.8.12 　小惑星を「イトカワ」と命…
- 2005.11.20 　小惑星「イトカワ」に着陸
- 2006.6.2 　日本の研究成果が米科学雑…
- 2009.3月 　「イトカワ」に日本の地名

緯度観測
- 1899.12.11 　岩手県水沢に臨時緯度観測…
- 1902.2.4 　木村栄、緯度変化に関する…
- 1922.9.6 　水沢緯度観測所、国際緯度…
- 1936（この年）　国際緯度観測事業中央局業…
- 1943.1.19 　第2代水沢緯度観測所長・
- 1943.9.26 　z項の発見で知られる天文
- 1951（この年）　緯度変化に関する研究
- 1969.9.3 　緯度観測功労者・平三郎が…
- 1981.10.2 　水沢緯度観測所長・池田徹…
- 2004.1.13 　天文学者・弓滋が没する

伊能図
- 1873.5.5 　皇居の火災により伊能図正…

いぶき
- 2009.1.23 　「H-2A-15号」、「い…

イプシロン
- 2007（この年）　巨大な太陽系外惑星を発見

「イルハーン天文表」
- 1272（この頃）　アッ=トゥーシー「イルハ…

色消しレンズ
- 1757（この年）　ドロンド、色消しレンズを…

岩波書店
- 1913.8月 　岩波茂雄、岩波書店を創業

インサット
- 1982.4.10 　インド初の実用衛星
- 1983.8.30 　第8次「チャレンジャー」…

隕石
- 1803（この年）　ビオ、レーグルの隕石を調…
- 1880.2.18 　兵庫県朝来市に隕石が落下…
- 1882.3.19 　佐賀県杵島郡福富町に隕石…
- 1886.10.26 　鹿児島県伊佐郡に隕石雨（…
- 1897.8.8 　山口県山口市仁保に隕石が…
- 1897.8.11 　福岡県福岡市の東公園に隕…
- 1909.7.24 　岐阜、美濃、関などに隕石…
- 1916.4.13 　岡山県倉敷市に隕石が落下…
- 1918.1.25 　滋賀県長浜市に隕石が落下…
- 1920.9.16 　新潟県上越市に隕石が落下…
- 1922.5.30 　長井隕石、落下
- 1925.9.4 　北海道美唄市に隕石が落下…
- 1937（この年）　ゴルトシュミット、隕石の…
- 1938.3.31 　岐阜県羽島郡笠松町に隕石…
- 1958.11.26 　埼玉県深谷市に隕石が落下…
- 1974.7.29 　アカデミズムとアマチュア…
- 1976.3.8 　中国に大規模な隕石雨
- 1980.2.18 　南極で3000個の隕石採集
- 1981.3.23 　飛び石は世界最古の隕石
- 1981.10.9 　隕石から新鉱物発見
- 1983.2.19 　南極の隕石は火星から来た…
- 1984（この年）　26年ぶりに隕石2件落下
- 1986.7.29 　美濃隕石以来、77年ぶり
- 1991.3.26 　愛知県に田原隕石落下
- 1993.2.9 　「美保関隕石」は放浪隕石
- 1993.3.1 　南極に月の隕石
- 1995.2.18 　「根上隕石」落下
- 1996.1.7 　「つくば隕石」落下
- 1999.9月 　世界で10個程度の炭素質隕…
- 2002.3月 　南極で火星の隕石を発見
- 2003.2.20 　50年前の天文写真が真実と…
- 2003.9.4 　国内初のクレーター
- 2009.6.17 　太陽系最古の花崗岩を発見

隕石捕獲説
- 1944（この年）　太陽系生成に関する隕石理…

「インターコスモス」評議会議長
- 1980.8.23 　宇宙開発の権威ボリス・ペ…

インタサット
- 1974.11.15 　「インタサット1号」打ち…

インターナショナル・スペースポート
- 1991（この年）　宇宙開発技術の大売出し

隕鉄
- 1926.4.18 　東京・駒込に隕鉄が落下（…

インデックスカタログ
- 1906（この年）　「ICカタログ」完成

インテルコスモス
- 1972-1973 　実用衛星打ち上げ
- 1975（この年）　科学衛星の打ち上げ

インテルサット
　1965.4.6　　　世界初の商業通信衛星打ち…
　1966-1967　　静止通信「インテルサット…
　1968（この年）「インテルサット3」爆発
　1977.5.26　　 通信衛星「インテルサット…
　1982（この年）相次ぐ実用衛星の打ち上げ
　1984.3.5　　　「インテルサット5型」打…
　1985（この年）実用衛星の打ち上げ
　1992.5.14　　「インテルサット6」捕獲…
　1996（この年）長征ロケット爆発で死者
インテルサット（国際電気通信衛星機構）
　1973（この年）国際電気通信衛星機構IN…
インフレーション理論
　1981（この年）「インフレーション宇宙モ…
　2006.3.16　　 ビッグバン後の膨張説を裏…
「引力理論と地球形状の歴史」
　1873（この年）トッドハンター、「引力理…

【う】

ウィルキンソン・マイクロ波異方性探査機
　2001.6.30　　 マイクロ波異方性探査衛星…
ウィルソン山天文台
　1904（この年）ウィルソン山天文台創設
　1938.2.21　　 天文台建設の貢献者G.E…
　1956.5.11　　 ウィルソン山天文台長ウォ…
　1970（この年）ウィルソン山・パロマー山…
　1973.2.6　　　実験物理学者アイラ・スブ…
ウィルソンの霧箱
　1927（この年）C.T.R.ウィルソン、…
　1948（この年）ブラケット、ノーベル物理…
　1959.11.15　 ノーベル賞受賞のチャール…
ウエスター
　1982（この年）相次ぐ実用衛星の打ち上げ
　1984.11.12　 史上初、漂流彗星持ち帰る
ウエスターン・ユニオン・テレグラフ社
　1982（この年）相次ぐ実用衛星の打ち上げ
ウェストフォード計画
　1962.10.21　 「ミダス4号」打ち上げ
ウエタ
　1976.11.13　 天文学者・上田穣が没する
「ウクル天文台分担星表」
　1962（この年）「ウクル天文台分担星表」…
臼田宇宙空間観測所
　1984.10月　　 宇宙科学研究所、臼田宇…
内田＝柴田モデル
　2002.8.17　　 「内田＝柴田モデル」の内…
「宇宙」
　1955（この年）三宅雪嶺の「宇宙」刊行
「宇宙英雄ペリー・ローダン」シリーズ
　1961（この年）〈宇宙英雄ペリー・ローダ…

宇宙X線観測
　1965（この年）早川幸男ら、日本で初めて…
宇宙エレベーター
　2009.3月　　　社団法人宇宙エレベーター…
宇宙開発
　1980.8.23　　 宇宙開発の権威ボリス・ペ…
宇宙開発委員会
　1968.5.2　　　宇宙開発委員会が発足
　1976.3.3　　　1975年度の宇宙開発計画見…
　1978.3月　　　宇宙開発委員会、「宇宙開…
　1982.3.17　　 手直しされた宇宙開発計画
　1984.2.23　　 日本の宇宙開発が新時代へ…
　1985.4.10　　 米宇宙基地に我が国の実験…
　1986.7.25　　 米宇宙基地計画に積極的参…
　1993.7.20　　 日本版シャトル計画が決定
　1993.10.20　 宇宙開発大綱の改定へ向け
　1994.7.26　　 宇宙開発ビジョンを発表
　2000.12.14　 「宇宙開発の中長期戦略」…
　2003.3.11　　 民間ロケットを承認
宇宙開発計画
　1967.8月　　　宇宙開発の長期計画
　1971.8.25　　 宇宙開発計画の方針変更
　1972.8.31　　 宇宙開発計画の改定
　1976.3.3　　　1975年度の宇宙開発計画見…
　1991.6.11　　 宇宙開発の将来設計
宇宙開発事業団
　1968.10.1　　 宇宙開発事業団（NASD…
　1969.10.1　　 宇宙開発事業団（NASD…
　1970.10月　　 「N-1ロケット」開発開…
　1971.3月　　　種子島宇宙センター竹崎射…
　1972.6月　　　宇宙開発事業団（NASD…
　1974.9.3　　　宇宙開発事業団（NASD…
　1974（この年）宇宙開発事業団、種子島宇…
　1978.10月　　 宇宙開発事業団、埼玉県比…
　1979.1.29　　 NASDAとNASA、「…
　1983.10月　　 宇宙開発事業団、ペイロー…
　1985.8.7　　　初の日本人宇宙飛行士が決…
　1990.4.24　　 米シャトル搭乗は毛利飛行…
　1992.4月　　　MS新人飛行士に若田光一…
　1992.11.20　 「宇宙の日」決定
　1993.8.4　　　日本人初のMSに若田光一
　1995（この年）宇宙飛行士の公募
　1996.1月　　　MS若田光一、日本人初の…
　1996.2.12　　 J1ロケット打ち上げ
　1996.5.29　　 5人目の飛行士に野口聡一
　1996.11.14　 土井飛行士、「コロンビア…
　1997.4.26　　 向井、若田両名、宇宙へ
　1998.3.18　　 宇宙開発事業団（NASD…
　1999.2.10　　 宇宙飛行士、3人の新候補
　2000.10.24　 H-2ロケットの生みの親…
　2001.1.24　　 古川聡、星出彰彦、正式に…
　2001.4.1　　　航空宇宙技術研究所、独立…
　2003.2.2　　　「H-2A」民間に移管
　2003.10.1　　 宇宙3機関統合、JAXA…
宇宙開発事業団法
　1969.10.1　　 宇宙開発事業団（NASD…

- 355 -

宇宙開発審議会
    1960.5月   総理府に宇宙開発審議会が…
    1962.5.11   総理府宇宙開発審議会第1…
宇宙開発推進本部
    1964（この年） 宇宙開発推進本部発足
    1968.2月   宇宙開発推進本部、勝浦電…
宇宙開発政策大綱
    1978.3月   宇宙開発委員会、「宇宙開…
    1984.2.23   日本発電衛星の開発が新時代へ…
    1989.6.28   5年ぶりに改正、宇宙政策…
    1993.10.20 宇宙開発大綱の改定へ向け
    2000.12.14 「宇宙開発の中長期戦略」…
宇宙開発戦略本部
    2009.6.2   宇宙基本計画決定
宇宙開発長期計画
    1982.3.17   手直しされた宇宙開発計画
「宇宙開発の重点目標とその体制」
    1963.6.11   宇宙開発の目標
宇宙開発方針
    1960.10月   宇宙開発方針発表
宇宙開発利用専門調査会
    2004.8.27   視野に入れた有人宇宙活動
宇宙科学技術振興準備委員会
    1959.8.12   日本の宇宙開発計画
宇宙科学研究所
    1981.4.14   宇宙科学研究所が発足
    1982.9月   深宇宙探査センターの建設
    1983.8.29   太陽発電衛星の実験ロケッ…
    1983.11.25 ロケット工学者・森大吉郎…
    1984.10月   宇宙科学研究所、臼田宇宙…
    1989.4月   宇宙科学研究所、神奈川県…
    1992.2.19   宇宙科学研究所名誉教授の…
    1992.11.20 「宇宙の日」決定
    1993.8.30   「M-Vロケット」打ち上…
    2001.3.1   「すだれコリメータ」の小…
    2001.4.1   航空宇宙技術研究所、独立…
    2003.10.1   宇宙3機関統合、JAXA…
「宇宙科学研究本部 宇宙へ飛び出せ」
    2006（この年） 科学技術映像祭受賞（2006…
宇宙科学博覧会
    1978.7.16   宇宙科学博覧会、開幕
「宇宙家族ロビンソン」
    1965（この年） テレビドラマ「宇宙家族ロ…
宇宙カメラ
    1999.11.17 「現代の名工」に宇宙カメ…
「宇宙から地球を見る」
    1978（この頃） 科学映画「宇宙から地球を…
「宇宙からの帰還」
    1983.1月   立花隆「宇宙からの帰還」…
「宇宙からのメッセージ」
    1978（この年） 映画「宇宙からのメッセー…
宇宙議員連盟
    2004.3.17   宇宙議員連盟が発足
「宇宙起源」
    1862.9.22   国学者・洋学者の秋元安民…

宇宙基本計画
    2009.6.2   宇宙基本計画決定
宇宙基本法
    2008.5.21   宇宙基本法、成立
宇宙救助返還協定
    1983.6月   日本政府、宇宙3条約に加…
宇宙教育センター
    2005.5.19   宇宙教育センター開設
「宇宙協力に関する米ロ共同声明」
    1993.9.2   宇宙開発で米ロ協調の時代…
宇宙空間研究委員会
    1958（この年） 宇宙空間研究委員会（CO…
「宇宙空間の探査および利用における国家の活動を規制する法的原則宣言」
    1963（この年） 「宇宙空間の探査および利…
「宇宙空間の平和利用に関する国際協力」
    1959（この年） 宇宙空間平和利用委員会（…
宇宙空間物理学
    1992.2.19   宇宙科学研究所名誉教授の…
宇宙空間平和利用委員会
    1959（この年） 宇宙空間平和利用委員会（…
「宇宙空母ギャラクティカ」
    1978（この年） テレビドラマ「宇宙空母ギ…
宇宙軍
    2001.1.25   宇宙軍、新設決定
「宇宙軍団シリーズ」
    2006.11.10 SF作家のジャック・ウィ…
宇宙計画
    1974（この年） 宇宙計画を発表
    1986.5.22   壮大な宇宙開発計画を発表
    2004.1.14   ブッシュ大統領、新宇宙計…
宇宙計画専門家
    1984.7.17   「アポロ計画」の立役者ジ…
宇宙工学者
    1975.2.4   宇宙工学者アナトリー・ブ…
    2001.1.14   "イタリア宇宙開発の父"…
    2009.2.13   「さきがけ」探査計画リー…
宇宙航空研究開発機構
    2003.10.1   宇宙3機関統合、JAXA…
    2004.11月   JAXA2代目理事長に立…
    2005.4.6   宇宙機構の長期ビジョンを…
    2005.5.19   宇宙教育センター開設
    2005.7.10   X線観測衛星の打ち上げ
    2006.1.24   ロケット技術の信頼回復
    2006.7.31   JAXA、日本人を月面に
    2007.6月   初めて認定「宇宙日本食」
    2007.9.14   月探査機「かぐや」打ち上…
    2007.10.4   宇宙線の起源を解明
    2007（この年） 見通し甘く「ルナーA」計…
    2007（この年） 打ち上げ事業の民営化
    2008.2.12   水星探査計画承認
    2008.2.23   超高速インターネット衛星…
    2008.4月   16衛星、初の一斉点検
    2008.8.8   JAXA初代理事長山之内…
    2008.8.11   日本人女性2人目の宇宙飛…

2009（この年）	宇宙飛行士候補者2名決定

宇宙航行用プラスチック
1965（この年）	宇宙航行用プラスチック

宇宙考古学国際セミナー
1994.11月	宇宙考古学国際セミナー開…

宇宙国際会議
1981.9.11	宇宙ゴミ問題

宇宙ゴミ
1981.9.11	宇宙ゴミ問題
1982.7.10	高速機体力学の神元五郎が…
1990.4.25	宇宙ゴミの脅威
2004.4.1	上斎原スペースガードセン…

宇宙作家クラブ
1999.7月	宇宙作家クラブが発足する

宇宙産業
1962（この年）	三菱電機が宇宙事業に参入
1990.5.14	宇宙関連会社、続々と発足
2000.12.13	NEC、東芝の宇宙事業統…
2008.5月	コスモードで宇宙技術をア…

宇宙3条約
1983.6月	日本政府、宇宙3条約に加…

「宇宙条約」
1966（この年）	「宇宙条約」採択
1967.10.10	日本、国連が採択した「宇…

宇宙食
2001.8.8	宇宙食開発のハワード・バ…
2005.7.26	宇宙食にラーメン
2007.6月	初めて認定「宇宙日本食」

「宇宙塵」
1957（この年）	日本最古のSF同人誌「宇…
1962.5.27	第1回日本SF大会が開催…
1997.12.30	SF作家の星新一が没する
1999.7.7	SF作家の光瀬龍が没する
2004.10.13	SF作家の矢野徹が没する
2006.5.12	SF作家の今日泊亜蘭が没…
2006.8.8	翻訳家の斎藤伯好が没する

「宇宙人東京に現わる」
1956（この年）	映画「宇宙人東京に現わる…

宇宙ステーション
1973.5.15	初の宇宙実験室「スカイラ…
1984.1.25	米率いる有人宇宙基地
1985.4.10	米宇宙基地に我が国の実験…
1985（この年）	複合軌道科学ステーション…
1986.7.25	米宇宙基地計画に積極的参…
1988.9.29	宇宙基地政府間協力協定（…
1990.9月	宇宙ステーションの予算削…
2001.3.23	「ミール」落下、無事終了

宇宙赤外線望遠鏡
2003.8.25	赤外線衛星「SIRTF」…

宇宙線
1912（この年）	ヘス「宇宙線」を発見
1925（この年）	ミリカン「宇宙線」を造語
1936（この年）	ヘス、アンダーソン、ノー…
1948（この年）	ブラケット、ノーベル物理…
1950（この年）	パウエル、ノーベル物理学…
1951.1.10	原子物理学者の仁科芳雄が…
1951.10月	宇宙線粒子中に重元素の原…
1953.8.1	東京大学、乗鞍宇宙線観測…
1953.12.19	「ミリカン線」を発見した…
1954（この年）	皆川氏ら、気球による宇宙…
1957.2.8	ノーベル賞受賞のヴァルタ…
1957（この年）	宇宙線研究
1958.2.11	宇宙線観測
1959.11.15	ノーベル賞受賞のチャール…
1960（この年）	宇宙線起源の探求
1962.3.15	物理学者アーサー・ホリー…
1962（この年）	山頂からの宇宙線観測
1963（この頃）	「チャカルタヤ計画」
1964.12.17	ノーベル賞受賞のビクター…
1967（この年）	ブラジルとの宇宙線共同研…
1969.8.9	ノーベル賞受賞のセシル・…
1974（この頃）	宇宙線の起源の研究
1978.5.17	宇宙線研究の渡瀬譲が没す…
1981.10.9	「石井式電離函」の石井千…
1986.6.16	宇宙線物理学の関戸弥太郎…
1991.10.30	宇宙線物理学の長谷川博一…
1994.9.2	乗鞍宇宙線観測所創設に尽…
1995.11.16	宇宙線は超新星爆発の残骸…
2006.8.9	バンアレン帯に名を残すジ…
2007.10.4	宇宙線の起源を解明

「宇宙戦艦ヤマト」
1974（この年）	テレビアニメ「宇宙戦艦ヤ…

宇宙線シャワー
1958（この年）	チェレンコフ、タム、フラ…
1974.7.13	宇宙線シャワー発見のパト…
1993.11.21	物理学者ブルーノ・ロッシ…

「宇宙戦争」
1938.10.30	ラジオドラマ「宇宙戦争」…
1946.8.13	作家オーソン・ウェルズが…

「宇宙船ビーグル号の冒険」
2000.1.26	SF作家のA.E.ヴァン…

宇宙葬
1985.2.12	政府が宇宙葬を認可
1997（この年）	宇宙葬ビジネス開始

宇宙損害責任条約
1983.6月	日本政府、宇宙3条約に加…

宇宙滞在記録
1978.11.2	宇宙滞在記録を140日
1979.8.19	宇宙滞在新記録となる175…
1980.10.11	184日、宇宙滞在新記録達…
1982.12.11	新記録、宇宙滞在の211日
1984.10.2	237日、宇宙滞在新記録
1988.12.21	宇宙滞在記録1年
1995.3.22	宇宙滞在新記録
1996.9.7	女性の宇宙滞在記録を更新
2005.8.16	世界記録を更新

「宇宙大戦争」
1959（この年）	映画「宇宙大戦争」
1993.2.28	映画監督・本多猪四郎が没…

宇宙誕生
1992.4.23	宇宙誕生の「名残」を発見

1995.6.12	宇宙誕生後にヘリウム確認

宇宙地図
1993（この年）	宇宙データベース「宇宙地…
2006.2.22	「あかり」打ち上げ、宇宙…
2008.11.19	宇宙地図を作成

宇宙通信
1985（この年）	衛星通信業者が相次いで設…
1989（この年）	衛星通信ビジネスが本格化
1992.12.2	「スーパーバード新A」打…

宇宙電子工学者
2005.5.28	宇宙電子工学の高木昇が没…
2007.5.31	「おおすみ」実験主任の野…

「宇宙と星」
1963.11.10	天文学者・畑中武夫が没す…

宇宙生中継
2006.11.16	世界初の宇宙生中継成功

「宇宙年代記シリーズ」
1999.7.7	SF作家の光瀬龍が没する

宇宙の穴
1981.10.2	直径3億光年の穴

宇宙の再電離
2006.5月	戸谷友則ら、宇宙の再電離…

「宇宙のスカイラーク」
1965（この年）	SF作家のE.E.スミス…

「宇宙の戦士」
1988.5.8	SF作家のロバート・A.…

「宇宙の創造」
1952（この年）	ガモフの「アルファ・ベー…

宇宙の年齢
1952（この年）	バーデ、アンドロメダ星雲…
1987.7月	宇宙の年齢は100～110億年
1994.9.29	宇宙の年齢が40～50億年若…
1999.5月	ゆらぐ宇宙の年齢
1999（この年）	フリードマンによる宇宙年…
2002.4.24	宇宙の年齢が明らかに
2003.2.11	137億年前に宇宙誕生

"宇宙の破壊者"
1977（この年）	SF作家のエドモンド・ハ…

宇宙の日
1992.11.20	「宇宙の日」決定

宇宙のひも
1989.9月	宇宙のひも？を発見

宇宙背景放射
1965（この年）	宇宙背景放射を発見
1978（この年）	ペンジアス、ウィルソンに…
1992.4.23	宇宙誕生の「名残」を発見
1995（この年）	宇宙背景放射の温度揺らぎ…

「宇宙白書」
2000.11.22	初の宇宙白書発表

宇宙反射鏡実験
1993.2.4	鏡で太陽光線を届ける実験

宇宙飛行士
1968.3.27	初の宇宙飛行士ガガーリン…
1983.1月	立花隆「宇宙からの帰還」…
1983.10月	宇宙開発事業団、ペイロー…
1984.4.3	初のインド人飛行士
1984.7.25	世界初、女性飛行士の宇宙…
1984.10.11	米女性初の船外活動
1985.8.7	初の日本人宇宙飛行士が決…
1986.1.28	宇宙飛行士エリソン・オニ…
1987（この年）	日本人宇宙飛行士が米国留…
1988.12.21	宇宙滞在記録1年
1990.4.24	米シャトル搭乗は毛利飛行…
1991.5.18	「ジュノ計画」で英国初の…
1992.4月	MS新人飛行士に若田光一…
1992.9月	毛利衛、精力的に宇宙実験…
1992.10.19	「コロンビア」搭乗に向け…
1992（この年）	宇宙に置き去りにされた飛…
1993.8.4	日本人初のMSに若田光一
1994.2.3	ロシア人飛行士、初めてス…
1994.7.9	向井飛行士、女性最長飛行…
1994.12.12	若田光一、MSとして宇宙…
1995.2.3	初の女性操縦士
1995.3.22	宇宙滞在新記録
1995.7.8	米女性飛行士が心肺停止
1995.10.19	米議会で向井千秋が講演
1995（この年）	宇宙飛行士の公募
1996.5.29	5人目の飛行士に野口聡一
1996.9.7	女性の宇宙滞在記録を更新
1996.11.14	土井飛行士、「コロンビア…
1996.11.19	還暦越えの飛行士、搭乗
1997.4.26	向井、若田両名、宇宙へ
1997.11.20-12.5	日本人初の船外活動
1998.7.21	初の米国人宇宙飛行士アラ…
1998.10.30	向井千秋、日本人初2度目…
1999.2.10	宇宙飛行士、3人の新候補
1999.7.8	宇宙飛行士チャールズ・コ…
1999.7.27	女性初の船長、無事帰還
2000.2.12	毛利衛2回目の搭乗
2000.9.20	2人目の宇宙飛行士ゲルマ…
2000.10.12	若田光一、「ディスカバリ…
2001.1.24	古川聡、星出彰彦、正式に…
2002.4.25	2人目となる宇宙観光客
2002.10.19	土井飛行士が超新星を発見
2003.9.17	野口聡一飛行士、スペース…
2003.10.13	東京で初の世界宇宙飛行士…
2006.2月	日本人飛行士3人がMS資…
2008.4.8	韓国初の宇宙飛行士誕生
2008.8.11	日本人女性2人目の宇宙飛…
2008.12月	古川聡飛行士、2011年宇宙…
2009（この年）	宇宙飛行士候補者2名決定

宇宙物体登録条約
1983.6月	日本政府、宇宙3条約に加…

宇宙物理学研究会
1947（この年）	「天文宇宙物理学総論」刊…

「宇宙物理学講座」
1989（この年）	「宇宙物理学講座」刊行開…

宇宙プラネタリウムGSS
2004.12.19	五藤光学研究所・五藤隆一…

「宇宙へ飛び出せシリーズ」
1998（この年）	科学技術映像祭受賞（1998…

宇宙防衛
　2001.6.20　　米軍、2大隊新設
　2002.1.8　　　物理学者アレクサンドル…
宇宙遊泳
　1965.6.3　　　「ジェミニ4号」宇宙遊泳2…
　1966.6.3　　　宇宙遊泳長時間記録
　1984.2.7　　　命綱なしの宇宙遊泳成功
　1984.4.3　　　初のインド人飛行士
　1984.7.25　　世界初、女性飛行士の宇宙…
　1990.1.9　　　35mの宇宙遊泳
　1990.2.1　　　スペースバイクで遊泳成功
　2008.9.25　　宇宙遊泳に成功した中国
宇宙酔い
　1998.4.17　　「コロンビア」で宇宙酔い…
　2002.5.26　　宇宙酔い実験に参加した渡…
宇宙旅行
　1927（この年）ドイツ宇宙旅行協会結成
　1977.6.13　　科学啓蒙家の原田三夫が没…
　1985.10.29　 民間宇宙旅行は1000万円
　2001.4.28　　宇宙旅行、8日間で24億円
　2005.8.18　　宇宙旅行が国内販売
　2006.9.18　　民間宇宙旅行に初の女性
　2007.4.17　　宇宙工学研究の長友信人が…
宇宙連詩
　2006.10月　　「宇宙連詩」第1期募集開…
"宇宙ロケットの父"
　1935.9.19　　"宇宙ロケットの父"ツィ…
宇宙ロボット
　1993.6.3　　　宇宙ロボットで初協力
宇宙論
　BC340（この頃）アリストテレスの宇宙大系
　BC322（この年）哲学者のアリストテレスが…
　BC212（この頃）アルキメデスがローマ軍に…
　1650.2.11　　哲学者デカルトが没する
　1791（この年）志筑忠雄「混沌分判図説」…
　1917（この年）相対論的宇宙論の展開
　1920.4月　　　シャプレーとカーティスの…
　1922（この年）フリードマン、ルメートル…
　1931（この年）原始宇宙の爆発膨張説「ル…
　1932（この頃）非アインシュタイン的方法…
　1934（この年）銀河回転研究の先駆・シャ…
　1941（この年）波動幾何学による宇宙論
　1951（この年）一般相対論的宇宙モデルの…
　1952（この年）ガモフの「アルファ・ベー…
　1953.9.28　　「ハッブルの法則」のエド…
　1958（この年）太陽風を理論的に予知
　1974（この年）「天球の音楽―ピュタゴラ…
　1986（この年）宇宙は巨大な泡構造説
　1987.10月　　1割多い宇宙からのエネル…
　1988（この年）二間瀬敏史、新しい宇宙モ…
　1991.1月　　　銀河系には窒素が充満
　1991.9月　　　バルジ・アンパン説に異論
　1995（この年）宇宙背景放射の温度揺らぎ…
　1998.2月　　　新説、宇宙の膨張は加速
　1999.4.25　　天体物理学者ウィリアム・…
　2002.3.7　　　宇宙の色は「ベージュ」

「宇宙論書簡」
　1761（この年）ランバート「宇宙論書簡」…
ウプサラ大学天文台
　1964（この年）ウプサラ大学天文台に100c…
ウフル
　1970.12.12　 初のX線天文衛星「ウフル…
　1971.1月　　　小田稔、ブラックホール天…
　1972（この年）「掃天X線源のウフルカタ…
うめ
　1976.2.29　　日本初の実用観測衛星「う…
　1978.2.16　　宇宙開発事業団（NASD…
　1983.2.23　　電離層観測衛星うめ2号の…
ウラニボルク
　1576（この年）ブラーエ、天体観測所建設
うるう秒
　1972.6.30　　うるう秒が実施される
「ウルグ・ベグ天文表」
　1422（この頃）サマルカンドに大天文台建…
「ウルトラQ」
　1966.1.2　　　テレビドラマ「ウルトラQ…
　1970.1.25　　特撮監督の円谷英二が没す…
ウルトラ赤外線銀河
　2009.6.9　　　銀河の合体の痕跡を捉える
「ウルトラマン」
　1966.1.2　　　テレビドラマ「ウルトラQ…
　1970.1.25　　特撮監督の円谷英二が没す…
「運河」（火星）
　1877（この年）スキャパレリ、火星の「運…
銀河（ウンハ）2号
　2009.4.5　　　北朝鮮人工衛星打ち上げ?

【え】

映画
　1902（この年）世界初の本格SF映画「月…
　1929.10.15　 SF映画「月世界の女」が…
　1936（この年）科学映画「黒い太陽」撮影
　1938.6月　　　コミック「スーパーマン」…
　1949（この年）映画「空気のなくなる日」…
　1950（この年）佐伯啓三郎「図説天文学」
　1956（この年）映画「宇宙人東京に現わる…
　1957（この年）映画「地球防衛軍」
　1959（この年）映画「宇宙大戦争」
　1962（この年）映画「妖星ゴラス」
　1965（この年）テレビドラマ「宇宙家族ロ…
　1966（この年）テレビドラマ「スタートレ…
　1968.4.6　　　SF映画「2001年宇宙の旅…
　1968（この年）SF映画「猿の惑星」が公…
　1969（この年）科学技術映像祭受賞（1969…
　1970.1.25　　特撮監督の円谷英二が没す…
　1970（この年）科学技術映像祭受賞（1970…
　1977.3.20　　映画「惑星ソラリス」が公…
　1977.5.25　　SF映画「スター・ウォー…

1977.11.6	SF映画「未知との遭遇」…		1905(この年)	木星の第6、第7衛星を発見
1977(この年)	科学技術映像祭受賞(1977…		1908(この年)	メロッテ、木星第8衛星発…
1977(この年)	映画「惑星大戦争」		1914(この年)	ニコルソン、木星第9衛星…
1978(この年)	映画「宇宙からのメッセー…		1927(この年)	惑星系と衛星系の安定を証…
1978(この年)	テレビアニメ「銀河鉄道99…		1944(この年)	土星第6衛星大気中にメタ…
1978(この頃)	科学映画「宇宙から地球を…		1948(この年)	カイパーの衛星発見
1979(この年)	SF映画「エイリアン」が…		1951.9月	木星第12番目の衛星
1982.6.11	SF映画「E.T.」が公…		1973(この年)	赤外線天文学のカイパーが…
1983(この年)	科学技術映像祭受賞(1983…		1974(この年)	木星の13番目の衛星「レダ…
1983(この年)	映画「ライトスタッフ」が…		1978.6.22	冥王星の衛星「カロン」発…
1984(この年)	映画「さよならジュピター…		1980(この年)	土星観測で明らかに

「えいこ」 事項名索引 天文・宇宙開発事典

1985(この年)	アニメ映画「銀河鉄道の夜…		**衛星間光通信**	
1986.12.28	映画監督のアンドレイ・タ…		2005.8.24	衛星間光通信に向け衛星打…
1986(この年)	宇宙画のチェスリー・ボネ…		**衛星迎撃衛星**	
1987(この年)	科学技術映像祭受賞(1987…		1977.2.6	衛星迎撃衛星を打ち上げ
1987(この年)	アニメ映画「オネアミスの…		**衛星攻撃ロケット**	
1988(この年)	科学技術映像祭受賞(1988…		1985.9.13	成功した衛星攻撃実験
1991.10.24	映画プロデューサー・脚本…		**衛星測位システム**	
1991(この年)	科学技術映像祭受賞(1991…		2003.5.26	衛星測位システム「ガリレ…
1993.2.28	映画監督・本多猪四郎が没…		**「衛星通信」**	
1995(この年)	科学技術映像祭受賞(1995…		1970(この年)	科学技術映像祭受賞(1970…
1995(この年)	映画「アポロ13」が公開さ…		1988(この年)	科学技術映像祭受賞(1988…
1997(この年)	科学技術映像祭受賞(1997…		**衛星通信**	
1998(この年)	科学技術映像祭受賞(1998…		1963(この年)	通信衛星会社「COMSA…
1999.3.7	映画監督のスタンリー・キ…		1967(この年)	衛星研究部門発足
1999(この年)	科学技術映像祭受賞(1999…		**衛星放送**	
2002(この年)	科学技術映像祭受賞(2002…		1984.5.12	我が国初の衛星放送を開始
2003(この年)	「未知への航海―すばる望…		**「映像評伝 朝永振一郎」**	
2003(この年)	科学技術映像祭受賞(2003…		1995(この年)	科学技術映像祭受賞(1995…
2004(この年)	科学技術映像祭受賞(2004…		**「映像評伝・仁科芳雄―現代物理学の父」**	
2005(この年)	科学技術映像祭受賞(2005…		1991(この年)	科学技術映像祭受賞(1991…
2006(この年)	科学技術映像祭受賞(2006…		**「エイトケン二重星カタログ」**	
2007(この年)	科学技術映像祭受賞(2007…		1932(この年)	「エイトケン二重星カタロ…
2008(この年)	科学技術映像祭受賞(2008…		**エイベル401**	
2009.1.16	映画「ザ・ムーン」公開		2007(この年)	100億年前に鉄粒子存在
2009.8.21	映画「宇宙(そら)へ。」…		**エイムズ研究センター**	
2009(この年)	科学技術映像祭受賞(2009…		1958.10.1	米国航空宇宙局(NASA…
英国王立天文学会			2004.11.14	NASA研究員のマモル・…
1820(この年)	英国王立天文学会創設		**「エイリアン」**	
1824(この年)	英国王立天文学会ゴールド…		1979(この年)	SF映画「エイリアン」が…
1887(この年)	赤外領域での太陽スペクト…		**エヴァーシェット効果**	
1893.5.28	天文学者プリチャードが没…		1909(この年)	「エヴァーシェット効果」…
1898(この年)	G.H.ダーウィン「潮汐…		**エウロパ**	
1953(この年)	エディントン・メダル授与…		1997.4.9	エウロパ、生命の可能性
1999.4.25	天体物理学者ウィリアム・…		2003.9.21	「ガリレオ」探査任務終了
2001.8.20	「定常宇宙論」のフレッド…		**液体燃料ロケット**	
「英国航海暦」			1926.3.16	ゴダード、世界最初の液体…
1811.2.9	天文学者マスケリンが没す…		1945.8.10	ロケット工学者ロバート・…
英国国立宇宙センター			1971.8.25	宇宙開発計画の方針変更
1985.11月	英国国立宇宙センター創設		**エクスター**	
衛星			1966.9.1	小田稔ら、X線星「ScoX…
1712.9.14	土星の環の間隙を発見した…		**エクスプレス**	
1850(この年)	ボンド父子、天体観測に写…		1995.1.15	太平洋に墜落した回収型衛…
1877(この年)	ホール、火星の2つの衛星…		1996.1月	不明衛星、ガーナで発見さ…
1892(この年)	木星の第5衛星を発見			
1898(この年)	土星の第9衛星「フェーベ…			

エクスプローラー計画
　　1957-1958　　　ロケット観測
　　1958.1.31　　　「エクスプローラー1号」…
　　1958.3.26　　　「エクスプローラー3号」…
　　1961（この年）「エクスプローラー計画」
　　1962-1963　　　「エクスプローラー」の打…
　　1963-1964　　　「エクスプローラー18号」…
　　1965-1966　　　「エクスプローラー計画」
　　1968（この年）各種科学衛星の打ち上げ
　　1972.8.13　　　「エクスプローラー46号」…
　　1977.6.16　　　ロケット開発者ウェルナー…
　　2004.3.15　　　衛星設計のウィリアム・ピ…
　　2006.8.9　　　　バンアレン帯に名を残すジ…
エクソサット
　　1983.5月　　　　X線天文衛星「EXOSA…
エクラン
　　1984（この年）実用衛星の打ち上げ
　　1985（この年）実用衛星打ち上げ
エコー
　　1960.8.12　　　通信衛星「エコー1号」
　　1964.2月　　　　米ソ協力宇宙通信実験実施
エスロ
　　1972.9.2　　　　実用衛星打ち上げ
エタカリーニー
　　1982.4.20　　　エタカリーニー、間もなく…
エッサ
　　1966.2月　　　　気象衛星「エッサ1号」「2…
　　1966-1967　　　気象衛星「エッサ3号」打…
　　1968-1969　　　「エッサ7～9号」打ち上げ
エディントン・メダル
　　1953（この年）エディントン・メダル授与…
　　1960（この年）ロバート・アトキンソンが…
エディンバラ天文台
　　1822（この年）エディンバラ天文台、王立…
エーテル
　　BC340（この頃）アリストテレスの宇宙大系
　　1887（この年）マイケルソンとモーリー、…
　　1923.2.24　　　物理学者モーリーが没する
エドガー・ウィルソン賞
　　2009.8.25　　　51個目の超新星で記録更新
「NHKスペシャル宇宙　未知への大紀行
　　第1集」
　　2002（この年）科学技術映像祭受賞（2002…
エネルギヤ
　　1987.5.15　　　大型ロケット「エネルギヤ…
　　1988.11.15　　　ソ連初のシャトル成功
　　1989.1.10　　　ロケット開発者グルシコ…
エピサイクリック振動
　　1980（この年）活動銀河における降着円盤…
愛媛県総合科学博物館
　　1995.5月　　　　愛媛県総合科学博物館のプ…
エマルション・クラウド・チェンバー
　　1963（この頃）「チャカルタヤ計画」
エムデンの方程式
　　1907（この年）エムデン方程式、完成

エルクロス
　　2009.6.19　　　NASA月探査機打ち上げ
「エール写真星表」
　　1950（この年）エール大学天文台、恒星表…
「エール星表」
　　1943（この年）"現代位置天文学の父"シ…
エール大学天体力学研究センター
　　1966.1.31　　　天体力学のディルク・ブラ…
エール大学天文台
　　1966.1.31　　　天体力学のディルク・ブラ…
エレクトロン
　　1964.1.30　　　ふたご衛星
エロス
　　1898（この年）小惑星「エロス」の発見
　　1901（この年）小惑星「エロス」の変光を…
　　2000.2.15　　　探査機「ニア」、「エロス…
演劇
　　1938（この年）ブレヒト、戯曲「ガリレイ…
エンケ彗星
　　1818（この年）エンケ、彗星の軌道を決定
エンジン開発
　　1998.7.30　　　エンジン開発の中川良一が…
「遠西観象図説」
　　1823（この年）吉雄俊蔵「遠西観象図説」…
エンタープライズ
　　1976-1977　　　スペースシャトルの実験用…
　　1977（この年）スペースシャトル軌道船の…
エンデバー
　　1989.5月　　　　新シャトル名は「エンデバ…
　　1990.4.24　　　米シャトル搭乗は毛利飛行…
　　1992.5.7　　　　最新鋭シャトル、初飛行成…
　　1992.5.14　　　「インテルサット6」捕獲…
　　1992.9月　　　　毛利衛、精力的に宇宙実験…
　　1993.12月　　　ハッブル宇宙望遠鏡の修理
　　1994.12.12　　　若田光一、MSとして宇宙…
　　1994（この年）ハッブル宇宙望遠鏡が復活
　　1995.3.18　　　最長飛行記録
　　1995.6.12　　　宇宙誕生後にヘリウム確認
　　1995（この年）シャトル相次ぐトラブル
　　1996.1月　　　　MS若田光一、日本人初の…
　　1998.12.6　　　「ザリャー」と「エンデバ…
　　2000.2.12　　　毛利衛2回目の搭乗
　　2001.12.6　　　「エンデバー」打ち上げ
　　2007.8.9　　　　「エンデバー」打ち上げ
　　2008.3.11　　　「エンデバー」打ち上げ、…
　　2008.11.15　　　「エンデバー」打ち上げ成
　　2009.7.19　　　「きぼう」完成
円盤状分子ガス雲
　　1983（この年）日米で「惑星系」の発見
円盤不安定モデル
　　1974（この年）尾崎洋二、矮新星爆発の円…

【お】

オイカワ（及川）
  1970（この年）　小惑星の発見者・及川奥郎…
欧州宇宙機関
  1975（この年）　欧州宇宙機関（ESA）発…
  1992.11月　　ESA、今後10年間の宇宙…
  1993.10月　　ESA、ヘルメス開発を断…
  1995.10.19　　宇宙基地計画に欧州正式参…
  1995.11.17　　赤外線衛星「ISO」打ち…
  1996.6.4　　「アリアン5」爆発
  2005.2.6　　欧州宇宙機関（ESA）の…
  2006.9.3　　無人月探査機が月面衝突
  2008.2.12　　水星探査計画承認
欧州宇宙研究機構
  1975（この年）　欧州宇宙機関（ESA）発…
欧州共同宇宙開発機構
  1962（この年）　欧州共同宇宙開発機構結成
欧州共同ロケット開発機構
  1962（この年）　欧州共同ロケット開発機構…
欧州ロケット開発機構
  1975（この年）　欧州宇宙機関（ESA）発…
応天暦
  964（この年）　「応天暦」施行
大型ミリ波サブミリ波干渉計
  1998.11.9　　日米欧サブミリ波望遠鏡構…
オオサカ（大阪）
  2002.9月　　江戸の天文家、小惑星に
大阪市立科学館
  1937.3.13　　大阪市立電気科学館（我が…
大阪市立大学
  1978.5.17　　宇宙線研究の渡瀬譲が没す…
大阪万博
  1970.3.14　　日本万国博覧会（大阪万博…
おおすみ
  1970.2.11　　東京大学宇宙航空研、国産…
  1973.9.7　　「おおすみ」の中心人物・…
  2003.8.2　　日本初の人工衛星が消滅
  2007.5.31　　「おおすみ」実験主任の野…
オオスミ（大隅）
  2009.3月　　「イトカワ」に日本の地名
おおぞら
  1984.2.14　　科学衛星「おおぞら」打ち…
岡林・本田彗星
  1940.10.4　　岡林滋樹と本田実、「岡林…
岡部隕石
  1958.11.26　　埼玉県深谷市に隕石が落下…
岡山天体物理観測所
  1953.5月　　東京天文台の大望遠鏡設置…
  1960.10.19　　東京天文台附属岡山天体物…
  1968.1月　　東京天文台岡山天体物理観…
  1972（この年）　岡山天体物理観測所で銀河…
  1992.7.27　　「天文台日記」の著者、石…
  2006（この年）　アジア最大口径の天体望遠…
長田彗星
  1931.7月　　長田政二、長田彗星を発見
オスカー
  1961.12.12　　通信衛星「オスカー」
オースサット
  1987（この年）　「アリアン」再開
オチャノミズ（お茶の水）
  2001.2.3　　アマチュア天文家・坂部三…
「オックスフォード天文学辞典」
  2003.11.20　　「オックスフォード天文学…
「オックスフォード天文台分担星表」
  1911（この年）　「オックスフォード天文台…
「オックスフォード・ポツダム天文台分担星表」
  1954（この年）　「オックスフォード・ポツ…
「大人の科学」
  1957.7月　　学研の科学雑誌創刊
おとめ座78番星
  1946（この頃）　最初の磁気星おとめ座78番…
「オネアミスの翼 王立宇宙軍」
  1987（この年）　アニメ映画「オネアミスの…
"おばけごよみ"
  1882.4.26　　神宮司庁が本暦・略本暦を…
「おはなし天文学」
  1982.10.15　　天文啓蒙者・斉田博が没す…
オポチュニティ
  2003.6月　　火星探査機打ち上げ相次ぐ
  2004.3.2　　火星に水の存在が明らかに
おめがクラブ
  1957（この年）　おめがクラブ、同人誌「科…
  2006.5.12　　SF作家の今日泊亜蘭が没…
オラ
  1975.9.27　　「オラ」天文衛星の打ち上…
「阿蘭陀永続暦和解」
  1788（この年）　吉雄幸作・本木良永が「阿…
オランダ正月
  1795.1.1　　蘭学者・大槻玄沢が江戸で…
オリオール
  1973.12.26　　科学衛星「オリオール2号」…
オリオン
  2006.6.22　　「アレス」と「オリオン」
「オリオンビール」
  1958（この年）　オリオンビール、懸賞によ…
おりづる
  1990.2.7　　3衛星同時打ち上げに成功
おりひめ・ひこぼし
  1998.7.7　　人工衛星のドッキング成功
オールト定数
  1927（この年）　「オールト定数」導入
  1992.11.5　　ライデン天文台台長ヤン・…

オルバース周期彗星
　　1956.1.2　　冨田弘一郎、オルバース周…
オルバースのパラドックス
　　1840.3.2　　アマチュア天文学者オルバ…
　　1934（この年）銀河回転研究の先駆・シャ…
オーロラ7号
　　1962.2.20　　「フレンドシップ7号」成…
音楽
　　1901（この年）滝廉太郎作曲の唱歌「荒城…
　　1916（この年）ホルストが「惑星」作曲
　　1920.9月　　童謡「十五夜お月さん」が…
　　1924（この年）「ティコ・ブラーエの夢」…
　　1951（この年）ヒンデミット、オペラ「世…
　　1958（この年）ブロムダール、「アニアラ…
　　1983（この年）あがた森魚のプラネタリウ…
　　2007（この年）「クイーン」のブライアン…
温度ゆらぎ
　　1989.11.18　宇宙背景放射探査衛星「C…
陰陽師
　　977（この年）陰陽師・賀茂保憲が没する
　　1005.10.31　陰陽師・安倍晴明が没する
　　1717.6.17　　陰陽師・土御門泰福が没す…
陰陽寮
　　675.1月　　　天武天皇「陰陽寮」を設置

【か】

海王星
　　1846（この年）アダムズ、ルヴェリエ、海…
　　1892.1.21　　海王星を予言したアダムス…
　　1946.9.23　　ガレ、海王星を発見
　　1948（この年）カイパーの衛星発見
　　1987（この年）米ソ連の研究者が新惑星仮…
　　1989.7月　　海王星探査「ボイジャー2…
　　2003.1.13　　14年ぶり、海王星に新衛星
絵画
　　1668（この年）ヨハネス・フェルメールが…
　　1711（この年）ドナート・クレーティが天…
　　1889（この年）ゴッホが「星月夜」を描く
　　1936（この年）太田聴雨が「星をみる女性」
　　1963.6.29　　イラストレーターのフラン…
　　1980.7.17　　SFアートの第一人者・武…
　　1986（この年）宇宙画のチェスリー・ボネ…
　　1997（この年）挿絵画家の南村喬之が没す…
　　2000.10.31　イラストレーターの真鍋博…
　　2001.12.7　　挿絵画家の小松崎茂が没す…
　　2008.5月　　佐和貫利郎の宇宙絵画、N…
　　2009.1.11　　挿絵画家の中西立太が没す…
回回司天台
　　1271.8.7　　フビライ・ハーンが、回回…
皆既日食
　　1887.8.19　　新潟・福島地方で皆既日食…
　　1901.5.18　　スマトラで皆既日食、平山…
　　1934.2.14　　南洋諸島で皆既日食、東京…
　　1936.6.19　　北海道東北部で皆既日食
　　1936（この年）科学映画「黒い太陽」撮影
　　1952.2.25　　皆既日食
　　1955.6.20　　南アジアで皆既日食が観測…
　　1958.10.13　日食観測
　　1964.7.30　　第3代東京天文台長・早乙…
　　1983.6.11　　インドネシアで最大級の皆…
　　1988.3.18　　日本初、皆既日食に観測船…
　　1991.7.12　　20世紀最大の皆既日食を観…
　　1992.9.3　　　拡張する太陽
　　1998.2.26　　南米で皆既日食
　　2009.7.22　　皆既日食ブーム
「皆既日食ーその神秘のメカニズム」
　　2002（この年）科学技術映像祭受賞（2002…
開禧暦
　　1207（この年）「開禧暦」施行
海軍航行衛星システム
　　1961.6.28　　「トランジット計画」
海軍水路部
　　1943（この年）昭和18年度から「天体位置…
会元暦
　　1191（この年）「会元暦」施行
開口合成干渉計
　　1955（この年）ライルら、最初の開口合成…
開口合成電波干渉計
　　1971（この年）ケンブリッジ大学マラード…
開口合成法
　　1946（この頃）電波干渉計の開発・建設
　　1974（この年）ライル、ヒューイッシュ、…
開皇暦
　　584（この年）「開皇暦」施行
カイザー・ウィルヘルム協会
　　1946（この年）カイザー・ウィルヘルム協…
"怪獣博士"
　　1973.1.27　　SF研究家・編集者の大伴…
開成所
　　1863.8.29　　洋書調所が開成所と改称す…
「改訂ローランド太陽波長表」
　　1928（この年）「改訂ローランド太陽波長…
会天暦
　　1253（この年）「会天暦」施行
カイパー空中天文台
　　1973（この年）赤外線天文学のカイパーが…
　　1975（この年）カイパー空中天文台完成
カイパーベルト
　　1992（この年）カイパーベルトが発見され…
　　1993.8月　　冥王星の外側に新しい天体
　　1995.6.14　　彗星の巣を発見
　　2001.5.24　　「すばる」でカイパーベル…
　　2002.10.7　　冥王星の外を回る小惑星
改暦（明治）
　　1870.8.29　　広川晴軒が改暦の建白書を…
　　1872.11.9　　太陽暦（グレゴリオ暦）へ…
　　1873.1月　　福沢諭吉「改暦弁」刊行

1882.3.29	和算家・内田五観が没する	
1882.4.26	神宮司庁が本暦・略本暦を…	
1885.2.5	改暦事業を行った塚本明毅…	
1908.10.2	文部省、暦への陰暦記載の…	

「改暦弁」
　1873.1月　　　　福沢諭吉「改暦弁」刊行

「帰ってきたウルトラマン」
　1966.1.2　　　　テレビドラマ「ウルトラQ…

「花王石鹸」
　1890(この年)　長瀬商店が「花王石鹸」を…

「科学」(岩波書店)
　1913.8月　　　　岩波茂雄、岩波書店を創業
　1947.1.19　　　 理論物理学者・石原純が没…
　1993.4.18　　　 翻訳家の山高昭が没する

「科学」(学習研究社)
　1957.7月　　　　学研の科学雑誌創刊

「科学画報」
　1923.4.1　　　　誠文堂から「科学画報」が…
　1977.6.13　　　 科学啓蒙家の原田三夫が没…

科学館
　1877.1月　　　　教育博物館創立
　1931.11.2　　　 東京科学博物館が開館
　1937.3.13　　　 大阪市立電気科学館(我が…
　2001.7.10　　　 日本科学未来館、開館

科学技術映像祭
　1969(この年)　科学技術映像祭受賞(1969…
　1970(この年)　科学技術映像祭受賞(1970…
　1977(この年)　科学技術映像祭受賞(1977…
　1983(この年)　科学技術映像祭受賞(1983…
　1987(この年)　科学技術映像祭受賞(1987…
　1988(この年)　科学技術映像祭受賞(1988…
　1991(この年)　科学技術映像祭受賞(1991…
　1995(この年)　科学技術映像祭受賞(1995…
　1997(この年)　科学技術映像祭受賞(1997…
　1998(この年)　科学技術映像祭受賞(1998…
　1999(この年)　科学技術映像祭受賞(1999…
　2002(この年)　科学技術映像祭受賞(2002…
　2003(この年)　「未知への航海—すばる望…
　2003(この年)　科学技術映像祭受賞(2003…
　2004(この年)　科学技術映像祭受賞(2004…
　2005(この年)　科学技術映像祭受賞(2005…
　2006(この年)　科学技術映像祭受賞(2006…
　2007(この年)　科学技術映像祭受賞(2007…
　2008(この年)　科学技術映像祭受賞(2008…
　2009(この年)　科学技術映像祭受賞(2009…

科学史
　1941.4.22　　　 日本科学史学会が創立され…
　2008.10月　　　 重要科学技術史資料発表

科学史家
　1975.1.7　　　　 科学史家・広重徹が没する
　1991.7.30　　　 科学技術史研究の吉田光邦…

「科学史研究」
　1941.4.22　　　 日本科学史学会が創立され…

科学ジャーナリスト
　2004.4.20　　　 科学ジャーナリスト竹内均…

「科学小説」
　1957(この年)　おめがクラブ、同人誌「科…

科学創作クラブ
　1957(この年)　日本最古のSF同人誌「宇…

「科学の教室」
　1957.7月　　　　学研の科学雑誌創刊

科学万博
　1985.3.17-9.16　国際科学技術博覧会(科学…

かかみがはら航空宇宙博物館
　1996.3.23　　　 かかみがはら航空宇宙科学…

かがやき
　2009.1.23　　　 「H-2A-15号」、「い…

学習研究社
　1957.7月　　　　学研の科学雑誌創刊

ガクテンソク(学天則)
　2002.9月　　　　江戸の天文家、小惑星に

「核の冬」
　1994.6.13　　　 宇宙科学者ジェームズ・ポ…
　1996.12.20　　　「核の冬」のカール・セー…

革命暦
　1793.11.24　　　フランス共和暦を制定

かぐや
　2007.9.14　　　 月探査機「かぐや」打ち上…
　2008.4月　　　　16衛星、初の一斉点検
　2009.6.11　　　 月探査機「かぐや」月面落…

かけはし
　1998.2.21　　　 通信放送技術衛星打ち上げ…

鹿児島宇宙空間観測所
　1962.2.2　　　　 鹿児島宇宙空間観測所(K…
　1963.12.9　　　 鹿児島県内之浦の東京大学…

笠松隕石
　1938.3.31　　　 岐阜県羽島郡笠松町に隕石…

花山天文台
　1929.10月　　　 京都帝国大学附属の花山天…
　1959.1.16　　　 天文学者・山本一清が没す…
　1976.11.13　　　天文学者・上田穰が没する
　2008.2.21　　　 京都大学の天文資料デジタ…

カシオペアA
　1994.5.17　　　 超新星残骸、初めてのドー…
　2008(この年)　光の「こだま」到着

渦状銀河
　1943(この年)　セイファート銀河の発見
　1951(この年)　中性星間水素の輝線から銀…
　1952(この頃)　銀河の渦状枝
　1953(この頃)　モーガン、銀河系の渦状構…
　1966(この年)　藤本光昭、銀河衝撃波理論
　1978(この年)　土佐誠と藤本光昭、銀河の…

渦状銀河の流体シミュレーション
　1976(この年)　コンピュータによる棒状銀…

「華胥国新暦」
　1817.4.1　　　　 儒学者の中井履軒が没する

「華胥国暦書」
　1817.4.1　　　　 儒学者の中井履軒が没する

火星
　1667（この年）　パリ天文台創立
　1877（この年）　ホール、火星の2つの衛星…
　1877（この年）　スキャパレリ、火星の「運…
　1894（この年）　ローウェル天文台創設
　1910.7.4　　　火星の「運河」のスキャパ…
　1916.11.12　　火星の探査者パーシバル・…
　1932（この年）　「中村鏡」の中村要が没す…
　1938.10.30　　ラジオドラマ「宇宙戦争」…
　1950（この年）　レイ・ブラッドベリ「火星…
　1956（この頃）　火星の研究
　1958.11.8　　　火星接近
　1988.9.22　　　20世紀最後、火星の大接近
　1996.2.22　　　"火星観測の鬼"佐伯恒夫
　1996.8.6　　　火星に生命体か？
　2002.3月　　　南極で火星の隕石を発見
　2003.8.27　　　大接近の火星がブーム
　2008.2.21　　　京都大学の天文資料デジタ…
火星1～6号
　1962.11.1　　　「火星1号」成功
　1971.5.19　　　「火星2号」打ち上げ
　1973.7.21　　　無人探査機「火星4号」「5…
　1974.3.12　　　火星探査機「火星6号」の…
"火星観測の鬼"
　1996.2.22　　　"火星観測の鬼"佐伯恒夫…
火星食
　1986.7.20　　　19年ぶりの火星食
「火星人ゴーホーム」
　1972（この年）　SF作家・ミステリー作家…
火星台
　1997.3月　　　4000年前の天文台発見され…
「火星探検」
　1998.5.26　　　SF漫画の先駆・大城のぼ…
火星探査
　1962.11.1　　　「火星1号」成功
　1965.7.15　　　「マリナー4号」火星表面…
　1972（この年）　火星地図の作成
　1973.7.21　　　無人探査機「火星4号」「5…
　1973.7.21-8.9　火星へ4探査機
　1975（この年）　火星探査機「バイキング1…
　1988.7.8　　　火星探査機「フォボス」打…
　1989.4.6　　　火星探査機「フォボス2号…
　1989.7.20　　　ブッシュ大統領、新宇宙政…
　1992.9.25　　　火星探査機を打ち上げ
　1993.8.22　　　火星無人探査機が行方不明
　1996（この年）　米ロの火星探査機相次ぐ
　1997.7.4　　　火星生命探査始まる
　1997.9.11　　　火星無人探査機、周回軌道
　1999.9月　　　火星探査機「マーズ・クラ…
　2001.4.8　　　火星探査機「マーズ・オデ…
　2002.3.1　　　火星に大量の水
　2003.6月　　　火星探査機打ち上げ相次ぐ
　2003.12.9　　　火星探査機「のぞみ」断念
　2004.1.4　　　火星探査機「スピリット」…
　2004.3.2　　　火星に水の存在が明らかに
　2005.6.1　　　火星探査に尽力したノーマ…
　2005.8.12　　　米、火星探査機打ち上げ
　2008.7月　　　火星で初めて水の検出
「火星に咲く花」
　1956（この年）　瀬川昌男「火星に咲く花」…
「火星年代記」
　1950（この年）　レイ・ブラッドベリ「火星…
「火星の月の下で」
　1950.3.19　　　SF作家のエドガー・ライ…
「火星兵団」
　1949.5.17　　　日本SF小説の先駆・海野…
カセグレン反射式望遠鏡
　1922.3月　　　日本光学工業、博覧会に20…
　1951.7.7　　　生駒山天文博物館開館
　1952（この頃）　新型望遠鏡
「カタニア天文台分担星表」
　1927（この年）　「カタニア天文台分担星表…
カタログ
　1863（この年）　セッキ、初めて恒星の分類…
　1871.5.11　　　天文学者ジョン・ハーシェ…
　1875.11.27　　天文学者キャリントンが没…
　1880（この年）　ドレーパー、オリオン星雲…
　1888（この年）　「NGCカタログ」（新星…
　1894（この年）　ガレ、414個の彗星カタロ…
　1899（この年）　イネスの「南天二重星照合…
　1906（この年）　「北極から121度以内にあ…
　1906（この年）　「ICカタログ」完成
　1924（この年）　「ヘンリー・ドレーパーカ…
　1927（この年）　イネスの「南天二重星カタ…
　1932（この年）　「シャプレー＝エイムズカ…
　1932（この年）　「エイトケン二重星カタロ…
　1934（この年）　バーデとツヴィッキー、新…
　1937（この年）　ボス、「総合カタログ（G…
　1946（この頃）　電波干渉計の開発・建設
　1951.10.29　　リック天文台長ロバート・…
　1959（この年）　「掃天電波源のケンブリッ…
　1960（この年）　「掃天電波源のカリフォル…
　1961（この年）　B.Y.ミルズら「掃天電…
　1965（この年）　「C.T.Dカタログ」完…
　1965（この年）　「掃天電波源のボロニア第…
　1968（この年）　パークス観測所の活動
　1973（この年）　「RNGCカタログ」完成
カッシーニ
　1997.10.15　　土星探査機打ち上げ
　2004.6.30　　　次第に明らかとなる土星の…
　2009.7.30　　　衛星「タイタン」に液体
カッシーニの間隙（さけ目）
　1712.9.14　　　土星の環の間隙を発見した…
褐色矮星
　1989（この年）　褐色矮星を多数発見
　1995（この年）　中島紀ら、褐色矮星「グリ…
カッパロケット
　1956.9.24　　　東大生研、カッパ1型ロケ…
　1957.9.20　　　東大生研、「カッパロケッ…
　1958.9.12　　　東大生研、「カッパロケッ…
　1960.7.11　　　東大生研、カッパロケット…

1961.4.1	3段式ロケット「K-9型」…	2003.9.21	「ガリレオ」探査任務終了
1961.6.18	東大生研、「シグマロケッ…	**ガリレオ計画**	
1962.5.24	東大生研、打ち上げ失敗に…	2003.5.26	衛星測位システム「ガリレ…
1965.11月	東京大学宇宙航空研究所、…	**ガリレオ式望遠鏡**	
1971-1972	東京大学の観測ロケット次…	1609(この年)	ガリレイ、「ガリレオ式望…
1972-1973	東京大学観測衛星が次々打…	**カルグーラ太陽観測所**	
1974.8.20	東京大学観測ロケットの打…	1967(この年)	カルグーラ太陽観測所発足
1977.1.16	「K-9M-58号」を打ち…	**カール・シュワルツシルト天文台**	

ガーナ
　1996.1月　　不明衛星、ガーナで発見さ…

かに星雲
　1241.9.26　歌人・藤原定家が没する
　1949(この年)　「おうし座A」を「かに星…
　1953(この年)　シクロフスキー、シンクロ…
　1956(この年)　オールト、かに星雲にシン…
　1968(この年)　パークス観測所の活動
　1969(この年)　「パルサーNP0532」から…

ガニメデ
　1996.10.23　木星の衛星、酸素の存在

金子天文台
　1948(この年)　ピンホール式金子式プラネ…

カプタイン記念天文学研究所
　1896(この年)　カプタイン記念天文学研究…

下保・コジク・リス彗星
　1936.7.17　　下保茂、「下保・コジク・…

カミオカンデ
　2002(この年)　小柴昌俊、デービス、ジャ…

上斎原スペースガードセンター
　2004.4.1　　上斎原スペースガードセン…

紙飛行機
　2008.1.17　マッハ7気流で紙飛行機実…

「カムイの剣」
　2004.10.13　SF作家の矢野徹が没する

カモイ(鴨居)
　2009.3月　　「イトカワ」に日本の地名

"かもしか仙人"
　1997.7.2　　乗鞍コロナ観測所開設者の…

カラール・アルト天文台
　1979(この年)　カラール・アルト天文台に…

カリフォルニア工科大学
　1928(この年)　パロマー山天文台創設
　1970(この年)　ウィルソン山・パロマー山…
　2005.7.29　　太陽系に新惑星発見

カリフォルニア大学
　1888(この年)　リック天文台創設
　1904(この年)　ウィルソン山天文台創設

カリポス周期
　BC334(この年)　カリポス周期の確立

「ガリレイの生涯」
　1938(この年)　ブレヒト、戯曲「ガリレイ…

ガリレオ
　1989.10.18　木星探査機の打ち上げ
　1994.3.23　　小惑星の衛星を発見
　1995.7.14　　「ガリレオ」木星大気圏に…
　1997.4.9　　エウロパ、生命の可能性

　1960(この年)　カール・シュワルツシルト…

カール・ツァイス社
　1846(この年)　カール・ツァイス光学器械…
　1905.1.14　　物理学者で観測機器製作者…
　1923(この年)　カール・ツァイス社がプラ…
　1955.9.6　　東京プラネタリウム設立促…
　1957.4.1　　天文博物館五島プラネタリ…
　1960.6.10　　明石市立天文科学館、ツァ…
　1968.11月　　京都大学飛騨天文台が設立…

カルメ
　1914(この年)　ニコルソン、木星第9衛星…

カロン
　1978.6.22　　冥王星の衛星「カロン」発…

河出書房新社
　1978(この年)　「星の手帖」発刊

関係性原理
　1905(この年)　桑木或雄、一般相対性理論…

韓国航空宇宙研究院
　2008.1.12　　三菱重工、海外衛星、初受…

監視衛星
　2003.3.28　　北朝鮮監視のため衛星打ち…

眼視天頂儀
　1899.12.11　岩手県水沢に臨時緯度観測…

干渉計
　1907(この年)　マイケルソン、ノーベル物…
　1963(この頃)　天体強度干渉計の完成
　1998.11.9　　日米欧サブミリ波望遠鏡構…

観象暦
　807(この年)　「観象暦」施行

慣性の法則
　1650.2.11　哲学者デカルトが没する

"慣性誘導の父"
　1987.7.25　　"慣性誘導の父"チャール…

寛政暦
　1798.1.4　　「寛政暦」施行

「寛政暦書」
　1844(この年)　渋川景佑らが「寛政暦書」…

観測機器
　1916.5.11　　天文学者カール・シュワル…

観太くん
　2002.12.14　H-2Aロケット4号打ち上…

神田茂記念賞
　1976.5.20　　神田茂記念賞受賞

神田天文学会
　1974.7.29　　アカデミズムとアマチュア…

神田天文台
　　1746（この年）　江戸神田佐久間町に天文台…
「ガンダムシリーズ」
　　1979（この年）　テレビアニメ「機動戦士ガ…
観天暦
　　1092（この年）　「観天暦」施行
関東大震災
　　1923.9.1　　　　関東大地震で観測機器被災
ガンマ線ジェット
　　1962（この年）　山頂からの宇宙線観測
ガンマ線バースト
　　1967（この年）　核実験査察衛星「ベラ」ガ…
　　1997（この年）　「BeppoSAX」ガンマ線…
　　1998.5月　　　　ビッグバンに次ぐ規模の爆…
　　2005.9.12　　　　最も遠いガンマ線バースト…
　　2007.4.19　　　　ガンマ線バースト研究のボ…
ガンマ線望遠鏡
　　1990.11.17　　　ノーベル賞受賞のロバート…
かんむり座新星
　　1946（この年）　かんむり座新星反復爆発を…

【き】

きく
　　1975.9.9　　　　技術試験1型衛星「きく1号…
　　1977.2.23　　　　日本初の静止衛星きく打ち…
　　1981.2.11　　　　きく3号、姿勢制御能力テ…
　　1982.9.3　　　　きく4号で技術試験
　　1987.8.27　　　　純国産の技術試験衛星
　　1992.11月　　　　ご用済み衛星を有効利用
　　1994（この年）　H-2ロケット1号成功
　　1997.11.28　　　技術試験、熱帯降雨観測衛…
　　1998.7.7　　　　人工衛星のドッキング成功
　　2006.12.18　　　最重量衛星をH-2Aで打…
キクチ（菊地涼子）
　　1992.11月　　　　小惑星に日本人宇宙飛行士…
菊池寛賞
　　1999（この年）　「すばる」に菊池寛賞
技術実証衛星
　　1992.10月　　　　技術実証衛星打ち上げで機…
基準経度（日本）
　　1918.9.19　　　　日本の基準経度を東京・麻…
気象衛星
　　1960.4.1　　　　世界初の気象衛星「タイロ…
「儀象考成」
　　1826（この年）　石坂常堅「方円星図」刊
気象ロケット
　　1973.9.22　　　　日本周辺上空での気象ロケ…
きずな
　　2008.2.23　　　　超高速インターネット衛星
木曽観測所
　　1974.4.11　　　　東京天文台木曽観測所が開…
　　1988.11.23　　　天文学者・古畑正秋が没す…
　　1990（この年）　木曽観測所シュミット望遠…
キットピーク国立天文台
　　1960（この年）　キットピーク国立天文台創…
窺天鏡
　　1811（この年）　望遠鏡製作者の岩橋善兵衛…
儀天暦
　　1001（この年）　「儀天暦」施行
「機動戦士ガンダム」
　　1979（この年）　テレビアニメ「機動戦士ガ…
キトラ古墳壁画
　　1998.3.6　　　　キトラ古墳で最古の天体図…
　　2004.7.12　　　　キトラ天文図、詳細なデジ…
　　2004.9月　　　　高松塚、キトラ壁画が存亡…
　　2005.9.15　　　　キトラ古墳でバクテリア繁…
　　2008.11.27　　　キトラ古墳はぎ取り作業終…
木原天文台
　　1993.4.22　　　　名寄天文同好会会長・木原…
岐阜天文台
　　1998.11.8　　　　岐阜天文台台長・正村一忠…
きぼう
　　1999.4.24　　　　実験棟「きぼう」に決定
　　2007.10.24　　　「きぼう」接合部を運搬
　　2008.3.11　　　　「エンデバー」打ち上げ、…
　　2008.6.5　　　　宇宙に初めて「日本の家」
　　2008.8.22　　　　宇宙で初の芸術実験
　　2009.7.19　　　　「きぼう」完成
儀鳳暦
　　665（この年）　「麟徳暦」施行
　　690.11月　　　　「元嘉暦」と「儀鳳暦（麟…
　　697（この年）　「儀鳳暦（麟徳暦）」施行
キムラ項
　　1902.2.4　　　　木村栄、緯度変化に関する…
　　1943.9.26　　　　z項の発見で知られる天文…
キャズウェルシルバライト
　　1981.10.9　　　　隕石から新鉱物発見
「キャプテン・フューチャーシリーズ」
　　1977（この年）　SF作家のエドモンド・ハ…
球状星団
　　1952（この頃）　色指数と光度
「球面学」
　　100（この頃）　メネラオス「球面学」を著…
球面三角法
　　100（この頃）　メネラオス「球面学」を著…
教科書
　　1887（この年）　赤外領域での太陽スペクト…
　　1934（この年）　銀河回転研究の先駆・シャ…
　　1971（この年）　萩原雄祐、英文教科書「C…
　　1979（この年）　海野和三郎ら、「Nonradi…
　　1998（この年）　降着円盤の理論の英文教科…
協定世界時
　　1972.6.30　　　　うるう秒が実施される
キョウ（京都）
　　2001.2.3　　　　アマチュア天文家・坂部三…

京都賞
　1987（この年）　オールト、京都賞受賞
　1995（この年）　林忠四郎、京都賞受賞
　2003（この年）　パーカー、京都賞受賞
京都大学
　1897.6.22　　京都帝国大学創立、従来の…
　1918.6.24　　新城新蔵、京都帝国大学理…
　1921（この年）　京都帝国大学に宇宙物理学…
　1925.6月　　　京都帝国大学天文台竣工
　1929.10月　　京都帝国大学附属の花山天…
　1938.8.1　　　京都大学宇宙物理学科の創…
　1941.7.9　　　京都大学附属生駒山太陽観…
　1959.1.16　　天文学者・山本一清が没す…
　1968.11月　　京都大学飛騨天文台が設立…
　1978.3.20　　天体物理学者・荒木俊馬が…
　1979（この年）　京都大学飛騨天文台に口径…
　1987.1.18　　太陽物理学の神野光男が没…
　1992.5.11　　天文学者・宮本正太郎が没…
　2003.10.15　 飛騨天文台に最新型望遠鏡…
　2008.2.21　　京都大学の天文資料デジタ…
京都モデル
　1984（この年）　林忠四郎ら、太陽系形成の…
共和暦
　1793.11.24　 フランス共和暦を制定
極端紫外線
　1995.1.30　　極端紫外線をロケットで初…
極超新星
　2002.2.6　　 超新星から極超新星へ
「極東の星座」
　1893.10.5　　南方熊楠の論文が英国の「…
極年国際共同観測
　1882（この年）　第1回の極年国際共同観測…
「虚航船団」
　1984（この年）　筒井康隆「虚航船団」が刊…
ぎょしゃ座AB星
　2004.4.19　　若い恒星の周りの渦巻観測
巨星
　1905（この年）　ヘルツシュプルング、恒星…
　1922（この頃）　ニコルソンら、温度測定に…
　2007（この年）　巨大な太陽系外惑星を発見
　2008（この年）　系外惑星最多発見
巨大銀河団
　2003.12月　　銀河団の「重力レンズ効果…
きょっこう
　1978.2.4　　　「きょっこう」打ち上げ
きらり
　2005.8.24　　衛星間光通信に向け衛星打…
ぎんが
　1987.2.5　　　天文衛星「ぎんが」
銀河
　1785（この年）　W.ハーシェル「天界の構…
　1926（この年）　リンドブラッド、銀河回転…
　1929（この年）　ハッブル、「ハッブルの法…
　1932（この年）　「シャプレー＝エイムズカ…
　1943（この年）　セイファート銀河の発見
　1951（この年）　中性星間水素の輝線から銀…
　1952（この頃）　銀河の渦状枝
　1953（この頃）　モーガン、銀河系の渦状構…
　1969（この年）　東辻浩夫と木原太郎、銀河…
　1972（この年）　岡山天体物理観測所で銀河…
　1975（この年）　円盤銀河に関する「宮本＝…
　1976（この年）　コンピュータによる棒状銀…
　1978.4月　　　銀河系の中心に反物質存在…
　1980（この年）　岡村定矩ら、銀河の表面測…
　1981.8.24　　巨大分子雲を銀河系外縁に…
　1982.3.8　　　銀河系中心部で秒速2000km
　1984（この年）　銀河系中心にガスの流れ
　1986.12.10　 空白域に7つの銀河
　1990.3.2　　　隣に小さな銀河系を発見
　1995.9.16　　最も遠い銀河を発見
　2002（この年）　逆向き回転の銀河を発見
　2003.11月　　最も遠い銀河を発見
　2004.3.9　　　最初期銀河を観測
　2005.7.21　　最も暗い銀河を捉える
　2006.3.27　　銀河系の立体的全体像を初…
　2006.9.14　　天体観測史上、最も遠い銀…
　2007.5.15　　暗黒物質の独自構造発見
　2007（この年）　110億光年先の銀河を観測
　2008.3.23　　125億年前は小銀河が複数…
　2009.5.7　　　「モンスター銀河群」発見
　2009.6.9　　　銀河の合体の痕跡を捉える
「銀河英雄伝説」
　1982.11月　　田中芳樹「銀河英雄伝説」…
銀河回転論
　1926（この年）　リンドブラッド、銀河回転…
　1927（この年）　「オールト定数」導入
　1934（この年）　銀河回転研究の先駆・シャ…
銀河形成
　2005（この年）　嶋作一大と大内正巳、銀河…
銀河系天文学
　1972.9.20　　天文学者ハーロー・シャプ…
　1992.11.5　　ライデン天文台台長ヤン・…
銀河磁場
　1949（この年）　銀河磁場の存在検証
銀河衝撃波理論
　1966（この年）　藤本光昭、銀河衝撃波理論…
「銀河鉄道999」
　1978（この年）　テレビアニメ「銀河鉄道99…
「銀河鉄道の夜」
　1933.9.21　　「銀河鉄道の夜」の作者・…
　1934（この年）　宮沢賢治の「銀河鉄道の夜…
　1985（この年）　アニメ映画「銀河鉄道の夜…
銀河電波
　1950.2.14　　電波天文学者カール・ジャ…
銀河の渦状磁場構造
　1978（この年）　土佐誠と藤本光昭、銀河の…
「銀河の彼方」
　1938.2.21　　天文台建設の貢献者G.E…
「銀河ヒッチハイク・ガイド」
　2001.5.11　　脚本家でSF作家のダグラ…

銀河風
　2002.8.9　　　　銀河誕生期の銀河風観測
金環食
　1948.5.9　　　　北海道礼文島で金環日食が…
　1958.4.19　　　　太陽活動
　1987.9.23　　　　各地で金環日食
金星
　1956.5月　　　　金星からの電波観測
　1979.5.29　　　　金星最高峰は1万800m
　1986.8月　　　　地球と金星の差
金星太陽面通過
　1811.2.9　　　　天文学者マスケリンが没す…
　1874.12.9　　　　長崎で金星が太陽面通過
　2004.6.8　　　　130年ぶりに金星が太陽面…
金星探査
　1960.3.11　　　「パイオニア5号」金星へ…
　1961.2.12　　　金星ロケット
　1962.8.27　　　「マリナー2号」打ち上げ…
　1965.11月　　　「ベネラ（金星）2号」「3…
　1967.10.18　　　「ベネラ4号」初の軟着陸
　1967.10.19　　　金星探査機「マリナー5号…
　1970.8.17　　　「ベネラ7号」打ち上げ
　1972.3.27　　　「ベネラ8号」打ち上げ
　1975.10月　　　「ベネラ9号」「10号」の…
　1978.12月　　　金星探査機降下体が金星着…
　1978.12月　　　金星探査機「パイオニア」…
　1981.3.14　　　金星探査の観測結果
　1982.3.1　　　「ベネラ13号」の成果
　1982.3.5　　　「ベネラ14号」の成果
　1985（この年）　金星・ハレー彗星探査機ベ…
　1989.5.5　　　　再開4号で金星探査機を打…
　1990.8.10　　　金星にクレーター
　1991.3月　　　　金星の素顔が明らかに
　1994.10.11　　　金星探査機マゼラン、最後…
「近世日本天文史料」
　1935（この年）　神田茂の「日本天文史料」…
近代宇宙旅行協会
　1997.10.18　　　UFO研究家の高梨純一が…
"近代航海術の父"
　1811.2.9　　　　天文学者マスケリンが没す…
欽天監正
　1646（この頃）　シャールが欽天監正となる
　1669.4月　　　フェルビーストが、欽天監…
欽天暦
　956（この年）　「欽天暦」施行

【く】

クイーン
　2007（この年）「クイーン」のブライアン…
「空気のなくなる日」
　1949（この年）　映画「空気のなくなる日」…

クエーサー
　1963（この頃）　M.シュミット、A.サン…
　1982.10.8　　　宇宙の果ての準星
　1989.11.20　　　最遠、最古の天体を発見
　1991.2月　　　　13個直列のクエーサー発見
　1996（この年）　太田耕司らクエーサーから…
グーグルムーン
　2009.7.21　　　グーグルムーン公開
櫛池隕石
　1920.9.16　　　新潟県上越市に隕石が落下…
九段坂天文台
　1842.12.17　　　渋川景佑が江戸・九段坂に…
屈折赤道儀
　1999（この年）「天体望遠鏡・8インチ屈…
屈折望遠鏡
　1753（この頃）　ドロンド、ヘリオメーター…
　1936（この年）　太田聴雨が「星をみる女性…
　1943（この年）　"現代位置天文学の父"シ…
クーデ型太陽望遠鏡
　1968.1月　　　　東京天文台岡山天体物理観…
クニサダ（国貞）
　2009.7月　　　水星のクレーターに「国貞…
九曜像
　1998.3.19　　　「九曜像」22体発見
クライマックス太陽コロナ観測所
　1941（この年）　クライマックス太陽コロナ…
クライン＝ゴルドン方程式
　1977.2.5　　　　原子物理学者オスカー・ク…
クライン＝仁科の公式
　1977.2.5　　　　原子物理学者オスカー・ク…
倉敷天文台
　1926.11.21　　　日本最初の私設天文台、倉…
　1945.4.1　　　アマチュア天文家・岡林滋…
グラビティ・プローブB
　2004.10.21　　　「時空のゆがみ」を証明
クーリエ1B
　1960.10.4　　　通信衛星「クーリエ1B」
グリグ・シュレルプ周期彗星
　1942.6.9　　　本田実が従軍中に手製の望…
クリスマス島
　2000.2.23　　　シャトル実験場、キリバス…
グリーゼ229B
　1995（この年）　中島紀ら、褐色矮星「グリ…
グリーゼ581
　2007.4.24　　　太陽系外で地球に似た惑星…
グリニッジ天文台
　1675（この年）　グリニッジ天文台創設
　1719（この年）　初代グリニッジ天文台長の…
　1766（この頃）　グリニッジ天文台、航海暦…
　1811.2.9　　　　天文学者マスケリンが没す…
　1884（この年）　本初子午線国際会議ワシン…
　1948（この年）　グリニッジ天文台移転
　1967（この年）　グリニッジ天文台、アイザ…
　1984.10.1　　　電波天文学の権威マーティ…
　1998.10.30　　　グリニッジ天文台閉鎖

— 369 —

「グリニッジ天文台分担星表」
　　1932(この年)　「グリニッジ天文台分担星…
グリフィス天文台
　　1968(この年)　グリフィス天文台長ディス…
クリミア天文台
　　1960(この年)　クリミア天文台に2.6mの…
クルスカル＝セケレス座標
　　2006.12.26　　数学者マーティン・クルス…
グレゴリオ暦
　　1582.9.14　　「グレゴリオ暦」に改暦
　　1612.2.6　　　数学者・天文学者のクラヴ…
　　1752.9.14　　「グレゴリオ暦」の採用
　　1795.1.1　　　蘭学者・大槻玄沢が江戸で…
　　1872.11.9　　太陽暦(グレゴリオ暦)へ…
　　1873.1月　　　福沢諭吉「改暦弁」刊行
　　1896.1.1　　　太陽暦採用
　　1912.1.1　　　「時憲暦」を廃止して「グ…
　　1949.10.1　　中国「グレゴリオ暦」を採…
グレゴリー式反射望遠鏡
　　1675(この年)　発明家のグレゴリーが没す…
　　1832(この年)　国友藤兵衛、反射望遠鏡の…
クレーター
　　1610(この年)　ガリレイ、「星界からの報…
　　1951.1.10　　原子物理学者の仁科芳雄が…
　　1959.1.16　　天文学者・山本一清が没す
　　1963.11.10　　天文学者・畑中武夫が没す
　　1970(この年)　月の裏にも命名承認
　　1990.8.10　　金星にクレーター
　　1992.5.11　　天文学者・宮本正太郎が没…
　　2009.7月　　　水星のクレーターに「国貞…
クレメンタイン
　　1994.1.25　　探査機「クレメンタイン1…
「黒い太陽」
　　1936(この年)　科学映画「黒い太陽」撮影
グローニンゲン大学
　　1974(この年)　「掃天の遠赤外線源リスト…
グローバル対流
　　1985.5月　　　太陽表面にグローバル対流…
クワオアー
　　2002.10.7　　冥王星の外を回る小惑星
軍事衛星
　　1964(この年)　米国の軍用衛星
　　1966-1967　　軍用衛星打ち上げ
　　1977.2.6　　　衛星迎撃衛星を打ち上げ
ぐんま天文台
　　1999.7.21　　ぐんま天文台開所

【け】

「経緯儀用法図説」
　　1838(この年)　奥村増贶「経緯儀用法図説…

系外惑星
　　1994.4.22　　太陽系外で惑星の存在?
　　1996(この年)　太陽系外9番目の惑星
　　2001.11.27　　惑星の大気成分分析
　　2003.11.10　　日本で初めて太陽系外惑星…
　　2004.8.25　　太陽系外で最小惑星を発見
　　2005.3.22　　太陽系外惑星の観測に成功
　　2006(この年)　最も軽い太陽系外惑星
　　2007.4.24　　太陽系外で地球に似た惑星
　　2007(この年)　巨大な太陽系外惑星を発見
　　2008.12月　　系外惑星を学生が発見
　　2009.3.7　　　系外惑星探査衛星「ケプラ…
　　2009.8月　　　探査機「ケプラー」太陽系…
芸術実験
　　2008.8.22　　宇宙で初の芸術実験
芸術選奨文部大臣賞
　　1950(この年)　佐伯啓三郎「図説天文学」…
啓蒙
　　1913.1.1　　　一戸直蔵、月刊の科学啓蒙…
　　1920.11.26　　天文学者の一戸直蔵が没す…
　　1959.1.16　　天文学者・山本一清が没す
　　1963.11.10　　天文学者・畑中武夫が没す
　　1963(この年)　恒星天文学の泰斗O.シュ…
　　1968.8.20　　原子物理学者ジョージ・ガ…
　　1968(この年)　グリフィス天文台長ディス…
　　1974.7.29　　アカデミズムとアマチュア
　　1977.6.13　　科学啓蒙家の原田三夫が没…
　　1977.10.30　　星の文学者・野尻抱影が没…
　　1979.9.11　　科学啓蒙家・日下実男が没…
　　1982.10.15　　天文啓蒙者・斉田博が没す
　　1991.6.22　　天文解説家の草下英明が没…
　　1996.2.22　　"火星観測の鬼"佐伯恒夫…
　　1996.12.20　　「核の冬」のカール・セー…
　　2002.4.2　　　衛星研究のジョン・ロビン…
　　2004.4.20　　科学ジャーナリスト竹内均…
　　2006.12.31　　天文学普及に尽力した磯部…
「月刊天文」
　　1949.1月　　　地人書館「天文と気象」(…
「月刊天文ガイド」
　　1965.7月　　　誠文堂新光社「月刊天文ガ…
月食
　　1887(この年)　オッポルツァー、「食宝典…
ゲッティンゲン大学天文台
　　1751(この年)　ゲッティンゲン大学に天文…
　　1855.2.23　　数学者ガウスが没する
　　1916.5.11　　天文学者カール・シュワル…
月面基地建設
　　2005.9.19　　恒久月面基地の建設を計画
「月面誌」
　　1647(この年)　ヘヴェリウス「月面誌」を…
月面図
　　2009.6.30　　マイクロ波画像で月面図完…
月面着陸
　　1969.7.21　　人類月面に第一歩
　　2009.7.16　　消去された月面着陸映像を…

月面宙返り
　　1972.8月-9月　　ミュンヘンオリンピックで…
ケーニヒスベルク天文台
　　1810（この年）　ベッセル、ケーニヒスベル…
　　1846.3.17　　天文学者ベッセルが没する
ケネディ宇宙センター
　　1958.10.1　　米国航空宇宙局（NASA…
「ケープ写真掃天星表」
　　1900（この年）「ケープ写真掃天星表」完…
「ケープ天文台分担星表」
　　1926（この年）「ケープ天文台分担星表」…
ケプラー
　　2009.3.7　　系外惑星探査衛星「ケプラ…
　　2009.8月　　探査機「ケプラー」太陽系…
ケプラーの新星
　　1604（この年）「ケプラーの新星」を発見
ケプラーの法則
　　1609（この年）　ケプラー、「新天文学」を…
　　1619（この年）　ケプラー「世界の調和」出…
　　1630.11.15　　天文学者ケプラーが没する
　　1798.7月　　志筑忠雄「暦象新書」の上…
元嘉暦
　　445（この年）「元嘉暦」施行
　　479（この年）「建元暦」施行
　　604.2.6　　初めて暦が用いられる
　　690.11月　　「元嘉暦」と「儀鳳暦（麟…
　　697（この年）「儀鳳暦（麟徳暦）」施行
「乾坤弁説」
　　1659（この年）「乾坤弁説」成る
原子
　　2006（この年）　原子の起源が明らかに
原始星コア
　　1984（この年）　海部宣男ら、原子星周りの…
原始太陽系円盤モデル
　　1975（この年）　日下迢・中野武宣・林忠四…
乾象暦
　　157（この年）「乾象暦」施行
原子力電池
　　1961.6.28　　「トランシット計画」
原子炉
　　1978.1.24　　原子炉搭載の「コスモス衛…
原始惑星
　　1993.10月　　原始惑星系円盤の発見
　　1998.5月　　太陽系外の原始惑星を撮影
「元素分配の地球化学的法則」
　　1937（この年）　ゴルトシュミット、隕石の…
"現代SFの父"
　　1926.4月　　世界最初のSF専門誌「ア…
　　1967（この年）　SF作家のヒューゴー・ガ…
"現代位置天文学の父"
　　1943（この年）"現代位置天文学の父"シ…
「現代天文学講座」
　　1979（この年）「現代天文学講座」刊行開…

「現代天文学事典」
　　1956（この年）「現代天文学事典」刊行
　　1978.3.20　　天体物理学者・荒木俊馬が…
「現代之科学」
　　1913.1.1　　一戸直蔵、月刊の科学啓蒙…
　　1920.11.26　　天文学者の一戸直蔵が没す…
「現代の天文学」
　　2007（この年）　シリーズ「現代の天文学」…
現代の名工
　　1999.11.17　　「現代の名工」に宇宙カメ…
　　2006.11.17　　「現代の名工」に三鷹光器…
乾道暦
　　1167（この年）「乾道暦」施行
「弦の表」
　　BC150（この頃）ヒッパルコス、「弦の表」…
ケンブリッジ大学
　　1892.1.21　　海王星を予言したアダムス…
ケンブリッジ大学天文台
　　1944.11.22　　天体物理学者アーサー・ス…
　　1971（この年）　ケンブリッジ大学マラード…

【こ】

「恋人たち」
　　2009.2.25　　SF作家のフィリップ・ホ…
硬X線
　　2009.1月　　白色矮星から硬X線観測
広域天体写真術
　　1923.2.6　　広域天体写真術の開拓者エ…
航海暦
　　1766（この頃）　グリニッジ天文台、航海暦…
　　1909.7.11　　理論天文学者ニューカムが…
　　1929（この年）　天体力学者アンリ・アンド…
光学
　　1950.1.14　　東北大学天文学教室の創始…
光学機器
　　1846（この年）　カール・ツァイス光学器械…
　　1854（この年）　シュタインハイル、光学機…
　　1873（この年）「アッベの正弦条件」提唱
　　1903（この年）　光学機器製作のP.M.ア…
　　1905.1.14　　物理学者で観測機器製作者…
　　1917.7月　　日本光学工業株式会社（現…
　　1926（この年）　五藤斉三、五藤光学研究所…
　　1931（この年）「シュミット・カメラ」完…
　　1966.5月　　精密機器メーカー・三鷹光…
　　1969.8.20　　地球物理学者リーズン・ア…
　　1985.11.19　　ミノルタカメラ創業者・田…
　　2006.4.11　　地球外生命体専用の望遠鏡…
　　2006.11.17　　「現代の名工」に三鷹光器…
「康熙永年暦法」
　　1669.4月　　フェルビースト、が、欽天監…

こうき　　　　　　　　　　事項名索引　　　　　　　　天文・宇宙開発事典

皇紀年号
　BC660.2.18　　神武天皇が即位する（皇紀…
光強度干渉計
　2002.1.16　　電波天文学のR.ハンバリ…
航空宇宙課（科学技術庁）
　1962.4.25　　科学技術庁に研究調整局航…
航空宇宙技術研究所
　1955.7.11　　総理府内に航空技術研究所…
　1963.4月　　 航空宇宙技術研究所（NA…
　1965.7.1　　 航空宇宙技術研究所、宮城…
　2001.4.1　　 航空宇宙技術研究所、独立…
　2003.10.1　　宇宙3機関統合、JAXA…
「航空宇宙工学便覧」
　1974（この年）「航空宇宙工学便覧」刊行
航空機器
　1980.8.22　　米国航空産業界のパイオニ…
　1998.7.22　　アエロスパシアル社、民営…
航空機設計者
　1986.11.3　　セラミックタイルを提案し…
航空工学者
　1987.7.25　　"慣性誘導の父"チャール…
航空専門家
　1999.3.5　　 航空宇宙機開発のジョン・・・
航空力学
　1982.7.10　　高速機体力学の神元五郎が…
光行差
　1728（この頃）ブラッドリー、光行差を発…
工作舎
　1979.10月　　工作舎「全宇宙誌」刊行
高山天文台
　1920.11.26　 天文学者の一戸直蔵が没す…
「荒城の月」
　1901（この年）滝廉太郎作曲の唱歌「荒城…
コウジョウノツキ（荒城の月）
　1986.7月　　 小惑星発見数、新記録
恒星
　1718（この年）ハレー、恒星の固有運動を…
　1904（この年）カプタイン「二里流説」発…
　1905（この年）ヘルツシュプルング、恒星…
　1906（この年）シュワルツシルト「恒星大…
　1913（この年）ラッセル、恒星のスペクト…
　1914（この年）分光視差法を発見
　1916（この年）エディントン、恒星の平衡…
　1919（この年）恒星天文学のE.C.ピッ…
　1924（この年）エディントン、恒星の質量…
　1925（この年）「フォークト＝ラッセルの…
　1926（この年）エディントン「恒星内部…
　1934（この年）銀河回転研究の先駆・シャ…
　1938.2月　　 藤田良雄、低温度星の分光…
　1939（この年）星のエネルギー起源は核融…
　1944.11.22　 天体物理学者アーサー・ス…
　1947（この年）アンバルツミヤン、「星の…
　1950（この年）エール大学天文台、恒星表…
　1952.1月　　 偏光・光度記録装置開発
　1952.1月　　 わし座の恒星の偏光

　1956（この頃）最小星の発見
　1957.2.18　　「HR図」の考案者、ヘン…
　1957（この年）バービッジ夫妻ら、恒星内…
　1958（この年）M.シュワルツシルト「恒…
　1964（この年）マコーミック天文台長ハロ…
　1966（この年）辻隆による低温度星の大気…
　1967.10.21　 赤色星研究のヘルツシュプ…
　1967（この年）H.A.ベーテ、ノーベル…
　1979（この年）海野和三郎ら、「Nonradi…
　1987.12.27　 天文学者・鏑木政岐が没す…
　1990.1.12　　恒星誕生のナゾを解明
　2005.11.3　　宇宙最初の星の光をキャッ…
恒星位置天文学
　1846.3.17　　天文学者ベッセルが没する
　1878（この年）ボス、「ボス第1基本星表…
「恒星および恒星系」
　1975（この年）「恒星および恒星系」完結
恒星視差
　1838-1839　　恒星の視差値の発見
　1846.3.17　　天文学者ベッセルが没する
恒星社厚生閣
　1922.7月　　 土井伊惣太（土居客郎）・・・
　1936（この年）「図説天文講座」刊行開始
　1956（この年）「現代天文学事典」刊行
　1957（この年）「新天文学講座」刊行開始
　1978（この年）恒星社厚生閣「天文・宇宙…
　1979（この年）「現代天文学講座」刊行開…
　1987.12月　　「日本アマチュア天文史」…
恒星進化
　1938（この年）ガモフ「恒星進化説」を唱…
　1942（この年）「チャンドラセカールの限…
　1943（この年）バーデ、天体を2種に分類
　1955（この年）恒星進化に関する「THO…
　1957（この頃）恒星宇宙の進化と融合反応
　1961（この年）林忠四郎、前期主系列星の…
　1962（この年）林忠四郎ら、京都グループ…
　1983（この年）チャンドラセカール、ファ…
　1999.11.12　 星の進化を研究した蓬茨霊…
「恒星大気の放射平衡理論」
　1906（この年）シュワルツシルト「恒星大…
恒星天文学者
　1919（この年）恒星天文学のE.C.ピッ…
　1963（この年）恒星天文学の泰斗O.シュ…
高精度軌道決定プログラム
　2003.10.20　 天文学者・竹内端夫が没す…
「恒星内部構造論」
　1926（この年）エディントン、「恒星内部…
「恒星の構造と進化」
　1958（この年）M.シュワルツシルト「恒…
恒星分光学
　1956.5.11　　ウィルソン山天文台長ウォ…
恒星分類法
　1863（この年）セッキ、初めて恒星の分類…
　1943（この年）モーガン「MK法」を確立

降着エネルギー
　1963（この年）　早川幸男と松岡勝、X線星…
降着円盤
　1980（この年）　活動銀河における降着円盤…
　1988（この年）　ブラックホール周辺の相対…
　1998（この年）　降着円盤の理論の英文教科…
光電赤道儀
　1953.5月　　　　東京天文台の大望遠鏡設置…
　1960.10.19　　　東京天文台附属岡山天体物…
光電測光法
　1906（この頃）　ステビンス、光電測光法を…
黄道光
　1937.8.18　　　 日本における太陽黒点観測…
光波動論
　1850（この年）　フーコー、光の波動説を確…
　1853.10.2　　　 天文学者・物理学者アラゴ…
鉱物学者
　2005.2.6　　　　欧州宇宙機関（ESA）の…
光明星
　2009.4.5　　　　北朝鮮人工衛星打ち上げ？
「紅毛天地二図贅説」
　1737.12月　　　 北島見信「紅毛天地二図贅…
光量子仮説
　1905（この年）　アインシュタイン、3大業…
興和暦
　540（この年）　「興和暦」施行
五紀暦
　762（この年）　「五紀暦」施行
　858（この年）　「五紀暦」施行
国際緯度観測事業
　1899.12.11　　　岩手県水沢に臨時緯度観測…
　1922.9.6　　　　水沢緯度観測所、国際緯度…
　1936（この年）　国際緯度観測事業中央局業…
国際宇宙協力
　1962.3.27　　　 国際宇宙協力
国際宇宙空間法学会
　1960（この年）　国際宇宙航行アカデミー（…
国際宇宙航行アカデミー
　1960（この年）　国際宇宙航行アカデミー（…
国際宇宙ステーション
　1991.3月　　　　難航が予想される宇宙ステ…
　1993.9.2　　　　宇宙開発で米ロ協調の時代…
　1994.3.18　　　 難航の宇宙ステーション
　1995.10.19　　　宇宙基地計画に欧州正式参…
　1998.11.20　　　国際宇宙基地ようやく建設…
　1998.12.6　　　「ザリャー」と「エンデバ…
　1999.4.24　　　 実験棟「きぼう」に決定
　2000.7月　　　　ロシア居住棟「ズベズダ」…
　2001.2.8　　　　実験棟「デスティニー」設…
　2001.10.21　　　日本初の宇宙CM撮影
　2002.4.25　　　 2人目となる宇宙観光客
　2003.4.26　　　「ソユーズ」が交代要員派…
　2003.10.18　　　「ソユーズTMA3号」打…
　2004.1.14　　　 ブッシュ大統領、新宇宙計…
　2005.7.22　　　 米下院で宇宙ステーション…
　2005.7.26　　　 シャトル再開打ち上げ成功
　2005.8.16　　　 世界記録を更新
　2007.4.16　　　 宇宙で史上初のフルマラソ…
　2007.6.9　　　 「アトランティス」で船外…
　2008.2.8　　　 「アトランティス」欧州の…
　2008.3.11　　　「エンデバー」打ち上げ、…
　2008.6.1　　　　星出彰彦飛行士、宇宙へ
　2008.6.5　　　　宇宙に初めて「日本の家」
　2008.11.15　　　「エンデバー」打ち上げ成…
　2008.12月　　　 古川聡飛行士、2011年宇宙…
　2009.3.16　　　「きぼう」完成に向けて、…
　2009.7.19　　　「きぼう」完成
　2009.8.29　　　「ディスカバリー」宇宙ス…
国際宇宙線地球嵐会議
　1961.9月　　　　国際宇宙線地球嵐会議
国際宇宙年
　1992（この年）　国際宇宙年
国際科学技術博覧会
　1985.3.17-9.16　国際科学技術博覧会（科学…
国際共同観測写真天図
　1887（この年）　「国際共同観測写真天図計…
　1911（この年）　「オックスフォード天文台…
　1924（この年）　「アルジェ天文台分担星表…
　1925（この年）　「サンフェルナンド天文台…
　1926（この年）　「ケープ天文台分担星表」…
　1927（この年）　「カタニア天文台分担星表…
　1930（この年）　「ハイデラバード天文台分…
　1932（この年）　「グリニッジ天文台分担星…
　1933（この年）　「バチカン天文台分担星表…
　1934（この年）　「コルドバ天文台分担星表…
　1934（この年）　「ボルドー天文台分担星表…
　1937（この年）　「ヘルシンキ天文台分担星…
　1946（この年）　「パリ天文台分担星表」完…
　1946（この年）　「ハイデラバード天文台分…
　1948（この年）　「トゥールーズ天文台分担…
　1952（この年）　「パース天文台分担星表」…
　1954（この年）　「オックスフォード・ポツ…
　1962（この年）　「ウクル天文台分担星表」…
　1962（この年）　「タクバヤ天文台分担星表…
　1963（この年）　「国際共同観測写真天図天…
国際極運動観測事業
　1962.1.6　　　　水沢緯度観測所が国際極運…
国際航空科学会議
　1960.9月　　　　第2回国際航空科学会議
「国際写真星図」
　1912（この年）　シャイナーの「国際写真星…
国際太陽活動静穏期観測年
　1964-1965　　　　太陽極小期国際観測年
国際太陽系シンポジウム
　2003.9.4　　　　国内初のクレーター
国際太陽研究連合
　1938.2.21　　　 天文台建設の貢献者G.E…
国際地球観測年
　1955.7.29　　　 人工衛星発射計画
　1956.4月　　　　ロケット観測特別委員会

1956.9.4	日本ロケット協会設立	国立天文台	
1957-1958	国際地球観測年（IGY）…	1988（この年）	国立天文台が発足
1958.4.19	太陽活動	1991（この年）	国立天文台三鷹キャンパス…
1959（この年）	国際地球観測年への協力	2005.7.6	人工星を作り出す装置開発

国際超紫外線探査衛星
- 1982.4.20　エタカリーニ、間もなく…
- 2006（この年）　アジア最大口径の天体望遠…
- 2009.7.3　乗鞍コロナ観測所閉鎖

国際電気通信衛星機構
- 1973（この年）　国際電気通信衛星機構IN…
- 1996（この年）　長征ロケット爆発で死者

「国立天文台紹介ビデオシリーズ 不思議の星・地球」
- 2004（この年）　科学技術映像祭受賞（2004…

国際電信電話公社茨城宇宙通信実験所
- 1963.11.20　国際電信電話公社の茨城宇…

古在機構
- 1962（この年）　古在由秀、小惑星運動理論…

国際電波科学連合会
- 1985.10.27　電波天文学の田中春夫が没…

コザイの式
- 1988.8月　古在由秀、国際天文学連合…

国際天文学連合
- 1919（この年）　国際天文学連合（IAU）…
- 1926（この年）　リンドブラッド、銀河回転…
- 1938.2.21　天文台建設の貢献者G.E…
- 1943（この年）　"現代位置天文学の父"シ…
- 1950（この年）　ダンジョン式プリズムアス…
- 1955（この年）　国際天文学連合総会で暦表…
- 1963（この年）　恒星天文学の泰斗O.シュ…
- 1965（この年）　天文単位AUを測定
- 1970（この年）　月の裏にも命名承認
- 1976（この年）　国際天文学連合第16回総会…
- 1988.8月　古在由秀、国際天文学連合…
- 1997.8月　国際天文学連合総会、京都…
- 2006.8.24　冥王星、降格
- 2007.4月　冥王星「準惑星」に分類
- 2009.1月　世界天文年2009が開幕
- 2009.8月　流星群の公式名称が決定さ…

「コスモス（宇宙論）」
- 1858（この年）　フンボルト、「コスモス（…

コスモス衛星
- 1962.3.16　「コスモス計画」開始
- 1964（この年）　「コスモス計画」
- 1965-1966　「コスモス計画」
- 1966-1967　「コスモス衛星」複数打ち…
- 1967-1968　「コスモス衛星」打ち上げ
- 1968-1969　「コスモス衛星」複数打ち…
- 1971-1972　「コスモス衛星」の打ち上…
- 1972-1973　実用衛星打ち上げ
- 1973-1974　「コスモス衛星」の打ち上…
- 1974-1975　「コスモス衛星」の打ち上…
- 1975-1976　「コスモス衛星」の打ち上…
- 1976-1977　「コスモス衛星」の打ち上…
- 1978.1.24　原子炉搭載の「コスモス衛…
- 1978-1979　75個の「コスモス衛星」
- 1980.2.12　コスモス8個打ち上げ
- 1980.4.30　スパイ衛星打ち上げ
- 1981.4.24　「コスモス1267号」打ち上…
- 1981.8.24　「コスモス434号」が落下
- 1982（この年）　88個の「コスモス衛星」
- 1983.3.2　「コスモス1443号」打ち上…
- 1983.4.20　「ソユーズT8号」ドッキ…
- 1983.6.27　「ソユーズT9号」
- 1983（この年）　「コスモス衛星」
- 1984（この年）　実用衛星の打ち上げ
- 1985（この年）　相次ぐ「コスモス衛星」打…
- 1985（この年）　複合軌道科学ステーション…
- 1987（この年）　打ち上げた衛星を爆破
- 1989.9.29　生物学研究衛星が帰還
- 1991.2月　落下場所めぐり騒動

コスモード
- 2008.5月　コスモードで宇宙技術をア…

国際微小重力実験室計画
- 1992.1.22　ディスカバリーで「IML…
- 1992.10.19　「コロンビア」搭乗に向け…

国際報時
- 1923.10月　東京天文台、無線報時によ…

国際連合
- 2009.1月　世界天文年2009が開幕

国際連合宇宙平和利用委員会
- 1971.6.29　宇宙事故の損害賠償

国際連合宇宙平和利用会議
- 1968.8.14　第1回国連宇宙平和利用会…

黒体放射
- 1946.9.16　数学者・天文学者のジーン…
- 1965（この年）　宇宙背景放射を発見

黒体放射の公式
- 1900（この年）　「黒体放射の公式」発表

黒点相対数
- 1849（この年）　ウォルフ、相対黒点数を示…

国分寺隕石
- 1986.7.29　美濃隕石以来、77年ぶり

「古代数理天文学史」
- 1975（この年）　ノイゲバウアー「古代数理…

ゴータ天文台
- 1857（この年）　ハンセン、「月の運行表」…

国立科学博物館
- 1877.1.1　教育博物館創立

ゴダード宇宙飛行センター
- 1945.8.10　ロケット工学者ロバート・…
- 1958.10.1　米国航空宇宙局（NASA…
- 1959（この年）　ゴダード宇宙飛行センター…

国立科学博物館産業技術史資料センター
- 2008.10月　重要科学技術史資料発表

— 374 —

2007.8.13	NASA首席研究員・杉浦…

こだま
| 2002.9.10 | 「H-2A」3号打ち上げ、… |
| 2003.10.28 | 大規模フレアで磁気嵐 |

コッジア・ウィンネッケ彗星
| 1928.10.28 | 山崎正光「フォルブス・山… |

「刻白爾天文図解」
| 1809（この年） | 司馬江漢「刻白爾天文図解… |

五藤光学研究所
| 1926（この年） | 五藤斉三、五藤光学研究所… |
| 2004.12.19 | 五藤光学研究所・五藤隆一… |

ごとう書房
| 1989（この年） | 「宇宙物理学講座」刊行開… |

五島天文博物館
| 1977.10.30 | 星の文学者・野尻抱影が没… |

五島プラネタリウム
1955.9.6	東京プラネタリウム設立促…
1957.4.1	天文博物館五島プラネタリ…
1977.10.30	星の文学者・野尻抱影が没…
1987.12.27	天文学者・鏑木政岐が没す…
2001.3.11	五島プラネタリウムが閉館

「子供の科学」
1924.10月	誠文堂から「子供の科学」…
1977.6.13	科学啓蒙家の原田三夫が没
1991.6.22	天文解説家の草下英明が没…

ゴードン・ベル賞
| 2003.11月 | 「GRAPE-6」、ゴー… |

コペルニクス
| 1972.8.21 | 紫外線天文観測衛星「コペ… |

駒込隕鉄
| 1926.4.18 | 東京・駒込に隕鉄が落下（… |

コマーシャル
| 2001.10.21 | 日本初の宇宙CM撮影 |

コマツサキョウ（小松左京）
| 1984（この年） | 映画「さよならジュピター… |

小松左京賞
| 1999（この年） | 小松左京賞創設 |

コマバ（駒場）
| 2009.3月 | 「イトカワ」に日本の地名 |

コムサット
| 1963（この年） | 通信衛星会社「COMSA… |

暦計算
| 1955（この年） | 東京天文台、電子計算機に… |

ゴリゾント
| 1984（この年） | 実用衛星の打ち上げ |
| 1985（この年） | 実用衛星打ち上げ |

ゴールデン・ディスク
| 1977（この年） | ジョン・ロンバーグが「ボ… |

「コルドバ天文台分担星表」
| 1934（この年） | 「コルドバ天文台分担星表… |

ゴールドメダル
| 1824（この年） | 英国王立天文学会ゴールド… |

「古暦便覧大全」
| 1648.5月 | 吉田光由「古暦便覧大全」… |

コロナ
1869（この年）	ヤング、太陽紅炎スペクト…
1908.1.2	C.A.ヤングが没する
1938（この年）	ピク・ド・ミディに太陽コ…
1941（この年）	クライマックス太陽コロナ…
1946（この年）	サクラメント・ピーク観測…
1950.7.26	東京天文台附属乗鞍コロナ…
1986.3.12	乗鞍コロナ観測所初代所長
1992.5.11	天文学者・宮本正太郎が没
1999.11.23	コロナ研究の椿都生夫が没

コロナ輝線
| 1940（この年） | エドレン、太陽コロナ輝線… |
| 1942（この年） | 宮本正太郎、鉄のコロナ輝… |

コロナグラフ
1930（この年）	皆既食時以外のコロナ観測…
1971.7月	コロナグラフが完成
1997.7.2	乗鞍コロナ観測所開設者の…

コロナ質量放出
| 1971（この年） | 衛星「OSO7号」、コロ… |

コロナ電離平衡
| 1942（この年） | 宮本正太郎、鉄のコロナ輝… |

コロナホール
| 1973（この年） | 「スカイラブ」、コロナル… |
| 2009.2.21 | 巨大磁気嵐の原因究明 |

コロナループ
| 1973（この年） | 「スカイラブ」、コロナル… |

コロンバス
| 2007.10.24 | 「きぼう」接合部を運搬 |
| 2008.2.8 | 「アトランティス」欧州の… |

コロンビア
1981.4.12	新時代開いたスペースシャ…
1982.11.11	「コロンビア」、初の実用…
1983.11.28	第9次「コロンビア」打…
1990（この年）	シャトル、相次ぐトラブル
1991.6.5	宇宙医学実験
1992.10.19	「コロンビア」搭乗に向井
1994.7.9	向井飛行士、女性最長飛行
1995.10.19	米議会で向井千秋が講演
1996.3.9	故障の「コロンビア」無事
1996.11.14	土井飛行士、「コロンビア…
1996.11.19	還暦越えの飛行士、搭乗
1997.11.20-12.5	日本人初の船外活動
1998.4.17	「コロンビア」で宇宙酔い…
1999.7.27	女性初の船長、無事帰還
2002.3月	ハッブル宇宙望遠鏡を改修
2003.2.1	スペースシャトル「コロン…

「コンタクト」
| 1996.12.20 | 「核の冬」のカール・セー… |

「混沌分判図説」
| 1791（この年） | 志筑忠雄「混沌分判図説」… |

コンパス
| 1972.9.2 | 実用衛星打ち上げ |

コンプサット
| 2008.1.12 | 三菱重工、海外衛星、初受… |

- 375 -

コンプトン・ガンマ線天文台
　　1991.4.5　　　「コンプトン・ガンマ線天…
コンプトン効果
　　1962.3.15　　　物理学者アーサー・ホリー…

【さ】

「サイエンスの証言―理研80年」
　　1997(この年)　科学技術映像祭受賞(1997…
最遠の銀河
　　1995.9.16　　　最も遠い銀河を発見
　　1998(この年)　最も遠い123億光年の銀河
　　2003.11月　　　最も遠い銀河を発見
　　2006.9.14　　　天体観測史上、最も遠い銀…
最遠の超新星
　　2001.4.2　　　最遠の超新星
最遠の天体
　　1979.4.5　　　最も遠い天体発見
　　2004.3.15　　　太陽系で最も遠い天体「セ…
　　2009.4.23　　　131億年前の天体を観測
"西郷星"
　　1877.9.3　　　「西郷星」出現
最古の銀河群
　　2002.4.9　　　最古の銀河群を発見
最古の天体
　　1989.11.20　　最遠、最古の天体を発見
最古の星
　　1992.1.14　　　最古の星にホウ素を検出
　　2005.11.3　　　宇宙最初の星の光をキャッ…
最小2乗法
　　1801.1.1　　　小惑星「セレス」の発見
再使用型垂直離着陸ロケット実験機
　　1999.3月　　　日本初の再使用型垂直離着…
最初期銀河
　　2004.3.9　　　最初期銀河を観測
「最初の接触」
　　1975(この年)　SF作家のマレイ・ライン…
彩層
　　1943(この年)　太陽彩層の電子温度6000K…
　　1951(この年)　太陽に関する分光学的研究
最大の銀河
　　1990.10.26　　最大の銀河を発見
最長飛行時間
　　1994.7.9　　　向井飛士士、女性最長飛行…
　　1995.3.18　　　最長飛行記録
サイディング・スプリング天文台
　　1973(この年)　サイディング・スプリング…
サエキ
　　1996.2.22　　　"火星観測の鬼"佐伯恒夫…
さきがけ
　　1985(この年)　ハレー彗星を紫外線カメラ…
　　1986(この年)　ハレー彗星観測に成果

　　1992.1.8　　　「さきがけ」第2の仕事
　　2009.2.13　　　「さきがけ」探査計画リー…
「『さきがけ』『すいせん』日本のハレー探査機」
　　1987(この年)　科学技術映像祭受賞(1987…
さくら
　　1977.12.15　　静止通信衛星「さくら」打…
　　1983.2.4　　　実用通信衛星「さくら2号a…
　　1983.8.6　　　予備機「さくら2号b」の打…
　　1985.9.2　　　「衛星ご三家」体制崩れる
　　1988.2.19　　　我が国最大さくら3号シリ…
サクラメント・ピーク太陽コロナ観測所
　　1946(この年)　サクラメント・ピーク観測…
さそり座X線天体
　　1964(この年)　小田稔、「すだれコリメー…
　　1966.9.1　　　小田稔ら、X線星「ScoX…
サターン計画
　　1965.2.26　　　「サターン計画」
サターンロケット
　　1964.1.29　　　「サターンロケット」打ち…
作家
　　1655.7.28　　　「月世界旅行記」のシラノ…
　　1915(この年)　作家パウル・シェーアバル…
　　1933.9.21　　　「銀河鉄道の夜」の作者・
　　1946.8.13　　　作家オーソン・ウェルズが…
　　1949.5.17　　　日本SF小説の先駆・海野…
　　1977.10.25　　天体とヒコーキと少年愛の…
　　1979.9.11　　　科学啓蒙家・日下実男が没…
　　2002.4.2　　　衛星研究のジョン・ロビン…
雑誌
　　1823(この年)　ドイツ天文学会機関紙創刊
　　1869.11.4　　　自然科学雑誌「Nature」…
　　1895(この年)　「Astrophysical Journ…
　　1903.7.1　　　科学雑誌「理学界」が創刊…
　　1913.1.1　　　一戸直蔵、月刊の科学啓蒙…
　　1913.8月　　　岩波茂雄、岩波書店を創業
　　1920.9.25　　　天文同好会(後の東亜天文…
　　1923.4.1　　　誠文堂から「科学画報」が…
　　1923(この年)　「Japanese Journal o…
　　1924.10月　　　誠文堂から「子供の科学」…
　　1926.4月　　　世界最初のSF専門誌「ア…
　　1949.1月　　　地人書館「天文と気象」(…
　　1954.12月　　　「星雲」が創刊される
　　1957.7月　　　学研の科学雑誌創刊
　　1957(この年)　おめがクラブ、同人誌「科…
　　1959.12月　　　「SFマガジン」が創刊さ…
　　1965.7月　　　誠文堂新光社「月刊天文ガ…
　　1970(この年)　「Journal for the H…
　　1973.1.27　　　SF研究家・編集者の大伴…
　　1977.6.13　　　科学啓蒙家の原田三夫が没…
　　1978(この年)　「星の手帖」発刊
　　1981(この年)　科学雑誌「ニュートン」創…
　　1981-1982　　　第3次科学雑誌創刊ブーム
　　1983.8月　　　一般向け天文雑誌「SKY…
　　2001.12.7　　　挿絵画家の小松崎茂が没す…
　　2004.4.20　　　科学ジャーナリスト竹内均…

サッポロ
　1877（この年）　開拓使麦酒醸造所が北極星…
薩摩隕石
　1886.10.26　鹿児島県伊佐郡に隕石雨（…
薩摩暦
　1779（この年）　薩摩藩主・島津重豪が明時…
サテライトジャパン
　1985（この年）　衛星通信業者が相次いで設…
　1993.8.17　　　「日本サテライトシステム…
サテライト・ビジネス・システム社
　1980.11.15　初の商業用通信衛星「SB…
サハの電離公式
　1920（この年）　サハ、「太陽彩層における…
サーベイヤー計画
　1966.6.2　　　「サーベイヤー1号」月面…
　1967.4.17　　　「サーベイヤー3号」打ち…
　1967（この年）「サーベイヤー5号」「6号…
　1968.1.7　　　「サーベイヤー7号」打ち…
　1994.2.7　　　サーベイヤー計画
サマルカンド天文台
　1422（この頃）　サマルカンドに大天文台建…
「ザ・ムーン」
　2009.1.16　　　映画「ザ・ムーン」公開
サモス
　1961.1.31　　　軍用衛星「サモス」
　1962（この年）　秘密衛星
「さよならジュピター」
　1984（この年）　映画「さよならジュピター…
ザ・ヤー
　1998.11.20　　国際宇宙基地ようやく建設…
　1998.12.6　　　「ザ・ヤー」と「エンデバ…
サリュート
　1971.4.19　　　「サリュート1号」を打ち…
　1971.6.6　　　「ソユーズ11号」飛行士、…
　1973.4.3　　　「サリュート2号」打ち上…
　1974.6.25　　　「サリュート3号」打ち上…
　1974.12.26　　無人軌道科学ステーション…
　1975.1.11　　　「ソユーズ17号」打ち上げ
　1975.5.24　　　「ソユーズ18号」を打ち…
　1975.11.17　　無人宇宙船「ソユーズ20号」
　1976.6.22　　　軌道科学宇宙ステーション…
　1976.8.25　　　「ソユーズ21号」が帰還
　1976.9.15　　　「ソユーズ22号」を打ち上…
　1977.2.3　　　「サリュート4号」の任務…
　1977.2.8　　　「ソユーズ24号」を打ち上…
　1977-1978　　「ソユーズ計画」が進展
　1985.3.17-9.16　国際科学技術博覧会（科学…
　1986.2.20　　　大型ステーション「ミール…
サリュート6号
　1977-1978　　「ソユーズ計画」が進展
　1978.1.11　　　宇宙船3船によるドッキン…
　1978.8.26　　　「ソユーズ31号」打ち上げ…
　1978.10.4　　　「プログレス4号」宇宙地…
　1978.11.2　　　宇宙滞在記録を140日
　1979.2.25　　　「ソユーズ32号」打ち上げ

　1979.4.10　　　「ソユーズ33号」が失敗
　1979.8.19　　　宇宙滞在新記録となる175…
　1980.4.9　　　「ソユーズ35号」打ち上げ
　1980.5.28　　　「ソユーズ36号」ドッキン…
　1980.6.5　　　改良型「ソユーズT2号」…
　1980.7.24　　　「ソユーズ37号」に初のベ…
　1980.9.19　　　「ソユーズ38号」に初のキ…
　1980.10.11　　184日、宇宙滞在新記録達…
　1981.3.12　　　「ソユーズT4号」打ち上…
　1981.3.22　　　「ソユーズ39号」打ち上げ
　1981.4.24　　　「コスモス1267号」打ち上…
　1981.5.14　　　「ソユーズ40号」の打ち上…
サリュート7号
　1982.5.13　　　「ソユーズT5号」打ち上…
　1982.8.19　　　「ソユーズT7号」打ち上…
　1983.3.2　　　「コスモス1443号」打ち上…
　1983.4.20　　　「ソユーズT8号」ドッキ…
　1983.6.27　　　「ソユーズT9号」
　1983.10.22　　「プログレス18号」
　1983（この年）　「ソユーズT10号」が爆発
　1984.4.3　　　初のインド人飛行士
　1984.7.25　　　世界初、女性飛行士の宇宙…
　1984.10.2　　　237日、宇宙滞在新記録
　1984（この年）　複合宇宙ステーション計画
　1985（この年）　複合軌道科学ステーション…
　1991.2月　　　落下場所めぐり騒動
「猿の惑星」
　1968（この年）　SF映画「猿の惑星」が公…
サロス周期
　BC6世紀（この頃）　サロス周期の発見
三角視差
　1943（この年）　"現代位置天文学の父"シ…
サンシャインスターライトドーム
　2004.3.20　　　「サンシャインプラネタリ…
サンシャインプラネタリウム
　1983（この年）　あがた森魚のプラネタリウ…
　2004.3.20　　　「サンシャインプラネタリ…
「三正綜覧」
　1881.6.14　　　内務省地理局編「三正綜覧…
三体問題
　1783.9.18　　　数学者オイラーが没する
　1912.7.17　　　ポアンカレ予想のアンリ・…
　1944（この年）　三体問題研究のカール・ジ…
　1950.1.14　　　東北大学天文学教室の創始…
三統暦
　BC104（この年）「三統暦」を制定
「サンフェルナンド天文台分担星表」
　1925（この年）「サンフェルナンド天文台…
サンマルコ
　1964.12.15　　イタリア初の人工衛星打ち…
サンマルコ計画
　2001.1.14　　　"イタリア宇宙開発の父"…

【し】

ジアデム
- 1967.2.8 　　　人工衛星「ジアデム1号」…

「ジェイソン教授シリーズ」
- 1988(この年)　SF作家のニール・R.ジ…

ジェイムズ・クレイグ・ワトソン・メダル
- 1960.4月 　　　萩原雄祐にワトソンメダル
- 1994(この年)　田中靖郎に"天文学のノー…

ジェオサット
- 1985(この年)　実用衛星の打ち上げ

ジェット天体
- 1986(この年)　相対論的ジェット天体「S…

ジェネシス
- 2001.8.9　　　太陽探査機「ジェネシス」…
- 2004.9.8　　　帰還した探査機でトラブル

ジェミニ
- 1963.5.15　　「マーキュリー計画」終了
- 1964(この年)「ジェミニ計画」発動
- 1965.6.3 　　「ジェミニ4号」宇宙遊泳2…
- 1965.8.21　　「ジェミニ5号」長時間飛…
- 1965.12.15　「ジェミニ6号」「7号」初…
- 1966.3.16　　「ジェミニ8号」初のドッ…
- 1966.6.3 　　 宇宙遊泳長時間記録
- 1966.7.18　　「ジェミニ10号」ドッキン…
- 1966.9.12　　「ジェミニ11号」打ち上げ
- 1966.11.11　「ジェミニ12号」打ち上げ

ジェミニプロジェクト
- 2002.1.18　　ジェミニプロジェクト、本…

ジェームズ・ウェッブ宇宙望遠鏡
- 2002.9.10　　次世代宇宙望遠鏡「ウェッ…

ジオット
- 1985.7.2 　　 電子カメラで彗星の核を直…
- 1986(この年)　ハレー彗星観測に成果
- 1988.1.21　　ハレー彗星に山やクレータ…

ジオテイル
- 1989.9.25　　日米宇宙研究協力で日米合…
- 1992.7.24　　最大級の磁気圏観測衛星

磁気嵐
- 1958.2.11　　宇宙線観測
- 1984.4.4 　　 磁気嵐の研究者スコット…
- 2009.2.21　　巨大磁気嵐の原因究明

磁気雲の両極性拡散理論
- 1979(この年)　中野武宣、磁気雲の両極性…

じきけん
- 1978.9.16　　国内初「じきけん」打ち上…

磁気圏
- 1989.9.25　　日米宇宙研究協力で日米合…
- 1992.7.24　　最大級の磁気圏観測衛星

磁気星
- 1946(この頃)　最初の磁気星おとめ座78番…

磁気流体力学的ジェットシミュレーション
- 1985(この年)　磁気流体力学的(MHD)…

紫金山天文台
- 1929(この年)　紫金山天文台創設
- 1936(この年)　高木公三郎、プラネタリウ…
- 1986.7.21　　南京紫金山天文台台長・張…

時空のゆがみ
- 2004.10.21 　「時空のゆがみ」を証明

シグマ7号
- 1962.10.3　　「シグマ7号」成功

シグマロケット
- 1961.6.18　　東大生研、「シグマロケッ…

時憲暦
- 1645(この年)　「時憲暦」施行

事故
- 1962.5.24　　東大生研、打ち上げ失敗に…
- 1967.1月 　　「アポロ」宇宙船第1号火…
- 1970.4.13　　「アポロ13号」事故
- 1971.6.29　　宇宙事故の損害賠償
- 1986.1.28　　スペースシャトルが空中爆…
- 1986.1.28　　宇宙飛行士エリソン・オニ…
- 1986(この年)　相次ぐロケット事故
- 1987(この年)「チャレンジャー」事故の…
- 1993.5月 　　 過去の惨事が明らかに…
- 1995.1.26　　「長征」ロケット事故で死…
- 1995.7.8 　　 米女性飛行士が心肺停止
- 1996(この年)　長征ロケット爆発で死者
- 2001.11.12 　「スーパーカミオカンデ」…
- 2002.10.15 　「ソユーズU型」、爆発
- 2003.2.1 　　 スペースシャトル「コロン…
- 2003.11.25　H-2A6号、指令破壊
- 2009.2.10　　米と露の通信衛星衝突

子午環
- 1804(この頃)　A.レプソルト、子午環製…

自己重力雲の逃走的収縮理論
- 1984(この年)　成田真ニら、自己重力雲の…

子午線
- 1884(この年)　本初子午線国際会議ワシン…

しし座流星群
- 1932.11月 　　しし座流星雨が33年ぶりに…
- 1965.11.17　テンペル・タットル彗星に…
- 1998.10月-11月　ジャコビニ、しし座流星群…
- 2001.11.19　大規模しし座流星群観測

「視実等象儀詳説」
- 1880.2.20　　佐田介石「視実等象儀詳説…

シスター＝シュワルツシルトの恒星大気モデル
- 1916.5.11　　天文学者カール・シュワル…

私設天文台
- 1822(この年)　エディンバラ天文台、王立…
- 1842.12.17　渋川景佑が江戸・九段坂に…
- 1875.11.27　天文学者キャリントンが没…
- 1894(この年)　ローウェル天文台創設
- 1909(この年)　ハンブルク天文台、ベルゲ…
- 1926.11.21　日本最初の私設天文台、倉…

1948（この年）　ピンホール式金子式プラネ…
1986.6.5　　　アマチュア天文家の清水真…
1993.4.22　　　名寄天文同好会会長・木原…
2006.5.22　　　天体観測の冨田弘一郎が没…
視線速度
　1868（この頃）　ハギンス、視線速度を決定
　1890（この年）　キーラー、視線速度を決定
自治体天文台
　1950（この年）　最初の自治体天文台である…
自転
　1610（この年）　ファブリキウス父子、太陽
　1851.3月　　　フーコーの振り子により地
視天頂儀
　1969.9.3　　　緯度観測功労者・平三郎が…
自動車
　1958（この年）　自動車「スバル」発売開始
「シドニー天文台分担星表」
　1963（この年）　「国際共同観測写真天図天…
「支那古代暦法史研究」
　1943（この年）　橋本増吉、「支那古代暦法…
「支那暦法起源考」
　1930（この年）　飯島忠夫が「支那暦法起源…
シノーペ
　1914（この年）　ニコルソン、木星第9衛星…
磁場観測
　1955（この年）　海野和三郎、「Unnoの式…
渋川家
　1993.6月　　　天文方・渋川家の文書発見
四分暦
　85（この年）　「四分暦」施行
シーボルト事件
　1829.3.20　　　シーボルト事件により捕ら…
島宇宙説
　1920.4月　　　シャプレーとカーティスの…
シマント（四万十）
　1986.7月　　　小惑星発見数、新記録
ジャコビニ＝ジンナー彗星
　1985（この年）　彗星と太陽風との相互作用…
ジャコビニ流星群
　1998.10月-11月　ジャコビニ、しし座流星群…
車載用ナビゲーターシステム
　1986（この年）　人工衛星で車のナビゲーシ…
写真
　1911（この年）　ウジェーヌ・アジェ「1911…
　1945.8.15　　　濱谷浩が「終戦の日の太陽…
　1980（この年）　川田喜久治〈ラスト・コス…
　1997.9.6　　　天体写真の草分け・星野次…
　2008.7月　　　「NASA Images」公…
写真観測
　1845（この年）　フィゾウ、フーコー、太陽…
　1850（この年）　ボンド父子、天体観測に写…
　1860（この年）　W.デ=ラ=ルー、プロミ…
　1874.12.9　　　長崎で金星が太陽面通過
　1880（この年）　ドレーパー、オリオン星雲…

1887（この年）　赤外領域での太陽スペクト…
1893.5.28　　　天文学者プリチャードが没…
1896（この年）　カプタイン記念天文学研究…
1898.1.22　　　インドのボンベイに日食観…
1900（この年）　「ケープ写真掃天星表」完…
1903（この年）　光学機器製作のP.M.A…
1923.2.6　　　広域天体写真術の開拓者エ…
1932（この年）　ウォルフ、写真技術の利用…
1934（この年）　分光写真研究のA.ベロポ…
1954（この頃）　23等星の撮影に成功
「写真観測による星雲星団目録」
　1973（この年）　「RNGCカタログ」完成
写真儀
　1938（この年）　星雲分光写真儀開発
　1997.7.2　　　乗鞍コロナ観測所開設者の…
写真天図
　1887（この年）　「国際共同観測写真天図計…
写真天頂筒
　1911（この年）　写真天頂筒発明
「シャプレー＝エイムズカタログ」
　1932（この年）　「シャプレー＝エイムズカ…
ジャンスキー（単位）
　1931（この年）　ジャンスキー、宇宙電波を…
重元素
　2005.4.13　　　重元素が少ない宇宙初期の…
「十五夜お月さん」
　1920.9月　　　童謡「十五夜お月さん」が…
「修正宝暦甲戌元暦」
　1769.12月　　　佐々木長秀、「修正宝暦甲…
周正暦
　689.1月　　　「周正暦」採用
「終戦の日の太陽」
　1945.8.15　　　濱谷浩が「終戦の日の太陽…
周転円理論
　BC200（この頃）アポロニオスの周転円理論
「10年後を目標とした科学技術振興の総
　合的基本方策について」
　1960.10月　　　宇宙開発方針発表
「周髀算経正解図」
　1813（この年）　石井寛道「周髀算経正解図…
「重要科学技術史資料」
　2008.10月　　　重要科学技術史資料発表
重要文化財
　1999（この年）　「天体望遠鏡・8インチ屈…
重力
　1919.5.29　　　アインシュタイン、重力で…
　1939（この年）　重力収縮する星の解の発見
重力波
　1969.6月　　　重力波を実験的に確認
　1983.10.11　　　アインシュタインの重力波…
　1986.11.18　　　重力研究の平川浩正が没す…
重力レンズ効果
　1987.1月　　　重力レンズ効果
　2003.12月　　　銀河団の「重力レンズ効果…

授時暦
　1281（この年）　「授時暦」施行
　1675.5.1　　　渋川春海、「授時暦」によ…
　1708.12.5　　　和算家・関孝和が没する
「授時暦図解」
　1689（この年）　井口常範「天文図解」刊
「授時暦図解発揮」
　1707（この年）　林正延「授時暦図解発揮」…
出版社
　1912.6.1　　　小川菊松、誠文堂（現・誠…
　1913.8月　　　岩波茂雄、岩波書店を創業
　1922.7月　　　土井伊惣太（土居客郎）…
　1930（この年）　上條勇、地人書館を創業
　1945.8月　　　早川書房創立
ジュノ
　1991.5.18　　「ジュノ計画」で英国初の…
ジュノー
　1804（この年）　ハディング、小惑星「ジュ…
ジュピター
　1959.5.20　　　生きた猿の回収に成功
ジュブナイル
　1955（この年）　「少年少女科学小説選集」…
　1956（この年）　瀬川昌男「火星に咲く花」…
　1976.4.9　　　「SFマガジン」初代編集…
　1990.11月　　　岩本隆雄「星虫」が刊行さ…
　1999.7.7　　　SF作家の光瀬龍が没する
須弥山説
　1763（この年）　須弥山説擁護者・文雄が没…
　1811（この年）　円通「仏国暦象編」刊
　1834（この年）　須弥山説の擁護者・円通が…
　1880.2.20　　　佐田介石「視実等象儀詳説…
　1882.12.9　　　仏説天文学を奉じた佐田介…
シュミット・カメラ
　1931（この年）　「シュミット・カメラ」完…
　1948.6.3　　　パロマー山天文台完成
　1958.3.23　　　米国から人工衛星観測用の…
　1960（この年）　カール・シュワルツシルト…
　1964（この年）　ウプサラ大学天文台に100c…
　1973（この年）　サイディング・スプリング…
シュミット望遠鏡
　1931（この年）　「シュミット・カメラ」完…
シューメーカー・レビ彗星
　1993.3.24　　　真珠のネックレスのような…
　1994.7月　　　SL9彗星が木星に衝突
　1997.7.18　　　彗星発見者ユージーン・シ…
「シューメーカー・レビ第9彗星木星衝突」
　1995（この年）　科学技術映像祭受賞（1995…
シュワスマン・ワハマン第3彗星
　2006.5.2　　　76年ぶりに彗星が接近
準天頂衛星
　2002.10月　　　準天頂衛星に向けて新会社…
準惑星
　2007.4月　　　冥王星「準惑星」に分類
嫦娥1号
　2007.10.24　　　中国「嫦娥1号」打ち上げ

　2009.6.30　　　マイクロ波画像で月面図完…
商業通信衛星
　1965.4.6　　　世界初の商業通信衛星打ち…
貞享暦
　1684（この年）　渋川春海が制作した、日本…
　1717.6.17　　　陰陽師・土御門泰福が没す…
衝撃波
　2008.9.1　　　太陽で3連続の衝撃波発生
象限儀
　994（この年）　アル＝フジャンディー、レ…
正元暦
　784（この年）　「正元暦」施行
正午報時
　1888.9.26　　　東京天文台、正午報時の号…
　1890.7.1　　　東京天文台、電信による正…
消長法
　1799.6.25　　　天文暦学者の麻田剛立が没…
章動理論
　1977（この年）　アンドワイアー変数と堀の…
衝突
　2005.7.4　　　彗星に人工物を衝突
　2009.2.10　　　米と露の通信衛星衝突
「少年少女宇宙科学冒険全集」
　1955（この年）　「少年少女科学小説選集」…
「少年少女科学小説選集」
　1955（この年）　「少年少女科学小説選集」…
「少年少女世界SF文学全集」
　1955（この年）　「少年少女科学小説選集」…
「少年少女世界科学冒険全集」
　1955（この年）　「少年少女科学小説選集」…
情報収集衛星
　2006.9.11　　　情報収集衛星で北朝鮮を監…
情報通信研究機構
　2008.2.23　　　超高速インターネット衛星…
「小遊星物語」
　1915（この年）　作家パウル・シェーアバル…
昭和基地
　1973.9.18　　　昭和基地ロケット観測が終…
小惑星
　1801.1.1　　　小惑星「セレス」の発見
　1802（この年）　オルバース、小惑星「パラ…
　1804（この年）　ハディング、小惑星「ジュ…
　1807（この年）　第4小惑星「ベスタ」を発…
　1840.3.2　　　アマチュア天文学者オルバ…
　1898（この年）　小惑星「エロス」の発見
　1900（この年）　平山信、小惑星「Tokio」…
　1901（この年）　小惑星「エロス」の変光を…
　1906（この年）　M.ウォルフ、トロヤ群小…
　1910.7.4　　　火星の「運河」のスキャパ…
　1918（この年）　平山清次、小惑星の族「ヒ…
　1927.1.23　　　及川奥郎の小惑星発見
　1932（この年）　ウォルフ、写真技術の利用…
　1939（この年）　天文学者オットー・ルドル…
　1943.4.8　　　小惑星の族（ヒラヤマ・フ…
　1945.6.2　　　天文学者の平山信が没する

1949.6.26	バーデ、小惑星「イカルス…
1954(この頃)	小惑星の明るさの変化
1962(この年)	古在由秀、小惑星運動理論…
1963.11.10	天文学者・畑中武夫が没す…
1970.3.29	小惑星「ヒルダ」研究の秋…
1970(この年)	小惑星の発見者・及川奥郎…
1986.7月	小惑星発見数、新記録
1986.7.21	南京紫金山天文台台長・張…
1988.3月	関勉、100個目の小惑星を…
1989.3.23	地球と小惑星がニアミス
1992.11月	小惑星に日本人宇宙飛行士…
1992(この年)	小惑星が地球と衝突?
1993.6.21	小惑星と観測史上最も近い…
1994.3.23	小惑星の衛星を発見
1999.11月	小惑星に創立者の名前
2000.2.15	探査機「ニア」、「エロス…
2001.7月	小惑星「2001KX76」発見
2002.5月	小惑星「タコヤキ」
2002.9月	江戸の天文家、小惑星に
2003.2.11	地球軌道の内側を回る小惑…
2003.8.12	小惑星を「イトカワ」と命…
2003(この年)	小惑星「アンパンマン」
2004.2月	太陽系外縁部に小惑星発見
2004.3.31	接近した小惑星
2004.8月	小惑星に「ヤタガラス」誕…
2005.11.20	小惑星「イトカワ」に初着…
2006.6.2	日本の研究成果が米科学雑…
2007(この年)	小惑星「ダテマサムネ」と…
2009.3月	「イトカワ」に日本の地名

小惑星国際中央局
1947(この年)	小惑星国際中央局業務が移…

食品科学者
2001.8.8	宇宙食開発のハワード・バ…

植物
1960.12.1	人工衛星船第3号打ち上げ
1967.9.7	生物衛星打ち上げ
1992.12.29	動植物を乗せたロケット打…

「食宝典」
1887(この年)	オッポルツァー、「食宝典」

食連星
1956(この年)	変光星研究のセルゲイ・ブ…

食連星に関するラッセルの方法
1957.2.18	「HR図」の考案者、ヘン…

書誌
1889(この年)	「天文学総合文献目録」完…
1967(この年)	石原藤夫「ハイウェイ惑星…

ジョドレル・バンク電波天文台
1945(この頃)	マンチェスター大学、ジョ…

ジョンソン宇宙センター
1958.10.1	米国航空宇宙局(NASA…
1995.7.8	米女性飛行士が心肺停止

白河天体観測所
1995(この年)	チロ天文台南天ステーショ…

シーロンチ
1999.3.27	模擬衛星の打ち上げ

新宇宙政策
1988.2.11	世界リードを目指した新宇…
1989.7.20	ブッシュ大統領、新宇宙政…

深宇宙探査センター
1982.9月	深宇宙探査センターの建設

「新科学対話」
1636(この年)	ガリレイ、「新科学対話(…

「壬癸録」
1718.7.27	儒学者・神道家の谷秦山が…

シンクロトロン放射
1953(この年)	シクロフスキー、シンクロ…
1956(この年)	オールト、かに星雲にシン…

人工衛星
1957.10.4	「スプートニク1号」打ち…
1962.4.26	英国初の人工衛星打ち上げ
1962.9.29	カナダ初の人工衛星
1962(この年)	三菱電機が宇宙事業に参入
1965.11.26	初の国産衛星打ち上げ成功
1966.1.31	天体力学のディルク・ブラ…
1967.11.29	オーストラリア初の人工衛…
1970.4.24	人工衛星打ち上げ初成功
1974-1975	米国が各種衛星を打ち上げ
1975.2.4	宇宙工学者アナトリー・ブ…
1975(この年)	人工衛星打ち上げ
1977.4.22	ヨーロッパの科学衛星が失…
1981.9.20	衛星3個同時打ち上げに成…
1982.9.9	科学衛星打ち上げ成功
1983.4.17	国産ロケットで衛星打ち上…
1990.9.5	衛星打ち上げの低コスト化
1993.2.9	ブラジル初の人工衛星打ち…
1993.10.28	中国の人工衛星が落下?
1995.9.6	国の開発でも実用衛星に保…
1996.2月	人工衛星打ち上げ3000機を…
1998.7.7	人工衛星のドッキング成功
1998.8.31	北朝鮮の人工衛星
1999.3.18	衛星開発のウィルバー・ル…
2004.3.15	衛星設計のウィリアム・ピ…

人工衛星開発
1966.5月	精密機器メーカー・三鷹光…
1999.3.18	衛星開発のウィルバー・ル…

人工衛星軌道図
2005.10.4	人工衛星軌道図を作成した…

「人工衛星ケーツ」
1942(この年)	SF作家のアレクサンドル…

人工衛星船
1960.5.15	人工衛星船第1号打ち上げ
1960.8.19	人工衛星船第2号打ち上げ
1960.12.1	人工衛星船第3号打ち上げ
1961.3.9	人工衛星船第4号打ち上げ
1961.3.25	人工衛星船第5号打ち上げ

人工オーロラ
1983.11.28	第9次・「コロンビア」打…
1992.2.19	宇宙科学研究所名誉教授の…

人工星
2005.7.6	人工星を作り出す装置開発

「新巧暦書」
 1836(この年) 渋川景佑と足立信頭が「新…
人工惑星
 1959.1.2 「ルナ1号」打ち上げ
 1959.3.3 「パイオニア4号」
シンコム
 1963(この年) 「シンコム1号」「2号」
 1964.7.23 「シンコム3号」打ち上げ
 1964.10.10 「シンコム3号」東京オリ…
シンシナティ天文台
 1947(この年) 小惑星国際中央局業務が移…
神舟ロケット
 2001.1.10 「神舟2号」打ち上げ
 2002.3.25 中国の無人宇宙船実験が成…
 2002.12.30 「神舟4号」打ち上げ
 2003.10.15 中国、有人飛行3番目
 2005.10.12 中国、2度目の有人宇宙飛…
 2008.9.25 宇宙遊泳に成功した中国
しんせい
 1971.9.28 科学衛星「しんせい」打ち…
新星
 1572.11月 ブラーエ、新星を発見
 1604(この年) 「ケプラーの新星」を発見
 1920.8.22 神田清、はくちょう座第3…
 1934.1.2 ペルセウス座新星の発見者…
 1934(この年) バーデとツヴィッキー、新
 1936.6.18 五味一明、とかげ座新星を…
 1936.7.17 岡林滋樹、いて座新星を…
 1942.11.11 とも座新星発見
 1945.4.1 アマチュア天文家・岡林滋…
 1946(この年) かんむり座新星反復爆発を…
 1951.7月-8月 新星発見
 1970.2.14 本田実、へび座に新星を発…
 2001.8.18 はくちょう座に新星発見
「新星雲星団総目録」
 1888(この年) 「NGCカタログ」(新星…
「新天文学」
 1609(この年) ケプラー、「新天文学」を…
「新天文学講座」
 1957(この年) 「新天文学講座」刊行開始
シンフォニー
 1974.12.19 実験用通信衛星「シンフォ…
 1975.8.27 「シンフォニー2号」打ち…
「新法暦書」
 1844(この年) 「天保暦」施行
「新蘆面命」
 1718.7.27 儒学者・神道家の谷秦山が…
新惑星発見
 2005.7.29 太陽系に新惑星発見

【す】

すいせい
 1985(この年) ハレー彗星を紫外線カメラ…
 1986(この年) ハレー彗星観測に成果
水星
 1910.7.4 火星の「運河」のスキャパ…
 1962.1.7 水星からの電波を捕捉
 1984.2月 新説、赤色矮星で恐竜絶滅…
 1986.11.13 13年ぶりの水星の日面経過
 2004.8.3 NASA水星探査機打ち上…
 2008.7.4 水星に噴火の痕跡確認
彗星
 1482.5.15 トスカネリが没する
 1705(この年) ハレー、周期彗星の楕円軌…
 1758.12.25 ハレーの予言した彗星が出…
 1759(この年) クレロー、「ハレー彗星」…
 1811.8月 大彗星が出現し、「彗星略…
 1817(この年) 天文観測家メシエ没する
 1818(この年) エンケ、彗星の軌道を決定
 1840.3.2 アマチュア天文学者オルバ…
 1866(この年) スキャパレリ、彗星と流星
 1894(この年) ガレ、414個の彗星カタロ…
 1910.5月 ハレー彗星が出現
 1919.10.25 佐々木哲夫、フィンレー周…
 1928.10.28 山崎正光「フォルブス・山…
 1931.7月 長田彗星を発見
 1934.1.2 ペルセウス座新星の発見者…
 1936.7.17 下保茂、「下保・コジク・…
 1937.1.31 広瀬秀雄・清水真一、ダニ…
 1940.10.4 岡林滋樹と本田実、「岡林…
 1942.6.9 本田実が従軍中に手製の望…
 1945.4.1 アマチュア天文家・岡林滋…
 1947.11.14 本田実、ホンダ彗星を発見
 1956.1.2 冨田弘一郎、オルバース周…
 1957.4月-5月 アランド・ロランド彗星
 1957.7.30 ムルコス彗星発見
 1961.10.10 関勉が新彗星を発見
 1963.1.3 静岡県で池谷薫が新彗星を…
 1965.9.19 池谷薫と関勉が「イケヤ…
 1965.11.17 テンペル・タットル彗星に…
 1982.10月 ハレー彗星回帰を初観測
 1985(この年) 彗星と太陽風との相互作用
 1986(この年) ハレー彗星ブーム
 1990.8.26 日本屈指のコメットハンタ…
 1992.9.27 アマチュア天文家が幻の彗…
 1993.3.24 真珠のネックレスのような…
 1994.7月 SL9彗星が木星に衝突
 1995.7.23 最大級の彗星を発見
 1996.2.6 「ヒャクタケ」彗星発見
 1997.3.22 ヘール・ボップ彗星が接近
 1997.7.18 彗星発見者ユージーン・シ…

1999.2.8	彗星探査機「スターダスト…		スコア	
2002.4.10	百武彗星発見者・百武裕司…		1958.12.19	アトラス人工衛星「スコア…
2004.4月-5月	3彗星が同時に接近		すざく	
2004.8.30	彗星研究者フレッド・ホイ…		2005.7.10	X線観測衛星の打ち上げ
2005.7.4	彗星に人工物を衝突		2007.10.4	宇宙線の起源を解明
2006.5.2	76年ぶりに彗星が接近		2008.7.30	球形のブラックホール発見

「彗星狩り」
　1998.2月　　　笹本祐一「彗星狩り」が刊…
水星探査
　1973.11.3　　無人水星探査機打ち上げ
　2008.2.12　　水星探査計画承認
　2009.7月　　　水星のクレーターに「国貞…
彗星の巣
　1995.6.14　　彗星の巣を発見
水星の日面経過
　1986.11.13　　13年ぶりの水星の日面経過
"彗星の番人"
　1817(この年)　天文観測家メシエ没する
"彗星発見の名手"
　1817(この年)　天文観測家メシエ没する
水素ガス雲
　1983.2.24　　銀河系外に巨大ガス雲を初…
「隋唐暦法史の研究」
　1944(この年)　藪内清、「隋唐暦法史の研…
スイフト
　2009.4.23　　131億年前の天体を観測
スイフト・タットル彗星
　1992.9.27　　アマチュア天文家が幻の彗…
　1993.8月　　　ペルセウス座流星群で空振…
数学者
　1783.9.18　　数学者オイラーが没する
　1783.10.29　　ジャン・ダランベールが没…
　1833.1.10　　数学者ルジャンドルが没す…
　1855.2.23　　数学者ガウスが没する
　1946.9.16　　数学者・天文学者のジーン…
　2006.12.26　　数学者マーティン・クルス…
　2006(この年)　ポアンカレ予想解決
「崇禎暦書」
　1633.11.8　　中国近代科学の開祖・徐光…
　1646(この頃)　シャールが欽天監正となる
崇天暦
　1024(この年)　「崇天暦」施行
数物連携宇宙研究機構
　2007(この年)　東京大学に新機構設立
末元の方法
　1953(この年)　バルマー線解析法によるフ…
スカイネット2B
　1974.11.23　　軍用通信衛星「スカイネッ…
スカイラブ
　1973.5.15　　初の宇宙実験室「スカイラ…
　1973.7.28　　「スカイラブ」3号・4号打…
　1973(この年)　「スカイラブ」、コロナル…
　1979.7.12　　スカイラブが墜落
スケールド・コンポジッツ社
　2004.6.21　　民間宇宙船が初の宇宙飛行…

　2008.9.13　　超新星爆発でレアメタル生…
　2009.1月　　　白色矮星から硬X線観測
　2009.7.17　　天の川銀河に「プラズマの…
「図説天文学」
　1950(この年)　佐伯啓三郎「図説天文学」…
「図説天文講座」
　1936(この年)　「図説天文講座」刊行開始
「スター・ウォーズ」
　1977.5.25　　SF映画「スター・ウォー…
スター・ウォーズ計画
　1991(この年)　原子力ロケットに反対
スターダスト
　1999.2.8　　彗星探査機「スターダスト…
　2006.1.3　　彗星の塵を採取
スタチオナ1号
　1975-1976　　通信衛星の打ち上げ
スタチオナールT
　1976.10.16　　「スタチオナールT」を打…
「スタートレック(宇宙大作戦)」
　1966(この年)　テレビドラマ「スタートレ…
　1991.10.24　　映画プロデューサー・脚本…
スターバースト
　2007　　　　　100億年前に鉄粒子存在
スタフォード委員会
　1991.6.11　　宇宙開発の将来設計
すだれコリメータ
　1964(この年)　小田稔、「すだれコリメー…
　1993(この年)　小田稔、文化勲章受章
　2001.3.1　　「すだれコリメータ」の小…
スターレット
　1975.2.6　　測地衛星「スターレット」…
ステルネボルク
　1576(この年)　ブラーエ、天体観測所建設
ストックホルム天文台
　1926(この年)　リンドブラッド、銀河回転
ストロムロ山天文台
　1955(この年)　ストロムロ天文台に188cm…
　1983.8.7　　天文学者バート・ボークが…
「砂粒をかぞえる者」
　BC212(この頃)　アルキメデスがローマ軍に…
スヌーピー
　1969.5.18　　「アポロ10号」打ち上げ
スネグ
　1977.6.17　　ソ連でフランスの科学衛星…
スーパーカミオカンデ
　1991.12月　　「スーパーカミオカンデ」…
　1995.11.11　　「スーパーカミオカンデ」…
　1997.1月　　　ニュートリノの質量

1998(この年)	「スーパーカミオカンデ」…		スプートニク	
1999.6.19	ニュートリノ、神岡でキャ…		1935.9.19	"宇宙ロケットの父"ツィ…
2001.11.12	「スーパーカミオカンデ」…		1957.10.4	「スプートニク1号」打ち…
2003.10.17	ニュートリノ研究、最低の…		1957.11.3	「スプートニク2号」打ち…
2008.7.10	ニュートリノ研究の戸塚洋…		1957-1958	ロケット観測
			1958.5.15	「スプートニク3号」

「スーパーカミオカンデ―素粒子と宇宙の秘密を探る―」
　2007(この年)　科学技術映像祭受賞(2007…

スーパーシェル
　1999(この年)　福井康雄ら、「スーパーシ…

スーパーバード
　1989(この年)　衛星通信ビジネスが本格化
　1990.2月　　「アリアン4型」が空中爆…
　1992.2.27　　通信衛星「スーパーバード…
　1992.12.2　　「スーパーバード新A」打…
　1997.7.28　　通信衛星「スーパーバード…
　2008.8.15　　放送・通信事業者が運用す…

スーパーひまわり
　1989.4.27　　多機能「スーパーひまわり…

スーパーマン
　1938.6月　　コミック「スーパーマン」…

スバル360
　1958(この年)　自動車「スバル」発売開始

スパルタ
　1967.11.29　オーストラリア初の人工衛…

すばる望遠鏡
　1962(この年)　三菱電機が宇宙事業に参入
　1984.8月　　世界最大の望遠鏡
　1998.11.6　　「すばる」の心臓部到着
　1999.9.17　　「すばる」完成式典
　1999(この年)　「すばる」に菊池寛賞
　2002.1.17　　すばる望遠鏡、ゆらぎ補正
　2003.3.14　　125億年前の宇宙も似た構…
　2004.10.1　　「すばる」初の一般公開
　2005.7.21　　最も暗い銀河を捉える
　2005.9.12　　最も遠いガンマ線バースト…
　2006.5月　　戸谷友則ら、宇宙の再電離…
　2006.9.14　　天体観測史上、最も遠い銀…
　2006.11.21　すばる望遠鏡の解像度10倍…
　2006(この年)　青木和光ら、超金属欠乏星…
　2007(この年)　100億年前に鉄粒子存在
　2007(この年)　110億光年先の銀河を観測
　2008.2.1　　超新星爆発はラグビーボー…
　2008.11月　　すばる望遠鏡、新カメラ搭…
　2009.6.9　　銀河の合体の痕跡を捉える
　2009(この年)　巨大天体を「ヒミコ」と命…

スーパーロケット
　1960.1月　　「スーパーロケット」実験

スピッツァー
　2005.3.22　　太陽系外惑星の観測に成功

スピリット
　2003.6月　　火星探査機打ち上げ相次ぐ
　2004.1.4　　火星探査機「スピリット」…
　2004.3.2　　火星に水の存在が明らかに

　1958(この年)　チェレンコフ、タム、フラ…
　1966.1.14　　ロケット設計者セルゲイ…
　1975.2.4　　宇宙工学者アナトリー・ブ…
　1984.4.8　　「スプートニク」に尽力し…
　1987.8.5　　技術制御システムの権威ミ…
　1999.5.5　　「スプートニク」の立役者…

スプライト
　2009.1.23　　「H-2A-15号」、「い…

スペクトル
　1868(この年)　未知元素ヘリウムを発見
　1892(この頃)　マイケルソン、スペクトル…
　1896(この年)　「ゼーマン効果」発見
　1907.8.13　　天文学者フォーゲルが没す…
　1913(この年)　ラッセル、恒星のスペクト…
　1914(この年)　分光視差法を発見
　1924(この年)　「ヘンリー・ドレーパーカ…
　1928(この年)　惑星状星雲の輝線スペクト
　1929(この年)　ハッブル、「ハッブルの法…
　1932(この年)　木星のスペクトルの吸収帯
　1938(この年)　星雲分光写真儀開発
　1943(この年)　モーガン「MK法」を確立
　1949(この年)　銀河磁場の存在検証
　1957(この頃)　電波源の赤色偏移
　1974(この年)　「A型特異星および金属線…

スペクトロヘリオグラフ
　1892(この頃)　ヘール、スペクトロヘリオ…

スペースアドベンチャーズ
　2005.8.18　　宇宙旅行が国内販売

スペース・イメージング
　1999.9.24　　「イコノス1号」打ち上げ

スペース・サービス社
　1981.8.5　　民間ロケット、テストで失…
　1985.2.12　　政府が宇宙葬を認可

スペースシステムズ・ロラル社
　1995.2.24　　米社が政府衛星入札1号

スペースシップワン
　2004.6.21　　民間宇宙船が初の宇宙飛行

スペースシャトル
　1972.1.5　　ニクソンのスペース・シャ…
　1976-1977　　スペースシャトルの実験用…
　1978.9月-12月　スペースシャトル、エンジ…
　1985.10.18　仏が小型シャトルを開発
　1986.6.27　　欧州版シャトルの開発
　1986.7.14　　シャトル飛行再開は88年以…
　1988.9.21　　日本版シャトル実験失敗
　1991(この年)　ソ連版シャトルに危機
　1992.2.15　　ミニシャトル、大気圏再突…
　1992.11.27　日本版シャトル開発に向け…
　1993.7.20　　日本版シャトル計画が決定
　1993.10月　　ESA、ヘルメス開発を断…

1996.7月	次世代シャトル開発	
1996.9月	シャトル運用、民間委託へ	
2002.10.18	宇宙往還機、無人飛行実験	

ズベズダ
 2000.7月 ロシア居住棟「ズベズダ」…
スペースバイク
 1990.2.1 スペースバイクで遊泳成功
スペースラブ
 1992.2.19 宇宙科学研究所名誉教授の…
スペース・ラム
 2005.7.26 宇宙食にラーメン
スポーク
 1981（この年） 惑星探査機「ボイジャー」…
スポット
 1986（この年） 「アリアン」打ち上げ
スミソニアン協会天体物理観測所
 1890（この年） スミソニアン協会天体物理…
 1973（この年） 太陽研究者アボットが没す…
スミダ（隅田）
 1927.1.23 及川奥郎の小惑星発見
スローン・デジタル・スカイ・サーベイ
 2000.4月 スローン・デジタル・スカ…

【せ】

「星雲」
 1954.12月 「星雲」が創刊される
星雲
 1864（この頃） ハギンス、星雲スペクトル…
 1928（この年） 惑星状星雲の輝線スペクト…
 1937（この年） 萩原雄祐と畑中武夫、惑星…
 1944（この年） 太陽系起源に関する星雲仮…
星雲賞
 1970（この年） 星雲賞授賞開始
「星雲・星団総目録」
 1871.5.11 天文学者ジョン・ハーシェ…
星雲説
 1755（この年） カント、「天体の一般自然…
 1796（この年） ラプラス、「世界体系の解…
「星雲の領域」
 1936（この年） ハッブル「星雲の領域」刊
星雲分光写真儀
 1938（この年） 星雲分光写真儀開発
「星界からの報告」
 1610（この年） ガリレイ、「星界からの報…
「星界小品集」
 1915（この年） 作家パウル・シェーアバル…
「星界の紋章」
 1996.4月 森岡浩之「星界の紋章」が…
星学局
 1870.8.25 天文暦道局、星学局に
 1882.3.29 和算家・内田五観が没する

星間雲
 1960（この年） 高柳和夫と西村史朗、星間…
星間減光
 1930（この年） トランプラー、吸収物質に…
星間物質
 1904（この年） ハルトマン、「星間物質」…
 1944（この年） フルスト、中性水素の電波…
 1951.6月 恒星間空間に水素ガス
 1961.9月 国際宇宙線地球嵐会議
星間分子
 1968（この年） タウンズ、星間分子を発見
 1987.1月 新しい星間分子の発見
 2007（この年） 星間分子雲の化学反応解明
星間メーザー
 1965（この年） 星間メーザーの発見
正光暦
 523（この年） 「正光暦」施行
星座
 1788（この年） 吉雄幸作・本木良永が「阿…
 1930（この年） 全天を88星座に統一
星座時計
 1950.4.21 在野の天文学者・前原寅吉
静止衛星管制実験
 1974.8.9 国産静止衛星の管制実験
静止気象衛星
 1974.5.17 初の静止気象衛星打ち上げ
星宿図
 1972.3.26 高松塚古墳に星宿図
 1998.3.6 キトラ古墳で最古の天体図…
「星術本原太陽窮理了解新制天地二球用法記」
 1793（この年） 本木良永が「星術本原太陽…
正準変換摂動理論
 1966（この年） 堀源一郎、天体力学の正準…
星図
 1826（この年） 石坂常堅「方円星図」刊
 1830（この年） 我が国最大級の星図「天象…
 1854（この年） シュタインハイル、光学機…
「西説観象経」
 1822（この年） 吉雄俊蔵「西説観象経」成…
成天暦
 1271（この年） 「成天暦」施行
星表
 1725（この年） 「イギリス天体誌」（フラ…
 1814（この年） 「ピアッツィ恒星表」完成
 1862（この年） アルゲランダー、「ボン掃…
 1878（この年） ボス、「ボス第1基本星表…
 1879（この年） アウヴェルス、「FKI星…
 1886（この年） 「ボン掃天星表」に恒星追
 1887（この年） 「国際共同観測写真天図計…
 1900（この年） 「ケープ写真掃天星表」完…
 1907（この年） 「ポツダム掃天星表」完成
 1910（この年） 「ドイツ天文学会星表第1…
 1911（この年） 「オックスフォード天文台
 1924（この年） 「アルジェ天文台分担星表…

1925（この年）　「サンフェルナンド天文台…
1926（この年）　「ケープ天文台分担星表」…
1927（この年）　「カタニア天文台分担星表…
1930（この年）　「ハイデラバード天文台分…
1932（この年）　「グリニッジ天文台分担星…
1933（この年）　「バチカン天文台分担星表…
1934（この年）　「コルドバ天文台分担星表…
1934（この年）　「ボルドー天文台分担星表…
1937（この年）　「ヘルシンキ天文台分担星…
1943（この年）　「ドイツ天文学会再測基準…
1946（この年）　「パリ天文台分担星表」完…
1946（この年）　「ハイデラバード天文台分…
1948（この年）　「トゥールーズ天文台分担…
1950（この年）　エール大学天文台、恒星表…
1952（この年）　「パース天文台分担星表」…
1954（この年）　「オックスフォード・ボツ…
1958（この年）　「ドイツ天文学会再測写真…
1962（この年）　「ウクル天文台分担星表」…
1962（この年）　「タクバヤ天文台分担星表…
1963（この年）　「国際共同観測写真天図天…

セイファート銀河
1943（この年）　セイファート銀河の発見

生物学者
1995.6.17　　　生理学者ネロ・ペースが没…
2002.5.26　　　宇宙酔い実験に参加した渡…
2005.6.1　　　　火星探査に尽力したノーマ…

誠文堂新光社
1912.6.1　　　　小川菊松、誠文堂（現・誠…
1923.4.1　　　　誠文堂から「科学画報」が…
1924.10月　　　誠文堂から「子供の科学」…
1949（この年）　「天文年鑑」刊行開始
1965.7月　　　　誠文堂新光社「月刊天文ガ…

「西洋新法暦書」
1646（この頃）　シャールが欽天監正となる

世界SF協会
1953（この年）　ヒューゴー賞創設

「世界SF全集」（石泉社）
1955（この年）　「少年少女科学小説選集」…

「世界SF全集」（早川書房）
1968.10月　　　「世界SF全集」が刊行開…

世界SF大会
1939.7.2　　　　第1回世界SF大会が開催…
1953（この年）　ヒューゴー賞創設
2007.8.30　　　　日本で初の世界SF大会が（…

世界宇宙飛行士会議
2003.10.13　　　東京で初の世界宇宙飛行士…

世界観測所代表者会議
1959.6月　　　　世界観測所代表者会議

「世界体系の解説」
1796（この年）　ラプラス、「世界体系の解…

世界天文年2009
2009.1月　　　　世界天文年2009が開幕

「世界の調和」
1619（この年）　ケプラー「世界の調和」出…
1951（この年）　ヒンデミット、オペラ「世…

世界物理年
2005（この年）　相対性理論から100年

世界無線主管庁会議
1977.1.10-2.13　世界無線主管庁会議

赤外線
1800（この年）　W.ハーシェル、赤外線を…

赤外線カメラ
2000.11月　　　高性能赤外線カメラ「SI…

赤外線星
1965（この頃）　赤外線天体の発見

赤外線太陽スペクトル研究
1973（この年）　太陽研究者アボットが没す…

赤外線天文衛星
1983（この年）　IRAS、画期的な発見

赤外線天文学
1931（この年）　ジャンスキー、宇宙電波を…
1973（この年）　赤外線天文学のカイパーが…

赤色星
1967.10.21　　　赤色星研究のヘルツシュプ…

赤色矮星
1984.2月　　　　新説、赤色矮星で恐竜絶滅…
1989（この年）　褐色矮星を多数発見

セキ彗星
1961.10.10　　　関勉が新彗星を発見

赤道儀
1878.7.30　　　海軍観象台、赤道儀で初め…
1929.3月　　　　東京天文台、当時の日本最…

赤白矮星
1956（この頃）　最小星の発見

赤方偏移
1924（この年）　白色矮星による赤方偏移を…

セキ・ラインズ彗星
1961.10.10　　　関勉が新彗星を発見

セコアー
1965.1.12　　　軍艦の位置測定に実用化

セドナ
2004.3.15　　　太陽系で最も遠い天体「セ…

ゼーマン効果
1896（この年）　「ゼーマン効果」発見

セリウム異常
1986.3月　　　　38億年前の月面に水の存在

セレス
1801.1.1　　　　小惑星「セレス」の発見
1802（この年）　オルバース、小惑星「パラ…

セレスティス社
1985.2.12　　　政府が宇宙葬を認可
1997（この年）　宇宙葬ビジネス開始

「セレーネ」計画
1997.8.27　　　「セレーネ」計画開始

セロトロロ・インター・アメリカン天文台
1974（この年）　セロトロロ・インター・ア…

「全宇宙誌」
1979.10月　　　工作舎「全宇宙誌」刊行

船外活動
　1965.3.18　「ボスホート2号」打ち上…
　1965.6.3　「ジェミニ4号」宇宙遊泳2…
　1966.6.3　宇宙遊泳長時間記録
　1984.2.7　命綱なしの宇宙遊泳成功
　1984.4.3　初のインド人飛行士
　1984.7.25　世界初、女性飛行士の宇宙…
　1984.10.11　米女性初の船外活動
　1990.1.9　35mの宇宙遊泳
　1990.2.1　スペースバイクで遊泳成功
　2008.9.25　宇宙遊泳に成功した中国
センジカン（先事館）
　2002.9月　江戸の天文家、小惑星に
全自動光電式子午環
　1982.9.5　東京天文台、初の全自動光…
仙台市天文台
　1955.2.1　仙台市天文台が開台
　1998.7.11　仙台市天文台の小坂由須人…
全地球測位システム
　2003.10.11　宇宙物理学者イバン・ゲテ
全天地図
　2005.3月　土橋一仁ら、暗黒星雲全天…
　2008.8.27　宇宙「全天地図」公開
占天暦
　1103（この年）「占天暦」施行
全日本プラネタリウム連絡協議会
　2006.12月　日本プラネタリウム協議会…
仙人カメラ
　1997.7.2　乗鞍コロナ観測所開設者の…
宣明暦
　822（この年）「宣明暦」施行
　862（この年）「宣明暦」施行
　1663（この年）安藤有益「長慶宣明暦算法」…
戦略防衛構想
　1983.3.23　レーガンの戦略防衛構想（…
　1985（この年）スペースシャトル「ディス…

【そ】

ソア・エーブル
　1958.8.17　月探査ロケット「ソア・エ…
造形作家
　1972.12.29　造形作家ジョゼフ・コーネ…
総合科学技術会議
　2004.8.27　視野に入れた有人宇宙活動
「総合カタログ」
　1937（この年）ボス、「総合カタログ（G…
相対性理論
　1905（この年）桑木或雄、一般相対性理論…
　1905（この年）アインシュタイン、3大業…
　1915（この年）アインシュタイン、一般相…
　1923.2.24　物理学者モーリーが没する

　1944.11.22　天体物理学者アーサー・ス…
　1951（この年）一般相対論的宇宙モデルの…
　1955.4.18　相対性理論のアルベルト・…
　1983.10.11　アインシュタインの重力波…
　1991.6月　日本初マーセル・グロスマ…
　1991（この年）出版・放送界で宇宙がブー…
　2005（この年）相対性理論から100年
相対性理論ブーム
　1922.11.18　アインシュタインが来日
相対論的振動モード
　1980（この年）活動銀河における降着円盤…
「掃天X線源のウフルカタログ」
　1972（この年）「掃天X線源のウフルカタ…
「掃天電波源のC.T.Dカタログ」
　1965（この年）「C.T.Dカタログ」完…
「掃天電波源のMSHカタログ」
　1961（この年）B.Y.ミルズら「掃天電…
「掃天電波源のカリフォルニア工科大学
　カタログ」
　1960（この年）「掃天電波源のカリフォル…
「掃天電波源のケンブリッジ第3カタロ
　グ」
　1959（この年）「掃天電波源のケンブリッ…
「掃天電波源のパークス・カタログ」
　1968（この年）パークス観測所の活動
「掃天電波源のボロニア第1カタログ」
　1965（この年）「掃天電波源のボロニア第…
「掃天の遠赤外線源リスト」
　1974（この年）「掃天の遠赤外線源リスト…
ソサエティー・エクスペディションズ
　1985.10.29　民間宇宙旅行は1000万円
ソユーズ
　1967.4.24　「ソユーズ1号」墜落
　1969.1.16　史上初の有人ドッキング…
　1969.10.13　「ソユーズ」3機ランデブ…
　1970.6.1　有人夜間打ち上げ成功
　1971.4.19　「サリュート1号」を打ち…
　1971.6.6　「ソユーズ11号」飛行士、…
　1972.7.17　米ソの宇宙船協力計画
　1973.9.27　「ソユーズ12号」打ち上げ
　1973.12.18　「ソユーズ13号」打ち上げ
　1974.12.2　「ソユーズ16号」がドッキ…
　1975.1.11　「ソユーズ17号」打ち上げ
　1975.5.24　「ソユーズ18号」を打ち上…
　1975.7月　米ソ宇宙共同飛行実験
　1975.7月　突破口を宇宙技術に
　1975.11.17　無人宇宙船「ソユーズ20号」…
　1976.8.25　「ソユーズ21号」が帰還
　1976.9.15　「ソユーズ22号」を打ち上…
　1976.10.17　「ソユーズ23号」がドッキ…
　1977.2.3　「サリュート4号」の任務…
　1977.2.8　「ソユーズ24号」を打ち上…
　1977-1978　「ソユーズ計画」が進展
　1978.1.11　宇宙船3船によるドッキン…
　1978.8.26　「ソユーズ31号」打ち上げ…

1978.10.4	「プログレス4号」宇宙地…
1978.11.2	宇宙滞在記録を140日
1979.2.25	「ソユーズ32号」打ち上げ
1979.4.10	「ソユーズ33号」が失敗
1979.12.16	新型「ソユーズT」
1980.4.9	「ソユーズ35号」打ち上げ
1980.5.28	「ソユーズ36号」ドッキン…
1980.6.5	改良型「ソユーズT2号」…
1980.7.24	「ソユーズ37号」に初のベ…
1980.9.19	「ソユーズ38号」に初のキ…
1980.10.11	184日、宇宙滞在新記録達…
1981.3.12	「ソユーズT4号」打ち上…
1981.3.22	「ソユーズ39号」打ち上げ
1981.5.14	「ソユーズ40号」の打ち上…
1982.5.13	「ソユーズT5号」打ち上…
1982.6.24	「ソユーズT6号」打ち上…
1982.8.19	「ソユーズT7号」打ち上…
1982.12.11	新記録、宇宙滞在211日
1983.4.20	「ソユーズT8号」ドッキ…
1983.6.27	「ソユーズT9号」
1983.10.22	「プログレス18号」
1983(この年)	「ソユーズT10号」が爆発
1984.4.3	初のインド人飛行士
1984.7.25	世界初、女性飛行士の宇宙…
1984.10.2	237日、宇宙滞在新記録
1984(この年)	複合宇宙ステーション計画
1985(この年)	複合軌道科学ステーション…
1986.2.20	大型ステーション「ミール…
1987.2.6	改良型「ソユーズTM2号」…
1988.6.7	「ソユーズTM5、6号」打…
1988.12.21	宇宙滞在記録1年
1989.4.27	軌道船「ミール」が4か月…
1990.5.18	宇宙船「ソユーズ」が故障
1990.12.2	日本人初の宇宙飛行士
1991.5.18	「ジュノ計画」で英国初の…
1991(この年)	宇宙開発技術の大売出し
1994(この年)	宇宙ステーション・ミール
1995.3.14	初の米ロ合同長期宇宙飛行
2001.4.28	宇宙旅行、8日間で24億円
2001.10.21	日本初の宇宙CM撮影
2002.4.25	2人目となる宇宙観光客
2002.10.15	「ソユーズU型」、爆発
2003.4.26	「ソユーズ」が交代要員派…
2003.5.26	衛星測位システム「ガリレ…
2003.10.18	「ソユーズTMA3号」打…
2004.5.23	ロケット技術者アレクサン…
2006.9.18	民間宇宙旅行に初の女性
2008.4.8	韓国初の宇宙飛行士誕生
2009.3.16	「きぼう」完成に向けて、…

宙組
1998.1.1	宝塚に「宙」組、誕生

「宇宙(そら)へ。」
2009.8.21	映画「宇宙(そら)へ。」…

「ソラリス」
1977.3.20	映画「惑星ソラリス」が公…

「ソラリスの陽のもとに」
2006.3.27	SF作家のスタニスワフ・…

ソリトン
2006.12.26	数学者マーティン・クルス…

素粒子
1936(この年)	ヘス、アンダーソン、ノー…
1950(この年)	パウエル、ノーベル物理学…
2005.5.31	ニュートリノを提唱した牧…

「素粒子を探る―文部省高エネルギー物理研究所」
1977(この年)	科学技術映像祭受賞(1977…

ソ連航空工業省
1990.9.5	衛星打ち上げの低コスト化

ゾンド
1965.7.18	「ゾンド3号」打ち上げ成…
1968.3.2	自動ステーション「ゾンド…
1968.9.14	「ゾンド5号」月周回飛行
1970.10.20	自動宇宙ステーション「ゾ…

【た】

「第3基本星表」
1937(この年)	A.コプフ、「第3基本星…

「第4基本星表」
1963(この年)	W.フリッケとA.コプフ…

ダイアナ計画
1990.1.28	「ダイアナ計画」1号の成…

太陰太陽暦
BC700(この頃)	19年間7回の閏月の太陰太…
1881.6.14	内務省地理局編「三正綜覧…

太陰暦
1881.6.14	内務省地理局編「三正綜覧…
1908.10.2	文部省、暦への陰暦記載の…

対衛星兵器
2007.1.11	中国宇宙兵器実験に成功

大衍暦
729(この年)	「大衍暦」施行
764(この年)	「大衍暦」施行
858(この年)	「五紀暦」施行

「大気球で宇宙を探る」
1983(この年)	科学技術映像祭受賞(1983…

大気圏外平和利用
1958.11月	大気圏外平和利用を決議

大強度陽子加速器
2003.10.17	ニュートリノ研究、最低の…

大業暦
608(この年)	「大業暦」施行

大象暦
579(この年)	「大象暦」施行

「泰西彗星論訳草」
1822.9.12	蘭学者・馬場佐十郎が没す…

タイタン
1655（この年）	土星の環と衛星の発見
1840.12.26	鉄砲鍛冶の国友藤兵衛（国…
1944（この年）	土星第6衛星大気中にメタ…
1979.8月-9月	土星第5の環を発見？
1980（この年）	土星観測で明らかに
1987.10.22	今後の打ち上げ計画
1997.10.15	土星探査機打ち上げ
2005.1.14	探査機で初の土星地表撮影
2009.7.30	衛星「タイタン」に液体

タイタンロケット
1986（この年）	相次ぐロケット事故
1998.8月	米国の打ち上げ失敗

だいち
2006.1.24	ロケット技術の信頼回復
2008.1月	精度不足の「だいち」画像…

「大日本沿海輿地全図」
1821（この年）	伊能忠敬「大日本沿海輿地…

大明暦
500（この年）	祖沖之が没する
502（この年）	「大明暦」施行

たいよう
1975.2.24	科学衛星「たいよう」を打…

太陽
1845（この年）	フィゾウ、フーコー、太陽…
1898（この年）	G.H.ダーウィン「潮汐…
1908.1.2	C.A.ヤングが没する
1909（この年）	「エヴァーシェット効果」…
1929（この年）	「ラッセル組成」の発表
1938.2.21	天文台建設の貢献者G.E…
1945.8.15	濱谷浩が「終戦の日の太陽…
1951.8.10	第4代東京天文台長・関口…
1959.5月	太陽活動の観測
1973（この年）	田中捷ява、フレア発生の描…
1973（この年）	太陽研究者アボットが没す…
1981.2.21	ひのとりで太陽面観測
1985.5月	太陽表面にグローバル対流
1985（この年）	彗星と太陽風との相互作用…
1989（この年）	早くも太陽活動が活発化
1991.6月	地上で太陽フレアの中性子…
1992.9.3	拡張する太陽
1992（この年）	常田佐久ら、フレアにおけ…
1998.1.31	大気圏外での太陽表面撮影
2001.8.9	太陽探査機「ジェネシス」…
2002.9.26	「旅をする電子」初観測
2003.10.28	大規模フレアで磁気嵐
2008.9.1	太陽で3連続の衝撃波発生

太陽運動表
1752（この頃）	マイヤー、高精度の太陽…

太陽系起源
1905（この年）	太陽系の進化に関する微惑…
1917（この年）	太陽系の起源に関する潮汐…
1944（この年）	太陽系生成に関する隕石理…
1944（この年）	太陽系起源に関する星雲仮…
1950（この頃）	カイパーの太陽系起源論
1956（この年）	ジュースとユーリー、太陽…
1970（この年）	アルベーン、ノーベル物理…
1984（この年）	林忠四郎ら、太陽系形成の…

太陽光線
1993.2.4	鏡で太陽光線を届ける実験…

太陽黒点
1610（この年）	ファブリキウス父子、太陽…
1835.2.3	国友藤兵衛が自作の望遠鏡
1843（この年）	太陽黒点の周期性発見
1849（この年）	ウォルフ、相対黒点数を示…
1858（この年）	キャリントン、「太陽の黒…
1922（この年）	マウンダー、太陽活動の「…
1937.8.18	日本における太陽黒点観測…
1952.3月	年輪から見る黒点周期
1958.4.19	太陽活動
1970（この年）	アルベーン、ノーベル物理…

「太陽彩層における電離」
1920（この年）	サハ、「太陽彩層における…

太陽磁場活動望遠鏡
2003.10.15	飛騨天文台に最新型望遠鏡…

太陽写真儀
1917.5.2	東京天文台、太陽面羊斑の…

太陽スペクトル
1874.6.21	物理学者オングストローム…
1887（この年）	赤外領域での太陽スペクト…
1892（この頃）	ヘール、スペクトロヘリオ…
1897（この頃）	「ローランド・テーブル」…
1928（この年）	「改訂ローランド太陽波長…
1951.7月	太陽スペクトル中にテクネ…
1954（この頃）	ロケット観測

太陽電波
1942（この年）	太陽電波の発見
1949.9月	東京天文台に200MHzの太…
1959.4月	名古屋大学空電研究所豊川…
1967（この年）	カルグーラ太陽観測所発足
1985.10.27	電波天文学の田中春夫が没…

「太陽と月の大きさと距離について」
BC280（この頃）	アリスタルコス「太陽と月…

「太陽の黒点の観測」
1858（この年）	キャリントン、「太陽の黒…

太陽発電衛星
1993.2.18	太陽発電衛星の基礎実験

太陽風
1958（この年）	太陽風を理論的に予知
1985（この年）	桜井隆、太陽風の2次元定…

太陽物理学
1875.11.27	天文学者キャリントンが没…
1987.1.18	太陽物理学の神野光男が没…

太陽フレア望遠鏡
1991（この年）	国立天文台三鷹キャンパス…
2009（この年）	ペルーに望遠鏡移設

太陽望遠鏡
1968.1月	東京天文台岡山天体物理観…
1979（この年）	京都大学飛騨天文台に口径…

太陽暦
BC2700（この頃）	エジプト人、太陽暦を完成

1788(この年)　吉雄幸作・本木良永が「阿…
　　　1856.7.21　　天文暦学者の渋川景佑が没…
　　　1870.8.29　　広川晴軒が改暦の建白書を…
　　　1872.11.9　　太陽暦(グレゴリオ暦)へ…
　　　1873.1月　　　福沢諭吉「改暦弁」刊行
　　　1881.6.14　　内務省地理局編「三正綜覧…
　　　1896.1.1　　太陽暦採用
タイロス
　　　1960.4.1　　世界初の気象衛星「タイロ…
　　　1962(この年)　気象衛星「タイロス4～7号」…
　　　1965.1.22　　気象衛星「タイロス9号」…
タガ(多賀)
　　　2001.2.3　　アマチュア天文家・坂部三…
タカハシカゲヤス(高橋景保)
　　　2002.9月　　　江戸の天文家、小惑星に
タカハシヨシトキ(高橋至時)
　　　2002.9月　　　江戸の天文家、小惑星に
高松塚古墳
　　　1972.3.26　　高松塚古墳に星宿図
宝塚歌劇団
　　　1998.1.1　　宝塚に「宙」組、誕生
「タクバヤ天文台分担星表」
　　　1962(この年)　「タクバヤ天文台分担星表…
竹内隕石
　　　1880.2.18　　兵庫県朝来市に隕石が落下…
たけさき
　　　1991.9.16　　「たけさき1号」打ち上げ…
タコヤキ
　　　2002.5月　　　小惑星「タコヤキ」
多重星
　　　1827(この年)　シュトルーフェ、二重星及…
ダッソー社
　　　1985.10.18　　仏が小型シャトルを開発
ダテマサムネ(伊達政宗)
　　　2007(この年)　小惑星「ダテマサムネ」と…
ダニエル周期彗星
　　　1937.1.31　　広瀬秀雄・清水真一、ダニ…
田根隕石
　　　1918.1.25　　滋賀県長浜市に隕石が落下…
種子島宇宙センター
　　　1968.10.1　　宇宙開発事業団(NASD…
　　　1971.3月　　　種子島宇宙センター竹崎射…
　　　1974(この年)　宇宙開発事業団、種子島宇…
「種蒔の栞」
　　　1903.1.9　　暦本作成の弘鴻が没する
田原隕石
　　　1991.3.26　　愛知県に田原隕石落下
旅をする電子
　　　2002.9.26　　「旅をする電子」初観測
タマ(多摩)
　　　1927.1.23　　及川奥郎の小惑星発見
「探査機"かぐや"月の謎に迫る」
　　　2008(この年)　科学技術映像祭受賞(2008…

"弾正星"
　　　1577.11.12　　彗星が現れ、松永弾正が滅…
ダンジョン式プリズムアストロラーベ
　　　1950(この年)　ダンジョン式プリズムアス…
たんせい
　　　1974.2.16　　試験衛星「たんせい2号」…
　　　1977.2.19　　試験衛星たんせい3号を打…
　　　1980.2.17　　工学試験衛星「たんせい4…
「談天」
　　　1861(この年)　福田理軒が「談天」に訓点…

【ち】

チェレンコフ・カウンター
　　　1958(この年)　チェレンコフ、タム、フラ…
チェレンコフ光
　　　1993.1月　　　日米共同で素粒子研究
チェレンコフ効果
　　　1958(この年)　チェレンコフ、タム、フラ…
「地下1000メートルからの挑戦」
　　　1997(この年)　科学技術映像祭受賞(1997…
地下無重力実験センター
　　　1991.7.17　　地下無重力実験センター開…
地球外生命探査
　　　1992.10.12　　本格化するET探し
　　　1993.10月　　ET探し予算カットで挫折
　　　1999.5月　　　ET探索
　　　2006.4.11　　地球外生命体専用の望遠鏡
地球観測センター
　　　1978.10月　　宇宙開発事業団、埼玉県比…
地球観測年西太平洋地域連絡会議
　　　1957-1958　　国際地球観測年(IGY)…
地球形状論
　　　1959(この年)　古在由秀、地球の形状は西…
「地球の年周運動を観測から証明する1つ
　　の試み」
　　　1674(この年)　フック「地球の年周運動を…
「地球は青かった」
　　　1961.4.12　　「ボストーク1号」
　　　1968.3.27　　初の宇宙飛行士ガガーリン…
「地球防衛軍」
　　　1957(この年)　映画「地球防衛軍」
　　　1970.1.25　　特撮監督の円谷英二が没す…
　　　1993.2.28　　映画監督・本多猪四郎が没…
地質鉱物学者
　　　1985.1.14　　「月の石」分析の是川正顕…
地人書館
　　　1930(この年)　上條勇、地人書館を創業
　　　1949.1月　　　地人書館「天文と気象」(…
　　　1976(この年)　「天文手帳」刊行
　　　2007.6.30　　地人書館「天文学大事典」…

チシン天文台
　1986.6.5　　　　アマチュア天文家の清水真…
チタン鉄鉱
　2005(この年)　月に酸素を含むチタン鉄鉱
地動説
　1543(この年)　コペルニクス、「地動説」…
　1597(この年)　ガリレイ、ケプラーへの書…
　1616(この年)　法王庁が、地動説禁止の教…
　1632(この年)　ガリレイ、「天文対話」を…
　1633.6.22　　　ガリレイ、地動説を捨てる
　1642.1.8　　　 ガリレオ・ガリレイが没す
　1774.8月　　　 本木良永により地動説が紹…
　1809(この年)　司馬江漢「刻白爾天文図解…
　1818.11.19　　 洋画家・蘭学者の司馬江漢
　1821.3.31　　　町人学者・山片蟠桃が没す…
　1822(この年)　吉雄俊蔵「西説観象経」成…
チャカルタヤ計画
　1963(この頃)　「チャカルタヤ計画」
チャーリー・ブラウン
　1969.5.18　　　「アポロ10号」打ち上げ
チャレンジャー
　1983.4.5　　　 第6次「チャレンジャー」…
　1983.6.18　　　第7次「チャレンジャー」…
　1983.8.30　　　第8次「チャレンジャー」…
　1984.2.7　　　 命綱なしの宇宙遊泳成功
　1984.4.6　　　 初の故障衛星の回収・修理…
　1984.10.11　　 米女性初の船外活動
　1986.1.28　　　スペースシャトルが空中爆…
　1986.1.28　　　宇宙飛行士エリソン・オニ…
　1987(この年)　「チャレンジャー」事故の…
チャンドラ
　1999(この年)　X線天文衛星打ち上げ
　2004.2.18　　　X線でブラックホールを初…
　2007.10.4　　　宇宙線の起源を解明
チャンドラセカールの限界
　1942(この年)　「チャンドラセカールの限…
　1983(この年)　チャンドラセカール、ファ…
　1995.8.21　　　ノーベル賞受賞のスブラマ…
チャンドラヤーン
　2008.10月　　　インド初の月探査
中華
　1986.7.21　　　南京紫金山天文台台長・張…
「中継ステーション」
　1988.4.25　　　SF作家のクリフォード・…
中国1号
　1970.4.24　　　人工衛星打ち上げ初成功
中国衛星15号
　1984.4.8　　　 中国初の実験通信衛星
中国科学院
　1929(この年)　紫金山天文台創設
中質量ブラックホール
　2000.9.12　　　「中質量ブラックホール」…
中性子星
　1939(この年)　重力縮する星の解の発見

超大型開口合成電波干渉計
　1980(この年)　米国国立電波天文台「VL…
超巨星
　1921(この年)　超巨星の視直径実測に成功
超銀河団複合体
　1987.11月　　　巨大な超銀河団複合体を確…
超金属欠乏星
　2006(この年)　青木和光ら、超金属欠乏星…
「長慶宣明暦算法」
　1663(この年)　安藤有益「長慶宣明暦算法…
超合成法
　1946(この頃)　電波干渉計の開発・建設
「超高層に到達する方法」
　1919(この年)　ゴダード「超高層に到達す…
超小型人工衛星
　2003.6.30　　　学生製作による人工衛星打…
超新星
　1934(この年)　バーデとツヴィッキー、新…
　1985(この年)　超新星を2つも発見
　1987.2.24　　　超新星の観測
　1987(この年)　野本憲一らの超新星(SN…
　1989(この年)　超新星跡地にパルサー誕生
　1993(この年)　2度目の輝きを見せた超新…
　1994.5.17　　　超新星残骸、初めてのドー…
　1994.9.15　　　超新星「1994I」
　1999(この年)　福井康雄ら、「スーパーシ…
　2000.8.23　　　青木昌勝が12個目の超新星…
　2002.2.6　　　 超新星から極超新星へ
　2002.8.9　　　 銀河誕生期の銀河風観測
　2002.10.19　　 土井飛行士が超新星を発見
　2003.5.29　　　一度に18個の超新星爆発
　2004.5.25　　　串田麗樹、14個目の超新星…
　2009.8.25　　　51個目の超新星で記録更新
超新星爆発
　1983(この年)　野本憲一ら、Ia型超新星…
　1995.11.16　　 宇宙線は超新星爆発の残骸…
　2006(この年)　原子の起源が明らかに
　2008.2.5　　　 超新星爆発はラグビーボー…
　2008.9.13　　　超新星爆発でレアメタル生…
長征ロケット
　1986.2.1　　　 初の実用通信放送衛星打ち…
　1986(この年)　中国、代行打ち上げ
　1987(この年)　「長征3号」で宇宙ビジネ…
　1992.8.14　　　中国、通信衛星打ち上げ成…
　1995.1.26　　　「長征」ロケット事故で死…
　1996(この年)　長征ロケット爆発で死者
潮汐説
　1917(この年)　太陽系の起源に関する潮汐…
「潮汐論」
　1898(この年)　G.H.ダーウィン「潮汐…
超長基線アレー
　1992(この年)　「VLBA(超長基線アレ…
超長基線電波干渉計
　1993.11.8　　　電波望遠鏡ネットワーク完…
　2001.9.26　　　VLBI観測、日本・韓国…

- 391 -

ちょう

超長距離電波干渉計
 1967（この年） 世界初のVLBI観測の成…
塵
 1951.6月 宇宙塵の存在
 1952.1月 わし座の恒星の偏光
 1956（この年） ジュースとユーリー、太陽…
 1993.8月 惑星間の塵を海底で発見
地理学者
 1818.5.17 地理学者・測量家の伊能忠…
 1885.2.5 改暦事業を行った塚本明毅…
チロ天文台南天ステーション
 1995（この年） チロ天文台南天ステーショ…

【つ】

通信衛星
 1972.11.10 通信衛星「アニク1号」打…
 1973.11.2 放送・通信衛星の打ち上げ…
 1977.1月 NATO用通信衛星
 1989（この年） 「テレX」打ち上げ
 1992.2.27 通信衛星「スーパーバード…
 1992.8.14 中国、通信衛星打ち上げ成…
 1992.12.2 「スーパーバード新A」打…
 1994.9.8 通信衛星打ち上げ後トラブ…
 1995.8.28 「JCSAT3号」打ち上…
 1995.8.29 通信衛星「N-STAR…
 1996.10.1 「パーフェクTV」放送開…
 1997.7.28 通信衛星「スーパーバード…
 2002.4.2 衛星研究のジョン・ロビン…
 2008.8.15 放送・通信事業者が運用す…
 2009.2.10 米と露の通信衛星衝突
通信傍受衛星
 2002.4.4 盗聴衛星?を発見
ツェレンツクスカヤ天文台
 1976（この年） 世界最大の反射望遠鏡
月
 1890（この年） 長瀬商店が「花王石鹸」を…
 1898（この年） G.H.ダーウィン「潮汐…
 1901（この年） 滝廉太郎作曲の唱歌「荒城…
 1919（この年） 「月運動表」完成
 1920.9月 童謡「十五夜お月さん」が…
 1929.10.15 SF映画「月世界の女」が…
 1938.9.22 月の運行研究者アーネスト…
 1947（この年） 月の反射波推測成功
 1968（この年） 質量密集地帯「マスコン」…
 1978.7月 冥王星にも月を発見
 1986.3月 38億年前の月面に水の存在
 1992.2.15 衛星「ひてん」月の周回軌…
 1996（この年） 月の土地販売開始
 1997.8.27 「セレーネ」計画開始
 2000（この年） 巨大衝突の破片から月
 2003.2.20 50年前の天文写真が真実と…
 2005.7.22 米下院で宇宙ステーション…
 2005（この年） 月に酸素を含むチタン鉄鉱
「月運行表」
 1938.9.22 月の運行研究者アーネスト…
「月運動表」
 1919（この年） 「月運動表」完成
月運動表
 1752（この頃） マイヤー、高精度の太陽…
「月世界の女」
 1929.10.15 SF映画「月世界の女」が…
「月世界旅行」
 1865（この年） 初の本格的SF、ジュール…
 1902（この年） 世界初の本格SF映画「月…
 1905.3.24 科学小説の始祖ジュール…
「月世界旅行記」
 1655.7.28 「月世界旅行記」のシラノ…
月探査
 1958.8.17 月探査ロケット「ソア・エ…
 1959.9.12 「ルナ2号」月に到着
 1959.10.4 「ルナ3号」
 1960（この年） 月ロケット失敗
 1961.8.23 月探測計画の「レインジャ…
 1962.1.26 「レインジャー3号」撮影…
 1962.4.26 「レインジャー4号」月裏
 1963.4.2 「ルナ4号」打ち上げ
 1964.7.31 「レインジャー7号」月面
 1965.3.21 「レインジャー計画」終了
 1965.5.9 「ルナ5号」「6号」は失敗
 1965.7.18 「ゾンド3号」打ち上げ成…
 1966.1.31 「ルナ9号」月面軟着陸成
 1966.3.31 「ルナ10号」初の孫衛星に…
 1966.6.2 「サーベイヤー1号」月面
 1966.8.11 「ルナ・オービター1号」…
 1966.12.21 「ルナ13号」打ち上げ
 1966（この年） 「ルナ11号」「12号」打ち…
 1967.8.1 「ルナ・オービター5号」
 1967（この年） 「サーベイヤー5号」「6号…
 1968.4.7 「ルナ14号」打ち上げ
 1968.12.24 「アポロ8号」史上初の有…
 1969.7.21 人類月面に第一歩
 1970.4.13 「アポロ13号」事故
 1970.9.12 「ルナ16号」打ち上げ
 1970.11.10 「ルナ17号」打ち上げ
 1971-1972 無人月探査機ルナの活躍
 1972.4月 「アポロ16号」
 1973.1.8 無人探査機「ルナ21号」月…
 1976.8.18 「ルナ24号」月に軟着陸
 1993.6.23 天文学者ズデネック・コパ…
 1994.1.25 探査機「クレメンタイン1…
 1998.1.6 NASA、「アポロ」以来…
 2003.9.28 欧州初の月探査機打ち上げ
 2006.7.31 JAXA、日本人を月面に
 2006.9.3 無人月探査機が月面衝突
 2007.10.24 中国「嫦娥1号」打ち上げ
 2007（この年） 見通し甘く「ルナーA」計…
 2008.10月 インド初の月探査
 2009.6.11 月探査機「かぐや」月面落…

                2009.6.19   NASA月探査機打ち上げ
月の石
                1970.3.14   日本万国博覧会（大阪万博…
                1984.4月   南極で月の石発見
                1985.1.14   「月の石」分析の是川正顕…
「月の運行表」
                1857（この年）   ハンセン、「月の運行表」…
「月の運動論」
                1783.9.18   数学者オイラーが没する
月ロケット
                1991.2月   ソ連版月ロケットは幻
つくば隕石
                1996.1.7   「つくば隕石」落下
筑波宇宙センター
                1972.6月   宇宙開発事業団（NASD…
                1991.1.11   筑波宇宙センター所長・宇…
つくば万博
                1985.3.17-9.16   国際科学技術博覧会（科学…
土御門家
                1005.10.31   陰陽師・安倍晴明が没する
                1717.6.17   陰陽師・土御門泰福が没す…
                1784（この年）   暦学者・土御門泰邦が没す…
                1870.2.10   天文暦道の所管、天文暦道…
椿＝エングボルド の式
                1999.11.23   コロナ研究の椿都生夫が没…
つばさ
                2002.2.4   「H-2A」2号打ち上げ

【て】

デイアマン
                1965.11.26   初の国産衛星打ち上げ成功
ディオネ
                1980（この年）   土星観測で明らかに
ティコの新星
                1572.11月   ブラーエ、新星を発見
「ティコ・ブラーエの夢」
                1924（この年）   「ティコ・ブラーエの夢」…
偵察衛星
                1972.3.1   スパイ衛星打ち上げ
                1980.4.30   スパイ衛星打ち上げ
                1984.10月   偵察衛星の共同開発
定常宇宙論
                1948（この年）   ホイル、「定常宇宙論」を…
                1948（この年）   ボンディ、ゴールド、定常…
                2001.8.20   「定常宇宙論」のフレッド…
                2004.6.22   「定常宇宙論」のトーマス…
                2005.9.10   「定常宇宙論」のヘルマン…
ディスカバラー計画
                1959.2.28   「ディスカバラー1号」
                1960.8.11   「ディスカバラー計画」最…
                1960.8.20   カプセル空中回収

ディスカバリー
                1984.8.30-9.5   3番機「難産」の初飛行
                1984.11.12   史上初、漂流衛星持ち帰る
                1985（この年）   スペースシャトル「ディス…
                1986.1.28   宇宙飛行士エリソン・オニ…
                1988.9.30   再生1号機シャトルの成功
                1989.3.13   再生3号機打ち上げ
                1990.4.24   ハッブル宇宙望遠鏡を放出
                1990（この年）   シャトル、相次ぐトラブル
                1992.1.22   ディスカバリーで「IML…
                1994.2.3   ロシア人飛行士、初めてス…
                1995.2.3   初の女性操縦士
                1995（この年）   シャトル相次ぐトラブル
                1997.2月   ハッブル宇宙望遠鏡を大幅…
                1997.4.26   向井、若田両名、宇宙へ
                1998.6.2   「ミール」と「ディスカバ…
                1998.10.30   向井千秋、日本人初2度目…
                2000.10.12   若田光一、「ディスカバリ…
                2005.7.26   宇宙食にラーメン
                2005.7.26   シャトル再開打ち上げ成功
                2006.7.5   再開2号も打ち上げ成功
                2006.12.10   シャトル夜間打ち上げ成功
                2007.10.24   「きぼう」接合部を運搬
                2008.6.1   星出彰彦飛行士、宇宙へ
                2009.3.16   「きぼう」完成に向けて、…
                2009.8.29   「ディスカバリー」宇宙ス…
ディープインパクト
                2005.7.4   彗星に人工物を衝突
ディモス
                1877（この年）   ホール、火星の2つの衛星…
「敵は海賊シリーズ」
                1983.9月   神林長平「敵は海賊・海賊…
テクネチウム
                1951.7月   太陽スペクトル中にテクネ…
                1952（この頃）   人工放射元素作製成功
デジタル・スカイ・サーベイ計画
                1993（この年）   宇宙データベース「宇宙地…
「デスティニー」
                2001.2.8   実験棟「デスティニー」設…
鉄K殻X線の吸収線
                1984（この年）   天文観測衛星「てんま」が…
哲学者
                BC322（この年） 哲学者のアリストテレスが…
                1650.2.11   哲学者デカルトが没する
鉄道
                2008.3月   列車名「天体シリーズ」、…
「鉄腕アトム」
                1989.2.9   漫画家・手塚治虫が没する
テティス
                1980（この年）   土星観測で明らかに
テミス
                1898（この年）   土星の第9衛星「フェーベ…
デュドレー天文台
                1878（この年）   ボス、「ボス第1基本星表…

「デューン 砂の惑星」
　1986.2.11　　SF作家のフランク・ハー…
デリンジャー現象
　1935（この年）　デリンジャー現象の発見
テルスター
　1962.7.10　　「テルスター」打ち上げ成…
　1963.5.7　　通信衛星「テルスター2号…
デルタ・クリッパー
　1993.8.18　　垂直離着陸可能ロケット「…
デルタロケット
　1987.10.22　　今後の打ち上げ計画
　1989.8.27　　商業衛星再開1号の打ち上…
　1997.1.17　　米無人ロケットが爆発
テレX
　1989（この年）　「テレX」打ち上げ
「テレスコッフ遠眼鏡業試留」
　1832（この年）　国友藤兵衛、反射望遠鏡の…
テレビ番組
　1978（この年）　テレビドラマ「宇宙空母ギ…
　1980（この年）　カール・セーガン監修のテ…
　1996.12.20　　「核の冬」のカール・セー…
　2002（この年）　NHK連続テレビ小説「ま…
テレビ中継
　1964.1.21　　「リレー2号」打ち上げ
　1964.3.25　　テレビ中継成功
　1964.7.23　　「シンコム3号」打ち上げ
　1964.10.10　　「シンコム3号」東京オリ…
　1967.6.26　　「われらの世界」放送
「天界」
　1920.9.25　　天文同好会（後の東亜天文…
「天界の構造について」
　1785（この年）　W.ハーシェル「天界の構…
電気通信研究所
　1967（この年）　衛星研究部門発足
天球儀
　1793（この年）　本木良永が「星術本原太陽…
「天球図譜」
　1719（この年）　初代グリニッジ天文台長の…
「天球の音楽―ピュタゴラス宇宙論とル
　ネサンス詩学」
　1974（この年）　「天球の音楽―ピュタゴラ…
「天球の回転について」
　1543（この年）　コペルニクス、「地動説」…
「天球論」
　1593（この年）　宣教師ペドロ・ゴメス、「…
「天経発蒙」
　1767.9.14　　尊皇思想家・山県大弐が死…
「天経或問」
　1730（この年）　西川正休「天経或問」に訓…
「天経或問註解」
　1750（この年）　入江脩敬「天経或問註解」…
電子工学者
　2002.4.2　　衛星研究のジョン・ロビン…

電子通信学会
　2005.5.28　　宇宙電子工学の高木昇が没…
電磁波工学者
　1988.11.7　　電磁波工学の中田美明が没…
「天象研究改正之真図」
　1830（この年）　我が国最大級の星図「天象…
電磁流体衝撃波モデル
　1968（この年）　モートン波のfast mode電…
「天体位置表」
　1943（この年）　昭和18年度から「天体位置…
　1993.1.27　　「天体位置表」を創刊した…
天体軌道
　1931（この年）　萩原雄祐、天体軌道の理論…
天体強度干渉計
　1963（この頃）　天体強度干渉計の完成
天体写真儀
　1903（この年）　光学機器製作のP.M.ア…
"天体シリーズ"（鉄道）
　2008.3月　　列車名「天体シリーズ」、…
「天体の一般自然史と理論」
　1755（この年）　カント、「天体の一般自然…
天体物理学
　1937（この年）　萩原雄祐と畑中武夫、惑星…
　1955-1956　　物理学者と天体物理学者と…
　1957（この年）　グループ研究の流行
　1983（この年）　チャンドラセカール、ファ…
天体物理学者
　1907.8.13　　天文学者フォーゲルが没す
　1934（この年）　分光写真研究のA.ベロボ…
　1938.8.1　　京都大学宇宙物理学科の創…
　1944.11.22　　天体物理学者アーサー・ス…
　1957.2.18　　「HR図」の考案者、ヘン…
　1973.2.6　　実験物理学者アイラ・スプ…
　1989.10.11　　暦学史研究の能田忠亮が没…
　1992.2.5　　天体物理学者・早川幸男が…
　1995.3.14　　ノーベル賞受賞のウィリア…
　1995.8.21　　ノーベル賞受賞のスブラマ…
　1996.12.20　　「核の冬」のカール・セー…
　1997.3.31　　ハッブル宇宙望遠鏡に貢献…
　1998.7.14　　天文学者・一柳寿一が没す
　1999.4.25　　天体物理学者ウィリアム・…
　2003.10.11　　宇宙物理学者イバン・ゲテ…
　2005.8.17　　ニュートリノ研究のジョン…
　2005.9.10　　「定常宇宙論」のヘルマン…
　2006.5.31　　ニュートリノ研究のレイモ…
　2007.4.19　　ガンマ線バースト研究のボ…
「天体力学」（シャーリエ）
　1934（この年）　銀河回転研究の先駆・シャ…
「天体力学」（ラプラス）
　1825（この年）　ラプラス、「天体力学」（…
天体力学
　1899（この年）　ポアンカレ、「天体力学の…
　1914（この年）　数理天文学者ヒルが没する
　1962（この年）　古在由秀、小惑星運動理論…
　1966（この年）　堀源一郎、天体力学の正準…

天体力学者
　1929（この年）　天体力学者アンリ・アンド…
　1938.9.22　　月の運行研究者アーネスト…
　1943.4.8　　　小惑星の族（ヒラヤマ・フ…
　1949（この年）　天体力学者K.F.スンド…
　1950.1.14　　　東北大学天文学教室の創始…
　1966.1.31　　　天体力学のディルク・ブラ…
　1979.1.29　　　天体力学の世界的権威・萩…
「天体力学の基礎」
　1947.1月　　　萩原雄祐、「天体力学の基…
「天体力学の新方法」
　1899（この年）　ポアンカレ、「天体力学の…
「天地二球用法」
　1774.8月　　　本木良永により地動説が紹…
電電公社
　1967（この年）　衛星研究部門発足
天動説
　BC370（この頃）エウドクソスの同心球説に…
　BC340（この頃）アリストテレスの宇宙大系
　BC322（この年）哲学者のアリストテレスが…
　BC280（この頃）アリスタルコス「太陽と月…
　120（この頃）　プトレマイオス「アルマゲ…
「天度測量」
　1763.7.16　　　美濃郡上藩主の金森頼錦が…
天和暦
　566（この年）　「天和暦」施行
天王星
　1781.3.13　　　W.ハーシェル、天王星を…
　1948（この年）　カイパーの衛星発見
　1977.3.10　　　天王星の環、発見
　1986（この年）　天王星探査「ボイジャー2…
　1987（この年）　米ソ連の研究者が新惑星仮…
　1997.10.31　　 天王星に新衛星発見
でんぱ
　1972.8.19　　　科学衛星「でんぱ」打ち上…
電波アーク
　1985（この年）　坪井昌人ら、銀河系中心近…
電波干渉計
　1946（この頃）　電波干渉計の開発・建設
　1955（この年）　ライルら、最初の開口合成…
　1959.4月　　　名古屋大学空電研究所豊川…
　1967（この年）　カルグーラ太陽観測所発足
　1971（この年）　ケンブリッジ大学マラード…
　1980（この年）　米国国立電波天文台「VL…
電波銀河
　1954（この年）　電波銀河の発見
電波源
　1959（この年）　「掃天電波源のケンブリッ…
　1960（この年）　「掃天電波源のカリフォル…
　1961（この年）　B.Y.ミルズら「掃天電…
　1965（この年）　「掃天電波源のボロニア第…
電波受信装置
　1963.8月　　　東京天文台、21cm電波低雑…
電波星
　1952（この頃）　電波星の起源

電波静穏クエーサー
　1963（この頃）　M.シュミット、A.サン…
電波地図
　2001.4.7　　　「なんてん」天の川の電波…
　2002.1.16　　　電波天文学のR.ハンバリ…
「電波でさぐる宇宙」
　1999（この年）　科学技術映像祭受賞（1999…
電波天文学
　1931（この年）　ジャンスキー、宇宙電波を…
　1937（この年）　リーバー、最初の電波望遠…
　1942（この年）　太陽電波の発見
　1949.9月　　　東京天文台に200MHzの太…
　1951.11月　　　流星のレーダー観測
　1951（この年）　中性星間水素の輝線から銀…
　1953（この年）　マゼラン雲の運動
　1955（この年）　木星からの電波捕捉
　1956.5月　　　金星からの電波観測
　1962.1.7　　　水星からの電波を捕捉
　1974（この年）　ライル、ヒューイッシュ、…
　1993.11.10　　 原始惑星系円盤の発見
　1997.3.7　　　ノーベル賞受賞のエドワー…
電波天文学・宇宙科学への周波数配分連
　合間委員会
　1960（この年）　国際宇宙航行アカデミー（…
電波天文学者
　1950.2.14　　　電波天文学者カール・ジャ…
　1963.11.10　　 天文学者・畑中武夫が没す…
　1984.10.1　　　電波天文学の権威マーティ…
　1985.10.27　　 電波天文学の田中春夫が没…
　1991.10.17　　 電波天文学者ハーラン・ス…
　2002.1.16　　　電波天文学のR.ハンバリ…
電波ヘリオグラフ
　1992（この年）　野辺山電波ヘリオグラフ完…
電波望遠鏡
　1937（この年）　リーバー、最初の電波望遠…
　1952.3月　　　新型電波望遠鏡
　1953.9月　　　東京天文台の電波望遠鏡が…
　1957（この頃）　巨大電波望遠鏡の設置
　1963.11.10　　 天文学者・畑中武夫が没す…
　1967（この年）　世界初のVLBI観測の成…
　1970（この年）　マックス・プランク協会、…
　1976（この年）　世界最大の反射望遠鏡
　1993.11.8　　　電波望遠鏡ネットワーク完…
　1995.3.12　　　パラボラアンテナ製作者・…
電波ローブ
　1983.4月　　　銀河系中心の上空に巨大電…
　1985（この年）　坪井昌人ら、銀河系中心近…
テンペル第2周期彗星
　1920.5.26　　　百済教猷、テンペル彗星を…
テンペル・タットル彗星
　1965.11.17　　 テンペル・タットル彗星に…
　2001.11.19　　 大規模しし座流星群観測
天保暦
　551（この年）　「天保暦」施行
　1844（この年）　「天保暦」施行

てんま
- 1983.2.20　第8号科学衛星「てんま」…
- 1984(この年)　天文観測衛星「てんま」が…
- 1986(この年)　相対論的ジェット天体「S…

「天文・宇宙の辞典」
- 1978(この年)　恒星社厚生閣「天文・宇宙…

「天文宇宙物理学総論」
- 1947(この年)　「天文宇宙物理学総論」刊…
- 1978.3.20　天体物理学者・荒木俊馬が…

天文家
- 1646.4.6　南蛮天文学を修めた林吉右…
- 1715.11.1　天文暦学者・渋川春海(安…
- 1724(この年)　天文・地理学者の西川如…
- 1729(この年)　天文家・廬草拙没する
- 1733.10.19　天文家・暦学者の中根元圭…
- 1763.7.16　美濃郡上藩主の金森頼錦が…
- 1787(この年)　天文暦学者の西村遠里が没…
- 1789.4.1　天文暦学者の千葉歳胤が没…
- 1804.2.15　天文暦学者の高橋至時が没…
- 1804.10月　大坂の間重富、再び江戸に…
- 1816.4.21　天文暦学者の間重富が没す…
- 1835.6.16　天文暦学者の西村太冲が没…
- 1840.3.2　アマチュア天文学者オルバ…
- 1845.8.3　天文暦学者の足立信頭が没…
- 1856.7.21　天文暦学者の渋川景佑が没…
- 1861.7.7　天文暦学者の山路諧孝が没…
- 2002.9月　江戸の天文家、小惑星に

天文学史
- 1793.11.12　天文学者・政治家のバイイ…
- 1830(この年)　石井光致「和漢暦原考」刊
- 1843.11.2　国学者の平田篤胤が没する
- 1928.8.15　新城新蔵が「東洋天文学史…
- 1930(この年)　飯島忠夫が「支那暦法起源…
- 1935.3.11　天文学者・土ест八千太が没…
- 1935(この年)　神田茂の「日本天文史料」…
- 1938.8.1　京都大学宇宙物理学科の創…
- 1943.4.8　小惑星の族(ヒラヤマ・フ…
- 1943(この年)　能田忠亮「東洋天文学史論…
- 1943(この年)　橋本増吉、「支那古代暦法…
- 1944.2.10　天文学者ユージン・アント…
- 1944(この年)　藪内清、「隋唐暦法史の研…
- 1950.1.10　暦学研究・小川清彦が没す…
- 1954.9.27　暦研究の飯島忠夫が没する
- 1960.3月　「明治前日本天文学史」刊…
- 1970(この年)　「Journal for the H…
- 1974.7.29　アカデミズムとアマチュア…
- 1975(この年)　内田正男「日本暦日原典」
- 1975(この年)　ノイゲバウアー「古代数理…
- 1982.10.15　天文啓蒙者・斉田博が没す…
- 1989.10.11　暦学史研究の能田忠亮が没…
- 2000.6.2　天文史家・藪内清が没する

「天文学者」
- 1668(この年)　ヨハネス・フェルメールが…

天文学者
- BC194(この頃)　エラトステネスが没する
- 550(この年)　数学者・天文学者アーリヤ…
- 1482.5.15　トスカネリが没する
- 1601.10.24　天文学者ティコ・ブラーエ…
- 1630.11.15　天文学者ケプラーが没する
- 1642.1.8　ガリレオ・ガリレイが没す…
- 1712.9.14　土星の環の間隙を発見した…
- 1719(この年)　初代グリニッジ天文台長の…
- 1793.11.12　天文学者・政治家のバイイ
- 1811.2.9　天文学者マスケリンが没す…
- 1813.4.10　数学者・天文学者のラグラ…
- 1822.8.25　天文学者ウィリアム・ハー…
- 1846.3.17　天文学者ベッセルが没する
- 1853.10.2　天文学者・物理学者アラゴ…
- 1865.8.26　天文学者エンケ没する
- 1871.5.11　天文学者ジョン・ハーシェ…
- 1875.11.27　天文学者キャリントンが没…
- 1877.9.23　天文学者ルヴェリエが没す…
- 1893.5.28　天文学者プリチャードが没…
- 1908.1.2　C.A.ヤングが没する
- 1910.7.4　火星の「運河」のスキャパ…
- 1914(この年)　数理天文学者ヒルが没する
- 1915(この年)　星のカタログ作成者アウヴ…
- 1916.5.11　天文学者カール・シュワル…
- 1916.11.12　火星の探求者パーシバル・…
- 1920.11.26　天文学者の一戸直蔵が没す…
- 1921(この年)　ソビエト天文学者の飢餓救…
- 1923.8.6　日本の天文学の育ての親・…
- 1935.3.11　天文学者・土井八千太が没…
- 1937(この年)　スターリン治下の天文学者…
- 1938.2.21　天文台建設の貢献者G.E…
- 1939(この年)　天文学者オットー・ルドル…
- 1943.9.26　z項の発見で知られる天文…
- 1944.2.10　天文学者ユージン・アント…
- 1945.6.2　天文学者の平山信が没する
- 1951.8.10　第4代東京天文台長・関口…
- 1953.9.28　「ハッブルの法則」のエド…
- 1956(この年)　変光星研究のセルゲイ・ブ…
- 1959.1.16　天文学者・山本一清が没す…
- 1960.6.25　天文学者ワルター・バーデ…
- 1964.7.30　第3代東京天文台長・早乙…
- 1964(この年)　マコーミック天文台長ハロ…
- 1967.10.21　赤色星研究のヘルツシュプ…
- 1969.11.8　天文学者ベスト・スライフ…
- 1970.3.29　小惑星「ヒルダ」研究の秋…
- 1970(この年)　小惑星の発見者・及川奥郎…
- 1972.9.20　天文学者ハーロー・シャプ…
- 1973(この年)　赤外線天文学中のカイパー…
- 1974.7.29　アカデミズムとアマチュア
- 1976.11.13　天文学者・上田穣が没する
- 1978.3.20　天体物理学者・荒木俊馬が…
- 1981.10.27　天文学者・広瀬秀雄が没す…
- 1983.8.7　天文学者バート・ボークが…
- 1983.10.4　「ミハイロフ星図」のアレ
- 1986.7.21　南京紫金山天文台台長・張…
- 1986.10.11　東京天文台長を務めた宮地…
- 1987.12.27　天文学者・鏑木政岐が没す…
- 1988.11.23　天文学者・古畑正秋が没す…

1990.1.2	太陽研究の田中捷雄が没す…		1950.4.21	在野の天文学者・前原寅吉…
1991.12.5	東京天文台長を務めた末元…		1994.6.13	宇宙科学者ジェームズ・ポ…
1992.5.11	天文学者・宮本正太郎が没…		2006.5.22	天体観測の冨田弘一郎が没…
1992.7.27	「天文台日記」の著者・石…	「天文観測月報」		
1992.11.5	ライデン天文台長ヤン・…		1945.6.18	神田茂、日本天文研究会を…
1993.1.27	「天体位置表」を創刊した…	天文教育普及研究会		
1993.6.23	天文学者ズデネック・コパ…		2006.12.31	天文学普及に尽力した磯部…
1996.8.13	ビュラカン天文台台長ヴィ…	天文局		
1997.1.17	冥王星の発見者クライド・…		1871.7月	星学局、天文局として大学…
1997.7.18	彗星発見者ユージーン・シ…		1872.8月	天文局を文部省に移す
1999.11.12	星の進化を研究した蓬茨霊…		1874.2.4	天文局廃止
1999.11.23	コロナ研究の椿都生夫が没…	「天文義論」		
2001.3.1	「すだれコリメータ」の小…		1712(この年)	西川如見「天文義論」刊
2001.8.20	「定常宇宙論」のフレッド…	「天文経緯鈔」		
2002.8.17	「内田=柴田モデル」の内…		1770(この年)	原長常「天文経緯鈔」刊
2003.10.20	天文学者・竹内端夫が没す…	「天文月報」		
2004.1.13	天文学者・弓滋が没する		1908.4月	「天文月報」創刊
2004.6.22	「定常宇宙論」のトーマス…	「天文志」		
2004.8.30	彗星研究者フレッド・ホイ…		644(この年)	李淳風編「天文志」を含む…
2006.12.31	天文学普及に尽力した磯部…	天文史家		
「天文学総合文献目録」			2000.6.2	天文史家・藪内清が没する
	1889(この年)「天文学総合文献目録」完…	天文資料		
「天文学大事典」			2008.2.21	京都大学の天文資料デジタ…
	2007.6.30	地人書館「天文学大事典」…	「天文図解」	
天文学特別功労賞			1689(この年)	井口常範「天文図解」刊
	1994.10.14	天文学特別功労賞受賞	「天文図解発揮」	
「天文学宝典」			1693(この年)	中根元圭「天文図解発揮」…
	920(この頃)	アル=バッターニ、暦法・…	「天文星象図」	
天文方			1824(この年)	長久保赤水「天文星象図」…
	1715.11.1	天文暦学者・渋川春海(安…	「天文星象図解」	
	1742.1.30	天文方の猪飼豊次郎が没す…		1824(この年)	長久保赤水「天文星象図」…
	1750(この年)	将軍・吉宗、改暦のため天…	「天文総報」	
	1769.12月	佐々木長秀、「修正宝暦甲…		1945.6.18	神田茂、日本天文研究会を…
	1773.1.3	和算家・山路主住が没する	天文台	
	1782.10月	浅草に天文台が設置される		1471(この頃)	レギオモンタヌス、ドイツ…
	1787.10.26	天文暦学者の吉田秀長が没…		1576(この年)	ブラーエ、天体観測所建設
	1795(この年)	伊能忠敬、高橋至時に入門		1950(この年)	最初の自治体天文台である…
	1795(この年)	高橋至時、間重富が幕府に…		1997.3月	4000年前の天文台発見され…
	1800.12.21	天文方の奥村郡太夫が没す…	天文台談話会	
	1804.2.15	天文暦学者の高橋至時が没…		1900(この年)	東京天文台、天文台談話会…
	1814.3.24	高橋景保が御書物奉行を兼…	「天文台日記」	
	1829.3.20	シーボルト事件により捕ら…		1992.7.27	「天文台日記」の著者・石…
	1845.8.3	天文暦学者の足立信頭が没…	「天文対話」	
	1855.8.30	幕府が洋学所の設置を決め…		1632(この年)	ガリレイ、「天文対話」を…
	1856.7.21	天文暦学者の渋川景佑が没…	天文単位	
	1861.7.7	天文暦学者の山路諧孝が没…		1965(この年)	天文単位AUを測定
	1870.8.25	天文暦道局、星学局に	天文定数	
	1993.6月	天文方・渋川家の文書発見		1909.7.11	理論天文学者ニューカムが…
「天文管窺」			1911(この年)	国際的に天文定数を協定
	1784(この年)	志筑忠雄「天文管窺」が成…	「天文手帳」	
天文観測家			1976(この年)	「天文手帳」刊行
	1817(この年)	天文観測家メシエ没する	「天文と気象」	
	1932(この年)	「中村鏡」の中村要が没す…		1949.1月	地人書館「天文と気象」(…
	1934.1.2	ペルセウス座新星の発見者…		1982.10.15	天文啓蒙者・斉田博が没す…
	1937.8.18	日本における太陽黒点観測…			
	1945.4.1	アマチュア天文家・岡林滋…			

天文時計
　　1964.7.30　　　第3代東京天文台長・早乙…
「天文年鑑」
　　1949(この年)　「天文年鑑」刊行開始
「天文の事典」
　　2003(この年)　「天文の事典」刊行
天文暦道局
　　1870.2.10　　　天文暦道の所管、天文暦道…
電離
　　1920(この年)　サハ、「太陽彩層における…
電離層異変
　　1998.9.27　　　電離層異変

【と】

ドイ(土井隆雄)
　　1992.11月　　　小惑星に日本人宇宙飛行士…
ドイツ宇宙旅行協会
　　1927(この年)　ドイツ宇宙旅行協会結成
　　1989.12.28　　　ロケット開発のヘルマン・…
ドイツ天文学会
　　1823(この年)　ドイツ天文学会機関紙創刊
　　1915(この年)　星のカタログ作成者アウヴ…
　　1924(この年)　「ドイツ天文学会星表第2…
　　1943(この年)　「ドイツ天文学会再測基準…
　　1958(この年)　「ドイツ天文学会再測写真…
「ドイツ天文学会再測基準星表」
　　1943(この年)　「ドイツ天文学会再測基準…
「ドイツ天文学会再測写真星表」
　　1958(この年)　「ドイツ天文学会再測写真…
「ドイツ天文学会星表」
　　1910(この年)　「ドイツ天文学会星表第1…
　　1915(この年)　星のカタログ作成者アウヴ…
　　1924(この年)　「ドイツ天文学会星表第2…
東亜天文学会
　　1920.9.25　　　天文同好会(後の東亜天文…
　　1959.1.16　　　天文学者・山本一清が没す…
　　1996.2.22　　　"火星観測の鬼"佐伯恒夫…
東亜天文学会賞
　　1978(この年)　東亜天文学会賞受賞
　　1979(この年)　東亜天文学会賞受賞
　　1980(この年)　東亜天文学会賞受賞
　　1981(この年)　東亜天文学会賞受賞
　　1982(この年)　東亜天文学会賞受賞
　　1983(この年)　東亜天文学会賞受賞
　　1984(この年)　東亜天文学会賞受賞
　　1985(この年)　東亜天文学会賞受賞
トウキョウ(東京)
　　1900(この年)　平山信、小惑星「Tokio」…
　　1945.6.2　　　天文学者の平山信が没する
東京オリンピック
　　1964.7.23　　　「シンコム3号」打ち上げ

　　1964.10.10　　　「シンコム3号」東京オリ…
東京開成学校
　　1874.5.7　　　開成学校、東京開成学校に…
東京科学博物館
　　1931.11.2　　　東京科学博物館が開館
東京女子医科大学
　　1999.11月　　　小惑星に創立者の名前
東京大学
　　1877.4.12　　　東京大学創立
　　1945.5.25　　　東京大学天文学教室、第二…
　　1953.8.1　　　東京大学、乗鞍宇宙線観測…
　　1963.12.9　　　鹿児島県内之浦の東京大学…
　　2007(この年)　東京大学に新機構設立
東京大学宇宙航空研究所
　　1964.3.27　　　東京大学宇宙航空研究所発…
　　1965.11月　　　東京大学宇宙航空研究所、…
　　1970.2.11　　　東京大学宇宙航空研、国産…
　　1971-1972　　　東京大学の観測ロケット次…
　　1972-1973　　　東京大学観測衛星が次々打…
　　1974.8.20　　　東京大学観測ロケットの打…
　　1975-1976　　　観測ロケットの打ち上げ
　　1981.4.14　　　宇宙科学研究所が発足
東京大学宇宙線研究所
　　1978.10.6　　　東京大学宇宙線研究所の明…
東京大学観象台
　　1878(この年)　東京大学理学部観象台が設…
東京大学工学部境界領域研究施設
　　1981.4.14　　　宇宙科学研究所が発足
東京大学航空研究所
　　1964.3.27　　　東京大学宇宙航空研究所発…
東京大学星学科
　　1878.5月　　　東京大学理学部に星学科が…
　　1884.6月　　　寺尾寿、東京大学星学科の…
　　1895.12.22　　　星学第二講座(天体物理)…
　　1919(この年)　平山信、第2代東京天文台…
　　1923.8.6　　　日本の天文学の育ての親・…
東京大学生産技術研究所(東大生研)
　　1949.5.31　　　東京大学生産技術研究所が…
　　1954.2.5　　　東京大学生産技術研究所に…
　　1955.3.11　　　糸川英夫ら、ペンシルロケ…
　　1955.8.6　　　東大生研、秋田県道川海岸…
　　1955(この年)　東大生研、秋田県道川海岸…
　　1956.9.24　　　東大生研、カッパ1型ロケ…
　　1957.9.20　　　東大生研、「カッパロケッ…
　　1958.2月　　　東大生研、プラスティック…
　　1958.9.12　　　東大生研、「カッパロケッ…
　　1958.11.17　　　東大生研、「FT-122型…
　　1960.7.11　　　東大生研、カッパロケット…
　　1961.4.1　　　3段式ロケット「K-9型」…
　　1961.6.18　　　東大生研、「シグマロケッ…
　　1962.2.2　　　鹿児島宇宙空間観測所(K…
　　1962.5.24　　　東大生研、打ち上げ失敗に…
　　1962.10月　　　東大生研、能代ロケット実…
　　1962.10.27　　　「ラムダ」実験開始
　　1963.4月　　　東大生研、「M(ミュー)…

	1964.3.27	東京大学宇宙航空研究所発…	1991.12.5	東京天文台長を務めた末元…

東京天文台
- 1888.6.1　　東京天文台が設立され、寺…
- 1888.9.26　 東京天文台、正午報時の号…
- 1889.2月　　寺尾寿、東京天文台の施設…
- 1889(この年)　寺尾寿ら、「東京天文台年…
- 1890.7.1　　東京天文台、電信による正…
- 1899.1.14　 東京天文台、写真撮影によ…
- 1900(この年)　東京天文台、天文談話会…
- 1908.6.26　 暦学者・水原準三郎が没す…
- 1909(この年)　東京天文台、新設地を三鷹…
- 1911.12.1　 東京天文台、無線電信によ…
- 1915(この年)　東京天文台「東京天文台年…
- 1917.5.2　　東京天文台、太陽面羊斑の…
- 1918.9.19　 日本の基準経度を東京・麻…
- 1919(この年)　平山信、第2代東京天文台…
- 1921.11.24　東京天文台官制が公布
- 1923.8.6　　日本の天文学の育ての親…
- 1923.9.1　　関東大地震で観測機器被災
- 1923.10月　 東京天文台、無線報時によ…
- 1924.9.1　　東京天文台、三鷹へ移転完…
- 1925.2.20　 「理科年表」発刊
- 1926.9.15　 第1回万国経度共同測定に…
- 1927.5月　　東京天文台「Tokyo Ast…
- 1928.3.31　 平山信が東京天文台長を辞…
- 1929.3月　　東京天文台、当時の日本最…
- 1941.12.8　 太平洋戦争勃発、東京天文…
- 1945.2.8　　東京天文台、原因不明の火…
- 1945.6.2　　天文学者の平山信が没する
- 1946.10月　 萩原雄祐、東京天文台長…
- 1948.8.1　　東京天文台、標準周波数電…
- 1949.9月　　東京天文台に200MHzの太…
- 1950.7.26　 東京天文台附属乗鞍コロナ…
- 1951.8.10　 第4代東京天文台長・関口…
- 1953.5月　　東京天文台に大望遠鏡設置…
- 1953.9月　　東京天文台の電波望遠鏡が…
- 1953.10.29　東京天文台、創立75周年を…
- 1955(この年)　東京天文台、電子計算機に…
- 1958.3.23　 米国から人工衛星観測用の…
- 1960.10.19　東京天文台附属岡山天体物…
- 1962.11.1　 東京天文台堂平観測所が開…
- 1963.8月　　東京天文台、21cm電波低雑…
- 1964.7.30　 第3代東京天文台長・早乙…
- 1968.1月　　東京天文台岡山天体物理観…
- 1969.10.9　 東京天文台、野辺山太陽電…
- 1969(この年)　東京天文台にミリ波帯の字…
- 1974.4.11　 東京天文台木曽観測所が開…
- 1975.5.31　 東京天文台堂平観測所、直…
- 1979.1.29　 天体力学の世界的権威・萩…
- 1981.10.27　天文学者・広瀬秀雄が没す…
- 1982.3.1　　世界一の電波望遠鏡
- 1982.8月　　電波望遠鏡で未知のスペク…
- 1986.10.11　東京天文台長を務めた宮地…
- 1988.8月　　古在由秀、国際天文学連合…
- 1988.11.23　天文学者・古畑正秋が没す…
- 1988(この年)　国立天文台が発足

「東京天文台年報」
- 1889(この年)　寺尾寿ら、「東京天文台年…

「東京天文台年報附録」
- 1915(この年)　東京天文台「東京天文台年…

東京プラネタリウム設立促進懇話会
- 1953(この年)　東京プラネタリウム設立促…
- 1955.9.6　　東京プラネタリウム設立促…

東経135度
- 1886.7.13　 本初子午線と本邦標準時を…

統元暦
- 1135(この年)　「統元暦」施行

東芝
- 1985.9.2　　「衛星ご三家」体制崩れる
- 2000.12.13　NEC、東芝の宇宙事業統…

等象儀
- 1877.8.21-11.30　第1回内国勧業博覧会が東…
- 1880.2.20　 佐田介石「視実等象儀詳説…

同心球説
- BC370(この頃)　エウドクソスの同心球説に…

盗聴衛星
- 2002.4.4　　盗聴衛星?を発見

統天暦
- 1199(この年)　「統天暦」施行

東日天文館
- 1938(この年)　東京・有楽町にプラネタリ…
- 1977.10.30　星の文学者・野尻抱影が没…

堂平観測所
- 1962.11.1　 東京天文台堂平観測所が開…
- 1975.5.31　 東京天文台堂平観測所、直…
- 1988.8月　　古在由秀、国際天文学連合…

動物
- 1959.5.20　 生きた猿の回収に成功
- 1959.7.2　　実験用動物の回収に成功
- 1960.12.1　 人工衛星船第3号打ち上げ
- 1961.3.9　　人工衛星船第4号打ち上げ
- 1961.3.25　 人工衛星船第5号打ち上げ
- 1965-1966　「コスモス計画」
- 1967.9.7　　生物衛星打ち上げ
- 1968.9.14　 「ゾンド5号」月周回飛行…
- 1969.6.29　 生物衛星3号で猿の実験
- 1992.12.29　動植物を乗せたロケット打…
- 1995.4.25　 イモリ、宇宙で産卵

東方紅
- 1970.4.24　 人工衛星打ち上げ初成功

東北大学
- 1907.6月　　東北帝国大学設置
- 1934.9月　　東北帝国大学理科大学に天…
- 1950.1.14　 東北大学天文学教室の創始…
- 1998.7.14　 天文学者・一柳寿一が没す…

「東洋天文学史研究」
- 1928.8.15　 新城新蔵が「東洋天文学史…

「東洋天文学史論叢」
- 1943(この年)　能田忠亮「東洋天文学史論…

トゥールーズ天文台
　　1939(この年)　フランス国立科学研究セン…
「トゥールーズ天文台分担星表」
　　1948(この年)　「トゥールーズ天文台分担…
とかげ座新星
　　1936.6.18　　五味一明、とかげ座新星を…
時の記念日
　　1920.6.10　　「時の記念日」制定
トサ(土佐)
　　1986.7月　　　小惑星発見数、新記録
土星
　　1655(この年)　土星の環と衛星の発見
　　1712.9.14　　土星の環の間隙を発見した…
　　1850(この年)　ボンド父子、天体観測に写…
　　1898(この年)　土星の第9衛星「フェーベ…
　　1944(この年)　土星第6衛星大気中にメタ…
　　1973.4.6　　　「パイオニア11号」打ち上…
　　1979.8月-9月　土星の第5の環を発見?
　　1980(この年)　土星観測で明らかに
　　1990.7.24　　土星の衛星を10年ぶりに発…
　　1995(この年)　土星の環、消失
　　1997.10.15　　土星探査機打ち上げ
　　2004.6.30　　次第に明らかとなる土星の…
土星型原子模型
　　1903.12.5　　長岡半太郎、土星型原子模…
　　1950.12.11　　物理学者・長岡半太郎が没…
土星探査
　　1977.8月-9月　「ボイジャー2号」「ボイ…
　　1981(この年)　惑星探査機「ボイジャー」…
トータチス
　　1992(この年)　小惑星が地球と衝突?
ドップラー効果
　　1848(この年)　ドップラー効果発見
　　1868(この頃)　ハギンス、視線速度を決定
トネ(利根)
　　1927.1.23　　及川奥郎の小惑星発見
トペックス・ポセイドン
　　1992.8.11　　「トペックス・ポセイドン…
「飛べ!!水ロケット」
　　1997(この年)　科学技術映像祭受賞(1997…
冨田隕石
　　1916.4.13　　岡山県倉敷市に隕石が落下…
ドミニオン天体物理観測所
　　1902(この年)　ドミニオン天体物理観測所…
冨松=佐藤解
　　1972(この年)　新しいブラックホールの解…
富谷隕石
　　1984(この年)　26年ぶりに隕石2件落下
とも座新星
　　1942.11.11　　とも座新星発見
トヨヒロ(秋山豊寛)
　　1992.11月　　小惑星に日本人宇宙飛行士…
「ドラえもん」
　　1996.9.23　　漫画家・藤子・F・不二雄…

トラサン(寅さん)
　　2002.5月　　　小惑星「タコヤキ」
トラヒコ(寺田寅彦)
　　1986.7月　　　小惑星発見数、新記録
ドラマ
　　1938.6月　　　コミック「スーパーマン」…
　　1965(この年)　テレビドラマ「宇宙家族ロ…
　　1966(この年)　テレビドラマ「スタートレ…
　　1978(この年)　テレビドラマ「宇宙空母ギ…
　　2001.10月　　柳沼行の漫画「ふたつのス…
　　2002(この年)　NHK連続テレビ小説「ま…
「虎よ、虎よ!」
　　1986.9.30　　SF作家のアルフレッド・…
トランシット計画
　　1960.4.13　　世界初の航行衛星「トラン…
　　1961.6.28　　「トランシット計画」
　　1973.11.23　　航海衛星「トランシット」…
トランスバール天文台
　　1927(この年)　イネスの「南天二重星カタ…
トリアード
　　1972.9.2　　　実用衛星打ち上げ
ドルパート天文台
　　1827(この年)　シュトルーフェ、二重星及…

【な】

内国勧業博覧会
　　1877.8.21-11.30　第1回内国勧業博覧会が東…
長井隕石
　　1922.5.30　　長井隕石、落下
長崎通詞
　　1794.7.17　　長崎通詞・本木良永が没す…
　　1806.8.21　　長崎通詞・蘭学者の志筑忠…
ナカノ(中野)
　　1986.7月　　　小惑星発見数、新記録
中村鏡
　　1932(この年)　「中村鏡」の中村要が没す…
名古屋市科学館
　　2004.3.7　　　プラネタリウム解説者・山…
　　2005.10.4　　人工衛星軌道図を作成した…
名古屋大学
　　1959.4月　　　名古屋大学空電研究所豊川…
　　1992.2.5　　　天体物理学者・早川幸男が…
　　1995.3.12　　パラボラアンテナ製作者・…
なゆた望遠鏡
　　1962(この年)　三菱電機が宇宙事業に参入
　　2004.11.11　　西はりま天文台に国内最大…
名寄天文同好会
　　1993.4.22　　名寄天文同好会会長・木原…
成相解
　　1951(この年)　一般相対論的宇宙モデルの…
　　1990.12.5　　「成相解」の成相秀一が没…

羅老(ナロ)号
　2009.8.25　　　韓国初の宇宙ロケット「羅…
南極
　1980.2.18　　　南極で3000個の隕石採集
　1983.2.19　　　南極の隕石は火星から来た…
　1984.4月　　　南極で月の石発見
　1986.10.11　　東京天文台長を務めた宮地…
　1993.3月　　　南極に月の隕石
　2002.3月　　　南極で火星の隕石を発見
なんてん
　2006.10.6　　　銀河系中心部にガスの巨大…
「南天二重星カタログ」
　1927(この年)　イネスの「南天二重星カタ…
「南天二重星照合目録」
　1899(この年)　イネスの「南天二重星照合…

【に】

ニア
　2000.2.15　　　探査機「ニア」、「エロス…
「肉眼に見える星の研究」
　1984.1.8　　　天文愛好家・吉田源治郎が…
ニコラエフ効果
　1970.6.1　　　有人夜間打ち上げ成功
ニコン
　1917.7月　　　日本光学工業株式会社(現…
　1922.3月　　　日本光学工業、博覧会に20…
　1950.7.26　　　東京天文台附属乗鞍コロナ…
　1953.5月　　　東京天文台の大望遠鏡設置…
　1960.10.19　　東京天文台附属岡山天体物…
　1962.11.2　　　東京天文台堂平観測所が開…
　1971.7月　　　コロナグラフが完成
仁科記念賞
　1963(この年)　仁科記念賞受賞
　1965(この年)　仁科記念賞受賞
　1966(この年)　仁科記念賞受賞
　1973(この年)　仁科記念賞受賞
　1981(この年)　仁科記念賞受賞
　1983(この年)　仁科記念賞受賞
　1985(この年)　仁科記念賞受賞
　1987(この年)　仁科記念賞受賞
　1988(この年)　仁科記念賞受賞
　1989(この年)　仁科記念賞受賞
　1990(この年)　仁科記念賞受賞
　1991(この年)　仁科記念賞受賞
　1992(この年)　仁科記念賞受賞
　1996(この年)　仁科記念賞受賞
　1997(この年)　仁科記念賞受賞
　1999(この年)　仁科記念賞受賞
　2000(この年)　仁科記念賞受賞
　2001(この年)　仁科記念賞受賞
　2002(この年)　仁科記念賞受賞
　2004(この年)　仁科記念賞受賞

　2005(この年)　仁科記念賞受賞
　2008(この年)　仁科記念賞受賞
「21エモン」
　1996.9.23　　　漫画家・藤子・F・不二雄…
二重星
　1827(この年)　シュトルーフェ、二重星及…
　1899(この年)　イネスの「南天二重星照合…
　1906(この年)　「北極から121度以内にあ…
　1927(この年)　イネスの「南天二重星カタ…
　1932(この年)　「エイトケン二重星カタロ…
　1951.10.29　　リック天文台長ロバート・…
ニース天文台
　1939(この年)　フランス国立科学研究セン…
「二星流説」
　1904(この年)　カプタイン「二星流説」発…
「日月会合算法」
　1642(この年)　今村知商「日月会合算法」…
日ロ宇宙協力協定
　1992.6月　　　日ロ宇宙協定の今後
ニッコウ(日光)
　1927.1.23　　　及川奥郎の小惑星発見
日産自動車
　2000.2.14　　　日産、宇宙・防衛部門譲渡
日食
　1878.7.30　　　海軍観象台、赤道儀で初め…
　1887(この年)　オッポルツァー、「食宝典…
　1898.1.22　　　インドのボンベイに日食観…
　1919.5.29　　　アインシュタイン、重力で…
　1936(この年)　科学映画「黒い太陽」撮影
　1948.5.9　　　北海道礼文島で金環日食が…
　1993.1.27　　　「天体位置表」を創刊した…
日震学
　1975(この年)　太陽5分振動の音波モード…
ニッポニア
　1900(この年)　平山信、小惑星「Tokio」…
　1945.6.2　　　天文学者の平山信が没する
ニート彗星
　2004.4月-5月　3彗星が同時に接近
仁保隕石
　1897.8.8　　　山口県山口市仁保に隕石が…
日本SF作家クラブ
　1963.3.5　　　日本SF作家クラブが発足
　1976.4.9　　　「SFマガジン」初代編集…
「日本SF全集」
　2009.6.25　　　「日本SF全集」が刊行開…
日本SF大会
　1962.5.27　　　第1回日本SF大会が開催…
　1970(この年)　星雲賞授賞開始
日本SF大賞
　1980(この年)　日本SF大賞創設
日本UFO科学協会
　1997.10.18　　UFO研究家の高梨純一が…
「日本アマチュア天文史」
　1987.12月　　「日本アマチュア天文史」…

— 401 —

日本イリジウム
1993.4月　　　　日本イリジウムの発足
日本宇宙少年団
1986.8.22　　　　日本宇宙少年団が誕生
日本宇宙生物科学会賞
1995（この年）　日本宇宙生物科学会賞受賞
1996（この年）　日本宇宙生物科学会賞受賞
1997（この年）　日本宇宙生物科学会賞受賞
1998（この年）　日本宇宙生物科学会賞受賞
1999（この年）　日本宇宙生物科学会賞受賞
2000（この年）　日本宇宙生物科学会賞受賞
2001（この年）　日本宇宙生物科学会賞受賞
2003（この年）　日本宇宙生物科学会賞受賞
2004（この年）　日本宇宙生物科学会賞受賞
2006（この年）　日本宇宙生物科学会賞受賞
2007（この年）　日本宇宙生物科学会賞受賞
日本宇宙旅行協会
1977.6.13　　　　科学啓蒙家の原田三夫が没…
「日本科学技術史大系」
1964.3月　　　　日本科学史学会編「日本科…
日本科学史学会
1941.4.22　　　　日本科学史学会が創立され…
1964.3月　　　　日本科学史学会編「日本科…
日本科学未来館
2001.7.10　　　　日本科学未来館、開館
日本学士院
1960.3月　　　　「明治前日本天文学史」刊…
日本学士院賞
1911（この年）　木村栄、日本学士院賞恩賜…
1919（この年）　石原純、日本学士院賞恩賜…
1930（この年）　及川奥郎、日本学士院賞大…
1940（この年）　湯川秀樹、日本学士院賞恩…
1955（この年）　藤田良雄、日本学士院賞恩…
1967（この年）　末元善三郎、日本学士院賞…
1971（この年）　林忠四郎、日本学士院賞恩…
1975（この年）　小田稔、日本学士院賞恩賜…
1979（この年）　古在由秀、日本学士院賞恩…
1984（この年）　辻隆、日本学士院賞受賞
1989（この年）　小柴昌俊、日本学士院賞受…
1991（この年）　早川幸男、日本学士院賞受…
1993（この年）　田中靖郎、日本学士院賞恩…
1995（この年）　杉本大一郎と野本憲一、日…
1998（この年）　海部宣男、日本学士院賞受…
2000（この年）　尾崎洋二、日本学士院賞受…
2005（この年）　中村卓史、日本学士院賞受…
2006（この年）　鈴木厚人、日本学士院賞受…
2008（この年）　中井直正、日本学士院賞受…
日本学術会議
2007.4月　　　　冥王星「準惑星」に分類
日本光学工業
1917.7月　　　　日本光学工業株式会社（現…
1922.3月　　　　日本光学工業、博覧会に20…
1950.7.26　　　　東京天文台附属乗鞍コロナ…
1953.5月　　　　東京天文台の大望遠鏡設置…
1960.10.19　　　東京天文台附属岡山天体物…

1962.11.1　　　　東京天文台堂平観測所が開…
1971.7月　　　　コロナグラフが完成
日本航空宇宙学会賞
1991（この年）　日本航空宇宙学会賞創設
日本航空宇宙工業会
1974.8.12　　　　社団法人日本航空宇宙工業…
日本国際宇宙年協議会
1992.11.20　　　「宇宙の日」決定
日本サテライトシステムズ
1993.8.17　　　　「日本サテライトシステム…
1995.8.28　　　　「JCSAT3号」打ち上…
日本産業映画・ビデオコンクール
2003（この年）　「未知への航海―すばる望…
2004（この年）　日本産業映画・ビデオコン…
日本信頼性技術協会
2005.5.28　　　　宇宙電子工学の高木昇が没…
日本スペースガード協会
1996.10.20　　　日本スペースガード協会発…
2006.12.31　　　天文学普及に尽力した磯部…
日本空飛ぶ円盤研究会
1955.7.1　　　　日本空飛ぶ円盤研究会（J…
1957（この年）　日本最古のSF同人誌「宇…
2002.4.18　　　　UFO研究家の荒井欣一が…
日本通信衛星
1985（この年）　衛星通信業者が相次いで設…
1989（この年）　衛星通信ビジネスが本格化
1993.8.17　　　　「日本サテライトシステム…
日本電気
1985.9.2　　　　「衛星ご三家」体制崩れる
「日本天文学史」
1969（この年）　中山茂、「A history o…
日本天文学会
1908.1.19　　　　日本天文学会創立、初代会…
1908.4月　　　　「天文月報」創刊
1923.8.6　　　　日本の天文学の育ての親・…
1930（この年）　日本天文学会、「日本天文…
1935.1月　　　　日本天文学会が社団法人化
1949（この年）　「Publications of the…
1987.12.27　　　天文学者・鏑木政岐が没す…
2007（この年）　シリーズ「現代の天文学」…
2008（この年）　日本天文学会創立100周年
日本天文学会天体発見功労賞
1939（この年）　日本天文学会天体発見功労…
1939（この年）　日本天文学会天体発見功労…
1941（この年）　日本天文学会天体発見功労…
1943（この年）　日本天文学会天体発見功労…
1947（この年）　日本天文学会天体発見功労…
1957（この年）　日本天文学会天体発見功労…
1962（この年）　日本天文学会天体発見功労…
1966（この年）　日本天文学会天体発見功労…
1968（この年）　日本天文学会天体発見功労…
1969（この年）　日本天文学会天体発見功労…
1970（この年）　日本天文学会天体発見功労…
1971（この年）　日本天文学会天体発見功労…
1975（この年）　日本天文学会天体発見功労…

1976（この年）	日本天文学会天体発見功労…
1979（この年）	日本天文学会天体発見功労…
1980（この年）	日本天文学会天体発見功労…
1983（この年）	日本天文学会天体発見功労…
1987（この年）	日本天文学会天体発見功労…
1988（この年）	日本天文学会天体発見功労…
1989（この年）	日本天文学会天体発見功労…
1990（この年）	日本天文学会天体発見功労…
1991（この年）	日本天文学会天体発見功労…
1992（この年）	日本天文学会天体発見功労…
1993（この年）	日本天文学会天体発見功労…
1994（この年）	日本天文学会天体発見功労…
1995（この年）	日本天文学会天体発見功労…
1996（この年）	日本天文学会天体発見功労…
1997（この年）	日本天文学会天体発見功労…
2000（この年）	日本天文学会天体発見功労…
2001（この年）	日本天文学会天体発見功労…
2002（この年）	日本天文学会天体発見功労…
2003（この年）	日本天文学会天体発見功労…
2004（この年）	日本天文学会天体発見功労…
2005（この年）	日本天文学会天体発見功労…
2006（この年）	日本天文学会天体発見功労…
2007（この年）	日本天文学会天体発見功労…
2008（この年）	日本天文学会天体発見功労…
2009（この年）	日本天文学会天体発見功労…

日本天文学会天文功労賞
2002（この年）	日本天文学会天文功労賞受…
2002（この年）	日本天文学会天文功労賞（…
2003（この年）	日本天文学会天文功労賞（…
2004（この年）	日本天文学会天文功労賞（…
2005（この年）	日本天文学会天文功労賞（…
2006（この年）	日本天文学会天文功労賞（…
2007（この年）	日本天文学会天文功労賞（…
2008（この年）	日本天文学会天文功労賞（…
2009（この年）	日本天文学会天文功労賞（…

日本天文学会林忠四郎賞
1997（この年）	日本天文学会林忠四郎賞が…
1997（この年）	日本天文学会林忠四郎賞（…
1998（この年）	日本天文学会林忠四郎賞（…
1999（この年）	日本天文学会林忠四郎賞（…
2000（この年）	日本天文学会林忠四郎賞（…
2001（この年）	日本天文学会林忠四郎賞章…
2002（この年）	日本天文学会林忠四郎賞（…
2003（この年）	日本天文学会林忠四郎賞（…
2004（この年）	日本天文学会林忠四郎賞（…
2005（この年）	日本天文学会林忠四郎賞（…
2006（この年）	日本天文学会林忠四郎賞（…
2007（この年）	日本天文学会林忠四郎賞（…
2008（この年）	日本天文学会林忠四郎賞（…
2009（この年）	日本天文学会林忠四郎賞（…

「日本天文学会要報」
1930（この年）	日本天文学会、「日本天文…

日本天文研究会
1945.6.18	神田茂、日本天文研究会を…

「日本天文史料」
1935（この年）	神田茂の「日本天文史料」…

「日本の天文学の百年」
2008（この年）	日本天文学会創立100周年

日本万国博覧会
1970.3.14	日本万国博覧会（大阪万博…

日本プラネタリウム協会
2006.12月	日本プラネタリウム協議会…

日本プラネタリウム協議会
2006.12月	日本プラネタリウム協議会…

日本プラネタリウム研究会
1998.7.11	仙台市天文台の小坂由須人…
2006.12月	日本プラネタリウム協議会…

日本暦学会
1996.2.22	"火星観測の鬼"佐伯恒夫…

「日本暦日原典」
1975（この年）	内田正男「日本暦日原典」…

日本ロケット協会
1956.9.4	日本ロケット協会設立

日本惑星科学会
1992（この年）	「日本惑星科学会」発足

日本惑星協会
1999（この年）	「日本惑星協会」発足

丹生暦
1534（この頃）	伊勢国司、他国の暦の使用…

ニューカムの常数
1909.7.11	理論天文学者ニューカムが…

ニュートリノ
1991.12月	「スーパーカミオカンデ」…
1993.1月	日米共同で素粒子研究
1993.2.22	ニュートリノを観測した須…
1997.1月	ニュートリノの質量
1998.6.5	国際会議でニュートリノに…
1998.8.26	ニュートリノの発見者フレ…
1999.6.19	ニュートリノ、神岡でキャ…
2002（この年）	小柴昌俊、デービス、ジャ…
2003.10.17	ニュートリノ研究、最低の…
2005.8.17	ニュートリノ研究のジョン…
2006.5.31	ニュートリノ研究のレイモ…
2008.7.10	ニュートリノ研究の戸塚洋…

ニュートリノ振動
2004.6月	「ニュートリノ振動」によ…
2004（この年）	戸塚洋二、文化勲章受章
2005.5.31	ニュートリノを提唱した牧…

「ニュートン」
1981（この年）	科学雑誌「ニュートン」創…
1981-1982	第3次科学雑誌創刊ブーム
2004.4.20	科学ジャーナリスト竹内均…

ニュー・ホライズンズ
2006.1.19	初の冥王星探査機の打ち上…

人間ロケット
1959.3.10	人間ロケット機「X-15号…

ニンバス計画
1964.8.28	「ニンバスA」打ち上げ成…
1968.5.18	気象衛星を爆破
1973.2月	衛星による救難活動

【ぬ】

沼貝隕石
　1925.9.4　　　　北海道美唄市に隕石が落下…

【ね】

根上隕石
　1995.2.18　　　「根上隕石」落下
熱電体
　1922(この頃)　ニコルソンら、温度測定に…
ネビュラ賞
　1965(この年)　ネビュラ賞創設
ネレイド
　1948(この年)　カイパーの衛星発見

【の】

能代ロケット実験場
　1962.10月　　　東大生研、能代ロケット実…
のぞみ
　1966.5月　　　　精密機器メーカー・三鷹光…
　1998.7.4　　　　火星探査機「のぞみ」
　2003.12.9　　　火星探査機「のぞみ」断念
野辺山宇宙電波観測所
　1982.3.1　　　　世界一の電波望遠鏡
　1982.8月　　　　電波望遠鏡で未知のスペク…
　1985.10.27　　　電波天文学の田中春夫が没…
　1987(この年)　野辺山宇宙電波観測所のミ…
野辺山太陽電波観測所
　1969.10.9　　　東京天文台、野辺山太陽電…
ノーベル賞
　1887(この年)　マイケルソンとモーリー、…
　1907(この年)　マイケルソン、ノーベル物…
　1921(この年)　アインシュタイン、ノーベ…
　1927.10.2　　　ノーベル化学賞受賞者アレ…
　1927(この年)　C.T.R.ウィルソン、…
　1931.5.9　　　　物理学者マイケルソンが没…
　1936(この年)　ヘス、アンダーソン、ノー…
　1948(この年)　ブラケット、ノーベル物理…
　1950(この年)　パウエル、ノーベル物理学…
　1955.4.18　　　相対性理論のアルベルト…
　1957.2.8　　　　ノーベル賞受賞のヴァルタ…
　1958(この年)　チェレンコフ、タム、フラ…
　1959.11.15　　　ノーベル賞受賞のチャール…
　1964.12.17　　　ノーベル賞受賞のビクター…
　1965(この年)　宇宙背景放射を発見
　1967(この年)　H.A.ベーテ、ノーベル…
　1969.8.9　　　　ノーベル賞受賞のセシル・…
　1970(この年)　アルベーン、ノーベル物理…
　1974.7.13　　　宇宙線シャワー発見のパト…
　1974(この年)　連星系パルサーの発見
　1974(この年)　ライル、ヒューイッシュ、…
　1978(この年)　ペンジアス、ウィルソンに…
　1983(この年)　チャンドラセカール、ファ…
　1984.4.8　　　　「スプートニク」に尽力し…
　1984.10.1　　　電波天文学の権威マーティ…
　1990.11.17　　　ノーベル賞受賞のロバート…
　1991.1.11　　　物理学者カール・デービッ…
　1993(この年)　ハルス、テイラー、ノーベ…
　1995.3.14　　　ノーベル賞受賞のウィリア…
　1995.8.21　　　ノーベル賞受賞のスブラマ…
　1997.3.7　　　　ノーベル賞受賞のエドワー…
　2002(この年)　小柴昌俊、デービス、ジャ…
　2006.5.31　　　ニュートリノ研究のレイモ…
　2006.10.3　　　ビッグバン説で物理学賞受…
乗鞍宇宙線観測所
　1953.8.1　　　　東京大学、乗鞍宇宙線観測…
　1994.9.2　　　　乗鞍宇宙線観測所創設に尽…
乗鞍コロナ観測所
　1950.7.26　　　東京天文台附属乗鞍コロナ…
　1959.10月　　　乗鞍観測所10周年
　1979.1.29　　　天体力学の世界的権威・萩…
　1986.3.12　　　乗鞍コロナ観測所初代所長…
　1997.7.2　　　　乗鞍コロナ観測所開設者の…
　2009.7.3　　　　乗鞍コロナ観測所閉鎖
乗鞍岳朝日小屋
　1953.8.1　　　　東京大学、乗鞍宇宙線観測…

【は】

「ハイウェイ惑星」
　1967(この年)　石原藤夫「ハイウェイ惑星…
バイオサタライト2号
　1967.9.7　　　　生物衛星打ち上げ
パイオニア
　1958(この年)　「パイオニア1～3号」
　1959.3.3　　　　「パイオニア4号」
　1960.3.11　　　「パイオニア5号」金星へ…
　1965.12.16　　　「パイオニア6号」打ち上…
　1966-1967　　　太陽観測衛星打ち上げ
　1968(この年)　各種科学衛星の打ち上げ
　1972.3.3　　　　木星探査機第1号「パイオ…
　1973.4.6　　　　「パイオニア11号」打ち上…
　1973.12.4　　　「パイオニア12号」木星を…
　1979.8月-9月　　土星第5の環を発見?
　1981.3.14　　　金星探査の観測結果
パイオニア10号
　1988.6.13　　　パイオニア10号へ期待

	1998.2.17	最も遠くへ進む「ボイジャ…
パイオニア金星1号		
	1978.12月	金星探査機「パイオニア」…
パイオニア金星2号		
	1978.12月	金星探査機「パイオニア」…
バイキング		
	1975（この年）	火星探査機「バイキング1…
「ハイデラバード 天文台分担星表」		
	1930（この年）	「ハイデラバード天文台分…
	1946（この年）	「ハイデラバード天文台分…
ハイデルベルク天文台		
	1895（この年）	ハイデルベルク天文台創設
	1906（この年）	M.ウォルフ、トロヤ群小…
ハイパーノバ		
	2002.2.6	超新星から極超新星へ
ハイフレックス		
	1996.2.12	J1ロケット打ち上げ
「ハイペリオン」		
	1850（この年）	ボンド父子、天体観測に写…
「ハーキミー・ジージュ」		
	990（この頃）	イブン＝ユーヌス、ハーキ…
「ハーキム天文学宝典」		
	990（この頃）	イブン＝ユーヌス、ハーキ…
「ハーキム表」		
	990（この頃）	イブン＝ユーヌス、ハーキ…
白色矮星		
	1915（この年）	アダムス、シリウスBによ…
	1924（この年）	白色矮星による赤方偏移を…
	2004.2月	白色矮星にダイヤモンド発…
	2009.1月	白色矮星から硬X線観測
パークス観測所		
	1968（この年）	パークス観測所の活動
はくちょう		
	1979.2.21	初の天文観測衛星「はくち…
	1980（この年）	「はくちょう」、「Vela…
	1981（この年）	「はくちょう」衛星がX線…
はくちょう座		
	1920.8.22	神田清、はくちょう座第3…
	1971.1月	小田稔、ブラックホール天…
	1973（この年）	ブラックホールと推定
はくちょう座NML星		
	1965（この頃）	赤外線天体の発見
はくちょう座新星2001No2		
	2001.8.18	はくちょう座に新星発見
はくちょう座星雲		
	1957（この頃）	電波源の赤色偏移
博物館		
	1871.7月	博物館、湯島聖堂大成殿に…
	1877.1月	教育博物館創立
	1931.11.2	東京科学博物館が開館
	1951.7.7	生駒山天文博物館開館
	1957.4.1	天文博物館五島プラネタリ…
	1996.3.23	かかみがはら航空宇宙科学…

博覧会		
	1877.8.21-11.30	第1回内国勧業博覧会が東…
	1970.3.14	日本万国博覧会（大阪万博…
	1978.7.16	宇宙科学博覧会、開幕
ハコネ（箱根）		
	1927.1.23	及川奥郎の小惑星発見
ハザマシゲトミ（間重富）		
	2002.9月	江戸の天文家、小惑星に
ハーシェル		
	2009.5.14	ヨーロッパ天文衛星打ち上…
パシファエ		
	1908（この年）	メロッテ、木星第8衛星発…
パーシュロン		
	1981.8.5	民間ロケット、テストで失…
「パース天文台分担星表」		
	1952（この年）	「パース天文台分担星表」…
バースト		
	1981（この頃）	「はくちょう」衛星がX線…
「バチカン天文台分担星表」		
	1933（この年）	「バチカン天文台分担星表…
バーチャリウム		
	2004.12.19	五藤光学研究所・五藤隆一…
「発狂した宇宙」		
	1972（この年）	SF作家・ミステリー作家…
バックリアクション		
	1988（この年）	二間瀬敏史、新しい宇宙モ…
ハッブル宇宙望遠鏡		
	1953.9.28	「ハッブルの法則」のエド…
	1990.4.24	ハッブル宇宙望遠鏡を放出
	1990.5.21	ハッブル、散開星団を初撮…
	1990.6.27	ハッブルに重大欠陥
	1992.4.8	ブラックホールを撮影?
	1993.12月	ハッブル宇宙望遠鏡の修理
	1994（この年）	ハッブル宇宙望遠鏡が復活
	1997.2月	ハッブル宇宙望遠鏡を大幅…
	1997.3.31	ハッブル宇宙望遠鏡に貢献…
	1997（この年）	ハッブル宇宙望遠鏡
	2002.3月	ハッブル宇宙望遠鏡を改修
	2005.8.17	ニュートリノ研究のジョン…
	2007.5.15	暗黒物質の独自構造発見
	2008.3.23	125億年前は小銀河が複数…
	2009.5.12	「アトランティス」、ハッ…
ハッブルの法則		
	1929（この年）	ハッブル、「ハッブルの法…
	1953.9.28	「ハッブルの法則」のエド…
発明家		
	1675（この年）	発明家のグレゴリーが没す…
	1840.12.26	鉄砲鍛冶の国友藤兵衛（国…
波動幾何学		
	1941（この年）	波動幾何学による宇宙論
「パートナーズ計画」		
	1992.11月	ご用済み衛星を有効利用
ハーバード大学天文台		
	1839（この年）	ハーバード大学天文台創設
	1924（この年）	「ヘンリー・ドレーパーカ…

— 405 —

1931（この年）　ハーバード大学天文台台長…
1972.9.20　　　天文学者ハーロー・シャプ…
パーフェクTV
1996.10.1　　　「パーフェクTV」放送開…
ハーモニー
2007.10.24　　　「きぼう」接合部を運搬
ハヤカワSF文庫
1970.8月　　　　「ハヤカワSF文庫」が創…
早川書房
1945.8月　　　　早川書房創立
1959.12月　　　「SFマガジン」が創刊さ…
1968.10月　　　「世界SF全集」が刊行開…
1970.8月　　　　「ハヤカワSF文庫」が創…
1976.4.9　　　　「SFマガジン」初代編集…
ハヤカワ文庫
1945.8月　　　　早川書房創立
ハヤシ・トラック
1961（この年）　林忠四郎、前期主系列星の…
ハヤシ・フェイズ
1961（この年）　林忠四郎、前期主系列星の…
はやぶさ
2003.5.9　　　　惑星探査機「はやぶさ」打…
2003.8.12　　　小惑星を「イトカワ」と命…
2005.11.20　　　小惑星「イトカワ」に初着…
「『はやぶさ』の大いなる挑戦!!―世界初の小惑星サンプルリターン―」
2007（この年）　科学技術映像祭受賞（2007…
パラス
1802（この年）　オルバース、小惑星「パラ…
パラパ
1977.3.10　　　静止通信衛星打ち上げ
1983.6.18　　　第7次「チャレンジャー」…
1984.11.12　　　史上初、漂流衛星持ち帰る
パラボラアンテナ
1995.3.12　　　パラボラアンテナ製作者・…
ハリコフ天文台
1808（この年）　ハリコフ天文台設立
パリ天文台
1667（この年）　パリ天文台創立
1712.9.14　　　土星の環の間隙を発見した…
1853.10.2　　　天文学者・物理学者アラゴ…
1877.9.23　　　天文学者ルヴェリエが没す
1903（この年）　光学機器製作のP.M.ア…
1939（この年）　フランス国立科学研究セン…
1950（この年）　ダンジョン式プリズムアス…
「パリ天文台分担星表」
1946（この年）　「パリ天文台分担星表」完…
はるか
1997.2.12　　　電波天文衛星「はるか」打…
「遙かなる月へ―月周回衛星「かぐや」の軌跡―」
2009（この年）　科学技術映像祭受賞（2009…
パルサー
1967（この年）　ヒューイッシュ、パルサー…
1969（この年）　「パルサーNP0532」から…
1974（この年）　連星系パルサーの発見
1974（この年）　ライル、ヒューイッシュ、…
1980（この年）　「はくちょう」、「Vela…
1983（この年）　自転が1秒間に642回
1989（この年）　超新星跡にパルサー誕生
1993（この年）　ハルス、テイラー、ノーベ…
バルジ
1991.9月　　　　バルジ・アンバン説に異論
バルナ
2001.7月　　　　小惑星「2001KX76」発見
「バルマー系列」
1885（この年）　「バルマー系列」、水素ス…
バルマー線解析法
1953（この年）　バルマー線解析法によるフ…
ハレー彗星
1705（この年）　ハレー、周期彗星の楕円軌…
1758.12.25　　　ハレーの予言した彗星が出…
1759（この年）　クレロー、「ハレー彗星」…
1910.5月　　　　ハレー彗星が出現
1949（この年）　映画「空気のなくなる日」…
1950.4.21　　　在野の天文学者・前原寅吉…
1982.10月　　　ハレー彗星回帰を初観測
1985.7.2　　　　電子カメラで彗星の核を直…
1985（この年）　ハレー彗星を紫外線カメラ…
1985（この年）　彗星と太陽風との相互作用
1985（この年）　金星・ハレー彗星探査機ベ…
1986（この年）　ハレー彗星ブーム
1986（この年）　ハレー彗星観測に成果
1988.1.21　　　ハレー彗星に山やクレータ…
パレット衛星
1983.6.18　　　第7次「チャレンジャー」…
パロマー山天文台
1928（この年）　パロマー山天文台創設
1938.2.21　　　天文台建設の貢献者G.E…
1948.6.3　　　　パロマー山天文台完成
1969.8.20　　　地球物理学者リーズン・ア…
1970（この年）　ウィルソン山・パロマー山…
1973.2.6　　　　実験物理学者アイラ・スプ…
バンアレン帯
1959（この年）　バンアレン帯の発見
2006.8.9　　　　バンアレン帯に名を残すジ…
バンガード計画
1955.7.29　　　人工衛星発射計画
1957-1958　　　ロケット観測
1958.3.17　　　「バンガード1号」打ち上…
1959.2.17　　　気象衛星「バンガード2号…
1959.2.17　　　「バンガード3号」
万国経度共同測定
1926.9.15　　　第1回万国経度共同測定に…
万国測地学会議
1889.10.11　　　寺尾寿、パリ万国測地学会…
「万国普通暦」
1856.7.21　　　天文暦学者の渋川景佑が没…

反射波
　1947（この年）　月の反射波推測成功
反射望遠鏡
　1668（この頃）　ニュートン、最初の反射望…
　1675（この年）　発明家のグレゴリーが没す…
　1832（この年）　国友藤兵衛、反射望遠鏡の…
　1835.2.3　　　　国友藤兵衛が自作の望遠鏡で
　1922.3月　　　　日本光学工業、博覧会に20…
　1928（この年）　パロマー山天文台創設
　1932（この年）　「中村鏡」の中村要が没す…
　1938.2.21　　　 天文台建設の貢献者G.E…
　1948.6.3　　　　パロマー山天文台完成
　1953.5月　　　　東京天文台の大望遠鏡設置…
　1960.10.19　　　東京天文台附属岡山天体物…
　1967（この年）　グリニッジ天文台、アイザ…
　1974（この年）　セロトロロ・インター・ア…
　1975（この年）　カイパー空中天文台完成
　1976（この年）　世界最大の反射望遠鏡
　1976（この年）　ビュラカン天文台に2.6m…
　1976（この年）　チリ・ラシーヤのヨーロッ…
　1977（この年）　ラス・カンパナス天文台に…
　1979（この年）　ハワイ島マウナケア山頂に…
　1979（この年）　ピク・ド・ミディ天文台に…
　1979（この年）　カラール・アルト天文台に…
　1980（この年）　ホプキンス山天文台に4.4…
　1990.5.2　　　　"レンズ和尚"木辺宜慈が…
　1995.7.7　　　　和歌山にみさと天文台開設
　1997.9.6　　　　天体写真の草分け・星野次…
蕃書調所
　1857.1.18　　　 洋学所改め蕃書調所が開講…
蕃書和解御用
　1811（この年）　浅草天文台に蕃書和解御用…
反物質
　1978.4月　　　　銀河系の中心に反物質存在…
　2002.9.19　　　 「反物質」大量生成に成功
ハンブルク天文台
　1909（この年）　ハンブルク天文台、ベルゲ…

【ひ】

「ピアッツィ恒星表」
　1814（この年）　「ピアッツィ恒星表」完成
東アジア中核天文台連合
　2005.9.21　　　 東アジア中核天文台連合結…
東アジア天文台
　2005.9.21　　　 東アジア中核天文台連合結…
東大阪宇宙開発協同組合
　2002.12月　　　 「東大阪宇宙開発協同組合…
　2008.8月　　　　「まいど1号」完成
東公園隕石
　1897.8.11　　　 福岡県福岡市の東公園に隕…
光の「こだま」
　2008（この年）　光の「こだま」到着

光の速度
　1676（この頃）　レーマー、光の速度を初め…
「光の塔」
　1962（この年）　今日泊亜蘭「光の塔」が刊…
ピク・ド・ミディ太陽コロナ観測所
　1938（この年）　ピク・ド・ミディに太陽コ…
ピク・ド・ミディ天文台
　1979（この年）　ピク・ド・ミディ天文台に…
ビーグル2
　2003.6月　　　　火星探査機打ち上げ相次ぐ
ヒジュラ紀元
　622.7.16　　　　イスラム暦で、この年をヒ…
非線形方程式
　1930（この年）　松隈健彦、非線形方程式を…
飛騨天文台
　1968.11月　　　 京都大学飛騨天文台が設立…
　1979（この年）　京都大学飛騨天文台に口径…
　1987.1.18　　　 太陽物理学の神野光男が没…
　2003.10.15　　　飛騨天文台に最新型望遠鏡…
"ビッグスリー"
　1988.5.8　　　　SF作家のロバート・A.…
　1992.4.6　　　　SF作家のアイザック・ア…
　2008.3.19　　　 SF作家のアーサー・C.…
ビッグバード
　1982（この年）　相次ぐ実用衛星の打ち上げ
　1985（この年）　実用衛星の打ち上げ
ビッグバン理論
　1931（この年）　原始宇宙の爆発膨張説「ル…
　1948（この年）　ガモフ、「ビッグバン宇宙…
　1950（この年）　林忠四郎、ビッグバン宇宙…
　1965（この年）　宇宙背景放射を発見
　1968.8.20　　　 原子物理学者ジョージ・ガ…
　1997.2.13　　　 ビッグバン理論のロバート…
　1997.12.19　　　ビッグバン理論のデービー…
　2001.8.20　　　 「定常宇宙論」のフレッド…
　2005.4.18　　　 ビッグバン直後の宇宙は液…
　2006.3.16　　　 ビッグバン後の膨張説を裏…
ひてん
　1990.1.24　　　 日本初の月衛星「ひてん」
　1992.2.15　　　 衛星「ひてん」月の周回軌…
ひとみ
　2009.1.23　　　 「H-2A-15号」、「い…
ひので
　2006.9.23　　　 太陽観測衛星「ひので」打…
「火の鳥」
　1989.2.9　　　　漫画家・手塚治虫が没する
ひのとり
　1981.2.21　　　 ひのとりで太陽面観測
ひまわり
　1977.7.14　　　 静止気象衛星第1号「ひま…
　1978.5.8　　　　気象衛星「ひまわり」の生…
　1981.8.11　　　 気象衛星ひまわり2号打ち…
　1984.8.3　　　　ひまわり3号の打ち上げ
　1984（この年）　静止気象衛星ひまわり
　1989.9.6　　　　ひまわり4号打ち上げ

1995.3.18　　　H-2打ち上げ
2003.5.22　　　「ひまわり5号」引退
2005.2.26　　　「ひまわり6号」打ち上げ
2006.1.24　　　ロケット技術の信頼回復
ヒミコ（卑弥呼）
　2009（この年）　巨大天体を「ヒミコ」と命…
「百学連環」
　1870.11.4　　　西周、「百学連環」を講述
百武彗星
　1996.2.6　　　「ヒャクタケ」彗星発見
　2002.4.10　　　百武彗星発見者・百武裕司…
ヒューゴー賞
　1953（この年）　ヒューゴー賞創設
　1967（この年）　SF作家のヒューゴー・ガ…
ヒューズ社
　1996（この年）　H-2ロケットで打ち上げ…
ビュラカン天文台
　1946（この年）　ビュラカン天文台創設
　1976（この年）　ビュラカン天文台に2.6m…
　1996.8.13　　　ビュラカン天文台台長ヴィ…
兵庫県立西はりま天文台
　2004.11.11　　　西はりま天文台に国内最大…
ヒラヤマ・ファミリー
　1918（この年）　平山清次、小惑星の族「ヒ…
　1943.4.8　　　小惑星の族（ヒラヤマ・フ…
平山モデル
　1974（この年）　平山淳、フレアの蒸発モデ…
ビール
　1877（この年）　開拓使麦酒醸造所が北極星…
ヒルダ
　1970.3.29　　　小惑星「ヒルダ」研究の秋…
広島大学理論物理学研究所
　1990.12.5　　　「成相解」の成相秀一が没…
ヒロセ
　1981.10.27　　　天文学者・広瀬秀雄が没す…
微惑星説
　1905（この年）　太陽系の進化に関する微惑…
ビワコ（琵琶湖）
　2001.2.3　　　アマチュア天文家・坂部三…

【ふ】

フィンレー周期彗星
　1919.10.25　　　佐々木哲夫、フィンレー周…
フェイス
　1963.5.15　　　「マーキュリー計画」終了
「フェイマス・モンスターズ・オブ・フィルムランド」
　2008.12.4　　　SF編集者のフォレスト・…
フェニックスE
　1985.10.29　　　民間宇宙旅行は1000万円

フェニックス・マーズ・ランダー
　2008.7月　　　火星で初めて水の検出
フェーベ
　1898（この年）　土星の第9衛星「フェーベ…
フェルミ
　2008.8.27　　　宇宙「全天地図」公開
フォークト＝ラッセルの定理
　1925（この年）　「フォークト＝ラッセルの…
フォトヘリオグラフ
　1860（この年）　W.デ＝ラ＝ルー、プロミ…
フォーブッシュ減少
　1984.4.4　　　磁気嵐の研究者スコット・…
フォボス
　1877（この年）　ホール、火星の2つの衛星…
　1988.7.8　　　火星探査機「フォボス」打…
　1989.4.6　　　火星探査機「フォボス2号」
フォルブス・山崎彗星
　1928.10.28　　　山崎正光「フォルブス・山…
福富隕石
　1882.3.19　　　佐賀県杵島郡福富町に隕石…
ふじ
　1986.8.13　　　H-1で衛星打ち上げ成功
　1990.2.7　　　3衛星同時打ち上げに成功
「ふしぎな国のブッチャー」
　1948.12.5　　　漫画家の横井福次郎が没す…
「不思議の星　地球　国立天文台紹介ビデオシリーズ」
　2004（この年）　日本産業映画・ビデオコン…
富士重工業
　1958（この年）　自動車「スバル」発売開始
「ふたつのスピカ」
　2001.10月　　　柳沼行の漫画「ふたつのス…
フチノベ（淵野辺）
　2009.3月　　　「イトカワ」に日本の地名
仏教天文学
　1763（この年）　須弥山説擁護者・文雄が没…
　1811（この年）　円通「仏国暦象編」刊
　1834（この年）　須弥山説の擁護者・円通が…
　1880.2.20　　　佐田介石「視実等象儀詳説」
　1882.12.9　　　仏説天文学を奉じた佐田介…
「仏国暦象編」
　1811（この年）　円通「仏国暦象編」刊
物理学者
　1695.7.8　　　物理学者ホイヘンスが没す…
　1727.3.31　　　物理学者・数学者アイザッ…
　1826.6.7　　　物理学者フラウンホーファ…
　1874.6.21　　　物理学者オングストローム…
　1905.1.14　　　物理学者で観測機器製作者…
　1912.7.17　　　ポアンカレ予想のアンリ・…
　1923.2.24　　　物理学者モーリーが没する
　1927.10.2　　　ノーベル化学賞受賞者アレ…
　1931.5.9　　　物理学者マイケルソンが没…
　1933（この年）　アインシュタイン、プリン…
　1935.12.31　　　物理学者で俳人の寺田寅彦…
　1950.12.11　　　物理学者・長岡半太郎が没…

1951.1.10	原子物理学者の仁科芳雄が…		1972(この年)	新しいブラックホールの解…
1952.5.21	物理学者・田中館愛橘が没…		1973(この年)	ブラックホールと推定
1953.12.19	「ミリカン線」を発見した…		1978(この年)	M87にブラックホールを発…
1955.4.18	相対性理論のアルベルト・・		1980(この年)	中村卓史ら、ブラックホー…
1962.3.15	物理学者アーサー・ホリー…		1983(この年)	銀河系外にブラックホール…
1964.12.17	ノーベル賞受賞のビクター…		1988.7.14	超巨大ブラックホールを発…
1968.8.20	原子物理学者ジョージ・ガ…		1988(この年)	ブラックホール周辺の相対…
1969.8.9	ノーベル賞受賞のセシル・…		1992.4.8	ブラックホールを撮影?
1969.8.20	地球物理学者リーズン・ア…		1995(この年)	銀河中心核に巨大ブラック…
1973.9.7	「おおすみ」の中心人物・…		1998.1.7	ブラックホールの証拠発見
1974.7.13	宇宙線シャワー発見のパト…		2001.8.6	巨大ブラックホール確認
1977.2.5	原子物理学者オスカー・ク…		2001.10月	巨大ブラックホールの合体
1978.5.17	宇宙線研究の渡瀬譲が没す…		2004.2.18	X線でブラックホールを初…
1981.10.9	「石井式電離函」の石井千…		2004.7月	ホーキング、ブラックホー…
1984.4.4	磁気嵐の研究者スコット・・		2006.12.26	数学者マーティン・クルス…
1984.4.8	「スプートニク」に尽力し…		2007(この年)	「ブラックホール」の新説
1986.6.16	宇宙線物理学の関戸弥太郎…		2008.4.13	「ブラックホール」の命名…
1986.11.18	重力研究の平川浩正が没す…		2008.4.15	銀河系中心のブラックホール
1987.12.4	物理学者ヤコフ・ゼリドヴ…		2008.7.30	球形のブラックホール発見
1989.11.7	μ粒子を見つけたジャベス…		**ブラスコ効果**	
1990.11.17	ノーベル賞受賞のロバート…		1956(この年)	変光星研究のセルゲイ・ブ…
1990.12.5	「成相解」の成相秀一が没…		**ブラッドフィールド彗星**	
1991.1.11	物理学者カール・デービー…		2004.4月-5月	3彗星が同時に接近
1991.10.30	宇宙物理学の長谷川博一…		**プラネタリウム**	
1992.2.19	宇宙科学研究所名誉教授の…		1923(この年)	カール・ツァイス社がプラ…
1993.11.21	物理学者ブルーノ・ロッシ…		1926(この年)	五藤斉三、五藤光学研究所…
1994.9.2	乗鞍宇宙観測所創設に尽…		1936(この年)	高木公三郎、プラネタリウ…
1997.2.13	ビッグバン理論のロバート…		1937.3.13	大阪市立電気科学館(我が…
1997.3.7	ノーベル賞受賞のエドワー…		1938(この年)	東京・有楽町にプラネタリ…
1997.12.19	ビッグバン理論のデービッ…		1948(この年)	ピンホール式金子式プラネ…
1998.8.26	ニュートリノの発見者フレ…		1951.7.7	生駒山天文博物館開館
2002.1.8	物理学者アレクサンドル・…		1953(この年)	東京プラネタリウム設立促…
2002.9.21	SF作家・物理学者のロバ…		1955.9.6	東京プラネタリウム設立促…
2004.3.15	衛星設計のウィリアム・ピ…		1957.4.1	天文博物館五島プラネタリ…
2004.4.20	科学ジャーナリスト竹内均…		1959(この年)	高城武夫、和歌山天文館創…
2004.11.14	NASA研究員のマモル・…		1960.6.10	明石市立天文科学館、ツァ…
2005.5.31	ニュートリノを提唱した牧…		1983(この年)	あがた森魚のプラネタリウ…
2006.8.9	バンアレン帯に名を残すジ…		1991.6.22	天文解説家の草下英明が没…
2007.8.13	NASA首席研究員・杉浦…		1995.5月	愛媛県総合科学博物館のプ…
2008.4.13	「ブラックホール」の命名…		1996.2.22	"火星観測の鬼"佐伯恒夫…
2008.7.10	ニュートリノ研究の戸塚洋…		1998(この年)	大平貴之が移動式プラネタ…
2009.2.13	「さきがけ」探査計画リー…		2001.3.11	五島プラネタリウムが閉館
ふよう			2004.3.7	プラネタリウム解説者・山…
1992.2.11	初の地球資源衛星でトラブ…		2004.12.19	五藤光学研究所・五藤隆一…
ブラウン運動の理論			2005.10.4	人工衛星軌道図を作成した…
1905(この年)	アインシュタイン、3大業…		2006.12月	日本プラネタリウム協議会…
フラウンホーファー線			**「プラネッツ・アーベント」**	
1814(この年)	フラウンホーファー線(暗…		1983(この年)	あがた森魚のプラネタリウ…
1859(この年)	キルヒホフ、元素分布を示…		**プラネットA**	
ブラジルサット			1982.9月	深宇宙探査センターの建設
1985(この年)	アラブ地域初の通信衛星		**プラネテス**	
プラズマの川			1999(この年)	幸村誠の漫画「プラネテス…
2009.7.17	天の川銀河に「プラズマの…		**「ブラーフマスプタッシュダーンタ」**	
ブラックホール			628(この年)	ブラフマグプタ「ブラーフ…
1931(この年)	萩原雄祐、天体軌道の理論…		**「フラムスティード星表」**	
1971.1月	小田稔、ブラックホール天…		1725(この年)	「イギリス天体誌」(フラ…

ブラン
- 1988.11.15　ソ連初のシャトル成功
- 1989.1.10　ロケット開発者グルシコ…
- 1991(この年)　ソ連版シャトルに危機
- 2001.11.28　宇宙船設計士グレプ・ロジ…

プランク
- 2009.5.14　ヨーロッパ天文衛星打ち上…

プランクの公式
- 1900(この年)　「黒体放射の公式」発表

フランクフルト大学天文台
- 1939(この年)　天文学者オットー・ルドル…

フランクリンメダル
- 2007(この年)　戸塚洋二にフランクリンメ…

フランス国立宇宙研究センター
- 1961(この年)　フランス国立宇宙研究セン…
- 1985.10.18　仏が小型シャトルを開発

フランス国立科学研究センター
- 1939(この年)　フランス国立科学研究セン…

振り子
- 1851.3月　フーコーの振り子により地…

フリーダム
- 1988.9.29　宇宙基地政府間協力協定(…
- 1993.9.8　宇宙ステーション開発縮小

フリーダム7号
- 1961.5.5　有人弾道飛行「マーキュリ…

ブリティッシュ・エアロスペース社
- 1990.9.5　衛星打ち上げの低コスト化

フリーフライヤー
- 1986.8.8　独自の宇宙実験室
- 1994.12.12　若田光一、MSとして宇宙…
- 1995.3.18　H-2打ち上げ
- 1995.4.25　イモリ、宇宙で産卵
- 1996.1月　MS若田光一、日本人初の…

「プリンキピア」
- 1687(この年)　ニュートン、「プリンキピ…

プリンストン高等学術研究所
- 1933(この年)　アインシュタイン、プリン…

プリンストン大学天文台
- 1957.2.18　「HR図」の考案者、ヘン…

プルコヴォ天文台
- 1835(この年)　プルコヴォ天文台創設
- 1937(この年)　スターリン治下の天文学者…
- 1949(この年)　天体力学者K.F.スンド…
- 1954(この年)　プルコヴォ中央天文台復興
- 1983.10.4　「ミハイロフ星図」のアレ…

プルトニウム汚染
- 1970(この頃)　米の衛星による放射能汚染

古畑文庫
- 1988.11.23　天文学者・古畑正秋が没す…

フルマラソン
- 2007.4.16　宇宙で史上初のフルマラソ…

フレア
- 1953(この年)　バルマー線解析法によるフ…
- 1960(この年)　「モートン波」の発見
- 1973(この年)　田中捷雄、フレア発生の描…
- 1981.2.21　ひのとりで太陽面観測
- 1990.1.2　太陽研究の田中捷雄が没す…
- 1991.6月　地上で太陽フレアの中性子…
- 1992(この年)　常田佐久ら、フレアにおけ…
- 2002.9.26　「旅をする電子」初観測
- 2003.10.28　大規模フレアで磁気嵐

フレアの蒸発モデル
- 1974(この年)　平山淳、フレアの蒸発モデ…

ブレスラウ天文台
- 1894(この年)　ガレ、414個の彗星カタロ…

ブレラ天文台
- 1910.7.4　火星の「運河」のスキャパ…

フレンドシップ
- 1962.2.20　「フレンドシップ7号」成…
- 1985.11.19　ミノルタカメラ創業者・田…

プロキシマ
- 1915(この年)　イネス、ケンタウルス座「…

プログノーズ
- 1972.6.29　自動ステーション「プログ…
- 1975(この年)　科学衛星の打ち上げ
- 1976.11.25　仏ソ共同科学衛星「プログ…

プログレス
- 1978.10.4　「プログレス4号」宇宙地…
- 1979.2.25　「ソユーズ32号」打ち上げ
- 1980.4.9　「ソユーズ35号」打ち上げ
- 1982.5.13　「ソユーズT5号」打ち上…
- 1983.10.22　「プログレス18号」
- 1984.4.3　初のインド人飛行士
- 1984(この年)　複合宇宙ステーション計画
- 1985(この年)　複合軌道科学ステーション…
- 1986.2.20　大型ステーション「ミール…
- 1993.2.4　鏡で太陽光線を届ける実験
- 1994(この年)　宇宙ステーション・ミール

プロトンロケット
- 1968(この年)　各種科学衛星の打ち上げ
- 1987(この年)　打ち上げた衛星を爆破
- 1996.4.9　「プロトン」衛星打ち上げ
- 2004.5.23　ロケット技術者アレクサン…

プロミネンス
- 1860(この年)　W.デ=ラ=ルー、プロミ…
- 1869(この年)　ヤング、太陽紅炎スペクト…

ふわっと'92
- 1992.9月　毛利衛、精力的に宇宙実験…

文学
- 1865(この年)　初の本格的SF、ジュール…
- 1915(この年)　作家パウル・シェーアバル…
- 1926.4月　世界最初のSF専門誌「ア…
- 1933.9.21　「銀河鉄道の夜」の作者・…
- 1934(この年)　宮沢賢治の「銀河鉄道の夜…
- 1935.12.31　物理学者で俳人の寺田寅彦…
- 1943.4.6　サン・テグジュベリ「星の…
- 1945.8月　早川書房創立
- 1946.8.13　作家オーソン・ウェルズが…
- 1949.5.17　日本SF小説の先駆・海野…
- 1950(この年)　レイ・ブラッドベリ「火星…

1953（この年）	ヒューゴー賞創設	
1954.12月	「星雲」が創刊される	
1955（この年）	「少年少女科学小説選集」…	
1956（この年）	瀬川昌男「火星に咲く花」…	
1957（この年）	おめがクラブ、同人誌「科…	
1957（この年）	日本最古のSF同人誌「宇…	
1959.12月	「SFマガジン」が創刊さ…	
1961（この年）	〈宇宙英雄ペリー・ローダ…	
1962（この年）	今日泊亜蘭「光の塔」が刊…	
1963.3.5	日本SF作家クラブが発足…	
1965（この年）	SF作家のE.E.スミス…	
1965（この年）	ネビュラ賞創設	
1967（この年）	石原藤夫「ハイウェイ惑星…	
1967（この年）	SF作家のヒューゴー・ガ…	
1970.8月	「ハヤカワSF文庫」が創…	
1976.4.9	「SFマガジン」初代編集…	
1977.10.25	天体とヒコーキと少年愛の…	
1977.10.30	星の文学者・野尻抱影が没…	
1977.11月	高千穂遙「連帯惑星ピザン…	
1980（この年）	日本SF大賞創設	
1982.11月	田中芳樹「銀河英雄伝説」…	
1983.9月	神林長平「敵は海賊・海賊…	
1984（この年）	筒井康隆「虚航船団」が刊…	
1988.4.25	SF作家のクリフォード・…	
1988.5.8	SF作家のロバート・A.…	
1988（この年）	SF作家のニール・R.ジ…	
1990.11月	岩本隆雄「星虫」が刊行さ…	
1992.4.6	SF作家のアイザック・ア…	
1992.7.27	「天文台日記」の著者・石…	
1992.7.28	翻訳家の深見弾が没する	
1993.4.18	翻訳家の山高昭が没する	
1995.3月	野尻抱介「ロケットガール…	
1996.4月	森岡浩之「星界の紋章」が…	
1997.12.30	SF作家の星新一が没する	
1998.2月	笹本祐一「彗星狩り」が刊…	
1999.7月	宇宙作家クラブが発足する	
1999.7.7	SF作家の光瀬龍が没する	
1999（この年）	小松左京賞創設	
2000.1.26	SF作家のA.E.ヴァン…	
2001.5.11	脚本家でSF作家のダグラ…	
2001.7.31	SF作家のポール・アンダ…	
2002.9.21	SF作家・物理学者のロバ…	
2003（この年）	SF作家のハル・クレメン…	
2004.10.13	SF作家の矢野徹が没する	
2006.3.27	SF作家のスタニスワフ・…	
2006.5.12	SF作家の今日泊亜蘭が没…	
2006.8.8	翻訳家の斎藤伯好が没する	
2006.11.10	SF作家のジャック・ウィ…	
2008.3.19	SF作家のアーサー・C.…	
2008.6.6	SF作家・テレビプロデュ…	
2009.2.25	SF作家のフィリップ・ホ…	
2009.6.25	「日本SF全集」が刊行開…	

文化勲章
1937（この年）	木村栄、長岡半太郎、文化…
1946（この年）	仁科雄雄、文化勲章受章
1954（この年）	萩原雄祐、文化勲章受章
1969（この年）	「アポロ11号」搭乗者、文…
1986（この年）	林忠四郎、文化勲章受章
1993（この年）	小田稔、文化勲章受章
1997（この年）	小柴昌俊、文化勲章受章
2004（この年）	戸塚洋二、文化勲章受章

文化功労者
1982（この年）	文化功労者に林忠四郎
1986（この年）	文化功労者に小田稔
1988（この年）	文化功労者に小柴昌俊
1994（この年）	文化功労者に高木昇
1996（この年）	文化功労者に藤田良雄
1998（この年）	文化功労者に斎藤成文
2002（この年）	文化功労者に戸塚洋二
2006（この年）	文化功労者に伊藤英覚

文化庁優秀映画大賞
2003（この年）	「未知への航海—すばる望…

分光学
1859（この年）	キルヒホフ、元素分布を示…
1938.2月	藤田良雄、低温度星の分光…

分光学者
1826.6.7	物理学者フラウンホーファ…
1874.6.21	物理学者オングストローム…
1878.2.26	天文学者のセッキが没する
1880（この年）	ドレーパー、オリオン星雲…
1934（この年）	分光写真研究のA.ベロポ…
1956.5.11	ウィルソン山天文台長ウォ…

分光観測
1969.11.8	天文学者ベスト・スライフ…
1972（この年）	岡山天体物理観測所で銀河…
2002.1.17	すばる望遠鏡、ゆらぎ補正

分光器
1868（この年）	未知元素ヘリウムを発見

分光視差
1914（この年）	分光視差法を発見
1956.5.11	ウィルソン山天文台長ウォ…

分光連星
1889（この年）	E.C.ピッカリング分光…
1919（この年）	恒星天文学のE.C.ピッ…

分子雲
1981.8.24	巨大分子雲を銀河系外縁に…

分子ガス
1993.1.7	野辺山天文台、超高速分子…

分子線
1987（この年）	斎藤修二ら、直線炭素鎖分…

文人
1778.5.30	フランスの文人・ヴォルテ…
1793.8.26	橘南谿が京都で天文観測の…
1795.1.1	蘭学者・大槻玄沢が江戸で…
1801.11.5	国学者・本居宣長が没する
1818.11.19	洋画家・蘭学者の司馬江漢…
1843.9.25	蘭学者・吉雄俊蔵が没する
1843.11.2	国学者の平田篤胤が没する
1845.12.8	儒学者の猪飼敬所が没する
1850.12.3	蘭学者の高野長英が没する
1859.9.20	国学者の鶴峯戊申が没する

1862.9.22	国学者・洋学者の秋元安民…

分秒報時
1948.8.1	東京天文台、標準周波数電…

【へ】

米国SFファンタジー作家協会
1965(この年)	ネビュラ賞創設

米国海軍天文台
1832(この年)	ワシントン海軍天文台創設
1909.7.11	理論天文学者ニューカムが…

米国航空宇宙局
1958.10.1	米国航空宇宙局(NASA…
1959(この年)	ゴダード宇宙飛行センター…
1960.12.29	米国航空宇宙局(NASA)
1979.1.29	NASDAとNASA、「…
1987.10.22	今後の打ち上げ計画
1991.12.22	NASA長官ジェームズ・…
1992.3.28	ジェームズ・エドウィン・…
1992.5.4	3代目NASA局長トーマ…
1993.9.8	宇宙ステーション開発縮小
1993.10月	ET探し予算カットで挫折
1995.7.8	米女性飛行士が心肺停止
1996.12.20	「核の冬」のカール・セー…
2002.1月	NASA新長官迎える
2002.1.6	NASA副局長バートン・…
2003.9.17	野口聡一飛行士、スペース…
2004.10.21	「時空のゆがみ」を証明
2004.11.14	NASA研究員のマモル・…
2005.3.11	グリフィンがNASA新長…
2005.9.19	恒久月面基地の建設を計画
2006.1.3	彗星の塵を採取
2006.3.16	ビッグバン後の膨張説を裏…
2006.6.22	「アレス」と「オリオン」
2006.9.10	宇宙ステーション建設再開
2006.11.16	世界初の宇宙中継成功
2007.8.13	NASA首席研究員・杉浦…
2007.11.6	かに座恒星に5個目の惑星
2008.5月	佐和貫利郎の宇宙絵画、N…
2009.5.23	黒人初のNASA長官、指…
2009.7.16	消去された月面着陸映像を…

米国国立電波天文台
1957(この年)	米国国立電波天文台(NR…

米国天体暦
1832(この年)	ワシントン海軍天文台創設

米国天文学会
1899(この年)	米国天文学協会設立
1909.7.11	理論天文学者ニューカムが…
1921(この年)	ソビエト天文学者の餓死救…
1956.5.11	ウィルソン山天文台長ウォ…
1972.9.20	天文学者ハーロー・シャプ…

"米国天文学者の学部長"
1957.2.18	「HR図」の考案者、ヘン…

米国電話通信会社
1994.9.8	通信衛星打ち上げ後トラブ…

米国立宇宙技術研究所
1958.10.1	米国航空宇宙局(NASA…

米国立科学アカデミー
1994(この年)	田中靖郎に"天文学のノー…

米国惑星協会
1977(この年)	ジョン・ロンバーグが「ボ…

平成基礎科学財団
2003.10.1	小柴昌俊、私財を投じ財団…

米ソ協力宇宙通信
1964.2月	米ソ協力宇宙通信実験実施

米ソ協力協定
1962.12.5	米ソ協力協定

平天儀
1811(この年)	望遠鏡製作者の岩橋善兵衛

米ロ宇宙協力協定
1992.7.16	米ロ宇宙開発で協力

ペイン報告
1992.5.4	3代目NASA局長トーマ…

ベガ
1985(この年)	金星・ハレー彗星探査機ベ…
1986(この年)	ハレー彗星観測に成果

ペガサス
1965.2.26	「サターン計画」

ベーカー式望遠鏡
1952(この頃)	新型望遠鏡

ベスタ
1807(この年)	第4小惑星「ベスタ」を発…

ベスタロケット
1966-1967	各種ロケットの打ち上げ

ヘスペリア
1910.7.4	火星の「運河」のスキャパ…

ベータLyr型連星
1937(この年)	竹田新一郎、ベータLyr型…

ベッポサックス
1997(この年)	「BeppoSAX」ガンマ線…

ベネラ
1965.11月	「ベネラ(金星)2号」「3…
1967.10.18	「ベネラ4号」初の軟着陸
1969.5月	「ベネラ5号」「6号」金星
1970.8.17	「ベネラ7号」打ち上げ
1972.3.27	「ベネラ8号」打ち上げ
1975.10月	「ベネラ9号」「10号」の…
1978.12月	金星探査機降下体が金星着…
1982.3.1	「ベネラ13号」の成果
1982.3.5	「ベネラ14号」の成果
1983.6.2	「ベネラ15号」「16号」の…

ベピ・コロンボ
2008.2.12	水星探査計画承認

へび座新星
1970.2.14	本田実、へび座に新星を発…

ベビーロケット
1955(この年)	東大生研、秋田県道川海岸…

ベラ
　1967(この年)　核実験査察衛星「ベラ」ガ…
ヘリウム
　1868(この年)　未知元素ヘリウムを発見
　1995.6.12　　宇宙誕生後にヘリウム確認
ヘリオメーター
　1753(この頃)　ドロンド、ヘリオメーター…
ペルー
　1931(この年)　ハーバード大学天文台台長…
　1976.11.13　　天文学者・上田穣が没する
　2009(この年)　ペルーに望遠鏡移設
「ヘルシンキ天文台分担星表」
　1937(この年)　「ヘルシンキ天文台分担…
ペルセウス座新星
　1934.1.2　　　ペルセウス座新星の発見者…
ペルセウス座流星群
　1993.8月　　　ペルセウス座流星群で空振…
ヘルツシュプルング＝ラッセル図
　1913(この年)　ラッセル、恒星のスペクト…
　1957.2.18　　「HR図」の考案者、ヘン…
　1967.10.21　　赤色星研究のヘルツシュプ…
ヘール天文台
　1904(この年)　ウィルソン山天文台創設
　1970(この年)　ウィルソン山・パロマー山…
ヘール望遠鏡
　1928(この年)　パロマー山天文台創設
　1938.2.21　　天文台建設の貢献者G.E…
　1948.6.3　　　パロマー山天文台完成
ヘール・ボップ彗星
　1995.7.23　　最大級の彗星を発見
　1997.3.22　　ヘール・ボップ彗星が接近
ヘルメス
　1986.6.27　　欧州版シャトルの開発
　1993.10月　　ESA、ヘルメス開発を断…
「ベルリン科学アカデミー星図」
　1865.8.26　　天文学者エンケ没する
「ベルリン天体暦」
　1774(この年)　ボーデ、「ベルリン天体暦…
ベルリン天文台
　1865.8.26　　天文学者エンケ没する
ヘルワン天文台
　1963(この年)　ヘルワン天文台188cm反射…
変光星
　1596(この年)　ファブリキウス、ミラ変光…
　1907.8.13　　天文学者フォーゲルが没す…
　1907(この年)　「ポツダム掃天星表」完成
　1911(この年)　北極星はセフェイド変光星
　1912(この年)　ケファイド変光星の周期光…
　1920.11.26　　天文学者の一戸直蔵が没す…
　1923(この年)　アンドロメダ星雲にセフェ…
　1951.9月　　　変光星18個発見
　1952.3月　　　最短周期の変光星
　1952(この頃)　最短周期で変光する星を発…
　1956(この年)　変光星研究のセルゲイ・ブ…

ペンシルロケット
　1955.3.11　　糸川英夫ら、ペンシルロケ…
　1955.8.6　　　東大生研、秋田県道川海岸…
　1983.11.25　　ロケット工学者・森大吉郎…
　1999.2.21　　ロケット博士・糸川英夫が…
　2007.5.31　　「おおすみ」実験主任の野…
「ヘンリー・ドレーパーカタログ」
　1880(この年)　ドレーパー、オリオン星雲…
　1924(この年)　「ヘンリー・ドレーパーカ…
編暦
　1876.2.24　　編暦事務が内務省図書寮に…

【ほ】

ポアンカレ予想
　1912.7.17　　ポアンカレ予想のアンリ…
　2006(この年)　ポアンカレ予想解決
ボイジャー
　1977.8月-9月　「ボイジャー2号」「ボイ…
　1977(この年)　ジョン・ロンバーグが「ボ…
　1979(この年)　木星の性質探る探査機
　1980(この年)　土星観測で明らかに
　1981(この年)　惑星探査機「ボイジャー」…
　1986(この年)　天王星探査「ボイジャー2…
　1989.7月　　　海王星探査「ボイジャー2…
　1989.10.2　　米探査機「ボイジャー」成…
　1990.7.24　　土星の衛星を10年ぶりに発…
　1998.2.17　　最も遠くへ進む「ボイジャ…
　2003.1.13　　14年ぶり、海王星に新衛星
ボイデン観測所
　1931(この年)　ハーバード大学天文台台長…
ホイヘンス
　1997.10.15　　土星探査機打ち上げ
　2005.1.14　　探査機で初の土星地表撮影
ボーイング社
　1997.10月　　三菱重工業、ボーイング社…
　2001.4.13　　米ボーイングとロシア航空…
戊寅暦
　619(この年)　「戊寅暦」施行
望遠鏡
　1608(この年)　リッペルスハイ、望遠鏡の…
　1609(この年)　ガリレイ、「ガリレオ式望…
　1783.9.18　　数学者オイラーが没する
　1793.8.26　　橘南谿が京都で天文観測の…
　1811(この年)　望遠鏡製作者の岩橋善兵衛…
　1952(この頃)　新型望遠鏡
　1960(この年)　宇宙線起源の探求
　1999(この年)　「天体望遠鏡・8インチ屈…
　2006.11.17　　「現代の名工」に三鷹光器…
　2006(この年)　アジア最大口径の天体望遠…
「望遠鏡観諸曜記」
　1793.8.26　　橘南谿が京都で天文観測の…

「方円星図」
　　1826（この年）　石坂常堅「方円星図」刊
ほうおう座流星群
　　2005（この年）　ほうおう座流星群の起源を…
奉元暦
　　1075（この年）　「奉元暦」施行
報時
　　1911.12.1　　　東京天文台、無線電信によ…
ホウ素
　　1992.1.14　　　最古の星にホウ素を検出
放送衛星
　　1973.11.2　　　放送・通信衛星の打ち上げ…
　　1989（この年）　「テレX」打ち上げ
　　1990.8.28　　　放送衛星「ゆり3号a」を打…
　　1991（この年）　放送衛星トラブルで綱渡り…
膨張理論
　　1953.9.28　　　「ハッブルの法則」のエド…
　　1957（この頃）　宇宙膨張率の速度
　　1998.2月　　　　新説、宇宙の膨張は加速
報復兵器
　　1942.10.3　　　「A-4型ロケット4号」の…
　　1977.6.16　　　ロケット開発者ウェルナー…
　　1989.12.28　　　ロケット開発のヘルマン・…
宝暦暦
　　1754.10月　　　陰陽頭・土御門泰邦（安倍…
　　1755（この年）　「宝暦暦」施行
　　1763.10.7　　　暦にない日食が起り、「宝…
　　1769.12月　　　佐々木長秀、「修正宝暦甲…
　　1773.1.3　　　 和算家・山路主住が没する
　　1787.10.26　　　天文暦学者の吉田秀長が没…
　　1787（この年）　天文暦学者の西村遠里が没…
「ホーキング、宇宙を語る」
　　1991（この年）　出版・放送界で宇宙がブー…
「北天銀河の測光アトラス」
　　1990（この年）　木曽観測所シュミット望遠…
星
　　1924（この年）　「ヘンリー・ドレーパーカ…
　　1937（この年）　ボス、「総合カタログ（G…
「星をみる女性」
　　1936（この年）　太田聴雨が「星をみる女性…
「星月夜」
　　1889（この年）　ゴッホが「星月夜」を描く
「星空紀行・銀河の世界」
　　1987（この年）　科学技術映像祭受賞（1987…
星のアソセーション
　　1947（この年）　アンバルツミヤン、「星の…
「星の王子さま」
　　1943.4.6　　　 サン・テグジュベリ「星…
星野鏡
　　1997.9.6　　　 天体写真の草分け・星野次…
「星の固有運動に関するベルゲドルフ辞典」
　　1936（この年）　「星の固有運動に関するべ…

星の成長
　　1989.11.9　　　星の成長過程が明らかに
星の卵
　　2005（この年）　星の卵を初めて観測
星の誕生
　　1992.10.12　　　世界初、星の誕生を観測
　　1994.4.21　　　「星のタネ」を初めて捉え…
「星の手帖」
　　1978（この年）　「星の手帖」発刊
星の手帖チロ賞
　　1982（この年）　星の手帖チロ賞受賞（第1…
　　1983（この年）　星の手帖チロ賞受賞（第2…
　　1984（この年）　星の手帖チロ賞受賞（第3…
　　1985（この年）　星の手帖チロ賞受賞（第4…
　　1986（この年）　星の手帖チロ賞受賞（第5…
　　1987（この年）　星の手帖チロ賞受賞（第6…
　　1989（この年）　星の手帖チロ賞受賞（第7…
　　1990（この年）　星の手帖チロ賞受賞（第8…
　　1991（この年）　星の手帖チロ賞受賞（第9…
　　1992（この年）　星の手帖チロ賞受賞（第10…
"星の文学者"
　　1977.10.30　　　星の文学者・野尻抱影が没…
"星の民俗学者"
　　1977.10.30　　　星の文学者・野尻抱影が没…
「星虫」
　　1990.11月　　　 岩本隆雄「星虫」が刊行さ…
「星めぐりの歌」
　　1933.9.21　　　「銀河鉄道の夜」の作者・…
「ボス第1基本星表」
　　1878（この年）　ボス、「ボス第1基本星表…
ボストーク
　　1961.4.12　　　「ボストーク1号」
　　1961.8.6　　　 「ボストーク2号」
　　1962.8月　　　　初のグループ飛行に成功
　　1963.6.14　　　「ボストーク5号」「6号」
　　1988.11.7　　　電磁波工学の中田美明が没…
　　2000.9.20　　　2人目の宇宙飛行士ゲルマ…
ボスハ天文台
　　1986.10.11　　　東京天文台長を務めた宮地…
ボスホート
　　1964.10.12　　　「ボスホート1号」打ち上…
　　1965.3.18　　　「ボスホート2号」打ち上…
「北極から120度の範囲にある二重星表」
　　1951.10.29　　　リック天文台長ロバート・…
「北極から121度以内にある二重星一般目録」
　　1906（この年）　「北極から121度以内にあ…
北極星
　　1877（この年）　開拓使麦酒醸造所が北極星…
　　1911（この年）　北極星はセフェイド変光星
「ポツダム掃天星表」
　　1907（この年）　「ポツダム掃天星表」完成
ポツダム天体物理観測所
　　1874（この年）　ポツダム天体物理観測所創…
　　1907（この年）　「ポツダム掃天星表」完成

1912（この年）　シャイナーの「国際写真星…
1916.5.11　　　天文学者カール・シュワル…
ポツダム天文台
1907.8.13　　　天文学者フォーゲルが没す…
ボーデの法則
1772（この年）　「ボーデの法則」発表
ホプキンス山天文台
1980（この年）　ホプキンス山天文台に4.4…
ポラリスAb
2006.1.9　　　北極星の伴星の撮影成功
ポリトロープ ガス球論
1907（この年）　エムデン方程式、完成
ポリョート
1963.11.1　　　「ポリョート1号」打ち上…
1964.4.12　　　「ポリョート2号」打ち上…
堀＝リーの理論
1966（この年）　堀源一郎、天体力学の正準…
「ボルドー天文台分担星表」
1934（この年）　「ボルドー天文台分担星表…
本初子午線
1884（この年）　本初子午線国際会議ワシン…
1886.7.13　　　本初子午線と本邦標準時を…
ポンス彗星
1928.10.28　　　山崎正光「フォルブス・山…
「ボン掃天星表」
1862（この年）　アルゲランダー、「ボン掃…
1886（この年）　「ボン掃天星表」に恒星追…
ホンダ彗星
1947.11.14　　　本田実、ホンダ彗星を発見
ボン天文台
1862（この年）　アルゲランダー、「ボン掃…
本邦標準時
1886.7.13　　　本初子午線と本邦標準時を…

【ま】

「マイケルソン・モーリーの実験」
1887（この年）　マイケルソンとモーリー、…
まいど1号
2008.8月　　　「まいど1号」完成
2009.1.23　　　「H-2A-15号」、「い…
毎日映画コンクール記録文化映画賞
2003（この年）「未知への航海―すばる望…
毎日工業技術賞特別賞
1984（この年）　村上治・宮内一洋、毎日工…
マウナケア山
1979（この年）　ハワイ島マウナケア山頂に…
マウナケア天文台
1970（この年）　マウナケア天文台発足
マウンダー極小期
1922（この年）　マウンダー、太陽活動の「…

マーキュリー計画
1960-1961　　　「リトル・ジョー計画」
1961.5.5　　　有人弾道飛行「マーキュリ…
1962.10.3　　　「シグマ7号」成功
1963.5.15　　　「マーキュリー計画」終了
1964（この年）　「ジェミニ計画」発動
1997.8.25　　　ロケット科学者バイロン・…
マクドナルド天文台
1963（この年）　恒星天文学の泰斗O.シュ…
1968（この年）　マクドナルド天文台に270c…
1973（この年）　赤外線天文学のカイパーが…
マクドネル・ダグラス社
1993.8.18　　　垂直離着陸可能ロケット「…
マグナム望遠鏡
2005.9.12　　　最も遠いガンマ線バースト…
マコーミック天文台
1964（この年）　マコーミック天文台長ハロ…
マサムラ（正村一忠）
1998.11.8　　　岐阜天文台台長・正村一忠…
マーシャル宇宙飛行センター
1958.10.1　　　米国航空宇宙局（NASA…
1977.6.16　　　ロケット開発者ウェルナー…
マーズ96
1996（この年）　米ロの火星探査機相次ぐ
マーズ・エクスプレス
2003.6月　　　火星探査機打ち上げ相次ぐ
2004.3.2　　　火星に水の存在が明らかに
マーズ・エクスプロレーション・ローバー
2003.6月　　　火星探査機打ち上げ相次ぐ
マーズ・オデッセイ
2001.4.8　　　火星探査機「マーズ・オデ…
2002.3.1　　　火星に大量の水
マーズ・オブザーバー
1992.9.25　　　火星探査機を打ち上げ
1993.8.22　　　火星無人探査機が行方不明
マーズ・クライメイト・オービター
1999.9月　　　火星探査機「マーズ・クラ…
マーズ・グローバル・サーベイヤー
1996（この年）　米ロの火星探査機相次ぐ
1997.9.11　　　火星無人探査機、周回軌道…
マスコン
1968（この年）　質量密集地帯「マスコン」…
マーズ・サーベイヤー
1994.2.7　　　サーベイヤー計画
マーズ・パスファインダー
1997.7.4　　　火星生命探査始まる
マーズ・ポーラー・ランダ
1999.9月　　　火星探査機「マーズ・クラ…
マーズ・リコナイサンス・オービター
2005.8.12　　　米、火星探査機打ち上げ
マゼラン
1989.5.5　　　再開4号で金星探査機を打…
1990.8.10　　　金星にクレーター
1991.3月　　　金星の素顔が明らかに
1994.10.11　　　金星探査機マゼラン、最後…

マゼラン星雲
　1951.7月-8月　　新星発見
　1951.9月　　　　変光星18個発見
　1953(この年)　マゼラン雲の運動
　1956(この頃)　星雲観測計画
　1987.2.24　　　超新星の観測
マーセル・グロスマン会議
　1991.6月　　　　日本初マーセル・グロスマ…
マタベイ(岩佐又兵衛)
　2009.7月　　　　水星のクレーターに「国貞…
マーチソン隕石
　1983.8.29　　　 隕石から基本化学物質発見
マックス・ウォルフ彗星
　1910.5月　　　　ハレー彗星が出現
マックス・プランク協会
　1946(この年)　カイザー・ウィルヘルム協…
　1970(この年)　マックス・プランク協会、…
マックス・プランク研究所
　1957.2.8　　　　ノーベル賞受賞のヴァルタ…
松隈方程式
　1930(この年)　松隈健彦、非線形方程式を…
マトラ社
　1998.7.22　　　アエロスパシアル社、民営…
マモル(毛利衛)
　1992.11月　　　小惑星に日本人宇宙飛行士…
マリサット
　1976.10.14　　「マリサット3号」打ち上…
マリナー
　1962.8.27　　　「マリナー2号」打ち上げ
　1965.7.15　　　「マリナー4号」火星表面…
　1967.10.19　　金星探査機「マリナー5号…
　1969.2月-3月　火星探査機「マリナー6号…
　1971.5.30　　　「マリナー9号」打ち上げ
　1972(この年)　火星地図の作成
　1973.11.3　　　無人水星探査機打ち上げ
　1981.3.14　　　金星探査の観測結果
マルコポーロ1号
　1989.8.27　　　商業衛星再開1号の打ち上…
マルス
　1973.7.21-8.9　火星へ4探査機
丸善
　1925.2.20　　　「理科年表」発刊
　1974(この年)　「航空宇宙工学便覧」刊行
漫画
　1938.6月　　　　コミック「スーパーマン」…
　1948.12.5　　　漫画家の横井福次郎が没す
　1985(この年)　アニメ映画「銀河鉄道の夜…
　1989.2.9　　　　漫画家・手塚治虫が没する
　1996.9.23　　　漫画家・藤子・F・不二雄…
　1998.5.26　　　SF漫画の先駆・大城のぼ…
　1999(この年)　幸村誠の漫画「プラネテス…
　2001.10月　　　柳沼行の漫画「ふたつのス…
「まんてん」
　2002(この年)　NHK連続テレビ小説「ま…

満天
　2004.3.20　　　「サンシャインプラネタリ…

【み】

ミウネ(三嶺)
　1986.7月　　　　小惑星発見数、新記録
未確認飛行物体
　1947.6.24　　　ケネス・アーノルドが空飛…
　1955.7.1　　　　日本空飛ぶ円盤研究会(J…
　2006.5.7　　　　英国防省UFO実在せずと…
みさと天文台
　1995.7.7　　　　和歌山にみさと天文台開設
水沢緯度観測所
　1899.12.11　　岩手県水沢に臨時緯度観測…
　1922.9.6　　　　水沢緯度観測所、国際緯度…
　1936(この年)　国際緯度観測事業中央局業…
　1943.1.19　　　第2代水沢緯度観測所長・…
　1943.9.26　　　z項の発見で知られる天文…
　1952.5.21　　　物理学者・田中館愛橘が没…
　1959.10月　　　乗鞍観測所10周年
　1962.1.6　　　　水沢緯度観測所が国際極運…
　1969.9.3　　　　緯度観測功労者・平三郎が…
　1981.10.2　　　水沢緯度観測所長・池田徹…
　2004.1.13　　　天文学者・弓滋が没する
"ミスターSF"
　2008.12.4　　　SF編集者のフォレスト・…
ミタカ(三鷹)
　1927.1.23　　　及川奥郎の小惑星発見
三鷹光器
　1966.5月　　　　精密機器メーカー・三鷹光…
　2006.11.17　　「現代の名工」に三鷹光器…
ミダス
　1960-1961　　　軍用衛星「ミダス」
　1962.10.21　　「ミダス4号」打ち上げ
ミーチア13号
　1972-1973　　　実用衛星打ち上げ
「未知への航海―すばる望遠鏡建設の記録」
　2003(この年)　「未知への航海―すばる望…
　2003(この年)　科学技術映像祭受賞(2003…
「未知との遭遇」
　1977.11.6　　　SF映画「未知との遭遇」…
ミッション・スペシャリスト
　1993.8.4　　　　日本人初のMSに若田光一
　1994.12.12　　若田光一、MSとして宇宙…
　1996.1月　　　　MS若田光一、日本人初の…
　2006.2月　　　　日本人飛行士3人がMS資…
三菱重工業
　1997.10月　　　三菱重工業、ボーイング社…
　2003.2.12　　　「H-2A」民間に移管
　2007(この年)　打ち上げ事業の民営化

2008.1.12	三菱重工、海外衛星、初受…

三菱電機
1962（この年）	三菱電機が宇宙事業に参入

みどり
1996.8.17	地球観測衛星「みどり」打…
1997.9.30	地球観測衛星みどりが機能…
2002.12.14	H-2Aロケット4号打ち上…
2003.10.31	「みどり2号」早くも運用…

美濃隕石
1909.7.24	岐阜、美濃、関などに隕石…

ミノルタハイマチック
1985.11.19	ミノルタカメラ創業者・田…

ミハイロフ星図
1983.10.4	「ミハイロフ星図」のアレ…

美保関隕石
1993.2.9	「美保関隕石」は放浪隕石

ミヤモト（宮本正太郎）
1992.5.11	天文学者・宮本正太郎が没…

宮本＝永井モデル
1975（この年）	円盤銀河に関する「宮本＝…

ミューオン
1932.8.2	アンダーソン、ミューオン…
1937（この年）	宇宙線中に中間子を発見
1989.11.7	μ粒子を見つけたジャベス…

「ミュラー・ハルトウィヒの変光星表」
1907（この年）	「ポツダム掃天星表」完成

μ粒子
1932.8.2	アンダーソン、ミューオン…
1937（この年）	宇宙線中に中間子を発見
1989.11.7	μ粒子を見つけたジャベス…

ミューロケット
1963.4月	東大生研、「M（ミュー）…
1970.9月	「M-4S-1」ロケット打…
1983.11.25	ロケット工学者・森大吉郎…
1985（この年）	ハレー彗星を紫外線カメラ…
1993.8.30	「M-Vロケット」打ち上…
2000.2.10	M-Vロケット、打ち上げ…
2002.6.26	M-Vロケット、民間へ

ミュンヘン大学天文台
1924（この年）	ミュンヘン大学天文台長H…

みょうじょう
1994（この年）	H-2ロケット1号成功

ミランダ
1948（この年）	カイパーの衛星発見

ミリカン線
1953.12.19	「ミリカン線」を発見した…

ミリ波干渉計
1987（この年）	野辺山宇宙電波観測所のミ…

ミール
1986.2.20	大型ステーション「ミール…
1987.2.6	改良型「ソユーズTM2号…
1989.3.27	TBS記者がミールに滞在
1989.4.27	軌道船「ミール」が4か月…
1990.12.2	日本人初の宇宙飛行士
1991.5.18	「ジュノ計画」で英国初の…
1992（この年）	宇宙に置き去りにされた飛…
1994（この年）	宇宙ステーション・ミール
1995.3.14	初の米ロ合同長期宇宙飛行
1995.6.29	米ロ、ドッキングに成功
1996.9.7	女性の宇宙滞在記録を更新
1997（この年）	「ミール」トラブル続く
1998.6.2	「ミール」と「ディスカバ…
1999.8.27	「ミール」最後の乗組員、…
2001.3.23	「ミール」落下、無事終了

民営化
1996.9月	シャトル運用、民間委託へ
2007（この年）	打ち上げ事業の民営化

ミンコフスキー空間
1908（この年）	ヘルマン・ミンコフスキー…

民俗学
1977.10.30	星の文学者・野尻抱影が没…

【む】

ムカイ（向井千秋）
1992.11月	小惑星に日本人宇宙飛行士…

ムードン天文台
1876（この年）	ムードン天文台創設
1939（この年）	フランス国立科学研究セン…

ムルコス彗星
1957.7.30	ムルコス彗星発見

ムーンサルト
1972.8月-9月	ミュンヘンオリンピックで…

【め】

冥王星
1914（この年）	ローウェル、海王星外の未…
1930（この年）	トンボー、冥王星を発見
1977.10.30	星の文学者・野尻抱影が没…
1978.6.22	冥王星の衛星「カロン」発…
1978.7月	冥王星にも月を発見
1988.6.10	冥王星に大気を確認
1997.1.17	冥王星の発見者クライド・…
1999.2.12	惑星の座守る冥王星
2006.1.19	初の冥王星探査機の打ち上…
2006.8.24	冥王星、降格
2007.4月	冥王星「準惑星」に分類

「明月記」
1241.9.26	歌人・藤原定家が没する

明時館
1779（この年）	薩摩藩主・島津重豪が明時…

「明治前日本天文学史」
1960.3月	「明治前日本天文学史」刊…

明天暦
　1064（この年）　「明天暦」施行
メガスター
　1998（この年）　大平貴之が移動式プラネタ…
メーゲル＝デリンジャー現象
　1935（この年）　デリンジャー現象の発見
メゴ（愛姫）
　2007（この年）　小惑星「ダテマサムネ」と…
「メシエ星表」
　1817（この年）　天文観測家メシエ没する
メッセンジャー
　2004.8.3　　　NASA水星探査機打ち上…
　2008.7.4　　　水星に噴火の痕跡確認
　2009.7月　　　水星のクレーターに「国貞…
メテオール
　1974（この年）　気象衛星「メテオール」打…
　1977（この年）　気象衛星「メテオール」打…
　1985（この年）　実用衛星打ち上げ
メトン法
　BC433（この年）ギリシャが「メトン法」を…
「メルボルン天文台分担星表」
　1963（この年）　「国際共同観測写真天図天…

【も】

木星
　1610（この年）　ガリレイ、「星界からの報…
　1676（この頃）　レーマー、光の速度を初め…
　1892（この年）　木星の第5衛星を発見
　1905（この年）　木星の第6、第7衛星を発見
　1908（この年）　メロッテ、木星第8衛星発…
　1914（この年）　ニコルソン、木星第9衛星
　1932（この年）　木星のスペクトルの吸収帯
　1951.9月　　　木星第12番目の衛星
　1955（この年）　木星からの電波捕捉
　1974（この年）　木星の13番目の衛星「レダ…
　1994.7月　　　SL9彗星が木星に衝突
　1996.10.23　　 木星の衛星、酸素の存在
　2009.7.19　　　木星に地球規模の衝突痕
木星食
　2001.8.16　　　57年ぶりの木星食
木星探査
　1972.3.3　　　木星探査機第1号「パイオ…
　1973.12.4　　　「パイオニア10号」木星を…
　1977.8月-9月　　「ボイジャー2号」「ボイ…
　1979（この年）　木星の性質探る探査機
　1981（この年）　惑星探査機「ボイジャー」…
　1988.6.13　　　パイオニア10号へ期待
　1989.10.18　　 木星探査機の打ち上げ
　1995.7.14　　　「ガリレオ」木星大気圏に…
　1997.4.9　　　エウロパ、生命の可能性
　2003.9.21　　　「ガリレオ」探査任務終了

モスクワ天文台
　1934（この年）　分光写真研究のA.ベロポ…
　1956（この年）　変光星研究のセルゲイ・ブ…
モートン波
　1960（この年）　「モートン波」の発見
　1968（この年）　モートン波のfast mode電…
もも
　1987.2.19　　　初の地球観測衛星
　1990.2.7　　　3衛星同時打ち上げに成功
モルニヤ
　1965.4.23　　　通信衛星「モルニヤ1号」…
　1968-1969　　 通信衛星「モルニヤ1号」…
　1972-1973　　 実用衛星打ち上げ
　1974.11.21　　 「モルニヤ3型」打ち上げ
　1975-1976　　 通信衛星の打ち上げ
　1983（この年）　実用衛星の打ち上げ
　1984（この年）　実用衛星の打ち上げ
　1985（この年）　実用衛星打ち上げ
モンスター銀河
　2009.5.7　　　「モンスター銀河群」発見
文部科学省宇宙開発委員会
　2005.4.6　　　宇宙機構の長期ビジョンを…
　2008.2.12　　　水星探査計画承認

【や】

夜間打ち上げ
　2006.12.10　　 シャトル夜間打ち上げ成功
ヤーキス天文台
　1897（この年）　ヤーキス天文台が発足
　1938.2.21　　　天文台建設の貢献者G.E…
　1963（この年）　恒星天文学の泰斗O.シュ…
　1973（この年）　赤外線天文学のカイパーが…
ヤタガラス（八咫烏）
　2004.8月　　　小惑星に「ヤタガラス」誕…
夜天光
　1988.11.23　　 天文学者・古畑正秋が没す…
ヤブウチ（藪内清）
　2000.6.2　　　天文史家・藪内清が没する
ヤマモト（山本一清）
　1959.1.16　　　天文学者・山本一清が没す…
ヤンタール
　1966-1967　　 各種ロケットの打ち上げ

【ゆ】

有人宇宙飛行
　1961.4.12　　　「ボストーク1号」
　1961.5.5　　　有人弾道飛行「マーキュリ…
　1966.1.14　　　ロケット設計者セルゲイ・…

1968.3.27　　　初の宇宙飛行士ガガーリン…
有人衛星
　1962.2.20　　　「フレンドシップ7号」成…
有人夜間打ち上げ
　1970.6.1　　　　有人夜間打ち上げ成功
郵政省電波研究所
　1962.4.26　　　日米合同ロケット
「ユトレヒト天文台太陽スペクトル写真図」
　1940（この年）「ユトレヒト天文台太陽ス…
ユニスペース
　1968.8.14　　　第1回国連宇宙平和利用会…
ユネスコ
　2009.1月　　　　世界天文年2009が開幕
ゆり
　1978.4.8　　　　実用中型放送衛星「ゆり」…
　1984.1.23　　　日本初実用放送衛星ゆり2…
　1984.5.12　　　我が国初の衛星放送を開始
　1986.2.12　　　「ゆり2号b」を打ち上げ
　1990.8.28　　　放送衛星「ゆり3号a」を打…
　1991（この年）放送衛星トラブルで綱渡り…
ユリウス暦
　BC45（この年）ユリウス・カエサル「ユリ…
ユリシーズ
　2009.6.30　　　「ユリシーズ」運用終了
ユーレカ
　1992.7.31　　　無人宇宙実験機「ユーレカ…

【よ】

洋学所
　1855.8.30　　　幕府が洋学所の設置を決め…
ようこう
　1974（この年）平山淳、フレアの蒸発モデ…
　1991.8.30　　　太陽観測衛星「ようこう」…
　1992（この年）常田佐久ら、フレアにおけ…
　2004.4.23　　　科学衛星「ようこう」引退
「ようこそ国立天文台へ一宇宙の神秘に挑む天文学者たち」
　1998（この年）科学技術映像祭受賞（1998…
洋書調所
　1862.5.18　　　蕃書調所が移転し、洋書調…
「妖星ゴラス」
　1962（この年）映画「妖星ゴラス」
　1970.1.25　　　特撮監督の円谷英二が没す…
　1993.2.28　　　映画監督・本多猪四郎が没…
「幼年期の終り」
　2008.3.19　　　SF作家のアーサー・C．…
横河電機
　1962.4.26　　　日米合同ロケット
汚れた雪だるま
　2004.8.20　　　彗星研究者フレッド・ホイ…

余山天文台
　1935.3.11　　　天文学者・土橋八千太が没…
ヨシオカヤヨイ（吉岡弥生）
　1999.11月　　　小惑星に創立者の名前
吉川英治文化賞
　1969.9.3　　　　緯度観測功労者・平三郎が…
　1990.5.2　　　　"レンズ和尚"木辺宣慈が…
　1995.3.12　　　パラボラアンテナ製作者・…
　2009.3.4　　　　中野主一、吉川英治文化賞…
「よだかの星」
　1933.9.21　　　「銀河鉄道の夜」の作者・…
ヨルダン＝クラインの第2量子化
　1977.2.5　　　　原子物理学者オスカー・ク…
ヨーロッパ1号
　1966-1967　　　各種ロケットの打ち上げ
　1968.11.30　　　「ヨーロッパ1号」軌道に…
ヨーロッパ南天天文台
　1962（この年）ヨーロッパ南半球天文台設…
　1976（この年）チリ・ラシーヤのヨーロッ…
　2009.7.1　　　　天の川銀河の地図を作成

【ら】

ライカ犬
　1957.11.3　　　「スプートニク2号」打ち…
　1960.8.19　　　人工衛星船第2号打ち上げ
ライデン天文台
　1861（この年）ライデン大学天文台創設
　1967.10.21　　　赤色星研究のヘルツシュプ…
　1992.11.5　　　ライデン天文台台長ヤン・…
「ライトスタッフ」
　1983（この年）映画「ライトスタッフ」が…
ライブ！ユニバース
　2002.5.14　　　継続的ネット中継局「ライ…
ラジオス
　1976.5.4　　　　測地衛星「ラジオス」打ち…
ラジオ放送
　1938.10.30　　　ラジオドラマ「宇宙戦争」…
　1958.12.19　　　アトラス人工衛星「スコア…
ラズーガ14号
　1984（この年）実用衛星の打ち上げ
ラス・カンパナス天文台
　1977（この年）ラス・カンパナス天文台に…
「ラスト・コスモロジー」
　1980（この年）川田喜久治〈ラスト・コス…
ラッセル組成
　1929（この年）「ラッセル組成」の発表
ラムダロケット
　1962.10.27　　　「ラムダ」実験開始
　1963.12.9　　　鹿児島県内之浦の東京大学…
　1964.7.10　　　「ラムダ3型1号」が成功
　1965.1月　　　　「ラムダロケットL-3型2…

— 419 —

1966.7.23	「ラムダロケットL-3H…
1966-1967	ラムダロケット「L-4S…
1967.2.6	ラムダロケット「L-3H…
1971-1972	東京大学の観測ロケット次…
1972-1973	東京大学観測衛星が次々打…
1974.8.20	東京大学観測ロケットの打…

「ラランデ暦書」
1801.2.4	伊能忠敬、蝦夷地測量によ…
1803（この年）	高橋至時「ラランデ暦書管…
1836（この年）	渋川景佑と足立信頭が「新…

「ラランデ暦書管見」
1803（この年）	高橋至時「ラランデ暦書管…

ラングレー研究センター
1958.10.1	米国航空宇宙局（NASA…

ランデブー
1965.12.15	「ジェミニ6号」「7号」初…
1969.10.13	「ソユーズ」3機ランデブ…

ランドサット
1979.1.29	NASDAとNASA、「…
1984（この年）	実用衛星打ち上げ
2002.7.26	地球観測衛星「ランドサッ…

ランバートの法則
1760（この年）	「ランバートの法則」発表

【り】

理化学研究所
1917.3.27	財団法人理化学研究所設立
1948.3.1	財団法人理化学研究所が解…
1951.1.10	原子物理学者の仁科芳雄が…
2005.7.6	人工星を作り出す装置開発

「理学界」
1903.7.1	科学雑誌「理学界」が創刊…

「理科年表」
1925.2.20	「理科年表」発刊
1974.7.29	アカデミズムとアマチュア…

「力学対話」
1636（この年）	ガリレイ、「新科学対話（…

リコネクションの証拠
1992（この年）	常田佐久ら、フレアにおけ…

リーサット
1985（この年）	スペースシャトル「ディス…

リシテア
1914（この年）	ニコルソン、木星第9衛星…

離心円
BC150（この頃）	ヒッパルコス、「弦の表」…

リック天文台
1888（この年）	リック天文台創設
1951.10.29	リック天文台長ロバート・…

立風書房
1983.8月	一般向け天文雑誌「SKY…

「律暦志」
83（この年）	班固ら編「漢書」100巻が…

リトル・ジョー計画
1960-1961	「リトル・ジョー計画」

リニア彗星
2000（この年）	彗星のアンモニア分子、温…
2004.4月-5月	3彗星が同時に接近

りゅうせい
1994（この年）	H-2ロケット1号成功

流星
1866（この年）	スキャパレリ、彗星と流星…
1910.7.4	火星の「運河」のスキャパ…
1932.11月	しし座流星雨が33年ぶりに…
1946（この年）	昼間の流星観測成功
1951.11月	流星のレーダー観測
1965.11.17	テンペル・タットル彗星に…
1993.8月	ペルセウス座流星群で空振…
1998.10月-11月	ジャコビニ、しし座流星群…
2005（この年）	ほうおう座流星群の起源を…
2009.8月	流星群の公式名称が決定さ…

流体力学
1995.8.21	ノーベル賞受賞のスブラマ…

流体力学者
1986.11.3	セラミックタイルを提案し…

「竜の卵」
2002.9.21	SF作家・物理学者のロバ…

リョウマ（坂本龍馬）
1986.7月	小惑星発見数、新記録

リレー2号
1964.1.21	「リレー2号」打ち上げ
1964.3.25	テレビ中継成功

理論天文学者
1892.1.21	海王星を予言したアダムス…
1909.7.11	理論天文学者ニューカムが…
1924（この年）	ミュンヘン大学天文台長H…
1932（この頃）	非アインシュタイン的方法…
1953（この年）	エディントン・メダル授与…

理論物理学者
1947.1.19	理論物理学者・石原純が没…

リング状ガス雲
1972（この年）	海部宣男ら、銀河系中心近…

麟徳暦
665（この年）	「麟徳暦」施行

【る】

ルイス研究センター
1958.10.1	米国航空宇宙局（NASA…

ルジャンドル多項式
1833.1.10	数学者ルジャンドルが没す…

ルナ
1959.1.2	「ルナ1号」打ち上げ

1959.9.12	「ルナ2号」月に到着	1733.10.19	天文家・暦学者の中根元圭…
1959.10.4	「ルナ3号」	1739.8.24	和算家・暦学者の建部賢弘…
1963.4.2	「ルナ4号」打ち上げ	1769（この年）	暦学者・川谷薊山が没する
1965.5.9	「ルナ5号」「6号」は失敗	1784（この年）	暦学者・土御門泰邦が没す…
1966.1.31	「ルナ9号」月面軟着陸成…	1787.10.26	天文暦学者の吉田秀長が没…
1966.3.31	「ルナ10号」初の孫衛星に…	1787（この年）	天文暦学者の西村遠里が没…
1966.12.21	「ルナ13号」打ち上げ	1789.4.1	天文暦学者の千葉歳胤が没…
1966（この年）	「ルナ11号」「12号」打ち…	1795（この年）	高橋至時、間重富が幕府に…
1968.4.7	「ルナ14号」打ち上げ	1798.5.20	和算家・暦学者の安島直円…
1970.9.12	「ルナ16号」打ち上げ	1799.6.25	天文暦学者の麻田剛立が没…
1970.11.10	「ルナ17号」打ち上げ	1804.2.15	天文暦学者の高橋至時が没…
1971-1972	無人月探査機ルナの活躍	1816.4.1	天文暦学者の間重富が没す…
1973.1.8	無人探査機「ルナ21号」月…	1817.4.1	儒学者の中井履軒が没する
1976.8.18	「ルナ24号」月に軟着陸	1835.6.16	天文暦学者の西村太沖が没…

ルナーA
2007（この年）	見通し甘く「ルナーA」計…

ルナエンバシー社
1996（この年）	月の土地販売開始

ルナ・オービター
1966.8.11	「ルナ・オービター1号」…
1967.8.1	「ルナ・オービター5号」…

ルナ・プロスペクター
1998.1.6	NASA、「アポロ」以来…

ルナ・リコナサンス・オービター
2009.6.19	NASA月探査機打ち上げ

ルノホート
1970.11.10	「ルナ17号」打ち上げ
1973.1.8	無人探査機「ルナ21号」月…

ルメートル宇宙
1931（この年）	原始宇宙の爆発膨張説「ル…

【れ】

レア
1980（この年）	土星観測で明らかに

レアメタル
2008.9.13	超新星爆発でレアメタル生…

「霊憲候簿」
1842.12.17	渋川景佑が江戸・九段坂に…

レイ天文台
994（この年）	アル＝フジャンディー、レ…

レインジャー計画
1961.8.23	月探測計画の「レインジャ…
1962.1.26	「レインジャー3号」撮影
1962.4.26	「レインジャー4号」月裏…
1964.7.31	「レインジャー7号」月面…
1965.3.21	「レインジャー計画」終了
1973（この年）	赤外線天文学のカイパーが…

暦学者
500（この年）	祖沖之が没する
1612.2.6	数学者・天文学者のクラヴ…
1715.11.1	天文暦学者・渋川春海（安…
1845.8.3	天文暦学者の足立信頭が没…
1856.7.21	天文暦学者の渋川景佑が没…
1861.7.7	天文暦学者の山路諧孝が没…
1865.10.6	和算家・暦学者の小出兼政…
1903.1.9	暦本作成の弘鴻が没する
1908.6.26	暦学者・水原準三郎が没す…
1950.1.10	暦学研究・小川清彦が没す…
1954.9.27	暦研究の飯島忠夫が没する

「暦算全書」
1733.1月	中根元圭が「暦算全書」の…

暦時
1952.9月	天体位置推算用暦時

「暦象考成後編」
1795（この年）	高橋至時、間重富が幕府に…

「暦象新書」
1798.7月	志筑忠雄「暦象新書」の上…
1800.11月	志筑忠雄「暦象新書」の中…
1802.11月	志筑忠雄「暦象新書」の下…

暦博士
977（この年）	陰陽師・賀茂保憲が没する
1414（この年）	賀茂在方「暦林問答集」を…
1729.7.15	暦博士・幸徳井友親が没す…

暦表時
1955（この年）	国際天文学連合総会で暦表…

「暦法新書」
1754.10月	陰陽頭・土御門泰邦（安倍…

「暦林」
977（この年）	陰陽師・賀茂保憲が没する

「暦林問答集」
1414（この年）	賀茂在方「暦林問答集」を…

レーザービーム
1985.10.3	レーザービーム照射実験に…

レーザー望遠鏡
1975.5.31	東京天文台堂平観測所、直…

レダ
1974（この年）	木星の13番目の衛星「レダ…

レーリー＝ジーンズの分布
1946.9.16	数学者・天文学者のジーン…

レンズ
1932（この年）	「中村鏡」の中村要が没す…
1990.5.2	"レンズ和尚"木辺宣慈が…

1997.9.6　　　　天体写真の草分け・星野次…
レンズ和尚
　　　1990.5.2　　　　"レンズ和尚"木辺宣慈が…
連星
　　　1802(この年)　　W.ハーシェル、連星発見
　　　1889(この年)　　E.C.ピッカリング分光…
　　　1937(この年)　　竹田新一郎、ベータLyr型…
　　　1993.6.23　　　 天文学者ズデネック・コパ…
「連帯惑星ピザンの危機」
　　　1977.11月　　　 高千穂遙「連帯惑星ピザン…
レンタロウ(滝廉太郎)
　　　1986.7月　　　　小惑星発見数、新記録

【ろ】

ローウェル天文台
　　　1894(この年)　　ローウェル天文台創設
　　　1916.11.12　　　火星の探求者パーシバル・・・
　　　1969.11.8　　　 天文学者ベスト・スライフ…
ロケット
　　　1974.9.3　　　　宇宙開発事業団(NASD…
　　　1983.4.17　　　 国産ロケットで衛星打ち上…
ロケット打ち上げ
　　　2007(この年)　　打ち上げ事業の民営化
ロケット開発
　　　1956.9.4　　　　日本ロケット協会設立
　　　1960(この年)　　月ロケット失敗
　　　1961.2.12　　　 金星ロケット
　　　1962.4.26　　　 日米合同ロケット
　　　1963.8.10　　　 国産気象ロケット
　　　1965.5.9　　　　パレードに大型ロケット
　　　1971.8.25　　　 宇宙開発計画の方針変更
　　　1981.5.7　　　　初の国産ロケット
　　　2007.2.25　　　 イラン宇宙ロケット打ち上…
「ロケットガール」
　　　1995.3月　　　　野尻抱介「ロケットガール…
ロケット観測特別委員会
　　　1956.4月　　　　ロケット観測特別委員会
ロケット工学
　　　1903(この年)　　ツィオルコフスキー「ロケ…
　　　1919(この年)　　ゴダード「超高層に到達す…
　　　1926.3.16　　　 ゴダード、世界最初の液体…
　　　1942.10.3　　　 「A-4型ロケット4号」の…
　　　1954.2.5　　　　東京大学生産技術研究所に…
　　　1955.3.11　　　 糸川英夫ら、ペンシルロケ…
ロケット工学者
　　　1935.9.19　　　 "宇宙ロケットの父"ツィ…
　　　1945.8.10　　　 ロケット工学者ロバート・・・
　　　1966.1.14　　　 ロケット設計者セルゲイ・…
　　　1973.9.7　　　　「おおすみ」の中心人物…
　　　1977.6.16　　　 ロケット開発者ウェルナー…
　　　1982.8.2　　　　宇宙開発計画の中心人物ニ…
　　　1983.11.25　　　ロケット工学者・森大吉郎…

　　　1987.8.5　　　　技術制御システムの権威ミ…
　　　1989.1.10　　　 ロケット開発者グルシコ…
　　　1989.12.28　　　ロケット開発のヘルマン・・・
　　　1991.1.11　　　 物理学者カール・デービッ…
　　　1996.1.1　　　　ロケット科学者アーサー・・・
　　　1997.8.25　　　 ロケット科学者バイロン・・・
　　　1998.7.30　　　 エンジン開発の中川良一が…
　　　1999.2.21　　　 ロケット博士・糸川英夫が…
　　　1999.5.5　　　　「スプートニク」の立役者
　　　2001.11.28　　　宇宙船設計士グレブ・ロジ…
　　　2004.5.23　　　 ロケット技術者アレクサン…
　　　2007.4.17　　　 宇宙工学研究の長友信人が…
ロケットシステム社
　　　1996(この年)　　H-2ロケットで打ち上げ…
「ロケットによる宇宙空間の探求」
　　　1903(この年)　　ツィオルコフスキー「ロケ…
ロゴマーク
　　　1877(この年)　　開拓使麦酒醸造所が北極星…
　　　1890(この年)　　長瀬商店が「花王石鹸」を…
　　　1958(この年)　　自動車「スバル」発売開始
　　　1958(この年)　　オリオンビール、懸賞によ…
　　　1977(この年)　　ジョン・ロンバーグが「ボ…
ロシア航空宇宙局
　　　2001.4.13　　　 米ボーイングとロシア航空…
「ロスト・イン・スペース」
　　　1965(この年)　　テレビドラマ「宇宙家族ロ…
ロッキード・マーチン社
　　　1996.7月　　　　次世代シャトル開発
ロックフェラー財団
　　　1928(この年)　　パロマー山天文台創設
ロッシュの限界
　　　1848(この年)　　「ロッシュの限界」発表
ロボット工学3原則
　　　1992.4.6　　　　SF作家のアイザック・ア…
「ロボット植民地」
　　　1975(この年)　　SF作家のマレイ・ライン…
ローマ教皇
　　　999.4.2　　　　 天文学者ジェルベール、シ…
ローマ法王庁
　　　1616.2.26　　　 法王庁が、地動説禁止の教…
　　　1633.6.22　　　 ガリレイ、地動説を捨てる
ローマ法王庁科学アカデミー
　　　1992.10.29　　　小田稔、ローマ法王庁科学…
ローランド・テーブル
　　　1897(この頃)　　「ローランド・テーブル」…
ロンドン天文学会
　　　1820(この年)　　英国王立天文学会創設

【わ】

環(天王星)
　　　1977.3.10　　　 天王星の環、発見

環（土星）
- 1655（この年）　土星の環と衛星の発見
- 1848（この年）　「ロッシュの限界」発表
- 1979.8月-9月　土星第5の環を発見？
- 1980（この年）　土星観測で明らかに
- 1995（この年）　土星の環、消失

矮新星
- 1974（この年）　尾崎洋二、矮新星爆発の円…

矮星
- 1905（この年）　ヘルツシュプルング、恒星…

矮惑星
- 2006.8.24　冥王星、降格

「我が国の宇宙開発の中長期戦略」
- 2000.12.14　「宇宙開発の中長期戦略」…

和歌山天文館
- 1959（この年）　高城武夫、和歌山天文館創…

「和漢暦原考」
- 1830（この年）　石井光致「和漢暦原考」刊

「惑星」
- 1916（この年）　ホルストが「惑星」作曲

惑星
- 1914（この年）　ローウェル、海王星外の未…
- 1916.11.12　火星の探求者パーシバル・…
- 1927（この年）　惑星系と衛星系の安定を証…
- 1944.2.10　天文学者ユージン・アント…
- 1973（この年）　赤外線天文学のカイパーが…
- 1987（この年）　米ソ連の研究者が新惑星仮…
- 1992（この年）　「日本惑星科学会」発足
- 1993.8月　惑星間の塵を海底で発見
- 1994.4.22　太陽系外で惑星の存在？
- 1996.12.20　「核の冬」のカール・セー…
- 1998.5月　太陽系外の原始惑星を撮影
- 1999（この年）　「日本惑星協会」発足
- 2001.8.16　太陽系似の惑星系発見
- 2003.7.10　さそり座に最古の惑星
- 2004.10.7　惑星誕生の現場を観測
- 2006.8.24　冥王星、降格
- 2006（この年）　最も軽い太陽系外惑星
- 2008（この年）　系外惑星最多発見
- 2008（この年）　惑星誕生の場を撮影
- 2009.2.15　太陽系に似た惑星系発見

惑星気象学
- 1992.5.11　天文学者・宮本正太郎が没…

「惑星空間へのロケット」
- 1989.12.28　ロケット開発のヘルマン・…

惑星状星雲
- 1937（この年）　萩原雄祐と畑中武夫、惑星…

「惑星ソラリス」
- 1977.3.20　映画「惑星ソラリス」が公…
- 1986.12.28　映画監督のアンドレイ・タ…

「惑星大戦争」
- 1977（この年）　映画「惑星大戦争」

惑星直列
- 1982.3.10　惑星直列騒ぎ
- 2002.5月　珍しい惑星集合

「惑星の旅」
- 2007（この年）　科学技術映像祭受賞（2007…

和算家
- 1708.12.5　和算家・関孝和が没する
- 1739.8.24　和算家・暦学者の建部賢弘…
- 1773.1.3　和算家・山路主住が没する
- 1798.5.20　和算家・暦学者の安島直円…
- 1821（この年）　和算家・経世家の本多利明…
- 1865.10.6　和算家・暦学者の小出兼政…
- 1882.3.29　和算家・内田五観が没する

わし座新星
- 1951.7月-8月　新星発見

「ワーディフ・ジージュ」
- 995（この年）　アブール＝ワファー、バグ…

「和蘭天説」
- 1796.1月　司馬江漢「和蘭天説」刊

ワールドコン
- 1939.7.2　第1回世界SF大会が開催…
- 2007.8.30　日本で初の世界SF大会（…

「われらの世界」
- 1967.6.26　「われらの世界」放送

【英数字】

「1911年の日蝕」
- 1911（この年）　ウジェーヌ・アジェ「1911…

1987A
- 1989（この年）　超新星跡にパルサー誕生

1989FC
- 1989.3.23　地球と小惑星がニアミス

1993KA2
- 1993.6.21　小惑星と観測史上最も近い…

1994I
- 1994.9.15　超新星「1994I」

1997ff
- 2001.4.2　最遠の超新星

Ia型超新星
- 1983（この年）　野本憲一ら、Ia型超新星…

2001KX76
- 2001.7月　小惑星「2001KX76」発見

「2001年宇宙の旅」
- 1968.4.6　SF映画「2001年宇宙の旅…
- 1999.3.7　映画監督のスタンリー・キ…
- 2008.3.19　SF作家のアーサー・C…

2003UB313
- 2005.7.29　太陽系に新惑星発見

2004bv
- 2004.5.25　串田麗樹、14個目の超新星…

2004DW
- 2004.2月　太陽系外縁部に小惑星発見

2点相関関数ξgg(r)の巾法則
- 1969（この年）　東辻浩夫と木原太郎、銀河…

「3Cカタログ」
　1946（この頃）　電波干渉計の開発・建設
4D2U
　2003（この年）　「4D2U」開発
4次元世界
　1908（この年）　ヘルマン・ミンコフスキー…
4次元デジタル宇宙シアター
　2003（この年）　「4D2U」開発
A-4型ロケット4号
　1942.10.3　　　「A-4型ロケット4号」の…
AAS
　1899（この年）　米国天文学協会設立
ADEOS
　1992.2月　　　　地球観測衛星の打ち上げ1…
　1995.9.6　　　　国の開発でも実用衛星に保…
「AGK2A星表」
　1943（この年）　「ドイツ天文学会再測基準…
「AG星表」
　1910（この年）　「ドイツ天文学会星表第1…
　1915（この年）　星のカタログ作成者アウヴ…
　1924（この年）　「ドイツ天文学会星表第2…
「A history of Japanese astronomy」
　1969（この年）　中山茂、「A history o…
AJPA
　2006.12月　　　 日本プラネタリウム協議会…
ALMA
　2003.1.15　　　 「ALMA（アルマ）計画…
　2009（この年）　「ALMA」建設本格化
ANS
　1974.8.30　　　 「ANS-1」打ち上げ
　1975（この年）　X線バースターの発見
APEX
　2009.7.1　　　　天の川銀河の地図を作成
APスター2号
　1995.1.26　　　 「長征」ロケット事故で死…
ASTRO-E
　2000.2.10　　　 M-Vロケット、打ち上げ…
「Astronomical Journal」
　1878（この年）　ボス、「ボス第1基本星表…
「Astronomische Nachrichten」
　1823（この年）　ドイツ天文学会機関紙創刊
「Astrophysical Journal」
　1895（この年）　「Astrophysical Journ…
　1938.2.21　　　 天文台建設の貢献者G.E…
　1963（この年）　恒星天文学の泰斗O.シュ…
　1995.8.21　　　 ノーベル賞受賞のスブラマ…
ATS
　1966.12.6　　　 応用技術衛星「ATS1号…
　1974.5.30　　　 「ATS6号」打ち上げ
　1974.8.9　　　　国産静止衛星の管制実験
ATT
　1994.9.8　　　　通信衛星打ち上げ後トラブ…
AU
　1965（この年）　天文単位AUを測定

AVSA
　1954.2.5　　　　東京大学生産技術研究所に…
A型特異星および金属線星のスペクトル表
　1974（この年）　「A型特異星および金属線…
BeppoSAX
　1997（この年）　「BeppoSAX」ガンマ線
「Berliner Astronomisches Jahrbuch」
　1774（この年）　ボーデ、「ベルリン天体暦」
「Black Hole Accretion Disks」
　1998（この年）　降着円盤の理論の英文教科…
BNSC
　1985.11月　　　 英国国立宇宙センター創設
BS-2X
　1990.2月　　　　「アリアン4型」が空中爆…
「Celestial Mechanics（天体力学）」
　1971（この年）　萩原雄祐、英文教科書「C…
　1976（この年）　萩原雄祐「天体力学」（全…
　1979.1.29　　　 天体力学の世界的権威・萩…
CenX-3
　1970.12.12　　　初のX線天文衛星「ウフル…
CGRO
　1991.4.5　　　　「コンプトン・ガンマ線天…
「CI0024+17」
　2007.5.15　　　 暗黒物質の独自構造発見
CM
　2001.10.21　　　日本初の宇宙CM撮影
CME
　1971（この年）　衛星「OSO7号」、コロ…
CNEC
　1985.10.18　　　仏が小型シャトルを開発
CNES
　1961（この年）　フランス国立宇宙研究セン…
CNRS
　1939（この年）　フランス国立科学研究セン…
COBE
　1989.11.18　　　宇宙背景放射探査衛星「C…
　1991.1月　　　　銀河系には窒素が充満
　1992.4.23　　　 宇宙誕生の「名残」を発見
　2006.10.3　　　 ビッグバン説で物理学賞受…
COPUOS
　1959（この年）　宇宙空間平和利用委員会（…
CORSA
　1976.2.4　　　　天文観測衛星「CORSA…
「COSMO」
　1981-1982　　　 第3次科学雑誌創刊ブーム
「COSMOS」
　1980（この年）　カール・セーガン監修のテ…
　1996.12.20　　　「核の冬」のカール・セー…
「COSMOS」プロジェクト
　2007.1.7　　　　暗黒物質の観測に成功
COSPAR
　1958（この年）　宇宙空間研究委員会（CO…

-424-

CTS
1976.1.16 「CTS」試験通信衛星の…
CygX-1
1971.1月 小田稔、ブラックホール天…
DASH
2002.2.4 「H-2A」2号打ち上げ
DSS
1993（この年） 宇宙データベース「宇宙地…
EACOA
2005.9.21 東アジア中核天文台連合結…
ECS4
1987（この年） 「アリアン」再開
ELDO
1962（この年） 欧州共同ロケット開発機構…
1975（この年） 欧州宇宙機関（ESA）発…
ESA
1975（この年） 欧州宇宙機関（ESA）発…
1992.11月 ESA、今後10年間の宇宙…
1993.10月 ESA、ヘルメス開発を断…
1995.10.19 宇宙基地計画に欧州正式参…
1995.11.17 赤外線衛星「ISO」打ち…
1996.6.4 「アリアン5」爆発
2005.2.6 欧州宇宙機関（ESA）の…
2006.9.3 無人月探査機が月面衝突
2008.2.12 水星探査計画承認
ESO
2009.7.1 天の川銀河の地図を作成
ESRO
1962（この年） 欧州共同宇宙開発機構結成
1975（この年） 欧州宇宙機関（ESA）発…
「E.T.」
1982.6.11 SF映画「E.T.」が公…
ETS7
1993.6.3 宇宙ロボットで初協力
EUVE
1992（この年） 極紫外線衛星「EUVE（…
EXPO'70
1970.3.14 日本万国博覧会（大阪万博…
EXPO'85
1985.3.17-9.16 国際科学技術博覧会（科学…
FedSat
2002.12.14 H-2Aロケット4号打ち上…
「FK1星表」
1879（この年） アウヴェルス、「FKI星…
「FK3」
1937（この年） A.コプフ、「第3基本星…
「FK4」
1963（この年） W.フリッケとA.コプフ…
FLTSTCOM
1978.2.9 艦隊通信衛星1号打ち上げ
FMT
2009（この年） ペルーに望遠鏡移設
FT-122型ロケット
1958.11.17 東大生研、「FT-122型…

FUSE
1999.6.24 宇宙望遠鏡「FUSE」打…
「GC」
1937（この年） ボス、「総合カタログ（G…
GEOTAIL
1992.7.24 最大級の磁気圏観測衛星
GOES
1991（この年） 米国、気象衛星でSOS
2003.5.22 「ひまわり5号」引退
GOES-NEXT
1991（この年） 米国、気象衛星でSOS
Google Moon
2009.7.21 グーグルムーン公開
GP-B
2004.10.21 「時空のゆがみ」を証明
GPS
2003.10.11 宇宙物理学者イバン・ゲテ…
GRAPE-3
1991.9.30 計算機「GRAPE-3」…
GRAPE-6
2003.11月 「GRAPE-6」、ゴー…
「Group of asteroids probably of common origin」
1918（この年） 平山清次、小惑星の族「ヒ…
GX
2003.3.11 民間ロケットを承認
G型巨星HD104985
2002（この年） 佐藤文衛ら、G型巨星「H…
H-1ロケット
1980.7.2 H-1ロケット計画
1985.3.17-9.16 国際科学技術博覧会（科学…
1986.8.13 H-1で衛星打ち上げ成功
H-2ロケット
1987.10.28 H-2の主エンジン燃焼テ…
1988.9.6 TR-I試験打ち上げ成功
1991.8.9 H-2ロケット、エンジン…
1991.8.15 H-2商業打ち上げビジネ…
1992.7.8 「H-2」再度延期
1993.10.27 純国産H-2ロケット
1994.8.18 「H-2-2号」、打ち上げ…
1994（この年） H-2ロケット1号成功
1995.3.18 H-2打ち上げ
1999.11.15 「H-2」再度の失敗
H-2Aロケット
2001.8.29 「H-2A」ロケット打ち…
2002.2.4 「H-2A」2号打ち上げ
2002.6.26 M-Vロケット、民間へ
2002.9.10 「H-2A」3号打ち上げ、…
2002.12.14 H-2Aロケット4号打ち上…
2003.2.12 「H-2A」民間に移管
2003.3.28 北朝鮮監視のため衛星打ち…
2003.11.29 H-2A6号、指令破壊
HD209458
2001.11.27 惑星の大気成分分析

HE1327-2326
- 2006（この年）　青木和光ら、超金属欠乏星…
HERO-A
- 1977.6.30　　天文観測衛星「HERO-…
HETE
- 1996.11.5　　天文観測衛星、失敗に帰す
「HHS」
- 1962（この年）　林忠四郎ら、京都グループ…
- 1999.11.12　星の進化を研究した蓬茨霊…
HIDES
- 2002（この年）　佐藤文衛ら、G型巨星「H…
HIMES
- 1992.2.15　　ミニシャトル、大気圏再突…
HOPE
- 1992.11.27　日本版シャトル開発に向け…
- 1993.7.20　　日本版シャトル計画が決定
- 1996.2.12　　J1ロケット打ち上げ
- 1996.7月-8月　着陸実験に成功した「アル…
HOPE-X
- 1998.7.2　　日本版シャトル3年延期が…
- 2000.2.23　　シャトル実験場、キリバス…
HOTOL
- 1990.9.5　　衛星打ち上げの低コスト化
HR図
- 1913（この年）　ラッセル、恒星のスペクト…
- 1957.2.18　　「HR図」の考案者、ヘン…
- 1967.10.21　赤色星研究のヘルツシュプ…
HST
- 1990.4.24　　ハッブル宇宙望遠鏡を放出
IAA
- 1960（この年）　国際宇宙航行アカデミー（…
IAU
- 1919（この年）　国際天文学連合（IAU）…
- 1926（この年）　リンドブラッド、銀河回転…
- 1943（この年）　"現代位置天文学の父"シ…
- 1950（この年）　ダンジョン式プリズムアス…
- 1955（この年）　国際天文学連合総会で暦表…
- 1963（この年）　恒星天文学の泰斗O.シュ…
- 1965（この年）　天文単位AUを測定
- 1970（この年）　月の裏にも命名承認
- 1976（この年）　国際天文学連合第16回総会…
- 1988.8月　　　古在由秀、国際天文学連合…
- 1997.8月　　　国際天文学連合総会、京都…
- 2006.8.24　　冥王星、降格
- 2007.4月　　　冥王星「準惑星」に分類
- 2009.1月　　　世界天文年2009が開幕
- 2009.8月　　　流星群の公式名称が決定さ…
「ICカタログ」
- 1906（この年）　「ICカタログ」完成
IGY
- 1955.7.29　　人工衛星発射計画
- 1956.4月　　　ロケット観測特別委員会
- 1956.9.4　　日本ロケット協会設立
- 1957-1958　　国際地球観測年（IGY）…
- 1958.4.19　　太陽活動

IISL
- 1960（この年）　国際宇宙航行アカデミー（…
IML
- 1992.1.22　　ディスカバリーで「IML…
- 1992.10.19　「コロンビア」搭乗に向井…
INTELSAT
- 1973（この年）　国際電気通信衛星機構IN…
IPMS
- 1962.1.6　　水沢緯度観測所が国際極運…
IQSY
- 1964-1965　　太陽極小期国際観測年
IRAS
- 1983（この年）　IRAS、画期的な発見
ISAS
- 1981.4.14　　宇宙科学研究所が発足
- 1982.9月　　　深宇宙探査センターの建設
- 1983.8.29　　太陽発電衛星の実験ロケッ…
- 1983.11.25　ロケット工学者・森大吉郎…
- 1984.10月　　宇宙科学研究所、臼田宇宙…
- 1989.4月　　　宇宙科学研究所、神奈川県…
- 1992.11.20　「宇宙の日」決定
- 1993.8.30　　「M-Vロケット」打ち上…
- 2001.4.1　　航空宇宙技術研究所、独立…
- 2003.10.1　　宇宙3機関統合、JAXA…
ISIS1号
- 1968（この年）　各種科学衛星の打ち上げ
ISLE
- 2009.4.23　　131億年前の天体を観測
ISO
- 1995.11.17　赤外線衛星「ISO」打ち…
ISS
- 1991.3月　　　難航が予想される宇宙ステ…
- 1993.9.2　　宇宙開発で米ロ協調の時代…
- 1994.3.18　　難航の宇宙ステーション
- 1995.10.19　宇宙基地計画に欧州正式参…
- 1998.11.20　国際宇宙基地ようやく建設…
- 1998.12.6　「ザリャー」と「エンデバ…
- 1999.4.24　　実験棟「きぼう」に決定
- 2000.7月　　　ロシア居住棟「ズベズダ」…
- 2001.2.8　　実験棟「デスティニー」設…
- 2001.10.21　日本初の宇宙CM撮影
- 2002.4.25　　2人目となる宇宙観光客
- 2003.4.26　「ソユーズ」が交代要員派…
- 2003.10.18　「ソユーズTMA3号」打…
- 2004.1.14　　ブッシュ大統領、新宇宙計…
- 2005.7.22　　米下院で宇宙ステーション…
- 2005.7.26　　シャトル再開打ち上げ成功
- 2005.8.16　　世界記録を更新
- 2007.4.16　　宇宙で史上初のフルマラソ…
- 2007.6.9　　「アトランティス」で船外…
- 2008.2.8　　「アトランティス」欧州の…
- 2008.3.11　「エンデバー」打ち上げ、…
- 2008.6.1　　星出彰彦飛行士、宇宙へ
- 2008.6.5　　宇宙に初めて「日本の家」
- 2008.11.15　「エンデバー」打ち上げ成…
- 2008.12月　　古川聡飛行士、2011年宇宙…

2009.3.16	「きぼう」完成に向けて、…
2009.8.29	「ディスカバリー」宇宙ス…

ISY
1992(この年)	国際宇宙年

IUCAF
1960(この年)	国際宇宙航行アカデミー(…

IUE
1978.1月	国際紫外線衛星「IUE」…

「Japanese Journal of Astronomy and Geophysics」
1923(この年)	「Japanese Journal o…

JAXA
2003.10.1	宇宙3機関統合、JAXA…
2004.11月	JAXA2代目理事長に立…
2005.4.6	宇宙機構の長期ビジョンを…
2005.5.19	宇宙教育センター開設
2005.7.10	X線観測衛星の打ち上げ
2006.1.24	ロケット技術の信頼回復
2006.7.31	JAXA、日本人を月面に
2007.6月	初めて認定「宇宙日本食」
2007.9.14	月探査機「かぐや」打ち上…
2007.10.4	宇宙線の起源を解明
2007(この年)	見通し甘い「ルナーA」計…
2007(この年)	打ち上げ事業の民営化
2008.2.12	水星探査計画承認
2008.2.23	超高速インターネット衛星…
2008.4月	16衛星、初の一斉点検
2008.8.8	JAXA初代理事長山之内…
2008.8.11	日本人女性2人目の宇宙飛…
2009(この年)	宇宙飛行士候補者2名決定

JAXA COSMODE PROJECT
2008.5月	コスモードで宇宙技術をア…

JCR
1971-1972	宇宙開発事業団(NASD…

JCSAT
1989(この年)	衛星通信ビジネスが本格化
1993.8.17	「日本サテライトシステム…
1995.8.28	「JCSAT3号」打ち上…

「Journal for the History of Astronomy」
1970(この年)	「Journal for the H…

JPA
2006.12月	日本プラネタリウム協議会…

JPS
2006.12月	日本プラネタリウム協議会…

JSGA
1996.10.20	日本スペースガード協会発…

JTB
2005.8.18	宇宙旅行が国内販売

KARI
2008.1.12	三菱重工、海外衛星、初受…

KH-11型戦略偵察衛星
1985(この年)	実用衛星の打ち上げ

KITSAT-A
1992.8.11	「トペックス・ポセイドン…

KKS-1
2009.1.23	「H-2A-15号」、「い…

KSC
1962.2.2	鹿児島宇宙空間観測所(K…
1963.12.9	鹿児島県内之浦の東京大学…

KUKAI
2009.1.23	「H-2A-15号」、「い…

L16
1993.5月	過去の惨事が明らかに

「La Connaissance des Temps」
1678(この年)	ピカール、「La Connai…

LCROSS
2009.6.19	NASA月探査機打ち上げ

LRE
2001.8.29	「H-2A」ロケット打ち上…

LRO
2009.6.19	NASA月探査機打ち上げ

LSC
1971-1972	宇宙開発事業団(NASD…

LSロケット
1963-1965	「LS-A型ロケット」打…
1972.9.25	「LS-C型6号」打ち上…

M4
2003.7.10	さそり座に最古の惑星

MACHO
1993(この年)	大質量ハロー天体(MAC…

MASSCON
1968(この年)	質量密集地帯「マスコン」…

miniTAO望遠鏡
2009.7.2	世界最高峰の望遠鏡観測開…

MK法
1943(この年)	モーガン「MK法」を確立

MRO
2005.8.12	米、火星探査機打ち上げ

MSFA
1997.10.18	UFO研究家の高梨純一が…

MT-135ロケット
1964-1965	太陽極小期国際観測年
1966-1967	各種ロケットの打ち上げ
1970.8月	気象ロケット打ち上げ
1988.9.11	科学観測ロケットが失敗

MTSAT
1999.11.15	「H-2」再度の失敗

N-1ロケット
1970.10月	「N-1ロケット」開発開…

N-2ロケット
1976.10月	宇宙開発事業団(NASD…

NAL
1963.4月	航空宇宙技術研究所(NA…
2001.4.1	航空宇宙技術研究所、独立…
2003.10.1	宇宙3機関統合、JAXA…

NAOJ
1988(この年)	国立天文台が発足

NASA
1958.10.1	米国航空宇宙局 (NASA…
1959 (この年)	ゴダード宇宙飛行センター…
1960.12.29	米国航空宇宙局 (NASA…
1979.1.29	NASDAとNASA、「…
1987.10.22	今後の打ち上げ計画
1991.12.22	NASA長官ジェームズ・…
1992.3.28	ジェームズ・エドウィン・…
1992.5.4	3代目NASA局長トーマ…
1993.9.8	宇宙ステーション開発縮小
1993.10月	ET探し予算カットで挫折
1995.7.8	米女性飛行士が心肺停止
1996.12.20	「核の冬」のカール・セー…
2002.1月	NASA新長官迎える
2002.1.6	NASA副局長バートン・…
2003.9.17	野口聡一飛行士、スペース…
2004.10.21	「時空のゆがみ」を証明
2004.11.14	NASA研究員のマモル・…
2005.3.11	グリフィンがNASA新長…
2005.9.19	恒久月面基地の建設を計画
2006.3.16	ビッグバン後の膨張説を裏…
2006.6.22	「アレス」と「オリオン」
2006.9.10	宇宙ステーション建設再開
2006.11.16	世界初の宇宙生中継成功
2007.8.13	NASA首席研究員・杉浦…
2007.11.6	かに座恒星に5個目の惑星
2008.5月	佐和貫利郎の宇宙絵画、N…
2009.5.23	黒人初のNASA長官、指…
2009.7.16	消去された月面着陸映像を…

「NASA Images」
2008.7月	「NASA Images」公…

NASDA
1968.10.1	宇宙開発事業団 (NASD…
1969.10.1	宇宙開発事業団 (NASD…
1970.10月	「N-1ロケット」開発開…
1971.3月	種子島宇宙センター竹崎射…
1972.6月	宇宙開発事業団 (NASD…
1974.9.3	宇宙開発事業団 (NASD…
1974 (この年)	宇宙開発事業団、種子島宇…
1978.10月	宇宙開発事業団、埼玉県比…
1979.1.29	NASDAとNASA、「…
1983.10月	宇宙開発事業団、ペイロー…
1985.8.7	初の日本人宇宙飛行士が決…
1990.4.24	米シャトル搭乗は毛利飛行…
1992.4月	MS新人飛行士に若田光一…
1992.11.20	「宇宙の日」決定
1993.8.4	日本人初のMSに若田光一…
1995 (この年)	宇宙飛行士の公募
1996.1月	MS若田光一、日本人初の…
1996.2.12	J1ロケット打ち上げ
1996.5.29	5人目の飛行士に野口聡一…
1996.11.14	土井飛行士、「コロンビア」…
1997.4.26	向井、若田両名、宇宙へ
1998.3.18	宇宙開発事業団 (NASD…
1999.2.10	宇宙飛行士、3人の新候補
2000.10.24	H-2ロケットの生みの親…
2001.1.24	古川聡、星出彰彦、正式に…
2001.4.1	航空宇宙技術研究所、独立…
2003.2.12	「H-2A」民間に移管
2003.10.1	宇宙3機関統合、JAXA…

NATO
1977.1月	NATO用通信衛星

「Nature」
1869.11.4	自然科学雑誌「Nature」…

NEC
2000.12.13	NEC、東芝の宇宙事業統…

NG6240
1991.4月	巨大な暗黒天体を発見

NGC3359
1985 (この年)	超新星を2つも発見

NGC3532
1990.5.21	ハッブル、散開星団を初撮…

NGC4045
1985 (この年)	超新星を2つも発見

NGC4258
1993.1.7	野辺山天文台、超高速分子…

NGC4622
2002 (この年)	逆向き回転の銀河を発見

「NGCカタログ」
1888 (この年)	「NGCカタログ」(新星…

NHK
2006.11.16	世界初の宇宙生中継成功

NICT
2008.2.23	超高速インターネット衛星

NMA
1987 (この年)	野辺山宇宙電波観測所のミ…

NNSS
1961.6.28	「トランジット計画」

NOAA8号
1983 (この年)	相次ぐ衛星打ち上げ

「Nonradial Oscillations of Stars」
1979 (この年)	海野和三郎ら、「Nonradi…

NPF
2006.12月	日本プラネタリウム協議会…

NRAO
1957 (この年)	米国国立電波天文台 (NR…

N-STAR
1995.8.29	通信衛星「N-STAR …

NTTドコモ
1995.8.29	通信衛星「N-STAR …

OAO
1966.4.8	「OAO1号」打ち上げ
1968 (この年)	各種科学衛星の打ち上げ

OGLEプロジェクト
2008.12月	系外惑星を学生が発見

OGO
1966.6.7	「OGO3号」打ち上げ
1968.3.4	軌道地球物理実験室打ち上…

「OMNI」
1981-1982	第3次科学雑誌創刊ブーム

OPS
　1983（この年）　相次ぐ衛星打ち上げ
　1984（この年）　実用衛星打ち上げ
OSO計画
　1962.3.7　　　　「OSO計画」
　1966-1967　　　太陽観測衛星打ち上げ
　1968（この年）　各種科学衛星の打ち上げ
　1971（この年）　衛星「OSO7号」、コロ…
「PGC」
　1878（この年）　ボス、「ボス第1基本星表…
「POPULAR SCIENCE」
　1981-1982　　　第3次科学雑誌創刊ブーム
PSR1913+16
　1974（この年）　連星系パルサーの発見
　1993（この年）　ハルス、テイラー、ノーベ…
PT-420型ロケット
　1969.2月　　　　東京大学宇宙航空研究所「…
「*Publications of the Astronomical Society of Japan*」
　1930（この年）　日本天文学会、「日本天文…
　1949（この年）　「Publications of the…
PZT
　1911（この年）　写真天頂筒発明
QSG
　1963（この頃）　M.シュミット、A.サン…
「QUARK」
　1981-1982　　　第3次科学雑誌創刊ブーム
R136
　1990.8.13　　　 ハッブルの成果
RACサトコム6号
　1983（この年）　相次ぐ衛星打ち上げ
RATAN
　1976（この年）　世界最大の反射望遠鏡
「RNGCカタログ」
　1973（この年）　「RNGCカタログ」完成
ROHINARS1
　1980.7.18　　　 初の人工衛星を軌道に乗せ…
RVT
　1999.3月　　　　日本初の再使用型垂直離着…
S-106ロケット
　1971-1972　　　東京大学の観測ロケット次…
　1972-1973　　　昭和基地でオーロラ観測ロ…
S-210ロケット
　1973.9.18　　　 昭和基地ロケット観測が終…
　1974.8.20　　　 東京大学観測ロケットの打…
S-310ロケット
　1981.8.24　　　 観測ロケットS-310-10…
S-520ロケット
　1983.8.29　　　 太陽発電衛星の実験ロケッ…
　1991.2.16　　　 「S-520-13号」打ち上…
　1995.1.30　　　 極端紫外線をロケットで初…
S80T
　1992.8.11　　　 「トペックス・ポセイドン…

SA
　2005.8.18　　　 宇宙旅行が国内販売
SAJAC
　1993.8.17　　　 「日本サテライトシステム…
SBS
　1980.11.15　　　初の商業用通信衛星「SB…
　1982.11.11　　　「コロンビア」、初の実用…
「SCIENCE―名古屋大学が解き明かす宇宙・地球・生命・そして物質―」
　2005（この年）　科学技術映像祭受賞（2005…
ScoX-1
　1964（この年）　小田稔、「すだれコリメー…
　1965（この年）　早川幸男ら、日本で初めて…
　1966.9.1　　　　小田稔ら、X線星「ScoX…
SDI
　1983.3.23　　　 レーガンの戦略防衛構想（…
　1985（この年）　スペースシャトル「ディス…
　1991（この年）　原子力ロケットに反対
SDSS
　2000.4月　　　　スローン・デジタル・スカ…
「*Sendai Astronomiaj Raportoj*」
　1934.9月　　　　東北帝国大学理科大学に天…
SEPAC
　1983.11.28　　　第9次・「コロンビア」打…
SERVIS
　2003.10.30　　　宇宙実証衛星1号打ち上げ
SETI
　1993.10月　　　 ET探し予算カットで挫折
SFU
　1994.12.12　　　若田光一、MSとして宇宙…
　1995.3.18　　　 H-2打ち上げ
　1995.4.25　　　 イモリ、宇宙で産卵
SFWA
　1965（この年）　ネビュラ賞創設
SF作家
　1905.3.24　　　 科学小説の始祖ジュール・…
　1942（この年）　SF作家のアレクサンドル…
　1950.3.19　　　 SF作家のエドガー・ライ…
　1965（この年）　SF作家のE.E.スミス…
　1967（この年）　SF作家のヒューゴー・ガ…
　1971.7.11　　　 SF編集者・作家のジョン…
　1972（この年）　SF作家・ミステリー作家…
　1972（この年）　SF作家のイワン・A.エ…
　1975（この年）　SF作家のマレイ・ライン…
　1977（この年）　SF作家のエドモンド・ハ…
　1986.2.11　　　 SF作家のフランク・ハー…
　1986.9.30　　　 SF作家のアルフレッド・…
　1988.4.25　　　 SF作家のクリフォード・…
　1988.5.8　　　　SF作家のロバート・A.…
　1988（この年）　SF作家のニール・R.ジ…
　1992.4.6　　　　SF作家のアイザック・ア…
　1995.3月　　　　野尻抱介「ロケットガール…
　1996.4月　　　　森岡浩之「星界の紋章」が…
　1997.12.30　　　SF作家の星新一が没する
　1999.7.7　　　　SF作家の光瀬龍が没する

SF
- 2000.1.26　SF作家のA.E.ヴァン…
- 2001.5.11　脚本家でSF作家のダグラ…
- 2001.7.31　SF作家のポール・アンダ…
- 2001.8.20　「定常宇宙論」のフレッド…
- 2002.9.21　SF作家・物理学者のロバ…
- 2003(この年)　SF作家のハル・クレメン…
- 2004.10.13　SF作家の矢野徹が没する
- 2006.3.27　SF作家のスタニスワフ…
- 2006.5.12　SF作家の今日泊亜蘭が没…
- 2006.11.10　SF作家のジャック・ウィ…
- 2008.3.19　SF作家のアーサー・C.…
- 2008.6.6　SF作家・テレビプロデュ…
- 2009.2.25　SF作家のフィリップ・ホ…

SF編集者
- 1971.7.11　SF編集者・作家のジョン…
- 1973.1.27　SF研究家・編集者の大伴…
- 2008.12.4　SF編集者のフォレスト・…

「SFマガジン」
- 1959.12月　「SFマガジン」が創刊さ…
- 1976.4.9　「SFマガジン」初代編集…

「SF名作シリーズ」
- 1955(この年)　「少年少女科学小説選集」…

SH量子模型
- 1967(この年)　ブラジルとの宇宙線共同研…

SIRIUS
- 2000.11月　高性能赤外線カメラ「SI…

SIRTF
- 2003.8.25　赤外線衛星「SIRTF」…

SJAC
- 1974.8.12　社団法人日本航空宇宙工業…

skylab
- 1973.5.15　初の宇宙実験室「スカイラ…

「SKY WATCHER」
- 1983.8月　一般向け天文雑誌「SKY…

SL9
- 1994.7月　SL9彗星が木星に衝突
- 1997.7.18　彗星発見者ユージーン・シ…

SLV
- 1981.5.31　2回目の人工衛星打ち上げ

SLV3
- 1980.7.18　初の人工衛星を軌道に乗せ…

SMART
- 2003.10.15　飛騨天文台に最新型望遠鏡…

SMART-1
- 2003.9.28　欧州初の月探査機打ち上げ
- 2006.9.3　無人月探査機が月面衝突

SMM
- 1984.4.6　初の故障衛星の回収・修理…

SMS
- 1974.5.17　初の静止気象衛星打ち上げ

SMS/GOES計画
- 1966.12.6　応用技術衛星「ATS1号…

SN1987A
- 1987.2.24　超新星の観測
- 1987(この年)　野本憲一らの超新星(SN…

- 1990.8.13　ハッブルの成果

SN1993J
- 1993(この年)　2度目の輝きを見せた超新…

SN2002ap
- 2002.2.6　超新星から極超新星へ

SPAS
- 1983.6.18　第7次「チャレンジャー」…

SPIRAL
- 1980(この年)　岡村定矩ら、銀河の表面測…

SS433
- 1986(この年)　相対論的ジェット天体「S…

STRAP
- 1966-1967　各種ロケットの打ち上げ

TDRS
- 1983.4.5　第6次「チャレンジャー」…

TDRS-C
- 1988.9.30　再生1号機シャトルの成功

THO理論
- 1955(この年)　恒星進化に関する「THO…
- 1963.11.10　天文学者・畑中武夫が没す…

TMT
- 2009.7月　「TMT」建設地ハワイ・…

「Tokyo Astronomical Bulletin」
- 1927.5月　東京天文台「Tokyo Ast…

TRAAC
- 1961.6.28　「トランジット計画」

TR-I
- 1988.9.6　TR-I試験打ち上げ成功

TRMM
- 1992.2月　地球観測衛星の打ち上げ1…
- 1997.11.28　技術試験、熱帯降雨観測衛…

T-S解
- 1972(この年)　新しいブラックホールの解…

TT-500ロケット
- 1977.1.25　「TT-500-1号」ロケッ…
- 1980.9.14　宇宙材料実験用ロケット「…
- 1983.8.19　宇宙材料実験用のロケット…

TT-550A型ロケット
- 1982.8.16　宇宙開発事業団、新合金の…

UFO
- 1947.6.24　ケネス・アーノルドが空飛…
- 1955.7.1　日本空飛ぶ円盤研究会(J…
- 1979.9.30　UFOライブラリーが開館
- 1997.10.18　UFO研究家の高梨純一が…
- 2002.4.18　UFO研究家の荒井欣一が…
- 2006.5.7　英国防省UFO実在せずと…

Unnoの式
- 1955(この年)　海野和三郎、「Unnoの式…

USERS
- 2002.9.10　「H-2A」3号打ち上げ、…

「UTAN」
- 1981-1982　第3次科学雑誌創刊ブーム

V1
- 2003.10.11　宇宙物理学者イバン・ゲテ…

V2
  1942.10.3   「A-4型ロケット4号」の…
  1977.6.16   ロケット開発者ウェルナー…
  1989.12.28 ロケット開発のヘルマン…

VelaX-1
  1980（この年）「はくちょう」、「Vela…

VLA
  1980（この年）米国立電波天文台「VL…

VLBA
  1992（この年）「VLBA（超長基線アレ…

VLBI
  1967（この年）世界初のVLBI観測の成…
  1988.7.14   超巨大ブラックホールを発…
  1992（この年）「VLBA（超長基線アレ…
  1993.11.8   電波望遠鏡ネットワーク完…
  2001.9.26   VLBI観測、日本・韓国…

WMAP
  2001.6.30   マイクロ波異方性探査衛星…
  2003.2.11   137億年前に宇宙誕生
  2006.3.16   ビッグバン後の膨脹説を裏…

X-15号
  1959.3.10   人間ロケット機「X-15号…

XMM-NEWTON
  1999（この年）X線天文衛星打ち上げ

X線輝点
  1973（この年）「スカイラブ」、コロナル…

X線天文学
  1962（この年）ジャッコーニら太陽系外の…
  1963（この年）早川幸男と松岡勝、X線星…
  1964（この年）小田稔、「すだれコリメー…
  1965（この年）早川幸男ら、日本で初めて…
  1966.9.1   小田稔ら、X線星「ScoX…
  1987.12.4   物理学者ヤコフ・ゼリドヴ…
  1993.11.21 物理学者ブルーノ・ロッシ…
  2001.3.1   「すだれコリメータ」の小…

「X線天文学への道」
  1969（この年）科学技術映像祭受賞（1969…

X線ドップラー望遠鏡
  1998.1.31   大気圏外での太陽表面撮影…

X線バースター
  1975（この年）X線バースターの発見

Xプライズ
  2004.6.21   民間宇宙船が初の宇宙飛行…

YAC
  1986.8.22   日本宇宙少年団が誕生

z項
  1902.2.4   木村栄、緯度変化に関する…
  1943.9.26   z項の発見で知られる天文…
  1970（この年）若生康二郎、木村のz項の…

μ-LabSat
  2002.12.14 H-2Aロケット4号打ち上…

πT型ロケット
  1958.2月   東大生研、プラスティック…

人名索引

【あ】

アイゼンハワー
- 1958.10.1　　米国航空宇宙局（NASA…
- 1958.12.19　　アトラス人工衛星「スコア…
- 1960.8.12　　通信衛星「エコー1号」

アイハーツ, レオポルド
- 2008.2.8　　「アトランティス」欧州の…

アインシュタイン, アルベルト
- 1903.7.1　　科学雑誌「理学界」が創刊…
- 1905（この年）　桑木彧雄、一般相対性理論…
- 1905（この年）　アインシュタイン、3大業…
- 1915（この年）　アインシュタイン、一般相…
- 1916.5.11　　天文学者カール・シュワル…
- 1917（この年）　相対論的宇宙論の展開
- 1919.5.29　　アインシュタイン、重力で…
- 1921（この年）　アインシュタイン、ノーベ…
- 1922.11.18　　アインシュタインが来日
- 1924（この年）　白色矮星による赤方偏移を…
- 1933（この年）　アインシュタイン、プリン…
- 1947.1.19　　理論物理学者・石原純が没…
- 1955.4.18　　相対性理論のアルベルト・…
- 1972（この年）　新しいブラックホールの解…
- 1978.11.13　　「アインシュタイン」衛星…
- 1983.10.11　　アインシュタインの重力波…
- 1991（この年）　出版・放送界で宇宙がブー…
- 1993（この年）　ハルス、テイラー、ノーベ…
- 1994（この年）　ハッブル宇宙望遠鏡が復活
- 2004.10.21　　「時空のゆがみ」を証明
- 2005（この年）　相対性理論から100年
- 2008.4.13　　「ブラックホール」の命名…

アーウィン, J.B.
- 1971.7.26　　「アポロ15号」打ち上げ

アウヴェルス, A.
- 1879（この年）　アウヴェルス、「FKI星…
- 1915（この年）　星のカタログ作成者アウヴ…

青木 豊彦
- 2002.12月　　「東大阪宇宙開発協同組合…

青木 昌勝
- 2000.8.23　　青木昌勝が12個目の超新星…

青木 和光
- 2006（この年）　青木和光ら、超金属欠乏星…

青野 雄一郎
- 1959.8.12　　日本の宇宙開発計画

赤井 孝美
- 1987（この年）　アニメ映画「オネアミスの…

あがた 森魚
- 1983（この年）　あがた森魚のプラネタリウ…

赤羽 賢司
- 1955.6.20　　南アジアで皆既日食が観測…

秋葉 鐐二郎
- 1963.4月　　東大生研、「M（ミュー）…

秋元 安民
- 1862.9.22　　国学者・洋学者の秋元安民…

秋山 薫
- 1970.3.29　　小惑星「ヒルダ」研究の秋…

秋山 豊寛
- 1989.3.27　　TBS記者がミールに滞在
- 1990.12.2　　日本人初の宇宙飛行士
- 1992.11月　　小惑星に日本人宇宙飛行士…
- 2000（この年）　日本宇宙生物科学会賞受賞

アクショーノフ
- 1980.6.5　　改良型「ソユーズT2号」…

アクショーノフ, ウラジミール
- 1976.9.15　　「ソユーズ22号」を打ち上…

浅島 誠
- 2007（この年）　日本宇宙生物科学会賞受賞

麻田 剛立
- 1795（この年）　高橋至時、間重富が幕府に…
- 1799.6.25　　天文暦学者の麻田剛立が没…
- 1816.4.21　　天文暦学者の間重富が没す…
- 1835.6.16　　天文暦学者の西村太沖が没…
- 1845.8.3　　天文暦学者の足立信頭が没…
- 2002.9月　　江戸の天文家、小惑星に

旭 太郎
- 1998.5.26　　SF漫画の先駆・大城のぼ…

朝比奈 貞一
- 1953（この年）　東京プラネタリウム設立促…
- 1957.4.1　　天文博物館五島プラネタリ…

浅見 絅斎
- 1718.7.27　　儒学者・神道家の谷秦山が…

アジェ, ウジェーヌ
- 1911（この年）　ウジェーヌ・アジェ「1911…

足利 義輝
- 1577.11.12　　彗星が現れ、松永弾正が滅…

安島 直円
- 1798.5.20　　和算家・暦学者の安島直円…

アシモフ, アイザック
- 1939.7.2　　第1回世界SF大会が開催…
- 1971.7.11　　SF編集者・作家のジョン…
- 1988.5.8　　SF作家のロバート・A・…
- 1992.4.6　　SF作家のアイザック・ア…
- 1993.4.18　　翻訳家の山高昭が没する
- 2008.3.19　　SF作家のアーサー・C・…

アーシャムボウ, リー
- 2009.3.16　　「きぼう」完成に向けて、…

足立 信頭
- 1836（この年）　渋川景佑と足立信頭が「新…
- 1844（この年）　「天保暦」施行
- 1845.8.3　　天文暦学者の足立信頭が没…

アダムズ
- 1793（この年）　本木良永が「星術原理太陽…
- 1846（この年）　アダムズ、ルヴェリエ、海…

アダムス, J.C.
- 1892.1.21　　海王星を予言したアダムス…

― 435 ―

アダムズ, ウォルター
　1914(この年)　分光視差法を発見
　1915(この年)　アダムス、シリウスBによ…
　1924(この年)　白色矮星による赤方偏移を…
　1956.5.11　　ウィルソン山天文台長ウォ…
アダムス, ダグラス
　2001.5.11　　脚本家でSF作家のダグラ…
アダムス, リーズン
　1969.8.20　　地球物理学者リーズン・ア…
アチコフ, オレク
　1984.10.2　　237日、宇宙滞在新記録
アッカーマン, フォレスト・J.
　2004.10.13　SF作家の矢野徹が没する
　2008.12.4　　SF編集者のフォレスト・…
アッシャー, デビッド
　2001.11.19　大規模しし座流星群観測
アッ=トゥーシー
　1272(この頃)　アッ=トゥーシー「イルハ…
アッベ, E.
　1846(この年)　カール・ツァイス光学器械…
　1873(この年)「アッベの正弦条件」提唱
　1905.1.14　　物理学者で観測機器製作者…
アトウッド, ジョン・リーランド
　1999.3.5　　航空宇宙機開発のジョン・…
アトキンソン, ロバート
　1960(この年)　ロバート・アトキンソンが…
アーノルド, ケネス
　1947.6.24　　ケネス・アーノルドが空飛…
アープ, H.C.
　1952(この頃)　色指数と光度
アブニー, W.W.
　1887(この年)　赤外領域での太陽スペクト…
アブール=ワファー
　995(この年)　アブール=ワファー、バグ…
阿部 清美
　1996(この年)　日本宇宙生物科学会賞受賞
安部 公房
　1959.12月　　「SFマガジン」が創刊さ…
　1968.10月　　「世界SF全集」が刊行開…
安倍 晴明
　977(この年)　陰陽師・賀茂保憲が没する
　1005.10.31　陰陽師・安倍晴明が没する
　1717.6.17　　陰陽師・土御門泰福が没す…
　1784(この年)　暦学者・土御門泰邦が没す…
安倍 泰邦
　1754.10月　　陰陽師・土御門泰邦(安倍…
　1755(この年)「宝暦暦」施行
アボット, C.G.
　1973(この年)　太陽研究者アボットが没す…
アポロニオス
　BC200(この頃)　アポロニオスの周転円理論
アーマド, I.I.
　1954(この頃)　小惑星の明るさの変化

天野 嘉孝
　2007.8.30　　日本で初の世界SF大会(…
アームストロング, N.A.
　1966.3.16　　「ジェミニ8号」初のドッ…
　1969.7.21　　人類月面に第一歩
　1969(この年)「アポロ11号」搭乗者、文…
　1992.3.28　　ジェームズ・エドウィン・…
荒井 郁之助
　1887.8.19　　新潟・福島地方で皆既日食
荒井 欣一
　1955.7.1　　日本空飛ぶ円盤研究会(J…
　1979.9.30　　UFOライブラリーが開館…
　2002.4.18　　UFO研究家の荒井欣一が…
新井 白石
　1716.9.28　　江戸幕府8代将軍に徳川吉…
荒貴 源一
　1983(この年)　日本天文学会天体発見功労…
荒木 俊馬
　1897.6.22　　京都帝国大学創立、従来の…
　1922.7月　　　土井伊惣太(土居省郎)・…
　1922.11.18　アインシュタインが来日
　1934.2.14　　南洋諸島で皆既日食、東京…
　1938.8.1　　京都大学宇宙物理学科の創…
　1947(この年)「天文学宇宙物理学総論」刊…
　1956(この年)「現代天文学事典」刊行
　1957(この年)「新天文学講座」刊行開始
　1978.3.20　　天体物理学者・荒木俊馬が…
荒木 雄豪
　1956(この年)「現代天文学事典」刊行
アラゴー
　1853.10.2　　天文学者・物理学者アラゴ…
アリスタルコス
　BC280(この頃)　アリスタルコス「太陽と月…
　BC212(この頃)　アルキメデスがローマ軍に…
アリストテレス
　BC340(この頃)　アリストテレスの宇宙大系
　BC322(この年)　哲学者のアリストテレスが…
　120(この頃)　プトレマイオス「アルマゲ…
　1636(この年)　ガリレイ、「新科学対話(…
　1659(この年)「乾坤弁説」成る
アルキメデス
　BC212(この頃)　アルキメデスがローマ軍に…
アルゲランダー, F.W.A.
　1862(この年)　アルゲランダー、「ボン掃…
アルコック, チャールズ
　1993(この年)　大質量ハロー天体(MAC…
アルテムイエフ, アナトーリー
　1987(この年)　米ソ連の研究者が新惑星仮…
アルデン, ハロルド・リー
　1964(この年)　マコーミック天文台長ハロ…
アルトマン, スコット
　2009.5.12　　「アトランティス」、ハッ…
アル=バッターニ
　920(この頃)　アル=バッターニ、暦法・…

アルフォンソ5世
　　1270(この頃)　「アルフォンソ表」完成
アル＝フジャンディー
　　994(この年)　アル＝フジャンディー、レ…
アル＝フワーリズミー
　　820(この頃)　アル＝フワーリズミーが天…
アルベーン
　　1970(この年)　アルベーン、ノーベル物理…
アールヤバタ
　　550(この年)　数学者・天文学者アールヤ…
アレキサンダー大王
　　1930(この年)　飯島忠夫が「支那暦法起源…
アレクサンドル・プロホロフ
　　2002.1.8　物理学者アレクサンドル…
アレクサンドロス
　　BC322(この年)　哲学者のアリストテレスが…
アレクサンドロフ
　　1983.6.27　「ソユーズT9号」
　　1983.10.22　「プログレス18号」
　　1988.6.7　「ソユーズTM5、6号」打…
アレニウス
　　1920.11.26　天文学者の一戸直蔵が没す…
　　1927.10.2　ノーベル化学賞受賞者アレ…
アレン，アーウィン
　　1965(この年)　テレビドラマ「宇宙家族ロ…
アレン，ジョセフ
　　1982.11.11　「コロンビア」、初の実用…
アンサリ，アヌーシャ
　　2006.9.18　民間宇宙旅行に初の女性
アンダースン，ポール
　　2001.7.31　SF作家のポール・アンダ…
アンダーソン
　　1937(この年)　宇宙線中に中間子を発見
　　2001.6.20　米軍、2大隊新設
アンダーソン，C
　　1989.11.7　μ粒子を見つけたジャベス…
アンダーソン，カール・デヴィッド
　　1927(この年)　C.T.R.ウィルソン、…
　　1932.8.2　アンダーソン、ミューオン…
　　1936(この年)　ヘス、アンダーソン、ノー…
　　1948(この年)　ブラケット、ノーベル物理…
　　1964.12.17　ノーベル賞受賞のビクター
　　1991.1.11　物理学者カール・デービッ…
アンダーソン，ゲーリー
　　1970(この年)　星雲賞授賞開始
アンダーソン，ジョン
　　1987(この年)　米ソ連の研究者が新惑星仮…
アンダーソン，ミッシェル
　　2003.2.1　スペースシャトル「コロン…
安藤 裕康
　　1975(この年)　太陽5分振動の音波モード…
　　1979(この年)　海野和三郎ら、「Nonradi…
安藤 百福
　　2005.7.26　宇宙食にラーメン

安藤 有益
　　1663(この年)　安藤有益「長慶宣明暦算法…
アントニアディ，ユージン
　　1944.2.10　天文学者ユージン・アント…
アントニウス
　　1582.9.14　「グレゴリオ暦」に改暦
アンドワイエ，アンリ
　　1929(この年)　天体力学者アンリ・アンド…
庵野 秀明
　　1987(この年)　アニメ映画「オネアミスの…
　　2003(この年)　小惑星「アンパンマン」
アンバルツミヤン，ヴィクトル
　　1946(この年)　ビュラカン天文台創設
　　1947(この年)　アンバルツミヤン、「星の…
　　1996.8.13　ビュラカン天文台台長ヴィ…
アンリ，P.M.
　　1903(この年)　光学機器製作のP.M.ア…
アンリ，P.P.
　　1903(この年)　光学機器製作のP.M.ア…

【い】

李 炤燕
　　2008.4.8　韓国初の宇宙飛行士誕生
李 明博
　　2008.4.8　韓国初の宇宙飛行士誕生
飯島 澄男
　　2009.3月　社団法人宇宙エレベーター…
飯島 忠夫
　　1928.8.15　新城新蔵が「東洋天文学史…
　　1930(この年)　飯島忠夫が「支那暦法起源…
　　1938.8.1　京都大学宇宙物理学科の創…
　　1954.9.27　暦研究の飯島忠夫が没する
家 正則
　　2006.9.14　天体観測史上、最も遠い銀…
　　2008(この年)　仁科記念賞受賞
イエーン，ジグムント
　　1978.8.26　「ソユーズ31号」打ち上げ…
猪飼 敬所
　　1845.12.8　儒学者の猪飼敬所が没する
猪飼 豊次郎
　　1742.1.30　天文方の猪飼豊次郎が没す…
井口 常範
　　1689(この年)　井口常範「天文図解」刊
　　1693(この年)　中根元圭「天文図解発揮」
　　1707(この年)　林正延「授時暦図解発揮」…
井口 哲夫
　　1972(この年)　海部宣男ら、銀河系中心近…
池内 了
　　1981(この年)　池内了「泡宇宙論」を提案
　　2007.6.30　地人書館「天文学大事典」…

池田 菊苗
　1917.3.27　　　財団法人理化学研究所設立
池田 徹郎
　1951(この年)　緯度変化に関する研究
　1981.10.2　　　水沢緯度観測所長・池田徹…
池永 満生
　2004(この年)　日本宇宙生物科学会賞受賞
池村 俊彦
　1975(この年)　日本天文学会天体発見功労…
池谷 薫
　1963.1.3　　　静岡県で池谷薫が新彗星を…
　1965.9.19　　　池谷薫と関勉が「イケヤ・…
石井 光致
　1830(この年)　石井光致「和漢暦原考」刊
石井 千尋
　1981.10.9　　　「石井式電離函」の石井千…
石井 寛道
　1813(この年)　石井寛道「周髀算経正解図…
石川 正夫
　1992(この年)　日本天文学会天体発見功労…
石川 洋二
　1997(この年)　日本宇宙生物科学会賞受賞
石黒 敬七
　1955.7.1　　　日本空飛ぶ円盤研究会(J…
石黒 信由
　1835.6.16　　　天文暦学者の西村太沖が没…
石坂 常堅
　1826(この年)　石坂常堅「方円星図」刊
石沢 良昭
　1994.11月　　　宇宙考古学国際セミナー開…
石塚 睦
　2009(この年)　ペルーに望遠鏡移設
石田 五郎
　1992.7.27　　　「天文台日記」の著者・石…
石原 純
　1913.8月　　　岩波茂雄、岩波書店を創業
　1919(この年)　石原純、日本学士院賞恩賜…
　1922.11.18　　アインシュタインが来日
　1947.1.19　　　理論物理学者・石原純が没…
　1950.12.11　　物理学者・長岡半太郎が没…
石原 藤夫
　1967(この年)　石原藤夫「ハイウェイ惑星…
井尻 憲一
　1994.7.9　　　向井飛行士、女性最長飛行…
　1996(この年)　日本宇宙生物科学会賞受賞
磯部 琇三
　1996.10.20　　日本スペースガード協会発…
　2003(この年)　「天文の事典」刊行
　2006.12.31　　天文学普及に尽力した磯部…
井田 茂
　2007(この年)　日本天文学会林忠四郎賞(…
板垣 金造
　1955.2.1　　　仙台市天文台が開台

板垣 公一
　2005(この年)　日本天文学会天体発見功労…
　2007(この年)　日本天文学会天体発見功労…
　2008(この年)　日本天文学会天文功労賞(…
　2009.8.25　　　51個目の超新星で記録更新
　2009(この年)　日本天文学会天体発見功労…
市川 伸一
　1980(この年)　岡村定矩ら、銀河の表面測…
　1990(この年)　木曽観測所シュミット望遠…
一戸 直蔵
　1908.4月　　　「天文月報」創刊
　1913.1.1　　　一戸直蔵、月刊の科学啓蒙…
　1920.11.26　　天文学者の一戸直蔵が没す…
一本 潔
　1979(この年)　京都大学飛騨天文台に口径…
一行
　729(この年)　「大衍暦」施行
伊藤 勝司
　1969(この年)　日本天文学会天体発見功労…
伊藤 左千夫
　1947.1.19　　　理論物理学者・石原純が没…
伊藤 茂
　1976(この年)　日本天文学会天体発見功労…
伊東 寿恵男
　1949(この年)　映画「空気のなくなる日」…
伊藤 典夫
　1970(この年)　星雲賞授賞開始
伊藤 英覚
　2006(この年)　文化功労者に伊藤英覚
伊藤 庸二
　1934.2.14　　　南洋諸島で皆既日食、東京…
糸川 英夫
　1949.5.31　　　東京大学生産技術研究所が…
　1954.2.5　　　東京大学生産技術研究所に…
　1955.3.11　　　糸川英夫ら、ペンシルロケ…
　1955.7.1　　　日本空飛ぶ円盤研究会(J…
　1955.8.6　　　東大生研、秋田県道川海岸…
　1955(この年)　東大生研、秋田県道川海岸…
　1956.9.4　　　日本ロケット協会設立
　1956.9.24　　　東大生研、カッパ1型ロケ…
　1957.9.20　　　東大生研、「カッパロケッ…
　1958.9.12　　　東大生研、「カッパロケッ…
　1959.8.12　　　日本の宇宙開発計画
　1960.7.11　　　東大生研、カッパロケット…
　1962.2.2　　　鹿児島宇宙空間観測所(K…
　1963.4月　　　東大生研、「M(ミュー)…
　1998.7.30　　　エンジン開発の中川良一が…
　1999.2.21　　　ロケット博士・糸川英夫が…
　2003.8.12　　　小惑星を「イトカワ」と命…
稲垣 足穂
　1977.10.25　　天体とヒコーキと少年愛の…
　1983(この年)　あがた森魚のプラネタリウ…
稲田 直久
　2003.12月　　　銀河団の「重力レンズ効果…

稲谷 順司
 2001（この年） 日本天文学会林忠四郎賞（…
稲葉 通義
 1983（この年） 東亜天文学会賞受賞
イネス，R.T.A.
 1899（この年） イネスの「南天二重星照合…
 1915（この年） イネス、ケンタウルス座「…
 1927（この年） イネス「南天二重星カタ…
伊能 忠敬
 1795（この年） 伊能忠敬、高橋至時に入門
 1800.6.11 伊能忠敬、蝦夷地（北海道…
 1801.2.4 伊能忠敬、蝦夷地測量によ…
 1804.2.15 天文暦学者の高橋至時が没…
 1811（この年） 円通「仏国暦象編」刊
 1818.5.17 地理学者・測量家の伊能忠…
 1821（この年） 伊能忠敬「大日本沿海輿地…
 1838（この年） 奥村増馳「経緯儀用法図説…
 1873.5.5 皇居の火災により伊能図正…
伊能 忠誨
 1818.5.17 地理学者・測量家の伊能忠…
井上 四郎
 1934.1.2 ペルセウス座新星の発見者…
井上 一
 1995（この年） 銀河中心核に巨大ブラック…
井上 ひさし
 2008.5.21 宇宙基本法、成立
井上 允
 1993.1.7 野辺山天文台、超高速分子…
 1996（この年） 仁科記念賞受賞
イノウエ，マモル
 2004.11.14 NASA研究員のマモル・…
伊福部 昭
 1957（この年） 映画「地球防衛軍」
 1959（この年） 映画「宇宙大戦争」
イブン＝ユーヌス
 990（この頃） イブン＝ユーヌス、ハーキ…
今井 兼庭
 1821（この年） 和算家・経世家の本多利明…
今泉 文子
 2003（この年） 「未知への航海―すばる望…
今村 知商
 1642（この年） 今村知商「日月会合算法」
 1663（この年） 安藤有益「長慶宣明暦算法…
入江 脩敬
 1750（この年） 入江脩敬「天経或問註解」…
入江 良一
 1989（この年） 日本天文学会天体発見功労…
巖垣 竜渓
 1845.12.8 儒学者の猪飼敬所が没する
岩佐 又兵衛
 2009.7月 水星のクレーターに「国貞…
岩崎 小弥太
 1917.7月 日本光学工業株式会社（現…

岩波 茂雄
 1913.8月 岩波茂雄、岩波書店を創業
イワーノフ
 1968.3.27 初の宇宙飛行士ガガーリン…
イワノフ，ゲオルギー
 1979.4.10 「ソユーズ33号」が失敗
岩橋 善兵衛
 1793.8.26 橘南谿が京都で天文観測の…
 1811（この年） 望遠鏡製作者の岩橋善兵衛…
岩本 隆雄
 1990.11月 岩本隆雄「星虫」が刊行さ…
イワンチェンコフ，アレクサンドル
 1978.11.2 宇宙滞在記録を140日
 1982.6.24 「ソユーズT6号」打ち上…

【う】

ヴァンウィーク，U.
 1951.6月 宇宙塵の存在
ヴァン＝ヴォクト，A.E.
 1971.7.11 SF編集者・作家のジョン…
 2000.1.26 SF作家のA.E.ヴァン…
ウィット
 1898（この年） 小惑星「エロス」の発見
ウィーバー
 1965（この年） 星間メーザーの発見
 1969.6月 重力波を実験的に確認
ウィリアムズ，スニータ
 2007.4.16 宇宙で史上初のフルマラソ…
 2007.6.9 「アトランティス」で船外…
ウィリアムスン，ジャック
 2006.11.10 SF作家のジャック・ウィ…
ウィルソン
 1954（この頃） ロケット観測
 1978（この年） ペンジアス、ウィルソンに…
ウィルソン，R.W.
 1965（この年） 宇宙背景放射を発見
 1978（この年） ペンジアス、ウィルソンに…
ウィルソン，チャールズ・トムソン・リース
 1927（この年） C.T.R.ウィルソン、…
 1959.11.15 ノーベル賞受賞のチャール…
 1962.3.15 物理学者アーサー・ホリー…
 1969.8.9 ノーベル賞受賞のセシル・…
 1974.7.13 宇宙線シャワー発見のパト…
ウィルト，ルパート
 1932（この年） 木星のスペクトルの吸収帯…
ウィルヘルム3世
 1846.3.17 天文学者ベッセルが没する
植田 紳爾
 1998.1.1 宝塚に「宙」組、誕生
上田 弘之
 1964.10.10 「シンコム3号」東京オリ…

上田 穣
　1921（この年）　京都帝国大学に宇宙物理学…
　1934.2.14　　　南洋諸島で皆既日食、東京…
　1938.8.1　　　 京都大学宇宙物理学科の創…
　1941.7.9　　　 京都大学附属生駒山太陽観…
　1942.4月　　　 生駒山天文協会が設立され…
　1951.7.7　　　 生駒山天文博物館開館
　1964.3月　　　 日本科学史学会編「日本科…
　1976.11.13　　 天文学者・上田穣が没する
上田 佳宏
　2008.7.30　　　球形のブラックホール発見
ウェッブ, ジェームズ・エドウィン
　1992.3.28　　　ジェームズ・エドウィン…
上野 彦馬
　1874.12.9　　　長崎で金星が太陽面通過
ウェルズ, H.G
　1902（この年）　世界初の本格SF映画「月…
　1938.10.30　　 ラジオドラマ「宇宙戦争」…
ウェルズ, オーソン
　1938.10.30　　 ラジオドラマ「宇宙戦争」…
　1946.8.13　　　作家オーソン・ウェルズが…
ヴェルヌ, ジュール
　1865（この年）　初の本格的SF、ジュール…
　1902（この年）　世界初の本格SF映画「月…
　1905.3.24　　　科学小説の始祖ジュール・…
　1968.10月　　　「世界SF全集」が刊行開…
ウォーホル, A.
　2008.5月　　　 佐和貫利郎の宇宙絵画、N…
ウォラストン
　1802（この年）　太陽スペクトル中に暗線
ウォルコフ
　1971.6.6　　　 「ソユーズ11号」飛行士、…
ウォルツザン, アレクサンダー
　1994.4.22　　　太陽系外で惑星の存在？
ヴォルテール
　1778.5.30　　　フランスの文人・ヴォルテ…
ウォルフ, M.
　1906（この年）　M.ウォルフ、トロヤ群小…
　1923（この年）　カール・ツァイス社がプラ…
　1932（この年）　ウォルフ、写真技術の利用…
ウォルフ, R.
　1849（この年）　ウォルフ、相対黒点数を示…
ウーゾー, J.C.
　1889（この年）　「天文学総合文献目録」完…
宇田 宏
　1991.1.11　　　筑波宇宙センター所長・宇…
歌川 国貞
　2009.7月　　　 水星のクレーターに「国貞…
宇田川 玄真
　1811（この年）　浅草天文台に蕃書和解御用…
内田 五観
　1870.8.25　　　天文暦道局、星学局に
　1882.3.29　　　和算家・内田五観が没する
内田 和宏
　1978（この頃）　科学映画「宇宙から地球を…

内田 正男
　1975（この年）　内田正男「日本暦日原典」…
内田 豊
　1968（この年）　モートン波のfast mode電…
　1985（この年）　磁気流体力学的（MHD）…
　2002.8.17　　　「内田＝柴田モデル」の内…
内那 政憲
　2008（この年）　日本天文学会天文功労賞（…
内山 泰伸
　2007.10.4　　　宇宙線の起源を解明
宇都宮 章吾
　1996（この年）　日本天文学会天体発見功労…
浦田 武
　2008（この年）　日本天文学会天文功労賞（…
ウルグ・ベグ
　1422（この頃）　サマルカンドに大天文台建…
ウルバヌス8世
　1633.6.22　　　ガリレイ、地動説を捨てる
ウルフ, T.
　1936（この年）　ヘス、アンダーソン、ノー…
海野 十三
　1949.5.17　　　日本SF小説の先駆・海野…
海野 和三郎
　1955.6.20　　　南アジアで皆既日食が観測…
　1955（この年）　海野和三郎、「Unnoの式…
　1979（この年）　海野和三郎ら、「Nonradi…

【え】

衛 朴
　1075（この年）　「奉元暦」施行
エイトケン, ロバート
　1932（この年）　「エイトケン二重星カタロ…
　1951.10.29　　 リック天文台長ロバート・…
エイムズ
　1932（この年）　「シャプレー＝エイムズカ…
エヴァーシェット, J.
　1909（この年）　「エヴァーシェット効果」…
エウクレイデス
　BC212（この頃）アルキメデスがローマ軍に…
エウドクソス
　BC370（この頃）エウドクソスの同心球説に…
　BC340（この頃）アリストテレスの宇宙大系
　BC334（この年）カリポス周期の確立
　BC322（この年）哲学者のアリストテレスが…
エゲン, O.J.
　1952.3月　　　 最短周期の変光星
エゴロフ, ボリス
　1964.10.12　　 「ボスホート1号」打ち上…
江崎 豊
　2004.11.11　　 西はりま天文台に国内最大…

慧澄
 1834（この年） 須弥山説の擁護者・円通が…
エツゲン, O.J.
 1952（この頃） 最短周期で変光する星を発…
エッジワース
 1992（この年） カイパーベルトが発見され…
エディントン, アーサー・スタンレー
 1915（この年） アダムス、シリウスBによ…
 1916（この年） エディントン、恒星の平衡
 1924（この年） 白色矮星による赤方偏移を…
 1924（この年） エディントン、恒星の質量…
 1926（この年） エディントン、「恒星内部…
 1930（この年） 松隈健彦、非線形方程式を…
 1944.11.22 天体物理学者アーサー・ス…
 1960（この年） ロバート・アトキンソンが…
 1979.1.29 天体力学の世界的権威・萩…
 1999.4.25 天体物理学者ウィリアム・…
エデルソン, バートル
 2002.1.6 NASA副局長バートン・…
エドレン, B.
 1940（この年） エドレン、太陽コロナ輝線…
 1942（この年） 宮本正太郎、鉄のコロナ輝…
エドワード, B.
 2009.3月 社団法人宇宙エレベーター…
榎本 大輔
 2006.9.18 民間宇宙旅行に初の女性
海老沢 嗣郎
 2008.2.21 京都大学の天文資料デジタ…
エフレーモフ, イワン・A.
 1972（この年） SF作家のイワン・A.エ…
エーベルト, H.
 1942（この年） 太陽電波の発見
エムデン, R.
 1907（この年） エムデン方程式、完成
 1926（この年） エディントン、「恒星内部…
エラトステネス
 BC194（この頃） エラトステネスが没する
エリオット, ジェイムズ
 1977.3.10 天王星の環、発見
エリセーエフ, A.
 1969.1.16 史上初の有人ドッキング…
エリツィン
 1992.6月 日ロ宇宙協定の今後
エルンスト, マックス
 1972.12.29 造形作家ジョゼフ・コーネ…
エンケ, J.F.
 1818（この年） エンケ、彗星の軌道を決定
 1865.8.20 天文学者エンケ没する
円通
 1811（この年） 円通「仏国暦象編」刊
 1834（この年） 須弥山説の擁護者・円通が…

【お】

及川 奥郎
 1927.1.23 及川奥郎の小惑星発見
 1927.5月 東京天文台「Tokyo Ast…
 1930（この年） 及川奥郎、日本学士院賞大…
 1936.6.19 北海道東北部で皆既日食
 1970（この年） 小惑星の発見者・及川奥郎…
 1986.7月 小惑星発見数、新記録
オイラー
 1783.9.18 数学者オイラーが没する
 1813.4.10 数学者・天文学者のラグラ…
 1825（この年） ラプラス、「天体力学」（…
王 処訥
 964（この年） 「応天暦」施行
王 朴
 956（この年） 「欽天暦」施行
逢坂 卓郎
 2008.8.22 宇宙で初の芸術実験
大内 正巳
 2005（この年） 嶋作一大と大内正巳、銀河…
大岡 信
 2006.10月 「宇宙連詩」第1期募集開…
大栗 博司
 2008.1.8 大栗博司、アイゼンバッド…
大栗 真宗
 2003.12月 銀河団の「重力レンズ効果…
大崎 正次
 1935（この年） 神田茂の「日本天文史料」…
 1992（この年） 星の手帖チロ賞受賞（第10…
大沢 清輝
 1966.9.1 小田稔ら、X線星「ScoX…
大島 泰郎
 2004（この年） 日本宇宙生物科学会賞受賞
大島 誠人
 2002（この年） 日本天文学会天文功労賞（…
大城 のぼる
 1998.5.26 SF漫画の先駆・大城のぼ…
太田 耕司
 1996（この年） 太田耕司らクエーサーから…
太田 聴雨
 1936（この年） 太田聴雨が「星をみる女性…
大塚 一夫
 2003.11.20 「オックスフォード天文学…
大塚 勝仁
 2006（この年） 日本天文学会天文功労賞（…
大槻 玄沢
 1795.1.1 蘭学者・大槻玄沢が江戸で…
 1811（この年） 浅草天文台に蕃書和解御用…
大坪 砂男
 1957（この年） おめがクラブ、同人誌「科…

大伴 昌司
　1973.1.27　　SF研究家・編集者の大伴…
大西 健
　1997（この年）　日本宇宙生物科学会賞受賞
大西 卓哉
　2009（この年）　宇宙飛行士候補者2名決定
大西 武雄
　2001（この年）　日本宇宙生物科学会賞受賞
大林 辰蔵
　1992.2.19　　宇宙科学研究所名誉教授の…
大原 まり子
　1959.12月　　「SFマガジン」が創刊さ…
大平 貴之
　1998（この年）　大平貴之が移動式プラネタ…
岡崎 清美
　1976（この年）　日本天文学会天体発見功労…
　1997（この年）　日本天文学会天体発見功労…
岡島 冠山
　1729（この年）　天文家・廬草拙没する
岡田 要
　1953（この年）　東京プラネタリウム設立促…
　1955.9.6　　東京プラネタリウム設立促…
岡田 斗司夫
　1987（この年）　アニメ映画「オネアミスの…
岡林 滋樹
　1936.7.17　　岡林滋樹、いて座新星を発…
　1940.10.4　　岡林滋樹と本田実、「岡林…
　1942.6.9　　本田実が従軍中に手製の望…
　1945.4.1　　アマチュア天文家・岡林滋…
　1970.2.14　　本田実、へび座に新星を発…
　1990.8.26　　日本屈指のコメットハンタ…
岡村 定矩
　1980（この年）　岡村定矩ら、銀河の表面測…
　1990（この年）　木曽観測所シュミット望遠…
　2003.3.14　　125億年前の宇宙も似た構…
　2003.11.20　　「オックスフォード天文学…
　2003（この年）　「天文の事典」刊行
　2007（この年）　シリーズ「現代の天文学」…
岡本 正一
　1922.7月　　土井惣太（土居客郎）・…
岡本 太郎
　1970.3.14　　日本万国博覧会（大阪万博…
岡本 美子
　2004.10.7　　惑星誕生の現場を観測
小川 菊松
　1912.6.1　　小川菊松、誠文堂（現・誠…
小川 清彦
　1950.1.10　　暦学研究・小川清彦が没す…
オキーフ，ショーン
　2002.1月　　NASA新長官迎える
　2004.1.4　　火星探査機「スピリット」…
尾久土 正己
　1995.7.7　　和歌山にみさと天文台開設
　2002.5.14　　継続的ネット中継局「ライ…

奥村 郡太夫
　1800.12.21　　天文方の奥村郡太夫が没す…
奥村 増胎
　1838（この年）　奥村増胎「経緯儀用法図説…
小倉 金之助
　1975.1.7　　科学史家・広重徹が没する
小倉 伸吉
　1927.5月　　東京天文台「Tokyo Ast…
小坂 由須人
　1983（この年）　星の手帖チロ賞受賞（第2…
　1998.7.11　　仙台市天文台の小坂由須人…
尾崎 洋二
　1974（この年）　尾崎洋二、矮新星爆発の円…
　1975（この年）　太陽5分振動の音波モード…
　1979（この年）　海野和三郎ら、「Nonradi…
　2000（この年）　尾崎洋二、日本学士院賞受…
　2008（この年）　日本天文学会創立100周年
長田 政二
　1931.7月　　長田政二、長田彗星を発見
　1936.7.17　　下保茂、「下保・コジク・…
大佛 次郎
　1977.10.30　　星の文学者・野尻抱影が没…
織田 作之助
　1937.3.13　　大阪市立電気科学館（我が…
織田 信長
　1577.11.12　　彗星が現れ、松永弾正が滅…
小田 稔
　1964（この年）　小田稔、「すだれコリメ…
　1966.9.1　　小田稔ら、X線星「ScoX…
　1966（この年）　仁科記念賞受賞
　1971.1月　　小田稔、ブラックホール天…
　1975（この年）　小田稔、日本学士院賞恩賜…
　1980（この年）　「はくちょう」衛星観測チ…
　1986（この年）　文化功労者に小田稔
　1992.10.29　　小田稔、ローマ法王庁科学…
　1993（この年）　小田稔、文化勲章受章
　2001.3.1　　「すだれコリメータ」の小…
オッキアリーニ，G.P.S.
　1950（この年）　パウエル、ノーベル物理学…
オッペンハイマー
　1939（この年）　重力収縮する星の解の発見
オッポルツァー，E.
　1901（この年）　小惑星「エロス」の変光を…
オッポルツァー，T.R.V.
　1887（この年）　オッポルツァー、「食宝典」
　1901（この年）　小惑星「エロス」の変光を…
オードウィン
　1956（この頃）　火星の研究
オニヅカ，エリソン
　1986.1.28　　宇宙飛行士エリソン・オニ…
小貫 章
　1936.6.19　　北海道東北部で皆既日食
小野 周
　1955-1956　　物理学者と天体物理学者と…

オーバーマイヤー, ロバート
　　1982.11.11　　「コロンビア」、初の実用…
小尾 信弥
　　1955(この年)　恒星進化に関する「THO…
　　1955-1956　　物理学者と天体物理学者と…
　　1963.11.10　　天文学者・畑中武夫が没す…
オーベルト, ヘルマン
　　1929.10.15　　SF映画「月世界の女」が…
　　1977.6.16　　ロケット開発者ウェルナー…
　　1989.12.28　　ロケット開発のヘルマン・…
オマル
　　636(この年)　アラビアで現イスラム暦制…
折戸 周治
　　2000(この年)　仁科記念賞受賞
オルター, ディスモア
　　1968(この年)　グリフィス天文台長ディス…
オールディス, ブライアン・W.
　　1968.10月　　「世界SF全集」が刊行開…
オールト, ヤン・ヘンドリック
　　1926(この年)　リンドブラッド、銀河回転…
　　1927(この年)　「オールト定数」導入
　　1952(この頃)　銀河の渦状枝
　　1956(この年)　オールト、かに星雲にシン…
　　1987(この年)　オールト、京都賞受賞
　　1992.11.5　　ライデン天文台台長ヤン…
オルドリン
　　1969(この年)　「アポロ11号」搭乗者、文…
　　2009.7.21　　月着陸から40年
オルバース
　　1802(この年)　オルバース、小惑星「パラ…
　　1807(この年)　第4小惑星「ベスタ」を発…
　　1840.3.2　　アマチュア天文学者オルバ…
　　1846.3.17　　天文学者ベッセルが没する
　　1934(この年)　銀河回転研究の先駆・シャ…
　　1956.1.2　　冨田弘一郎、オルバース周…
オングストローム, A.J.
　　1874.6.21　　物理学者オングストローム…

【か】

何 承天
　　445(この年)　「元嘉暦」施行
　　479(この年)　「建元暦」施行
　　690.11月　　「元嘉暦」と「儀鳳暦(麟…
ガイガー
　　1957.2.8　　ノーベル賞受賞のヴァルタ…
カイパー, G.P.
　　1944(この年)　土星第6衛星大気中にメタ…
　　1948(この年)　カイパーの衛星発見
　　1950(この頃)　カイパーの太陽系起源論
　　1954(この頃)　小惑星の明るさの変化
　　1973(この年)　赤外線天文学のカイパーが…

　　1975(この年)　カイパー空中天文台完成
　　1975(この年)　「恒星および惑星系」完結
　　1992(この年)　カイパーベルトが発見され…
　　1995.6.14　　彗星の巣を発見
海部 宣男
　　1972(この年)　海部宣男ら、銀河系中心近…
　　1984(この年)　海部宣男ら、原子星周りの…
　　1987(この年)　仁科記念賞受賞
　　1998(この年)　海部宣男、日本学士院賞受…
　　2009.1月　　世界天文年2009が開幕
ガウス
　　1751(この年)　ゲッティンゲン大学に天文…
　　1801.1.1　　小惑星「セレス」の発見
　　1802(この年)　オルバース、小惑星「パラ…
　　1818(この年)　エンケ、彗星の軌道を決定
　　1855.2.23　　数学者ガウスが没する
カウフマン, フィリップ
　　1983(この年)　映画「ライトスタッフ」が…
カエル, クラウス
　　1981.10.9　　隕石から新鉱物発見
ガガーリン, ユーリ・アレクセービチ
　　1961.4.12　　「ボストーク1号」
　　1966.1.14　　ロケット設計者セルゲイ…
　　1968.3.27　　初の宇宙飛行士ガガーリン…
　　2000.9.20　　2人目の宇宙飛行士ゲルマ…
賀川 豊彦
　　1984.1.8　　天文愛好家・吉田源治郎が…
カーク
　　1966(この年)　テレビドラマ「スタートレ…
郭 献之
　　762(この年)　「五紀暦」施行
郭 守敬
　　1281(この年)　「授時暦」施行
梶尾 真治
　　1957(この年)　日本最古のSF同人誌「宇…
梶田 隆章
　　1999(この年)　仁科記念賞受賞
ガースキー, H.
　　1962(この年)　ジャッコーニら太陽系外の…
　　1972(この年)　「掃天X線源のウフルカタ…
片山 直美
　　2007(この年)　日本宇宙生物科学会賞受賞
葛飾 北斎
　　1782.10月　　浅草に天文台が設置される
　　1869.8月　　旧幕浅草天文台廃止
カッシーニ
　　1667(この年)　パリ天文台創立
　　1712.9.14　　土星の環の間隙を発見した…
カップリング, J.J.
　　2002.4.2　　衛星研究のジョン・ロビン…
カッペル, フレデリック
　　1962.7.10　　「テルスター」打ち上げ成…
カーティス, H.D.
　　1920.4月　　シャプレーとカーティスの…

— 443 —

加藤 正二
　1980（この年）　活動銀河における降着円盤…
　1989（この年）　「宇宙物理学講座」刊行開…
　1998（この年）　降着円盤の理論の英文教科…
加藤 龍司
　1972（この年）　海部宣男ら、銀河系中心近…
加藤 万里子
　2004（この年）　日本天文学会林忠四郎賞（…
加藤 愛雄
　1955.2.1　　　仙台市天文台が開台
　1958.10.13　　日食観測
門田 健一
　2001（この年）　日本天文学会天体発見功労…
カトナー，マーク
　1981.8.24　　　巨大分子雲を銀河系外縁に…
金井 清高
　2007（この年）　日本天文学会天文功労賞（…
金森 丁寿
　1942.11.11　　とも座新星発見
　1943（この年）　日本天文学会天体発見功労…
金森 頼錦
　1763.7.16　　　美濃郡上藩主の金森頼錦が…
金子 功
　1948（この年）　ピンホール式金子式プラネ…
金子 みすゞ
　2003（この年）　小惑星「アンパンマン」
兼重 寛九郎
　1955.7.11　　　総理府内に航空技術研究所…
　1956.4月　　　ロケット観測特別委員会
金田 宏
　2009（この年）　日本天文学会天体発見功労…
狩野 直喜
　1928.8.15　　　新城新蔵が「東洋天文学史…
椛島 富士夫
　2008（この年）　日本天文学会天文功労賞（…
カバナ
　1994.7.9　　　向井飛行士、女性最長飛行…
カピッツァ，ピョートル
　1984.4.8　　　「スプートニク」に尽力し…
カプタイン，J.C.
　1896（この年）　カプタイン記念天文学研究…
　1900（この年）　「ケープ写真掃天星表」完…
　1904（この年）　カプタイン「二星流説」発…
　1992.11.5　　　ライデン天文台台長ヤン・…
鏑木 政岐
　1953（この年）　東京プラネタリウム設立促…
　1957.4.1　　　天文博物館五島プラネタリ…
　1987.12.27　　天文学者・鏑木政岐が没す…
カーペンター
　1962.2.20　　　「フレンドシップ7号」成…
下保 茂
　1936.7.17　　　下保茂、「下保・コジク・…
　1965.7月　　　誠文堂新光社「月刊天文ガ…

鎌田 源司
　2006（この年）　日本宇宙生物科学会賞受賞
神阪 盛一郎
　2007（この年）　日本宇宙生物科学会賞受賞
上條 勇
　1930（この年）　上條勇、地人書館を創業
神元 五郎
　1982.7.10　　　高速機体力学の神元五郎が…
神山 幸雄
　1964.3月　　　日本科学史学会編「日本科…
カメロン
　1957（この年）　バービッジ夫妻ら、恒星内…
賀茂 在方
　1414（この年）　賀茂在方「暦林問答集」を…
賀茂 忠行
　977（この年）　陰陽師・賀茂保憲が没する
賀茂 保憲
　977（この年）　陰陽師・賀茂保憲が没する
ガモフ，ジョージ
　1931（この年）　原始宇宙の爆発膨張説「ル…
　1938（この年）　ガモフ「恒星進化説」を唱…
　1948（この年）　ガモフ、「ビッグバン宇宙…
　1952（この年）　ガモフの「アルファ・ベー…
　1968.8.20　　　原子物理学者ジョージ・ガ…
　1997.2.13　　　ビッグバン理論のロバート…
茅 誠司
　1953（この年）　東京プラネタリウム設立促…
　1955.9.6　　　東京プラネタリウム設立促…
　1962.2.2　　　鹿児島宇宙空間観測所（K…
　1963.12.9　　　鹿児島県内之浦の東京大学…
カリポス
　BC334（この年）　カリポス周期の確立
ガリレイ，ガリレオ
　BC212（この頃）　アルキメデスがローマ軍に…
　1597（この年）　ガリレイ、ケプラーへの書…
　1609（この年）　ガリレイ、「ガリレオ式望…
　1610（この年）　ガリレイ、「星界からの報…
　1610（この年）　ファブリキウス父子、太陽…
　1616（この年）　法王庁が、地動説禁止の教…
　1632（この年）　ガリレイ、「天文対話」を…
　1633.6.22　　　ガリレイ、地動説を捨てる
　1636（この年）　ガリレイ、「新科学対話（…
　1642.1.8　　　ガリレオ・ガリレイが没す…
　1913.8月　　　岩波茂雄、岩波書店を創業
　1938（この年）　ブレヒト、戯曲「ガリレイ…
　1957.7月　　　学研の科学雑誌創刊
　1989.10.18　　木星探査機の打ち上げ
　1992.10.31　　ガリレイの破門解かれる
　1995.7.14　　　「ガリレオ」木星大気圏に…
　1997.4.9　　　エウロパ、生命の可能性
　2008.1.15　　　ガリレイ裁判「それでも公…
　2009.1月　　　世界天文年2009が開幕
ガレ，J.G.
　1846（この年）　アダムズ、ルヴェリエ、海…
　1892.1.21　　　海王星を予言したアダムズ…

	1894(この年)	ガレ、414個の彗星カタロ…	木内 鶴彦	
	1946.9.23	ガレ、海王星を発見	1990(この年)	日本天文学会天体発見功労…
ガレ，アンドレアス			1991(この年)	日本天文学会天体発見功労…
	1894(この年)	ガレ、414個の彗星カタロ…	1992.9.27	アマチュア天文家が幻の彗…
河合 章二郎			1993(この年)	日本天文学会天体発見功労…
	1920.9.16	新潟県上越市に隕石が落下…	菊池 正士	
河北 秀世			1978.5.17	宇宙線研究の渡瀬譲が没す…
	2000(この年)	彗星のアンモニア分子、温…	2001.3.1	「すだれコリメータ」の小…
川口 淳一郎			菊池 大麓	
	2003.5.9	惑星探査機「はやぶさ」打…	1884(この年)	本初子午線国際会議ワシン…
川崎 俊一			1889.2月	寺尾寿、東京天文台の施設…
	1943.1.19	第2代水沢緯度観測所長…	1917.3.27	財団法人理化学研究所設立
	1943.9.26	z項の発見で知られる天文…	菊地 涼子	
川田 喜久治			1989.3.27	TBS記者がミールに滞在
	1980(この年)	川田喜久治〈ラスト・コス…	1990.12.2	日本人初の宇宙飛行士
川谷 蔣山			1992.11月	小惑星に日本人宇宙飛行士…
	1769(この年)	暦学者・川谷蔣山が没する	岸田 文雄	
河村 洋			2008.5.21	宇宙基本法、成立
	2008.8.22	宇宙で初の芸術実験	キジム，レオニード	
川本 幸民			1984.4.3	初のインド人飛行士
	1857.1.18	洋学所改め蕃書調所が開講…	1984.10.2	237日、宇宙滞在新記録
ガーンズバック，ヒューゴー			1984(この年)	複合宇宙ステーション計画
	1926.4月	世界最初のSF専門誌「ア…	1986.2.20	大型ステーション「ミール…
	1953(この年)	ヒューゴー賞創設	北尾 浩一	
	1963.6.29	イラストレーターのフラン…	2009(この年)	日本天文学会天文功労賞(…
	1967(この年)	SF作家のヒューゴー・ガ…	北沢 楽天	
神田 茂			1948.12.5	漫画家の横井福次郎が没す…
	1919.10.25	佐々木哲夫、フィンレー周…	北島 見信	
	1920.8.22	神田清、はくちょう座第3…	1737.12月	北島見信「紅毛天地二図贅…
	1920.9.16	新潟県上越市に隕石が落下…	北村 小松	
	1925.2.20	「理科年表」発刊	1955.7.1	日本空飛ぶ円盤研究会(J…
	1935(この年)	神田茂の「日本天文史料」…	北村 正利	
	1945.6.18	神田茂、日本天文研究会を…	1989(この年)	「宇宙物理学講座」刊行開…
	1949(この年)	「天文年鑑」刊行開始	キーナン，P.C.	
	1964.3月	日本科学史学会編「日本科…	1943(この年)	モーガン「MK法」を確立
	1974.7.29	アカデミズムとアマチュア…	木下 宙	
	1990.8.26	日本屈指のコメットハンタ…	1977(この年)	アンドワイアー変数と堀の…
神田 清			木下 広次	
	1920.8.22	神田清、はくちょう座第3…	1897.6.22	京都帝国大学創立、従来の…
カント			木下 正雄	
	1755(この年)	カント、「天体の一般自然…	2004(この年)	日本天文学会天文功労賞(…
神野 光男			木原 太郎	
	1987.1.18	太陽物理学の神野光男が没…	1969(この年)	東辻浩夫と木原太郎、銀河…
神林 長平			木原 秀雄	
	1959.12月	「SFマガジン」が創刊さ…	1993.4.22	名寄天文同好会会長・木原…
	1983.9月	神林長平「敵は海賊・海賊…	吉備 真備	
かんべ むさし			729(この年)	「大衍暦」施行
	1959.12月	「SFマガジン」が創刊さ…	ギブソン，ロバート	
			1988.12.2	再生2号も成功
【き】			木舟 正	
			1997(この年)	仁科記念賞受賞
			木辺 宣慈	
			1990.5.2	"レンズ和尚"木辺宣慈が…

木村 栄
　1889.2月　　　寺尾寿、東京天文台の施設…
　1898.1.22　　　インドのボンベイに日食観…
　1899.12.11　　　岩手県水沢に臨時緯度観測…
　1902.2.4　　　木村栄、緯度変化に関する…
　1911（この年）　木村栄、日本学士院賞恩賜
　1922.9.6　　　水沢緯度観測所、国際緯度…
　1923.8.6　　　日本の天文学の育ての親・・
　1935（この年）　木村栄、朝日賞を受賞
　1936（この年）　国際緯度観測事業中央局業…
　1937（この年）　木村栄、長岡半太郎、文化…
　1943.1.19　　　第2代水沢緯度観測所長・・
　1943.9.26　　　z項の発見で知られる天文…
　1952.5.21　　　物理学者・田中館愛橘が没…
　1970（この年）　若生康二郎、木村のz項の…
キャノン, A.J.
　1924（この年）　「ヘンリー・ドレーパーカ…
キャリントン
　1858（この年）　キャリントン、「太陽の黒…
　1875.11.27　　　天文学者キャリントンが没…
キャンベル, J.W.
　1939.7.2　　　第1回世界SF大会が開催…
　1971.7.11　　　SF編集者・作家のジョン…
　2006.11.10　　　SF作家のジャック・ウィ…
キューブリック, スタンリー
　1968.4.6　　　SF映画「2001年宇宙の旅…
　1999.3.7　　　映画監督のスタンリー・キ…
　2008.3.19　　　SF作家のアーサー・C.…
キュリアン, ユベール
　2005.2.6　　　欧州宇宙機関（ESA）の…
今日泊 亜蘭
　1957（この年）　おめがクラブ、同人誌「科…
　1957（この年）　日本最古のSF同人誌「宇…
　1962（この年）　今日泊亜蘭「光の塔」が刊…
　2006.5.12　　　SF作家の今日泊亜蘭が没…
鏡誉
　1763（この年）　須弥山説擁護者・文雄が没…
ギョーム
　BC212（この頃）アルキメデスがローマ軍に…
キーラー, J.E.
　1890（この年）　キーラー、視線速度を決定
　1895（この年）　「Astrophysical Journ…
ギル, D.
　1896（この年）　カプタイン記念天文学研究…
　1900（この年）　「ケープ写真掃天星表」完…
キルヒホフ, G.R.
　1859（この年）　キルヒホフ、元素分布を示…
欽明天皇
　604.2.6　　　初めて暦が用いられる

【く】

日下 三蔵
　2009.6.25　　　「日本SF全集」が刊行開…
日下 実男
　1979.9.11　　　科学啓蒙家・日下実男が没…
日下 沼
　1975（この年）　日下沼・中野武宣・林忠四…
草下 英明
　1949（この年）　「天文年鑑」刊行開始
　1991.6.22　　　天文解説家の草下英明が没…
日下 誠
　1882.3.29　　　和算家・内田五観が没する
草上 仁
　1959.12月　　　「SFマガジン」が創刊さ…
草野 養準
　1823（この年）　吉雄俊蔵「遠西観象図説」…
具志堅 宗精
　1958（この年）　オリオンビール、懸賞によ…
串田 嘉男
　2004.5.25　　　串田麗樹、14個目の超新星…
串田 麗樹
　1994（この年）　日本天文学会天体発見功労
　2000（この年）　日本天文学会天体発見功労
　2003（この年）　日本天文学会天体発見功労
　2004.5.25　　　串田麗樹、14個目の超新星…
　2004（この年）　日本天文学会天体発見功労
グース, アラン
　1981（この年）　「インフレーション宇宙モ…
百済 教猷
　1920.5.26　　　百済教猷、テンペル彗星を…
工藤 哲生
　2009（この年）　日本天文学会天体発見功労
国友 一貫斎
　1832（この年）　国友藤兵衛、反射望遠鏡の…
　1835.2.3　　　国友藤兵衛が自作の望遠鏡…
　1840.12.26　　　鉄砲鍛冶の国友藤兵衛（国…
国友 藤兵衛
　1832（この年）　国友藤兵衛、反射望遠鏡の…
　1835.2.3　　　国友藤兵衛が自作の望遠鏡…
　1840.12.26　　　鉄砲鍛冶の国友藤兵衛（国…
クーパー, ゴードン
　1963.5.15　　　「マーキュリー計画」終了
　1965.8.21　　　「ジェミニ5号」長時間飛…
クバソフ
　1980.5.28　　　「ソユーズ36号」ドッキン…
窪川 一雄
　1934.2.14　　　南洋諸島で皆既日食、東京…
久保田 諄
　1932（この年）　「中村鏡」の中村要が没す…
クライン, オスカー
　1977.2.5　　　原子物理学者オスカー・ク…
クラヴィウス
　1612.2.6　　　数学者・天文学者のクラヴ…
クラウス, J.D.
　1952.3月　　　新型電波望遠鏡

倉賀野 祐弘
　1957.7.30　　　ムルコス彗星発見
クラーク, アーサー・C.
　1955(この年)　「少年少女科学小説選集」…
　1968.4.6　　　SF映画「2001年宇宙の旅…
　1986.9.30　　　SF作家のアルフレッド・…
　1988.5.8　　　SF作家のロバート・A.…
　1992.4.6　　　SF作家のアイザック・ア…
　1993.4.18　　　翻訳家の山高昭が没する
　1999.3.7　　　映画監督のスタンリー・キ…
　2008.3.19　　　SF作家のアーサー・C.…
クラーク, ローレル
　2003.2.1　　　スペースシャトル「コロン…
グラーグチャ, ジグジェルジャミジン
　1981.3.22　　　「ソユーズ39号」打ち上げ
グラズコフ, ユーリ
　1977.2.8　　　「ソユーズ24号」を打ち上…
クリカリョフ, セルゲイ
　1992.7.16　　　米ロ宇宙開発で協力
　1992(この年)　宇宙に置き去りにされた飛…
　1994.2.3　　　ロシア人飛行士、初めてス…
クリスティ, J.W.
　1978.6.22　　　冥王星の衛星「カロン」発…
グリソム
　1967.1月　　　「アポロ」宇宙船第1号火…
クリッペン, ロバート
　1981.4.12　　　新時代開いたスペースシャ…
　1983.6.18　　　第7次「チャレンジャー」…
グリフィン, マイケル
　2005.3.11　　　グリフィンがNASA新長…
栗本 六郎
　1998.5.26　　　SF漫画の先駆・大城のぼ…
グリーンステイン
　1957(この頃)　恒星宇宙の進化と融合反応
久留島 義太
　1773.1.3　　　和算家・山路主住が没する
クルスカル, マーティン
　2006.12.26　　　数学者マーティン・クルス…
グレゴリー, J.
　1675(この年)　発明家のグレゴリーが没す…
グレゴリウス13世
　BC45(この年)　ユリウス・カエサル「ユリ…
　1582.9.14　　　「グレゴリオ暦」に改暦
グレーザー, D.A.
　1927(この年)　C.T.R.ウィルソン、…
クレチアン, ジャン・ルー
　1982.6.24　　　「ソユーズT6号」打ち上…
グレチコ
　1977-1978　　　「ソユーズ計画」が進展
　1985(この年)　複合軌道科学ステーション…
クレーティ, ドナート
　1711(この年)　ドナート・クレーティが天…
クレメンス11世
　1711(この年)　ドナート・クレーティが天…

クレメント, ハル
　2003(この年)　SF作家のハル・クレメン…
クレロー
　1759(この年)　クレロー、「ハレー彗星」…
グレン, ジョン・H.
　1962.2.20　　　「フレンドシップ7号」成…
　1962.3.27　　　国際宇宙協力
　1985.11.19　　　ミノルタカメラ創業者・田…
　1992.3.28　　　ジェームズ・エドウィン・…
　1997.8.25　　　ロケット科学者バイロン・…
　1998.10.30　　　向井千秋、日本人初2度目…
黒岩 五郎
　1942.11.11　　　とも座新星発見
　1943(この年)　日本天文学会天体発見功労…
黒河 宏企
　1979(この年)　京都大学飛騨天文台に口径…
黒田 清輝
　1999(この年)　「天体望遠鏡・8インチ屈…
黒田 武彦
　2004.11.11　　　西はりま天文台に国内最大…
黒田 行元
　1872.11.9　　　太陽暦(グレゴリオ暦)へ…
クロン, G.E.
　1952.3月　　　最短周期の変光星
クロンメリン
　1928.10.28　　　山崎正光「フォルブス・山…
桑木 或雄
　1905(この年)　桑木或雄、一般相対性理論…
　1941.4.22　　　日本科学史学会が創立され…
桑野 義之
　1980(この年)　日本天文学会天体発見功労…

【け】

ゲイト, ゲルハード
　1997.3.7　　　ノーベル賞受賞のエドワー…
ケイル
　1798.7月　　　志筑忠雄「暦象新書」の上…
ゲティング, イバン
　2003.10.11　　　宇宙物理学者イバン・ゲテ…
ケネディ, J.F.
　1962.7.10　　　「テルスター」打ち上げ成…
　1963.11.20　　　国際電信電話公社の茨城宇…
ケプラー, ヨハネス
　1543(この年)　コペルニクス、「地動説」…
　1597(この年)　ガリレイ、ケプラーへの書…
　1601.10.24　　　天文学者ティコ・ブラーエ…
　1604(この年)　「ケプラーの新星」を発見
　1609(この年)　ケプラー、「新天文学」…
　1619(この年)　ケプラー「世界の調和」出…
　1630.11.15　　　天文学者ケプラーが没する
　1798.7月　　　志筑忠雄「暦象新書」の上…

1809（この年）　司馬江漢「刻白爾天文図解…
1951（この年）　ヒンデミット、オペラ「世…
ゲーマン, ハロルド
2003.2.1　　　スペースシャトル「コロン…
ケラー, H.U.
1988.1.21　　ハレー彗星に山やクレータ…
ゲラシモヴィッチ, B.
1937（この年）　スターリン治下の天文学者…
ケリー, スコット
2007.8.9　　　「エンデバー」打ち上げ
ケリー, マーク
2008.6.1　　　星出彰彦飛行士、宇宙へ
ケル, F.
1953（この年）　マゼラン雲の運動
ケルドシュ
1963.11.1　　「ポリョート1号」打ち上…
ケルビン
1967（この年）　H.A.ベーテ、ノーベル…
ゲルベルトゥス
999.4.2　　　天文学者ジェルベール、シ…
甄鸞
566（この年）　「天和暦」施行
玄宗
729（この年）　「大衍暦」施行
ケント, クラーク
1938.6月　　　コミック「スーパーマン」…

【こ】

ゴア
1996.7月　　　次世代シャトル開発
小石川 正弘
2007（この年）　小惑星「ダテマサムネ」と…
小泉 光保
1689（この年）　井口常範「天文図解」刊
1707（この年）　林正延「授時暦図解発揮」…
小出 兼政
1865.10.6　　和算家・暦学者の小出兼政…
幸田 仁
2009.6.9　　　銀河の合体の痕跡を捉える
幸田 親盈
1789.4.1　　　天文暦学者の千葉歳胤が没…
豪潮
1834（この年）　須弥山説の擁護者・円通が…
高帝
479（この年）　「建元暦」施行
幸徳井 友親
1729.7.15　　暦博士・幸徳井友親が没す…
河野 兵市
2003（この年）　小惑星「アンパンマン」

孝武帝
502（この年）　「大明暦」施行
交誉
1763（この年）　須弥山説擁護者・文雄が没…
コーエン, H.I.
1951.6月　　　恒星間空間に水素ガス
古賀 謹一郎
1855.8.30　　幕府が洋学所の設置を決め…
小金井 喜美子
1997.12.30　　SF作家の星新一が没する
小金井 良精
1997.12.30　　SF作家の星新一が没する
小久保 英一郎
2000（この年）　巨大衝突の破片から月
コクラン, アニタ
1995.6.14　　彗星の巣を発見
小暮 智一
1989（この年）　「宇宙物理学講座」刊行開…
古在 由秀
1947.1月　　　萩原雄祐、「天体力学の基…
1959（この年）　古在由秀、地球の形状は西…
1962（この年）　古在由秀、小惑星運動理論…
1963（この年）　古在由秀、朝日賞を受賞
1979.1.29　　天体力学の世界的権威・萩…
1979（この年）　古在由秀、日本学士院賞恩…
1988.8月　　　古在由秀、国際天文学連合…
1988（この年）　国立天文台が発足
1999.7.21　　ぐんま天文台開所
小坂 浩三
1970（この年）　日本天文学会天体発見功労…
小柴 昌俊
1987（この年）　神岡観測グループ、朝日賞
1987（この年）　仁科記念賞受賞
1988（この年）　文化功労者に小柴昌俊
1989（この年）　小柴昌俊、日本学士院賞受…
1997（この年）　小柴昌俊、文化勲章受章
2002（この年）　小柴昌俊、デービス、ジャ…
2003.10.1　　小柴昌俊、私財を投じ財団…
2003.10.17　　ニュートリノ研究、最低の…
2005.8.17　　ニュートリノ研究のジョン…
2006.5.31　　ニュートリノ研究のレイモ…
2008.7.10　　ニュートリノ研究の戸塚洋…
小杉 健郎
2006.9.23　　太陽観測衛星「ひので」打…
ゴスナー, J.L.
1952.1月　　　わし座の恒星の偏光
小隅 黎
1953（この年）　ヒューゴー賞創設
1957（この年）　日本最古のSF同人誌「宇…
五代 富文
2000.10.24　　H-2ロケットの生みの親…
ゴダイゴ
1978（この年）　テレビアニメ「銀河鉄道99…
小平 桂一
1990（この年）　木曽観測所シュミット望遠…

2003（この年）　「未知への航海―すばる望…
ゴダード，ロバート・ハッチングス
　1919（この年）　ゴダード「超高層に到達す…
　1926.3.16　　　ゴダード、世界最初の液体…
　1945.8.10　　　ロケット工学者ロバート・・・
　1959（この年）　ゴダード宇宙飛行センター…
　1989.12.28　　　ロケット開発のヘルマン・・・
小玉 英雄
　1997（この年）　日本天文学会林忠四郎賞（…
コックレル
　2001.2.8　　　　実験棟「デスティニー」設…
ゴッホ，フィンセント・ファン
　1889（この年）　ゴッホが「星月夜」を描く
ゴティエ，T.N.
　1951.11月　　　流星のレーダー観測
五島 慶太
　1957.4.1　　　　天文博物館五島プラネタリ…
五藤 斉三
　1926（この年）　五藤斉三、五藤光学研究所…
　1986.7月　　　　小惑星発見数、新記録
五島 昇
　1955.9.6　　　　東京プラネタリウム設立促…
後藤 三男
　2008（この年）　日本天文学会創立100周年
五藤 隆一郎
　2004.12.19　　　五藤光学研究所・五藤隆一…
コーネル，ジョゼフ
　1972.12.29　　　造形作家ジョゼフ・コーネ…
コノパトフ，アレクサンドル
　2004.5.23　　　　ロケット技術者アレクサン…
小林 謙貞
　1646.4.6　　　　南蛮天文学を修めた林吉右…
小林 繁夫
　1974（この年）　「航空宇宙工学便覧」刊行
小林 隆男
　2002.9月　　　　江戸の天文家、小惑星に
小林 徹
　1971（この年）　日本天文学会天体発見功労…
小林 義信
　1729（この年）　天文家・廬草拙没する
コパール，ズデネック
　1993.6.23　　　天文学者ズデネック・コパ…
コプフ，A.
　1937（この年）　A.コプフ、「第3基本星…
　1963（この年）　W.フリッケとA.コプフ…
コペルニクス
　120（この頃）　プトレマイオス「アルマゲ…
　1543（この年）　コペルニクス、「地動説」
　1592（この年）　ブルーノ、異端嫌疑で逮捕…
　1597（この年）　ガリレイ、ケプラーへの書…
　1632（この年）　ガリレイ、「天文対話」を…
　1633.6.22　　　ガリレイ、地動説を捨てる
　1809（この年）　司馬江漢「刻白爾天文図解…
　1972.8.21　　　紫外線天文観測衛星「コペ…

小牧 孝治郎
　1978（この年）　東亜天文学会賞受賞
小松 左京
　1959.12月　　　「SFマガジン」が創刊さ…
　1963.3.5　　　　日本SF作家クラブが発足…
　1968.10月　　　「世界SF全集」が刊行開…
　1984（この年）　筒井康隆「虚航船団」が刊
　1984（この年）　映画「さよならジュピター」
　1999.7月　　　　宇宙作家クラブが発足する
　1999（この年）　小松左京賞創設
　2007.8.30　　　日本で初の世界SF大会（…
小松崎 茂
　1959（この年）　映画「宇宙大戦争」
　2001.12.7　　　挿絵画家の小松崎茂が没す…
コマロフ，ウラジミル
　1964.10.12　　　「ボスホート1号」打ち上…
　1967.4.24　　　「ソユーズ1号」墜落
五味 一明
　1936.6.18　　　五味一明、とかげ座新星を…
　1976.5.20　　　神田茂記念賞受賞
　1985（この年）　星の手帖チロ賞受賞（第4…
ゴメス，ペドロ
　1593（この年）　宣教師ペドロ・ゴメス、「…
　1612.2.6　　　　数学者・天文学者のクラヴ…
小森 幸正
　1986（この年）　星の手帖チロ賞受賞（第5…
小山 勝二
　1995.11.16　　　宇宙線は超新星爆発の残骸…
　1999（この年）　日本天文学会林忠四郎賞（…
　2002（この年）　仁科記念賞受賞
　2008.4.15　　　銀河系中心のブラックホー…
　2009.7.17　　　天の川銀河に「プラズマの…
小山 ヒサ子
　1985（この年）　星の手帖チロ賞受賞（第4…
コラエフ
　1962.8月　　　　初のグループ飛行に成功
コーリー
　1983（この年）　銀河系外にブラックホール…
ゴーリ，ドミニク
　2008.3.11　　　「エンデバー」打ち上げ、…
コリンズ
　1969（この年）　「アポロ11号」搭乗者、文…
コリンズ，アイリーン
　1995.2.3　　　　初の女性操縦士
　1999.7.27　　　女性初の船長、無事帰還
　2005.7.26　　　シャトル再開打ち上げ成功
コール
　1984.10月　　　偵察衛星の共同開発
ゴールディン
　2002.1月　　　　NASA新長官迎える
ゴールド，トーマス
　1948（この年）　ボンディ、ゴールド、定常…
　2004.6.22　　　「定常宇宙論」のトーマス…
　2005.9.10　　　「定常宇宙論」のヘルマン…

― 449 ―

ゴルトシュミット, V.M.
　1937（この年）　ゴルトシュミット、隕石の…
ゴルバトコ, ビクトル
　1977.2.8　　　　「ソユーズ24号」を打ち上…
　1980.7.24　　　「ソユーズ37号」に初のベ…
コルヘルスター
　1957.2.8　　　　ノーベル賞受賞のヴァルタ…
是川 正顕
　1985.1.14　　　「月の石」分析の是川正顕…
ゴローニン
　1822.9.12　　　蘭学者・馬場佐十郎が没す…
コロリョフ, セルゲイ
　1966.1.14　　　ロケット設計者セルゲイ・…
コロンブス
　1482.5.15　　　トスカネリが没する
コワリョーノク, ウラジミール
　1978.11.2　　　宇宙滞在記録を140日
　1981.3.12　　　「ソユーズT4号」打ち上…
コンダコワ, エレーナ
　1995.3.22　　　宇宙滞在新記録
コンプトン, アーサー・ホリー
　1962.3.15　　　物理学者アーサー・ホリー…
コンラッド, チャールズ
　1965.8.21　　　「ジェミニ5号」長時間飛…
　1999.7.8　　　 宇宙飛行士チャールズ・コ…

【さ】

蔡 章献
　1985（この年）　東亜天文学会賞受賞
斉尾 英行
　1979（この年）　海野和三郎ら、「Nonradi…
西郷 隆盛
　1877.9.3　　　　「西郷星」出現
斉田 博
　1965.7月　　　 誠文堂新光社「月刊天文ガ…
　1982.10.15　　 天文啓蒙者・斉田博が没す…
斎藤 国治
　1957-1958　　　国際地球観測年（IGY）…
斎藤 馨児
　1947（この年）　日本天文学会天体発見功労…
斎藤 成文
　1998（この年）　文化功労者に斎藤成文
斉藤 修二
　1987（この年）　斎藤修二ら、直線炭素鎖分…
　1991（この年）　仁科記念賞受賞
斎藤 伯好
　1963.3.5　　　　日本SF作家クラブが発足…
　2006.8.8　　　　翻訳家の斎藤伯好が没する
佐伯 啓三郎
　1950（この年）　佐伯啓三郎「図説天文学」…

佐伯 達夫
　1987（この年）　星の手帖チロ賞受賞（第6…
佐伯 恒夫
　1976.5.20　　　神田茂記念賞受賞
　1996.2.22　　　"火星観測の鬼"佐伯恒夫…
三枝 義一
　1976（この年）　日本天文学会天体発見功労…
　1983（この年）　日本天文学会天体発見功労…
酒井 忠顕
　1862.9.22　　　国学者・洋学者の秋元安民…
坂田 昌一
　1951.1.10　　　原子物理学者の仁科芳雄が…
　2005.5.31　　　ニュートリノを提唱した牧…
サガード, ノーマン
　1983.6.18　　　第7次「チャレンジャー」…
　1995.3.14　　　初の米ロ合同長期宇宙飛行
坂部 三次郎
　2001.2.3　　　　アマチュア天文家・坂部三…
坂元 鉄男
　1980（この年）　東亜天文学会賞受賞
坂本 正夫
　2003.9.4　　　　国内初のクレーター
坂本 龍一
　1987（この年）　アニメ映画「オネアミスの…
佐久間 澄
　1941（この年）　波動幾何学による宇宙論
桜井 隆
　1985（この年）　桜井隆、太陽風の2次元定…
櫻井 幸夫
　1988（この年）　日本天文学会天体発見功労…
　2005（この年）　日本天文学会天体発見功労…
　2006（この年）　日本天文学会天体発見功労…
　2007（この年）　日本天文学会天文功労賞（…
　2008（この年）　日本天文学会天体発見功労…
　2009（この年）　日本天文学会天体発見功労…
桜町天皇
　1750（この年）　将軍・吉宗、改暦のため天…
佐々木 秀長
　1787.10.26　　 天文暦学者の吉田秀長が没…
佐々木 進
　2007.9.14　　　月探査機「かぐや」打ち上…
佐々木 節
　1997（この年）　日本天文学会林忠四郎賞（…
佐々木 哲夫
　1919.10.25　　 佐々木哲夫、フィンレー周…
佐々木 長秀
　1769.12月　　　佐々木長秀、「修正宝暦甲…
笹本 祐一
　1998.2月　　　 笹本祐一「彗星狩り」が刊…
佐田 介石
　1877.8.21-11.30　第1回内国勧業博覧会が東…
　1880.2.20　　　佐田介石「視実等象儀詳説…
　1882.12.9　　　仏説天文学を奉じた佐田介…

貞本 義行
1987(この年) アニメ映画「オネアミスの…
佐藤 温重
1996(この年) 日本宇宙生物科学会賞受賞
佐藤 勝彦
1981(この年) 「インフレーション宇宙モ…
1990(この年) 仁科記念賞受賞
2003(この年) 「天文の事典」刊行
佐藤 修二
2007.6.30 地人書館「天文学大事典」…
佐藤 健
2006(この年) 日本天文学会天文功労賞(…
佐藤 春夫
1977.10.25 天体とヒコーキと少年愛の…
佐藤 文隆
1972(この年) 新しいブラックホールの解…
1973(この年) 仁科記念賞受賞
佐藤 文衛
2002(この年) 佐藤文衛ら、G型巨星「H…
2003.11.10 日本で初めて太陽系外惑星…
佐藤 安男
1968(この年) 日本天文学会天体発見功労…
1970(この年) 日本天文学会天体発見功労…
1971(この年) 日本天文学会天体発見功労…
1976(この年) 日本天文学会天体発見功労…
サーナン
1966.6.3 宇宙遊泳長時間記録
2009.7.21 月着陸から40年
佐野 康男
2006(この年) 日本天文学会天体発見功労…
サハ, M.N.
1920(この年) サハ、「太陽彩層における…
1957.2.18 「HR図」の考案者、ヘン…
サビツカヤ, スベトラーナ
1982.8.19 「ソユーズT7号」打ち上…
1984.7.25 世界初、女性飛行士の宇宙…
サービト＝ブン＝クッラ
870(この頃) サービト＝ブン＝クッラ、…
サビヌイフ, ビクトル
1981.3.12 「ソユーズT4号」打ち上…
1985(この年) 複合軌道科学ステーション…
1988.6.7 「ソユーズTM5、6号」打…
ザブスキー, ノーマン
2006.12.26 数学者マーティン・クルス…
サリバン, キャサリン
1984.10.11 米女性初の船外活動
サレンティック, J.W.
1973(この年) 「RNGCカタログ」完成
澤 武文
2007.6.30 地人書館「天文学大事典」…
佐和貫 利郎
2008.5月 佐和貫利郎の宇宙絵画、N…
沢野 忠庵
1659(この年) 「乾坤弁説」成る

澤柳 政太郎
1907.6月 東北帝国大学設置
サンデージ, A.B.
1952(この頃) 色指数と光度
1963(この頃) M.シュミット、A.サン…
1966.9.1 小田稔ら、X線星「ScoX…
サンデージニー
1957(この頃) 宇宙膨張率の速度

【し】

史 序
1001(この年) 「儀天暦」施行
ジイッテリー, シャロット・M.
1952(この頃) 人工放射元素作製成功
シェーアバルト, パウル
1915(この年) 作家パウル・シェーアバル…
ジェイムスン
1988(この年) SF作家のニール・R.ジ…
シェクター, ポール
1981.10.2 直径3億光年の穴
シェパード, アラン・B.
1961.5.5 有人弾道飛行「マーキュリ…
1971.2.1 「アポロ14号」打ち上げ
1998.7.21 初の米国人宇宙飛行士アラ…
シェフィールド, チャールズ
1993.4.18 翻訳家の山高昭が没する
ジェフリーズ, H.
1917(この年) 太陽系の起源に関する潮汐…
ジェルベール
999.4.2 天文学者ジェルベール、シ…
ジェンナー
1822.9.12 蘭学者・馬場佐十郎が没す…
シェーンフェルト, E.
1886(この年) 「ボン掃天星表」に恒星追…
志賀 正路
1922.7月 土井伊惣太(土居客郎)・…
シクロフスキー, I.S.
1953(この年) シクロフスキー、シンクロ…
志筑 忠雄
1784(この年) 志筑忠雄「天文管窺」が成…
1791(この年) 志筑忠雄「混沌分判図説」…
1798.7月 志筑忠雄「暦象新書」の上…
1800.11月 志筑忠雄「暦象新書」の中…
1802.11月 志筑忠雄「暦象新書」の下…
1806.8.21 長崎通詞・蘭学者の志筑忠…
1859.9.20 国学者の鶴峯戊申が没する
寺追 正典
1989(この年) 日本天文学会天体発見功労…
ジッター, ド
1917(この年) 相対論的宇宙論の展開

しつて

シッテル, デ
- 1917（この年）　相対論的宇宙論の展開

司馬 江漢
- 1796.1月　司馬江漢「和蘭天説」刊
- 1809（この年）　司馬江漢「刻白爾天文図解…
- 1818.11.19　洋画家・蘭学者の司馬江漢…

柴田 一成
- 1985（この年）　磁気流体力学的（MHD）…
- 2002（この年）　日本天文学会林忠四郎賞「…
- 2008.2.21　京都大学の天文資料デジタ…
- 2009（この年）　ペルーに望遠鏡移設

柴田 淑次
- 1984（この年）　東亜天文学会賞受賞

柴野 拓美
- 1953（この年）　ヒューゴー賞創設
- 1955.7.1　日本空飛ぶ円盤研究会（J…
- 1957（この年）　日本最古のSF同人誌「宇…
- 1962.5.27　第1回日本SF大会が開催…
- 2007.8.30　日本で初の世界SF大会（…

柴橋 博資
- 1979（この年）　海野和三郎ら、「Nonradi…

渋川 景佑
- 1836（この年）　渋川景佑と足立信頭が「新…
- 1842.12.17　渋川景佑が江戸・九段坂に…
- 1844（この年）　「天保暦」施行
- 1844（この年）　渋川景佑らが「寛政暦書」…
- 1845.8.3　天文暦学者の足立信頭が没…
- 1856.7.21　天文暦学者の渋川景佑が没…
- 1865.10.6　和算家・暦学者の小出兼政…

渋川 図書
- 1789.4.1　天文暦学者の千葉歳胤が没…

渋川 則休
- 1750（この年）　将軍・吉宗、改暦のため天…
- 1773.1.3　和算家・山路主住が没する

渋川 春海
- 862（この年）　「宣明暦」施行
- 1675.5.1　渋川春海、「授時暦」によ…
- 1684（この年）　渋川春海が制作した、日本…
- 1708.12.5　和算家・関孝和が没する
- 1715.11.1　天文暦学者・渋川春海（安…
- 1717.6.17　陰陽師・土御門泰福が没す…
- 1718.7.27　儒学者・神道家の谷秦山が…
- 1729.7.15　暦博士・幸徳井友親が没す…

渋川 敬尹
- 1742.1.30　天文方の猪飼豊次郎が没す…

渋川 孫太郎
- 1870.8.25　天文暦道局、星学局に

渋川 正陽
- 1856.7.21　天文暦学者の渋川景佑が没…

渋沢 栄一
- 1917.3.27　財団法人理化学研究所設立

シーボルト
- 1850.12.3　蘭学者の高野長英が没する
- 1861.7.7　天文暦学者の山路諧孝が没…

島 耕二
- 1956（この年）　映画「宇宙人東京に現わる…

島 秀雄
- 1969.10.1　宇宙開発事業団（NASD…
- 1998.3.18　宇宙開発事業団（NASD…

島 安次郎
- 1998.3.18　宇宙開発事業団（NASD…

嶋作 一大
- 2005（この年）　嶋作一大と大内正巳、銀河…

島津 重豪
- 1779（この年）　薩摩藩主・島津重豪が明時…

シマック, クリフォード・D.
- 1988.4.25　SF作家のクリフォード・…

島村 福太郎
- 1964.3月　日本科学史学会編「日本科…

清水 真一
- 1937.1.31　広瀬秀雄・清水真一、ダニ…
- 1939（この年）　日本天文学会天体発見功労…
- 1976.5.20　神田茂記念賞受賞
- 1982（この年）　東亜天文学会賞受賞
- 1986.6.5　アマチュア天文家の清水真…

清水 強
- 2006（この年）　日本宇宙生物科学会賞受賞

志村 隆二
- 2000（この年）　日本宇宙生物科学会賞受賞

シャイナー
- 1610（この年）　ファブリキウス父子、太陽…

シャイナー, J.
- 1912（この年）　シャイナーの「国際写真星…

ジャッコーニ, リカルド
- 1962（この年）　ジャッコーニら太陽系外の…
- 1964（この年）　小田稔、「すだれコリメー…
- 1972（この年）　「掃天X線源のウフルカタ…
- 2002（この年）　小柴昌俊、デービス、ジャ…
- 2006.5.31　ニュートリノ研究のレイモ…

シャトルワース, マーク
- 2002.4.25　2人目となる宇宙観光客

ジャニベコフ, ウラジミール
- 1981.3.22　「ソユーズ39号」打ち上げ
- 1982.6.24　「ソユーズT6号」打ち上…
- 1985（この年）　複合軌道科学ステーション…

シャフナー, フランクリン
- 1968（この年）　SF映画「猿の惑星」が公…

シャプリー, H.
- 1912（この年）　ケファイド変光星の周期光…

シャプレー, ハロー
- 1920.4月　シャプレーとカーティスの…
- 1931（この年）　ハーバード大学天文台長…
- 1932（この年）　「シャプレー＝エイムズカ…
- 1951.9月　変光星18個発見
- 1972.9.20　天文学者ハロー・シャプ…
- 1983.8.7　天文学者バート・ボークが…

シャペル
- 1655.7.28　「月世界旅行記」のシラノ…

ジャマール・アッディーン
　　1271.8.7　　　フビライ・ハーンが、回回…
シャーマン，ヘレン
　　1991.5.18　　　「ジュノ計画」で英国初の…
シャミトフ，グレゴリー
　　2008.8.22　　　宇宙で初の芸術実験
シャーリエ，C.
　　1934（この年）銀河回転研究の先駆・シャ…
シャール，アダム
　　1633.11.8　　　中国近代科学の開祖・徐光…
　　1645（この年）「時憲暦」施行
　　1646（この頃）シャールが欽天監正となる
　　1669.4月　　　フェルビーストが、欽天監…
シャルマ，ラゲシュ
　　1984.4.3　　　初のインド人飛行士
ジャンスキー，カール
　　1931（この年）ジャンスキー、宇宙電波を…
　　1950.2.14　　　電波天文学者カール・ジャ…
ジューイット，D.
　　1992（この年）カイパーベルトが発見され…
　　1993.8月　　　冥王星の外側に新しい天体
周 琮
　　1064（この年）「明天暦」施行
ジュヴァーベ，H.
　　1843（この年）太陽黒点の周期性発見
寿岳 潤
　　1966.9.1　　　小田稔ら、X線星「ScoX…
ジュース，H.E.
　　1956（この年）ジュースとユーリー、太陽…
シュタインハイル，K.A.
　　1854（この年）シュタインハイル、光学機…
シュトラウス，ヨハン
　　1968.4.6　　　SF映画「2001年宇宙の旅…
シュトラウス，リヒャルト
　　1968.4.6　　　SF映画「2001年宇宙の旅…
シュトルーフェ，G.W.
　　1827（この年）シュトルーフェ、二重星及…
　　1835（この年）プルコヴォ天文台創設
　　1838-1839　　恒星の視差値の発見
シュトルーフェ，オットー
　　1963（この年）恒星天文学の泰斗O.シュ…
ジュニア，ロイド・ビグル
　　1965（この年）ネビュラ賞創設
シューマッハ，H.C.
　　1823（この年）ドイツ天文学会機関紙創刊
シュミット，B.
　　1931（この年）「シュミット・カメラ」完…
シュミット，M.
　　1963（この頃）M.シュミット、A.サン…
シュミット，O.Y.
　　1944（この年）太陽系生成に関する隕石理…
シューメーカー，ユージーン
　　1993.3.24　　　真珠のネックレスのような…
　　1997.7.18　　　彗星発見者ユージーン・シ…

　　1998.1.6　　　NASA、「アポロ」以来…
シュラム，デービッド
　　1997.12.19　　ビッグバン理論のデービッ…
ジュリアス・シーザー
　　BC45（この年）ユリウス・カエサル「ユリ…
シュレジンジャー，F.
　　1943（この年）"現代位置天文学の父"シ…
　　1966.1.31　　　天体力学のディルク・ブラ…
シュワーベ
　　1849（この年）ウォルフ、相対黒点数を示…
シュワルツシルト，カール
　　1906（この年）シュワルツシルト「恒星大…
　　1916.5.11　　　天文学者カール・シュワル…
　　1918.6.24　　　新城新蔵、京都帝国大学理…
　　1931（この年）萩原雄祐、天体軌道の理論…
　　1938.8.1　　　京都大学宇宙物理学科の創…
　　1958（この年）M.シュワルツシルト「恒…
　　1960（この年）カール・シュワルツシルト…
シュワルツシルト，マーティン
　　1958（この年）M.シュワルツシルト「恒…
淳仁天皇
　　764（この年）「大衍暦」施行
徐 昂
　　807（この年）「観象暦」施行
　　822（この年）「宣明暦」施行
徐 光啓
　　1633.11.8　　　中国近代科学の開祖・徐光…
　　1646（この頃）シャールが欽天監正となる
徐 承嗣
　　784（この年）「正元暦」施行
ジョージ3世
　　1781.3.13　　　W.ハーシェル、天王星を…
　　1785（この年）W.ハーシェル「天界の構…
ショット，O.
　　1905.1.14　　　物理学者で観測機器製作者…
ショメール
　　1811（この年）浅草天文台に蕃書和解御用…
ジョーンズ，インディ
　　1982.6.11　　　SF映画「E.T.」が公…
ジョーンズ，ニール・R.
　　1988（この年）SF作家のニール・R.ジ…
　　2008.6.6　　　SF作家・テレビプロデュ…
ジョンソン
　　1954（この頃）ロケット観測
ジョンソン，H.L.
　　1965（この頃）赤外線天体の発見
シラー
　　1962.10.3　　　「シグマ7号」成功
　　1965.12.15　　「ジェミニ6号」「7号」初…
白瀬 矗
　　1950.4.21　　　在野の天文学者・前原寅吉
ジリン，H.
　　1973（この年）田中捷雄、フレア発生の描…

シルヴェステル2世
999.4.2　　　　天文学者ジェルベール、シ…
ジルデン
1939（この年）　天文学者オットー・ルドル…
新城 新蔵
1918.6.24　　　新城新蔵、京都帝国大学理…
1921（この年）　京都帝国大学に宇宙物理学…
1928.8.15　　　新城新蔵が「東洋天文学史…
1938.8.1　　　　京都大学宇宙物理学科の創…
1943（この年）　能田忠亮「東洋天文学史論…
1978.3.20　　　天体物理学者・荒木俊馬が…
ジーンズ, J.
1917（この年）　太陽系の起源に関する潮汐…
ジーンズ, レーリー
1946.9.16　　　数学者・天文学者のジーン…
シントン, デビッド
2009.1.16　　　映画「ザ・ムーン」公開
神武天皇
BC660.2.18　　神武天皇が即位する（皇紀…
新村 出
1951.8.10　　　第4代東京天文台長・関口…

【す】

推古天皇
445（この年）　「元嘉暦」施行
末元 善三郎
1951（この年）　太陽に関する分光学的研究
1953（この年）　バルマー線解析法によるフ…
1955.6.20　　　南アジアで皆既日食が観測…
1958.10.13　　日食観測
1967（この年）　末元善三郎、日本学士院賞…
1991.12.5　　　東京天文台長を務めた末元…
スカロン
1655.7.28　　　「月世界旅行記」のシラノ…
杉井 ギサブロー
1985（この年）　アニメ映画「銀河鉄道の夜…
杉浦 康平
1979.10月　　　工作舎「全宇宙誌」刊行
杉浦 重剛
1908.6.26　　　暦学者・水原準三郎が没す…
杉浦 正久
2007.8.13　　　NASA首席研究員・杉浦…
杉江 淳
2001（この年）　日本天文学会天体発見功労…
2004（この年）　日本天文学会天文功労賞（…
杉田 成卿
1857.1.18　　　洋学所改め蕃書調所が開講…
杉本 大一郎
1962（この年）　林忠四郎ら、京都グループ…
1981（この年）　仁科記念賞受賞
1991.9.30　　　計算機「GRAPE-3」…

1995（この年）　杉本大一郎と野本憲一、日…
スキャパレリ, G.V.
1866（この年）　スキャパレリ、彗星と流星…
1877（この年）　スキャパレリ、火星の「運…
1910.7.4　　　　火星の「運河」のスキャパ…
1944.2.10　　　天文学者ユージン・アント…
杉山 直
1995（この年）　宇宙背景放射の温度揺らぎ…
2009（この年）　日本天文学会林忠四郎賞（…
菅 洋
1999（この年）　日本宇宙生物科学会賞受賞
スコット, D.R.
1966.3.16　　　「ジェミニ8号」初のドッ…
1971.7.26　　　「アポロ15号」打ち上げ
スコット, ウィンストン
1997.11.20-12.5 日本人初の船外活動
スコット, リドリー
1979（この年）　SF映画「エイリアン」が…
鈴木 厚人
2006（この年）　鈴木厚人、日本学士院賞受…
鈴木 敬信
1930（この年）　上條勇、地人書館を創業
1938（この年）　東京・有楽町にプラネタリ…
1949（この年）　「天文年鑑」刊行開始
1993.1.27　　　「天体位置表」を創刊した…
薄 謙一
2002（この年）　日本天文学会天文功労賞（…
鈴木 博子
1987.1月　　　　新しい星間分子の発見
鈴木 雅雄
2004（この年）　日本宇宙生物科学会賞受賞
鈴木 雅之
2006（この年）　日本天文学会天体発見功労…
鈴木 洋一郎
2001（この年）　仁科記念賞受賞
須田 英博
1987（この年）　仁科記念賞受賞
1993.2.22　　　ニュートリノを観測した須…
スターカウ, フレドリック
2009.8.29　　　「ディスカバリー」宇宙ス…
スタージョン, シオドア
1971.7.11　　　SF編集者・作家のジョン…
1986.9.30　　　SF作家のアルフレッド・…
2004.10.13　　SF作家の矢野徹が没する
スタフォード
1965.12.15　　「ジェミニ6号」「7号」初…
1966.6.3　　　　宇宙遊泳長時間記録
スターリン
1937（この年）　スターリン治下の天文学者…
スタンリー, G.J.
1949（この年）　「おうし座A」を「かに星…
スチュアート, レオン
2003.2.20　　　50年前の天文写真が真実と…

― 454 ―

スチュワート
　1984.2.7　　　命綱なしの宇宙遊泳成功
スティーヴンソン, E
　1989.11.7　　　μ粒子を見つけたジャベス…
ステインストラ
　1861.7.7　　　天文暦学者の山路諧孝が没…
ステビンス, J.
　1906(この頃)　ステビンス、光電測光法を…
須藤 靖
　2005(この年)　日本天文学会林忠四郎賞(…
ズードフ, ビチェロスラフ
　1976.10.17　　「ソユーズ23号」がドッキ…
ストリート, ジャベス・C.
　1989.11.7　　　μ粒子を見つけたジャベス…
ストルガツキー
　1992.7.28　　　翻訳家の深見弾が没する
ストレカロフ, ゲンナジー
　1983.4.20　　　「ソユーズT8号」ドッキ…
ストロミンジャー
　2008.1.8　　　大栗博司、アイゼンバッド…
スピッツァー, ライマン Jr.
　1997.3.31　　　ハッブル宇宙望遠鏡に貢献…
スピルバーグ, スティーヴン
　1977.11.6　　　SF映画「未知との遭遇」…
　1982.6.11　　　SF映画「E.T.」が公…
スポック
　1966(この年)　テレビドラマ「スタートレ…
スミス, E.E.
　1965(この年)　SF作家のE.E.スミス…
　2006.11.10　　SF作家のジャック・ウィ…
スミス, F.G.
　1952.2月　　　暗黒星の観測
スミス, ドクター
　1965(この年)　テレビドラマ「宇宙家族ロ…
スミス, ハーラン
　1991.10.17　　電波天文学者ハーラン・ス…
角野 直子
　1999.2.10　　　宇宙飛行士、3人の新候補
スムート, ジョージ・F
　1992.4.23　　　宇宙誕生の「名残」を発見
　2006.10.3　　　ビッグバン説で物理学賞受…
皇 居卿
　1092(この年)　「観天暦」施行
スライファー, ベスト
　1894(この年)　ローウェル天文台創設
　1912(この年)　スライファー、アンドロメ…
　1969.11.8　　　天文学者ベスト・スライフ…
スリー, O.B.
　1949(この年)　「おうし座A」を「かに星…
スリファ
　1956(この頃)　火星の研究
スワイガート, J.
　1970.4.13　　　「アポロ13号」事故

スンドマン, K.F.
　1949(この年)　天体力学者K.F.スンド…

【せ】

清 貞雄
　1986(この年)　ハレー彗星ブーム
セイファート
　1943(この年)　セイファート銀河の発見
誓誉
　1763(この年)　須弥山説擁護者・文雄が没…
清和天皇
　862(この年)　「宣明暦」施行
瀬川 昌男
　1956(この年)　瀬川昌男「火星に咲く花」…
セーガン, カール
　1977(この年)　ジョン・ロンバーグが「ボ…
　1980(この年)　カール・セーガン監修のテ…
　1994.6.13　　　宇宙科学者ジェームズ・ポ…
　1996.12.20　　「核の冬」のカール・セー…
　1999.5月　　　ET探索
　1999(この年)　「日本惑星協会」発足
関 庄三郎
　1729(この年)　天文家・蘆草拙没する
関 孝和
　1708.12.5　　　和算家・関孝和が没する
関 勉
　1961.10.10　　関勉が新彗星を発見
　1965.9.19　　　池谷薫と関勉が「イケヤ・…
　1966(この年)　日本天文学会天体発見功労
　1968(この年)　日本天文学会天体発見功労
　1971(この年)　日本天文学会天体発見功労
　1976.5.20　　　神田茂記念賞受賞
　1986.7月　　　小惑星発見数、新記録
　1986(この年)　ハレー彗星ブーム
　1988.3月　　　関勉、100個目の小惑星を…
　1993(この年)　日本天文学会天体発見功労
関口 隆吉
　1951.8.10　　　第4代東京天文台長・関口…
関口 直甫
　1964.3月　　　日本科学史学会編「日本科…
関口 鯉吉
　1936.6.19　　　北海道東北部で皆既日食
　1946.10月　　萩原雄祐、東京天文台長…
　1951.8.10　　　第4代東京天文台長・関口…
関戸 弥太郎
　1960(この年)　宇宙線起源の探求
　1986.6.16　　　宇宙線物理学の関戸弥太郎…
セッキ
　1863(この年)　セッキ、初めて恒星の分類
　1878.2.26　　　天文学者のセッキが没する

セドフ, レオニード
　1999.5.5　　　「スプートニク」の立役者…
セバスチャノフ, V.
　1970.6.1　　　有人夜間打ち上げ成功
セーボーフト
　7世紀(この頃)　セーボーフト、「アルマゲ…
ゼーマン, P.
　1896(この年)　「ゼーマン効果」発見
ゼーリガー, H.
　1924(この年)　ミュンヘン大学天文台長H…
ゼリドヴィッチ, ヤコフ
　1987.12.4　　　物理学者ヤコフ・ゼリドヴ…
セルゲイ・クリカリョフ
　2005.8.16　　　世界記録を更新
セレブロフ, アレクサンドル
　1982.8.19　　　「ソユーズT7号」打ち上…
　1983.4.20　　　「ソユーズT8号」ドッキ…
　1989.4.27　　　軌道船「ミール」が4か月…
　1990.1.9　　　35mの宇宙遊泳
　1990.2.1　　　スペースバイクで遊泳成功
　1990.2.6　　　宇宙からの特別授業
セント・ジョン, C.E.
　1928(この年)　「改訂ローランド太陽波長…

【そ】

楚 衍
　1024(この年)　「崇天暦」施行
祖 暅之
　502(この年)　「大明暦」施行
祖 沖之
　500(この年)　祖沖之が没する
　502(この年)　「大明暦」施行
宋 景業
　551(この年)　「天保暦」施行
宋 行古
　1024(この年)　「崇天暦」施行
早乙女 清房
　1901.5.18　　スマトラで皆既日食、平山…
　1901(この年)　滝廉太郎作曲の唱歌「荒城…
　1910.5月　　　ハレー彗星が出現
　1920.9.16　　　新潟県上越市に隕石が落下…
　1934.1.2　　　ペルセウス座新星の発見者…
　1934.2.14　　　南洋諸島で皆既日食、東京…
　1936.6.19　　　北海道東北部で皆既日食
　1951.8.10　　　第4代東京天文台長・関口…
　1964.7.30　　　第3代東京天文台長・早乙…
ソダーバーグ, スティーヴン
　1977.3.20　　　映画「惑星ソラリス」が公…
　2006.3.27　　　SF作家のスタニスワフ・…
祖父江 久仁子
　1942.11.11　　とも座新星発見

　1943(この年)　日本天文学会天体発見功労…
祖父江 義明
　1983.4月　　　銀河系中心の上空に巨大電…
　1984(この年)　銀河系中心にガスの流れ
ソレンセン, S
　1976(この年)　コンピュータによる棒状銀…
ソロビヨフ, ウラジミール
　1984.4.3　　　初のインド人飛行士
　1984.10.2　　　237日、宇宙滞在新記録
　1986.2.20　　　大型ステーション「ミール…
　1988.6.7　　　「ソユーズTM5、6号」打…
ゾロボフ, ビタリー
　1976.8.25　　　「ソユーズ21号」が帰還
ソーン, K.S.
　1973(この年)　ブラックホールと推定
孫 家棟
　1986(この年)　中国、代行打ち上げ
孫 文
　1912.1.1　　　「時憲暦」を廃止して「グ…

【た】

大黒屋 光太夫
　1795.1.1　　　蘭学者・大槻玄沢が江戸で…
大道 卓
　1970(この年)　日本天文学会天体発見功…
平 三郎
　1969.9.3　　　緯度観測功労者・平三郎が…
ダーウィン, C.
　1898(この年)　G.H.ダーウィン「潮汐…
ダーウィン, G.H.
　1898(この年)　G.H.ダーウィン「潮汐…
　1938.9.22　　　月の運行研究者アーネスト…
タウンズ, C.H.
　1968(この年)　タウンズ、星間分子を発見
　2002.1.8　　　物理学者アレクサンドル・…
高木 公三郎
　1936(この年)　高木公三郎、プラネタリウ…
高木 昇
　1994(この年)　文化功労者に高木昇
　2005.5.28　　　宇宙電子工学の高木昇が没…
高城 武男
　1981(この年)　東亜天文学会賞受賞
高城 武夫
　1959(この年)　高城武夫、和歌山天文館創…
高木 敏子
　1980.7.17　　　SFアートの第一人者・武…
高瀬 文志郎
　1965.7月　　　誠文堂新光社「月刊天文ガ…
　2003.11.20　　「オックスフォード天文学…
高千穂 遙
　1977.11月　　　高千穂遙「連帯惑星ピザン…

高梨 純一
- 1997.10.18　UFO研究家の高梨純一が…

高野 長英
- 1838（この年）　奥村増皓「経緯儀用法図説…
- 1850.12.3　蘭学者の高野長英が没する
- 1882.3.29　和算家・内田五観が没する

高橋 昭久
- 1998（この年）　日本宇宙生物科学会賞受賞

高橋 景保
- 1811.8月　大彗星が出現し、「彗星略…
- 1813.2.23　浅草天文台が火災で焼失
- 1814.3.24　高橋景保が御書物奉行を兼…
- 1829.3.20　シーボルト事件により捕ら…
- 1856.7.21　天文暦学者の渋川景佑が没…
- 1861.7.7　天文暦学者の山路諧孝が没…
- 2002.9月　江戸の天文家、小惑星に

高橋 景一
- 1998（この年）　日本宇宙生物科学会賞受賞

高橋 進
- 2004（この年）　日本天文学会天文功労賞（…

高橋 秀幸
- 2000（この年）　日本宇宙生物科学会賞受賞

高橋 至時
- 1795（この年）　伊能忠敬、高橋至時に入門
- 1795（この年）　高橋至時、間重富が幕府に…
- 1798.1.4　「寛政暦」施行
- 1799.6.25　天文暦学者の麻田剛立が没…
- 1800.6.11　伊能忠敬、蝦夷地（北海道…
- 1801.2.4　伊能忠敬、蝦夷地測量によ…
- 1803（この年）　高橋至時「ラランデ暦書管…
- 1804.2.15　天文暦学者の高橋至時が没…
- 1804.10月　大坂の間重富、再び江戸に…
- 1813.2.23　浅草天文台が火災で焼失
- 1814.3.24　高橋景保が御書物奉行を兼…
- 1816.4.21　天文暦学者の間重富が没す…
- 1818.5.17　地理学者・測量家の伊能忠…
- 1836（この年）　渋川景佑と足立信頭が「新…
- 1844（この年）　渋川景佑らが「寛政暦書」…
- 1845.8.3　天文暦学者の足立信頭が没…
- 1856.7.21　天文暦学者の渋川景佑が没…
- 2002.9月　江戸の天文家、小惑星に

高松 聡
- 2001.10.21　日本初の宇宙CM撮影

高見澤 今朝雄
- 1987（この年）　日本天文学会天体発見功労…
- 1989（この年）　日本天文学会天体発見功労…
- 1997（この年）　日本天文学会天体発見功労…

高峰 譲吉
- 1917.3.27　財団法人理化学研究所設立

高村 光雲
- 1999（この年）　「天体望遠鏡・8インチ屈…

高柳 和夫
- 1960（この年）　高柳和夫と西村史朗、星間…

田河 水泡
- 1998.5.26　SF漫画の先駆・大城のぼ…

滝 廉太郎
- 1928.3.31　平山信が東京天文台長を辞…

ダグラス, A.E.
- 1952.3月　年輪から見る黒点周期

竹内 均
- 1981（この年）　科学雑誌「ニュートン」創…
- 2004.4.20　科学ジャーナリスト竹内均…

竹田 新一郎
- 1937（この年）　竹田新一郎、ベータLyr型…

武田 弘
- 1993.3月　南極に月の隕石

武谷 三男
- 1955（この年）　恒星進化に関する「THO…
- 1957（この年）　グループ研究の流行
- 1963.11.10　天文学者・畑中武夫が没す…
- 1963（この頃）　「チャカルタヤ計画」
- 1975.1.7　科学史家・広重徹が没する
- 1992.2.5　天体物理学者・早川幸男が…

竹野 兵一郎
- 1941（この年）　波動幾何学による宇宙論

竹内 端夫
- 1958.3.23　米国から人工衛星観測用の…
- 2003.10.20　天文学者・竹内端夫が没す…

建部 賢弘
- 1733.10.19　天文家・暦学者の中根元圭…
- 1739.8.24　和算家・暦学者の建部賢弘…
- 1751.7.12　江戸幕府8代将軍・徳川吉…

武部 白鳳
- 1980.7.17　SFアートの第一人者・武…

武部 本一郎
- 1980.7.17　SFアートの第一人者・武…

竹本 正男
- 1972.8月-9月　ミュンヘンオリンピックで…

多胡 昭彦
- 1968（この年）　日本天文学会天体発見功労…
- 1971（この年）　日本天文学会天体発見功労…
- 1987（この年）　日本天文学会天体発見功労…
- 2001.8.18　はくちょう座に新星発見
- 2007（この年）　日本天文学会天文功労賞（…
- 2008（この年）　日本天文学会天体発見功労…

太宰 春台
- 1763（この年）　須弥山説擁護者・文雄が没…

田阪 一郎
- 2004.8月　小惑星に「ヤタガラス」誕…

ターザン
- 1950.3.19　SF作家のエドガー・ライ…

田嶋 一雄
- 1985.11.19　ミノルタカメラ創業者・田…

立川 敬二
- 2004.11月　JAXA2代目理事長に立…

立花 隆
- 1983.1月　立花隆「宇宙からの帰還」…

橘 南谿
- 1793.8.26　橘南谿が京都で天文観測の…

伊達 英太郎
　1983（この年）　東亜天文学会賞受賞
伊達 政宗
　2007（この年）　小惑星「ダテマサムネ」と…
田中 捷雄
　1973（この年）　田中捷雄、フレア発生の描…
　1990.1.2　　　太陽研究の田中捷雄が没す…
田中 光二
　1957（この年）　日本最古のSF同人誌「宇…
田中 剛
　1986.3月　　　38億年前の月面に水の存在
田中 民之丞
　1903.1.9　　　暦本作成の弘鴻が没する
田中 務
　1934.2.14　　南洋諸島で皆既日食、東京…
田中 友幸
　1957（この年）　映画「地球防衛軍」
　1959（この年）　映画「宇宙大戦争」
田中 信高
　1964.10.10　　「シンコム3号」東京オリ…
田中 春夫
　1985.10.27　　電波天文学の田中春夫が没…
田中 政明
　1996（この年）　日本天文学会天体発見功労…
田中 靖郎
　1985（この年）　仁科記念賞受賞
　1993（この年）　田中靖郎、日本学士院賞恩…
　1994（この年）　田中靖郎に"天文学のノー…
田中 芳樹
　1982.11月　　田中芳樹「銀河英雄伝説」…
田中館 愛橘
　1899.12.11　　岩手県水沢に臨時緯度観測…
　1952.5.21　　　物理学者・田中館愛橘が没…
谷 秦山
　1718.7.27　　　儒学者・神道家の谷秦山が…
ダニエルソン
　1982.10月　　ハレー彗星回帰を初観測
谷川 俊太郎
　2006.10月　　「宇宙連詩」第1期募集開…
谷口 義明
　2007.1.7　　　暗黒物質の観測に成功
　2009.6.9　　　銀河の合体の痕跡を捉える
谷森 達
　1997（この年）　仁科記念賞受賞
田畑 浄治
　1990.5.14　　宇宙関連会社、続々と発足
ダビッドソン
　1982.4.20　　エタカリーニ、間もなく…
玉木 章夫
　1973.9.7　　　「おおすみ」の中心人物…
田丸 卓郎
　1935.12.31　　物理学者で俳人の寺田寅彦…
タム
　1958（この年）　チェレンコフ、タム、フラ…

ダランベール, ジャン
　1783.10.29　　ジャン・ダランベールが没…
ダリ
　2009.7月　　水星のクレーターに「国貞…
タルコフスキー, アンドレイ
　1977.3.20　　映画「惑星ソラリス」が公…
　1986.12.28　　映画監督のアンドレイ・タ…
　2006.3.27　　SF作家のスタニスワフ・…
譚 玉
　1253（この年）　「会天暦」施行
ダンジョン, A.
　1950（この年）　ダンジョン式プリズムアス…
ダンバー, ボニー
　1995.7.8　　　米女性飛行士が心肺停止

【ち】

チェスリー・ボネステル
　1986（この年）　宇宙画のチェスリー・ボネ…
チェレンコフ
　1958（この年）　チェレンコフ、タム、フラ…
チェンバリン, T.
　1905（この年）　太陽系の進化に関する微惑…
チトー, デニス
　2001.4.28　　　宇宙旅行、8日間で24億円
チトフ, ウラジミール
　1983.4.20　　「ソユーズT8号」ドッキ…
　1988.12.21　　宇宙滞在記録1年
　1992.7.16　　米ロ宇宙開発で協力
チトフ, ゲルマン・ステパノビッチ
　1961.8.6　　　「ボストーク2号」
　1988.11.7　　電磁波工学の中田美明が没…
　2000.9.20　　2人目の宇宙飛行士ゲルマ…
千葉 歳胤
　1789.4.1　　　天文暦学者の千葉歳胤が没…
　1821（この年）　和算家・経世家の本多利明…
チャウラ, カルパナ
　2003.2.1　　　スペースシャトル「コロン…
チャーフィー
　1967.1月　　　「アポロ」宇宙船第1号火…
チャールズ＝コワーズ
　1974（この年）　木星の13番目の衛星「レダ…
チャンドラー, A.バートラム
　2008.6.6　　　SF作家・テレビプロデュ…
チャンドラセカール, スブラマニアン
　1942（この年）　「チャンドラセカールの限…
　1983（この年）　チャンドラセカール、ファ…
　1995.3.14　　ノーベル賞受賞のウィリア…
　1995.8.21　　ノーベル賞受賞のスブラマ…
チュリー, ブレント
　1987.11月　　巨大な超銀河団複合体を確…

張 鈺哲
　　1986.7.21　　　南京紫金山天文台台長・張…
張 胄玄
　　608(この年)　「大業暦」施行
張 賓
　　584(この年)　「開皇暦」施行
陳 鼎
　　1271(この年)　「成天暦」施行
陳 得一
　　1135(この年)　「統元暦」施行

【つ】

ツァイス, C.
　　1846(この年)　カール・ツァイス光学機器…
　　1905.1.14　　　物理学者で観測機器製作者…
ツィオルコフスキー, コンスタンチン・
エドゥアルドヴィッチ
　　1903(この年)　ツィオルコフスキー「ロケ…
　　1935.9.19　　　"宇宙ロケットの父"ツィ…
　　1942(この年)　SF作家のアレクサンドル…
　　1989.12.28　　　ロケット開発のヘルマン…
ツヴィッキー, F.
　　1934(この年)　バーデとツヴィッキー、新…
　　1951.7月-8月　新星発見
塚原 光男
　　1972.8月-9月　ミュンヘンオリンピックで…
塚本 明毅
　　1885.2.5　　　改暦事業を行った塚本明毅…
辻 隆
　　1966(この年)　辻隆による低温度星の大気…
　　1984(この年)　辻隆、日本学士院賞受賞
　　2003(この年)　「天文の事典」刊行
都筑 道夫
　　1959.12月　　「SFマガジン」が創刊さ…
土井 晩翠
　　1928.3.31　　　平山信が東京天文台長を辞…
土橋 八千太
　　1935.3.11　　　天文学者・土橋八千太が没…
土御門 和丸
　　1870.2.10　　　天文暦道の所管、天文暦道…
　　1870.8.25　　　天文暦道局、星学局に
土御門 隆俊
　　1717.6.17　　　陰陽師・土御門泰福が没す…
土御門 泰邦
　　1754.10月　　　陰陽頭・土御門泰邦(安倍…
　　1755(この年)　「宝暦暦」施行
　　1784(この年)　暦学者・土御門泰邦が没す…
土御門 泰福
　　1717.6.17　　　陰陽師・土御門泰福が没す…
　　1784(この年)　暦学者・土御門泰邦が没す…

土御門家
　　1005.10.31　　陰陽師・安倍晴明が没する
　　1787(この年)　天文暦学者の西村遠里が没…
　　1798.1.4　　　「寛政暦」施行
　　1817.4.1　　　儒学者の中井履軒が没する
　　1859.9.20　　　国学者の鶴峯戊申が没する
　　1865.10.6　　和算家・暦学者の小出兼政…
　　1870.2.10　　　天文暦道の所管、天文暦道…
土山 秀夫
　　2008.5.21　　　宇宙基本法、成立
筒井 康隆
　　1957(この年)　日本最古のSF同人誌「宇…
　　1959.12月　　「SFマガジン」が創刊さ…
　　1970(この年)　星雲賞授賞開始
　　1984(この年)　筒井康隆「虚航船団」が刊…
　　1984(この年)　映画「さよならジュピター…
常田 佐久
　　1992(この年)　常田佐久ら、フレアにおけ…
椿 都生夫
　　1999.11.23　　コロナ研究の椿都生夫が没…
円谷 英二
　　1957(この年)　映画「地球防衛軍」
　　1959(この年)　映画「宇宙大戦争」
　　1962(この年)　映画「妖星ゴラス」
　　1966.1.2　　　テレビドラマ「ウルトラQ…
　　1970.1.25　　　特撮監督の円谷英二が没す…
　　1993.2.28　　　映画監督・本多猪四郎が没…
坪井 昌人
　　1985(この年)　坪井昌人ら、銀河系中心近…
鶴 剛
　　2000.9.12　　「中質量ブラックホール」…
　　2009.7.17　　　天の川銀河に「プラズマの…
鶴峯 戊申
　　1859.9.20　　　国学者の鶴峯戊申が没する

【て】

ディクスン, ゴードン・R
　　2001.7.31　　　SF作家のポール・アンダ…
ティスラン
　　1884.6月　　　寺尾寿、東京大学星学科の…
ディッケ, R.
　　1978(この年)　ペンジアス、ウィルソンに…
ディッシュ, トマス・M.
　　1970(この年)　星雲賞授賞開始
ティフト, W.G.
　　1973(この年)　「RNGCカタログ」完成
テイラー, J.H.
　　1974(この年)　連星系パルサーの発見
　　1993(この年)　ハルス、テイラー、ノーベ…
デイル, リチャード
　　2009.8.21　　　映画「宇宙(そら)へ。」…

- 459 -

テオドシウス
　100（この頃）　メネラオス「球面学」を著…
デカルト
　1650.2.11　哲学者デカルトが没する
翟 志剛
　2008.9.25　宇宙遊泳に成功した中国
テグジュペリ, サン
　1943.4.6　サン・テグジュベリ「星の…
出口 修至
　1991.9月　バルジ・アンパン説に異論
手塚 治虫
　1937.3.13　大阪市立電気科学館（我が…
　1963.3.5　日本SF作家クラブが発足…
　1989.2.9　漫画家・手塚治虫が没する
デービス, レイモンド
　2002（この年）　小柴昌俊、デービス、ジャ…
　2005.8.17　ニュートリノ研究のジョン…
　2006.5.31　ニュートリノ研究のレイモ…
デューイ, M.
　1924（この年）　「ティコ・ブラーエの夢」…
デュマ, A.
　1986.9.30　SF作家のアルフレッド・…
寺尾 寿
　1884.6月　寺尾寿、東京大学星学科の…
　1887.8.19　新潟・福島地方で皆既日食…
　1888.6.1　東京天文台が設立され、寺…
　1889.2月　寺尾寿、東京天文台の施設…
　1889.10.11　寺尾寿、パリ万国測地学会…
　1889（この年）　寺尾寿ら、「東京天文台年…
　1895.12.22　星学第二講座（天体物理）…
　1898.1.22　インドのボンベイに日食観…
　1908.1.19　日本天文学会創立、初代会…
　1908.4月　「天文月報」創刊
　1913.1.1　一戸直蔵、月刊の科学啓蒙…
　1919（この年）　平山信、第2代東京天文台…
　1920.11.26　天文学者の一戸直蔵が没す…
　1923.8.6　日本の天文学の育ての親・…
　1945.6.2　天文学者の平山信が没する
寺田 健太郎
　2009.6.17　太陽系最古の花崗岩を発見
寺田 幸功
　2009.1月　白色矮星から硬X線観測
寺田 寅彦
　1927.10.2　ノーベル化学賞受賞者アレ…
　1935.12.31　物理学者で俳人の寺田寅彦…
　1950.12.11　物理学者・長岡半太郎が没…
デ＝ラ＝ルー, W.
　1860（この年）　W.デ＝ラ＝ルー、プロミ…
デリンジャー
　1935（この年）　デリンジャー現象の発見
テレシコワ
　1963.6.14　「ボストーク5号」「6号」…
傳 仁均
　619（この年）　「戊寅暦」施行

天智天皇
　1920.6.10　「時の記念日」制定
天武天皇
　675.1月　天武天皇「陰陽寮」を設置

【と】

トアン, ファン
　1980.7.24　「ソユーズ37号」に初のベ…
土井 伊惣太
　1922.7月　土井伊惣太（土居客郎）・…
土居 客郎
　1922.7月　土井伊惣太（土居客郎）・…
土井 隆雄
　1985.8.7　初の日本人宇宙飛行士が決…
　1987（この年）　日本人宇宙飛行士が米国留…
　1992.11月　小惑星に日本人宇宙飛行士…
　1993.8.4　日本人初のMSに若田光一
　1996.11.14　土井飛行士、「コロンビア…
　1997.11.20-12.5　日本人初の船外活動
　2002.10.19　土井飛行士が超新星を発見
　2008.3.11　「エンデバー」打ち上げ、…
　2008.6.5　宇宙に初めて「日本の家」
　2009.7.19　「きぼう」完成
ドイッチェ, A.J.
　1946（この年）　かんむり座新星反復爆発を…
湯 若望
　1645（この年）　「時憲暦」施行
　1646（この頃）　シャールが欽天監正となる
　1669.4月　フェルビーストが、欽天監…
ドゥーアン, ジェームズ
　1997（この年）　宇宙葬ビジネス開始
トーセイ
　1954（この頃）　ロケット観測
東辻 浩夫
　1969（この年）　東辻浩夫と木原太郎、銀河…
徳川 家斉
　1779（この年）　薩摩藩主・島津重豪が明時…
徳川 斉昭
　1859.9.20　国学者の鶴峯戊申が没する
徳川 夢声
　1955.7.1　日本空飛ぶ円盤研究会（J…
徳川 吉宗
　1716.9.28　江戸幕府8代将軍に徳川吉…
　1718.1月　徳川吉宗が江戸城で天体観…
　1724（この年）　天文家・地理学者の西川如…
　1733.1月　中根元圭が「暦算全書」の…
　1733.10.19　天文家・暦学者の中根元圭…
　1739.8.24　和算家・暦学者の建部賢弘…
　1750（この年）　将軍・吉宗、改暦のため天…
　1751.7.12　江戸幕府8代将軍・徳川吉…

土佐 誠
　1978（この年）　土佐誠と藤本光昭、銀河の…
トスカネリ
　1482.5.15　　　トスカネリが没する
戸塚 洋二
　1987（この年）　仁科記念賞受賞
　1998（この年）　「スーパーカミオカンデ」…
　2002（この年）　文化功労者に戸塚洋二
　2004（この年）　戸塚洋二、文化勲章受章
　2007（この年）　戸塚洋二にフランクリンメ…
　2008.7.10　　　ニュートリノ研究の戸塚洋…
トッド
　1887.8.19　　　新潟・福島地方で皆既日食…
トッドハンター
　1873（この年）　トッドハンター、「引力理…
ドップラー
　1848（この年）　ドップラー効果発見
ドナーティ, G.B.
　1872.10.27　　アルチェトリ天体物理観測…
土橋 一仁
　2005.3月　　　土橋一仁ら、暗黒星雲全天…
ドブロボルスキー
　1971.6.6　　　「ソユーズ11号」飛行士、…
冨田 弘一郎
　1956.1.2　　　冨田弘一郎、オルバース周…
　1957（この年）　日本天文学会天体発見功労…
　1958.3.23　　　米国から人工衛星観測用の…
　2006.5.22　　　天体観測の冨田弘一郎が没…
冨田 洋之
　1972.8月-9月　　ミュンヘンオリンピックで…
冨田 良雄
　1932（この年）　「中村鏡」の中村要が没す…
富野 喜幸（由悠季）
　1979（この年）　テレビアニメ「機動戦士ガ…
冨松 彰
　1972（この年）　新しいブラックホールの解…
　1973（この年）　仁科記念賞受賞
朝永 振一郎
　1951.1.10　　　原子物理学者の仁科芳雄が…
　1951.8.10　　　第4代東京天文台長・関口…
　1992.2.5　　　天体物理学者・早川幸男が…
　1995（この年）　科学技術映像祭受賞（1995…
戸谷 友則
　2006.5月　　　戸谷友則ら、宇宙の再電離…
豊岡 定夫
　1978（この頃）　科学映画「宇宙から地球を…
豊田 有恒
　1957（この年）　日本最古のSF同人誌「宇…
　1959.12月　　　「SFマガジン」が創刊さ…
ドライアー, J.L.E.
　1888（この年）　「NGCカタログ」（新星…
　1906（この年）　「ICカタログ」完成
　1973（この年）　「RNGCカタログ」完成
ドライデン
　1962.3.27　　　国際宇宙協力

ドラシュ, フィリップ
　1983.10.11　　　アインシュタインの重力波…
トランプラー, R.J.
　1930（この年）　トランプラー、吸収物質に…
ドルファス
　1956（この頃）　火星の研究
トルーリー, リチャード
　1983.8.30　　　第8次「チャレンジャー」…
トーレー
　1997.3.7　　　ノーベル賞受賞のエドワー…
ドレーパー, H.
　1880（この年）　ドレーパー、オリオン星雲…
ドレーパー, チャールズ・スターク
　1987.7.25　　　"慣性誘導の父"チャール…
ドロンド
　1753（この頃）　ドロンド、ヘリオメーター…
　1757（この年）　ドロンド、色消しレンズを…
トンボー, クライド
　1894（この年）　ローウェル天文台創設
　1916.11.12　　　火星の探求者パーシバル…
　1930（この年）　トンボー、冥王星を発見
　1997.1.17　　　冥王星の発見者クライド…

【な】

ナイト, デーモン
　1965（この年）　ネビュラ賞創設
内藤 千秋
　1985.3.17-9.16　国際科学技術博覧会（科学…
　1985.8.7　　　初の日本人宇宙飛行士が決…
　1987（この年）　日本人宇宙飛行士が米国留…
中井 竹山
　1817.4.1　　　儒学者の中井履軒が没する
中井 直正
　1996（この年）　仁科記念賞受賞
　2001.8.6　　　巨大ブラックホール確認
　2008（この年）　中井直正、日本学士院賞受…
中井 紀夫
　1959.12月　　　「SFマガジン」が創刊さ…
中井 履軒
　1817.4.1　　　儒学者の中井履軒が没する
永井 隆三郎
　1975（この年）　円盤銀河に関する「宮本＝…
長岡 秀星
　1985.3.17-9.16　国際科学技術博覧会（科学…
長岡 半太郎
　1903.12.5　　　長岡半太郎、土星型原子模…
　1917.3.27　　　財団法人理化学研究所設立
　1937（この年）　木村栄、長岡半太郎、文化…
　1950.12.11　　　物理学者・長岡半太郎が没…
　1994.9.2　　　乗鞍宇宙線観測所創設に尽…

中川 秀直
　2004.3.17　　　宇宙議員連盟が発足
中川 良一
　1998.7.30　　　エンジン開発の中川良一が…
長久保 赤水
　1824（この年）　長久保赤水「天文星象図」…
長沢 進午
　1959.5月　　　太陽活動の観測
中島 紀
　1995（この年）　中島紀ら、褐色矮星「グリ…
　2000（この年）　日本天文学会林忠四郎賞（…
中曽根 康弘
　1959.8.12　　　日本の宇宙開発計画
　1984.1.25　　　米率いる有人宇宙基地
永田 武
　1961.9月　　　国際宇宙線地球嵐会議
中田 美明
　1988.11.7　　　電磁波工学の中田美明が没…
中田 好一
　1991.9月　　　バルジ・アンパン説に異論
長友 信人
　1963.4月　　　東大生研、「M（ミュー）…
　2007.4.17　　　宇宙工学研究の長友信人が…
中西 義男
　2009.1.11　　　挿絵画家の中西立太が没す…
中西 立太
　2009.1.11　　　挿絵画家の中西立太が没す…
中根 元圭
　1693（この年）　中根元圭「天文図解発揮」…
　1707（この年）　林正延「授時暦図解発揮」…
　1733.1月　　　中根元圭が「暦算全書」の…
　1733.10.19　　天文家・暦学者の中根元圭…
　1739.8.24　　　和算家・暦学者の建部賢弘…
　1751.7.12　　　江戸幕府8代将軍・徳川吉…
　1773.1.3　　　和算家・山路主住が没する
　1789.4.1　　　天文暦学者の千葉歳胤が没…
　1881.6.14　　　内務省地理局編「三正綜覧…
中野 繁
　1976.5.20　　　神田茂記念賞受賞
　1991（この年）　星の手帖チロ賞受賞（第9…
中野 主一
　1986（この年）　ハレー彗星ブーム
　1992（この年）　星の手帖チロ賞受賞（第10…
　1994.10.14　　天文学特別功労賞受賞
　2009.3.4　　　中野主一、吉川英治文化賞…
中野 武宣
　1975（この年）　日下迢・中野武宣・林忠四…
　1979（この年）　中野武宣、磁気雲の両極性…
中野 柳圃
　1806.8.21　　　長崎通詞・蘭学者の志筑忠…
中畑 雅行
　2001（この年）　仁科記念賞受賞
中原 千秋
　1942.11.11　　とも座新星発見
　1943（この年）　日本天文学会天体発見功労…

中原 中也
　2003（この年）　小惑星「アンパンマン」
中村 彰正
　2003（この年）　小惑星「アンパンマン」
中村 要
　1932（この年）　「中村鏡」の中村要が没す…
　1982（この年）　東亜天文学会賞受賞
中村 義一
　1966.5月　　　精密機器メーカー・三鷹光…
　2006.11.17　　「現代の名工」に三鷹光器…
中村 覚
　1982（この年）　東亜天文学会賞受賞
中村 卓史
　1980（この年）　中村卓史ら、ブラックホー…
　2005（この年）　中村卓史、日本学士院賞受…
中村 輝子
　2006（この年）　日本宇宙生物科学会賞受賞
中村 保男
　1970（この年）　星雲賞授賞開始
中村 祐二
　1990（この年）　日本天文学会天体発見功労
　1996（この年）　日本天文学会天体発見功労
　2003（この年）　日本天文学会天体発見功労
　2005（この年）　日本天文学会天体発見功労
　2008（この年）　日本天文学会天体発見功労
　2009（この年）　日本天文学会天体発見功労
中谷 宇吉郎
　2003（この年）　「未知への航海―すばる望…
中山 茂
　1964.3月　　　日本科学史学会編「日本科…
　1969（この年）　中山茂、「A history o…
　1979（この年）　「現代天文学講座」刊行開…
中山 嘉英
　1993.8.17　　「日本サテライトシステム…
夏目 漱石
　1913.8月　　　岩波茂雄、岩波書店を創業
　1935.12.31　　物理学者で俳人の寺田寅彦…
　1992.5.11　　　天文学者・宮本正太郎が没…
成相 秀一
　1951（この年）　一般相対論的宇宙モデルの…
　1990.12.5　　　「成相解」の成相秀一が没…
成田 真二
　1984（この年）　成田真二ら、自己重力雲の…
成見 博秋
　2002（この年）　日本天文学会天文功労賞（…
　2007（この年）　日本天文学会天文功労賞（…
ナン，ジョセフ
　1958.3.23　　　米国から人工衛星観測用の…

【に】

二階堂 進
1967.8月　　　　宇宙開発の長期計画
ニクソン
1972.1.5　　　　ニクソンのスペース・シャ…
ニコラエフ, A.
1970.6.1　　　　有人夜間打ち上げ成功
ニコルソン, セス・バーンズ
1914(この年)　　ニコルソン、木星第9衛星…
1922(この頃)　　ニコルソンら、温度測定に…
1951.9月　　　　木星第12番目の衛星
西 周
1870.11.4　　　　西周、「百学連環」を講述
西 恵三
1957-1958　　　　国際地球観測年(IGY)…
西川 公一郎
2005(この年)　　仁科記念賞受賞
西川 如見
1712(この年)　　西川如見「天文義論」刊
1724(この年)　　天文家・地理学者の西川如…
1729(この年)　　天文家・盧草拙没する
1730(この年)　　西川正休「天経或問」に訓…
西川 正休
1730(この年)　　西川正休「天経或問」に訓…
1750(この年)　　将軍・吉宗、改暦のため天…
1754.10月　　　　陰陽頭・土御門泰邦(安倍…
1773.1.3　　　　和算家・山路主住が没する
1784(この年)　　暦学者・土御門泰邦が没す…
西崎 義展
1974(この年)　　テレビアニメ「宇宙戦艦ヤ…
仁科 芳雄
1944(この年)　　仁科芳雄、朝日賞を受賞
1946(この年)　　仁科芳雄、文化勲章受章
1948.3.1　　　　財団法人理化学研究所が解…
1950.12.11　　　　物理学者・長岡半太郎が没…
1951.1.10　　　　原子物理学者の仁科芳雄が…
1981.10.9　　　　「石井式電離函」の石井千…
1991(この年)　　科学技術映像祭受賞(1991…
西村 繁次郎
1984(この年)　　東亜天文学会賞受賞
西村 史朗
1960(この年)　　高柳和夫と西村史朗、星間…
西村 太沖
1787(この年)　　天文暦学者の西村遠里が没…
1835.6.16　　　　天文暦学者の西村太沖が没…
西村 遠里
1784(この年)　　暦学者・土御門泰邦が没す…
1787(この年)　　天文暦学者の西村遠里が没…
西村 栄男
1995(この年)　　日本天文学会天体発見功労…
2006(この年)　　日本天文学会天体発見功労…
2008(この年)　　日本天文学会天体発見功労…
2009(この年)　　日本天文学会天体発見功労…
西村 真琴
2002.9月　　　　江戸の天文家、小惑星に

西山 浩一
2008(この年)　　日本天文学会天文功労賞(…
ニューカム, S.
1909.7.11　　　　理論天文学者ニューカムが…
1914(この年)　　数理天文学者ヒルが没する
ニュートン, アイザック
1543(この年)　　コペルニクス、「地動説」…
1668(この頃)　　ニュートン、最初の反射望…
1687(この年)　　ニュートン、「プリンキピ…
1719(この年)　　初代グリニッジ天文台長の…
1727.3.31　　　　物理学者・数学者アイザッ…
1755(この年)　　カント、「天体の一般自然…
1778.5.30　　　　フランスの文人・ヴォルテ…
1783.9.18　　　　数学者オイラーが没する
1783.10.29　　　　ジャン・ダランベールが没…
1825(この年)　　ラプラス、「天体力学」(…
1957.7月　　　　学研の科学雑誌創刊
1967(この年)　　グリニッジ天文台、アイザ…
1995.8.21　　　　ノーベル賞受賞のスブラマ…
ニュートン, カーティス
1977(この年)　　SF作家のエドモンド・ハ…
丹羽 公雄
2004(この年)　　仁科記念賞受賞

【ね】

ネッダーマイヤー, S.H.
1937(この年)　　宇宙線中に中間子を発見
1991.1.11　　　　物理学者カール・デービッ…
ネルソン, ラルフ
1970(この年)　　星雲賞授賞開始

【の】

野阿 梓
1959.12月　　　　「SFマガジン」が創刊さ…
ノイゲバウアー, G.
1965(この頃)　　赤外線天体の発見
ノイゲバウアー, O.
1975(この年)　　ノイゲバウアー「古代数理…
能田 忠亮
1943(この年)　　能田忠亮「東洋天文学史論…
1989.10.11　　　　暦学史研究の能田忠亮が没…
野口 雨情
1920.9月　　　　童謡「十五夜お月さん」が…
野口 聡一
1996.5.29　　　　5人目の飛行士に野口聡一
2003.9.17　　　　野口聡一飛行士、スペース…
2005.7.26　　　　宇宙食にラーメン
2005.7.26　　　　シャトル再開打ち上げ成功

野口 卓
　2001(この年)　日本天文学会林忠四郎賞(…
野尻 抱影
　1938(この年)　東京・有楽町にプラネタリ…
　1942.11.11　　とも座新星発見
　1957.4.1　　　天文博物館五島プラネタリ…
　1976.5.20　　 神田茂記念賞受賞
　1977.10.30　　星の文学者・野尻抱影が没…
　1991.6.22　　 天文解説家の草下英明が没…
　1992.5.11　　 天文学者・宮本正太郎が没…
　1992.7.27　　「天文台日記」の著者・石…
野尻 抱介
　1995.3月　　 野尻抱介「ロケットガール…
野田 昌宏
　1988(この年)　SF作家のニール・R.ジ…
　2008.6.6　　　SF作家・テレビプロデュ…
野附 誠夫
　1959.5月　　 太陽活動の観測
　1986.3.12　　 乗鞍コロナ観測所初代所長…
野村 喜和夫
　2006.10月　　「宇宙連詩」第1期募集開…
野村 達治
　1964.10.10　　「シンコム3号」東京オリ…
野村 民也
　1994.7.26　　 宇宙開発ビジョンを発表
　2007.5.31　　「おおすみ」実験主任の野…
野本 憲一
　1983(この年)　野本憲一ら、Ia型超新星…
　1987(この年)　野本憲一らの超新星(SN…
　1989(この年)　仁科記念賞受賞
　1994.9.15　　 超新星「1994I」
　1995(この年)　杉本大一郎と野本憲一、日…
法月 惣次郎
　1995.3.12　　 パラボラアンテナ製作者・…

【は】

梅 文鼎
　1733.1月　　 中根元圭が「暦算全書」の…
バイ, J.S.
　1793.11.12　　天文学者・政治家のバイイ…
ハイベル
　BC212(この頃)アルキメデスがローマ軍に…
ハインライン, ロバート・A.
　1954.12月　　「星雲」が創刊される
　1971.7.11　　 SF編集者・作家のジョン…
　1988.5.8　　　SF作家のロバート・A.…
　1992.4.6　　　SF作家のアイザック・ア…
　2004.10.13　　SF作家の矢野徹が没する
　2008.3.19　　 SF作家のアーサー・C.…
パウエル, セシル・フランク
　1936(この年)　ヘス、アンダーソン、ノー…
　1950(この年)　パウエル、ノーベル物理学…
　1969.8.9　　　ノーベル賞受賞のセシル・…
バウエルスフェルト
　1923(この年)　カール・ツァイス社がプラ…
バウマン, ハワード
　2001.8.8　　　宇宙食開発のハワード・バ…
バウム, C.C.
　1952(この頃)　色指数と光度
バウム, W.A.
　1954(この頃)　23等星の撮影に成功
パウル, フランク・R.
　1939.7.2　　　第1回世界SF大会が開催…
　1963.6.29　　 イラストレーターのフラン…
パウロ5世
　1633.6.22　　 ガリレイ、地動説を捨てる
パウンド
　1997.3.7　　　ノーベル賞受賞のエドワー…
パオリーニ, F.
　1962(この年)　ジャッコーニら太陽系外の…
パーカー, ユージン・ニューマン
　1958(この年)　太陽風を理論的に予知
　2003(この年)　パーカー、京都賞受賞
ハーキム
　990(この頃)　イブン=ユーヌス、ハーキ…
萩原 雄祐
　1913.8月　　 岩波茂雄、岩波書店を創業
　1922.11.18　　アインシュタインが来日
　1927(この年)　惑星系と衛星系の安定を証…
　1931(この年)　萩原雄祐、天体軌道の理論…
　1937(この年)　萩原雄祐と畑中武夫、惑星…
　1946.10月　　 萩原雄祐、東京天文台長…
　1947.1月　　 萩原雄祐、「天体力学の基…
　1949.9月　　　東京天文台に200MHzの太…
　1953(この年)　東京プラネタリウム設立促…
　1954(この年)　萩原雄祐、文化勲章受章
　1955.9.6　　　東京プラネタリウム設立促…
　1957(この年)「新天文学講座」刊行開始
　1960.4月　　 萩原雄祐にワトソンメダル
　1963.11.10　　天文学者・畑中武夫が没す
　1966(この年)　堀源一郎、天体力学の正準…
　1971(この年)　萩原雄祐、英文教科書「C…
　1975(この年)　萩原雄祐、朝日賞を受賞
　1976(この年)　萩原雄祐「天体力学」(全…
　1978.3.20　　 天体物理学者・荒木俊馬が…
　1979.1.29　　 天体力学の世界的権威・萩…
　1992.7.27　　「天文台日記」の著者・石…
　1994(この年)　田中靖郎に"天文学のノー…
ハギンス, W.
　1864(この頃)　ハギンス、星雲スペクトル…
　1868(この頃)　ハギンス、視線速度を決定
パーク
　1955(この年)　木星からの電波捕捉
ハクラ, ジョン
　1986(この年)　宇宙は巨大な泡構造説

羽栗 洋斎
　　1843.9.25　　蘭学者・吉雄俊蔵が没する
バコール，ジョン・ノリス
　　1994.11.15　　暗黒物質、赤色矮星での説…
　　2005.8.17　　ニュートリノ研究のジョン…
間 重富
　　1795(この年)　　高橋至時、間重富が幕府に…
　　1799.6.25　　天文暦学者の麻田剛立が没…
　　1804.10月　　大坂の間重富、再び江戸に…
　　1816.4.21　　天文暦学者の間重富が没す…
　　2002.9月　　江戸の天文家、小惑星に
パーシェル
　　1954(この頃)　　ロケット観測
ハーシェル，ウィリアム
　　1781.3.13　　W.ハーシェル、天王星を…
　　1785(この年)　　W.ハーシェル「天界の構…
　　1800(この年)　　W.ハーシェル、赤外線を…
　　1802(この年)　　W.ハーシェル、連星発見
　　1820(この年)　　英国王立天文学会創設
　　1822.8.25　　天文学者ウィリアム・ハー…
　　1861(この年)　　福田理軒が「談天」に訓点…
　　1871.5.11　　天文学者ジョン・ハーシェ…
　　1888(この年)　　「NGCカタログ」(新星…
　　1906(この年)　　「ICカタログ」完成
ハーシェル，ジョン
　　1871.5.11　　天文学者ジョン・ハーシェ…
橋元 昌矣
　　1943.9.26　　z項の発見で知られる天文…
橋本 就安
　　1976(この年)　　日本天文学会天体発見功労…
橋本 博文
　　1999(この年)　　日本宇宙生物科学会賞受賞
橋本 増吉
　　1943(この年)　　橋本増吉、「支那古代暦法…
ハスキンズ，C.P.
　　1970(この年)　　ウィルソン山・パロマー山…
ハズバンド，リック
　　2003.2.1　　スペースシャトル「コロ…
長谷川 昭道
　　1954.9.27　　暦研究の飯島忠夫が没する
長谷川 一郎
　　1976.5.20　　神田茂記念賞受賞
長谷川 哲夫
　　1984(この年)　　海部宣男ら、原子星周りの…
長谷川 博一
　　1991.10.30　　宇宙線物理学の長谷川博一…
長谷田 勝美
　　2006(この年)　　日本天文学会天体発見功労…
　　2009(この年)　　日本天文学会天体発見功労…
長谷部 孫一
　　2006.11.17　　「現代の名工」に三鷹光器…
パーセル，エドワード
　　1997.3.7　　ノーベル賞受賞のエドワー…
バソフ，N.
　　2002.1.8　　物理学者アレクサンドル・…

畑中 武夫
　　1937(この年)　　萩原雄祐と畑中武夫、惑星…
　　1945.5.25　　東京大学天文学教室、第二…
　　1949.1月　　地人書館「天文と気象」(…
　　1949.9月　　東京天文台に200MHzの太…
　　1955(この年)　　恒星進化に関する「THO…
　　1955-1956　　物理学者と天体物理学者と…
　　1957(この年)　　グループ研究の流行
　　1957-1958　　国際地球観測年(IGY)…
　　1963.11.10　　天文学者・畑中武夫が没す…
　　1979.1.29　　天体力学の世界的権威・萩…
畑山 和也
　　2002(この年)　　日本天文学会天体発見功労…
蜂巣 泉
　　2004(この年)　　日本天文学会林忠四郎賞(…
パチンスキー，ボーダン
　　2007.4.19　　ガンマ線バースト研究のボ…
バツエエフ
　　1971.6.6　　「ソユーズ11号」飛行士、…
服部 昭
　　1979(この年)　　京都大学飛騨天文台に口径…
服部 忠彦
　　1936.6.19　　北海道東北部で皆既日食
　　1951(この年)　　緯度変化に関する研究
　　1962.1.6　　水沢緯度観測所が国際極運…
バッファ
　　2008.1.8　　大栗博司、アイゼンバッド…
ハッブル，エドウィン
　　1904(この年)　　ウィルソン山天文台創設
　　1923(この年)　　アンドロメダ星雲にセフェ…
　　1929(この年)　　ハッブル、「ハッブルの法…
　　1936(この年)　　ハッブル「星雲の領域」刊…
　　1953.9.28　　「ハッブルの法則」のエド…
バーデ，ワルター
　　1934(この年)　　バーデとツヴィッキー、新…
　　1943(この年)　　バーデ、天体を2種に分類
　　1949.6.26　　バーデ、小惑星「イカルス…
　　1952(この年)　　バーデ、アンドロメダ星雲…
　　1952(この頃)　　電波星の起源
　　1954(この年)　　電波銀河の発見
　　1956(この頃)　　最小星の発見
　　1960.6.25　　天文学者ワルター・バーデ…
ハディング
　　1804(この年)　　ハディング、小惑星「ジュ…
鳩山 由紀夫
　　2004.3.17　　宇宙議員連盟が発足
バーナード，エドワード
　　1892(この年)　　木星の第5衛星を発見
　　1919(この年)　　暗黒星雲を発見
　　1923.2.6　　広域天体写真術の開拓者エ…
バーナム，S.W.
　　1906(この年)　　「北極から121度以内にあ…
馬場 佐十郎
　　1811.8月　　大彗星が出現し、「彗星略…
　　1811(この年)　　浅草天文台に蕃書和解御用…

1822.9.12　蘭学者・馬場佐十郎が没す…
ハーバート，フランク
　1986.2.11　SF作家のフランク・ハー…
　2004.10.13　SF作家の矢野徹が没する
バービッジ夫妻
　1957(この年)　バービッジ夫妻ら、恒星内…
バブコック
　1946(この頃)　最初の磁気星おとめ座78番…
バーホーベン，ポール
　1988.5.8　SF作家のロバート・A.…
浜垣 秀樹
　2005.4.18　ビッグバン直後の宇宙は液…
濱部 勝
　1980(この年)　岡村定矩ら、銀河の表面測…
濱谷 浩
　1945.8.15　濱谷浩が「終戦の日の太陽…
ハーマン，ロバート
　1997.2.13　ビッグバン理論のロバート…
ハミルトン，エドモンド
　1970.8月　「ハヤカワSF文庫」が創…
　1977(この年)　SF作家のエドモンド・ハ…
　2008.6.6　SF作家・テレビプロデュ…
早川 清
　1945.8月　早川書房創立
早川 幸男
　1955(この年)　恒星進化に関する「THO…
　1957(この年)　グループ研究の流行
　1963(この年)　早川幸男と松岡勝、X線星…
　1965(この年)　早川幸男ら、日本で初めて…
　1973(この年)　早川幸男、朝日賞を受賞
　1991(この年)　早川幸男、日本学士院賞受…
　1992.2.5　天体物理学者・早川幸男が…
林 吉右衛門
　1646.4.6　南蛮天文学を修めた林吉右…
林 左絵子
　1984(この年)　海部宣男ら、原子星周りの…
林 忠四郎
　1950(この年)　林忠四郎、ビッグバン宇宙…
　1953(この年)　エディントン・メダル授与…
　1957(この年)　グループ研究の流行
　1961(この年)　林忠四郎、前期主系列星の…
　1962(この年)　林忠四郎ら、京都グループ…
　1963(この年)　仁科記念賞受賞
　1965(この年)　林忠四郎、朝日賞を受賞
　1971(この年)　林忠四郎、日本学士院賞恩…
　1975(この年)　日下迢・中野武宜・林忠四…
　1982(この年)　文化功労者に林忠四郎
　1984(この年)　林忠四郎ら、太陽系形成の…
　1986(この年)　林忠四郎、文化勲章受章
　1995(この年)　林忠四郎、京都賞受賞
　1997(この年)　日本天文学会林忠四郎賞が…
　1999.11.12　星の進化を研究した蓬茨霊…
林 弘
　1962(この年)　日本天文学会天体発見功労…

林 正延
　1707(この年)　林正延「授時暦図解発揮」…
林田 重男
　1936(この年)　科学映画「黒い太陽」撮影
早野 龍五
　2002.9.19　「反物質」大量生成に成功
羽山 文哉
　1903.1.9　暦本作成の弘鴻が没する
早水 勉
　2003(この年)　日本天文学会天文功労賞(…
原 阿佐緒
　1947.1.19　理論物理学者・石原純が没…
原 澄治
　1926.11.21　日本最初の私設天文台、倉…
原 長常
　1770(この年)　原長常「天文経緯鈔」刊
パーライン，C.D.
　1905(この年)　木星の第6、第7衛星を発見
原田 三夫
　1912.6.1　小川菊松、誠文堂(現・誠…
　1923.4.1　誠文堂から「科学画報」が…
　1924.10月　誠文堂から「子供の科学」…
　1977.6.13　科学啓蒙家の原田三夫が没…
バラード，J.G.
　1968.10月　「世界SF全集」が刊行開…
　1970(この年)　星雲賞授賞開始
ハリー
　1705(この年)　ハレー、周期彗星の楕円軌…
　1719(この年)　初代グリニッジ天文台長の…
ハリス，D.L.
　1954(この頃)　小惑星の明るさの変化
パール，マーティン
　1998.8.26　ニュートリノの発見者フレ…
ハルス，R.A.
　1974(この年)　連星系パルサーの発見
　1993(この年)　ハルス、テイラー、ノーベ…
ハルトヴィヒ，E.
　1907(この年)　「ポツダム掃天星表」完成
ハルトマン，J.F.
　1904(この年)　ハルトマン、「星間物質」…
バルマー，J.J.
　1885(この年)　「バルマー系列」、水素ス…
ハレー，エドモンド
　1687(この年)　ニュートン、「プリンキピ…
　1705(この年)　ハレー、周期彗星の楕円軌…
　1718(この年)　ハレー、恒星の固有運動を…
　1727.3.31　物理学者・数学者アイザッ…
　1758.12.25　ハレーの予言した彗星が出…
パレシェ，フランチェスコ
　1994.11.15　暗黒物質、赤色矮星での説…
バローズ，エドガー・ライス
　1950.3.19　SF作家のエドガー・ライ…
ハワード，ロン
　1995(この年)　映画「アポロ13」が公開さ…

ハーン, O.
　1946（この年）　カイザー・ウィルヘルム協…
班 固
　83（この年）　班固ら編「漢書」100巻が…
班 昭
　83（この年）　班固ら編「漢書」100巻が…
ハーン, フビライ
　1271.8.7　　フビライ・ハーンが、回回…
バン＝アレン, ジェームズ
　1959（この年）　バンアレン帯の発見
　2006.8.9　　バンアレン帯に名を残すジ…
ハンセン
　1857（この年）　ハンセン、「月の運行表」…
半田 利弘
　1983.4月　　銀河系中心の上空に巨大電…
ハントゥーン, キャロライン
　1995.7.8　　米女性飛行士が心肺停止
ハンバリー＝ブラウン, R.
　1963（この頃）　天体強度干渉計の完成
　2002.1.16　電波天文学のR.ハンバリ…
半村 良
　1959.12月　　「SFマガジン」が創刊さ…
　1963.3.5　　日本SF作家クラブが発足…

【ひ】

ピアース, ジョン・ロビンソン
　2002.4.2　　衛星研究のジョン・ロビン…
ピアース, マイケル
　1994.9.29　宇宙の年齢が40〜50億年若…
ピアッツィ
　1801.1.1　　小惑星「セレス」の発見
　1814（この年）　「ピアッツィ恒星表」完成
火浦 功
　1959.12月　　「SFマガジン」が創刊さ…
日江井 栄二郎
　1953（この年）　バルマー線解析法によるフ…
　1958.10.13　日食観測
　1988.3.18　日本初、皆既日食に観測船…
ビオ
　1803（この年）　ビオ、レーグルの隕石を調…
日影 丈吉
　1957（この年）　おめがクラブ、同人誌「科…
ピカリング, ウィリアム
　2004.3.15　衛星設計のウィリアム・ピ…
ピカール
　1678（この年）　ピカール、「La Connai…
樋口 真嗣
　1987（この年）　アニメ映画「オネアミスの…
ビクトレンコ, アレクサンドル
　1989.4.27　軌道船「ミール」が4か月…
　1990.1.9　　35mの宇宙遊泳

　1990.2.6　　宇宙からの特別授業
ビグル・ジュニア, ロイド
　1965（この年）　ネビュラ賞創設
ビコフスキー, バレリー
　1976.9.15　「ソユーズ22号」を打ち上…
ピース, F.G.
　1921（この年）　超巨星の視直径実測に成功
日高 満天
　2002（この年）　NHK連続テレビ小説「ま…
ピタゴラス
　1619（この年）　ケプラー「世界の調和」出…
　1974（この年）　「天球の音楽―ピュタゴラ…
ピータソン, D.
　1983.4.5　　第6次「チャレンジャー」…
ピッカリング, E.C.
　1889（この年）　E.C.ピッカリング分光…
　1898（この年）　土星の第9衛星「フェーベ…
　1919（この年）　恒星天文学のE.C.ピ…
ピッカリング, W.H.
　1898（この年）　土星の第9衛星「フェーベ…
ヒッパルコス
　BC150（この頃）　ヒッパルコス、「弦の表」…
　120（この頃）　プトレマイオス「アルマゲ…
一柳 寿一
　1955-1956　物理学者と天体物理学者と…
　1957（この年）　グループ研究の流行
　1998.7.14　天文学者・一柳寿一が没す…
ヒトラー
　1933（この年）　アインシュタイン、プリン…
　1942.10.3　「A-4型ロケット4号」の…
　1955.4.18　相対性理論のアルベルト・…
ビネオ, V.C.
　1951.11月　　流星のレーダー観測
ヒノ
　1967（この年）　石原藤夫「ハイウェイ惑星…
樋上 敏一
　1947.11.14　本田実、ホンダ彗星を発見
百武 裕司
　1996.2.6　　「ヒャクタケ」彗星発見
　2002.4.10　百武彗星発見者・百武裕司…
ヒューイッシュ, A.
　1967（この年）　ヒューイッシュ、パルサー…
　1971（この年）　ケンブリッジ大学マラード…
　1974（この年）　ライル、ヒューイッシュ、…
　1984.10.1　電波天文学の権威マーティ…
ヒューマソン
　1957（この頃）　宇宙膨張率の速度
ビュラス, ロバート
　1987（この年）　500万年かけてアンドロメ…
馮 顥
　579（この年）　「大象暦」施行
平井 和正
　1957（この年）　日本最古のSF同人誌「宇…

平尾 邦雄
　2009.2.13　　　「さきがけ」探査計画リー…
平賀 三鷹
　1979(この年)　日本天文学会天体発見功労…
平川 浩正
　1986.11.18　　重力研究の平川浩正が没す…
平田 篤胤
　1843.11.2　　　国学者の平田篤胤が没する
平山 清次
　1901.5.18　　　スマトラで皆既日食、平山…
　1918(この年)　平山清次、小惑星の族「ヒ…
　1923.8.6　　　日本の天文学の育ての親・…
　1943.4.8　　　小惑星の族(ヒラヤマ・フ…
　1970.3.29　　　小惑星「ヒルダ」研究の秋…
　1970(この年)　小惑星の発見者・及川奥郎…
　1979.1.29　　　天体力学の世界的権威・萩…
平山 淳
　1974(この年)　平山淳、フレアの蒸発モデ…
平山 信
　1889.2月　　　寺尾寿、東京天文台の施設…
　1895.12.22　　星学第二講座(天体物理)…
　1898.1.22　　　インドのボンベイに日食観…
　1899.1.14　　　東京天文台、写真撮影によ…
　1900(この年)　平山信、小惑星「Tokio」…
　1901.5.18　　　スマトラで皆既日食、平山…
　1901(この年)　滝廉太郎作曲の唱歌「荒城…
　1919(この年)　平山信、第2代東京天文台…
　1923.8.6　　　日本の天文学の育ての親・…
　1929.3月　　　東京天文台、当時の日本最…
　1943.4.8　　　小惑星の族(ヒラヤマ・フ…
　1945.6.2　　　天文学者の平山信が没する
　1950.4.21　　　在野の天文学者・前原寅吉…
　1979.1.29　　　天体力学の世界的権威・萩…
ピリューギン, ニコライ
　1982.8.2　　　宇宙開発計画の中心人物ニ…
ヒル, G.W.
　1914(この年)　数理天文学者ヒルが没する
ヒルトナー, W.A.
　1949(この年)　銀河磁場の存在検証
弘 鴻
　1903.1.9　　　暦本作成の弘鴻が没する
広川 晴軒
　1870.8.29　　　広川晴軒が改暦の建白書を…
広重 徹
　1975.1.7　　　科学史家・広重徹が没する
広瀬 正
　1957(この年)　日本最古のSF同人誌「宇…
広瀬 敏夫
　2003(この年)　日本天文学会天文功労賞(…
広瀬 秀雄
　1935(この年)　神田茂の「日本天文史料」…
　1937.1.31　　　広瀬秀雄・清水真一、ダニ…
　1939(この年)　日本天文学会天体発見功労…
　1948.5.9　　　北海道礼文島で金環日食が…
　1957(この年)　グループ研究の流行

　1959.6月　　　世界観測所代表者会議
　1965.7月　　　誠文堂新光社「月刊天文ガ…
　1978(この年)　恒星社厚生閣「天文・宇宙…
　1981.10.27　　天文学者・広瀬秀雄が没す…
　1986.6.5　　　アマチュア天文家の清水真…
広瀬 洋治
　2002.2.6　　　超新星から極超新星へ
　2003(この年)　日本天文学会天体発見功労…
　2009(この年)　日本天文学会天体発見功労…
ヒンデミット
　1951(この年)　ヒンデミット、オペラ「世…
ヒンドマン, J.V.
　1953(この年)　マゼラン雲の運動

【ふ】

ファウラー, ウィリアム・アルフレッド
　1957(この年)　バービッジ夫妻ら、恒星内…
　1957(この頃)　恒星宇宙の進化と融合反応
　1983(この年)　チャンドラセカール、ファ…
　1995.3.14　　　ノーベル賞受賞のウィリア…
　1995.8.21　　　ノーベル賞受賞のスブラマ…
ファーガソン, クリストファー
　2008.11.15　　「エンデバー」打ち上げ成…
ファビウス
　2005.2.6　　　欧州宇宙機関(ESA)の…
ファブリキウス
　1596(この年)　ファブリキウス、ミラ変光…
　1601.10.24　　天文学者ティコ・ブラーエ…
　1610(この年)　ファブリキウス父子、太陽…
ファーマー, フィリップ・ホセ
　2009.2.25　　　SF作家のフィリップ・ホ…
ファルカシュ
　1980.5.28　　　「ソユーズ36号」ドッキン…
ブイコフスキー, ワレリー
　1963.6.14　　　「ボストーク5号」「6号」…
　1978.8.26　　　「ソユーズ31号」打ち上げ…
フィゾウ, A.H.L.
　1845(この年)　フィゾウ、フーコー、太陽…
フィリップス, サミュエル
　1990.1.30　　　「アポロ計画」の責任者サ…
フェイディアス
　BC212(この頃)　アルキメデスがローマ軍に…
フェオクチストフ, コンスタンチン
　1964.10.12　　「ボスホート1号」打ち上…
フェルディナント公
　1630.11.15　　天文学者ケプラーが没する
フェルビースト, フェルディナント
　1669.4月　　　フェルビーストが、欽天監…
フェルミ, エンリコ
　1995.11.16　　宇宙線は超新星爆発の残骸…
　2008.8.27　　　宇宙「全天地図」公開

フェルメール, ヨハネス
　1668（この年）　ヨハネス・フェルメールが…
フェレイラ, クリストファ
　1659（この年）　「乾坤弁説」成る
フォークト, H.
　1925（この年）　「フォークト＝ラッセルの…
フォーゲル, H.C.
　1889（この年）　E.C.ピッカリング分光…
　1907.8.13　　　天文学者フォーゲルが没す…
　1945.6.2　　　天文学者の平山信が没する
フォーブッシュ, スコット
　1984.4.4　　　磁気嵐の研究者スコット…
フォルブス
　1928.10.28　　山崎正光「フォルブス・山…
フォレスター, W.
　1989（この年）　褐色矮星を多数発見
フォワード, ロバート・L.
　1993.4.18　　　翻訳家の山高昭が没する
　2002.9.21　　　SF作家・物理学者のロバ…
深作 欣二
　1978（この年）　映画「宇宙からのメッセー…
深見 弾
　1992.7.28　　　翻訳家の深見弾が没する
福井 謙一
　1992.10.29　　小田稔、ローマ法王庁科学…
福井 康雄
　1992.10.12　　世界初、星の誕生を観測
　1994.4.21　　　「星のタネ」を初めて捉え…
　1999（この年）　福井康雄ら、「スーパーシ…
　2001.4.7　　　「なんてん」天の川の電波…
　2003（この年）　日本天文学会林忠四郎賞（…
福江 純
　1980（この年）　活動銀河における降着円盤…
　1988（この年）　ブラックホール周辺の相対…
　1998（この年）　降着円盤の理論の英文教科…
福沢 諭吉
　1872.11.9　　　太陽暦（グレゴリオ暦）へ…
　1873.1月　　　福沢諭吉「改暦弁」刊行
福島 正実
　1959.12月　　　「SFマガジン」が創刊さ…
　1963.3.5　　　日本SF作家クラブが発足…
　1970.8月　　　「ハヤカワSF文庫」が創…
　1976.4.9　　　「SFマガジン」初代編集…
福田 純
　1977（この年）　映画「惑星大戦争」
福田 理軒
　1861（この年）　福田理軒が「談天」に訓点…
　1870.8.25　　　天文暦道局、星学局に
フーコー, J.B.L.
　1845（この年）　フィゾウ、フーコー、太陽…
　1850（この年）　フーコー、光の波動説を確…
　1851.3月　　　フーコーの振り子により地…
藤井 旭
　1995（この年）　チロ天文台南天ステーショ…

藤井 貢
　2007（この年）　日本天文学会天文功労賞（…
藤川 繁久
　1968（この年）　日本天文学会天体発見功労…
　1969（この年）　日本天文学会天体発見功労…
　1970（この年）　日本天文学会天体発見功労…
　1976（この年）　日本天文学会天体発見功労…
　1979（この年）　日本天文学会天体発見功労…
　1983（この年）　日本天文学会天体発見功労…
　1989（この年）　日本天文学会天体発見功労…
　2003（この年）　日本天文学会天体発見功労…
藤子 不二雄
　1988（この年）　SF作家のニール・R.ジ…
藤子・F・不二雄
　1996.9.23　　　漫画家・藤子・F・不二雄…
藤田 裕大
　2007（この年）　100億年前に鉄粒子存在
藤田 良雄
　1934.2.14　　　南洋諸島で皆既日食、東京…
　1936.6.19　　　北海道東北部で皆既日食
　1938.2月　　　藤田良雄、低温度星の分光
　1945.5.25　　　東京大学天文学教室、第二…
　1953（この年）　東京プラネタリウム設立促…
　1955（この年）　藤田良雄、日本学士院賞恩…
　1957.4.1　　　天文博物館五島プラネタリ…
　1979.1.29　　　天体力学の世界的権威・萩…
　1996（この年）　文化功労者に藤田良雄
伏見宮 貞愛王
　1917.3.27　　　財団法人理化学研究所設立
藤本 弘
　1996.9.23　　　漫画家・藤子・F・不二雄…
藤本 光昭
　1966（この年）　藤本光昭、銀河衝撃波理論…
　1976（この年）　コンピュータによる棒状銀…
　1978（この年）　土佐誠と藤本光昭、銀河の…
藤本 陽一
　1962（この年）　山頂からの宇宙線観測
　1963（この頃）　「チャカルタヤ計画」
藤原 隆男
　2008.8.22　　　宇宙で初の芸術実験
藤原 定家
　1241.9.26　　　歌人・藤原定家が没する
藤原 俊成
　1241.9.26　　　歌人・藤原定家が没する
藤原 不比等
　675.1月　　　天武天皇「陰陽寮」を設置
ブーゼマン, アドルフ
　1986.11.3　　　セラミックタイルを提案し…
二間瀬 敏史
　1988（この年）　二間瀬敏史、新しい宇宙モ…
プーチン
　2001.1.25　　　宇宙軍、新設決定
フック, ロバート
　1674（この年）　フック「地球の年周運動を…
　1727.3.31　　　物理学者・数学者アイザッ…

ブッシュ
 1989.5月　　　　新シャトル名は「エンデバ…
 1989.7.20　　　　ブッシュ大統領、新宇宙政…
 1991.6.11　　　　宇宙開発の将来設計
 2004.1.14　　　　ブッシュ大統領、新宇宙計…
ブッチャー、ハーベイ
 1987.7月　　　　宇宙の年齢は100～110億年
武帝
 523（この年）　　「正光暦」施行
プトレマイオス
 BC194（この頃）　エラトステネスが没する
 100（この頃）　　メネラオス「球面学」を著…
 120（この頃）　　プトレマイオス「アルマゲ…
 7世紀（この頃）　セーボーフト、「アルマゲ…
 870（この頃）　　サービト＝ブン＝クッラ、…
 920（この頃）　　アル＝バッターニ、暦法…
 1460（この頃）　　ボイルバッハが「アルマゲ…
 1543（この年）　　コペルニクス、「地動説」…
 1632（この年）　　ガリレイ、「天文対話」を…
 1633.6.22　　　　ガリレイ、地動説を捨てる
 1659（この年）　　「乾坤弁説」成る
 1718（この年）　　ハレー、恒星の固有運動を…
フビライ・ハーン
 1281（この年）　　「授時暦」施行
ブラウ、カール・ジェンセン
 1944（この年）　　三体問題研究のカール・ジ…
ブラウワー、ディルク
 1966.1.31　　　　天体力学のディルク・ブラ…
ブラウン、アーネスト・ウィリアム
 1919（この年）　　「月運動表」完成
 1938.9.22　　　　月の運行研究者アーネスト…
ブラウン、ウェルナー・フォン
 1942.10.3　　　　「A-4型ロケット4号」の…
 1977.6.16　　　　ロケット開発者ウェルナー…
 1989.12.28　　　　ロケット開発のヘルマン・…
 1996.1.1　　　　　ロケット科学者アーサー・…
ブラウン、デビッド
 2003.2.1　　　　　スペースシャトル「コロン…
ブラウン、フレドリック
 1972（この年）　　SF作家・ミステリー作家…
ブラウン、マイク
 2005.7.29　　　　太陽系に新惑星発見
フラウンホーファー
 1814（この年）　　フラウンホーファー線（暗…
 1826.6.7　　　　　物理学者フラウンホーファ…
ブラーエ、ティコ
 1572.11月　　　　ブラーエ、新星を発見
 1576（この年）　　ブラーエ、天体観測所建設
 1601.10.24　　　　天文学者ティコ・ブラーエ…
 1630.11.15　　　　天文学者ケプラーが没する
 1906（この年）　　「ICカタログ」完成
 1924（この年）　　「ティコ・ブラーエの夢」…
ブラケット、パトリック
 1927（この年）　　C.T.R.ウィルソン、…
 1948（この年）　　ブラケット、ノーベル物理…

 1974.7.13　　　　宇宙線シャワー発見のバト…
ブラゴヌラヴォフ、アナトリー
 1975.2.4　　　　宇宙工学者アナトリー・ブ…
ブラゴヌラーボフ
 1962.3.27　　　　国際宇宙協力
ブラッコ、セルゲイ
 1956（この年）　　変光星研究のセルゲイ・ブ…
ブラッドベリ、レイ
 1939.7.2　　　　　第1回世界SF大会が開催…
 1950（この年）　　レイ・ブラッドベリ「火星…
ブラッドリー
 1728（この頃）　　ブラッドリー、光行差を発…
プラトン
 BC322（この年）　哲学者のアリストテレスが…
ブラフマグプタ
 628（この年）　　ブラフマグプタ「ブラーフ…
フラマリオン、C.
 1916.11.12　　　　火星の探求者パーシバル・…
フラムスティード、ジョン
 1675（この年）　　グリニッジ天文台創設
 1719（この年）　　初代グリニッジ天文台長の…
 1725（この年）　　「イギリス天体誌」（フラ…
フランク
 1958（この年）　　チェレンコフ、タム、フラ…
プランク、M.K.E.L.
 1900（この年）　　「黒体放射の公式」発表
 1921（この年）　　アインシュタイン、ノーベ…
フランクリン
 1955（この年）　　木星からの電波捕捉
ブランド、バンス
 1982.11.11　　　　「コロンビア」、初の実用…
 1996.11.19　　　　還暦越えの飛行士、搭乗
プリチャード、C.
 1893.5.28　　　　天文学者プリチャードが没…
プリチャード、ウィルバー・ルイス
 1999.3.18　　　　衛星開発のウィルバー・ル…
フリック、スティーヴ
 2008.2.8　　　　　「アトランティス」欧州の…
フリッケ、W.
 1963（この年）　　W.フリッケとA.コプフ…
 1965（この年）　　天文単位AUを測定
フリードマン、アレクサンドル
 1922（この年）　　フリードマン、ルメートル…
フリードマン、ウェンディ
 1994.9.29　　　　宇宙の年齢が40～50億年若…
 1999（この年）　　フリードマンによる宇宙年…
ブール、ピエール
 1968（この年）　　SF映画「猿の惑星」が公…
古川 和正
 1999.11.17　　　　「現代の名工」に宇宙カメ…
古川 聡
 1999.2.10　　　　宇宙飛行士、3人の新候補
 2001.1.24　　　　古川聡、星出彰彦、正式に…
 2006.2月　　　　日本人飛行士3人がMS資…

　　　　2008.12月　　　古川聡飛行士、2011年宇宙…
フルスト, H.C.ファン・デ
　　　　1944（この年）　フルスト、中性水素の電波…
　　　　1951.6月　　　　恒星間空間に水素ガス
　　　　1952（この頃）　銀河の渦状枝
　　　　1992.11.5　　　ライデン天文台長ヤン・…
プルナリュ, ドミトル
　　　　1981.5.14　　　「ソユーズ40号」の打ち上…
ブルーノ, ジョルダーノ
　　　　1592（この年）　ブルーノ、異端嫌疑で逮捕…
フルノフ, Y.
　　　　1969.1.16　　　史上初の有人ドッキング・…
古畑 正秋
　　　　1930（この年）　上條勇、地人書館を創業
　　　　1945.5.25　　　東京大学天文学教室、第二
　　　　1949.1月　　　　地人書館「天文と気象」（…
　　　　1955.6.20　　　南アジアで皆既日食が観測…
　　　　1978（この年）　恒星社厚生閣「天文・宇宙…
　　　　1988.11.23　　　天文学者・古畑正秋が没す…
ブルフォード, ギオン
　　　　1983.8.30　　　第8次「チャレンジャー」…
古山 茂
　　　　1976（この年）　日本天文学会天体発見功労…
フレッチャー, ジェームズ
　　　　1991.12.22　　　NASA長官ジェームズ・…
フレデリック2世
　　　　1576（この年）　ブラーエ、天体観測所建設
　　　　1601.10.24　　　天文学者ティコ・ブラーエ…
ブレヒト, ベルナルド
　　　　1938（この年）　ブレヒト、戯曲「ガリレイ…
フレンチ, ビバン
　　　　1989.3.23　　　地球と小惑星がニアミス
ブレンデル, オットー・ルドルフ・マーティン
　　　　1939（この年）　天文学者オットー・ルドル…
フロケ, M.
　　　　1974（この年）　「A型特異星および金属線…
ブロック, フェリックス
　　　　1997.3.7　　　　ノーベル賞受賞のエドワー…
プロホロフ, アレクサンドル
　　　　2002.1.8　　　　物理学者アレクサンドル・…
ブロムダール
　　　　1958（この年）　ブロムダール、「アニアラ…
ブロリョ, ルイジ
　　　　2001.1.14　　　"イタリア宇宙開発の父"…
フンボルト
　　　　1858（この年）　フンボルト、「コスモス（…

【へ】

ベアセン, ホーカン
　　　　1924（この年）　「ティコ・ブラーエの夢」…

ヘイズ, F.
　　　　1970.4.13　　　「アポロ13号」事故
ベイリー, ソロン・アービング
　　　　1931（この年）　ハーバード大学天文台長…
ペイン, トーマス・O.
　　　　1986.5.22　　　壮大な宇宙開発計画を発表
　　　　1992.5.4　　　　3代目NASA局長トーマ…
ヘヴェリウス, J.
　　　　1647（この年）　ヘヴェリウス「月面誌」を…
ベーカー, ジェイムズ
　　　　1958.3.23　　　米国から人工衛星観測用の…
ペース, ネロ
　　　　1995.6.17　　　生理学者ネロ・ペースが没…
ヘス, ビクター
　　　　1912（この年）　ヘス「宇宙線」を発見
　　　　1925（この年）　ミリカン「宇宙線」を造語
　　　　1936（この年）　ヘス、アンダーソン、ノー
　　　　1964.12.17　　　ノーベル賞受賞のビクター…
ベスター, アルフレッド
　　　　1986.9.30　　　SF作家のアルフレッド・…
ベッカー, D
　　　　1983（この年）　自転が1秒間に642回
ベッグズ
　　　　1984.1.25　　　米率いる有人宇宙基地
ベッセル, F.W.
　　　　1810（この年）　ベッセル、ケーニヒスベル…
　　　　1838-1839　　　恒星の視差値の発見
　　　　1846.3.17　　　天文学者ベッセルが没する
別役 実
　　　　1985（この年）　アニメ映画「銀河鉄道の夜…
ベーテ, H.A.
　　　　1939（この年）　星のエネルギー起源は核融…
　　　　1967（この年）　H.A.ベーテ、ノーベル…
ペトロフ, ボリス
　　　　1980.8.23　　　宇宙開発の権威ボリス・ペ…
ヘニズ, K.G.
　　　　1951.7月-8月　　新星発見
ヘニンガー, S.K.
　　　　1974（この年）　「天球の音楽―ピュタゴラ…
ベネディクト16世
　　　　2008.1.15　　　ガリレイ裁判「それでも公…
ヘミングウェイ
　　　　2009.7月　　　　水星のクレーターに「国貞
ベーメ, S.
　　　　1965（この年）　天文単位AUを測定
ベリャーエフ, アレクサンドル
　　　　1942（この年）　SF作家のアレクサンドル…
ベリヤエフ, パベル
　　　　1965.3.18　　　「ボスホート2号」打ち上…
ヘール, G.E.
　　　　1892（この頃）　ヘール、スペクトロヘリオ…
　　　　1895（この年）　「Astrophysical Journ…
　　　　1897（この年）　ヤーキス天文台が発足
　　　　1904（この年）　ウィルソン山天文台創設

1928（この年）　パロマー山天文台創設
1938.2.21　　天文台建設の貢献者G.E…
ヘール，アラン
1997.3.22　　ヘール・ボップ彗星が接近
ベルゲ
1968.3.27　　初の宇宙飛行士ガガーリン…
ベルジュラック，シラノ・ド
1655.7.28　　「月世界旅行記」のシラノ…
ヘルツシュプルング，アイナール
1905（この年）　ヘルツシュプルング、恒星…
1911（この年）　北極星はセフェイド変光星
1913（この年）　ラッセル、恒星のスペクト…
1967.10.21　　赤色星研究のヘルツシュブ…
ベルト，C.
1974（この年）　「A型特異星および金属線…
ヘルムホルツ，H.
1907（この年）　マイケルソン、ノーベル物…
1967（この年）　H.A.ベーテ、ノーベル…
ベレゾボイ，アナトーリー
1982.5.13　　「ソユーズT5号」打ち上…
1982.8.19　　「ソユーズT7号」打ち上…
1982.12.11　　新記録、宇宙滞在211日
ペレリマン，グリゴリ
2006（この年）　ポアンカレ予想解決
ベロポルスキ，A.
1934（この年）　分光写真研究のA.ベロボ…
ペンジアス，A.A.
1965（この年）　宇宙背景放射を発見
1978（この年）　ペンジアス、ウィルソンに…
ヘンダーソン，T.
1838-1839　　恒星の視差値の発見
ベンフォード，グレゴリイ
1993.4.18　　翻訳家の山高昭が没する

【ほ】

ボーア，ニールス
1951.1.10　　原子物理学者の仁科芳雄が…
1968.8.20　　原子物理学者ジョージ・ガ…
2008.4.13　　「ブラックホール」の命名…
ポアンカレ，アンリ
1899（この年）　ポアンカレ、「天体力学の…
1912.7.17　　ポアンカレ予想のアンリ・…
1938.2.21　　天文台建設の貢献者G.E…
2006（この年）　ポアンカレ予想解決
ホイップル，フレッド
2004.8.30　　彗星研究者フレッド・ホイ…
ホイヘンス，C.
1655（この年）　土星の環と衛星の発見
1695.7.8　　物理学者ホイヘンスが没す…
1727.3.31　　物理学者・数学者アイザッ…
ホイーラー，ジョン
2008.4.13　　「ブラックホール」の命名…
ホイル，フレッド
1948（この年）　ホイル、「定常宇宙論」を…
1957（この年）　バービッジ夫妻ら、恒星内…
1983（この年）　チャンドラセカール、ファ…
2001.8.20　　「定常宇宙論」のフレッド…
2005.9.10　　「定常宇宙論」のヘルマン…
ポイルバッハ
1460（この頃）　ボイルバッハが「アルマゲ…
1471（この頃）　レギオモンタヌス、ドイツ…
ボイントン
2002.3.1　　火星に大量の水
鮑 澣之
1207（この年）　「開禧暦」施行
方 励之
1991.6月　　　日本初マーセル・グロスマ…
蓬茨 霊運
1962（この年）　林忠四郎ら、京都グループ…
1974（この年）　尾崎洋二、矮新星爆発の円…
1999.11.12　　星の進化を研究した蓬茨霊…
ボーエン，L.S.
1928（この年）　惑星状星雲の輝線スペクト…
ボーエン，アイラ・スプレーグ
1973.2.6　　実験物理学者アイラ・スプ…
ボガード，D.
1983.2.19　　南極の隕石は火星から来た…
ホーキング，スティーヴン
1991.6月　　　日本初マーセル・グロスマ…
1991（この年）　出版・放送界で宇宙がブー…
ポーク，W.
1986（この年）　宇宙画のチェスリー・ボネ…
ボーク，バート
1983.8.7　　天文学者バート・ボークが…
ホーク，フレデリック・H.
1988.9.30　　再生1号機シャトルの成功
星 新一
1955.7.1　　日本空飛ぶ円盤研究会（J…
1957（この年）　日本最古のSF同人誌「宇…
1963.3.5　　日本SF作家クラブが発足…
1968.10月　　「世界SF全集」が刊行開…
1984（この年）　筒井康隆「虚航船団」が刊…
1984（この年）　映画「さよならジュピター…
1997.12.30　　SF作家の星新一が没する
2000.10.31　　イラストレーターの真鍋博…
2006.8.8　　翻訳家の斎藤伯好が没する
星 一
1997.12.30　　SF作家の星新一が没する
星出 彰彦
1999.2.10　　宇宙飛行士、3人の新候補
2001.1.24　　古川聡、星出彰彦、正式に…
2006.2月　　　日本人飛行士3人がMS資…
2008.6.1　　星出彰彦飛行士、宇宙
2008.6.5　　宇宙に初めて「日本の家」
2009.7.19　　「きぼう」完成

保科 正之
　1684（この年）　渋川春海が制作した、日本…
　1708.12.5　　　和算家・関孝和が没する
星野 次郎
　1982（この年）　星の手帖チロ賞受賞（第1…
　1997.9.6　　　　天体写真の草分け・星野次…
星野 鉄郎
　1978（この年）　テレビアニメ「銀河鉄道99…
ボス, ベンジャミン
　1937（この年）　ボス、「総合カタログ（G…
ボス, ルイス
　1878（この年）　ボス、「ボス第1基本星表…
　1937（この年）　ボス、「総合カタログ（G…
細野 晴臣
　1985（この年）　アニメ映画「銀河鉄道の夜…
保尊 隆亨
　2001（この年）　日本宇宙生物科学会賞受賞
ボック, B.J.
　1951.6月　　　　宇宙塵の存在
　1952（この頃）　銀河の渦状枝
堀田 正敦
　1803（この年）　高橋至時「ラランデ暦書管…
ボップ, トーマス
　1997.3.22　　　ヘール・ボップ彗星が接近
ボーテ, ヴァルター
　1772（この年）「ボーデの法則」発表
　1774（この年）　ボーデ、「ベルリン天体暦…
　1957.2.8　　　　ノーベル賞受賞のヴァルタ…
ポナムペルマ, シリル
　1983.8.29　　　隕石から基本化学物質発見
ボネステル, チェスリー
　1986（この年）　宇宙画のチェスリー・ボネ…
ホフスタッター, ロバート
　1990.11.17　　　ノーベル賞受賞のロバート…
ポポビッチ
　1962.8月　　　　初のグループ飛行に成功
ポポフ, レオニド
　1980.4.9　　　　「ソユーズ35号」打ち上げ
　1980.10.11　　　184日、宇宙滞在新記録達…
　1981.5.14　　　「ソユーズ40号」の打ち上…
　1982.8.19　　　「ソユーズT7号」打ち上…
ボーマン
　1965.12.15　　　「ジェミニ6号」「7号」初…
ポラック, ジェームズ
　1994.6.13　　　宇宙科学者ジェームズ・ポ…
ポランスキー, マーク
　2006.12.10　　　シャトル夜間打ち上げ成功
　2009.7.19　　　「きぼう」完成
堀 晃
　1980（この年）　日本SF大賞創設
堀 源一郎
　1962（この年）　映画「妖星ゴラス」
　1966（この年）　堀源一郎、天体力学の正準…
　1977（この年）　アンドワイアー変数と堀の…

堀口 進午
　1985（この年）　超新星を2つも発見
　1988（この年）　日本天文学会天体発見功労…
ポリャコフ, ワレリー
　1995.3.22　　　宇宙滞在新記録
ホール
　1877（この年）　ホール、火星の2つの衛星…
ホール, D
　1982.3.8　　　　銀河系中心部で秒速2000km
ホール, J.S.
　1949（この年）　銀河磁場の存在検証
　1952.1月　　　　偏光・光度記録装置開発
ポール, ジャック
　1983.10.11　　　アインシュタインの重力波…
ホルスト
　1916（この年）　ホルストが「惑星」作曲
ボールデン, チャールズ
　2009.5.23　　　黒人初のNASA長官、指…
ホルト, ヘンリー
　1989.3.23　　　地球と小惑星がニアミス
ボルトン, J.G.
　1949（この年）「おうし座A」を「かに星…
ボルノフ, ボリス
　1976.8.25　　　「ソユーズ21号」が帰還
ボルン
　1957.2.8　　　　ノーベル賞受賞のヴァルタ…
ホロウィッツ, ノーマン
　2005.6.1　　　　火星探査に尽力したノーマ…
ホワイト, エドワード・H.
　1965.6.3　　　　「ジェミニ4号」宇宙遊泳2…
　1967.1月　　　　「アポロ」宇宙船第1号火…
ポンス
　1818（この年）　エンケ、彗星の軌道を決定
本多 猪四郎
　1957（この年）　映画「地球防衛軍」
　1959（この年）　映画「宇宙大戦争」
　1962（この年）　映画「妖星ゴラス」
　1970.1.25　　　特撮監督の円谷英二が没す…
　1993.2.28　　　映画監督・本多猪四郎が没…
本多 光太郎
　1950.12.11　　　物理学者・長岡半太郎が没…
本多 利明
　1821（この年）　和算家・経世家の本多利明…
　1838（この年）　奥村増地「経緯儀用法図説…
本田 実
　1940.10.4　　　岡林滋樹と本田実、「岡林…
　1941（この年）　日本天文学会天体発見功労…
　1942.6.9　　　　本田実が従軍中に手製の望…
　1947.11.14　　　本田実、ホンダ彗星を発見
　1961.10.10　　　関勉が新彗星を発見
　1962（この年）　日本天文学会天体発見功労…
　1968（この年）　日本天文学会天体発見功労…
　1970.2.14　　　本田実、へび座に新星を発…
　1976.5.20　　　神田茂記念賞受賞
　1976（この年）　日本天文学会天体発見功労…

− 473 −

1987(この年)	日本天文学会天体発見功労…
1989(この年)	星の手帖チロ賞受賞(第7…
1990.8.26	日本屈指のコメットハンタ…

ボンディ, ヘルマン
1948(この年)　ボンディ、ゴールド、定常…
2005.9.10　「定常宇宙論」のヘルマン…

ボンド, G.P.
1850(この年)　ボンド父子、天体観測に写…

ボンド, W.C.
1850(この年)　ボンド父子、天体観測に写…

【ま】

マイケルソン, A.A.
1887(この年)　マイケルソンとモーリー、…
1892(この頃)　マイケルソン、スペクトル…
1907(この年)　マイケルソン、ノーベル物…
1921(この年)　超巨星の視直径実測に成功
1923.2.24　物理学者モーリーが没する
1931.5.9　物理学者マイケルソンが没…

マイヤー, J.T.
1752(この頃)　マイヤー、高精度の太陽…

マウンダー, E.W.
1922(この年)　マウンダー、太陽活動の「…

前田 憲一
1934.2.14　南洋諸島で皆既日食、東京…

前原 寅吉
1950.4.21　在野の天文学者・前原寅吉…

前山 仁郎
1949.1月　地人書館「天文と気象」(…

マカラム
1978.4月　銀河系の中心に反物質存在…

マカンドレス
1984.2.7　命綱なしの宇宙遊泳成功

牧 二郎
2005.5.31　ニュートリノを提唱した牧…

牧島 一夫
2006(この年)　日本天文学会林忠四郎賞(…

牧野 淳一郎
1998(この年)　日本天文学会林忠四郎賞(…

マキノ ノゾミ
2002(この年)　NHK連続テレビ小説「ま…

マクダネル, ジェームズ
1980.8.22　米国航空産業界のパイオニ…

マクデヴィット, ジェームス
1965.6.3　「ジェミニ4号」宇宙遊泳2…

マクドナルド
1968(この年)　マクドナルド天文台に270c…

マクナブ, バイロン
1997.8.25　ロケット科学者バイロン・…

マクリー, ウィリアム
1999.4.25　天体物理学者ウィリアム・…

マコーリフ, クリスタ
1990.2.6　宇宙からの特別授業
2007.8.9　「エンデバー」打ち上げ

マザー, ジョン・C.
2006.10.3　ビッグバン説で物理学賞受…

正岡 子規
2003(この年)　小惑星「アンパンマン」

正村 一忠
1990(この年)　星の手帖チロ賞受賞(第8…
1998.11.8　岐阜天文台台長・正村一忠…

マシューソン, ドン
1989.9月　宇宙のひも?を発見

マスグレイブ, ストーリー
1983.4.5　第6次「チャレンジャー」…
1996.11.19　還暦越えの飛行士、搭乗

マスケリン, N.
1766(この頃)　グリニッジ天文台、航海暦…
1811.2.9　天文学者マスケリンが没す…

増田 彰正
1983(この年)　仁科記念賞受賞
1986.3月　38億年前の月面に水の存在

増田 芳雄
1997(この年)　日本宇宙生物科学会賞受賞

ますむら ひろし
1985(この年)　アニメ映画「銀河鉄道の夜…

町村 信孝
2000.12.14　「宇宙開発の中長期戦略」…

松井 孝典
1986.8月　地球と金星の差

松浦 陽恵
1977(この年)　静止衛星開発グループ、朝…

松尾 弘毅
1963.4月　東大生研、「M(ミュー)…

松尾 由美
1959.12月　「SFマガジン」が創刊さ…

松岡 正剛
1979.10月　工作舎「全宇宙誌」刊行

松岡 勝
1963(この年)　早川幸男と松岡勝、X線星…
1986(この年)　相対論的ジェット天体「S…

マッカーシー
1983.8.7　天文学者バート・ボークが…

松隈 健彦
1913.8月　岩波茂雄、岩波書店を創業
1930(この年)　松隈健彦、非線形方程式を…
1934.9月　東北帝国大学理科大学に天…
1936.6.19　北海道東北部で皆既日食
1950.1.14　東北大学天文学教室の創始…
1978.3.20　天体物理学者・荒木俊馬が…
1998.7.14　天文学者・一柳寿一が没す…

マックール, ウィリアム
2003.2.1　スペースシャトル「コロン…

松田 卓也
1976(この年)　コンピュータによる棒状銀…

松平 定信
　　1793（この年）　　本木良永が「星術本原太陽…
松永 久秀
　　1577.11.12　　彗星が現れ、松永弾正が滅…
松永 良弼
　　1773.1.3　　和算家・山路主住が没する
松宮 弘幸
　　1996（この年）　　日本宇宙生物科学会賞受賞
松本 源一
　　1903.1.9　　暦本作成の弘鴻が没する
松本 敏雄
　　1987.10月　　1割多い宇宙からのエネル…
　　1988（この年）　　仁科記念賞受賞
松本 浩典
　　2000.9.12　　「中質量ブラックホール」…
松本 零士
　　1978（この年）　　テレビアニメ「銀河鉄道99…
　　1998.5.26　　SF漫画の先駆・大城のぼ…
的川 泰宣
　　2006.10月　　「宇宙連詩」第1期募集開…
間部 詮房
　　1716.9.28　　江戸幕府8代将軍に徳川吉…
真鍋 博
　　2000.10.31　　イラストレーターの真鍋博…
マナロフ，ムサ
　　1988.12.21　　宇宙滞在記録1年
豆田 勝彦
　　2004（この年）　　日本天文学会天文功労賞（…
眉村 卓
　　1957（この年）　　日本最古のSF同人誌「宇…
　　1959.12月　　「SFマガジン」が創刊さ…
マルイシェフ
　　1980.6.5　　改良型「ソユーズT2号」…
マルシリ，ルイジ・フェルディナンド
　　1711（この年）　　ドナート・クレーティが天…
マルチネット
　　1823（この年）　　吉雄俊蔵「遠西観象図説」…
マルチン
　　1823（この年）　　吉雄俊蔵「遠西観象図説」…
マレー，ブルース
　　1999（この年）　　「日本惑星協会」発足

【み】

三木 茂
　　1936（この年）　　科学映画「黒い太陽」撮影
三沢 勝衛
　　1937.8.18　　日本における太陽黒点観測…
三島 由紀夫
　　1955.7.1　　日本空飛ぶ円盤研究会（J…
水尾 準三郎
　　1889（この年）　　寺尾寿ら、「東京天文台年…
水島 爾保布
　　2006.5.12　　SF作家の今日泊亜蘭が没…
水谷 仁
　　1981（この年）　　科学雑誌「ニュートン」創…
水野 千里
　　1926.11.21　　日本最初の私設天文台、倉…
水野 良平
　　1957.4.1　　天文博物館五島プラネタリ…
水原 準三郎
　　1884.6月　　寺尾寿、東京大学星学科の…
　　1908.6.26　　暦学者・水原準三郎が没す…
三谷 哲康
　　1976.11.13　　天文学者・上田穣が没する
箕作 阮甫
　　1857.1.18　　洋学所改め蕃書調所が開講
光瀬 龍
　　1957（この年）　　日本最古のSF同人誌「宇…
　　1963.3.5　　日本SF作家クラブが発足…
　　1999.7.7　　SF作家の光瀬龍が没する
ミッテラン
　　1984.10月　　偵察衛星の共同開発
三ツ間 重男
　　1987（この年）　　日本天文学会天体発見功労…
水戸 光圀
　　1684（この年）　　渋川春海が制作した、日本…
　　1708.12.5　　和算家・関孝和が没する
ミドルハースト，B.M.
　　1975（この年）　　「恒星および恒星系」完結
南方 熊楠
　　1893.10.5　　南方熊楠の論文が英国の「…
皆川 理
　　1954（この年）　　皆川理ら、気球による宇宙…
　　1994.9.2　　乗鞍宇宙線観測所創設に尽…
ミナート，M.
　　1940（この年）　　「ユトレヒト天文台太陽ス…
南 懐仁
　　1669.4月　　フェルビーストが、欽天監…
南村 喬之
　　1997（この年）　　挿絵画家の南村喬之が没す…
南山 宏
　　1970.8月　　「ハヤカワSF文庫」が創…
嶺重 慎
　　1998（この年）　　降着円盤の理論の英文教科…
　　2008（この年）　　日本天文学会林忠四郎賞（…
蓑谷 太仲
　　1787（この年）　　天文暦学者の西村遠里が没…
箕輪 敏行
　　1984（この年）　　星の手帖チロ賞受賞（第3…
ミハイロフ，アレクサンドル
　　1983.10.4　　「ミハイロフ星図」のアレ…
宮内 一洋
　　1984（この年）　　村上治・宮内一洋、毎日工…
三宅 三郎
　　1965（この年）　　仁科記念賞受賞

三宅 雪嶺
　1908（この年）　三宅雪嶺の「宇宙」刊行
宮沢 賢治
　1933.9.21　　　「銀河鉄道の夜」の作者・…
　1934（この年）　宮沢賢治の「銀河鉄道の夜…
　1984.1.8　　　天文愛好家・吉田源治郎が…
　1985（この年）　アニメ映画「銀河鉄道の夜…
宮地 真緒
　2002（この年）　NHK連続テレビ小説「ま…
宮地 政司
　1949（この年）　宮地政司、朝日賞を受賞
　1953（この年）　東京プラネタリウム設立促…
　1957.4.1　　　天文博物館五島プラネタリ…
　1957-1958　　　国際地球観測年（IGY）…
　1959.8.12　　　日本の宇宙開発計画
　1986.10.11　　　東京天文台長を務めた宮地…
観山 正見
　1984（この年）　成田真二ら、自己重力雲の…
宮本 正太郎
　1897.6.22　　　京都帝国大学創立、従来の…
　1932（この年）　「中村鏡」の中村要が没す…
　1942（この年）　宮本正太郎、鉄のコロナ輝…
　1943（この年）　太陽彩層の電子温度6000K…
　1978（この年）　恒星社厚生閣「天文・宇宙…
　1992.5.11　　　天文学者・宮本正太郎が没…
　2008.2.21　　　京都大学の天文資料デジタ…
宮本 昌典
　1975（この年）　円盤銀河に関する「宮本＝…
宮本 幸男
　1991（この年）　星の手帖チロ賞受賞（第9…
ミューラー, C.A.
　1952（この頃）　銀河の渦状枝
ミュラー, G.
　1907（この年）　「ポツダム掃天星表」完成
三好 真
　1995（この年）　銀河中心核に巨大ブラック…
　1996（この年）　仁科記念賞受賞
ミラー, O.
　1923（この年）　カール・ツァイス社がプラ…
ミラー, スタンリー
　1983.8.29　　　隕石から基本化学物質発見
ミリカン, ロバート
　1925（この年）　ミリカン「宇宙線」を造語…
　1936（この年）　ヘス、アンダーソン、ノー…
　1953.12.19　　「ミリカン線」を発見した…
　1991.1.11　　　物理学者カール・デービッ…
ミルズ, B.Y.
　1961（この年）　B.Y.ミルズら「掃天電…
ミルン, E.A.
　1932（この頃）　非アインシュタイン的方法…
　1999.4.25　　　天体物理学者ウィリアム・…
ミンコフスキー, ヘルマン
　1908（この年）　ヘルマン・ミンコフスキー…
ミンコフスキー, ルドルフ
　1954（この年）　電波銀河の発見

【む】

向井 千秋
　1985.3.17-9.16　国際科学技術博覧会（科学…
　1987（この年）　日本人宇宙飛行士が米国留…
　1992.10.19　　「コロンビア」搭乗に向井…
　1992.11月　　　小惑星に日本人宇宙飛行士…
　1994.7.9　　　向井飛行士、女性最長飛行…
　1995.10.19　　　米議会で向井千秋が講演
　1995（この年）　日本宇宙生物科学会賞受賞
　1997.4.26　　　向井、若田両名、宇宙へ
　1998.10.30　　　向井千秋、日本人初2度目…
　2002.5.26　　　宇宙酔い実験に参加した渡…
　2008.8.11　　　日本人女性2人目の宇宙飛…
ムハンマド
　622.7.16　　　イスラム暦で、この年をヒ…
村井 湖山
　1998.5.26　　　SF漫画の先駆・大城のぼ…
村岡 健治
　2002（この年）　日本天文学会天文功労賞（…
村上 治
　1984（この年）　村上治・宮内一洋、毎日工…
村上 茂樹
　2003（この年）　日本天文学会天体発見功労…
村上 忠敬
　1985（この年）　東亜天文学会賞受賞
村山 定男
　1953（この年）　東京プラネタリウム設立促…
　1957.4.1　　　天文博物館五島プラネタリ…
　1981.3.23　　　飛び石は世界最古の隕石
　1984（この年）　26年ぶりに隕石2件落下
　1988.3.18　　　日本初、皆既日食に観測船…
村山 斉
　2007（この年）　東京大学に新機構設立
ムルコス
　1957.7.30　　　ムルコス彗星発見
ムールシッタレー, C.E.
　1951.7月　　　太陽スペクトル中にテクネ…

【め】

メイ, ブライアン
　2007（この年）「クイーン」のブライアン…
メイヨール
　1957（この頃）　宇宙膨張率の速度
メガース, W.F.
　1951.7月　　　太陽スペクトル中にテクネ…

メーゲル
　　1935（この年）　デリンジャー現象の発見
愛姫
　　2007（この年）　小惑星「ダテマサムネ」と…
メシエ, C.
　　1817（この年）　天文観測家メシエ没する
メスバウア, R.
　　1990.11.17　　ノーベル賞受賞のロバート…
メーテル
　　1978（この年）　テレビアニメ「銀河鉄道99…
メトン
　　BC433（この年）　ギリシャが「メトン法」を…
メネラオス
　　100（この頃）　メネラオス「球面学」を著…
メリエス, ジョルジュ
　　1865（この年）　初の本格的SF、ジュール…
　　1902（この年）　世界初の本格SF映画「月…
メリル, ジュディス
　　1954.12月　　　「星雲」が創刊される
メルロイ, パメラ・アン
　　2007.10.24　　「きぼう」接合部を運搬
メロッテ, P.J.
　　1908（この年）　メロッテ、木星第8衛星発…
メンデス, アルナルド・タマヨ
　　1980.9.19　　　「ソユーズ38号」に初のキ…
メンデンホール
　　1878.5月　　　東京大学理学部に星学科が…
　　1952.5.21　　　物理学者・田中館愛橘が没…

【も】

毛沢東
　　1949.10.1　　　中国「グレゴリオ暦」を採…
毛利 衛
　　1985.3.17-9.16　国際科学技術博覧会（科学…
　　1985.8.7　　　　初の日本人宇宙飛行士が決…
　　1987（この年）　日本人宇宙飛行士が米国留…
　　1990.4.24　　　米シャトル搭乗は毛利飛行…
　　1992.5.7　　　　最新鋭シャトル、初飛行成…
　　1992.9月　　　毛利衛、精力的に宇宙実験…
　　1992.11月　　　小惑星に日本人宇宙飛行士…
　　1992.11.20　　「宇宙の日」決定
　　1995（この年）　日本宇宙生物科学会賞受賞
　　1996.5.29　　　5人目の飛行士に野口聡一
　　2000.2.12　　　毛利衛2回目の搭乗
　　2001.7.10　　　日本科学未来館、開館
　　2002（この年）　NHK連続テレビ小説「ま…
モーガン, H.R.
　　1953（この頃）　モーガン、銀河系の渦状構…
モーガン, W.W.
　　1943（この年）　モーガン「MK法」を確立

モーガン, バーバラ
　　2007.8.9　　　　「エンデバー」打ち上げ
本居 長世
　　1920.9月　　　童謡「十五夜お月さん」が…
本居 宣長
　　1801.11.5　　　国学者・本居宣長が没する
本居 みどり
　　1920.9月　　　童謡「十五夜お月さん」が…
本木 良永
　　1774.8月　　　本木良永により地動説が紹…
　　1788（この年）　吉雄幸作・本木良永が「阿…
　　1793（この年）　本木良永が「星術本原太陽…
　　1794.7.17　　　長崎通詞・本木良永が没す…
　　1809（この年）　司馬江漢「刻白爾天文図解…
モートン
　　1960（この年）　「モートン波」の発見
モマンド
　　1988.6.7　　　　「ソユーズTM5、6号」打…
モーリー, E.W.
　　1887（この年）　マイケルソンとモーリー、…
　　1907（この年）　マイケルソン、ノーベル物…
　　1923.2.24　　　物理学者モーリーが没する
森 暁雄
　　2007.6.30　　　地人書館「天文学大事典」
森 鷗外
　　1997.12.30　　SF作家の星新一が没する
森 尚謙
　　1882.12.9　　　仏説天文学を奉じた佐田介…
森 治郎
　　2007.6.30　　　地人書館「天文学大事典」
森 大吉郎
　　1981.4.14　　　宇宙科学研究所が発足
　　1983.11.25　　ロケット工学者・森大吉郎…
森 敬明
　　1976（この年）　日本天文学会天体発見功労…
森 優
　　1963.3.5　　　　日本SF作家クラブが発足…
　　1970.8月　　　「ハヤカワSF文庫」が創…
モリエール
　　1655.7.28　　　「月世界旅行記」のシラノ…
森岡 浩之
　　1959.12月　　　「SFマガジン」が創刊さ…
　　1996.4月　　　森岡浩之「星界の紋章」が…
森久保 茂
　　1987.12月　　　「日本アマチュア天文史」…
森下 博三
　　1997.7.2　　　　乗鞍コロナ観測所開設者の…
森田 浩介
　　2005（この年）　仁科記念賞受賞
森田 たま
　　1955.7.1　　　　日本空飛ぶ円盤研究会（J…
森本 雅樹
　　1987（この年）　仁科記念賞受賞

守山 史生
　1955.6.20　　南アジアで皆既日食が観測…
モルガン, W.W.
　1952(この頃)　銀河の渦状枝
モールトン
　1905(この年)　太陽系の進化に関する微惑…
文徳天皇
　858(この年)　「五紀暦」施行
文雄
　1763(この年)　須弥山説擁護者・文雄が没…
文武天皇
　697(この年)　「儀鳳暦(麟徳暦)」施行

【や】

ヤーキス, C.
　1897(この年)　ヤーキス天文台が発足
柳沼 行
　2001.10月　　柳沼行の漫画「ふたつのス…
安井 算哲
　1715.11.1　　天文暦学者・渋川春海(安…
　1717.6.17　　陰陽師・土御門泰福が没す…
矢田 明
　1978.5.8　　気象衛星「ひまわり」の生…
矢内 桂三
　1980.2.18　　南極で3000個の隕石採集
　1993.3月　　南極に月の隕石
箭内 政之
　2002.5月　　小惑星「タコヤキ」
谷中 哲雄
　1989(この年)　日本天文学会天体発見功労…
柳田 勉
　1992(この年)　仁科記念賞受賞
やなせ たかし
　2003(この年)　小惑星「アンパンマン」
矢野 徹
　1954.12月　　「星雲」が創刊される
　1957(この年)　おめがクラブ、同人誌「科…
　1957(この年)　日本最古のSF同人誌「宇…
　1963.3.5　　日本SF作家クラブが発足
　2004.10.13　SF作家の矢野徹が没する
　2008.12.4　　SF編集者のフォレスト・…
矢野 ひろし
　1997(この年)　挿絵画家の南村喬之が没す…
藪 保男
　1976.5.20　　神田茂記念賞受賞
藪内 清
　1897.6.22　　京都帝国大学創立、従来の…
　1944(この年)　藪内清、「隋唐暦法史の研…
　1969(この年)　藪内清、朝日賞を受賞
　2000.6.1　　天文史家・藪内清が没する

山尾 悠子
　1959.12月　　「SFマガジン」が創刊さ…
山賀 博之
　1987(この年)　アニメ映画「オネアミスの…
山県 大弐
　1767.9.14　　尊皇思想家・山県大弐が死…
山片 蟠桃
　1821.3.31　　町人学者・山片蟠桃が没す…
山川 惣治
　2001.12.7　　挿絵画家の小松崎茂が没す
山口 伸行
　2005(この年)　星の卵を初めて観測
山崎 闇斎
　1717.6.17　　陰陽師・土御門泰福が没す…
　1718.7.27　　儒学者・神道家の谷秦山が…
山崎 直子
　2006.2月　　日本人飛行士3人がMS資…
　2008.8.11　　日本人女性2人目の宇宙飛…
山崎 正光
　1928.10.28　山崎正光「フォルブス・山…
　1943.9.26　　z項の発見で知られる天文…
山崎 道夫
　1980.2.18　　南極で3000個の隕石採集
山路 諧孝
　1861.7.7　　天文暦学者の山路諧孝が没…
山路 徳風
　1861.7.7　　天文暦学者の山路諧孝が没…
山路 主住
　1773.1.3　　和算家・山路主住が没する
　1798.5.20　　和算家・暦学者の安島直円…
山下 雅道
　2003(この年)　日本宇宙生物科学会賞受賞
山田 晃弘
　1998(この年)　日本宇宙生物科学会賞受賞
山田 耕筰
　1928.3.31　　平山信が東京天文台長を辞…
山田 卓
　2004.3.7　　プラネタリウム解説者・山…
　2007.6.30　　地人書館「天文学大事典」…
山田 博
　2005.10.4　　人工衛星軌道図を作成した…
山田 正紀
　1957(この年)　日本最古のSF同人誌「宇…
山高 昭
　1993.4.18　　翻訳家の山高昭が没する
山之内 秀一郎
　2003.10.1　　宇宙3機関統合、JAXA…
　2008.8.8　　JAXA初代理事長山之内…
山本 明
　2000(この年)　仁科記念賞受賞
山本 一清
　1897.6.22　　京都帝国大学創立、従来の…
　1920.9.25　　天文同好会(後の東亜天文…
　1921(この年)　京都帝国大学に宇宙物理学…

1922.7月	土井伊惣太（土居客郎）・・・	
1926.11.21	日本最初の私設天文台、倉・・・	
1929.10月	京都帝国大学附属の花山天・・・	
1936（この年）	「図説天文講座」刊行開始	
1945.4.1	アマチュア天文家・岡林滋・・・	
1959.1.16	天文学者・山本一清が没す・・・	
1959（この年）	高城武夫、和歌山天文館創・・・	
1979（この年）	東亜天文学会賞受賞	
1992.5.11	天文学者・宮本正太郎が没・・・	

山本 嘉次郎
- 1970.1.25 特撮監督の円谷英二が没す・・・

山本 実彦
- 1922.11.18 アインシュタインが来日

山本 英子
- 1979（この年） 東亜天文学会賞受賞

山本 博文
- 1968（この年） 日本天文学会天体発見功労・・・

山本 稔
- 2004（この年） 日本天文学会天体発見功労・・・
- 2007（この年） 日本天文学会天体発見功労・・・
- 2009（この年） 日本天文学会天体発見功労・・・

ヤング, C.A.
- 1869（この年） ヤング、太陽紅炎スペクト・・・
- 1908.1.2 C.A.ヤングが没する

ヤング, J
- 1981.4.12 新時代開いたスペースシャ・・・

ヤンセン, P.J.C.
- 1868（この年） 未知元素ヘリウムを発見
- 1874.12.9 長崎で金星が太陽面通過

【ゆ】

湯浅 光朝
- 1949.1月 地人書館「天文と気象」(・・・

油井 亀美也
- 2009（この年） 宇宙飛行士候補者2名決定

ユーイング
- 1952.5.21 物理学者・田中館愛橘が没・・・

湯川 秀樹
- 1897.6.22 京都帝国大学創立、従来の・・・
- 1937（この年） 宇宙線中に中間子を発見
- 1940（この年） 湯川秀樹、日本学士院恩・・・
- 1950（この年） パウエル、ノーベル物理学・・・
- 1951.1.10 原子物理学者の仁科芳雄が・・・
- 1955（この年） 恒星進化に関する「THO・・・
- 1975.1.7 科学史家・広重徹が没する
- 1992.2.5 天体物理学者・早川幸男が・・・
- 1992.10.29 小田稔、ローマ法王庁科学・・・

幸村 誠
- 1999（この年） 幸村誠の漫画「プラネテス・・・

ユークリッド
- BC212（この頃） アルキメデスがローマ軍に・・・

弓 滋
- 1962.1.6 水沢緯度観測所が国際極運・・・
- 2004.1.13 天文学者・弓滋が没する

夢枕 獏
- 1957（この年） 日本最古のSF同人誌「宇・・・

ユーリー, H.C.
- 1956（この年） ジュースとユーリー、太陽・・・

ユリウス・カエサル
- BC45（この年） ユリウス・カエサル「ユリ・・・

【よ】

姚 瞬輔
- 1103（この年） 「占天暦」施行

楊 忠輔
- 1199（この年） 「統天暦」施行

楊 利偉
- 2003.10.15 中国、有人飛行3番目

横井 敬
- 1963（この頃） 「チャカルタヤ計画」

横井 福次郎
- 1948.12.5 漫画家の横井福次郎が没す・・・

横内 正
- 1980（この年） カール・セーガン監修のテ・・・

横山 卓史
- 1988（この年） ブラックホール周辺の相対・・・

吉雄 幸作
- 1788（この年） 吉雄幸作・本木良永が「阿・・・
- 1822（この年） 吉雄俊蔵「西説観象経」成・・・
- 1843.9.25 蘭学者・吉雄俊蔵が没する

吉雄 俊蔵
- 1822（この年） 吉雄俊蔵「西説観象経」成・・・
- 1823（この年） 吉雄俊蔵「遠西観象図説」・・・
- 1843.9.25 蘭学者・吉雄俊蔵が没する

吉岡 弥生
- 1999.11月 小惑星に創立者の名前

吉澤 正則
- 2003（この年） 「天文の事典」刊行

吉田 源治郎
- 1933.9.21 「銀河鉄道の夜」の作者・・・
- 1984.1.8 天文愛好家・吉田源治郎が・・・

吉田 秀長
- 1769.12月 佐々木長秀、「修正宝暦甲・・・
- 1787.10.26 天文暦学者の吉田秀長が没・・・

吉田 正太郎
- 1936.6.19 北海道東北部で皆既日食

吉田 光邦
- 1991.7.30 科学技術史研究の吉田光邦・・・

吉田 光由
- 1648.5月 吉田光由「古暦便覧大全」・・・

吉原 正広
- 1947（この年） 日本天文学会天体発見功労・・・

吉村 作治
 1994.11月 宇宙考古学国際セミナー開…
吉村 宏和
 1985.5月 太陽表面にグローバル対流…
吉村 冬彦
 1935.12.31 物理学者で俳人の寺田寅彦…
吉村 太彦
 1981（この年） 仁科記念賞受賞
米林 雄一
 2008.8.22 宇宙で初の芸術実験
ヨハネ＝パウロ2世
 1642.1.8 ガリレオ・ガリレイが没す…
 1992.10.31 ガリレイの破門解かれる

【ら】

ライド，サリー・K
 1983.6.18 第7次「チャレンジャー」…
ライネス，フレデリック
 1998.8.26 ニュートリノの発見者フレ…
ライプニッツ
 1783.9.18 数学者オイラーが没する
ライル，マーティン
 1946（この頃） 電波干渉計の開発・建設
 1974（この年） ライル，ヒューイッシュ，…
 1984.10.1 電波天文学の権威マーティ…
ラインスター，マレイ
 1975（この年） SF作家のマレイ・ライン…
ラヴェル
 1945（この頃） マンチェスター大学，ジョ…
ラヴェル，ジム
 1965.12.15 「ジェミニ6号」「7号」初…
 1970.4.13 「アポロ13号」事故
 1995（この年） 映画「アポロ13」が公開さ…
ラグランジュ
 1813.4.10 数学者・天文学者のラグラ…
ラザフォード，アーネスト
 1927（この年） C.T.R.ウィルソン，…
 1968.8.20 原子物理学者ジョージ・ガ…
 1969.8.9 ノーベル賞受賞のセシル・…
 1974.7.13 宇宙線シャワー発見のバト…
 1984.4.8 「スプートニク」に尽力し…
ラーソン，グレン・A.
 1978（この年） テレビドラマ「宇宙空母ギ…
ラッセル，ヘンリー・ノリス
 1913（この年） ラッセル，恒星のスペクト…
 1929（この年） 「ラッセル組成」の発表
 1937（この年） 竹田新一郎，ベータLyr型…
 1957.2.18 「HR図」の考案者，ヘン…
 1967.10.21 赤色星研究のヘルツシュプ…
ラッテス，C.M.G.
 1950（この年） パウエル，ノーベル物理学…

 1963（この頃） 「チャカルタヤ計画」
ラプラス
 1796（この年） ラプラス，「世界体系の解…
 1825（この年） ラプラス，「天体力学」（…
ラベイキン，アレクサンドル
 1987.2.6 改良型「ソユーズTM2号…
ラモン，イラン
 2003.2.1 スペースシャトル「コロン…
ラランド（ラランデ）
 1803（この年） 高橋至時「ラランデ暦書管…
ラング，フリッツ
 1929.10.15 SF映画「月世界の女」が…
ランバート
 1760（この年） 「ランバートの法則」発表
 1761（この年） ランバート「宇宙論書簡」…
ランベルト
 1760（この年） 「ランバートの法則」発表

【り】

李 業興
 523（この年） 「正光暦」施行
 540（この年） 「興和暦」施行
李 淳風
 644（この年） 李淳風編「天文志」を含む…
 665（この年） 「麟徳暦」施行
リオ，B.
 1930（この年） 皆既食時以外のコロナ観測…
リーズン・アダムズ
 1955（この年） 「少年少女科学小説選集」…
リッチ，マテオ
 1612.2.6 数学者・天文学者のクラヴ…
 1633.11.8 中国近代科学の開祖・徐光…
リッペルスハイ
 1608（この年） リッペルスハイ，望遠鏡の…
リドパス，イアン
 2003.11.20 「オックスフォード天文学…
リーバー，グロート
 1937（この年） リーバー，最初の電波望遠…
リービット，H.S.
 1912（この年） ケファイド変光星の周期光…
リビンコット
 1956（この頃） 最小星の発見
リフキン
 2004.4.20 科学ジャーナリスト竹内均…
リャザンスキー，ミハイル
 1987.8.5 技術制御システムの権威ミ…
リヤホフ，ウラジーミル
 1979.2.25 「ソユーズ32号」打ち上げ
 1979.8.19 宇宙滞在新記録となる175…
 1983.6.27 「ソユーズT9号」
 1983.10.22 「プログレス18号」

劉 歆
　BC104（この年）「三統暦」を制定
劉 向
　BC104（この年）「三統暦」を制定
劉 洪
　157（この年）　「乾象暦」施行
劉 孝栄
　1167（この年）「乾道暦」施行
　1191（この年）「会元暦」施行
リューミン, ワレリー
　1979.2.25　　「ソユーズ32号」打ち上げ
　1979.8.19　　宇宙滞在新記録となる175…
　1980.4.9　　「ソユーズ35号」打ち上げ
　1980.10.11　 184日、宇宙滞在新記録達…
廖 慶斉
　1982（この年）星の手帖チロ賞受賞（第1…
リリウス, アロイシウス
　1582.9.14　　「グレゴリオ暦」に改暦
リリーマクレーン
　1957（この頃）電波源の赤色偏移
リンズ, ロジャー
　1987.1月　　重力レンズ効果
リンゼー, スティーヴン
　2006.7.5　　再開2号も打ち上げ成功
リンドブラッド, B.
　1926（この年）リンドブラッド、銀河回転…
　1927（この年）「オールト定数」導入

【る】

ルー, J
　1993.8月　　冥王星の外側に新しい天体
ルイ14世
　1667（この年）パリ天文台創立
　1712.9.14　　土星の環の間隙を発見した…
ルイ15世
　1817（この年）天文観測家メシエ没する
ルヴェリエ
　1846（この年）アダムズ、ルヴェリエ、海…
　1877.9.23　　天文学者ルヴェリエが没す…
　1892.1.21　　海王星を予言したアダムズ…
　1946.9.23　　ガレ、海王星を発見
ルーカス, ジョージ
　1977.5.25　　SF映画「スター・ウォー…
　1977.11.6　　SF映画「未知との遭遇」…
ルコビシニコフ, ニコライ
　1979.4.10　　「ソユーズ33号」が失敗
ルシッド, シャノン
　1996.9.7　　女性の宇宙滞在記録を更新
ルジャンドル
　1833.1.10　　数学者ルジャンドルが没す…

ルーズベルト
　1955.4.18　　相対性理論のアルベルト・…
ルータン, バート
　2004.6.21　　民間宇宙船が初の宇宙飛行…
ルーデンドルフ
　1978.3.20　　天体物理学者・荒木俊馬が…
ルドルフ, アーサー
　1996.1.1　　ロケット科学者アーサー・…
ルドルフ2世
　1601.10.24　 天文学者ティコ・ブラーエ…
ルメートル, G.
　1922（この年）フリードマン、ルメートル…
　1931（この年）原始宇宙の爆発膨張説「ル…
ルロフス
　1798.7月　　志筑忠雄「暦象新書」の上…

【れ】

レアリー, ティモシー
　1997（この年）宇宙葬ビジネス開始
レイトン, R.B.
　1965（この頃）赤外線天体の発見
レオノフ, アレクセイ
　1965.3.18　　「ボスホート2号」打ち上…
レーガン
　1983.3.23　　レーガンの戦略防衛構想（…
　1984.1.25　　米率いる有人宇宙基地
　1987（この年）「チャレンジャー」事故の…
　1988.2.11　　世界リードを目指した新宇…
　1988.9.29　　宇宙基地政府間協力協定（…
　1992.5.4　　 3代目NASA局長トーマ…
　2002.1.6　　 NASA副局長バートン・…
レギオモンタヌス
　1471（この頃）レギオモンタヌス、ドイツ…
レノアー, ウイリアム
　1982.11.11　 「コロンビア」、初の実用…
レビ, デービッド
　1997.7.18　　彗星発見者ユージーン・シ…
レビンソール
　1978.4月　　銀河系の中心に反物質存在…
レプソルト, アドルフ
　1804（この年）A.レプソルト、子午環製…
レベデフ, ワレンチン
　1982.5.13　　「ソユーズT5号」打ち上…
　1982.8.19　　「ソユーズT7号」打ち上…
　1982.12.11　 新記録、宇宙滞在211日
レーマー
　1676（この頃）レーマー、光の速度を初め…
レム, スタニスワフ
　1977.3.20　　映画「惑星ソラリス」が公…
　1986.12.28　 映画監督のアンドレイ・タ…
　1992.7.28　　翻訳家の深見弾が没する

2006.3.27　SF作家のスタニスワフ・…
レンズ, W.A.
　1954（この頃）　ロケット観測

【ろ】

盧 草拙
　1729（この年）　天文家・盧草拙没する
ロウ, F.J.
　1965（この頃）　赤外線天体の発見
ロウ, ジョージ・M.
　1984.7.17　「アポロ計画」の立役者ジ…
ローウェル, パーシバル
　1894（この年）　ローウェル天文台創設
　1914（この年）　ローウェル、海王星外の未…
　1916.11.12　火星の探査者パーシバル・…
　1930（この年）　トンボー、冥王星を発見
ロジェストウェンスキー, バレリー
　1976.10.17　「ソユーズ23号」がドッキ…
ロジノロジンスキー, グレブ
　2001.11.28　宇宙船設計士グレブ・ロジ…
ロス, F.E.
　1911（この年）　写真天頂筒発明
ロスタン, E.
　1655.7.28　「月世界旅行記」のシラノ…
ロッキアー
　1868（この年）　未知元素ヘリウムを発見
　1869.11.4　自然科学雑誌「Nature」…
ロッシ, ブルーノ
　1962（この年）　ジャッコーニら太陽系外の…
　1964（この年）　小田稔、「すだれコリメー…
　1971.1月　小田稔、ブラックホール天…
　1972（この年）　「掃天X線源のウフルカタ…
　1993.11.21　物理学者ブルーノ・ロッシ…
ロッシュ
　1848（この年）　「ロッシュの限界」発表
ロッデンベリー, ジーン
　1966（この年）　テレビドラマ「スタートレ…
　1991.10.24　映画プロデューサー・脚本…
　1997（この年）　宇宙葬ビジネス開始
ロビンソン, ジョン
　1965（この年）　テレビドラマ「宇宙家族ロ…
ロビンソン, スティーヴン
　2005.7.26　シャトル再開打ち上げ成功
ロマネンコ, ユーリー
　1977-1978　「ソユーズ計画」が進展
　1980.9.19　「ソユーズ38号」に初のキ…
　1987.2.6　改良型「ソユーズTM2号…
　1988.12.21　宇宙滞在記録1年
ロム, ジルベール
　1793.11.24　フランス共和暦を制定

ローランド, H.A.
　1897（この頃）　「ローランド・テーブル」…
　1928（この年）　「改訂ローランド太陽波長…
ロンバーグ, ジョン
　1977（この年）　ジョン・ロンバーグが「ボ…

【わ】

ワイツ
　1983.4.5　第6次「チャレンジャー」…
ワイツゼッカー, カール・フリードリヒ・フォン
　1939（この年）　星のエネルギー起源は核融…
　1944（この年）　太陽系起源に関する星雲仮…
ワイリー
　1861（この年）　福田理軒が「談天」に訓点…
若田 光一
　1992.4月　MS新人飛行士に若田光一…
　1993.8.4　日本人初のMSに若田光一
　1994.12.12　若田光一、MSとして宇宙…
　1995（この年）　シャトル相次ぐトラブル
　1996.1月　MS若田光一、日本人初の…
　1997.4.26　向井、若田両名、宇宙へ
　2000.10.12　若田光一、「ディスカバリ…
　2001（この年）　日本宇宙生物科学会賞受賞
　2008.12月　古川聡飛行士、2011年宇宙…
　2009.3.16　「きぼう」完成に向けて、…
　2009.7.19　「きぼう」完成
若生 康二郎
　1970（この年）　若生康二郎、木村のz項の…
ワシューチン
　1985（この年）　複合軌道科学ステーション…
和田 嘉衡
　1917.7月　日本光学工業株式会社（現…
和田 寧
　1865.10.6　和算家・暦学者の小出兼政…
渡瀬 譲
　1978.5.17　宇宙線研究の渡瀬譲が没す…
　2001.3.1　「すだれコリメータ」の小…
和達 清夫
　1949.1月　地人書館「天文と気象」（…
渡辺 和郎
　1992.11月　小惑星に日本人宇宙飛行士…
　2002.5月　小惑星「タコヤキ」
渡辺 啓助
　1957（この年）　おめがクラブ、同人誌「科…
渡辺 悟
　2001（この年）　日本宇宙生物科学会賞受賞
　2002.5.26　宇宙酔い実験に参加した渡…
渡邊 鉄哉
　2003（この年）　「天文の事典」刊行

渡辺 敏夫
 1934.2.14 南洋諸島で皆既日食、東京…
ワレンチン, グルシコ
 1989.1.10 ロケット開発者グルシコ・…

天文・宇宙開発事典 —トピックス古代-2009

2009年10月26日　第1刷発行

編　集／日外アソシエーツ編集部
発行者／大高利夫
発　行／日外アソシエーツ株式会社
　　　　〒143-8550 東京都大田区大森北 1-23-8 第3下川ビル
　　　　電話 (03)3763-5241(代表)　FAX(03)3764-0845
　　　　URL http://www.nichigai.co.jp/
発売元／株式会社紀伊國屋書店
　　　　〒163-8636 東京都新宿区新宿 3-17-7
　　　　電話 (03)3354-0131(代表)
　　　　ホールセール部(営業)　電話 (03)6910-0519

電算漢字処理／日外アソシエーツ株式会社
印刷・製本／光写真印刷株式会社

不許複製・禁無断転載　　《中性紙三菱クリームエレガ使用》
〈落丁・乱丁本はお取り替えいたします〉
ISBN978-4-8169-2203-9　　Printed in Japan, 2009

本書はディジタルデータでご利用いただくことができます。詳細はお問い合わせください。

読書案内 科学に親しむ3000冊
―ナノテクからブラックホールまで

A5・390頁　定価8,925円(本体8,500円)　2009.2刊

フェルマーの最終定理に挑んだ数学者たち、ファーブルの素顔、アインシュタインの真実―。話題の本から古典的名著まで、読み物としての科学に関する解説書・伝記評伝・エッセイなどをテーマごとに一覧できるブックガイド。

環境史事典 ―トピックス1927-2006

A5・650頁　定価14,490円(本体13,800円)　2007.6刊

昭和初頭から2006年までの日本の環境問題に関する出来事5,000件を年月日順に一覧できる記録事典。戦前の土呂久鉱害、ゴミの分別収集開始からクールビズ・ロハスまで幅広いテーマを収録。

植物3.2万 名前大辞典

A5・780頁　定価9,800円(本体9,333円)　2008.6刊

野草・ハーブから熱帯植物まで、植物32,000件を収録。

動物1.4万 名前大辞典

A5・550頁　定価9,800円(本体9,333円)　2009.6刊

哺乳類・鳥類から爬虫類・両生類まで、動物14,000件を収録。

昆虫2.8万 名前大辞典

A5・820頁　定価9,800円(本体9,333円)　2009.2刊

チョウ・甲虫からクモ・多足類まで、昆虫・ムシ28,000件を収録。

魚介類2.5万 名前大辞典

A5・750頁　定価9,800円(本体9,333円)　2008.11刊

魚や貝、カニ、エビ、イカからサンゴ・クラゲまで、魚類・貝類、およびその他の水生生物25,000件を収録。

各種生物の基礎情報を収録した最大規模の辞典。漢字表記や学名、科名、正式名、大きさ、形状など、生物の特定に必要な情報を簡便に記載。

データベースカンパニー
日外アソシエーツ　〒143-8550　東京都大田区大森北1-23-8
TEL.(03)3763-5241　FAX.(03)3764-0845　http://www.nichigai.co.jp/